Michael Beitelschmidt · Hans Dresig

Maschinendynamik

13. Auflage

Springer

Michael Beitelschmidt
Technische Universität Dresden
Dresden, Deutschland

Hans Dresig
Chemnitz, Deutschland

ISBN 978-3-662-60312-3 ISBN 978-3-662-60313-0 (eBook)
https://doi.org/10.1007/978-3-662-60313-0

Die Deutsche Nationalbibliothek verzeichnet diese Publikation in der Deutschen Nationalbibliografie; detaillierte bibliografische Daten sind im Internet über https://portal.dnb.de abrufbar.

Bis zur 12. Auflage wurde das Buch von den Autoren Dresig und Holzweißig erstellt.

Planung/Lektorat: Michael Kottusch
Springer ist ein Imprint der eingetragenen Gesellschaft Springer-Verlag GmbH, DE und ist ein Teil von Springer Nature.
Die Anschrift der Gesellschaft ist: Heidelberger Platz 3, 14197 Berlin, Germany

Das Papier dieses Produkts ist recyclebar.

Vorwort zur 13. Auflage

Die Welt der Technik steht immer vor Wandel und Herausforderungen. Die Digitalisierung verändert das Leben der Menschen und die Produktentwicklung und Produktion vom Maschinen und Gütern. Der Siegeszug des elektrischen Antriebs bringt viele dynamische Vorteile, aber auch neue Herausforderungen für die Entwicklung der angetriebenen Maschinen, Anlagen und Fahrzeuge. Aus diesem Grund wird die Maschinendynamik weiterhin eine Kernkomponente sowohl in der Ausbildung von Studierenden als auch in der industriellen Praxis bleiben.

Das vorliegende Lehrbuch baut auf einer mehrsemestrigen Vorlesungsreihe „Technische Mechanik“ auf und stellt den Studierenden unmittelbar die dynamischen Probleme ihres Fachgebietes dar. Dabei wird die Maschinendynamik sowohl als ein typisches Gebiet für die mathematische Modellbildung technischer Prozesse aufgefasst als auch als ein Teilgebiet des Maschinenbaus, welches dynamische Probleme des Energiemaschinenbaus (Kolbenmaschinen und Turbomaschinen), des Verarbeitungsmaschinenbaus (Druckmaschinen, Textilmaschinen, Verpackungsmaschinen), der Fördergeräte, Landmaschinen und Fahrzeuge sowie des Anlagenbaus anspricht.

Das Buch ist nicht nur für Studierende, sondern auch für Ingenieurinnen und Ingenieure der Praxis geschrieben. Die Beispiele aus vielen Gebieten des Maschinenbaus sowie die Angabe von Parameterwerten und Verweise auf Richtlinien und Vorschriften unterstreichen dies. Der Ingenieur-Denkweise wird insofern entgegengekommen, als Methoden der Abschätzung, Überschlagsrechnungen und Minimalmodelle behandelt und viele lehrreiche dynamische Effekte (Kreiselwirkung, Resonanzdurchlauf, Tilgung, Selbstsynchronisation, …) erläutert werden, welche für die Konstruktion dynamisch hochbelasteter Maschinen bedeutsam sind. Die schnelle Entwicklung der Hardware und Software brachte es mit sich, dass heutzutage für fast jedes maschinendynamische Problem Berechnungssoftware vorliegt. Die Aufgabe der Ingenieurin und des Ingenieurs bleibt in jedem Fall, die entsprechenden Berechnungsmodelle aufzustellen, den Geltungsbereich der Software zu bewerten, das Simulationsergebnis zu kontrollieren und bereits vor Beginn der Rechnung eine Vorstellung vom erwarteten Ergebnis zu haben. Das Ziel der Berechnungen ist nicht nur eine Zahlenangabe, sondern ein verbessertes Verständnis für das dynamische Verhalten der realen Objekte und die Fähigkeit, physikalisch begründete konstruktive Maßnahmen zu treffen.

Das Standardwerk Maschinendynamik wurde von den Professoren Franz Holzweissig und Hans Dresig erdacht und erschien 1979 in seiner ersten Auflage. Es wurde über die Jahrzehnte vor allem durch Hans Dresig erfolgreich weiterentwickelt. Hans Dresig bat im Jahr 2017 Prof. Michael Beitelschmidt von der Technischen Universität Dresden, aktueller Inhaber der früheren Professur von Franz Holzweissig, als Autor an zukünftigen Auflagen mitzuwirken und die 13. Auflage gemeinsam anzugehen. Beide ursprüngliche Schöpfer des Werks sind im Jahr 2018 verstorben. Das hat nun dazu geführt, dass die 13. Auflage unter der alleinigen Verantwortung von Michael Beitelschmidt erstellt wurde.

Dabei wurden neben vielen kleinen Änderungen und Ergänzungen auch Eingriffe in die Kapitelstruktur des Buchs vorgenommen.

Das Buch hat relativ selbständige Kapitel, die typische Inhalte der Maschinendynamik vom Standpunkt des Maschinenbauers behandeln. In der neuen Auflage wurden die Balkenschwingungen und allgemeine Mehrfreiheitsgradschwingungen sowie die Rotordynamik neu geordnet: Die freien Schwingungen bilden das neue Kap. 6 und die erzwungenen Schwingungen das Kap. 7. Die bisher darin enthaltene Rotordynamik wurde in das neue, eigene Kap. 8 ausgegliedert. Die allgemeine Darstellung der linearen Schwinger in diesen beiden Kapiteln umfasst dabei Methoden der Kap. 4, 5 und 8. Einige Überschneidungen und Wiederholungen wurden bewusst in Kauf genommen, wobei vielfach auf Querverbindungen zwischen den Abschnitten verwiesen wird.

Kap. 9 behandelt nichtlineare und selbsterregte Schwinger, deren Berechenbarkeit zunehmend praktische Bedeutung erlangt. Kap. 10 (Beziehungen zur Systemdynamik und Mechatronik) bereitet darauf vor, maschinendynamische Probleme auch durch die Einbeziehung von Sensoren und Aktoren zu lösen. Kap. 11 enthält eine Zusammenfassung von Regeln und Erfahrungen aus der Praxis ohne eine einzige Formel, mit deren Hilfe dynamisch günstige Maschinen konstruiert werden können.

Die im Buch enthaltenen 60 Übungsaufgaben mit Lösungen dienen der Erarbeitung und Festigung des vermittelten Stoffes. Sie erläutern nicht nur theoretische Aussagen, sondern lösen auch praxisnahe Fragestellungen, wobei Wert darauf gelegt wurde, mit realen Parameterwerten zu rechnen. Dabei sei auch auf das zum Buch passende Übungsbuch [3] verwiesen.

Ein derartiges Buch kann nur gelingen, wenn dem Autor ein Team an Helfern zur Verfügung steht, denen hier besonders gedankt werden soll.

Die Mitautoren des bereits erwähnten Übungsbuchs beteiligten sich auch an der Erstellung dieser Auflage. Dr. Ludwig Rockhausen machte auf die gefundenen Fehler in der 12. Auflage aufmerksam und wirkte als Korrekturleser. Dr. Thomas Thümmel gab wesentliche Impulse zur Verbesserung des Kap. 9 und Frau Prof. Katrin Baumann unterstützte bei der Verbesserung des Kapitels zur Rotordynamik. Dr. Uwe Schreiber, Prof.

Dr. Michael Scheffler und Prof. Dr. Jörg Schwabe haben durch Korrekturlesungen und Verbesserungsvorschläge mitgewirkt.

Herr Dr. Volker Quarz formulierte das neue Unterkapitel zur stochastischen Erregung und Herr Micha Schuster wirkte an der Verbesserung und Erweiterung der regelungstechnischen Abschnitte mit.

Herr Dr. Zhirong Wang hat einen besonderen Dank verdient. Er hat am Layout des Buchs wesentlichen Anteil, löste alle LaTeX-Probleme, erstellte neue Abbildungen und stand jederzeit als Partner beim Nachrechnen von Aufgaben und zweifelhaften Ergebnissen zur Verfügung.

Ich wünsche mir, dass das Buch Maschinendynamik auch weiterhin dazu beiträgt, das Verständnis von dynamischen Prozessen in technischen Systemen bei Studierenden und in der industriellen Praxis zu verbessern und in der Folge bessere Produkte entstehen können.

Dresden
Sommer 2024

Michael Beitelschmidt

Inhaltsverzeichnis

Formelzeichen

Lateinische Buchstaben

$\boldsymbol{A}$	Matrix der Drehtransformation; Systemmatrix
b	Dämpferkonstante; Breite
$\boldsymbol{B}$	Dämpfungsmatrix $\boldsymbol{B} = [b_{kl}]$, Stellmatrix
c	Federkonstante
d	Durchmesser
$\boldsymbol{C}$	Federmatrix, Steifikeitsmatrix $\boldsymbol{C} = [c_{kl}]$, Messmatrix
D	Lehrsches Dämpfungsmaß $\equiv$ Dämpfungsgrad
$\boldsymbol{D}$	Nachgiebigkeitsmatrix $\boldsymbol{D} = [d_{kl}]$, Durchgriffsmatrix
$\boldsymbol{E}$	Einheitsmatrix
e	Exzentrizität einer Unwuchtmasse
$\boldsymbol{F}$	Kraftvektor
F_ξ, F_η, F_ζ	Komponenten der Kraft $\boldsymbol{F}$ im körperfesten Bezugssystem
f	Frequenz
$\boldsymbol{G}$	gyroskopische Matrix
g	Fallbeschleunigung
$\boldsymbol{g}$	Vektor der verallgemeinerten Kraftgrößen $\boldsymbol{g} = [Q_1, Q_2, \ldots, Q_n]^\mathrm{T}$
$\boldsymbol{H}$	Übertragungsfunktionsmatrix
h_i	i-te modale Erregerkraft
h	Höhe des Angriffspunktes der Erregerkraft über der Grundebene
i	Übersetzungsverhältnis; Nummer der Eigenfrequenz
I	Flächenträgheitsmoment; Anzahl der Glieder in einem Mechanismus
j	imaginäre Einheit $\mathrm{j} = \sqrt{-1}$
J_{kl}^S	Element des zentralen Trägheitstensors (bezüglich des Schwerpunkts S)
J_{kl}^O	Element des Trägheitstensors (bezüglich des Bezugspunktes O)
k	Nummer (Ordnung) der Harmonischen in der Fourierreihe
$\boldsymbol{L}$	Drehimpuls, Drall
l	Länge
m	Masse; Modul einer Verzahnung;

m_u	Unwuchtmasse
M	Moment
$\boldsymbol{M}$	Massenmatrix $\boldsymbol{M} = [m_{kl}]$; Momentenvektor
m_{kl}	Element der Massenmatrix
n	Anzahl der Freiheitsgrade, Drehzahl
$\boldsymbol{p}$	Parametervektor; Vektor der modalen Koordinaten (Hauptkoordinaten) $\boldsymbol{p} = [p_1, p_2, \ldots, p_i, \ldots, p_n]^T$
p_i	i-te modale Koordinate
P	Leistung
Q_k	k-te verallgemeinerte Kraftgröße (Kraft oder Moment)
q	verallgemeinerte Koordinate (Weg oder Winkel)
$\boldsymbol{q}$	Vektor der verallgemeinertenKoordinaten $\boldsymbol{q} = [q_1, q_2, \ldots, q_k, \ldots, q_n]^T$
q_k	k-te verallgemeinerte Koordinate
r, R	Radius
S	Schwerpunkt
t	Zeit
T	Periodendauer einer Schwingung ($T = 2\pi/\omega$)
T_0	Zyklusdauer ($T_0 = 2\pi/\Omega$) des Antriebs
T_i	Periodendauer der i-ten Eigenschwingung ($i = 1, 2, \ldots, n$), $T_i = 2\pi/\omega_i$
$\boldsymbol{T}$	Koordinatentransformationsmatrix
u	Übersetzungsverhältnis (als Alternative zu i), Übersetzung
$U(\varphi)$	Lagefunktion eines Mechanismus
U	z. B. $U_i = m_i r_i$ Unwucht der Masse m_i
V	Vergrößerungsfunktion
$\boldsymbol{v}$	Eigenvektor
$\boldsymbol{V}$	Modalmatrix $\boldsymbol{V} = [\boldsymbol{v}_1, \boldsymbol{v}_2, \ldots, \boldsymbol{v}_i, \ldots, \boldsymbol{v}_n] = [v_{ki}]$
W	Widerstandsmoment, Arbeit
x, y, z	Koordinaten im raumfesten Bezugssystem
$\boldsymbol{Y}_i$	Jacobimatrix der Translation
z	Zähnezahl eines Zahnrades
$\boldsymbol{Z}_i$	Jacobimatrix der Rotation

Griechische Buchstaben (bevorzugt für dimensionslose Größen)

α_k	Winkel zwischen der ξ-Achse und der Achse k
β_k	Winkel zwischen der η-Achse und der Achse k
γ_i	i-te modale Federkonstante
γ_{ik}	Sensitivitätskoeffizient (Federparameter)

γ_k	Winkel zwischen der ζ-Achse und der Achse k
δ	Ungleichförmigkeitsgrad; Abklingkonstante ($\delta = D\omega_0$); Längsspiel
Δ	Differenz, z. B. Δt (Zeitdifferenz)
ξ, η, ζ	Koordinaten im körperfesten Bezugssystem
Γ_{klp}	Christoffel-Symbol
$\varkappa$	dimensionsloser Faktor (bei verschiedenen Aufgaben lokal andere Bedeutung)
Λ	Logarithmisches Dämpfungsdekrement
Λ	Spektralmatrix
λ	Kurbelverhältnis ($\lambda = l_2/l_3$); Eigenwert ($\lambda = \omega^2/\omega^{*2}$)
μ_0	Reibungszahl der Haftreibung
μ	Reibungszahl der Gleitreibung
μ_i	i-te modale Masse
μ_{ik}	Sensitivitätskoeffizient (Masseparameter)
ν	Tilgungs-Kreisfrequenz; Querkontraktionszahl
η	Wirkungsgrad; Abstimmungsverhältnis ($\eta = \Omega/\omega_0$); körperfeste Koordinate
π_i	Ähnlichkeitskennzahl Nr. i (dimensionslose Größe)
ϱ	Dichte
σ	Spannung; Normalspannung
τ	Schubspannung
φ	Phasenwinkel; Verlustwinkel
φ_0	Kurbelwinkel ($\varphi_0 = \Omega t$)
ψ	Phasenwinkel einer Koordinate; relative Dämpfung
ω	Betrag der Drehgeschwindigkeit; Kreisfrequenz des gedämpften Schwingers $\omega = \omega_0\sqrt{1 - D^2}$
ω_0	Kreisfrequenz des ungedämpften Schwingers
ω_i	i-te Eigenkreisfrequenz ($\omega_i = 2\pi f_i$)
$\boldsymbol{\omega}$	Vektor der Drehgeschwindigkeit
Ω	Winkelgeschwindigkeit des Antriebs; Erregerkreisfrequenz ($\Omega = 2\pi f$)

Indizes (maximal zwei hintereinander)

A	Anlauf-, z. B. t_A (Anlaufzeit)
a	Axial-, z. B. J_a (axiales Trägheitsmoment)
an	Antriebs-, z. B. M_an (Antriebsmoment)
b	Blind-, z. B. P_b (Blindleistung)
B	Brems-, z. B. φ_B (Bremswinkel)
D	Dämpfung, z. B. F_D (Dämpfungskraft)
eff	Effektivwert, z. B. P_eff (Effektivleistung)
e	Erreger-, z. B. f_e (Erregerfrequenz)

eig	Eigen-, z. B. f_{eig} (Eigenfrequenz)
i	Nummer eines Körpers (Gliedes) in einem Mechanismus (i = 1, 2, . . ., I); Nummer einer Eigenfrequenz oder Eigenform (i = 1, 2, . . ., n)
j	Nummer eines Sprunges bei Sprungfolge (= 1, 2, . . ., J)
k	Nummer einer Koordinate (k = 1, 2, . . ., n); Nummer einer Hauptachse (k = 1, 2, 3 oder k = I, II, III); Ordnung einer Harmonischen (k = 1, 2, . . ., K)
l	Nummer einer Koordinate als Alternative zu k (l = 1, 2, . . ., n)
m	Ordnung einer Harmonischen als Alternative zu k (m = 1, 2, . . ., K)
kin	kinetisch, z. B. W_{kin} (kinetische Energie)
M	Motor-, z. B. J_M (Trägheitsmoment des Motors)
m	Mittel-, z. B. M_m (mittleres Moment)
max	Maximal- oder Maximum
min	Minimal- oder Minimum
H	Horizontal-, z. B. Horizontalkraft F_H
N	Normal-, z. B. Normalkraft F_N
0	Anfangs-, z. B. v_0 (Anfangsgeschwindigkeit)
p	Polar- , z. B. J_p (polares Trägheitsmoment)
red	reduziert
R	Reib-, z. B. M_R (Reibmoment)
s	Nummer einer ausgewählten Koordinate (s = 1, 2, . . ., n)
S	Schwerpunkt-, z. B. x_S (Schwerpunktabstand in x-Richtung); Spiel, z. B. φ_S (Winkel des Getriebespiels)
st	statisch; z. B. M_{st} (statisches Moment)
t	technologisch, z. B. F_t technologische Kraft
T	Torsions-, z. B. c_T (Torsionsfederkonstante)
v	Verlust-, z. B. P_v Verlustleistung
x, y, z	Komponenten im raumfesten Bezugssystem (z. B. F_y ist y-Komponente der Kraft $\boldsymbol{F}$ im raumfesten Bezugssystem)
zul	zulässig, z. B. σ_{zul} (zulässige Spannung)
ξ, η, ζ	Komponenten im körperfesten Bezugssystem (z. B. F_ξ ist ξ-Komponente der Kraft $\boldsymbol{F}$ im körperfesten Bezugssystem)
I, II, III	Römische Zahlen für Hauptachsen

Exponenten und Hochzeichen

e	eingeprägt, z. B. $\boldsymbol{F}^{(e)}$ (eingeprägte Kraft)
O	bezüglich raumfestem Ursprung
$\overline{O}$	bezüglich körperfestem Bezugspunkt
T	Transponiert, z. B. transponierter Vektor

S Schwerpunkt-

z Zwangs-, z. B. $\boldsymbol{F}^{(z)}$ (Zwangskraft)

* Stern als Kennzeichen einer Besonderheit z. B. ω^* (Bezugskreisfrequenz); Imaginärteil einer komplexen Zahl

$\bar{}$ Querstrich oben: Bei Vektoren und Tensoren: Bezieht sich auf körperfestes System

$\tilde{}$ Tilde oben: schiefsymmetrische Matrix des betreffenden Vektors; komplexe Zahl

1 Aufgaben und Gliederung der Maschinendynamik

Aufgabe der Maschinendynamik ist es, die Erkenntnisse der Dynamik auf spezielle Probleme im Maschinenwesen anzuwenden. Ihre Entwicklung hängt eng mit den Entwicklungen im Maschinenbau zusammen.

Zuerst traten dynamische Probleme an den Kraft- und Arbeitsmaschinen auf. Torsionsschwingungen wurden an Kolbenmaschinen beobachtet, und Biegeschwingungen gefährdeten die Bauelemente der Turbinen. Die Klärung dieser Erscheinungen galt lange Zeit als einzige Aufgabe der Maschinendynamik, wie dies in den Standardwerken, z. B. [5], zum Ausdruck kommt.

Kenntnisse der Maschinendynamik werden aber auch bei der Entwicklung von Maschinen benötigt, die auf dynamischen Wirkprinzipien beruhen. Dazu gehören Hämmer, Roboter, Stampfer, Schwingförderer, Siebe, Vibratoren, Textilspindeln, Zentrifugen, u. a.

Mit der ständig wachsenden Arbeitsgeschwindigkeit und der Durchsetzung der Prinzipien des Leichtbaus auf den Gebieten der Verarbeitungsmaschinen, Landmaschinen, Werkzeugmaschinen, Druckmaschinen und Fördermaschinen traten hier dynamische Probleme in den Vordergrund. Um ihre Vielzahl beherrschen zu können, machte es sich erforderlich, die prinzipiellen Fragen herauszuschälen und unter weitestgehender Loslösung von der speziellen Maschine zu beantworten. Damit wurde die Maschinendynamik zu einem selbstständigen Wissenschaftsgebiet, das zum Rüstzeug einer jeden Maschinenbauingenieurin oder eines -ingenieurs gehört.

Während früher die Meinung galt, dass eine Beschäftigung mit Schwingungsproblemen nur wenigen Spezialisten vorbehalten bleibt, wird heute von einer großen Zahl von Ingenieurinnen und Ingenieuren verlangt, dass sie eine genaue Vorstellung von den dynamischen Vorgängen in einer Maschine besitzen. Hochleistungsfähige Maschinen sind nicht nur nach statischen, sondern häufig in erster Linie nach dynamischen Gesichtspunkten zu dimensionieren. So hängt der Einsatz von Berechnungsverfahren der Betriebsfestigkeit von der

M. Beitelschmidt und H. Dresig, *Maschinendynamik*,
https://doi.org/10.1007/978-3-662-60313-0_1

Sicherheit der Lastannahmen ab, die aus einer maschinendynamischen Berechnung resultieren. Die Ingenieurin oder der Ingenieur muss also die Gesetzmäßigkeiten, nach denen sich periodische Dauerbelastungen, Stöße, Anfahr- und Bremsvorgänge in der Maschine auswirken, kennen.

Dabei ist jedoch die Arbeitsweise der Ingenieurin oder des Ingenieurs zu berücksichtigen. Sie wird durch die Forderung bestimmt, eine praktische Aufgabe in kurzer Zeit mit ökonomisch vertretbarem Aufwand zu lösen. Da er sich oft schnell entscheiden muss, kann nicht die wissenschaftliche Klärung von Einzelfragen abgewartet werden. Er muss vielmehr alles Erreichbare heranziehen und die Aufgabenlösung dem vorliegenden Stand anpassen. Eine wichtige Fertigkeit, die die Ingenieurin oder der Ingenieur beherrschen sollte, ist die, eine unvollkommene oder unvollständige Theorie anzuwenden, solange es keine bessere gibt. Dies setzt natürlich einen Fundus von Wissen voraus, zu dem nicht immer die Kenntnis aller Gedankengänge, die zu einer Formel oder einem Rechenprogramm führen, gehört. Wichtig für ihn ist jedoch, den Geltungsbereich zu kennen und die Möglichkeit einer Überprüfung der Ergebnisse durch Abschätzungen zu nutzen.

Das Schema in Abb. 1.1 skizziert, welche Wege bei der Lösung einer konstruktiven Aufgabe gegangen werden können. Eine sehr erfahrene Person kann dabei den äußeren Weg gehen und durch Sehen, Fühlen oder Hören feststellen, welche Ursachen geändert werden müssen, um die gewünschte Wirkung zu erzielen. In Kap. 11 sind einige allgemeine Regeln angegeben, auf die sich der Erfahrene stützen kann, aber sie sind unvollständig und deren Kenntnis genügt nicht, um alle Probleme zu lösen. Vereinfachend gesagt kommt es letzten Endes auf Entscheidungen an, bei einem konkreten Objekt etwas an der Struktur oder deren Parametern so zu ändern, damit etwas dynamisch besser funktioniert.

Da diese Auswahl von Entscheidungen nicht trivial ist, wird üblicherweise in den Schritten vorgegangen, die auf der linken Seite des Schemas angegeben sind. Wesentliche Schritte sind dabei, aus der konstruktiven (oder technologischen) Aufgabe eine mechanische oder multiphysikalische Aufgabe zu erkennen und daraus eine mathematische Aufgabe zu formulieren. Dieser Prozess wird als Modellbildung bezeichnet. Das physikalische Verhalten muss grundsätzlich verstanden sein, bevor ein Modell gebildet wird. Kap. 2 befasst sich mit Fragen der Modellbildung und Kennwertermittlung.

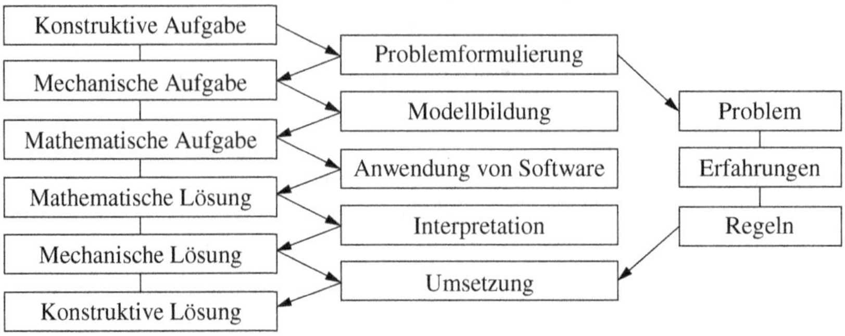

Abb. 1.1 Aufgaben und Ablauf der Lösungsfindung in der Maschinendynamik

Im Laufe der vergangenen Jahrzehnte ist auch in der Maschinendynamik die rechnergestützte Analyse mit handelsüblicher Software zur Norm geworden. Die vielen Mühen, die früher mit der Lösung der mathematischen Aufgaben verbunden waren, werden heutigen Ingenieuren erspart. In den vergangenen Jahren sind die Interpretation der mathematischen Lösung und die Umsetzung mechanischer Wirkprinzipien in eine konstruktive Lösung immer wichtigere Ingenieuraufgaben geworden. Es können dynamische Erscheinungen jetzt besser vorausberechnet und genutzt werden, wie z. B. der dynamische Ausgleich, die Wirkungen von Kreiseln, Tilgern, Dämpfern und nichtlineare Einflüsse (z. B. Selbstsynchronisation).

Abb. 1.2 zeigt, wie die Maschinendynamik in Nachbargebiete eingebettet ist. Es könnte in ähnlicher Weise vielleicht die Rotordynamik [18] oder die Fahrzeugdynamik [39] hinzugenommen werden, mit denen es vielfache Überschneidungen gibt. Im Gegensatz zur Rotor- und Fahrzeugdynamik hat es die Maschinendynamik aber mit vielen unterschiedlichen Objekten und Problemen zu tun, angefangen bei den Maschinenelementen [35] bis zu komplexen Konstruktionen, wo (nicht nur wie bei der Fundamentierung) enge Beziehungen zur Baudynamik bestehen [31]. Die Antriebe von Fahrzeugen liefern zahlreiche maschinendynamische Fragestellungen, die von der Natur des Fahrzeugs unabhängig sind.

Die theoretische Basis der Maschinendynamik sind die Mathematik und Physik [51], dabei naturgemäß fast alle Gebiete der Technischen Mechanik [22], [44] und besonders der Schwingungslehre [15], [21], [29], [42]. Die Ergebnisse maschinendynamischer Untersuchungen haben Einfluss auf die Gestaltung und Auslegung realer Maschinen, wobei enge Verbindungen zur Konstruktionslehre, zu den Maschinenelementen, zur Betriebsfestigkeit, der Antriebstechnik und der Maschinenakustik bestehen. Praktisch sind die Antriebstechnik (für die Antriebe) [11], [20], [34] und die Baudynamik (für die Gestelle) [31], [37] die Nachbarn, wenn die Maschine aus Sicht der Konstruktionslehre als eine Kombination von Antriebs- und Tragsystem gesehen wird.

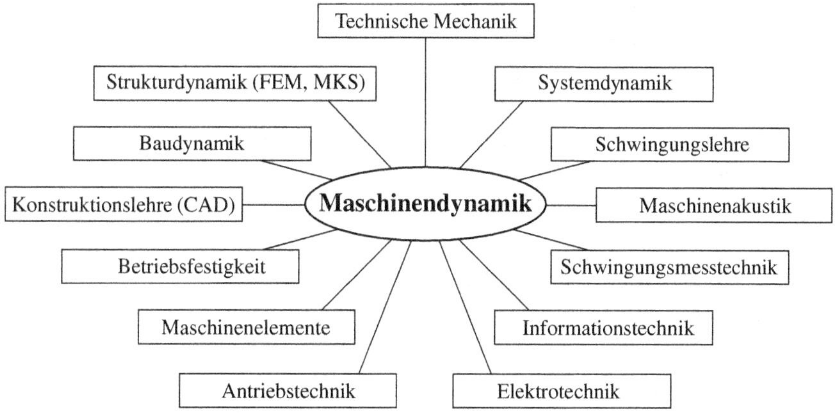

Abb. 1.2 Zur Einordnung der Maschinendynamik

In der Maschinendynamik geht es immer um reale Objekte, die zeitlich veränderlich belastet sind, Effekten der Massenträgheit ausgesetzt sind oder diese nutzen und oft auch darum, Störungen und Schäden zu vermeiden. Die Erkenntnisse der Schwingungslehre bilden die Grundlage für das Verständnis vieler realer Erscheinungen. Die technische Entwicklung vieler Maschinen hat die Schwingungslehre insofern beeinflusst, als sie immer wieder neue Fragen aus der Praxis stellte, die mit dem bis dahin bekannten Theorienvorrat nicht beantwortet werden konnten.

Fragen der Modellbildung in der Maschinendynamik stehen im engen Zusammenhang mit der Systemdynamik [7], [24], [32] und der Schwingungsmesstechnik, aber auch mit Methoden der Beurteilung und Bewertung [28], [30] der Schwingungserscheinungen. Genutzt werden in der Maschinendynamik die Ergebnisse der Entwicklungen auf den Gebieten der Strukturdynamik [17] und Mehrkörperdynamik [8], [40], die sich oft – mithilfe der numerischen Mathematik umgesetzt – in handelsüblicher Software wieder finden. Nur durch die wechselseitige Vervollkommnung von Rechen- und Messtechnik lassen sich quantitative Verbesserungen der Berechnungsmodelle erzielen. Mit Hilfe der Messung können einerseits Parameterwerte für die Berechnungsmodelle gewonnen werden (Kap. 2) und andererseits die Berechnungsergebnisse validiert werden. Querverbindungen zur Elektrotechnik bestehen bei den elektrischen Antrieben und bei der Anwendung von Ergebnissen der Regelungstechnik und Informatik, wobei in der Maschinendynamik (im Gegensatz zur Mechatronik) die wesentliche Aufgabe die Beherrschung der Massenkräfte ist.

Ein eigenes Gebiet der Maschinendynamik ist die Sammlung und Ordnung bewährter Berechnungsmodelle und der zugehörigen Kennwerte, die als Eingabedaten für die Computerprogramme benötigt werden. Hoch entwickelte und erprobte Berechnungsmodelle realer Maschinen unterliegen bei den Firmen oft der Geheimhaltung. Sie sind als Ergebnis langer Entwicklungen sehr detailliert und aussagefähig. Auf Anfrage können sie (z. B. bei der Berechnung gewisser Maschinenelemente) meist auch von Außenstehenden genutzt werden.

Sowohl Studierende als auch Ingenieurinnen und Ingenieure in der Praxis sollten immer wissen und verstehen, welche Berechnungsmodelle hinter der handelsüblichen Software stecken, was der physikalische Hintergrund ist. Jeder sollte auch eine Vorstellung von den Größenordnungen der Massen, Federkonstanten, Dämpfungen, Kräften, Frequenzen usw. haben, mit denen er zu tun hat. Im vorliegenden Buch werden deshalb bei den meisten Aufgaben Parameterwerte benutzt, die „aus dem Leben" gegriffen sind. Der Berechner sollte immer versuchen zu ahnen, was der Computer für Ergebnisse liefern wird. Damit lassen sich Ergebnisse, auch ohne vorliegen einer Messung auf Plausibilität abschätzen. Mit einiger Übung lässt sich in der Berufspraxis oft erreichen, die Größenordnung realer Parameterwerte und Ergebnisse einer Berechnung vorauszusagen.

Im vorliegenden Lehrbuch wird der Stoff vom Einfachen zum Komplizierten geordnet. Es wird darauf vertraut, dass aus dem Fach Technische Mechanik Grundkenntnisse vorhanden sind. Kap. 3 enthält mit der Dynamik des starren Körpers vermutlich auch Bekanntes. Das Verständnis der Kräfteverhältnisse im Starrkörpersystem bildet die Grundlage für viele andere dynamische Erscheinungen. Spezielle Schwingungssysteme werden in den Kap. 4

bis 8 behandelt, die aber jeweils „klassische“ Gebiete der Maschinendynamik (Fundamentierung, Schwingungsisolierung, Torsions- und Längsschwingungen, Biegeschwingungen, Rotorschwingungen) mit ihren wesentlichen Anwendungen behandeln.

In den Kap. 4 und 5 werden bereits die Methoden der Eigenwertanalyse von Mehrfreiheitsgradsystemen eingeführt. Das Kap. 6 wiederholt aus verallgemeinerter Sicht einen Teil des dargestellten Stoffes, ergänzt die Biegeschwingungen und beinhaltet mit der linearen Schwingungstheorie ein Gebiet, das bei vielen Maschinen anwendbar ist. Die erzwungenen Schwingungen linearer Mehrfreiheitsgrade finden sich im Kap. 7. Die zusätzlichen Effekte rotierender Systeme werden im Kap. 8 vorgestellt. Kap. 9 gibt Einblick in einige nichtlineare Erscheinungen und in das Verhalten selbsterregter Schwinger, die Bedeutung im Maschinenbau haben. Im Kap. 10 werden die Beziehungen der klassischen Maschinendynamik zu mechatronischen und geregelten Systemen vorgestellt. Die Regeln in Kap. 11 sollen auf die qualitative Seite der Maschinendynamik hinweisen.

2 Modellbildung und Kennwertermittlung

Bei der Modellbildung wird ein reales System, das entweder virtuell entworfen ist oder bereits existiert, als physikalisches Objekt beschrieben. Daraus kann dann in weiteren Schritten eine mathematische Beschreibung entstehen. Das Modell muss, damit es valide Ergebnisse liefert, sowohl die richtigen Wirkungszusammenhänge abbilden als auch die richtigen Parameter und Kennwerte enthalten.

2.1 Einteilung der Berechnungsmodelle

2.1.1 Allgemeine Grundsätze

Berechnungsmodelle werden in der Maschinendynamik meist aus drei Gründen verwendet:

1. Zeit- und Kostenersparnis bei der Entwicklung neuer oder verbesserter Erzeugnisse dadurch, dass an Stelle teurer Versuchsstände (oder Messungen an der realen Maschine, deren Betrieb unterbrochen werden muss) die dynamische Simulation am Computer erfolgen kann.
2. Hilfe bei der Klärung physikalischer Ursachen für störende Erscheinungen (z. B. Resonanzschwingungen, Brüche, Lärm) oder gewünschter Effekte (z. B. Tilgung).
3. Ermittlung optimaler Parameterwerte hinsichtlich der jeweiligen speziellen Kriterien (z. B. Materialaufwand, Energiebedarf, Steifigkeit, Arbeitsschutz, Lebensdauer, Zuverlässigkeit).

In den vergangenen Jahren haben die Möglichkeiten zur modellgestützten Analyse an Bedeutung gewonnen, da sich durch die Leistungsfähigkeit der Computer und der Software der

M. Beitelschmidt und H. Dresig, *Maschinendynamik*,
https://doi.org/10.1007/978-3-662-60313-0_2

zeitliche und finanzielle Aufwand für Simulationsrechnungen bedeutend vermindert hat. Demgegenüber sind Prüfstandversuche zeit- und kostenaufwendig geblieben.

Die „Berechnung der Maschine“ gibt es nicht pauschal. Die erste Aufgabe ist die Bereitstellung eines Berechnungsmodells. Die dafür angewendeten Methoden richten sich danach, ob als Ausgangsmaterial die Konstruktionsunterlagen oder Messungen an einer Maschine vorliegen.

Wird von den Konstruktionsunterlagen ausgegangen, so muss als erstes eine *Struktur* definiert werden. Darunter werden die gegenseitigen Kopplungen der Elemente (Topologie) und den Aufbau des Berechnungsmodells aus den Elementen

Masse: Speicher für kinetische Energie
Feder: Speicher für potenzielle Energie
Dämpfer: Elemente zur Wandlung von mechanischer Energie in Wärmeenergie
Erreger: Elemente zur Energiezufuhr aus einer Energiequelle

verstanden.

Liegt die Struktur fest, müssen deren Parameter definiert werden. Unter *Parameter* wird dabei eine zeitlich unveränderliche geometrische oder physikalische Größe verstanden, die mit einem Buchstaben bezeichnet wird und in dem Berechnungsmodell vorkommt. Strukturfestlegung bedeutet hauptsächlich: Auswahl der Parameter, die auf eine bestimmte Erscheinung Einfluss haben. Die Anzahl K der Parameter ist neben der Anzahl n der Freiheitsgrade die wesentliche Maßzahl für die Komplexität eines Berechnungsmodells. Mit der Auswahl der Parameter wird entschieden, wie die räumlichen und zeitlichen Grenzen des Modells (Energiequelle) gewählt und welche internen Wechselwirkungen berücksichtigt werden. Bei der theoretischen Modellbildung, die von den Konstruktionsunterlagen ausgeht, sind z. B. Längen, Übersetzungsverhältnisse, Massen, Feder- und Dämpferkonstanten und Koeffizienten der kinematischen oder dynamischen Erregungen die Parameter. Es muss begrifflich zwischen Parametern, Parameterwerten, dimensionslosen Kenngrößen und Kennzahlen unterschieden werden.

Parameterwerte (oder „Kennwerte“) enthalten die Daten der Parameter, also Zahlenwerte und Maßeinheiten. Ein konkretes Modell wird durch seine Parameterwerte, die im Parametervektor zusammengefasst werden können, charakterisiert, aus denen sich dann z. B. die Elemente der Massen- und Steifigkeitsmatrix ergeben. Solche Parameterwerte sind bei Beispielen und Aufgaben in allen Kapiteln angegeben, vgl. Abschn. 3.3.5, 4.2.4, 5.3.6.1 oder z. B. A3.5, A4.3, A5.1, L8.3, A7.6 sowie Abb. 5.13. Die theoretische oder experimentelle Bestimmung der Parameterwerte gehört zu den Aufgaben der Modellbildung und wird in den Abschn. 2.2 bis 2.5 behandelt.

Vor allem in der Steifigkeits- und Dämpfungsbestimmung muss weitgehend auf Erfahrungswerte, die aus Messungen resultieren, zurückgegriffen werden. Liegen zu Beginn der Modellbildung Messungen an einer Maschine vor, zeigt sich oft, dass nur wenige Eigenfrequenzen und Schwingformen eine Rolle spielen. Es ist deshalb eine wesentliche Aufgabe, ein Modell zu finden, das mit der geringsten Anzahl von Freiheitsgraden eine zutreffende Aussage über das dynamische Verhalten des Systems mit abgestecktem Gültigkeitsbereich ermöglicht.

Die experimentelle Modellbildung oder auch Identifikation geht von Messungen an Maschinen aus. Sie wird wesentlich vom Stand der Messtechnik bestimmt und bildet die Erfahrungsgrundlage für die analytische Modellbildung. Sie geht in wesentlichen Zweigen auf Verfahren der Systemdynamik zurück und versucht Aussagen sowohl über Strukturen als auch über deren Parameterwerte zu machen.

Als Parameterwerte, die bei der experimentellen Modellbildung anfallen, können neben den einem Bauelement zugeordneten „lokalen" auch „globale Parameterwerte" des Gesamtsystems aufgefasset werden, wie die identifizierten Eigenfrequenzen und Eigenformen, die sich z. B. bei der experimentellen Modalanalyse zeigen. Deren Zahlenwerte charakterisieren ein Realsystem. Ein Berechnungsmodell kann daran geprüft oder validiert werden, inwiefern die auf verschiedenen Wegen ermittelten Parameterwerte übereinstimmen.

Aus den (meist dimensionsbehafteten) Parametern können stets *dimensionslose Kenngrößen* (Ähnlichkeitskennzahlen) gebildet werden. Normalerweise lassen sich in der Maschinendynamik aus K Parametern insgesamt $(K - 3)$ dimensionslose Kennzahlen (Zahlenwert einer Kenngröße) bilden [11]. Berechnungsmodelle mit gleicher Struktur und gleichen dimensionslosen Kenngrößen sind physikalisch ähnlich. Die Modellgesetze der Ähnlichkeitsmechanik müssen beim Bau vergrößerter oder verkleinerter realer Modelle beachtet werden. Sie können auch bei der numerischen Rechnung und der Ergebnisdarstellung genutzt werden. Mithilfe dimensionsloser Kenngrößen lassen sich, wie in der Strömungsmechanik, auch in der Maschinendynamik theoretisch oder experimentell gewonnene Ergebnisse verallgemeinern. Dies gilt z. B. für die Gewinnung von Aussagen über das dynamische Verhalten der Baureihen von Maschinenelementen oder Maschinen.

Bekanntlich liegen beim Berechnungsmodell des harmonisch erregten Einmassenschwingers mit der beschreibenden Differenzialgleichung

$$m\ddot{x} + b\dot{x} + cx = F \sin \Omega t \tag{2.1}$$

$K = 7$ ursprüngliche physikalische Größen $(m, c, b, F, \Omega, t, x)$ vor, aus denen für die Ergebnisdarstellung $K - 3 = 4$ Ähnlichkeitskennzahlen $(2D = b/\sqrt{mc}$; $\eta = \Omega\sqrt{m/c}$; $\tau = \Omega t$; $\xi = cx/F)$ gebildet werden können. Solche Kenngrößen werden z. B. in (2.151), (8.46), Abb. 5.7, 5.36, 6.18, 7.4 und (9.33) definiert.

Komplizierte Berechnungsmodelle sind in jahrzehntelanger Wechselwirkung zwischen Rechnung und Messung entwickelt worden. Das trifft z. B. auf den Turbinenbau, Schiffbau, Fahrzeugbau und die Luft- und Raumfahrttechnik zu, wo hunderte von Mannjahren in die Entwicklung zutreffender Berechnungsmodelle und deren Umsetzung in erzeugnisorientierte Spezialprogramme investiert wurden.

Im allgemeinen Maschinenbau sind für viele Objekte und Vorgänge noch keine ausreichenden Berechnungsmodelle vorhanden. Empfehlungen enthalten die VDI-Richtlinien

3843 (Modellbildung schwingungsfähiger Systeme) und 3839 (Messung und Interpretation der Schwingungen von Maschinen), vgl. auch [12].

Berechnungsmodelle in der Maschinendynamik können *drei Modellstufen* zugeordnet werden:

1. zwangläufiges System starrer Körper („Starre Maschine"),
2. lineares Schwingungssystem (freie Schwingung oder Zwangserregung),
3. nichtlineares oder selbsterregtes System.

Die zwangserregten Schwingungssysteme können noch in erzwungene und parametererregte eingeteilt werden. Diese Einteilung lässt sich unter den drei Aspekten

- physikalisch (nach der Herkunft und Intensität der Energiezufuhr),
- mathematisch (nach der Komplexität der Gleichungen) und
- historisch (nach der Entstehungsgeschichte des Problems)

begründen.

Ein reales Objekt (Realsystem), also eine Maschine oder deren Baugruppe, kann nicht automatisch einem dieser Berechnungsmodelle zugeordnet, sondern auf alle drei Modellstufen abgebildet werden, je nachdem, welchen konkreten Belastungs- und Bewegungsverhältnissen es unterliegt. Die Energiequelle wird von der niederen zur höheren Stufe immer genauer modelliert.

Auf der Stufe 1 und Stufe 2 sind Bewegungs- oder Kraftgrößen als Funktion der Zeit vorgegeben, die unbeeinflusst von der Reaktion des Modells bleiben. In Stufe 3 ist schließlich die Energiequelle Bestandteil des autonomen Systems. Es ist dann erforderlich, auch eine Modellbildung des Motors (z. B. für elektrische Baugruppen) vorzunehmen.

Dabei stellt Modellstufe 3 das autonome System dar, von dem die Modelle der anderen Stufen deduktiv ableitbar sind. Es kann gezeigt werden, dass unter vereinfachenden Annahmen die jeweils niedere Stufe eine Näherung der höheren Stufe ist, d. h., mit dem Modell der höheren Stufe lassen sich die Effekte prinzipiell realitätsnaher als mit den Modellen der tieferen Stufen beschreiben.

Bei vielen Objekten begann eine Modellbildung mit einem zwangläufigen Mechanismus, vgl. Kap. 3. Dies hängt auch damit zusammen, dass die historische Entwicklung jeder Maschine bei niederen Geschwindigkeiten beginnt. Beim Hochlauf eines Antriebssystems von null auf die Maximaldrehzahl werden gewissermaßen auch die verschiedenen („historischen") Modellstufen vom Einfachen zum Komplizierten durchlaufen. Bei niederen Geschwindigkeiten verhält sich das Objekt wie ein zwangläufiges System, während das nichtlineare Verhalten spätestens bei der Zerstörung des Objekts sichtbar wird. Dieser Fall muss übrigens bei der Rekonstruktion von Schadensfällen manchmal ernsthaft analysiert werden.

Ein Starrkörpersystem (Modell „starre Maschine“) ist durch geometrische Abmessungen und Masseparameter beschreibbar. Kap. 3 dieses Buches widmet sich Objekten, welche der Modellstufe 1 entsprechen. Zur Abgrenzung des Geltungsbereichs des Starrkörpermodells gegenüber dem des Schwingungssystems gibt es zwei einfache Kriterien:

1. Bei periodischen Erregungen ist das Starrkörpersystem („Modell der starren Maschine“) für den stationären Zustand als Modell anwendbar, wenn es „langsam“ erregt wird. Dies bedeutet bei periodischen Erregungen, dass die *höchste Erregerfrequenz* $f_{\max} = k\Omega/(2\pi)$, die noch eine bedeutsame Amplitude im Erregerspektrum aufweist, wesentlich kleiner als die niedrigste Eigenfrequenz f_1 des realen Objekts sein muss. Also lautet das Kriterium:
$$k\Omega \ll \omega_1 = 2\pi f_1 \tag{2.2}$$
mit der Grundkreisfrequenz Ω der Erregung und der Ordnung k der höchsten relevanten Harmonischen.
2. Bei instationären Erregungen, also den typischen Anfahr-, Brems-, Beschleunigungs- oder Verzögerungsvorgängen, ist das Modell des Starrkörpersystems anwendbar, so lange die einwirkende Kraft sich „langsam“ ändert, d. h. wenn die größte Schwingungsdauer T_1 des realen Objekts bedeutend kleiner als die *Anlaufzeit* t_a der einwirkenden Kraft- oder Bewegungsgröße ist. Als Kriterium gilt:
$$\frac{1}{f_1} = T_1 \ll t_a. \tag{2.3}$$

In Tab. 2.1 sind die wesentlichen Parameter aufgeführt, welche üblicherweise zu den jeweiligen Modellstufen gehören.

Ein wesentliches Kennzeichen der *Schwingungssysteme* (Modellstufe 2) ist die Anzahl ihrer Freiheitsgrade. Sie richtet sich einerseits danach, welche physikalischen Effekte zu berücksichtigen sind, wie viele Eigenformen (Moden) bei einem linearen System tatsächlich angeregt werden, aber auch danach, wie genau die räumliche Auflösung des Belastungs- und Deformationsverhaltens bestimmt werden soll.

Es muss gewährleistet sein, dass der Erregerfrequenzbereich innerhalb des Eigenfrequenzbereichs des Modells liegt. Deshalb gilt das Kriterium:

Das Modell eines Schwingungssystems soll Eigenfrequenzen bis oberhalb der höchsten Erregerfrequenz besitzen.

Selbsterregte Schwinger (Modellstufe 3) werden meist als Systeme mit wenigen Freiheitsgraden behandelt. Es sind stets nichtlineare Systeme, wobei die Stabilitätsgrenzen oft schon mit linearen Systemen ermittelt werden können, vgl. Abschn. 9.3.

Jede Modellbildung sollte mit einem *Minimalmodell* begonnen werden. Dieses Berechnungsmodell, mit dem die Modellbildung für ein reales Objekt gestartet wird, ist dadurch charakterisiert, dass es

Tab. 2.1 Typische Parameter der drei Modellstufen

Stufe	Gegebene Parameter	Berechenbare Größen
1	Geometrische Abmessungen (Längen, Winkel, Übersetzungsverhältnisse), Masseparameter, kinematische Bewegungsabläufe und/oder Antriebskraftgrößen	reduziertes Trägheitsmoment, Geschwindigkeit und Beschleunigung der Starrkörperbewegungen, Gelenk- und Lagerkräfte, Fundamentbelastung, Antriebs- oder Bremsmoment
2	Längs- und Drehfederkonstanten, Biegesteifigkeit, Längs- und Drehdämpferkonstanten, Materialkennwerte, zeitliche Erregerkraftverläufe, Fourierkoeffizienten bei periodischer Erregung, zeitliche Veränderung der Parameter	Eigenfrequenzen und Eigenformen, Zeitverläufe der Kraft- und Bewegungsgrößen bei erzwungenen Schwingungen, Resonanzstellen höherer Ordnung (kritische Drehzahlen), Ortskurven, Instabilitätsbereiche parametererregter Schwingungen, Tilgung
3	Geschwindigkeitsabhängige Lagerdaten (Ölfilm-Einfluss), Reibwerte,Kennlinien der Motor- und Bremsmomente, nichtelastisches Materialverhalten (viskos, plastisch), nicht-lineare geometrische und stoffliche Kennwerte	nichtlineare Schwingungen, selbsterregte Schwingungen, Kombinationsresonanzen, Grenzzykel, Wechselwirkung zwischen Schwingungssystemen und Energiequelle, amplitudenabhängige Eigenfrequenzen, nichtlineare Wechselwirkungen

- bewusst räumlich und/oder zeitlich eng begrenzt ist,
- nur eine kleine Anzahl von Freiheitsgraden besitzt,
- nur wenige („robuste") Parameter berücksichtigt,
- wesentliche physikalische Vorgänge qualitativ richtig erfasst,
- mit relativ wenig Aufwand auswertbar ist (Variantenvergleich),
- qualitativ (und quantitativ tendenziell) richtige Aussagen liefert.

Ein Minimalmodell ist dazu geeignet, eine erste Hypothese zu prüfen und Anregungen für weitere theoretische und experimentelle Schritte zu geben. Je nach den Ansprüchen kann das Minimalmodell beibehalten werden oder, davon ausgehend, nach jedem Schritt aufgrund der Zwischenergebnisse über den weiteren Fortgang der Modellbildung entschieden werden.

In der Regel ist der Grad des Verständnisses einer Erscheinung umgekehrt proportional zur Anzahl der verwendeten Freiheitsgrade und Modellparameter. Minimalmodelle sind übersichtlich und überschaubar. Es kann passieren, dass die Einführung zu vieler Parameter eine unrichtige (zufällige) Übereinstimmung zwischen Ergebnissen der Modellberechnung und eines Experiments vortäuscht. Fälschlicherweise wird manchmal daraus die „Richtigkeit" des Modells gefolgert. Es besteht psychologisch auch die Gefahr, dass die mit komplizierten Modellen und großen Computerprogrammen gewonnenen Rechenergebnisse für besonders wertvoll gehalten werden. Dabei darf aber nicht vergessen werden, wie ungenau die meisten Eingabedaten und wie sensibel die Resultate sind. Normalerweise lassen sich weder bei den Messungen noch bei Modellberechnungen Ergebnisse, welche auf drei Ziffern genau richtig sind, gewinnen. Wenn in den folgenden Abschnitten mehr als drei gültige Ziffern angegeben sind, dann hat das meist mathematische Gründe.

Modelle müssen so einfach wie möglich und so kompliziert wie nötig sein.

2.1.2 Beispiele

Das Problem der Modellbildung soll zunächst am Beispiel eines Turmkrans erläutert werden, vgl. Abb. 2.1. Schon seit langem gibt es Berechnungsmodelle für Krane, um die Festigkeit der Bauteile gegen Bruch und um die Standsicherheit nachzuweisen. Dynamische Kräfte, die beim Beschleunigen der Hublast offensichtlich entstehen, wurden – historisch gesehen – zunächst durch eine zusätzliche Beschleunigung a an der Masse der Last erfasst, also mit Modellstufe 1 gerechnet, vgl. Abb. 2.1b.

Erst in der Mitte des 20. Jahrhunderts, nachdem bei mit solchen Lastannahmen berechneten Kranen Schadensfälle auftraten, wurden Turmkrane als Schwingungssysteme behandelt, von denen Abb. 2.1c ein Beispiel zeigt. Damit gelang schon mit einfachen Berechnungsmodellen die qualitativ richtige Erfassung der realen Schwingungsvorgänge. Sie sind dadurch gekennzeichnet, dass die oben liegenden Massen des Turms horizontal schwingen und damit den Turm im unteren Teil durch zusätzliche dynamische Biegemomente belasten, die nicht einfach der angehängten Last proportional sind, wie es mit der ersten Modellstufe vorausgesetzt wurde. Zu beachten ist der unterschiedliche Anteil der dynamischen Momente an Stelle 1 und Stelle 2 des Krans in Abb. 2.1c. Schon mit diesem einfachen Berechnungsmodell konnte erklärt werden, warum es aus Sicht der Dynamik vorteilhafter ist, das Gegengewicht unten anzubringen (da schwingt es nicht mit) – solche Krane waren auch seltener zu Schaden gekommen. Gegenwärtig werden sehr komplizierte Berechnungsmodelle für Krane benutzt, bei welchen alle tragenden Teile sehr genau modelliert werden (Leichtbau) und die Kopplung zwischen Antrieben, Maschinenbau und Stahlbau berücksichtigt wird.

Das zweite Beispiel soll die Problematik der Berechnungsmodelle für Zahnradgetriebe erläutern. Abb. 2.2 zeigt die Konstruktionszeichnung eines Stirnradgetriebes. Einige der dafür verwendbaren Berechnungsmodelle zeigt Tab. 2.2, die dort vom Einfachen zum Komplizierten geordnet sind. Es ist zu beachten, wie die Anzahl der Freiheitsgrade und Parameter, die auf der rechten Seite genannt sind, von Stufe zu Stufe immer größer wird. Welches der Modelle geeignet ist, hängt von der jeweiligen Zielstellung ab. Die in den jeweiligen Stufen berechenbaren Größe, können Tab. 2.1 entnommen werden.

Mit dem Modell der Stufe 1 wurde bereits eine Trennung in starre Zahnräder (Trägheitsmomente) und starre masselose Wellen vorgenommen. Bei diesem Modell treten alle

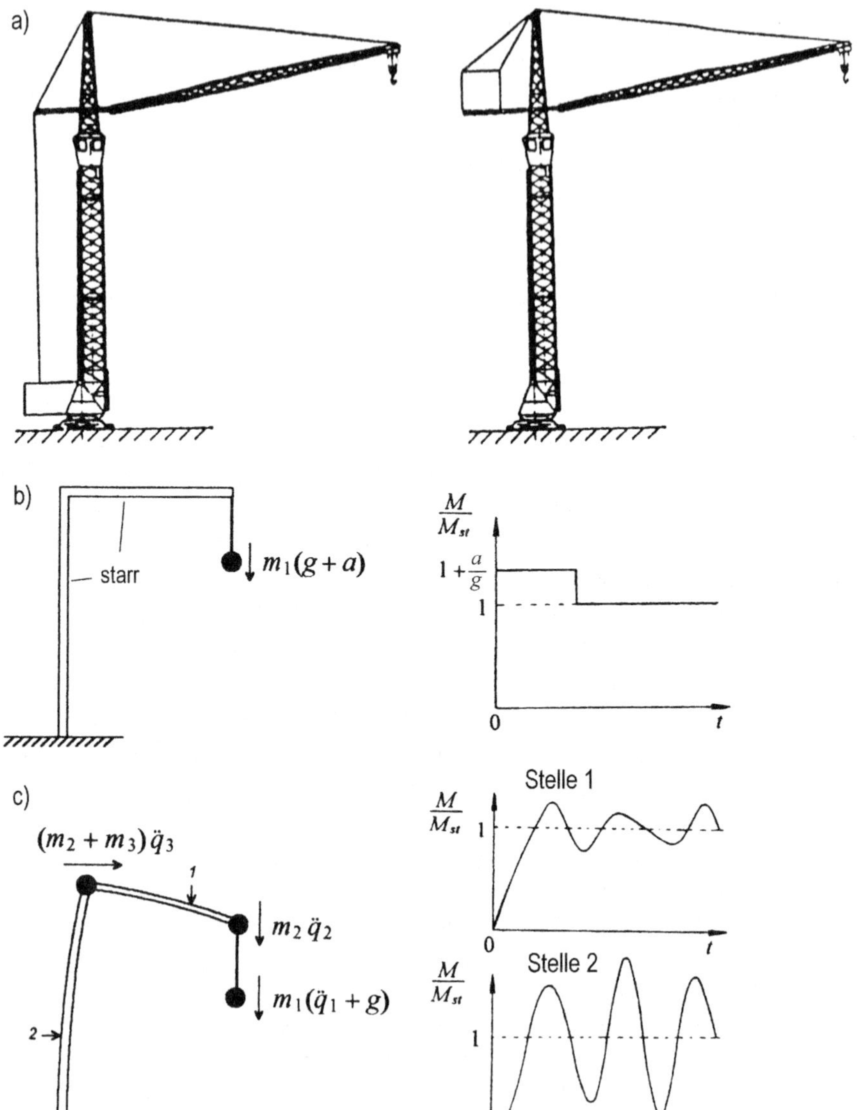

Abb. 2.1 Turmkran: **a** Skizze des Realsystems **b** Berechnungsmodell „Starrkörpersystem" **c** Minimalmodell für Schwingungssystem mit typischen gemessenen Momentenverläufen

inneren Momente zeitgleich auf, es gibt keine Schwingungen, die zeitlich veränderlichen Momente folgen der kinetostatischen Momentenverteilung, vgl. dazu auch Abb. 5.1.

Mit dem Modell der Stufe 2a liegt ein klassisches Modell eines zwangserregten Torsionsschwingungssystems vor, mit dem die Eigenfrequenzen, Eigenformen und dynamischen

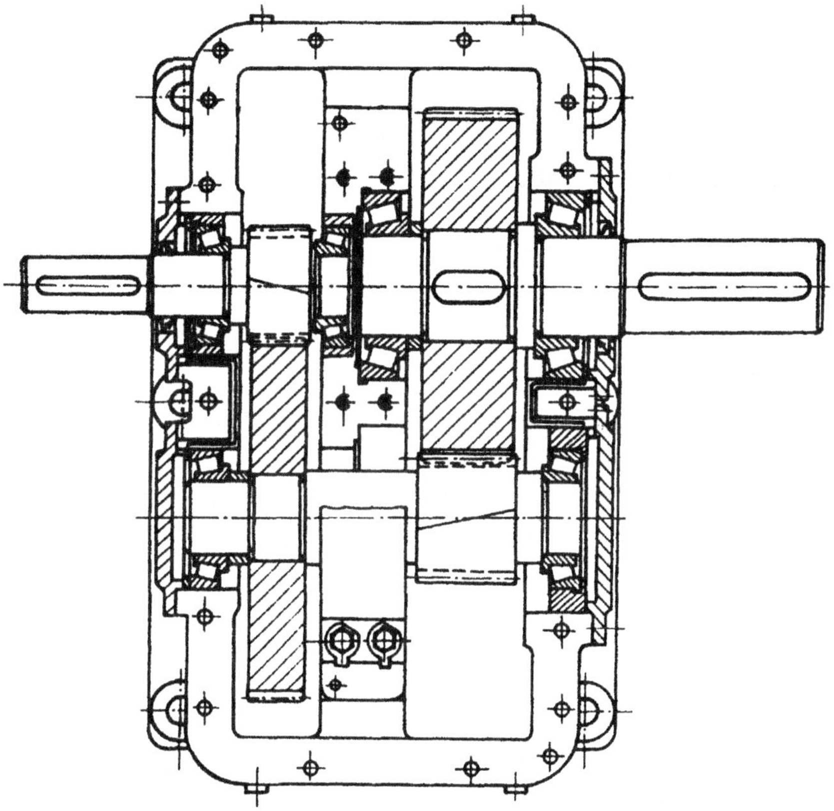

Abb. 2.2 Stirnradgetriebe

Momente berechnet werden können, vgl. Abschn. 5.2 bis 5.5. Dabei kann die Ermittlung der realen Torsionssteifigkeiten ein Problem sein, vgl. Tab. 2.5. Mit dem Modell der Stufe 2b wird die Parametererregung berücksichtigt, die durch die zeitlich veränderlichen Zahnsteifigkeiten entsteht, vgl. Abb. 2.12 und Abschn. 9.4.5.2.

Mit dem in Tab. 2.2 unten angegebenen Modell wird die Kopplung der Torsions- und Biegeschwingungen der Wellen mit den elastischen Lagern berücksichtigt, was noch im Rahmen der linearen Theorie bleibt, vgl. Aufgabe A6.7. Dabei spielen auch die Massen der Zahnräder eine Rolle. Werden aber die nichtlinearen Kennlinien des Antriebs- und des Abtriebsmomentes und der Lagerfedern berücksichtigt, so liegt ein Berechnungsmodell der Stufe 3 vor, vgl. dazu auch Abschn. 9.4.5.2.

Es sind noch viel kompliziertere Berechnungsmodelle für Zahnradgetriebe möglich, bei denen z. B. die Kennlinien der Lager, der Zahnräder und die Schwingungen der Gehäusewände im akustischen Frequenzbereich enthalten sind. Ein zwar aus einem andern Gebiet stammendes, aber in der Kompliziertheit vergleichbares Modell zeigt dazu Abb. 6.13.

Tab. 2.2 Berechnungsmodelle eines Zahnradgetriebes

	Modellstufe	Modellelemente, Parameter
1	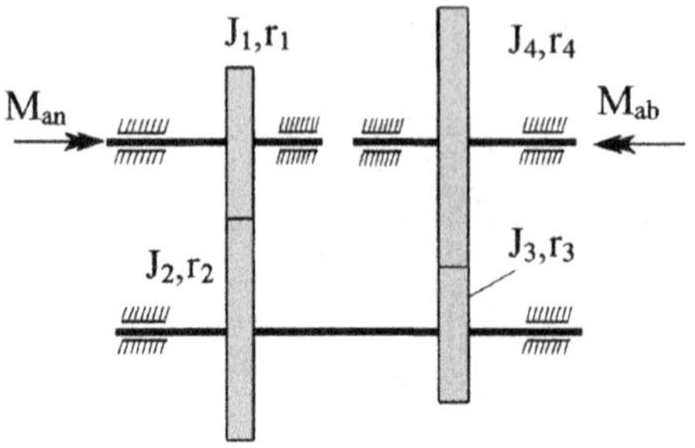	Starrkörper-Modell (starre Scheiben, starre Wellen) Parameter $J_1, J_2, J_3, J_4, r_1, r_2, r_3, r_4, M_{an}, M_{ab}$ Freiheitsgrad $n = 1$
2a	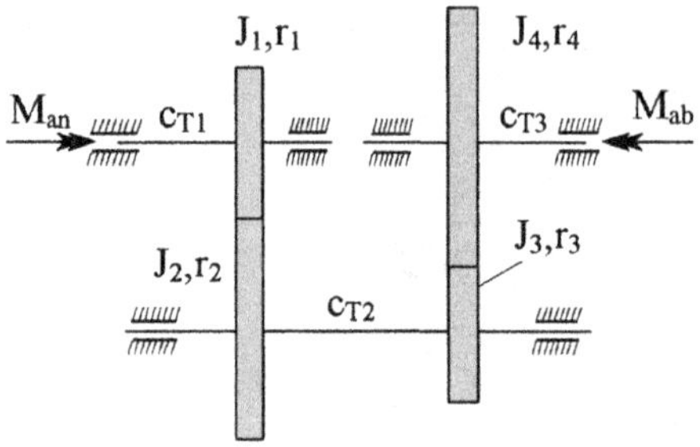	Torsionsschwinger (starre Scheiben, torsionselastische Wellen) Parameter $J_1, J_2, J_3, J_4, r_1, r_2, r_3, r_4, c_{T1}, c_{T2}, c_{T3}$, M_{an}, M_{ab} Freiheitsgrad $n = 2$
2b	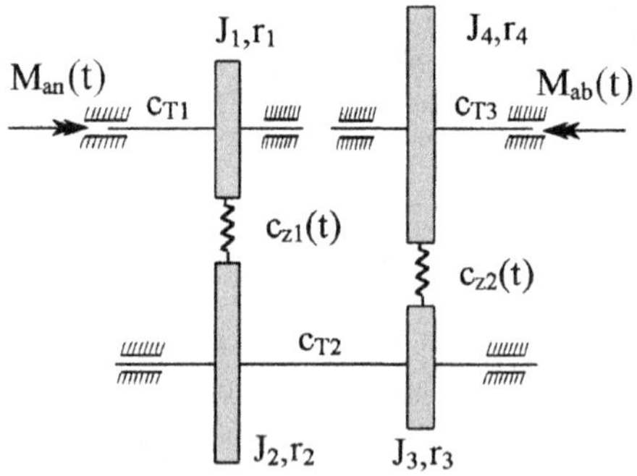	Torsionsschwinger mit Parametererregung (starre Scheiben, torsionselastische Wellen, veränderliche Zahnsteifigkeit) Parameter $J_1, J_2, J_3, J_4, r_1, r_2, r_3, r_4, c_{T1}, c_{T2}, c_{T3}$, $c_{z1}(t), c_{z2}(t), M_{an}(t), M_{ab}(t)$ Freiheitsgrad $n = 4$
3	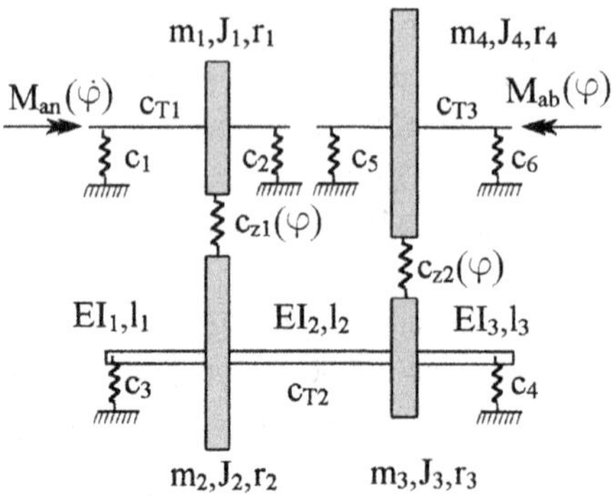	nichtlineares Schwingungssystem mit endlich vielen Freiheitsgraden (starre Scheiben, torsionselastische Wellen, veränderliche Zahnsteifigkeit, Biegesteifigkeit der Wellen, Lagersteifigkeit) Parameter $J_1, J_2, J_3, J_4, r_1, r_2, r_3, r_4$, $c_{T1}, c_{T2}, c_{T3}, c_{z1}(\varphi), c_{z2}(\varphi)$, $M_{an}(\dot{\varphi}), M_{ab}(\varphi)$ Freiheitsgrad $n = 8$ (eben)

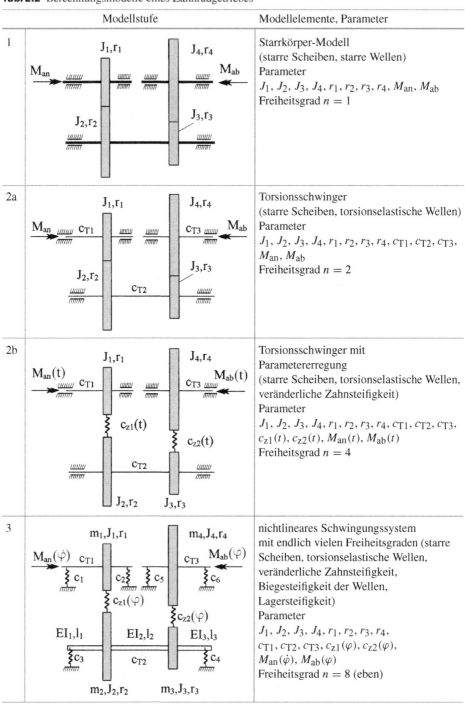

2.2 Bestimmung von Masse und Trägheitskennwerten

Um das dynamische Verhalten eines starren Körpers beschreiben zu können, müssen im Falle der räumlichen Bewegung seine 10 massegeometrischen Parameter bekannt sein: Masse, 3 Schwerpunktkoordinaten sowie 6 Elemente des Trägheitstensors, vgl. Abschn. 3.2.1. Bei allgemein ebener Bewegung genügen 4 Parameter (Masse, 2 Schwerpunktkoordinaten, ein Trägheitsmoment).

Je nachdem, ob der Körper durch Konstruktionsunterlagen beschrieben wird, oder als reales Objekt vorliegt, werden verschiedene Verfahren zur Ermittlung der Kennwerte verwendet, vgl. Tab. 2.3.

Die analytischen Verfahren zur Bestimmung aus den Konstruktionsunterlagen beruhen stets auf einer Zerlegung in Elementarkörper (Ring, Scheibe, Quader, Kugel, Beispiel: vgl. Abb. 2.6). Für die Bestimmung der Trägheitsmomente werden z. B. Zylinderschnitte mit der Bezugsachse des Trägheitsmoments als Zylinderachse verwendet.

Masseparameter der starren Körper werden als Eingabedaten für Computerprogramme benötigt. Die Genauigkeit dieser Parameterwerte (Eingabedaten) ist von großer Bedeutung, da von ihr die Genauigkeit der zu berechnenden Kraftgrößen und Bewegungsgrößen (Ausgabedaten) abhängt. Nicht immer ist die Berechnung der Masseparameter aus den Daten

Tab. 2.3 Verfahren zur Ermittlung von Massenkennwerten

Parameter	Bestimmung nach Realsystem	Bestimmung nach Zeichnung
Masse	Wägung, Messung von Schwingungszeiten	Volumenbestimmung, Dichte, Zerlegung in Elementarkörper
Schwerpunkt	a) Bestimmung der Massenverteilung b) Ausbalancieren, Aushängen c) Doppelpendelung als physikalisches Pendel	Ermittlung des Gesamtschwerpunktes mithilfe der Einzelschwerpunkte von Elementarkörpern
Trägheitsmomentum eine vorgegebene Achse	Rotationskörper:	
	a) Torsionsstabaufhängung b) Mehrfadenaufhängung c) Rollpendel	a) Zerlegung in Ring- und Scheibenelemente, Bestimmung mit den Einzelträgheitsmomenten
	beliebige Körper:	
	d) Doppelpendelung als physikalisches Pendel	b) Zerlegung in Elementarkörper c) Zylinderschnittverfahren
Trägheitstensor	Pendeln um mehrere Achsen, anschließende Hauptachsentransformation	CAD-Programm

der geometrischen Strukturbeschreibung in einem CAD-Programm (und den angegebenen Dichten für die Werkstoffe) genau genug möglich. Für Maschinenbauteile, die eine komplizierte geometrische Form haben und/oder aus verschiedenen Materialien bestehen, deren Dichte nicht genau bekannt ist, ist die Berechnung der Masseparameter schwierig. Manchmal sind Vergleichswerte erforderlich, um die Exemplarstreuung bei einem Massenprodukt zu ermitteln. Deshalb besteht oft die Aufgabe, für ein konkretes reales Bauteil die Masseparameter experimentell zu bestimmen.

2.2.1 Masse und Schwerpunktlage

Die Bestimmung der Masse m ist meist durch Wägung problemlos möglich, aber nicht immer. Die Masse eines Einmassenschwingers, die sich nicht von der Feder trennen lässt, kann indirekt bestimmt werden. Dazu wird die Eigenkreisfrequenz im ursprünglichen Zustand ($\omega_0^2 = c/m$) und eine Eigenfrequenz nach einer definierten Parameteränderung benötigt.

Wird eine Zusatzmasse Δm angebracht oder durch eine Zusatzfeder mit der Federkonstante Δc die Steifigkeit geändert, ändert sich die Eigenkreisfrequenz:

$$\omega_m^2 = \frac{c}{m + \Delta m} = (2\pi f_m)^2; \qquad \omega_c^2 = \frac{c + \Delta c}{m} = (2\pi f_c)^2. \tag{2.4}$$

Aus der Größe der Zusatzmasse oder -federkonstante und den gemessenen Eigenfrequenzen kann die ursprüngliche Masse bestimmt werden, denn aus (2.4) lassen sich durch eine kurze Umformung folgende Gleichungen gewinnen:

$$m = \frac{\omega_m^2 \Delta m}{\omega_0^2 - \omega_m^2} = \frac{f_m^2 \Delta m}{f_0^2 - f_m^2}; \qquad m = \frac{\Delta c}{\omega_c^2 - \omega_m^2} = \frac{\Delta c}{4\pi^2 (f_c^2 - f_0^2)}. \tag{2.5}$$

Die Genauigkeit der Bestimmung der Masse m hängt wesentlich von der Genauigkeit der Frequenzmessung ab. Es ist deshalb ratsam, die Messungen mehrfach zu wiederholen, um einen Mittelwert bilden zu können. Analog kann zur Bestimmung von Trägheitsmomenten bezüglich einer vorgegebenen Achse vorgegangen werden, vgl. Abb. 2.7.

Statische Verfahren werden zur Bestimmung der Lage des Schwerpunktes angewendet. Die einfachste Methode ist das Aushängen. Da sich der Schwerpunkt eines frei aufgehängten Körpers immer unter dem Aufhängepunkt befindet, ist eine durch den Aufhängepunkt gehende senkrechte Achse die Schwerpunktachse. Für zwei Aufhängepunkte, die nicht auf einer gemeinsamen Schwerpunktachse liegen, ergibt sich der Schwerpunkt als Schnittpunkt dieser Achsen. Der Schnittpunkt der Vertikalen lässt sich nach dem Aufhängen an mehreren Punkten anhand von Fotos (oder fotogrammetrisch) ermitteln.

Für kleine Teile wird das Ausbalancieren angewendet. Wird das Teil auf eine Schneide gelegt, ist spürbar, wenn der Schwerpunkt über der Schneide liegt. Für größere Körper, beispielsweise Krane und Kraftfahrzeuge, wird häufig die Bestimmung der Massenverteilung

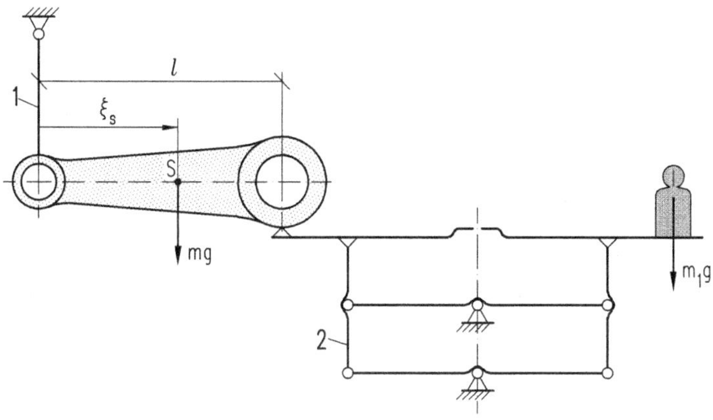

Abb. 2.3 Schwerpunktbestimmung durch Ermittlung der Massenverteilung (1 Faden; 2 Waage)

durch Ermittlung von Auflagekräften vorgenommen. Abb. 2.3 zeigt die Ermittlung an einem Pleuel. Wurde die Auflagekraft zu $m_1 g$ bestimmt, so folgt für den Schwerpunktabstand

$$\xi_S = \frac{m_1 l}{m}. \tag{2.6}$$

Für das symmetrische Pleuel wist eine Schwerpunktachse durch die Symmetrielinie gegeben. Ist das nicht der Fall, kann durch Schrägstellen der Körperachse die noch fehlende zweite Schwerpunktachse gefunden werden.

Am Beispiel der Schwerpunktbestimmung an einem Kraftfahrzeug soll das demonstriert werden. Nach Abb. 2.4 sind gegeben: $l = 2450$ mm; $h = 500$ mm; $d = 554$ mm. Messwerte:

a) in horizontaler Lage $F_{11} = 4840\,\text{N}$, $F_{12} = 5078\,\text{N}$
b) in gekippter Lage $F_2 = 5090\,\text{N}$

Folgende geometrische Beziehungen können aus Abb. 2.4 abgelesen werden:

$$h_S = \eta_S + d/2; \; a = \eta_S \sin\alpha + (l - \xi_S)\cos\alpha;$$
$$\sin\alpha = h/l \Rightarrow \cos\alpha = \sqrt{1 - (h/l)^2}. \tag{2.7}$$

Die Gleichgewichtsgleichungen sowohl für die horizontale als auch für die gekippte Lage liefern:

$$\uparrow: \; F_{11} + F_{12} - F_G = 0,$$
$$\overset{\curvearrowleft}{B}: \; F_G(l - \xi_S) - F_{11} l = 0; \quad \overset{\curvearrowleft}{B^*}: \; F_G a - F_2 l \cos\alpha = 0. \tag{2.8}$$

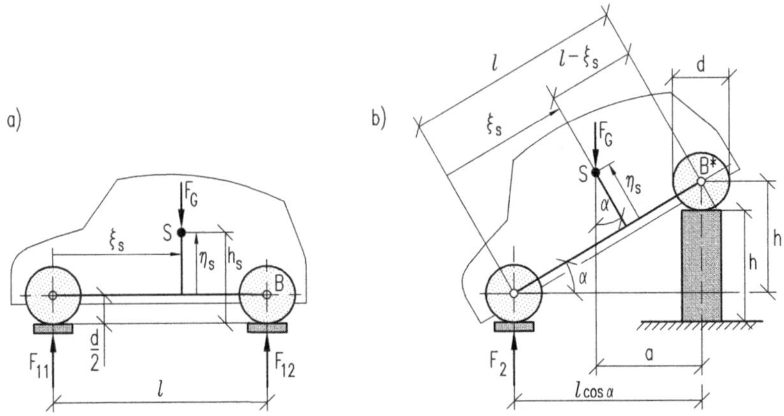

Abb. 2.4 Schwerpunktbestimmung an einem Kraftfahrzeug: **a** horizontale Lage; **b** gekippte Lage

Die Auflösung dieses Gleichungssystems ergibt für die gesuchten Größen:

$$\begin{aligned} F_G &= F_{11} + F_{12} = 9918\,\text{N}, \\ \xi_S &= (1 - F_{11}/F_G)l = 1254\,\text{mm}, \\ \eta_S &= \frac{a - (l - \xi_S)\cos\alpha}{\sin\alpha} = \frac{l}{h}\sqrt{1 - (h/l)^2}\,\frac{F_2 - F_{11}}{F_G}l = 296\,\text{mm}, \\ h_S &= \eta_S + d/2 = 573\,\text{mm}. \end{aligned} \tag{2.9}$$

Die Genauigkeit des Ergebnisses wird durch die Differenz $(F_2 - F_{11})$ bestimmt. Es ist deshalb h so groß wie möglich zu wählen.

2.2.2 Trägheitsmoment bezüglich einer Achse

Beim *einfachen Pendelversuch* hängt der Körper als physikalisches Pendel in einer Bohrung auf einer Schneide und kann sehr schwach gedämpfte Schwingungen um den Berührungspunkt ausführen. In der Gleichung für seine Eigenfrequenz bei kleinem Ausschlag treten das Trägheitsmoment um die Achse des Aufhängepunktes und der Schwerpunktabstand auf. So gilt für die Periodendauer des Pendels, vgl. Abb. 2.5, bei Pendelung um A und bei Pendelung um B:

$$T_A = 2\pi\sqrt{\frac{J_A}{mga}}; \qquad T_B = 2\pi\sqrt{\frac{J_B}{mg\xi_S}}. \tag{2.10}$$

Die Abstände a und ξ_S zählen von den Aufhängepunkten A und B bis zum Schwerpunkt S.

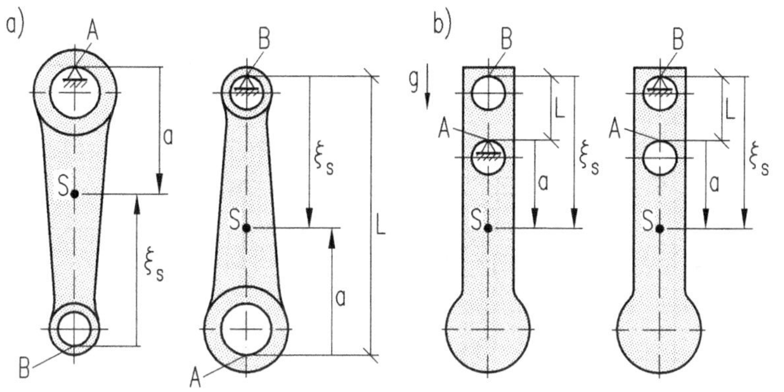

Abb. 2.5 Bezeichnungen am physikalischen Pendel: **a** S liegt zwischen A und B, **b** S liegt außerhalb der Strecke $\overline{AB}$

Weiterhin gilt nach dem *Satz von Steiner:*

$$J_A = J_S + ma^2; \qquad J_B = J_S + m\xi_S^2, \tag{2.11}$$

dabei ist J_S das Trägheitsmoment bezüglich der Schwerachse (Achse durch S parallel zur Pendelachse). Mit dem Abstand $L = \xi_S \pm a$ folgt:

$$\xi_S = L\frac{4\pi^2 L \mp gT_A^2}{8\pi^2 L \mp gT_A^2 - gT_B^2}; \quad J_S = m\xi_S^2\left(\frac{gT_B^2}{4\pi^2\xi_S} - 1\right). \tag{2.12}$$

Das obere Vorzeichen gilt für den Fall nach Abb. 2.5a, das untere nach Abb. 2.5b. Es ist zu beachten, dass (2.12) nur gilt, wenn der Schwerpunkt auf der Verbindungslinie der beiden Aufhängepunkte liegt. Ist das nicht der Fall, muss zunächst den Schwerpunkt nach einem statischen Verfahren und danach das Trägheitsmoment nach (2.10) und (2.11) bestimmt werden.

An einem Beispiel soll das experimentell ermittelte Ergebnis mit einer Überschlagsrechnung verglichen werden. Für das auf Abb. 2.6b wiedergegebene Pleuel wurde bestimmt:

$$L = 156\,\text{mm}; \quad m = 0{,}225\,\text{kg}; \quad T_A = 0{,}681\,\text{s}; \quad T_B = 0{,}709\,\text{s}. \tag{2.13}$$

Damit findet sich nach (2.12) der Schwerpunktabstand $\xi_S = 89\,\text{mm}$ und das Trägheitsmoment $J_S = 7{,}25 \cdot 10^{-4}\,\text{kg}\,\text{m}^2$.

Für die Überschlagsrechnung wird eine Zerlegung in Elementarkörper nach Abb. 2.6b vorgenommen. Hierfür genügt es, den Schaft als prismatischen Stab mit den Abmessungen

$$\begin{aligned} l_{\text{St}} &= 129{,}5\,\text{mm} - \frac{46+27}{2}\text{mm} = 93\,\text{mm}. \\ f &= \frac{18+20}{2}\text{mm} = 19\,\text{mm}; \qquad c = 5\,\text{mm} \end{aligned} \tag{2.14}$$

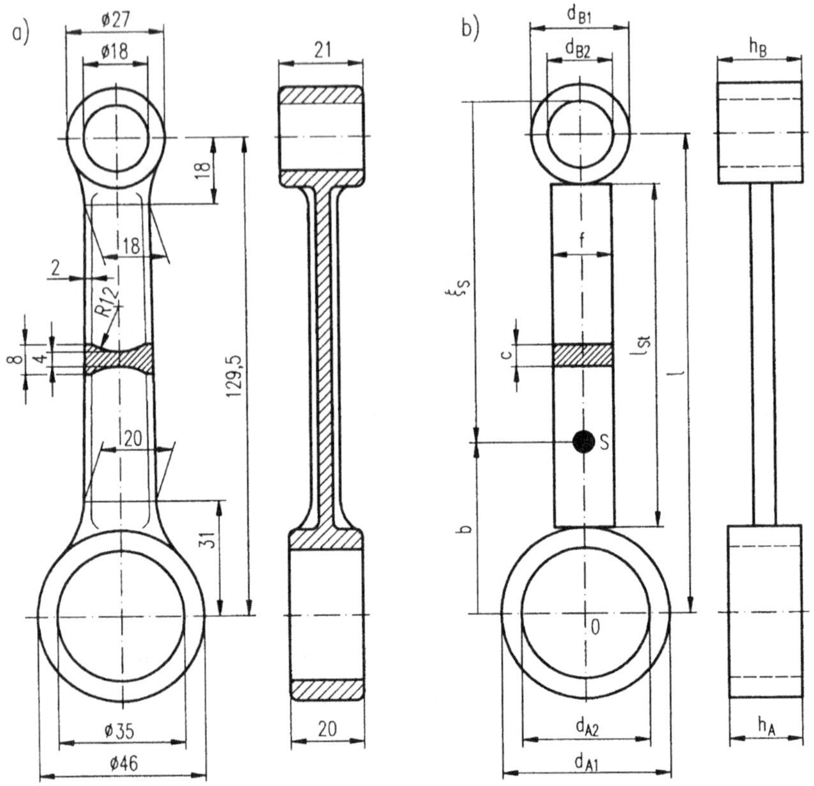

Abb. 2.6 Pleuel; **a** Zeichnung, **b** Aufteilung in Elementarkörper

anzusehen. Wird von der Achse 0 ausgegangen, so ergibt sich für den Schwerpunktabstand

$$b = \frac{\dfrac{l_{\text{St}} f c (l_{\text{St}} + d_{\text{A1}})}{2} + \dfrac{\pi (d_{\text{B1}}^2 - d_{\text{B2}}^2) h_B l}{4}}{l_{\text{St}} f c + \dfrac{\pi (d_{\text{B1}}^2 - d_{\text{B2}}^2) h_B}{4} + \dfrac{\pi (d_{\text{A1}}^2 - d_{\text{A2}}^2) h_A}{4}}. \tag{2.15}$$

Mit den Zahlenwerten aus Abb. 2.6 ergibt sich

$$b = 50{,}0\,\text{mm}; \qquad \xi_S = l - b + \frac{d_{\text{B2}}}{2} = 88{,}5\,\text{mm}. \tag{2.16}$$

Wird als Dichte $\varrho = 7{,}85\,\text{g/cm}^3$ angenommen, berechnet sich das Trägheitsmoment bezüglich der Schwerachse aus

$$\begin{aligned} J_S = \varrho\{&\pi h_A(d_{A1}^4 - d_{A2}^4)/32 + \pi(d_{A1}^2 - d_{A2}^2)h_A b^2/4 + cf^3 l_{st}/12 \\ &+ fcl_{St}^3/12 + cfl_{St}[(l_{St} + d_{A1})/2 - b]^2 \\ &+ \pi h_B(d_{B1}^4 - d_{B2}^4)/32 + \pi(d_{B1}^2 - d_{B2}^2)h_B(l-b)^2/4\}. \end{aligned} \tag{2.17}$$

Mit den Zahlenwerten ergibt sich $J_S = 7{,}37 \cdot 10^{-4}\,\mathrm{kg\,m^2}$. Wird der Schaft als trapezförmiger Stab gerechnet, ergibt sich $b = 49{,}85\,\mathrm{mm}$.

Für große Zylinder oder Kurbelwellen eignet sich noch das Verfahren des *Rollpendels* zur Bestimmung des Trägheitsmomentes J_S. Dabei wird der Zylinder der Masse m_1 mit seinen Schenkeln auf zwei parallele, horizontale Schneiden aufgelegt und an der Stirnseite eine bekannte Punktmasse m_2 exzentrisch mit dem Abstand l von der Zylinderachse befestigt (Abb. 2.7). Der Zylinder kann dann eine pendelnde Rollbewegung ausführen. Es ist allerdings erforderlich, vorher eine statische Auswuchtung vorzunehmen, also zu erreichen, dass der Rotor in jeder Stellung stehen bleibt. Die Bewegungsgleichung lautet für kleine Schwingungsausschläge ($\sin\varphi \approx \varphi$):

$$[J_S + m_1 r^2 + m_2(l-r)^2]\ddot{\varphi} + m_2 g l \varphi = 0. \tag{2.18}$$

Für die Periodendauer findet ergibt sich

$$T = 2\pi\sqrt{\frac{m_1 r^2 + m_2(l-r)^2 + J_S}{m_2 g l}}. \tag{2.19}$$

Daraus ergibt sich das gesuchte Trägheitsmoment des Zylinders um die Achse S:

$$J_S = \frac{T^2}{4\pi^2} m_2 g l - m_1 r^2 - m_2(l-r)^2. \tag{2.20}$$

Zur Bestimmung von Trägheitsmomenten kann auch ein Torsionsschwingungsversuch durchgeführt werden, bei dem aus der gemessenen Schwingungsperiode das Trägheitsmoment berechnet wird (Abb. 2.8). Das Rückstellmoment wird entweder durch einen Torsions-

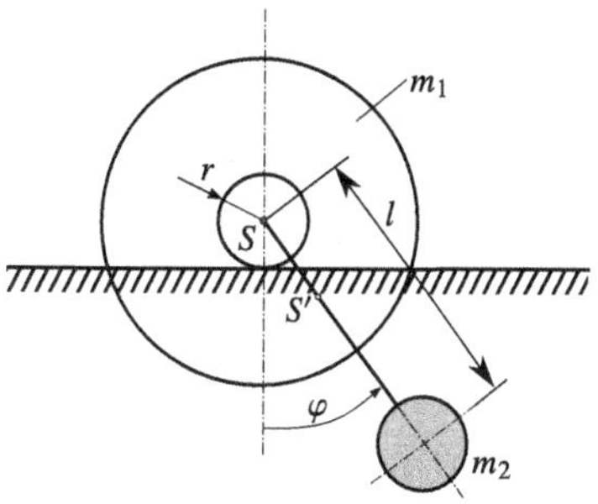

Abb. 2.7 Bezeichnung am Rollpendel S Schwerpunktachse des Zylinders, S' Schwerpunktachse des Pendelsystems

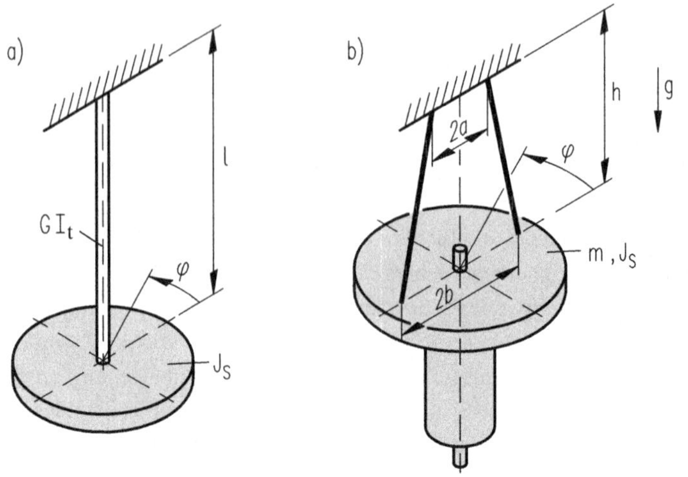

Abb. 2.8 Torsionsschwinger: **a** Torsionsstabaufhängung, **b** Mehrfadenaufhängung

stab oder durch eine Fadenaufhängung erzeugt. Ist die Federkonstante genau bekannt, kann das Trägheitsmoment unmittelbar berechnet werden (absolutes Verfahren). Der mögliche Fehler durch eine ungenau bestimmte Steifigkeit kann eliminiert werden, indem die Periodendauern mit und ohne gegebene Zusatzmasse bestimmt und verglichen werden (relatives Verfahren). Dadurch kann wird die Federkonstante als Unbekannte eliminiert werden.

Für die Bestimmung mit einer Torsionsstabaufhängung (Abb. 2.8a) gilt bezüglich der Schwerachse, zugleich Drehachse:

$$J_S = \frac{T^2}{4\pi^2} c_{\mathrm{T}}; \qquad c_{\mathrm{T}} = \frac{G I_{\mathrm{t}}}{l}, \tag{2.21}$$

I_{t} Torsionsträgheitsmoment des Stabquerschnittes
G Schubmodul
T Periodendauer der Torsionsschwingung ohne Zusatzmasse.

Wird ein Zusatzkörper mit bekanntem Trägheitsmoment J_Z an der unbekannten Drehmasse mit dem Trägheitsmoment J_S angebracht, gilt gemäß (2.21)

$$(J_S + J_Z) = \frac{T_Z^2}{4\pi^2} c_{\mathrm{T}} \tag{2.22}$$

mit der Periodendauer T_Z mit Zusatzmasse. Wird aus (2.21) und (2.22) die Federkonstante eliminiert, folgt

$$J_S = J_Z \frac{T^2}{T_Z^2 - T^2}. \tag{2.23}$$

An die Stelle der Torsionsfeder kann auch die Aufhängung an Fäden (zwei oder drei) treten. Mit den Bezeichnungen aus Abb. 2.8b ergibt sich unter Voraussetzung kleiner Schwingwinkel (Drehung des zu untersuchenden Körpers um die zentrale Schwerachse):

$$J_S = \frac{mg}{4\pi^2} T^2 \frac{ab}{h}. \tag{2.24}$$

Um im linearen Bereich zu bleiben, sind kleine Schrägstellwinkel der Fäden bei der Auslenkung anzustreben. Dies wird durch Verwendung langer Fäden erreicht, sodass $h \gg a$, $h \gg b$ wird. Häufig wird die Pendeleinrichtung an die Deckenkonstruktion der Versuchshalle oder den Brückenkran gehängt.

Auch hier kann das Verfahren mit Zusatzmasse verwendet werden. Dazu wird eine zweite Pendelung durch geführt, bei der eine Masse m_Z mit bekanntem Trägheitsmoment J_Z an der zu untersuchenden Masse befestigt wird. Das gesuchte Trägheitsmoment berechnet sich dann aus

$$J_S = J_Z \frac{mT^2}{(m + m_Z)T_Z^2 - mT^2}. \tag{2.25}$$

Bei der Durchführung der beschriebenen Versuche muss darauf geachtet werden, dass die den Berechnungsformeln zugrunde liegenden Voraussetzungen eingehalten werden. Diese sind in erster Linie die lineare Bewegungsgleichung und die Vernachlässigung der Dämpfung. Da sowohl die Pendelgleichungen als auch die Bewegungsgleichung bei Mehrfadenaufhängung nur für kleine Ausschläge als linear zu betrachten sind, darf der Pendelwinkel bzw. Fadenwinkel nicht größer als 5° sein. Die Dämpfung ist dann hinreichend klein, wenn mehr als 10 Schwingungen mühelos abgezählt werden können, vgl. (2.109).

Mit besonderer Sorgfalt ist die Zeitmessung durchzuführen, da die Dauer einer Schwingungsperiode in (2.20) bis (2.25) quadratisch eingeht. Im Allgemeinen sind die Schwingungen so schwach gedämpft, dass 50 und mehr Schwingungsperioden auftreten. Es wird empfohlen, die Zeit für eine große Periodenanzahl zur Auswertung zu verwenden. Fehlerquellen liegen auch in der analytischen Bestimmung der Federkonstanten bzw. der Zusatzträgheitsmomente.

Werden Beziehungen, in denen Differenzen auftreten verwendet, vgl. (2.20), (2.23), (2.25), sind die Versuchsparameter so festzulegen, dass eine Differenz nahezu gleichgroßer Größen vermieden wird.

Die Trägheitsmomente von Motoren und Kupplungen sind in den Unterlagen der Herstellerfirmen enthalten. Die Trägheitsmomente von Zahnradgetrieben sind hier seltener zu finden. Aus diesem Grund müssen sie oft überschlägig berechnet werden. Da bei der Reduktion auf die schnell laufende Antriebswelle die Trägheitsmomente der einzelnen Stufen mit dem Quadrat der Übersetzungsverhältnisse vermindert werden, sind die Trägheitsmomente der langsamen Wellen oft vernachlässigbar, vgl. Abschn. 3.2. Es reicht dann meist aus, das Trägheitsmoment der Baugruppen der schnell laufenden Welle zu bestimmen und mit dem Faktor 1,1 bis 1,2 zu multiplizieren, um das Trägheitsmoment des gesamten Zahnradgetriebes abzuschätzen.

2.2.3 Trägheitstensor

Zur experimentellen Bestimmung der sechs Elemente des Trägheitstensors wird zunächst ein körperfestes, orthogonales ξ-η-ζ-Koordinatensystem mit dem Ursprung im Schwerpunkt festgelegt (Abb. 2.9). Hierbei empfiehlt es sich, Symmetrieachsen oder andere markante Geometriemerkmale des Körpers auszunutzen.

Bezüglich dieses Systems sind drei Trägheitsmomente ($J_{\xi\xi}^S$, $J_{\eta\eta}^S$, $J_{\zeta\zeta}^S$) und drei Deviationsmomente ($J_{\xi\eta}^S = J_{\eta\xi}^S$, $J_{\eta\zeta}^S = J_{\zeta\eta}^S$, $J_{\zeta\xi}^S = J_{\xi\zeta}^S$) zu bestimmen. Von der Bestimmung des Trägheitstensors für einen beliebigen Körperpunkt P wird abgeraten, da die „Steiner-Terme" große Ungenauigkeiten einbringen.

Hierzu werden z. B. mit den Methoden, die im Abschn. 2.2.2 vorgestellt wurden, die Trägheitsmomente bezüglich mehrerer ($k = 1, 2, \ldots, K$) Schwerpunktachsen bestimmt. Für verschiedene Achsen ergeben sich jeweils die Trägheitsmomente J_{kk}^S.

Die Lage der k-ten Drehachse, die durch den Schwerpunkt geht, lässt sich im körperfesten ξ-η-ζ-System durch die drei Winkel α_k, β_k und γ_k eindeutig beschreiben, vgl. Abb. 2.9. Diese Winkel müssen gemessen werden. Mit der Beziehung (Satz von Pythagoras im Raum)

$$\cos^2\alpha_k + \cos^2\beta_k + \cos^2\gamma_k = 1; \qquad k = 1, 2, \ldots, K \tag{2.26}$$

kann geprüft werden, ob die Messung der 3 Winkel konsistent ist.

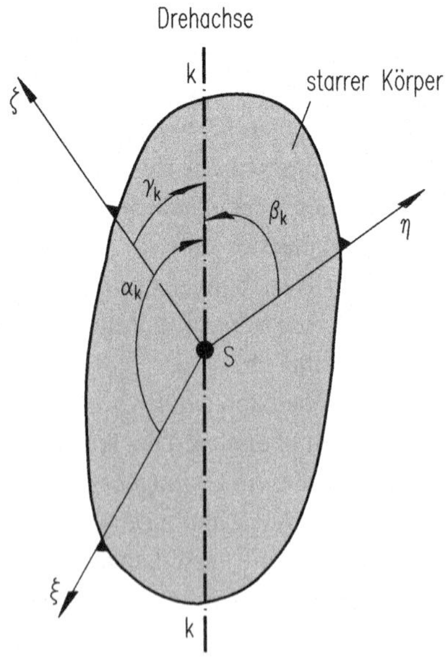

Abb. 2.9 Zur Kennzeichnung der Lage der k-ten Drehachse im körperfesten ξ-η-ζ-System

Das Trägheitsmoment bezüglich der momentanen Schwerpunktachse steht mit den sechs zu bestimmenden Elementen des Trägheitstensors in folgendem Zusammenhang, vgl. (3.81) in Abschn. 3.2.1:

$$\begin{aligned} J_{kk}^S &= \cos^2\alpha_k\, J_{\xi\xi}^S + \cos^2\beta_k\, J_{\eta\eta}^S + \cos^2\gamma_k\, J_{\zeta\zeta}^S \\ &\quad + 2\cos\alpha_k\cos\beta_k\, J_{\xi\eta}^S + 2\cos\alpha_k\cos\gamma_k\, J_{\xi\zeta}^S + 2\cos\beta_k\cos\gamma_k\, J_{\eta\zeta}^S. \end{aligned} \tag{2.27}$$

Für den zu untersuchenden Körper werden durch K Schwingungsversuche nacheinander die Trägheitsmomente J_{kk}^S bezüglich der K verschiedenen Schwerpunktsachsen bestimmt. Es genügen eigentlich $K = 6$ Versuche, es ist aber zweckmäßig überzählige Versuche durchzuführen, um durch Ausgleichsrechnung bessere Ergebnisse zu erhalten und eine Fehlerbetrachtung anstellen zu können.

Für die Auswertung wird ein Vektor $\boldsymbol{j}^S$ eingeführt, welcher die sechs unbekannten Elemente des Trägheitstensors enthält:

$$\boldsymbol{j}^S = [J_{\xi\xi}^S,\ J_{\eta\eta}^S,\ J_{\zeta\zeta}^S,\ J_{\xi\eta}^S,\ J_{\xi\zeta}^S,\ J_{\eta\zeta}^S]^{\mathrm{T}}. \tag{2.28}$$

Nach Auswertung der Schwingungsmessungen sind die Trägheitsmomente bezüglich der k-ten Drehachse bekannt, die im Vektor

$$\boldsymbol{b} = [J_{11}^S,\ J_{22}^S,\ J_{33}^S,\ \ldots,\ J_{KK}^S]^{\mathrm{T}} \tag{2.29}$$

zusammengefasst werden. Weiterhin sind die Richtungscosinus aller K Versuche bekannt, woraus die Elemente der Matrix

$$\boldsymbol{B} = \begin{bmatrix} \cos^2\alpha_1 & \cos^2\beta_1 & \cos^2\gamma_1 & 2\cos\alpha_1\cos\beta_1 & 2\cos\alpha_1\cos\gamma_1 & 2\cos\beta_1\cos\gamma_1 \\ \cos^2\alpha_2 & \cos^2\beta_2 & \cos^2\gamma_2 & 2\cos\alpha_2\cos\beta_2 & 2\cos\alpha_2\cos\gamma_2 & 2\cos\beta_2\cos\gamma_2 \\ \vdots & \vdots & \vdots & \vdots & \vdots & \vdots \\ \cos^2\alpha_K & \cos^2\beta_K & \cos^2\gamma_K & 2\cos\alpha_K\cos\beta_K & 2\cos\alpha_K\cos\gamma_K & 2\cos\beta_K\cos\gamma_K \end{bmatrix} \tag{2.30}$$

bestimmbar sind. Auf diese Weise entsteht aus K-facher Anwendung von (2.27) die Matrizengleichung

$$\boldsymbol{B}\,\boldsymbol{j}^S = \boldsymbol{b}. \tag{2.31}$$

Die Rechteckmatrix $\boldsymbol{B}$ hat K Zeilen und sechs Spalten. Werden $K = 6$ Messwerte benutzt, ergeben sich die sechs Unbekannten unmittelbar durch die Lösung von

$$\boldsymbol{j}^S = \boldsymbol{B}^{-1}\boldsymbol{b}. \tag{2.32}$$

Dabei ist auf eine gute Kondition von $\boldsymbol{B}$ zu achten, die vor allem durch eine deutliche geometrische Unterscheidung der einzelnen Versuchsachsen untereinander entsteht.

Im Falle $K > 6$ stellt (2.31) ein überbestimmtes lineares Gleichungssystem für die in $\boldsymbol{j}^S$ zusammengefassten sechs Unbekannten dar. Gemäß der Ausgleichsrechnung [51] ergibt sich aus der Forderung nach dem Fehlerquadrat-Minimum dann folgende Lösung für die gesuchten Elemente des Trägheitstensors:

$$\boldsymbol{j}^S = (\boldsymbol{B}^{\mathrm{T}}\boldsymbol{B})^{-1}\boldsymbol{B}^{\mathrm{T}}\boldsymbol{b}. \tag{2.33}$$

Bei $K > 6$ Messungen ist es möglich, außer den Mittelwerten auch die Streuungen zu berechnen [51], d. h., es kann durch „überzählige" Messungen Klarheit über die Anzahl der gültigen Ziffern der Ergebnisse verschafft werden. Generell ist darauf zu achten, dass bei Pendelversuchen um Achsen, die nicht Hauptachsen sind, der Körper nicht dynamisch ausgewuchtet ist und somit Taumelbewegungen entstehen können. Diese sind umso kleiner, je geringer die Schwinggeschwindigkeit ist. Dies kann durch geringe Amplituden oder weiche Aufhängungen, die zu niedrigen Schwingfrequenzen führen, erreicht werden.

Die manchmal interessierenden Hauptträgheitsmomente werden aus den Elementen des Trägheitstensors ermittelt, indem mit üblicher Software folgendes Eigenwertproblem gelöst wird, vgl. dazu auch Abschn. 3.2.1 und (3.70):

$$\begin{bmatrix} J_{\xi\xi}^S - J & J_{\xi\eta}^S & J_{\xi\zeta}^S \\ J_{\xi\eta}^S & J_{\eta\eta}^S - J & J_{\eta\zeta}^S \\ J_{\xi\zeta}^S & J_{\eta\zeta}^S & J_{\zeta\zeta}^S - J \end{bmatrix} \cdot \begin{bmatrix} \cos\alpha \\ \cos\beta \\ \cos\gamma \end{bmatrix} = \begin{bmatrix} 0 \\ 0 \\ 0 \end{bmatrix}. \tag{2.34}$$

Die drei Eigenwerte sind die Hauptträgheitsmomente J_{I}, J_{II} und J_{III}. Die Komponenten der drei Eigenvektoren entsprechen den drei Richtungscosinus, die das orthogonale Hauptachsensystem kennzeichnen, das gegenüber dem körperfesten ξ-η-ζ-System räumlich verdreht ist. Das Hauptträgheitsmoment J_{I} bezieht sich auf die Hauptachse I, die analog zu Abb. 2.9 gegenüber dem ξ-η-ζ-System um die Winkel α_{I}, β_{I} und γ_{I} geneigt ist, die sich aus den drei Richtungscosinus $\cos\alpha_{\mathrm{I}}$, $\cos\beta_{\mathrm{I}}$ und $\cos\gamma_{\mathrm{I}}$ berechnen lassen. Die Lage der beiden anderen Hauptachsen II und III lässt sich auf analoge Weise ermitteln.

Die Berechnung vereinfacht sich, wenn der reale Körper eine Symmetrieebene besitzt, als die in vorliegendem Falle die ξ-ζ-Ebene angenommen wird. Jede senkrecht auf der Symmetrieebene stehende Achse ist eine Trägheitshauptachse und die Bestimmung der Elemente des Trägheitstensors vereinfacht sich, vgl. Abb. 2.18.

Abb. 2.10 zeigt die Aufhängung eines Kraftfahrzeugmotors zur Bestimmung der Trägheitshauptachsen. Der Motor befindet sich in einem Rahmen, der in verschiedenen Lagen an dem Torsionsstab befestigt werden kann.

Abb. 2.10 Aufhängung eines Kraftfahrzeugmotors

2.3 Federkennwerte

In einem Schwingungssystem speichern Federn potenzielle Energie in der Folge von Verformungsarbeit. Die Berechnung von Federkennwerten von Bauteilen aus Vollmaterial erfolgt im Rahmen statischer Verformungsberechnungen, wobei als Materialkonstanten der Elastizitätsmodul E und der Gleitmodul G ausreichen, zwischen denen mit der Querkontraktionszahl ν die Beziehung $E = 2G(1 + \nu)$ besteht.

Die Schwierigkeit besteht weniger darin, die Abmessungen und Materialwerte festzulegen, sondern auch die Wirksamkeit der Federbefestigungen in Form der Randbedingungen auszudrücken. Die Fragen, ob zum Beispiel ein Balken starr eingespannt ist oder eine „Einspannfeder" wirkt, oder ob sich eine Schraubenfeder auf den Kontaktflächen verdrehen kann, haben auf ihre Federwirkung großen Einfluss. Diese Unsicherheiten führen dazu, dass die Eigenfrequenzen von Modellen, deren Parameter rein rechnerisch ermittelt wurden, meist zu hoch liegen, da die vielen Annahmen die Federn zu steif wiedergeben.

In Mehrkörperstrukturen werden häufig masselose Federn betrachtet, die zwischen den den Massen oder zwischen Massen und Festpunkten angeordnet sind. Dabei können mehrere Federn parallel oder hintereinander liegen. Tab. 2.4 gibt für Beispiele die Gesamtfederkonstanten an.

Tab. 2.4 Beispiele für die Kopplung von Federn

Fall	Systemskizze	Federzahlen und Federkonstanten
1	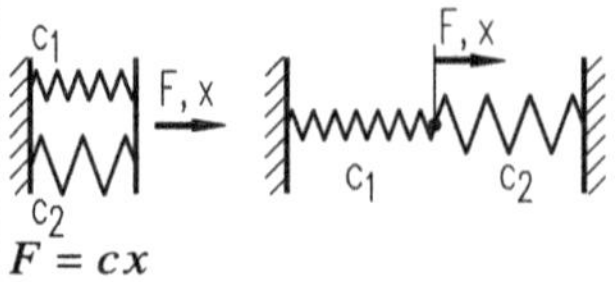 $\boldsymbol{F} = c\boldsymbol{x}$	$c = c_1 + c_2$
2	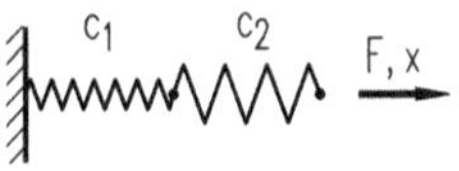 $\boldsymbol{F} = c\boldsymbol{x}$	$c = \dfrac{c_1 c_2}{c_1 + c_2}$
3	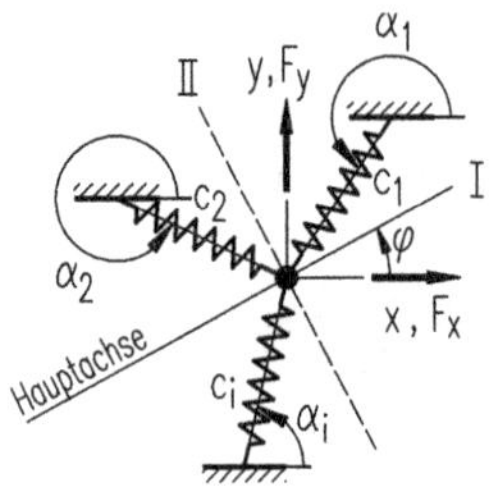 $F_x = c_{xx}x + c_{xy}y$ $F_y = c_{yx}x + c_{yy}y$ $\boldsymbol{F} = \boldsymbol{C} \cdot \boldsymbol{x}$	$c_{xx} = \sum_{i=1}^{I} c_i \cos^2 \alpha_i; \quad c_{yy} = \sum_{i=1}^{I} c_i \sin^2 \alpha_i$ $c_{xy} = c_{yx} = -\sum_{i=1}^{I} c_i \sin \alpha_i \cos \alpha_i$ Hauptsteifigkeiten $c_{\mathrm{I,\,II}} = \frac{c_{xx}+c_{yy}}{2}\left(1 \mp \sqrt{1 - 4\frac{c_{xx}c_{yy}-c_{xy}^2}{(c_{xx}+c_{yy})^2}}\right)$ Hauptrichtungen $\tan \varphi_{\mathrm{I,\,II}} = \frac{c_{\mathrm{I,\,II}}-c_{xx}}{c_{xy}}$ Die Hauptsteifigkeiten $c_{\mathrm{I,\,II}}$ sind die Eigenwerte der Federmatrix $\boldsymbol{C}$, die Hauptrichtungen folgen den Eigenvektoren

Fall 1 ist ein Sonderfall von Fall 3. Bei Fall 3 ist zu beachten, dass die Richtung der resultierende Kraft $\boldsymbol{F}$ beliebig sein kann und diese durch die Vorzeichen der Komponenten bestimmt wird. Der Kraftangriffspunkt bewegt sich im Allgemeinen nicht einfach in Richtung der eingeprägten Kraft, sondern auch quer dazu, und zwar dann, wenn $c_{xy} = c_{yx} \neq 0$ gilt, d. h. die Nebendiagonalelemente der Steifigkeitsmatrix $\boldsymbol{C}$ besetzt sind.

Es gibt für die ebene Federanordnung von Fall 3 zwei Hauptsteifigkeiten c_{I} und c_{II} und zwei Federungshauptachsen, für die Formeln in Tab. 2.4 angegeben sind. Dabei sind c_{I} und c_{II} die Eigenwerte von $\boldsymbol{C}$ und die Hauptachsen die Eigenvektoren. Nur dann, wenn eine Kraft in Richtung einer der beiden Hauptachsen oder Hauptsteifigkeiten wirkt, erfolgt die Verschiebung in derselben Richtung. Die beiden Eigenkreisfrequenzen einer in einem ebenen Federsystem aufgehängten punktförmigen Masse betragen $\omega_1^2 = c_{\mathrm{I}}/m$ und $\omega_2^2 = c_{\mathrm{II}}/m$.

Ein typisches elastisches Element im Maschinenbau ist die Torsionswelle. Die meisten Antriebswellen haben Absätze, an denen verschiedene Wellendurchmesser zusammenstoßen, unterschiedliche Übergangsradien, die verschiedensten Verbindungselemente zwischen

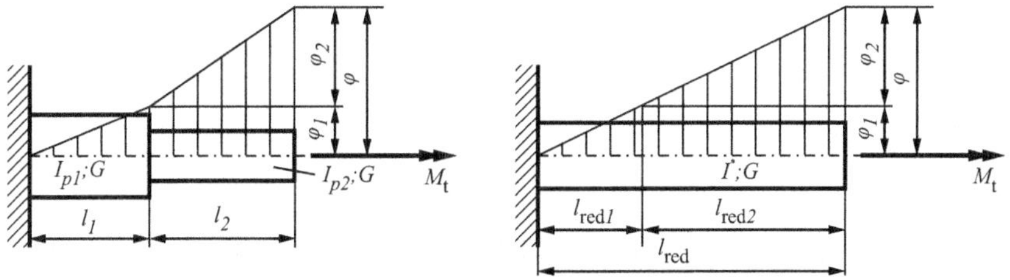

Abb. 2.11 Reduzierte Länge bei zwei Wellenabschnitten

Welle und Nabe, Lagersitze usw. Eine Torsionswelle kann somit als Reihenschaltung vieler Torsionsfedern betrachtet werden.

Um den Einfluss dieser Einzelfedern auf die Gesamtfederkonstante besser abschätzen zu können, wird das Konzept der reduzierten Länge verwendet. Als Beispiel dazu dient ein aus zwei Abschnitten bestehendes Wellenstück (Abb. 2.11), an dessen Enden das Torsionsmoment M_t angreift. Das eine Ende (Einspannung) hat den Verdrehwinkel Null. Es soll nun ein glattes Wellenstück mit vorgegebenem Durchmesser, das die gleiche Torsionssteifigkeit besitzt, gefunden werden.

Die Torsionsfederkonstante einer zylindrischen Welle lautet

$$c_{\mathrm{T}i} = \frac{G I_{\mathrm{p}i}}{l_i} = \frac{\pi G d_i^4}{32 l_i}. \qquad (2.35)$$

G Schubmodul, für Stahl $G = 8 \cdot 10^1 0\mathrm{N/m}^2$
$I_{\mathrm{p}i}$ polare Flächenträgheitsmomente der Kreisquerschnitte
l_i Längen der Wellenabschnitte
d_i Durchmesser der Wellenabschnitte

Die Gesamtverdrehung beträgt:

$$\varphi = \varphi_1 + \varphi_2 = \frac{M_\mathrm{t}}{c_\mathrm{T}} = \frac{M_{\mathrm{t}1}}{c_{\mathrm{T}1}} + \frac{M_{\mathrm{t}2}}{c_{\mathrm{T}2}}. \qquad (2.36)$$

Da das Torsionsmoment in allen Wellenabschnitten gleich ist, gilt:

$$M_\mathrm{t} = M_{\mathrm{t}1} = M_{\mathrm{t}2} \qquad (2.37)$$

und damit

$$\frac{1}{c_\mathrm{T}} = \frac{1}{c_{\mathrm{T}1}} + \frac{1}{c_{\mathrm{T}2}}; \qquad c_\mathrm{T} = \frac{c_{\mathrm{T}1} c_{\mathrm{T}2}}{c_{\mathrm{T}1} + c_{\mathrm{T}2}}. \qquad (2.38)$$

Soll das abgesetzte Wellenstück durch ein glattes ersetzt werden, wird zunächst das polare Torsionsträgheitsmoment I^* der Ersatzwelle definiert. Damit gilt

$$c_T = \frac{GI^*}{l_{red}}. \tag{2.39}$$

Mit (2.38) folgt

$$l_{red} = l_1 \frac{I^*}{I_{p1}} + l_2 \frac{I^*}{I_{p2}} = l_{red1} + l_{red2}. \tag{2.40}$$

Die reduzierte Länge einer aus Teilstücken bestehenden Welle ergibt sich als Summe der einzelnen reduzierten Längen der Teilstücke. Sie tritt an die Stelle der Gesamtfederkonstante und hat den Vorteil, dass die einzelnen Anteile in ihrer Wirkung auf das Gesamtsystem besser erkannt werden können.

Mithilfe der reduzierten Längen lässt sich die Bildwelle zeichnen, vgl. Abb. 5.2. Die Tab. 2.5 zeigt eine Zusammenstellung verschiedener reduzierter Längen.

2.3.1 Maschinenelemente, Baugruppen

Maschinen bestehen aus vielen miteinander zusammengefügten Baugruppen, die sich unter Belastung im Mikrobereich relativ zueinander bewegen. An allen (scheinbar unbeweglichen) Kontaktstellen sind die Steifigkeiten geringer als die des Vollmaterials, und auch eine größere Dämpfung tritt dort infolge des Mikroschlupfes auf. Die geringeren Steifigkeiten senken die Eigenfrequenzen, und es ist bei der Aufstellung eines Berechnungsmodells wichtig, diese Einflüsse zu berücksichtigen.

In den vergangenen Jahrzehnten wurden für viele Baugruppen experimentell Steifigkeiten und Dämpfungen ermittelt. Diese Erfahrungswerte sind in Firmenkatalogen und Fachbüchern ([5], [11], [20], [23], [27], [33], [34], [35], [37], [25], [19]) zu finden. Für manche Baugruppen, wie z. B. Kurbelwellen, Kupplungen, Schraubenfedern, Wälzlager haben Firmen Software entwickelt, mit der interessierte Kunden genaue Daten bestimmen können. Schwierig sind solche Kennwerte oft für neuartige Werkstoffe (z. B. faserverstärkte Kunststoffe) oder extreme Parametergebiete (z. B. sehr hohe Belastungsgeschwindigkeiten, extreme Temperaturen) zu erhalten.

Bevor auf Beispiele eingegangen wird, soll noch erwähnt werden, dass in der Praxis oft scheinbar sehr große Abweichungen von den theoretisch ermittelten Werten festgestellt werden. Die realen (experimentell kontrollierten) Steifigkeiten sind in der Regel kleiner als die berechneten. Dazu sei gesagt, dass dies meist an einer fehlerhaften Modellbildung liegt. Manchmal wird ein sekundärer Einfluss von Bedeutung (vgl. Aufgabe A6.7) oder es ist nicht zulässig, ideale Spielfreiheit und Linearität anzunehmen, vgl. Kap. 9. Meist wird die Kontaktsteifigkeit der Verbindungselemente unterschätzt oder eine statische Bestimmtheit vorausgesetzt, die nicht gegeben ist. Durch Risse und Abnutzungen wird jede Maschinenbaugruppe nach längerer Betriebsdauer weicher und nie steifer.

Zahnradgetriebe: Die Zahnverformung eines Zahnradpaars lässt sich in eine Torsionsfederkonstante bezogen auf die Zahnradwellen umrechnen. Diese ist unabhängig vom Zahn-

Tab. 2.5 Reduzierte Längen verschiedener Wellenabschnitte

Benennung	Bezeichnung	Reduzierte Wellenlänge
Glatte zylindrische Welle	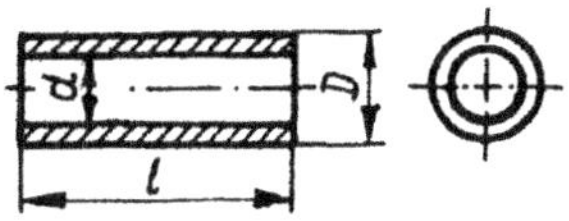	Vollwelle: $l_{red} = l \frac{I_{red}}{I_p} = l \frac{D_{red}^4}{D^4}$ Hohlwelle: $l_{red} = l \frac{I_{red}}{I_p} = l \frac{D_{red}^4}{D^4 - d^4}$
Welle mit Keilnut	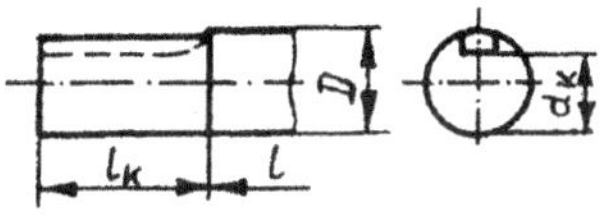	$l_{red} = l_K \frac{I_{red}}{I_K} = l \frac{I_{red}}{I_P}$
Keilwelle	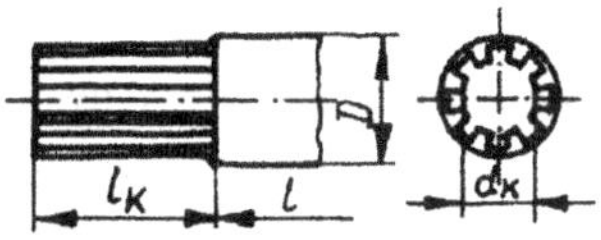	$I_K = \frac{\pi d_K^4}{32}$; $I_P = \frac{\pi D^4}{32}$
Welle mit Kegel	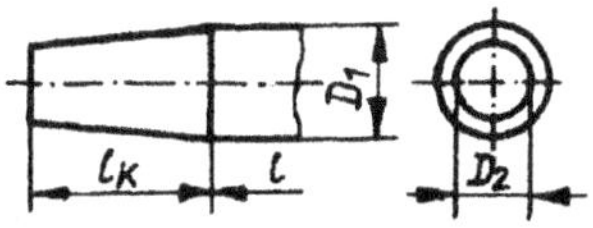	$l_{red} = l_K \frac{I_{red}}{I_m} = l \frac{I_{red}}{I_{P1}}$ $I_m = \frac{3 I_{P1}}{\frac{D_1}{D_2}\left[\left(\frac{D_1}{D_2}\right)^2 + \frac{D_1}{D_2} + 1\right]}$ I_m mittleres polares Flächenträgheitsmoment des kegligen Wellenendes
Kegelverbindung	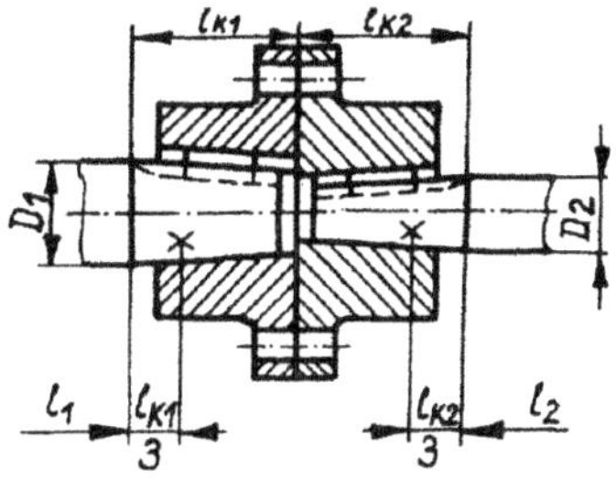	$l_{red} = \left(l_1 + \frac{l_{K1}}{3}\right) \frac{I_{red}}{I_{P1}}$ $+ \left(l_2 + \frac{l_{K2}}{3}\right) \frac{I_{red}}{I_{P2}}$ Das Stück zwischen den angenommenen Kraftübertragungsstellen (x) ist nach obigen Formeln zu berechnen.
Wellenübergänge, Presssitzverbindungen	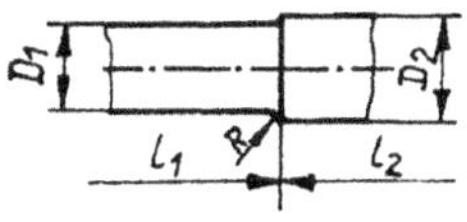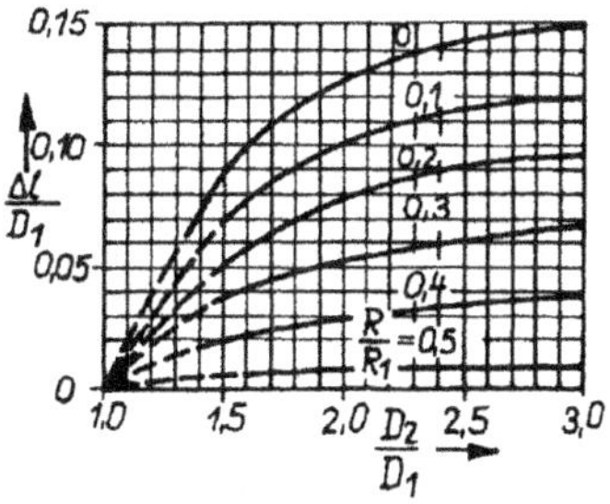	$l_{red} = l_{red1} + l_{red2} + \Delta l_{red}$ $l_{red1} = l_1 \frac{I_{red}}{I_{P1}}$ $l_{red2} = l_2 \frac{I_{red}}{I_{P2}}$ $\Delta l_{red} = \frac{\Delta l}{D_1} D_1 \frac{I_{red}}{I_{P1}}$ $R_1 = \frac{D_1}{2}$

modul und kann mithilfe von Zahlenwertgleichungen bestimmt werden. Wird die Zahnfeder als Längsfeder auf der Zahneingrifflinie wirkend gedacht, gilt für geradverzahnte Stirnräder aus Stahl, wenn nur ein Zahn im Eingriff ist, vgl. [35]:

$$\begin{aligned} c_z &= bc'; \qquad c' = 0{,}8c'_{th} \cdot \cos\beta, \\ c'_{th} &= 1/[0{,}04723 + 0{,}15551/z_{n1} + 0{,}25791/z_{n2} - 0{,}00635x_1 \\ &\quad - 0{,}11654x_1/z_{n1} - 0{,}00193x_2 - 0{,}24188x_2/z_{n2} + 0{,}00529x_1^2 \\ &\quad + 0{,}00182x_2^2]\ \mathrm{N/(\mu m \cdot mm)} \end{aligned} \tag{2.41}$$

mit $z_{n1,2} = z_{1,2}/(\cos\beta)^3$, b Zahnbreite, z_1, z_2 Zähnezahlen, x_1, x_2 Profilverschiebungsfaktoren, β Schrägungswinkel.

In (2.41) sind Vollscheibenräder und das Norm-Bezugsprofil (DIN 867) für die Verzahnung vorausgesetzt. In DIN 3990 sind zusätzlich für die Anwendung von Stegrändern und von Profilen, die vom Normprofil abweichen, Korrekturfaktoren angegeben, um die resultierenden Einflüsse auf die Zahnsteifigkeit zu berücksichtigen. Aufgrund der Überdeckung befinden sich je nach Radstellung verschieden viele Zahnpaare im Eingriff, wodurch auch die effektive Zahnsteifigkeit während einer Eingriffsperiode schwankt.

Abb. 2.12 zeigt den Verlauf der Steifigkeit einer Zahnradpaarung bei zwei verschiedenen Überdeckungsgraden ([28], [35]). Es ist erkennbar, wie sich die resultierende Steifigkeit aus der Steifigkeit der einzelnen Zähne zusammensetzt. Bei der Geradverzahnung entsteht ein größerer Sprung bei der Änderung des Überdeckungsgrades. In Abschn. 9.4.5.2 wird gezeigt, welchen Einfluss diese stellungsabhängige Zahnsteifigkeit auf parametererregte Schwingungen in Zahnradgetrieben hat [13]. Bei der Schrägverzahnung sind die Übergänge zwischen verschiedenen Eingriffskonfigurationen fließend, sodass die Steifigkeitssprünge kleiner sind, was sich auf die Schwingungserregung auswirkt, vgl. Abschn. 9.4.5.2. Zur

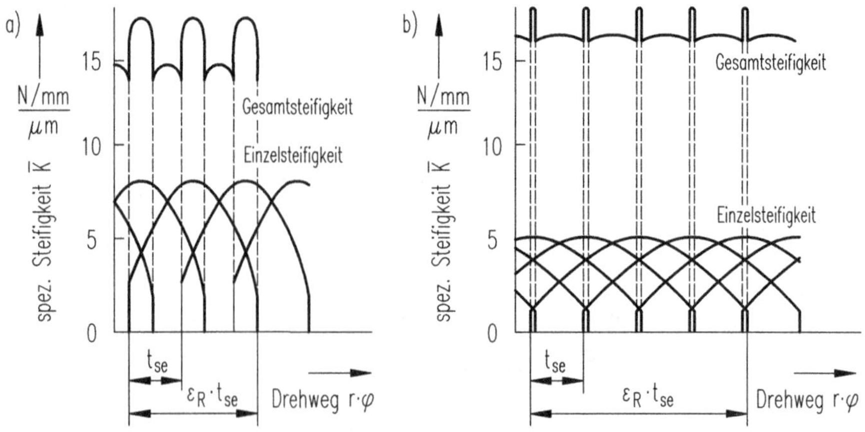

Abb. 2.12 Steifigkeitsverlauf beim Zahneingriff: **a** Überdeckungsgrad $\varepsilon = 2{,}5$, **b** Überdeckungsgrad $\varepsilon = 4{,}1$

Berechnung der Verzahnungssteifigkeit $c(t)$, die in DIN 3990 definiert ist, steht Software zur Verfügung. Die entsprechenden Daten für eine konkrete Verzahnung können von den Herstellerfirmen erfragt werden.

Der Mittelwert der innerhalb einer Eingriffsperiode wirkenden Zahnsteifigkeit (Eingriffsfedersteifigkeit) wird näherungsweise wie folgt berechnet:

$$c_m = c' \cdot (0{,}75\varepsilon_\alpha + 0{,}25); \qquad \varepsilon_\alpha \text{ Profilüberdeckung.} \tag{2.42}$$

Für die Einzelfedersteifigkeit und die Eingriffsfedersteifigkeit können für Stahlzahnräder überschläglich folgende Werte gesetzt werden:

$$c' = 14\,\mathrm{N/(\mu m \cdot mm)}; \qquad c_m = 20\,\mathrm{N/(\mu m \cdot mm)}. \tag{2.43}$$

Für den Fall nur schwach belasteter Verzahnungen ($F_\mathrm{t}/b < 100$ N/mm) ergeben sich deutlich geringere Federkennwerte, die näherungsweise unter Annahme eines linearen Steifigkeitsabfalles berechnet werden können:

Für $F_t/b < 100$ N/mm:

$$c' = 0{,}8c'_\mathrm{th} \cdot \cos\beta \cdot F_t/(100b) \tag{2.44}$$

F_t an der Verzahnung wirkende Umfangskraft in N
b Zahnbreite in mm

Schrauben: (nach VDI-Richtlinie 2230) Längsfederkonstante:

$$c = \frac{E}{\sum\limits_i \dfrac{l_i}{A_i}} \tag{2.45}$$

Eine Schraube setzt sich aus zylindrischen Körpern mit unterschiedlichen Längen l_i und Flächen A_i zusammen. E ist der Elastizitätsmodul des Schraubenwerkstoffs. Die Federkonstante einer gesamten Schraubenverbindung ist infolge der Kontaktsteifigkeiten zwischen Schraube, Unterlegscheibe und Blech wesentlich niedriger.

Riemen: Für die Federkonstanten des Riemens gilt

$$c_{rz} = \frac{E_\mathrm{z} A}{L}. \tag{2.46}$$

A Riemenquerschnitt
L wirksame Trumlänge

Da der Elastizitätsmodul E von der Riemenvorspannkraft F_v abhängt, unterscheiden sich E_z und E.

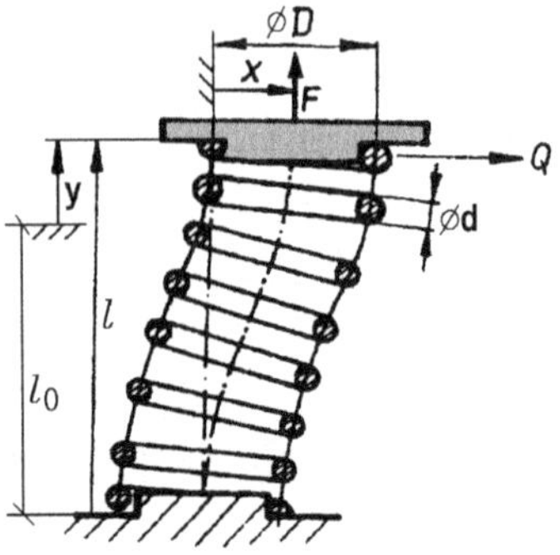

Abb. 2.13 Schraubenfeder, Koordinaten und Abmessungen

Zylindrische Schraubenfedern: Oft wird für zylindrische Schraubenfedern nur die Längssteifigkeit

$$c = \frac{Gd^4}{8iD^3} \tag{2.47}$$

berücksichtigt, vgl. die in Abb. 2.13 genanten Federparameter:

d	Drahtdurchmesser
D	mittlerer Windungsdurchmesser
i	Anzahl der wirksamen Federwindungen
G	Gleitmodul (für gehärteten Walzstahl gilt: $G = 7{,}9 \cdot 10^{10}\text{N/m}^2$)
l_0	ungespannte Federlänge
$l = l_0 + y$	Federlänge nach der Belastung.

Die Schraubenfeder kann für jedes gewünschte Verhältnis von Längssteifigkeit c zur Quersteifigkeit c_q ausgelegt werden. $y = F/c$ ist die Verschiebung infolge der Längskraft F, $x = Q/c_q$ ist der Federweg quer zur Federachse infolge der Querkraft Q.

Die Quersteifigkeit einer zylindrischen Schraubenfeder lässt sich aus dem Diagramm Abb. 2.14 entnehmen, das aus [19] stammt. Diese Kurven stellen das Verhältnis der Quersteifigkeit zur Längssteifigkeit dar und entsprechen der Formel:

$$\frac{c}{c_q} = 1{,}0613\frac{D}{y}\sqrt{\frac{l_0}{y} - 0{,}6142} \cdot \tan\left(0{,}9422\frac{y}{D}\sqrt{\frac{l_0}{y} - 0{,}6142}\right) + 1 - \frac{l_0}{y}. \tag{2.48}$$

Abb. 2.14 zeigt den nach (2.48) berechneten Verlauf für den Bereich $l_0/D = 1 \ldots 4$. Es wurden zwei Kurven $y/l_0 = 0{,}1$ und $2/3$ eingezeichnet. Alle praktisch bedeutsamen Belastungsfälle liegen im Bereich dieses Diagramms.

Drahtseil: Ein weiteres, sehr nachgiebiges Bauelement stellt das *Drahtseil* dar. Die Federkonstante eines gespannten Drahtseiles berechnet sich nach

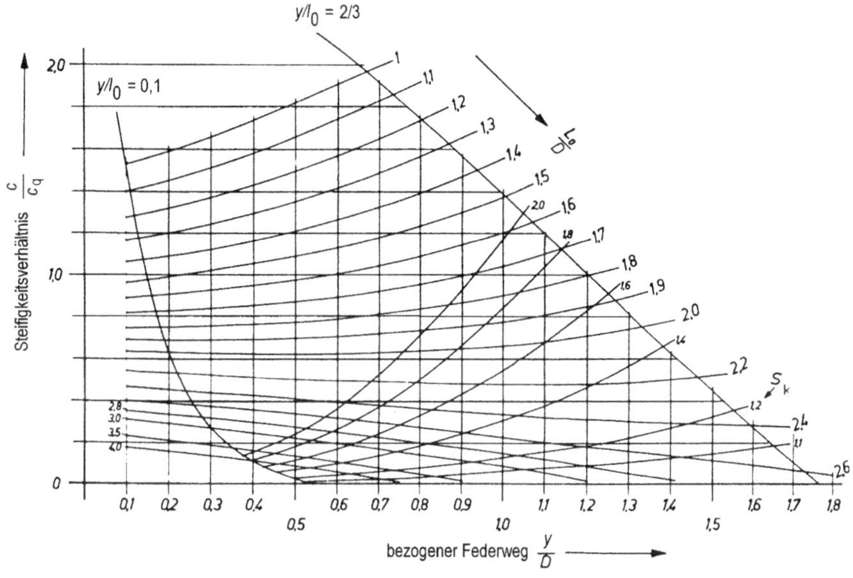

Abb. 2.14 Abhängigkeit des Steifigkeitsverhältnisses vom bezogenen Federweg (aus [19])

$$c = \frac{E_S A}{l}. \tag{2.49}$$

Dabei ist A die metallische Querschnittsfläche, l die Seillänge und E_S der Elastizitätsmodul. Für ihn finden sich in der Literatur verschiedene Werte, die zeigen, dass er von der Machart der Seile, der Einsatzdauer und der Vorlast abhängt. Als Richtwert kann

$$E_S = (1 \ldots 1{,}6) \cdot 10^{11}\,\mathrm{N/m^2} \tag{2.50}$$

engenommen werden Beispiele für Steifigkeitswerte von anderen im Maschinenbau oft verwendeten Baugruppen finden sich in Tab. 2.6.

Die *Lagerung* einer Welle kann erhebliche Auswirkungen auf ihr Schwingungsverhalten haben. Die Lagerauswahl geschieht jedoch nach der Tragfähigkeit und Lebensdauer, sodass damit ihre Federkonstante gegeben ist. Vor allem bei starren Lagergehäusen sollte die Wellensteifigkeit mit der Lagersteifigkeit verglichen werden. Möglichkeiten dazu bietet Tab. 6.4.

Für *radiale Wälzlager* berechnet sich die radiale Lagersteifigkeit nach WICHE [49]:

$$c_r = K_L \cdot \frac{F_L}{f_o}. \tag{2.51}$$

Tab. 2.6 Federkonstanten und Torsionsfederkonstanten

Maschinenelement/Baugruppe	Federkonstante c in N/mm = kN/m	abhängig von
Baugrund	$(0{,}2 \ldots 1{,}4) \cdot 10^5 (A/\mathrm{m}^2)$	Bodenart, Stützfläche A
	$(0{,}2 \ldots 1{,}4) \cdot 10^7$	z. B. $A = 100\,\mathrm{m}^2$
Gewinde	$(1{,}5 \ldots 2) \cdot 10^5 (d/\mathrm{mm})$	Nenndurchmesser d
	$(1{,}5 \ldots 2) \cdot 10^6$	z. B. M10, $d = 100\,\mathrm{mm}$
Zahnsteifigkeit von	$(1 \ldots 2) \cdot 10^4 (b/\mathrm{mm})$	Zahnbreite b
Stahlzahnrädern	$(3 \ldots 6) \cdot 10^5$	z. B. M10, $b = 30\,\mathrm{mm}$
Kugellager – radial	$(5 \ldots 10) \cdot 10^3 (d/\mathrm{mm})$	Innendurchmesser d
	$(2{,}5 \ldots 5) \cdot 10^5$	z. B. $d = 50\,\mathrm{mm}$ Vorspannung Wälzkörperstahl
Stahl-Zugstab	$1{,}6 \cdot 10^4$	$c = EA/l$; z. B.: $l = 1\,\mathrm{m}$, $d = 10\,\mathrm{mm}$
Pufferfeder einer Kranbahn	$(0{,}1 \ldots 1) \cdot 10^4$	Abmessungen
Rundstahlketten	$600 \ldots 3700$	z. B. 1 m Länge
Stahlfedern für Maschinenfundamente	$(30 \ldots 60) \cdot (F/\mathrm{kN})$	Bauform, statische Belastung F
	$600 \ldots 1200$	z. B. $F = 20\,\mathrm{kN}$
PKW-Reifen	$(80 \ldots 160) \cdot 10^4$	Konstruktion, Luft- druck, Fahrgeschwindigkeit
Auslegerspitze Turmkran (vertikal)	$(40 \ldots 4000)$	Bauhöhe Auslegerlänge
Federbein Motorrad	$(10 \ldots 20)$	Federtyp
Stahl-Biegebalken (Endpunkt d. Kragträgers)	$0{,}3$	$c = 3EI/l^3$; z. B.: $l = 1\,\mathrm{m}$, $d = 10\,\mathrm{mm}$
	Torsionsfederkonstante c_T in Nm/rad $\hat{=}$ Nm	
Stahlblock (Halbraumtheorie)	$3{,}1 \cdot 10^2 (r^3/\mathrm{mm}^3)$	Radius r in mm
kreisförmige Einspannstelle	$3{,}1 \cdot 10^5$	z. B. $r = 10\,\mathrm{mm}$
Stahl-Kupplungen	$(0{,}1 \ldots 2{,}5) \cdot 10^5$	Durchmesser
Gummifeder-Kupplungen	$1000 \ldots 6000$	Bauart, Belastung
Stahl-Torsionsstab	80	$c_\mathrm{T} = GI_\mathrm{p}/l$; z. B.: $l = 1\,\mathrm{m}$, $d = 10\,\mathrm{mm}$

Die oben gemachten Angaben dienen nur zur Orientierung und sollen der Leserin oder dem Leser helfen, eine anschauliche Vorstellung zu gewinnen. Für praktische Berechnungen sind genauere Parameterwerte den Katalogen der Hersteller und Taschenbüchern zu entnehmen oder durch eine spezielle Modellbildung zu berechnen.

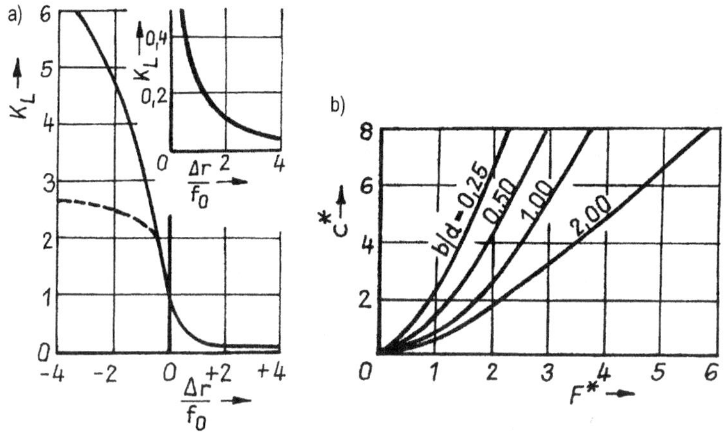

Abb. 2.15 Beiwerte zur Ermittlung der Lagersteifigkeit: **a** K_L für Wälzlager ——, Kugellager, - - - - Rollenlager, **b** c^* für Gleitlager

Darin bedeutet K_L einen Beiwert, der nach Abb. 2.15a in Abhängigkeit vom relativen Lagerspiel bestimmt werden kann. F_L ist die statische Lagerlast und f_o die Einfederung des spielfrei eingebauten Lagers. Diese berechnet sich aus den Zahlenwertgleichungen

Kugellager:

$$f_o = \sqrt[3]{\frac{2{,}08}{d} + \left(\frac{F_L}{i}\right)^2}\ \mu\text{m}; \qquad d \text{ in mm; } F_L \text{ in N.} \tag{2.52}$$

Rollen- und Nadellager:

$$f_o = \left(\frac{0{,}252}{L_W - 2r_W}\right)^{0,8} \cdot \left(\frac{F_L}{i}\right)^{0,9}\ \mu\text{m}; \qquad L_W \text{ in mm; } r_W \text{ in mm.} \tag{2.53}$$

Die Angaben über die Anzahl der Wälzkörper i, der Wälzkörperdurchmesser d, die Wälzkörperlänge L_W und deren Kantenkürzung r_W kann den Informationsblättern der Lagerhersteller entnommen werden. Das Lagerspiel $\Delta r = R_L/2$, welches positiv (Lagerluft) oder negativ (Vorspannung) sein kann, richtet sich nach der Lagerluft R_L im Anlieferungszustand des Lagers. Sie ist in DIN 620 in Abhängigkeit vom Wellendurchmesser angegeben. Es ist aber bereits aus Abb. 2.15 der starken Einfluss des Spieles erkennbar, besonders im negativen Bereich.

Für *radiale Gleitlager* ist die Steifigkeit im starken Maße von der Lagergeometrie und dem Schmierfilm abhängig. Eine Überschlagsberechnung kann nach der Beziehung:

$$c = c^* \cdot 2\pi \cdot \frac{bd^3 \eta f}{(\Delta r)^3} \tag{2.54}$$

erfolgen. Darin bedeuten

b	tragende Breite
d	Wellendurchmesser
η	dynamische Zähigkeit des Öles bei Betriebstemperatur
f	Drehfrequenz der Welle
Δr	Radialspiel.

Der Beiwert c^* lässt sich in Abhängigkeit von der relativen Lagerkraft

$$F^* = \frac{2F_L(\Delta r)^2}{\pi b d^3 \eta f} \qquad (2.55)$$

mit dem Breitenverhältnis b/d als Parameter aus Abb. 2.15b entnehmen. Sowohl bei Wälzlagern, als auch bei Gleitlagern sind die Federkennlinien stark nichtlinear und die angegebenen Beziehungen (2.51) und (2.54) stellen nur Näherungen für eine bestimmte Lagerlast dar.

Im Allgemeinen wird die Masse eines Federelementes vernachlässigt, da oft angenommen werden kann, dass die Eigenfrequenz des Federelementes groß ist gegenüber der Frequenz, in der die relevante Schwingung des Systems erfolgt. Müssen jedoch auch hohe Frequenzen, wie sie beispielsweise durch Überlagerung von Maschinen- und Körperschallschwingungen auftreten, betrachtet werden, ist die Eigenfrequenz der Feder abzuschätzen. Es kann sonst vorkommen, dass bestimmte Frequenzen trotz einer tiefen Abstimmung des Gesamtsystems durch die Feder übertragen werden.

2.3.2 Gummifedern

Federelemente aus Gummi zeigen gegenüber Metallfedern besondere Eigenschaften. So ist das Deformationsverhalten abhängig von der Vorbehandlung, der Gummiqualität, der Frequenz, der Lastwechselzahl, der Geometrie und auch der Zeit (Alterung des Gummis).

Gummifedern haben eine schwach nichtlineare Kraft-Verformungs-Funktion, die für überschlägige Berechnungen als linear angesehen werden kann, vgl. A2.3. Die Federkonstante resultiert dann aus der Steigung der Kennlinie im Betriebspunkt. Die wesentliche Werkstoffkenngröße ist der Schubmodul G, der in Abhängigkeit von der Shore-Härte angegeben wird, vgl. Abb. 2.16c. Die Querkontraktionszahl von Gummi ist $\nu \approx 0{,}5$, somit ist der Werkstoff als quasi inkompressibel zu betrachten. Das bedeutet, dass Elastomerfedern entweder auf Schub belastet werden sollten oder bei einer Druckbelastung Raum zum „Ausweichen" des Materials vorhanden sein muss.

Der Gummikörper muss fest mit Metallteilen, über die die Kraft ein- und abgeleitet wird, verbunden sein (Bezeichnung: gebundene Gummifedern). Die Randbedingungen haben bei der großen Verformung entscheidenden Einfluss und hängen bei freiem Gummielement von den Reib- und Rauigkeitsverhältnissen der Auflageflächen ab. Liegt reine Schubbeanspru-

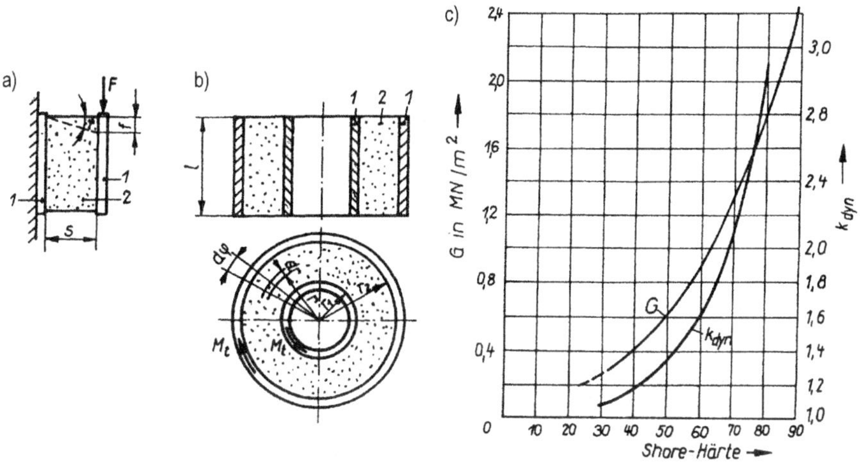

Abb. 2.16 Schubbeanspruchte Gummifedern: **a** Scheibengummifeder bei Parallelschub, **b** Hülsengummifeder bei Torsionsbelastung, *1* Metallteile; *2* Gummi, **c** Schubmodul und Faktor k_{dyn} in Abhängigkeit von der Shore-Härte

chung vor, lassen sich die statischen Federkonstanten mit den Methoden der Kontinuumsmechanik unter Zugrundelegen des *Hooke*schen Gesetzes berechnen. So gilt zum Beispiel für die Scheibengummifeder (Abb. 2.16a)

$$c = \frac{F}{f} = \frac{AG}{s}. \tag{2.56}$$

Für die torsionsbeanspruchte Hülsenfeder, Abb. 2.16b, ergibt sich die statische Torsionsfederkonstante

$$c_{\text{T}} = \frac{M_{\text{t}}}{\varphi} = \frac{4\pi l G}{(1/r_1^2) - (1/r_2^2)}. \tag{2.57}$$

Treten bei einer Beanspruchung Normalspannungen auf, erfolgt die Umrechnung zwischen Spannung und Dehnung unter Beachtung des Elastizitätsmoduls E. Für Gummielemente ist dieser jedoch nicht mehr ein reiner Werkstoffparameter, sondern von der Form der Gummifeder abhängig. Unter Einführung eines Formfaktors k_{E} lässt er sich aus Abb. 2.17b angenähert bestimmen.

Für den Formfaktor gilt:

$$k_{\text{E}} = \frac{\text{eine belastete Fläche}}{\text{gesamte freie Oberfläche}}. \tag{2.58}$$

Die gebundene zylindrische Gummifeder, Abb. 2.17a, hat somit den Formfaktor

$$k_{\text{E}} = \frac{d^2\pi}{4\pi d h} = \frac{d}{4h}. \tag{2.59}$$

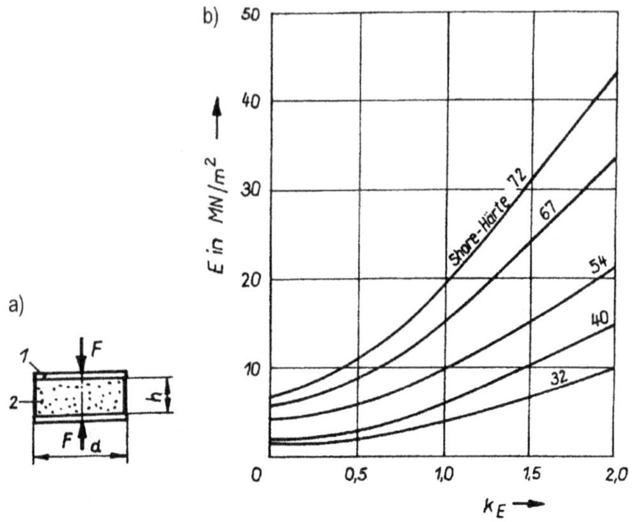

Abb. 2.17 Druckbeanspruchte Gummifeder; *1* Metallteile, *2* Gummi: **a** Parameter, **b** Fiktiver Elastizitätsmodul in Abhängigkeit vom Formfaktor k_E (Quelle: Göbel, E.F.: Gummifedern, Springer-Verlag 1987)

Für sie berechnet sich die Federkonstante zu

$$c_{st} = \frac{AE}{h}. \tag{2.60}$$

Es ist jedoch festzustellen, dass die Berechnung von Gummifedern mit Druckbeanspruchung noch große Unsicherheiten birgt. Kleine Form- und Lagetoleranzen oder gezielt eingebrachte Bohrungen in den Elastomerkörper verändern die Steifigkeit erheblich.

Eine experimentelle Überprüfung wird stets von Vorteil sein. Im Gegensatz zu den Federkonstanten von Metallfedern sind die von Gummifedern frequenzabhängig. In der Berechnung wird der Effekt durch Einführen einer dynamischen Federkonstante berücksichtigt und es wird

$$c_{dyn} = k_{dyn} \cdot c_{st} \tag{2.61}$$

gesetzt. Im Bereich der üblichen Gummihärte (35 bis 95 Shore) gilt $k_{dyn} = 1{,}1$ bis 3,0, vgl. Abb. 2.16. Für die Betriebssicherheit von Gummifedern ist ihre Festigkeit und die Erwärmung ausschlaggebend. Bei Frequenzen oberhalb von etwa 20 Hz ist $k_{dyn} \approx 2{,}8$ bis 3,2.

2.3.3 Aufgaben A2.1 bis A2.3

A2.1 Bestimmung eines Trägheitsmoments

Mithilfe einer Torsionsstabaufhängung (Abb. 2.8) soll das Trägheitsmoment einer Kurbelwelle bezüglich der Drehachse experimentell bestimmt werden. Für den Torsionsstab gilt: Länge $l = 380\,\text{mm}$; Durchmesser $d = 4\,\text{mm}$; Schubmodul $G = 7{,}93 \cdot 10^4\,\text{N/mm}^2$. Für 50 volle Schwingungen wurde die Zeit $T = 41{,}5\,\text{s}$ gemessen.

A2.2 Trägheitstensor eines symmetrischen Körpers

Für einen symmetrischen Körper soll der Trägheitstensor experimentell bestimmt werden. Um die in Abb. 2.18 dargestellten drei Achsen ($k = 1,\ 2$ und 3), die in der Symmetrieebene liegen, wurden Pendelversuche vorgenommen, aus denen sich drei Trägheitsmomente um die Achsen 1, 2 und 3 bestimmen ließen.

Gegeben:

Trägheitsmomente um diese Achsen: J_{11}^S, J_{22}^S und J_{33}^S

Gesucht:

1. Hauptträgheitsmomente J_{I}^S, J_{II}^S, J_{III}^S
2. Hauptachsenwinkel α_{I}, γ_{I}, α_{II}, γ_{II}

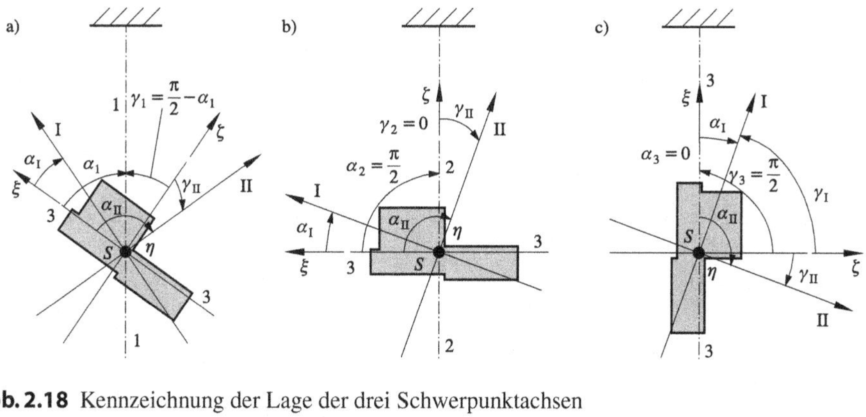

Abb. 2.18 Kennzeichnung der Lage der drei Schwerpunktachsen

A2.3 Nichtlineare Federkennlinie

Für eine Druckfeder aus Gummi wurde die statische Kennlinie nach Abb. 2.19 bestimmt, wobei einige Messwerte in Tab. 2.7 aufgelistet sind. Mit welchem Federwert ist in einem linearen Schwingungssystem zu rechnen, wenn die Belastung der Feder in der Ruhelage 9 kN beträgt und die Frequenz in der Größenordnung 20 Hz liegt (Gummihärte über 80 Shore)?

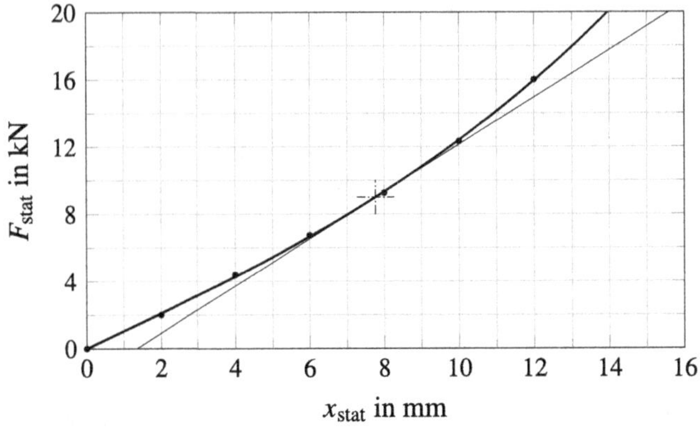

Abb. 2.19 Statische Federkennlinie einer Gummifeder

Tab. 2.7 Gegebene Messwerte

k	1	2	3	4	5	6	7
x_k in mm	0	2	4	6	8	10	12
F_k in kN	0	2,00	4,39	6,74	9,26	12,32	16,00

Es soll die Kennlinie durch das Polynom

$$F = c_1 x + c_3 x^3 \tag{2.62}$$

approximiert werden sowie c_1 und c_3 mithilfe der Ausgleichsrechnung ermittelt werden.

2.3.4 Lösungen L2.1 bis L2.3

L2.1 Nach Gl. (2.21) gilt

$$J_S = \frac{T^2}{4\pi^2} c_T; \qquad c_T = \frac{I_p G}{l}. \tag{2.63}$$

Es ergibt sich

$$T = \frac{41{,}5}{50}\,\mathrm{s} = 0{,}83\,\mathrm{s}; \qquad I_p = \frac{\pi d^4}{32} = 0{,}002513\,\mathrm{cm}^4; \qquad c_T = 5{,}244\,\mathrm{Nm};$$
$$\underline{\underline{J_S = 0{,}0915\,\mathrm{kg\,m}^2}}. \tag{2.64}$$

L2.2 Wenn das körperfeste Koordinatensystem in die Symmetrieebene gelegt wird, folgt für einen symmetrischen Körper, dass $J^S_{\xi\eta} = J^S_{\eta\zeta} = 0$ gilt. Das Gleichungssystem (2.31) vereinfacht sich wegen $\cos\gamma_1 = \cos(\pi/2 - \alpha_1) = \sin\alpha_1$ zu

$$\begin{bmatrix} \cos^2\alpha_1 & \sin^2\alpha_1 & 2\cos\alpha_1\sin\alpha_1 \\ 0 & 1 & 0 \\ 1 & 0 & 0 \end{bmatrix} \begin{bmatrix} J^S_{\xi\xi} \\ J^S_{\zeta\zeta} \\ J^S_{\xi\zeta} \end{bmatrix} = \begin{bmatrix} J^S_{11} \\ J^S_{22} \\ J^S_{33} \end{bmatrix}. \tag{2.65}$$

Es hat die Lösungen

$$\underline{\underline{J^S_{\xi\xi} = J^S_{33}}}; \quad \underline{\underline{J^S_{\zeta\zeta} = J^S_{22}}}; \quad \underline{\underline{J^S_{\xi\zeta} = \frac{J^S_{11} - J^S_{33}\cos^2\alpha_1 - J^S_{22}\sin^2\alpha_1}{2\cos\alpha_1\sin\alpha_1}}}. \tag{2.66}$$

Ein vierter Versuch liefert aus der Drehschwingung um die η-Achse unmittelbar das Hauptträgheitsmoment

$$\underline{\underline{J^S_{\eta\eta} = J^S_{\text{III}}}}. \tag{2.67}$$

Mit (2.66) und (2.67) sind vier Elemente des Trägheitstensors des symmetrischen Körpers bestimmt. Um daraus die beiden anderen Hauptträgheitsmomente zu bestimmen, ist aufgrund von (2.34) folgendes Eigenwertproblem zu lösen:

$$\begin{bmatrix} J^S_{\xi\xi} - J & J^S_{\xi\zeta} \\ J^S_{\xi\zeta} & J^S_{\zeta\zeta} - J \end{bmatrix} \begin{bmatrix} \cos\alpha \\ \cos\gamma \end{bmatrix} = \begin{bmatrix} 0 \\ 0 \end{bmatrix}. \tag{2.68}$$

Hieraus folgen die beiden anderen Hauptträgheitsmomente aus einer quadratischen Gleichung:

$$\underline{\underline{J^S_{\text{I,II}} = \frac{1}{2}(J^S_{\xi\xi} + J^S_{\zeta\zeta}) \pm \sqrt{\frac{(J^S_{\xi\xi} + J^S_{\zeta\zeta})^2}{4} - J^S_{\xi\xi}J^S_{\zeta\zeta} + (J^S_{\xi\zeta})^2}}}. \tag{2.69}$$

Die Hauptachsenwinkel α_1 und γ_1 folgen aus (2.68), wenn dort die Hauptträgheitsmomente J^S_{I} und J^S_{II} eingesetzt werden:

$$\begin{aligned} &\underline{\underline{\tan\alpha_{\text{I}} = -\frac{J^S_{\xi\zeta}}{J^S_{\zeta\zeta} - J^S_{\text{I}}} = \frac{J^S_{\text{I}} - J^S_{\zeta\zeta}}{J^S_{\xi\zeta}}}}; \qquad \underline{\underline{\cos\gamma_{\text{I}} = \sin\alpha_{\text{I}}}}, \\ &\underline{\underline{\tan\alpha_{\text{II}} = -\frac{J^S_{\xi\zeta}}{J^S_{\zeta\zeta} - J^S_{\text{II}}} = \frac{J^S_{\text{II}} - J^S_{\zeta\zeta}}{J^S_{\xi\zeta}}}}; \qquad \underline{\underline{\cos\gamma_{\text{II}} = \sin\alpha_{\text{II}}}}. \end{aligned} \tag{2.70}$$

L2.3 Das kubische Polynom soll die Messwerte approximieren, also die Bedingungen

$$c_1 x_k + c_3 x_k^3 = F_k \tag{2.71}$$

für $k = 1$ bis 7 möglichst gut erfüllen. Das sind 7 lineare Gleichungen für die beiden Unbekannten c_1 und c_3, die Elemente des Parametervektors $\boldsymbol{p}$. Werden diese Gleichungen in Matrizenschreibweise als

$$\boldsymbol{A}\boldsymbol{p} = \boldsymbol{b} \tag{2.72}$$

geschrieben, deren Ausdrücke folgende Bedeutungen haben

$$\boldsymbol{A}^{\mathrm{T}} = \begin{bmatrix} x_1 & x_2 & \dots & x_7 \\ x_1^3 & x_2^3 & \dots & x_7^3 \end{bmatrix}; \quad \boldsymbol{b}^{\mathrm{T}} = \begin{bmatrix} F_1 & F_2 & \dots & F_7 \end{bmatrix}; \quad \boldsymbol{p} = \begin{bmatrix} c_1 \\ c_3 \end{bmatrix}, \tag{2.73}$$

dann liefert die Forderung nach dem Minimum der mittleren quadratischen Abweichung folgende Matrizengleichung [51] (Ausgleichsrechnung):

$$\boldsymbol{A}^{\mathrm{T}}\boldsymbol{A}\boldsymbol{p} = \boldsymbol{A}^{\mathrm{T}}\boldsymbol{b}. \tag{2.74}$$

Dies sind zwei Zahlenwertgleichungen für die beiden Unbekannten, die nach dem Einsetzen der Messwerte aus Tab. 2.7 lauten:

$$\begin{aligned} 0{,}364\,c_1 &+ \quad 36{,}4 \cdot 10^{-6}\,c_3\,\mathrm{m}^2 &= 450{,}92\,\mathrm{kN/m}, \\ 36{,}4\,c_1 &+ 4{,}298944 \cdot 10^{-3}\,c_3\,\mathrm{m}^2 &= 46456{,}16\,\mathrm{kN/m}. \end{aligned} \tag{2.75}$$

Ihre Lösungen sind

$$\underline{\underline{c_1 = 1032\,\mathrm{kN/m}}}; \qquad \underline{\underline{c_3 = 2{,}07 \cdot 10^6\,\mathrm{kN/m}^3}}. \tag{2.76}$$

Die Tangente entspricht der lokalen Federkonstante, d. h. es folgt aus dem Ansatz (2.62):

$$\frac{\mathrm{d}F}{\mathrm{d}x} = c(x) = c_1 + 3c_3x^2. \tag{2.77}$$

Für $x_{\mathrm{st}} = 7{,}66\,\mathrm{mm}$ gilt also

$$\begin{aligned} c(x_{\mathrm{st}}) &= \left(1032 + 3 \cdot 2{,}07 \cdot 10^6 \cdot 7{,}66^2 \cdot 10^{-6}\right)\mathrm{kN/m} \\ &= (1032 + 364)\,\mathrm{kN/m} = 1396\ \mathrm{kN/m}. \end{aligned} \tag{2.78}$$

Da es sich um eine harte Gummisorte handelt, und eine Frequenz von 20 Hz für Gummi schon als hoch anzusehen ist, ist der Faktor von Bedeutung, der im Bereich $k_{\mathrm{dyn}} = 2{,}8$ bis 3,2 liegt, vgl. Abb. 2.16c. Die dynamische Federkonstante ist also etwa

$$\underline{\underline{c_{\mathrm{dyn}} \approx 3 \cdot 1400\,\mathrm{kN/m} = 4200\,\mathrm{kN/m}}}. \tag{2.79}$$

Die Annahme von k_{dyn} stellt eine große Unsicherheit bei der Bestimmung der dynamischen Federkonstante dar. Es wäre hier wohl ausreichend gewesen, mit einem Mittelwert einer linearisierten Kennlinie zu rechnen, da die Ungenauigkeit von k_{dyn} diejenige der Nichtlinearität überdeckt.

2.4 Dämpfungskennwerte

Mechanische Energieverluste treten bei allen mechanischen Bewegungen auf, d. h., Dämpfung ist zwar bei allen Schwingungen stets vorhanden, aber bei der dynamischen Analyse eines Antriebssystems muss entschieden werden, ob sie von Bedeutung ist und in welcher Form sie im Berechnungsmodell überhaupt erfasst werden soll. Dazu können folgende Regeln beachtet werden:

1. Auf die Berücksichtigung der Dämpfung kann verzichtet werden, wenn nur folgende Größen interessieren:
   - niedere Eigenfrequenzen (und Resonanzgebiete) eines Antriebssystems,
   - die Spitzenwerte nach Stoßvorgängen,
   - Schwingungszustände außerhalb der Resonanzgebiete.
2. Dämpfungskräfte haben merklichen Einfluss und sollten zumindest durch die modale oder viskose Dämpfung einbezogen werden, wenn folgende Größen interessieren:
   - Resonanzamplituden linearer Systeme bei periodischer Belastung,
   - die Lastwechselzahl bei Ausschwingvorgängen, z. B. nach Stößen,
   - höhere Eigenfrequenzen und höhere Eigenformen,
   - Aussagen zum Stabilitätsverhalten parametererregter Schwinger.
3. Genauere Dämpfungsansätze sind dann zu empfehlen, wenn folgende Größen interessieren
   - die Erwärmung des Materials, z. B. von Gummifedern,
   - das Verhalten absichtlich eingebauter dämpfender Baugruppen, z. B. Viskositäts-Drehschwingungsdämpfer und gedämpfte Tilger,
   - das dynamische Verhalten nichtmetallischer Werkstoffe.

Generell sind Dämpfungsparameter schwierig zu bestimmen, sodass bereits bei der Modellbildung abgeschätzt werden solllte, welcher Aufwand in die Bestimmung der Dämpfung gesteckt werden muss.

Für die Entstehung von Dämpfung können zwei Mechanismen unterschieden werden: Bei dem ersten entstehen Dämpfungskräfte an der Oberfläche der sich bewegenden Festkörper. Beispiele hierfür sind:

- Reibung in Führungen und Lagern
- Mikrobewegungen in Fugen und Kontaktstellen
- Widerstand durch Bewegung in umgebenden Medien (Luft, Fluide)

Der zweite Mechnaismus, die *Materialdämpfung* beruht darauf, dass elastische Verformungen in Festkörpern immer zu viskoelastischen Spannungen und damit Kräften führen. Das bedeutet, dass ein Materialgesetz $\sigma = (\epsilon, \dot{\epsilon})$ im Allgemeinen nicht nur von der Dehnung ϵ sondern auch von der Dehnungsrate $\dot{\epsilon}$ abhängt. Der einfachste Vertreter ist das viskoelastische Hooke'sche Gesetz

$$\sigma = E'\epsilon + E''\dot{\epsilon} \tag{2.80}$$

mit dem *Speichermodul* E', der dem E-Modul eines ungedämpften Materials entspricht, und dem *Verlustmodul* E'', der das viskose und damit dissipative Verhalten des Materials beschreibt. Dieser Zusammenhang lässt sich analog auf Scherung und den Schubmodul übertragen. Während bei Metallen der Verlustmodul klein ist, kann er bei Polymeren und Elastomerwerkstoffen größer sein. Dort kann das Materialverhalten auch von der Belastungsfrequenz, der Temperatur und anderen äußeren Einflüssen abhängen. Dabei muss mitunter die Wechselwirkung der mechanischen und thermodynamischen Prozesse berücksichtigt werden, wenn sich das Material infolge der Dämpfungsarbeit aufheizt und sich dabei die Werkstoffparameter ändern. Vielfach hat sich gezeigt, das allein etwa fünf bis zehn Parameter gebraucht werden, um das Werkstoffverhalten genau zu erfassen.

Für viele Bauteile werden deshalb Parameterwerte zur Erfassung der Dämpfung für das komplette Bauteil ermittelt. Dabei kann sowohl die Oberflächendämpfung als auch die Materialdämpfung erfasst werden. Dabei soll mit wenigen (und nach Möglichkeit experimentell einfach zu bestimmenden) Parameterwerten eine möglichst gute Approximation der Dämpfungskräfte bei beliebigen Zeitverläufen der Belastungen erreicht werden.

Im allgemeinen sind Dämpfungskräfte auf verschiedene Weise von den Kräften, Deformationen und deren Zeitableitungen abhängig, so dass ein funktioneller Zusammenhang

$$f(\ldots, \dot{q}, q, F, \dot{F}, \ldots) = 0 \tag{2.81}$$

besteht. Falls Dämpfungskräfte nur von einer Koordinate und deren Ableitung abhängen, können sie durch

$$F_\mathrm{D} = |F(q, \dot{q})| \operatorname{sign}(\dot{q}) \tag{2.82}$$

beschrieben werden. Dabei ist q die Koordinate, an welcher infolge der Relativbewegung die Dämpfungskraft F_D wirkt. Der Betrag kann eine nichtlineare Funktion der Koordinate und/oder der Geschwindigkeit sein. Zu Beschreibung der Dämpfung wird in der Regel, analog zu Gl. (2.80), eine Trennung in einen elastischen Anteil cq und den reinen Dämpfungsteil vorgenommen.

Für die Dämpfungskraft sollen einige konkrete Dämpfungsansätze vorgestellt werden. Coulomb'sche Reibung: Im allgemeinen Fall ist die Reibkraft

$$F_\mathrm{R} = \mu(\dot{q}) \cdot F_\mathrm{N} \tag{2.83}$$

von einer Normalkraft F_N, d. h. der Anpresskraft, und einer geschwindigkeitsabhängigen Reibbeiwertfunktion $\mu(\dot{q})$ abhängig. Diese wird in der Regel punktsymmetrisch sein, sodass $\mu(\dot{q}) = -\mu(-\dot{q})$ gilt. Der Reibbeiwertverlauf ist ein hochgradig unsicherer Parameter, der ausschließlich experimentell bestimmt werden kann. Häufig wird deswegen μ als Konstante

Tab. 2.8 Hysteresekurven bei verschiedenen Dämpfungsansätzen

<table>
<tr><th>Viskose Dämpfung</th><th>Reibungsdämpfung</th></tr>
<tr><td>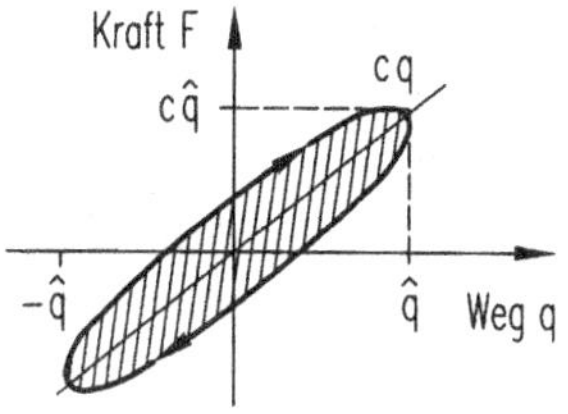
</td><td>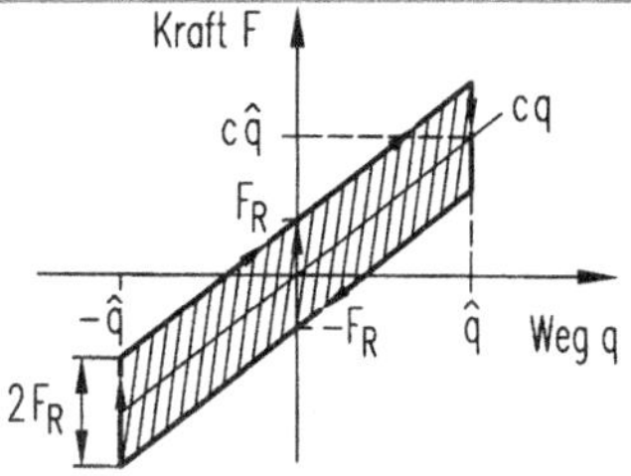
</td></tr>
<tr><td>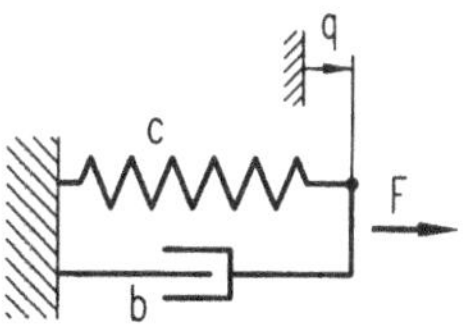
</td><td>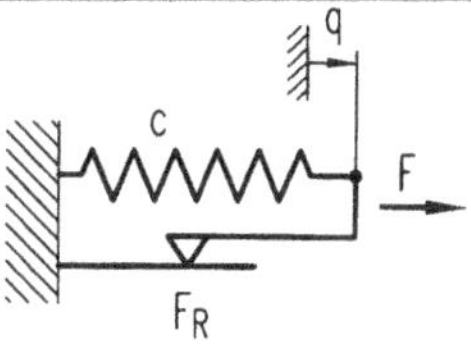
</td></tr>
<tr><td>$F = cq + b\dot{q}$</td><td>$F = cq + F_\mathrm{R}\mathrm{sign}(\dot{q})$</td></tr>
<tr><td>$\Delta W = \pi b \Omega \hat{q}^2$</td><td>$\Delta W = 4F_\mathrm{R}\hat{q}$</td></tr>
</table>

betrachtet. Die Dämpfungskraft folgt dann aus der Reibkraft $F_\mathrm{R} = \mu F_\mathrm{N}$ durch die Berücksichtigung der Bewegungsrichtung mit

$$F_\mathrm{D} = F_\mathrm{R}\mathrm{sign}(\dot{q}). \tag{2.84}$$

Die Coulomb'sche Reibung (2.84) ist weder amplituden- noch frequenzabhängig. Das Glied $\mathrm{sign}(\dot{q}) = \dot{q}/|\dot{q}|$ gibt lediglich die von der Geschwindigkeit gesteuerte Wirkungsrichtung von F_D an. Dieser Ansatz liefert im Gegensatz zu den anderen Ansätzen keine elliptische Hysteresekurve (vgl. Tab. 2.8) und ist für beliebige zeitliche Erregungen brauchbar. Dieser Ansatz wird in Verbindung mit der viskosen Dämpfung in Abschn. 9.2.4.1 näher betrachtet.

Viskose Dämpfung:

$$F_\mathrm{D} = b\dot{q} = b|\dot{q}|\mathrm{sign}(\dot{q}), \tag{2.85}$$

Komplexe Dämpfung:

$$F_\mathrm{D} = \mathrm{j}b^*q, \tag{2.86}$$

Frequenzunabhängige Dämpfung:

$$F_\mathrm{D} = \frac{b^*\dot{q}}{\Omega} = \frac{b^*}{\Omega}|\dot{q}|\mathrm{sign}(\dot{q}), \tag{2.87}$$

Hysterese-Dämpfung:

$$F_\mathrm{D} = F_\mathrm{R}\sqrt{1 - \left(\frac{q}{\hat{q}}\right)^2}\,\mathrm{sign}(\dot{q}). \tag{2.88}$$

Bei dem linearen Ansatz der viskosen Dämpfung (2.85) ändert sich die Richtung der Dämpfungskraft $b|\dot{q}|$ mit dem Vorzeichen der Geschwindigkeit $\dot{q}$. Dies gilt für die harmonische Bewegung, aber nicht für alle Bewegungen, weshalb dieser Ansatz bei komplizierteren Kraftverläufen „nicht richtig dämpft", d. h. Lösungen liefert, die von der Realität abweichen. Der Ansatz (2.85) wird am häufigsten bei allen Anwendungen benutzt, weil er zu linearen Bewegungsgleichungen mit allen ihren Vorteilen (Superposition!) führt.

Der Ansatz der frequenzunabhängigen Dämpfung (2.87) beschreibt die Materialdämpfung erfahrungsgemäß besser als der Ansatz (2.85), aber er gilt nur für rein harmonische Bewegungen mit gegebener Erregerkreisfrequenz Ω. Mathematisch lässt er sich analog zum Ansatz (2.85) behandeln. Alle Formeln, die für die viskose Dämpfung hergeleitet werden, lassen sich übernehmen, wenn statt b dann b^* / Ω eingesetzt wird, vgl. auch Abb. 2.23 und (2.112).

Es wurde versucht, diese Beschränkung des Ansatzes (2.87) mit der komplexen Dämpfung (2.86) aufzuheben. Der Nachteil der komplexen Dämpfung ist seine fehlende Kausalität, wie S. CRANDALL im Jahre 1962 bewies, d. h., die Schwingungsantwort kann zeitlich vor(!) der Erregung (also die Wirkung vor der Ursache) auftreten. Zudem ist die komplexe Dämpfung nicht für Berechnungen im Zeitbereich geeignet.

Der Ansatz (2.87) gilt nur für eine harmonische Erregung mit der Erregerfrequenz $f_{\text{err}} = \Omega/(2\pi)$ und ist demzufolge nicht allgemein anwendbar. Obwohl der Wert Ω in (2.87) vorkommt, ändert sich diese Dämpfungskraft (im Gegensatz zur viskosen Dämpfung) nicht mit der Frequenz der erzwungenen Schwingungen. Der mechanische Energieverlust pro Periode bleibt unabhängig von Ω, aber er ist von der Amplitude abhängig, wie bei einer Hysteresekurve.

Eine ebenfalls frequenzunabhängige Dämpfung beschreibt der nichtlineare Ansatz (2.88). Er modelliert die Werkstoffdämpfung nichtlinear, wodurch die Amplitude des Weges nicht einfach derjenigen der Erregerkraft proportional ist. Auch dieser Ansatz hat den Nachteil, dass er sich nur bei der harmonischen Bewegung leicht anwenden lässt.

Für die Konstruktionspraxis sind die Richtlinien VDI 3830, Blatt 1 bis 5 (Werkstoff- und Bauteildämpfung) von Bedeutung.

Wird für ein verlustbehaftetes Kraftelement die Kraft über dem Weg aufgetragen, so ergibt sich, im Gegensatz zu einem rein elastischen Element, vgl. z. B. Abb. 2.19, keine Linie. Die Belastungs- und Entlastungskurven sind nicht identisch, zwischen den Kurbenabschnitten wird eine Fläche eingeschlossen (Hysterese). Die Form der Fläche sowie ihr Inhalt sind vom Dämpfungsmechanismus und ggf. der Belastungsgeschwindigkeit abhängig. In Tab. 2.8 sind die Kurven für die Sonderfälle der linearen viskosen Dämpfung sowie der Coulomb-Reibung mit konstantem Reibkoeffizienten μ aufgetragen. Die Hysteresekurven bei den Dämpfungsansätzen (2.85) bis (2.87) sind Ellipsen. Für die Reibungsdämpfung ergibt sich ein Parallelogramm. Der Durchlaufsinn der Kurve folgt aus dem Zeitverlauf der Erregerkraft. Die umschlossene Fläche ΔW beschreibt die pro Schwingungsdurchlauf dissipierte Energie.

Die Dämpfungsmodelle „linear viskose Dämpfung" und „Coulomb'sche Reibungsdämpfung mit konstantem Reibkoeffizienten" sind idealisierte Grenzfälle. In der Praxis wird normalerweise eine Mischung von Dämpfungsphänomenen auftreten, welche die Bestimmung von Dämpfungsparametern zusätzlich erschwert.

Es haben sich international mehrere dimensionslose Kenngrößen zur Beschreibung der Dämpfung eingebürgert, von denen der Dämpfungsgrad D (Dämpfungsmaß nach E. LEHR) am weitesten verbreitet ist. Bei harmonischer Erregung gelten für das Berechnungsmodell des linearen Schwingers mit einem Freiheitsgrad folgende Zusammenhänge zwischen den Dämpfungsparametern und -kenngrößen bei $D \ll 1$ (vgl. Tab. 2.9):

$$D = \frac{\Lambda}{2\pi} = \frac{\psi}{4\pi\eta} = \frac{\varphi}{2\eta} = \frac{\delta}{\omega_0}. \tag{2.89}$$

Die vier dimensionslosen Kenngrößen D, Λ, ψ und φ in (2.89) sind proportional dem relativen Verlust an mechanischer Energie pro Schwingungsperiode. Es gibt auch noch einen Zusammenhang mit der Anzahl n der auftretenden Schwingungen (2.109), (2.110), mit der Stoßzahl (2.149) und dem Wirkungsgrad, was hier nicht weiter verfolgt werden soll.

Die Dämpferkonstante

$$b = 2D\sqrt{mc} = \frac{2Dc}{\omega_0} = 2Dm\omega_0 \tag{2.90}$$

hat die Maßeinheit $\mathrm{N \cdot s/m}$ und kann nur in Verbindung mit einer anderen dimensionsbehafteten Größe des Schwingers bestimmt werden, wie (2.90) zeigt.

Es sollen einige analytische Zusammenhänge gezeigt werden, die für die Ermittlung der Dämpfungsparameter von Bedeutung sind, vgl. Tab. 2.9 unten. Die Bewegungsgleichung für freie Schwingungen eines linear viskos gedämpften Einfachschwingers lautet:

$$m\ddot{q} + b\dot{q} + cq = 0 \tag{2.91}$$

oder mit den Kenngrößen

$$\omega_0 = \sqrt{\frac{c}{m}}; \qquad 2D = \frac{b}{\sqrt{mc}} \tag{2.92}$$

für die Eigenkreisfrequenz ω_0 des ungedämpften Schwingers und den Dämpfungsgrad D:

$$\ddot{q} + 2D\omega_0\dot{q} + \omega_0^2 q = 0. \tag{2.93}$$

Sie hat für die Anfangsbedingungen $q(t = 0) = q_0$, $\dot{q}(t = 0) = v_0$ und unter der Voraussetzung $D < 1$ die Lösung (mit der Eigenkreisfrequenz des gedämpften Systems $\omega = \omega_0\sqrt{1 - D^2}$ und der Abklingkonstante $\delta = D\omega_0$):

$$q(t) = \exp(-\delta t)\left(q_0 \cos\omega t + \frac{v_0 + \delta q_0}{\omega}\sin\omega t\right). \tag{2.94}$$

Für manche Berechnungen ist die folgende Form zweckmäßiger:

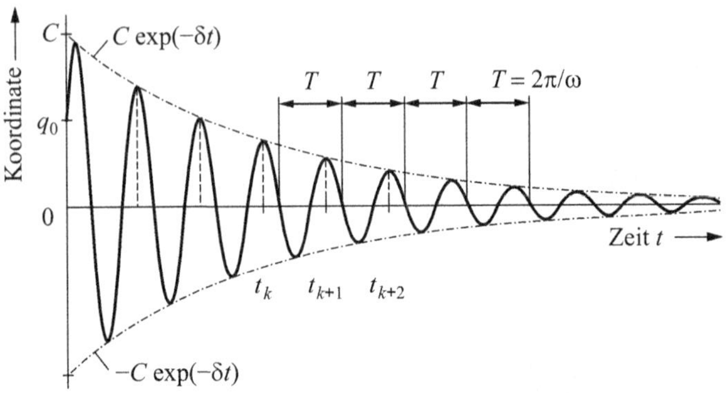

Abb. 2.20 Ausschwingvorgang für eine freie Schwingung (Dämpfungsgrad $D = 0{,}05$)

$$q(t) = \frac{\exp(-\delta t)}{\sqrt{1-D^2}} \left(q_0 \cos(\omega t - \beta) + \frac{v_0}{\omega_0} \sin \omega t \right) \quad \text{mit} \quad \sin \beta = D = \frac{\delta}{\omega_0}. \tag{2.95}$$

An Stelle der Abklingkonstante δ wird zur Beschreibung einer exponentiell gedämpften Schwingung oft auch deren Kehrwert, die Zeitkonstante (oder Abklingzeit) $T_z = 1/\delta = 1/(D\omega_0)$ benutzt und von den Computerprogrammen ausgegeben. Während der Abklingzeit T_z fällt die Funktion $\exp(-\delta t) = \exp(-t/T_z)$ auf den Wert $e^{-1} \approx 0{,}368$ ab, also um $63{,}2\,\%$ relativ zum Anfangswert.

Einen typischen Zeitverlauf zeigt Abb. 2.20 für $D < 1$. Bei $D > 1$ ist $q(t)$ eine Kriechbewegung, vgl. (6.226).

Wird das Verhältnis zweier lokaler Maxima gebildet, deren Zeitabstand das n-fache der Periodendauer $T = 2\pi/\omega$ ist, so gilt

$$q(t) = C \exp(-\delta t) \cos(\omega t - \beta), \tag{2.96}$$

$$q(t + nT) = C \exp(-\delta t - \delta n T) \cos(\omega t + n\omega T - \beta). \tag{2.97}$$

Da $\omega T = 2\pi$ ist, ändert sich der Kosinuswert nach einer vollen Periode nicht. Also gilt

$$\begin{aligned} \frac{q(t)}{q(t+nT)} &= \frac{q_k}{q_{k+n}} = \frac{C \exp(-\delta t)}{C \exp(-\delta t - \delta n T)} \\ &= \exp(\delta n T) = \exp\left(\frac{2\pi n D}{\sqrt{1-D^2}}\right) = \exp(n\Lambda). \end{aligned} \tag{2.98}$$

Daraus folgt der exakte Zusammenhang zwischen dem Dämpfungsgrad D und dem logarithmischen Dekrement, vgl. die Näherung in (2.89).

Bei harmonisch erregten erzwungenen Schwingungen lautet die Bewegungsgleichung:

$$m\ddot{q} + b\dot{q} + cq = \hat{F} \sin(\Omega t). \tag{2.99}$$

Die partikuläre Lösung liefert den stationären Verlauf (Dauerzustand)

$$q(t) = \frac{1}{c} V_1 \hat{F} \sin(\Omega t - \varphi) = \hat{q} \sin(\Omega t - \varphi); \quad \dot{q}(t) = \hat{q}\Omega \cos(\Omega t - \varphi). \tag{2.100}$$

Mit dem Abstimmungsverhältnis $\eta = \Omega/\omega_0$ und den aus (2.92) bekannten Größen ergibt sich die Wegamplitude $\hat{q} = V\hat{F}/c$ mit der Vergrößerungsfunktion (Abb. 4.4)

$$V_1(D, \eta) = \frac{1}{\sqrt{(1-\eta^2)^2 + 4D^2\eta^2}}. \tag{2.101}$$

Infolge der Dämpfung eilt der Wegverlauf dem Kraftverlauf um den „Verlustwinkel" φ nach, der sich aus

$$\sin\varphi = 2D\eta V_1; \qquad \cos\varphi = (1-\eta^2)V_1 \tag{2.102}$$

ergibt, vgl. auch Tab. 2.9. Die mechanische Arbeit, welche die Erregerkraft während eines vollen Zyklus ($0 \leqq t \leqq T$) verrichtet, beträgt unter Beachtung von (2.102):

$$\begin{aligned}\Delta W &= \oint F \mathrm{d}q = \int_0^T F(t)\dot{q}(t)\mathrm{d}t = \int_0^T \hat{F} \sin \Omega t \hat{q} \Omega \cos(\Omega t - \varphi)\mathrm{d}t \\ &= \hat{F}\hat{q} \int_0^{2\pi} (\sin \Omega t \cos \Omega t \cos\varphi + \sin^2 \Omega t \sin\varphi)\mathrm{d}(\Omega t) = \hat{F}\hat{q}\pi \sin\varphi \\ &= \hat{F}\hat{q}\pi 2D\eta V = 2\pi D c \eta \hat{q}^2 = \pi b \Omega \hat{q}^2. \end{aligned} \tag{2.103}$$

Dies entspricht der Fläche innerhalb der Hysteresekurve, vgl. Tab. 2.8. Die relative Dämpfung ψ ist gleich dem Verlust an mechanischer Energie pro Periode im Verhältnis zur mechanischen Arbeit $W = (\frac{1}{2})c\hat{q}^2$ und beträgt wegen (2.103):

$$\psi = \frac{\Delta W}{W} = \frac{2\pi b \Omega}{c} = 4\pi D\eta. \tag{2.104}$$

Ein Vergleich der Reibungsdämpfung mit der viskosen Dämpfung ist bei harmonischer Erregung über den mechanischen Energieverlust pro Periode möglich, vgl. die in Tab. 2.8 angegebenen Formeln. Damit folgt aus $\Delta W = 4F_\mathrm{R}\hat{q} = \pi b \Omega \hat{q}^2$ eine von der Erregerfrequenz abhängige äquivalente Dämpferkonstante: $b = 4F_\mathrm{R}/(\pi\Omega\hat{q})$. Da bei einer periodischen Erregung viele Erregerfrequenzen auftreten, ist eine Umrechnung aber i. Allg. nicht möglich.

2.4.1 Bestimmungsmethoden für Dämpfungskennwerte

Zur Ermittlung der Dämpfungskennwerte werden neben den theoretischen Methoden, welche von den rheologischen Kenngrößen des Materials und den Besonderheiten des Werkstücks oder der Konstruktion ausgehen, vor allem experimentelle Methoden eingesetzt. Es haben sich dabei der Ausschwingversuch und erzwungene Schwingungen mit harmonischer Erregung bewährt. Eine Übersicht über Methoden zur Ermittlung der Dämpfungsparameter gibt Tab. 2.9.

Beim *Ausschwingversuch* wird das zu untersuchende Objekt, (z. B. eine Gummimatte mit darauf liegender Masse oder ein Maschinen-Bauteil) durch einen Schlag oder eine plötzliche statische Belastung oder Entlastung zur Eigenschwingung angeregt. Bei einfachen Ansprüchen wird z. B. mit einem Hammer geschlagen oder ein vorgespanntes Seil plötzlich durchgetrennt. Aus dem Ausschwingversuch wird üblicherweise das logarithmische Dekrement Λ ermittelt. Mit dem Zeitabstand einer einzigen Periodendauer zwischen zwei Maxima folgt für $n = 1$ aus (2.98):

$$\Lambda = \ln(q_k/q_{k+1}). \tag{2.105}$$

Hier sei darauf hingewiesen, dass eine genauere Messung der Schwingungsperiode T über den Abstand der Nulldurchgänge gelingt, da ein Schnittpunkt besser zu lokalisieren ist, als ein Maximum. Häufig wird über n Vollschwingungen ausgewertet. Es ergibt sich dann ebenfalls aus (2.98):

$$\Lambda = \frac{1}{n}\ln(q_k/q_{k+n}). \tag{2.106}$$

Um die Größenordnung des Dämpfungsgrades aus einem vorliegenden Messschrieb abzuschätzen, kann beim Ausschwingversuch abgezählt werden, wie viele Vollschwingungen aufgetreten sind, bis die Schwingung auf ihre halbe Anfangs-Amplitude abgeklungen ist. Aus (2.98) folgt der Zusammenhang, dass eine Schwingung nach n Perioden den Ausschlag

$$q(nT) = C \cdot \exp(-\delta nT) = C \cdot \exp(-\omega_0 T Dn) = C \cdot \exp(-2\pi Dn) \tag{2.107}$$

besitzt. Aus dieser Gleichung folgt, dass eine Schwingung nur noch den halben Anfangsausschlag $q(nT) = \frac{C}{2}$ hat, wenn

$$\exp(-2\pi Dn) = 0{,}5; \qquad 2\pi nD = \ln 2 \approx 0{,}6931 \tag{2.108}$$

beträgt, also für $D \ll 1$ etwa

$$D \approx \frac{0{,}11}{n}. \tag{2.109}$$

Allein aus der Anzahl der Schwingungen n, die bis zum Abklingen auf den halben Anfangswert auftreten, kann der Dämpfungsgrad abgeschätzt werden. Somit folgt z. B. aus Abb. 2.20 der Wert $n \approx 2$, also aus (2.109) der Dämpfungsgrad $D \approx 0{,}11/2 = 0{,}055$. Mit etwas

Tab. 2.9 Elementare Methoden zur Ermittlung der Dämpfungskennwerte

	Kenngröße		Herkunft, geometrische Größe
Ausschwingversuch	Logarithmisches Dämpfungsdekrement $\Lambda = \frac{1}{n} \ln \left\| \frac{q(t_k)}{q(t_k + nT)} \right\|$	(1)	Abklingkurve 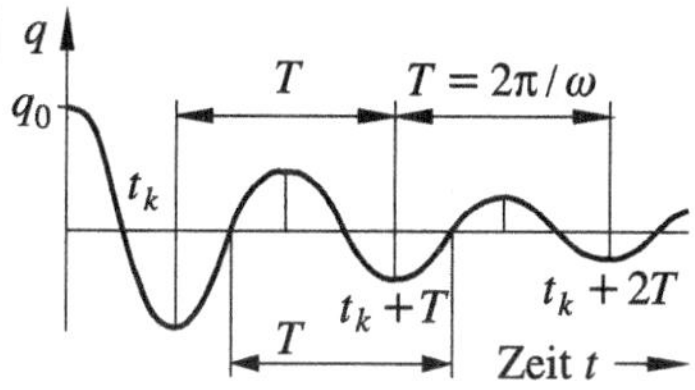
Erzwungene harmonische Schwingung	Relative Dämpfung $\psi = \frac{\Delta W}{W}$	(2)	Hysteresekurve 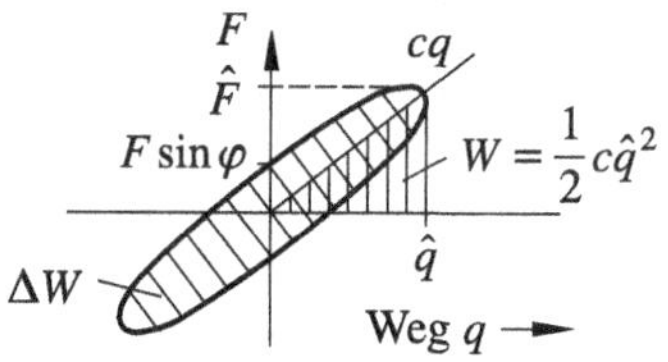
	Verlustwinkel $\sin\varphi = \frac{b\Omega\hat{q}}{\hat{F}} \approx \varphi$	(3)	Zeitverlauf 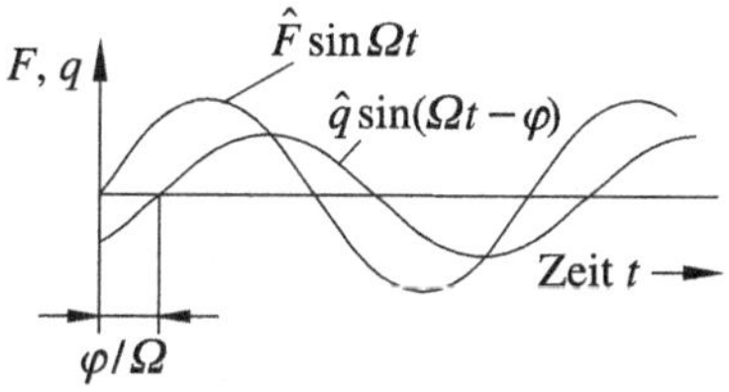
	Dämpfungsgrad aus Halbwertsbreite $D = \frac{f_2 - f_1}{2 f_0}$	(4)	Resonanzkurve 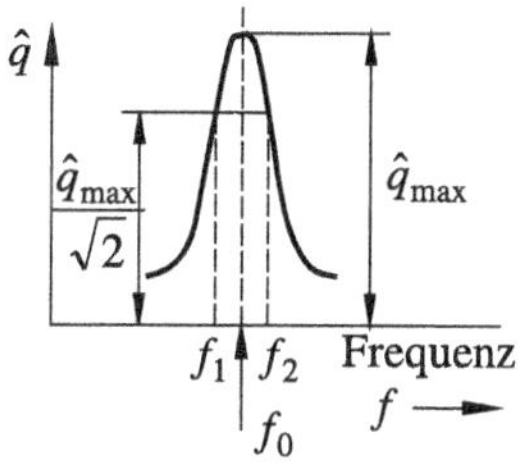
Parameterwerte	Dämpfungsgrad $D = \frac{b}{2\sqrt{cm}}$	(5)	Berechnungsmodell 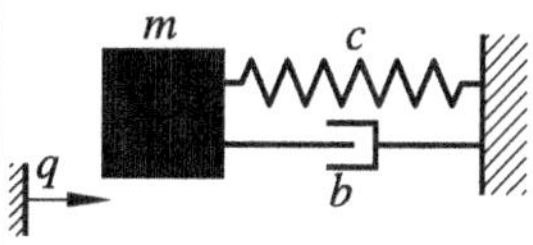

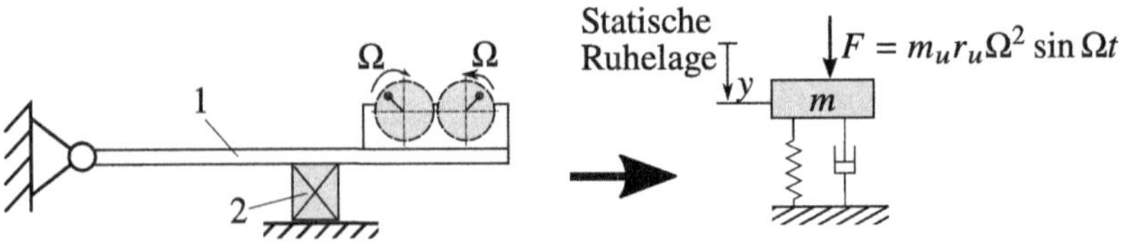

Abb. 2.21 Prüfstand zur Kennwertbestimmung einer Gummifeder; *1* Belastung und Führung, *2* Gummifeder

Übung kann aus Ausschwingkurven die Größe des Dämpfungsgrades ungefähr erkannt werden.

Folgende Abschätzung liefert einen Mittelwert, wenn die Zeit bis zum praktischen Auslöschen der Schwingungen für die Zählung genutzt werden kann. Die ganz kleinen Ausschläge sollten dabei ignoriert werden, da dafür „wieder eine andere Theorie“ zutrifft. Wenn das Abklingen bis auf etwa 4 % des Anfangswertes verfolgt werden kann, ergibt sich aus (2.107) wegen $\exp(-2\pi D n^*) \approx 0{,}04$ die Näherungsformel

$$D \approx \frac{0{,}5}{n^*}, \tag{2.110}$$

wenn n^* die Anzahl der Schwingungen bis zum Abklingen ist.

Es ist anzustreben, die Feder- und Dämpfungskennwerte bei denselben Frequenzen und Amplituden zu ermitteln, die im realen Betriebszustand auftreten.

Abb. 2.21 zeigt das Schema eines Versuchsstandes zur Parameterbestimmung an einer Gummifeder und das Berechnungsmodell.

Die relative Dämpfung ψ ergibt sich bei harmonischer Wegerregung eines Bauteils im stationären Zustand aus der Hysteresekurve, vgl. (2) in Tab. 2.9. Aus den in Tab. 2.8 angegebenen Dämpfungsansätzen folgen die Formen der dazu gezeichneten Hysteresekurven. Unter Beachtung des äquivalenten Dämpfungsvermögens können die Dämpfungsparameter aller Ansätze ineinander umgerechnet, wenn die relative Dämpfung ψ gleichgesetzt werden, also auch in die Parameter eines linearen Schwingers, vgl. (2.104) und Tab. 2.8.

Die Messung des Verlustwinkels φ ist relativ schwierig und liefert meist ungenaue Werte, da dieser Winkel klein und nicht auf mehrere Ziffern genau bestimmbar ist, vgl. (2.102) und (3) in Tab. 2.9. Die Auswertung erzwungener Schwingungen liefert in Resonanznähe relativ genaue Aussagen für den Dämpfungsgrad D. Um möglichst genaue Werte zu erhalten, ist es günstig, nicht die Höhe der Resonanzspitze (die umgekehrt proportional zu $2D$ ist) auszumessen, sondern die Breite der Resonanzkurve bei den angegebenen Frequenzen, vgl. (4) in Tab. 2.9.

Für kleine Dämpfungen eignet sich das aus (2.101) begründete Verfahren der Halbwertsbreite. Bei der Messung wird folgendermaßen vorgegangen: Das Schwingungssystem wird in Resonanz erregt und es werden der Resonanzausschlag $\hat{q}_{\max}$ und die Resonanzfrequenz f_0

bestimmt. Dann wird die Erregerfrequenz so lange verändert, bis die Schwingungsamplitude $\hat{q}_{max}/\sqrt{2}$ vorliegt.

Die zugehörigen Erregerfrequenzen sind f_1 und f_2. Aus ihrer Differenz lässt sich gemäß (4) in Tab. 2.9 der Dämpfungsgrad D bestimmen. Bei bekannter Masse m könnte die Dämpferkonstante auch aus

$$b = m(\Omega_2 - \Omega_1) = 2\pi m(f_2 - f_1) \tag{2.111}$$

berechnet werden. Ein wesentlicher Vorteil dieses Verfahrens besteht darin, dass dabei die Größe der Erregerkraft nicht bekannt sein muss. Werden spektrale Methoden zur Untersuchung eines Bauteils oder Systems angewendet, z. B. eine Modalanalyse, kann die Bestimmung der modalen Dämpfung für jede Mode in den Spektren mit Hilfe der Halbwertsbreite erfolgen.

2.4.2 Erfahrungswerte zur Dämpfung

Der klassische Weg besteht darin, die Parameterwerte der Bauteile zu vermessen, die als Dämpfer dienen. Dieser Weg wird bei den Baugruppen gegangen, die als Dämpfer produziert werden, z. B. die in Abschn. 5.5 behandelten Torsionsschwingungsdämpfer oder die handelsüblichen Dämpfer, die z. T. in der VDI-Richtlinie 3833 beschrieben sind, vgl. die Beispiele in Abb. 2.22.

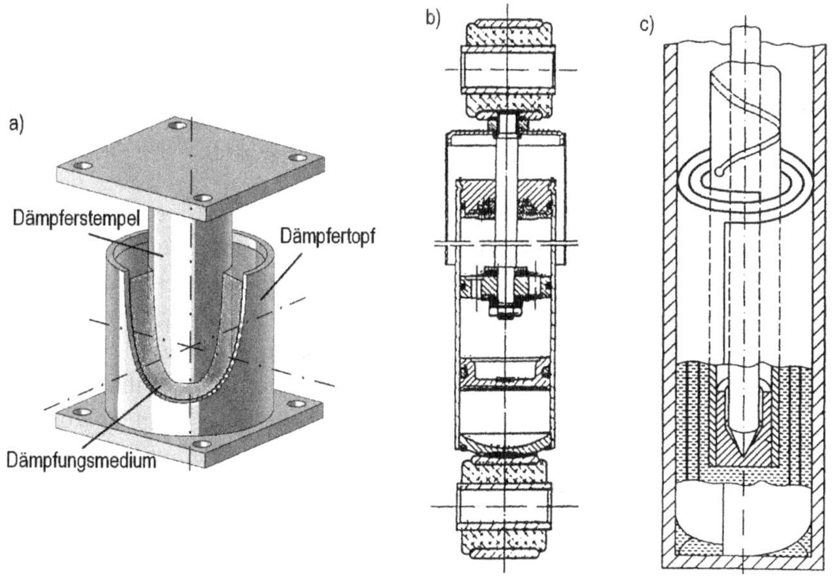

Abb. 2.22 Dämpfer als Baugruppen: **a** VISCO-Dämpfer (Quelle: GERB), **b** Einrohrdämpfer (VDI 3833) (Quelle: Fichtel & Sachs), **c** Spiral-Lagerdämpfer (VDI 3833)

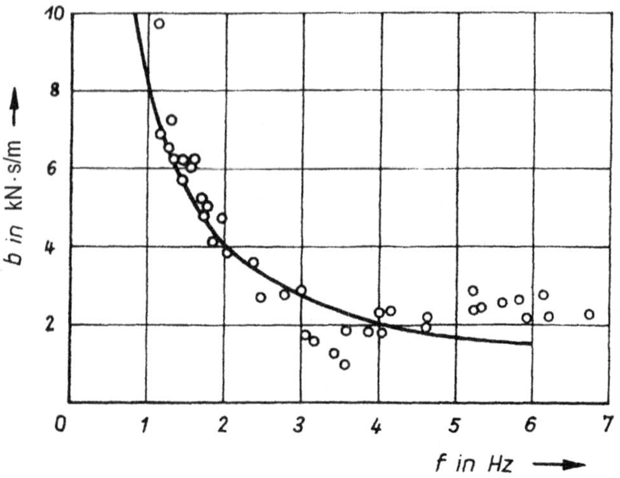

Abb. 2.23 Frequenzabhängige „Dämpfungskonstante" eines Traktorreifens. (Quelle: Diss. Müller, H., TU Dresden 1977)

Viele Dämpfer nutzen den Effekt, dass beim Quetschen eines zähen Mediums durch einen engen Spalt eine geschwindigkeitsabhängige Kraft entsteht, zur Erzeugung einer viskosen Dämpfung. Als Dämpfungsmedium haben sich verschiedene Öle, Bitumen, Polybuten und Silikon bewährt. Auch die Reibung wird bei manchen Dämpfern genutzt, vgl. Abb. 5.42 und 5.44. Für die handelsüblichen Dämpfer liegen meist Kennlinien und Parameterwerte vor, die von den Herstellerfirmen in Erfahrung gebracht werden können.

Wird ein Ausschwingversuch ausgewertet, so findet sich in den meisten Fällen eine Abhängigkeit des logarithmischen Dekrementes vom Ausschlag. Dies besagt, dass die Annahme einer geschwindigkeitsproportionalen Dämpfung für den gesamten Bereich nicht zutrifft, vgl. Abb. 2.24.

Daraus ergibt sich, dass dieser Versuch durchaus dazu geeignet ist, eine Amplitudenabhängigkeit der Dämpfung zu bestimmen. Soll auch eine Frequenzabhängigkeit festgestellt werden, so müsste die Eigenfrequenz durch Änderung der Masse verschoben werden. Dies ist jedoch meist nur in engen Grenzen möglich. Weiterhin muss beachtet werden, dass die gefundenen Werte für Schwingungen um die statische Ruhelage gelten.

Abb. 2.23 zeigt die Ergebnisse von Ausschwingversuchen der Radialbewegung eines Traktorreifens. Es zeigt sich eine starke Frequenzabhängigkeit der Dämpfungskonstante b. Dies weist auf eine frequenzunabhängige Werkstückdämpfung hin, wie sie durch einen Ansatz (2.87) beschrieben wird. Werden die Versuchspunkte durch die eingezeichnete Hyperbel approximiert, so ergibt sich $b^* = b/f =$ konst.

Für einige Baugruppen existieren analytische Formeln zur Berechnung der Dämpfungskonstanten. Davon zeigt Tab. 2.10 einige Beispiele. Meist wirkt die Dämpfung innerhalb der Maschinenbaugruppen, ohne dass ein bestimmtes Bauteil dafür angeordnet wird. Für solche Fälle wird für einzelne Moden der Dämpfungsgrad des Gesamtsystems bestimmt und z. B. in Form der modalen Dämpfung berücksichtigt. Die experimentelle Modalanalyse liefert neben den Eigenfrequenzen und Eigenformen auch modale Dämpfungsgrade D_i. Es liegen nur wenige Erfahrungen für Dämpfungskennwerte bei nichtharmonischer Erregung vor.

Genauere Untersuchungen haben gezeigt, dass der Dämpfungsgrad eines Werkstoffs oder eines Bauteils bei höheren Frequenzen niedriger ist als bei tiefen Frequenzen. Die Ansätze (2.86) bis (2.88), die eine elliptische Hysteresekurve des Materials liefern, beschreiben jeweils eine Dämpfung, die unabhängig von der Frequenz ist. In der Praxis ist die Angabe von Dämpfungsgraden in bestimmten Belastungsbereichen üblich.

Für Torsionseigenfrequenzen von Dampfturbinen wurde z. B. aufgrund von Experimenten im Bereich von 8 Hz bis 150 Hz folgende Zahlenwertgleichung für den Dämpfungsgrad ermittelt (HUSTER/ZIEGLER, VDI-Berichte 1749):

$$D = (0{,}05 \ldots 0{,}08)/f; \qquad \text{Eigenfrequenz } f \text{ in Hz.} \tag{2.112}$$

Damit ergeben sich Dämpfungsgrade für dasselbe Material von $D = 0{,}0003 \ldots 0{,}01$!

Als Erfahrungswerte sind bekannt:

Maschinenstahl	$D = 0{,}0008$
Hochfester Stahl	$D = 0{,}0003 \ldots 0{,}0015$
Baustahl	$D = 0{,}0025$
Grauguss	$D = 0{,}01 \ldots 0{,}05$
Antriebsstränge, Maschinengestelle	$D = 0{,}02 \ldots 0{,}08$
Beton, Baugrund	$D = 0{,}01 \ldots 0{,}1$
Gummifedern	$D = 0{,}08 \ldots 0{,}12$

Die in (2.89) genannten Kenngrößen der Dämpfung werden oft zum gegenseitigen Vergleich der Dämpfungsfähigkeit von Werkstoffen verwendet, wie dies z. B. in Abb. 2.24 dargestellt ist. Durch Messung des logarithmischen Dekrementes in Abhängigkeit vom Spannungsausschlag kann beispielsweise abgelesen werden, dass der Stahl X20Cr13 gegenüber dem Stahl K40NiMo6 vor allem bei großer Spannungsamplitude bedeutend bessere Dämpfungseigenschaften hat.

Tab. 2.10 Erfahrungswerte von Dämpfungskonstanten

Dämpfungskonstante	Gültigkeit
$b = c_1 B \cdot \eta \left[\frac{D}{(D-d)}\right]^3$	Radiale Zapfenbewegung in Gleitlagern
$b = c_2 \eta \left(\frac{B}{h_0}\right)^3$	Geschmierte Führungen bei Bewegung senkrecht zur Führungsrichtung
c_1, c_2 von Lager- und Führungsart abhängige Konstante D Lagerdurchmesser d Zapfendurchmesser B Breite von Lager- und Führungsbahn h_0 Führungsspiel η dynamische Ölzähigkeit	
$b_\mathrm{T} = \mu A r^2 \quad \mathrm{N \cdot cm \cdot s}$	Kurbeltriebe von Kolbenmotoren bei Torsionsschwingungen
A Kolbenfläche cm^2 r Kurbelradius cm μ Dämpfungsbeiwert $\mathrm{N \cdot s \cdot cm^{-3}}$	Dieselmotoren: $\mu = 0{,}04 \ldots 0{,}05\ \mathrm{N \cdot s \cdot cm^{-3}}$ Kraftfahrzeugmotoren: $\mu = 0{,}015 \ldots 0{,}02\ \mathrm{N \cdot s \cdot cm^{-3}}$
$b_\mathrm{T} = 19{,}1 \cdot \frac{M_m}{n} \quad \mathrm{N \cdot cm \cdot s}$	Kreiselverdichter, Ventilatoren Gebläse bei Torsionsschwingungen
$b_\mathrm{T} = 38{,}2 \cdot \frac{M_m}{n} \quad \mathrm{N \cdot cm \cdot s}$	Schiffsschrauben bei Torsionsschwingungen
M_m durch den Rotor aufgenommenes mittleres Drehmoment $\mathrm{N \cdot cm}$ n Drehzahl in 1/min	
$b_\mathrm{T} = 9{,}3 \cdot 10^3 \frac{EI}{(E-E_s)} n^2 \quad \mathrm{N \cdot cm \cdot s}$	Rotoren von Elektrogeneratoren bei Torsionsschwingungen
E Elektromotorische Kraft (EMK) des Generators V E_s EMK des Energieverbrauchers (Motor oder Batterie) V, wird gegen äußere Widerstände gefahren, ist $E_\mathrm{s} = 0$ I Stromstärke A n Drehzahl in 1/min	
$b = \frac{\pi \eta l d^2}{(D-d)^2}\left[3 + \frac{3}{4}\frac{d}{(D-d)}\right]$	Kolbendämpfer für Translationsbewegung
$D - d$ Kolbenspiel d Kolbendurchmesser l Kolbenlänge η dynamische Ölzähigkeit	
$b_\mathrm{T} = \frac{\pi\eta}{\delta}\left[r_\mathrm{a}^4 - r_\mathrm{i}^4 + 2B(r_\mathrm{a}^3 + r_\mathrm{i}^3)\right]$	Viskositäts-Drehschwingungsdämpfer nach Abb. 5.45
δ Radialspiel r_a Außenradius r_i Innenradius	B Breite η dynamische Ölzähigkeit

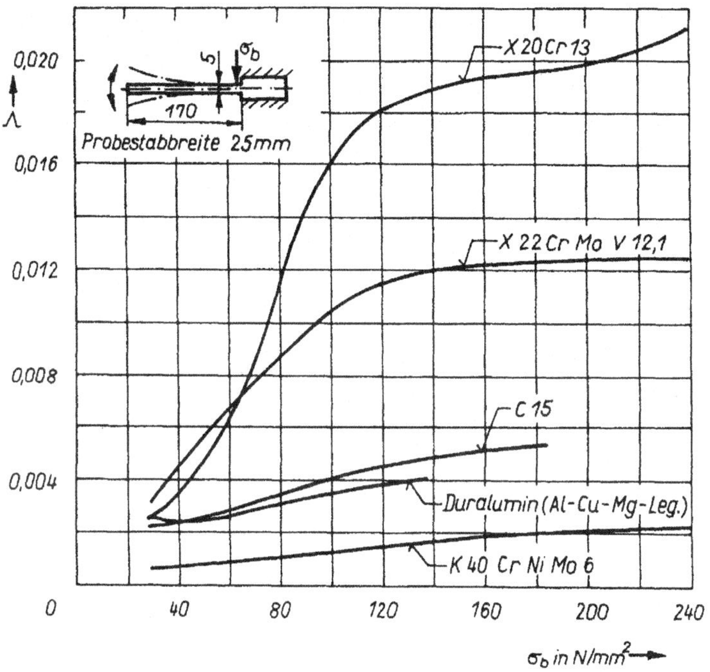

Abb. 2.24 Logarithmisches Dekrement der Werkstückdämpfung in Abhängigkeit vom Spannungsausschlag bei verschiedenen Werkstoffen

2.5 Erregerkennwerte

Erregungen können in Form von Kraft- und Bewegungserregung auftreten. Andere Begriffe hierfür sind dynamische bzw. kinematische Erregung. Nach dem Zeitverhalten können Erregungen in periodische, instationäre und stochastische unterschieden werden.

2.5.1 Periodische Erregung

Typische Torsionsschwingungen werden durch periodische Torsionsmomente erregt, die z. B. bei Kurbelwellen durch Gaskräfte, bei Schiffsantrieben von der Schiffsschraube, bei Fräsmaschinen von den Zahneingriffen oder bei Verarbeitungsmaschinen von den Massenkräften der Mechanismen verursacht werden, vgl. Kap. 5. Biegeschwingungen schnell laufender Rotoren haben als Haupterregung die Unwuchtkraft oder die periodische Bewegung von Lagern. Fundamentschwingungen können ebenfalls sowohl durch periodisch bewegte Maschinenteile (Krafterregung) als auch durch die Bewegung ihres Aufstellungsortes erregt werden, vgl. Kap. 4.

In der Dynamik ist es üblich, periodische Vorgänge in Form von *Fourier-Reihen* zu beschreiben, deren Frequenzen ganzzahlige Vielfache ($k = 1, 2, \dots$) der Grunderregerfrequenz $f_{\text{err}} = \Omega/(2\pi)$ sind, vgl. Abb. 2.25a. Ist $f(\Omega t)$ die periodische Erregerfunktion, gilt mit der Periodendauer $T_0 = 2\pi/\Omega$ nach der sich der Verlauf immer wiederholt, die Periodizitätsbedingung:

$$f(\Omega t) = f(\Omega(t + kT_0)); \qquad k = 1, 2, \dots \tag{2.113}$$

Die Fourier-Reihe lautet

$$f(\Omega t) = a_0 + \sum_{k=1}^{\infty} a_k \cos(k\Omega t) + \sum_{k=1}^{\infty} b_k \sin(k\Omega t) \tag{2.114}$$

$$= c_0 + \sum_{k=1}^{\infty} c_k \sin(k\Omega t + \beta_k). \tag{2.115}$$

Es besteht der Zusammenhang zwischen Amplituden und Phasenwinkeln

$$c_0 = a_0; \qquad c_k = \sqrt{a_k^2 + b_k^2}; \qquad \sin\beta_k = \frac{a_k}{c_k}; \qquad \cos\beta_k = \frac{b_k}{c_k}. \tag{2.116}$$

Die einzelnen Summanden in (2.114) werden die *Harmonischen* genannt. Die Parameter a_k, b_k oder c_k sind die *Fourierkoeffizienten*. Ihre Ermittlung ist die Aufgabe der *Fourieranalyse*. Liegt die Funktion $f(\Omega t)$ analytisch vor, lassen sich die Fourierkoeffizienten geschlossen berechnen, vgl. Tab. 2.11, Abb. 2.25 und 4.5. Es gilt

$$a_0 = \frac{1}{2\pi}\int_0^{2\pi} f(\Omega t)\,\mathrm{d}(\Omega t) \qquad \text{(Mittelwert)}, \tag{2.117}$$

$$a_k = \frac{1}{\pi}\int_0^{2\pi} f(\Omega t)\cos k\Omega t\,\mathrm{d}(\Omega t) \qquad k = 1 \dots \infty, \tag{2.118}$$

$$b_k = \frac{1}{\pi}\int_0^{2\pi} f(\Omega t)\sin k\Omega t\,\mathrm{d}(\Omega t) \qquad k = 1 \dots \infty. \tag{2.119}$$

Für gerade Funktionen mit $f(\Omega t) = f(-\Omega t)$ gilt $b_k = 0$, für ungerade Funktionen mit $-f(\Omega t) = f(-\Omega t)$ gilt $a_0 = a_k = 0$. Tab. 2.11 gibt die Fourier-Reihen einiger Funktionen an, wobei $\Omega t = \varphi$ gesetzt wurde, vgl. auch (2.122).

In der Maschinendynamik fällt $f(\Omega t)$ sehr häufig durch Messungen oder numerische Berechnungen in Form äquidistanter diskreter Funktionswerte an. Die Ermittlung der Fourierkoeffizienten erfolgt deshalb meist numerisch, wobei die Integrale (2.117) bis (2.119) durch Summen approximiert werden. Soll eine Funktion $y(t)$ bis zur Frequenz f_N approximiert werden, so muss aufgrund der Beziehung

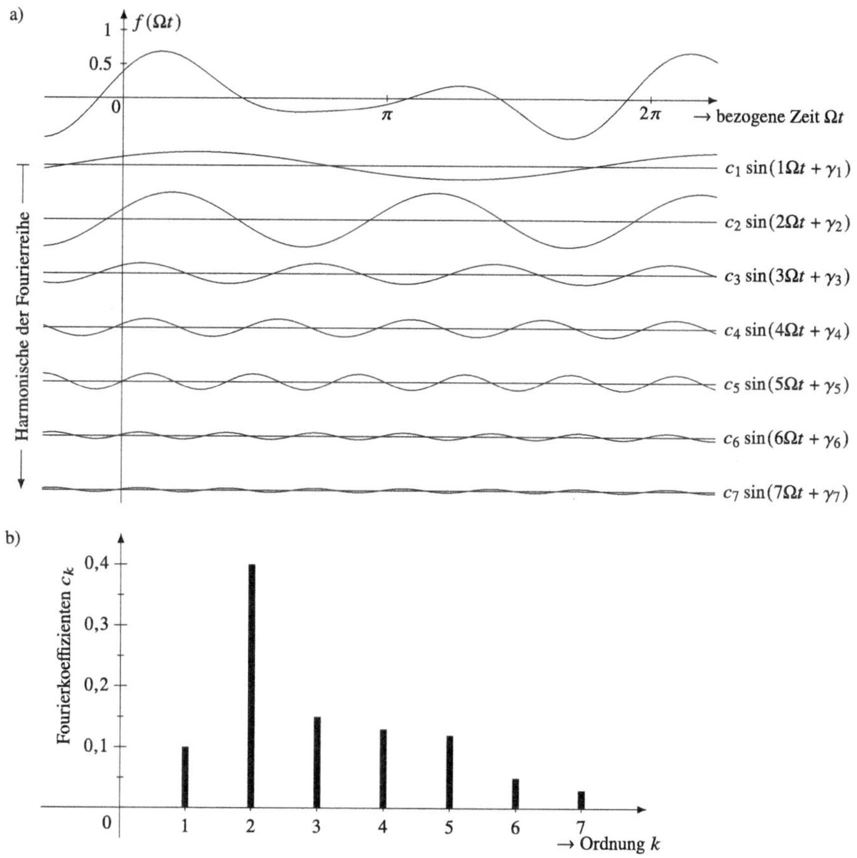

Abb. 2.25 Periodische Kraft: **a** Zerlegung in Harmonische, **b** Amplitudenspektrum

$$f_N = \frac{N}{T_0} = \frac{N\Omega}{2\pi} \tag{2.120}$$

die Periodendauer T_0 in $2N \geq 2 f_N T_0$ Schritten abgetastet werden. Die Stützstellenzahl muss also größer als die höchste Harmonische sein. Die Genauigkeit der höchsten Harmonischen richtet sich nach der Anzahl der Stützstellen. In der Praxis werden oft $N = 2^m$ Stützstellen und der Algorithmus der *Fast-Fourier-Transformation* (FFT) verwendet.

Abb. 2.25 zeigt die Verläufe der ersten sieben Harmonischen, in welche eine periodische Funktion $f(\Omega t)$ zerlegt wurde. Die höheren Harmonischen ($k \geqq 8$) werden mit steigender Ordnung immer kleiner und sind nicht dargestellt. Das Amplitudenspektrum ist in Abb. 2.25b dargestellt. Das zugehörige Phasenspektrum, die Darstellung der γ_i jeder Harmonischen, ist weggelassen, da die Phasenbeziehungen der einzelnen Harmonischen untereinender oft keine Rollle spielen. Jeder Funktionswert der Funktion $f(\Omega t)$ ergibt sich zu jedem Zeitpunkt aus der Summe der Harmonischen, vgl. (2.114).

Tab. 2.11 Fourier-Reihen verschiedener analytisch gegebener Funktionen

Fall	Bild der Funktion	Funktion	Fourier-Koeffizienten	Fourier-Reihe
1	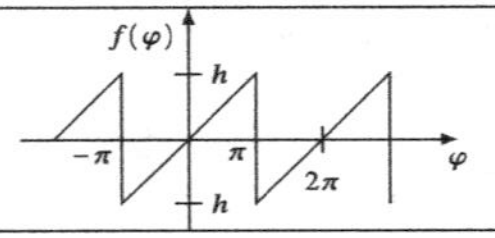	$f(\varphi) = \frac{h}{\pi}\varphi, \qquad -\pi < \varphi < \pi$	$a_0 = 0; \quad a_k = 0$ $b_k = (-1)^{k+1}\frac{2h}{k\pi}, \quad k = 1, 2, 4, \ldots$	$f(\varphi) = \frac{2h}{\pi}\left(\sin\varphi - \frac{1}{2}\sin 2\varphi + \frac{1}{3}\sin 3\varphi - + \cdots\right)$
2	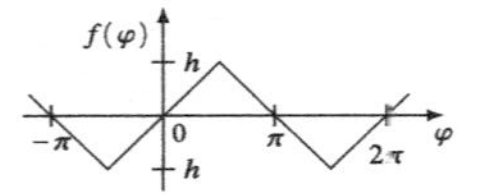	$f(\varphi) = \begin{cases} \frac{2h}{\pi}\varphi, & -\frac{\pi}{2} \le \varphi \le \frac{\pi}{2} \\ \frac{2h}{\pi}(\pi - \varphi), & \frac{\pi}{2} \le \varphi \le \frac{3\pi}{2} \end{cases}$	$a_0 = 0; \quad a_k = 0$ $b_2 = b_4 = b_6 = \cdots = 0$ $b_k = \begin{cases} \frac{8h}{k^2\pi^2} & k = 1, 5, 9, \ldots \\ -\frac{8h}{k^2\pi^2} & k = 3, 7, 11, \ldots \end{cases}$	$f(\varphi) = \frac{8h}{\pi^2}\left(\sin\varphi - \frac{1}{3^2}\sin 3\varphi + \frac{1}{5^2}\sin 5\varphi - + \cdots\right)$
3	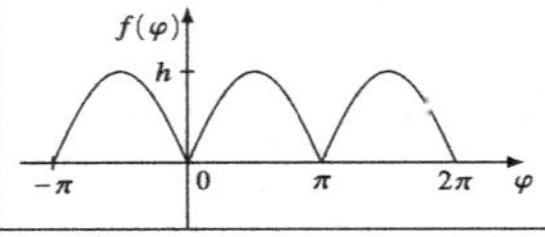	$f(\varphi) = h\,\lvert\sin\varphi\rvert$	$b_k = 0; \quad a_1 = a_3 = a_5 = \cdots = 0$ $a_0 = \frac{2h}{\pi};$ $a_k = -\frac{4h}{\pi(k^2-1)}, \quad k = 2, 4, 6, \ldots$	$f(\varphi) = \frac{4h}{\pi}\left(\frac{1}{2} - \frac{1}{1\cdot 3}\cos 2\varphi - \frac{1}{3\cdot 5}\cos 4\varphi - \frac{1}{5\cdot 7}\cos 6\varphi - \cdots\right)$
4	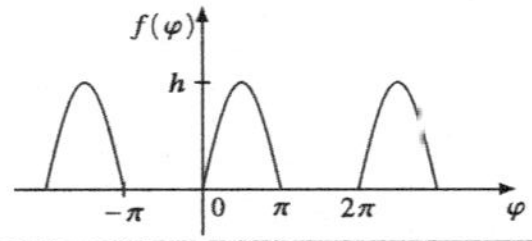	$f(\varphi) = \begin{cases} h\sin\varphi, & 0 \le \varphi \le \pi \\ 0, & \pi \le \varphi \le 2\pi \end{cases}$	$a_0 = \frac{h}{\pi}; \quad a_1 = a_3 = \cdots = 0$ $b_k = 0; \quad k \ne 1; \quad b_1 = \frac{h}{2}$ $a_k = -\frac{2h}{\pi(k^2-1)}; \quad k = 2, 4, 6, \ldots$	$f(\varphi) = \frac{h}{\pi} + \frac{h}{2}\sin\varphi - \frac{2h}{\pi}\left(\frac{1}{1\cdot 3}\cos 2\varphi + \frac{1}{3\cdot 5}\cos 4\varphi + \cdots\right)$
5	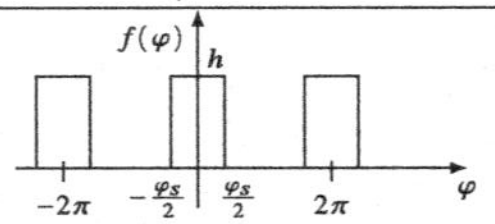	$f(\varphi) = \begin{cases} h, & -\frac{\varphi_s}{2} \le \varphi \le \frac{\varphi_s}{2} \\ 0, & \frac{\varphi_s}{2} \le \varphi \le (2\pi - \frac{\varphi_s \pi}{2}) \end{cases}$	$a_0 = \frac{h\varphi_s}{2\pi}; \quad b_k = 0$ $a_k = \frac{2h}{k\pi}\sin k\frac{\varphi_s}{2}$	$f(\varphi) = \frac{h\varphi_s}{2\pi} + \frac{2h}{\pi}\left(\sin\frac{\varphi_s}{2}\cos\varphi + \frac{1}{2}\sin\varphi_s\cos 2\varphi + \frac{1}{3}\sin\frac{3\varphi_s}{2}\cos 3\varphi + \cdots\right)$
6	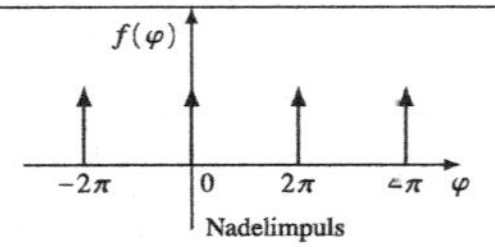	Nr. 5 mit $\varphi_s \to 0; \quad h \to \infty$ $h\varphi_s \to J$ (endlicher Wert)	$a_0 = \frac{J}{2\pi}, \quad a_k = \frac{J}{\pi}$ $b_k = 0$	$f(\varphi) = \frac{J}{2\pi} + \frac{J}{\pi}(\cos\varphi + \cos 2\varphi + \cos 3\varphi + \cdots)$

Für ein Schubkurbelgetriebe lassen sich die Fourierkoeffizienten des durch die Massenkräfte bedingten Antriebsmomentes M_{an} (das Moment $M_T = -M_{an}$ wirkt auf die Kurbelwelle) analytisch angeben, vgl. Abb. 3.28, 3.48 und (3.292). Mit der oszillierenden Masse m, dem Kurbelradius l_2, der Schubstangenlänge l_3, dem Kurbelverhältnis $\lambda = l_2/l_3 < 1$ und der Kurbelwellen-Winkelgeschwindigkeit Ω ergibt sich die periodische Erregerfunktion

$$f(\Omega t) = M_T/\left(ml_2^2\Omega^2\right) = b_1 \sin \Omega t + b_2 \sin 2\Omega t + b_3 \sin 3\Omega t + \ldots \tag{2.121}$$

mit den Amplituden der Harmonischen

$$\begin{aligned} b_1 &= \frac{\lambda}{4} + \frac{\lambda^3}{16} + 15\frac{\lambda^5}{512} + \ldots & b_4 &= -\frac{\lambda^2}{4} - \frac{\lambda^4}{8} - \frac{\lambda^6}{16} - \ldots \\ b_2 &= -\frac{1}{2} - \frac{\lambda^4}{32} - \frac{\lambda^6}{32} - \ldots & b_5 &= 5\frac{\lambda^3}{32} + 75\frac{\lambda^5}{512} + \ldots \\ b_3 &= -3\frac{\lambda}{4} - 9\frac{\lambda^3}{32} - 81\frac{\lambda^5}{512} - \ldots & b_6 &= 3\frac{\lambda^4}{32} + 3\frac{\lambda^6}{32} + \ldots \end{aligned} \tag{2.122}$$

Da aus konstruktiven Gründen $\lambda \ll 1$ gilt, sind alle Terme bei denen λ in höherer Potenz als 3 auftritt, i. d. R. vernachlässigbar.

2.5.2 Instationäre Erregung

Nichtperiodische Erregungen treten in erster Linie bei Anfahr-, Kupplungs- und Bremsvorgängen auf. Dabei bleibt der Begriff des Bremsens nicht auf das Bauelement Bremse beschränkt, sondern schließt auch den Arbeitswiderstand mit ein, der das Antriebsmoment einer Arbeitsmaschine bestimmt.

Ein Drehmoment $M(\varphi, \dot{\varphi})$ tritt meist in den Drehzahl-Drehmoment-Kennlinien der Motoren und Bremsen, Lüfter, Pumpen sowie bei Arbeitswiderständen von Verarbeitungsmaschinen auf.

Ein spezieller Fall ist das konservative Kraftfeld, bei dem nur eine Abhängigkeit von der Antriebskoordinate besteht. Abb. 2.26a zeigt einige Drehmomentkennlinien $M(\varphi)$.

Bei der Auslegung von Antriebssystemen ist die dynamische Analyse mit spezifischen Simulationsprogrammen zu empfehlen, welche die Verläufe der Kräfte oder Momente in Abhängigkeit von den Bewegungsgrößen beschreiben können [11]. Derartige Software stützt sich auf mathematische Modelle, welche die Kennlinien in Abhängigkeit von den jeweiligen internen Parametern der Antriebsmotoren, Kupplungen oder Bremsen beschreiben.

Sehr häufig wird der Asynchronmotor eingesetzt. Der Asynchronmotor ist ein elektromagnetisches System, das eine charakteristische Übertragungsfunktion besitzt, die sich aus solchen Parametern wie Polpaarzahl, Ständerspannung, Läuferinduktivität, Ständerinduk-

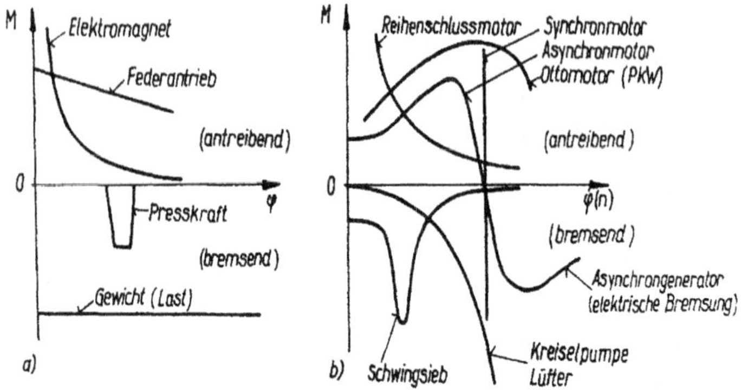

Abb. 2.26 Momentenkennlinien verschiedener Maschinen: **a** Maschinen mit konservativen Antriebsmoment $M(\varphi)$ **b** Maschinen mit autonomem Antriebsmotor $M(\dot{\varphi})$

tivität, Läuferwiderstand, synchrone Drehzahl u. a. berechnen lässt. Damit ist es möglich, Differentialgleichungen für die gekoppelten elektromechanischen Schwingungen aufzustellen.

Bei Vernachlässigung des Ständerwiderstands und unter der Annahme, dass der Leerlaufschlupf Null ist, können die Differentialgleichungen des Asynchronmotors durch die stationären Werte der Parameter Kippschlupf s_K und Kippmoment M_K ausgedrückt werden. Für den Fall, dass bei einem Antrieb nur kleine Schwingungen um ein mittleres Moment (und entsprechend um eine mittlere Winkelgeschwindigkeit) stattfinden, gilt eine Beziehung für die dynamische Motorkennlinie, die mit diesen beiden Parametern auskommt. Sie lautet:

$$\ddot{M} + \left(2s_K + \frac{\ddot{\varphi}}{s\Omega^2}\right)\dot{M}\Omega + \left((s_K^2 + s^2)\Omega^2 + \frac{\ddot{\varphi}s_K}{s}\right)M = 2M_K s_K s\Omega^2. \tag{2.123}$$

Dabei bedeuten

M	Motormoment
Ω	synchrone Winkelgeschwindigkeit
$\dot{\varphi}$	Drehgeschwindigkeit des Motors
s	Schlupf ($s = 1 - \dot{\varphi}/\Omega$)
s_K	Kippschlupf
M_K	Kippmoment des Motors.

Der Kippschlupf s_K und das Kippmoment M_K sind die beiden Parameter, die in diese Differenzialgleichung eingehen und den Momentenverlauf bestimmen. Wird (2.123) bezüglich der Winkelgeschwindigkeit des Motors linearisiert, ergibt sich

$$\ddot{M} + 2s_K\dot{M}\Omega + \Omega^2 s_K M = 2M_K s_K s\Omega^2. \tag{2.124}$$

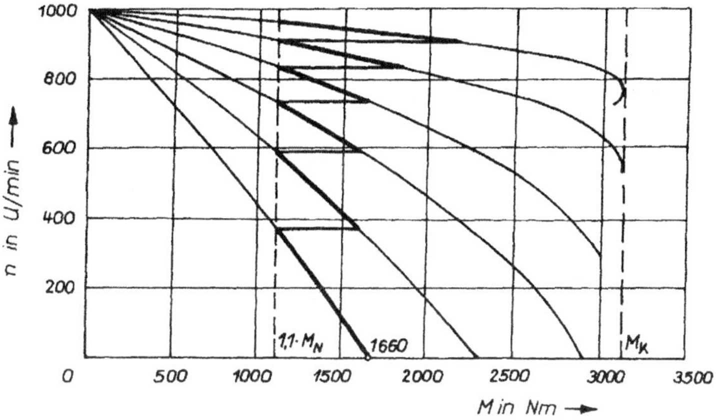

Abb. 2.27 Drehzahlkennlinie eines Asynchronmotors für verschiedene Läuferwiderstände mit eingezeichneter Hochlaufcharakteristik

Für den „statischen Fall" ($\ddot{\varphi} = 0$, $\dot{M} = 0$, $\ddot{M} = 0$) folgt aus (2.123)

$$M = 2M_K \frac{s_K s}{s_K^2 + s^2}. \tag{2.125}$$

Diese Gleichung von KLOSS gilt bei annähernd konstanter Drehgeschwindigkeit $\dot{\varphi}$, also im stationären Betriebszustand, wenn $\ddot{\varphi} \ll \Omega^2$ ist. Gl. (2.125) kann linearisiert werden, wenn $s/s_K \ll 1$ ist. Dann verbleibt folgende Gleichung für die Motorkennlinie:

$$M = 2M_K \frac{s}{s_K} = M_0 \left(1 - \frac{\dot{\varphi}}{\Omega}\right). \tag{2.126}$$

Die Abhängigkeit der Erregung von der Geschwindigkeit wird durch die Kennlinien der Motoren und Maschinen beschrieben, vgl. Abb. 2.26. Beim Hochfahren des Motors gemäß Abb. 2.27 wird die Kennlinie mit $n = 0$ beginnend über das Kippmoment M_K zum Nennmoment M_N bis zur Nenndrehzahl $n_N \approx 970\ 1/\min$ durchlaufen. Beim Einschalten von Kurzschlussläufern fließen Ströme vom Vier- bis Achtfachen des Nennstromes. Bei Schleifringläufermotoren werden durch Einschalten von Anlasswiderständen in den Läuferkreis die Kennlinien geändert.

Abb. 2.27 zeigt die Kennlinienschar des Motors eines Tagebaugroßgerätes bei verschiedenen Läuferwiderständen. Gemäß der eingezeichneten Zackenlinie wird der Motor hochgefahren, indem immer beim Erreichen einer bestimmten Drehzahl auf einen anderen Läuferwiderstand umgeschaltet wird. Hierbei entstehen dynamische Effekte beim Einschalten und Umschalten, denn es treten große dynamische Momente auf, welche die Antriebswellen zerstören können [11].

Schwierig ist es, die Verläufe der Kräfte und Momente zu modellieren, die bei technologischen Prozessen entstehen, z. B. beim Umformen, Schneiden, Pressen und vielen Vorgängen in Textil- und Verpackungsmaschinen. Dazu liefern meist experimentelle Untersuchungen die erforderlichen Parameterwerte.

In vielen Fällen ist das Reibmoment einer Maschine nicht bekannt, da es neben den Reibungszahlen in den Gelenken von vielen Einflussgrößen abhängt. Es ist bekannt, dass im kalten Zustand der Maschine die Reibmomente (und damit die Antriebsleistung) größer sind als im eingelaufenen warmen Zustand. Die absolute Größe kann über die Messung der Motorleistung erfolgen, da das Motormoment dem Motorstrom proportional ist.

In Abschn. 3.2 wird gezeigt, dass die Lager- und Gelenkkräfte in einer Maschine dem Quadrat der Antriebsgeschwindigkeit proportional sind. Darüber hinaus gibt es oft Reibkräfte, die infolge statischer Belastungen unabhängig von der Drehzahl sind. Es ist deshalb zu erwarten, dass das auf den Antrieb wirkende Reibmoment mit dem Ansatz

$$M_R = M_1 + M_2 \left(\frac{\dot{\varphi}}{\omega_0}\right)^2 \tag{2.127}$$

erfasst werden kann, wobei ω_0 die Anfangswinkelgeschwindigkeit ist und M_1 und M_2 solche Parameterwerte, die aus einem Auslaufversuch bestimmt werden können, vgl. dazu Aufgabe A2.6.

Extreme Stoßbelastungen lassen sich durch die *Stoßzahl* k erfassen. Dieser Modellbildung entspricht eine plötzliche unbegrenzt große Kraft, die in einer differenziell kleinen Zeit wirkt, wobei das Integral $I = \int F(t)\mathrm{d}t$, das dem übertragenen Impuls entspricht, endlich ist. Bei einer derartigen Modellbildung wird an der Stoßstelle keine Kraft angesetzt, aber es wird dabei erfasst, welche Anfangsgeschwindigkeit diese Kraft hervorgerufen hat. In Abschn. 5.4.3.2 und 7.1.5 wird gezeigt, dass diese Modellbildung berechtigt ist, wenn die Wirkungsdauer der Stoßkraft wesentlich kleiner als die kleinste Periodendauer einer wesentlichen Eigenform des angestoßenen Schwingungssystems ist.

Die Stoßzahl k der Stoßtheorie von Newton gilt für den senkrechten Aufprall einer Masse auf eine feste Unterlage und gibt das Verhältnis der Rückprallgeschwindigkeit v_1 (Rückprallen bis zur Höhe h_1) zur Auftreffgeschwindigkeit v_0 (Fallen aus der Anfangshöhe h_0) an, das durch einen Rücksprungversuch ermittelt werden kann. Es gilt

$$k = \left|\frac{v_1}{v_0}\right| = \sqrt{\frac{h_1}{h_0}} < 1. \tag{2.128}$$

Bei $k = 0$ wird von einem ideal plastischen und bei $k = 1$ von einem ideal elastischen Stoß gesprochen. Die Stoßzahl steht in einem komplizierten Zusammenhang mit den Materialparametern der in Kontakt kommenden Körper. Sie ist gleich der Wurzel aus der Rückprall-Elastizität nach DIN 53 512. Als Näherungswerte für verschiedene Materialpaarungen kann angenommen werden:

Materialpaarung	Stoßzahl k
Holz/Holz	0,5
Elastomere	0,4 bis 0,8
Schmiedevorgänge	0,2 bis 0,8
Glas/Glas	0,9

In manchen Fällen ist es berechtigt, mit der Stoßzahl den Verlust an mechanischer Energie (teilplastische Deformation) zu berechnen. Es kann aber auch sein, dass beim Stoß zweier unterschiedlicher ideal elastischer Körper die Stoßzahl nicht in einer einfachen Beziehung zum Verlust an mechanischer Energie steht.

Mithilfe der Stoßzahl ist es möglich, die Bewegung der aufeinander prallenden Körper zu berechnen, z. B. die Bewegungsabläufe von Stößeln, Meißeln, Hämmern, Rammen, Schlaggeräten. Problematisch ist es, mithilfe der Stoßzahl Belastungen im Innern der Körper zu berechnen. Für spezielle Vorgänge, wie z. B. dem Schmieden, können mit Erfahrungswerten die jeweiligen Vorgänge analysiert und die Hammerfundamente optimal ausgelegt werden, vgl. Abschn. 4.3.2.

2.5.3 Stochastische Erregung

Sowohl Krafterregung als auch Wegerregung kann auch stochastisch, d. h. zufällig auftreten. Beispiele hierfür sind Windlasten, Erdbeben oder die Anregungen, die aus dem Rollen von Rädern auf unebenen Straßen und Schienen entstehen. Dabei wirkt ein breitbandiges Anregungssignal, das auch als Rauschen bezeichnet wird. Eine zweckmäßige Annahme für die Beschreibung derartiger Anregungen ist die *Ergodizität* im Mittel bzw. quadratischen Mittel. Diese Annahme erlaubt die Beschreibung des zugrundeliegenden stochastischen Prozesses auf Basis einer einzelnen zeitlichen Realisation, d. h. Messung [4].

In Erweiterung der im Abschn. 2.5.1 vorgestellten periodischen Anregung, kann eine stochastische Anregung als Überlagerung von unendlich vielen periodischen Anregungssignalen bei allen Frequenzen betrachtet werden. Die Beschreibung eines stochastischen Signals im Frequenzbereich kann mit Hilfe der *Spektraldichte* oder *Leistungsdichte* erfolgen. Diese soll im Folgenden in Anlehnung an [26] eingeführt werden.

In der Signalanalyse wird zwischen sogenannten Energie- und Leistungssignalen unterschieden. Für ein *Energiesignal* $x(t)$ kann eine endliche Signalenergie

$$E = \int_{-\infty}^{\infty} x^2(t)\,\mathrm{d}t < \infty \tag{2.129}$$

definiert werden. Zur Veranschaulichung diene ein Prüfstandsversuch mit einem hydraulischen Schwingungsdämpfer, der durch Aufbringen einer Prüfkraft aus einer Anfangslage gestaucht und wieder gestreckt wird. Mit der Dämpfungskonstante d und der Prüfgeschwindigkeit $v(t)$ folgt für die Dämpferkraft $F(t) = d \cdot v(t)$ und damit für die in der Zykluszeit T dissipierte Energie

$$E_D = \int_0^T P \, \mathrm{d}t = d \int_0^T v^2(t) \, \mathrm{d}t. \tag{2.130}$$

Wird die nach (2.130) definierte Signalenergie auf die Zeit T bezogen, kann die mittlere Leistung zu

$$P_D = d \cdot \frac{1}{T} \int_0^T v^2(t) \, \mathrm{d}t = d \cdot \tilde{v}^2 \tag{2.131}$$

angegeben werden. In (2.131) bezeichnet $\tilde{v}^2$ den quadratischen Mittelwert des Signals v. Für ein periodisches oder ein Rauschsignal $x(t)$ ist E nicht endlich; solche Signale gehören zu den *Leistungssignalen.* Eine mittlere Leistung lässt sich für diese Signale mit

$$\bar{P} = \tilde{x}^2 = \lim_{T \to \infty} \frac{1}{2T} \int_{-T}^{T} x^2(t) \, \mathrm{d}t < \infty \tag{2.132}$$

angeben. Der Begriff Leistung wird dabei in einem verallgemeinerten Sinne verwendet, denn $\bar{P}$ hat nicht zwingend die Einheit W der physikalischen Leistung. Es kann nun eine spektrale Dichte ${}^1S(f)$ definiert werden, für die gilt:

$$\tilde{x}^2 = \int_0^\infty {}^1S(f) \, \mathrm{d}f < \infty. \tag{2.133}$$

Die *einseitige Spektraldichte* oder *technische Leistungsdichte* ${}^1S(f)$ beschreibt also die Verteilung der Signalleistung über der Frequenz. Der Zusammenhang mit der *zweiseitigen Spektraldichte,* die für $-\infty \leq f \leq \infty$ definiert ist, lautet

$${}^1S(f) = 2S(f). \tag{2.134}$$

Für ein Leistungssignal $x(t)$ entspricht nach dem *Wiener-Khintchine*-Theorem die Spektraldichte des Signals der Fouriertransformierten seiner Autokorrelationsfunktion $\psi_{xx}(\tau)$. Es gilt also das Transformationspaar:

$$S_{xx}(\omega) = \frac{1}{\gamma} \int_{-\infty}^{\infty} \psi_{xx}(\tau) e^{-j\omega\tau} \, \mathrm{d}\tau \;\wedge\; \psi_{xx}(\tau) = \frac{\gamma}{2\pi} \int_{-\infty}^{\infty} S_{xx}(\omega) e^{j\omega\tau} \, \mathrm{d}\omega \tag{2.135}$$

In (2.135) ist die Spektraldichte als Funktion der Kreisfrequenz $\omega = 2\pi f$ angegeben. Es gilt der Zusammenhang $S_{xx}(f) = \gamma S_{xx}(\omega)$. Der Koeffizient $\gamma \in \mathbb{R}$ ist beliebig, kann aber zweckmäßig zu $\gamma = 2\pi$ definiert werden, da dann analog zu (2.133) gilt

$$\tilde{x}^2 = \int_{-\infty}^{\infty} S_{xx}(\omega)\,\mathrm{d}\omega. \tag{2.136}$$

Die Autokorrelationsfunktion eines stochastischen Anregungssignals $x(t)$

$$\psi_{xx}(\tau) = \lim_{T\to\infty} \frac{1}{T} \int_{-\frac{T}{2}}^{\frac{T}{2}} x(t)x(t+\tau)\,\mathrm{d}t \tag{2.137}$$

kann aus gemessenen Signalen endlicher Dauer aufgrund des Grenzübergangs $T \to \infty$ nur geschätzt werden, und damit auch die Spektraldichte[1]. Praktisch kann die Schätzung als sog. Periodogramm-Schätzung auch direkt über die Fouriertransformation des gemessenen Signals erfolgen. Für Details wird auf die einschlägige Literatur (s. z. B. [4]) verwiesen.

Der Nutzen der Beschreibung einer stochastischen Erregung mit Hilfe der Spektraldichte erschließt sich, wenn das Übertragungsverhalten eines linearen zeitinvarianten Schwingungssystems betrachtet wird. Der Zusammenhang zwischen den Fouriertransformierten $X(f)$ des Eingangs- (d. h. Erreger-) signals und $Y(f)$ des Ausgangssignals ist durch den das frequenzabhängige Übertragungsverhalten beschreibenden *Frequenzgang* $G(f)$ gegeben:

$$Y(f) = G(f)X(f). \tag{2.138}$$

Daraus lässt sich der Zusammenhang der Spektraldichten des Eingangs- und Ausgangssignals zu

$$S_{yy}(f) = |G(f)|^2\, S_{xx}(f) \tag{2.139}$$

herleiten [26]. Somit kann für ein lineares Schwingungssystem das stationäre Schwingungsverhalten ohne Lösung der Schwingungsdifferentialgleichung bei bekannter Spektraldichte der Erregung über (2.139) durch $S_{yy}(f)$ beschrieben werden. Daraus kann nach (2.136) der *Effektivwert* $\sqrt{\tilde{x}^2}$ (auch *RMS-Wert,* engl. root mean square value) als die Schwingung kennzeichnende skalare Größe, z. B. für ein an der schwingenden Struktur oder Maschine gemessenes Beschleunigungssignal, berechnet werden.

[1] Die Einführung des Doppelindex in (2.135) ist aus (2.137) ersichtlich: Die Autokorrelationsfunktion stellt eine Faltung zweier Signale dar. Dies wird über den Index angegeben. Die Spektraldichte wird dann entsprechend indiziert.

Der frequenzabhängige *Amplitudengang* $|G(f)|$ kann experimentell z. B. dadurch bestimmt werden, dass als Eingangssignal sog. *weißes Rauschen* mit $S_{xx}(f) = \text{Konst.}$ angelegt, die Schwingungsantwort gemessen und daraus $S_{yy}(f)$ geschätzt wird.

Reale stochastische Erregersignale, wie z. B. regellose Fahrbahnunebenheiten, die als Wegerregung im Reifen-Fahrbahnkontakt auf das Schwingungssystem Fahrzeug wirken, können als sog. *farbiges Rauschen* (d. h. als Realisation eines Rauschprozesses mit frequenzabhängig gewichteter Spektraldichte) durch ihre Spektraldichteschätzung beschrieben werden. Für Straßenoberflächen sind z. B. in der Norm ISO 8608:2016 Qualitätsklassen mit Hilfe einer Spektraldichtebeschreibung definiert.

2.5.4 Aufgaben A2.4 bis A2.6

A2.4 Dämpfungsbestimmung aus Resonanzkurve

Abb. 2.28 zeigt die gemessene Resonanzkurve eines Schwingungssystems bei Erregung mit konstanter Kraftamplitude. Mithilfe des Verfahrens der Halbwertsbreite ist der Dämpfungsgrad D zu bestimmen.

A2.5 Beziehung zwischen Stoßzahl und Dämpfungsgrad

Die Stoßzahl ist gemäß (2.128) als das Verhältnis der Rückprallgeschwindigkeit v_1 zur Auftreffgeschwindigkeit v_0 definiert. Die Aufprallstelle soll durch durch ein Feder-Dämpfer-System (c, b) modelliert werden. Die Rückprallgeschwindigkeit einer Masse m ist zu berechnen und die Stoßzahl k durch den Dämpfungsgrad D auszudrücken.

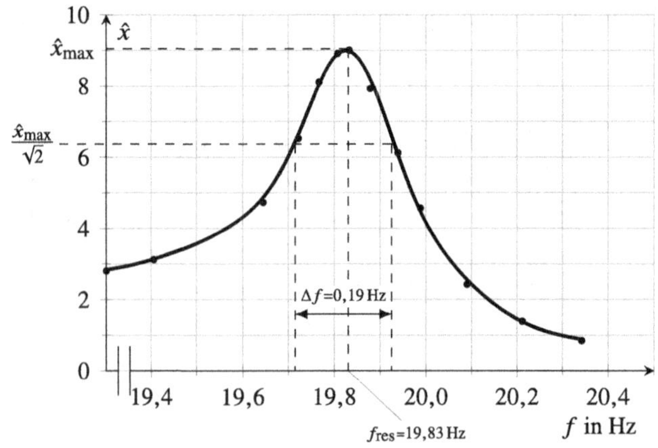

Abb. 2.28 Resonanzkurve zur Bestimmung der Dämpfung

A2.6 Reibmoment aus Auslaufversuch

Für das drehzahlabhängige Reibmoment $M_R = M_1 + M_2\,(\dot{\varphi}/\omega_0)^2$ ist der Verlauf $\dot{\varphi}(\varphi)$ und $\dot{\varphi}(t)$ der Winkelgeschwindigkeit beim Auslaufvorgang einer Maschine, die das reduzierte Trägheitsmoment J_m hat zu ermitteln. Daraus ist der Auslaufwinkel φ_1, bis zu dem der Stillstand erreicht wird und die Auslaufzeit t_1, die bis dahin vergeht, zu berechnen. Es ist anzugeben, wie sich die Koeffizienten M_1 und M_2 aus J_m und den gemessenen Größen φ_1 und t_1 berechnen lassen. Für den Sonderfall $M_2 = 0$ sind die expliziten Formeln für φ_1 und t_1 anzugeben.

2.5.5 Lösungen L2.4 bis L2.6

L2.4 Zunächst wird die Resonanzamplitude $\hat{x}_{max}$ ermittelt. Sie beträgt im Abb. 2.28 etwa 9 Einheiten. Für die Halbwertsbreite wird nun der Wert $\hat{x}_{max}/\sqrt{2}$ bestimmt und in die Resonanzkurve eingezeichnet. Die Schnittpunkte mit der Resonanzkurve ergeben eine Frequenzdifferenz von $\Delta f = 0{,}19$ Hz. Nach (2.111) gilt für die Dämpfungskonstante

$$b = m(\Omega_2 - \Omega_1) = 2\pi m \Delta f \tag{2.140}$$

und für den Dämpfungsgrad gemäß (2.90)

$$D = b/2m\omega_0. \tag{2.141}$$

Dabei ist ω_0 die Kreisfrequenz des ungedämpften Schwingers, die bei derartig schwacher Dämpfung der Resonanzfrequenz entspricht. Es gilt also

$$\underline{\underline{D}} = \frac{2\pi m \Delta f}{2m 2\pi f_{res}} = \frac{\Delta f}{2 f_{res}} = \underline{\underline{0{,}0048}}. \tag{2.142}$$

L2.5 Die Bewegungsgleichung eines gedämpften Schwingers, den die Kontaktstelle nach dem Aufprallen der Masse m darstellt, lautet gemäß (2.93)

$$\ddot{q} + 2D\omega_0\dot{q} + \omega_0^2 q = 0. \tag{2.143}$$

Beim Aufprall am Kontaktpunkt gelten die Anfangsbedingungen

$$t = 0: \quad q(0) = 0; \quad \dot{q}(0) = v_0. \tag{2.144}$$

Die Lösung ist aus (2.94) bekannt. Mit $\omega = \omega_0\sqrt{1 - D^2}$ lautet sie

$$q(t) = \frac{v_0}{\omega} \exp(-D\omega_0 t) \sin \omega t, \tag{2.145}$$

$$\dot{q}(t) = v_0 \exp(-D\omega_0 t) \left[\cos \omega t - \left(D\frac{\omega_0}{\omega}\right) \sin \omega t\right]. \tag{2.146}$$

Solange $cq + b\dot{q} > 0$ ist, hat die Masse m Kontakt mit der Aufprallstelle. Es interessiert die Geschwindigkeit in dem Augenblick, wenn die Masse den Kontakt verliert. Dies tritt zur Zeit t_1 ein, wenn

$$\frac{c}{\omega} \sin \omega t_1 + b(\cos \omega t_1 - D\frac{\omega_0}{\omega} \sin \omega t_1) = 0. \tag{1.135a}$$

Daraus folgt

$$\sin \omega t_1 = 2D\sqrt{1 - D^2}, \qquad \cos \omega t_1 = -1 + 2D^2. \tag{1.135b}$$

Für $D \ll 1$ ist

$$\omega t_1 \approx \pi. \tag{2.147}$$

Die Geschwindigkeit beträgt in diesem Augenblick

$$\begin{aligned} \dot{q}(t_1) &= v_0 \exp(-D\omega_0 t_1) \left[\cos \omega t_1 - \left(D\tfrac{\omega_0}{\omega}\right) \sin \omega t_1\right] \\ &\approx -v_0 \exp\left(-D\tfrac{\omega_0 \pi}{\omega}\right) = v_1. \end{aligned} \tag{2.148}$$

Es ist die gesuchte Rückprallgeschwindigkeit v_1. Damit ist die Stoßzahl, vgl. (2.128)

$$\begin{aligned} \underline{\underline{k}} &= \left|\frac{v_1}{v_0}\right| \approx \exp\left(-D\frac{\omega_0 \pi}{\omega}\right) \\ &\underline{\underline{= \exp\left(-\tfrac{\pi D}{\sqrt{1-D^2}}\right) \approx 1 - \pi D + \tfrac{1}{2}(\pi D)^2.}} \end{aligned} \tag{2.149}$$

Da der Dämpfungsgrad $D \ll 1$ ist, kann die Exponentialfunktion in eine Taylor-Reihe entwickelt und die angegebene Näherung benutzt werden.

Wegen (2.149) könnte der Dämpfungsgrad aus der Stoßzahl berechnet werden. Es ist aber gewagt, diese Beziehung anzuwenden, denn beide Kennzahlen sind in Wirklichkeit von der Geschwindigkeit, der Kraft und anderen Materialparametern beider Körper abhängig.

L2.6 Die Bewegungsgleichung der Maschine lautet für diesen Fall

$$J_m \ddot{\varphi} = \frac{1}{2} J_m \frac{\mathrm{d}\dot{\varphi}^2}{\mathrm{d}\varphi} = -M_1 - M_2 \left(\frac{\dot{\varphi}}{\omega_0}\right)^2. \tag{2.150}$$

Sie kann in beiden Darstellungsarten in geschlossener Form mit den Anfangswerten $\varphi_0 = 0$ und ω_0 integriert werden. Mit Benutzung der dimensionslosen Kenngrößen

$$\alpha = \frac{M_2}{M_1} \quad \text{und} \quad \beta = \frac{M_1}{J_m \omega_0^2} \tag{2.151}$$

lässt sich durch Lösung des aus obiger Gleichung folgenden Integrals

$$2\int_0^{\varphi} \mathrm{d}\varphi = \int_{\omega_0}^{\dot{\varphi}} \frac{J_m \mathrm{d}(\dot{\varphi}^2)}{-M_1 - M_2 \left(\dfrac{\dot{\varphi}}{\omega_0}\right)^2} = \frac{-1}{\beta} \int_{\omega_0}^{\dot{\varphi}} \frac{\mathrm{d}(\dot{\varphi}^2)}{\omega_0^2 + \alpha\dot{\varphi}^2} \tag{2.152}$$

als Umkehrfunktion die stellungsabhängige Winkelgeschwindigkeit finden:

$$\dot{\varphi}(\varphi) = \omega_0 \sqrt{\left(1 + \frac{1}{\alpha}\right) \exp(-2\alpha\beta\varphi) - \frac{1}{\alpha}}\,. \tag{2.153}$$

Wird andererseits von $\ddot{\varphi} = \mathrm{d}\dot{\varphi}/\mathrm{d}t$ und der Umformung

$$\int_0^t \mathrm{d}t = \int_{\omega_0}^{\dot{\varphi}} \frac{\mathrm{d}\dot{\varphi}}{\ddot{\varphi}\left(\dot{\varphi}^2\right)} = \int_{\omega_0}^{\dot{\varphi}} \frac{J_m \mathrm{d}\dot{\varphi}}{-M_1 - M_2 \left(\dfrac{\dot{\varphi}}{\omega_0}\right)^2} = \frac{-1}{\beta} \int_{\omega_0}^{\dot{\varphi}} \frac{\mathrm{d}\dot{\varphi}}{\omega_0^2 + \alpha\dot{\varphi}^2} \tag{2.154}$$

ausgegangen, so liefert die Integration zunächst $t = t(\dot{\varphi})$ und daraus die Umkehrfunktion mit der zeitabhängigen Winkelgeschwindigkeit

$$\dot{\varphi}(t) = \omega_0 \sqrt{\frac{1}{\alpha} \tan^2\left(\arctan\sqrt{\alpha} - \beta\sqrt{\alpha}\omega_0 t\right)}\,. \tag{2.155}$$

Der Auslaufwinkel und die Auslaufzeit folgen aus (2.153) und (2.155) für $\dot{\varphi} = 0$:

$$\varphi_1 = \frac{\ln(1+\alpha)}{2\alpha\beta}; \qquad t_1 = \frac{\arctan\sqrt{\alpha}}{\omega_0\beta\sqrt{\alpha}}. \tag{2.156}$$

Dies sind zwei gekoppelte transzendente Gleichungen, aus denen zunächst α und β und dann M_1 und M_2 aus (2.151) berechenbar sind. Für den Sonderfall $M_2 = 0$ ist $\alpha = 0$ und durch Grenzwertbildung ergibt sich bei konstantem Reibmoment M_1 aus (2.156):

$$\varphi_1 = \frac{1}{2\beta} = \frac{J_m\omega_0^2}{2M_1}; \qquad t_1 = \frac{1}{\beta\omega_0} = \frac{J_m\omega_0}{M_1}. \tag{2.157}$$

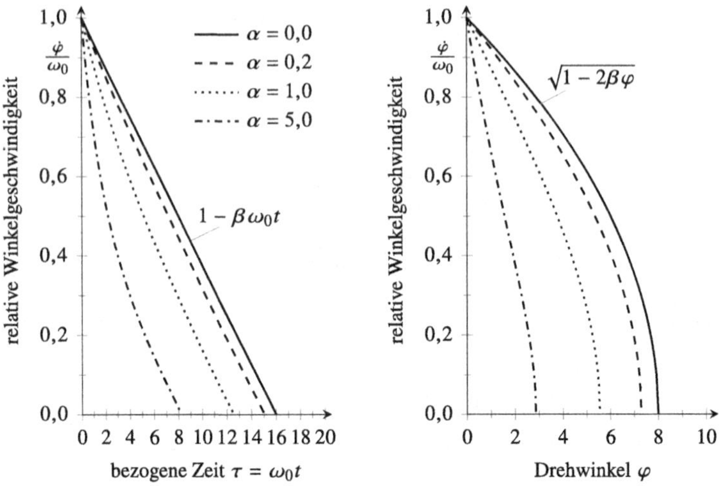

Abb. 2.29 Winkelgeschwindigkeit beim Auslauf-Vorgang bei unterschiedlichen Momentenverhältnissen $\alpha = M_2/M_1$ und $\beta = 1/16$

Abb. 2.29 zeigt typische Verläufe der Auslaufbewegung. Bei $M_2 = 0$ tritt der bekannte lineare Abfall bezüglich der Zeit und der quadratische Abfall bezüglich des Winkels auf. Mit zunehmendem M_2 verkürzt sich der Auslauf. In der Praxis ist die Bestimmung des Auslaufwinkels genauer als die der Auslaufzeit möglich, da dabei keine solch langsame Zunahme in der Endphase eintritt. Dieses Verhalten ist auch aus Abb. 2.29 erkennbar.

Dynamik der starren Maschine 3

Eine „starre Maschine" ist das einfachste Berechnungsmodell in der Maschinendynamik. Es lässt sich definieren als ein zwangläufiges System starrer Körper, dessen Bewegung bei gegebener Antriebsbewegung aufgrund holonomer Zwangsbedingungen eindeutig bestimmt ist. Dieses Berechnungsmodell ist anwendbar, wenn die in Wirklichkeit infolge der wirkenden Kräfte stets vorhandenen Deformationen so gering sind, dass sie die Bewegungen hinreichend wenig beeinflussen. Dabei wird auch vorausgesetzt, dass die Gelenke und Lager ideal spielfrei sind.

Das Modell der starren Maschine kann der Berechnung „langsamlaufender" Maschinen zugrunde gelegt werden, d. h. wenn die niedrigste Eigenfrequenz des betrachteten realen Objekts bedeutend größer ist als die größte auftretende Erregerfrequenz. Mit dem Berechnungsmodell der starren Maschine lassen sich sowohl gleichmäßig übersetzende Getriebe, wie Zahnradgetriebe, Schneckengetriebe, Riemen- und Kettengetriebe, als auch ungleichmäßig übersetzende Getriebe, wie Koppelgetriebe, Kurvengetriebe und Räderkoppelgetriebe, behandeln.

Die Grundlagen zur Theorie der starren Maschine gehen auf die Arbeiten von L. EULER (1707–1783) und J. L. LAGRANGE (1736–1813) zurück. Mit der Entwicklung der Dampfmaschine gewannen diese Theorien in der zweiten Hälfte des 19. Jahrhunderts auch für Maschinenbau-Ingenieurinnen und -Ingenieure an Interesse. Die Maschinenbauer benutzten zunächst die Methode der Kinetostatik, d. h., die Trägheitskräfte bewegter Mechanismen wurden entsprechend dem d'Alembertschen Prinzip als statische Kräfte aufgefasst und mit bekannten Methoden der Statik (damals vorwiegend Graphostatik) behandelt. Aus dieser Zeit ist das Buch „Versuch einer grafischen Dynamik" von PROELL zu nennen, das 1874 in Leipzig erschien.

Der im Jahre 1883 von F. GRASHOF (1826–1893) erschienene zweite Band „Theoretische Maschinenlehre" enthielt auch Grundlagen der Maschinendynamik. Dort ist z. B. schon der

M. Beitelschmidt und H. Dresig, *Maschinendynamik*,
https://doi.org/10.1007/978-3-662-60313-0_3

Begriff der reduzierten Masse eingeführt worden, der sich im weiteren als sehr fruchtbar erweisen sollte. Die entstehenden Fragen zur Theorie des Massenausgleichs wurden erstmals in dem Buch von H. LORENZ (1865–1940) „Dynamik der Kurbelgetriebe" behandelt (Leipzig, 1901). Die Arbeiten von KARL HEUN (1859–1929), der die mathematischen Aspekte betonte (z. B. Integration der Differenzialgleichungen), und R. VON MISES (1883–1953) fasste 1907 „Dynamische Probleme der Maschinenlehre" zusammen, sodass zu Beginn des 20. Jahrhunderts die Theorie der starren Maschine im Wesentlichen ausgearbeitet war.

Lange Zeit war für die Maschinenbauer das Buch von F. WITTENBAUER (1857–1922) maßgebend, welches für ebene Mechanismen geeignete grafische Methoden darstellte. Die Erweiterungen dieser Methoden auf räumliche Mechanismen stammen von K. FEDERHOFER (1885–1960), von dem 1928 in Wien das Buch „Grafische Kinematik und Kinetostatik des starren räumlichen Systems" erschien.

Seitdem sind diese Theorien in die Lehrbücher der Getriebetechnik, Maschinendynamik und Mechatronik eingegangen. Die Monografie von BIEZENO/GRAMMEL [5] behandelt den Massenausgleich von Maschinen umfassend. Ein fundamentales Werk zum Kreisel schrieb K. MAGNUS [36]. Seit etwa 1970 bekam die Theorie der starren Maschine neue Anstöße, als mit dem Aufkommen der Computer und der Industrieroboter die Frage nach zweckmäßigen Algorithmen zur Berechnung von Starrkörpersystemen beliebiger topologischer Struktur aktuell wurde. Von der Deutschen Forschungsgemeinschaft (DFG) wurde ein Schwerpunktprogramm „Mehrkörperdynamik" finanziert, dessen Ergebnisse von W. SCHIEHLEN im Sammelband [40] zusammengefasst wurden.

Heutzutage ist es der Ingenieurin oder dem Ingenieur möglich, Aufgaben aus diesem Gebiet mithilfe handelsüblicher Software zu lösen, ohne dass die zugrunde liegenden mathematischen oder numerischen Verfahren im einzelnen bekannt sein müssen. Trotzdem muss sich der Anwender solcher Programme mit den grundlegenden Ideen der Modellbildung vertraut machen, um zu verstehen, was damit berechenbar ist und was nicht.

3.1 Zur Kinematik eines starren Körpers

Sowohl für einfache Berechnungen einer starren Maschine als auch für komplexe Mehrkörperdynamik-Probleme ist die Beschreibung der Bewegung eines starren Körpers in Lage, Geschwindigkeit und Beschleunigung sowohl für Translation als auch Rotation grundlegend.

3.1.1 Koordinatentransformationen

Um die Lage und die Bewegungen eines starren Körpers im Raum zu beschreiben, wird ein raumfestes Koordinatensystem $\{O;\ x,\ y,\ z\}$ und ein körperfestes, also mitbewegtes, Koordinatensystem $\{\overline{O};\ \xi,\ \eta,\ \zeta\}$ benötigt vgl. Abb. 3.1. In der Kinematik und Kinetik treten geometrische und physikalische Größen auf, die gerichtet sind und somit durch mehrere Koordinaten definiert sind. Dies sind Vektoren und Tensoren, deren Komponenten sich im körperfesten System von denen im raumfesten System unterscheiden. Sie lassen sich nach bestimmten Regeln (Koordinatentransformation) beim Wechsel der Koordinatensysteme umrechnen.

Es ist in Verbindung mit anderen Aufgaben der Maschinendynamik günstig, für die Darstellung der kinematischen und dynamischen Zusammenhänge auch bei Beziehungen zwischen *Vektoren* und *Tensoren* die Matrizenschreibweise zu benutzen. Vektoren werden durch fette Buchstaben und Spaltenmatrizen, Tensoren durch fette Buchstaben und quadratische (3×3)-Matrizen beschrieben.

In einem raumfesten Inertialsystem ist der Punkt O der Ursprung eines kartesischen Koordinatensystems, das die Koordinatenrichtungen x, y und z hat, vgl. Abb. 3.1. Die Lage eines beliebigen Punktes P des starren Körpers wird durch drei Koordinaten x_P, y_P und z_P eindeutig gekennzeichnet, die im Ortsvektor $\boldsymbol{r}_P = [x_P,\ y_P,\ z_P]^\mathrm{T}$ zusammengefasst sind. Ein *körperfester Bezugspunkt* $\overline{\boldsymbol{O}}$ wird als Ursprung eines körperfesten ξ-η-ζ-Koordinatensystems gewählt. Er hat die raumfesten Koordinaten $\boldsymbol{r}_{\overline{O}} = [x_{\overline{O}},\ y_{\overline{O}},\ z_{\overline{O}}]^\mathrm{T}$. Der von diesem Bezugspunkt $\overline{O}$ aus betrachtete gleiche Punkt P hat bezüglich der Richtungen des raumfesten Bezugssystems die Komponenten

$$\boldsymbol{l}_P = \boldsymbol{r}_P - \boldsymbol{r}_{\overline{O}} = [\Delta x,\ \Delta y,\ \Delta z]^\mathrm{T} = [x_P - x_{\overline{O}},\ y_P - y_{\overline{O}},\ z_P - z_{\overline{O}}]^\mathrm{T}. \tag{3.1}$$

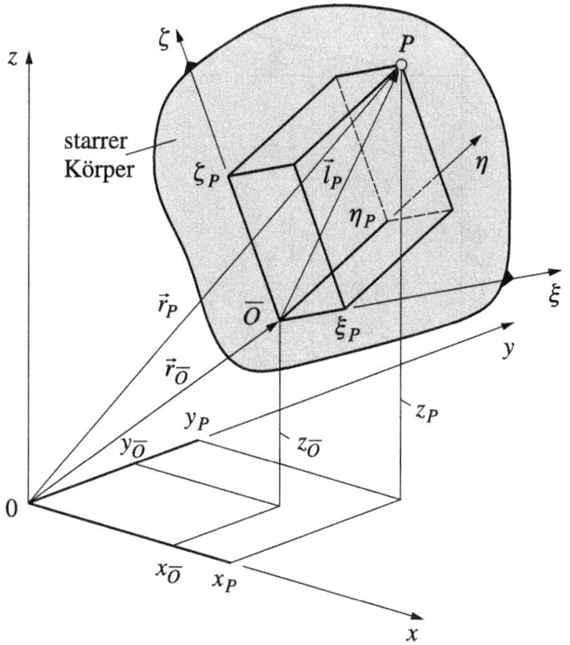

Abb. 3.1 Zur Definition der Koordinatensysteme und Ortsvektoren

Im körperfesten System lässt sich die Lage desselben Punktes P durch folgende Komponenten angeben:

$$\bar{\boldsymbol{l}}_P = [\xi_P,\ \eta_P,\ \zeta_P]^{\mathrm{T}}. \tag{3.2}$$

Die Komponenten von $\boldsymbol{l}_P$ und $\bar{\boldsymbol{l}}_P$ unterscheiden sich, wenn die Achsen der beiden Koordinatensysteme nicht parallel sind. Bei den weiteren Rechnungen wird der Index P weggelassen, der einen beliebigen Punkt im Körper kennzeichnet, d. h. es ist $\bar{\boldsymbol{l}}_P \equiv \bar{\boldsymbol{l}} = [\xi,\ \eta,\ \zeta]^{\mathrm{T}}$. Die Koordinaten x, y und z sowie ξ, η und ζ beziehen sich dann auf alle Punkte, die zu dem starren Körper gehören.

Bei Bewegungen im dreidimensionalen Raum hat der starre Körper neben den drei translatorischen Freiheitsgraden des Bezugspunktes auch drei rotatorische Freiheitsgrade. Diese können durch drei Winkel beschreiben werden. Zunächst werden die Beziehungen zwischen den Koordinaten eines Punktes bei einer *ebenen Drehung* um den Winkel q_1 aufgestellt. Aus Abb. 3.2 können für die Projektionen der körperfesten Koordinaten auf die raumfesten Achsen (und umgekehrt) folgende Beziehungen abgelesen werden:

$$\begin{aligned}
\Delta x &= 1 \cdot x^*, & x^* &= 1 \cdot \Delta x,\\
\Delta y &= \cos q_1 \cdot y^* - \sin q_1 \cdot z^*, & y^* &= \cos q_1 \cdot \Delta y + \sin q_1 \cdot \Delta z,\\
\Delta z &= \sin q_1 \cdot y^* + \cos q_1 \cdot z^*, & z^* &= -\sin q_1 \cdot \Delta y + \cos q_1 \cdot \Delta z.
\end{aligned} \tag{3.3}$$

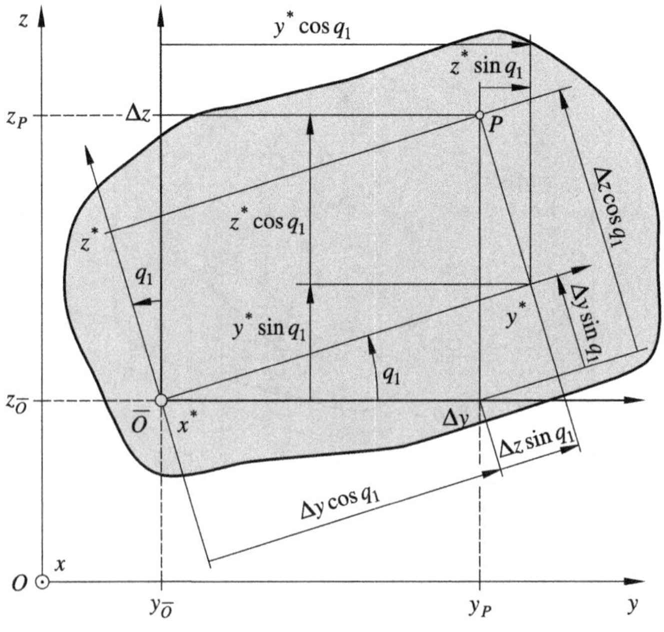

Abb. 3.2 Zur Koordinatentransformation bei der ebenen Drehung

Diese zweimal drei Gleichungen entsprechen je einer Matrizengleichung, wenn der Vektor $\boldsymbol{l}^* = [x^*,\ y^*,\ z^*]^{\mathrm{T}}$ und die Drehmatrix $\boldsymbol{A}_1$ (Drehtransformation) eingeführt werden:

$$\boldsymbol{A}_1 = \begin{bmatrix} 1 & 0 & 0 \\ 0 & \cos q_1 & -\sin q_1 \\ 0 & \sin q_1 & \cos q_1 \end{bmatrix}; \qquad \boldsymbol{A}_1^{\mathrm{T}} = \begin{bmatrix} 1 & 0 & 0 \\ 0 & \cos q_1 & \sin q_1 \\ 0 & -\sin q_1 & \cos q_1 \end{bmatrix}. \tag{3.4}$$

Die Drehmatrix ist orthonormal, d. h. es gilt mit der Einheitsmatrix $\boldsymbol{E}$

$$\boldsymbol{A}_1 \cdot \boldsymbol{A}_1^{\mathrm{T}} = \boldsymbol{E} \quad \Longleftrightarrow \quad \boldsymbol{A}_1^{\mathrm{T}} = \boldsymbol{A}_1^{-1}. \tag{3.5}$$

Die Beziehungen (3.3) lauten also

$$\boldsymbol{l} = \boldsymbol{A}_1 \boldsymbol{l}^*; \qquad \boldsymbol{l}^* = \boldsymbol{A}_1^{\mathrm{T}} \cdot \boldsymbol{l}. \tag{3.6}$$

Bei einer *räumlichen Drehung* sind die Elemente der Drehmatrix $\boldsymbol{A}$ von drei speziell zu definierenden Winkeln abhängig. Zur Beschreibung der Lage des Körpers werden die *Kardanwinkel* verwendet, die hier mit q_1, q_2 und q_3 bezeichnet werden, vgl. Abb. 3.3. Es existieren noch zahlreiche weitere Methoden der Drehbeschreibung. Hier sei z. B. auf [50] verwiesen. Die Größen q_i werden allgemein als *Drehparameter* bezeichnet.

In der Anfangslage fallen das raumfeste x-y-z-Bezugssystem und das körperfeste ξ-η-ζ-System zusammen. Bei der Drehung des äußeren Rahmens um den Drehwinkel q_1 bleibt die x-Achse erhalten ($x = x^*$), und die Ebene des inneren Rahmens ist die neue y^*-z^*-Ebene. Der Drehwinkel q_2 beschreibt die Drehung des inneren Rahmens um die positive y^*-Achse, die mit der y^{**}-Achse übereinstimmt, sodass die darauf senkrechte x^{**}-z^{**}-Ebene eine neue Lage einnimmt. Der Drehwinkel q_3 bezieht sich schließlich auf die z^{**}-Achse, die mit der ζ-Achse des körperfesten Bezugssystems zusammenfällt. Auf der Achse $z^{**} = \zeta$, steht die ξ-η-Ebene senkrecht. Nach den drei Drehungen nimmt das körperfeste ξ-η-ζ-System gegenüber dem raumfesten x-y-z-System eine beliebige gedrehte Lage ein.

Jede der drei Drehungen stellt für sich eine ebene Drehung um eine andere Achse dar. Es gelten nach Abb. 3.3 folgende drei Elementardrehungen:

$$\boldsymbol{l} = \boldsymbol{A}_1 \boldsymbol{l}^*; \qquad \boldsymbol{l}^* = \boldsymbol{A}_2 \boldsymbol{l}^{**}; \qquad \boldsymbol{l}^{**} = \boldsymbol{A}_3 \bar{\boldsymbol{l}}. \tag{3.7}$$

Die Drehmatrizen für Drehungen um die y^*- und um die z^{**}-Achse ergeben sich, wenn die Projektionen analog zu Abb. 3.2 auf die anderen Ebenen betrachtet werden. Folgende Matrizen realisieren die Drehungen um die Winkel q_2 und q_3 der betreffenden Achsen:

$$\boldsymbol{A}_2 = \begin{bmatrix} \cos q_2 & 0 & \sin q_2 \\ 0 & 1 & 0 \\ -\sin q_2 & 0 & \cos q_2 \end{bmatrix}; \qquad \boldsymbol{A}_3 = \begin{bmatrix} \cos q_3 & -\sin q_3 & 0 \\ \sin q_3 & \cos q_3 & 0 \\ 0 & 0 & 1 \end{bmatrix}. \tag{3.8}$$

Werden die Beziehungen gemäß (3.7) ineinander eingesetzt, ergibt sich

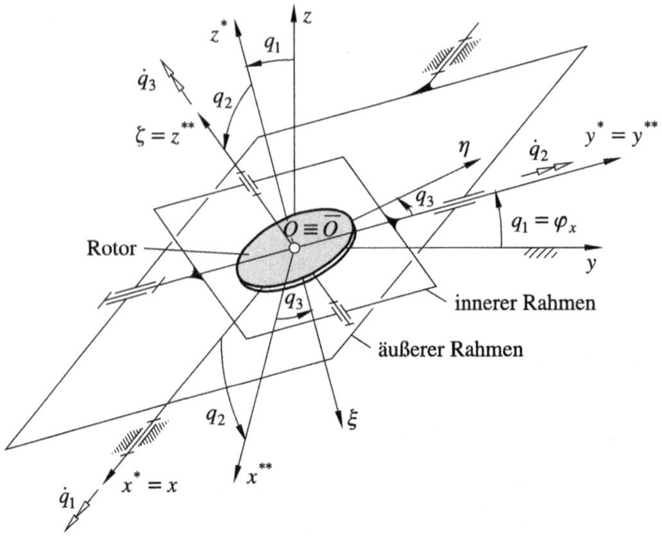

Abb. 3.3 Zur Beschreibung einer räumlichen Drehung

$$l = A_1 l^* = A_1 A_2 l^{**} = A_1 A_2 A_3 \bar{l} = A\bar{l}; \qquad \bar{l} = A^{\mathrm{T}} l \tag{3.9}$$

und somit die Transformationsmatrix für die räumliche Drehung (Drehmatrix)

$$A = A_1 A_2 A_3. \tag{3.10}$$

Werden die aus (3.4) und (3.8) bekannten Matrizen entsprechend (3.10) multipliziert, ergibt sich:

$$A = \begin{bmatrix} \cos q_2 \cos q_3 & -\cos q_2 \sin q_3 & \sin q_2 \\ \sin q_1 \sin q_2 \cos q_3 & -\sin q_1 \sin q_2 \sin q_3 & \\ +\cos q_1 \sin q_3 & +\cos q_1 \cos q_3 & -\sin q_1 \cos q_2 \\ -\cos q_1 \sin q_2 \cos q_3 & \cos q_1 \sin q_2 \sin q_3 & \\ +\sin q_1 \sin q_3 & +\sin q_1 \cos q_3 & \cos q_1 \cos q_2 \end{bmatrix}. \tag{3.11}$$

Die Elemente der Drehmatrix A sind nichtlineare Funktionen der drei Drehwinkel q_1, q_2 und q_3. Eine Hintereinanderausführung von Drehungen, die durch die Multiplikation von Drehmatrizen ausgedrückt wird, ergibt immer wieder eine orthonormale Drehmatrix, für die Gl. (3.5) gilt. Die Drehbeschreibung durch Kardan-Winkel besitzt eine singuläre Stellung für $q_2 = \pm 90°$, deren Bedeutung und Konsequenzen nach Gl. (3.34) diskutiert werden.

Mit dieser Matrix A können nicht nur Ortsvektoren sondern z. B. die Kraft- und Momentenvektoren transformiert werden:

$$F = A\bar{F}; \qquad \bar{F} = A^{\mathrm{T}} F; \qquad M^O = A\bar{M}^O; \qquad \bar{M}^O = A^{\mathrm{T}} M^O. \tag{3.12}$$

Die Komponenten eines Vektors werden i. Allg. mit demselben Buchstaben wie der Vektor bezeichnet, aber nicht fett gedruckt, und im raumfesten Bezugssystem mit den Indizes x, y, z versehen. Im körperfesten System erhält der fette Buchstabe des Vektors einen Querstrich, und seine Komponenten bekommen die Indizes ξ, η und ζ. Zum Beispiel hat derselbe (physikalische) Vektor der Kraft je nach Bezugssystem die Komponenten $\boldsymbol{F} = [F_x, F_y, F_z]^{\mathrm{T}}$ oder $\overline{\boldsymbol{F}} = [F_\xi, F_\eta, F_\zeta]^{\mathrm{T}}$.

Die Koordinaten eines Körperpunktes bezüglich raumfester Richtungen in Bezug auf den Ursprung O können in Matrixschreibweise aus denen des Bezugspunktes $\overline{O}$ und den körperfesten Koordinaten berechnet werden:

$$\boldsymbol{r} = \boldsymbol{r}_{\overline{O}} + \boldsymbol{l} = \boldsymbol{r}_{\overline{O}} + \boldsymbol{A}\overline{\boldsymbol{l}}. \tag{3.13}$$

3.1.2 Bewegungsgrößen

Unter dem Oberbegriff *Bewegungsgröße* sollen im Folgenden die Geschwindigkeit, die Beschleunigung, die Drehgeschwindigkeit und die Drehbeschleunigung verstanden werden. Er wird in Analogie zum Begriff „Kraftgröße" gebraucht, welcher den Oberbegriff für Kraft und Moment darstellt. Für die Begriffe Drehgeschwindigkeit und Drehbeschleunigung können synonym die Begriffe Winkelgeschwindigkeit und Winkelbeschleunigung gebraucht werden.

Um die Matrizenrechnung auch für das Kreuzprodukt anwenden zu können, wird jedem Vektor eine schiefsymmetrische Matrix zugeordnet, welche mit dem Buchstaben des Vektors und einer darüber geschriebenen *Tilde* ($\tilde{\ }$) bezeichnet wird. Die drei Koordinaten z. B. eines Ortsvektors werden wie folgt angeordnet:

$$\boldsymbol{r} = \begin{bmatrix} x \\ y \\ z \end{bmatrix}; \quad \tilde{\boldsymbol{r}} = \begin{bmatrix} 0 & -z & y \\ z & 0 & -x \\ -y & x & 0 \end{bmatrix}. \tag{3.14}$$

Das *Kreuzprodukt* des Ortsvektors mit dem Kraftvektor $\boldsymbol{r} \times \boldsymbol{F}$, welches bekanntlich den Momentenvektor ergibt, lässt sich damit als Matrizenprodukt $\tilde{\boldsymbol{r}} \cdot \boldsymbol{F}$ ausdrücken. Mit Koordinaten lautet dies:

$$\begin{bmatrix} 0 & -z & y \\ z & 0 & -x \\ -y & x & 0 \end{bmatrix} \cdot \begin{bmatrix} F_x \\ F_y \\ F_z \end{bmatrix} = \begin{bmatrix} -zF_y + yF_z \\ zF_x - xF_z \\ -yF_x + xF_y \end{bmatrix} = \begin{bmatrix} M_x^O \\ M_y^O \\ M_z^O \end{bmatrix}. \tag{3.15}$$

Die drei Komponenten der absoluten *Geschwindigkeit* $\boldsymbol{v} = \dot{\boldsymbol{r}} = [\dot{x}, \dot{y}, \dot{z}]^{\mathrm{T}}$ bezüglich der raumfesten Richtungen ergeben sich aus der Zeitableitung von $\boldsymbol{r}$ aus (3.13). Sie lauten unter Verwendung von (3.9) sowie $\dot{\boldsymbol{r}}_{\overline{O}} = \boldsymbol{v}_{\overline{O}}$

$$\boldsymbol{v} = \dot{\boldsymbol{r}} = \dot{\boldsymbol{r}}_{\overline{O}} + \dot{\boldsymbol{l}} = \boldsymbol{v}_{\overline{O}} + \dot{\boldsymbol{A}}\overline{\boldsymbol{l}} = \boldsymbol{v}_{\overline{O}} + \dot{\boldsymbol{A}}\boldsymbol{A}^{\mathrm{T}}\boldsymbol{l}. \tag{3.16}$$

Die Zeitableitung der links angegebenen Beziehung in (3.5) ergibt:

$$\frac{\mathrm{d}(\boldsymbol{A}\boldsymbol{A}^{\mathrm{T}})}{\mathrm{d}t} = \dot{\boldsymbol{A}}\boldsymbol{A}^{\mathrm{T}} + \boldsymbol{A}(\boldsymbol{A}^{\mathrm{T}})^{\dot{}} = \dot{\boldsymbol{A}}\boldsymbol{A}^{\mathrm{T}} + (\dot{\boldsymbol{A}}\boldsymbol{A}^{\mathrm{T}})^{\mathrm{T}} = \tilde{\boldsymbol{\omega}} + \tilde{\boldsymbol{\omega}}^{\mathrm{T}} = \boldsymbol{0}. \tag{3.17}$$

Aus dieser Gleichung kann der Schluss gezogen werden: weil die Summe einer Matrix mit ihrer Transponierten nur dann null ist, wenn die Matrix selbst schiefsymmetrisch ist, muss das Produkt $\dot{\boldsymbol{A}}\boldsymbol{A}^{\mathrm{T}} = \tilde{\boldsymbol{\omega}}$ in (3.17) eine schiefsymmetrische Matrix sein. Es kann also, wie in (3.14) vereinbart, dem Vektor der Drehgeschwindigkeit $\boldsymbol{\omega} = [\omega_x, \omega_y, \omega_z]^{\mathrm{T}}$ eine (3×3)-Matrix $\tilde{\boldsymbol{\omega}}$ des Tensors der Drehgeschwindigkeit zugeordnet werden:

$$\dot{\boldsymbol{A}}\boldsymbol{A}^{\mathrm{T}} = \tilde{\boldsymbol{\omega}} = \begin{bmatrix} 0 & -\omega_z & \omega_y \\ \omega_z & 0 & -\omega_x \\ -\omega_y & \omega_x & 0 \end{bmatrix} = -\tilde{\boldsymbol{\omega}}^{\mathrm{T}} = -\boldsymbol{A}(\boldsymbol{A}^{\mathrm{T}})^{\dot{}}. \tag{3.18}$$

Die Vektoren und Matrizen der Drehgeschwindigkeit werden zwischen dem raumfesten und dem körperfesten Koordinatensystem analog zu (3.9) transformiert:

$$\boldsymbol{\omega} = \boldsymbol{A}\overline{\boldsymbol{\omega}}; \qquad \overline{\boldsymbol{\omega}} = \boldsymbol{A}^{\mathrm{T}}\boldsymbol{\omega}, \tag{3.19}$$

$$\tilde{\boldsymbol{\omega}} = \boldsymbol{A}\overline{\tilde{\boldsymbol{\omega}}}\boldsymbol{A}^{\mathrm{T}}; \qquad \overline{\tilde{\boldsymbol{\omega}}} = \boldsymbol{A}^{\mathrm{T}}\tilde{\boldsymbol{\omega}}\boldsymbol{A}. \tag{3.20}$$

Bei manchen Anwendungen ist es vorteilhaft, sofort die körperfesten Komponenten der Drehgeschwindigkeit zu ermitteln. Es gilt als Alternative zu (3.18)

$$\boldsymbol{A}^{\mathrm{T}}\dot{\boldsymbol{A}} = \overline{\tilde{\boldsymbol{\omega}}} = \begin{bmatrix} 0 & -\omega_\zeta & \omega_\eta \\ \omega_\zeta & 0 & -\omega_\xi \\ -\omega_\eta & \omega_\xi & 0 \end{bmatrix} = \tilde{\overline{\boldsymbol{\omega}}}. \tag{3.21}$$

Die *Drehgeschwindigkeit* ist an allen Punkten des starren Körpers gleich groß, sie lässt sich keinem Punkt des starren Körpers zuordnen und kann bei allgemein räumlicher Bewegung nicht durch eine zeitliche Ableitung eines Winkels berechnet werden. Der Betrag ω der Drehgeschwindigkeit ergibt sich sowohl aus (3.18) als auch aus (3.21):

$$\omega = \sqrt{\boldsymbol{\omega}^{\mathrm{T}}\boldsymbol{\omega}} = \sqrt{\omega_x^2 + \omega_y^2 + \omega_z^2} = \sqrt{\omega_\xi^2 + \omega_\eta^2 + \omega_\zeta^2} = \sqrt{\overline{\boldsymbol{\omega}}^{\mathrm{T}}\overline{\boldsymbol{\omega}}}. \tag{3.22}$$

Der Betrag eines Vektors ist immer unabhängig von der Koordinatendarstellung. Die Komponenten des $\boldsymbol{\omega}$-Vektors lassen sich bei konkreten Aufgabenstellungen nicht nur aus (3.18), sondern auch durch die Projektion des Vektors der Drehgeschwindigkeit auf die Richtungen des jeweiligen Bezugssystems finden.

Setzt sich eine Drehung aus mehreren hintereinander ausgeführten Drehungen zusammen (Beispiele Aufgaben A3.1 und A3.2), kann die resultierende Drehgeschwindigkeit durch verktorielle Addition der Relativ-Drehgeschwindigkeitsvektoren erzeugt werden. Dabei müssen jedoch alle Vektoren bezüglich des gleichen Koordinatensystems dargestellt werden.

Die Gl. (3.16) lässt sich unter Beachtung von (3.18) als

$$\boldsymbol{v} = \dot{\boldsymbol{r}} = \boldsymbol{v}_{\overline{O}} + \tilde{\boldsymbol{\omega}}\boldsymbol{l} = \boldsymbol{v}_{\overline{O}} - \tilde{\boldsymbol{l}}\boldsymbol{\omega} = \boldsymbol{v}_{\overline{O}} + \tilde{\boldsymbol{l}}^{\mathrm{T}}\boldsymbol{\omega} \tag{3.23}$$

schreiben, wobei für die dritte Variante $-\tilde{\boldsymbol{l}} = \tilde{\boldsymbol{l}}^{\mathrm{T}}$ (schiefsymmetrische Matrix!) verwendet wurde. Diese Gleichung ist als *Starrkörperformel* bekannt, weil sie die Geschwindigkeit eines beliebigen Punkts auf dem Körper bei gegebener Bezugspunktgeschwindigkeit $\dot{\boldsymbol{r}}_{\overline{O}}$ und Winkelgeschwindigkeit $\boldsymbol{\omega}$ liefert.

Ausführlich lauten demzufolge die Komponenten des Geschwindigkeitsvektors:

$$\begin{aligned}
\dot{x} &= \dot{x}_{\overline{O}} & & -\omega_z \Delta y & &+\omega_y \Delta z, \\
\dot{y} &= \dot{y}_{\overline{O}} & +\omega_z \Delta x & & &-\omega_x \Delta z. \\
\dot{z} &= \dot{z}_{\overline{O}} & -\omega_y \Delta x & +\omega_x \Delta y. & &
\end{aligned} \tag{3.24}$$

Die Geschwindigkeit kann mit Hilfe der Transformationsmatrix auch in Abhängigkeit von den körperfesten Komponenten ausgedrückt werden:

$$\boldsymbol{v} = \dot{\boldsymbol{r}} = \boldsymbol{v}_{\overline{O}} + \tilde{\boldsymbol{\omega}}\boldsymbol{A}\overline{\boldsymbol{l}} = \boldsymbol{v}_{\overline{O}} + \boldsymbol{A}\tilde{\overline{\boldsymbol{\omega}}}\,\overline{\boldsymbol{l}} = \boldsymbol{v}_{\overline{O}} - \boldsymbol{A}\tilde{\overline{\boldsymbol{l}}}\,\overline{\boldsymbol{\omega}} = \boldsymbol{v}_{\overline{O}} + \boldsymbol{A}\tilde{\overline{\boldsymbol{l}}}^{\mathrm{T}}\overline{\boldsymbol{\omega}}. \tag{3.25}$$

Bei Verwendung mehrerer zueinander bewegter Koordinatensysteme muss immer festgelegt werden, bezüglich welchen Systems die zeitliche Änderung eines Vektors beobachtet wird. Dies führt zur *Eulerschen Ableitungsregel* für bewegte Systeme. Es ist $\boldsymbol{r}$ ein Ortsvektor in einem ruhenden System, $\overline{\boldsymbol{r}}$ seine Darstellung in einem bewegten System, das mit der Winkelgeschwindigkeit $\boldsymbol{\omega}$ rotiert. Dieser Vektor muss, im Gegensatz zu (3.25) nicht notwendigerweise konstant im körperfesten System sein.

Wie bereits oben eingeführt, stellt $\boldsymbol{v} = \dot{\boldsymbol{r}} = [\dot{r}_x,\ \dot{r}_y,\ \dot{r}_z]^{\mathrm{T}}$ die Absolutgeschwindigkeit, d. h. die zeitliche Änderung von $\boldsymbol{r}$ bezüglich des ruhenden Systems dar. Der Term $\overline{\boldsymbol{v}}_{\mathrm{rel}} = \dot{\overline{\boldsymbol{r}}} = [\dot{r}_\xi,\ \dot{r}_\eta,\ \dot{r}_\zeta]^{\mathrm{T}}$ ist hingegen die *Relativgeschwindigkeit* und beschreibt nur die Änderung von $\overline{\boldsymbol{r}}$ bezüglich des bewegten ξ-η-ζ-Systems. Der Zusammenhang zwischen den Größen im festen und bewegten System lässt sich durch

$$\overline{\boldsymbol{r}} = \boldsymbol{A}^{\mathrm{T}}\boldsymbol{r} \quad \text{und} \quad \dot{\boldsymbol{r}} = \boldsymbol{A}\overline{\dot{\boldsymbol{r}}} \tag{3.26}$$

ausdrücken. Die Ableitung des ersten Terms ergibt

$$\dot{\overline{\boldsymbol{r}}} = \dot{\boldsymbol{A}}^{\mathrm{T}}\boldsymbol{r} + \boldsymbol{A}^{\mathrm{T}}\dot{\boldsymbol{r}} = \dot{\boldsymbol{A}}^{\mathrm{T}}\boldsymbol{A}\overline{\boldsymbol{r}} + \boldsymbol{A}^{\mathrm{T}}\boldsymbol{A}\overline{\dot{\boldsymbol{r}}} = -\tilde{\overline{\boldsymbol{\omega}}}\overline{\boldsymbol{r}} + \overline{\dot{\boldsymbol{r}}}, \tag{3.27}$$

was zur *Eulerschen Ableitungsregel für bewegte Systeme*

$$\overline{\dot{\boldsymbol{r}}} = \dot{\overline{\boldsymbol{r}}} + \tilde{\overline{\boldsymbol{\omega}}}\overline{\boldsymbol{r}} = \dot{\overline{\boldsymbol{r}}} + \overline{\boldsymbol{\omega}} \times \overline{\boldsymbol{r}} \tag{3.28}$$

umgestellt werden kann. Die Absolutgeschwindigkeit setzt sich aus der Bewegung von $\overline{\boldsymbol{r}}$ infolge der Drehung des Koordinatensystems und der Relativgeschwindigkeit zusammen.

- Während $\overline{\dot{r}}$ die Koordinatendarstellung der Absolutgeschwindigkeit $\dot{\boldsymbol{r}} = \boldsymbol{v}$ im bewegten System darstellt, ist $\dot{\overline{\boldsymbol{r}}}$ die Ableitung der Komponenten von $\overline{\boldsymbol{r}}$.
- Gl. (3.28) gilt für beliebige Vektoren, z. B. auch für Geschwindigkeiten, Impuls und Drall.
- Für die Ableitung eines Vektors, der im bewegten System konstant ist, z. B. ein Ortsvektor auf einem starren Körper, gilt $\dot{\overline{\boldsymbol{r}}} = 0$ und somit $\overline{\dot{\boldsymbol{r}}} = \overline{\boldsymbol{\omega}} \times \overline{\boldsymbol{r}}$. Das kann auch im raumfesten System als $\dot{\boldsymbol{r}} = \boldsymbol{\omega} \times \boldsymbol{r}$ verwendet werden. Dies ist ein Spezialfall von (3.23) mit $\boldsymbol{v}_{\overline{O}} = 0$.
- Mit Hilfe der Transformationsmatrix $\boldsymbol{A}$ können Teile der Gl. (3.28) in verschiedenen Koordinatensystemen geschrieben werden, z. B. $\boldsymbol{v} = \boldsymbol{A}\dot{\overline{\boldsymbol{r}}} + \boldsymbol{\omega} \times \boldsymbol{A}\overline{\boldsymbol{r}}$. Dabei ist darauf zu achten, dass alle Summanden letztlich im gleichen Koordinatensystem stehen müssen.

Die Ableitung $\dot{\boldsymbol{\omega}}$ der Drehgeschwindigkeit liefert die *Drehbeschleunigung* $\boldsymbol{\alpha}$. Soll diese in einem mitbewegten System gebildet werden, muss die Eulersche Ableitungsregel (3.28) angewendet werden:

$$\overline{\boldsymbol{\alpha}} = \overline{\dot{\boldsymbol{\omega}}} = \dot{\overline{\boldsymbol{\omega}}} + \overline{\boldsymbol{\omega}} \times \overline{\boldsymbol{\omega}}, \qquad \text{woraus folgt} \qquad \overline{\dot{\boldsymbol{\omega}}} = \dot{\overline{\boldsymbol{\omega}}} \qquad \text{bzw.} \qquad \overline{\boldsymbol{\alpha}} = \boldsymbol{\alpha}. \tag{3.29}$$

Die Differentiation der Geschwindigkeit in (3.23) und (3.25) liefert schließlich die absolute *Beschleunigung* $\boldsymbol{a}$ eines Punktes in folgender Form:

$$\boldsymbol{a} = \dot{\boldsymbol{v}} = \ddot{\boldsymbol{r}} = \frac{\mathrm{d}(\boldsymbol{v}_{\overline{O}} + \tilde{\boldsymbol{\omega}}\boldsymbol{l})}{\mathrm{d}t} = \boldsymbol{a}_{\overline{O}} + \tilde{\boldsymbol{\alpha}}\boldsymbol{l} + \tilde{\boldsymbol{\omega}}\dot{\boldsymbol{l}} = \boldsymbol{a}_{\overline{O}} + \tilde{\boldsymbol{l}}^{\mathrm{T}}\boldsymbol{\alpha} + \tilde{\boldsymbol{\omega}}\tilde{\boldsymbol{\omega}}\boldsymbol{l}. \tag{3.30}$$

Der erste Term ist die Bezugspunktbeschleunigung , der zweite Term die Beschleunigung infolge einer Änderung der Drehgeschwindigkeit und der dritte Term die Zentripetalbeschleunigung. Gl. (3.30) kann auch in einem körperfesten System ausgewertet werden.

3.1.3 Kinematik des kardanisch gelagerten Kreisels

Abb. 3.3 zeigt einen starren Körper, der sich (in einer angedeuteten masselosen Vorrichtung) um drei Achsen im Raum beliebig drehen kann. Einen starrer Körper, der nur drei Drehungen ausführen kann, wird *Kreisel* genannt. Die Lage des Kreisels lässt sich durch die Kardanwinkel $\boldsymbol{q} = (q_1, q_2, q_3)^{\mathrm{T}}$ eindeutig angeben, vgl. (3.11).

Wird aus der Matrix $\boldsymbol{A}$ und deren zeitlicher Ableitung $\dot{\boldsymbol{A}}$ das Produkt gemäß (3.18) gebildet, so ergibt sich die Matrix des Tensors der Drehgeschwindigkeit $\tilde{\boldsymbol{\omega}}$, in welcher die folgenden Komponenten als Matrizenelemente enthalten sind:

$$\begin{aligned} \omega_x &= \dot{q}_1 && + \dot{q}_3 \sin q_2, \\ \omega_y &= && \dot{q}_2 \cos q_1 - \dot{q}_3 \sin q_1 \cos q_2, \\ \omega_z &= && \dot{q}_2 \sin q_1 + \dot{q}_3 \cos q_1 \cos q_2. \end{aligned} \tag{3.31}$$

Bezüglich des körperfesten Bezugssystems ergeben sich die Komponenten der Drehgeschwindigkeit entsprechend (3.19) mit der Transformation $\overline{\boldsymbol{\omega}} = \boldsymbol{A}^{\mathrm{T}}\boldsymbol{\omega}$ nach Ausführung der Matrizenmultiplikation und einigen Umformungen der trigonometrischen Funktionen:

$$\begin{aligned} \omega_\xi &= \dot{q}_1 \cos q_2 \cos q_3 + \dot{q}_2 \sin q_3, \\ \omega_\eta &= -\dot{q}_1 \cos q_2 \sin q_3 + \dot{q}_2 \cos q_3, \\ \omega_\zeta &= \dot{q}_1 \sin q_2 \qquad\qquad\qquad + \dot{q}_3. \end{aligned} \tag{3.32}$$

Gl. (3.31) kann auch als Matrix-Vektor Beziehung in der Form

$$\begin{bmatrix} \omega_x \\ \omega_y \\ \omega_z \end{bmatrix} = \begin{bmatrix} 1 & 0 & \sin q_2 \\ 0 & \cos q_1 & -\sin q_1 \cos q_2 \\ 0 & \sin q_1 & \cos q_1 \cos q_2 \end{bmatrix} \cdot \begin{bmatrix} \dot{q}_1 \\ \dot{q}_2 \\ \dot{q}_3 \end{bmatrix} \tag{3.33}$$

geschrieben werden, eine analoge Formulierung existiert für Gl. (3.32). Diese Gleichungen werden *kinematische Differentialgleichungen* genannt. Sie zeigen, dass für Drehungen im Raum die Zeitableitungen $\dot{q}_i$ der Drehparameter *nicht* den Komponenten der Winkelgeschwindigkeit entsprechen. Die Auflösung von Gl. (3.33) nach den $\dot{q}_i$ lautet

$$\begin{bmatrix} \dot{q}_1 \\ \dot{q}_2 \\ \dot{q}_3 \end{bmatrix} = \frac{1}{\cos q_2} \begin{bmatrix} \cos q_2 & \sin q_1 \sin q_2 & -\cos q_1 \sin q_2 \\ 0 & \cos q_1 \cos q_2 & \sin q_1 \cos q_2 \\ 0 & -\sin q_1 & \cos q_1 \end{bmatrix} \cdot \begin{bmatrix} \omega_x \\ \omega_y \\ \omega_z \end{bmatrix}, \tag{3.34}$$

die jedoch für $\cos q_2 = 0$, d. h. $q_2 = \pm 90°$ nicht bildbar ist. Es handelt sich um die *singulären Stellungen* der Kardanwinkel, bei denen die zu q_1 und q_3 gehörigen Achsen in die gleiche Richtung zeigen und somit nicht mehr unterscheidbar sind. Zur Vermeidung dieser singulären Stellungen existieren andere Drehbeschreibungen (siehe z. B. [50]), die aber auch nicht immer problemfrei sind.

Der Betrag ω der Drehgeschwindigkeit $\boldsymbol{\omega}$ ergibt sich aus (3.22) zu:

$$\omega = \sqrt{\dot{q}_1^2 + \dot{q}_2^2 + \dot{q}_3^2 + 2\dot{q}_1\dot{q}_3 \sin q_2}\,. \tag{3.35}$$

Daraus geht hervor: Der Betrag der Drehgeschwindigkeit ist bei der kardanischen Lagerung gemäß Abb. 3.3 bei konstanten Achs-Drehgeschwindigkeiten i. Allg. nicht konstant, sondern nur dann, wenn eine davon ($\dot{q}_1$ oder $\dot{q}_2$ oder $\dot{q}_3$) null ist.

Unter der Bedingung, dass in der Anfangslage das raumfeste x-y-z-System und das körperfeste ξ-η-ζ-System übereinstimmen, können für kleine Drehwinkel

$$|q_1| \ll 1; \qquad |q_2| \ll 1; \qquad |q_3| \ll 1, \tag{3.36}$$

welche „kleine Bewegungen" beschreiben, die Winkelkoordinaten

$$\varphi_x \approx q_1; \qquad \varphi_y \approx q_2; \qquad \varphi_z \approx q_3, \tag{3.37}$$

eingeführt werden. Wegen $\sin q_k \approx q_k$ und $\cos q_k \approx 1$ folgt dann aus (3.11) und (3.18):

$$\boldsymbol{A} \approx \begin{bmatrix} 0 & -\varphi_z & \varphi_y \\ \varphi_z & 0 & -\varphi_x \\ -\varphi_y & \varphi_x & 0 \end{bmatrix} \tag{3.38}$$

und bei Vernachlässigung nichtlinearer Terme

$$\dot{\boldsymbol{A}}\boldsymbol{A}^{\mathrm{T}} = \tilde{\boldsymbol{\omega}} \approx \begin{bmatrix} 0 & -\dot{\varphi}_z & \dot{\varphi}_y \\ \dot{\varphi}_z & 0 & -\dot{\varphi}_x \\ -\dot{\varphi}_y & \dot{\varphi}_x & 0 \end{bmatrix}. \tag{3.39}$$

In diesem Sonderfall gilt $\boldsymbol{\omega} = \dot{\boldsymbol{\varphi}}$, was auch in Gl. (3.33) erkennbar ist: Werden die Kleinwinkelnäherungen gem. (3.36) auf die Matrix angewendet, wandelt sie sich zur Einheitsmatrix.

3.1.4 Aufgaben A3.1 und A3.2

A3.1 Kinematik eines schwenkbaren Rotors

Bei vielen technischen Anwendungen werden rotierende Körper um eine Achse senkrecht zu ihrer Lagerachse geschwenkt. Solche Bewegungen gibt es bei der Kurvenfahrt von Rädern (Fahrrad, Motorrad, PKW), beim Schwenken eines Karussells, einer Bohrmaschine oder einer laufenden Wäscheschleuder. Abb. 3.4 zeigt ein Modell, das solche Bewegungen beschreibt. Ein Rahmen, der sich im raumfesten x-y-z-Bezugssystem um die x-Achse drehen kann, trägt einen darin drehbaren Rotor. Es wird die Bewegung des Rotors und eines seiner Punkte betrachtet.

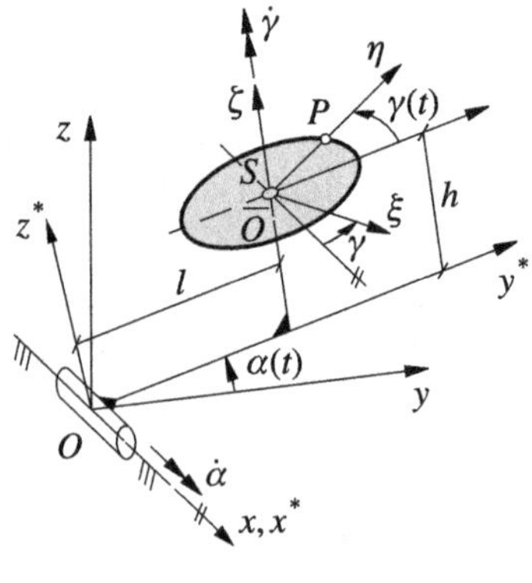

Abb. 3.4 Rotor im schwenkbaren Rahmen

Gegeben:

Abmessungen des Rahmens	l und h
Abstand eines Punktes P im Rotor	η_P
Schwenkwinkel	$\alpha(t)$
Drehwinkel des Rotors	$\gamma(t)$

Gesucht:

1. Komponenten der Drehgeschwindigkeit $\overline{\boldsymbol{\omega}}$ und der Drehbeschleunigung $\overline{\boldsymbol{\alpha}} = \dot{\overline{\boldsymbol{\omega}}}$ des Rotors im mitrotierenden ξ-η-ζ-Koordinatensystem
2. Komponenten der Absolutgeschwindigkeit $\boldsymbol{v}_P$ des Punktes P.

A3.2 Kollergang/Rad bei Kurvenfahrt

Ein Kollergang ist eine Maschine zum Zerkleinern, Mahlen oder Mischen (z. B. von Erzen, Kohle, Ton, Getreide, u. a.), bei der auf einer ringförmigen Bahn Walzen geführt werden, welche das Mahlgut zerdrücken und zerreiben. In Abb. 3.8 ist ein realer Kollergang dargestellt.

In Abb. 3.5 ist der als homogener Zylinder modellierte Mahlstein zu sehen, dessen Schwerpunkt im Abstand ξ_S auf einer ebenen Kreisbahn um die raumfeste vertikale z-Achse geführt wird. Die ξ-Achse des Mahlsteins wird horizontal mit der Winkelgeschwindigkeit $\dot{\varphi}(t)$ geschwenkt. Reines Rollen des Mahlsteins wäre nur möglich, wenn sowohl der Stein als auch die Unterlage kegelförmig wären. Für den zylindrischen Stein auf ebener Unterlage wird angenommen, dass auf einem Kreis mit dem Radius ξ_S (mittlere Walzenebene) auf der Ebene $z = 0$ die Rollbedingung erfüllt ist. Weiter innen und aussen muss dann Relativgleiten im Kontakt stattfinden, was im Hinblick auf den Mahlvorgang sogar erwünscht sein kann.

Es werden drei Koordinatensysteme verwendet: Das raumfeste x-y-z-System, das Zwischensystem x^*-y^*-z^* mit dem Ursprung $\overline{O}$ sowie das körperfeste ξ-η-ζ-System. Die z-Achse und die z^*-Achse sind deckungsgleich, die Verdrehung der Systeme gegeneinander beschreibt der Winkel φ. Das körperfeste System hat mit dem Zwischensystem die x^*/ξ-Achse gemeinsam, die Verdrehung der Systeme wird durch den Winkel ψ beschrieben, vgl. Abb. 3.5. In der Ausgangsstellung ($\varphi = 0$, $\psi = 0$) sind die jeweiligen Achsen aller drei Systeme parallel.

Gegeben:

Walzenradius	R
Schwerpunktabstand	ξ_S
Winkelgeschwindigkeit der Achse	$\dot{\varphi}(t)$

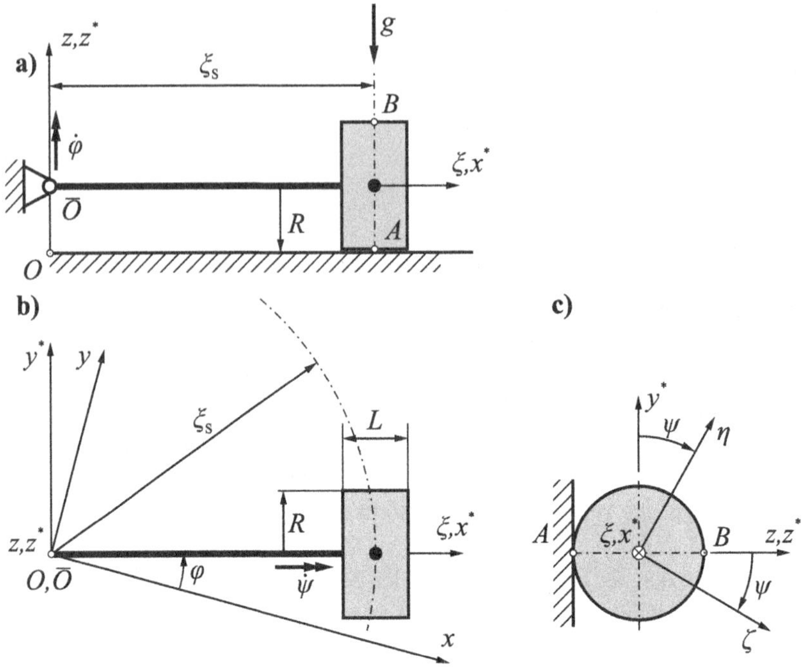

Abb. 3.5 Geometrische und kinematische Größen an einer Walze des Kollergangs

Gesucht:

1. Drehmatrizen zwischen den Systemen
2. Drehgeschwindigkeitsvektor des Mahlsteins in allen drei Koordinatensystemen
3. Zusammenhang zwischen $\dot\varphi$ und $\dot\psi$ zur Erfüllung der Rollbedingung
4. Drehbeschleunigungsvektor des Mahlsteins
5. Geschwindigkeits- und Beschleunigungsverteilung längs $\overline{AB}$

Hinweis: Die Berechnung ist im x^*-y^*-z^*-System besonders einfach.

3.1.5 Lösungen L3.1 und L3.2

L3.1 Das System in Abb. 3.4 ist hinsichtlich der Drehung ein Sonderfall des kardanisch gelagerten Kreisels, vgl. Abb. 3.3. Die körperfesten Komponenten der Drehgeschwindigkeit des Körpers ergeben sich aus (3.32) mit $\alpha = q_1$, $\beta = q_2 = 0$ und $\gamma = q_3$ zu

$$\underline{\underline{\overline{\boldsymbol{\omega}} = \left[\omega_\xi,\ \omega_\eta,\ \omega_\zeta\right]^{\mathrm{T}} = \left[\dot\alpha\cos\gamma,\ -\dot\alpha\sin\gamma,\ \dot\gamma\right]^{\mathrm{T}}}}. \tag{3.40}$$

Die Komponenten der Drehbeschleunigung $\dot{\overline{\boldsymbol{\omega}}}$ sind deren Ableitung nach der Zeit:

$$\begin{aligned} \dot{\omega}_\xi &= \ddot{\alpha}\cos\gamma - \dot{\alpha}\dot{\gamma}\sin\gamma, \\ \dot{\omega}_\eta &= -\ddot{\alpha}\sin\gamma - \dot{\alpha}\dot{\gamma}\cos\gamma, \\ \dot{\omega}_\zeta &= \ddot{\gamma}. \end{aligned} \tag{3.41}$$

Die Lage des Punktes P wird gemäß (3.13) mit dem körperfesten Bezugspunkt O, der Drehmatrix $\boldsymbol{A}$ und der Koordinate im körperfesten System beschrieben:

$$\boldsymbol{r}_P = \boldsymbol{r}_{\overline{O}} + \boldsymbol{l}_P = \boldsymbol{r}_{\overline{O}} + \boldsymbol{A}\overline{\boldsymbol{l}}_P. \tag{3.42}$$

Hierbei gilt

$$\boldsymbol{r}_{\overline{O}} = \begin{bmatrix} 0 \\ l\cos\alpha - h\sin\alpha \\ l\sin\alpha + h\cos\alpha \end{bmatrix}; \quad \overline{\boldsymbol{l}}_P = \begin{bmatrix} 0 \\ \eta_\text{p} \\ 0 \end{bmatrix}. \tag{3.43}$$

Die Matrix $\boldsymbol{A}$ wird entweder aus dem Produkt der Matrix $\boldsymbol{A}_1$ aus (3.4) und der Matrix $\boldsymbol{A}_3$ aus (3.8) oder als Sonderfall von (3.11) für $q_2 = 0$ ermittelt:

$$\boldsymbol{A} = \boldsymbol{A}_1\boldsymbol{A}_3 = \begin{bmatrix} \cos\gamma & -\sin\gamma & 0 \\ \cos\alpha\sin\gamma & \cos\alpha\cos\gamma & -\sin\alpha \\ \sin\alpha\sin\gamma & \sin\alpha\cos\gamma & \cos\alpha \end{bmatrix}. \tag{3.44}$$

Die Geschwindigkeit des Punktes P ist wegen (3.16) oder (3.25)

$$\boldsymbol{v}_P = \dot{\boldsymbol{r}}_{\overline{O}} + \dot{\boldsymbol{A}}\overline{\boldsymbol{l}}_P = \dot{\boldsymbol{r}}_{\overline{O}} + \boldsymbol{A}\tilde{\overline{\boldsymbol{\omega}}}\overline{\boldsymbol{l}}_P. \tag{3.45}$$

Nach dem Einsetzen von (3.43) und einigen Rechenschritten ergibt sich

$$\begin{aligned} \begin{bmatrix} \dot{x}_P \\ \dot{y}_P \\ \dot{z}_P \end{bmatrix} &= \dot{\alpha}\begin{bmatrix} 0 \\ -l\sin\alpha - h\cos\alpha \\ l\cos\alpha - h\sin\alpha \end{bmatrix} \\ &+ \eta_P \begin{bmatrix} -\dot{\gamma}\cos\gamma \\ -\dot{\gamma}\cos\alpha\sin\gamma - \dot{\alpha}\sin\alpha\cos\gamma \\ -\dot{\gamma}\sin\alpha\sin\gamma + \dot{\alpha}\cos\alpha\cos\gamma \end{bmatrix}. \end{aligned} \tag{3.46}$$

Der erste Ausdruck ergibt sich durch Differenziation von $\boldsymbol{r}_{\overline{O}}$ aus (3.43). Der zweite Ausdruck ergibt sich entweder nach der Differenziation von $\boldsymbol{A}$ und $\overline{\boldsymbol{l}}_P$ aus (3.43) oder aus der Multiplikation von $\boldsymbol{A}$ aus (3.44) mit $\tilde{\overline{\boldsymbol{\omega}}}$ aus (3.40) und $\overline{\boldsymbol{l}}_P$.

Die Beschleunigung $\boldsymbol{a}_P$ ließe sich aus einer weiteren Ableitung von $\boldsymbol{v}_P$ nach der Zeit ermitteln. Dabei treten Terme mit den Faktoren $\ddot{\alpha}$, $\ddot{\gamma}$, $\dot{\alpha}^2$, $\dot{\gamma}^2$ und $\dot{\alpha}\dot{\gamma}$ auf.

L3.2 Lösung des Kollergangs

In der Lösung wird bevorzugt im x^*-y^*-z^*-System gerechnet, weil dort besonders einfache Terme entstehen. Transformationen in die anderen beiden Systeme können mit den Matrizen (siehe (3.7))

$$\boldsymbol{A}_\varphi = \begin{bmatrix} \cos\varphi & -\sin\varphi & 0 \\ \sin\varphi & \cos\varphi & 0 \\ 0 & 0 & 1 \end{bmatrix} \quad \text{und} \quad \boldsymbol{A}_\psi = \begin{bmatrix} 1 & 0 & 0 \\ 0 & \cos\psi & \sin\psi \\ 0 & -\sin\psi & \cos\psi \end{bmatrix} \tag{3.47}$$

berechnet werden.

Die Drehgeschwindigkeit des Steins setzt sich aus zwei Teildrehungen zusammen. Im Zwischensystem, dort sind beide Winkelgeschwindigkeitsvektoren besonders einfach anzugeben, gilt:

$$\boldsymbol{\omega}^* = \boldsymbol{\omega}^*_\varphi + \boldsymbol{\omega}^*_\psi = \begin{bmatrix} 0 \\ 0 \\ \dot\varphi \end{bmatrix} + \begin{bmatrix} \dot\psi \\ 0 \\ 0 \end{bmatrix} = \begin{bmatrix} \dot\psi \\ 0 \\ \dot\varphi \end{bmatrix}. \tag{3.48}$$

Die Geschwindigkeit eines beliebigen Punkts auf dem Mahlstein folgt aus der Starrkörperformel (3.23) $\boldsymbol{v}^*_\mathrm{P} = \boldsymbol{v}^*_{\overline{O}} + \tilde{\boldsymbol{\omega}}^* \boldsymbol{l}^*$, wobei hier $\boldsymbol{v}^*_{\overline{O}} = 0$ gilt. Aufgrund der Rollbedingung muss Punkt A der Momentanpol der Bewegung und somit in Ruhe sein. Für A ergibt sich

$$\boldsymbol{v}^*_\mathrm{A} = \begin{bmatrix} 0 & -\dot\varphi & 0 \\ \dot\varphi & 0 & -\dot\psi \\ -0 & \dot\psi & 0 \end{bmatrix} \cdot \begin{bmatrix} \xi_\mathrm{S} \\ 0 \\ -R \end{bmatrix} = \begin{bmatrix} 0 \\ \xi_\mathrm{S}\dot\varphi + R\dot\psi \\ 0 \end{bmatrix}. \tag{3.49}$$

Aus der Forderung $\boldsymbol{v}^*_\mathrm{A} = 0$ folgt der Zusammenhang zwischen den Drehgeschwindigkeiten $\dot\psi$ und $\dot\varphi$, der auch für die Winkel (aufgrund der Anfangsbedingung) und die Drehbeschleunigung gilt:

$$\dot\psi = -\rho\dot\varphi, \quad \psi = -\rho\varphi, \quad \text{und} \quad \ddot\psi = -\rho\ddot\varphi, \quad \text{mit} \quad \rho = \frac{\xi_\mathrm{S}}{R}. \tag{3.50}$$

Der Winkelgeschwindigkeitsvektor $\boldsymbol{\omega}^* = \dot\varphi\,[-\rho,\ 0,\ 1]^\mathrm{T}$ ist somit immer parallel zu der Verbindungsstrecke $\overline{A\overline{O}}$. Diese ist in Abb. 3.6 als gestrichelte Linie eingezeichnet. Zudem lässt sich die Winkelgeschwindigkeit des Steins mit Hilfe der Transformationsmatrizen (3.47) auch im raumfesten und körperfesten System angeben:

$$\boldsymbol{\omega} = \boldsymbol{A}_\varphi \boldsymbol{\omega}^* = \dot\varphi \begin{bmatrix} -\rho\cos\varphi \\ -\rho\sin\varphi \\ 1 \end{bmatrix}, \qquad \overline{\boldsymbol{\omega}} = \boldsymbol{A}_\psi^\mathrm{T} \boldsymbol{\omega}^* = \dot\varphi \begin{bmatrix} -\rho \\ \sin(\rho\varphi) \\ \cos(\rho\varphi) \end{bmatrix}. \tag{3.51}$$

Die Geschwindigkeit aller Punkte auf der Strecke $\overline{AB}$ auf dem Stein lässt sich mit der Starrkörperformel mit dem Vektor $\boldsymbol{l}^* = [\xi_\mathrm{S},\ \ 0,\ \ z - R]^\mathrm{T}$ mit $z \in [0,\ 2R]$ berechnen. Es ergibt sich:

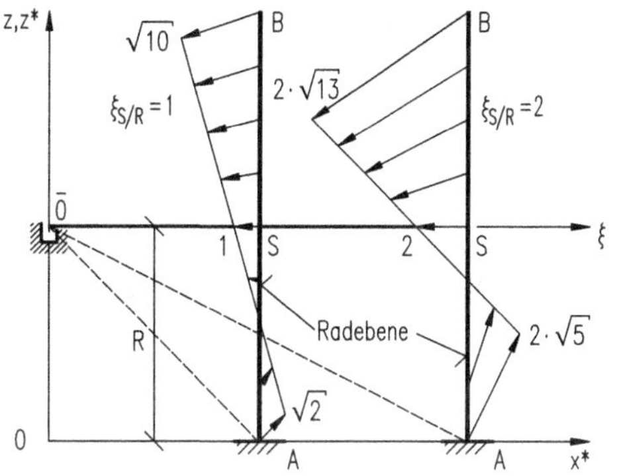

Abb. 3.6 Beschleunigungsverteilung $\frac{a^*}{(R\Omega^2)}$ für zwei Varianten des Verhältnisses $\rho = \xi_S/R$

$$v^*_{\overline{AB}} = \dot{\varphi}\begin{bmatrix} 0 & -1 & 0 \\ 1 & 0 & \rho \\ 0 & -\rho & 0 \end{bmatrix} \cdot \begin{bmatrix} \xi_S \\ 0 \\ z-R \end{bmatrix} = \dot{\varphi}\begin{bmatrix} 0 \\ \xi_S + \rho(z-R) \\ 0 \end{bmatrix} = \dot{\varphi}\frac{\xi_S}{R}z\begin{bmatrix} 0 \\ 1 \\ 0 \end{bmatrix}. \tag{3.52}$$

Alle Punkte auf $\overline{AB}$ bewegen sich ausschließlich in Richtung der y^*-Achse. Das entspricht dem klassischen rollenden Rad. Die Geschwindigkeit im x-y-z-System könnte jetzt mit $\boldsymbol{v}_{\overline{AB}} = \boldsymbol{A}_\varphi \cdot \boldsymbol{v}^*_{\overline{AB}}$ berechnet werden.

Die Drehbeschleunigung des Steins soll ebenfalls im Zwischensystem berechnet werden. Ein Weg wäre z. B. die Winkelgeschwindigkeit $\boldsymbol{\omega}$ nach der Zeit abzuleiten und ins Zwischensystem zu transformieren. Hier soll jedoch mit Verwendung der Eulerschen Ableitungsregel (3.28) unmittelbar im Zwischensystem gerechnet werden. Es gilt:

$$\boldsymbol{\alpha}^* = \dot{\boldsymbol{\omega}}^* + \tilde{\boldsymbol{\omega}}^*_\varphi \cdot \boldsymbol{\omega}^* = \begin{bmatrix} \ddot{\psi} \\ 0 \\ \ddot{\varphi} \end{bmatrix} + \begin{bmatrix} 0 & -\dot{\varphi} & 0 \\ \dot{\varphi} & 0 & 0 \\ 0 & 0 & 0 \end{bmatrix} \cdot \begin{bmatrix} \dot{\psi} \\ 0 \\ \dot{\varphi} \end{bmatrix} = \begin{bmatrix} \ddot{\psi} \\ \dot{\varphi}\dot{\psi} \\ \ddot{\varphi} \end{bmatrix} = \begin{bmatrix} -\rho\ddot{\varphi} \\ -\rho\dot{\varphi}^2 \\ \ddot{\varphi} \end{bmatrix}. \tag{3.53}$$

Die Beschleunigung für die Punkte auf $\overline{AB}$ kann mit Gl. 3.30 ($\boldsymbol{a}_{\overline{O}} = 0$) zu

$$\begin{aligned} \boldsymbol{a}^* &= \left(\tilde{\boldsymbol{\alpha}}^* + \tilde{\boldsymbol{\omega}}^*\tilde{\boldsymbol{\omega}}^*\right)\boldsymbol{l}^* \\ &= \left(\begin{bmatrix} 0 & -\ddot{\varphi} & -\rho\dot{\varphi}^2 \\ \ddot{\varphi} & 0 & \rho\ddot{\varphi} \\ \rho\dot{\varphi}^2 & -\rho\ddot{\varphi} & 0 \end{bmatrix} + \dot{\varphi}^2\begin{bmatrix} 0 & -1 & 0 \\ 1 & 0 & \rho \\ 0 & -\rho & 0 \end{bmatrix} \cdot \begin{bmatrix} 0 & -1 & 0 \\ 1 & 0 & \rho \\ 0 & -\rho & 0 \end{bmatrix}\right)\begin{bmatrix} \xi_S \\ 0 \\ z-R \end{bmatrix} \\ &= \rho\ddot{\varphi}\begin{bmatrix} 0 \\ z \\ 0 \end{bmatrix} - \rho\dot{\varphi}^2\begin{bmatrix} 2z-R \\ 0 \\ \rho(z-R) \end{bmatrix} = \rho R\ddot{\varphi}\begin{bmatrix} 0 \\ \frac{z}{R} \\ 0 \end{bmatrix} - \rho R\dot{\varphi}^2\begin{bmatrix} 2\frac{z}{R}-1 \\ 0 \\ \rho\left(\frac{z}{R}-1\right) \end{bmatrix} \end{aligned} \tag{3.54}$$

berechnet werden.

Der Sonderfall $\dot{\varphi} = \Omega = \text{const.}$ (d. h. $\ddot{\varphi} \equiv 0$) wird für die beiden Varianten $\rho = 1$ und $\rho = 2$ im Abb. (3.6) gezeigt. Es ist erkennbar, dass die Verteilung in Verbindung mit Masse eine Momentenwirkung hervorruft, die in der Kinetik als Kreiselmoment erscheint, vgl. Abschn. 3.2.3.

3.2 Kinetik des starren Körpers

Die Kinetik des starren Körpers verbindet wirkende Kräfte mit den Bewegungen und den Änderungen der Bewegung.

3.2.1 Schwerpunkt, Kinetische Energie und Trägheitstensor

Der *Schwerpunkt* (oder *Massenmittelpunkt) S* ist ein besonderer körperfester Punkt. Seine Lage ist dadurch definiert, dass die auf ihn bezogenen statischen Momente null sind. Für den Fall, dass er der Ursprung des körperfesten ξ-η-ζ-Koordinatensystems ist, müssen die Bedingungen

$$\int \xi \mathrm{d}m = \int \eta \mathrm{d}m = \int \zeta \mathrm{d}m = 0$$

erfüllt sein. Wird ein vom Schwerpunkt S ausgehender Vektor zu einem beliebigen Körperpunkt P (siehe Abb. 3.2) als $\boldsymbol{l}_{\mathrm{SP}}$ bezeichnet, gilt dementsprechend

$$\int \boldsymbol{l}_{\mathrm{SP}} \mathrm{d}m = 0 \quad \text{und} \quad \int \tilde{\boldsymbol{l}}_{\mathrm{SP}} \mathrm{d}m = 0. \tag{3.55}$$

Die *kinetische Energie* eines Massenelements $\mathrm{d}m$, das sich mit der Geschwindigkeit $\boldsymbol{v} = \dot{\boldsymbol{r}}$ bezüglich eines raumfesten Bezugssystems bewegt, beträgt

$$\mathrm{d}W_{\mathrm{kin}} = \frac{1}{2}\mathrm{d}m v^2 = \frac{1}{2}\mathrm{d}m \dot{\boldsymbol{r}}^{\mathrm{T}} \dot{\boldsymbol{r}}. \tag{3.56}$$

Die kinetische Energie eines starren Körpers ergibt sich durch die Integration über den gesamten Körper mit der Geschwindigkeitsverteilung gemäß (3.23) zu

$$W_{\mathrm{kin}} = \int \mathrm{d}W_{\mathrm{kin}} = \frac{1}{2}\int v^2 \mathrm{d}m = \frac{1}{2}\int (\boldsymbol{v}_{\overline{O}} - \tilde{\boldsymbol{l}}\boldsymbol{\omega})^{\mathrm{T}} (\boldsymbol{v}_{\overline{O}} - \tilde{\boldsymbol{l}}\boldsymbol{\omega}) \mathrm{d}m. \tag{3.57}$$

In der Technischen Mechanik wird gezeigt, dass es zweckmäßig ist, als körperfesten Bezugspunkt den Schwerpunkt S zu wählen. Dann kann, ausgehend von (3.57), die kinetische Energie eines beliebig bewegten starren Körpers in folgender Form ausgedrückt werden:

$$\begin{aligned} W_{\text{kin}} &= \frac{1}{2}\int (\boldsymbol{v}_\text{S} - \tilde{\boldsymbol{l}}_\text{SP}\boldsymbol{\omega})^\text{T}(\boldsymbol{v}_\text{S} - \tilde{\boldsymbol{l}}_\text{SP}\boldsymbol{\omega})\text{d}m \\ &= \frac{1}{2}\left(m\boldsymbol{v}_\text{S}^\text{T}\boldsymbol{v}_\text{S} - \boldsymbol{v}_\text{S}^\text{T}\int \tilde{\boldsymbol{l}}_\text{SP}\text{d}m\,\boldsymbol{\omega} - \boldsymbol{\omega}^\text{T}\int \tilde{\boldsymbol{l}}_\text{SP}^\text{T}\text{d}m\,\boldsymbol{v}_\text{S} + \boldsymbol{\omega}^\text{T}\int \tilde{\boldsymbol{l}}_\text{SP}^\text{T}\tilde{\boldsymbol{l}}_\text{SP}\text{d}m\,\boldsymbol{\omega}\right). \end{aligned} \tag{3.58}$$

Dabei ist die Masse des Körpers $m = \int \text{d}m$, und $\boldsymbol{v}_\text{S} = (\dot{x}_\text{S},\ \dot{y}_\text{S},\ \dot{z}_\text{S})^\text{T}$ die Absolutgeschwindigkeit des Schwerpunktes S. Die beiden mittleren Terme in Gl. (3.58) verschwinden wegen Gl. (3.55). Somit verbleibt:

$$W_{\text{kin}} = \frac{1}{2}m\boldsymbol{v}_\text{S}^\text{T}\boldsymbol{v}_\text{S} + \frac{1}{2}\boldsymbol{\omega}^\text{T}\int \tilde{\boldsymbol{l}}_\text{SP}^\text{T}\tilde{\boldsymbol{l}}_\text{SP}\text{d}m\,\boldsymbol{\omega}. \tag{3.59}$$

Der erste Term beschreibt die kinetische Energie des Körpers aus Translation, auch Translationsenergie genannt. Die Anteil der kinetischen Energie aus Rotation, genannt Rotationsenergie, wird durch den zweiten Term ausgedrückt. Die Matrix im Integral des zweiten Terms definiert den *Trägheitstensor* des Körpers bezüglich des Schwerpunktes:

$$\boldsymbol{J}^S = \int \tilde{\boldsymbol{l}}_\text{SP}^\text{T}\tilde{\boldsymbol{l}}_\text{SP}\text{d}m = -\int \tilde{\boldsymbol{l}}_\text{SP}\tilde{\boldsymbol{l}}_\text{SP}\text{d}m. \tag{3.60}$$

Die Masse m charakterisiert die Trägheit des Körpers bei Translationsbewegungen. Analog erfasst der Trägheitstensor die entsprechenden Eigenschaften eines starren Körpers hinsichtlich von Drehbewegungen. Der Trägheitstensor wird sinnvollerweise in körperfesten Koordinaten mit $\overline{\boldsymbol{l}}_\text{SP} = [\xi,\ \eta,\ \zeta]^\text{T}$ ausgewertet. Damit lautet die Matrix des Trägheitstensors:

$$\begin{aligned} \overline{\boldsymbol{J}}^S &= \begin{bmatrix} J_{\xi\xi}^S & J_{\xi\eta}^S & J_{\xi\zeta}^S \\ J_{\eta\xi}^S & J_{\eta\eta}^S & J_{\eta\zeta}^S \\ J_{\zeta\xi}^S & J_{\zeta\eta}^S & J_{\zeta\zeta}^S \end{bmatrix} \\ &= \begin{bmatrix} \int(\eta^2+\zeta^2)\text{d}m & -\int \eta\xi\text{d}m & -\int \xi\zeta\text{d}m \\ -\int \eta\xi\text{d}m & \int(\xi^2+\zeta^2)\text{d}m & -\int \eta\zeta\text{d}m \\ -\int \xi\zeta\text{d}m & -\int \eta\zeta\text{d}m & \int(\xi^2+\eta^2)\text{d}m \end{bmatrix}. \end{aligned} \tag{3.61}$$

Diese Matrix ist symmetrisch. Die Elemente auf der Hauptdiagonale werden Trägheitsmomente (kurz „Drehmassen“), die außerhalb der Hauptdiagonalen werden *Deviationsmomente* (auch Zentrifugalmomente oder „Kippmassen“) genannt. Die Deviationsmomente können im Gegensatz zu den Trägheitsmomenten auch null oder negativ sein. Die Trägheitsmomente sind ein Maß für die Drehträgheit eines Körpers, die Deviationsmomente sind ein Maß für das Bestreben des Körpers, bei Rotation seine Drehachse zu verändern. Sie charakterisieren die unsymmetrische Massenverteilung des Körpers, vgl. auch (3.74).

Die Integration bezieht sich auf das gesamte Körpervolumen und erfolgt theoretisch durch ein dreifaches Integral, das praktisch aber kaum geschlossen gelöst wird, weil die Körper so vielgestaltig sind. Meist wird durch die Aufteilung eines Körpers in Elementarkörper mit kleinen Massen (oder in solche mit bekanntem Trägheitstensor) aus den CAD-Programmen für beliebige Maschinenteile der Trägheitstensor berechnet. Für real existierende Bauteile empfiehlt es sich, den Trägheitstensor aus experimentellen Ergebnissen zu bestimmen und die theoretischen Werte zu kontrollieren, vgl. dazu Abschn. 2.2.3. Ausgeschrieben lautet die kinetische Energie mit den Elementen des Trägheitstensors:

$$\begin{aligned} W_{\text{kin}} &= \frac{1}{2} m \boldsymbol{v}_S^{\mathrm{T}} \boldsymbol{v}_S + \frac{1}{2} \overline{\boldsymbol{\omega}}^{\mathrm{T}} \overline{\boldsymbol{J}}^S \overline{\boldsymbol{\omega}} \\ &= \frac{1}{2} m (\dot{x}_S^2 + \dot{y}_S^2 + \dot{z}_S^2) + \frac{1}{2} (J_{\xi\xi}^S \omega_\xi^2 + J_{\eta\eta}^S \omega_\eta^2 + J_{\zeta\zeta}^S \omega_\zeta^2) \\ &+ J_{\xi\eta}^S \omega_\xi \omega_\eta + J_{\eta\zeta}^S \omega_\eta \omega_\zeta + J_{\zeta\xi}^S \omega_\zeta \omega_\xi . \end{aligned} \tag{3.62}$$

Der Vektor $\overline{\boldsymbol{\omega}} = [\omega_\xi, \omega_\eta, \omega_\zeta]^{\mathrm{T}}$ ist die Drehgeschwindigkeit im körperfesten ξ-η-ζ-Koordinatensystem, vgl. Abschn. 3.1.2 und 3.1.3.

Bezüglich der raumfesten Richtungen ergibt sich der Trägheitstensor entsprechend der Transformation (3.20) zu

$$\boldsymbol{J}^S = \boldsymbol{A} \overline{\boldsymbol{J}}^S \boldsymbol{A}^{\mathrm{T}}. \tag{3.63}$$

Er ist i. Allg. veränderlich, d. h. entsprechend der Drehtransformationsmatrix $\boldsymbol{A}$ von den Drehwinkeln abhängig. Ihm entspricht die Matrix

$$\boldsymbol{J}^S = \begin{bmatrix} J_{xx}^S & J_{xy}^S & J_{xz}^S \\ J_{xy}^S & J_{yy}^S & J_{yz}^S \\ J_{xz}^S & J_{yz}^S & J_{zz}^S \end{bmatrix}. \tag{3.64}$$

Bei kleinen Winkeln gemäß (3.36) folgt aus (3.63) wegen $\boldsymbol{A} \approx \boldsymbol{E} + \tilde{\boldsymbol{q}}$ (vgl. (3.38)) die lineare Näherung

$$\boldsymbol{J}^S \approx \overline{\boldsymbol{J}}^S - \overline{\boldsymbol{J}}^S \tilde{\boldsymbol{q}} + \tilde{\boldsymbol{q}} \overline{\boldsymbol{J}}^S. \tag{3.65}$$

In der nochmals vereinfachten Form $\boldsymbol{J}^S \approx \overline{\boldsymbol{J}}^S$ (d. h. $\boldsymbol{A} \approx \boldsymbol{E}$) wird der Trägheitstensor oft bei der Berechnung linearer Schwingungen benutzt, vgl. Abschn. 2.2.3, 4.2.2 und 8.3.

Die statischen Momente und der Trägheitstensor sind abhängig vom gewählten Bezugspunkt. Beim Wechsel vom Schwerpunkt S zu einem beliebigen Bezugspunkt $\overline{O}$ bezüglich paralleler Achsen gilt für die Umrechnung der Matrixelemente des Trägheitstensors der *Satz von Steiner:*

$$\overline{\boldsymbol{J}}^O = \overline{\boldsymbol{J}}^S + m \cdot \tilde{\overline{\boldsymbol{l}}}_S^{\mathrm{T}} \tilde{\overline{\boldsymbol{l}}}_S, \quad \text{mit} \tag{3.66}$$

$$\tilde{\overline{\boldsymbol{l}}}_S = \begin{bmatrix} 0 & -\zeta_S & \eta_S \\ \zeta_S & 0 & -\xi_S \\ -\eta_S & \xi_S & 0 \end{bmatrix}. \tag{3.67}$$

Die Trägheitsmomente haben bezüglich der Schwerpunktachsen demzufolge immer den kleinsten Wert, weil bei anderen Achsen die „Steiner-Terme“ dazukommen. Die Komponenten des Trägheitstensors ändern sich auch beim Übergang auf *gedrehte körperfeste Achsen* ξ_1-η_1-ζ_1. Es kann, analog zu (3.20), wo es um die Transformation zwischen raumfesten und körperfesten Richtungen geht, ebenfalls eine Transformationsmatrix benutzt werden,

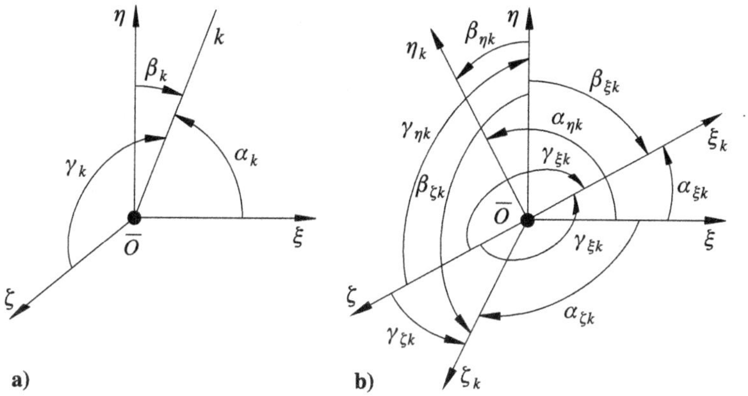

Abb. 3.7 Richtungswinkel innerhalb des starren Körpers: **a** Kennzeichnung einer Richtung k (z. B. $k = \mathrm{I, II, III}$), **b** Kennzeichnung der Lage eines ξ_k-η_k-ζ_k-Systems im ξ-η-ζ-System

die mit $\boldsymbol{A}^*$ bezeichnet wird. Die Richtungscosinus in $\boldsymbol{A}^*$ beziehen sich dann auf die analog zu den in Abb. 3.7b definierten neun Winkel $\alpha_{\xi k}$ bis $\gamma_{\zeta k}$ zwischen dem ξ-η-ζ-System und dem ξ_k-η_k-ζ_k-System, das denselben Punkt $\overline{O}$ als körperfesten Ursprung hat.

Die Transformation des Trägheitstensors (hier als Beispiel bezogen auf den Schwerpunkt S – analog gilt sie für jeden körperfesten Punkt) erfolgt bei der Drehung im körperfesten Bezugssystem mit der Matrix

$$\boldsymbol{A}^* = \begin{bmatrix} \cos\alpha_{\xi k} & \cos\beta_{\xi k} & \cos\gamma_{\xi k} \\ \cos\alpha_{\eta k} & \cos\beta_{\eta k} & \cos\gamma_{\eta k} \\ \cos\alpha_{\zeta k} & \cos\beta_{\zeta k} & \cos\gamma_{\zeta k} \end{bmatrix} \tag{3.68}$$

durch die Matrizenmultiplikationen

$$\overline{\boldsymbol{J}}^S = \boldsymbol{A}^* \boldsymbol{J}^{*S} \boldsymbol{A}^{*\mathrm{T}}; \qquad \boldsymbol{J}^{*S} = \boldsymbol{A}^{*\mathrm{T}} \overline{\boldsymbol{J}}^S \boldsymbol{A}^*. \tag{3.69}$$

Dabei enthält die Matrix $\overline{\boldsymbol{J}}^S$ die aus (3.61) bekannten Komponenten, während sich die Komponenten in $\boldsymbol{J}^{*S}$ auf das innerhalb des starren Körpers gedrehte ξ_k-η_k-ζ_k-System beziehen.

Für jeden Bezugspunkt $\overline{O}$ gibt es ein spezielles Koordinatensystem mit drei zueinander senkrechten Richtungen, für das der Trägheitstensor zu einer Diagonalmatrix wird. Diese Achsen werden Hauptachsen genannt. Besonders interessiert die Transformation auf die *zentralen Hauptachsen,* wenn als Bezugspunkt der Schwerpunkt gewählt wird ($O = S$). Die Hauptachsen werden durch die römischen Zahlen I, II und III gekennzeichnet. Die *Hauptträgheitsmomente* J_{I}^S, J_{II}^S und J_{III}^S sind die drei Eigenwerte des Eigenwertproblems

$$(\overline{\boldsymbol{J}}^S - J^S \boldsymbol{E})\boldsymbol{a} = \mathbf{o}, \tag{3.70}$$

das bei gegebenen Parameterwerten mit bekannter Software numerisch lösen kann. Die den drei Eigenwerten zugehörigen drei Eigenvektoren

$$\boldsymbol{a}_k = [\cos\alpha_k,\ \cos\beta_k,\ \cos\gamma_k]^{\mathrm{T}}; \qquad k = \mathrm{I},\ \mathrm{II},\ \mathrm{III} \tag{3.71}$$

enthalten als Elemente dann die Richtungscosinus, welche die Lage der Hauptachsen mit den Raumwinkeln α_k, β_k und γ_k gegenüber dem ursprünglichen ξ-η-ζ-System definieren, vgl. auch Abb. 3.7a. Sie werden so normiert, dass

$$\begin{aligned} \boldsymbol{a}_{\mathrm{I}}^{\mathrm{T}} \cdot \boldsymbol{a}_{\mathrm{I}} &= \boldsymbol{a}_{\mathrm{II}}^{\mathrm{T}} \cdot \boldsymbol{a}_{\mathrm{II}} = \boldsymbol{a}_{\mathrm{III}}^{\mathrm{T}} \cdot \boldsymbol{a}_{\mathrm{III}} = 1; \\ \boldsymbol{a}_{\mathrm{I}}^{\mathrm{T}} \cdot \boldsymbol{a}_{\mathrm{II}} &= \boldsymbol{a}_{\mathrm{II}}^{\mathrm{T}} \cdot \boldsymbol{a}_{\mathrm{III}} = \boldsymbol{a}_{\mathrm{III}}^{\mathrm{T}} \cdot \boldsymbol{a}_{\mathrm{I}} = 0 \end{aligned} \tag{3.72}$$

und $\det(\boldsymbol{a}_{\mathrm{I}},\ \boldsymbol{a}_{\mathrm{II}},\ \boldsymbol{a}_{\mathrm{III}}) = 1$ gilt. Aus diesen drei Eigenvektoren wird die Transformationsmatrix

$$\boldsymbol{A}_{\mathrm{H}}^{*} = [\boldsymbol{a}_{\mathrm{I}},\ \boldsymbol{a}_{\mathrm{II}},\ \boldsymbol{a}_{\mathrm{III}}] \tag{3.73}$$

gebildet, womit der Trägheitstensor bezüglich der zentralen Hauptachsen wie folgt angegeben werden kann:

$$\hat{\boldsymbol{J}}^{S} = \boldsymbol{A}_{\mathrm{H}}^{*\mathrm{T}} \overline{\boldsymbol{J}}^{S} \boldsymbol{A}_{\mathrm{H}}^{*} = \begin{bmatrix} J_{\mathrm{I}}^{S} & 0 & 0 \\ 0 & J_{\mathrm{II}}^{S} & 0 \\ 0 & 0 & J_{\mathrm{III}}^{S} \end{bmatrix}. \tag{3.74}$$

Bezüglich der Hauptachsen sind die Deviationsmomente null. Symmetrieachsen eines homogenen starren Körpers sind Hauptachsen.

Die Komponenten der Drehgeschwindigkeit bezüglich der Hauptachsen ergeben sich aus:

$$\boldsymbol{\omega}_{\mathrm{H}} = \boldsymbol{A}_{\mathrm{H}}^{*\mathrm{T}} \overline{\boldsymbol{\omega}} = [\omega_{\mathrm{I}},\ \omega_{\mathrm{II}},\ \omega_{\mathrm{III}}]^{\mathrm{T}}. \tag{3.75}$$

Der Ausdruck für die kinetische Energie aus (3.62) vereinfacht sich, wenn die Hauptachsen verwendet werden, zu:

$$\begin{aligned} W_{\mathrm{kin}} &= \frac{1}{2} m \boldsymbol{v}_S^{\mathrm{T}} \boldsymbol{v}_S + \frac{1}{2} (\boldsymbol{\omega}_{\mathrm{H}})^{\mathrm{T}} \hat{\boldsymbol{J}}^{S} \boldsymbol{\omega}_{\mathrm{H}} \\ &= \frac{1}{2} m (\dot{x}_S^2 + \dot{y}_S^2 + \dot{z}_S^2) + \frac{1}{2} \left(J_{\mathrm{I}}^{S} \omega_{\mathrm{I}}^2 + J_{\mathrm{II}}^{S} \omega_{\mathrm{II}}^2 + J_{\mathrm{III}}^{S} \omega_{\mathrm{III}}^2 \right). \end{aligned} \tag{3.76}$$

Wenn die Bewegung eine Drehung um einen im Raum fixierten Körperpunkt $\overline{O}$ ist, dann kann die kinetische Energie auch einfach mit dem auf diesen Punkt bezogenen Trägheitstensor $\overline{\boldsymbol{J}}^{\overline{O}}$ ausgedrückt werden, vgl. (3.66):

$$W_{\mathrm{kin}} = \frac{1}{2} (\boldsymbol{\omega}_{\mathrm{H}})^{\mathrm{T}} \overline{\boldsymbol{J}}^{\overline{O}} \boldsymbol{\omega}_{\mathrm{H}} = \frac{1}{2} \left(J_{\mathrm{I}}^{\overline{O}} \omega_{\mathrm{I}}^2 + J_{\mathrm{II}}^{\overline{O}} \omega_{\mathrm{II}}^2 + J_{\mathrm{III}}^{\overline{O}} \omega_{\mathrm{III}}^2 \right). \tag{3.77}$$

Die Hauptrichtungen in (3.76) sind i. Allg. andere als in (3.77), weshalb sich dann auch die Komponenten der Drehgeschwindigkeit bezüglich S und bezüglich $\overline{O}$ unterscheiden.

Der Trägheitstensor bezüglich seines Schwerpunkt eines rotationssymmetrischen Rotors hat die Form

$$\overline{\boldsymbol{J}}^S = \begin{bmatrix} J_{\mathrm{I}}^S & 0 & 0 \\ 0 & J_{\mathrm{I}}^S & 0 \\ 0 & 0 & J_{\mathrm{III}}^S \end{bmatrix}, \tag{3.78}$$

wobei die Symmetrieachse die dritte Hauptachse ist. Häufig wird $J_{\mathrm{III}}^S = J_{\mathrm{a}}$ als axiales und $J_{\mathrm{I}}^S = J_{\mathrm{p}}$ als polares Trägheitsmoment bezeichnet. Dieser Tensor ist invariant gegen eine Drehung um die III-Achse. Somit gilt $\hat{\boldsymbol{J}}^S = \boldsymbol{A}_{\scriptscriptstyle 1}^{\mathrm{T}}\overline{\boldsymbol{J}}^S\boldsymbol{A}_{\scriptscriptstyle 1} = \overline{\boldsymbol{J}}^S$ bei einer Drehung mit dem Winkel ζ umd die III-Achse. Das bedeutet im Gegensatz zu (3.64), dass der Trägheitstensor auch in einem System, das die Drehung um die III-Achse nicht mitmacht, konstant ist.

Für eine momentane Rotationsachse k im körperfesten System kann ein Ersatzträgheitsmoment J_{kk}^S so bestimmt werden, dass

$$W_{\mathrm{kin}} = \frac{1}{2} m v_S^2 + \frac{1}{2} J_{kk}^S \omega^2 \tag{3.79}$$

gilt. Hierin ist ω der Betrag der Drehgeschwindigkeit. Die Richtung der momentanen Drehachse k lässt sich gegenüber den Richtungen des körperfesten Bezugssystems mit den Winkeln α_k, β_k und γ_k beschreiben, vgl. Abb. 3.7a. Die Komponenten der Drehgeschwindigkeit bezüglich dieser Richtung sind

$$\overline{\boldsymbol{\omega}} = \begin{bmatrix} \omega_\xi \\ \omega_\eta \\ \omega_\zeta \end{bmatrix} = \omega \begin{bmatrix} \cos\alpha_k \\ \cos\beta_k \\ \cos\gamma_k \end{bmatrix}. \tag{3.80}$$

Aus der Gleichheit der Terme der rotatorischen kinetischen Energie $J_{kk}^S\omega^2 = \overline{\boldsymbol{\omega}}^{\mathrm{T}}\overline{\boldsymbol{J}}^S\overline{\boldsymbol{\omega}}$ folgt

$$\begin{aligned} J_{kk}^S &= J_{\xi\xi}^S \cos^2\alpha_k + J_{\eta\eta}^S \cos^2\beta_k + J_{\zeta\zeta}^S \cos^2\gamma_k \\ &\quad + 2(J_{\xi\eta}^S \cos\alpha_k \cos\beta_k + J_{\eta\zeta}^S \cos\beta_k \cos\gamma_k + J_{\zeta\xi}^S \cos\gamma_k \cos\alpha_k). \end{aligned} \tag{3.81}$$

3.2.2 Kräftesatz und Momentensatz

Der Kräftesatz und der Momentensatz sind die fundamentalen Gesetze, aus denen der Zusammenhang zwischen Kraftgrößen und Bewegungsgrößen eines starren Körpers hervorgeht.

Der *Kräftesatz* (auch Schwerpunktsatz genannt) besagt, dass sich der Schwerpunkt S so beschleunigt ($\ddot{\boldsymbol{r}}_S$), als ob die Resultierende $\boldsymbol{F}$ der äußeren Kräfte (also sowohl der eingeprägten Kräfte als auch der Reaktionskräfte) an ihm angreift und als ob in S die Masse m konzentriert wäre. Er lautet in Bezug auf das raumfeste Bezugssystem $m\ddot{\boldsymbol{r}}_S = \boldsymbol{F}$ und für die Komponenten im raumfesten Bezugssystem

$$m\ddot{x}_S = F_x; \qquad m\ddot{y}_S = F_y; \qquad m\ddot{z}_S = F_z. \tag{3.82}$$

Der Schwerpunktsatz kann mit mit (3.12) und (3.30) in

$$m\ddot{\boldsymbol{r}}_S = m\left[\ddot{\boldsymbol{r}}_{\overline{O}} + \boldsymbol{A}(\tilde{\overline{\boldsymbol{\alpha}}} + \tilde{\overline{\boldsymbol{\omega}}}\tilde{\overline{\boldsymbol{\omega}}})\overline{\boldsymbol{l}}_S\right] = m\left[\ddot{\boldsymbol{r}}_{\overline{O}} + (\tilde{\boldsymbol{\alpha}} + \tilde{\boldsymbol{\omega}}\tilde{\boldsymbol{\omega}})\boldsymbol{l}_S\right] = \boldsymbol{F} = \boldsymbol{A}\overline{\boldsymbol{F}} \tag{3.83}$$

umgeformt werden, sodass er bezüglich körperfester Komponenten

$$m\left[\boldsymbol{A}^{\mathrm{T}}\ddot{\boldsymbol{r}}_{\overline{O}} + (\tilde{\overline{\boldsymbol{\alpha}}} + \tilde{\overline{\boldsymbol{\omega}}}\tilde{\overline{\boldsymbol{\omega}}})\overline{\boldsymbol{l}}_S\right] = \overline{\boldsymbol{F}} \tag{3.84}$$

lautet.

Der Drall (Synonym: Drehimpuls) eines Massenelements dm bezüglich des raumfesten Bezugpunktes O ist das Produkt aus den Komponenten seiner Geschwindigkeit mit deren senkrechtem Abstand von den Achsen, die durch den Bezugspunkt verlaufen

$$\mathrm{d}\boldsymbol{L}^O = \mathrm{d}m\,\tilde{\boldsymbol{r}}\dot{\boldsymbol{r}}. \tag{3.85}$$

Den Drall des beliebig räumlich bewegten starren Körpers ergibt sich daraus durch die Integration über den gesamten Körper zu

$$\boldsymbol{L}^O = \int \tilde{\boldsymbol{r}}\dot{\boldsymbol{r}}\mathrm{d}m = \int \tilde{\boldsymbol{r}}(\boldsymbol{v}_{\overline{O}} - \tilde{\boldsymbol{l}}\boldsymbol{\omega})\mathrm{d}m. \tag{3.86}$$

Der *Momentensatz* (oder Drallsatz), den L. EULER im Jahre 1750 formulierte, lautet bezüglich des raumfesten Bezugspunktes O und der raumfesten Richtungen

$$\frac{\mathrm{d}\boldsymbol{L}^O}{\mathrm{d}t} \equiv \frac{\mathrm{d}}{\mathrm{d}t}\left[m\left(\tilde{\boldsymbol{r}}_{\overline{O}}\dot{\boldsymbol{r}}_S + (\tilde{\boldsymbol{l}}_S - \tilde{\boldsymbol{l}}_{\overline{O}})\dot{\boldsymbol{r}}_{\overline{O}}\right) + \boldsymbol{J}^{\overline{O}}\boldsymbol{\omega}\right] = \boldsymbol{M}^O. \tag{3.87}$$

Dabei hat der Vektor der äußeren Momente, also die Summe der eingeprägten Momente $\boldsymbol{M}^{O(e)}$ und der Reaktionsmomente $\boldsymbol{M}^{O(z)}$, die Komponenten $\boldsymbol{M}^O = [M_x^O, M_y^O, M_z^O]^{\mathrm{T}}$ im raumfesten Bezugssystem. Während der Kräftesatz meist bezüglich raumfester Koordinaten benutzt wird, wird der Momentensatz oft bezüglich der körperfesten Richtungen angewendet. Er wird deshalb im Weiteren nur für die meist interessierenden Fälle in Form der *Euler'schen Kreiselgleichungen* angegeben: Wenn der körperfeste Bezugspunkt $\overline{O}$ nicht beschleunigt ist ($\ddot{\boldsymbol{r}}_{\overline{O}} \equiv \mathbf{o}$), lautet der Momentensatz ($\dot{\overline{\boldsymbol{\omega}}} = \overline{\boldsymbol{\alpha}}$)

$$\overline{\boldsymbol{M}}_{\mathrm{kin}}^{\overline{O}} \equiv \tilde{\overline{\boldsymbol{\omega}}}\,\overline{\boldsymbol{J}}^{\overline{O}}\overline{\boldsymbol{\omega}} + \overline{\boldsymbol{J}}^{\overline{O}}\overline{\boldsymbol{\alpha}} = \overline{\boldsymbol{M}}^{\overline{O}}. \tag{3.88}$$

Auf der linken Seite steht das *kinetische Moment* (oder Massenmoment) infolge der Drehträgheit. $\overline{\boldsymbol{M}}^{\overline{O}} = [M_\xi^{\overline{O}}, M_\eta^{\overline{O}}, M_\zeta^{\overline{O}}]^{\mathrm{T}}$ ist der Vektor des resultierenden äußeren Moments im körperfesten Bezugssystem bezüglich $\overline{O}$. In Bezug auf den beliebig bewegten Schwerpunkt lautet der Momentensatz analog zu (3.88):

$$\overline{\boldsymbol{M}}_{\text{kin}}^S \equiv \bar{\tilde{\boldsymbol{\omega}}}\,\overline{\boldsymbol{J}}^S\overline{\boldsymbol{\omega}} + \overline{\boldsymbol{J}}^S\overline{\boldsymbol{\alpha}} = \overline{\boldsymbol{M}}^S. \tag{3.89}$$

Dabei ist $\overline{\boldsymbol{M}}^S = [M_\xi^S,\ M_\eta^S,\ M_\zeta^S]^{\mathrm{T}}$ der Vektor des resultierenden äußeren Moments im körperfesten Bezugssystem bezüglich S. Bezüglich des raumfesten Bezugssystems ist (8.12) zu beachten. Prinzipiell können die Gl. (3.88) und (3.89) in jedem Koordinatensystem geschrieben werden. Es ist lediglich auf Folgendes zu achten:

- $\overline{\boldsymbol{\alpha}} = \dot{\overline{\boldsymbol{\omega}}}$ bzw. $\boldsymbol{\alpha} = \dot{\boldsymbol{\omega}}$ gilt nur im körper- und raumfesten System, für andere Systeme muss die Eulersche Ableitungsregel (3.28) bzw. (3.53) beachtet werden.
- Der Trägheitstensor ist, von Ausnahmen (siehe Gl. (3.78)) abgesehen, nur im körperfesten System konstant.

Aus (3.89) folgt für jede Achse eine Differenzialgleichung:

$$\begin{aligned}
&J_{\xi\xi}^S\dot{\omega}_\xi + J_{\xi\eta}^S\dot{\omega}_\eta + J_{\xi\zeta}^S\dot{\omega}_\zeta + J_{\eta\zeta}^S\left(\omega_\eta^2 - \omega_\zeta^2\right)\\
&+\left(J_{\zeta\zeta}^S - J_{\eta\eta}^S\right)\omega_\eta\omega_\zeta + \left(J_{\xi\zeta}^S\omega_\eta - J_{\xi\eta}^S\omega_\zeta\right)\omega_\xi = M_\xi^S,\\
&J_{\eta\xi}^S\dot{\omega}_\xi + J_{\eta\eta}^S\dot{\omega}_\eta + J_{\eta\zeta}^S\dot{\omega}_\zeta + J_{\zeta\xi}^S\left(\omega_\zeta^2 - \omega_\xi^2\right)\\
&+\left(J_{\xi\xi}^S - J_{\zeta\zeta}^S\right)\omega_\zeta\omega_\xi + \left(J_{\eta\xi}^S\omega_\zeta - J_{\eta\zeta}^S\omega_\xi\right)\omega_\eta = M_\eta^S,\\
&J_{\zeta\xi}^S\dot{\omega}_\xi + J_{\zeta\eta}^S\dot{\omega}_\eta + J_{\zeta\zeta}^S\dot{\omega}_\zeta + J_{\xi\eta}^S\left(\omega_\xi^2 - \omega_\eta^2\right)\\
&+\left(J_{\eta\eta}^S - J_{\xi\xi}^S\right)\omega_\xi\omega_\eta + \left(J_{\zeta\eta}^S\omega_\xi - J_{\zeta\xi}^S\omega_\eta\right)\omega_\zeta = M_\zeta^S.
\end{aligned} \tag{3.90}$$

Es ergeben sich die EULERschen Kreiselgleichungen, wenn die zentralen Hauptachsen, für welche alle Deviationsmomente null sind, als körperfestes Bezugssystem gewählt werden:

$$\begin{aligned}
M_{\text{kin I}}^S &\equiv J_{\mathrm{I}}^S\dot{\omega}_{\mathrm{I}} - (J_{\mathrm{II}}^S - J_{\mathrm{III}}^S)\omega_{\mathrm{II}}\omega_{\mathrm{III}} = M_{\mathrm{I}}^S,\\
M_{\text{kin II}}^S &\equiv J_{\mathrm{II}}^S\dot{\omega}_{\mathrm{II}} - (J_{\mathrm{III}}^S - J_{\mathrm{I}}^S)\omega_{\mathrm{III}}\omega_{\mathrm{I}} = M_{\mathrm{II}}^S,\\
M_{\text{kin III}}^S &\equiv J_{\mathrm{III}}^S\dot{\omega}_{\mathrm{III}} - (J_{\mathrm{I}}^S - J_{\mathrm{II}}^S)\omega_{\mathrm{I}}\omega_{\mathrm{II}} = M_{\mathrm{III}}^S.
\end{aligned} \tag{3.91}$$

Das kinetische Moment enthält neben dem Term mit der Drehbeschleunigung auch einen Term, der bei *konstanten Drehgeschwindigkeiten* auftritt, das so genannte *Kreiselmoment.* Zum Kreiselmoment gilt z.B. aufgrund des Terms $(J_{\mathrm{I}} - J_{\mathrm{II}})\omega_{\mathrm{I}}\omega_{\mathrm{II}}$ folgender Merksatz: Infolge der Massenträgheit entsteht das Kreiselmoment um die jeweils dritte Hauptachse, die auf den beiden anderen senkrecht steht. Für die Richtung des Kreiselmoments gilt die Rechte-Hand-Regel: Wenn Daumen und Zeigefinger der rechten Hand in Richtung der Vektoren von ω_{I} und ω_{II} zeigen, dann zeigt der Mittelfinger die Richtung III an, um die das Kreiselmoment auftritt. Der Körper „will" sich in diese Richtung III drehen. Wenn er an dieser Drehung gehindert wird, dann tritt ein Reaktionsmoment auf, welches entgegengesetzt zur Richtung III wirkt. Wenn z.B. ein Rad (Drehung um horizontale Komponente I) um eine Kurve (vertikale Komponente II) rollt, dann wirkt das Kreiselmoment um die dazu senkrechte horizontale Achse III so, dass es zusätzlich auf den Boden drückt. Es wird dem

Leser empfohlen, sich diese Regel einzuprägen und ihre Gültigkeit an allen Beispielen zu prüfen, vgl. z. B. die Aufgaben A3.1, A3.3 und in Abschn. 3.2.3.

Analog zu (3.82) bis (3.84), wo die äußeren Kräfte (eingeprägte Kraft $\boldsymbol{F}^{(e)}$ und Zwangskraft $\boldsymbol{F}^{(z)}$) auf der rechten Seite und die Massenkraft auf der linken Seite der Gleichungen steht, enthalten die rechten Seiten von (3.87) bis (3.91) immer die *äußeren Momente* und die linken Seiten die *kinetischen Momente* $\boldsymbol{M}_{\text{kin}}$ (oder „Massenmomente" als Analogie zu „Massenkräften"). Äußere Momente können sowohl *eingeprägte Momente* $\boldsymbol{M}^{(e)}$ (z. B. Antriebsmomente oder Reibmomente) als auch *Reaktionsmomente* $\boldsymbol{M}^{(z)}$ sein, z. B. aus Zwangskräften, die von den Lagern aufgenommen werden.

Bei der Lösung von Aufgaben wird der starre Körper frei geschnitten (Schnittprinzip) und alle Kraftgrößen eingetragen, die *von außen* auf ihn wirken. „Aus dem Inneren" kommen infolge der Massenträgheit die *Massenkräfte* und *-momente,* die in Analogie zur kinetischen Energie auch als kinetische Kraft $\boldsymbol{F}_{\text{kin}}$ und kinetisches Moment $\boldsymbol{M}_{\text{kin}}$ bezeichnet werden können. Die Massenkräfte $\boldsymbol{F}_{\text{kin}} \equiv m\ddot{\boldsymbol{r}}_S$ werden in der Skizze *entgegengesetzt zur positiven Koordinatenrichtung* von $\boldsymbol{r}_S$, die kinetischen Momente $\overline{\boldsymbol{M}}^S_{\text{kin}} \equiv \tilde{\overline{\boldsymbol{\omega}}}\,\overline{\boldsymbol{J}}^S\overline{\boldsymbol{\omega}} + \overline{\boldsymbol{J}}^S\overline{\boldsymbol{\alpha}}$ werden entgegengesetzt zur positiven Koordinatenrichtung des körperfesten ξ-η-ζ-Systems eingetragen.

Die formale Identität von (3.88) und (3.89) lässt sich auch auf (3.90) und die im Weiteren betrachteten speziellen Formen (3.93), (3.95) und (3.96) dieser Gleichungen übertragen. Es wird darauf verzichtet, diese auch für den Fall eines raumfesten Körperpunktes $\overline{O}$ gesondert anzugeben. Es können dann, wie bei ingenieurtechnischen Berechnungen üblich, mit dem Kräftesatz und dem Momentensatz unter Benutzung der in einer Skizze dargestellten Richtungen der Kraftgrößen sechs Gleichgewichtsbedingungen formuliert werden:

$$\boldsymbol{F}^{(e)} + \boldsymbol{F}^{(z)} + (-\boldsymbol{F}_{\text{kin}}) = \mathbf{o}; \qquad \overline{\boldsymbol{M}}^{S(e)} + \overline{\boldsymbol{M}}^{S(z)} + (-\overline{\boldsymbol{M}}^S_{\text{kin}}) = \mathbf{o}. \tag{3.92}$$

Es sei auf die Anwendung bei der Lösung der Aufgaben in Abschn. 3.2.3 bis 3.2.5, vgl. die Abb. 3.9, 3.11 und 3.33, hingewiesen.

Für den Fall, dass sich der Körper nur um eine einzige raumfeste Achse (die hier die ζ-Achse ist) dreht, also für den starren Rotor in starren Lagern, folgen aus (3.89) für $\omega_\xi \equiv \omega_\eta \equiv 0$ die Bewegungsgleichungen zu

$$\begin{aligned} M^S_{\text{kin}\,\xi} &\equiv J^S_{\xi\zeta}\dot{\omega}_\zeta - J^S_{\eta\zeta}\omega^2_\zeta = M^S_\xi, \\ M^S_{\text{kin}\,\eta} &\equiv J^S_{\eta\zeta}\dot{\omega}_\zeta + J^S_{\xi\zeta}\omega^2_\zeta = M^S_\eta, \\ M^S_{\text{kin}\,\zeta} &\equiv J^S_{\zeta\zeta}\dot{\omega}_\zeta \qquad\quad\;\; = M^S_\zeta. \end{aligned} \tag{3.93}$$

Daraus ist erkennbar, dass im Falle konstanter Drehgeschwindigkeit kinetische Momente um die ξ- und η-Achse (also senkrecht zur Drehachse ζ) auftreten, wenn die Deviationsmomente nicht null sind. Diese kinetischen Momente müssen von Lagerkräften senkrecht zur Drehachse aufgenommen werden, um die raumfeste Drehachse zu erzwingen.

Unter der Bedingung, dass in der Anfangslage das raumfeste x-y-z-System und das körperfeste ξ-η-ζ-System übereinstimmen, können kleine Drehwinkel φ_x, φ_y und φ_z bezüglich der raumfesten Achsen eingeführt werden, so dass wegen (3.37) und (3.39) gilt:

$$\omega_\xi \approx \dot{\varphi}_x; \qquad \omega_\eta \approx \dot{\varphi}_y; \qquad \omega_\zeta \approx \dot{\varphi}_z. \tag{3.94}$$

Werden die Produkte der Winkelgeschwindigkeiten gegenüber den Drehbeschleunigungen vernachlässigt, da sie von zweiter Ordnung klein sind, so folgt die linearisierte Form des Momentensatzes aus (3.89) unter Beachtung von (3.94) mit einem zeitlich unveränderlichen Trägheitstensor. Infolge der kleinen Winkel stimmen die körperfesten und die raumfesten Komponenten näherungsweise überein, wenn sie in der Anfangslage deckungsgleich waren:

$$\begin{aligned}
M^S_{\text{kin}\,\xi} &\equiv J^S_{\xi\xi}\ddot{\varphi}_x + J^S_{\xi\eta}\ddot{\varphi}_y + J^S_{\xi\zeta}\ddot{\varphi}_z = M^S_\xi \approx M^S_x,\\
M^S_{\text{kin}\,\eta} &\equiv J^S_{\xi\eta}\ddot{\varphi}_x + J^S_{\eta\eta}\ddot{\varphi}_y + J^S_{\eta\zeta}\ddot{\varphi}_z = M^S_\eta \approx M^S_y,\\
M^S_{\text{kin}\,\zeta} &\equiv J^S_{\xi\zeta}\ddot{\varphi}_x + J^S_{\eta\zeta}\ddot{\varphi}_y + J^S_{\zeta\zeta}\ddot{\varphi}_z = M^S_\zeta \approx M^S_z.
\end{aligned} \tag{3.95}$$

Rotiert ein Körper mit der „großen" Drehgeschwindigkeit $\omega_\zeta = \Omega =$ konst., so folgt aus (3.89) für $|\omega_\xi| \ll \Omega$ und $|\omega_\eta| \ll \Omega$ bei Vernachlässigung der Produkte der kleinen Komponenten der Drehgeschwindigkeit eine andere Form der linearisierten Kreiselgleichungen:

$$\begin{aligned}
M^S_{\text{kin}\,\xi} &\equiv J^S_{\xi\xi}\dot{\omega}_\xi + J^S_{\xi\eta}\dot{\omega}_\eta - [J^S_{\xi\eta}\omega_\xi + (J^S_{\eta\eta} - J^S_{\zeta\zeta})\omega_\eta]\Omega - J^S_{\eta\zeta}\Omega^2 &&= M^S_\xi,\\
M^S_{\text{kin}\,\eta} &\equiv J^S_{\eta\xi}\dot{\omega}_\xi + J^S_{\eta\eta}\dot{\omega}_\eta + [J^S_{\xi\eta}\omega_\eta + (J^S_{\xi\xi} - J^S_{\zeta\zeta})\omega_\xi]\Omega + J^S_{\xi\zeta}\Omega^2 &&= M^S_\eta,\\
M^S_{\text{kin}\,\zeta} &\equiv J^S_{\zeta\xi}\dot{\omega}_\xi + J^S_{\zeta\eta}\dot{\omega}_\eta + (J^S_{\eta\zeta}\omega_\xi - J^S_{\xi\zeta}\omega_\eta)\Omega &&= M^S_\zeta.
\end{aligned} \tag{3.96}$$

In der Form von (3.95) oder (3.96) wird der Momentensatz oft benutzt, wenn ein starrer Körper Teil eines Schwingungssystems ist, vgl. auch Abschn. 4.2.2 und 8.3. Für einen bezüglich seiner ζ-Achse rotationssymmetrischen Kreisel gilt $J^S_{\xi\xi} = J^S_{\eta\eta} = J^S_{\text{I}}$ sowie $J^S_{\zeta\zeta} = J^S_{\text{III}}$ (siehe Gl. (3.78)), die Deviationsmomente verschwinden. Gl. (3.96) vereinfacht sich als Spezialfall von (3.91) zu

$$J^S_{\text{I}}\dot{\omega}_\xi - (J^S_{\text{I}} - J^S_{\text{III}})\omega_\eta\Omega = M^S_\xi, \tag{3.97}$$

$$J^S_{\text{I}}\dot{\omega}_\eta + (J^S_{\text{I}} - J^S_{\text{III}})\omega_\xi\Omega = M^S_\eta, \tag{3.98}$$

wobei die Gleichung für ζ wegen $\Omega =$ konst. entfällt. Als Standardwerk zur Kreiseltheorie und deren Anwendungen sei auf [36] verwiesen.

3.2.3 Zur Kinetik des Kollergangs

Die Kinematik des Kollergangs Abb. 3.8 wurde bereits in Abschn. 3.1.4 in der Lösung der Aufgabe A3.2 behandelt, sodass hier bei der Kinetik auf die dort erhaltenen Ergebnisse zurückgegriffen wird.

Abb. 3.8 Historischer Kollergang mit drei auf verschiedenen Radien umlaufenden Mühlsteinen. Zu erkennen ist die gelenkige Anbindung der Steine an der Mittelachse, welche die zusätzliche Anpresskraft gemäß Gl. (3.109) nicht behindert. (Foto: M. Beitelschmidt)

Der nach Abb. 3.5 umlaufende Körper (Mahlstein), der auf der Kreisbahn abrollt, übt außer seinem Eigengewicht infolge der Kreiselwirkung eine zusätzliche Kraft auf die Unterlage aus. Für einen gegebenen Verlauf des Schwenkwinkels $\varphi(t)$ soll berechnet werden, wie groß das dafür erforderliche Antriebsmoment, die Normalkraft und die Horizontalkraft am Mahlstein beim reinen Rollen ist. Hierzu sollen folgende Größen verwendet werden (siehe Abb. 3.9).

Fallbeschleunigung	g
Walzenradius	R
Walzenlänge	L
Schwerpunktabstand	ξ_S
Zeitverlauf des Schwenkwinkels	$\varphi(t)$
Masse der Walze (Mahlstein)	m
Trägheitsmomente der Walze bezüglich S	$J^S_{\zeta\zeta} = J^S_{\eta\eta} = m(3R^2 + L^2)/12$, $J^S_{\xi\xi} = mR^2/2$

Da auch hier wie in L3.2 angenommen wird, dass reines Rollen bei $\xi = \xi_S$ auftritt, kommt es an anderen Punkten der Kontaktlinie zwischen Mahlstein und Ebene zu Relativbewegungen, was zum Mahlen erwünscht sein kann. Die Gleitgeschwindigkeit der Kontaktpunkte zwischen Walze und Mahlebene beträgt in tangentialer Richtung

$$v_{\text{rel}} = (\xi_S - \xi)\dot{\varphi}. \tag{3.99}$$

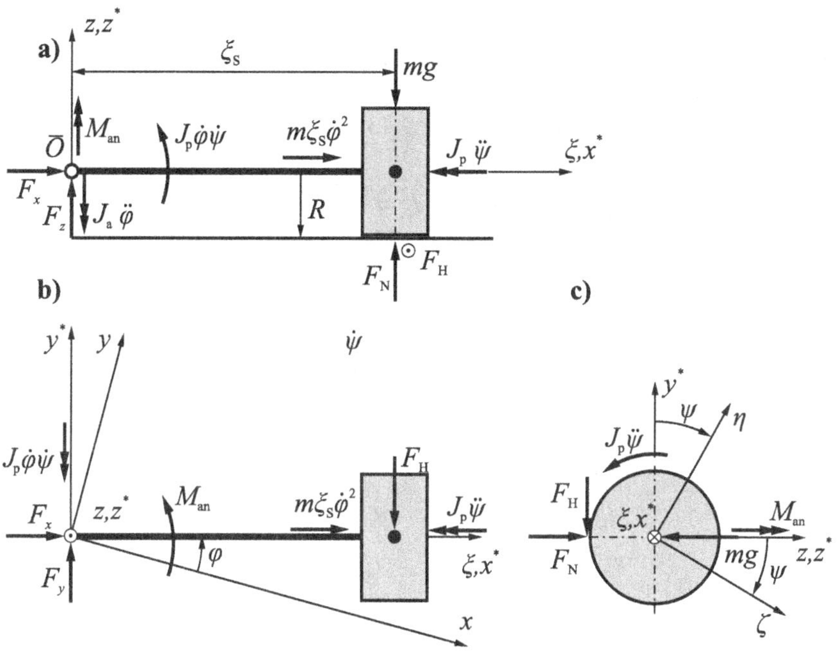

Abb. 3.9 Kräfte und Momente an der frei geschnittenen Walze des Kollergangs

Im Berechnungsmodell wird zur Vereinfachung angenommen, dass nur unterhalb des Schwerpunktes der Walze eine vertikale Normalkraft F_{N} und eine horizontale Haftkraft F_{H} wirkt. Die Reibungskräfte für $\xi \neq \xi_S$ werden nicht beachtet.

Die Komponenten der Drehgeschwindigkeit sowie der Drehbeschleunigung der Walze sind aus L3.2 bekannt. Das körperfeste ξ-η-ζ-System entspricht dem System der Hauptachsen dieses symmetrischen starren Körpers. Es können der Koordinate ξ die Achse I, der η-Koordinate die Achse II und der ζ-Koordinate die Achse III zugeordnet werden. Dann folgen aus (3.91) mit Bezug auf den raumfesten Körperpunkt $\overline{O}$ die Eulerschen Kreiselgleichungen:

$$\begin{aligned}
M_{\mathrm{kin}\,\xi}^{\overline{O}} &\equiv J_{\xi\xi}^{\overline{O}}\dot{\omega}_\xi - (J_{\eta\eta}^{\overline{O}} - J_{\zeta\zeta}^{\overline{O}})\omega_\eta\omega_\zeta = M_\xi^{\overline{O}}, \\
M_{\mathrm{kin}\,\eta}^{\overline{O}} &\equiv J_{\eta\eta}^{\overline{O}}\dot{\omega}_\eta - (J_{\zeta\zeta}^{\overline{O}} - J_{\xi\xi}^{\overline{O}})\omega_\zeta\omega_\xi = M_\eta^{\overline{O}}, \\
M_{\mathrm{kin}\,\zeta}^{\overline{O}} &\equiv J_{\zeta\zeta}^{\overline{O}}\dot{\omega}_\zeta - (J_{\xi\xi}^{\overline{O}} - J_{\eta\eta}^{\overline{O}})\omega_\xi\omega_\eta = M_\zeta^{\overline{O}}.
\end{aligned} \tag{3.100}$$

Diese Gleichungen drücken aus, dass die kinetischen Momente aus der Drehträgheit des Körpers mit den äußeren Momenten im Gleichgewicht stehen. Die Trägheitsmomente, die bezüglich des Schwerpunktes gegeben sind, müssen auf den raumfesten Körperpunkt $\overline{O}$ mit dem Satz von Steiner transformiert werden, vgl. (3.71). Sie betragen

$$\begin{aligned} J_{\zeta\zeta}^{\overline{O}} &= J_{\eta\eta}^{\overline{O}} = J_{\eta\eta}^{S} + m\xi_S^2 = J_\mathrm{a} = \frac{m(3R^2 + L^2 + 12\xi_S^2)}{12}, \\ J_{\xi\xi}^{\overline{O}} &= J_{\xi\xi}^{S} = J_\mathrm{p} = \frac{1}{2}mR^2. \end{aligned} \tag{3.101}$$

Der Mahlstein ist ein rotationssymmetrischer Körper, wie in (3.78) beschrieben. Deswegen kann hier vorteilhaft im x^*-y^*-z^*-System gerechnet werden, auch dieses ist ein Hauptachsensystem. Gl. (3.100) bekommt damit die Form (der * bei den Indizes ist weggelassen):

$$\begin{aligned} M_{\mathrm{kin}\,x}^{\overline{O}} &\equiv J_\mathrm{p}\alpha_x &&= M_x^{\overline{O}}, \\ M_{\mathrm{kin}\,y}^{\overline{O}} &\equiv J_\mathrm{a}\alpha_y - (J_\mathrm{a} - J_\mathrm{p})\omega_z\omega_x &&= M_y^{\overline{O}}, \\ M_{\mathrm{kin}\,z}^{\overline{O}} &\equiv J_\mathrm{a}\alpha_z - (J_\mathrm{p} - J_\mathrm{a})\omega_x\omega_y &&= M_z^{\overline{O}}. \end{aligned} \tag{3.102}$$

Unter Berücksichtigung von (3.48) und (3.53) können aus (3.102) zunächst die kinetischen Momente berechnet werden:

$$\begin{aligned} M_{\mathrm{kin}\,x}^{\overline{O}} &\equiv J_\mathrm{p}\ddot{\psi}, \\ M_{\mathrm{kin}\,y}^{\overline{O}} &\equiv J_\mathrm{a}\dot{\varphi}\dot{\psi} - (J_\mathrm{a} - J_\mathrm{p})\dot{\varphi}\dot{\psi} = J_\mathrm{p}\dot{\varphi}\dot{\psi}, \\ M_{\mathrm{kin}\,z}^{\overline{O}} &\equiv J_\mathrm{a}\ddot{\varphi}. \end{aligned} \tag{3.103}$$

Die in (3.102) stehenden Komponenten ($M_x^{\overline{O}}$, $M_y^{\overline{O}}$ und $M_z^{\overline{O}}$) des resultierenden äußeren Moments $\boldsymbol{M}^{\overline{O}}$ ergeben sich aus den am frei geschnittenen Körper angreifenden äußeren Kraftgrößen, also aus dem Antriebsmoment M_an, dem Eigengewicht mg und den Reaktionskräften (F_N und F_H) am Kontaktpunkt (Abb. 3.9b und c). Es ergibt sich mit den kinetischen Momenten aus Gl. (3.103):

$$J_\mathrm{p}\ddot{\psi} = -F_\mathrm{H}R, \tag{3.104}$$

$$J_\mathrm{p}\dot{\varphi}\dot{\psi} = (mg - F_\mathrm{N})\xi_S, \tag{3.105}$$

$$J_\mathrm{a}\ddot{\varphi} = M_\mathrm{an} - F_\mathrm{H}\xi_S. \tag{3.106}$$

Dies sind Gleichungen zur Berechnung des Antriebsmoments sowie der Reaktionskräfte F_N und F_H. Die Horizontalkraft, welche die Haftung und damit das reine Rollen sichert, folgt aus (3.104)

$$F_{\mathrm{H}} = -\frac{J_{\mathrm{p}}\ddot{\psi}}{R} = \frac{J_{\mathrm{p}}}{R^2}\xi_S\ddot{\varphi} = \frac{1}{2}m\xi_S\ddot{\varphi}, \tag{3.107}$$

das Antriebsmoment, welches den gegebenen Verlauf $\varphi(t)$ erzwingt, ist

$$M_{\mathrm{an}} = \left(J_{\mathrm{a}} + J_{\mathrm{p}}\frac{\xi_S^2}{R^2}\right)\ddot{\varphi} = \frac{m}{12}\left(3R^2 + L^2 + 18\xi_S^2\right)\ddot{\varphi}. \tag{3.108}$$

Diese Größen treten nur bei instationärem Betrieb mit $\ddot{\varphi} \neq 0$ auf. Die Normalkraft folgt aus (3.105):

$$F_{\mathrm{N}} = mg - \frac{J_{\mathrm{p}}\dot{\varphi}\dot{\psi}}{\xi_S} = mg\left(1 + \frac{R\dot{\varphi}^2}{2g}\right). \tag{3.109}$$

Sie ist dem Radius R und dem Quadrat der Winkelgeschwindigkeit ($\dot{\varphi}^2$) proportional, aber unabhängig von der Länge ξ_S. Sie kann bedeutend größer sein als das (statische) Eigengewicht. Mit Hilfe von Kräftegleichgewichten in x^*-, y^*- und z^*-Richtung könnten jetzt noch die resultierenden Lagerkräfte in $\overline{O}$ berechnet werden.

Der Einfluss des Walzenradius scheint schon in uralten Zeiten empirisch bekannt gewesen zu sein, denn in alten Mühlen finden sich solche Kollergänge meist mit großen Radien der Mahlsteine. Die Horizontalkraft F_{H}, die sich aus (3.107) ergibt, ist eine Reaktionskraft, die nur bei Drehbeschleunigungen auftritt. Die hier angenommenen Einzelkräfte sind die Resultierenden der in Wirklichkeit unter dem Mahlstein sowohl in vertikaler als auch in horizontaler Richtung auftretenden Linienlasten. Um deren Verteilung ausrechnen zu können, müssten Ansätze für das mechanische Verhalten des Mahlgutes berücksichtigt werden.

3.2.4 Aufgaben A3.3 und A3.4

A3.3 Kinetik eines schwenkbaren Rotors

Bei vielen technischen Anwendungen interessieren die Lagerreaktionen rotierender Körper, die um ihre Lagerachse und gleichzeitig noch um eine dazu senkrechte Achse gedreht werden. Abb. 3.4 zeigt einen (als masselos betrachteten) Rahmen, der im raumfesten x-y-z-Bezugssystem um die x-Achse geschwenkt wird, in dem ein Rotor drehbar gelagert ist, der im Rahmen um seine ζ-Achse (Hauptachse III) rotieren kann. Der Schwerpunkt des Rotors liegt im Ursprung des körperfesten Bezugssystems ($\overline{O} = S$). Es interessieren allgemeine Formeln zur Berechnung der Momente bezüglich des raumfesten Bezugssystems, die bei gleichzeitiger Drehung von Rotor und Rahmen auftreten (Abb. 3.8).

Gegeben:

Abmessungen des Rahmens	l und h
Zeitverläufe der Winkel	$\alpha(t)$ und $\gamma(t)$
Masse des Rotors	m
Hauptträgheitsmomente des Rotors	$J^S_{\xi\xi} = J^S_{\mathrm{I}} = J^S_{\eta\eta} = J^S_{\mathrm{II}} = J^S_{\mathrm{a}}$, $J^S_{\zeta\zeta} = J^S_{\mathrm{III}} = J^S_{\mathrm{p}}$

Gesucht:

1. Komponenten der Schwerpunktbeschleunigung
2. kinetische Momente bezüglich des Schwerpunktes
3. Moment zwischen Rotor und Rahmen (M^S_{x*}, M^S_{y*}, M^S_{z*})
4. Reaktionen am Ursprung O (F_y, F_z, M^O_x, M^O_y, M^O_z)
5. Antriebsmomente am Rotor (M^γ_{an}) und am Rahmen (M^α_{an})

A3.4 Lagerkräfte eines rotierenden Körpers

Für den in Abb. 3.10 gezeigten starren Rotor sind die Lagerkräfte zu ermitteln. Der Körper hat einen exzentrischen Schwerpunkt S gegenüber der Rotationsachse. Es wird ein körperfestes ξ-η-ζ-Koordinatensystem benutzt, dessen Ursprung mit dem raumfesten Ursprung übereinstimmt ($O = \overline{O}$) und dessen ζ-Achse mit der raumfesten z-Achse identisch ist.

Hinweis Die Problematik „Auswuchten starrer Rotoren" wird in Abschn. 3.5.1 ausführlich behandelt. Hier dient diese Aufgabe in erster Linie dazu, die Anwendung der in den vorangegangenen Abschnitten hergeleiteten Beziehungen zu zeigen.

Gegeben:

Masse	m
Trägheitsmoment	$J^S_{\zeta\zeta}$
Deviationsmomente	$J^S_{\xi\zeta}$, $J^S_{\eta\zeta}$
Körperfeste Schwerpunktkoordinaten	$\overline{\boldsymbol{l}}_S = [\xi_S,\ \eta_S,\ \zeta_S]^{\mathrm{T}}$
Drehwinkel	$\varphi(t)$
Lagerabstände vom Schwerpunkt	a, b
Kreiszylinder mit	Radius R und Länge L
Neigungswinkel der ζ_1-Achse zur ζ-Achse	γ
polares Trägheitsmoment	$J_{\mathrm{p}} = mR^2/2$, vgl. (3.101)
axiales Trägheitsmoment	$J_{\mathrm{a}} = m(3R^2 + L^2)/12$

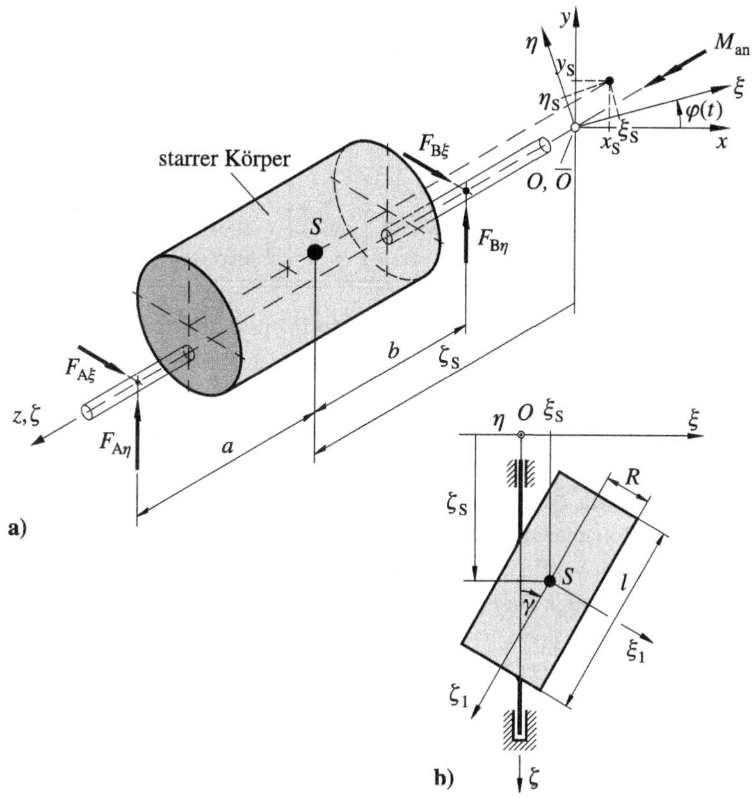

Abb. 3.10 Bezeichnungen am rotierenden starren Körper: **a** allgemeiner Rotor, **b** geneigter Kreiszylinder

Gesucht:

1. Für beliebigen Verlauf $\varphi(t)$ und allgemeinen Rotorkörper
   1.1 Lagerkräfte $\overline{\boldsymbol{F}}_A$ und $\overline{\boldsymbol{F}}_B$ (körperfestes Bezugssystem)
   1.2 Antriebsmoment M_{an}
2. Trägheitstensor $\boldsymbol{J}^{*S}$ des symmetrisch im ξ_1-η_1-ζ_1-System angeordneten Kreiszylinders, der in der ξ-ζ-Ebene um den Winkel γ gegenüber der Rotationsachse geneigt ist, vgl. Abb. 3.10b.

3.2.5 Lösungen L3.3 und L3.4

L3.3 Die Beschleunigung des Schwerpunktes kann aus den Geschwindigkeiten berechnet werden, die in L3.1 für einen Körperpunkt ermittelt wurden. Für $\eta_P = 0$ wird $P = S$, und es folgt aus (3.46):

$$\dot{\boldsymbol{r}}_S = \begin{bmatrix} \dot{x}_S \\ \dot{y}_S \\ \dot{z}_S \end{bmatrix} = \dot{\alpha} \begin{bmatrix} 0 \\ -l \sin\alpha - h\cos\alpha \\ l\cos\alpha - h\sin\alpha \end{bmatrix}. \tag{3.110}$$

Die Beschleunigung des Schwerpunktes ist also

$$\ddot{\boldsymbol{r}}_S = \begin{bmatrix} \ddot{x}_S \\ \ddot{y}_S \\ \ddot{z}_S \end{bmatrix} = \ddot{\alpha} \begin{bmatrix} 0 \\ -l \sin\alpha - h\cos\alpha \\ l\cos\alpha - h\sin\alpha \end{bmatrix} - \dot{\alpha}^2 \begin{bmatrix} 0 \\ l\cos\alpha - h\sin\alpha \\ l\sin\alpha + h\cos\alpha \end{bmatrix}. \tag{3.111}$$

Die Aufgabe wird hier mit Benutzung des Schnittprinzips gelöst (sie könnte auch mit der in Abschn. 3.3.1 beschriebenen Methode mit α und γ als unabhängige Antriebe gelöst werden). Am frei geschnittenen Rotor in Abb. 3.11a und c sind die Massenkräfte ($m\ddot{y}_S$, $m\ddot{z}_S$), Massenmomente (kinetische Momente), das dort angreifende Antriebsmoment M_{an}^{γ}, die vom Rahmen ausgeübten Zwangskräfte (F_y, F_z) und Zwangsmomente (M_{x*}^S, M_{y*}^S, M_{z*}^S) eingetragen. Die Kräfte in x-Richtung sind null.

Die kinetischen Momente sind durch die Euler'schen Kreiselgleichungen (3.100) definiert und ergeben sich in Verbindung mit den aus (3.40) bekannten Drehgeschwindigkeiten und den aus (3.41) bekannten Drehbeschleunigungen zu

$$\begin{aligned} M_{\text{kin}\,\xi}^S &\equiv J_{\xi\xi}^S \dot{\omega}_\xi - (J_{\eta\eta}^S - J_{\zeta\zeta}^S)\omega_\eta\omega_\zeta \\ &= J_{\text{a}}^S(\ddot{\alpha}\cos\gamma - \dot{\alpha}\dot{\gamma}\sin\gamma) + (J_{\text{a}}^S - J_{\text{p}}^S)\dot{\alpha}\dot{\gamma}\sin\gamma \\ &= J_{\text{a}}^S\ddot{\alpha}\cos\gamma - J_{\text{p}}^S\dot{\alpha}\dot{\gamma}\sin\gamma, \end{aligned} \tag{3.112}$$

$$\begin{aligned} M_{\text{kin}\,\eta}^S &\equiv J_{\eta\eta}^S \dot{\omega}_\eta - (J_{\zeta\zeta}^S - J_{\xi\xi}^S)\omega_\zeta\omega_\xi \\ &= J_{\text{a}}^S(-\ddot{\alpha}\sin\gamma - \dot{\alpha}\dot{\gamma}\cos\gamma) - (J_{\text{p}}^S - J_{\text{a}}^S)\dot{\alpha}\dot{\gamma}\cos\gamma \\ &= -J_{\text{a}}^S\ddot{\alpha}\sin\gamma - J_{\text{p}}^S\dot{\alpha}\dot{\gamma}\cos\gamma, \end{aligned} \tag{3.113}$$

$$\begin{aligned} M_{\text{kin}\,\zeta}^S &\equiv J_{\zeta\zeta}^S \dot{\omega}_\zeta - (J_{\xi\xi}^S - J_{\eta\eta}^S)\omega_\xi\omega_\eta \\ &= J_p^S\ddot{\gamma}. \end{aligned} \tag{3.114}$$

In Abb. 3.11c sind sie entgegengesetzt zur Richtung der körperfesten Koordinatenrichtungen eingetragen. Sie werden in die Richtungen des x^*-y^*-z^*-Koordinatensystems transformiert sowie mit den eingeprägten Momenten und Reaktionsmomenten ins Gleichgewicht gebracht:

$$M_{\text{kin}x*}^S \equiv -M_{\text{kin}\,\eta}^S\sin\gamma + M_{\text{kin}\,\xi}^S\cos\gamma = J_{\text{a}}^S\ddot{\alpha} = -M_{x*}^S, \tag{3.115}$$

$$M_{\text{kin}y*}^S \equiv M_{\text{kin}\,\eta}^S\cos\gamma + M_{\text{kin}\,\xi}^S\sin\gamma = -J_p^S\dot{\alpha}\dot{\gamma} = M_{y*}^S, \tag{3.116}$$

$$M_{\text{kin}z*}^S \equiv M_{\text{kin}\,\zeta}^S = J_p^S\ddot{\gamma} = M_{z*}^S = M_{\text{an}}^{\gamma}, \tag{3.117}$$

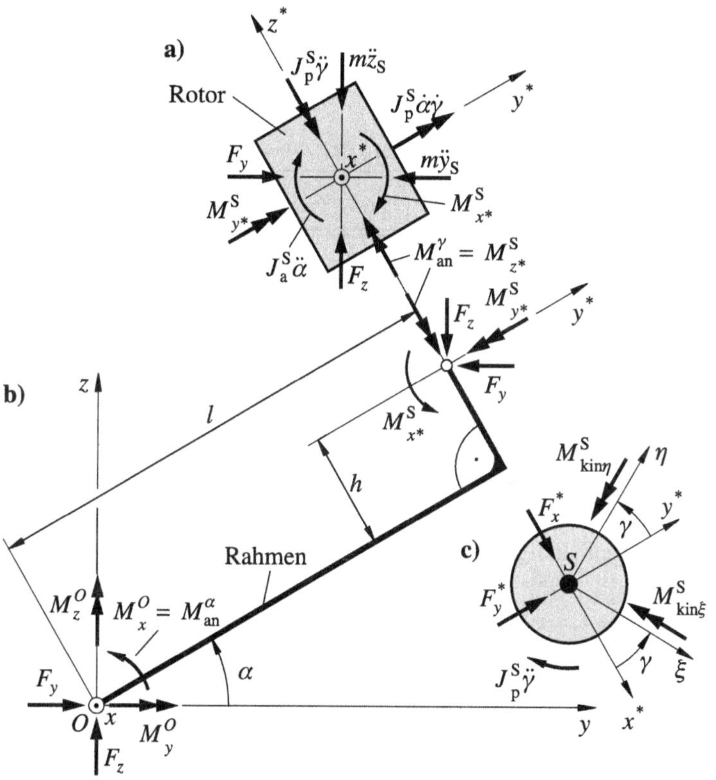

Abb. 3.11 Kräfte und Momente am schwenkbaren Rahmen mit Rotor

vgl. die Darstellung in Abb. 3.11a. Das Moment M_{an}^{γ} ruft die Winkelbeschleunigung $\ddot{\gamma}$ hervor und stützt sich gegenüber dem Rahmen ab. Die Komponenten der kinetischen Momente des bewegten Rotors bezüglich des x^*-y^*-z^*-Koordinatensystems sind entgegengesetzt zu den positiven Koordinatenrichtungen eingetragen. Die gleiche, bereits in Abschn. 3.2.2 erläuterte Vorzeichenregel, wurde auch für die mit (3.111) berechenbaren Massenkräfte angewandt. Es gilt am Rotor (und infolge des Kräftegleichgewichts auch am Rahmen) für die Reaktionskräfte:

$$\underline{\underline{F_y}} = m\ddot{y}_S = \underline{\underline{m\left[-\ddot{\alpha}(l\sin\alpha + h\cos\alpha) - \dot{\alpha}^2(l\cos\alpha - h\sin\alpha)\right]}}, \tag{3.118}$$

$$\underline{\underline{F_z}} = m\ddot{z}_S = \underline{\underline{m\left[\ddot{\alpha}(l\cos\alpha - h\sin\alpha) - \dot{\alpha}^2(l\sin\alpha + h\cos\alpha)\right]}}. \tag{3.119}$$

Aus den Gleichgewichtsbedingungen am Rahmen ergeben sich die Reaktionsmomente bezüglich des Ursprungs O, vgl. Abb. 3.11a:

$$\underline{\underline{M_x^O}} = M_{\text{an}}^\alpha = -F_y(l\sin\alpha + h\cos\alpha) + F_z(l\cos\alpha - h\sin\alpha) - M_{x*}^S$$
$$= \underline{\underline{\left[m(l^2+h^2) + J_\text{a}^S\right]\ddot{\alpha}}}, \tag{3.120}$$
$$\underline{\underline{M_y^O}} = M_{y*}^S\cos\alpha - M_{z*}^S\sin\alpha = \underline{\underline{-J_\text{p}^S(\dot{\alpha}\dot{\gamma}\cos\alpha + \ddot{\gamma}\sin\alpha)}}, \tag{3.121}$$
$$\underline{\underline{M_z^O}} = M_{y*}^S\sin\alpha + M_{z*}^S\cos\alpha = \underline{\underline{J_\text{p}^S(-\dot{\alpha}\dot{\gamma}\sin\alpha + \ddot{\gamma}\cos\alpha)}}. \tag{3.122}$$

Aus (3.120) ist erkennbar, dass der Ausdruck in der eckigen Klammer das Trägheitsmoment um O ist (Satz von Steiner). Die Terme, die von $\dot{\alpha}^2$ abhängen, haben auf das Moment um den Ursprung keinen Einfluss, da die resultierende Fliehkraft radial gerichtet ist und bezüglich O keinen Hebelarm hat. Bei konstanten Winkelgeschwindigkeiten entsteht ein Kreiselmoment, das sich auf die y- und z-Achse auswirkt, vgl. Abschn. 3.2.

L3.4 Für einen rotierenden Körper, der sich um eine raumfeste ζ-Achse dreht, sind die Bewegungsgleichungen in (3.93) bezüglich des Schwerpunktes angegeben. Mit der Komponente der Drehgeschwindigkeit $\omega_\zeta = \dot{\varphi}$ ergibt sich hierfür also

$$J_{\xi\zeta}^S\ddot{\varphi} - J_{\eta\zeta}^S\dot{\varphi}^2 = M_\xi^S, \tag{3.123}$$
$$J_{\eta\zeta}^S\ddot{\varphi} + J_{\xi\zeta}^S\dot{\varphi}^2 = M_\eta^S, \tag{3.124}$$
$$J_{\zeta\zeta}^S\ddot{\varphi} = M_\zeta^S. \tag{3.125}$$

Auf der linken Seite dieser Gleichungen stehen die kinetischen Momente, auf der rechten Seite die äußeren Momente, die von den Lagerkräften und dem Antriebsmoment stammen, welches den Rotor in diesen Bewegungszustand versetzt.

Die Komponenten des resultierenden äußeren Moments aus den Lagerkräften und dem Antriebsmoment sind (vgl. Abb. 3.10a und 3.12):

$$M_\xi^S = -F_{\text{A}\eta}a + F_{\text{B}\eta}b, \tag{3.126}$$
$$M_\eta^S = -F_{\text{A}\xi}a + F_{\text{B}\xi}b, \tag{3.127}$$
$$M_\zeta^S = M_{\text{an}} + (F_{\text{A}\xi} + F_{\text{B}\xi})\eta_S - (F_{\text{A}\eta} + F_{\text{B}\eta})\xi_S, \tag{3.128}$$

sodass aus (3.123) bis (3.128) zunächst drei Gleichungen für die unbekannten Komponenten der Lagerkräfte und für das Antriebsmoment erhalten werden können:

$$-F_{\text{A}\eta}a + F_{\text{B}\eta}b = J_{\xi\zeta}^S\ddot{\varphi} - J_{\eta\zeta}^S\dot{\varphi}^2, \tag{3.129}$$
$$F_{\text{A}\xi}a - F_{\text{B}\xi}b = J_{\eta\zeta}^S\ddot{\varphi} + J_{\xi\zeta}^S\dot{\varphi}^2, \tag{3.130}$$
$$M_{\text{an}} + (F_{\text{A}\xi} + F_{\text{B}\xi})\eta_S - (F_{\text{A}\eta} + F_{\text{B}\eta})\xi_S = J_{\zeta\zeta}^S\ddot{\varphi}. \tag{3.131}$$

Aus dem Schwerpunktsatz folgen drei weitere Gleichungen für die Unbekannten. Im raumfesten Bezugssystem gilt (3.82). Es ist aber hier zweckmäßig, ihn gemäß (3.84) in körperfesten Komponenten zu benutzen. Es gilt wegen $\ddot{\boldsymbol{r}}_{\overline{O}} \equiv \mathbf{o}$, vgl. Abb. 3.12:

$$m(\dot{\tilde{\overline{\boldsymbol{\omega}}}} + \tilde{\overline{\boldsymbol{\omega}}}\,\tilde{\overline{\boldsymbol{\omega}}})\overline{\boldsymbol{l}}_S = \overline{\boldsymbol{F}}. \tag{3.132}$$

Da die äußeren Kräfte die unbekannten Lagerkräfte in A und B sind, kann auch geschrieben werden:

$$\overline{\boldsymbol{F}}_{\mathrm{A}} + \overline{\boldsymbol{F}}_{\mathrm{B}} = m(\dot{\tilde{\overline{\boldsymbol{\omega}}}} + \tilde{\overline{\boldsymbol{\omega}}}\,\tilde{\overline{\boldsymbol{\omega}}})\overline{\boldsymbol{l}}_S. \tag{3.133}$$

Ausführlich lautet diese Gleichung mit dem Vektor $\overline{\boldsymbol{l}}_S = (\xi_S,\ \eta_S,\ \zeta_S)^{\mathrm{T}}$ und den Tensormatrizen

$$\dot{\tilde{\overline{\boldsymbol{\omega}}}} = \begin{bmatrix} 0 & -\ddot{\varphi} & 0 \\ \ddot{\varphi} & 0 & 0 \\ 0 & 0 & 0 \end{bmatrix}; \qquad \tilde{\overline{\boldsymbol{\omega}}} = \begin{bmatrix} 0 & -\dot{\varphi} & 0 \\ \dot{\varphi} & 0 & 0 \\ 0 & 0 & 0 \end{bmatrix} \tag{3.134}$$

nach der Multiplikation der jeweils drei Matrizen

$$F_{\mathrm{A}\xi} + F_{\mathrm{B}\xi} = m(-\ddot{\varphi}\eta_S - \dot{\varphi}^2\xi_S), \tag{3.135}$$

$$F_{\mathrm{A}\eta} + F_{\mathrm{B}\eta} = m(\ddot{\varphi}\xi_S - \dot{\varphi}^2\eta_S). \tag{3.136}$$

Die Komponenten in ζ-Richtung sind null. Mit (3.129), (3.130), (3.135) und (3.136) liegen je zwei lineare Gleichungen für je zwei Unbekannte vor, die sich leicht lösen lassen. Die Komponenten der Lagerkräfte im körperfesten Bezugssystem ergeben sich daraus zu

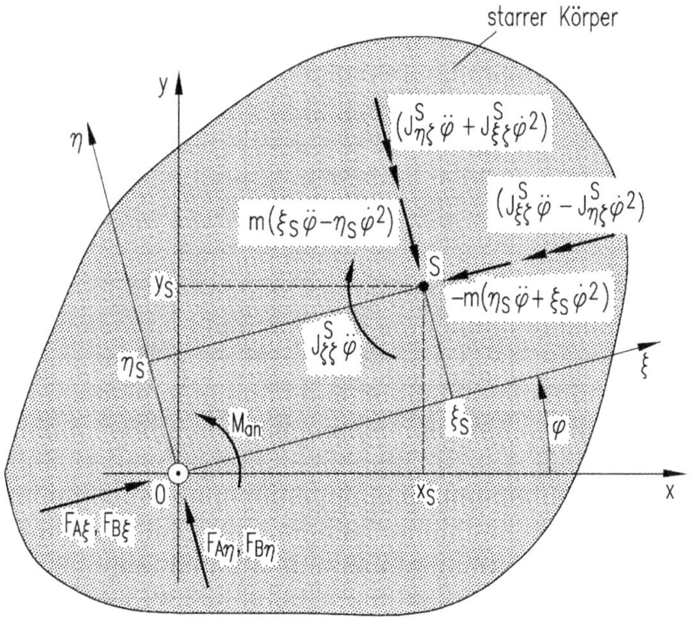

Abb. 3.12 Kraftgrößen am frei geschnittenen, um die raumfeste z-Achse drehenden Körper

$$\begin{aligned}
F_{\text{A}\xi} &= \frac{J_{\eta\zeta}^S\ddot{\varphi}+J_{\xi\zeta}^S\dot{\varphi}^2-mb(\ddot{\varphi}\eta_S+\dot{\varphi}^2\xi_S)}{a+b},\\
F_{\text{B}\xi} &= \frac{-J_{\eta\zeta}^S\ddot{\varphi}-J_{\xi\zeta}^S\dot{\varphi}^2-ma(\ddot{\varphi}\eta_S+\dot{\varphi}^2\xi_S)}{a+b},\\
F_{\text{A}\eta} &= \frac{-J_{\xi\zeta}^S\ddot{\varphi}+J_{\eta\zeta}^S\dot{\varphi}^2+mb(\ddot{\varphi}\xi_S-\dot{\varphi}^2\eta_S)}{a+b},\\
F_{\text{B}\eta} &= \frac{J_{\xi\zeta}^S\ddot{\varphi}-J_{\eta\zeta}^S\dot{\varphi}^2+ma(\ddot{\varphi}\xi_S-\dot{\varphi}^2\eta_S)}{a+b}.
\end{aligned} \tag{3.137}$$

Die entsprechenden Formeln für die Kraftkomponenten bzgl. raumfester Richtungen finden sich im Abschn. 3.5.1 (Auswuchten starrer Rotoren) für den Sonderfall $\dot{\varphi} = \Omega = \text{konst.}$, vgl. (3.340).

Das Antriebsmoment ergibt sich aus (3.131), wenn dort die Kräfte aus (3.135) und (3.136) eingesetzt werden:

$$M_{\text{an}} = \left[J_{\zeta\zeta}^S + m(\xi_S^2 + \eta_S^2)\right]\ddot{\varphi}. \tag{3.138}$$

Dem Trägheitstensor des symmetrisch im ξ_1-η_1-ζ_1-System angeordneten Kreiszylinders, dessen Mittelachse die ζ_1-Achse ist, entspricht mit (3.101) die Matrix (3.74):

$$\boldsymbol{J}^{*S} = \begin{bmatrix} J_\text{a} & 0 & 0 \\ 0 & J_\text{a} & 0 \\ 0 & 0 & J_\text{p} \end{bmatrix}. \tag{3.139}$$

Die Transformation auf das ξ-η-ζ-Koordinatensystem erfolgt mit der Matrix $\boldsymbol{A}^*$ aus (3.68), die sich aus den Winkeln

$$\begin{aligned}
\alpha_{\xi k} &= \gamma; & \beta_{\xi k} &= \frac{\pi}{2}; & \gamma_{\xi k} &= \frac{\pi}{2} - \gamma,\\
\alpha_{\eta k} &= \frac{\pi}{2}; & \beta_{\eta k} &= 0; & \gamma_{\eta k} &= \frac{\pi}{2},\\
\alpha_{\zeta k} &= \frac{\pi}{2} + \gamma; & \beta_{\zeta k} &= \frac{\pi}{2}; & \gamma_{\zeta k} &= \gamma
\end{aligned} \tag{3.140}$$

ergibt und analog zu $\boldsymbol{A}_2$ in (3.8) aufgebaut ist:

$$\boldsymbol{A}^* = \begin{bmatrix} \cos\alpha_{\xi k} & \cos\beta_{\xi k} & \cos\gamma_{\xi k} \\ \cos\alpha_{\eta k} & \cos\beta_{\eta k} & \cos\gamma_{\eta k} \\ \cos\alpha_{\zeta k} & \cos\beta_{\zeta k} & \cos\gamma_{\zeta k} \end{bmatrix} = \begin{bmatrix} \cos\gamma & 0 & \sin\gamma \\ 0 & 1 & 0 \\ -\sin\gamma & 0 & \cos\gamma \end{bmatrix}. \tag{3.141}$$

Durch die Matrizenmultiplikationen gemäß (3.69) ergibt sich der Trägheitstensor für den geneigten Kreiszylinder bezüglich der Richtungen des ξ-η-ζ-Systems:

$$\overline{\boldsymbol{J}}^S = \boldsymbol{A}^*\boldsymbol{J}^{*S}\boldsymbol{A}^{*\text{T}} = \begin{bmatrix} J_\text{a}\cos^2\gamma + J_\text{p}\sin^2\gamma & 0 & (J_\text{p} - J_\text{a})\sin\gamma\cos\gamma \\ 0 & J_\text{a} & 0 \\ (J_\text{p} - J_\text{a})\sin\gamma\cos\gamma & 0 & J_\text{a}\sin^2\gamma + J_\text{p}\cos^2\gamma \end{bmatrix}. \tag{3.142}$$

Die zur Berechnung der Lagerkräfte in (3.137) und (3.138) benötigten Elemente des Trägheitstensors sind also (Koeffizientenvergleich)

$$\underline{\underline{J^S_{\xi\zeta} = (J_\mathrm{p} - J_\mathrm{a})\sin\gamma\cos\gamma}}; \qquad \underline{\underline{J^S_{\eta\zeta} = 0}}; \qquad \underline{\underline{J^S_{\zeta\zeta} = J_\mathrm{a}\sin^2\gamma + J_\mathrm{p}\cos^2\gamma}}. \tag{3.143}$$

Das kinetische Moment, welches auf die Lager wirkt, würde sein Vorzeichen ändern, wenn γ negativ wird, d. h. die Neigung in anderer Richtung erfolgt. Das Deviationsmoment $J^S_{\xi\zeta}$ heißt auch deshalb „Kippmasse", weil es den Rotor aus der Drehachse heraus „zu kippen versucht". Die Wirkung der Deviationsmomente kann anschaulich durch die Fliehkräfte erklärt werden, die bei einer solchen schiefen Rotorstellung ein Moment um die negative η-Achse hervorrufen.

Es spielt auch noch eine Rolle, ob es sich bei dem Rotor um eine flache dünne Scheibe ($J_\mathrm{p} > J_\mathrm{a}$) oder um eine lange Walze ($J_\mathrm{p} < J_\mathrm{a}$) handelt, vgl. Abb. 8.7. Bei einem Kreiszylinder ist gemäß (3.101) die Differenz der Hauptträgheitsmomente $J_\mathrm{p} - J_\mathrm{a} = m(3R^2 - L^2)/12$, d. h., es kommt bei dem Vorzeichen von $J^S_{\xi\zeta}$ und bei der Richtung des „Kippmoments" darauf an, ob der zylindrische Rotor dick ($L < \sqrt{3}R$) oder schlank ($L > \sqrt{3}R$) ist.

3.3 Zur Kinetik der Mehrkörpersysteme

3.3.1 Mechanismen mit mehreren Antrieben

3.3.1.1 Zu räumlichen Starrkörper-Mechanismen

Starrkörper-Mechanismen sind zwangläufige Systeme starrer Körper, die in Abhängigkeit von den Bewegungen ihrer Antriebsglieder ebene oder räumliche Bewegungen ausführen. Zur Beschreibung der Bewegung eines solchen Systems werden so genannte generalisierte (oder *verallgemeinerte) Koordinaten* q_k benutzt, wobei jedem Antrieb eine Koordinate und eine *verallgemeinerte Kraftgröße* Q_k zugeordnet wird ($k = 1, 2, \ldots, n$). Die Lage jedes Gliedes eines Mechanismus mit mehreren Antrieben ist von diesen n Antriebskoordinaten

$$\boldsymbol{q} = [q_1, q_2, \ldots, q_n]^\mathrm{T} \tag{3.144}$$

abhängig. Die einzelnen q_k sind Wege (dann ist Q_k eine Kraft) oder Winkel (dann ist diesem ein Moment zugeordnet). Die Anzahl n der unabhängigen Antriebe wird in der Getriebetechnik als *Laufgrad* (VDI-Richtlinie 2127) bezeichnet, um sie vom Freiheitsgrad zu unterscheiden, der sich z. B. auf elastische Deformationen beziehen kann.

Ein Mechanismus ist *zwangläufig,* wenn den Stellungen der Antriebsglieder die Lagen aller anderen Glieder des Mechanismus eindeutig zugeordnet sind. Die Bedingungen des Zwanglaufs sind in der Praxis dann erfüllt – und das Berechnungsmodell der Starrkörper-Mechanismen *(starre Maschine)* für solche Maschinen und deren Baugruppen anwendbar – wenn die Einflüsse von Spiel, elastischen Deformationen und Schwingungen der Glieder der Mechanismen vernachlässigbar klein sind.

Die kinematische Analyse ebener und räumlicher Mechanismen mit mehreren Antrieben erfolgt üblicherweise mit entsprechender Software aus dem Gebiet der Mehrkörperdynamik. Mit solchen Programmen können die dynamischen Belastungen sehr komplexer Mechanismen unter Berücksichtigung beliebiger Verläufe eingeprägter Kräfte und Momente (z. B. Antriebskräfte, Federkräfte, Dämpferkräfte, technologische Kräfte) analysiert werden. In der Konstruktionspraxis muss sich der Bearbeiter gründlich mit der umfangreichen Anwendungsbeschreibung befassen, um diese leistungsfähigen Werkzeuge zielgerichtet nutzen zu können.

Im Folgenden sollen lediglich einige allgemeine Zusammenhänge dargestellt werden, die zwischen den Antriebsbewegungen (also Zeitverläufe der Wege oder Winkel) und den Kraftgrößen der Antriebe bestehen. Dies ist zum Verständnis des Geltungsbereichs solcher Programme, zu deren zweckmäßigem Einsatz und zur Bewertung der Rechenergebnisse von Interesse. In der Praxis sind meist die Antriebskräfte durch die Motorkennlinien gegeben, sodass die Integration der Bewegungsgleichungen notwendig wird, vgl. dazu Abschn. 3.3.3.

Für den Fall, dass die Zeitverläufe für einzelne oder auch alle Antriebskoordinaten von vornherein vorgegeben sind, ist es für die im Folgenden vorgestellte Methode zur Aufstellung der Bewegungsgleichungen erforderlich, diese vorgegebenen Zeitfunktionen zunächst wie noch unbekannte Größen (d. h. wie die restlichen generalisierten Koordinaten) zu behandeln.

Ein Mechanismus besteht aus I Gliedern, von denen das Gestell mit dem Index 1 und die beweglichen Körper mit den Indizes $i = 2, 3, \ldots, I$ bezeichnet werden, wobei dem Index I meist ein Abtriebsglied zugeordnet wird. Abb. 3.13 zeigt einige Beispiele für Starrkörper-Mechanismen mit mehreren Antrieben. Auch der Kreisel in Abb. 3.15 kann so gedeutet werden, dass die Lage des starren Körpers durch die drei „Antriebskoordinaten" q_1, q_2 und q_3 bestimmt wird.

Die Schwerpunktkoordinaten $\boldsymbol{r}_{Si}$ des i-ten Gliedes eines Mechanismus sind von den so genanten kinematischen Abmessungen und der Stellung der n Antriebsglieder (oft nichtlinear) abhängig:

$$\boldsymbol{r}_{Si}(\boldsymbol{q}) = [x_{Si}(\boldsymbol{q}),\ y_{Si}(\boldsymbol{q}),\ z_{Si}(\boldsymbol{q})]^{\mathrm{T}}. \tag{3.145}$$

Ihre Geschwindigkeiten können nach der Kettenregel berechnet werden:

$$\dot{\boldsymbol{r}}_{Si} = \boldsymbol{v}_{Si} = \sum_{k=1}^{n} \frac{\partial \boldsymbol{r}_{Si}}{\partial q_k}\dot{q}_k = \sum_{k=1}^{n} \boldsymbol{r}_{Si,k}\,\dot{q}_k; \qquad i = 2, 3, \ldots, I. \tag{3.146}$$

Ausführlich lautet (3.146)

$$\dot{x}_{Si} = \sum_{k=1}^{n} x_{Si,k}\,\dot{q}_k; \quad \dot{y}_{Si} = \sum_{k=1}^{n} y_{Si,k}\,\dot{q}_k; \quad \dot{z}_{Si} = \sum_{k=1}^{n} z_{Si,k}\,\dot{q}_k. \tag{3.147}$$

Die partiellen Ableitungen nach den Koordinaten q_k werden durch den nach einem Komma folgenden Buchstaben k abgekürzt.

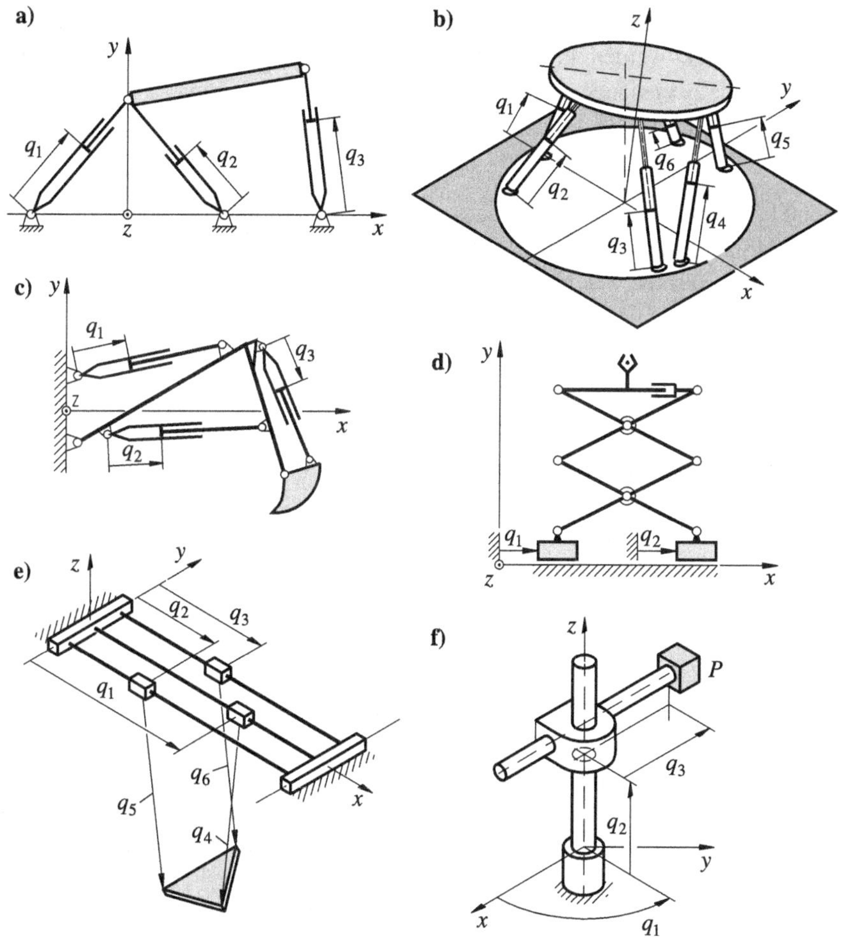

Abb. 3.13 Beispiele für Starrkörper-Mechanismen mit mehreren Antrieben: **a** ebene Stewart-Plattform ($n = 3$), **b** räumliche Stewart-Plattform ($n = 6$), **c** hydraulische Antriebe eines Löffelbaggers ($n = 3$), **d** Hubwagen ($n = 2$), **e** seilgeführtes Handhabungssystem ($n = 6$), **f** Schweißroboter ($n = 3$)

Die Komponenten der Drehgeschwindigkeiten jedes Gliedes sind bei zwangläufigen Mechanismen linear abhängig von den Geschwindigkeiten der Antriebskoordinaten. Für die körperfesten Komponenten des Vektors $\overline{\boldsymbol{\omega}}_i = [\omega_{\xi i}, \omega_{\eta i}, \omega_{\zeta i}]^{\mathrm{T}}$ der Drehgeschwindigkeit des i-ten Gliedes gilt (siehe dazu auch z. B. (3.167) und (3.168)):

$$\omega_{\xi i} = \sum_{k=1}^{n} u_{\xi ik}\dot{q}_k; \qquad \omega_{\eta i} = \sum_{k=1}^{n} u_{\eta ik}\dot{q}_k; \qquad \omega_{\zeta i} = \sum_{k=1}^{n} u_{\zeta ik}\dot{q}_k. \tag{3.148}$$

Die linearen Beziehungen gemäß (3.146) und (3.148) können jeweils mit einer *Jacobimatrix* ausgedrückt werden. Es gelten für die Translation der Schwerpunkte und für die Rotation folgende Beziehungen:

$$\dot{\boldsymbol{r}}_{Si} = \boldsymbol{Y}_i(\boldsymbol{q})\dot{\boldsymbol{q}}; \qquad \overline{\boldsymbol{\omega}}_i = \boldsymbol{Z}_i(\boldsymbol{q})\dot{\boldsymbol{q}}; \qquad i = 2, 3, \ldots, I. \tag{3.149}$$

Dabei sind $\boldsymbol{Y}_i(\boldsymbol{q})$ und $\boldsymbol{Z}_i(\boldsymbol{q})$ die Jacobimatrizen für Translation und Rotation des i-ten starren Körpers (Getriebegliedes). Es sind Rechteckmatrizen mit drei Zeilen und n Spalten. Aus (3.146) und (3.148) folgt, welche Elemente in diesen Matrizen enthalten sind:

$$\boldsymbol{Y}_i(\boldsymbol{q}) = \begin{bmatrix} x_{Si,1} & x_{Si,2} & \cdots & x_{Si,n} \\ y_{Si,1} & y_{Si,2} & \cdots & y_{Si,n} \\ z_{Si,1} & z_{Si,2} & \cdots & z_{Si,n} \end{bmatrix}; \quad \boldsymbol{Z}_i(\boldsymbol{q}) = \begin{bmatrix} u_{\xi i1} & u_{\xi i2} & \cdots & u_{\xi in} \\ u_{\eta i1} & u_{\eta i2} & \cdots & u_{\eta in} \\ u_{\zeta i1} & u_{\zeta i2} & \cdots & u_{\zeta in} \end{bmatrix}. \tag{3.150}$$

Durch Differenziation der Drehgeschwindigkeiten nach den Antriebsgeschwindigkeiten $\dot{q}_k$ bzw. einfach aus einem Koeffizientenvergleich kann $\boldsymbol{Z}_i(\boldsymbol{q})$ gefunden werden, vgl. z. B. (3.32) aus Abschn. 3.1.3.

Lagefunktionen und Jacobimatrizen können bei offenen Gelenkketten, wie bei den Beispielen c, d und f in Abb. 3.13, in analytischer Form explizit angegeben werden. Bei Mechanismen mit Maschenstruktur (kinematische Schleife), wie bei den Fällen a, b und e in Abb. 3.13, wo die Zwangsbedingungen nicht geschlossen auflösbar sind, können die Jacobimatrizen stellungsabhängig numerisch berechnet werden. Die Elemente der Jacobimatrizen hängen i. Allg. von der Stellung der Antriebskoordinaten ab. Sie werden auch als *Lagefunktionen erster Ordnung* bezeichnet.

Ein Mechanismus besteht aus $I - 1$ beweglichen starren Körpern, deren dynamische Eigenschaften jeweils durch 10 Masseparameter erfasst werden, die im Parametervektor

$$\boldsymbol{p}_i = [m_i,\, \xi_{Si},\, \eta_{Si},\, \zeta_{Si},\, J^S_{\xi\xi i},\, J^S_{\eta\eta i},\, J^S_{\zeta\zeta i},\, J^S_{\xi\eta i},\, J^S_{\eta\zeta i},\, J^S_{\xi\zeta i}]^{\mathrm{T}}; \quad i = 2, 3, \ldots, I \tag{3.151}$$

enthalten sind. Es sind dies für den i-ten Körper die Masse m_i, drei statische Momente $(m_i\xi_{Si},\, m_i\eta_{Si},\, m_i\zeta_{Si})$ und sechs Elemente des Trägheitstensors $(J^S_{\xi\xi i}, J^S_{\eta\eta i}, J^S_{\zeta\zeta i}, J^S_{\xi\eta i}, J^S_{\eta\zeta i}, J^S_{\xi\zeta i})$, falls Schwerpunktachsen verwendet werden. Wenn die Lage der zentralen Hauptachsen (durch den Schwerpunkt) bekannt ist, dann gehören zum Trägheitstensor nur die drei Hauptträgsheitsmomente $J^S_{\mathrm{I}i}$, $J^S_{\mathrm{II}i}$ und $J^S_{\mathrm{III}i}$.

Die kinetische Energie des Starrkörpersystems ist die Summe der kinetischen Energien aller seiner Einzelkörper, die sich aus der Translationsenergie und der Rotationsenergie addiert, vgl. (3.62). Mit den Jacobimatrizen gemäß (3.150) folgt die kinetische Energie mit den Trägheitstensoren analog zu (3.62) zu

$$W_{\text{kin}} = \frac{1}{2}\dot{\boldsymbol{q}}^{\text{T}} \left[\sum_{i=2}^{I} (m_i \boldsymbol{Y}_i^{\text{T}} \boldsymbol{Y}_i + \boldsymbol{Z}_i^{\text{T}} \overline{\boldsymbol{J}}_i^{S} \boldsymbol{Z}_i) \right] \dot{\boldsymbol{q}} = \frac{1}{2}\dot{\boldsymbol{q}}^{\text{T}} \boldsymbol{M} \dot{\boldsymbol{q}}$$
$$= \frac{1}{2} \sum_{k=1}^{n} \sum_{l=1}^{n} m_{kl}(\boldsymbol{q}) \dot{q}_k \dot{q}_l. \tag{3.152}$$

Die symmetrische Massenmatrix $\boldsymbol{M}$ ist nur dann von $\boldsymbol{q}$ abhängig, wenn die Jacobimatrizen Terme enthalten, welche von $\boldsymbol{q}$ abhängen. Die Matrix $\boldsymbol{M}$ hat n^2 Elemente m_{kl}, die *verallgemeinerte Massen* genannt werden:

$$m_{kl}(\boldsymbol{q}) = m_{lk}(\boldsymbol{q}) = \sum_{i=2}^{I} \Big\{ m_i (x_{Si,k} x_{Si,l} + y_{Si,k} y_{Si,l} + z_{Si,k} z_{Si,l})$$
$$+ J_{\xi\xi i}^{S} u_{\xi ik} u_{\xi il} + J_{\eta\eta i}^{S} u_{\eta ik} u_{\eta il} + J_{\zeta\zeta i}^{S} u_{\zeta ik} u_{\zeta il}$$
$$+ 2 \left(J_{\xi\eta i}^{S} u_{\xi ik} u_{\eta ik} + J_{\eta\zeta i}^{S} u_{\zeta ik} u_{\eta ik} + J_{\xi\zeta i}^{S} u_{\xi ik} u_{\zeta ik} \right) \Big\}. \tag{3.153}$$

Für ebene Mechanismen, bei denen sich alle Getriebeglieder parallel zur x-y-Ebene bewegen, gilt wegen z_{Si} = konst. und $\omega_{\xi i} = \omega_{\eta i} = 0$ immer $u_{\xi ik} = u_{\eta ik} = 0$. Die Winkel φ_i sind in Abb. 3.16 definiert. Wegen $\omega_{\zeta i} = \dot{\varphi}_i$ gilt $u_{\zeta ik} = \varphi_{i,k}$ und deshalb mit $J_{\zeta\zeta i}^{S} = J_{Si}$:

$$m_{kl}(\boldsymbol{q}) = m_{lk}(\boldsymbol{q}) = \sum_{i=2}^{I} \left[m_i (x_{Si,k} x_{Si,l} + y_{Si,k} y_{Si,l}) + J_{Si} \varphi_{i,k} \varphi_{i,l} \right]. \tag{3.154}$$

Die verallgemeinerten (oder generalisierten) Massen sind unabhängig vom Bewegungszustand, aber bei ungleichmäßig übersetzenden Mechanismen abhängig von der Stellung der Antriebskoordinaten.

Mit der bereits in (3.146) benutzten Kurzschreibweise (Komma und Index der Koordinate) werden die partiellen Ableitungen bezeichnet:

$$\frac{\partial (m_{kl})}{\partial q_p} = m_{kl,p}. \tag{3.155}$$

Die so genannten *Christoffel-Symbole 1. Art,* die bei der Herleitung der Bewegungsgleichungen mithilfe der Lagrange'schen Gleichungen 2. Art auftreten, ergeben sich aus den partiellen Ableitungen der verallgemeinerten Massen in folgender Weise:

$$\Gamma_{klp} = \Gamma_{lkp} = \frac{1}{2} \left(m_{lp,k} + m_{pk,l} - m_{kl,p} \right). \tag{3.156}$$

Mehrere eingeprägte Kräfte und Momente, die an beliebigen Stellen am i-ten Körper angreifen, werden durch die Resultierenden zusammengefasst, die auf den i-ten Schwerpunkt wirken. Diese auf alle Getriebeglieder wirkenden Resultierenden der eingeprägten Kräfte $\boldsymbol{F}_i^{(e)}$ und Momente $\overline{\boldsymbol{M}}_i^{S(e)}$ werden dann über die virtuelle Arbeit auf die Antriebskoordinaten $\boldsymbol{q}$

bezogen:

$$\delta W^{(e)} = \delta \boldsymbol{q}^{\mathrm{T}} \sum_i (\boldsymbol{Y}_i^{\mathrm{T}} \boldsymbol{F}_i^{(e)} + \boldsymbol{Z}_i^{\mathrm{T}} \overline{\boldsymbol{M}}_i^{S(e)}) = \delta \boldsymbol{q}^{\mathrm{T}} \boldsymbol{Q}. \tag{3.157}$$

Damit ergeben sich die *verallgemeinerten Kraftgrößen* aus:

$$\boldsymbol{Q} = [Q_1,\ Q_2,\ \ldots,\ Q_n]^{\mathrm{T}} = \sum_i (\boldsymbol{Y}_i^{\mathrm{T}} \boldsymbol{F}_i^{(e)} + \boldsymbol{Z}_i^{\mathrm{T}} \overline{\boldsymbol{M}}_i^{S(e)}). \tag{3.158}$$

Jede Komponente Q_p der verallgemeinerten Kräfte folgt somit aus den eingeprägten Kraftgrößen und den für einen Mechanismus charakteristischen Jacobimatrizen. Es wird bei den verallgemeinerten Kraftgrößen hier nicht unterschieden, ob sie aus der Ableitung eines Potenzials (z. B. potenzielle Energie, Formänderungsenergie, magnetische Energie) folgen (also z. B. Eigengewicht, Federkräfte, elektromagnetische Kräfte) oder nicht (z. B. Antriebskräfte, Antriebsmomente, Bremsmomente, Reibungs- und Dämpfungskräfte), was aber gelegentlich in der Fachliteratur geschieht.

Aus der kinetischen Energie (3.152) und den aus (3.158) gewonnenen generalisierten Kräften ergeben sich mithilfe der Lagrangeschen Gleichungen zweiter Art die *Bewegungsgleichungen für Starrkörper-Mechanismen* mit n Antrieben:

$$Q_{p\,\mathrm{kin}} \equiv \sum_{l=1}^{n} m_{pl}(\boldsymbol{q})\ddot{q}_l + \sum_{k=1}^{n}\sum_{l=1}^{n} \Gamma_{klp}(\boldsymbol{q})\dot{q}_k\dot{q}_l = Q_p; \quad p = 1,\ 2,\ \ldots,\ n. \tag{3.159}$$

Bezüglich der betreffenden Koordinaten q_p drücken sie jeweils das Gleichgewicht zwischen den *eingeprägten Kraftgrößen* und den kinetischen (durch die Massenträgheit bedingten) Kraftgrößen aus. Die sich aus der *Massenträgheit der starren Körper des zwangläufigen Systems* ergebenden Kraftgrößen werden als *kinetische* (oder traditionell als *„kinetostatische“) Kraftgrößen,* im Unterschied zu den allgemeinen „Vibrationskräften“, die infolge der Schwingungen elastischer Körper entstehen, vgl. die anderen Kapitel dieses Buchs. Die kinetostatischen Kraftgrößen können für gegebene Antriebsbewegungen $\boldsymbol{q}(t)$ berechnet werden – aus der linken Seite von (3.159). Sie hängen von den Masseparametern, den geometrischen Verhältnissen und dem Bewegungszustand ab, vgl. z. B. auch (3.93), (3.95), (3.100) und (3.102).

Gl. (3.159) kann von mehreren Standpunkten aus betrachtet werden:

- Wenn die Bewegungsgrößen gegeben sind, müssen die verallgemeinerten Kraftgrößen $\boldsymbol{Q}$ „in Richtung der Antriebskoordinaten“ so wirken, dass der durch die Bewegungsgrößen $\dot{\boldsymbol{q}}(t)$ und $\ddot{\boldsymbol{q}}(t)$ beschriebene Bewegungszustand zustande kommt. Oder:
- Sind die verallgemeinerten Kraftgrößen $\boldsymbol{Q}$ bekannt, d. h. ihre jeweiligen Abhängigkeiten von den Koordinaten und Geschwindigkeiten, so stellt (3.159) ein System von gewöhnlichen nichtlinearen Differenzialgleichungen dar, die (i. d. R. numerisch, siehe Abschn. 9.1) integriert werden müssen, wenn $\boldsymbol{q}(t)$ und dessen Zeitableitungen berechnet werden sollen.

- Wenn ein Teil der verallgemeinerten Kraftgrößen gegebene Antriebskraftgrößen sind, können die anderen als Reaktionen aufgefasst und nach der Ermittlung von $\boldsymbol{q}(t)$ und seinen Zeitableitungen berechnet werden, vgl. z. B. (3.163) und (3.164).

Aus (3.159) ist ersichtlich, dass die kinetostatischen Kraftgrößen nicht nur von den Beschleunigungen der Antriebsbewegungen abhängen. Das heißt, dass auch dann Massenkräfte wirken, wenn die Antriebe konstante Geschwindigkeiten haben. Das ist nicht verwunderlich, denn die Massen im Starrkörpersystem werden ja beschleunigt und/oder verzögert. Dieser Zusammenhang ist aus einfachen Fällen bekannt: die Fliehkraft steigt mit dem Quadrat der Drehzahl und die Corioliskraft ist dem Produkt von Geschwindigkeit und Drehgeschwindigkeit proportional. Gl. (3.159) zeigt, dass im allgemeinen Fall die Produkte von allen Antriebsgeschwindigkeiten kombiniert auftreten können.

Für den Sonderfall des Mechanismus mit zwei Antrieben ($n = 2$) folgt aus (3.159):

$$m_{11}\ddot{q}_1 + m_{12}\ddot{q}_2 + \Gamma_{111}\dot{q}_1^2 + 2\Gamma_{121}\dot{q}_1\dot{q}_2 + \Gamma_{221}\dot{q}_2^2 = Q_1, \tag{3.160}$$

$$m_{21}\ddot{q}_1 + m_{22}\ddot{q}_2 + \Gamma_{112}\dot{q}_1^2 + 2\Gamma_{122}\dot{q}_1\dot{q}_2 + \Gamma_{222}\dot{q}_2^2 = Q_2. \tag{3.161}$$

Dabei gilt

$$\begin{aligned} \Gamma_{111} &= \frac{1}{2}m_{11,1}; & \Gamma_{121} &= \frac{1}{2}m_{11,2}; & \Gamma_{221} &= m_{12,2} - \frac{1}{2}m_{22,1}, \\ \Gamma_{112} &= m_{12,1} - \frac{1}{2}m_{11,2}; & \Gamma_{122} &= \frac{1}{2}m_{22,1}; & \Gamma_{222} &= \frac{1}{2}m_{22,2}. \end{aligned} \tag{3.162}$$

Falls z. B. die Antriebskoordinate $q_2 =$ konst. ist, so folgt aus (3.160) die Beziehung zwischen der auf den Antrieb reduzierten Kraftgröße Q_1 und den kinetostatischen Kräften zu

$$m_{11}\ddot{q}_1 + \Gamma_{111}\dot{q}_1^2 = Q_1. \tag{3.163}$$

Die kinetostatischen Kräfte wirken auch in Richtung der Koordinate q_2:

$$m_{21}\ddot{q}_1 + \Gamma_{112}\dot{q}_1^2 = m_{21}\ddot{q}_1 + \left(m_{12,1} - \frac{1}{2}m_{11,2}\right)\dot{q}_1^2 = Q_2. \tag{3.164}$$

Somit lassen sich wesentliche Folgerungen hinsichtlich der Parameterabhängigkeit der Massenkräfte ziehen. Da q_2 eine beliebige Koordinate sein kann, in deren Richtung die Geschwindigkeit und die Beschleunigung null sind, ist Q_2 dann dementsprechend eine Kraft oder ein Moment an dieser „unbeweglichen Stelle" des Mechanismus. Eine derartige Kraftgröße in Richtung einer beliebigen Koordinate kann als eine generalisierte *Reaktionskraft im Innern des Mechanismus* gedeutet werden. Sie kann also z. B. eine Gelenkkraft oder eine Längskraft sein, wenn eine Koordinate q_2 deren Richtung entspricht. Gleichungen vom Typ (3.164) werden selten zur Berechnung solcher inneren Kraftgrößen benutzt, aber sie kann zur Begründung folgender wichtiger allgemeiner Schlussfolgerungen dienen:

Alle Reaktionskräfte und -momente an allen Stellen in beliebigen Gliedern von Mechanismen mit einem einzigen Antrieb ($n = 1$) *ergeben sich aus zwei Termen,* von denen einer der *Beschleunigung* und der andere dem *Quadrat der Geschwindigkeit* des Antriebs proportional ist. Sie hängen alle *linear von den Masseparametern* der einzelnen starren Körper ab, vgl. (3.151) und (3.153).

3.3.1.2 Bewegungsgleichungen eines Planetengetriebes

Planeten- oder Umlaufrädergetriebe werden wegen ihrer Einsatzmöglichkeit als Übersetzungs-, Überlagerungs- und Schaltgetriebe in vielen Bereichen der Antriebstechnik angewendet. Dieser Getriebetyp hat sich besonders im Fahrzeugbau und Schiffbau bewährt, wo große Leistungen und Drehmomente bei hohen Drehzahlen zu übertragen sind. Mit ihnen können extrem hohe und niedrige Übersetzungen bei kleinem Bauraum erreicht werden. Vorteilhaft ist die Verteilung der statischen und dynamischen Kräfte auf mehrere Räder und die geringe Lagerbelastung bei koaxialer Lage der An- und Abtriebswellen. Es können damit Drehzahlen und Drehmomente mehrerer Antriebe überlagert werden, und sie werden auch als Differenzialgetriebe eingesetzt, vgl. VDI-Richtlinie 2157.

Für ein einfaches Planetengetriebe, das in Abb. 3.14 skizziert ist, sollen die Bewegungsgleichungen aufgestellt werden, welche die Beziehungen zwischen seinen Antriebsmomenten und den Winkelbeschleunigungen beschreiben. Dieses Überlagerungsgetriebe (auch Sammel-, Verteil-, Differenzial- oder Ausgleichsgetriebe genannt) hat zwei Freiheitsgrade (Laufgrad $n = 2$). Es besteht aus dem Sonnenrad *2*, dem Hohlrad *3*, drei Planetenrädern und dem die Planetenräder tragenden Steg *5*, die alle drehbar um die z-Achse gelagert sind. Gegeben seien die Radien r_2 und r_4, die Trägheitsmomente J_2, J_3 und J_5 bezüglich der raumfesten Drehachse, die Masse m_4 jedes Zahnrades 4 und das Trägheitsmoment J_4 eines der Zahnräder *4* um seine Lagerachse. Der Schwerpunkt S der Planetenräder liegt jeweils in deren Lagerachse. Es sollen Drehmomente berücksichtigt werden, die an den Wellen der Glieder *2, 3* und *5* angreifen.

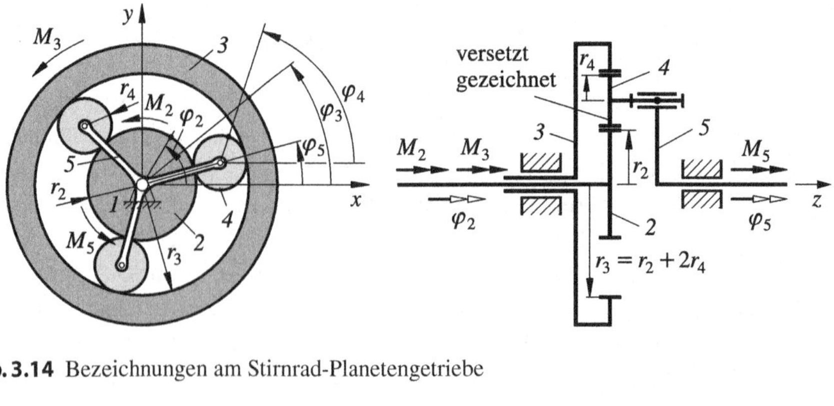

Abb. 3.14 Bezeichnungen am Stirnrad-Planetengetriebe

Ausgangspunkt für die kinematische und dynamische Analyse sind die Zwangsbedingungen. Sie werden anhand von Abb. 3.14 hier in allgemeiner Form aufgestellt, sodass sie auch für Spezialfälle von Planetengetrieben mit einem Freiheitsgrad gelten (z. B. $\dot{\varphi}_3 = 0$ oder $\dot{\varphi}_5 = 0$).

Die Zwangsbedingungen folgen aus der Tatsache, dass die Relativgeschwindigkeit der sich berührenden Räder an ihren Kontaktpunkten (den Wälzpunkten) null ist. Es gilt also

$$r_2\dot{\varphi}_2 - [r_2\dot{\varphi}_5 - r_4(\dot{\varphi}_4 - \dot{\varphi}_5)] = 0, \tag{3.165}$$

$$(r_2 + 2r_4)\dot{\varphi}_3 - [(r_2 + 2r_4)\dot{\varphi}_5 + r_4(\dot{\varphi}_4 - \dot{\varphi}_5)] = 0. \tag{3.166}$$

Es wurden hier zwar vier Lagekoordinaten eingeführt, aber wegen der zwei Zwangsbedingungen existieren nur zwei voneinander unabhängige Koordinaten. Als die beiden unabhängigen Antriebskoordinaten werden die Drehwinkel von Sonnenrad ($q_1 = \varphi_2$) und Hohlrad ($q_2 = \varphi_3$) benutzt. Aus (3.165) und (3.166) ergeben sich die abhängigen Winkelgeschwindigkeiten:

$$\dot{\varphi}_4 = \frac{-r_2}{2r_4}\dot{q}_1 + \frac{r_2 + 2r_4}{2r_4}\dot{q}_2 \qquad = u_{41}\dot{q}_1 + u_{42}\dot{q}_2, \tag{3.167}$$

$$\dot{\varphi}_5 = \frac{r_2}{2(r_2 + r_4)}\dot{q}_1 + \frac{r_2 + 2r_4}{2(r_2 + r_4)}\dot{q}_2 = u_{51}\dot{q}_1 + u_{52}\dot{q}_2. \tag{3.168}$$

Diese Gleichungen haben die Form von (3.148) mit $\omega_{\xi i} \equiv 0$, $\omega_{\eta i} \equiv 0$ und $\omega_{\zeta i} = \dot{\varphi}_i = \sum u_{ik}\dot{q}_k$. Die *Übersetzungsverhältnisse* u_{ik} drücken das Verhältnis der Winkelgeschwindigkeit $\dot{\varphi}_i$ zur Winkelgeschwindigkeit $\dot{q}_k$ aus. Die kinetische Energie ist die Summe der Rotationsenergien von Sonnenrad *(2)*, Steg *(5)*, Planetenrädern *(4)* und Hohlrad *(3)* sowie der Translationsenergie der drei Planetenräder *(4)*:

$$2W_{\text{kin}} = J_2\dot{\varphi}_2^2 + J_3\dot{\varphi}_3^2 + 3J_4\dot{\varphi}_4^2 + J_5\dot{\varphi}_5^2 + 3m_4(r_2 + r_4)^2\dot{\varphi}_5^2. \tag{3.169}$$

Um die kinetische Energie als Funktion der Geschwindigkeiten $\dot{\boldsymbol{q}} = [\dot{q}_1, \dot{q}_2]^{\mathrm{T}}$ angeben zu können, werden (3.167) und (3.168) benutzt, damit die Winkelgeschwindigkeiten $\dot{\varphi}_4$ und $\dot{\varphi}_5$ eliminiert werden können. Formal könnte auch entsprechend den Ausführungen in Abschn. 3.3.1.1 mit der beim gleichmäßig übersetzenden Getriebe von der Getriebestellung unabhängigen Jacobimatrizen gemäß (3.150) operiert werden, die hier bei Beschränkung auf $\omega_{\zeta i}$ „zusammenschrumpfen“ auf:

$$\boldsymbol{Z}_2 = [1\ ,\ 0]; \quad \boldsymbol{Z}_3 = [0\ ,\ 1]; \quad \boldsymbol{Z}_4 = [u_{41}\ ,\ u_{42}]; \quad \boldsymbol{Z}_5 = [u_{51}\ ,\ u_{52}]. \tag{3.170}$$

Die kinetische Energie ist damit entsprechend (3.152)

$$W_{\text{kin}} = \frac{1}{2}\dot{\boldsymbol{q}}^{\mathrm{T}}\boldsymbol{M}\dot{\boldsymbol{q}} \tag{3.171}$$

mit der Massenmatrix $\boldsymbol{M}$ entsprechend (3.152), die folgende verallgemeinerte Massen als Elemente hat:

$$\begin{aligned} m_{11} &= J_2 + 3J_4u_{41}^2 + [J_5 + 3m_4(r_2+r_4)^2]u_{51}^2, \\ m_{12} = m_{21} &= 3J_4u_{41}u_{42} + [J_5 + 3m_4(r_2+r_4)^2]u_{51}u_{52}, \\ m_{22} &= J_3 + 3J_4u_{42}^2 + [J_5 + 3m_4(r_2+r_4)^2]u_{52}^2. \end{aligned} \tag{3.172}$$

Die verallgemeinerten Massen sind hier konstant, also sind ihre partiellen Ableitungen und damit alle Christoffel-Symbole gleich null. Die verallgemeinerten Kräfte Q_1 und Q_2 sind von den Momenten M_2, M_3 und M_5 abhängig. Die virtuelle Arbeit der Antriebsmomente muss ebenso groß sein wie die der verallgemeinerten Kräfte. Es gilt deshalb

$$\begin{aligned} \delta W^{(e)} &= M_2\delta\varphi_2 + M_3\delta\varphi_3 + M_5\delta\varphi_5 \\ &= M_2\delta q_1 + M_3\delta q_2 + M_5(u_{51}\delta q_1 + u_{52}\delta q_2) \\ &= (M_2 + M_5u_{51})\delta q_1 + (M_3 + M_5u_{52})\delta q_2 = Q_1\delta q_1 + Q_2\delta q_2. \end{aligned} \tag{3.173}$$

Aus einem Koeffizientenvergleich bei δq_1 und δq_2 ergeben sich

$$Q_1 = M_2 + M_5u_{51}; \qquad Q_2 = M_3 + M_5u_{52}. \tag{3.174}$$

Die Bewegungsgleichungen lauten also entsprechend (3.160) und (3.161) unter Beachtung von (3.172) und (3.174):

$$m_{11}\ddot{q}_1 + m_{12}\ddot{q}_2 = M_2 + M_5u_{51}, \tag{3.175}$$

$$m_{21}\ddot{q}_1 + m_{22}\ddot{q}_2 = M_3 + M_5u_{52}. \tag{3.176}$$

Dieser allgemeine Zusammenhang lässt noch offen, welches der drei Momente oder welche zwei Winkelbeschleunigungen gegeben oder gesucht sind. Entsprechend (3.167) und (3.168) könnten auch Bedingungen für die anderen Winkel berücksichtigt werden. Da dieses Getriebe den Laufgrad $n = 2$ hat, können jeweils drei der fünf Größen (q_1, q_2, M_2, M_3, M_5) vorgegeben werden, um die verbleibenden zwei Unbekannten zu berechnen. Durch Integration der Differenzialgleichungen (3.175) und (3.176) können verschiedene Betriebszustände dynamisch analysiert werden, z. B. Zeitverläufe und dynamische Belastungen bei Anlauf-, Umschalt- und Bremsvorgängen, wenn die Kennlinien von Motoren oder Kupplungen für die Momente gegeben sind. Die Antriebsleistungen, die sich aus dem Produkt der Momente mit den Winkelgeschwindigkeiten ergeben, sind ebenfalls berechenbar.

Es sind z. B. folgende Betriebszustände möglich:

Betriebszustand a) Antrieb am Sonnenrad *2*, Hohlrad *3* steht still, Abtrieb am Steg *5*
Gegeben sind dann M_2 und M_5 sowie $\dot{q}_2 = \dot{\varphi}_3 = 0$. Aus (3.175) folgt die Winkelbeschleunigung am Antriebsglied *2* zu

$$\ddot{q}_1 = \frac{M_2 + M_5u_{51}}{m_{11}}. \tag{3.177}$$

Der Zeitverlauf ergibt sich unter Beachtung der Anfangsbedingungen aus der Integration dieser Differenzialgleichung und das Moment am Hohlrad folgt nach dem Einsetzen in (3.176):

$$M_3 = -M_5 u_{52} + m_{21}\ddot{q}_1 = -M_5 u_{52} + m_{21}\frac{M_2 + M_5 u_{51}}{m_{11}}. \qquad (3.178)$$

Betriebszustand b) Antrieb am Hohlrad *3* und am Sonnenrad *2*, Abtrieb am Steg *5*
Gegeben sind dann M_2, M_3 und M_5. Aus (3.175) und (3.176) folgen die Winkelbeschleunigungen $\ddot{q}_1$ und $\ddot{q}_2$ aus der Lösung eines linearen Gleichungssystems.

Für gegebene Momentenverläufe lassen sich dann die Zeitverläufe aller Winkel von q_1 und q_2 und auch aller anderen Winkel aus (3.167) und (3.168) berechnen.

Für den Betriebszustand „Antrieb am Sonnenrad *2* und am Steg *5*, Abtrieb am Hohlrad *3*" können dieselben Gleichungen benutzt werden.

3.3.1.3 Kardanisch gelagerter Rotor

Für den Kreisel, der gemäß Abb. 3.15 gelagert ist, sollen die Ausdrücke für die kinetische Energie und die Beziehungen zwischen den Momenten ($Q_1 = M_x$, $Q_2 = M_{y*}$, $Q_3 = M_\zeta$) und den drei Kardanwinkeln q_1, q_2 und q_3 aufgestellt werden. Der Schwerpunkt liege im Ursprung des körperfesten Koordinatensystems ($S = \overline{O}$). Gegeben sind alle Elemente des

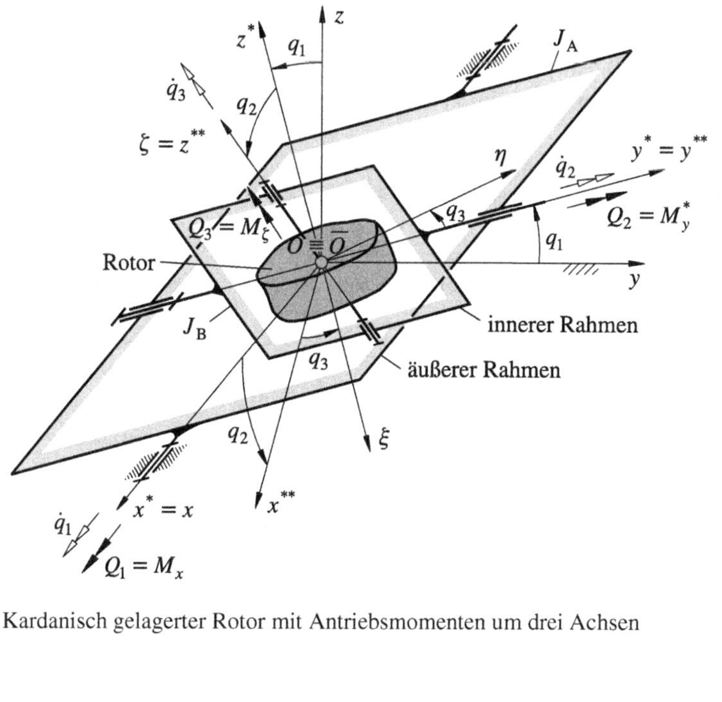

Abb. 3.15 Kardanisch gelagerter Rotor mit Antriebsmomenten um drei Achsen

Trägheitstensors $\overline{\boldsymbol{J}}^S$ bezüglich des Schwerpunktes S, sowie die Trägheitsmomente J_{A} und J_{B} der beiden Rahmen um ihre Lagerachsen.

Als Ausgangspunkt dient die kinetische Energie der Rotation in (3.62), die noch um die kinetische Energie der beiden Rahmen zu ergänzen ist. Der äußere Rahmen A rotiert ausschließlich um die x/x^*-Achse, sodass

$$W_{\text{kin Rahmen A}} = \frac{1}{2} J_{\mathrm{A}} \dot{q}_1^2 \tag{3.179}$$

mit dem Trägheitsmoment J_{A} bezüglich dieser Achse gilt. Der innere Rahmen B führt bereits eine räumliche Drehung aus. Die Winkelgeschwindigkeit im körperfesten x^{**}-y^{**}-z^{**}-System lautet:

$$\boldsymbol{\omega}^{**} = \begin{bmatrix} \dot{q}_1 \cos q_2 \\ \dot{q}_2 \\ \dot{q}_1 \sin q_2 \end{bmatrix}. \tag{3.180}$$

Zur Vereinfachung wird angenommen, dass das x^{**}-y^{**}-z^{**}-System ein Hauptachsensystem des Rahmens ist und $\boldsymbol{J}^{**} = \mathrm{diag}[J_{\mathrm{B}x}, J_{\mathrm{B}y}, J_{\mathrm{B}z}]^{\mathrm{T}}$ gilt. Damit ergibt sich die kinetische Energie des inneren Rahmens zu

$$W_{\text{kin Rahmen B}} = \frac{1}{2} \boldsymbol{\omega}^{**\mathrm{T}} \boldsymbol{J}^{**} \boldsymbol{\omega}^{**} = \frac{1}{2} \left(J_{\mathrm{B}x} (\cos q_2 \, \dot{q}_1)^2 + J_{\mathrm{B}y} \dot{q}_2^2 + J_{\mathrm{B}z} (\sin q_2 \, \dot{q}_1)^2 \right). \tag{3.181}$$

Werden die aus (3.32) bekannten Komponenten der Winkelgeschwindigkeit in (3.62) eingesetzt, ergeben diese sich als Funktion der verallgemeinerten Koordinaten und deren Zeitableitungen:

$$\begin{aligned} W_{\text{kin}} &= W_{\text{kin Rahmen A}} + W_{\text{kin Rahmen B}} + W_{\text{kin Rotor}} = \tfrac{1}{2} \dot{\boldsymbol{q}}^{\mathrm{T}} \boldsymbol{M} \dot{\boldsymbol{q}} \\ &= \tfrac{1}{2} (m_{11} \dot{q}_1^2 + m_{22} \dot{q}_2^2 + m_{33} \dot{q}_3^2) + m_{12} \dot{q}_1 \dot{q}_2 + m_{13} \dot{q}_1 \dot{q}_3 + m_{23} \dot{q}_2 \dot{q}_3. \end{aligned} \tag{3.182}$$

Die Elemente der Massenmatrix $\boldsymbol{M}$ ergeben sich aus einem Koeffizientenvergleich:

$$\begin{aligned} m_{11} &= J_{\mathrm{A}} + J_{\mathrm{B}x} \cos^2 q_2 + J_{\mathrm{B}z} \sin^2 q_2 \\ &\quad + (J_{\xi\xi}^S \cos^2 q_3 + J_{\eta\eta}^S \sin^2 q_3) \cos^2 q_2 + J_{\zeta\zeta}^S \sin^2 q_2 \\ &\quad - 2 J_{\xi\eta}^S \cos^2 q_2 \cos q_3 \sin q_3 - 2 (J_{\eta\zeta}^S \sin q_3 - J_{\xi\zeta}^S \cos q_3) \cos q_2 \sin q_2, \\ m_{12} &= (J_{\xi\xi}^S - J_{\eta\eta}^S) \cos q_2 \sin q_3 \cos q_3 \\ &\quad + J_{\xi\eta}^S (\cos^2 q_3 - \sin^2 q_3) \cos q_2 + (J_{\eta\zeta}^S \cos q_3 + J_{\xi\zeta}^S \sin q_3) \sin q_2, \\ m_{13} &= J_{\zeta\zeta}^S \sin q_2 - (J_{\eta\zeta}^S \sin q_3 - J_{\xi\zeta}^S \cos q_3) \cos q_2, \\ m_{22} &= J_{\mathrm{B}} + J_{\xi\xi}^S \sin^2 q_3 + J_{\eta\eta}^S \cos^2 q_3 + 2 J_{\xi\eta}^S \cos q_3 \sin q_3, \\ m_{23} &= J_{\eta\zeta}^S \cos q_3 + J_{\xi\zeta}^S \sin q_3, \end{aligned} \tag{3.183}$$

$$m_{33} = J^S_{\zeta\zeta}.$$

Nun sollen für den *Sonderfall* $J^S_{\xi\eta} = J^S_{\eta\zeta} = J^S_{\zeta\xi} = 0$ die Momente Q_1, Q_2 und Q_3, die in Richtung der drei Winkelkoordinaten q_1, q_2 und q_3 wirken, aus (3.159) berechnet werden, wenn sich der Kreisel mit der Winkelgeschwindigkeit $\omega_\zeta = \dot{q}_3$ um seine ζ-Achse [Hauptträgheitsachse III ($J^S_{\zeta\zeta} = J^S_{\mathrm{III}}$)] dreht und die Winkel des Rahmens gemäß $q_1(t)$ und $q_2(t)$ verändert werden. $J^S_{\xi\xi} = J^S_{\mathrm{I}}$ und $J^S_{\eta\eta} = J^S_{\mathrm{II}}$ sind ebenfalls Hauptträgheitsmomente.

Aus (3.156) folgt unter Beachtung der Besonderheit, dass $m_{23} = m_{32} = 0$ und $m_{33} = J^S_{\zeta\zeta} =$ konst. ist, zunächst für die Christoffel-Symbole

$$\Gamma_{111} = \Gamma_{331} = \Gamma_{122} = \Gamma_{222} = \Gamma_{332} = \Gamma_{133} = \Gamma_{233} = \Gamma_{333} = 0. \tag{3.184}$$

Damit folgt aus (3.159)

$$\begin{aligned}
&m_{11}\ddot{q}_1 + m_{12}\ddot{q}_2 + m_{13}\ddot{q}_3 + \Gamma_{221}\dot{q}_2^2 + 2\Gamma_{121}\dot{q}_1\dot{q}_2 + 2\Gamma_{131}\dot{q}_1\dot{q}_3 + 2\Gamma_{231}\dot{q}_2\dot{q}_3 = Q_1,\\
&m_{12}\ddot{q}_1 + m_{22}\ddot{q}_2 + \Gamma_{112}\dot{q}_1^2 + 2\Gamma_{132}\dot{q}_1\dot{q}_3 + 2\Gamma_{232}\dot{q}_2\dot{q}_3 = Q_2,\\
&m_{13}\ddot{q}_1 + m_{33}\ddot{q}_3 + \Gamma_{113}\dot{q}_1^2 + 2\Gamma_{123}\dot{q}_1\dot{q}_2 + \Gamma_{223}\dot{q}_2^2 = Q_3.
\end{aligned} \tag{3.185}$$

Aus den verallgemeinerten Massen in (3.183) ergeben sich für diesen *Sonderfall* folgende Ausdrücke für die Christoffel-Symbole:

$$\begin{aligned}
\Gamma_{121} &= -\Gamma_{112} = \frac{1}{2}m_{11,2}\\
&= -(J^S_{\xi\xi}\cos^2 q_3 + J^S_{\eta\eta}\sin^2 q_3 - J^S_{\zeta\zeta} + J_{\mathrm{B}x} - J_{\mathrm{B}z})\sin q_2\cos q_2,\\
\Gamma_{221} &= m_{12,2} = -(J^S_{\xi\xi} - J^S_{\eta\eta})\sin q_2 \sin q_3 \cos q_3,\\
\Gamma_{131} &= -\Gamma_{113} = \frac{1}{2}m_{11,3} = -(J^S_{\xi\xi} - J^S_{\eta\eta})\sin q_3\cos q_3\cos^2 q_2,\\
\Gamma_{231} &= \frac{1}{2}m_{13,2} + \frac{1}{2}m_{12,3} = \frac{1}{2}[(J^S_{\xi\xi} - J^S_{\eta\eta})(\cos^2 q_3 - \sin^2 q_3) + J^S_{\zeta\zeta}]\cos q_2,\\
\Gamma_{132} &= -\Gamma_{123} = \frac{1}{2}m_{12,3} - \frac{1}{2}m_{13,2}\\
&= \frac{1}{2}[(J^S_{\xi\xi} - J^S_{\eta\eta})(\cos^2 q_3 - \sin^2 q_3) - J^S_{\zeta\zeta}]\cos q_2,\\
\Gamma_{232} &= -\Gamma_{223} = \frac{1}{2}m_{22,3} = (J^S_{\xi\xi} - J^S_{\eta\eta})\sin q_3\cos q_3.
\end{aligned} \tag{3.186}$$

Die Ausdrücke vereinfachen sich weiter, wenn noch spezieller

$$J^S_{\xi\xi} = J^S_{\eta\eta} = J^S_{\mathrm{a}}, \quad \text{also} \quad m_{12} = 0 \quad \text{und} \quad \Gamma_{221} = \Gamma_{131} = \Gamma_{113} = \Gamma_{232} = 0. \tag{3.187}$$

betrachtet wird, z. B. ein rotationssymmetrischer Rotor. Zudem wird $J^S_{\zeta\zeta} = J^S_{\mathrm{p}}$ umbenannt. Dann lauten die Bewegungsgleichungen (3.185):

$$\begin{aligned}(J_\mathrm{A} + (J_{\mathrm{B}x} + J_\mathrm{a}^S)\cos^2 q_2 + (J_{\mathrm{B}z} + J_\mathrm{p}^S)\sin^2 q_2)\ddot{q}_1 + J_\mathrm{p}^S \sin q_2 \ddot{q}_3 \\ -2(J_\mathrm{a}^S - J_\mathrm{p}^S + J_{\mathrm{B}x} - J_{\mathrm{B}z})\sin q_2 \cos q_2 \dot{q}_1 \dot{q}_2 + J_\mathrm{p}^S \cos q_2 \dot{q}_2 \dot{q}_3 = Q_1,\end{aligned} \tag{3.188}$$

$$(J_{\mathrm{B}y} + J_\mathrm{a}^S)\ddot{q}_2 + (J_\mathrm{a}^S - J_\mathrm{p}^S)\sin q_2 \cos q_2 \dot{q}_1^2 - J_\mathrm{p}^S \cos q_2 \dot{q}_1 \dot{q}_3 = Q_2, \tag{3.189}$$

$$J_\mathrm{p}^S \sin q_2 \ddot{q}_1 + J_\mathrm{p}^S \ddot{q}_3 + J_\mathrm{p}^S \cos q_2 \dot{q}_1 \dot{q}_2 = Q_3. \tag{3.190}$$

Die Bewegungsgleichungen (3.188)–(3.190) sind nur vom Winkel q_2 abhängig. Beachtlich ist die Tatsache, dass auch im Falle konstanter Winkelgeschwindigkeiten, also bei $\ddot{q}_1 = \ddot{q}_2 = \ddot{q}_3 \equiv 0$, wechselnde Momente um die drei Achsen wirken müssen, um diesen Bewegungszustand zu erhalten.

Häufig kommt der Fall vor, dass sich ein rotationssymmetrischer Körper nur um zwei Achsen dreht. Aus (3.188) bis (3.190) folgen diese Sonderfälle:

Fall 1: $q_1 =$ konst.; $q_2(t)$ und $q_3(t)$ veränderlich.

$$J_\mathrm{p}^S \sin q_2 \ddot{q}_3 + J_\mathrm{p}^S \cos q_2 \dot{q}_2 \dot{q}_3 = Q_1 \tag{3.191}$$

$$(J_{\mathrm{B}y} + J_\mathrm{a}^S)\ddot{q}_2 = Q_2 \tag{3.192}$$

$$J_\mathrm{p}^S \ddot{q}_3 = Q_3 \tag{3.193}$$

Fall 2: $q_1(t)$ veränderlich; $q_2 = \beta =$ konst.; $q_3(t)$ veränderlich

$$(J_\mathrm{A} + (J_{\mathrm{B}x} + J_\mathrm{a}^S)\cos^2 \beta + (J_{\mathrm{B}z} + J_\mathrm{p}^S)\sin^2 \beta)\ddot{q}_1 + J_\mathrm{p}^S \sin \beta \ddot{q}_3 = Q_1 \tag{3.194}$$

$$(J_\mathrm{a}^S - J_\mathrm{p}^S)\sin \beta \cos \beta \dot{q}_1^2 - J_\mathrm{p}^S \cos \beta \dot{q}_1 \dot{q}_3 = Q_2 \tag{3.195}$$

$$J_\mathrm{p}^S \sin \beta \ddot{q}_1 + J_\mathrm{p}^S \ddot{q}_3 = Q_3 \tag{3.196}$$

Weitere Sonderfälle:

Fall 3: $\dot{q}_3 = \Omega$ konstante Drehung, q_1 und q_2 „klein“

$$(J_\mathrm{A} + J_{\mathrm{B}x} + J_\mathrm{a}^S)\ddot{q}_1 + J_\mathrm{p}^S \Omega \dot{q}_2 = Q_1 \tag{3.197}$$

$$(J_{\mathrm{B}y} + J_\mathrm{a}^S)\ddot{q}_2 - J_\mathrm{p}^S \Omega \dot{q}_1 = Q_2 \tag{3.198}$$

$$0 = Q_3 \tag{3.199}$$

Es ergibt sich ein lineares Differentialgleichungssystem für q_1 und q_2. Für eine konstante Rotation muss $Q_3 = 0$ gelten.

Fall 4: $q_1(t)$ veränderlich; $q_3(t)$ veränderlich, $q_2 = 90°$ momentan, Durchlaufen der singulären Stellung der Kardanwinkel (vgl. Gl. (3.34)).

$$(J_\mathrm{A} + J_{\mathrm{B}z} + J_\mathrm{p}^S)\ddot{q}_1 + J_\mathrm{p}^S\ddot{q}_3 = Q_1 \tag{3.200}$$

$$(J_{\mathrm{B}y} + J_\mathrm{a}^S)\ddot{q}_2 = Q_2 \tag{3.201}$$

$$J_\mathrm{p}^S\ddot{q}_1 + J_\mathrm{p}^S\ddot{q}_3 = Q_3 \tag{3.202}$$

Hier „retten" die Trägheitsparameter J_A und $J_{\mathrm{B}z}$ der Rahmen das System vor einer singulären Bewegungsgleichung. Wären diese Parameter gleich Null, wären (3.200) und (3.202) identisch und es könnte nicht mehr eindeutig nach $\ddot{q}_1$ und $\ddot{q}_3$ aufgelöst werden.

Für den Sonderfall, der durch (3.187) definiert ist, vereinfachen sich alle Terme der kinetischen Energie, und es gilt:

$$\begin{aligned} W_\mathrm{kin} = &\frac{1}{2}(J_\mathrm{A} + J_{\mathrm{B}x}\cos^2 q_2 + J_{\mathrm{B}z}\sin^2 q_2 + J_\mathrm{a}^S\cos^2 q_2 + J_\mathrm{p}^S\sin^2 q_2)\dot{q}_1^2 \\ &+ \frac{1}{2}(J_{\mathrm{B}y} + J_\mathrm{a}^S)\dot{q}_2^2 + J_\mathrm{p}^S\sin q_2\dot{q}_1\dot{q}_3 + \frac{1}{2}J_\mathrm{p}^S\dot{q}_3^2. \end{aligned} \tag{3.203}$$

Auch im Falle $J_{\xi\xi}^S = J_{\eta\eta}^S = J_{\zeta\zeta}^S = J$ (z. B. starrer Körper als eine homogene Kugel) ist die kinetische Energie bei konstanten Antriebsgeschwindigkeiten $\dot{q}_1 = \dot{q}_2 = \dot{q}_3 = \Omega$ nicht konstant, sondern noch vom Winkel q_2 abhängig: $W_\mathrm{kin} = [J_\mathrm{A} + J_\mathrm{B} + J(3 + 2\sin q_2)]\Omega^2/2$. Dies ist dadurch bedingt, dass infolge der Kreiselwirkung noch ein Moment Q_2 gemäß (3.195) wirkt, um diesen Bewegungszustand zu erzwingen, vgl. auch (3.35).

3.3.2 Ebene Mechanismen

Ebene Mechanismen, deren Glieder sich in parallelen Ebenen bewegen, werden im Maschinenbau häufiger eingesetzt als räumliche Mechanismen, da sie unkompliziert zu bauen und bequemer zu berechnen sind, insbesondere die mit nur einem einzigen Antrieb. Aus der Sicht der Mechanik sind es Sonderfälle der in Abschn. 3.3.1 behandelten Mechanismen, für die $n = 1$, $q_1 = q$, $\dot{z}_{Si} \equiv 0$, $\omega_{\xi i} = \omega_{\eta i} \equiv 0$ und $\omega_{\zeta i} = \dot{\varphi}_i$ gilt. Diese ebenen Mechanismen werden aber nicht als Sonderfall abgetan, sondern im Folgenden etwas ausführlicher behandelt, auch um dem Leser, der nur an diesen Objekten interessiert ist, die Lektüre von Abschn. 3.3.1 zu ersparen.

Der (kinematisch) ebene Mechanismus besteht aus insgesamt I starren Körpern, die so nummeriert werden, dass das Gestell die Nummer 1 hat. Meist erhält das Antriebsglied die Nummer $i = 2$ und das Abtriebsglied die Nummer I. Die geometrischen Verhältnisse sind durch die Struktur des Mechanismus und die Abmessungen seiner Getriebeglieder bestimmt.

Von allen starren Körpern seien die für die ebene Bewegung charakteristischen Masseparameter gegeben: die Schwerpunktlagen im körperfesten $(\xi_{Si};\ \eta_{Si})$ bzw. im raumfesten Bezugssystem $(x_{Si};\ y_{Si})$, die Massen m_i und die auf die körperfesten Schwerpunktachsen bezogenen Trägheitsmomente J_{Si}, die in Abschn. 3.2.1 mit $J_{\zeta\zeta i}^S$ bezeichnet wurden. Auf jeden Körper (Getriebeglied) können äußere Kräfte und Momente wirken, wie z. B. Antriebs- und Bremsmomente, Reibkräfte und -momente, Schneid- oder Presskräfte u. a.

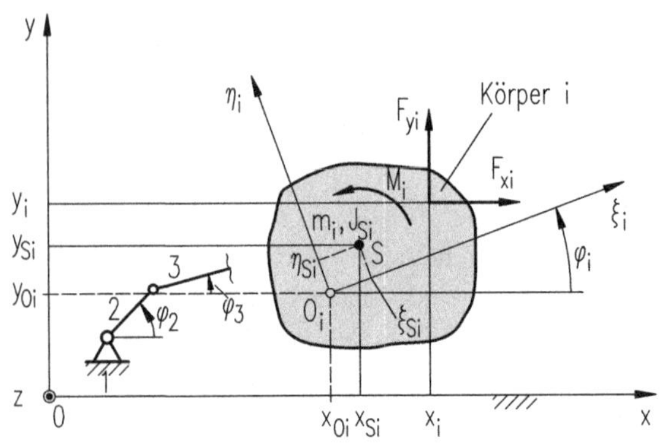

Abb. 3.16 Bezeichnungen am eben bewegten starren Körper (Getriebeglied i)

Die eingeprägten Kräfte am i-ten Körper werden mit ihren Komponenten in den raumfesten Koordinatenrichtungen erfasst und mit F_{xi} und F_{yi} bezeichnet. Das eingeprägte Moment am i-ten Körper ist M_i.

Abb. 3.16 definiert die Bezeichnungen der eingeprägten Kraftgrößen und geometrischen Abmessungen an einem beliebigen Körper. Aufgrund der Struktur und der Abmessungen einer Maschine lassen sich die geometrischen Beziehungen zwischen der Stellung des Antriebsgliedes, die durch die verallgemeinerte Koordinate q bezeichnet wird, und denjenigen Koordinaten formulieren, die die Lage jedes starren Körpers angeben. Bei Mechanismen mit rotierendem Antriebsglied, wie in den Abb. 3.16, 3.19, 3.26, 3.29 und 3.21, wird oft $q = \varphi_2$ gesetzt, jedoch kann prinzipiell ebenso eine Wegkoordinate benutzt werden.

3.3.2.1 Aufstellen der Bewegungsgleichung

Bekannt sei die Abhängigkeit der Schwerpunktkoordinaten und der Drehwinkel φ_i von der Antriebskoordinate in Form der Lagefunktionen nullter Ordnung:

$$x_{Si} = x_{Si}(q); \qquad y_{Si} = y_{Si}(q); \qquad \varphi_i = \varphi_i(q); \qquad i = 2, 3, \ldots, I. \tag{3.204}$$

Ihre Berechnung wird in den folgenden Abschnitten an mehreren Beispielen erläutert.

Wird von der Zeitabhängigkeit der Antriebskoordinate $q = q(t)$ ausgegangen, so können die Lagen der Mechanismenglieder als Zeitfunktionen bestimmt werden, vgl. auch (3.146), (3.147) und (3.148):

$$x_{Si}(t) = x_{Si}[q(t)]; \qquad y_{Si}(t) = y_{Si}[q(t)]; \qquad \varphi_i(t) = \varphi_i[q(t)]. \tag{3.205}$$

Die Geschwindigkeiten ergeben sich durch eine Differenziation nach der Zeit gemäß der Kettenregel

$$\dot{x}_{Si} = \frac{\mathrm{d}x_{Si}}{\mathrm{d}t} = \frac{\partial x_{Si}}{\partial q}\frac{\mathrm{d}q}{\mathrm{d}t} = x'_{Si}\dot{q}, \qquad \dot{y}_{Si} = y'_{Si}\dot{q}, \qquad \dot{\varphi}_i = \varphi'_i\dot{q}. \tag{3.206}$$

Ableitungen nach der Antriebskoordinate q werden durch einen Strich, totale Ableitungen nach der Zeit durch einen Punkt abgekürzt. Die Beschleunigungen berechnen sich zu

$$\ddot{x}_{Si} = \frac{\mathrm{d}^2 x_{Si}}{\mathrm{d}t^2} = \frac{\mathrm{d}\dot{x}_{Si}}{\mathrm{d}t} = \frac{\mathrm{d}(x'_{Si}\dot{q})}{\mathrm{d}t} = \frac{\mathrm{d}x'_{Si}}{\mathrm{d}t}\dot{q} + x'_{Si}\frac{\mathrm{d}\dot{q}}{\mathrm{d}t} = \frac{\partial x'_{Si}}{\partial q}\frac{\mathrm{d}q}{\mathrm{d}t}\dot{q} + x'_{Si}\ddot{q}. \tag{3.207}$$

Zusammengefasst gilt also:

$$\begin{aligned} \ddot{x}_{Si}(q, t) &= x''_{Si}(q)\dot{q}^2(t) + x'_{Si}(q)\ddot{q}(t), \\ \ddot{y}_{Si}(q, t) &= y''_{Si}(q)\dot{q}^2(t) + y'_{Si}(q)\ddot{q}(t), \\ \ddot{\varphi}_i(q, t) &= \varphi''_i(q)\dot{q}^2(t) + \varphi'_i(q)\ddot{q}(t). \end{aligned} \tag{3.208}$$

Diese Darstellung beinhaltet eine Trennung zwischen den Lagefunktionen nullter Ordnung $x_{Si}(q)$, $y_{Si}(q)$, $\varphi_i(q)$ bis zweiter Ordnung (x''_{Si}, y''_{Si}, φ''_i), die unabhängig vom Bewegungszustand sind, und den Zeitfunktionen $q(t)$, $\dot{q}(t)$ und $\ddot{q}(t)$ des Antriebsgliedes, die den Bewegungszustand charakterisieren. Grundsätzlich enthält die Beschleunigung immer einen Anteil, der auch bei konstanter Bewegung auftritt sowie einen Anteil der bei beschleunigter Bewegung $\ddot{q} \neq 0$ hinzukommt.

Die Lagefunktionen lassen sich für einfache Systeme, wie Zahnradgetriebe, Schubkurbelgetriebe u. a. in geschlossener Form analytisch angeben; für kompliziertere Systeme, wie mehrgliedrige Mechanismen, lassen sie sich numerisch berechnen.

Die kinetische Energie ergibt sich unter Berücksichtigung der Translationsbewegungen aller Schwerpunkte und der Rotationen um die Schwerpunktachsen aller bewegten Getriebeglieder zu

$$W_{\text{kin}} = \frac{1}{2}\sum_{i=2}^{I}\left[m_i\left(\dot{x}_{Si}^2 + \dot{y}_{Si}^2\right) + J_{Si}\dot{\varphi}_i^2\right]. \tag{3.209}$$

Werden die Beziehungen (3.206) benutzt, so ergibt sich aus (3.209) als Sonderfall von (3.152)

$$W_{\text{kin}} = \frac{1}{2}\dot{q}^2\sum_{i=2}^{I}\left[m_i\left(x_{Si}'^2 + y_{Si}'^2\right) + J_{Si}\varphi_i'^2\right] = \frac{1}{2}J(q)\dot{q}^2, \tag{3.210}$$

wenn die generalisierte Masse, die auch als reduziertes Trägheitsmoment bezeichnet wird, in der Form

$$J_{\text{red}} = J(q) = \sum_{i=2}^{I}\left[m_i\left(x_{Si}'^2 + y_{Si}'^2\right) + J_{Si}\varphi_i'^2\right] \tag{3.211}$$

(Sonderfall von m_{11}) eingeführt wird. Wird (3.210) mit (3.209) verglichen, so wird deutlich, dass die kinetische Energie der verallgemeinerten Masse gleich ist der kinetischen Energie aller bewegten Getriebeglieder. Die generalisierte Masse $J(q)$ hat die Dimension eines Trägheitsmomentes, wenn die verallgemeinerte Koordinate q ein Winkel ist, und sie hat die Dimension einer Masse, wenn q ein Weg ist. $J(q)$ ist stets positiv. Bemerkenswert ist, dass die Lagefunktionen erster Ordnung in (3.211) zum Quadrat auftreten und damit $J(q)$ unabhängig von der Bewegungsrichtung ist.

Potenzielle Energie wird in Mechanismen oft in Form von Hubarbeit und/oder Formänderungsarbeit der Feder (Federkonstante c, Federlänge l, ungespannte Federlänge l_0)

$$W_{\text{pot}} = \sum \left[m_i g y_{Si} + \frac{1}{2} c_i (l_i - l_{0i})^2 \right] \tag{3.212}$$

gespeichert (y-Achse sei vertikal nach oben gerichtet). Die Gesamtmasse der bewegten Getriebeglieder und die Gesamtschwerpunkthöhe y_S sind

$$m = \sum_{i=2}^{I} m_i, \tag{3.213}$$

$$y_S = \frac{1}{m} \sum_{i=2}^{I} m_i y_{Si}. \tag{3.214}$$

Die auf die Glieder des Mechanismus wirkenden eingeprägten Nichtpotenzialkräfte F_{xi}, F_{yi} und -momente M_i werden auf die generalisierte Koordinate bezogen, vgl. (3.157). Ihre Arbeit muss gleich der Arbeit der generalisierten Kraft Q sein. Es gilt somit

$$\mathrm{d}W = Q\mathrm{d}q = \sum_{i=2}^{I} \left(F_{xi} \mathrm{d}x_i + F_{yi} \mathrm{d}y_i + M_i \mathrm{d}\varphi_i \right). \tag{3.215}$$

Daraus ergibt sich für die Leistung der eingeprägten Kraftgrößen:

$$P = Q \frac{\mathrm{d}q}{\mathrm{d}t} = \sum_{i=2}^{I} \left(F_{xi} \frac{\mathrm{d}x_i}{\mathrm{d}t} + F_{yi} \frac{\mathrm{d}y_i}{\mathrm{d}t} + M_i \frac{\mathrm{d}\varphi_i}{\mathrm{d}t} \right). \tag{3.216}$$

Mit (3.206) ergibt sich nach einer Division durch $\dot{q}$ die gesuchte Gleichung für die generalisierte Kraft

$$Q = \sum_{i=2}^{I} (F_{xi} x_i' + F_{yi} y_i' + M_i \varphi_i') = Q_{\text{an}} + Q^*. \tag{3.217}$$

Meist ist Q nicht konstant, sondern von der Stellung q, der Geschwindigkeit $\dot{q}$ und/oder von der Zeit t abhängig. Die generalisierte Antriebskraft Q_{an} (bei Drehantrieb Antriebsmoment M_{an} und bei Schubantrieb Antriebskraft F_{an}) ist keine Potenzialkraft und in Q enthalten. Es ist zweckmäßig, sie gesondert zu bezeichnen und hervorzuheben. Die anderen Nichtpotenzialkräfte sind in der Größe Q^* erfasst.

Die Lagrange'sche Gleichung zweiter Art lautet für dieses System mit einem Freiheitsgrad

$$\frac{\mathrm{d}}{\mathrm{d}t} \left(\frac{\partial L}{\partial \dot{q}} \right) - \frac{\partial L}{\partial q} = Q \tag{3.218}$$

mit der Lagrange-Funktion:

$$L = W_{\text{kin}} - W_{\text{pot}}. \tag{3.219}$$

Die einzelnen Differenziationen liefern mit Gl. (3.210):

$$\begin{aligned}\frac{\partial L}{\partial \dot{q}} &= J(q)\dot{q},\\ \frac{\mathrm{d}}{\mathrm{d}t}\left(\frac{\partial L}{\partial \dot{q}}\right) &= \frac{\mathrm{d}J(q)}{\mathrm{d}t}\dot{q} + J(q)\ddot{q} = J'(q)\dot{q}^2 + J(q)\ddot{q},\\ \frac{\partial L}{\partial q} &= \frac{1}{2}J'(q)\dot{q}^2 - W'_{\mathrm{pot}}.\end{aligned} \tag{3.220}$$

Aus den Gl. (3.219), (3.220) und (3.218) ergibt sich:

$$J(q)\ddot{q} + \frac{1}{2}J'(q)\dot{q}^2 + W'_{\mathrm{pot}} = Q_{\mathrm{an}} + Q^*. \tag{3.221}$$

Diese Bewegungsgleichung der starren Maschine mit einem Freiheitsgrad ist ein Sonderfall von (3.159).

3.3.2.2 Hubwerksgetriebe

Als Vertreter der gleichmäßig übersetzenden Getriebe wird das in Abb. 3.17 dargestellte Hubwerksgetriebe eines Krans betrachtet, das aus zwei Zahnradstufen und der translatorisch bewegten Last besteht. Es wird vorausgesetzt, dass das Hubseil masselos, biegeweich und ebenso wie alle anderen Bauteile in Seilachsenrichtung ideal starr ist.

Gegeben sind die geometrischen Größen des Systems, d. h. die Teilkreisradien der Zahnräder (r_2, r_{32}, r_{34}, r_4) und die Seillänge l (spielt im weiteren keine Rolle). Die Masseparameter des Systems sind die Massenträgheitsmomente der Zahnräder um ihre Schwerpunktachsen, die mit den Drehachsen zusammenfallen (J_2; J_3; J_4) und die Masse der Hublast m_5. In den Trägheitsmomenten J_2, J_3 und J_4 sind die des Motors, der Kupplung, der Seiltrommel und aller anderen rotierenden Teile einbezogen. Das äußere Kraftfeld besteht aus dem Eigengewicht der Last (der entgegen der Koordinatenrichtung y wirkenden Kraft $F_{y5} = -m_5 g$) und aus dem Antriebsmoment M_{an}.

Gesucht sind bezüglich der Koordinate $q = \varphi_2$ das reduzierte Trägheitsmoment J_{red} und die Bewegungsgleichung.

Die Lösung beginnt mit der Aufstellung der Zwangsbedingungen. Aus Abb. 3.17 können folgende geometrische Beziehungen entnommen werden:

$$r_2\varphi_2 = -r_{32}\varphi_3, \qquad r_{34}\varphi_3 = -r_4\varphi_4, \qquad y_{S5} = r_4\varphi_4 - l. \tag{3.222}$$

Nach kurzer Umformung ergibt sich daraus die Lagefunktionen in der Form der Gl. (3.204):

$$\varphi_3 = -\frac{r_2}{r_{32}}\varphi_2, \qquad \varphi_4 = \frac{r_2 r_{34}}{r_4 r_{32}}\varphi_2, \qquad y_{S5} = \frac{r_{34} r_2}{r_{32}}\varphi_2 - l. \tag{3.223}$$

Die Lagefunktionen erster Ordnung lauten

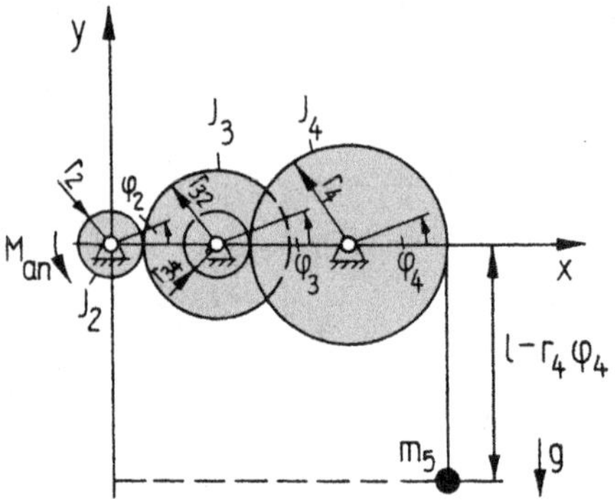

Abb. 3.17 Getriebeschema eines Hubwerkes

$$\varphi_2' = 1, \quad \varphi_3' = -\frac{r_2}{r_{32}} = u_{32}, \quad \varphi_4' = \frac{r_2 r_{34}}{r_4 r_{32}} = u_{42}, \quad y_{S5}' = r_2 \frac{r_{34}}{r_{32}}. \tag{3.224}$$

Hier werden die Übersetzungsverhältnisse $\varphi_k' = u_{k2} = 1/u_{2k}$ eingeführt, vgl. (3.148), (3.167) und (3.168). Bei der Übersetzung ins Langsame ist der Betrag eines Übersetzungsverhältnisses u_{2k} größer als Eins, bei der Übersetzung ins Schnelle ist er kleiner als Eins. Das Vorzeichen gibt die Drehrichtung im Verhältnis zum Antrieb an. Das reduzierte Trägheitsmoment ergibt sich nach (3.211) zu

$$J_{\mathrm{red}} = J_2 \varphi_2'^2 + J_3 \varphi_3'^2 + J_4 \varphi_4'^2 + m_5 y_{S5}'^2, \tag{3.225}$$

d. h., es ist

$$J_{\mathrm{red}} = J_2 + J_3 u_{32}^2 + J_4 u_{42}^2 + m_5 \left(\frac{r_2 r_{34}}{r_{32}}\right)^2 = \text{konst.} \tag{3.226}$$

Daran ist erkennbar, dass die Übersetzungsverhältnisse u_{2k} bei der Berechnung der generalisierten Masse zum Quadrat eingehen und es also nicht auf ihr Vorzeichen (die Drehrichtung) ankommt. Dieses Quadrat des Übersetzungsverhältnisses hat zur Folge, dass das reduzierte Trägheitsmoment vieler Zahnradgetriebe im Wesentlichen durch das Trägheitsmoment der schnell laufenden Stufe bestimmt wird und das gesamte Trägheitsmoment eines Zahnradgetriebes oft durch das der ersten Stufe und einen Faktor (z. B. 1,1 bis 1,2) abgeschätzt werden kann.

Die Änderung der Schwerpunkthöhe der bewegten Massen, die für die Hubarbeit maßgebend ist, beträgt $y_S' = y_{S5}'$, weil nur die Masse m_5 ihre Höhe ändert, vgl. (3.214). Die Bewegungsgleichung ergibt sich also gemäß (3.221) mit $W_{\mathrm{pot}}' = m_5 g y_{S5}'$ und $Q^* \equiv Q$ zu

$$\left[J_2 + J_3 u_{32}^2 + J_4 u_{42}^2 + m_5 \left(\frac{r_2 r_{34}}{r_{32}}\right)^2\right] \ddot{\varphi}_2 + m_5 g (r_2 r_{34}/r_{32}) = M_{\mathrm{an}}. \tag{3.227}$$

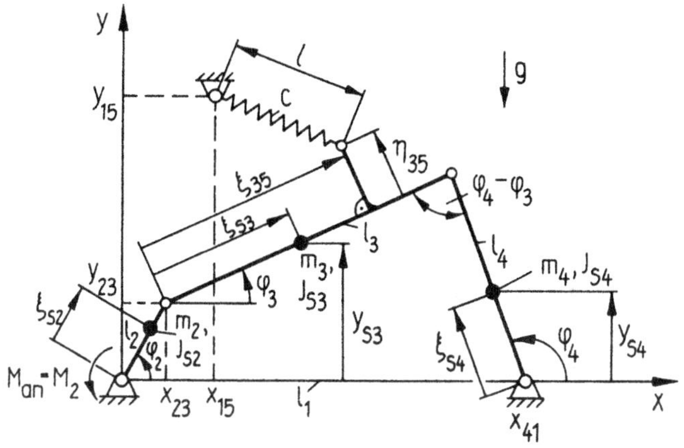

Abb. 3.18 Geometrische und mechanische Parameter an einem Viergelenkgetriebe mit Längsfeder

3.3.2.3 Viergelenkgetriebe

Viergelenkgetriebe mit rotierendem Antriebsglied werden in Form von Kurbelschwingen (Abtriebsglied *4* schwingt) oder Doppelkurbeln (Abtriebsglied *4* läuft um) in vielen Maschinen eingesetzt, um ungleichmäßige Bewegungsabläufe zu erzielen.

Gegeben sind die in Abb. 3.18 dargestellten Längen l_i, die Schwerpunktkoordinaten ξ_{Si} im körperfesten Bezugssystem, die Massen m_i und Trägheitsmomente J_{Si}, welche für die Massenkräfte und -momente maßgebend sind. Außer dem Antriebsmoment M_2 und dem Eigengewicht der Getriebeglieder wirkt noch eine Federkraft, deren Größe sich aus der Federkonstanten c und dem Federweg berechnen lässt, der sich wiederum aus der ungespannten Federlänge l_0 und der momentanen Federlänge l ergibt. Die Federlänge hängt von den raumfesten Koordinaten x_{15}, y_{15} und den gliedfesten Koordinaten des Anlenkpunktes (ξ_{35}, η_{35}) ab.

Gesucht sind allgemeine Formeln zur Berechnung des reduzierten Trägheitsmomentes und der anderen Terme, die in die Bewegungsgleichung der starren Maschine eingehen für $q = \varphi_2$.

Die Gleichungen zur Berechnung der Winkel φ_3 und φ_4 folgen aus den Zwangsbedingungen. Diese drücken aus, dass die Projektionen der Koordinaten der Gelenkpunkte auf die beiden Koordinatenrichtungen einen geschlossenen Geradenzug (Masche) bilden, vgl. Abb. 3.18:

$$l_3 \cos\varphi_3 = l_4 \cos\varphi_4 + l_1 - l_2 \cos\varphi_2, \tag{3.228}$$

$$l_3 \sin\varphi_3 = l_4 \sin\varphi_4 - l_2 \sin\varphi_2. \tag{3.229}$$

Quadrieren und Summieren ergibt daraus

$$l_3^2 = l_4^2 + l_1^2 + l_2^2 - 2l_1 l_2 \cos\varphi_2 + 2l_4(l_1 - l_2\cos\varphi_2)\cos\varphi_4 - 2l_4 l_2 \sin\varphi_2 \sin\varphi_4. \tag{3.230}$$

Wird diese Gleichung aufgelöst, ergibt sich nach einigen Zwischenrechnungen mit den Abkürzungen

$$a_{34} = \frac{2(l_2 \cos\varphi_2 - l_1)l_4}{N}, \qquad b_{34} = \frac{2 l_2 l_4 \sin\varphi_2}{N}, \qquad w_{34} = a_{34}^2 + b_{34}^2 \tag{3.231}$$

und dem Nenner

$$N = (l_2 \cos\varphi_2 - l_1)^2 + l_2^2 \sin^2\varphi_2 + l_4^2 - l_3^2 \tag{3.232}$$

der Sinus und Kosinus von φ_4 zu:

$$\sin\varphi_4 = \frac{b_{34} - a_{34}\sqrt{w_{34} - 1}}{w_{34}}, \qquad \cos\varphi_4 = \frac{a_{34} + b_{34}\sqrt{w_{34} - 1}}{w_{34}}. \tag{3.233}$$

Die anderen unbekannten trigonometrischen Funktionen folgen am einfachsten aus Gl. (3.228) und (3.229) unter Benutzung von (3.233):

$$\cos\varphi_3 = \frac{l_4 \cos\varphi_4 - l_2 \cos\varphi_2 + l_1}{l_3}, \qquad \sin\varphi_3 = \frac{l_4 \sin\varphi_4 - l_2 \sin\varphi_2}{l_3}. \tag{3.234}$$

Damit können alle Lagefunktionen (nullter Ordnung) der Schwerpunkte berechnet werden, vgl. Abb. 3.18:

$$\begin{aligned} x_{S2} &= \xi_{S2} \cos\varphi_2, & y_{S2} &= \xi_{S2} \sin\varphi_2, \\ x_{S3} &= l_2 \cos\varphi_2 + \xi_{S3} \cos\varphi_3, & y_{S3} &= l_2 \sin\varphi_2 + \xi_{S3} \sin\varphi_3, \\ x_{S4} &= l_1 + \xi_{S4} \cos\varphi_4, & y_{S4} &= \xi_{S4} \sin\varphi_4. \end{aligned} \tag{3.235}$$

Die Lagefunktionen erster Ordnung folgen daraus als Ableitungen nach der Antriebskoordinate $q = \varphi_2$:

$$\begin{aligned} x'_{S2} &= -\xi_{S2} \sin\varphi_2, & y'_{S2} &= \xi_{S2} \cos\varphi_2, \\ x'_{S3} &= -l_2 \sin\varphi_2 - \xi_{S3}\varphi'_3 \sin\varphi_3, & y'_{S3} &= l_2 \cos\varphi_2 + \xi_{S3}\varphi'_3 \cos\varphi_3, \\ x'_{S4} &= -\xi_{S4}\varphi'_4 \sin\varphi_4, & y'_{S4} &= \xi_{S4}\varphi'_4 \cos\varphi_4. \end{aligned} \tag{3.236}$$

Dabei treten die bisher noch nicht ermittelten Lagefunktionen erster Ordnung der Winkel φ_3 und φ_4 auf. Ihre Berechnung ist aus folgendem linearen Gleichungssystem möglich, welches durch Differenziation von (3.228) und (3.229) entsteht:

$$-l_3 \sin\varphi_3\varphi'_3 + l_4 \sin\varphi_4\varphi'_4 = \quad l_2 \sin\varphi_2, \tag{3.237}$$

$$l_3 \cos\varphi_3\varphi'_3 - l_4 \cos\varphi_4\varphi'_4 = -l_2 \cos\varphi_2. \tag{3.238}$$

Es ergibt sich

$$\varphi'_3 = \frac{l_2 \sin(\varphi_2 - \varphi_4)}{l_3 \sin(\varphi_4 - \varphi_3)}; \qquad \varphi'_4 = \frac{l_2 \sin(\varphi_2 - \varphi_3)}{l_4 \sin(\varphi_4 - \varphi_3)}. \tag{3.239}$$

Das reduzierte Trägheitsmoment des Viergelenkgetriebes folgt aus Gl. (3.211) für $I = 4$ zu

$$J_{\text{red}} = m_2(x_{S2}'^2 + y_{S2}'^2) + J_{S2}\varphi_2'^2 + m_3(x_{S3}'^2 + y_{S3}'^2) + J_{S3}\varphi_3'^2 + m_4(x_{S4}'^2 + y_{S4}'^2) + J_{S4}\varphi_4'^2, \tag{3.240}$$

woraus sich mit Benutzung von (3.236) ergibt:

$$J_{\text{red}} = m_2\xi_{S2}^2 + J_{S2}\varphi_2'^2 + m_3(l_2^2 + 2l_2\xi_{S3}\cos(\varphi_2 - \varphi_3)\varphi_3' + \xi_{S3}^2\varphi_3'^2) + J_{S3}\varphi_3'^2 + (m_4\xi_{S4}^2 + J_{S4})\varphi_4'^2. \tag{3.241}$$

Die darin auftretenden Lagefunktionen erster Ordnung der Winkel sind aus (3.239) bekannt. Das durch die Massenkräfte bedingte Antriebsmoment hängt gemäß (3.221) von der Ableitung des reduzierten Trägheitsmomentes und dem Quadrat der Winkelgeschwindigkeit ab. Die statischen Momentenanteile M_{st} aus dem Eigengewicht der Getriebeglieder folgen – ohne dass die Gleichgewichtsbedingungen explizit benutzt werden – aus der Lagefunktion der Schwerpunkthöhe:

$$W_{\text{pot}}' = M_{\text{st}} = mgy_S' = (m_2y_{S2}' + m_3y_{S3}' + m_4y_{S4}')g. \tag{3.242}$$

Mit den aus Gl. (3.236) bekannten Lagefunktionen y_{Si}' ist dieser Momentenanteil als Funktion des Kurbelwinkels φ_2 berechenbar.

Schließlich ist noch der Momentenanteil zu berechnen, den die an beliebiger Stelle des Gliedes *3* angelenkte Feder auf das Antriebsglied *2* ausübt. Das Federmoment folgt aus der potenziellen Federenergie $W_{\text{pot F}} = c(l - l_0)^2/2$ zu

$$W_{\text{pot F}}' = M_c = c(l - l_0)l' = cll'\left(1 - \frac{l_0}{\sqrt{l^2}}\right). \tag{3.243}$$

Die Federlänge im gespannten Zustand wird mithilfe des Satzes von Pythagoras aus den Koordinaten beider Federanlenkpunkte berechnet:

$$l^2 = (x_{35} - x_{15})^2 + (y_{35} - y_{15})^2. \tag{3.244}$$

Die implizite Differenziation ergibt

$$2ll' = 2(x_{35} - x_{15})x_{35}' + 2(y_{35} - y_{15})y_{35}' \tag{3.245}$$

und liefert den Ausdruck, der für Gl. (3.243) gebraucht wird. Dazu werden die Lagefunktionen der Federanlenkpunkte benötigt. Aus Abb. 3.18 ist ersichtlich, dass folgende geometrischen Beziehungen gelten:

$$\begin{aligned} x_{35} &= l_2\cos\varphi_2 + \xi_{35}\cos\varphi_3 - \eta_{35}\sin\varphi_3, \\ y_{35} &= l_2\sin\varphi_2 + \xi_{35}\sin\varphi_3 + \eta_{35}\cos\varphi_3. \end{aligned} \tag{3.246}$$

Deren partielle Ableitungen lauten

$$\begin{aligned} x'_{35} &= -l_2 \sin\varphi_2 - (\xi_{35}\sin\varphi_3 + \eta_{35}\cos\varphi_3)\varphi'_3, \\ y'_{35} &= l_2 \cos\varphi_2 + (\xi_{35}\cos\varphi_3 - \eta_{35}\sin\varphi_3)\varphi'_3. \end{aligned} \tag{3.247}$$

Das Federmoment gemäß (3.243) wird damit:

$$M_c = c\left[(x_{35}-x_{15})x'_{35}+(y_{35}-y_{15})y'_{35}\right]\left[1-\frac{l_0}{\sqrt{(x_{35}-x_{15})^2+(y_{35}-y_{15})^2}}\right]. \tag{3.248}$$

Damit sind alle Momentenanteile, die in die Bewegungsgleichung (3.221) eingehen, für das dargestellte Viergelenkgetriebe bekannt. Mit den aus den gegebenen Parametern gemäß Gl. (3.241), (3.242) und (3.248) berechenbaren Ausdrücken ergibt sich die Bewegungsgleichung für $q = \varphi_2$:

$$J(q)\ddot{q} + \frac{1}{2}J'(q)\dot{q}^2 + M_{\mathrm{st}}(q) + M_c(q) = M_{\mathrm{an}}. \tag{3.249}$$

3.3.2.4 Großpresse

In einer Großpresse wird das in Abb. 3.19a als Getriebeschema dargestellte 14-gliedrige Koppelgetriebe eingesetzt. Bei der Konstruktion der Antriebselemente sind neben der Kinematik besonders die dynamischen Kräfte von Bedeutung, die bei den Betriebszuständen Anfahren, Umformen und Bremsen auftreten. Aus den gegebenen Abmessungen und Masseparametern wurde zunächst mithilfe eines Rechenprogramms der Verlauf des reduzierten Trägheitsmomentes und dessen Ableitung berechnet, Abb. 3.19b. Danach erfolgte die numerische Integration der Bewegungsgleichung (3.221) und die Berechnung der Gelenkkräfte.

Entsprechend den interessierenden Betriebszuständen sind mehrere unterschiedliche Kraftfelder zu beachten:

1. Beim Bremsen oder Kuppeln treten infolge der druckluftgesteuerten Reibkupplungen bzw. -bremsen Momente auf, die von der Zeit abhängen: $M(t)$.
2. Beim stationären Betriebszustand liegt entsprechend der Motorkennlinie ein nur von der Winkelgeschwindigkeit abhängiges Moment vor: $M(\dot{\varphi}_2)$; vgl. Abschn. 2.5.2.
3. Beim Pressen treten Kräfte auf, die sowohl weg- als auch geschwindigkeitsabhängig sind, und die auf die Antriebswelle reduziert werden müssen: $M(\varphi_2, \dot{\varphi}_2)$.
4. Die Reibkräfte und -momente sind von den Gelenkkräften, den Relativgeschwindigkeiten und der Reibungszahl abhängig und durch eine Funktion $M(\varphi_2, \dot{\varphi}_2)$ zu erfassen.

Für derartig komplizierte und teure Maschinen, wie solche Großpressen, lohnt es sich oft, spezifische Computerprogramme aufzustellen, welche deren konstruktive Besonderheiten erfassen. Die Konstrukteurin oder der Konstrukteur hat dabei die Aufgabe, die technischen Daten, die für eine solche Rechnung benötigt werden, gewissenhaft zusammenzustellen und dann mit dem Rechenprogramm zu „arbeiten“.

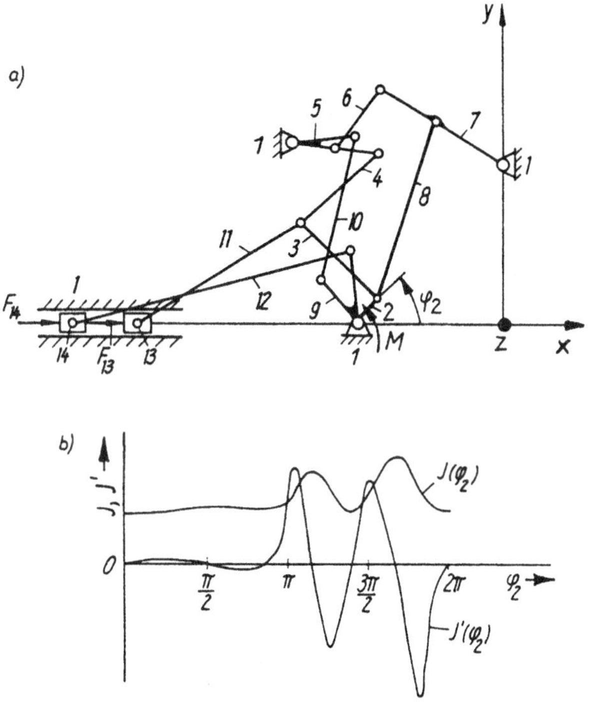

Abb. 3.19 Pressenantrieb: **a** Getriebeschema, **b** Verlauf des reduzierten Trägheitsmomentes $J(\varphi_2)$ und dessen Ableitung $J'(\varphi_2)$

3.3.3 Bewegungszustände der starren Maschine

Der zeitliche Verlauf der Antriebsbewegung kann bei gegebenem reduzierten Trägheitsmoment J_{red} und dem Moment Q_{an} im allgemeinen durch eine numerische Integration der Bewegungsgleichung (3.221) gewonnen werden. Deren geschlossene Lösung ist allerdings nur bei konservativem Kraftfeld möglich, vgl. 3.3.4. Das Ergebnis ist der Verlauf des Antriebswinkels $\varphi(t)$ und dessen zeitliche Ableitungen $\dot{\varphi}(t)$ und $\ddot{\varphi}(t)$, die zur Berechnung aller weiteren kinematischen und dynamischen Größen benötigt werden.

Der Arbeitszyklus eines Mechanismus hat meist den in Abb. 3.20 schematisch dargestellten Verlauf. Er besteht aus dem Anlauf, dem stationären (oder Dauer-) Zustand und dem Auslauf. Zu den Maschinen, die im instationären Betriebszustand arbeiten, gehören z. B. Krane, Bagger, Fahrzeuge, Fördermittel, Pressen, Stell- und Transporteinrichtungen, bei denen sich Anfahr- und Bremsvorgänge häufig wiederholen.

In der Praxis interessieren bei Anlauf- und Bremsvorgängen meist die Anfahr- bzw. Bremszeiten, die Anfahr- bzw. Bremswege und -winkel und der zeitliche Momentenverlauf. Diese Größen benutzen Konstrukteurinnen und Konstrukteure, um verschiedene Antriebssysteme zu vergleichen, oder um Motoren, Bremsen und Kupplungen auszulegen. Auch die dynamischen Kräfte, die zur Dimensionierung der Getriebeglieder und Gelenke (Bolzen,

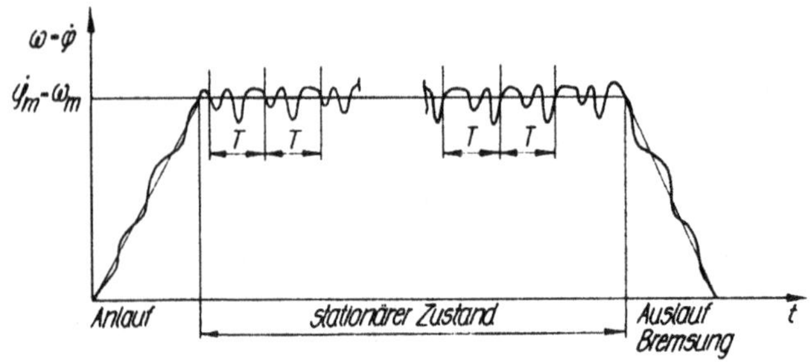

Abb. 3.20 Typischer Arbeitszyklus eines Antriebs

Lager, Zahnräder usw.) benötigt werden, können berechnet werden, wenn der tatsächliche Bewegungsablauf bekannt ist. Diese dynamischen Belastungen bei Anfahr- und Bremsvorgängen müssen oft für den Festigkeitsnachweis ermittelt werden.

Das Reibmoment einer Maschine lässt sich nur schwer vorausberechnen, da es von Einflussgrößen abhängt, die erst durch die Montage oder den Betriebszustand festgelegt werden, vgl. (2.127). Dazu gehören Zwangskräfte bei einer statisch unbestimmten Lagerung und die Betriebstemperatur eines Lagers (Zähigkeit des Schmiermittels). Reibmoment und Reibleistung werden meist durch den Wirkungsgrad pauschal erfasst oder experimentell mithilfe von Auslaufversuchen bestimmt, vgl. dazu auch VDI-Richtlinie 2158 (Selbsthemmende und selbstbremsende Getriebe).

Der mechanische Wirkungsgrad ist als Verhältnis der abgegebenen Leistung P_m zur aufgenommenen Leistung $(P_m + P_\mathrm{v})$ definiert, wobei P_v die Verlustleistung ist:

$$\eta = \frac{P_m}{P_m + P_\mathrm{v}} < 1. \tag{3.250}$$

Der Wirkungsgrad ist für spezielle Baugruppen, wie Zahnradgetriebe, Flaschenzüge von Hebezeugen u. a. in der Literatur auf dem Gebiet der Maschinenelemente angegeben.

Elektromotoren werden i. Allg. nach Antriebsleistung und Erwärmung unter Beachtung der relativen Einschaltdauer ausgewählt. Für die Charakterisierung der mechanischen Belastung der Maschinenelemente ist jedoch das Antriebsmoment aussagefähiger als die Antriebsleistung.

Bei den meisten Maschinen arbeiten mehrere Antriebsmechanismen in einem zeitlich genau aufeinander abgestimmten Bewegungsablauf zusammen. Mit dem Zyklogramm, welches die koordinierten Bewegungsabläufe aller Antriebe einer Maschine beschreibt, werden in der Entwurfsphase von der Konstrukteurin oder dem Konstrukteur wesentliche Entscheidungen getroffen, die auch das dynamische Verhalten betreffen. Abb. 3.21 zeigt ein Beispiel für ein *Zyklogramm*.

Ausgehend von den technologischen Mindestanforderungen muss die Konstrukteurin oder der Konstrukteur alle Bewegungsabläufe auch unter dynamischen Aspekten festlegen, um bei hohen Arbeitsgeschwindigkeiten eine stabile Betriebsweise zu sichern. Da die

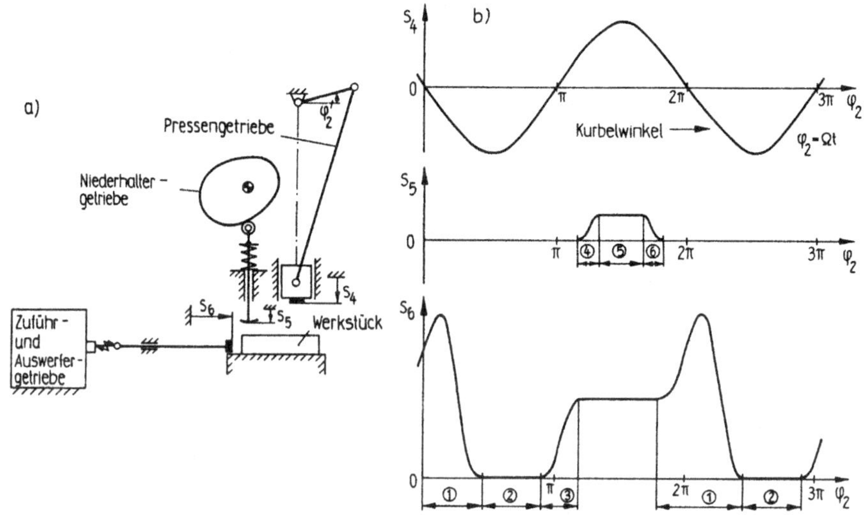

Abb. 3.21 Schneidemaschine als Beispiel für eine Maschine mit mehreren Mechanismen: **a** Getriebeschema, **b** Zyklogramme der drei Bewegungsabläufe; sechs Etappen: *1* Auswerfen, *2* Aufnehmen, *3* Zuführen, *4* Niederhalten, *5* Pressen, *6* Freigeben

einzelnen Mechanismen unterschiedliche Massenkräfte aufweisen, sollte der dynamisch gefährdetste z. B. durch lang ausgedehnte instationäre Bewegungsetappen ausgelegt werden.

Im Beispiel nach Abb. 3.21 weisen z. B. die Bewegungsetappen *1, 3, 4* und *6* die höchsten Beschleunigungen auf. In diesen Abschnitten ändert sich das reduzierte Trägheitsmoment am meisten. Der Konstrukteur oder die Konstrukteurin muss auch den Einfluss auf die Anregung von Torsionsschwingungen beachten, vgl. Abschn. 5.4.

3.3.4 Lösung der Bewegungsgleichungen

Die Behandlung von Anfahr- und Bremsvorgängen führt auf die mathematische Aufgabe, die Differenzialgleichung (3.221) unter den Anfangsbedingungen

$$t = 0: \qquad \varphi(0) = \varphi_0, \qquad \dot{\varphi}(0) = \omega_0 \tag{3.251}$$

zu integrieren (Drehwinkel $\varphi = q$).

Physikalisch bedeutet dies, den Bewegungsablauf $\varphi(t)$ zu ermitteln, wenn zu einer bestimmten Zeit eine Anfangsstellung φ_0 und eine Anfangswinkelgeschwindigkeit ω_0 gegeben sind. Für den Fall einer beliebigen Winkelabhängigkeit $Q_{\text{an}} = M_{\text{an}}(\varphi)$, $Q^* = M^*(\varphi)$, zu dem auch konstante Werte gehören, kann eine analytische Lösung angegeben werden. Da die Momente aus den Massenkräften sich aus der Änderung der kinetischen Energie ergeben, wie aus der Umformung

$$W'_{\mathrm{kin}} = \frac{\mathrm{d}W_{\mathrm{kin}}}{\mathrm{d}\varphi} = \frac{\mathrm{d}\left(J\dot{\varphi}^2/2\right)}{\mathrm{d}\varphi} = \frac{1}{2}J'\dot{\varphi}^2 + \frac{1}{2}J\frac{\mathrm{d}\dot{\varphi}^2}{\mathrm{d}\varphi} = \frac{1}{2}J'\dot{\varphi}^2 + J\ddot{\varphi} \tag{3.252}$$

ersichtlich ist, lässt sich (3.221) auch so schreiben:

$$W'_{\mathrm{kin}} = M_{\mathrm{an}} + M^* - W'_{\mathrm{pot}}. \tag{3.253}$$

Die Integration, ausgeführt von dem Anfangszustand gemäß Gl. (3.251) bis zu einer beliebigen Stellung φ, ergibt:

$$\begin{aligned}\int\limits_{W_{\mathrm{kin}\,0}}^{W_{\mathrm{kin}}} \mathrm{d}W_{\mathrm{kin}} &= \frac{1}{2}J(\varphi)\dot{\varphi}^2 - \frac{1}{2}J(\varphi_0)\omega_0^2 \\ &= \int\limits_{\varphi_0}^{\varphi} (M_{\mathrm{an}} + M^*)\mathrm{d}\overline{\varphi} - W_{\mathrm{pot}}(\varphi) + W_{\mathrm{pot}}(\varphi_0).\end{aligned} \tag{3.254}$$

Wird die *Arbeit des eingeprägten Kraftfeldes* und die potenzielle Energie gemeinsam durch

$$W(\varphi, \varphi_0) = \int\limits_{\varphi_0}^{\varphi} (M_{\mathrm{an}} + M^*)\mathrm{d}\overline{\varphi} - W_{\mathrm{pot}}(\varphi) + W_{\mathrm{pot}}(\varphi_0) \tag{3.255}$$

abgekürzt, so ergibt sich aus (3.254) zunächst

$$W_{\mathrm{kin}} = \frac{1}{2}J(\varphi)\dot{\varphi}^2 = \frac{1}{2}J(\varphi_0)\omega_0^2 + W(\varphi, \varphi_0) \tag{3.256}$$

und daraus die Abhängigkeit der Winkelgeschwindigkeit vom Drehwinkel mit $W_{\mathrm{kin}\,0} = J(\varphi_0)\omega_0^2/2$:

$$\dot{\varphi}(\varphi) = \sqrt{\frac{J(\varphi_0)\omega_0^2 + 2W(\varphi, \varphi_0)}{J(\varphi)}} = \omega_0\sqrt{\frac{J(\varphi_0)}{J(\varphi)}\left(1 + \frac{W(\varphi, \varphi_0)}{W_{\mathrm{kin}\,0}}\right)}. \tag{3.257}$$

Wird die Arbeit W des eingeprägten Kraftfeldes ganz vernachlässigt, so folgt daraus als Sonderfall von (3.257) und dessen Ableitung:

$$\dot{\varphi}(\varphi) = \omega_0\sqrt{\frac{J(\varphi_0)}{J(\varphi)}} = \sqrt{\frac{2W_{\mathrm{kin}\,0}}{J(\varphi)}}, \quad \ddot{\varphi}(\varphi) = \frac{-J'(\varphi)J(\varphi_0)}{2J^2(\varphi)}\omega_0^2 = \frac{-J'W_{\mathrm{kin}\,0}}{J^2}. \tag{3.258}$$

Der durch (3.258) beschriebene Bewegungszustand ergibt sich, wenn der Mechanismus in der Stellung φ_0 mit der Anfangsenergie $W_{\mathrm{kin}\,0}$ sich selbst überlassen wird. Bei dieser so genannten *Eigenbewegung* ist kein Antriebsmoment erforderlich. Dies soll durch Einsetzen in (3.221) nachgeprüft werden!

Die periodische Bewegung, die durch die Veränderlichkeit von $J(\varphi)$ und/oder $M(\varphi)$ verursacht sein kann, wird durch den Ungleichförmigkeitsgrad δ ausgedrückt. Im 19. Jahrhundert entstanden derartige Maschinenuntersuchungen erstmals in Verbindung mit der Entwicklung von Dampfmaschinen. Der *Ungleichförmigkeitsgrad* drückt die Schwankung der Winkelgeschwindigkeit $\omega = \dot{\varphi}$ des Antriebes während eines Arbeitszyklus (meist eine volle Umdrehung), bezogen auf den Mittelwert aus:

$$\delta = \frac{\omega_{\max} - \omega_{\min}}{\omega_m} \approx \frac{2(\omega_{\max} - \omega_{\min})}{\omega_{\max} + \omega_{\min}}. \tag{3.259}$$

Der Ungleichförmigkeitsgrad beträgt $\delta = 0$ bei $\omega_{\max} = \omega_{\min}$ und $\delta = 2$ bei $\omega_{\min} = 0$. Eine Maschine arbeitet umso gleichmäßiger, je kleiner der Ungleichförmigkeitsgrad ist.

Für die Näherung $W \ll W_{\text{kin}\,0}$ können nach (3.258) die extremen Winkelgeschwindigkeiten angegeben werden. Wird vom mittleren Trägheitsmoment $J(\varphi_0) = J_m$ und der mittleren Winkelgeschwindigkeit $\omega_0 = \omega_m$ ausgegangen, so folgt:

$$\omega_{\min} = \omega_0 \sqrt{\frac{J_m}{J_{\max}}}; \qquad \omega_{\max} = \omega_0 \sqrt{\frac{J_m}{J_{\min}}}. \tag{3.260}$$

Diese Beziehungen illustriert Abb. 3.22. Mit (3.259) und (3.260) ergibt sich nach kurzer Umformung

$$\delta = 2\frac{\sqrt{J_{\max}} - \sqrt{J_{\min}}}{\sqrt{J_{\max}} + \sqrt{J_{\min}}} \approx \frac{\Delta J}{J_m}\left[1 + \frac{1}{4}\left(\frac{\Delta J}{J_m}\right)^2 + \ldots\right]. \tag{3.261}$$

Bei vernachlässigbar kleinem äußerem Kraftfeld ($W \ll W_{\text{kin}\,0}$) muss nur die Funktion $J(\varphi)$ für einen Arbeitszyklus ermittelt und daraus die Differenz ΔJ bestimmt werden, um den Ungleichförmigkeitsgrad angeben zu können. Ausgehend von der Näherung

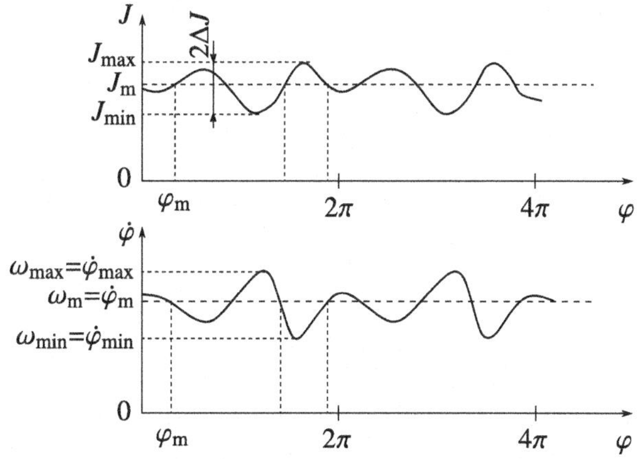

Abb. 3.22 Typischer Verlauf des reduzierten Trägheitsmomentes und der Winkelgeschwindigkeit eines Mechanismus ohne äußeres Kraftfeld

$$\Delta J = \frac{J_{\max} - J_{\min}}{2} \ll J_m; \qquad J_m = \frac{1}{2\pi} \int\limits_0^{2\pi} J(\varphi)\mathrm{d}\varphi \approx \frac{J_{\max} + J_{\min}}{2} \tag{3.262}$$

lässt sich Gl. (3.261) durch die Reihenentwicklungen

$$\sqrt{J_{\max/\min}} = \sqrt{J_m \pm \Delta J} = \sqrt{J_m} \left[1 \pm \frac{\Delta J}{2 J_m} - \frac{1}{8} \left(\frac{\Delta J}{J_m} \right)^2 + \ldots \right] \tag{3.263}$$

vereinfachen. Aus Gl. (3.261) folgt die Näherung zur Berechnung des erforderlichen Mittelwertes für einen gegebenen Ungleichförmigkeitsgrad:

$$J_m = \frac{\Delta J}{\delta} \left[1 + \frac{\delta^2}{4 + 2\delta^2} + \ldots \right] \approx \frac{\Delta J}{\delta_{\text{zul}}}. \tag{3.264}$$

Es soll nun der andere Sonderfall betrachtet werden, bei dem die Ungleichförmigkeit im Wesentlichen durch die Arbeit $W(\varphi, \varphi_0)$ und nicht durch $J(\varphi)$ bestimmt wird. Das reduzierte Trägheitsmoment wird durch seinen Mittelwert J_m gemäß (3.262) erfasst. Im stationären Zustand folgt aus (3.257) mit $J(\varphi_0) = J(\varphi) = J_m$, der mittleren Winkelgeschwindigkeit $\omega_0 = \omega_m$ und der mittleren kinetischen Energie $J_m \omega_m^2/2 = W_m$:

$$\omega_{\min} = \omega_m \left(1 + \frac{W_{\min}}{2 W_m} \right); \qquad \omega_{\max} = \omega_m \left(1 + \frac{W_{\max}}{2 W_m} \right). \tag{3.265}$$

Werden die Extremwerte in (3.259) eingesetzt, so folgt eine Alternative zu den Gl. (3.261) und (3.264):

$$\delta = \frac{\Delta W}{2 W_m} = \frac{\Delta W}{J_m \omega_m^2} \qquad \text{bzw.} \qquad J_m = \frac{\Delta W}{\omega_m^2 \delta}. \tag{3.266}$$

Hierin ist $\Delta W = W_{\max} - W_{\min}$ die Überschussarbeit pro Periode.

Aus (3.264) und (3.266) folgt, dass bei gegebener Überschussarbeit ΔW der Ungleichförmigkeitsgrad desto geringer wird, je größer das mittlere reduzierte Trägheitsmoment J_m ist. Um eine gleichmäßigere Bewegung zu erhalten, muss also das mittlere Trägheitsmoment erhöht werden. Praktisch wird das durch ein Schwungrad erreicht.

Ein *Schwungrad* dient als Speicher der kinetischen Energie. Es gleicht die Ungleichförmigkeit aus, indem es in der Phase der Beschleunigung kinetische Energie akkumuliert und diese bei Belastung wieder abgibt. Es ermöglicht den Einsatz eines Antriebsmotors mit einem Kippmoment, das kleiner als das reduzierte statische Antriebsmoment ist. Oft ist es zweckmäßig, das Schwungrad dauernd rotieren zu lassen und die Getriebe nur während der Arbeitstakte oder Belastungsphasen anzukuppeln. Schwungräder werden vor allem bei Maschinen angewendet, die im stationären Betrieb arbeiten.

Es bewirkt einen Unterschied, ob das Schwungrad zwischen Motor und Getriebe oder zwischen Getriebe und Arbeitsmaschine angebracht wird, vgl. Abb. 3.27. Um das Getriebe vor Belastungsstößen zu schonen, ist ein Einbau zwischen Getriebe und Arbeitsmaschine günstig. Die Schwungmasse wird jedoch kleiner, wenn es auf der schnell laufenden Welle zwischen Motor und Getriebe angeordnet wird. Die Konstrukteurin oder der Konstrukteur muss je nach der Bedeutung beider Kriterien im konkreten Fall entscheiden, welche Anordnung zu bevorzugen ist. Bei Maschinen mit instationärer Arbeitsweise ist ein kleines Trägheitsmoment vorteilhaft, denn infolge häufiger Beschleunigungs- und Verzögerungsvorgänge tritt bei größerem Schwungrad eine stärkere Belastung der Motoren und Bremsen auf (Überhitzungsgefahr).

Bei realen Maschinen hängen die eingeprägten Kräfte und Momente in komplizierter Weise von der Getriebestellung, der Winkelgeschwindigkeit und der Zeit ab. Sind diese Funktionen bekannt, dann kann die Bewegungsgleichung (3.221) numerisch gelöst werden, nachdem sie nach der Winkelbeschleunigung aufgelöst wurde ($\varphi \mathrel{\widehat{=}} q$):

$$\ddot{\varphi} = \ddot{\varphi}(\varphi, \dot{\varphi}, t) = \frac{1}{J(\varphi)}\left[M_{\text{an}} + M^* - W'_{\text{pot}} - \frac{1}{2}J'(\varphi)\dot{\varphi}^2\right]. \tag{3.267}$$

Unter Benutzung der Anfangsbedingungen (3.251) kann der Bewegungsablauf für kleine Zeitschritte Δt schrittweise berechnet werden. Das grundsätzliche Vorgehen einer numerischen Integration ist im Abschn. 9.1 erläutert.

3.3.5 Beispiel: Pressenantrieb

Eine Strohpresse besteht aus einer Kurbelschwinge, für deren geometrische Parameter $r_4/l_5 \ll 1$ und $r_4/l_4 \ll 1$ gilt, vgl. Abb. 3.23a. Das dynamische Verhalten soll unter Berücksichtigung der Motorkennlinie, der technologischen Kraft am Abtrieb und des Reibmomentes berechnet werden, wobei insbesondere der Einfluss des Schwungrades (Rad 3) zu analysieren ist. Die Masse des Gliedes 4 sei auf die Nachbarglieder aufgeteilt.

Gegeben:

$r_2 = 80\,\text{mm}$, $r_3 = 320\,\text{mm}$, $r_4 = 150\,\text{mm}$, $l_5 = 1{,}0\,\text{m}$, $x_{15} \approx l_4$, $\xi_{S5} = 1{,}5\,\text{m}$.
$J_2 = 0{,}03\,\text{kg}\,\text{m}^2$, $J_3 = 10; 25; 100; 200\,\text{kg/m}^2$, $m_5 = 40\,\text{kg}$, $J_{S5} = 36\,\text{kg}\,\text{m}^2$.
Presskraft $F_0 = 7{,}6\,\text{kN}$, vgl. Verlauf in Abb. 3.23b,
auf Winkel φ_2 reduziertes Reibmoment $M_\text{R} = (7{,}5 + 0{,}022\dot{\varphi}_2^2)$ N m, experimentell ermittelt, vgl. auch Aufgabe A2.6 ($\dot{\varphi}_2$ in rad/s
Motormoment $M_{\text{an}} = M_0(1 - \dot{\varphi}_2/\Omega)$ mit $M_0 = 10\,200\,\text{Nm}$ und $\Omega = \pi n/30$ mit Ω in rad/s und n in min^{-1}
Synchrondrehzahl des Motors: $n = 750\,\text{min}^{-1}$
Kräfte aus Eigengewichten seien hier gegenüber Massenkräften vernachlässigbar.

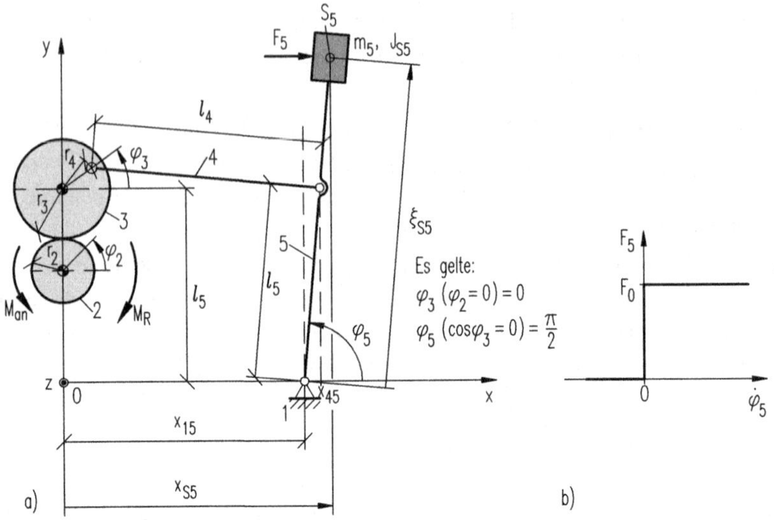

Abb. 3.23 Pressenantrieb: **a** Getriebeschema, **b** Abhängigkeit der Presskraft von der Winkelgeschwindigkeit der Schwinge

Gesucht:

1. Verlauf des reduzierten Trägheitsmomentes $J(\varphi_2)$
2. Verlauf der Winkelgeschwindigkeit und des Antriebsmomentes im stationären Betriebszustand
3. Einfluss der Größe des Schwungrades auf Winkelgeschwindigkeit und Antriebsmoment, indem J_3 variiert wird
4. Nutzleistung, Gesamtleistung und Wirkungsgrad dieses Pressenantriebs.

Die Lösung beginnt mit der Aufstellung der Zwangsbedingungen, vgl. Abb. 3.23:

$$\begin{aligned} r_2\varphi_2 &= -r_3\varphi_3, \qquad x_{45} \approx r_4\cos\varphi_3 + l_4, \\ x_{45} &= x_{15} + l_5 \sin\left(\frac{\pi}{2} - \varphi_5\right) \approx x_{15} + l_5 \cdot \left(\frac{\pi}{2} - \varphi_5\right), \\ x_{S5} &= x_{15} + \xi_{S5} \sin\left(\frac{\pi}{2} - \varphi_5\right) \approx x_{15} + \xi_{S5} \cdot \left(\frac{\pi}{2} - \varphi_5\right), \\ y_{S5} &= \xi_{S5} \cos\left(\frac{\pi}{2} - \varphi_5\right) \approx \xi_{S5}. \end{aligned} \tag{3.268}$$

Wird als generalisierte Koordinate der Motorwinkel φ_2 festgelegt, so folgt:

$$
\begin{aligned}
\varphi_3 &= -\frac{r_2}{r_3}\varphi_2, & \varphi_3' &= -\frac{r_2}{r_3},\\
\varphi_5 &\approx \frac{\pi}{2} - \frac{r_4}{l_5}\cos\left(\frac{r_2}{r_3}\varphi_2\right), & \varphi_5' &\approx \frac{r_4}{l_5}\frac{r_2}{r_3}\sin\left(\frac{r_2}{r_3}\varphi_2\right),\\
x_{S5} &\approx \xi_{S5}\frac{r_4}{l_5}\cos\left(\frac{r_2}{r_3}\varphi_2\right) + x_{15}, & x_{S5}' &\approx -\xi_{S5}\frac{r_4}{l_5}\frac{r_2}{r_3}\sin\left(\frac{r_2}{r_3}\varphi_2\right),\\
y_{S5} &\approx \xi_{S5}, & y_{S5}' &\approx 0.
\end{aligned}
\tag{3.269}
$$

Gemäß (3.211) ergibt sich das reduzierte Trägheitsmoment zu

$$
J(\varphi_2) = J_2 + J_3\varphi_3'^2 + m_5(x_{S5}'^2 + y_{S5}'^2) + J_{S5}\varphi_5'^2. \tag{3.270}
$$

Mit den obigen Ausdrücken folgt nach kurzer Rechnung

$$
J(\varphi_2) = J_2 + J_3\left(\tfrac{r_2}{r_3}\right)^2 + \left(J_{S5} + m_5\xi_{S5}^2\right)\left(\tfrac{r_4}{l_5}\tfrac{r_2}{r_3}\right)^2 \sin^2\left(\tfrac{r_2\varphi_2}{r_3}\right). \tag{3.271}
$$

Mit den gegebenen Parameterwerten ($J_3 = 25\,\text{kg m}^2$) gilt dann

$$
\begin{aligned}
\underline{\underline{J(\varphi_2)}} &= \left[1{,}5925 + 0{,}1772\sin^2\left(\frac{r_2\varphi_2}{r_3}\right)\right]\text{kg m}^2\\
&\underline{\underline{= \left(1{,}6811 - 0{,}0886\cos\frac{\varphi_2}{2}\right)\text{kg m}^2}},
\end{aligned}
\tag{3.272}
$$

wegen $r_3 = 4r_2$ und der Identität $\sin^2\alpha = \dfrac{1}{2}(1 - \cos 2\alpha)$.

Die Ableitung nach φ_2 ist

$$
J'(\varphi_2) = 0{,}0443\sin\frac{\varphi_2}{2}\,\text{kg m}^2. \tag{3.273}
$$

Das auf den Antriebswinkel φ_2 reduzierte Moment der eingeprägten Größen wird nach Gl. (3.217)

$$
M(\varphi_2) = M_{\text{an}}(\dot\varphi_2) + F_5(\dot\varphi_5)x_{S5}' - M_{\text{R}}(\dot\varphi_2). \tag{3.274}
$$

Speziell der durch die technologische Kraft $F_5(\dot\varphi_5)$ gemäß

$$
F_5 = \begin{cases} F_0 & \text{für } \dot\varphi_5 \geqq 0\\ 0 & \text{für } \dot\varphi_5 < 0 \end{cases} \tag{3.275}
$$

bedingte Anteil – hier als technologisches Moment $M_\text{t} = F_5 x_{S5}'$ bezeichnet – lässt sich wegen $\dot\varphi_2 > 0$ und $\dot\varphi_5 = \varphi_5'\dot\varphi_2$ wie folgt angeben:

$$
M_\text{t}(\varphi_2) = F_5 x_{S5}' = \begin{cases} -F_0\xi_{S5}\frac{r_4}{l_5}\frac{r_2}{r_3}\sin\left(\frac{r_2}{r_3}\varphi_2\right) & \text{für } \sin\left(\dfrac{r_2}{r_3}\varphi_2\right) \geqq 0,\\ 0 & \text{für } \sin\left(\dfrac{r_2}{r_3}\varphi_2\right) < 0 \end{cases} \tag{3.276}
$$

bzw. mit den gegebenen Parameterwerten:

$$M_t(\varphi_2) = \begin{cases} -427{,}5\,\mathrm{N\,m} \cdot \sin\left(\frac{\varphi_2}{4}\right) & \text{für} \quad \sin\left(\dfrac{\varphi_2}{4}\right) \geqq 0, \\ 0\,\mathrm{N\,m} & \text{für} \quad \sin\left(\dfrac{\varphi_2}{4}\right) < 0. \end{cases} \tag{3.277}$$

Die Bewegungsgleichung der starren Maschine wurde numerisch integriert, nachdem sie auf die Form

$$\ddot{\varphi}_2 = \frac{1}{J(\varphi_2)} \cdot \left(M_0 \cdot \left(1 - \frac{\dot{\varphi}_2}{\Omega}\right) + M_t(\varphi_2) - M_R(\dot{\varphi}_2) - \frac{1}{2} J'(\varphi_2)\dot{\varphi}_2^2 \right) \tag{3.278}$$

überführt wurde. Aus dem zunächst ermittelten Verlauf von $\varphi_2(t)$ und $\dot{\varphi}_2(t)$ wurden die einzelnen Momentenanteile einschließlich Antriebsmoment berechnet, deren Verlauf Abb. 3.24 zeigt.

Es ist ersichtlich, dass sich die mittlere Winkelgeschwindigkeit $\omega_{2m} = 76{,}4\,\mathrm{rad/s}$ mit der Zyklusdauer $T_0 = 8\pi/\omega_{2m} = 0{,}329\,\mathrm{s}$ einstellt, die erwartungsgemäß etwas niedriger als die Synchrondrehzahl des Motors ist, welche $\Omega = 750\pi/30 = 78{,}5\,\mathrm{rad/s}$ beträgt. Das aus Abb. 3.24c erkennbare mittlere Antriebsmoment $M_{\mathrm{an}} = 272\,\mathrm{N\,m}$ ergibt sich überschläglich als Summe aus dem mittleren Reibmoment $M_R = 136\,\mathrm{N\,m}$ (Abb. 3.24b) und dem mittleren technologischen Moment $M_t = W_N/8\pi = 136\,\mathrm{N\,m}$. Der Drehzahlverlauf kann gedeutet

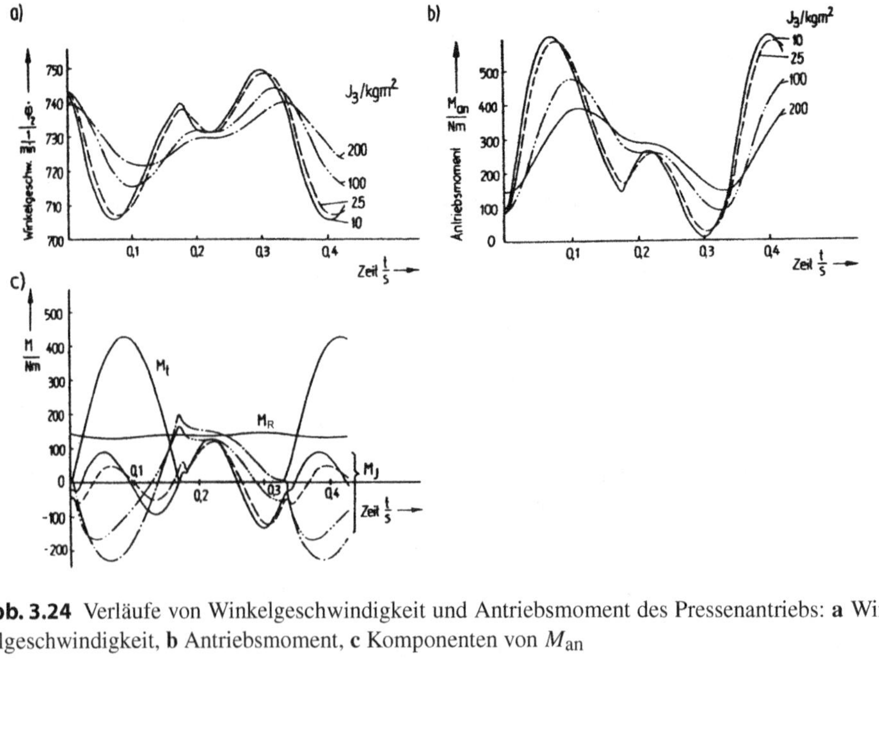

Abb. 3.24 Verläufe von Winkelgeschwindigkeit und Antriebsmoment des Pressenantriebs: **a** Winkelgeschwindigkeit, **b** Antriebsmoment, **c** Komponenten von M_{an}

werden, wenn der Verlauf des Antriebsmomentes verglichen und die lineare Motorkennlinie beachtet wird. Die Drehzahl fällt/steigt bei zunehmendem/abnehmendem Antriebsmoment. Der starke Drehzahlabfall bei relativ kleinem J_3 ist durch das technologische Moment M_t bedingt, vgl. Abb. 3.24a.

Das Antriebsmoment M_{an} setzt sich aus den drei Komponenten zusammen, die einzeln in Abb. 3.24c dargestellt sind. Der große Einfluss des Schwungrades ist deutlich erkennbar. Während M_t und M_R nur unwesentlich durch die Drehzahlschwankung beeinflusst werden (sodass dieser Einfluss in der Abbildung innerhalb der Strichdicke verschwindet), wird das kinetische Moment wesentlich von der Schwungradgröße bestimmt. Es gilt $M_{kin} = J(\varphi_2)\ddot{\varphi}_2 + 0{,}5J'(\varphi_2)\dot{\varphi}_2^2$, und es ist aus dem Kurvenverlauf in Abb. 3.24c sowohl die Wirkung der Winkelbeschleunigung als auch der Winkelgeschwindigkeit erkennbar. Bei kleinen J_3-Werten dominiert der Momentenanteil, der von der Veränderlichkeit des Trägheitsmomentes herrührt. Bei den Kurven in Abb. 3.24a ist die zweifache Schwankung pro Periode, die von $J'(\varphi_2)$ stammt, bemerkbar. Bei den großen Werten von J_3 überwiegt der Einfluss der Winkelbeschleunigung, obwohl diese selbst niedriger wird!

Die Ergebnisse zeigen, dass infolge eines großen Schwungrads der Spitzenwert des Antriebsmoments kleiner als derjenige sein kann, welcher sich aus dem Reibmoment und dem technologischen Moment ergibt. Der mittlere Wert des Antriebsmomentes wird durch die Schwungradgröße praktisch nicht beeinflusst. Je größer das Schwungrad ausgelegt wird, desto geringer sind die Drehzahlschwankungen im stationären Betriebszustand.

Ein ganzer Arbeitszyklus entspricht einer vollen Umdrehung der Kurbel ($0 < \varphi_3 < 2\pi$), d. h. vier Umdrehungen der Motorwelle ($0 < \varphi_2 < 8\pi$). Nach (3.255) beträgt die Nutzarbeit während des Arbeitszyklus infolge des Pressvorganges

$$\begin{aligned} W_N &= -\int_0^{8\pi} M_t(\varphi_2)\mathrm{d}\varphi_2 = F_0 r_4 \frac{\xi_{S5}}{l_5}\frac{r_2}{r_3}\int_0^{4\pi} \sin\frac{\varphi_2}{4}\mathrm{d}\varphi_2 + \int_{4\pi}^{8\pi} 0\,\mathrm{d}\varphi_2 \\ &= 8F_0 r_4 \frac{\xi_{S5}}{l_5}\frac{r_2}{r_3} = 3420\,\mathrm{N\,m}. \end{aligned} \tag{3.279}$$

Bei der mittleren Winkelgeschwindigkeit $\omega_{2m} = 76{,}4\,\mathrm{rad/s}$ beträgt die mechanische Nutzleistung $P_m = W_N/T = 3420\,\mathrm{N\,m}/0{,}329\,\mathrm{s} = 10{,}4\,\mathrm{kW}$. Das mittlere Antriebsmoment $M_{an} = 272\,\mathrm{N\,m}$, das sich aus allen Momentenkomponenten ergibt, erbringt die Gesamtleistung $P_m + P_v = M_{an}\,\omega_{2m} = 272\,\mathrm{N\,m} \cdot 76{,}4\,\mathrm{rad/s} = 20{,}8\,\mathrm{kW}$. Gemäß (3.250) beträgt also der Wirkungsgrad dieses Pressenantriebs nur etwa $\eta = 0{,}5$.

3.3.6 Aufgaben A3.5 bis A3.8

A3.5 Antrieb eines Tagebau-Bandabsetzers

Dem Antriebssystem eines Tagebau-Bandabsetzers zum Verkippen von Abraum entspricht das in Abb. 3.25 stark vereinfacht dargestellte Berechnungsmodell. Das Drehwerk, welches

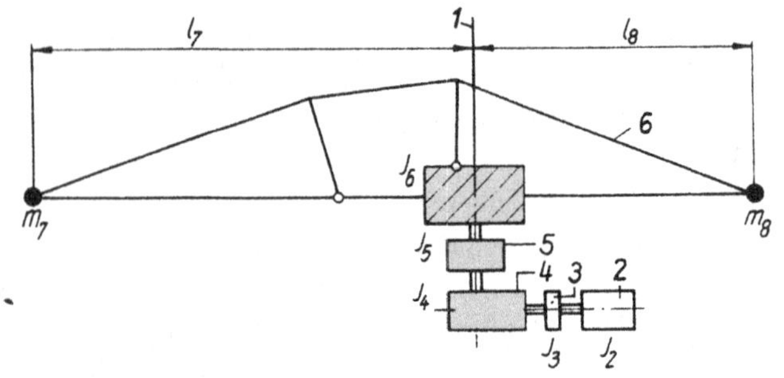

Abb. 3.25 Kinematisches Schema eines Tagebau-Bandabsetzers *1* Schwenkachse; *2* Motor; *3* Kupplung; *4, 5* Getriebe; *6* Oberbau

aus Motor, Kupplung und zwei Getrieben besteht, setzt den Oberbau in Bewegung.

Gegeben:

Trägheitsmoment Motor:	$J_2 = 2{,}14\,\text{kg}\,\text{m}^2$;	
Trägheitsmoment Kupplung:	$J_3 = 1{,}12\,\text{kg}\,\text{m}^2$;	
Trägheitsmoment Getriebe 1:	$J_4 = 22{,}6\,\text{kg}\,\text{m}^2$;	bezogen auf
Trägheitsmoment Getriebe 2:	$J_5 = 4540\,\text{kg}\,\text{m}^2$;	Getriebeausgang
Trägheitsmoment Maschinenhaus:	$J_6 = 1{,}185 \cdot 10^8\,\text{kg}\,\text{m}^2$;	
Massen des Oberbaus:	$m_7 = 2{,}05 \cdot 10^4\,\text{kg}$; $m_8 = 1{,}85 \cdot 10^5\,\text{kg}$;	
Längen des Oberbaus:	$l_7 = 110\,\text{m}$; $l_8 = 61\,\text{m}$;	
Übersetzungsverhältnisse der Getriebe:	$u_{24} = u_{34} = 627$; $u_{45} = u_{46} = 36{,}2$	

Es ist zu beachten, dass bei der Definition des Übersetzungsverhältnisses die Reihenfolge der Indizes von Bedeutung ist ($\varphi_k' = u_{k2} = 1/u_{2k}$) und dass u_{2k} als Verhältnis von Antriebs- zu Abtriebswinkelgeschwindigkeit definiert ist, vgl. Gl. (3.224), (3.148), (3.167).

Gesucht:

1. Antriebsmoment des Motors, sodass der Oberbau mit einer Winkelbeschleunigung von $\ddot{\varphi}_6 = 0{,}0007\,\text{rad/s}^2$ bewegt wird.
2. Antriebsmoment M_6 bezogen auf die Schwenkachse.

A3.6 Schubkurbelgetriebe

Schubkurbelgetriebe werden zur Umformung von Dreh- in Schubbewegungen (und umgekehrt) eingesetzt. Für dynamische Berechnungen wird dabei das auf den Kurbelwinkel reduzierte Trägheitsmoment benötigt.

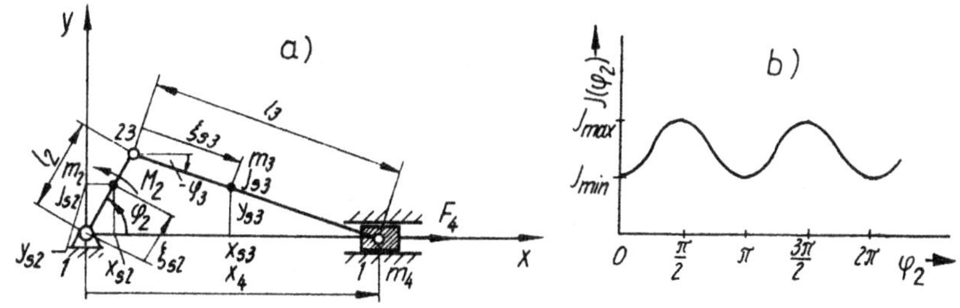

Abb. 3.26 Schubkurbelgetriebe: **a** Bezeichnung der Parameter, **b** Verlauf des reduzierten Trägheitsmomentes

Gegeben:

Abmessungen und Parameter gemäß Abb. 3.26a.

Gesucht:

1. Reduziertes Trägheitsmoment J_{red} unter Benutzung von 2 Ersatzmassen für die Pleuelstange
2. Mittelwert J_m für das reduzierte Trägheitsmoment
3. Antriebsmoment bei $\dot{\varphi}_2 = \Omega$.

Für das Kurbelverhältnis gilt $\lambda = l_2/l_3 \ll 1$. Diese Tatsache kann ausgenutzt werden, wenn die entstehenden Wurzelausdrücke in Reihen entwickelt werden und λ^2 gegenüber 1 vernachlässigt wird.

A3.7 Anordnung eines Schwungrades

Bei einer Konstruktion kommen zwei mögliche Anordnungen des Schwungrades infrage. Es soll entweder J_{S1} oder J_{S2} verwendet werden, um einen bestimmten Ungleichförmigkeitsgrad einzuhalten, vgl. Abb. 3.27.

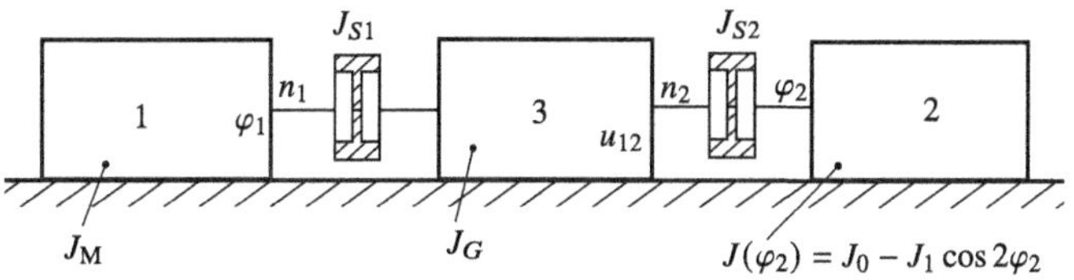

Abb. 3.27 Mögliche Anordnungen des Schwungrades *1* Motor; *2* Arbeitsmaschine; *3* Getriebe, Übersetzungsverhältnis $u_{12} > 1$

Gegeben:

Trägheitsmomente J_M; J_G; J_0; J_1; $J_1 \ll J_0$; Ungleichförmigkeitsgrad δ_{zul}; Übersetzungsverhältnis $u_{12} = n_1/n_2 > 1$.

Gesucht:

Formel zur Berechnung der erforderlichen Trägheitsmomente der Schwungräder, wenn der Mechanismus im Leerlauf arbeitet. Die Größen von J_{S1} und J_{S2} sind zu vergleichen.

A3.8 Schwungradeinfluss bei Umformmaschine

Bei Pressen, Schneidemaschinen und anderen Umformmaschinen wirkt am Abtriebsglied nur in einem kleinen Bereich des Arbeitszyklus die Umformkraft. Die Antriebe von Umformmaschinen werden deshalb mit Schwungrädern versehen, die während des Umformvorganges kinetische Energie abgeben und in der restlichen Zeit in jeder Periode wieder „aufgeladen“ werden.

Für eine Kurbelpresse, deren prinzipieller Aufbau in Abb. 3.28 dargestellt ist, soll für den stationären Betrieb das Antriebsmoment am Motor und der Verlauf der Drehgeschwindigkeit der Motorwelle berechnet werden. Vereinfachend kann Reibung vernachlässigt werden. Die Masse des Pleuels sei bereits auf die Nachbarglieder aufgeteilt worden.

Gegeben:

Gliedlängen von Kurbel und Koppel (Pleuel)	$l_2 = 0{,}22\,\text{m}$, $l_3 = 1\,\text{m}$
Getriebeübersetzung	$u = \dot{\varphi}_M/\dot{\varphi}_2 = 70$
Masse des Stößels	$m_4 = 8000\,\text{kg}$
TM Schwungrad auf der Motorwelle (2 Varianten)	$J_S = \begin{cases} 3{,}5\,\text{kg m}^2, & \text{Variante A} \\ 39{,}5\,\text{kg m}^2, & \text{Variante B} \end{cases}$
TM Motorläufer	$J_M = 0{,}5\,\text{kg m}^2$
TM Getriebe (bezogen auf Motorwelle)	$J_G = 0{,}5\,\text{kg m}^2$
Kippmoment	$M_K = 19{,}5\,\text{N m}$
Kippschlupf, vgl. Gl. (2.126)	$s_K = 0{,}12$
Synchrondrehzahl des Motors	$n_0 = 1500\,\text{U/min}$ ($\Omega_1 = 157{,}1\,\text{rad/s}$)
Winkelbereich der wirkenden Umformkraft	$\Delta\varphi = \pi/12 \mathrel{\widehat{=}} 15^\circ$
Umformkraft (bei $2k\pi - \Delta\varphi \leqq \varphi_2 \leqq 2k\pi$), mit $k = \ldots, -2, -1, 0, 1, 2, \ldots$ (Abb. 3.28)	$F_0 = 3{,}2\,\text{MN}$

Gesucht:

1. Unter Nutzung der in Tab. 3.1 angegebenen Näherungen analytische Lösungen für
   1.1 das auf den Kurbelwinkel reduzierte Trägheitsmoment $J(\varphi_2)$
   1.2 das für $\dot{\varphi}_2 \approx 0$ erforderliche Kurbelmoment $M_{St} = M_K(\varphi_2 = 0)$ sowie die dabei pro Zyklus zu verrichtende Umformarbeit W
   1.3 das mittlere Moment M_{Stm} in der Welle zwischen Getriebe und Kurbel für $\dot{\varphi}_2 \approx 0$
2. Für beide Schwungrad-Varianten mithilfe des Programms SimulationX® [2] (oder einem vergleichbaren Programm) die stationären Verläufe von

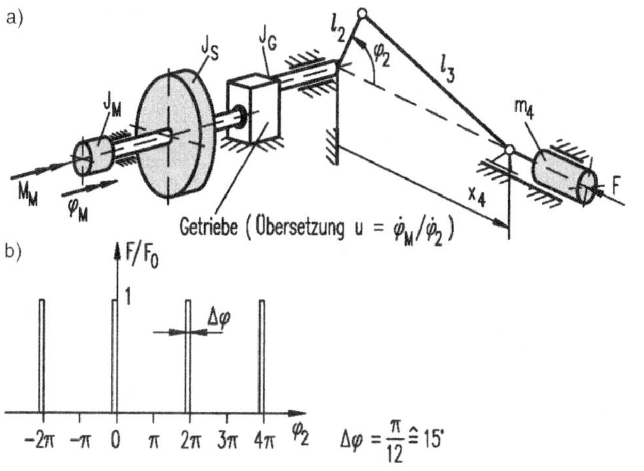

Abb. 3.28 Kurbelprozesse: **a** Prinzipieller Aufbau der Kurbelpresse, **b** Verlauf der Umformkraft

2.1 Antriebsmoment M_M des Motors
2.2 Drehgeschwindigkeit $\dot\varphi_\mathrm{M}$ der Motorwelle

3.3.7 Lösungen L3.5 bis L3.8

L3.5 Es handelt sich um ein gleichmäßig übersetzendes Getriebe ($J' = 0$). Damit folgt das Antriebsmoment aus Gl. (3.221) zu

$$M_\mathrm{an} = J\ddot\varphi_2 = (J_A + J_O)\ddot\varphi_2. \tag{3.280}$$

Gemäß Gl. (3.217) gilt zwischen Antriebsmoment und Moment an der Schwenkachse die Beziehung $M_\mathrm{an} = M_6\varphi_6' = M_6u_{62} = M_6u_{42}u_{64}$. Das auf die Motorwelle reduzierte Trägheitsmoment des Antriebs ist, vgl. Gl. (3.211) und (3.226):

$$J_A = J_2 + J_3 + J_4u_{42}^2 + J_5u_{52}^2 = J_2 + J_3 + \frac{J_4}{u_{24}^2} + \frac{J_5}{u_{24}^2u_{45}^2} = 3{,}26\,\mathrm{kg\,m^2}. \tag{3.281}$$

Das auf die Motorwelle reduzierte Trägheitsmoment des Oberbaus ist

$$J_O = \frac{J_6 + m_7l_7^2 + m_8l_8^2}{u_{24}^2u_{46}^2} = \frac{1055\cdot 10^6\,\mathrm{kg\,m^2}}{627^2\cdot 36{,}2^2} = 2{,}05\,\mathrm{kg\,m^2}. \tag{3.282}$$

Wie die genannten Zahlenwerte zeigen, ist das reduzierte Trägheitsmoment des Antriebssystems wegen des großen Übersetzungsverhältnisses größer (und hat damit einen größeren Einfluss auf das Anlaufverhalten) als das des gesamten Oberbaus mit seinen riesigen Massen. Das Antriebsmoment des Motors ist daher mit $\ddot\varphi_2 = \ddot\varphi_6u_{42}u_{64} = 15{,}89\,\mathrm{rad/s}$ gleich

$$\underline{\underline{M_{\mathrm{an}}}} = J\ddot{\varphi}_2 = (3{,}26 + 2{,}05) \cdot 15{,}89\,\mathrm{kg\,m^2\,s^{-2}} = \underline{\underline{84{,}37\,\mathrm{N\,m}}}. \tag{3.283}$$

Das Moment an der Schwenkachse ist

$$\underline{\underline{M_6}} = u_{24} \cdot u_{46} \cdot M_{\mathrm{an}} = 22\,665 \cdot 84{,}37\,\mathrm{N\,m} = \underline{\underline{1{,}915\,\mathrm{MN\,m}}}. \tag{3.284}$$

L3.6 Für das Schubkurbelgetriebe ergeben sich nach kurzer Rechnung die in der ersten Spalte von Tab. 3.1 angegebenen exakten Koordinaten aufgrund einfacher geometrischer Beziehungen.

In der zweiten und dritten Spalte sind die Werte angegeben, die sich für $\lambda = l_2/l_3 < 1$ durch eine Reihenentwicklung ergeben.

Das reduzierte Trägheitsmoment ergibt sich gemäß Gl. (3.211) zu

$$J(\varphi_2) = m_2\left(x_{S2}'^2 + y_{S2}'^2\right) + J_{S2}\varphi_2'^2 + m_3\left(x_{S3}'^2 + y_{S3}'^2\right) + J_{S3}\varphi_3'^2 + m_4 x_{S4}'^2. \tag{3.285}$$

Werden nur Terme bis zur 2. Potenz von λ berücksichtigt, so folgt mit den Werten aus der dritten Spalte von Tab. 3.1

$$\begin{aligned} J(\varphi_2) = {} & m_2\xi_{S2}^2 + J_{S2} + m_3 l_2^2 \left\{1 + \left[-2\frac{\xi_{S3}}{l_3} + \left(\frac{\xi_{S3}}{l_3}\right)^2\right]\cos^2\varphi_2 + \ldots\right\} \\ & + J_{S3}\lambda^2\cos^2\varphi_2 + m_4 l_2^2 \sin^2\varphi_2(1 + \lambda\cos\varphi_2)^2 + \ldots . \end{aligned} \tag{3.286}$$

Daraus ist erkennbar, dass der Einfluss des Pleuelträgheitsmomentes J_{S3} gering ist, da das Kurbelverhältnis im Quadrat steht. Es liegt also nahe, diesen Term genauso wie alle anderen Terme mit höheren λ-Potenzen zu vernachlässigen. Es erfolgt eine Aufteilung von m_3 in

Tab. 3.1 Lagefunktionen des Schubkurbelgetriebes, vgl. Abb. 3.26

Lagefunktion nullter Ordnung		Lagefunktion erster
Exakt	Näherung für $\lambda = l_2/l_3 \ll 1$	Ordnung ($\lambda \ll 1$)
$x_{S2} = \xi_{S2}\cos\varphi_2$	$x_{S2} = \xi_{S2}\cos\varphi_2$	$x_{S2}' = -\xi_{S2}\sin\varphi_2$
$y_{S2} = \xi_{S2}\sin\varphi_2$	$y_{S2} = \xi_{S2}\sin\varphi_2$	$y_{S2}' = \xi_{S2}\cos\varphi_2$
$x_{S3} = l_2\cos\varphi_2 + \xi_{S3}\cos\varphi_3$	$x_{S3} = l_2\cos\varphi_2$ $+\xi_{S3}\left(1 - \frac{\lambda^2}{4}\right)$ $+\xi_{S3}(\frac{\lambda^2}{4})\cos 2\varphi_2$	$x_{S3}' = -l_2\sin\varphi_2$ $-\xi_{S3}(\frac{\lambda^2}{2})\sin 2\varphi_2$
$y_{S3} = l_2\sin\varphi_2 + \xi_{S3}\sin\varphi_3$	$y_{S3} = (l_2 - \xi_{S3}\lambda)\sin\varphi_2$	$y_{S3}' = (l_2 - \xi_{S3}\lambda)\cos\varphi_2$
$x_4 = x_{S4} = l_2\cos\varphi_2$ $+l_3\cos\varphi_3$	$x_{S4} = l_2\cos\varphi_2 + l_3\left(1 - \frac{\lambda^2}{4}\right)$ $+l_2(\frac{\lambda}{4})\cos 2\varphi_2$	$x_{S4}' = -l_2\sin\varphi_2$ $-l_2(\frac{\lambda}{2})\sin 2\varphi_2$
$\varphi_3 = \arcsin(-\lambda\sin\varphi_2)$	$\varphi_3 = -\left(\lambda + \frac{\lambda^3}{8}\right)\sin\varphi_2$ $+(\frac{\lambda^3}{24})\sin 3\varphi_2$	$\varphi_3' = -\left(\lambda + \frac{\lambda^3}{8}\right)\cos\varphi_2$ $+(\frac{\lambda^3}{8})\cos 3\varphi_2$

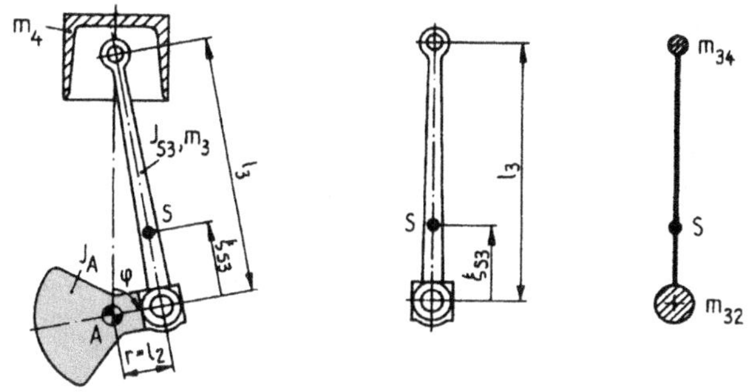

Abb. 3.29 Aufteilung der Pleuelmasse auf zwei Ersatzmassen

zwei Ersatzmassen m_{32} und m_{34} am Kurbel- und Kolbenbolzen, sodass Masse und Schwerpunktlage erhalten bleiben (Abb. 3.29). Es gilt:

$$m_{32} + m_{34} = m_3, \qquad m_{34}(l_3 - \xi_{S3}) = m_{32}\xi_{S3}. \tag{3.287}$$

Daraus folgen die beiden Ersatzmassen

$$m_{34} = m_3 \frac{\xi_{S3}}{l_3}, \qquad m_{32} = m_3 \left(1 - \frac{\xi_{S3}}{l_3}\right). \tag{3.288}$$

Das reduzierte Trägheitsmoment lässt sich damit unter Verwendung von

$$J_A = J_{S2} + m_2 \xi_{S2}^2 \tag{3.289}$$

angeben:

$$\underline{\underline{J(\varphi_2) = J_A + m_{32} l_2^2 + (m_4 + m_{34}) l_2^2 \sin^2 \varphi_2 (1 + 2\lambda \cos \varphi_2 + \ldots).}} \tag{3.290}$$

Es gilt

$$J'(\varphi_2) = (m_4 + m_{34}) l_2^2 \cdot \left[\sin 2\varphi_2 - \frac{\lambda}{2}(\sin \varphi_2 - 3 \sin 3\varphi_2) + 0(\lambda^2)\right]. \tag{3.291}$$

Damit sich die Kurbelwelle mit konstanter Winkelgeschwindigkeit $\dot{\varphi}_2 = \Omega$ dreht, muss an ihr ein veränderliches Antriebsmoment angreifen. Wird $J(\varphi_2)$ in (3.221) eingesetzt, so ergibt sich:

$$\underline{\underline{M_{\text{an}} = (m_4 + m_{34}) l_2^2 \Omega^2 \left[-\frac{1}{4}\lambda \sin \Omega t + \frac{1}{2} \sin 2\Omega t + \frac{3}{4}\lambda \sin 3\Omega t\right] + F_4 x_4'.}} \tag{3.292}$$

Ein kleineres Antriebsmoment würde auftreten, wenn keine konstante Drehzahl $\dot{\varphi}_2 = \Omega$ erzwungen wird, sondern Drehzahlschwankungen um den Mittelwert zugelassen werden.

L3.7 Es wird zunächst das auf φ_1 reduzierte Trägheitsmoment gemäß (3.211) bestimmt:

$$\begin{aligned} J(\varphi_1) &= J_M + J_{S1} + J_G + u_{12}^2(J_{S2} + J_0 - J_1 \cos 2\varphi_1), \\ J(\varphi_1) &= J_m - u_{12}^2 J_1 \cos 2\varphi_1; \qquad u_{12} = 1/u_{21}. \end{aligned} \tag{3.293}$$

Da $J_1 \ll J_0$, gilt auch $u_{12}^2 J_1 \ll J_m$; $\Delta J = u_{12}^2 J_1$, vgl. (3.262). Mit (3.264) kann in erster Näherung für den Leerlauf gesetzt werden:

$$J_m = \frac{\Delta J}{\delta_{\text{zul}}} = J_M + J_{S1} + J_G + u_{12}^2(J_{S2} + J_0). \tag{3.294}$$

Damit ergibt sich für das Schwungrad auf der schnell laufenden Welle $J_{S1}(J_{S2} = 0)$:

$$\underline{\underline{J_{S1} = u_{12}^2 \left(\frac{J_1}{\delta_{\text{zul}}} - J_0 \right) - (J_M + J_G)}} \tag{3.295}$$

und für das Schwungrad auf der langsamlaufenden Welle $J_{S2}(J_{S1} = 0)$:

$$\underline{\underline{J_{S2} = \left(\frac{J_1}{\delta_{\text{zul}}} - J_0 \right) - \frac{1}{u_{12}^2}(J_{\text{M}} + J_{\text{G}})}}; \qquad \underline{\underline{J_{S2} = \frac{J_{S1}}{u_{12}^2} = J_{S1} u_{21}^2 > J_{S1}}}. \tag{3.296}$$

L3.8 Das auf den Kurbelwinkel reduzierte Trägheitsmoment $J(\varphi_2)$ ergibt sich gemäß (3.211) zu

$$J(\varphi_2) = (J_{\text{M}} + J_S)\varphi_{\text{M}}'^2 + J_{\text{G}} + m_4 x_4'^2 \tag{3.297}$$

$$\approx (J_{\text{M}} + J_S)u^2 + J_{\text{G}} + m_4 l_2^2 \sin^2 \varphi_2 (1 + \lambda \cos \varphi_2). \tag{3.298}$$

Dabei wurde, ausgehend von der in Tab. 3.1 angegebenen Formel,

$$\frac{\mathrm{d}x_4}{\mathrm{d}\varphi_2} = x_4' \approx -l_2 \left(\sin \varphi_2 + \frac{\lambda}{2} \sin 2\varphi_2 \right) \tag{3.299}$$

eingesetzt.

Statisch betrachtet (z. B. bei extrem langsamem Lauf, also für $\dot{\varphi}_2 \approx 0$), müsste das Kurbelmoment so groß sein, dass es die Umformkraft überwindet. Entsprechend (3.217) folgt mit k als Zyklusnummer dafür ($k = 1, 2, \ldots$)

$$M_{\text{St}} = M_{\text{K}}\ (\dot{\varphi}_2 \approx 0) \tag{3.300}$$

$$= -F x_4' \approx \begin{cases} 0 & \text{für } 2(k-1)\pi \leqq \varphi_2 \leqq 2k\pi - \Delta\varphi, \\ -F_0 l_2 \left(\sin \varphi_2 + \dfrac{\lambda}{2} \sin 2\varphi_2 \right) & \text{für } 2k\pi - \Delta\varphi \leqq \varphi_2 \leqq 2k\pi. \end{cases}$$

Der Maximalwert tritt in jedem Zyklus jeweils zu Beginn der Belastung ($\varphi_2 = 2k\pi - \Delta\varphi$) durch die Presskraft auf:

$$M_{\mathrm{St\,max}} = F_0 l_2 \left(\sin \Delta\varphi + \frac{\lambda}{2} \sin 2\Delta\varphi \right) = 0{,}313\,82\, F_0 l_2 = 220{,}9\,\mathrm{kN\,m}. \tag{3.301}$$

Die Arbeit der technologischen Kraft muss vom Antriebsmotor aufgebracht werden. Sie folgt aus der Energiebilanz für eine Periode der Mittelwert des Antriebsmoments aus

$$\begin{aligned} W &= F_0 \left[x_4 (\varphi_2 = 2\pi - \Delta\varphi) - x_4 (\varphi_2 = 2\pi) \right] = 2\pi M_{\mathrm{Stm}} \\ &= \underline{\underline{F_0 l_2 \left[1 - \cos \Delta\varphi + \frac{\lambda}{4} (1 - \cos 2\Delta\varphi) \right]}} = \underline{\underline{0{,}041\,44\, F_0 l_2}} = \underline{\underline{29{,}2\,\mathrm{kN\,m}}}. \end{aligned} \tag{3.302}$$

Ein mittleres Moment M_{Stm} in der Welle zwischen Getriebe und Kurbel bzw. das Antriebsmoment M_{anm} an der Motorwelle kann aus diesem Energiebedarf für den Umformvorgang berechnet werden:

$$M_{\mathrm{Stm}} = \frac{W}{2\pi} = 4{,}643\,\mathrm{kN\,m}; \qquad M_{\mathrm{anm}} = \frac{M_{\mathrm{Stm}}}{u} = 66{,}4\,\mathrm{N\,m}. \tag{3.303}$$

Diese Momente sind bedeutend kleiner als das statische Spitzenmoment, wie aus dem Vergleich von M_{Stm} mit $M_{St\,max}$ erkennbar ist, vgl. (3.301). Das Moment M_{anm} liefert einen Orientierungswert für die Motorauswahl, denn um diesen Mittelwert schwanken die infolge der stoßartigen Umformkraft veränderlichen Momente. Abgesehen von den im vorliegenden Fall kleinen Trägheitskräften wäre nur dieses kleine Moment nötig, wenn die Umformarbeit gleichmäßig im ganzen Winkelbreich aufgebracht werden könnte.

Im Grenzfall ganz langsamer Drehgeschwindigkeit ist die Massenkraft des Stößels null, und der Motor müsste nur das oben angegebene statische Moment M_{Stm} aufbringen.

Der stationäre Betriebszustand wird beschrieben durch die Bewegungsgleichung der starren Maschine, die unter Berücksichtigung der Motorkennlinie die Form

$$J(\varphi_2)\ddot{\varphi}_2 + \frac{1}{2} J'(\varphi_2)\dot{\varphi}_2^2 = M_{\mathrm{St}} + \frac{2M_{\mathrm{K}}}{s_{\mathrm{K}}} \left(1 - \frac{\dot{\varphi}_2}{\Omega_1} \right) \tag{3.304}$$

annimmt. Die Ausdrücke aus (3.297) und (3.300) sind einzusetzen. Ihre analytische Lösung ist unmöglich. Die numerische Lösung erfolgt mit dem Programm SimulationX®, vgl. das Modell in Abb. 3.30. Die Ergebnisse der Simulationsrechnung zeigt Abb. 3.31.

Abb. 3.31 zeigt zum Vergleich die Simulationsergebnisse für die beiden Schwungräder der Varianten A und B. Das Motormoment an der Antriebswelle ergibt sich aus der Umformkraft gemäß (3.300) und der Massenkraft des Stößels. Der Umformvorgang erfolgt dort, wo das Moment stark ansteigt und die Drehgeschwindigkeit stark abfällt, beim Durchlaufen des Winkels $\Delta\phi$.

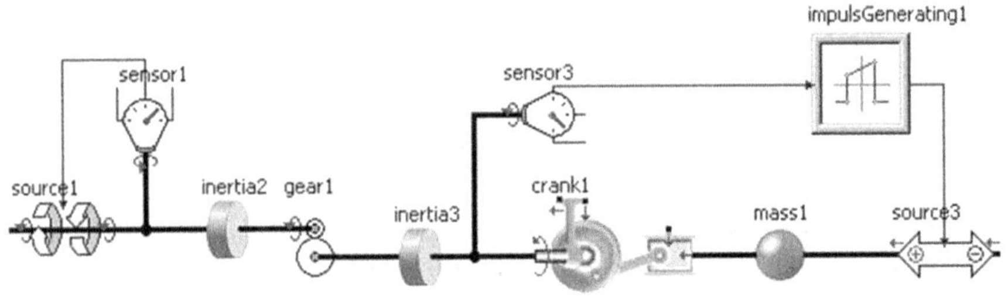

Abb. 3.30 Berechnungsmodell der Kurbelpresse in SimulationX® [2]

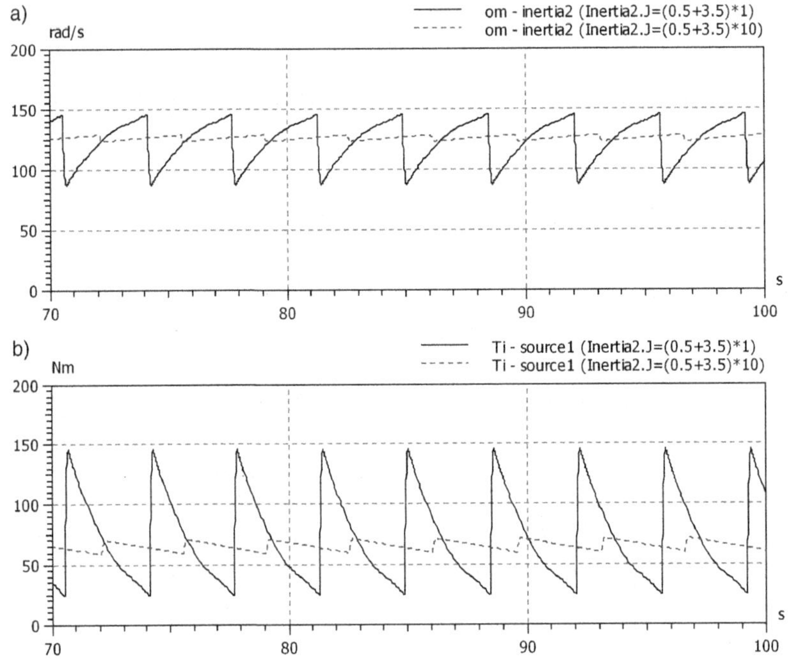

Abb. 3.31 Zum Einfluss eines Schwungrades bei einer Umformmaschine; *volle Linie:* $J_S + J_M = 4{,}0\,\mathrm{kg\,m^2}$; *gestrichelte Linie:* $J_S + J_M = 40\,\mathrm{kg\,m^2}$: **a** Drehgeschwindigkeit der Motorwelle, **b** Antriebsmoment des Motors

Der Spitzenwert von M_{St} wird desto mehr vermindert, je größer das Trägheitsmoment des Schwungrades ist, und je kleiner das Schwungrad ist, desto mehr ändert sich die Drehgeschwindigkeit. Der Mittelwert des Motormoments stimmt mit dem in (3.303) berechneten Betrag überein.

Für die im Winkelbereich $\Delta\varphi$ zu verrichtenden Umformarbeit wird im Schwungrad gespeicherte kinetische Energie abgegeben. In Abb. 3.31 kann am veränderlichen Verlauf des Motormoments erkannt werden, wie der Antriebsmotor das System außerhalb des Umformvorganges wieder beschleunigt. Der dabei zu beobachtende Momentenabfall ist durch die lineare Motorkennlinie bedingt.

Die vorliegende Lösung zeigt, dass der *mechanische Energiebedarf* unabhängig von der Größe des Schwungrads ist und der Motor nach dem mittleren Moment dimensioniert werden kann. Der Antriebsmotor braucht nicht die große Kraft (bzw. das Moment) aufzubringen, welches der Umformvorgang kurzzeitig benötigt. Er kann die mechanische Energie in einem längeren Zeitbereich in das Schwungrad speisen, sodass er sich im Dauerbetrieb nicht unzulässig erwärmt. Die Motorerwärmung ist dem Quadratmittelwert des Momentes proportional.

Der Verlauf des Antriebsmomentes ist von der Drehzahl-Drehmomenten-Kennlinie des Elektromotors abhängig. Ein Motor mit einer „weichen" Kennlinie ergibt einen größeren Drehzahlabfall als ein Motor mit „harter" Kennlinie. Wird ein großes Schwungrad auf der schnelllaufenden Motorwelle eingesetzt, erwärmt sich der Motor weniger. Es wäre unwirtschaftlich, den Antriebsmotor nach der Momentenspitze zu bemessen, wenn für den Dauerbetrieb ein kleines mittleres Antriebsmoment ausreicht.

3.4 Gelenkkräfte und Fundamentbelastung

Innerhalb von Maschinen entstehen bei beschleunigten Bewegungen von Bauteilen Massenkräfte, die oft die statischen Kräfte aus dem Eigengewicht der Bauteile bedeutend übersteigen. Die Beschleunigungen der Getriebeglieder betragen häufig das Mehrfache der Fallbeschleunigung, vgl. Tab. 3.2. Es werden deshalb Methoden benötigt, um bei gegebenen Kennwerten von Masseparametern, geometrischen Parametern, äußerem Kraftfeld und Bewegungsablauf $q(t)$ die Lager- und Gelenkkräfte in beliebigen Mechanismen und Maschinen zu bestimmen. Damit können dann die Zahnräder, Bolzen und Lager (Flächenpressung, Deformation, ...), Getriebeglieder (Biegung, Schub, Längskraft, ...) und Fundamente (Schwingungen) ausgelegt werden. Die kinetostatischen Kräfte und Momente, die auf das Gestell wirken, sind für die Schwingungserregung des Fundaments von Bedeutung, vgl. Kap. 4.

3.4.1 Allgemeine Zusammenhänge

Bei allen Mechanismen, die dem Modell der starren Maschine entsprechen, besteht derselbe allgemeine Zusammenhang zwischen Geschwindigkeit und Beschleunigung des Antriebsgliedes und den Gelenkkräften, die durch die Massenkräfte bedingt sind. Dieser wichtige Zusammenhang, der schon in (3.164) gezeigt wurde, gilt unabhängig von der Struktur eines Mechanismus für jede innere Kraftgröße Q_p bei einer Antriebsbewegung $q_1(t)$:

$$F_{\mathrm{kin}} = Q_p(t) = m_{p1}(q_1)\ddot{q}_1(t) + \Gamma_{11p}(q_1)\dot{q}_1^2(t). \tag{3.305}$$

Wesentlich ist hierbei die Tatsache, dass jede Gelenkkraft sich aus zwei Termen zusammensetzt, die sich der Beschleunigung und dem Quadrat der Geschwindigkeit des Antriebsgliedes zuordnen lassen. Die Faktoren zu diesen kinematischen Größen sind von der Getriebestellung, den geometrischen Abmessungen und den Masseparametern abhängig.

Aus Gl. (3.305) kann z. B. geschlussfolgert werden, dass

- bei $\dot{q}_1 =$ konst. alle Gelenkkräfte mit dem Quadrat der Antriebsdrehzahl zunehmen
- sich die Gelenkkräfte mit dem Geschwindigkeits- und Beschleunigungsverlauf beeinflussen lassen, z. B. durch gesteuerte oder geregelte Antriebe
- eine wiederholte Berechnung bei verschiedenen Bewegungszuständen vereinfacht werden kann, da der Einfluss von $\ddot{q}_1$ und $\dot{q}_1^2$ aus Gl. (3.305) hervorgeht.

Mechanismen mit rotierender Antriebskurbel führen eine periodische Bewegung aus, wobei im allgemeinen keine harmonischen, sondern periodische Erregerkräfte mit Erregerkreisfrequenzen Ω; 2Ω; 3Ω; ... entstehen:

$$F_{\mathrm{kin}}(t) = \sum_{k=1}^{\infty} (A_k \cos k\Omega t + B_k \sin k\Omega t) = \sum_{k=1}^{\infty} C_k \sin(k\Omega t + \beta_k). \tag{3.306}$$

Die Fourierkoeffizienten A_k und B_k hängen von den Masseparametern ab. Sie sind für einfache Beispiele in der VDI-Richtlinie 2149 Bl. 1 angegeben. Für komplizierte Mechanismen können sie mit bekannter Software für gegebene Masseparameter berechnet werden.

Zur Veranschaulichung des Drehzahleinflusses ist in Abb. 3.32 der Verlauf einer Gelenkkraft für drei verschiedene Drehzahlen, die sich wie 1 : 2 : 3 verhalten, dargestellt worden.

Es ist zu beachten, dass sich die Zyklusdauer ($T_0 = 2\pi/\Omega$) *linear* (3 : 2 : 1) verkürzt, aber sich die Maximalkraft *quadratisch* vergrößert (1 : 4 : 9).

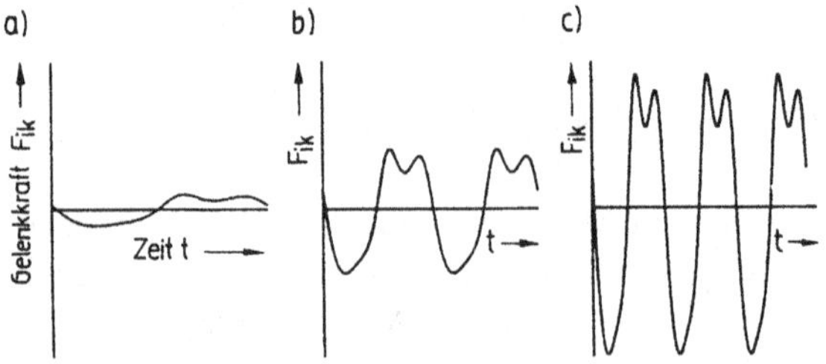

Abb. 3.32 Verlauf einer periodischen Gelenkkraft-Komponente bei verschiedenen Drehzahlen: **a** 100/min, **b** 200/min, **c** 300/min

Tab. 3.2 Drehzahlen und relative Maximalbeschleunigungen bei einigen Maschinenarten

Maschinenart	Drehzahl n in $1/\text{min}$	Beschleunigungsverhältnis $a_{\max}/g$
Schneidemaschinen, Pressen	30 … 100	0,3 … 3
Webmaschinen	200 … 600	1,0 … 10
Wirkmaschinen	1500 …4000	15 …100
Schiffsdieselmotoren	400 … 500	70 … 80
Haushaltnähmaschinen	1000 …2000	50 …100
Industrienähmaschinen	5000 …8000	300 …600

3.4.2 Berechnung der Gelenkkräfte

Die dynamischen Belastungen in vielen Maschinen sind bedeutend größer als die statischen, vgl. Tab. 3.2. Lärm durch Schwingungen der Getriebeglieder und des Gehäuses sowie die Gefahr von Störungen des technologischen Ablaufs sind der Anlass dafür, dass sich die Konstrukteurinnen und Konstrukteure mit den auftretenden dynamischen Gelenkkräften näher befassen müssen.

Hier soll für den Fall ebener Mechanismen, die sich aus einfachen Gliedergruppen mit Drehgelenken zusammensetzen, eine handliche Methode zur Berechnung der Gelenkkräfte dargestellt werden. Der Algorithmus baut auf Formeln auf, welche jeweils für einen Zweischlag gelten, vgl. auch VDI-Richtlinie 2729.

Die Definition der an einem Getriebeglied wirkenden Kräfte geht aus Abb. 3.33 hervor. Es ist zu beachten, dass aus Gründen der Systematik, die wiederum den Anforderungen der rechentechnischen Behandlung entgegenkommt, die Komponenten der Kräfte und Momente einheitlich in den angegebenen Richtungen definiert werden. Die Kraft, die auf Glied j von Glied k ausgeübt wird, erhält die Bezeichnung F_{jk} und ihre Komponenten werden entsprechend den Koordinatenrichtungen positiv definiert. Die gleich große und entgegengesetzt gerichtete Gegenkraft erhält die Bezeichnung F_{kj} und wird ebenso definiert. Aus diesem Grund gilt stets

$$F_{xjk} + F_{xkj} = 0, \qquad F_{yjk} + F_{ykj} = 0. \tag{3.307}$$

Für den skizzierten Zweischlag seien die Koordinaten der Gelenkpunkte ($x_{ji}, y_{ji}, x_{jk} \equiv x_{kj}, y_{kj} = y_{jk}, x_{kl}, y_{kl}, x_{jm}, y_{jm}$) und der Schwerpunkte ($x_{Sj}, y_{Sj}, x_{Sk}, y_{Sk}$) aus einer vorausgegangenen kinematischen Analyse bekannt. Am Gelenkpunkt (j, m) greift die vom benachbarten Getriebeglied m wirkende Gelenkkraft (F_{xjm}, F_{yjm}) und das Moment M_{jm} an. Die Kraftkomponenten sind positiv in Richtung der positiven Koordinatenachsen definiert.

Aus dem Momentengleichgewicht um das Drehgelenk (j, i) und um das Drehgelenk (k, l) ergeben sich folgende Gleichungen:

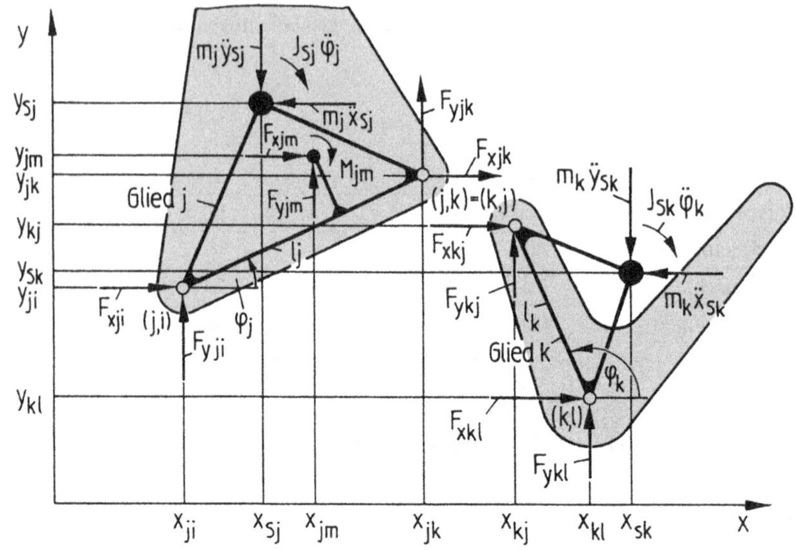

Abb. 3.33 Kräfte und Momente an einem Zweischlag

$$
\begin{aligned}
-F_{xjk}(y_{jk} - y_{ji}) + F_{yjk}(x_{jk} - x_{ji}) = F_{xjm}(y_{jm} - y_{ji}) - F_{yjm}(x_{jm} - x_{ji}) \\
+M_{jm} + m_j \ddot{y}_{Sj}(x_{Sj} - x_{ji}) \\
- m_j \ddot{x}_{Sj}(y_{Sj} - y_{ji}) + J_{Sj}\ddot{\varphi}_j,
\end{aligned}
\tag{3.308}
$$

$$
\begin{aligned}
-F_{xkj}(y_{kj} - y_{kl}) + F_{ykj}(x_{kj} - x_{kl}) = m_k \ddot{y}_{Sk}(x_{Sk} - x_{kl}) \\
- m_k \ddot{x}_{Sk}(y_{Sk} - y_{kl}) + J_{Sk}\ddot{\varphi}_k.
\end{aligned}
\tag{3.309}
$$

Mit (3.307) bis (3.309) können die vier Unbekannten F_{xjk}, F_{xkj}, F_{yjk} und F_{ykj} berechnet werden.

Wird das Kräftegleichgewicht in horizontaler und vertikaler Richtung betrachtet, so können die weiteren interessierenden Gelenkkraftkomponenten bestimmt werden:

$$
\begin{aligned}
F_{xji} &= m_j \ddot{x}_{Sj} - F_{xjk} - F_{xjm}, \quad & F_{yji} &= m_j \ddot{y}_{Sj} - F_{yjk} - F_{yjm}, \\
F_{xkl} &= m_k \ddot{x}_{Sk} - F_{xki}, & F_{ykl} &= m_k \ddot{y}_{Sk} - F_{ykj}.
\end{aligned}
\tag{3.310}
$$

Auf der Zerlegung von mehrgliedrigen Mechanismen in einfache (statisch bestimmte) Gliedergruppen beruhen effektive Algorithmen zur Berechnung der Gelenkkräfte.

Bei ungleichmäßig übersetzenden Mechanismen ändert sich mit der Getriebestellung die kinetische Energie aller bewegten Getriebeglieder. Es findet zwischen den Getriebegliedern über die Gelenkkräfte ein ständiger Austausch von kinetischer Energie statt. Die Arbeit, welche am Gelenk (j, k) von der Gelenkkraft $\boldsymbol{F}_{jk}$ am Glied j verrichtet wird, hat denselben Betrag wie die der Gelenkkraft $\boldsymbol{F}_{kj}$ am Glied k, vgl. Abb. 3.33.

Die beiden Kräfte, die aufgrund des Schnittprinzips an der „Schnittstelle Gelenk" angesetzt wurden, haben das entgegengesetzte Vorzeichen ($\boldsymbol{F}_{kj} = -\boldsymbol{F}_{jk}$). In der Summe ist die Arbeit der Gelenkkraft, die auf die benachbarten Glieder wirkt (actio = reactio), gleich null. Reaktionskräfte verrichten also am Gesamtsystem keine Arbeit.

Nun wird diese Betrachtung auf ein beliebiges Glied $i = 2, 3, \ldots, I$ verallgemeinert. Die mechanische Arbeit, welche die Gelenkkraft F_{ik} an einem (für sich betrachteten und frei geschnittenen) Glied i verrichtet, ist abhängig von dem Weg, den dieses Gelenk bei der Bewegung zurücklegt. Am frei geschnittenen Getriebeglied i, auf das keine eingeprägten Kräfte und Momente wirken, gilt für die Arbeit aller Gelenkkräfte F_{ik}, der Massenkräfte und der Massenmomente längs differenziell kleiner Wege und Winkel aufgrund des Arbeitssatzes:

$$\mathrm{d}W_i = \sum_{k^*}(F_{xik}\mathrm{d}x_{ik} + F_{yik}\mathrm{d}y_{ik}) - m_j(\ddot{x}_{Si}\mathrm{d}x_{Si} + \ddot{y}_{Si}\mathrm{d}y_{Si}) - J_{Si}\ddot{\varphi}_i\mathrm{d}\varphi_i = 0. \tag{3.311}$$

Der Summation (Index k^*) erfolgt über alle mit dem Glied i verbundenen Glieder. Hierbei sind $\dot{x}_{ik}$ und $\dot{y}_{ik}$ die Geschwindigkeitskomponenten des Gelenkpunktes (i, k). Es gilt ebenso:

$$\mathrm{d}W_i = \left[\sum_{k^*}(F_{xik}\dot{x}_{ik} + F_{yik}\dot{y}_{ik}) - m_i(\ddot{x}_{Si}\dot{x}_{Si} + \ddot{y}_{Si}\dot{y}_{Si}) - J_{Si}\ddot{\varphi}_i\dot{\varphi}_i\right]\mathrm{d}t = 0. \tag{3.312}$$

Die kinetische Energie des Gliedes i beträgt, vgl. Gl. (3.209) und (3.210),

$$W_{\mathrm{kin}\,i} = \frac{1}{2}\left[m_i(\dot{x}_{Si}^2 + \dot{y}_{Si}^2) + J_{Si}\dot{\varphi}_i^2\right] = \frac{1}{2}J_{\mathrm{red}\,i}(q)\dot{q}^2. \tag{3.313}$$

Aus (3.312) und (3.313) folgt, dass die zeitliche Ableitung der kinetischen Energie, also die kinetische Leistung der Massenkräfte und -momente, ebenso groß ist wie die Leistung, welche die Gelenkkräfte der Nachbarglieder auf das Glied i übertragen:

$$\begin{aligned} P_{\mathrm{kin}\,i} &= \frac{\mathrm{d}W_{\mathrm{kin}\,i}}{\mathrm{d}t} = \sum_{k^*}(F_{xik}\dot{x}_{ik} + F_{yik}\dot{y}_{ik}) \\ &= m_i(\ddot{x}_{Si}\dot{x}_{Si} + \ddot{y}_{Si}\dot{y}_{Si}) + J_{Si}\ddot{\varphi}_i\dot{\varphi}_i = \frac{1}{2}J'_{\mathrm{red}\,i}(q)\dot{q}^3 + J_{\mathrm{red}\,i}\ddot{q}\dot{q}. \end{aligned} \tag{3.314}$$

Für eine konstante Antriebsgeschwindigkeit $\dot{q} = \Omega$ gilt für die kinetische Leistung des i-ten Gliedes

$$P_{\mathrm{kin}\,i} = \frac{1}{2}J'_{\mathrm{red}\,i}(q)\Omega^3. \tag{3.315}$$

Für die Beurteilung des dynamischen Verhaltens eines Mechanismus interessiert auch, welcher Austausch von kinetischer Energie zwischen den Gliedern stattfindet. Die kinetische Leistung am Glied i ist ein Maß dafür, wie sich die Gelenkkräfte F_{ik} ändern. Interessant ist neben J_{red} deshalb auch der Verlauf des Anteils jedes einzelnen Gliedes, also die Summanden $J_{\mathrm{red}\,i}(q)$ und deren Ableitungen, vgl. Abb. 3.36b.

3.4.3 Berechnung der auf das Gestell wirkenden Kraftgrößen

Von großer praktischer Bedeutung ist die Kenntnis der von einer Maschine auf das Gestell übertragenen dynamischen Erregerkräfte und -momente, da diese den Baugrund oder die Gebäude zu störenden Schwingungen anregen können. Die damit im Zusammenhang stehenden Probleme der Maschinenfundamentierung und der Schwingungsisolierung werden in Kap. 4 näher behandelt.

In Verbindung mit der Schwingungsberechnung der Fundamente interessiert nicht nur der Maximalwert der von der Maschine abgeleiteten periodischen Kräfte und Momente, sondern auch die Größe der einzelnen Fourierkoeffizienten, vgl. 4.2.1.3. Von den Massenkräften sind bei vielgliedrigen Mechanismen auch die höheren Harmonischen von Bedeutung. Oft besteht die Aufgabe, die auf das Fundament übertragenen Massenkräfte bzw. bestimmte Erreger-Harmonische so klein wie möglich zu halten. Die diesbezüglichen Methoden des Massenausgleichs von Mechanismen und des Auswuchtens von Rotoren werden in 3.5 behandelt.

Es wird ein beliebiges mehrgliedriges Getriebe betrachtet, dessen Glieder sich in parallelen Ebenen bewegen, die in z-Richtung versetzt sein können, vgl. z. B. Abb. 3.34. Es interessieren die resultierenden Kräfte und Momente, die von den bewegten Maschinenteilen über das Maschinengestell auf das Fundament wirken.

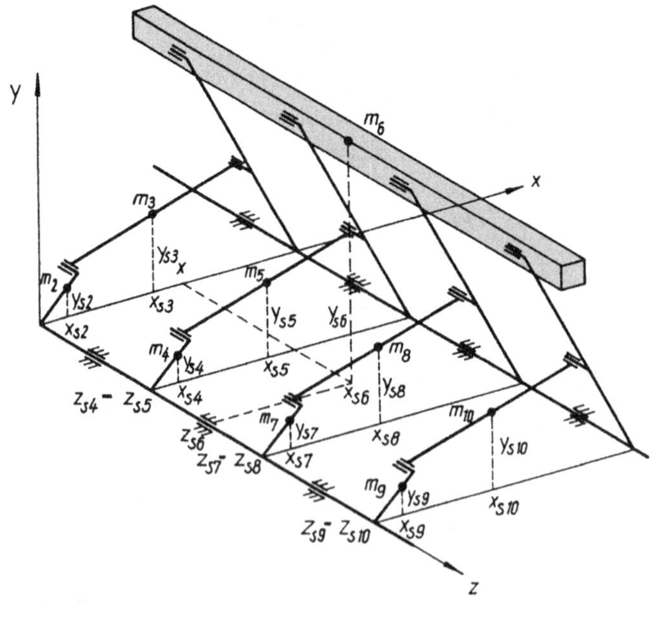

Abb. 3.34 Bezeichnung der Parameter des Antriebssystems einer Verarbeitungsmaschine mit mehreren parallel arbeitenden Koppelgetrieben

Innere statische und kinetostatische Kräfte und Momente der Maschine, wie Federkräfte zwischen einzelnen Getriebegliedern, technologische Kräfte (z. B. Schneid- und Presskräfte in Umformmaschinen und polygrafischen Maschinen, Gaskräfte in Verbrennungsmotoren und Kompressoren), haben auf die Fundamentkräfte keinen Einfluss, da sie immer paarweise auftreten und sich gegenseitig aufheben.

Bei realen Maschinen, bei denen die Elastizität der Glieder eine Rolle spielt, können außer den kinetostatischen Kräften und Momenten infolge der Deformationen der Getriebeglieder zusätzliche Massenkräfte („Vibrationskräfte") entstehen, die sich auf das Fundament auswirken.

Die resultierenden Massenkräfte und -momente, die vom bewegten Mechanismus auf das Maschinengestell wirken, ergeben sich aus dem Kräfte- und Momentensatz, vgl. Abschn. 3.2.2 und die Kräfte und Momente in Abb. 3.33. Da die Bewegungen parallel zur x-y-Ebene verlaufen, ist $F_z = 0$, und es treten auf:

$$F_x = -\sum_{i=2}^{I} m_i \ddot{x}_{Si} = -m\ddot{x}_S; \qquad F_y = -\sum_{i=2}^{I} m_i \ddot{y}_{Si} = -m\ddot{y}_S. \tag{3.316}$$

Das bereits durch (3.221) bekannte Antriebsmoment kann auch in folgender Form angegeben werden, vgl. auch (3.211):

$$M_{\text{an}} = \sum_{i=2}^{I} \left[m_i (\ddot{x}_{Si} x'_{Si} + \ddot{y}_{Si} y'_{Si}) + J_{Si} \ddot{\varphi}_i \varphi'_i \right] + W'_{\text{pot}} - Q^*. \tag{3.317}$$

Die Lage des Gesamtschwerpunktes aller bewegten Teile eines ebenen Mechanismus ergibt sich aus den einzelnen Schwerpunktlagen aus den Bedingungen

$$x_S \cdot \sum_{i=2}^{I} m_i = \sum_{i=2}^{I} m_i x_{Si}; \qquad y_S \cdot \sum_{i=2}^{I} m_i = \sum_{i=2}^{I} m_i y_{Si}. \tag{3.318}$$

Die resultierenden Gestellkräfte lassen sich demnach aus der Beschleunigung des Gesamtschwerpunktes berechnen. Daraus folgt, dass diese Kräfte nur von der Bewegung des Gesamtschwerpunktes und der Gesamtmasse der Getriebeglieder abhängen. Falls der Gesamtschwerpunkt während der Bewegung in Ruhe bleibt, ist die Resultierende der Gestellkräfte identisch null. Die einzelnen Lagerkräfte haben dabei jedoch endliche Werte, und es verbleibt auch meist ein resultierendes Moment M_z, vgl. auch Abschn. 3.5.2.

Die kinetischen Momente sind, vgl. Abb. 3.35 und (3.93):

$$M^O_{\text{kin}\,x} \equiv \sum_{i=2}^{I} \Big[m_i z_{Si} \ddot{y}_{Si} + (J^S_{\eta\zeta i} \ddot{\varphi}_i + J^S_{\xi\zeta i} \dot{\varphi}_i^2) \sin\varphi_i - (J^S_{\xi\zeta i} \ddot{\varphi}_i - J^S_{\eta\zeta i} \dot{\varphi}_i^2) \cos\varphi_i \Big],$$

$$M^O_{\text{kin}\,y} \equiv -\sum_{i=2}^{I} \Big[m_i z_{Si} \ddot{x}_{Si} + (J^S_{\eta\zeta i} \ddot{\varphi}_i + J^S_{\xi\zeta i} \dot{\varphi}_i^2) \cos\varphi_i + (J^S_{\xi\zeta i} \ddot{\varphi}_i - J^S_{\eta\zeta i} \dot{\varphi}_i^2) \sin\varphi_i \Big],$$

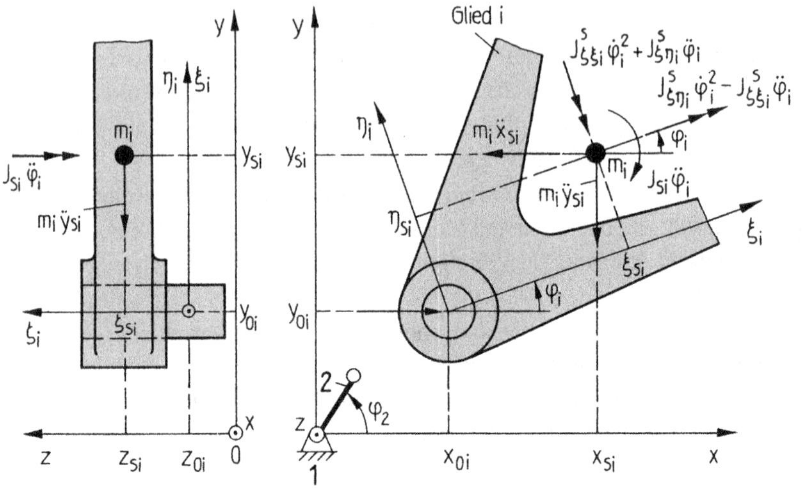

Abb. 3.35 Massenkräfte an einem Getriebeglied im raumfesten und Massenmomente im körperfesten Bezugssystem

$$M^O_{\text{kin}\,z} \equiv \sum_{i=2}^{I} [m_i(y_{Si}\ddot{x}_{Si} - x_{Si}\ddot{y}_{Si}) - J_{Si}\ddot{\varphi}_i]. \tag{3.319}$$

Es ist zu beachten, dass sie von der Lage des Koordinatensystems relativ zur Maschine abhängen. Es empfiehlt sich, bei der Behandlung von Fundamentierungsfragen als Ursprung O des Koordinatensystems den Schwerpunkt des Fundamentblockes zu wählen, auf dem der Mechanismus angeordnet ist, vgl. die Abb. 4.6 und 4.8.

Die auf das Gestell wirkenden Kraftgrößen lassen sich selbstverständlich auch aus der Überlagerung aller Gelenkkräfte berechnen, die auf das Gestell wirken. Dieser Weg ist aber umständlich, da er die Berechnung der inneren Gelenkkräfte verlangt.

3.4.4 Gelenkkräfte im Koppelgetriebe einer Verarbeitungsmaschine

Dank der Software zur dynamischen Analyse und Optimierung von Mechanismen kann der Konstrukteur oder die Konstrukteurin sich einen genauen Überblick über die Gelenkkraft-Verläufe komplizierter Mechanismen verschaffen. Den größten Aufwand erfordert dabei die Zusammenstellung aller Daten aus den Konstruktionsunterlagen, z. B. der Masseparameter der Getriebeglieder.

Für das in Abb. 3.36a dargestellte achtgliedrige Koppelgetriebe ist in Abb. 3.36b das reduzierte Trägheitsmoment (kinetische Energie) und in Abb. 3.36c die kinetische Leistung des gesamten Mechanismus im Vergleich mit zwei einzelnen Getriebegliedern dargestellt. Aus diesen Verläufen ist ersichtlich, dass die Glieder 7 und 8 die Schwankungen des Träg-

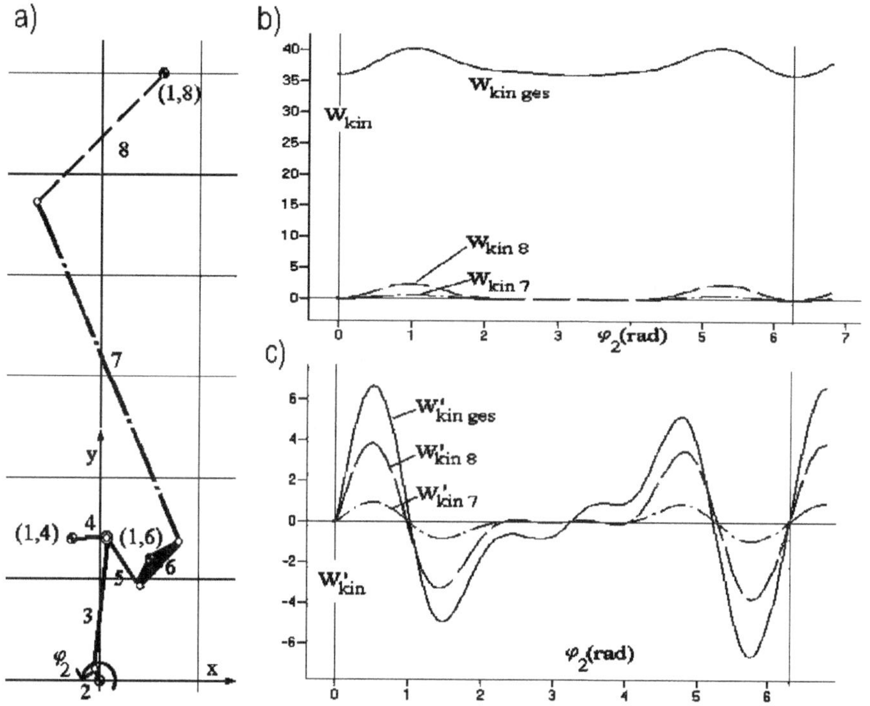

Abb. 3.36 Koppelgetriebe einer Verarbeitungsmaschine: **a** Kinematisches Schema, **b** Kinetische Energie und Anteile der Glieder 7 und 8, vgl. (3.314), **c** Kinetische Leistungen der Glieder 7 und 8 gemäß Gl. (3.315)

heitsmoments hervorrufen und im Wesentlichen für die Änderung der kinetischen Leistung verantwortlich sind. Schon aus dieser Betrachtung folgt, dass sich deren Gelenkkräfte stark ändern müssen, vgl. dazu Abschn. 3.4.2. In Abb. 3.37 sind die berechneten Gelenkkräfte für drei Lager dargestellt.

Sowohl die Darstellung der Kräfte mit ihren Wirkungsrichtungen (Abb. 3.37a), als auch des zeitlichen Verlaufs der resultierenden Kraft (Abb. 3.37b) ist von großem praktischem Interesse. Die Analyse des Verlaufs dieser Kräfte erlaubt, Aussagen über die dynamischen Belastungen in den Gelenkbolzen (damit über Reibung, Schmierung und Verschleiß des Lagers) und über die auftretenden Schwingungserregungen zu treffen. Durch Vergleich mit experimentell ermittelten Werten kann auch über die Zulässigkeit des benutzten Berechnungsmodells („starre Maschine") entschieden werden.

Zur Beurteilung der Gelenkkräfte (Abb. 3.37) sind auch die Fourierkoeffizienten von Interesse, vgl. (3.306). Sie kennzeichnen die periodische Erregung und sind für die Berechnung der erzwungenen Schwingungen erforderlich, vgl. Abschn. 4.2 und 7.2.2. Wie aus Abb. 3.37c erkennbar ist, haben die höheren Harmonischen eine wesentliche Bedeutung.

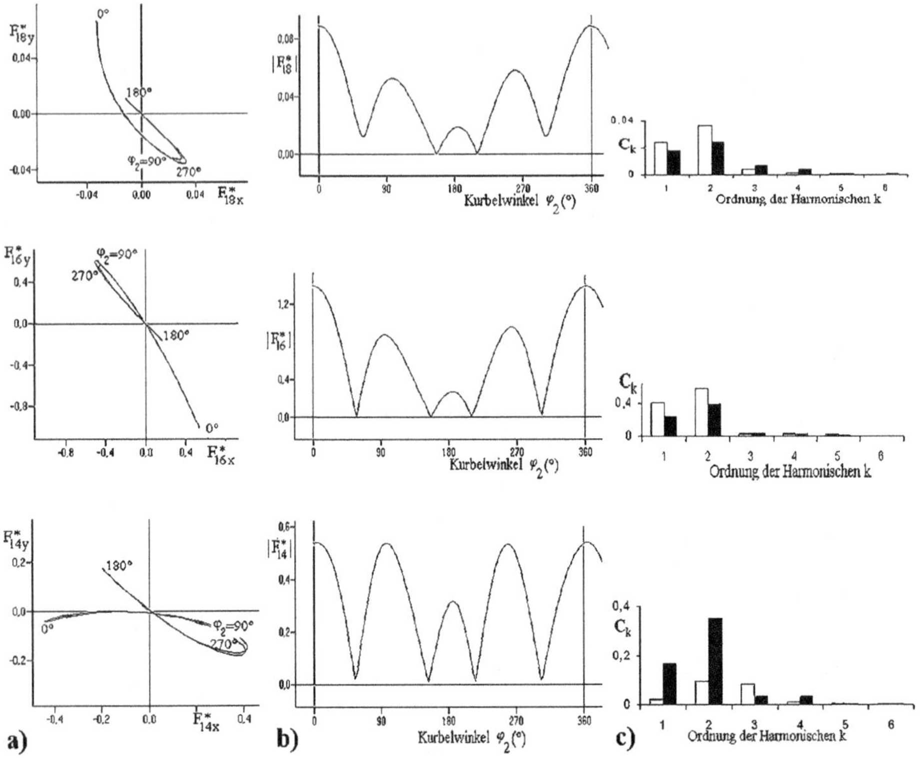

Abb. 3.37 Periodische Gelenkkräfte im Koppelgetriebe gemäß Abb. 3.36a: **a** Polardiagramme der Gelenkkräfte F_{14}, F_{16} und F_{18}, **b** Betrag der Gelenkkräfte F_{14}, F_{16}, und F_{18} als Funktion des Kurbelwinkels $\varphi_2 = \Omega t$, **c** Erregerspektrum (Fourierkoeffizienten der Gelenkkräfte)

Weichen gemessene Verläufe deutlich von dem berechneten ab, was in der Praxis oft zu beobachten ist, so kann aus der Differenz zwischen realen und kinetostatischen Verläufen auf die Schwingungsursachen geschlossen werden, vgl. VDI-Richtlinie 2149 Bl. 2.

3.4.5 Aufgaben A3.9 und A3.10

A3.9 Parametereinflüsse auf Gelenkkräfte

Es ist möglich, mit Computerprogrammen die Gelenkkräfte in beliebigen Starrkörper-Mechanismen zu berechnen. Gelegentlich gibt es das Problem, die Ergebnisse solcher Berechnungen zu kontrollieren. Mithilfe der allgemeinen Zusammenhänge können solche Kontrollen und Plausibilitätsbetrachtungen angestellt werden.

Es wird ein beliebiger Mechanismus unter der Annahme betrachtet, das alle seine Getriebeglieder aus geraden zylindrischen starren Stäben aus gleichem Material bestehen und die Lagerabmessungen in den Gelenken einen vernachlässigbar kleinen Einfluss auf die Masseparameter haben. Wie verlaufen die massebedingten Gelenkkräfte, wenn die bisherigen Querschnittsflächen A_i aller Glieder um den gleichen Faktor $\varkappa$ und die Drehzahl um den Faktor $\varkappa_n$ verändert werden?

Gegeben:

Alle geometrischen und kinematischen Abmessungen:

1. Faktor $\varkappa$, um den alle Querschnittsflächen verändert werden ($A_i^* = \varkappa A_i$)
2. Faktor $\varkappa_n$, um den die Drehzahl verändert wird ($n^* = \varkappa_n n$).

Gesucht: Einfluss der Faktoren $\varkappa$ und $\varkappa_n$ auf alle Gelenkkräfte.

A3.10 Günstiger Abstand des Kraftangriffspunktes

Bei der Wahl kinematischer Abmessungen und der Masseparameter gibt es gewisse Freiheiten, die genutzt werden können, um kinetische Belastungen zu vermindern.

Abb. 3.38a zeigt das Abtriebsglied eines Koppelgetriebes, das im Gestell drehbar gelagert ist. Es wird durch die Koppelkraft angetrieben, sodass die Winkelbeschleunigung $\ddot{\varphi}$ auftritt. Für kleine Winkel $|\varphi| \ll 1$ soll die horizontale Komponente der Lagerkraft berechnet und angegeben werden, bei welchen Parameterwerten diese Lagerkraftkomponente null wird.

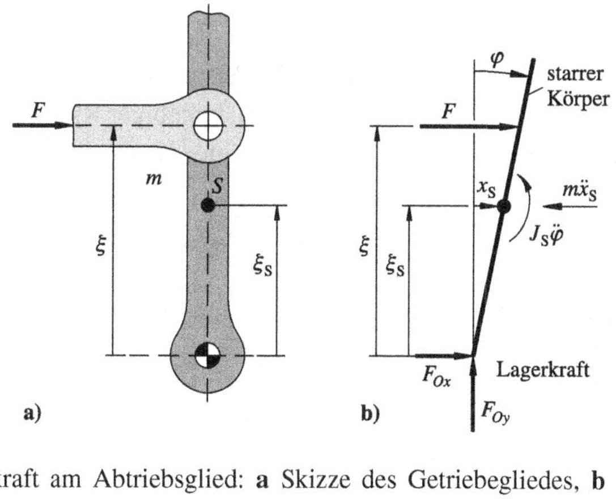

Abb. 3.38 Koppelkraft am Abtriebsglied: **a** Skizze des Getriebegliedes, **b** Kraftgrößen am frei geschnittenen Körper für $|\varphi| \ll 1$

Gegeben:

Masse	m
Schwerpunktsabstand	ξ_S
Trägheitsmoment	J_S
Koppelkraft	F

Gesucht:

Horizontalkraft	F_{Ox}
Lagerabstand	ξ, bei dem die Horizontalkraft null wird.

3.4.6 Lösungen L3.9 und L3.10

L3.9 Die Massen und Trägheitsmomente der schlanken stabförmigen Glieder mit den Längen l_i ergeben sich aus

$$m_i = \varrho A_i l_i; \qquad J_{Si} = \frac{m_i l_i^2}{12}; \qquad i = 2, 3, \ldots, I. \tag{3.320}$$

Die veränderten Parameter werden mit dem Symbol $*$ versehen. Werden die Querschnitte aller Glieder im gleichen Maßstab vergrößert oder verkleinert, so gilt für die veränderten Masseparameter wegen $A_i^* = \varkappa A_i$

$$m_i^* = \varrho A_i^* l_i = \varrho \varkappa A_i l_i = \varkappa m_i; \quad J_{Si}^* = \frac{m_i^* l_i^2}{12} = \varkappa J_{Si}; \qquad i = 2, 3, \ldots, I. \tag{3.321}$$

Die Schwerpunktkoordinaten bleiben sowohl in den Körpern als auch in x- und y-Richtung erhalten. Eine beliebige Gelenkkraft (Kraftgröße F in beliebiger Richtung q) ergibt sich bei Starrkörper-Mechanismen bei Abwesenheit eingeprägter Kraftgrößen gemäß (3.164) oder (3.305) zu

$$m_{21}\ddot{q}(t) + \left(m_{12,1} - \frac{1}{2}m_{11,2}\right)\dot{q}^2(t) = F(t). \tag{3.322}$$

Die verallgemeinerten Massen sind von den Massen und Trägheitsmomenten linear abhängig, denn es gilt für ebene Mechanismen laut (3.154)

$$m_{kl}(q) = \sum_{i=2}^{I} \left[m_i(x_{Si,k}x_{Si,l} + y_{Si,k}y_{Si,l}) + J_{Si}\varphi_{i,k}\varphi_{i,l}\right] \tag{3.323}$$

und somit auch wegen (3.321)

$$m_{kl}^*(q) = \sum_{i=2}^{I} \left[m_i^*(x_{Si,k}x_{Si,l} + y_{Si,k}y_{Si,l}) + J_{Si}^*\varphi_{i,k}\varphi_{i,l} \right] = \varkappa m_{kl}(q). \tag{3.324}$$

Damit ergibt sich der zeitliche Verlauf einer Gelenkkraft bei veränderten Querschnittsflächen:

$$\begin{aligned} F^*(t) &= m_{21}^*\ddot{q}(t) + \left(m_{12,1}^* - \frac{1}{2}m_{11,2}^*\right)\dot{q}^2(t) \\ &= \varkappa\left[m_{21}\ddot{q}(t) + \left(m_{12,1} - \frac{1}{2}m_{11,2}\right)\dot{q}^2(t)\right] = \varkappa F(t). \end{aligned} \tag{3.325}$$

Erstes Ergebnis
Alle Gelenkkräfte ändern sich um denselben Faktor $\varkappa$. Werden z. B. alle Breiten und Höhen der rechteckigen Stabquerschnitte (oder die Durchmesser kreisförmiger Querschnitte) auf 2/3 der bisherigen Werte vermindert, so ändert sich jede Querschnittsfläche um den Faktor $\varkappa = (2/3)^2 = 4/9$. Also haben alle Gelenkkräfte dann gemäß (A2.9/6) lediglich noch 44,4 % der ursprünglichen Werte, aber ihr zeitlicher Verlauf bleibt derselbe, abgesehen vom Faktor $\varkappa$.

Die Drehzahl ist der Winkelgeschwindigkeit proportional ($\Omega = \pi n/30$). Bei konstanter Drehzahl beträgt eine Gelenkkraft gemäß (3.305) oder auch (3.322)

$$\Gamma_{11\,p}(q)\Omega^2 = F_p. \tag{3.326}$$

Bei veränderter Drehzahl ($n^* = \varkappa_n n$) gilt $\Omega^* = \varkappa_n \Omega$ und somit

$$F_p^* = \Gamma_{11p}(q)\Omega^{*2} = \Gamma_{11p}(q)\varkappa_n^2\Omega^2 = \varkappa_n^2 F_p. \tag{3.327}$$

Zweites Ergebnis
Die Gelenkkräfte ändern sich mit dem Quadrat des Drehzahlverhältnisses. Bei einer Verdoppelung der Drehzahl z. B. vervierfachen sich alle Gelenkkräfte, wenn keine äußeren Kräfte wirken und das Berechnungsmodell des Starrkörpersystems noch gültig ist.

L3.10 Aus dem Momentengleichgewicht um den Punkt O folgt, vgl. Abb. 3.38b:

$$F\xi \approx (m\xi_S^2 + J_S)\ddot{\varphi}. \tag{3.328}$$

Das Kräftegleichgewicht in horizontaler Richtung liefert für $|\varphi| \ll 1$

$$F + F_{Ox} = m\ddot{x}_S = m\xi_S\ddot{\varphi}. \tag{3.329}$$

Die horizontale Komponente der Lagerkraft ist aus diesen Gleichungen berechenbar:

$$F_{Ox} = \left[m\xi_S - \frac{m\xi_S^2 + J_S}{\xi} \right] \ddot{\varphi}. \tag{3.330}$$

Diese horizontale Komponente der Lagerkraft ist null, wenn der Ausdruck in der eckigen Klammer null ist, d. h. wenn die Koppelkraft im Abstand des so genannten Stoßmittelpunktes

$$\xi = \xi_S + \frac{J_S}{m\xi_S} \tag{3.331}$$

angreift. Dieser Abstand ist größer als der Schwerpunktabstand. Durch die Gestaltung des Abtriebsgliedes kann versucht werden, die Masseparameter in die Nähe der durch (3.331) beschriebenen Relationen zu legen.

Das zunächst vielleicht verblüffende Ergebnis wird mit der Vorstellung physikalisch verständlich, dass eine Einzelkraft einen freien starren Körper sowohl translatorisch (Schwerpunktsatz) als auch rotatorisch (Momentensatz) bewegt. Es existiert dann ein Momentanpol. Wenn in diesen das Lager gelegt wird, braucht dieses keine Kraft zu übertragen, da der Körper sich um diesen Punkt „drehen will". Für die Gestaltung von Getriebegliedern sollten vor allem die Umkehrlagen der Abtriebsglieder unter diesem Gesichtspunkt beachtet werden, da dort die Winkelbeschleunigungen am größten sind.

3.5 Methoden des Massenausgleichs

Durch geschickte Anordnung von Massen kann erreicht werden, dass die resultierenden Massenkräfte, die von der Maschine auf den Aufstellort übertragen werden, klein werden. Alle Maßnahmen, die den Ausgleich der Massenkräfte zum Ziel haben, werden mit dem Begriff Massenausgleich bezeichnet. Obwohl der Massenausgleich an Rotoren (das Auswuchten) eine Unteraufgabe darstellt, bezieht sich im technischen Sprachgebrauch der Begriff „Massenausgleich" meist auf Mechanismen und der Begriff „Auswuchten" auf Rotoren.

Es muss betont werden, dass der Massenausgleich lediglich das Fundament entlastet. Die Kräfte auf die Antriebswelle und die dynamischen Lagerbelastungen einzelner Gelenke können sich bei einem solchen Ausgleich durchaus auch verschlechtern und damit die Leistungsfähigkeit der Maschine beschränken. Bei Anwendung des Massenausgleichs ist also stets der Zusammenhang mit anderen Nebenwirkungen zu bedenken, beispielsweise auch der Einfluss auf die Eigenfrequenzen.

Neben der Verminderung der Maximalkraft

$$|F_{\text{kin}}|_{\max} \overset{!}{=} \text{Min} \tag{3.332}$$

besteht auch oft die Aufgabe, einzelne k-te Harmonische zu minimieren:

$$A_k^2 + B_k^2 \overset{!}{=} \text{Min}. \tag{3.333}$$

Mit (3.332) und (3.333) lassen sich Aufgaben des Massenausgleichs definieren. Besondere Maßnahmen sind erforderlich, wenn die Rotoren nicht als starr angenommen werden können. Hierzu sind [41] und die Richtlinie ISO 11 342 – 1998: Mechanical vibration – Methods and criteria for the mechanical balancing of flexible rotors zu beachten.

Die Konstrukteurin oder der Konstrukteur wird zuerst versuchen, die umlaufenden und die hin- und hergehenden Massen klein zu halten, z. B. durch Maßnahmen des Formleichtbaus oder die Verwendung von Leichtmetallen oder faserverstärkten Kunststoffen anstelle von Stahl. Zusatzmassen aus Schwermetallen (Wolfram-Sinterwerkstoffe) besitzen wegen ihrer großen Dichte ($\varrho = 17 \ldots 19\,\text{g/cm}^3$) kleinste Abmessungen.

3.5.1 Auswuchten starrer Rotoren

In fast allen Maschinen kommen Rotoren vor, weshalb Auswuchttechnik ein wichtiges Gebiet ist [41]. Hier kann nur eine Einführung gegeben werden.

Rotoren sind rotierende Körper, deren Lagerzapfen durch Lager unterstützt werden. Dieser Begriff umfasst viele Maschinenteile, z. B. schlanke Wellen, flache Scheiben, lange Trommeln, unabhängig davon, ob sie starr oder elastisch sind. Ein Rotor ist *starr*, wenn er sich wie ein idealer starrer Körper verhält, d. h. bei Betriebsdrehzahl nur vernachlässigbar kleine Deformationen erleidet. In der Praxis kann ein Rotor oft als starr angesehen werden, solange seine Drehzahl kleiner als etwa die Hälfte seiner kleinsten kritischen Drehzahl ist, die auch von den Lagerbedingungen abhängt. Bei einem *elastischen* Rotor ändert sich infolge der Deformationen sein Auswuchtzustand mit der Drehzahl. Einige Phänomene elastischer Rotoren werden im Kap. 8 vorgestellt.

Unwuchten entstehen infolge von Fertigungsungenauigkeiten und Inhomogenitäten des Materials. Ein rotationssymmetrisch konstruiertes Bauteil hat in Wirklichkeit keine ideale rotationssymmetrische Masseverteilung. Eine *Unwucht* ist definiert als das Produkt aus einer Punktmasse m_i und deren Abstand r_i von der Drehachse, vgl. Abb. 3.39:

$$U_i = m_i r_i . \tag{3.334}$$

Bei einer einzelnen rotierenden Punktmasse tritt bei der Winkelgeschwindigkeit Ω die Fliehkraft

$$F_i = m_i r_i \Omega^2 = U_i \Omega^2 \tag{3.335}$$

auf. Streng genommen ist die Unwucht eine verktorielle Größe: Die Lage der Unwuchtmasse bezüglich der Drehachse wird durch den Ortsvektor $\overline{\boldsymbol{r}}_i$, der senkrecht zur Drehachse steht, im körperfesten System des Rotors bestimmt. Daraus folgt $\overline{\boldsymbol{U}}_i = m_i \overline{\boldsymbol{r}}_i$ und die resultierende Fliehkraft $\overline{\boldsymbol{F}}_i = m_i \overline{\boldsymbol{r}}_i \Omega^2$, die genau in Richtung des Ortsvektors zeigt und somit umläuft.

Die Unwuchten sind in einem Rotor im Allgemeinen ungleichmäßig und zufällig räumlich verteilt. Wegen der stets vorhandenen Unwuchten entstehen bei der Drehung der Rotoren dynamische Kräfte, die sich negativ auswirken können auf

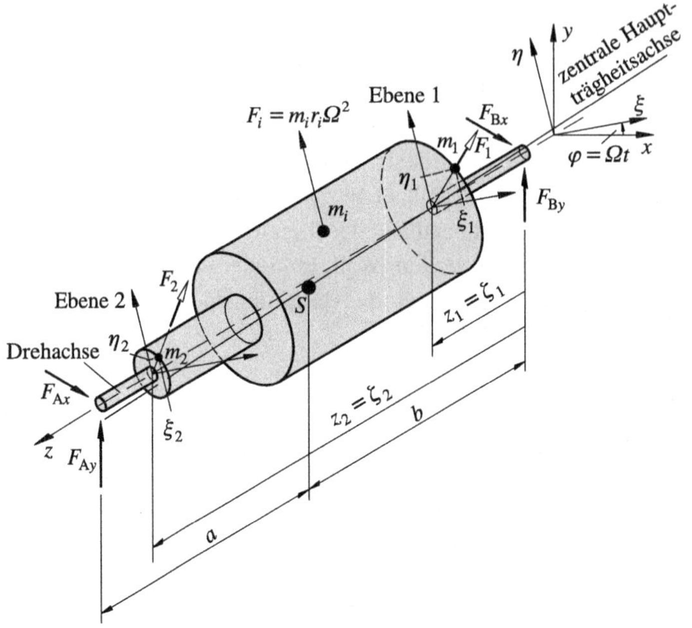

Abb. 3.39 Zur Wirkung von Ausgleichsmassen an einem Rotor

1. die Lagerkräfte (Flächenpressung, Verschleiß, Lebensdauer …)
2. die Belastung des Maschinengestells und des Fundaments (Schwingungserregung)
3. Belastungen im Innern des Rotors.

Es ist deshalb vor allem bei schnell laufenden Rotoren ratsam, die Unwuchten auszugleichen, d. h. diese auszuwuchten.

Auswuchten wird der Vorgang genannt, bei dem die Massenverteilung eines Rotors geprüft und durch Massenausgleich (Entfernen oder Hinzufügen von Material) korrigiert wird, um zu erreichen, dass die dynamischen Lagerkräfte bei Betriebsdrehzahl in vorgegebenen Grenzen liegen. Das Auswuchten geschieht mithilfe von Auswuchtmaschinen oder in der Originallagerung mithilfe spezieller Messeinrichtungen.

Ein Rotor ist *vollkommen* ausgewuchtet, wenn seine Masse derart verteilt ist, dass er auf die Lager keine dynamischen Kräfte überträgt. Dieser ideale Zustand ist praktisch nicht erreichbar. Restunwuchten innerhalb gewisser Grenzen sind vielfach durch Vorschriften festgelegt, z. B. in den Normen DIN ISO 21940-1:2019, 21940-11:2017 und 21940-12:2016.

Zur Kennzeichnung des Wuchtzustandes wird eine von der Masse des Wuchtkörpers unabhängige Größe benötigt. Dafür wird die so genannte Exzentrizität

$$e = \frac{m_u r_u}{m} = \frac{U}{m} \tag{3.336}$$

Tab. 3.3 Typische Beispiele für Gütestufen aus DIN ISO 21940-11

$e\Omega$ in mm/s	Rotor oder Maschine
	Kurbelgetriebe von starr aufgestellten langsamlaufenden Schiffsdieselmotoren
G 1600	
	Kurbelgetriebe von starr und elastisch aufgestellten Motoren
G 100	
	Kurbelgetriebe von PKW- und LKW-Motoren, Autoräder, Felgen, Radsätze, Gelenkwellen
G 16	
	Zentrifugentrommeln, Ventilatoren, Schwungräder, Elektromotorenanker, Werkzeugmaschinenteile
G 2,5	
	Gas- und Dampfturbinen, Werkzeugmaschinenantriebe, Magnetophon- und Phono-Antriebe
G 0,4	
	Feinschleifmaschinenanker, -wellen und -scheiben, Kreiselgeräte

definiert. U ist dabei die Gesamtunwucht und m die Gesamtmasse des Rotors. An tief abgestimmten, also wegmessenden Auswuchtmaschinen wird e direkt durch die Auswuchtmaschine angegeben. Als Beurteilungsmaßstab gilt eine Gütestufe. Jede Gütestufe kennzeichnet die von der Drehzahl abhängige Restunwucht indirekt mit einem Wert $G = e\Omega$ in mm/s. Um eine Vorstellung von seiner Größenordnung zu erhalten, sind einige Werte in der Tab. 3.3 zusammengestellt.

In Abschn. 3.2.5 wurden die Lagerkräfte eines Rotors für körperfeste Koordinaten berechnet, vgl. (3.137). Diese können mit der Drehmatrix $\boldsymbol{A} = \boldsymbol{A}_3$ aus (3.8) in raumfeste Komponenten umgerechnet werden. Mit

$$\boldsymbol{A} = \begin{bmatrix} \cos\varphi & -\sin\varphi & 0 \\ \sin\varphi & \cos\varphi & 0 \\ 0 & 0 & 1 \end{bmatrix} \tag{3.337}$$

ergeben sich wegen der aus (3.12) bekannten Beziehung $\boldsymbol{F} = \boldsymbol{A}\overline{\boldsymbol{F}}$ die Komponenten im raumfesten Bezugssystem:

$$\begin{aligned} F_{Ax} &= F_{A\xi}\cos\varphi - F_{A\eta}\sin\varphi; \qquad & F_{Bx} &= F_{B\xi}\cos\varphi - F_{B\eta}\sin\varphi, \\ F_{Ay} &= F_{A\xi}\sin\varphi + F_{A\eta}\cos\varphi; \qquad & F_{By} &= F_{B\xi}\sin\varphi + F_{B\eta}\cos\varphi. \end{aligned} \tag{3.338}$$

Diese sind zeitlich mit $\varphi(t)$ harmonisch veränderlich, und es gilt

$$F_{Ax}(\varphi - \pi/2) = F_{Ay}; \qquad F_{Bx}(\varphi - \pi/2) = F_{By}. \tag{3.339}$$

Für den Sonderfall einer konstanten Winkelgeschwindigkeit $\dot{\varphi} = \Omega$ betragen die kinetischen Kräfte, die vom Rotor auf die Lager wirken, vgl. (3.137) Abb. 3.40:

$$\begin{aligned}
F_{Ax} &= \left[(J^S_{\xi\zeta} - mb\xi_S)\cos\Omega t - (J^S_{\eta\zeta} - mb\eta_S)\sin\Omega t\right]\frac{\Omega^2}{a+b},\\
F_{Ay} &= \left[(J^S_{\xi\zeta} - mb\xi_S)\sin\Omega t + (J^S_{\eta\zeta} - mb\eta_S)\cos\Omega t\right]\frac{\Omega^2}{a+b},\\
F_{Bx} &= \left[-(J^S_{\xi\zeta} + ma\xi_S)\cos\Omega t + (J^S_{\eta\zeta} + ma\eta_S)\sin\Omega t\right]\frac{\Omega^2}{a+b},\\
F_{By} &= \left[-(J^S_{\xi\zeta} + ma\xi_S)\sin\Omega t - (J^S_{\eta\zeta} + ma\eta_S)\cos\Omega t\right]\frac{\Omega^2}{a+b}.
\end{aligned} \tag{3.340}$$

Aus diesen Gleichungen ist ablesbar, wodurch die dynamischen Lagerkräfte eines starren Rotors verursacht werden. Eine beliebige Unwuchtverteilung in einem starren Rotor entspricht einer Schwerpunktverlagerung und einer schiefen Lage der Trägheitshauptachsen in Bezug auf die Drehachse. Daraus ist erkennbar, dass die dynamischen Kräfte in den Lagern A und B mit der Kreisfrequenz umlaufen, jedoch nicht in gleicher Phase liegen, wenn die Deviationsmomente ungleich null sind.

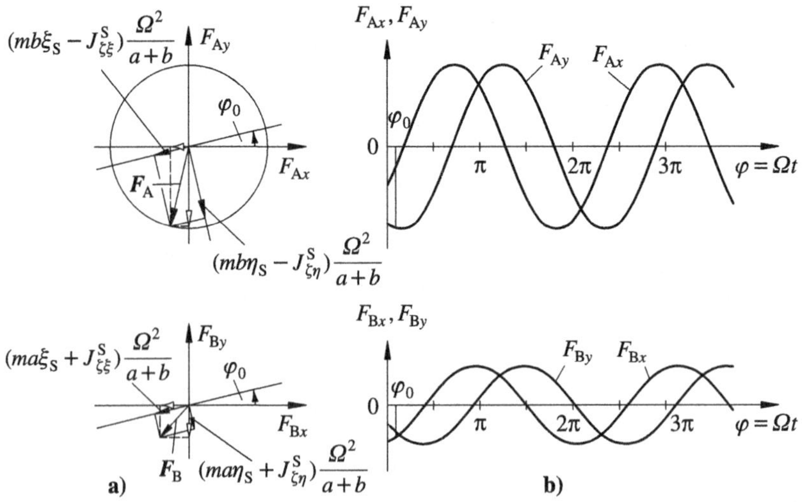

Abb. 3.40 Typischer Verlauf der Lagerkräfte eines starren Rotors für $\dot{\varphi} = \Omega = \text{konst.}$: **a** Komponenten der Lagerkräfte infolge der statischen und dynamischen Unwucht, **b** Verlauf der Lagerkräfte

Abb. 3.40 zeigt ein Beispiel für typische Verläufe der Lagerkräfte eines nicht ausgewuchteten starren Rotors, wobei unterschiedliche Amplituden und Phasen bei gleicher Drehfrequenz auftreten.

Ein starrer Rotor ist also vollkommen ausgewuchtet, wenn sein Schwerpunkt auf der Drehachse liegt ($\xi_S = \eta_S = 0$) und wenn seine zentrale Trägheitshauptachse mit der Drehachse zusammenfällt ($J^S_{\zeta\xi} = J^S_{\zeta\eta} = 0$). Dann ist $F_A = F_B \equiv 0$.

Es wird von einer *statischen* Unwucht, gesprochen, wenn der Schwerpunkt außerhalb der Drehachse liegt. Eine *dynamische* Unwucht des Rotors liegt vor, wenn die zentrale Trägheitshauptachse (die durch den Schwerpunkt geht) nicht mit der Drehachse zusammenfällt. Beide Erscheinungen sind praktisch stets überlagert. Beim Auswuchten wird die Massenverteilung des starren Rotors durch einen Ausgleich in *zwei* Ebenen korrigiert, sodass die statische und die dynamische Unwucht ausgeglichen werden. Dabei werden m_1, m_2, ξ_1, ξ_2, η_1 und η_2 aus den gemessenen Lagerkräften oder -verschiebungen bestimmt, vgl. Abb. 3.39.

Mit der folgenden Betrachtung soll gezeigt werden, dass i. Allg. zwei Ausgleichsmassen in zwei verschiedenen Auswuchtebenen ausreichen, um einen beliebigen starren Rotor vollständig auszuwuchten.

Die harmonisch mit der Drehfrequenz Ω veränderlichen Lagerkräfte hängen gemäß (3.338) von vier Komponenten $F_{A\xi}$, $F_{A\eta}$, $F_{B\xi}$ und $F_{B\eta}$ ab. Das Auswuchten beruht auf der Überlegung, diese vier Komponenten (die für einen realen Rotor experimentell bestimmt werden müssen) durch zusätzliche Ausgleichsmassen in Gegenrichtung zu erzeugen und damit die Summe an jedem Lager zu kompensieren. Ist die Lage der Ausgleichebenen durch die Abstände ζ_1 und ζ_2 vorgegeben, so können mit den vier statischen Momenten von zwei Ausgleichsmassen ($m_1\xi_1, m_1\eta_1, m_2\xi_2$ und $m_2\eta_2$) vier unabhängige Komponenten der Lagerkräfte erzeugt werden. Der Zusammenhang ergibt sich aus dem Gleichgewicht am Rotor zu:

$$\begin{aligned}
F_{A\xi} &= -(m_1\xi_1\zeta_1 + m_2\xi_2\zeta_2)\frac{\Omega^2}{a+b},\\
F_{B\xi} &= [m_1\xi_1(a+b-\zeta_1) + m_2\xi_2(a+b-\zeta_2)]\,\frac{\Omega^2}{a+b},\\
F_{A\eta} &= -(m_1\eta_1\zeta_1 + m_2\eta_2\zeta_2)\frac{\Omega^2}{a+b},\\
F_{B\eta} &= -\,[m_1\eta_1(a+b-\zeta_1) + m_2\eta_2(a+b-\zeta_2)]\,\frac{\Omega^2}{a+b}.
\end{aligned} \tag{3.341}$$

Es sind jeweils zwei Gleichungen für zwei Unbekannte, d. h. mit vier statischen Momenten (fett gedruckt) können die vier Kraftkomponenten „erzeugt“ werden. In Auswuchtmaschinen werden die Lage und Größe der Ausgleichsmassen „automatisch“ ermittelt, d. h. durch interne Software. Das Auswuchten erfolgt bei Serienfertigungen von Motoren und anderen Kleinrotoren, die in großer Stückzahl produziert werden, innerhalb weniger Sekunden, während das Auswuchten großer Turbogeneratoren mehrere Stunden in Anspruch nehmen kann.

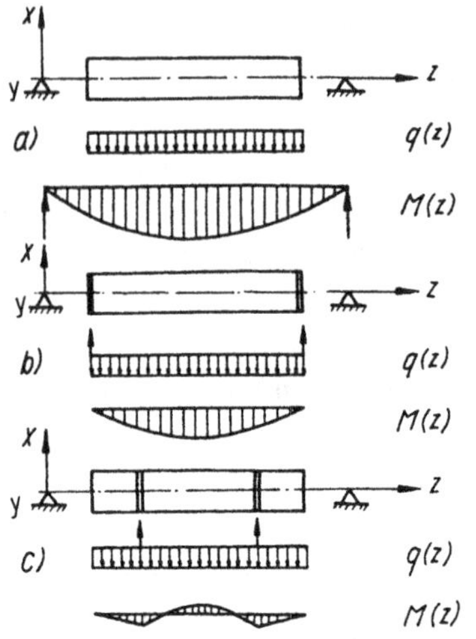

Abb. 3.41 Verlauf des inneren Momentes bei verschiedener Wahl der Auswuchtebenen: **a** Rotor ohne Auswuchtung, **b** Auswuchtebenen an den Stirnflächen des Rotors, **c** Auswuchtebenen im Rotor

Mit Rücksicht auf die entstehenden Biegemomente innerhalb des Rotors sollten Unwuchten möglichst in der Nähe der Ebene ausgeglichen werden, in der sie auftreten. Den Einfluss der gewählten Ausgleichsebene auf die Momentenverteilung im Rotor illustriert Abb. 3.41 für eine gleichmäßig verteilte Unwucht.

Für so genannte „wellenelastische Rotoren", die in der Nähe einer ihrer kritischen Drehzahlen laufen, ist das Auswuchten in zwei willkürlichen Ebenen nicht mehr hinreichend. Dafür wurden Auswuchtverfahren in drei und mehr Ebenen entwickelt, die einen erheblichen rechnerischen und experimentellen Mehraufwand gegenüber dem Auswuchten starrer Rotoren erfordern.

Für die Wahl der Auswuchtebenen sind folgende Gesichtspunkte zu beachten:

1. Die Auswuchtebenen sollen möglichst weit voneinander entfernt liegen.
2. Bei zusammengebauten Rotoren, deren Auswuchtebenen auf verschiedenen Einzelteilen angebracht sind, ist konstruktiv zu sichern, dass eine eindeutige Zuordnung besteht (formschlüssige Sicherung der Teile gegeneinander, z. B. durch Stifte).
3. Beim Auswuchten darf die Festigkeit des Bauteils nicht beeinträchtigt werden.

Abb. 3.42 vermittelt einen kleinen Einblick in die Korrekturmöglichkeiten beim Auswuchten: Abschneiden, Abschleifen oder Abfräsen von Material (Abb. 3.42a, e). Ausbrechen von Segmenten an für den Ausgleich vorgesehenen Scheiben innen oder außen (Abb. 3.42d, f) sind Beispiele für den subtraktiven Ausgleich. Dosierung der Ausgleichsunwucht durch Schrauben verschiedener Längen oder Durchmesser (Abb. 3.42c) oder Einsetzen von Bleidraht in umlaufende Nuten (Abb. 3.42b) gehören zu den additiven Verfahren. Bei der Auswahl der Verfahren müssen die technologischen Bedingungen der Serienfertigung beachtet werden. Es kann auch zweckmäßig sein, Blechstreifen aufzuschweißen oder anzulöten.

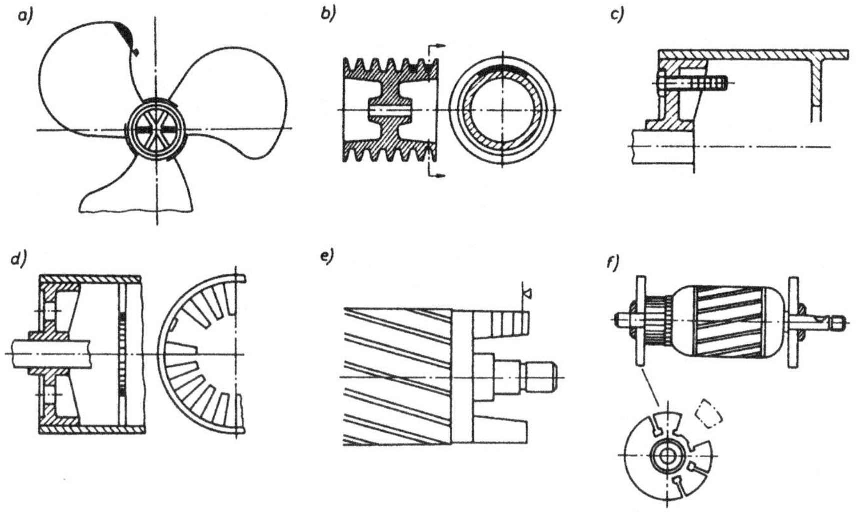

Abb. 3.42 Beispiele für Möglichkeiten des Massenausgleichs an Rotoren: **a** Abschneiden an Ventilatorflügel, **b** Einsetzen von Bleidraht in Nut, **c** Eindrehen von Schraubbolzen unterschiedlicher Länge, **d** Ausbrechen von Segmenten im Inneren, **e** Abfräsen angegossener Zapfen an Stirnseite, **f** Ausbrechen von Segmenten an speziell gestalteten Außenscheiben

Die Konstrukteurin oder der Konstrukteur muss also von Anfang an die Lage der Auswuchtebenen festlegen, und er darf auch die Festlegung der Ausgleichsmethode nicht dem Zufall überlassen. Praktisch erfolgt das Auswuchten mithilfe von Auswuchtmaschinen, mit deren Hilfe die Lage und Größe der Unwucht aus den Lagerreaktionen des Rotors ermittelt wird. Ohne darauf näher einzugehen, sei lediglich erwähnt, dass je nach Größe und Drehzahl des Rotors „wegmessende" oder „kraftmessende" Auswuchtmaschinen weit verbreitet sind, vgl. Abb. 3.43. Bei „kraftmessenden" Auswuchtmaschinen ist der Rotor starr gelagert, die Lagerkräfte werden im unterkritischen Drehzahlbereich gemessen. Praktisch liegt ihr Arbeitsbereich bei Drehzahlen von 200 bis 3000 1/min.

3.5.2 Massenausgleich von ebenen Mechanismen

3.5.2.1 Vollständiger und harmonischer Ausgleich

Die aus Massenkräften resultierenden Gestellkräfte und -momente lassen sich durch die Masseparameter $(m_i, \xi_{Si}, \eta_{Si}, J_{Si}, J^S_{\xi\zeta i}, J^S_{\eta\zeta i})$, d. h. durch die Masseverteilung an den bewegten Getriebegliedern, beeinflussen. Das Ziel des Massenausgleichs besteht darin, dynamische Kräfte und Momente so zu vermindern, dass sie das Gestell nur innerhalb zulässiger Grenzen belasten.

Diese resultierenden Massenkräfte und Massenmomente können für ebene Mechanismen berechnet werden, ohne die Gelenkkräfte im Inneren des Mechanismus zu ermitteln. Bei

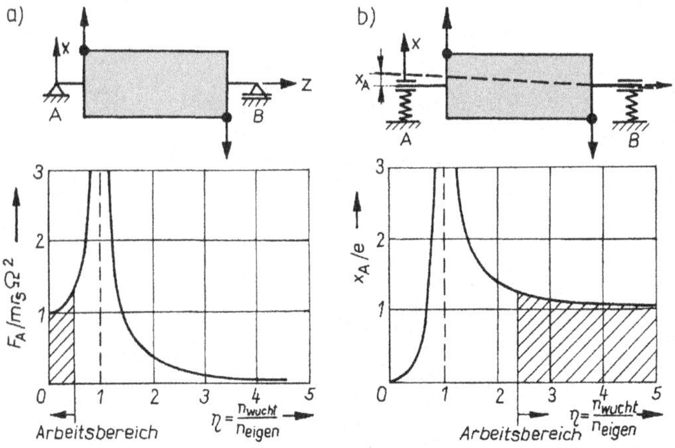

Abb. 3.43 Zum Wirkprinzip der Auswuchtmaschinen: **a** kraftmessende Auswuchtverfahren, **b** wegmessende Auswuchtverfahren

den weiteren Betrachtungen wird Bezug auf Abb. 3.16 sowie auf die Gl. (3.204) bis (3.208) genommen, die im Weiteren wieder benutzt werden.

Aus Impuls- und Drallsatz der Mechanik ergeben sich die schon aus (3.316) und (3.319) bekannten resultierenden Gestellkraftkomponenten F_x, F_y sowie die Komponente M_z^0 des resultierenden Gestellmomentes zu:

$$F_x = -\frac{\mathrm{d}I_x}{\mathrm{d}t} = -\frac{\mathrm{d}}{\mathrm{d}t}\left(\sum_i m_i \dot{x}_{Si}\right)$$

$$= -\sum_i m_i \ddot{x}_{Si} = -m\ddot{x}_S = -m_x(q)\ddot{q} - m'_x(q)\dot{q}^2, \tag{3.342}$$

$$F_y = -\frac{\mathrm{d}I_y}{\mathrm{d}t} = -\frac{\mathrm{d}}{\mathrm{d}t}\left(\sum_i m_i \dot{y}_{Si}\right)$$

$$= -\sum_i m_i \ddot{y}_{Si} = -m\ddot{y}_S = -m_y(q)\ddot{q} - m'_y(q)\dot{q}^2, \tag{3.343}$$

$$M_z^0 = -\frac{\mathrm{d}L_z^0}{\mathrm{d}t} = -\frac{\mathrm{d}}{\mathrm{d}t}\left(\sum_i (m_i\,(\dot{y}_{Si}x_{Si} - \dot{x}_{Si}y_{Si}) + J_{Si}\dot{\varphi}_i)\right)$$

$$= -m_\varphi(q)\ddot{q} - m'_\varphi(q)\dot{q}^2. \tag{3.344}$$

Die von der generalisierten Koordinate q (und damit von der Getriebestellung) abhängigen generalisierten Massen lassen sich wie folgt ermitteln:

$$m_x(q) = \sum_i m_i x'_{Si}, \qquad m_y(q) = \sum_i m_i y'_{Si},$$
$$m_\varphi(q) = \sum_i \left(m_i \left(y'_{Si} x_{Si} - x'_{Si} y_{Si}\right) + J_{Si}\varphi'_i\right). \tag{3.345}$$

Es ist zu beachten, dass sich die in den Gl. (3.342) bis (3.344) vor $\dot{q}^2$ stehenden Faktoren als Ableitung derjenigen vor $\ddot{q}$ stehenden nach der generalisierten Koordinate q ergeben.

Die auf die z-Achse bezogene generalisierte Masse $m_\varphi(q)$ hat im Falle eines Antriebswinkels ($q = \varphi$) die Dimension eines Trägheitsmoments und weist eine ähnliche Form auf wie das aus (3.211) bekannte reduzierte Trägheitsmoment, darf damit aber nicht verwechselt werden! Während das reduzierte Trägheitsmoment $J_{\text{red}}(\varphi)$ mit der kinetischen Energie und dem Antriebsmoment im Zusammenhang steht, wird das aus dem Drehimpuls folgende $m_\varphi(q)$ zur Berechnung des Gestellmoments benötigt. Normalerweise bewegt sich der Gesamtschwerpunkt eines Mechanismus auf einer Bahn, wie es Abb. 3.44 für ein Beispiel zeigt, vgl. (3.318). Neben den Schwerpunktbahnen sind die Polardiagramme der beiden Gestellkräfte einer Kurbelschwinge bei drei Varianten der Masseverteilung dargestellt. Es wurden jeweils die Massen m_2 und m_4 und deren Schwerpunktabstände ξ_{S2} und

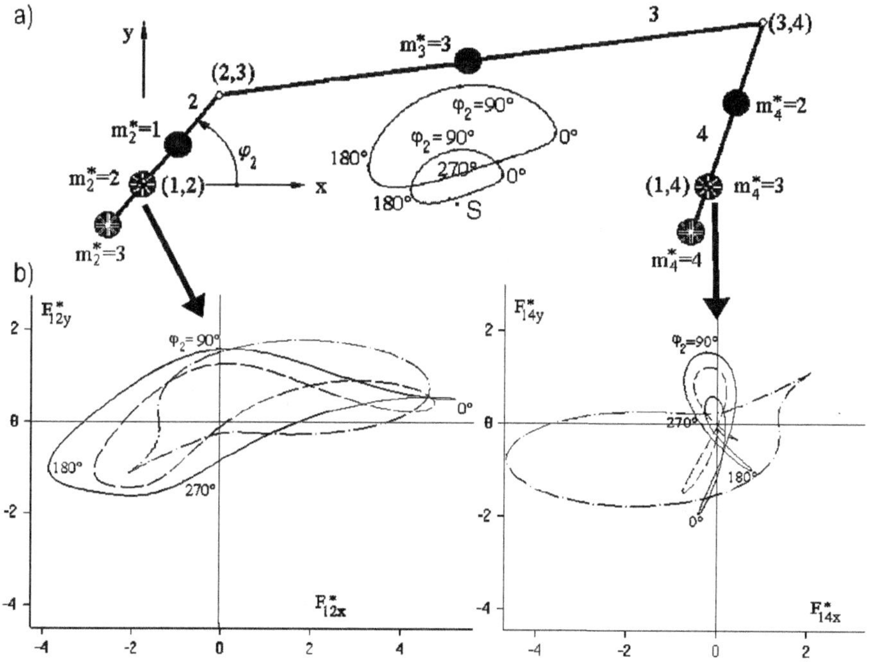

Abb. 3.44 Einfluss von Masseparametern auf die Gestellkräfte einer Kurbelschwinge: **a** Kinematisches Schema und Schwerpunktbahnen mit Angabe der bezogenen Massen $m_i^* = m_i/m$, **b** Polardiagramme der Gelenkkräfte F_{12} und F_{14} Variante 1: ———, Variante 2: – – – –, Variante 3: – · – · – ·

ξ_{S4} verändert. Diese Verläufe ergeben sich bei einer konstanten Winkelgeschwindigkeit des Antriebs.

Interessant ist die Beziehung der Schwerpunktbahnen zu den Polardiagrammen. Mit kleinerer Ausdehnung der Schwerpunktbahn werden bei Variante 2 auch die Gelenkkräfte kleiner als bei Variante 1. Bei Variante 3, wo sich die Schwerpunktbahn zu einem Punkt zusammenzieht, ist zwar gemäß (3.316) die Summe der Gelenkkräfte null, aber die einzelnen Gelenkkräfte sind vorhanden.

Jeder ebene Mechanismus lässt sich prinzipiell durch eine geeignete Masseverteilung seiner Glieder so auslegen, dass sein Schwerpunkt trotz beliebiger Bewegung in Ruhe bleibt. Ein vollständiger Massenausgleich ist erreicht, wenn die resultierenden Massenkräfte und das kinetische Massenmoment null sind:

$$F_x \equiv 0; \qquad F_y \equiv 0; \qquad M_z^0 \equiv 0. \tag{3.346}$$

Aus (3.342) bis (3.344) folgt, dass diese Bedingungen erfüllt sind, wenn unabhängig vom Bewegungszustand

$$m_x(q) \equiv 0; \qquad m_y(q) \equiv 0; \qquad m_\varphi(q) \equiv 0 \tag{3.347}$$

gilt.

Ein vollständiger Massen*kraft*ausgleich liegt vor, wenn der Gesamtschwerpunkt trotz beliebiger Mechanismenbewegung in Ruhe bleibt. Die Bedingung dafür folgt aus (3.342) und (3.343), wenn die Bestimmungsgleichungen für die Schwerpunktlage eines Mehrkörpersystems beachtet werden:

$$\ddot{x}_S \equiv 0; \qquad \ddot{y}_S \equiv 0. \tag{3.348}$$

Sie sind theoretisch für alle vielgliedrigen ebenen zwangläufigen Mechanismen mit einem Antrieb erfüllbar, vgl. VDI-Richtlinie 2149/1.

Der vollständige Ausgleich der Kräfte und Momente wird praktisch nur selten realisiert, weil er folgende Nachteile hat:

- Es entstehen meist sperrige Getriebe mit konstruktiv kaum realisierbaren großen Abmessungen.
- Die Masse der Getriebeglieder muss oft beträchtlich verändert werden, was auch erhebliche Vergrößerungen ihrer Trägheitsmomente zur Folge hat.
- Die einzelnen Lager- und Gelenkkräfte sowie das Gestellmoment können zunehmen.

Bei zyklisch arbeitenden Mechanismen verlaufen die Gestellkräfte und -momente periodisch, auch wenn die Drehgeschwindigkeit des Antriebs ungleichförmig ist. Diese erregen das Gestell oft zu erzwungenen Schwingungen. Voraussetzung dabei ist, dass Gestellbewegungen die Bewegung des Mechanismus nur unwesentlich beeinflussen, sonst würden parametererregte Schwingungen entstehen.

Beim *harmonischen* Massenausgleich besteht das Ziel darin, die Amplituden kritischer Erregerordnungen im Spektrum der dynamischen Kraftgrößen zu vermindern. Der harmonische Massenausgleich ist im stationären Betrieb wirksam und kann dafür sorgen, dass im Bereich der Betriebsdrehzahlen keine gefährlichen Resonanzausschläge auftreten. Der harmonische Ausgleich erfordert den Einsatz spezieller Software, denn nur für einfache Mechanismen, wie für Schubkurbelgetriebe, sind analytische Lösungen möglich, vgl. dazu Aufgabe A3.12.

Der Ausgleich einzelner Harmonischer der periodischen Erregung, die von ungleichmäßig übersetzenden Mechanismen im stationären Betrieb ausgeht, hat für die Praxis des Maschinenbaus die größte Bedeutung, da er die Schwingungserregung minimiert. Bei Kurvengetrieben haben sich dabei die Kurvenscheiben mit so genannten HS-Profilen bewährt [11]. Mit der computergestützten Synthese können Mechanismen gefunden werden, bei denen bestimmte Harmonische der Erregerkräfte und -momente minimale Größe haben. Es kommt nicht immer auf den Ausgleich der ersten oder zweiten Harmonischen an, oft ist der *Ausgleich von höheren Harmonischen* von praktischer Bedeutung.

Neben dem *vollständigen und harmonischen Massenausgleich* kann in der Praxis eine Verbesserung durch folgende Maßnahmen erreicht werden:

- Erzeugung einer äquivalenten Gegenbewegung, d. h. Kompensation durch gleich große entgegengerichtete Massenkräfte eines Zusatzmechanismus (Abb. 3.45) oder von zusätzlichen Zweischlägen.
- Ausgleich bestimmter Harmonischer mithilfe von Ausgleichsgetrieben (Abb. 3.45).
- Bei Mehrzylindermaschinen durch Anordnung von Ausgleichsmassen mit verschiedenen Kurbelwinkeln, durch Versetzung der Getriebeebenen zur Achse und evtl. durch verschieden große Kurbelradien und Kolbenmassen, vgl. Abschn. 3.5.2.3.
- Optimaler Ausgleich unter Berücksichtigung von konstruktiven Nebenbedingungen (verlangt Einsatz von Software).

3.5.2.2 Massenausgleich beim Schubkurbelgetriebe

Das Schubkurbelgetriebe wird in vielen Maschinen zur Umformung von Dreh- in Schubbewegungen (und umgekehrt) benutzt, sodass sein Massenausgleich seit langem besonderes Interesse besitzt.

Zunächst werden die Bedingungen für den vollständigen Massen*kraft*ausgleich bei der zentrischen Schubkurbel hergeleitet. Ein vollständiger Ausgleich des resultierenden Gestellmomentes ist mithilfe zusätzlich angeordneter Drehträgheiten auch möglich, vgl. VDI-Richtlinie 2149/1.

Die Schwerpunktlage der Schubkurbel nach Abb. 3.26 ergibt sich in Abhängigkeit von der Getriebestellung zu

$$(m_2 + m_3 + m_4)\, \boldsymbol{r}_S = m_2 \boldsymbol{r}_{S2} + m_3 \boldsymbol{r}_{S3} + m_4 \boldsymbol{r}_{S4}. \tag{3.349}$$

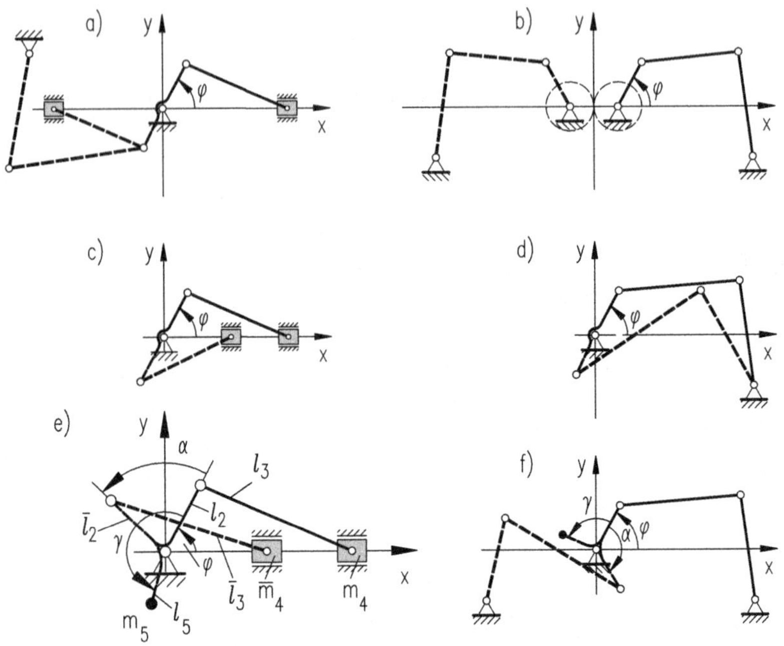

Abb. 3.45 Beispiele für den Massenausgleich durch Anordnung eines gegenläufigen Getriebes (*Volllinie:* ursprüngliches Getriebe; *Strichlinie:* Ausgleichsgetriebe)

Wird zur kompakten mathematischen Behandlung die Bewegungsebene zur Ebene der komplexen Zahlen erklärt, so gilt $\boldsymbol{r} = x + \mathrm{j}y = r \cdot \mathrm{e}^{\mathrm{j}\varphi} = r \cdot (\cos\varphi + \mathrm{j}\sin\varphi)$ und die Lage der Schwerpunkte der Getriebeglieder kann gemäß Abb. 3.26 folgendermaßen angegeben werden:

$$\boldsymbol{r}_{S2} = \xi_{S2}\mathrm{e}^{\mathrm{j}\varphi_2}; \qquad \boldsymbol{r}_{S3} = l_2\mathrm{e}^{\mathrm{j}\varphi_2} + \xi_{S3}\mathrm{e}^{\mathrm{j}\varphi_3}; \qquad \boldsymbol{r}_{S4} = l_2\mathrm{e}^{\mathrm{j}\varphi_2} + l_3\mathrm{e}^{\mathrm{j}\varphi_3}. \tag{3.350}$$

Einsetzen in (3.349) liefert die Schwerpunktbahn:

$$\begin{aligned}(m_2 + m_3 + m_4)\boldsymbol{r}_S &= m_2\xi_{S2}\mathrm{e}^{\mathrm{j}\varphi_2} + m_3(l_2\mathrm{e}^{\mathrm{j}\varphi_2} + \xi_{S3}\mathrm{e}^{\mathrm{j}\varphi_3}) + m_4(l_2\mathrm{e}^{\mathrm{j}\varphi_2} + l_3\mathrm{e}^{\mathrm{j}\varphi_3}) \\ &= \mathrm{e}^{\mathrm{j}\varphi_2}(m_2\xi_{S2} + m_3l_2 + m_4l_2) + \mathrm{e}^{\mathrm{j}\varphi_3}(m_3\xi_{S3} + m_4l_3).\end{aligned} \tag{3.351}$$

Der Schwerpunkt bleibt in Ruhe ($\ddot{\boldsymbol{r}}_S = \mathbf{o}$) und es treten keine resultierenden Massenkräfte auf das Gestell auf, wenn folgende Ausgleichsbedingungen erfüllt sind (Nullsetzen der Ausdrücke in den runden Klammern):

$$m_2\xi_{S2} + (m_3 + m_4)l_2 = 0, \tag{3.352}$$

$$m_3\xi_{S3} + m_4l_3 = 0. \tag{3.353}$$

Aus ihnen ergeben sich die Schwerpunktabstände beim vollständigen Ausgleich zu

$$\xi_{S2} = -\frac{m_3 + m_4}{m_2} l_2; \qquad \xi_{S3} = -\frac{m_4}{m_3} l_3. \tag{3.354}$$

Sie führen dazu, den gemeinsamen Schwerpunkt der Massen m_3 und m_4 in das Gelenk $(2,3)$ zu legen. Zu beachten ist, dass beide Längen negativ sind. Mit Blick auf Abb. 3.26 ergibt sich, dass der Schwerpunkt der Koppel links des Gelenks $(2,3)$ liegen muss, was konstruktiv herausfordernd ist. Einfacher ist die Verlegung des Schwerpunkts der Kurbel auf die gegenüberliegende Seite von O z. B. durch ein Gegengewicht.

Falls nur (3.353) erfüllt ist, bewegt sich der Schwerpunkt auf einer Kreisbahn und ruft harmonische Erregerkräfte hervor. Liegt der Schwerpunkt der Massen m_3 und m_4 im Gelenk $(2,3)$, so kann er durch eine Gegenmasse m_2^* in den Punkt $(1,2)$ verlegt werden, sodass er seine Lage nicht ändert. Die Kräfte F_x, F_y und das Moment M_z^0 setzen sich bei konstanter Antriebswinkelgeschwindigkeit $\dot{\varphi}_2 = \Omega$ in ihrem zeitlichen Ablauf aus mehreren Harmonischen zusammen. Die erste harmonische Komponente wird als *Massenkraft erster Ordnung* bezeichnet. Der zweite Term in der Fourierentwicklung ändert sich mit der doppelten Frequenz und wird deshalb als *Massenkraft zweiter Ordnung* bezeichnet. Die Massenkraft erster Ordnung, also die erste Harmonische der Kraft F_x, wird ausgeglichen, wenn die Bedingung (3.352) erfüllt ist, d. h. wenn nur an der Kurbel eine Ausgleichsmasse angebracht wird. Nach (3.354) befindet sich die Ausgleichsmasse dann auf der Gegenseite der Kurbel. Sie wird praktisch oft durch ein Kreissegment konstruktiv gestaltet, vgl. Abb. 3.29. Die Massenkraft erster Ordnung von F_y ist ausgeglichen, wenn die Ausgleichsbedingung

$$m_2 \xi_{S2} + m_3 l_2 \left(1 - \frac{\xi_{S3}}{l_3}\right) = 0 \tag{3.355}$$

erfüllt ist. Weitere Möglichkeiten für den harmonischen Ausgleich beim Schubkurbelgetriebe zeigt Abb. 3.46.

3.5.2.3 Harmonischer Ausgleich bei Mehrzylindermaschinen

Im Motoren- und Kompressorenbau werden oft Mehrzylindermaschinen angewendet, bei denen mehrere Schubkurbelgetriebe durch eine gemeinsame Welle verbunden sind. Dadurch, dass die relative Lage der einzelnen Getriebeebenen und die relative Verdrehung der Kurbelwinkel günstig gewählt werden, ist ein gegenseitiger Ausgleich einiger Harmonischer möglich.

Für die folgenden Ableitungen wird angenommen, dass die Zylinderachsen und die Kurbelwellenachse in einer Ebene, der y-z-Ebene, liegen. Damit wird der Fall des Reihenmotors mit k Zylindern erfasst. Im Hinblick auf die Berechnung freier Massenmomente wird der Ursprung O in die Mitte der Kurbelwelle gelegt. Der interessante Fall des V-Motors oder Sternmotors, bei dem die Richtungen der Kolben einen bestimmten Winkel zueinander bilden, wird aus den Betrachtungen hier ausgeschlossen, vgl. dazu [5]. Weiterhin wird vorausgesetzt, dass alle umlaufenden Massen, also die Kurbelwelle mit den umlaufenden Pleuelanteilen (vgl. m_{32}, Abb. 3.29) vollständig ausgeglichen sind. Alle Triebwerke sollen

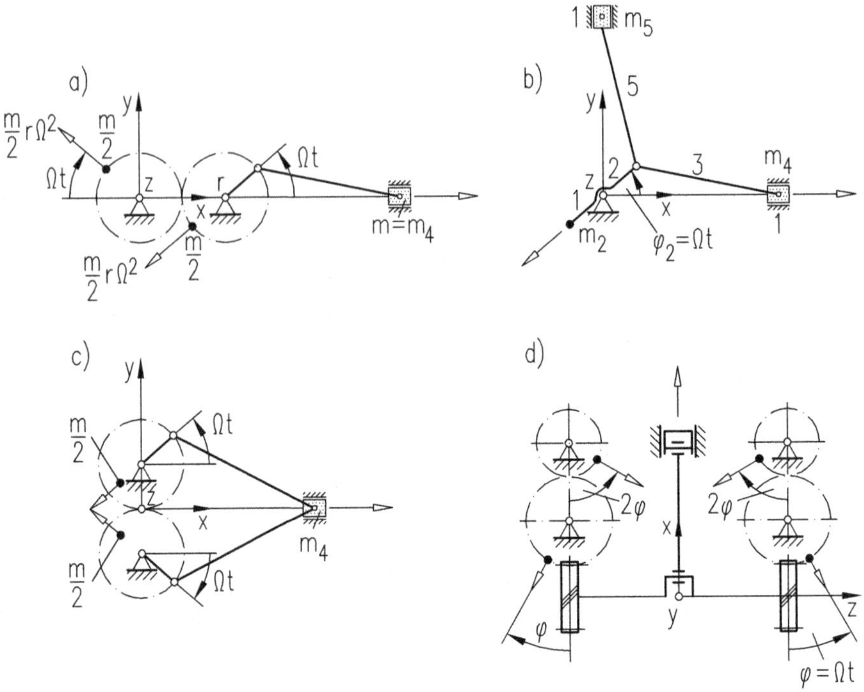

Abb. 3.46 Konstruktive Möglichkeiten zum Ausgleich einzelner Harmonischer (Ausgleichsgetriebe): **a** und **c** Kräfte und Moment (1. Harmonische), **b** Kräfte (1. Harmonische), **d** Kräfte (1. und 2. Harmonische)

außerdem gleichartig sein (gleiche Massen und gleiche Geometrie) und nur unterschiedliche Kurbelwinkel haben, vgl. Abb. 3.47. Der Winkel zwischen der ersten Kurbel ($j = 1$) und der j-ten Kurbel wird mit γ_j bezeichnet.

Die Massenkräfte lassen sich in Form einer Fourier-Reihe angeben, vgl. (3.306). Für jeden Mechanismus gilt ($j = 1, 2, \ldots, J$):

$$F_j(t) = \sum_{k=1}^{\infty} \left[A_k \cos k(\Omega t + \gamma_j) + B_k \sin k(\Omega t + \gamma_j)\right]. \qquad (3.356)$$

Dabei bezeichnet k die Ordnung der Harmonischen. Wird davon ausgegangen, dass sich die Kurbelwelle mit konstanter Winkelgeschwindigkeit dreht, so sind die einzelnen Kurbelwinkel $\varphi_j = \Omega t + \gamma_j$. Für den ersten Zylinder gilt $\gamma_1 = 0$. Die Fourierkoeffizienten (A_k; B_k) eines Mechanismus seien bekannt.

Die resultierenden dynamischen Kräfte und Momente, die auf das Fundament übertragen werden, ergeben sich bei J Zylindern sowohl für die x- als auch für die y-Komponenten (weswegen der Index weggelassen wird):

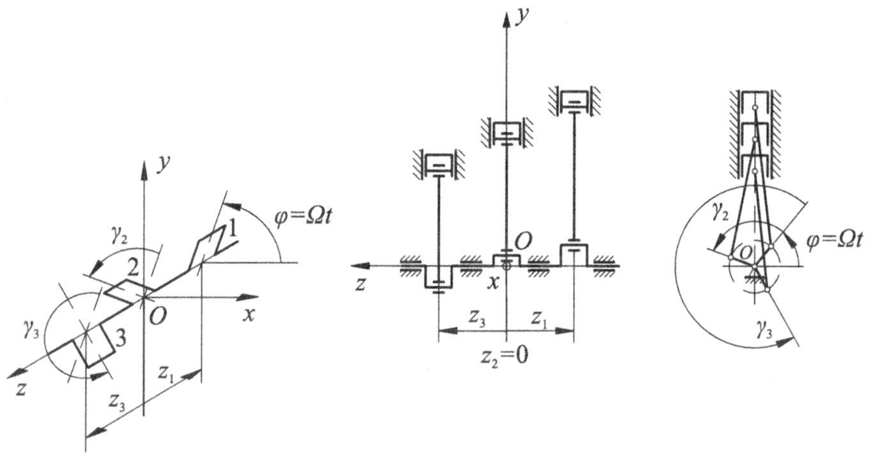

Abb. 3.47 Zur Herleitung der Ausgleichsbedingungen bei einer Mehrzylindermaschine

$$F = \sum_{j=1}^{J} F_j; \qquad M^0 = \sum_{j=1}^{J} F_j z_j. \tag{3.357}$$

Dabei ist z_j der Abstand der jeweiligen Getriebeebene von der x-y-Ebene des Koordinatensystems, wie in den Abb. 3.34, 3.35 und 3.47.

Einsetzen von F_j aus (3.356) in (3.357) liefert unter Verwendung von Additionstheoremen und einigen Umstellungen

$$\begin{aligned} F &= \textstyle\sum_j \sum_k \big[A_k(\cos k\Omega t \cos k\gamma_j - \sin k\Omega t \sin k\gamma_j) \\ &\quad + B_k(\sin k\Omega t \cos k\gamma_j + \cos k\Omega t \sin k\gamma_j)\big], \\ F &= \textstyle\sum_k \Big[(A_k \cos k\Omega t + B_k \sin k\Omega t) \sum_j \cos(k\gamma_j) \\ &\quad + \textstyle\sum_k [-A_k \sin k\Omega t + B_k \cos k\Omega t] \sum_j \sin(k\gamma_j)\Big]. \end{aligned} \tag{3.358}$$

Daraus folgt durch einen Koeffizientenvergleich, dass die Harmonische k-ter Ordnung der resultierenden Kraft einer Mehrzylindermaschine vollständig ausgeglichen ist, wenn folgende zwei Gleichungen erfüllt sind:

$$\sum_{j=1}^{J} \cos k\gamma_j = 0; \qquad \sum_{j=1}^{J} \sin k\gamma_j = 0. \tag{3.359}$$

Analog sind die Harmonischen k-ter Ordnung des Moments M^0 vollständig ausgeglichen, falls gilt:

$$\sum_{j=1}^{J} z_j \cos k\gamma_j = 0; \qquad \sum_{j=1}^{J} z_j \sin k\gamma_j = 0. \tag{3.360}$$

Dies sind die wichtigen Ausgleichsbedingungen von Massenkräften k-ter Ordnung von Mehrzylindermaschinen. Interessanterweise gehen die Massen der Getriebeglieder, die Drehzahl und geometrische Abmessungen in diese Formeln nicht ein. Zur Berechnung der Kurbelwinkel γ_j und der Abstände z_j (das sind bei J Getrieben $2J - 1$ Unbekannte), die für einen vollkommenen Massenausgleich vorliegen müssen, stehen demnach vier transzendente Gleichungen für jede Ordnung k zur Verfügung.

3.5.3 Aufgaben A3.11 bis A3.14

A3.11 Harmonischer Ausgleich eines Verdichters

Die bei ungleichförmig übertragenden Mechanismen entstehenden Massenkräfte können Ursache von Gestellschwingungen sein. Insbesondere diejenigen Komponenten des Erregerspektrums sind gefährlich, deren Frequenz einer Eigenfrequenz des Gestells entspricht.

Die zusätzlich an der Antriebskurbel des Verdichters (zentrische Schubkurbel, vgl. Abb. 3.48) anzubringende Ausgleichsmasse m_a in Form eines Kreisringausschnitts konstanter Dicke soll so dimensioniert werden, dass bei konstanter Antriebswinkelgeschwindigkeit die erste Harmonische der resultierenden Gestellkraftkomponente F_x völlig ausgeglichen wird.

Gegeben:

Länge der Kurbel	l_2	$= 40\,\text{mm}$
Länge der Koppel	l_3	$= 750\,\text{mm}$
Abstand des Schwerpunktes der Kurbel von O	ξ_{S_2}	$= 12\,\text{mm}$
auf die Schwerachse bezogenes Trägheitsmoment der Kurbel	J_{S_2}	$= 0{,}0061\,\text{kg m}^2$
Masse der Kurbel	m_2	$= 4{,}8\,\text{kg}$
Masse des Kolbens	m_4	$= 14\,\text{kg}$
Innenradius der Ausgleichsmasse	r	$= 20\,\text{mm}$
maximaler Außenradius der Ausgleichsmasse (Bauraum!)	R_{max}	$= 140\,\text{mm}$
Dicke der Ausgleichsmasse	b	$= 40\,\text{mm}$
Dichte von Grauguss	ϱ_G	$= 7250\,\text{kg/m}^3$
Dichte von Zinnbronze	ϱ_Z	$= 8900\,\text{kg/m}^3$
Dichte von Weißmetall	ϱ_W	$= 9800\,\text{kg/m}^3$

Hinweis: Die Masseparameter der Koppel *3* wurden bereits näherungsweise in die der Glieder *2* und *4* eingerechnet, vgl. Abb. 3.29.

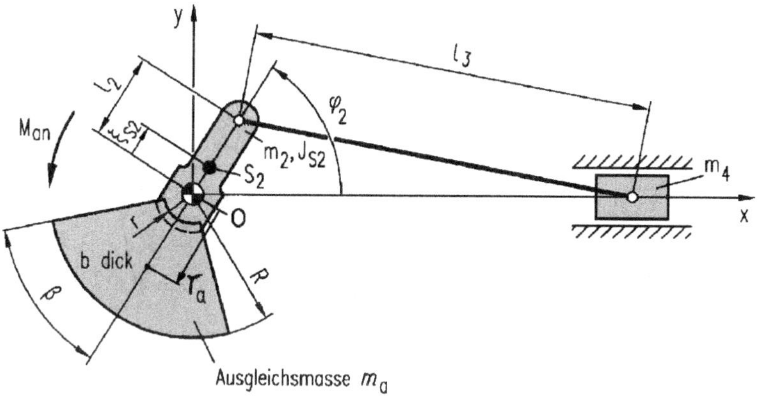

Abb. 3.48 Zentrische Schubkurbel

Gesucht:

1. Resultierende Gestellkraftkomponenten F_x und F_y in allgemeiner Form für eine beliebige Antriebsbewegung $\varphi_2(t)$ unter Berücksichtigung der Ausgleichsmasse.
2. Erforderliche Abmessungen $(R,\ \beta)$, Masse m_a und Trägheitsmoment J_a^O der Ausgleichsmasse so, dass sowohl die erste Harmonische der Gestellkraft F_x ausgeglichen als auch J_a^O möglichst klein wird. Als Werkstoffe stehen Grauguss, Zinnbronze und Weißmetall zur Auswahl.

A3.12 Ausgleichsgetriebe für Schubkurbelgetriebe

Für ein Schubkurbelgetriebe, dessen Massenkräfte durch eine Unwuchtmasse und ein Ausgleichsgetriebe mit der in Abb. 3.45e dargestellten Anordnung ausgeglichen werden sollen, sind die x-Komponente der Lagerkraft (F_{x12}) und das Antriebsmoment M_{an} zu berechnen. Die Ausgleichsbedingungen für die erste und zweite Harmonische von F_{x12} und M_{an} sind in allgemeiner Form anzugeben. Wie groß sind die Winkel α und γ sowie die Ausgleichsmassen $\overline{m}_4$ und m_5 zu wählen, damit die ersten beiden Harmonischen dieser Kraftgrößen ausgeglichen sind? Es sei $\lambda = l_2/l_3 = \overline{l}_2/\overline{l}_3 \ll 1$ und $\varphi = \Omega t$.

A3.13 Kurbelwelle einer Vierzylindermaschine

Zum Ausgleich einzelner Harmonischer stehen bei einer Vierzylindermaschine folgende Größen der Kurbelwinkel zur Diskussion, vgl. Abb. 3.51:

$$\text{Variante a)}: \gamma_1 = 0°;\ \gamma_2 = 90°;\ \ \gamma_3 = 270°;\ \gamma_4 = 180°,$$
$$\text{Variante b)}: \gamma_1 = 0°;\ \gamma_2 = 180°;\ \gamma_3 = 180°;\ \gamma_4 = 0°.$$

Es ist zu ermitteln, welche Ordnungen der Kräfte und Momente bei diesen Varianten ausgeglichen werden, wenn gleiche Zylinderabstände und gleiche Triebwerke vorliegen.

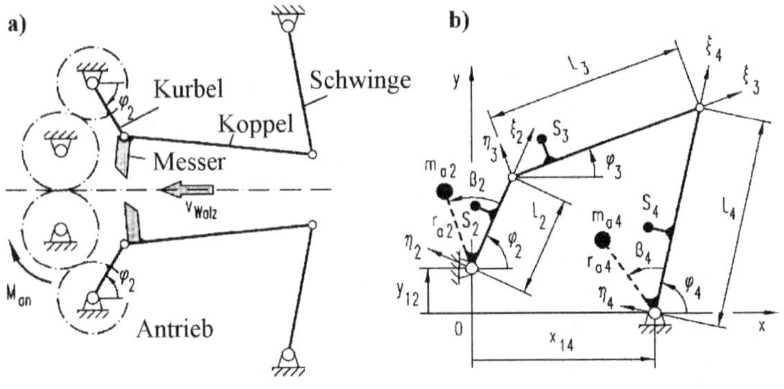

Abb. 3.49 Kurbelschere: **a** kinematisches Schema, **b** Berechnungsmodell mit Masseparametern

A3.14 Massenausgleich einer Kurbelschere

Die Erhöhung der Walzgutgeschwindigkeit bedingt auch höhere Geschwindigkeiten der Schere, die einen Walzstrang „im Fluge" auf vorgegebene Länge schneidet. Die freien Massenkräfte der Kurbelschere regen das Maschinengestell zu unerwünschten Schwingungen an und rufen unzulässig große Belastungen in der Maschinenverankerung hervor, sodass Maßnahmen zum Massenkraftausgleich erforderlich werden.

An einer Kurbelschere gemäß Abb. 3.49 ist der Massenausgleich so vorzunehmen, dass mittels der an Kurbel und Schwinge zusätzlich anzubringenden Ausgleichsmassen ein vollständiger Kraftausgleich erreicht wird.

Die Kurbelschere besteht aus zwei zwangläufig miteinander gekoppelten Kurbelschwingen, die bezüglich des Walzstranges symmetrisch angeordnet sind und gegensinnig umlaufen. Da die beiden Kurbelschwingen hinsichtlich ihrer Abmessungen und Masseparameter fast gleich und symmetrisch angeordnet sind, genügt es, die Betrachtungen an nur einem Mechanismus vorzunehmen, vgl. das Berechnungsmodell in Abb. 3.49.

Gegeben:

Parameterwerte:

i	Bezeichnung	l_i in m	m_i in kg	ξ_{Si} in m	η_{Si} in m
2	Kurbel	0,100	41,5	0,021	0
3	Koppel (Messerträger)	0,205	53,2	0,074	0,018
4	Schwinge	0,147	17,7	0,065	0

Gesucht:

Betrag ($U_2 = m_{a2} \cdot r_{a2}$; $U_4 = m_{a4} \cdot r_{a4}$) und Winkellage ($\beta_2$, β_4) der an der Kurbel und Schwinge anzubringenden Zusatzunwuchten, damit ein vollständiger Ausgleich der resultierenden Gestellkräfte erreicht wird.

3.5.4 Lösungen L3.11 bis L3.14

L3.11 Gemäß (3.316) kann unter Beachtung der Funktionen $x_{Si} = x_{Si}\,(\varphi_2(t))$ und $y_{Si} = y_{Si}\,(\varphi_2(t))$ geschrieben werden:

$$F_x = -\ddot{\varphi}_2 \sum_{i=2}^{I} m_i x'_{Si} - \dot{\varphi}_2^2 \sum_{i=2}^{I} m_i x''_{Si}; \quad F_y = -\ddot{\varphi}_2 \sum_{i=2}^{I} m_i y'_{Si} - \dot{\varphi}_2^2 \sum_{i=2}^{I} m_i y''_{Si}. \qquad (3.361)$$

Da die hier verwendeten Bezeichnungen weitestgehend mit denen aus Abb. 3.26a übereinstimmen, können die Lagefunktionen erster Ordnung direkt aus Tab. 3.1 übernommen werden, da die dort getroffene Voraussetzung hinsichtlich des Kurbelverhältnisses λ zutrifft.

Für die gegebenen Parameterwerte ergibt sich $\lambda = l_2/l_3 = 0{,}04\ \text{m}/0{,}75\text{m} = 0{,}053\bar{3} \ll 1$. Damit wird mit den Funktionen aus Tab. 3.1 und bei nochmaliger Differenziation nach φ_2:

$$\begin{aligned} x''_{S_2} &= -\xi_{S_2} \cdot \cos\varphi_2; \qquad y''_{S_2} = -\xi_{S_2} \cdot \sin\varphi_2, \\ x''_{S_4} &= -l_2 \cdot (\cos\varphi_2 + \lambda \cos 2\varphi_2)\,. \end{aligned} \qquad (3.362)$$

Die Ausgleichsmasse hat folgende Schwerpunktkoordinaten im raumfesten System, vgl. Abb. 3.48:

$$\begin{aligned} x_{\text{Sa}} &= r_{\text{a}} \cdot \cos(\varphi_2 + \pi) = -r_{\text{a}} \cdot \cos\varphi_2, \\ y_{\text{Sa}} &= r_{\text{a}} \cdot \sin(\varphi_2 + \pi) = -r_{\text{a}} \cdot \sin\varphi_2. \end{aligned} \qquad (3.363)$$

Die Ableitungen nach dem Kurbelwinkel sind dann

$$\begin{aligned} x'_{\text{Sa}} &= r_{\text{a}} \cdot \sin\varphi_2; \qquad x''_{\text{Sa}} = r_{\text{a}} \cdot \cos\varphi_2, \\ y'_{\text{Sa}} &= -r_{\text{a}} \cdot \cos\varphi_2; \quad y''_{\text{Sa}} = r_{\text{a}} \cdot \sin\varphi_2. \end{aligned} \qquad (3.364)$$

Werden nun die Ausdrücke aus (3.362) und (3.364) in die Beziehung (3.361) für die Kräfte eingesetzt, so ergibt sich:

$$\begin{aligned} F_x = &\left[\left(m_2\xi_{S_2} - m_{\text{a}}r_{\text{a}} + m_4 l_2\right) \cdot \sin\varphi_2 + m_4 l_2 \frac{\lambda}{2} \cdot \sin 2\varphi_2\right] \cdot \ddot{\varphi}_2 \\ &+ \left[\left(m_2\xi_{S_2} - m_{\text{a}}r_{\text{a}} + m_4 l_2\right) \cdot \cos\varphi_2 + m_4 l_2 \lambda \cdot \cos 2\varphi_2\right] \cdot \dot{\varphi}_2^2 \\ F_y = &-\left(m_2\xi_{S_2} - m_{\text{a}}r_{\text{a}}\right) \cdot \left(\ddot{\varphi}_2 \cos\varphi_2 - \dot{\varphi}_2^2 \sin\varphi_2\right). \end{aligned} \qquad (3.365)$$

Die Gl. für die Kraft F_x stellt eine Näherung dar, weil aufgrund $\lambda \ll 1$ schon in den Gl. für x'_{S_4}, x''_{S_4} die Terme, die höhere Potenzen von λ enthalten, vernachlässigt wurden.

Die erste Harmonische von F_x wird identisch null, falls der Ausdruck in der runden Klammer verschwindet. Die Ausgleichsbedingung lautet also:

$$m_2\xi_{S_2} - m_{\text{a}}r_{\text{a}} + m_4 l_2 \stackrel{!}{=} 0. \qquad (3.366)$$

Hieraus folgt für die Unwucht der Ausgleichsmasse:

$$\underline{\underline{U_a = m_a r_a = m_2 \xi_{S_2} + m_4 l_2 = 0{,}6176\,\text{kg m}.}} \tag{3.367}$$

Zur Dimensionierung der Ausgleichsmasse werden für die vorgegebene Form eines Kreisringausschnittes die allgemeinen Formeln für Masse, Schwerpunktlage und Trägheitsmoment benötigt. In Taschenbüchern findet sich:

$$m_a = \varrho b \cdot \left(R^2 - r^2\right) \cdot \beta; \qquad r_a = \frac{2}{3} \cdot \frac{R^3 - r^3}{R^2 - r^2} \cdot \frac{\sin\beta}{\beta}, \tag{3.368}$$

$$J_a^O = \frac{\varrho b}{2} \cdot \left(R^4 - r^4\right) \cdot \beta. \tag{3.369}$$

Aus (3.368) folgt für die Unwucht, deren erforderliche Größe aus (3.367) bekannt ist, die Formel

$$U_a = m_a r_a = \frac{2}{3} \varrho b \cdot \left(R^3 - r^3\right) \cdot \sin\beta. \tag{3.370}$$

Sie enthält noch zwei variable Größen, nämlich R und β. Wird (3.370) nach $\sin\beta$ aufgelöst, ergibt sich die Relation

$$\sin\beta = \frac{3 \cdot U_a}{2\varrho b \cdot \left(R^3 - r^3\right)} \leqq 1. \tag{3.371}$$

Aus dieser Ungleichung folgt für den Außenradius R in Verbindung mit der Beschränkung laut Aufgabenstellung:

$$R_{\min} = \sqrt[3]{r^3 + \frac{3 \cdot U_a}{2\varrho b}} \leqq R \leqq R_{\max}. \tag{3.372}$$

Mit den gegebenen Parameterwerten und der Unwucht gemäß (3.367) ergeben sich die minimalen Radien für:

$$\begin{aligned} &\text{Grauguss} && R_{\min} = 147{,}4\,\text{mm}, \\ &\text{Sn-Bronze} && R_{\min} = 137{,}7\,\text{mm}, \\ &\text{Weißmetall} && R_{\min} = 133{,}4\,\text{mm}. \end{aligned}$$

Der Vergleich der einzelnen Minimalradien mit dem zulässigen Maximalwert $R_{\max} = 140\,\text{mm}$ zeigt, dass Grauguss hier nicht infrage kommt. Es wird als Werkstoff Weißmetall ($\varrho b = 392\,\text{kg m}^{-2}$) und als Radius $R = 135\,\text{mm}$ gewählt. Mit diesen Festlegungen kann nun der Winkel β aus (3.371) bestimmt werden. Zunächst ergibt sich der Sinus zu $\sin\beta = 0{,}963\,66$. Von den beiden möglichen Lösungen

$$\beta_1 = 1{,}3004\,\text{rad} \quad \left(\widehat{=}\, 74{,}5°\right) \quad \text{und} \quad \beta_2 = 1{,}8412\,\text{rad} \quad \left(\widehat{=}\, 105{,}5°\right) \tag{3.373}$$

wird derjenige Winkel benutzt, für den die Masse und das Trägheitsmoment am kleinsten ist. Da beide linear vom Winkel β abhängen, kommt nur der kleinere der beiden Winkel infrage.

Masse und Trägheitsmoment der Ausgleichsmasse lassen sich nun aus (3.368) und (3.369) berechnen:

$$\underline{\underline{m_{\mathrm{a}} = 9{,}09\,\mathrm{kg}}}; \qquad \underline{\underline{J_{\mathrm{a}}^{O} = 0{,}0846\,\mathrm{kg\,m^2}}}. \tag{3.374}$$

Durch eine mit dem Antrieb umlaufende Ausgleichsmasse lässt sich in einem Mechanismus nur die *erste Harmonische* einer Kraftkomponente ausgleichen. Für den Ausgleich mehrerer Kraftkomponenten und mehrerer Harmonischer sind kompliziertere Ausgleichsmechanismen erforderlich.

L3.12 Die Lagerkraft eines Schubkurbelgetriebes mit einer Unwuchtmasse m_5 hat (vgl. Tab. 3.1) die x-Komponente

$$F_{x12} = -m_5\ddot{x}_5 - m_4\ddot{x}_4 \tag{3.375}$$

$$= \Omega^2\left[m_5 l_5 \cos(\varphi + \gamma) + m_4 l_2(\cos\varphi + \lambda\cos 2\varphi + \ldots)\right]. \tag{3.376}$$

Von der Fourierreihe wurden nur die ersten beiden Harmonischen angegeben, da die höheren kleiner sind als die Ordnung λ^2.

Für das Ausgleichsgetriebe mit einer um den Winkel α versetzten Kurbel ergibt sich demzufolge (weil anstelle von φ der Winkel $\varphi + \alpha$ steht):

$$\overline{F}_{x12} = \overline{m}_4\overline{l}_2\Omega^2\left[\cos(\varphi + \alpha) + \lambda\cos 2(\varphi + \alpha) + \ldots\right]. \tag{3.377}$$

Die Summe $F_x = F_{x12} + \overline{F}_{x12}$ ist dann nach der Benutzung von Additionstheoremen, geordnet nach der Ordnung der Harmonischen

$$\begin{aligned} F_x = \Omega^2\big[&\cos\varphi(m_4 l_2 + \overline{m}_4\overline{l}_2\cos\alpha + m_5 l_5\cos\gamma)\\ &- \sin\varphi(\overline{m}_4\overline{l}_2\sin\alpha + m_5 l_5\sin\gamma)\\ &+ \lambda\cos 2\varphi(m_4 l_2 + \overline{m}_4\overline{l}_2\cos 2\alpha) - \lambda\sin 2\varphi(\overline{m}_4\overline{l}_2\sin 2\alpha) + \ldots\big]. \end{aligned} \tag{3.378}$$

Das Antriebsmoment des mit dem Ausgleichsgetriebe gekoppelten Schubkurbelgetriebes ergibt sich (bei $\varphi = \Omega t$ unabhängig von m_5) mit (3.317) zu

$$\begin{aligned} M_{\mathrm{an}} &= m_4\ddot{x}_4 x_4' + \overline{m}_4\ddot{\overline{x}}_4\overline{x}_4'\\ &= -\frac{\Omega^2}{4}\Big[\lambda\cos\varphi(\overline{m}_4\overline{l}_2^2\sin\alpha)\\ &\quad + \lambda\sin\varphi(m_4 l_2^2 + \overline{m}_4\overline{l}_2^2\cos\alpha) - 2\cos 2\varphi(\overline{m}_4\overline{l}_2^2\sin 2\alpha)\\ &\quad -2\sin 2\varphi(m_4 l_2^2 + \overline{m}_4\overline{l}_2^2\cos 2\alpha) + \ldots\Big]. \end{aligned} \tag{3.379}$$

Es verschwinden diejenigen Harmonischen von F_x und M_{an}, deren Ausdrücke in den runden Klammern gleich null gesetzt werden. Es können die Ausgleichsbedingungen ausgewählt werden, die für den jeweiligen Anwendungsfall wesentlich sind und dementsprechende konstruktive Maßnahmen festgelegt werden.

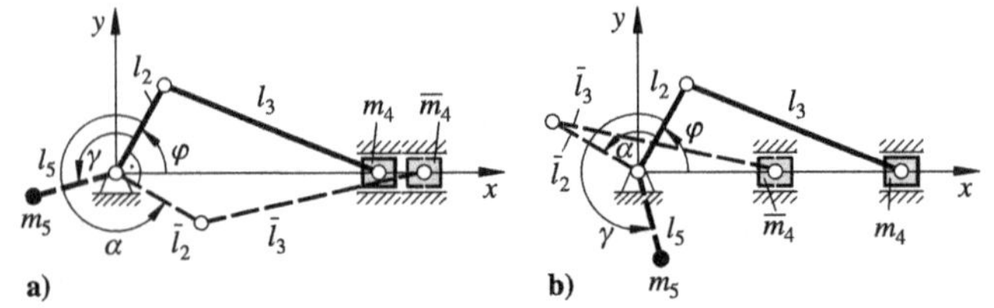

Abb. 3.50 Mechanismen zum Ausgleich der 1. und 2. Harmonischen von F_x und der 2. Harmonischen von M_{an} des Schubkurbelgetriebes: **a** $\alpha = \frac{3\pi}{2}$, $\gamma = \frac{3\pi}{4}$, **b** $\alpha = \frac{\pi}{2}$, $\gamma = \frac{5\pi}{4}$

Die erste Harmonische von F_x kann ohne Ausgleichsgetriebe mit einer Unwuchtmasse m_5 ausgeglichen werden. Aus den ersten beiden Klammern von F_x folgen mit $\overline{m}_4 = 0$ die Ausgleichsbedingungen

$$m_4 l_2 + m_5 l_5 \cos\gamma = 0, \qquad m_5 l_5 \sin\gamma = 0. \tag{3.380}$$

Beide sind für die Werte $\gamma = \pi$ und $m_5 l_5 = m_4 l_2$ erfüllt, vgl. Abb. 3.29.

Einen kombinierter Massen- und Leistungsausgleich kann erreicht werden, wenn die erste Harmonische von F_x und die dominierende zweite Harmonische von M_{an} zu null gesetzt wird. Aus den entsprechenden vier Ausgleichsbedingungen

$$\begin{aligned} m_4 l_2 + \overline{m}_4 \bar{l}_2 \cos\alpha + m_5 l_5 \cos\gamma &= 0, \\ \overline{m}_4 \bar{l}_2 \sin\alpha + m_5 l_5 \sin\gamma &= 0, \\ \overline{m}_4 \bar{l}_2^2 \sin 2\alpha &= 0, \\ m_4 l_2^2 + \overline{m}_4 \bar{l}_2^2 \cos 2\alpha &= 0 \end{aligned} \tag{3.381}$$

folgt die Lösung $\overline{m}_4 = m_4$, $\bar{l}_2 = l_2$, $m_5 l_5 = \sqrt{2} m_4 l_2$ und entweder $\alpha = 3\pi/2$, $\gamma = 3\pi/4$ (Abb. 3.50a) oder $\alpha = \pi/2$, $\gamma = 5\pi/4$ (Abb. 3.50b). Damit ist auch die zweite Harmonische von F_x ausgeglichen. Durch Einsetzen ist die Erfüllung der Ausgleichsbedingungen zu prüfen!

L3.13 Wird das Koordinatensystem in die Mitte zwischen Triebwerk 2 und 3 (Abb. 3.51) gelegt, so gilt $z_1 = -3/2a$, $z_2 = -1/2a$, $z_3 = 1/2a$ und $z_4 = 3/2a$ mit dem Triebwerksabstand a. Die allgemeinen Ausgleichsbedingungen nach (3.359) und (3.360) für eine Vierzylindermaschine lauten dann:

Kräfte k-ter Ordnung

$$\begin{aligned} 1 + \cos k\gamma_2 + \cos k\gamma_3 + \cos k\gamma_4 &= 0, \\ 0 + \sin k\gamma_2 + \sin k\gamma_3 + \sin k\gamma_4 &= 0. \end{aligned} \tag{3.382}$$

Momente k-ter Ordnung

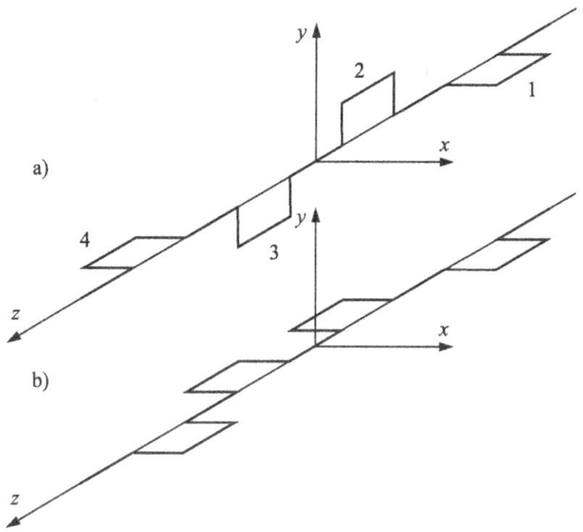

Abb. 3.51 Mögliche Kurbelwinkel bei einer Vierzylindermaschine

$$\begin{aligned} z_1 + z_2 \cos k\gamma_2 + z_3 \cos k\gamma_3 + z_4 \cos k\gamma_4 &= 0, \\ 0 + z_2 \sin k\gamma_2 + z_3 \sin k\gamma_3 + z_4 \sin k\gamma_4 &= 0. \end{aligned} \tag{3.383}$$

Für Variante a) gilt mit den angegebenen Winkeln für

$$\begin{array}{ll} k = 1: & k = 2: \\ 1 + 0 + 0 - 1 = 0 & 1 - 1 - 1 + 1 = 0 \\ 0 + 1 - 1 + 0 = 0 & 0 + 0 + 0 + 0 = 0 \\ z_1 + 0 + 0 - z_4 \neq 0 & z_1 - z_2 - z_3 + z_4 = 0 \\ 0 + z_2 - z_3 + 0 \neq 0 & 0 + 0 + 0 + 0 = 0 \end{array} \tag{3.384}$$

Es sind also Kräfte erster und zweiter Ordnung und die Momente zweiter Ordnung ausgleichbar. Die Momente erster Ordnung sind wegen der Nichterfüllbarkeit der Bedingungen $z_1 = z_4$ und $z_2 = z_3$ nicht ausgeglichen.

Bei Variante b) ergibt sich mit $\gamma_2 = \gamma_3 = \pi$, $\gamma_4 = 0$:

$$\begin{array}{ll} k = 1: & k = 2: \\ 1 - 1 - 1 + 1 = 0 & 1 + 1 + 1 + 1 \neq 0 \\ 0 + 0 + 0 + 0 = 0 & 0 + 0 + 0 + 0 = 0 \\ z_1 - z_2 - z_3 + z_4 = 0 & z_1 + z_2 + z_3 + z_4 = 0 \\ 0 + 0 + 0 + 0 = 0 & 0 + 0 + 0 + 0 = 0 \end{array} \tag{3.385}$$

Bei dieser Variante sind die Kräfte und Momente erster Ordnung ausgeglichen, während die Kräfte zweiter Ordnung nicht ausgleichbar sind. Die Momente zweiter Ordnung sind jedoch ebenfalls ausgeglichen. Massenmomente sind grundsätzlich für alle Motoren mit gerader Zylinderzahl und einer Symmetrieebene senkrecht zur Drehachse in der Mitte der Kurbelwelle ausgeglichen.

L3.14 Analog zu Gl. (3.351) beim Schubkurbelgetriebe lässt sich eine komplexe Gleichung für die Schwerpunktbahn des in Abb. 3.49b gezeigten Viergelenkgetriebes angeben. Mit den in der Aufgabenstellung definierten Unwuchten U_2 und U_4 lautet sie, vgl. VDI-Richtlinie 2149/1:

$$\begin{aligned}&(m_2 + m_{a2} + m_3 + m_4 + m_{a4})\boldsymbol{r}_S\\&= m_2\left[\mathrm{j}y_{12} + (\xi_{S2} + \mathrm{j}\eta_{S2})\,\mathrm{e}^{\mathrm{j}\varphi_2}\right] + U_2\left(\mathrm{j}\tfrac{y_{12}}{r_{a2}} + \mathrm{e}^{\mathrm{j}(\varphi_2+\beta_2)}\right)\\&+m_3\left[\mathrm{j}y_{12} + l_2\mathrm{e}^{\mathrm{j}\varphi_2} + (\xi_{S3} + \mathrm{j}\eta_{S3})\,\mathrm{e}^{\mathrm{j}\varphi_3}\right]\\&+m_4\left[x_{14} + (\xi_{S4} + \mathrm{j}\eta_{S4})\,\mathrm{e}^{\mathrm{j}\varphi_4}\right] + U_4\left(\tfrac{x_{14}}{r_{a4}} + \mathrm{e}^{\mathrm{j}(\varphi_4+\beta_4)}\right).\end{aligned} \tag{3.386}$$

Zu beachten ist die aus Abb. 3.51b folgende Zwangsbedingung in komplexer Form:

$$\mathrm{j}y_{12} + l_2\mathrm{e}^{\mathrm{j}\varphi_2} + l_3\mathrm{e}^{\mathrm{j}\varphi_3} = x_{14} + l_4\mathrm{e}^{\mathrm{j}\varphi_4}. \tag{3.387}$$

Wird daraus $\mathrm{e}^{\mathrm{j}\varphi_4}$ gewonnen und in (2372) eingesetzt, ergibt sich die Schwerpunktbahn als eine Funktion der beiden Winkel φ_2 und φ_3. Der Schwerpunkt bleibt bei beliebiger Bewegung ortsfest, wenn die Faktoren bei den veränderlichen Termen $\mathrm{e}^{\mathrm{j}\varphi_2}$ und $\mathrm{e}^{\mathrm{j}\varphi_3}$ zu null gesetzt werden. Nach dem Aufspalten in Real- und Imaginäranteil folgen vier reelle Ausgleichsbedingungen:

$$m_2\xi_{S_2} + U_2\cdot\cos\beta_2 + m_3l_2 + \left(m_4\xi_{S_4} + U_4\cdot\cos\beta_4\right)\cdot\frac{l_2}{l_4} = 0, \tag{3.388}$$

$$m_2\eta_{S_2} + U_2\cdot\sin\beta_2 + \left(m_4\eta_{S_4} + U_4\cdot\sin\beta_4\right)\cdot\frac{l_2}{l_4} = 0, \tag{3.389}$$

$$m_3\xi_{S_3} + \left(m_4\xi_{S_4} + U_4\cdot\cos\beta_4\right)\cdot\frac{l_3}{l_4} = 0, \tag{3.390}$$

$$m_3\eta_{S_3} + \left(m_4\eta_{S_4} + U_4\cdot\sin\beta_4\right)\cdot\frac{l_3}{l_4} = 0. \tag{3.391}$$

Ihre Auflösung nach den Unwuchtkomponenten liefert, wobei Terme aus (3.390) und (3.391) noch in (3.388) und (3.389) eingesetzt werden:

$$U_{2\xi} = U_2\cdot\cos\beta_2 = -m_2\xi_{S_2} - m_3l_2\cdot\left(1 - \frac{\xi_{S_3}}{l_3}\right), \tag{3.392}$$

$$U_{2\eta} = U_2\cdot\sin\beta_2 = -m_2\eta_{S_2} + m_3\eta_{S_3}\cdot\frac{l_2}{l_3}, \tag{3.393}$$

$$U_{4\xi} = U_4\cdot\cos\beta_4 = -m_4\xi_{S_4} - m_3\xi_{S_3}\cdot\frac{l_4}{l_3}, \tag{3.394}$$

$$U_{4\eta} = U_4\cdot\sin\beta_4 = -m_4\eta_{S_4} - m_3\eta_{S_3}\cdot\frac{l_4}{l_3}. \tag{3.395}$$

Aus den Unwuchtkomponenten lassen sich nun die Unwuchtbeträge und ihre Winkellagen berechnen. Aus (3.392) bis (3.395) folgt mit $k = 2$ und 4:

$$U_k = \sqrt{U_{k\xi}^2 + U_{k\eta}^2}; \qquad \cos\beta_k = \frac{U_{k\xi}}{U_k}; \qquad \sin\beta_k = \frac{U_{k\eta}}{U_k}. \tag{3.396}$$

Mit den in der Aufgabenstellung gegebenen Parameterwerten ergibt sich:

$$U_{2\xi} = -4{,}2711\ \text{kg}\cdot\text{m}; \qquad U_{2\eta} = 0{,}467\,12\ \text{kg}\cdot\text{m}. \tag{3.397}$$

Der Betrag der Unwucht an der Kurbel ist also

$$\underline{\underline{U_2 = m_{a2}\cdot r_{a2} = 4{,}2966\ \text{kg m}}} \tag{3.398}$$

und ihre Winkellage ist festgelegt mit:

$$\cos\beta_2 = -0{,}994\,07; \qquad \sin\beta_2 = 0{,}108\,72 \quad\Rightarrow\quad \underline{\underline{\beta_2 = 173{,}76^\circ}}. \tag{3.399}$$

Für die analogen Größen an der Schwinge ergibt sich:

$$U_{4\xi} = -3{,}9735\ \text{kg m}; \qquad U_{4\eta} = -0{,}686\,67\ \text{kg m}. \tag{3.400}$$

Hieraus berechnet sich der Betrag der Unwucht an der Schwinge zu:

$$\underline{\underline{U_4 = m_{a4}\cdot r_{a4} = 4{,}0324\ \text{kg m}}} \tag{3.401}$$

mit einer Winkellage von:

$$\cos\beta_4 = -0{,}985\,39; \qquad \sin\beta_4 = -0{,}170\,29 \quad\Rightarrow\quad \underline{\underline{\beta_4 = 189{,}8^\circ}}. \tag{3.402}$$

In Abb. 3.52 ist der Mechanismus maßstabsgerecht mit den Zusatzunwuchten dargestellt.

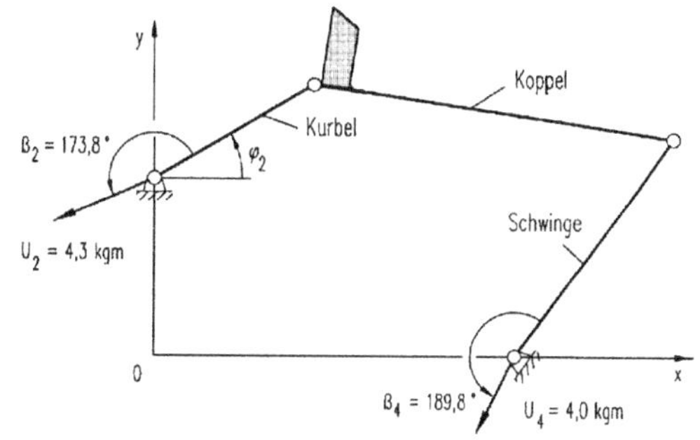

Abb. 3.52 Mechanismus mit Zusatzunwuchten

Die konstruktive Gestaltung der Ausgleichsmassen hängt noch von den konkreten Gegebenheiten, wie z. B. verfügbarer Bauraum, ab. Die Ausgleichsmassen werden oft so ausgelegt, dass ihre Trägheitsmomente möglichst klein werden.

Beim Viergelenkgetriebe ist ein vollständiger Ausgleich durch jeweils eine Zusatzunwucht an Kurbel und Schwinge realisierbar. Ihr Einfluss auf das Antriebsmoment und auf die einzelnen Lager- und Gelenkkräfte sollte durch Nachrechnung überprüft werden.

4 Fundamentierung und Schwingungsisolierung

Maschinen im Betrieb verursachen oft Vibrationen des Aufstellortes und damit Störungen, Schäden sowie Belästigungen von Menschen. Solche Schäden, die tatsächlich oder vermeintlich durch Schwingungen entstanden sind, führen häufig zu Forderungen von Entschädigungen und zu gerichtlichen Auseinandersetzungen. Bei rechtzeitiger Modellbildung und Schwingungsberechnung der kompletten Anlage, bei der sich die Beteiligten verschiedener Firmen (oder Abteilungen) untereinander abstimmen, ließen sich viele solcher Auseinandersetzungen vermeiden. Die strittigen Beträge sind mitunter groß, denn die Fundamentmassen betragen nicht nur dutzende, sondern hunderte (Schmiedehämmer, Druckmaschinen) oder tausende Tonnen (Gebäudegruppen) [37], [19].

4.1 Vorbemerkungen

Das folgende Kapitel befasst sich nur mit einigen Teilproblemen aus dem großen Gebiet der Fundamentierung von Maschinen [28], [31], [37], [25], nämlich den Blockfundamenten. Es soll aber darauf hingewiesen werden, dass es viele dynamische Probleme bei der Auslegung der Tischfundamente gibt, wie sie z. B. bei Turbogeneratoren und Druckmaschinen eingesetzt werden, von denen Abb. 4.1 ein Beispiel zeigt.

Solche großen Fundamentkonstruktionen erfordern eine umfassende Vorausberechnung mit Modellen mit vielen Freiheitsgraden, vgl. Kap. 6. Die Stahlkonstruktion, welche die eigentlichen Maschinenbaugruppen trägt, ist mit einem Betonfundament verbunden, das wiederum im Erdboden ruht, dessen Kennwerte von den geologischen Bedingungen am Aufstellort abhängen. Es muss manchmal ein großer Aufwand getrieben werden, um eine so große Maschine, deren Fundament mehrere hundert Tonnen wiegt, betriebssicher schwingungsisoliert aufzustellen. In Erdbebengebieten müssen konstruktive Lösungen gefunden werden, damit die Maschinen bei Erdbeben nicht gestört oder beschädigt werden.

M. Beitelschmidt und H. Dresig, *Maschinendynamik*,
https://doi.org/10.1007/978-3-662-60313-0_4

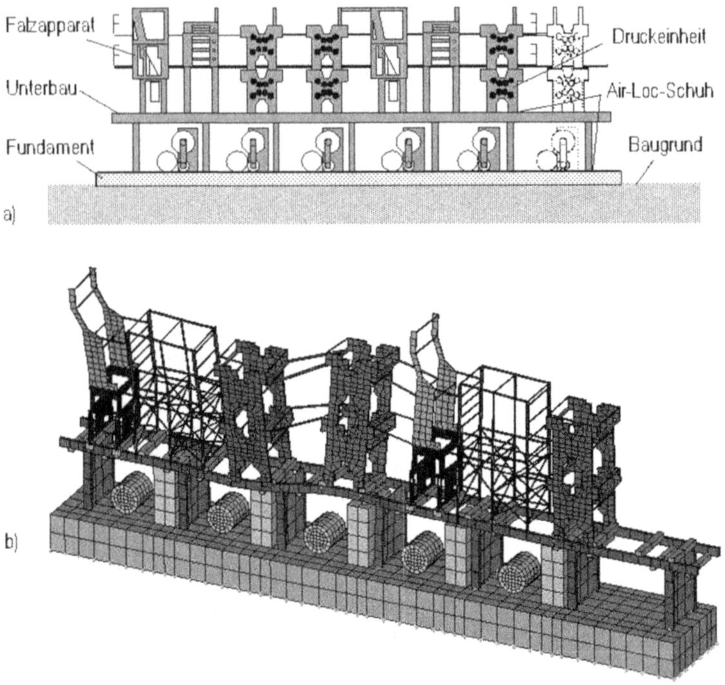

Abb. 4.1 Rollen-Offsetdruckmaschine mit Fundament: **a** Übersichtsbild, **b** FE-Modell und berechnete dritte Eigenform bei $f_3 = 5{,}01\,\text{Hz}$. (Quelle: Dissertation *Xingliang Gao,* TU Chemnitz, 2001)

Außer störenden dynamischen Belastungen des Aufstellortes belasten Vibrationen der Maschinen häufig auch den menschlichen Körper (z. B. bei der Vibration des Fußbodens, des Fahrersitzes) oder das Hand-Arm-System bei der Führung von Vibrationsgeräten (Hämmer, Bohrer, Stampfer). Aus dynamischer Sicht sind Fragen der Fundamentierung und Schwingungsisolierung verwandt. Messprinzipien und Beurteilungsverfahren sind bezüglich der Einwirkungen auf Menschen (Anforderungen des Arbeitsschutzes), Gebäude und Maschinen in Normen und Richtlinien formuliert, die die Konstrukteurin oder der Konstrukteur beachten muss. Tab. 4.1 nennt einige solcher Vorschriften, deren Aufzählung allerdings nicht vollzählig ist. Die in Normen oder Richtlinien niedergelegten Erfahrungen können als Anhaltswerte angesehen werden, obwohl sie den konkreten Einzelfall nicht genau betreffen können und sich teilweise sogar widersprechen.

Die Erregung der Fundamentschwingung erfolgt meist periodisch oder stoßartig. Periodische Erregungen treten durch nichtausgeglichene Massenkräfte auf. Stoßerregungen gibt es z. B. bei Pressen, Stanzen, Scheren und Hämmern.

Jeder Aufstellungsort, ob der direkte Baugrund, eine Bauwerksdecke oder eine Tragkonstruktion, ist elastisch. Mit der aufgestellten Maschine ergibt sich also stets ein Schwingungssystem. Die Fundamentierungsaufgabe besteht zunächst im Nachweis der

Tab. 4.1 Normen und Richtlinien zur Schwingungsisolierung (Auszug)

BS7385-2	(British Standard): Measurement and Evaluation of Vibration in Buildings
DIN ISO 10816-1	Mechanische Schwingungen – Bewertung der Schwingungen von Maschinen durch Messungen an nicht-rotierenden Teilen
DIN 4150-2	Erschütterungen im Bauwesen – Teil 2: Einwirkungen auf Menschen in Gebäuden
DIN 30786	Transportbelastungen – Datensammlung von mechanisch-dynamischen Belastungen – Teil 1: Allgemeine Grundlagen und Übersicht über die Normenstruktur, Teil 2: Wertesammlungen
DIN ISO 8002	Mechanische Schwingungen – Landfahrzeuge – Verfahren zur Darstellung von Messdaten
DIN EN ISO 5349-1	Mechanische Schwingungen – Messung und Bewertung der Einwirkung von Schwingungen auf das Hand-Arm-System des Menschen – Teil 1: Allgemeine Anforderungen
DIN EN 28927	Handgehaltene motorbetriebene Maschinen – Messverfahren zur Ermittlung der Schwingungsemission
VDI 2057 Blatt 1-3	Einwirkung mechanischer Schwingungen auf den Menschen
DIN ISO 20816-1	Mechanische Schwingungen – Messung und Bewertung der Schwingungen von Maschinen – Teil 1: Allgemeine Anleitungen
VDI 2062 Blatt 1/2	Schwingungsisolierung; Blatt 1: Begriffe und Methoden, Blatt 2: Schwingungsisolierelemente
VDI 3840:2004-05	Schwingungstechnische Berechnungen – Berechnungen für Maschinensätze
VDI 3831:2012-04	Schutzmaßnahmen gegen die Einwirkung mechanischer Schwingungen auf den Menschen
VDI 2064:2010-11	Aktive Schwingungsisolierung
VDI 3833-2:2006-12	Schwingungsdämpfer und Schwingungstilger – Schwingungstilger und Schwingungstilgung
DIN EN 1299:2009-02	Mechanische Schwingungen und Stöße – Schwingungsisolierung von Maschinen – Angaben für den Einsatz von Quellenisolierungen

Zulässigkeit einer Maschinenaufstellung, die ohne spezielle Isoliermaßnahmen durchgeführt werden kann. Dabei spielen die auf den Boden übertragenen statischen und dynamischen Kräfte und die Bewegung der Maschine eine wesentliche Rolle.

Der Vibrationsschutz beginnt mit Verfahren, bei denen die Schwingbewegungen durch Beeinflussung der Erregermechanismen oder gesteuerte Gegenbewegungen ausgeglichen werden. Hierein fallen die Maßnahmen des Auswuchtens und des Massenausgleiches, vgl. Kap. 3.

Der zweite Schritt umfasst alle Verfahren, bei denen durch geeignete Aufstellung des Objektes die Übertragung der Kräfte oder Schwingungen beeinflusst wird. Bei der *Schwin-*

gungsisolierung soll der Aufstellungsort vor den von der Maschine ausgehenden dynamischen Kräften geschützt werden oder Vibrationen des Aufstellungsortes von der Maschine (oder z. B. auch von einem Menschen oder Messgerät) ferngehalten werden. Im ersten Fall wirkt also im Berechnungsmodell eine Krafterregung, während im zweiten Wegerregung vorliegt.

Bei der aktiven Schwingungskompensation wird ein Zeitsignal der Vibration von einem Sensor gemessen, „verarbeitet" und zur Ansteuerung eines Aktors verwendet. Aktoren können piezoelektrische, elektromagnetische, hydraulische oder pneumatische Stellglieder sein. Die „Verarbeitung" des Signals erfolgt meist durch einen Regelkreis, der die Differenz zwischen Sollwert und Istwert auswertet [22], [32], [19].

Die Ingenieurin oder der Ingenieur wird häufig vor die Aufgabe gestellt, die Auswirkungen von Schwingungen auf Menschen, Bauwerke oder Maschinen zu beurteilen. Dazu dienen Beurteilungsmaßstäbe, die herangezogen werden können, vgl. z. B. DIN 1311 und Tab. 4.1. Sie sind in Form von Standards, Richtlinien und Empfehlungen sowohl im Hinblick auf Beurteilungsgrößen als auch ihrer messtechnischen Erfassung niedergelegt. Dabei herrscht im internationalen Maßstab die beste Übereinstimmung in der Beurteilung der Schwingungseinwirkungen auf den Menschen. Für Bauwerke beziehen sich die Angaben zumeist auf konventionelle Bauweisen und sind für moderne Industriebauten nicht immer ohne Weiteres anwendbar. Für die Beurteilung der Schwingungseinwirkung auf Maschinen gibt es eine große Anzahl spezieller Werkstandards oder Angaben für Maschinengruppen, die nur den Charakter von Richtwerten haben.

Zur Beurteilung der Schwingungseinwirkung auf Gebäude und Baugrund ist die Skala der Schwingstärkemaße nach RISCH und ZELLER am weitesten verbreitet, die auf die Schwingleistung zurückführt. Es gilt:

$$S = 10\lg\frac{x}{x_0} \quad \text{in vibrar;} \qquad x = \frac{a^2}{f}; \qquad x_0 = 10\cdot 10^{-5}\,\mathrm{m^2/s^3}. \tag{4.1}$$

a Amplitude der Beschleunigung in m/s^3
f Frequenz in Hz

Der Zusammenhang gemäß (4.1) ist in Abb. 4.2 im Geschwindigkeits-Frequenz-Schaubild aufgetragen.

Für die Beurteilung der Schwingungswirkung auf den Baugrund wird in Abhängigkeit von einem Dichteindex I_D eine zulässige Grenzgeschwindigkeit (Effektivwert in mm/s) angegeben. Dabei gilt:

$$\tilde{v}_\mathrm{Gr} = 1{,}5\cdot\exp(2{,}85\,I_\mathrm{D})\,\mathrm{mm/s}. \tag{4.2}$$

I_D liegt in der Größenordnung von 0,1 bis 0,7. Damit liegt $\tilde{v}_\mathrm{Gr}$ je nach Bodenzustand und -art im Bereich

$$\tilde{v}_\mathrm{Gr} = (2\ldots 11{,}0)\,\mathrm{mm/s}. \tag{4.3}$$

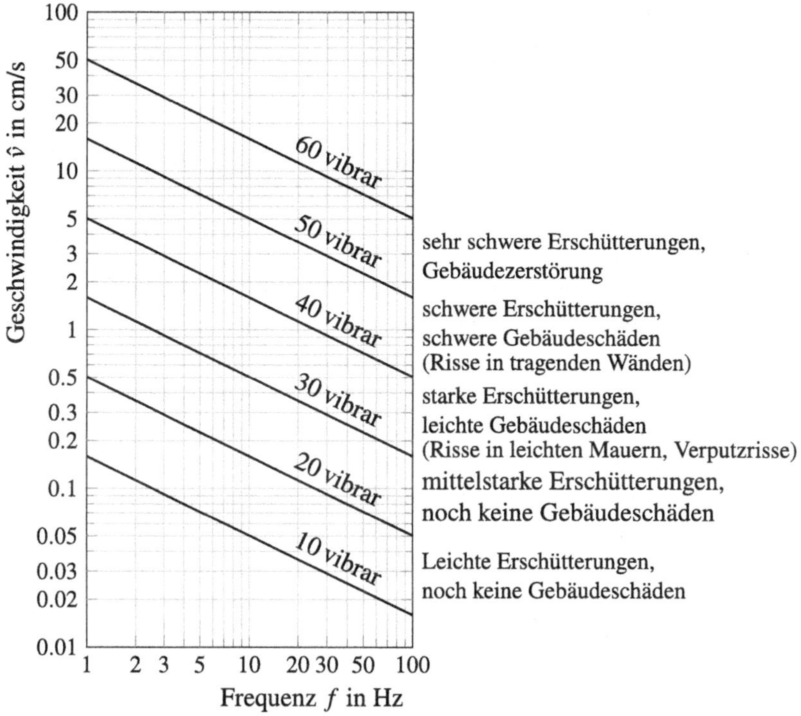

Abb. 4.2 Schwingstärkemaß zur Beurteilung der Bauwerksgefährdung

Seit der Herausgabe des internationalen Standards ISO 2631-1 (1997) gelten neue Frequenzbewertungskurven für Ganzkörper-Schwingungen. In Deutschland sind diese auch Bestandteil nationaler Vorschriften für die Beurteilung der Einwirkung mechanischer Schwingungen auf den Menschen. Die bisherigen, lediglich in Deutschland üblichen K-Werte sind durch die Effektivwerte (RMS-Werte) der frequenzbewerteten Schwingbeschleunigung a_W abgelöst worden.

Für die Beurteilung der Schwingungseinwirkung auf den Menschen gelten DIN EN ISO 8041, DIN EN ISO 20643 sowie die VDI-Richtlinien 2057 und 3831. Die Belastung durch die auf den Menschen einwirkenden mechanischen Schwingungen hängt von verschiedenen Parametern ab, wie Amplitude, Frequenz (Spektrum) und Richtung der einwirkenden Schwingungen sowie von der Dauer der Einwirkung und der Einwirkungsstelle am Körper.

4.2 Fundamentbelastung bei periodischer Erregung

Eine elastsich aufgestellte starre Maschine führt auf ein Schwingungsmodell mit dem Freiheitsgrad 6, das im Abschn. 4.2.2 behandelt wird. Für die Klärung prinzipieller Fragen der Schwingungsisolierung unter periodischer Erregung (Kraft- bzw. Wegerregung) genügt jedoch ein Modell von einem Freiheitsgrad (Abschn. 4.2.1), während die Stoßerregung meist ein Minimalmodell von zwei Massen mit je einem Freiheitsgrad erfordert.

4.2.1 Minimalmodelle mit einem Freiheitsgrad

4.2.1.1 Modellbeschreibung

In einem Einmassenschwingermodell zur Beschreibung der Fundamentierung haben die Parameter Masse m, Federkonstante c und Dämpfungskonstante b verschiedene Zuordnungen zum System. Sie sind für periodische Schwingungen in der Tab. 4.3 zusammengestellt.

Jede Fundamentierung hat das Ziel, die auf den Aufstellungsort übertragenen dynamischen Kräfte zu beschränken und auch die Bewegung der Maschine in bestimmten Grenzen zu halten. Dies wird durch entsprechende Abstimmung der Fundament-Eigenfrequenzen gegenüber den durch die Maschine festgelegten Erregerfrequenzen erreicht. Die Dämpfung des Systems spielt dabei eine relativ geringe Rolle.

Die in Tab. 4.2 angegebenen Grundsätze sind von der Maschinendrehzahl abhängig, die meist der niedrigsten Erregerdrehzahl entspricht. Dies wird durch die unterschiedliche Realisierungsmöglichkeit bedingt, da eine tiefe Abstimmung bei kleiner Erregerfrequenz einen großen konstruktiven Aufwand erfordert.

Die Bestimmung der Eigenfrequenz einer elastisch aufgestellten Maschine entsprechend dem Minimalmodell (Tab. 4.3) kann mit Hilfe der statischen Einfederung der Aufstellfedern x_{st}, die z. B. bei der Aufstellung der Maschine einfach bestimmt werden kann, geschehen. Das Gleichgewicht von Federkraft und Gewichtskraft $cx_{st} = mg$ lässt sich zu

$$\omega_0^2 = \frac{c}{m} = \frac{g}{x_{st}}. \tag{4.4}$$

Damit folgt für die Eigenfrequenz

$$f = \frac{1}{2\pi}\sqrt{\frac{g}{x_{st}}}. \tag{4.5}$$

Wird für die Fallbeschleunigung $g \approx 100\pi^2\,\mathrm{cm/s^2}$ gesetzt, ergibt sich mit x_{st} in cm die Näherungsformel für die Grundfrequenz f oder für die entsprechende Drehzahl:

$$f \approx \frac{5}{\sqrt{\dfrac{x_{st}}{\mathrm{cm}}}}\ \text{in Hz}; \qquad n \approx \frac{300}{\sqrt{\dfrac{x_{st}}{\mathrm{cm}}}}\ \text{in 1/min}. \tag{4.6}$$

Abb. 4.3 zeigt diesen Zusammenhang, der gleichzeitig auf die Möglichkeiten der konstruktiven Ausführung elastischer Zwischenschichten hinweist.

Für die Beurteilung der Baugrundbelastung oder der Belastung einer Bauwerksdecke bei direkter Aufstellung sind die Bewegungsgrößen gesucht. Dabei ist der Schwingweg für die

Tab. 4.2 Überblick über Grundsätze zur Schwingungsisolierung bei verschiedenen Aufstellungsarten

	Aufstellung direkt auf dem Baugrund		Aufstellung auf Bauwerksdecke oder Tragkonstruktionen	
Maschinen-drehzahl in 1/min	Kleine Erregerkräfte (gut ausgewuchtet, Massenausgleich)	Große Erregerkräfte (nicht ausgewuchtet, kein Massen-ausgleich)	Kleine Erregerkräfte (gut ausgewuchtet, Massenausgleich)	Große Erregerkräfte (nicht ausgewuchtet, kein Massenausgleich)
0 bis 500	Fundamentplatte; statische Berechnung bei Resonanz- freiheit	Hohe Abstimmung; kleiner Fundamentblock; Baugrund mit großer Sohlfläche	Verankerung; statische Berechnung bei Resonanzfreiheit	Tiefe Abstimmung; großer Fundamentblock; Stahlfeder
300 bis 1000	Hohe, tiefe oder gemischte Abstimmung; kleiner Fundamentblock; Baugrundfeder; auf Resonanzfreiheit achten	Hohe oder gemischte Abstimmung kleiner Fundamentblö- cke; Baugrundfeder oder tiefe Abstimmung; großer Fundamentblock; Stahl- oder Gummifedern	Tiefe Abstimmung; kleiner oder kein Fundamentblock; Stahl- oder Gummifedern oder hohe Abstimmung; Verankerung	Tiefe Abstimmung; große Fundamentmasse; Stahl- oder Gummifedern
über 1000	Tiefe Abstimmung; kleiner Fundamentblock; Baugrund- federung bei kleiner Sohl- fläche; federnde Zwischenschichten oder Einzelfedern	Tiefe Abstimmung; großer Fundamentblock; Baugrundfederung; federnde Zwischen- schicht oder Einzelfedern	Tiefe Abstimmung; kleiner oder kein Fundamentblock; Stahl- oder Gummifedern; elastische Zwischenschichten; Tragkonstruktionen	Tiefe Abstimmung; großer Fundamentblock; Stahl- oder Gummifedern

Dabei gelten folgende Begriffe:
Tiefe Abstimmung: Die höchste Eigenfrequenz der Fundamentschwingung ist kleiner als die niedrigste Erregerfrequenz.
Hohe Abstimmung: Die Eigenfrequenzen der Fundamentschwingungen liegen über dem Erregerfrequenzspektrum.
Gemischte Abstimmung: Die Spektren der Eigen- und Erregerfrequenzen überlagern sich teilweise, es tritt aber keine Resonanz auf

Tab. 4.3 Parameterzuordnung für das Minimalmodell bei harmonischer Erregung

Modell		Aufstellung auf Baugrund	Direkte Aufstellung auf Bauwerksdecke	Aufstellung über elastische Zwischenschicht
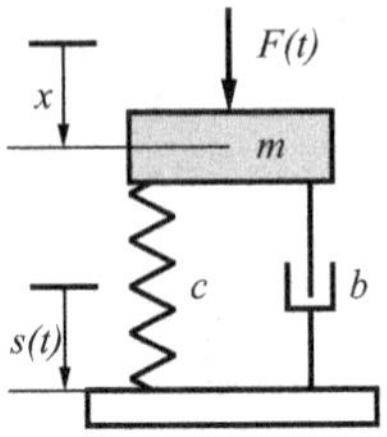	m	Masse von Maschine und Fundament	Masse von Maschine und Anteil der Geschossdecke	Masse von Maschine und Fundament
	c	Steifigkeit des Baugrunds	Federung der Bauwerksdecke	Federung der elastischen Zwischenschicht
	b	Dämpfung des Baugrunds	Dämpfung der Bauwerksdecke Einfluss der Maschinenbefestigung	Dämpfung der elastischen Zwischenschicht
Interessierende Größen		Schwingweg, Schwinggeschwindigkeit, Schwingbeschleunigung		dynamische Kraft auf den Boden

Belastung des Bauwerkes maßgebend, die Schwinggeschwindigkeit ein Maß der Maschinenbelastung und die Schwingbeschleunigung ein Maß für die Baugrundbelastung. Wird zwischen Aufstellungsort und Maschine eine elastische Zwischenschicht gebracht, deren Steifigkeit klein gegenüber der des Aufstellungsortes ist, interessiert noch die Kraft auf den Boden, die dann zur Beurteilung der Belastung herangezogen wird. Elastische Zwischenschichten können durch Einzelfedern (Schraubenfedern, Gummifedern, Luftfedern) oder Isoliermatten realisiert werden.

4.2.1.2 Harmonische Erregung

Für das in Tab. 4.3 dargestellte Berechnungsmodell mit kinematischer oder Krafterregung gilt die Bewegungsgleichung

$$m\ddot{x} + b\dot{x} + cx = F(t) + cs(t) + b\dot{s}(t) = Q(t) \tag{4.7}$$

oder bei harmonischem Erregerkraftverlauf (Periodendauer $T_0 = 2\pi/\Omega$)

$$\ddot{x} + 2D\omega_0\dot{x} + \omega_0^2 x = \frac{\hat{Q}}{m}\sin\Omega t. \tag{4.8}$$

Mit den Abkürzungen

$$D = \frac{\delta}{\omega_0} = \frac{b}{2m\omega_0}; \qquad \eta = \frac{\Omega}{\omega_0}; \qquad \omega_0^2 = \frac{c}{m} \tag{4.9}$$

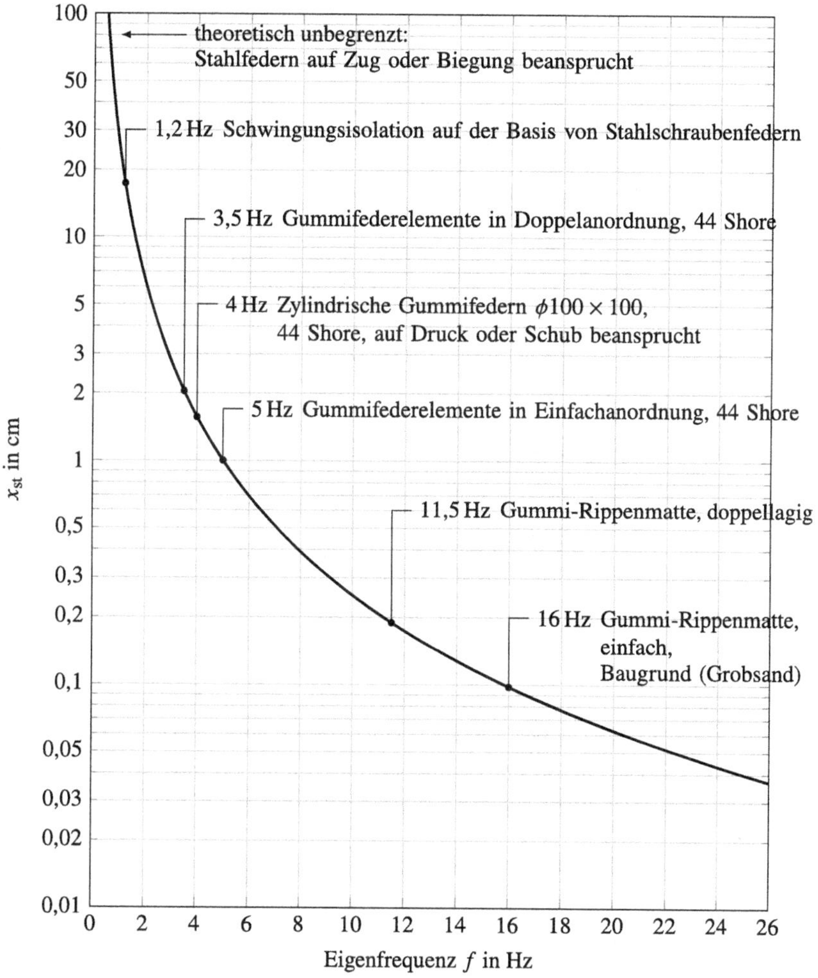

Abb. 4.3 Eigenfrequenzen der Maschinenaufstellung in Abhängigkeit von der statischen Durchsenkung infolge der Eigenlast

ergibt sich die zweite Darstellungsform (4.8) aus (4.7). Die Bewegung bei harmonischer Erregung erfolgt mit der Erregerfrequenz. Die stationäre Lösung für die Maschinenschwingung lautet:

$$x(t) = \frac{\hat{Q}}{c} \frac{1}{\sqrt{(1-\eta^2)^2 + 4D^2\eta^2}} \sin(\Omega t - \varphi); \qquad \tan\varphi = \frac{2D\eta}{1-\eta^2}. \tag{4.10}$$

Für den Fall der *reinen Krafterregung* mit $\hat{Q} = \hat{F}$ und $s(t) \equiv 0$ ergibt sich für die dynamische Kraft auf den Boden

$$F_B = cx + b\dot{x} = \hat{F}\sqrt{\frac{1+4D^2\eta^2}{(1-\eta^2)^2+4D^2\eta^2}}\sin(\Omega t + \gamma - \varphi). \tag{4.11}$$

Darin ist γ die Phasenverschiebung, die durch die Zusammenfassung der Federkraft cx und der Dämpfungskraft $b\dot{x}$ entsteht, während die Phasenverschiebung φ zwischen Erregerkraft und Bewegung liegt. Für die Amplituden gilt:

$$\hat{x} = \frac{\hat{F}}{c}\frac{1}{\sqrt{(1-\eta^2)^2+4D^2\eta^2}} = \frac{\hat{F}}{c}V_1, \tag{4.12}$$

$$\hat{F}_B = \hat{F}\sqrt{\frac{1+4D^2\eta^2}{(1-\eta^2)^2+4D^2\eta^2}} = \hat{F}V_2. \tag{4.13}$$

Für die *Unwuchterregung* $\hat{Q} = m_u r_u \Omega^2$ und ebenfalls $s(t) \equiv 0$ ergibt sich

$$\hat{x} = \frac{m_u r_u}{m}\frac{\eta^2}{\sqrt{(1-\eta^2)^2+4D^2\eta^2}} = \frac{m_u r_u}{m}V_3, \tag{4.14}$$

$$\hat{F}_B = \frac{m_u r_u}{m}c\eta^2\sqrt{\frac{1+4D^2\eta^2}{(1-\eta^2)^2+4D^2\eta^2}} = \frac{m_u r_u}{m}cV_4. \tag{4.15}$$

Die Maschinenschwingung und die Kraft auf den Boden werden durch die *Vergrößerungsfunktionen* V_1, V_2, V_3, V_4 bestimmt. Sie sind in Abb. 4.4 dargestellt.

Für das in Tab. 4.3 dargestellte Berechnungsmodell mit reiner *Wegerregung* $s = \hat{s}\sin\Omega t$ und $F \equiv 0$ lässt sich die rechte Seite der Bewegungsgleichung (4.7) als

$$\begin{aligned} Q(t) &= m(2\delta\hat{s}\Omega\cos\Omega t + \omega_0^2\hat{s}\sin\Omega t) \\ &= m\left[\hat{s}\sqrt{\omega_0^4 + (2\delta\Omega)^2}\sin(\Omega t + \gamma)\right] \end{aligned} \tag{4.16}$$

darstellen. Beim Vergleich von (4.16) mit (4.8) wird deutlich, dass die Lösung (4.10) übernommen werden kann, wenn

$$\hat{Q} = m\hat{s}\sqrt{\omega_0^4 + (2\delta\Omega)^2} = m\hat{s}\omega_0^2\sqrt{1+4D^2\eta^2} \tag{4.17}$$

gesetzt wird. Mit den Abkürzungen (4.9) ergibt sich also für die Amplitude der Absolutbewegung, die ein Kriterium für die Schwingungsisolierung der Masse ist,

$$\hat{x} = \hat{s}\sqrt{\frac{1+4D^2\eta^2}{(1-\eta^2)^2+4D^2\eta^2}} = \hat{s}V_2. \tag{4.18}$$

Die Vergrößerungsfunktionen Abb. 4.4 zeigen, dass die Ausschläge im Bereich $\eta = 1$, also in Resonanznähe, sehr groß werden. Das führt zu großen Auslenkungen und Boden-

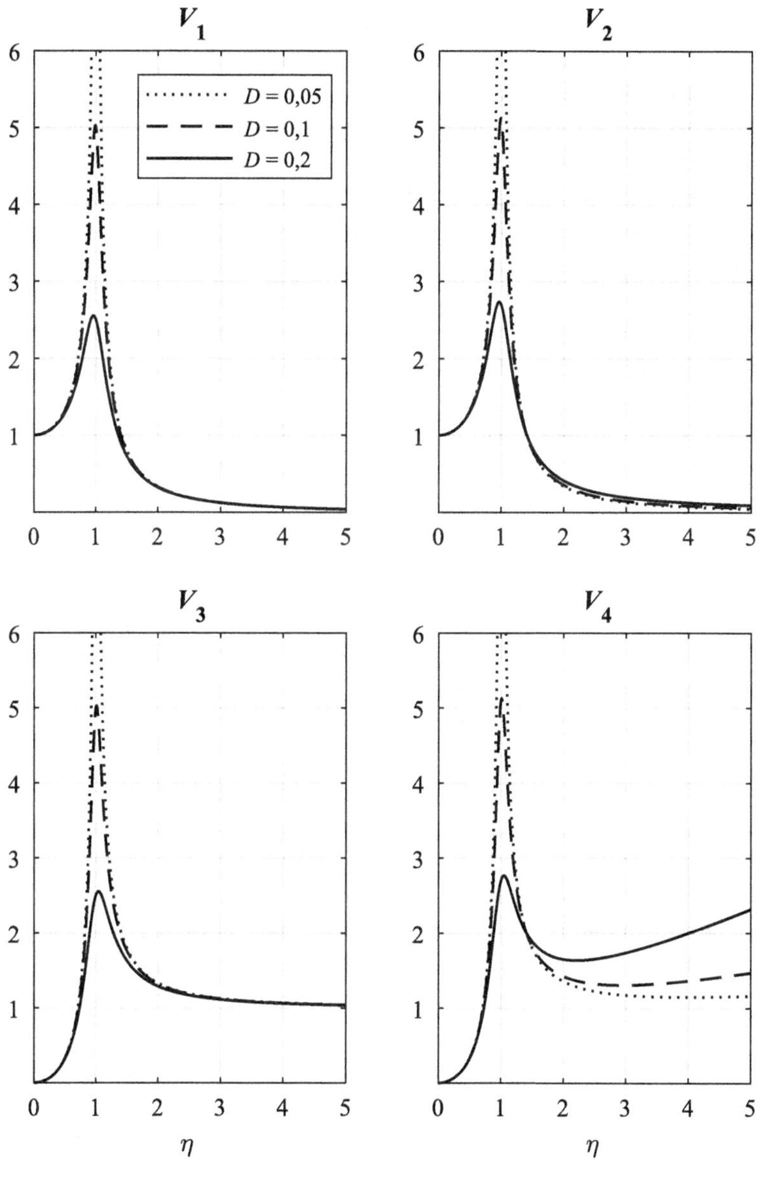

Abb. 4.4 Vergrößerungsfunktionen des Schwingers mit einem Freiheitsgrad gemäß (4.12) bis (4.15). Der Maximalwert für $D = 0{,}05$ liegt bei ≈ 10

kräften (Gl. (4.12) bis (4.18). Für den praktischen Betrieb kommen somit nur die hohe Abstimmung mit $\eta \ll 1$ oder die tiefe Abstimmung mit $\eta \gg 1$ infrage.

Gl. (4.12) ist für die direkte Aufstellung auf den Baugrund oder eine Bauwerksdecke maßgebend. Es muss meist davon ausgegangen werden, dass die Dämpfung klein ist und auch nicht durch entsprechende Bauelemente vergrößert werden kann.

Für $\eta \ll 1$ (hohe Abstimmung) geht $V_1 \rightarrow 1$. Dies wird durch eine steife Feder und Verzicht auf eine Fundamentmasse erreicht. Bei der Aufstellung direkt auf den Baugrund muss dazu eine große Auflagefläche vorliegen, bei Bauwerksdecken wird dies erreicht durch entsprechende Deckenversteifung. Im günstigsten Fall beträgt $\hat{x} = \hat{F}/c$, was der statischen Durchbiegung unter der Kraft entspricht. Aufgrund der Vergrößerungsfunktion bietet sich auch die tiefe Abstimmung ($\eta \gg 1$) an. Um den dabei maximal erreichbaren Effekt abschätzen zu können, wird von $\eta \rightarrow \infty$ ausgegangen.

Aus (4.12) ergibt sich der Grenzwert:

$$\lim_{\eta\to\infty} \hat{x} = \frac{\hat{F}}{c\eta^2} = \frac{\hat{F}}{m\Omega^2}. \tag{4.19}$$

Kleine Schwingungsamplituden im tief abgestimmten Bereich werden bei großer Masse erreicht. Zur Vergrößerung der Maschinenmasse werden diese deshalb auf Fundamentblöcke mit einer mehrfach größeren Masse gesetzt. In den meisten Fällen wird jedoch dadurch die statische Belastbarkeit des Aufstellungsortes (etwa der Bauwerksdecke) überschritten. Dies führt zur Notwendigkeit, die Tragfunktion von der Federfunktion zu trennen, was durch elastische Zwischenschichten (Einzelfedern oder Isoliermatten) zwischen Fundament und Aufstellungsort erreicht werden kann. Wird nun angenommen, dass ihre Steifigkeit klein gegenüber der Steifigkeit des Aufstellungsortes ist, ergibt sich die zweite Fragestellung nach der Kraft auf den Boden. Nach (4.13) ist sie unmittelbar proportional zur Vergrößerungsfunktion V_2. Aus Abb. 4.4b ist erkennbar, dass die kleinste dynamische Bodenkraft bei kleiner Dämpfung auftritt. Es muss deshalb, vor allem bei kleinen η-Werten im tiefabgestimmten Bereich ($\eta \approx 3$), eine dämpfungsarme Federung erreicht werden. Deswegen wird Einzelfedern und besonders Schraubenfedern oder Federpaketen den Vorzug vor Isoliermatten gegeben.

Solange sich die Unwuchtmasse auf einer Kreisbahn bewegt, wirkt eine umlaufende Erregerkraft $\hat{Q} = m_\mathrm{u} r_\mathrm{u} \Omega^2$, und es gilt die Vergrößerungsfunktion V_3. Infolge der Bewegung der Fundamentmasse wird diese Kreisbahn verändert, und bei großen Resonanzbewegungen wird die Erregerkraft merklich beeinflusst, vgl. den in [11] beschriebenen Sommerfeldeffekt.

Die Vergrößerungsfunktion V_3 erreicht für die tief abgestimmte Aufstellung den Wert $V_3 = 1$. Dieser Wert wird bei hochabgestimmter Aufstellung für $\eta < \sqrt{1/2} \approx 0{,}7$ unterschritten. Dazwischen liegen größere Werte, die in Resonanznähe ($\eta = 1$) erheblich ansteigen. Für die Fundamentierung kommen nur die Bereiche $0 < \eta < \sqrt{1/2}$ oder $\eta > 3$ infrage. Ist $V_3 = 1$, folgt für die Bewegungsamplitude aus dem Schwerpunktsatz $\hat{x} m = m_\mathrm{u} r_\mathrm{u}$.

Zunächst ist der Betrieb im hochabgestimmten Bereich zu bevorzugen. Dies ist jedoch dann schwierig, wenn die Erregerkraft mehrere Harmonische hat, wie beispielsweise der

Kolbenmotor, da für die hohe Abstimmung die höchste Harmonische herangezogen werden muss, vgl. Abb. 4.5. In einem Fahrzeug ist dies nicht erreichbar weswegen wieder elastische Zwischenschichten in Form von Einzelfedern verwendet werden. Dafür ist jedoch die dynamische Kraft auf den Boden (4.15) maßgebend. Sie hängt von der Vergrößerungsfunktion V_4 ab. Aus Abb. 4.4d ist der starke Einfluss der Dämpfung bei tief abgestimmter Aufstellung erkennbar. Dies ist ein Grund dafür, dass der Geräuschpegel des Motoranteiles im Kraftfahrzeug mit steigender Drehzahl steigt.

Für die Wegerregung gilt (4.18). Die beste Isolierwirkung tritt somit bei schwach gedämpfter, tief abgestimmter Aufstellung ein. Es ist jedoch zu beachten, dass (4.12) bis (4.15) und (4.18) nur für den stationären Zustand gelten. Dämpfung sorgt praktisch immer dafür, dass Anlaufstörungen abklingen. Bei allen behandelten Fällen der Schwingungsisolierung trat die Bedeutung einer tief abgestimmten Aufstellung hervor. Für die praktische Ausführung sei jedoch darauf hingewiesen, dass dafür natürlich eine freie Bewegung des Fundamentblockes gewährleistet sein muss. Rohrleitungen oder andere Verbindungen müssen entweder sehr flexibel sein oder in die Berechnung der Federwerte mit eingehen. Auf jeden Fall ist zu beachten, dass beim Durchfahren der Resonanz eine hohe Beanspruchung in steifen Verbindungen auftritt.

Die Spitzenwerte liegen bei diesen Vergrößerungsfunktionen in der Nähe von $\eta = 1$ bei

$$V_{\max} = \frac{1}{2D}. \tag{4.20}$$

4.2.1.3 Periodische Erregung/Fourierreihe

Zyklisch arbeitende Maschinen, wie Kraft- und Arbeitsmaschinen (z. B. Pumpen, Verdichter), Verarbeitungsmaschinen (z. B. Textilmaschinen, Verpackungsmaschinen, polygrafische Maschinen), Roboter und Transportmaschinen werden meist durch periodische Kräfte und Momente belastet. Hier soll nicht der Anlauf- oder Bremsvorgang, sondern der stationäre Betriebszustand behandelt werden, der durch eine bestimmte (kinematische) Zyklusdauer $T_0 = 2\pi/\Omega$ gekennzeichnet ist. Eine periodische Erregerkraft lässt sich gemäß (2.113) durch eine Fourier-Reihe beschreiben:

$$F(t) = F(t + T_0) = \sum_{k=0}^{\infty} \left(F_{ak} \cos \frac{2\pi kt}{T_0} + F_{bk} \sin \frac{2\pi kt}{T_0} \right). \tag{4.21}$$

Die Summanden heißen Harmonische k-ter Ordnung der Erregerkraft.

Es kann mit der mittleren Winkelgeschwindigkeit $\Omega = 2\pi/T_0$ des Antriebs gerechnet werden, die auch veränderlich und durch einen Ungleichförmigkeitsgrad gekennzeichnet sein kann. Die Fourier-Reihe hat eine der beiden folgenden Formen:

$$F(t) = \sum_{k=1}^{\infty} \hat{F}_k \sin(k\Omega t + \beta_k) = \sum_{k=1}^{\infty} (F_{ak} \cos k\Omega t + F_{bk} \sin k\Omega t). \tag{4.22}$$

Die Fourierkoeffizienten $\hat{F}_k$ und die Phasenwinkel β_k stehen mit den Koeffizienten F_{ak} und F_{bk} in der aus (2.116) bekannten Beziehung.

Die Bewegungsgleichung des viskos gedämpften Schwingers mit einem Freiheitsgrad, der periodisch erregt wird, lautet, vgl. (4.7):

$$m\ddot{x} + b\dot{x} + cx = F(t) = \sum_{k=1}^{\infty} \hat{F}_k \sin(k\Omega t + \beta_k). \tag{4.23}$$

Die stationäre Lösung dieser Bewegungsgleichung ist analog zu (4.10)

$$x(t) = \frac{1}{c}\sum_{k=1}^{\infty} V_k \hat{F}_k \sin(k\Omega t + \beta_k - \varphi_k) = \sum_{k=1}^{\infty} \hat{x}_k \sin(k\Omega t + \beta_k - \varphi_k). \tag{4.24}$$

Es ist zweckmäßig, das in (4.9) definierte Abstimmungsverhältnis η und den Dämpfungsgrad D zu benutzen. Die sich analog zu (4.12) ergebenden Fourierkoeffizienten des Weges

$$\hat{x}_k = \frac{V(k, D, \eta)\hat{F}_k}{c}; \qquad \eta = \frac{\Omega}{\omega_0} = \Omega\sqrt{\frac{m}{c}} \tag{4.25}$$

werden gegenüber denen der Erregung ($\hat{F}_k$) durch die *Vergrößerungsfunktionen*

$$V(k,D,\eta) = \frac{1}{\sqrt{(1-k^2\eta^2)^2 + 4D^2k^2\eta^2}}; \qquad k = 1, 2, \ldots \tag{4.26}$$

„verzerrt", d. h., sie können gegenüber den „statischen" Werten ($\hat{F}_k/c$) vergrößert oder verkleinert werden. Der periodische Zeitverlauf der Lösung $x(t)$ hat im Allgemeinen keine geometrische Ähnlichkeit mit demjenigen der Erregung, vgl. das Beispiel in Abb. 4.5. Aus (4.26) folgt, dass bei $k\eta = 1$ Resonanzstellen k-ter Ordnung mit $V_{\max} = 1/2D$ auftreten. Extreme Amplituden treten auf bei

$$\eta = \frac{1}{k}, \quad \Omega_k = \frac{\omega_0}{k}. \tag{4.27}$$

Abb. 4.5a zeigt den Verlauf einer periodischen Erregerkraft entsprechend (4.22) im Vergleich zum Verlauf der Wege gemäß (4.24) in Abb. 4.5b. Die Zeitverläufe sind auf der linken Seite der Abbildung und die entsprechenden Fourierkoeffizienten $\hat{F}_k$ und $\hat{x}_k$ auf der rechten Seite maßstabsgerecht dargestellt. Die Abbildung illustriert anhand von zwei Beispielen den großen Einfluss, den das Abstimmungsverhältnis hat, vgl. Abb. 4.5b.

Das Abstimmungsverhältnis $\eta = 0{,}18$ liegt zwischen den Resonanzstellen 5. Ordnung ($\eta = 1/5$) und 6. Ordnung ($\eta = 1/6$). Deshalb vergrößern sich die Amplituden der fünften und sechsten Harmonischen besonders, wie Abb. 4.5b zeigt. Die Zahl der Maxima (oder Minima) pro Periode entspricht der Ordnung der Harmonischen. Die ursprüngliche Funktion des Kraftverlaufs wird von den Schwingungen mit der angeregten Eigenfrequenz so stark dominiert, dass er kaum noch erkennbar ist. Ähnlich ist es bei dem Abstimmungsverhältnis

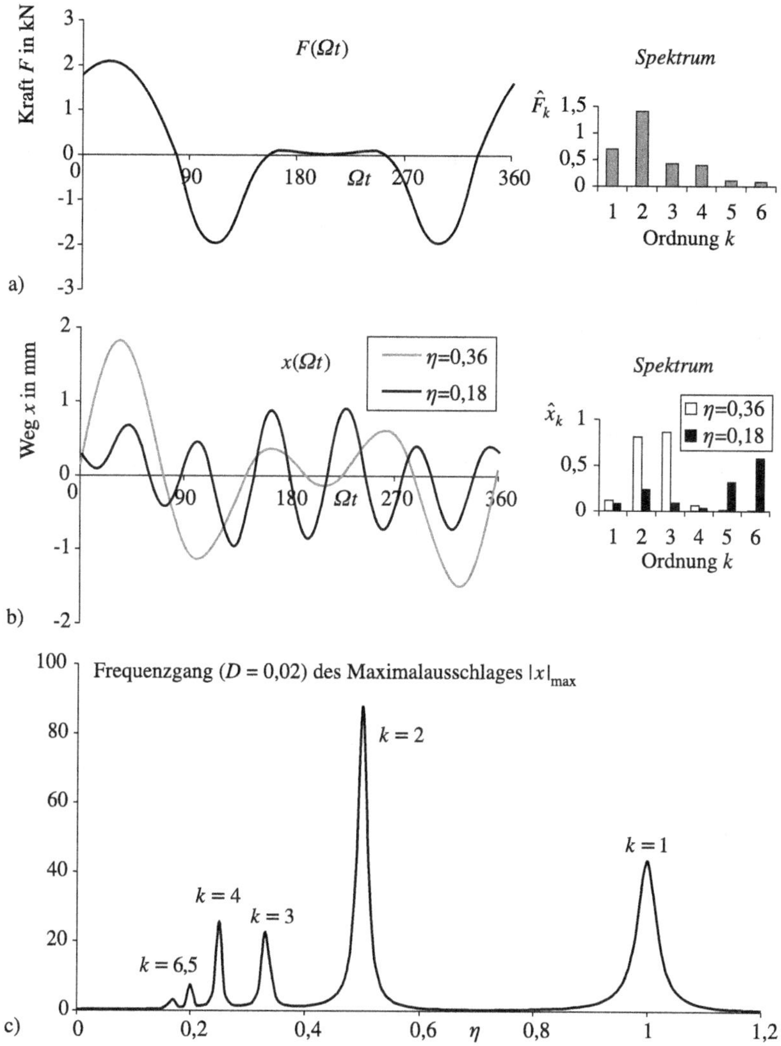

Abb. 4.5 Periodische Erregung (Zeit- und Frequenzbereich): **a** Erregerkraft, **b** Weg (Abstimmungsverhältnis $\eta = 0{,}18$ und $\eta = 0{,}36$), **c** Resonanzkurve

$\eta = 0{,}36$. Dort ist die Nähe zur Resonanz dritter Ordnung deutlich zu sehen. Für die Deutung von Messergebnissen ist es wichtig zu beachten, dass sich je nach Drehzahlbereich andere Zeitverläufe bei den Wegen (und bei den noch stärker „aufgerauten" Beschleunigungen) ergeben.

Die Resonanzkurve ist in Abb. 4.5c dargestellt. Sie zeigt den maximalen Ausschlag als Funktion des Abstimmungsverhältnisses. In unmittelbarer Nähe der Resonanzstellen der

k-ten Harmonischen treten beim Weg Maxima auf, deren Höhe der Größe des k-ten Fourierkoeffizienten der Kraft ungefähr proportional ist, wie ein Vergleich mit Abb. 4.5a zeigt.

Maschinen sollten im Dauerbetrieb in einem resonanzfreien Bereich betrieben werden, weil sonst die Gefahr der Überlastung besteht. Die kritischen (gefährlichen) Drehgeschwindigkeiten liegen bei ganzzahligen Teilen der Eigenkreisfrequenz, vgl. (4.27). Je höher die Erregerordnungen sind, desto tiefer treten die kritischen Drehzahlen k-ter Ordnung auf, vgl. Abb. 4.5c, sowie (5.120) und (7.113). Oft liegt die Betriebsdrehzahl zwischen zwei Resonanzgebieten, ohne dass es den Betreibern bewusst ist. Es kann also sein, dass sich das dynamische Verhalten einer Maschine bei einer Drehzahlerhöhung zunächst verschlechtert, aber bei noch höheren Drehzahlen wieder besser wird. Da wäre z. B. der Fall, wenn eine Maschine bei $\eta = 0{,}15$ arbeitet, bei $\eta = 0{,}165$ (10 % Drehzahlerhöhung) stark vibriert, aber bei $\eta = 0{,}18$ (also bei 20 % Drehzahlerhöhung) ruhiger läuft. Es ist somur nicht überraschend, dass bei einer Drehzahlerhöhung unerwartet starke Schwingungen auftreten, die aber bei noch höheren Drehzahlen wieder verschwinden, vgl. die Resonanzkurve in Abb. 4.5c.

Es ist zu prüfen, in welchem „Tal" der Resonanzkurve eine Maschine arbeitet. Es brauchen auf den ersten Blick gar keine höheren Harmonischen als Erregung sichtbar zu sein. Auch bei einer scheinbar harmonischen Bewegung kann es zu periodischen Kräften und zu mehreren Resonanzstellen kommen, z. B. wenn die Maschinendrehzahl schwankt, wie das oft der Fall ist, vgl. Abschn. 3.2. Daraus kann der Schluss gezogen werden, dass immer auf die Resonanzstellen höherer Ordnung geachtet werden muss. Die unteren Drehzahlbereiche, denen Resonanzgebiete höherer Ordnung entsprechen, müssen beim Hochlauf einer Maschine meist durchfahren werden, bevor der Betriebsdrehzahlbereich erreicht wird. Die Verminderung der Amplituden der höheren Harmonischen der Erregerkraft ist eine wichtige Maßnahme zur Schwingungsbekämpfung, vgl. dazu auch die Ausführungen in Abschn. 5.4.2.3.

4.2.2 Blockfundamente

4.2.2.1 Eigenfrequenzen und Eigenformen

Jede elastisch aufgestellte starre Maschine hat sechs Freiheitsgrade. Ein Berechnungsmodell mit sechs Freiheitsgraden hat sechs Eigenfrequenzen. Wird eine tiefe Abstimmung gefordert, so muss gewährleistet sein, dass die höchste Eigenfrequenz kleiner als die niedrigste Erregerfrequenz ist. Bei einer gemischten Abstimmung muss erreicht werden, dass alle Eigenfrequenzen genügend weit von den Erregerfrequenzen entfernt sind.

Das Berechnungsmodell zeigt Abb. 4.6. Es wird von folgenden Voraussetzungen ausgegangen:

1. Das körperfeste Koordinatensystem ξ-η-ζ mit dem Schwerpunkt S als Ursprung ist dabei in der Ruhelage deckungsgleich mit dem raumfesten x-y-z-System, in dem die

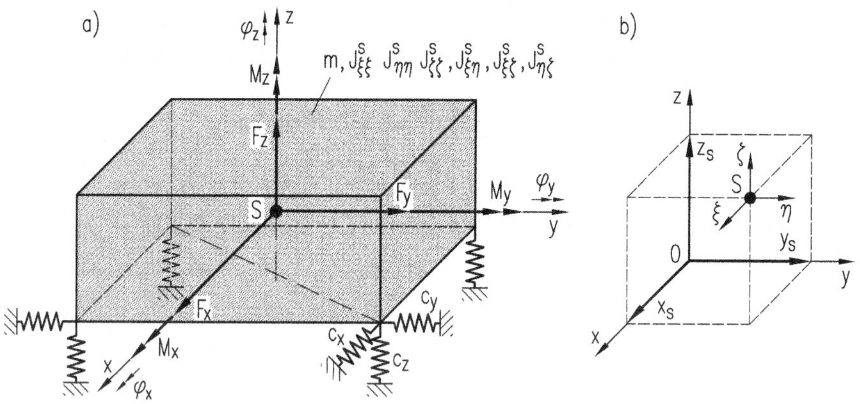

Abb. 4.6 Berechnungsmodell des Blockfundaments: **a** statische Ruhelage, **b** ausgelenkte Lage des Schwerpunktes (körperfestes ξ-η-ζ-System ungedreht dargestellt)

Verschiebungen x_S, y_S, z_S und die kleinen Winkel φ_x, φ_y, φ_z um diese Achsen gemessen werden.

2. Alle äußeren Kräfte und Momente sind auf dieses Koordinatensystem bezogen.
3. Jede masselos gedachte Feder hat Federkonstanten in den drei Koordinatenrichtungen. Die Bestimmung der Quersteifigkeit wird in 2.3.1 behandelt. Es wird nur eine translatorische Federwirkung betrachtet, die Federn erzeugen kein Moment bei Verdrehungen.
4. Der Angriffspunkt der jeweiligen Federkraft am Blockfundament liegt in ihrem elastischen Zentrum, das sich bei zylindrischen Schraubenfedern in der Mitte der statisch zusammengedrückten Federn befindet. Er ist für jede Feder der Nr. j durch die körperfesten Koordinaten ξ_j, η_j, ζ_j bestimmt. Die Federungshauptachsen sind parallel zu den Achsen des Systems, vgl. Tab. 2.4.
5. Von den Masseparametern sind neben der Lage des Schwerpunktes die Masse m, die Trägheitsmomentente $J^S_{\xi\xi}$, $J^S_{\eta\eta}$, $J^S_{\zeta\zeta}$ und die Deviationsmomente $J^S_{\xi\eta}$, $J^S_{\xi\zeta}$, $J^S_{\eta\zeta}$ gegeben ($\overline{\boldsymbol{J}}^S \approx \boldsymbol{J}^S$, vgl. Abschn. 3.2.1).
6. Die Dämpfung wird vernachlässigt.
7. Es werden kleine Amplituden vorausgesetzt (lineare Bewegungsgleichungen).
8. Der Schwerkrafteinfluss auf die Schwingbewegung wird nicht berücksichtigt.

Mit diesen Annahmen lässt sich die lineare Bewegungsgleichung

$$\boldsymbol{M}\ddot{\boldsymbol{q}} + \boldsymbol{C}\boldsymbol{q} = \boldsymbol{f} \tag{4.28}$$

bilden. Der verallgemeinerte Koordinatenvektor lautet $\boldsymbol{q} = [x_S, y_S, z_S, \varphi_x, \varphi_y, \varphi_z]^T = [q_1, q_2, q_3, q_4, q_5, q_6]^T$ und der Erregerkraftvektor ist $\boldsymbol{f} = [F_x, F_y, F_z, M_x, M_y, M_z]^T$.

Die Elemente m_{kl} der Massenmatrix $\boldsymbol{M}$ und die Elemente c_{kl} der Steifigkeitsmatrix $\boldsymbol{C}$ können aus der kinetischen und potenziellen Energie bestimmt werden, vgl. (6.10) und (6.15).

Die kinetische Energie ist aus Abschn. 3.2.1 bekannt, vgl. (3.62).

$$\begin{aligned} 2W_{\text{kin}} &= m(\dot{x}_S^2 + \dot{y}_S^2 + \dot{z}_S^2) + J_{\xi\xi}^S \dot{\varphi}_x^2 + J_{\eta\eta}^S \dot{\varphi}_y^2 + J_{\zeta\zeta}^S \dot{\varphi}_z^2 \\ &\quad + 2J_{\xi\eta}^S \dot{\varphi}_x \dot{\varphi}_y + 2J_{\xi\zeta}^S \dot{\varphi}_x \dot{\varphi}_z + 2J_{\eta\zeta}^S \dot{\varphi}_y \dot{\varphi}_z = \dot{\boldsymbol{q}}^{\mathrm{T}} \boldsymbol{M} \dot{\boldsymbol{q}}. \end{aligned} \tag{4.29}$$

Wird mit

$$\boldsymbol{u}_j = \begin{bmatrix} x_S + \zeta_j \varphi_y - \eta_j \varphi_z \\ y_S - \zeta_j \varphi_x + \xi_j \varphi_z \\ z_S + \eta_j \varphi_x - \xi_j \varphi_y \end{bmatrix} = \begin{bmatrix} q_1 + \zeta_j q_5 - \eta_j q_6 \\ q_2 - \zeta_j q_4 + \xi_j q_6 \\ q_3 + \eta_j q_4 - \xi_j q_5 \end{bmatrix} \tag{4.30}$$

der Verschiebungsvektor des j-ten Federanlenkpunktes eingeführt, so ergibt sich die potenzielle Energie zu:

$$2W_{\text{pot}} = \sum_j \boldsymbol{u}_j^{\mathrm{T}} \operatorname{diag}\left[c_{xj}, c_{yj}, c_{zj}\right] \boldsymbol{u}_j = \boldsymbol{q}^{\mathrm{T}} \boldsymbol{C} \boldsymbol{q}. \tag{4.31}$$

Mithilfe von (6.15) bzw. (6.10) ergibt sich für die Massenmatrix und die Federmatrix

$$\boldsymbol{M} = \begin{bmatrix} m & 0 & 0 & 0 & 0 & 0 \\ 0 & m & 0 & 0 & 0 & 0 \\ 0 & 0 & m & 0 & 0 & 0 \\ 0 & 0 & 0 & J_{\xi\xi}^S & J_{\xi\eta}^S & J_{\xi\zeta}^S \\ 0 & 0 & 0 & J_{\eta\xi}^S & J_{\eta\eta}^S & J_{\eta\zeta}^S \\ 0 & 0 & 0 & J_{\zeta\xi}^S & J_{\zeta\eta}^S & J_{\zeta\zeta}^S \end{bmatrix}; \quad \boldsymbol{C} = \begin{bmatrix} c_{11} & 0 & 0 & 0 & c_{15} & c_{16} \\ 0 & c_{22} & 0 & c_{24} & 0 & c_{26} \\ 0 & 0 & c_{33} & c_{34} & c_{35} & 0 \\ 0 & c_{42} & c_{43} & c_{44} & c_{45} & c_{46} \\ c_{51} & 0 & c_{53} & c_{54} & c_{55} & c_{56} \\ c_{61} & c_{62} & 0 & c_{64} & c_{65} & c_{66} \end{bmatrix}. \tag{4.32}$$

Dabei gilt für die von null verschiedenen Elemente der Federmatrix $\boldsymbol{C}$:

$$\begin{aligned} c_{11} &= \sum_j c_{xj}; \quad c_{15} = c_{51} = \sum_j c_{xj}\zeta_j; \quad c_{16} = c_{61} = -\sum_j c_{xj}\eta_j, \\ c_{22} &= \sum_j c_{yj}; \quad c_{24} = c_{42} = -\sum_j c_{yj}\zeta_j; \quad c_{26} = c_{62} = \sum_j c_{yj}\xi_j, \\ c_{33} &= \sum_j c_{zj}; \quad c_{34} = c_{43} = \sum_j c_{zj}\eta_j; \quad c_{35} = c_{53} = -\sum_j c_{zj}\xi_j, \\ c_{44} &= \sum_j \left(c_{yj}\zeta_j^2 + c_{zj}\eta_j^2\right); \quad c_{45} = c_{54} = -\sum_j c_{zj}\eta_j\xi_j, \\ c_{55} &= \sum_j \left(c_{xj}\zeta_j^2 + c_{zj}\xi_j^2\right); \quad c_{46} = c_{64} = -\sum_j c_{yj}\xi_j\zeta_j, \\ c_{66} &= \sum_j \left(c_{xj}\eta_j^2 + c_{yj}\xi_j^2\right); \quad c_{56} = c_{65} = -\sum_j c_{xj}\eta_j\zeta_j. \end{aligned} \tag{4.33}$$

Mit dem Lösungsansatz $\boldsymbol{q} = \boldsymbol{v} \sin \omega t$ entsteht für die freien Schwingungen ($\boldsymbol{f} = \mathbf{o}$) aus (4.28) das Eigenwertproblem

$$(\boldsymbol{C} - \omega^2 \boldsymbol{M})\boldsymbol{v} = \mathbf{o}. \tag{4.34}$$

Der Vektor $\boldsymbol{v} = [v_1\ v_2\ v_3\ v_4\ v_5\ v_6]^{\mathrm{T}}$ enthält dabei die normierten Amplituden der Eigenformen. Die Lösung von (4.34) ist mit handelsüblicher Software möglich und liefert die Eigenfrequenzen und Eigenformen, vgl. Abschn. 4.2.2.2 und Kap. 6. Die Lage der Eigenfrequenzen ist interessant im Zusammenhang mit dem Drehzahlbereich, in dem die auf dem Fundament stehende Maschine arbeitet. Zur Bewertung der Gefährlichkeit von Resonanzen sind aber die Eigenformen wesentlich. Es muss hier allerdings nochmals darauf hingewiesen werden, dass die „richtigen" Eigenfrequenzen nicht allein für die Masse des Blockfundaments, sondern für das Gesamtsystem (gemeinsam mit der darauf gestellten Maschine) berechnet werden müssen.

Unsymmetrische Blockfundamente haben komplizierte Eigenformen, weil i. Allg. mehr als zwei Translations- und Drehbewegungen miteinander gekoppelt sind, d. h. es treten schraubenförmig verlaufende Eigenbewegungen um schräg im Raum liegende Achsen auf. Noch komplizierter werden die Eigenbewegungen gedämpfter Systeme, vgl. Abschn. 7.1.

4.2.2.2 Modellzerlegung bei Symmetrie

Es ist aus mehreren Gründen vorteilhaft, die sechs Bewegungsgleichungen für das Blockfundament zu entkoppeln. Dies gelingt, wenn die ξ-, η- und ζ-Achsen Hauptträgheitsachsen sind und die Federn symmetrisch angeordnet werden. Es sind dann die Deviationsmomente $J^{\mathrm{S}}_{\xi\eta} = J^{\mathrm{S}}_{\eta\zeta} = J^{\mathrm{S}}_{\zeta\eta} = 0$ (vgl. Abschn. 3.4) und die Massenmatrix wird eine Diagonalmatrix. Bei symmetrischer Federanordnung werden bestimmte Federzahlen null, weil die Federkoordinaten vorzeichenbehaftet sind. Für $c_{16} = c_{34} = c_{36} = c_{45} = c_{56} = 0$ entstehen aus (4.28) zwei unabhängige Systeme:

$$\begin{bmatrix} m & 0 & 0 \\ 0 & m & 0 \\ 0 & 0 & J^{\mathrm{S}}_{\eta\eta} \end{bmatrix} \begin{bmatrix} \ddot{x}_{\mathrm{S}} \\ \ddot{z}_{\mathrm{S}} \\ \ddot{\varphi}_y \end{bmatrix} + \begin{bmatrix} c_{11} & 0 & c_{15} \\ 0 & c_{33} & c_{35} \\ c_{15} & c_{35} & c_{55} \end{bmatrix} \begin{bmatrix} x_{\mathrm{S}} \\ z_{\mathrm{S}} \\ \varphi_y \end{bmatrix} = \begin{bmatrix} 0 \\ 0 \\ 0 \end{bmatrix}, \tag{4.35}$$

$$\begin{bmatrix} m & 0 & 0 \\ 0 & J^{\mathrm{S}}_{\xi\xi} & 0 \\ 0 & 0 & J^{\mathrm{S}}_{\zeta\zeta} \end{bmatrix} \begin{bmatrix} \ddot{y}_{\mathrm{S}} \\ \ddot{\varphi}_x \\ \ddot{\varphi}_z \end{bmatrix} + \begin{bmatrix} c_{22} & c_{24} & c_{26} \\ c_{24} & c_{44} & c_{46} \\ c_{26} & c_{46} & c_{66} \end{bmatrix} \begin{bmatrix} y_{\mathrm{S}} \\ \varphi_x \\ \varphi_z \end{bmatrix} = \begin{bmatrix} 0 \\ 0 \\ 0 \end{bmatrix}, \tag{4.36}$$

d. h., die Hauptdeterminante des Eigenwertproblems (4.34) $\det(\boldsymbol{C} - \omega^2 \boldsymbol{M}) = 0$ zerfällt in die beiden Determinanten

$$\begin{vmatrix} c_{11} - m\omega^2 & 0 & c_{15} \\ 0 & c_{33} - m\omega^2 & c_{35} \\ c_{15} & c_{35} & c_{55} - J^S_{\eta\eta}\omega^2 \end{vmatrix} = 0,$$
$$\begin{vmatrix} c_{22} - m\omega^2 & c_{24} & c_{26} \\ c_{24} & c_{44} - J^S_{\xi\xi}\omega^2 & c_{46} \\ c_{26} & c_{46} & c_{66} - J^S_{\zeta\zeta}\omega^2 \end{vmatrix} = 0, \tag{4.37}$$

aus denen sich jeweils zwei kubische Gleichungen für die Quadrate der Eigenkreisfrequenzen ergeben. Wird noch zusätzlich die Symmetrie zur x-z-Ebene und zur y-z-Ebene gefordert, so werden die Federzahlen $c_{35} = c_{26} = c_{46} = 0$, und aus den beiden Determinanten ergeben sich folgende Beziehungen:

$$\begin{aligned} &c_{33} - m\omega^2 = 0; \qquad c_{66} - J^S_{\zeta\zeta}\omega^2 = 0, \\ &(c_{11} - m\omega^2)(c_{55} - J^S_{\eta\eta}\omega^2) - c_{15}^2 = 0, \\ &(c_{22} - m\omega^2)(c_{44} - J^S_{\xi\xi}\omega^2) - c_{24}^2 = 0. \end{aligned} \tag{4.38}$$

Es treten also zwei lineare und zwei quadratische Gleichungen für ω^2 auf. Die Bezeichnung der Lösungen erfolgt hier mit dem Koordinatenindex k:

$$\begin{aligned} &\omega_3^2 = \frac{c_{33}}{m}; \qquad \omega_6^2 = \frac{c_{66}}{J^S_{\zeta\zeta}}, \\ &\omega_{1,5}^2 = \frac{1}{2}\left(\frac{c_{55}}{J^S_{\eta\eta}} + \frac{c_{11}}{m}\right) \pm \sqrt{\frac{1}{4}\left(\frac{c_{55}}{J^S_{\eta\eta}} + \frac{c_{11}}{m}\right)^2 + \frac{c_{15}^2 - c_{11}c_{55}}{J^S_{\eta\eta}m}}, \\ &\omega_{2,4}^2 = \frac{1}{2}\left(\frac{c_{44}}{J^S_{\xi\xi}} + \frac{c_{22}}{m}\right) \pm \sqrt{\frac{1}{4}\left(\frac{c_{44}}{J^S_{\xi\xi}} + \frac{c_{22}}{m}\right)^2 + \frac{c_{24}^2 - c_{22}c_{44}}{J^S_{\xi\xi}m}}. \end{aligned} \tag{4.39}$$

Dabei ist ω_3 die Eigenkreisfrequenz der Schwingung in z-Richtung und ω_6 die einer Drehung um die z-Achse. Mit ω_1 und ω_5 verlaufen die Bewegungen in x- und φ_y-Richtung und mit ω_2 und ω_4 in y- und φ_x-Richtung.

Abb. 4.7 zeigt ein solches Ergebnis, allerdings sind die Eigenfrequenzen dort anders indiziert (der Größe nach, Index i). Bei der Eigenfrequenz von 4,75 Hz ergab sich eine reine Hubschwingung und bei 7,78 Hz eine reine Drehschwingung. Es ist zu beachten, dass bei den anderen Frequenzen jeweils eine Dreh- und Schubbewegung miteinander gekoppelt sind. Die dicken und dünnen Pfeile in Abb. 4.7 geben die synchrone Bewegung der jeweiligen Koordinaten an.

Wird vorausgesetzt, dass bei der Aufstellung auf Einzelisolatoren nur eine Federebene parallel zur x, y-Ebene existiert ($\zeta_j = \zeta$ für alle j) und nur n gleiche Federelemente mit $c_{xj} = c_{yj} = c_H$; $c_{zj} = c$ verwendet werden, so gilt

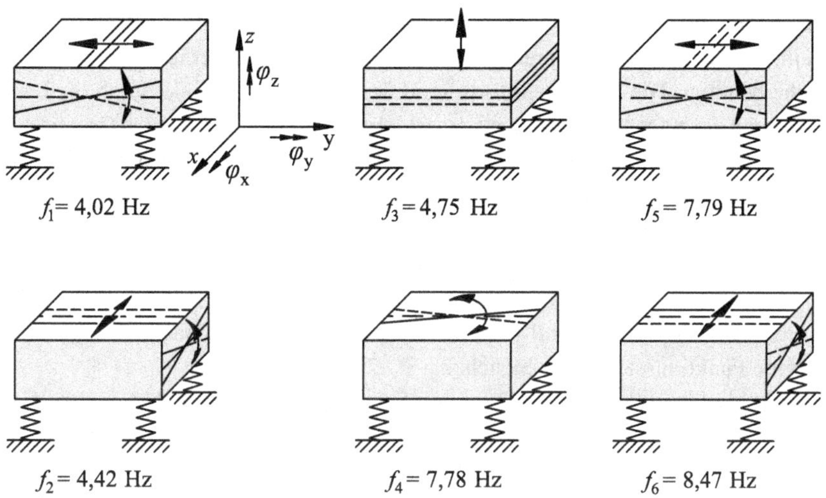

Abb. 4.7 Eigenfrequenzen und Eigenformen eines Blockfundamentes

$$\begin{aligned} &c_{11} = c_{22} = nc_{\mathrm{H}}; \quad c_{33} = nc; \quad c_{15} = c_{51} = nc_{\mathrm{H}}\zeta; \quad c_{24} = c_{42} = -nc_{\mathrm{H}}\zeta, \\ &c_{44} = c\sum_{j=1}^{n} \eta_j^2 + nc_{\mathrm{H}}\zeta^2; \quad c_{55} = c\sum_{j=1}^{n} \xi_j^2 + nc_{\mathrm{H}}\zeta^2; \quad c_{66} = c_{\mathrm{H}}\sum_{j=1}^{n}(\xi_j^2 + \eta_j^2). \end{aligned} \tag{4.40}$$

Rein formal lässt sich natürlich auch noch durch eine Symmetrie zur x, y-Ebene eine vollständige Entkopplung erreichen. Dies ließe sich jedoch, von Spezialfällen abgesehen, nur durch zwei Federebenen, die ober- und unterhalb der x, y-Ebene liegen müssten, erreichen, was konstruktiv jedoch nicht sinnvoll ist. Es wird deshalb meist auf die Symmetrie der Aufstellung in nur zwei Ebenen angestrebt. Damit ist es leichter, gezielt Eigenfrequenzen zu beeinflussen. In vielen Fällen sind Fundamente symmetrisch aufgebaut, sodass ihre Hauptachsen leicht gefunden werden. Es sollte dann auch versucht werden, die Federanordnung symmetrisch zu den Hauptachsen vorzunehmen.

Eine wesentliche Vereinfachung tritt für das ebene Blockfundament auf. Mit diesem Modell können Überschlagsrechnungen durchgeführt werden, wenn die Erregerkräfte in einer Symmetrieebene mit dem Schwerpunkt liegen.

Zur Fundamentberechnung existiert Software, die sowohl die Auslegung von Blockfundamenten als auch die Bestimmung von Erregerkräften bei gemessener Bewegung ermöglichen.

4.2.2.3 Ausführungsformen der Blockfundamente

Bei den Blockfundamenten werden im Wesentlichen drei Ausführungsgruppen unterschieden. Die erste Gruppe bilden die unmittelbar auf dem Baugrund stehenden Fundamente.

Soll eine hohe Abstimmung erreicht werden (vgl. Tab. 4.2), so muss die Fundamentmasse klein sein. Um jedoch eine entsprechend steife „Bodenfeder“ zu erhalten, wird eine große Sohlfläche benötigt. Die Fundamentform wird deshalb in erster Linie durch die benötigte Sohlfläche und die geforderte Steifigkeit des Blockes bestimmt. Zur zweiten Gruppe gehören die Maschinen, die ohne ein spezielles Fundament über Federelemente aufgestellt werden. Dazu sind verschiedene Bedingungen zu erfüllen.

Die Erregeramplitude darf nur so groß sein, dass die Maschinenmasse auf der tiefabgestimmten Aufstellung die zulässige Schwingungsamplitude nicht überschreitet. Die Erregerfrequenz muss so groß sein, dass eine tiefabgestimmte, stabile Aufstellung möglich ist. Weiter muss das Maschinengestell so steif sein, dass durch die Punktaufstellung auf Einzelfedern keine Funktionsstörungen entstehen.

Beispiele hierfür sind die Aufstellung von Fahrzeugmotoren im Rahmen über drei oder vier Einzelfederelemente, die Aufstellung von schnell laufenden Werkzeugmaschinen, Lüftern usw. Es handelt sich in den meisten Fällen um hochtourige Maschinen mit kleinen Erregerkräften. Die dritte Gruppe benötigt neben der Maschinenmasse eine Fundamentmasse. Diese Ausführung ist auch für niedrige Erregerfrequenzen und große Erregerkräfte geeignet. Abb. 4.8 zeigt die Aufstellung eines Schiffsdieselmotors mit Generator und Erregermaschine in einem Spitzenlastkraftwerk (Betriebsdrehzahl $n = 300\,\mathrm{U/min}$).

Häufig stellt der Maschinenbauer im Hinblick auf die zulässige Schwingungsamplitude des Fundamentblockes sehr harte Forderungen. Diese bedingen eine Überprüfung der Voraussetzung, dass der Fundamentblock als starrer Körper angesehen werden kann. Es muss dann eine Überschlagsrechnung zur Bestimmung seiner Eigenfrequenz durchgeführt werden.

Masselose Federn dürfen nur vorausgesetzt werden, solange die Frequenzen der Fundamentschwingung klein gegenüber den Eigenfrequenzen der vorgespannten Feder sind.

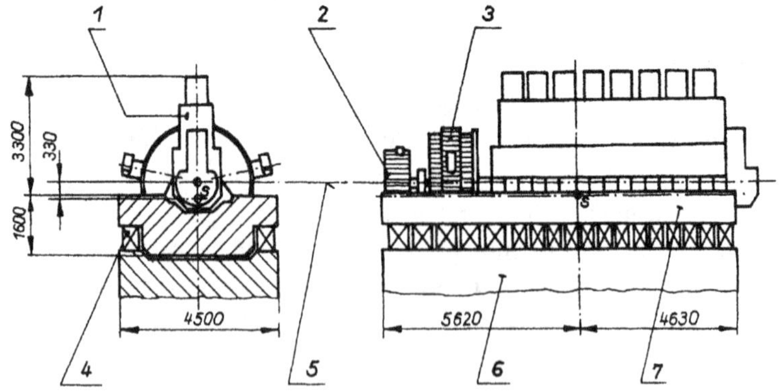

Abb. 4.8 Beispiel für ein Blockfundament mit einem Diesel-Spitzenlast-Aggregat *1* Dieselmotor; *2* Erregermaschine; *3* Generator; *4* Federpakete; *5* Kurbelwellenachse; *6* Unterfundament; *7* Oberfundament

Besonders bei Körperschallschwingungen wird diese Voraussetzung oft verletzt. Die Feder kann dann zu Resonanzschwingungen kommen. In diesen „Einbruchsfrequenzen", die bei Stahlfedern im Bereich $f = 100\,\text{Hz}$ bis $1000\,\text{Hz}$ und für Gummifedern im Bereich von $f = 200\,\text{Hz}$ bis $4000\,\text{Hz}$ liegen, ist die Schwingungsisolierung wirkungslos. Es sei noch vermerkt, dass auf Druck beanspruchte Federn, wie sie für Blockfundamente häufig verwendet werden, auch auf Knicksicherheit überprüft werden müssen.

Die Größe und Ausführung des Fundamentblockes richtet sich nach der Art der Aufstellung. Wird dieser direkt auf den Baugrund aufgestellt, ist die zulässige Flächenpressung maßgebend. Sie liegt in der Größenordnung von $\sigma = 20\,\text{N/cm}^2$ (Sand); $\sigma = 30\,\text{N/cm}^2$ (Ton); $\sigma > 60\,\text{N/cm}^2$ (Fels). Fragen der Bodenstabilität werden z. B. in DIN 4019 angesprochen. Außerdem sind die Federkonstante des Bodens und die erreichbare Eigenfrequenz von der Fundamentfläche abhängig. Weiterhin muss der Fundamentblock so gestaltet werden, dass der Gesamtschwerpunkt (Maschine und Fundament) über dem Schwerpunkt der Fundamentfläche liegt. Als Richtwert für die Größe der Fundamentmasse m_F kann in Abhängigkeit von der Maschinendrehzahl n gelten:

$$\text{für } n < 300\,\text{U/min:} \quad m_\text{F} = (5\ldots 10)m_\text{M}\,,$$
$$\text{für } n > 1000\,\text{U/min:} \quad m_\text{F} = (10\ldots 20)m_\text{M}\,.$$

(m_M ist die Masse der Maschine).

Für tief abgestimmte Fundamente wird die Gesamtmasse durch die zulässige Schwingungsamplitude des Fundamentes bestimmt. Die bisherigen Ableitungen wurden unter der Voraussetzung der elastisch aufgestellten starren Maschine durchgeführt. Das bedeutet, dass die niedrigste Eigenfrequenz von Maschine und Fundamentblock groß gegenüber der höchsten Erregerfrequenz sein muss. Für den Fundamentblock wird mit einem Abstimmungsverhältnis

$$\eta = \frac{f_\text{err max}}{f_1} \leq 0{,}2\ldots 0{,}33 \tag{4.41}$$

gerechnet. Für die Ermittlung der niedrigsten Eigenfrequenz genügt manchmal eine Abschätzung. Während bei Fundamentblöcken, bei denen Höhe, Breite und Länge in der gleichen Größenordnung liegen, die Eigenfrequenzen meist hoch genug sind, treten an schlanken und besonders langen Fundamenten durchaus Abstimmungsschwierigkeiten auf. Für die Überschlagsrechnung wird das Fundament als Balken mit konstantem Querschnitt und homogener Masseverteilung angenommen. Da der Fundamentblock tief abgestimmt aufgestellt ist, trifft dann das Modell des frei-freien Balkens zu. Ausführlich wird der schwingende Balken in Abschn. 6.4 behandelt.

Für das in Abb. 4.8 dargestellte Fundament soll eine Nachrechnung erfolgen. Mit den angegebenen Abmessungen $h = 1{,}6\,\text{m}$, $l = 10{,}25\,\text{m}$, der Dichte $\varrho = 1800\,\text{kg/m}^3$, dem Elastizitätsmodul $E = 3 \cdot 10^{10}\,\text{N/m}^2$ (Betongüte B 25 nach DIN 1045) ergibt sich bei einem Rechteckquerschnitt:

$$f_1 = 1{,}029\frac{h}{l^2}\sqrt{\frac{E}{\varrho}} = 1{,}029\frac{1{,}6}{10{,}25^2}\sqrt{\frac{3\cdot 10^{10}}{1{,}8\cdot 10^3}}\,\mathrm{Hz} \approx 64\,\mathrm{Hz}. \tag{4.42}$$

Als Erregung kämen die freien Massenkräfte des Achtzylindermotors infrage. Es zeigt sich bei Messungen, dass aufgrund der fertigungsbedingten Abweichungen die 1. und 2. Erregerordnung auch bei theoretisch vollständig ausgeglichenen Motoren auftreten. Wird als höchste Erregerordnung die zweite angesetzt, gilt bei der Drehfrequenz von $f = n/60 = 300/60 = 5\,\mathrm{Hz}$: $f_{\mathrm{err\,max}} = 10\,\mathrm{Hz} \ll 64\,\mathrm{Hz}$. Die Forderung (4.41) für ein „starres“ Fundament ist somit erfüllt.

Wie aus Abb. 4.3 ersichtlich ist, hängt die niedrigste erreichbare Eigenfrequenz einer Fundamentierung mit der *Verformbarkeit* der Feder zusammen. Die niedrigsten Eigenfrequenzen werden mit *Schraubenfedern* erreicht, sie liegen bei einem Wert von 1 Hz. Ihre Berechnung wurde in 2.3.1 behandelt. Der Dämpfungsgrad besitzt die Größenordnung von $D = 0{,}001$ bis $0{,}01$.

Als Einzelfederelemente werden auch *Gummifedern* oder Gummi-Metall-Verbindungen verwendet. Aufgrund der geringen maximal zulässigen Beanspruchung ist ihre Verformbarkeit geringer, und es können nur Eigenfrequenzen der Fundamente über 5 Hz erreicht werden. Der Dämpfungsgrad der damit ausgestatteten Anlagen liegt bei $D = 0{,}01$ bis $0{,}1$.

In 2.3.2 wird über die Berechnung von Gummifedern gesprochen. Es sei nur noch darauf hingewiesen, dass bei größerem Wert $k_{\mathrm{dyn}} = c_{\mathrm{dyn}}/c_{\mathrm{stat}}$ die statische Durchsenkung als Maß der zu isolierenden Frequenz ungeeignet ist. Abb. 4.9a zeigt eine Gummifeder, die häufig für Fundamentierungsaufgaben verwendet wird.

Die dynamische Steifigkeit des *Baugrundes* oder von *Dämmplatten* wird durch Bettungsziffern angenähert. Dabei wird in Berechnungsvorschriften der Kontakt zwischen Fundament und Baugrund durch elastische Kräfte nur an der Sohlfläche des Fundamentes berücksichtigt.

Die Bettungsziffern stellen flächenbezogene Federkonstanten dar, sie hängen von Bodenart, Dichteindex, Sohlfläche und der statischen Sohlpressung ab. Bezugswert ist die in senkrechter Richtung wirkende Bettungsziffer C_z. Sie liegt in der Größenordnung

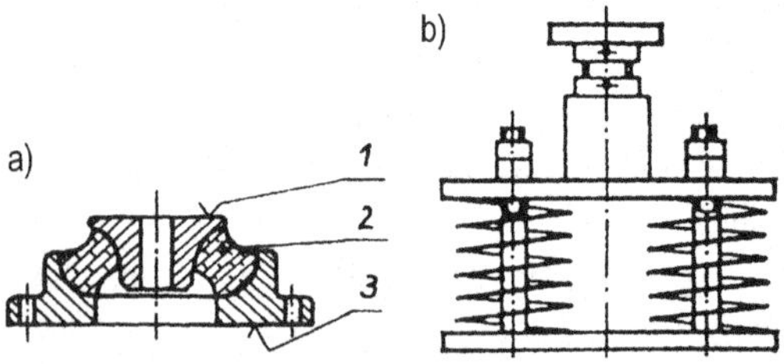

Abb. 4.9 Bauformen von Federn: **a** Prinzipieller Aufbau einer Gummifeder; *1* Fundament oder Maschine, *2* Gummielement, *3* Aufstellungsort, **b** Stahlfeder-Anordnung

$$C_z = (2 \ldots 15) \cdot 10^4 \,\mathrm{kN/m^3} \tag{4.43}$$

und wird im Baugrundgutachten festgelegt. Diese Angaben beziehen sich auf Sohlflächen $A \geq 10\,\mathrm{m}^2$ und gelten für eine statische Sohlpressung $p_{\mathrm{stat}} \leq 5\,\mathrm{N/cm}^2$. Für $A < 10\,\mathrm{m}^2$ ist C_z mit dem Faktor $a_1 = \sqrt{10/A}$ (A in m^2) zu multiplizieren. Für $p_{\mathrm{stat}} > 5\,\mathrm{N/cm}^2$ gilt ein Faktor $a_2 = \sqrt{p_{\mathrm{stat}}/5\,\mathrm{N/cm}^2}$.

Aus diesem Wert leiten sich ab:

$$C_x = C_y = 0{,}7C_z; \qquad C_{\varphi x} = C_{\varphi y} = 2C_z \tag{4.44}$$

(Verdrehung des Fundamentes um eine Schwerachse der Sohlfläche),

$$C_{\varphi z} = 1{,}05C_z \tag{4.45}$$

(Verdrehung des Fundamentes um die vertikale Achse).

Unter der Voraussetzung, dass der Schwerpunkt (Koordinatenursprung) über dem Schwerpunkt der Auflagefläche liegt, gilt die Entkopplung durch Symmetrie in zwei Ebenen, die auf (4.39) führt. Es muss beachtet werden, dass die Federabstände $l_{xz} = l_{yz} = l_z$, die bis zur Sohlfläche gerechnet werden, für jedes Flächenelement gleich, also Konstante sind, während l_{zx}, l_{zy} von der Lage der Flächenelemente abhängen. Es gilt somit für die Elemente der Steifigkeitsmatrix in (4.32):

$$c_{11} = c_{22} = \int 0{,}7C_z \mathrm{d}A = 0{,}7C_z A; \qquad c_{33} = \int C_z \mathrm{d}A = C_z A, \tag{4.46}$$

$$\begin{aligned} c_{44} &= \int 0{,}7C_z l_z^2 \mathrm{d}A + \int C_{\varphi x} l_{zy}^2 \mathrm{d}A \\ &= 0{,}7C_z l_z^2 A + C_{\varphi x} I_x = C_z(2I_x + 0{,}7Al_z^2), \end{aligned} \tag{4.47}$$

$$c_{55} = C_z(2I_y + 0{,}7Al_z^2); \qquad c_{66} = C_{\varphi z} I_z = 1{,}05C_z I_z, \tag{4.48}$$

$$c_{15} = c_{51} = -c_{24} = -c_{42} = -C_x A l_z = -0{,}7C_z A l_z. \tag{4.49}$$

Darin bedeuten I_x und I_y die Flächenträgheitsmomente der Sohlfläche bezüglich der x- und y-Achse, $I_z = I_x + I_y$ das polare Flächenträgheitsmoment. Bei dem Wert für c_{44}, (und analog dazu c_{55}) wurde berücksichtigt, dass bei einer Kippung nicht C_z, sondern $C_{\varphi x}$ wirksam wird. Werden die Beziehungen in (4.39) eingesetzt, so ergeben sich die sechs Eigenkreisfrequenzen.

4.2.3 Fundament mit zwei Freiheitsgraden – Schwingungstilgung

Abb. 4.10a zeigt einen Längsschwinger mit zwei Freiheitsgraden. Er kann als Berechnungsmodell für eine elastisch gelagerte Maschine (auf einem im nachgiebigen Baugrund eingebetteten Fundamentblock oder mit zusätzlichem Schwingungstilger) dienen. Dem Tilger

Abb. 4.10 Schwinger mit zwei Freiheitsgraden
a Berechnungsmodell,
b Kräftebild am frei geschnittenen System

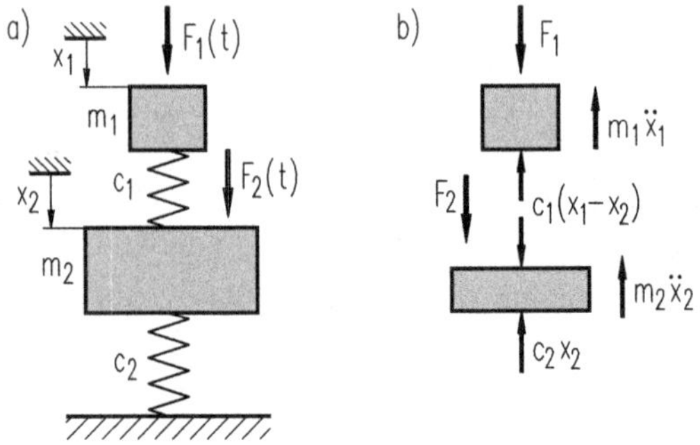

entspricht dann das äußere Feder-Masse-System. Es wird zunächst die Dämpfung vernachlässigt, um einige wesentliche Zusammenhänge deutlicher zu zeigen. Die Bewegungsgleichungen haben im Prinzip dieselbe Form wie die eines Torsionsschwingers, auf den in Abschn. 5.5.2 auch unter Berücksichtigung der Dämpfung näher eingegangen wird.

Die Bewegungsgleichungen für erzwungene Schwingungen folgen aus dem dynamischen Kräftegleichgewicht, vgl. Abb. 4.10b:

$$\begin{aligned} m_1\ddot{x}_1 + c_1(x_1 - x_2) &= F_1(t), \\ m_2\ddot{x}_2 - c_1(x_1 - x_2) + c_2 x_2 &= F_2(t). \end{aligned} \tag{4.50}$$

Die stationäre Lösung für den einfachsten Fall der harmonischen Erregerkräfte

$$F_1(t) = \hat{F}_1 \sin \Omega t; \qquad F_2(t) = \hat{F}_2 \sin \Omega t \tag{4.51}$$

wird eine Schwingung mit der Anregungskreisfrequenz Ω sein, die sich mit dem „Gleichtaktansatz“:

$$x_1(t) = \hat{x}_1 \sin \Omega t; \qquad x_2(t) = \hat{x}_2 \sin \Omega t \tag{4.52}$$

finden lässt. Werden die Erregerkräfte (4.51) und die Lösungsansätze (4.52) in (4.50) eingesetzt, so ergibt sich ein lineares Gleichungssystem zur Berechnung der beiden Amplituden:

$$\begin{aligned} (c_1 - m_1\Omega^2)\hat{x}_1 - \qquad\qquad c_1\hat{x}_2 &= \hat{F}_1, \\ -c_1\hat{x}_1 + (c_1 + c_2 - m_2\Omega^2)\hat{x}_2 &= \hat{F}_2. \end{aligned} \tag{4.53}$$

Es hat die Lösungen („vorzeichenbehaftete Amplituden“)

$$\hat{x}_1 = \frac{(c_1 + c_2 - m_2\Omega^2)\hat{F}_1 + c_1\hat{F}_2}{\Delta}; \qquad \hat{x}_2 = \frac{c_1\hat{F}_1 + (c_1 - m_1\Omega^2)\hat{F}_2}{\Delta}. \tag{4.54}$$

Das Vorzeichen der Amplituden $\hat{x}_1$ und $\hat{x}_2$ beschreibt die Phasenlage, die wegen der fehlenden Dämpfung nur 0° oder 180° betragen kann. Der Nenner

$$\begin{aligned}\Delta &= (c_1 - m_1\Omega^2)(c_1 + c_2 - m_2\Omega^2) - c_1^2 \\ &= m_1 m_2(\Omega^2 - \omega_1^2)(\Omega^2 - \omega_2^2)\end{aligned} \tag{4.55}$$

ist die Hauptdeterminante des Gleichungssystems (4.53). Die Nullstellen des Nenners sind die beiden Eigenkreisfrequenzen dieses Schwingungssystems, vgl. auch (4.90), bei denen Resonanz auftritt.

Aus (4.54) kann die Abhängigkeit der Amplituden von der Erregerfrequenz, der *Amplituden-Frequenzgang* berechnet werden. Vergleichbare Ergebnisse unter Berücksichtigung der Dämpfung werden in Abschn. 5.5.2 dargestellt, vgl. auch Abb. 5.41.

Der bedeutsame Zusammenhang zwischen Weg- und Kraftamplituden

$$\hat{x}_1 = \frac{c_1 \hat{F}_2}{\Delta} = x_{\text{st}} V_1(\Omega); \qquad \hat{x}_2 = \frac{(c_1 - m_1\Omega^2)\hat{F}_2}{\Delta} = x_{\text{st}} V_2(\Omega) \tag{4.56}$$

wird für den Sonderfall, dass nur die Kraft F_2 wirkt, in Abb. 4.11 dargestellt. Aus (4.56) geht die Beziehung zur statischen Deformation $x_{\text{st}} = \hat{F}_2/c_2$ hervor, sodass die Amplituden-Frequenzgänge $\hat{x}_1(\Omega)$ und $\hat{x}_2(\Omega)$ als verallgemeinerte *Vergrößerungsfunktion* aufgefasst werden kann. Diese Darstellung verallgemeinert die Aussagen, die für den Schwinger mit einem Freiheitsgrad gewonnen wurden, vgl. Abb. 4.4 und 4.5. Es existiert jedoch ein Unterschied: An den Resonanzstellen in Abb. 4.5c schwingt der Schwinger mit einem Freiheits-

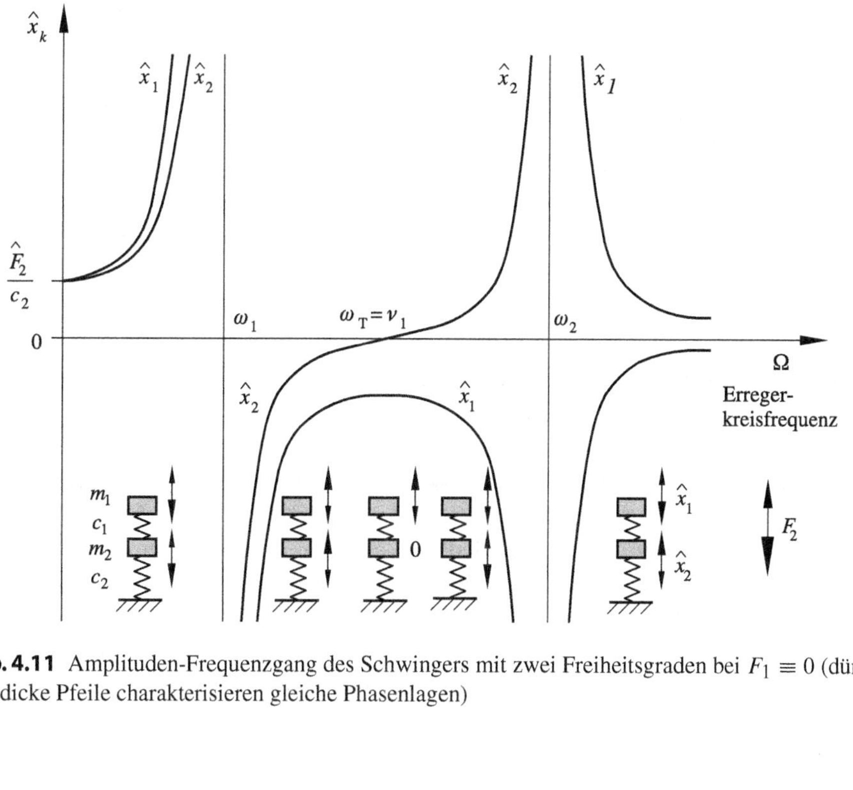

Abb. 4.11 Amplituden-Frequenzgang des Schwingers mit zwei Freiheitsgraden bei $F_1 \equiv 0$ (dünne und dicke Pfeile charakterisieren gleiche Phasenlagen)

grad bei *periodischer* Erregung jeweils mit einem Bruchteil der Grunderregerfrequenz (bei $\Omega = \omega/k$) mit seiner (einzigen) Eigenfrequenz, aber beim Zweimassensystem treten schon bei *harmonischer* Erregung zwei Resonanzstellen auf, wenn die Erregerfrequenz mit einer der beiden Eigenfrequenzen übereinstimmt.

Bei ganz kleiner Erregerfrequenz ($f_{\text{err}} = \Omega/(2\pi)$) bewegen sich beide Massen wie im statischen Fall gleichsinnig, und für den Grenzfall $\Omega = 0$ ist der Weg beider Massen sogar gleich groß, vgl. Abb. 4.11. Mit zunehmender Erregerfrequenz verstärken die Massenkräfte zunächst die Amplituden, wobei im unteren Frequenzbereich $\hat{x}_1 > \hat{x}_2$ gilt. Die Richtung beider Ausschläge stimmt nur unterhalb der ersten Eigenkreisfrequenz (im Bereich $0 < \Omega < \omega_1$) zu jedem Zeitpunkt mit derjenigen der Erregerkraft F_2 überein. Die Schwingungen der beiden Massen verlaufen in diesem ungedämpften Fall gleichphasig im Bereich $0 < \Omega < \omega_T$, aber oberhalb der ersten Resonanzstelle verlaufen sie entgegengesetzt zur Erregerkraft.

Eine interessante Erscheinung gibt es bei der Tilgungskreisfrequenz

$$\Omega = \omega_T = \sqrt{\frac{c_1}{m_1}}. \tag{4.57}$$

Hier tritt die so genannte *Schwingungstilgung* auf, d. h., der Kraftangriffspunkt bleibt in Ruhe, die Feder c_2 wird nicht belastet, und nur die Masse m_1 schwingt weiter, und zwar in Gegenphase zur Erregerkraft. Die Massenkraft, welche die schwingende Masse m_1 über die Feder c_1 in den unteren Teil des Schwingers einleitet, ist ganz genau so groß (aber entgegengesetzt gerichtet) wie die Erregerkraft – entsprechend der idealen Annahmen bei diesem ungedämpften System. Dämpfung sorgt dafür, dass nicht diese ideale Tilgung auftritt, aber dafür erweitert sie den Bereich kleiner Amplituden, vgl. Abschn. 5.5.

Schwingungstilgung eignet sich besonders für die Verringerung von Schwingungen an Bauteilen und Strukturen mit konstanten, dominanten Eigenfrequenzen. Beispiele dafür sind Biegeschwingungen von Hochhäusern und Brücken aber auch Torsionsschwingungen von Kurbelwellen in Verbrennungsmotoren. Bei schwingungserregten Bauwerken müssen die Tilger immer der Konstruktion angepasst werden. Es gibt Schwingungstilger mit Tilgermassen von 40 kg bis 4500 kg, die bei Frequenzen von 16 Hz bis etwa 0,3 Hz wirksam sind. In den meisten Fällen sind es vertikal angeordnete Tilger mit Schraubendruckfedern und viskoser Dämpfung, von denen Abb. 4.12 ein Beispiel zeigt. Gegen horizontale Schwingungen der Fernseh- und Kirchtürme wird oft ein Tilger mit Blattfedern oder mit Pendelaufhängung eingesetzt. Praktische Ausführungen von Tilgern enthält die VDI-Richtlinie 3833, Blatt 2 [48].

Ein prominentes Beispiel für ein Bauwerk, das mit Schwingungstilgern ausgestattet ist, ist die „Millenium Bridge“ in London, die im Jahr 2000 eröffnet wurde, aber wegen starker Horizontalschwingungen unmittelbar wieder geschlossen werden musste. Erst nach einer Ausrüstung mit schwingunstechnischen Maßnahmen, u. a. Tilgern konnte die Brücke wieder eröffnet werden (Abb. 4.13).

Im Bereich $\omega_T < \Omega$ schwingen die beiden Massen gegenphasig, wie die dicken und dünnen Pfeile für die Phasenlage im unteren Teil der Abb. 4.11 andeuten. Erreicht die Erre-

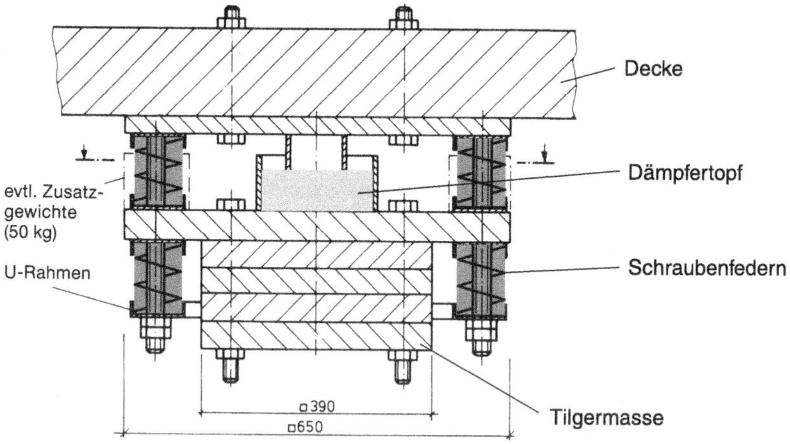

Abb. 4.12 Deckentilger. (Quelle: GERB, Berlin)

Abb. 4.13 Schwingungstilger an der Millenium Bridge in London. Das T-förmige Element in der Bildmitte ist die aus Stahlplatten zusammengeschraubte Tilgermasse, die links und rechts elastisch auf Schraubenfedern abgestützt ist. (Foto: M. Beitelschmidt)

gerfrequenz die Nähe der zweiten Eigenfrequenz, treten wieder sehr große Amplituden auf, und oberhalb von ω_2 wechselt nochmals die Phasenlage. Bei sehr hohen Erregerfrequenzen werden die Amplituden immer kleiner, weil die trägen Massen immer größere (mit Ω^2 zunehmende) Massenkräfte der Erregerkraft entgegensetzen. Die Kraft auf den Aufstellort ist $F(t) = c_2 x_2(t)$, also dem Betrag der Amplitude $\hat{x}_2$ proportional. Insofern liefert Abb. 4.11 auch eine Aussage über die dynamische Fundamentbelastung.

Im Abschn. 5.5 wird auf den *Tilgungseffekt* im Zusammenhang mit Dämpfern näher eingegangen. Die dort für Torsionsschwinger beschriebenen physikalischen Zusammenhänge gelten ebenso für Längsschwinger. Hier sei schon bemerkt, dass Maßnahmen der Schwingungstilgung nicht auf harmonische Erregungen beschränkt sind. Der Tilger kann auch auf höhere Harmonische der Erregung oder in Verbindung mit der Dämpfung auf beliebige andere Erregungen bei Schwingern mit mehreren Freiheitsgraden abgestimmt werden, vgl. Abschn. 7.1.2.

4.2.4 Beispiel: Schwingungen eines Motor-Generator-Aggregates

Abb. 4.14 zeigt einen Fundamentblock mit symmetrisch angeordneten Fundamentfedern. Gegeben sind die Parameterwerte

Fundamentmasse	$m = 20\,\text{t}$
Hauptträgheitsmomente bezüglich der	$J^S_{\xi\xi} = 4{,}8 \cdot 10^4\,\text{kg}\,\text{m}^2$;
Achsen durch den Schwerpunkt S	$J^S_{\eta\eta} = 1{,}4 \cdot 10^4\,\text{kg}\,\text{m}^2$;
	$J^S_{\zeta\zeta} = 3{,}45 \cdot 10^4\,\text{kg}\,\text{m}^2$
horizontale Federkonstante eines Schwingungsisolators	$c_x = c_y = c_H = 1{,}5 \cdot 10^5\,\text{N/m}$
Federkonstante eines Schwingungsisolators in z-Richtung	$c_z = 3{,}0 \cdot 10^5\text{N/m}$
Abstände der Federangriffspunkte	$a = h = 1\,\text{m}$; $l = 0{,}5\,\text{m}$;
	$l_0 = 0{,}4l$; $l_1 = 1{,}6l$
Anzahl der Schwingungsisolatoren	$n = 16$.

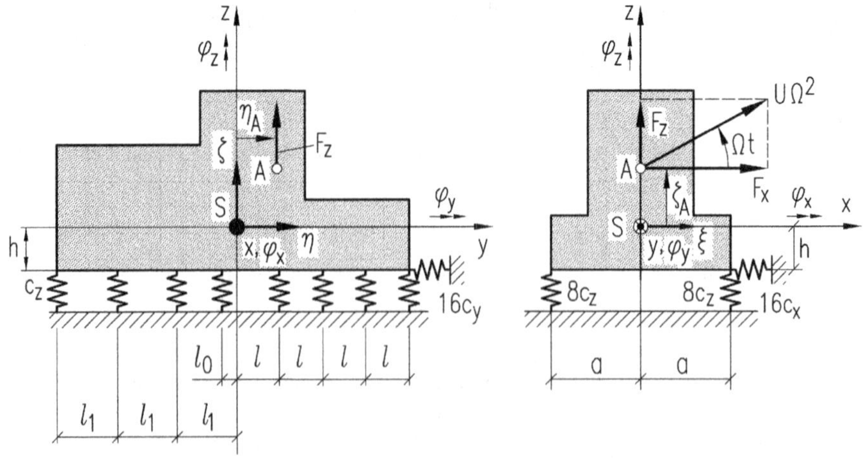

Abb. 4.14 Bezeichnungen am Fundamentblock

Die Federzahlen ergeben sich aus den gegebenen Daten mit (4.33) zu

$$\begin{aligned}
&c_{11} = c_{22} = 16c_{\mathrm{H}}; \qquad c_{24} = -c_{15} = 16hc_{\mathrm{H}}; \qquad c_{33} = 16c_z,\\
&c_{16} = c_{26} = c_{34} = c_{35} = c_{45} = c_{46} = c_{56} = 0,\\
&c_{44} = 66l^2c_z + 16c_{\mathrm{H}}h^2; \qquad c_{55} = 16(c_{\mathrm{H}}h^2 + c_z a^2),\\
&c_{66} = c_{\mathrm{H}}(66l^2 + 16a^2).
\end{aligned} \tag{4.58}$$

Es werden zunächst die Eigenfrequenzen und Eigenformen berechnet. Die Gl. (4.28) zerfallen in (4.35) und (4.36). Die zugehörigen Eigenwertgleichungen aus (4.37) vereinfachen sich wegen Symmetrie ($c_{35} = c_{26} = c_{46} = 0$, siehe Gl. (4.38)) noch weiter zu

$$\begin{aligned}
&\begin{bmatrix} c_{11} - m\omega^2 & c_{15} \\ c_{15} & c_{55} - J^{\mathrm{S}}_{\eta\eta}\omega^2 \end{bmatrix} \begin{bmatrix} v_1 \\ v_5 \end{bmatrix} = \begin{bmatrix} 0 \\ 0 \end{bmatrix},\\
&\begin{bmatrix} c_{22} - m\omega^2 & c_{24} \\ c_{24} & c_{44} - J^{\mathrm{S}}_{\xi\xi}\omega^2 \end{bmatrix} \begin{bmatrix} v_2 \\ v_4 \end{bmatrix} = \begin{bmatrix} 0 \\ 0 \end{bmatrix}
\end{aligned} \tag{4.59}$$

und $\omega_3^2 = c_{33}/m$ für die Hubschwingung in z-Richtung sowie $\omega_6^2 = c_{66}/J^{\mathrm{S}}_{\zeta\zeta}$ für die Drehschwingung um die z-Achse. Aus (4.59) folgen die Amplitudenverhältnisse der zugehörigen Eigenformen

$$\begin{aligned}
(\hat{x}/\hat{\varphi}_y)_i &= v_{1i}/v_{5i} = (c_{55} - J^{\mathrm{S}}_{\eta\eta}\omega_i^2)/c_{15}; \qquad \text{für } i = 1 \text{ und } 5,\\
(\hat{y}/\hat{\varphi}_z)_i &= v_{2i}/v_{4i} = (c_{44} - J^{\mathrm{S}}_{\xi\xi}\omega_i^2)/c_{24}; \qquad \text{für } i = 2 \text{ und } 4.
\end{aligned} \tag{4.60}$$

Die Eigenfrequenzen folgen aus (4.39) nach kurzer Rechnung mit den dort angegebenen Indizes (Ausnahme! Normalerweise werden sie mit dem Index i der Größe nach geordnet) aus $f_i = \omega_i/(2\pi)$ zu:

Hubschwingung:	$f_3 = 2{,}466\,\mathrm{Hz}$	
Drehschwingung um die z-Achse:	$f_6 = 1{,}892\,\mathrm{Hz}$	
Nickschwingungen in der x-z-Ebene:	$f_1 = 3{,}769\,\mathrm{Hz}$;	$f_5 = 1{,}365\,\mathrm{Hz}$;
	$v_{51} = 0{,}3888\,\mathrm{r}$;	$v_{15} = -0{,}2722\,\mathrm{m}$
Nickschwingungen in der y-z-Ebene:	$f_2 = 2{,}716\,\mathrm{Hz}$;	$f_4 = 1{,}467\,\mathrm{Hz}$;
	$v_{42} = -0{,}2919\,\mathrm{r}$;	$v_{24} = 0{,}7006\,\mathrm{m}$

Die Amplitudenfrequenzgänge sind in Abb. 4.15 dargestellt. Die Amplitudenverhältnisse der genannten Eigenformen ergeben sich bei der Normierung $v_{ii} = 1$ aus (4.60). Eine Skizze der Formen soll erstellt werden! Zur Beurteilung des Schwingungsverhaltens im Betriebszustand ist die Kenntnis der Eigenfrequenzen und Eigenformen nicht ausreichend. Dazu ist die Berechnung der erzwungenen Schwingungen unter Berücksichtigung der Dämpfung erforderlich.

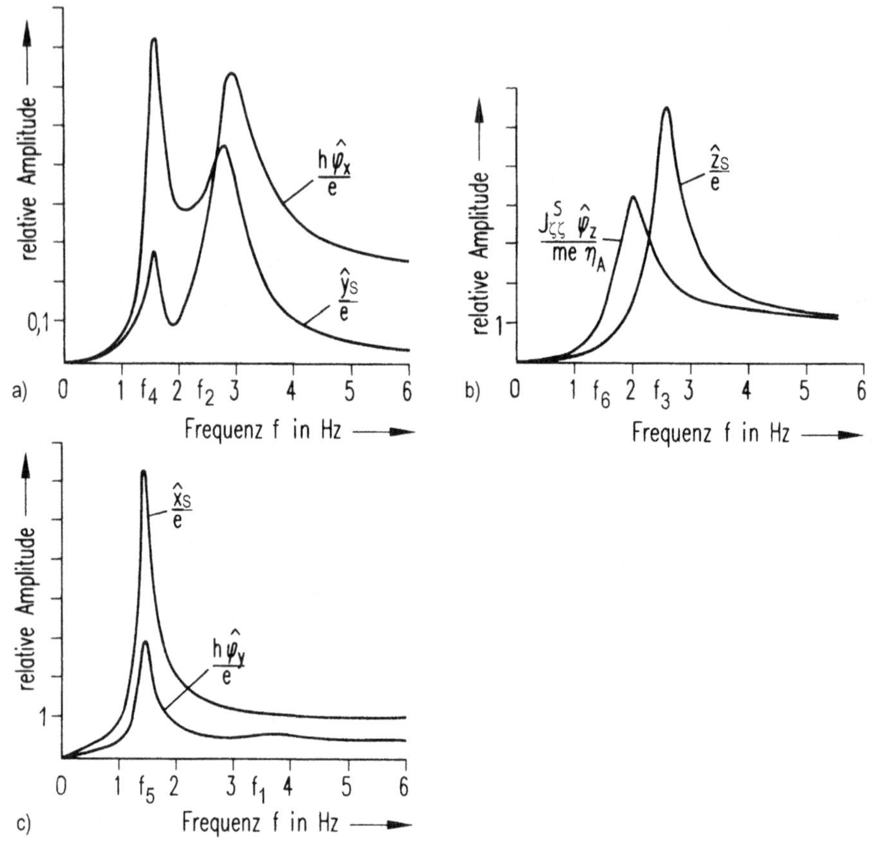

Abb. 4.15 Amplituden-Frequenzgänge der sechs Koordinaten des Fundaments: **a** Koordinaten φ_x, y_S; **b** Koordinaten φ_z, z_S; **c** Koordinaten φ_y, x_S;

Es wird angenommen, dass das Aggregat eine Unwucht U besitzt, die in der x-z-Ebene um eine Achse A rotiert, vgl. die körperfesten Abstände η_A und ζ_A in Abb. 4.14. Die aus dieser Unwucht resultierende Fliehkraft wirkt auf das Fundament mit folgenden Komponenten:

$$\begin{aligned} F_x &= U\Omega^2 \sin \Omega t; \qquad & M_x &= F_z \eta = \eta_A U \Omega^2 \sin \Omega t, \\ F_y &= 0; & M_y &= \zeta F_x = \zeta_A U \Omega^2 \sin \Omega t, \\ F_z &= U\Omega^2 \cos \Omega t; & M_z &= -F_x \eta = -\eta_A U \Omega^2 \sin \Omega t. \end{aligned} \tag{4.61}$$

Für konkrete Abstände ($\eta_A = 0{,}5$ m; $\zeta_A = 0{,}3$ m), eine Unwucht $U = 0{,}3$ kg m und eine Dämpfungskonstante für jede Feder ($b = 3000$ N s/m) wurden die stationären Amplituden der erzwungenen Schwingungen mit der in Abschn. 7.1 beschriebenen Methode berechnet. In Abb. 4.15 sind die Ergebnisse in Form der Amplituden-Frequenzgänge dargestellt, vgl. dazu auch (4.14) und V_3 in Abb. 4.4. Der Bezugswert $e = U/m = 0{,}015$ mm ist die Wegamplitude, mit der sich der ungefesselte Block infolge der rotierenden Unwucht bewegen würde (Schwerpunktsatz).

Es ist erkennbar, dass alle Eigenfrequenzen unterhalb der Betriebsdrehzahl von 300 U/min ($f_{\mathrm{err}} = 5\,\mathrm{Hz}$) liegen und das Fundament *tief abgestimmt* ist. Die Resonanzstellen müssen durchfahren werden, aber im Betrieb sind die auftretenden Schwingungsamplituden unbedeutend. Die Resonanzstellen liegen bei den berechneten Eigenfrequenzen. Zur Kontrolle soll geprüft werden, ob bei sehr hohen Erregerfrequenzen (wenn die Federkräfte gegenüber den Massenkräften klein sind) sich die Amplitude des freien unwuchterregten Systems einstellt, d. h. für $f \to \infty$ muss $\hat{x}_{\mathrm{S}}/e = \hat{z}_{\mathrm{S}}/e = J^{\mathrm{S}}_{\zeta\zeta}\hat{\varphi}_z/(U\eta_{\mathrm{A}}) = 1$ und $h\hat{\varphi}_y/e = \hat{y}_{\mathrm{S}}/e = 0$ sein.

4.2.5 Aufgaben A4.1 bis A4.3

A4.1 Aufstellung eines Sägegatters

Ein Sägegatter soll tief abgestimmt aufgestellt werden. Durch das hin- und hergehende Gatter entsteht die Kraft $F = \hat{F}\sin\Omega t$. Das Sägegatter läuft mit der Drehzahl n. Wie groß muss die Masse von Fundament und Sägegatter sein und welche Gesamtfederkonstante muss vorliegen, damit nur 5 % der Erregerkraft in den Baugrund eingehen und die Amplitude des Fundamentes nicht größer als $\hat{x}$ wird?

Gegeben:

$\hat{F} = 16 \cdot 10^4\,\mathrm{N}$; $n = 600\,\mathrm{U/min}$; $\hat{x} = 1\,\mathrm{mm}$

Gesucht:

1. Abstimmungsverhältnis η
2. Federkonstante c
3. Statische Durchsenkung der Feder infolge des Eigengewichts

A4.2 Minimale dynamische Gehäusebelastung

Im Verdichter eines Kühlschranks rotiert eine vertikal angeordnete Welle um die ζ-Achse, die an einem Ende (im Abstand ζ_1) den Kolben antreibt, welcher die horizontale Massenkraft $F_1(t)$ verursacht. Der erwünschte Massenausgleich ist aus konstruktiven Gründen nicht in der Ebene im Abstand ζ_1 möglich. Eine Ausgleichsmasse kann nur im Abstand ζ_2 angeordnet werden, aber der Bauraum ist so beengt, dass diese in der erforderlichen Größe nicht hineinpasst und nur einen Anteil von p Prozent der Massenkraft (um 180° phasenversetzt) aufbringen kann, der zum vollständigen Ausgleich notwendig wäre. Der Verdichterblock (einschließlich Motorwelle) hat die Masse m und das Trägheitsmoment $J_{\mathrm{S}} = J_{yy}$, vgl. Abb. 4.16.

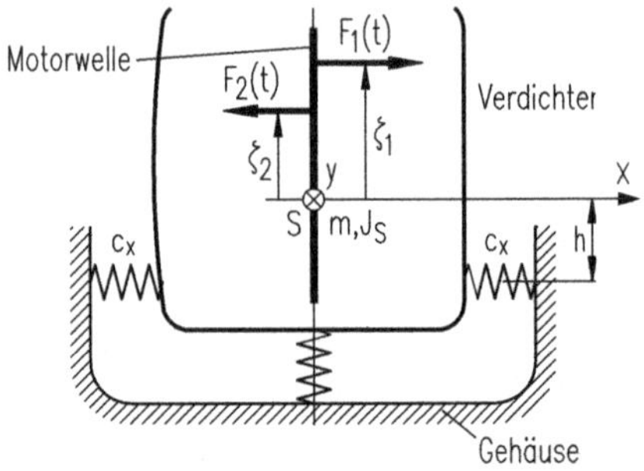

Abb. 4.16 Verdichterblock mit Erregerkräften

Der Verdichter soll elastisch gelagert werden, und zwar so, dass möglichst keine horizontalen dynamischen Kräfte von ihm auf das Gehäuse des Kühlschranks übertragen werden. Der Körperschall würde zu störender Geräuschbildung führen. Die Lagerung des Verdichters im Gehäuse erfolgt durch eine zentrale vertikale Feder (welche das Eigengewicht aufnimmt) und horizontal wirkende Federn im Abstand h vom Schwerpunkt.

Gegeben:

Horizontale Erregerkraft im Abstand ζ_1	$F_1(t)$
Ausgleichskraft im Abstand ζ_2	$F_2(t) = pF_1(t)$
Abstände der Wirkungsebenen der Kräfte	ζ_1 und ζ_2
Masse des Motorblocks	m
Trägheitsmoment des Motorblocks	J_S

Gesucht:

1. Herleitung der Bedingungen für die minimale Belastung des Gehäuses (nach Aufstellung der Bewegungsgleichungen)
2. Optimaler Abstand h für die Anordnung der horizontalen Federn
3. Abstand h für die Parameterwerte $J_S = ml^2$; $\zeta_1 = l$; $\zeta_2 = 0{,}8l$; $p = 0{,}8$

Zur Vereinfachung soll nur nur das Gleichgewicht in der x-z-Ebene ohne die Berücksichtigung der vertikalen Kraftkomponenten betrachtet werden.

A4.3 Schwingungsisolierende Lagerung eines Motorradmotors

Ein Motorradmotor soll elastisch gelagert werden, vgl. Abb. 4.17. Die durch die Kolbenbewegung entstehende Schwingungsamplitude $\hat{x}_P$ des Kurbelwellenmittelpunktes P soll einen vorgeschriebenen Wert $\hat{x}_{zul}$ nicht überschreiten. Es können kleine Schwingungen vorausgesetzt werden ($|\psi| \ll 1$: $\sin\psi \approx \psi$, $\cos\psi \approx 1$). Die Drehzahl soll konstant Ω betragen. An der Kurbelwelle befindet sich ein Gegengewicht der Masse m_G, das nicht in der Skizze dargestellt ist.

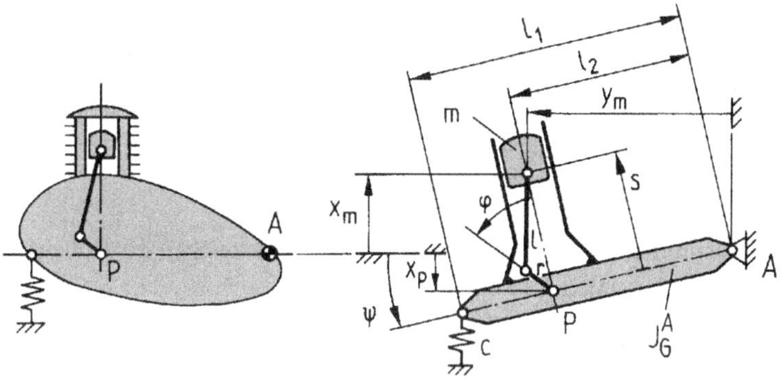

Abb. 4.17 Lagerung eines Motorradmotors

Gegeben:

Bewegung des Kolbens ($r/l \ll 1$): $s \approx l + r\cos\Omega t + r^2/4l(\cos 2\varphi - 1)$	
Masse des Kolbens einschließlich der reduzierten Pleuelmasse (Schwerpunkt liegt im Pleuellager des Kolbens)	$m = 0{,}6\,\text{kg}$
Masse des Gegengewichts	$m_G = 1\,\text{kg}$
Trägheitsmoment des Gehäuses mit Einbauteilen	$J_G^A = 0{,}523\,\text{kg m}^2$
Längen	$l_1 = 360\,\text{mm}$;
	$l_2 = 150\,\text{mm}$;
	$l = 150\,\text{mm}$;
	$r = 32\,\text{mm}$
zulässige Amplitude des Punktes P	$\hat{x}_{zul} = 1\,\text{mm}$
Drehzahlbereich	$n \geqq 1000\,\text{U/min}$

Gesucht:

1. Abstand des Schwerpunkts r_G des Gegengewichts m_G vom Drehpunkt P, damit die 1. Erreger-Ordnung in vertikaler Richtung ausgeglichen ist
2. Bewegungsgleichung für $x_P(t)$
3. erforderliche Federsteifigkeit c für die Bedingung $\hat{x}_P \leqq \hat{x}_{zul}$ im ganzen Drehzahlbereich

4.2.6 Lösungen der Aufgaben L4.1 bis L4.3

L4.1 Es wird von einer dämpfungsfreien Aufstellung ausgegangen, da die Dämpfung außerhalb einer Resonanz keinen merklichen Einfluss hat, vgl. die Vergrößerungsfunktionen V_1 und V_2 in Abb. 4.4.

Für die Berechnung liegt das Modell mit Krafterregung (Tab. 4.3) zugrunde. Außerhalb der Resonanz wird die Dämpfung vernachlässigt. Es gilt also $D = 0$ und nach (4.12), (4.13) sind die Amplituden des Weges und der Bodenkraft:

$$\hat{x} = \frac{\hat{F}}{c}\frac{1}{|1-\eta^2|}; \qquad \hat{F}_\mathrm{B} = \hat{F}\frac{1}{|1-\eta^2|}. \tag{4.62}$$

Da bei tiefer Abstimmung $\eta > 1$ ist, wird das negative Vorzeichen der Bodenkraft berücksichtigt. Es ergibt sich somit aus (4.62)

$$\eta^2 = 1 + \frac{\hat{F}}{\hat{F}_\mathrm{B}} = 1 + \frac{1}{0{,}05} = 21; \qquad \underline{\underline{\eta = 4{,}58}}. \tag{4.63}$$

Damit lässt sich nun die Federkonstante bei vorgegebener Amplitude $\hat{x}$ bestimmen.

$$c = \frac{\hat{F}}{\hat{x}}\frac{1}{\eta^2-1} = \frac{\hat{F}}{\hat{x}}0{,}05 = \frac{16\cdot 10^4\,\mathrm{N}}{1\cdot 10^{-3}\,\mathrm{m}}\cdot 0{,}05 = \underline{\underline{8\cdot 10^6\,\mathrm{N/m}}}. \tag{4.64}$$

Mit dem Abstimmungsverhältnis η und der Federkonstanten c lässt sich die Gesamtmasse bestimmen.

$$\begin{aligned} &\eta^2 = \tfrac{\Omega^2}{\omega_0^2}; \qquad \omega_0^2 = \tfrac{c}{m}; \qquad \Omega = \tfrac{\pi n}{30} = 62{,}8\,\mathrm{rad/s};\\ &m = \tfrac{\eta^2 c}{\Omega^2} = \tfrac{21\cdot 8\cdot 10^6\,\mathrm{N/m}}{62{,}8^2\,(\mathrm{rad/s})^2} = 42{,}6\cdot 10^3\,\mathrm{kg}. \end{aligned} \tag{4.65}$$

Der Vorspannweg, den die Ersatzfeder im eingebauten Zustand hat, beträgt

$$\underline{\underline{x_\mathrm{st}}} = \frac{mg}{c} = \frac{42{,}6\cdot 10^3\,\mathrm{kg}\cdot 9{,}81\,\mathrm{m/s^2}}{8\cdot 10^6\,\mathrm{N/m}} \underline{\underline{= 0{,}052\,\mathrm{m}}}. \tag{4.66}$$

Diesen Wert kann auch aus Abb. 4.3 abgelesen werden, wenn als erforderliche Eigenfrequenz $f = n/(60\eta) = 2{,}18\,\mathrm{Hz}$ eingesetzt wird.

L4.2 Die Bewegungsgleichungen folgen aus dem dynamischen Kräfte- und Momentengleichgewicht für $|\varphi_y| \ll 1$, $\sin\varphi_y \approx \varphi_y$, $\cos\varphi_y \approx 1$, vgl. Abb. 4.18:

$$m\ddot{x}_\mathrm{S} - F_1 + F_2 - F_\mathrm{H} = 0, \tag{4.67}$$

$$J_\mathrm{S}\ddot{\varphi}_y - F_1\zeta_1 + F_2\zeta_2 - F_\mathrm{H}h = 0. \tag{4.68}$$

Die Horizontalkraft auf die Federn beträgt

$$F_\mathrm{H} = 2c_x(x_\mathrm{S} - h\varphi_y). \tag{4.69}$$

Auf das Gehäuse wird keine Horizontalkraft übertragen, wenn

$$F_\mathrm{H} = 0; \qquad x_\mathrm{S} = h\varphi_y \tag{4.70}$$

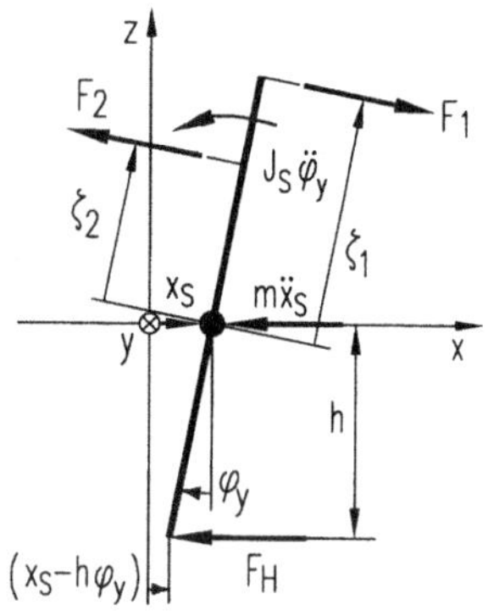

Abb. 4.18 Kräfte und Koordinaten am Verdichterblock ($\varphi_y \approx 0$)

erfüllt ist. Aus (4.70) folgt mit (4.67) und (4.68) nach der Auflösung nach den Beschleunigungen

$$\ddot{x}_S = \frac{F_1 - F_2}{m} = h\frac{F_1\zeta_1 - F_2\zeta_2}{J_S} = h\ddot{\varphi}_y. \tag{4.71}$$

Daraus kann eine Gleichung zur Berechnung des optimalen Abstandes h gewonnen werden:

$$\underline{\underline{h = \frac{J_S(F_1 - F_2)}{m(F_1\zeta_1 - F_2\zeta_2)}}}. \tag{4.72}$$

Für die gegebenen Zahlenwerte ergibt sich wegen $F_2(t) = p \cdot F_1(t)$

$$\underline{\underline{h}} = \frac{J_S(1-p)F_1}{m(F_1 l - pF_1 0{,}8l)} = \frac{ml^2(1-0{,}8)F_1}{mlF_1(1-0{,}8^2)} = \underline{\underline{0{,}556l}}. \tag{4.73}$$

Dieser Abstand (der zum Inhalt eines Patentes gehörte) ist realistisch, denn er liegt innerhalb der Abmessungen des Gehäuses. Bei einer ausführlicheren Analyse der erzwungenen Schwingungen sind die räumliche Bewegung, die horizontalen Federkräfte, die Dämpfung u. a. zu berücksichtigen. Es wird sich dabei zeigen, dass die Lagerkräfte nicht exakt null sind, aber in der Nähe des Abstandes gemäß (4.72) eine minimale Belastung auftritt. Es ist bemerkenswert, dass diese Lösung für beliebige zeitliche Verläufe der Kräfte F_1 und F_2 gilt, die einander proportional sind.

L4.3 Die in s-Richtung wirkende Erregerkraft der beschleunigten Kolbenbewegung ist unter Berücksichtigung der ersten beiden Harmonischen

$$F(t) = -m\ddot{s} = mr\Omega^2\left(\cos\Omega t + \frac{r}{l}\cos 2\Omega t\right). \tag{4.74}$$

Das Augleichsgewicht auf der Kurbelwelle erzeugt eine umlaufende Unwuchtkraft mit dem Betrag $F_U = m_G r_G \Omega^2$ und dem Vertikalanteil $-m_G r_G \Omega^2 \cos\Omega t$. Damit lässt sich die erste Ordnung der Massenkraft des Kolbens ausgleichen, wenn $mr = m_G r_G$ gilt. Mit den gegebenen Zahlenwerten folgt

$$\underline{\underline{r_G = \frac{m}{m_G} r = 19{,}2\,\text{mm}.}} \tag{4.75}$$

Sowohl die Massenkraft des Kolbens als auch die Ausgleichskraft werden als unabhängig von der Bewegung der Wippe angesehen, und das mittlere Trägheitsmoment bezüglich A wird wegen $s \approx l$ und $r_G \ll l_2$ als konstant angenommen:

$$J_A \approx J_G^A + m \cdot \left(l_2^2 + l^2\right) + m_G l_2^2 = (0{,}523 + 0{,}027 + 0{,}0225)\ \text{MT} = 0{,}5725\,\text{kg m}^2. \tag{4.76}$$

Damit entsteht aus dem Momentengleichgewicht um den Drehpunkt A mit $M = (F - F_U \cos \Omega t) l_2$ eine Differenzialgleichung mit konstanten Koeffizienten:

$$\underline{\underline{J_A \ddot{\psi} + c l_1^2 \psi = -l_2 m \frac{r^2}{l} \Omega^2 \cos 2\Omega t.}} \tag{4.77}$$

Wird statt des Winkels ψ die Koordinate x_P des Punktes P durch die für $|\sin \psi| \ll 1$ geltende Beziehung $x_P = l_2 \psi$ eingeführt, so entsteht eine lineare Bewegungsgleichung bezüglich x_P, welche die Form von (4.8) hat:

$$\ddot{x}_P + \frac{c l_1^2}{J_A} x_P = -\frac{m l_2^2}{J_A} \frac{r^2}{l} \Omega^2 \cos 2\Omega t. \tag{4.78}$$

Hierfür lautet die Lösung für den stationären Schwingungszustand $x_P = X \cos 2\Omega t$. Mit $\omega_0^2 = c l_1^2 / J_A$ und $\eta = 2\Omega/\omega_0$ gilt für die Amplitude, vgl. (4.14):

$$\hat{x}_P = |X| = \frac{m r^2 l_2^2}{J_A l} \cdot \frac{\eta^2}{|\eta^2 - 1|}. \tag{4.79}$$

Entsprechend der Aufgabenstellung ist die Forderung $\hat{x}_P \leqq \hat{x}_{zul}$ zu erfüllen. Unter der Voraussetzung eines tief abgestimmten Systems ($\eta > 1$) – nur dabei nimmt mit zunehmender Drehzahl die Amplitude ab, vgl. die Vergrößerungsfunktion V_3 in Abb. 4.4 – folgt aus (4.79)

$$(\eta^2 - 1) x_{zul} \geq \frac{m r^2 l_2^2}{J_A l} \eta^2 \qquad \text{und somit} \tag{4.80}$$

$$\eta^2 = \frac{4\Omega^2}{\omega_0^2} = \frac{4 J_A \Omega^2}{c \cdot l_1^2} \geqq \frac{1}{1 - \dfrac{m r^2 l_2^2}{J_A l \hat{x}_{zul}}}. \tag{4.81}$$

Damit ergibt sich für die Steifigkeit mit den Parameterwerten aus der Aufgabenstellung ($\Omega = \Omega_{min} = \pi \cdot 1000/30 = 104{,}72\,\text{rad/s}$):

$$\underline{\underline{c \leqq 4 \left(1 - \frac{m l_2^2}{J_A} \cdot \frac{r^2}{l x_{zul}}\right) \cdot \frac{J_A \Omega^2}{l_1^2} = 162{,}6 \cdot 10^3\,\text{N/m}.}} \tag{4.82}$$

4.3 Fundamente unter Stoßbelastung

4.3.1 Zur Modellbildung von Schmiedehämmern

Schmiedehämmer, Schlagscheren, Pressen und Stanzen verursachen eine Stoßbelastung des Fundaments. Es muss eine Konstruktion geschaffen werden, welche die Kräfte aufnimmt, schließlich darf der Fundamentbeton nicht durch die Schläge zertrümmert werden. Zudem muss verhindert werden, dass unzulässige Erschütterungen auf die Umgebung übertragen werden und dass sich die Anlage „setzt" (im Boden einrüttelt) oder schräg stellt. Keine Maßnahme darf dabei eine der technologischen Forderungen (z. B. guter Schmiedewirkungsgrad) beeinträchtigen.

In den Abschn. 5.4.3 und 7.1.5 werden stoßartige Erregungen auf einen Schwinger mit einem Freiheitsgrad berechnet, die sich auch auf Probleme der Schwingungsisolierung beziehen. Die Ergebnisse dieser Analysen zeigen, dass die Übertragung stoßartiger Kräfte unter bestimmten Bedingungen durch eine weiche Abfederung gemindert wird.

Wesentliche Merkmale eines Stoßes sind die Kraftspitze F_{S0}, die Stoßdauer Δt und manchmal auch der Zeitverlauf. Der Rechteckstoß ist ein idealisierter, extrem „harter" Stoß, der theoretisch von Bedeutung ist, während der Halbsinusstoß eher praktische Stoßformen annähert. Entscheidend für die Schwingungsisolierung ist außer dem Zeitverlauf das Verhältnis der Stoßdauer Δt zur Eigenschwingungsdauer $T = 1/f$ des Feder-Masse-Systems.

Abb. 7.4c veranschaulicht die Stoßantwort sowohl für einen Rechteckstoß als auch für den Halbsinusstoß, bei dem sich die Kraft gemäß $F = F_{S0} \sin(\pi t/\Delta t)$ ändert. Es zeigt für ein ungedämpftes Feder-Masse-System das Verhältnis der auf den Untergrund wirkenden maximalen Bodenkraft F_{Bmax} zur Kraftspitze F_{S0} bei diesen beiden Stoßformen. Die auf den Boden übertragene Kraft F_B wird kleiner als die maximale Stoßkraft F_{S0}, wenn beim kurzen Rechteckstoß $\Delta t/T < 0{,}167$ bzw. beim Halbsinusstoß $\Delta t/T < 0{,}267$ ist. Bei relativ lang andauernden Impulsen kann die Bodenkraft auch größer als die Stoßkraft F_{S0} sein, wie die Abhängigkeiten in Abb. 7.5c zeigen. Es kann also nicht einfach gesagt werden, dass die auf den Boden übertragene Kraft umso kleiner ist, je größer die Masse m und je kleiner die Federkonstante c ist.

Schmiedehämmer erfordern in der Regel große Stahlbetonfundamente (Abb. 4.19a), um hohe dynamische Beanspruchungen beim Hammerschlag abzufangen. Abb. 4.19b und c zeigen alternative Aufstellungen eines Schmiedehammers. Aus dem Vergleich der Volumina der Betonkörper kann schon geahnt werden, welche unterschiedlichen Kosten für das Fundament entstehen. Es ist also sehr günstig, eine elastische Lagerung derartiger Anlagen vorzusehen. Durch die Verwendung von VISCO-Dämpfern (parallel zu den Federn) gemäß Abb. 2.22a kann die Masse des abgefederten Fundamentblockes gegenüber der festen Gründung deutlich verringert werden. Das in Abb. 4.19c dargestellte System hat sich bei Hämmern mit einem Arbeitsvermögen bis 400 kJ bewährt.

Der prinzipielle Aufbau ist in Abb. 4.20 wiedergegeben. Das Gestell des Schmiedehammers steht fest auf dem Fundamentblock. In ihm befindet sich der Hub- oder Beschleuni-

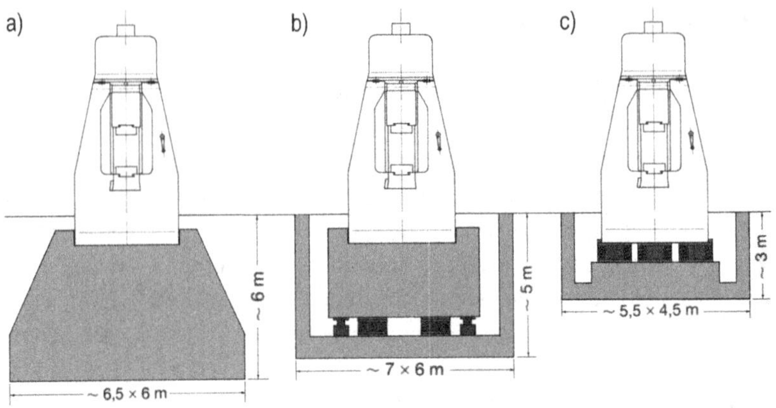

Abb. 4.19 Aufstellung von Schmiedehämmern (Quelle: GERB, Berlin): **a** feste Gründung im Baugrund, **b** abgefederter Fundamentblock, **c** Direktabfederung

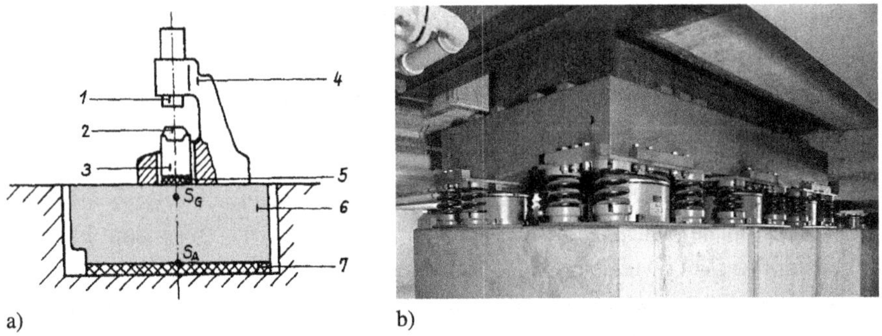

Abb. 4.20 Schmiedehammer: **a** Gesamtansicht, *1* Bär; *2* Amboss; *3* Schabotte; *4* Gestell; *5* Federung; *6* Fundamentblock; *7* Federung; S_G Schwerpunkt der Gesamtmasse; S_A Schwerpunkt der Sohlfläche, **b** Blick auf eine Lagerung. (Quelle: GERB, Berlin)

gungsmechanismus für den Hammer (Bär). Dabei lassen sich frei fallende oder durch Antrieb (z. B. Druckluft) beschleunigte Hämmer unterscheiden. Beim Auftreffen des Hammers auf den Amboss hat dieser eine bestimmte kinetische Energie, die mit möglichst gutem Wirkungsgrad in Verformungsenergie des Werkstückes umzusetzen ist. Die Schabotte, die den Amboss trägt, steht gesondert über einer elastischen Zwischenschicht auf dem Fundamentblock. Um die Federung des Fundamentblockes gegen Feuchtigkeit zu schützen, befindet sich dieser meist in einer Fundamentwanne, die auf dem Baugrund steht. Der Fundamenttrog steht auf der Federung des Baugrundes.

Die Masse des Bären m_B wird durch die geforderte Schlagenergie bestimmt. Die Masse von Amboss und Schabotte liegt, um einen guten Schmiedewirkungsgrad zu erhalten, in der Größenordnung von $m_A = 20 m_B$. Für die Masse des Fundaments m_F wird angegeben

$$m_F > 60m_B \quad \text{oder} \quad m_F = 2{,}4v_B^2 m_B. \tag{4.83}$$

Darin ist v_B die Bärgeschwindigkeit unmittelbar vor dem Aufschlag in m/s. Gl. (4.83) gilt jedoch nicht für Schnellschlaghämmer oder Gegenschlaghämmer. Die Fundamentmasse sollte so ausgeführt werden, dass der Gesamtschwerpunkt S_G und der Flächenschwerpunkt der Federung S_A auf einer Linie mit der Schlagrichtung liegen. Damit wird eine gleichmäßige Belastung erreicht und Kippbewegungen vermieden.

Als Berechnungsmodell müsste danach ein Dreimassensystem (Schabotte-Fundament-Fundamenttrog) untersucht werden. Wegen der Massenunterschiede und der großen Steifigkeitsunterschiede (die Federung der Schabotte ist wesentlich steifer als die Federung des Fundamentes) genügt für eine Überschlagsrechnung häufig ein Zweimassensystem. Dabei kommt es zunächst darauf an, die Eigenfrequenzen und die maximalen dynamischen Verschiebungen zu bestimmen. Hierzu ist die Dämpfung nicht erforderlich. Soll jedoch, was für Schnellschlaghämmer erforderlich ist, überprüft werden, ob die Schwingungen zwischen zwei Schlägen genügend abklingen, muss die Dämpfung einbezogen werden, vgl. Abb. 4.20.

4.3.2 Berechnungsmodell mit zwei Freiheitsgraden

Das der Berechnung zugrunde gelegte Modell zeigt Abb. 4.21. Dabei können die Massen m_1, m_2 und die Steifigkeiten c_1, c_2 des Modells je nach der Aufgabenstellung a) oder b) gewählt werden. Diese richten sich nach den Steifigkeits- und Massenverhältnissen des Systems. Der Ursprung der Koordinaten x_1, x_2 liegt in der statischen Ruhelage vor dem Auftreffen der Bärmasse. Da $m_B \ll m_1$ und $m_B \ll m_2$ gilt, werden die geringe statische Durchsenkung und der dynamische Einfluss durch m_B nach dem Stoß vernachlässigt.

Die Bewegungsgleichungen lauten als Sonderfall von (4.50):

$$\begin{aligned} m_1\ddot{x}_1 + c_1(x_1 - x_2) &= 0, \\ m_2\ddot{x}_2 - c_1(x_1 - x_2) + c_2x_2 &= 0. \end{aligned} \tag{4.84}$$

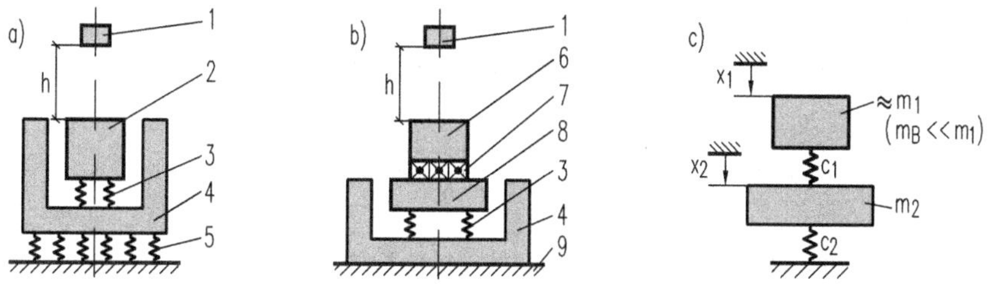

Abb. 4.21 Berechnungsmodell **c** für den Schmiedehammer bei verschiedenen Auf- gabenstellungen **a** und **b**; *1* Bär; *2* Amboss und Fundament; *3* Fundamentfeder; *4* Fundamenttrog; *5* Bodenfeder; *6* Amboss; *7* Balkenlage (Feder); *8* Fundament; *9* Boden starr

Sie müssen mit den Anfangsbedingungen:

$$t = 0: \qquad x_1 = 0; \qquad x_2 = 0; \qquad \dot{x}_1 = u_1; \qquad \dot{x}_2 = 0 \tag{4.85}$$

gelöst werden. Die Anfangsgeschwindigkeit u wird durch den Stoß des Bären auf den Amboss bestimmt. Unter der Voraussetzung eines kurzen Stoßes gilt für die beiden Massen m_B und m_1 der Impulssatz:

$$m_B u_{v0} = m_B u_0 + m_1 u_1. \tag{4.86}$$

Darin ist u_{v0} die Geschwindigkeit von m_B unmittelbar vor dem Stoß und u_0; u_1 sind die Geschwindigkeiten nach dem Stoß. Im Allgemeinen wird als zusätzliche Gleichung die *Newton'sche Stoßhypothese* verwendet, vgl. (2.128) und (2.149):

$$k = -\frac{u_0 - u_1}{u_{v0}}. \tag{4.87}$$

Für die *Stoßzahl* k liegen Erfahrungswerte vor:

$k = 0{,}2$ für leichtes Warmrecken,
$k = 0{,}5$ für Kaltrecken,
$k = 0{,}8$ für schwere Gesenkarbeiten.

Je kleiner k ist, desto mehr Energie wird während des Stoßes in plastische Verformung des Werkstücks umgesetzt und steht somit für einen „Rückprall" nicht mehr zur Verfügung. Die Geschwindigkeit u_{v0} kann bei Freifallhämmern gesetzt werden: $u_{v0} = \sqrt{2gh}$ (h Fallhöhe). Für die Geschwindigkeit des Amboss nach dem Stoß ergibt sich somit aus den Gln. (4.86) und (4.87):

$$u_1 = \frac{(1 + k) u_{v0} m_B}{m_1 + m_B}. \tag{4.88}$$

Die allgemeine Lösung lautet

$$x_k(t) = \sum_{i=1}^{2} v_{ki} (a_i \cos \omega_i t + b_i \sin \omega_i t); \qquad k = 1,\ 2, \tag{4.89}$$

vgl. auch Abschn. 5.3.2.1 und (5.38).

Die beiden Eigenkreisfrequenzen ergeben sich aus (4.55) für $\Delta = 0$:

$$\omega_{1,2}^2 = \frac{1}{2}\left(\frac{c_1 + c_2}{m_2} + \frac{c_1}{m_1}\right) \mp \sqrt{\frac{1}{4}\left(\frac{c_1 + c_2}{m_2} + \frac{c_1}{m_1}\right)^2 - \frac{c_1 c_2}{m_1 m_2}}. \tag{4.90}$$

Für das Hammerfundament sind die dimensionslosen Kenngrößen

$$\mu = \frac{m_1}{m_2} \ll 1; \qquad \gamma = \frac{c_1}{c_2} \gg 1. \tag{4.91}$$

Dafür gilt als Näherung

$$\omega_1^2 \approx \frac{\dfrac{c_1}{m_1}}{1+\dfrac{c_1}{c_2}\left(1+\dfrac{m_2}{m_1}\right)}; \qquad \omega_2^2 \approx \frac{c_2}{m_2}\left[1+\frac{c_1}{c_2}\left(1+\frac{m_2}{m_1}\right)\right], \tag{4.92}$$

wobei der genaue Wert von ω_1 etwas größer und der von ω_2 etwas kleiner ist.

Bei Hammerfundamenten gilt als Anhaltswert $\mu \approx 0{,}3$; $\gamma > 5$, die beiden Eigenfrequenzen liegen also weit auseinander. Die Amplitudenverhältnisse sind mit der Normierung $v_{11} = v_{12} = 1$ und analog (5.36)

$$v_{21} = 1 - \frac{m_1\omega_1^2}{c_1}; \qquad v_{22} = 1 - \frac{m_1\omega_2^2}{c_1} \tag{4.93}$$

und aus den Anfangsbedingungen (4.85) ergibt sich $a_1 = a_2 = 0$

$$b_1 = \frac{u_1}{\omega_1}\cdot\frac{c_1/m_1 - \omega_2^2}{\omega_1^2 - \omega_2^2}; \qquad b_2 = -\frac{u_2}{\omega_2}\cdot\frac{c_1/m_1 - \omega_1^2}{\omega_1^2 - \omega_2^2}. \tag{4.94}$$

Die Lösung von (4.84) ergibt sich mit Beachtung von (4.85) zu

$$\begin{aligned} x_1 &= b_1 \sin\omega_1 t + b_2 \sin\omega_2 t, \\ x_2 &= v_{21} b_1 \sin\omega_1 t + v_{22} b_2 \sin\omega_2 t. \end{aligned} \tag{4.95}$$

Die Schwingbewegung beider Massen setzt sich also aus zwei harmonischen Anteilen zusammen, die mit den Eigenfrequenzen schwingen. Beide Massen werden im Allgemeinen nichtperiodische Bewegungen ausführen. Da für Hammerfundamente $\omega_1 \ll \omega_2$ und $m_1\omega_1^2/c_1 \ll 1$gilt, ist $v_{21} \approx 1$. Für die Relativverschiebung Δx zwischen Schabotte und Amboss ist dann nur die Schwingung in der zweiten Eigenfrequenz, bei der beide Massen gegeneinander schwingen, interessant:

$$\begin{aligned} \Delta x &= x_1 - x_2 \approx (1 - v_{22}) b_2 \sin\omega_2 t, \\ \Delta x_{\max} &= b_2(1 - v_{22}) = \frac{b_2 m_1 \omega_2^2}{c_1}. \end{aligned} \tag{4.96}$$

Richtwerte für Maximalausschläge der Hammerfundamente sind in Tab. 4.4 zusammengestellt.

Die bisherige Rechnung erfolgte ohne Berücksichtigung der Dämpfung und ergab somit zu hohe Amplitudenwerte. Weiterhin wurde durch die Anfangsbedingungen (4.85) festgelegt, dass nur eine durch den Stoß bedingte Anfangsgeschwindigkeit vorliegt. Die Schwingungen, die vom vorangegangenen Stoß herrühren, müssen also schon abgeklungen sein. Die Abschätzung dieses Vorganges erfolgt an einem gedämpften System mit einem Freiheitsgrad, für das die niedrigste Eigenfrequenz zugrunde gelegt wird. Zunächst wird die

Tab. 4.4 Richtwerte für zulässige Ausschläge an Hammerfundamenten

Zulässige Maximalausschläge der Schabotte (m_1) auf dem Fundament (Modell a, b)	Zulässige Maximalausschläge des Funda mentes (m_2) (Modell a)
$\Delta x = 1\,\text{mm}$ ($m_B < 1\,\text{t}$)	$x_{2max} = 0{,}5\ldots 2\,\text{mm}$ für Reckhämmer
$\Delta x = 2\,\text{mm}$ ($m_B = 1\ldots 2\,\text{t}$)	
$\Delta x = 3\ldots 4\,\text{mm}$ ($m_0 > 3\,\text{t}$)	$x_{2max} = 3\ldots 4\,\text{mm}$ für Gesenkhämmer

Anzahl der Schwingungen zwischen zwei Stößen festgelegt.

$$z = \frac{T_0}{T} \tag{4.97}$$

T_0 Zyklusdauer, Zeit zwischen 2 Schlägen ($T_0 = 2\pi/\Omega$)
T Periodendauer, die der niedrigsten Eigenfrequenz entspricht ($T = 2\pi/\omega_1$)

Die Amplitudenabnahme zwischen zwei aufeinander folgenden positiven Maxima beträgt für $D \ll 1$: $x_k/x_{k+1} = \exp(2\pi D)$, vgl. (2.98).

Es muss der Wert x_{min}, auf den die Amplitude beim nächsten Schlag abgeklungen sein soll, vorgegeben werden. Zwischen x_{max} und x_{min} liegen z Vollschwingungen. Somit gilt

$$\frac{x_{max}}{x_{min}} = \exp(2\pi z D); \qquad D = \frac{1}{2\pi}\frac{T}{T_0}\ln\left(\frac{x_{max}}{x_{min}}\right). \tag{4.98}$$

Wird beispielsweise $x_{max}/x_{min} = 10$ und $T/T_0 = 1/3$ vorgegeben, so muss ein Dämpfungsgrad $D = 0{,}12$ vorliegen. Dieser Wert wird nicht immer durch die natürliche Dämpfung erreicht.

4.3.3 Aufgaben A4.4 bis A4.6

A4.4 Hammerfundament
Für die Aufstellung eines Lufthammers sind die maximalen Schwingungsausschläge abzuschätzen. Als Berechnungsmodell dient Abb. 4.21c.

Gegeben:

$m_B = 0{,}1\,\text{t}$	Bärmasse
$m_1 = 1{,}5\,\text{t}$	Masse von Amboss und Schabotte
$m_2 = 22{,}1\,\text{t}$	Masse von Hammer und Fundament
$n = 190$	Schlagzahl je Minute
$W = 1{,}6 \cdot 10^3\,\text{J}$	Schlagenergie

Elastische Zwischenschicht zwischen Schabotte und Fundament: Hammerfilz $d = 40\,\text{mm}$ dick; dynamischer Elastizitätsmodul des Hammerfilzes; $E = 8 \cdot 10^7\,\text{N/m}^2$. Fläche zwischen Schabotte und Hammer: $A = 0{,}5\,\text{m}^2$. Das Fundament steht auf 6 Federkörpern.

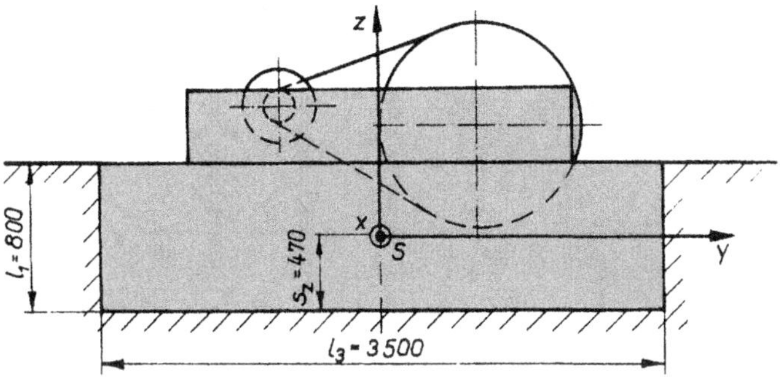

Abb. 4.22 Fundament eines Kolbenkompressors

Ihre Gesamtfederkonstante beträgt $c_2 = 4 \cdot 10^6$ N/m. Als Stoßzahl wird $k = 0{,}6$ angenommen.

A4.5 Aufstellung eines Kolbenkompressors

Ein liegender Kolbenkompressor mit der Drehzahl $n = 258$ U/min soll hoch abgestimmt auf den Baugrund gestellt werden. Aus dem Richtwert $m_\mathrm{F} = (5 \ldots 10) m_\mathrm{M}$ für $n < 300$ U/min wurde die Größe des Fundamentblockes bestimmt. Die Abmessungen des Systems sind aus Abb. 4.22 zu entnehmen. Der Schwerpunkt des Gesamtsystems liegt über dem Flächenschwerpunkt der Grundfläche. Die eingezeichneten Achsen sind Trägheitshauptachsen.
Es liegen folgende Parameterwerte vor:

Maschinenmasse: $m_\mathrm{M} = 1500$ kg,
Fundamentmasse: $m_\mathrm{F} = 12\,000$ kg.

Hauptträgheitsmomente:

$$J_x = 1{,}483 \cdot 10^4\,\mathrm{kg\,m^2}; \quad J_y = 0{,}725 \cdot 10^4\,\mathrm{kg\,m^2}; \quad J_z = 2{,}014 \cdot 10^4\,\mathrm{kg\,m^2}.$$

Schwerpunktabstand vom Baugrund: $s_z = 0{,}47$ m
Fundamentaußenabmessungen:
Höhe: $l_1 = 0{,}8$ m; Breite: $l_2 = 2{,}4$ m; Länge: $l_3 = 3{,}5$ m
Baugrund: Sehr weicher Ton mit einer Bettungsziffer $C_z = 4 \cdot 10^4 \mathrm{kN/m^3}$, vgl. (4.43)
Unter Berücksichtigung der zweiten Erregerharmonischen soll überprüft werden, ob eine hochabgestimmte Aufstellung vorliegt.

A4.6 Periodische Stoßfolge (Hammer)

Auf ein dämpfungsfrei vorausgesetztes Fundament wirken im konstanten Zeitabstand der Zyklusdauer $T_0 = 2\pi/\Omega$ Schläge, deren Einwirkungsdauer Δt wesentlich kleiner als die Schwingungsdauer $T = 2\pi/\omega_0$ des Schwingers ist. Zu berechnen ist die Fundamentkraft, die im stationären Zustand entsteht. Dabei soll die Lösung, die mit der Fourierreihe gewonnen werden kann, mit derjenigen verglichen werden, die sich aus der Behandlung als freie Schwingung ergibt, wenn die Periodizitätsbedingung und der Geschwindigkeitssprung Δv infolge der Stoßeinwirkung berücksichtigt wird.

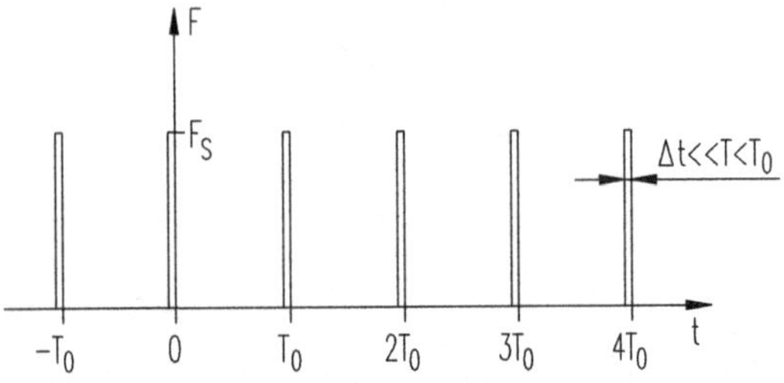

Abb. 4.23 Stoßfolge

Gegeben:

Schwinger mit einem Freiheitsgrad, vgl. Bild in Tab. 4.3 mit $s(t) \equiv 0$ und $b = 0$

Masse	m
Federkonstante	c
Eigenkreisfrequenz	$\omega = \omega_0 = \sqrt{c/m}$
Zyklusdauer der Stoßfolge	$T_0 = 2\pi/\Omega > T$
Schwingungsdauer	$T = 2\pi\sqrt{m/c} \gg \Delta t$, vgl. Abb. 4.23
Impulsänderung durch einen Stoß	$\Delta I = \int_0^{\Delta t} F(t)\mathrm{d}t = F_\mathrm{S} \cdot \Delta t = m \cdot \Delta v$

Gesucht:

1. Fourierreihe der Erregerkraft
2. Stationäre Lösung für die Fundamentkraft
   2.1 mittels Fourierreihe
   2.2 mittels der Methode der unbestimmten Anfangsbedingungen
   2.3 mittels eines Simulationsprogramms (z. B. SimulationX®) für das gedämpfte System mit folgenden Parameterwerten:
   Stoßkraft $F_\mathrm{S} = 10\,000\,\mathrm{N}$; Zyklusdauer $T_0 = 1\,\mathrm{s}$; Stoßzeit $\Delta t = 0{,}01\,\mathrm{s}$; Masse $m = 400\,\mathrm{kg}$; Dämpfungsgrad $D = 0{,}02$; Federkonstante $c = 2 \cdot 10^5\,\mathrm{N/m}$
3. Vergleich der Lösungen und Lösungsmethoden

4.3.4 Lösungen L4.4 bis L4.6

L4.4 Um mit dem Berechnungsmodell Abb. 4.21c arbeiten zu können, ist die Auftreffgeschwindigkeit des Bären aus der Schlagenergie zu berechnen. Es gilt:

$$W = \frac{m_\mathrm{B} u_{v0}^2}{2}; \qquad u_{v0} = \sqrt{\frac{2W}{m_\mathrm{B}}}; \qquad u_{v0} = 5{,}65\,\mathrm{m/s}. \tag{4.99}$$

Die Anfangsgeschwindigkeit von Amboss und Schabotte bestimmt sich nach (4.88):

$$u_1 = (1 + 0{,}6)\, 5{,}65\,\text{m/s} \cdot \frac{0{,}1\,\text{t}}{1{,}6\,\text{t}} = 0{,}57\,\text{m/s}. \tag{4.100}$$

Die Federkonstante zwischen Schabotte und Fundament berechnet sich zu

$$c_1 = \frac{AE}{d} = \frac{0{,}5\,\text{m}^2 \cdot 8 \cdot 10^7\,\text{N/m}^2}{0{,}04\,\text{m}} = 10^9\,\text{N/m}. \tag{4.101}$$

Für die Eigenkreisfrequenzen ergeben sich nach (4.90):

$$\omega_1 = 13{,}02\,\text{rad/s}; \qquad \omega_2 = 843{,}8\,\text{rad/s}. \tag{4.102}$$

Mit (4.94) findet ergibt sich

$$b_1 = 2{,}78 \cdot 10^{-3}\,\text{m}; \qquad b_2 = 6{,}33 \cdot 10^{-4}\,\text{m} \tag{4.103}$$

und nach (4.93)

$$v_{21} = 1; \qquad v_{22} = -0{,}068. \tag{4.104}$$

Somit gilt gemäß (4.95):

$$x_1 = (2{,}78 \sin \omega_1 t + 0{,}63 \sin \omega_2 t)\,\text{mm}, \tag{4.105}$$

$$x_2 = (2{,}78 \sin \omega_1 t - 0{,}04 \sin \omega_2 t)\,\text{mm}. \tag{4.106}$$

In der ersten Eigenfrequenz tritt praktisch keine Relativverschiebung zwischen Schabotte und Fundament auf. Die in der zweiten Eigenfrequenz vorliegende Bewegung der Schabotte gegenüber dem Fundament von (0,63 + 0,04) mm ist nach Tab. 4.4 zulässig. Auch die Amplitude der Fundamentschwingung in der Grundfrequenz liegt im zulässigen Bereich.

Interessant ist noch die Frage der Abstimmung. Die Erregerkreisfrequenz erster Ordnung ergibt sich aus der Schlagzahl zu $\Omega = \pi n/30 = 19{,}88$ rad/s. Für die Grundschwingung gilt $\eta = \Omega/\omega_1 = 1{,}5$.

Es liegt also geringe tiefe Abstimmung vor. Ein Herabsetzen der Eigenfrequenz wäre zu empfehlen, um nicht durch Unsicherheiten in den Modellparametern zu nahe an die Resonanz zu kommen.

L4.5 Zur Bestimmung der Bettungsziffern wird die Fundamentfläche und die Flächenpressung benötigt. Aus den Angaben ergibt sich:

Fundamentfläche: $A = 3{,}5\,\text{m} \cdot 2{,}4\,\text{m} = 8{,}4\,\text{m}^2$
Gesamtmasse: $m = m_\text{M} + m_\text{F} = 13\,500\,\text{kg}$
Flächenpressung: $p = mg/A = 1{,}58\,\text{N/m}^2$

Für die Korrekturkonstanten gilt: Da $A < 10\,\mathrm{m}^2$: $a_1 = 1{,}09$, wegen $p_{\mathrm{stat}} < 5\,\mathrm{N/cm}^2$ wird gemäß (4.43):

$$C_z = 1{,}09 \cdot 4 \cdot 10^4 = 4{,}36 \cdot 10^4\,\mathrm{kN/m}^3. \qquad (4.107)$$

Für die Berechnung der Elemente der Steifigkeitsmatrix nach (4.46) bis (4.49) werden benötigt:

$$I_x = \frac{l_2 l_3^3}{12} = 8{,}58\,\mathrm{m}^4; \quad I_y = \frac{l_3 l_2^3}{12} = 4{,}03\,\mathrm{m}^4; \quad I_z = I_x + I_y = 12{,}61\,\mathrm{m}^4. \qquad (4.108)$$

Damit ergeben sich aus (4.39) ($f_i = \omega_i/2\pi$):

$$\begin{aligned} f_1 &= 26{,}2\,\mathrm{Hz}; & f_2 &= 26{,}9\,\mathrm{Hz},\\ f_3 &= 38{,}9\,\mathrm{Hz}; & f_4 &= 19{,}7\,\mathrm{Hz},\\ f_5 &= 37{,}7\,\mathrm{Hz}; & f_6 &= 20{,}8\,\mathrm{Hz}. \end{aligned} \qquad (4.109)$$

Die Grunderregerfrequenz beträgt $f_{\mathrm{err1}} = n/60 = 4{,}3\,\mathrm{Hz}$. Gegenüber der zweiten Erregerordnung liegt somit ein Frequenzverhältnis $f_{\mathrm{err2}}/f_{\mathrm{min}} = 8{,}6/19{,}7 = 0{,}44$, also eine hohe Abstimmung vor. Erst die 4. Erregerordnung würde in Resonanznähe kommen.

L4.6 Zunächst wird die Lösung gemäß der in Abschn. 4.2.1.3 behandelten Methode ermittelt. Dazu müssen die Fourierkoeffizienten der Erregerkraft bekannt sein. Sie sind für Fall 6 in Tab. 2.11 angegeben: $F_{kc} = 2\Delta I/T_0$, $F_{ks} = 0$. Der Erregerkraftverlauf entspricht damit der Fourierreihe

$$\underline{\underline{F(t) = \frac{\Delta I}{T_0}\left(1 + 2\sum_{k=1}^{\infty} \cos k\Omega t\right)}}. \qquad (4.110)$$

Die stationäre Lösung der Bewegungsgleichung (4.8) lautet also gemäß (4.24) bis (4.26) für $D = 0$:

$$\underline{\underline{x(t) = \frac{\Delta I}{cT_0}\left(1 + 2\sum_{k=1}^{\infty} \frac{\cos k\Omega t}{1 - k^2\eta^2}\right)}}, \qquad \eta = \frac{\Omega}{\omega} = \frac{2\pi}{\omega T_0}. \qquad (4.111)$$

Um ein auf etwa drei gültige Ziffern genaues Ergebnis zu erhalten, müsste der Nenner etwa die Größe von 10 000 haben, d. h. es sind etwa $k^* = 100$ Summanden zu berücksichtigen, um ein brauchbares Ergebnis zu erhalten.

Die für einen Zyklus ($0 < t \leqq T_0$) gewonnen Ergebnisse gelten dann analog für alle anderen Zyklen in den Bereichen $jT_0 < t \leqq (j+1)T_0$ mit den Zyklusnummern $j = 0, \pm 1, \pm 2, \ldots$, denn es gilt entsprechend Abb. 4.23 die Periodizitätsbedingung sowohl für die Erregerkraft $F(t) = F(t + jT_0)$ als auch für die Fundamentkraft $F_{\mathrm{B}}(t) = c \cdot x(t) = c \cdot x(t + jT_0) = F_{\mathrm{B}}(t + jT_0)$.

Innerhalb des hier betrachteten Zyklus ($0 < t \leqq T_0$) bewegt sich der Schwinger gemäß (2.94) mit $\delta = 0$ gemäß

$$\begin{aligned} x(t) &= x_0 \cos \omega t + \frac{v_0}{\omega} \sin \omega t, \\ \dot{x}(t) &= -x_0 \omega \sin \omega t + v_0 \cos \omega t. \end{aligned} \tag{4.112}$$

Die Anfangswerte x_0 und v_0 sind dabei zunächst noch unbekannte Größen, die so zu bestimmen sind, dass infolge der periodischen Stoßfolge eine periodische Lösung entsteht. Es wird demnach gefordert, dass an jeder Intervallgrenze, wo der Stoß auftritt, der Weg x unmittelbar vor dem Stoß mit demjenigen unmittelbar danach übereinstimmt. Für die Geschwindigkeit wird an diesen Stellen jedoch verlangt, dass sie infolge des Impulssatzes um den Betrag $\Delta v = \frac{\Delta I}{m}$ sprunghaft ansteigt. Also sind an den Intervallgrenzen folgende Bedingungen zu erfüllen:

$$\begin{aligned} x(T_0 - 0) &\overset{!}{=} x(T_0 + 0) = x(0), \\ \dot{x}(T_0 - 0) + \frac{\Delta I}{m} &\overset{!}{=} \dot{x}(T_0 + 0) = \dot{x}(0). \end{aligned} \tag{4.113}$$

Das liefert in Verbindung mit der Lösung (4.112) zwei lineare Gleichungen für die beiden Unbekannten x_0 und v_0:

$$\begin{aligned} x_0 \cos \omega T_0 + \frac{v_0}{\omega} \sin \omega T_0 &= x_0, \\ -\, x_0 \omega \sin \omega T_0 + v_0 \cos \omega T_0 &= v_0 - \frac{\Delta I}{m}. \end{aligned} \tag{4.114}$$

Ihre Auflösung liefert wegen $\frac{\sin \omega T_0}{(1 - \cos \omega T_0)} = \cot\left(\frac{\omega T_0}{2}\right)$ die gesuchten Anfangswerte zu:

$$x_0 = \frac{\Delta I}{2m\omega} \cot\left(\frac{\omega T_0}{2}\right); \qquad v_0 = \frac{\Delta I}{2m}. \tag{4.115}$$

Damit ergibt sich für den Fundamentkraftverlauf im Intervall $0 < t \leqq T_0$:

$$\underline{\underline{F_B(t) = c \cdot x(t) = \frac{\omega \cdot \Delta I}{2} \left(\cot\left(\frac{\omega T_0}{2}\right) \cos \omega t + \sin \omega t \right).}} \tag{4.116}$$

Der Verlauf von Fundamentkraft und Geschwindigkeit ist für einige Werte von $\omega T_0 = \omega \cdot 2\pi/\Omega = 2\pi/\eta$ in Abb. 4.24 dargestellt. Es ist erkennbar, dass jeweils an der Intervallgrenze ein Knick im Verlauf der Fundamentkraft auftritt. Er ist durch den Geschwindigkeitssprung der Fundamentmasse bedingt.

Die Fundamentkraft hat die Amplitude

$$\hat{F}_B = \frac{\omega \cdot \Delta I}{2} \sqrt{1 + \left(\cot\left(\frac{\omega T_0}{2}\right)\right)^2} = F_S \pi \frac{\Delta t}{T} \frac{1}{|\sin(\pi/\eta)|}. \tag{4.117}$$

Abb. 4.25 zeigt die Amplitude der Fundamentkraft in Abhängigkeit des Abstimmungsverhältnisses, und die Resonanzstellen bei $\eta = 1/k$ für $k = 1,\ 2,\ 3,\ 4$ sind erkennbar.

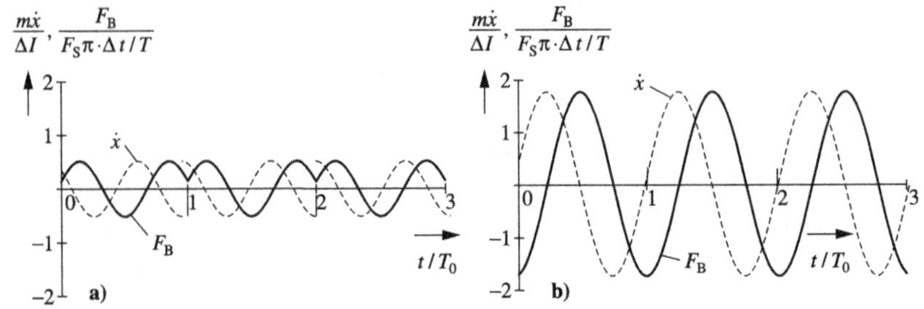

Abb. 4.24 Verläufe von Fundamentkraft und Schwinggeschwindigkeit bei zwei verschiedenen Abstimmungsverhältnissen: **a** $\eta = 0,7$, **b** $\eta = 1,1$

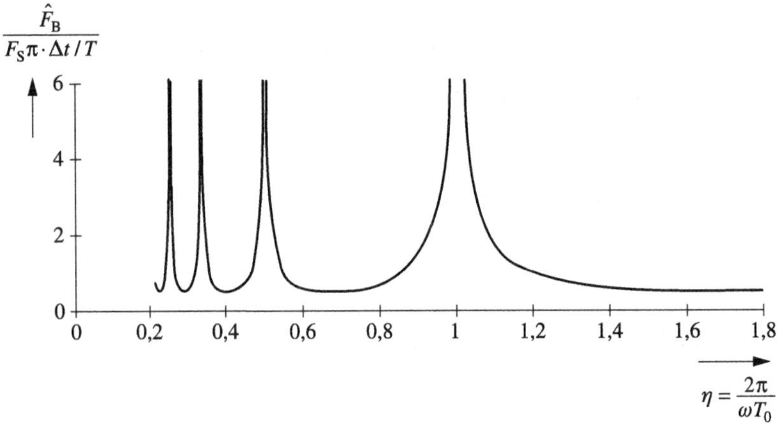

Abb. 4.25 Amplitude der Fundamentkraft in Abhängigkeit des Abstimmungsverhältnisses

(4.116) liefert denselben Zeitverlauf wie die mit der Steifigkeit c multiplizierte Lösung (4.111), obwohl sie ganz anders aussieht. Aus (4.111) ist zu erkennen, dass im Falle $k\eta = 1$ (d. h. $\omega T_0 = 2k\pi$) der Nenner beim k-ten Summanden null wird und damit unbegrenzt große Resonanzausschläge (Resonanz k-ter Ordnung) zustande kommen, genauso wie das die Lösung (4.116) wegen der Kotangens-Funktion beschreibt.

Aus den in Punkt 2.3 der Aufgabenstellung gegebenen Zahlenwerten ergibt sich:

Stoßimpuls

$$\Delta I = F_S \Delta t = 100\,\text{N s},$$

Eigenfrequenz

$$f = \frac{1}{2\pi}\sqrt{\frac{c}{m}} = \frac{\omega}{2\pi} = \frac{22{,}36\,\text{s}^{-1}}{2\pi} = 3{,}558\,\text{Hz},$$

Dämpferkonstante

$$b = 2D\sqrt{m\,c} = 358\,\text{Ns/m}.$$

Aus (4.117) folgt damit wegen $1/|\sin(\omega T_0/2)| = 1/|\sin 11{,}18| = 1{,}0173$ und $F_S\pi \cdot \Delta t/T = 1117{,}8\,\text{N}$ die maximale Fundamentkraft zu $F_{\text{Bmax}} = 1117{,}8\,\text{N} \cdot 1{,}0173 = 1137\,\text{N} \ll F_S = 10^4\,\text{N}$, vgl. auch Abb. 4.25.

Die Simulation liefert mit Berücksichtigung der Dämpferkonstante für die unbegrenzt andauernde Folge der kurzen Rechteckstöße das in Abb. 4.26 dargestellte Ergebnis.

Der Maximalwert stimmt mit dem oben erhaltenen Wert angenähert überein. Wird die *viskose Dämpfung* berücksichtigt, ergibt sich mit der Abklingkonstante $\delta = \omega_0 D$ und der Eigenkreisfrequenz $\omega = \omega_0\sqrt{1-D^2}$ sowie mit den Abkürzungen

$$E = \exp(-\delta T_0)\,; \quad C = E\cos\omega T_0; \quad S = E\sin\omega T_0; \quad N = 1 - 2EC + E^2 \tag{4.118}$$

nach elementaren, aber umfangreichen Zwischenrechnungen folgende Lösung für die Fundamentkraft im Bereich $0 < t < T_0$, welche für $D = 0$ mit der Lösung (4.116) übereinstimmt:

$$F_B(t) = c\,x(t) = \frac{\omega \cdot \Delta I}{N}\exp(-\delta t)\left[S\cos\omega t + \left(1 - C + S\frac{\delta}{\omega}\right)\sin\omega t\right]. \tag{4.119}$$

Die Dämpfung bestimmt das Abklingen zwischen den Stößen und beeinflusst die Lastwechselzahl und damit die Materialermüdung bei allen derartigen Vorgängen.

Fazit: Eine Fourier-Reihe konvergiert dann schlecht, wenn kurzzeitige Stöße und Kraftsprünge im zeitlichen Verlauf auftreten. Sie enthält sehr viele Koeffizienten, die nur langsam mit höherer Ordnung kleiner werden. Es ist deshalb zweckmäßiger, bei unstetigen periodischen Belastungen anstelle der Fourier-Reihe die Methode zu benutzen, welche die Lösung intervallweise liefert. Die Zeitverläufe der Bewegungsgrößen und die Resonanzstellen, die sich aus der Fourier-Reihe ergeben, sind dieselben wie die aus der Berechnung eines einzelnen Zyklus unter Berücksichtigung der entsprechenden Periodizitäts- und Übergangsbedingungen.

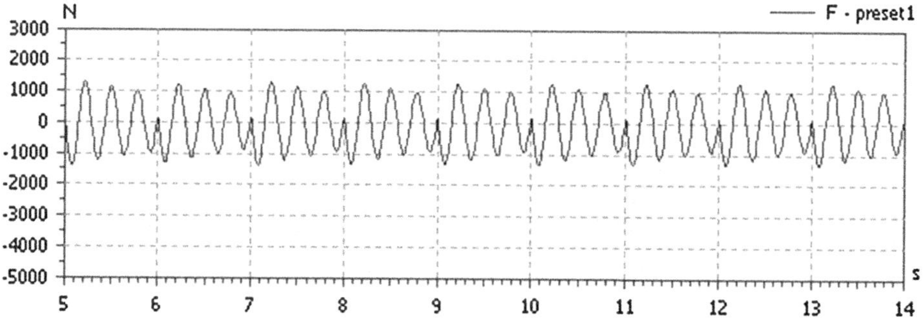

Abb. 4.26 Mit SimulationX® berechneter Verlauf der Fundamentkraft infolge der Stoßfolge für $\eta = 0{,}28$ und $D = 0{,}02$

Als weitere „Lösungsmethode“ kann die numerische Behandlung der Aufgabe angesehen werden, z. B. mithilfe der Software SimulationX® [2]. Abb. 4.26 zeigt einen damit berechneten Verlauf, allerdings unter Berücksichtigung von viskoser Dämpfung.

Aus den Ergebnissen folgt, dass die Fundamentkraft außerhalb der Resonanzbereiche (wegen $\Delta t/T \ll 1$) wesentlich kleiner als die Stoßkraft F_S ist. Dieser Effekt, dass die Massenkraft an der Stoßstelle die Stoßkraft „abfängt“, wird bei vielen Anwendungen zur Entlastung der dahinter liegenden Baugruppen ausgenutzt.

5 Torsionsschwinger und Schwingerketten

Torsionsschwingungen in Kolbenmaschinen gehörten historisch gesehen zu den ersten Problemen der Maschinendynamik. Sie traten zunächst in Schiffsanlagen auf und wurden bereits 1902 von O. FRAHM berechnet und gemessen. Eine wesentliche Entwicklung erlebte die Forschung auf diesem Gebiet durch die Forderung nach Leichtbau für die Luftschiffe und Flugzeuge. Auch die Klärung der Ursachen von Motorschäden, die zu enormen Folgeschäden beim Unglück mit dem Zeppelin LZ4 (05.08.1908 bei Echterdingen) führten, hat die Entwicklung vorangetrieben. Auf dem Gebiet der parametererregten Schwingungen von Maschinen kann die Behandlung der Triebwerksschwingungen an einer Elektrolokomotive durch E. MEISSNER (1918) als eine der ersten Arbeiten angesehen werden. Eine zusammenfassendeDarstellung der Kolbenmaschinendynamik vor dem „Computerzeitalter" enthält die „Technische Dynamik" von BIEZENO und GRAMMEL [5].

Auch heute steht die Kolbenmaschine noch im Vordergrund, wobei es jedoch darauf ankommt, nicht nur den Motor, sondern die ganze Antriebsanlage zu untersuchen. Dadurch entstehen Berechnungsmodelle mit einer großen Anzahl von Freiheitsgraden. In zunehmendem Maße werden aber auch Torsionsschwingungen in Antriebsanlagen anderer Maschinenarten, auch mit elektrischen Anrieben, interessant. So ist beispielsweise durch die steigenden Ansprüche an die Druckqualität die dynamische Berechnung einer Druckmaschine heute unumgänglich. Die steigenden Forderungen an die Produktivität zwingen zu einer möglichst genauen Erfassung der Dynamik von Antriebssystemen an vielen Verarbeitungsmaschinen. Es kann allgemein festgestellt werden, dass Torsionsschwingungen in fast allen Maschinengruppen, bei denen eine rotierende Bewegung auftritt, beachtet werden müssen. Ihre mathematische Behandlung ist unabhängig davon, ob es sich z. B. um Werkzeugmaschinen, Zementmühlen, Schiffsantriebe oder Motorradmotoren handelt.

In diesem Abschnitt wird speziell auf die Torsionsschwingungen in Antriebssystemen eingegangen. Es gibt viele Antriebssysteme, die sich auf ein schwingungsfähiges

M. Beitelschmidt und H. Dresig, *Maschinendynamik*,
https://doi.org/10.1007/978-3-662-60313-0_5

Tab. 5.1 Grundformen ungefesselter Torsionsmodelle

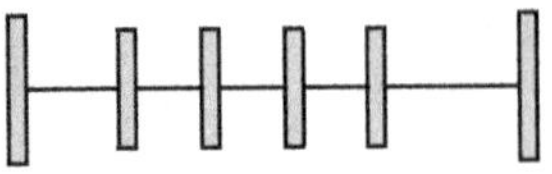	*Glatter Wellenstrang.* Dieses Modell gilt z. B. für einen Kolben-Reihenmotor ohne Berücksichtigung von Nebentrieben
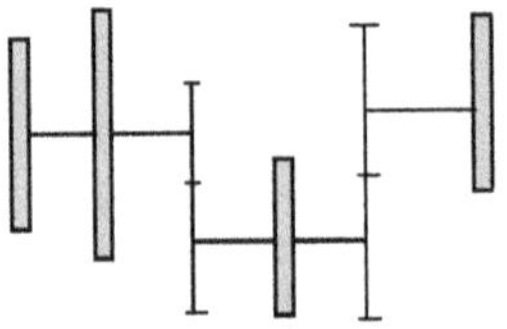	*Wellenstrang mit Übersetzungen.* Dieses Modell gilt immer, wenn keine Leistungsverzweigung auftritt
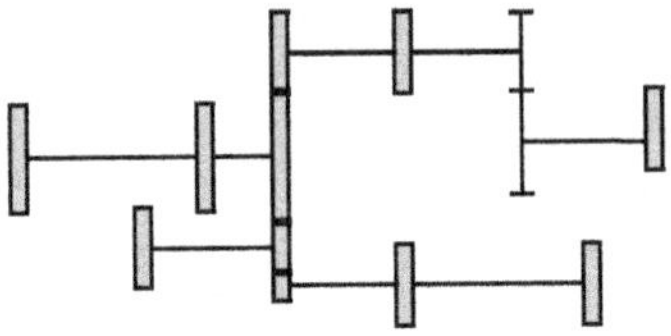	*Verzweigter Antrieb.* Dieses Modell gilt, solange beliebig viele Leistungsverzweigungen auftreten, ohne dass die Zweige wieder zusammentreffen. Beispiele sind hierfür ein Fahrzeugantrieb mit Lastverteilungsgetriebe für Vorder– und Hinterantrieb, bzw. ein Schiffsantrieb mit mehreren Antriebswellen
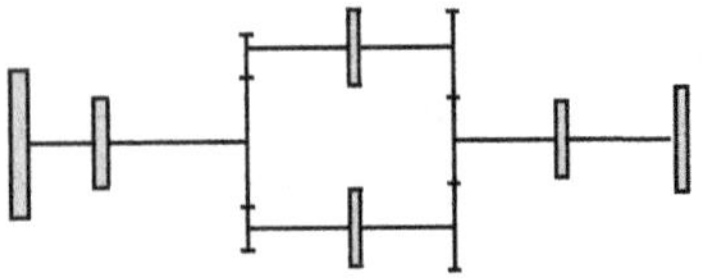	*Vermaschter Antrieb.* Dieses Modell gilt, wenn nach einer Verzweigung wieder eine Zusammenfassung auf einen Wellenstrang erfolgt. Dafür lassen sich Beispiele im Druckmaschinenbau, an Verspannungsgetrieben zur Zahnradprüfung und bei Lastausgleichsgetrieben finden

Torsionsmodell reduzieren lassen. Tab. 5.1 zeigt verschiedene Grundformen ungefesselter Torsionsmodelle. Torsionsschwinger stellen häufig Schwingerketten dar. Deswegen sind die Methoden dieses Kapitels auch auf andere Schwingerketten, z. B. Längsschwinger, übertragbar. Schwingerketten stellen einen Sonderfall der allgemeinen linearen Schwinger dar, die in den Kap. 6 und 7, einschließlich des Einflusses der Dämpfung, behandelt werden.

Die zunächst wesentlichste Frage, die vor der dynamischen Untersuchung einer Maschine beantwortet werden muss, betrifft die Zuordnung des Problems in die Modellstufen *Starre Maschine* oder *Schwingungssystem,* vgl. Kap. 2. Dazu werden die Eigenfrequenzen benötigt, die mit den Erregerfrequenzen verglichen werden. Da Maschinen im Wesentlichen schwach gedämpft sind, lassen sich die Eigenfrequenzen unter Vernachlässigung der Dämpfung berechnen. Bei der Berechnung ergeben sich gleichzeitig die Eigenschwingformen, aus denen wichtige Schlüsse auf die Beeinflussung der Eigenfrequenzen gezogen werden können. Auch für eine Abschätzung der erzwungenen Schwingungen und des Verhaltens eines Systems unter vorgegebenen Anfangsbedingungen, was beispielsweise bei Kupplungsvorgängen auftritt, werden die Eigenschwingformen verwendet.

5.1 Kinetostatische Analyse

Das einfachste Berechnungsmodell für dynamische Belastungen von Antriebssystemen ist das *Modell der starren Maschine* (Starrkörpersystem), welches *kinetostatische* Beanspruchungen liefert. Es gilt für „langsame“ Belastungen – vgl. (2.2) oder (2.3) – und bildet gewissermaßen eine Zwischenstufe zur statischen Berechnung der Schnittreaktionen. Die Torsionsmomente ergeben sich dabei (ohne Schwingungen) als zeitlich veränderlich, und sie sind längs des Antriebsstranges von der Verteilung der Massenträgheit abhängig.

Die kinetostatischen Momente, die aus dem Modell des Starrkörpersystems folgen, liefern *Mittelwerte für die dynamische Beanspruchung*. Sie überlagern sich mit den Momenten infolge der Schwingungen des elastischen Systems (den „Vibrationsmomenten“), die bedeutend größer sein können, vgl. z. B. (5.50) und (5.51).

Zunächst wird ein an der Stelle $x = 0$ durch ein Antriebsmoment M_{an} bewegter Stab mit dem Trägheitsmoment $J_{\mathrm{p}} = \varrho L I_{\mathrm{p}}$ betrachtet, vgl. Abb. 5.1a. Das Moment beschleunigt den Torsionsstab mit

$$\ddot{\varphi}(t) = \frac{M_{\mathrm{an}}(t)}{J_{\mathrm{p}}}. \tag{5.1}$$

Im Inneren des Stabs entsteht infolge der Massenträgheit an der Stelle x das *kinetostatische Torsionsmoment*

$$M(x,t) = \varrho(L-x)I_{\mathrm{p}}\ddot{\varphi}(t) = \left(1 - \frac{x}{L}\right) J_{\mathrm{p}}\ddot{\varphi}(t) = \left(1 - \frac{x}{L}\right) M_{\mathrm{an}}(t). \tag{5.2}$$

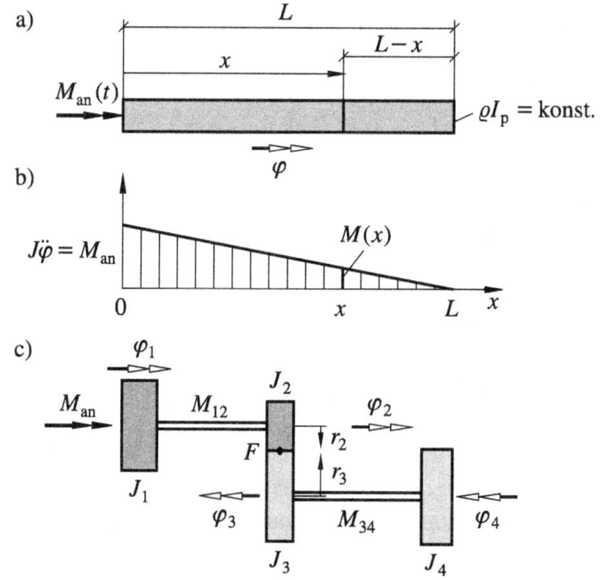

Abb. 5.1 Zu kinetostatischen Momenten: **a** Torsionsstab, **b** Momentenverlauf im Torsionsstab, **c** Getriebestufe

Diesen Momentenverlauf zeigt Abb. 5.1b. Die Drehträgheit der Drehmasse hinter der „Schnittstelle“ x belastet gewissermaßen den Stab durch das *kinetostatische Moment.* Wird der Torsionsstab an der Stelle x geteilt, wobei links das Trägheitsmoment $J_1 = J_p x/L$ beträgt und der rechte Teil das Trägheitsmoment $J_2 = J_p(1 - x/L)$ hat, so ist an der Schnittstelle das kinetostatische Torsionsmoment

$$M(x,t) = J_2\ddot{\varphi} = \frac{J_2 M_{an}(t)}{J_1 + J_2}. \tag{5.3}$$

Zur Erläuterung der kinetostatischen Momente wird als weiteres Beispiel das Zahnradgetriebe in Abb. 5.1c betrachtet. Das Antriebsmoment bewirkt eine Winkelbeschleunigung, die mithilfe des aus (3.211) folgenden reduzierten Trägheitsmomentes

$$J_{red} = J_1 + J_2 + (J_3 + J_4)\left(\frac{r_2}{r_3}\right)^2 \tag{5.4}$$

berechnet werden kann, vgl. (3.226). Es gilt damit für die Winkelbeschleunigungen

$$\ddot{\varphi}_1 = \ddot{\varphi}_2 = \frac{M_{an}}{J_{red}}; \qquad \ddot{\varphi}_4 = \ddot{\varphi}_3 = \left(\frac{r_2}{r_3}\right)\ddot{\varphi}_1 = \left(\frac{r_2}{r_3}\right)\frac{M_{an}}{J_{red}}. \tag{5.5}$$

Für die Torsionsmomente innerhalb des Zahnradgetriebes ergeben sich in den beiden Wellensträngen unterschiedliche Werte, die sich bei Anwendung des Schnittprinzips sofort finden lassen:

$$M_{12} = (J_{red} - J_1)\ddot{\varphi}_1 = \left[J_2 + (J_3 + J_4)\left(\frac{r_2}{r_3}\right)^2\right]\ddot{\varphi}_1 = \left[J_2 + (J_3 + J_4)\left(\frac{r_2}{r_3}\right)^2\right]\frac{M_{an}}{J_{red}}, \tag{5.6}$$

$$M_{34} = J_4\ddot{\varphi}_4 = J_4\left(\frac{r_2}{r_3}\right)\frac{M_{an}}{J_{red}}. \tag{5.7}$$

Die Tangentialkraft F in der Verzahnung ergibt sich, je nach dem, ob nach dem Schnitt an dieser Stelle die linke oder rechte Seite betrachtet wird, zu:

$$F = \frac{(J_{red} - J_1 - J_2)\ddot{\varphi}_1}{r_2} = \frac{(J_3 + J_4)\ddot{\varphi}_4}{r_3}. \tag{5.8}$$

5.2 Bewegungsgleichungen von Torsionsschwingungssystemen

Die Bewegungsgleichungen für Torsionsschwingungssysteme können grundsätzlich für jede Form, wie sie in Tab. 5.1 dargestellt ist, aufgestellt werden. Allerdings sind die Gleichungen für einen glatten Strang besonders einfach aufzustellen (siehe Abschn. 5.2.3), auch die Ergebnisinterpretetion sehr anschaulich. In diesem Abschnitt wird die Modellbildung glatter Stränge vorgestellt. Ein Beispiel für die Aufstellung der Bewegungsgleichungen für einen verzweigten Strang ohne Normierung findet sich im Beispiel im Abschn. 5.3.6.2

In diesem Kap. 5 wird davon ausgegangen, dass sich technische Torsionsschwingungssysteme in eine Abfolge von rotierenden starren Körpern mit dazwischenliegenden masselosen Federn diskretisieren lassen. Die Torsionsfedern werden durch elastische Wellen gebildet, die eigentlich auch eine (Dreh-)Masse besitzen. Mit den im Abschn. 5.3.5 vorgestellten Formeln ist es möglich abzuschätzen, ob Wellen als einfache Federn betrachtet werden können, oder als Kontinua modelliert werden müssen.

5.2.1 Reduktion eines Torsionsschwingers

Ein *Wellenstrang mit Übersetzung* (5.3) lässt sich jederzeit in einen glatten Strang umrechnen. Die Anwendung der vorgestellten Reduktionsmethoden auf den verzweigten oder vermaschten Strang führt zwar nicht auf einen glatten Strang aber es entstehen dennoch einfachere Gleichungen. Die Reduktion verfolgt dabei zwei Ziele:

1. Bei den hier vorgestellten Antriebssystemen wird davon ausgegangen, dass die elastischen Verformungen ausschließlich in den Wellen stattfinden, die Verzahnungen sind so steif, dass die beteiligten Zahnräder zwangsläufig verbunden sind. Somit muss die Bewegung beider Räder mit einer gemeinsamen Minimalkoordinate beschrieben werden, um Zwangsbedingungen zu vermeiden.
2. Die Koordinaten der einzelnen verbliebenen Freiheitsgrade werden so umskaliert, dass die Übersetzungen dazwischen herausgerechnet werden. Dazu wird eine Referenzkoordinate festgelegt. Alle anderen Koordinaten werden nun mit dem Faktor der Übersetung zur Referenzkoordinate umgerechnet.

Das Ergebnis ist ein mechanisch ähnliches Schwingungssystem, bei welchem alle Parameter als Trägheitsmomente und Torsionsfederkonstanten auf dieselbe Achse bezogen (wie in Tab. 5.3) werden.

Die Reduktion soll an einem einfachen Beispiel (Abb. 5.2a) erläutert werden. Referenzkoordinate soll φ_1 sein. Die Drehung der Zahnräder mit den Trägheiten J_{21}, J_{22}, J_{23} und J_{24} lässt sich durch die Koordinate φ_2 beschreiben. Die Zwischenwelle (J_{22} und J_{23}) bekommt die zunächst Koordinate φ_Z, die aber später nicht mehr gebraucht wird. Die statischen Übersetzungen lauten, wobei gegenläufige Zahnradübersetzungen negativ sind:

$$i_{1Z} = -\frac{r_2}{r_1}; \qquad i_{Z3} = -\frac{r_4}{r_3}; \qquad i_{13} = i_{1Z} \cdot i_{Z3} = \frac{r_2}{r_1}\frac{r_4}{r_3}. \tag{5.9}$$

Mit den Übersetzungen können neue reduzierte Koordinaten eingeführt werden, wobei jeweils die Übersetzung zur Referenzkoordinate φ_1 zugrundegelegt wird:

$$\varphi_1 = \varphi_1^r; \qquad \varphi_2 = \varphi_2^r; \qquad \varphi_Z = \frac{1}{i_{1Z}}\varphi_2^r; \qquad \varphi_3 = \frac{1}{i_{13}}\varphi_3^r. \tag{5.10}$$

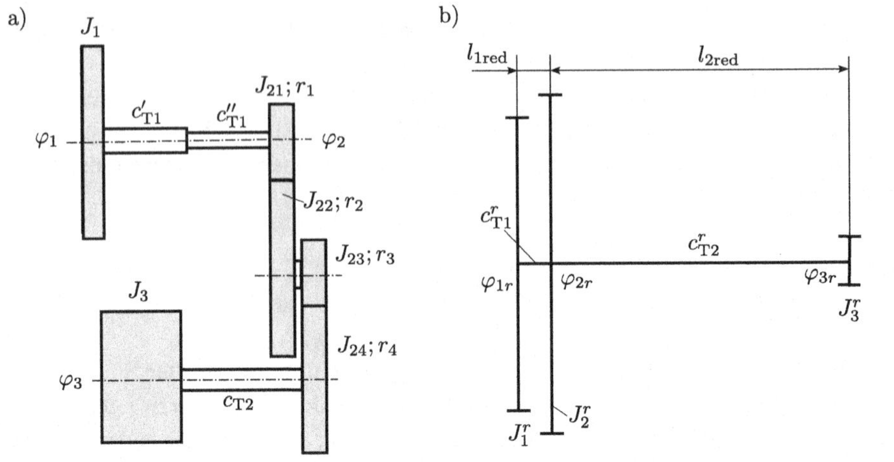

Abb. 5.2 Beispiel für eine Bildwelle: **a** Ursprüngliches Modell des Zahnradgetriebes, **b** Bildwelle

Damit können nun mit den aus Kap. 3 bekannten Methoden die Massen und die Steifigkeiten reduziert werden:

$$J_1^r = J_1; \qquad J_2^r = J_2 + \frac{1}{i_{1Z}^2}(J_{22} + J_{23}) + \frac{1}{i_{13}^2} J_{24}; \qquad J_3^r = \frac{1}{i_{13}^2} J_3, \tag{5.11}$$

$$c_{T1}^r = c_{T1}^r = \frac{c'_{T1} c''_{T1}}{c'_{T1} + c''_{T1}}; \qquad c_{T2}^r = \frac{1}{i_{13}^2} c_{T2}. \tag{5.12}$$

Im Ergebnis liegen die fünf Parameter J_1^r, J_2^r, J_3^r, c_{T1}^r und c_{T2}^r des glatten Ersatzstranges vor.

5.2.2 Bildwelle

Glatte Schwingerketten können als so genannte Bildwelle dargestellt werden. Die Darstellung einer Schwingerkette als Bildwelle ist eine anschauliche Methode, um die Steifigkeit- und Massenverteilung zu illustrieren. Dabei werden die reduzierten Trägheitsmomente und Steifigleiten maßstäblich aufgezeichnet. Die Trägheitsmomente sind dann dem Radius und die Nachgiebigkeit der Torsionsfedern (also der Kehrwert der Torsionssteifigkeit) den Längen l_{red} der Abschnitte zwischen den Scheiben proportional, vgl. Abschn. 2.3 und Tab. 2.5. Abb. 5.2b zeigt die Bildwelle zum reduzierten Sysetm aus Abb. 5.2a. Dazu wurden folgende Parmeterwerte verwendet:

$$i_{1Z} = -2; \qquad i_{1Z} = -3, \tag{5.13}$$

$$J_1 = 2J; \; J_{21} = J; \; J_{22} = 3J; \; J_{23} = 2J; \; J_{24} = 3J; \; J_3 = 12J, \tag{5.14}$$

$$c'_{T1} = 3c_T; \qquad c''_{T1} = c_T; \qquad c_{T2} = c_T. \tag{5.15}$$

Durch die maßstäbliche Darstellung wird offensichtlich, dass die erste Welle wesentlich steifer als die zweite ist. Für eine Überschlagsrechnung kann das Getriebe also so behandelt werden, als ob die beiden linken Scheiben starr miteinander verbunden sind und es sich im unteren Frequenzbereich wie ein Zweimassensystem verhält.

5.2.3 Schwingerkette mit mehreren Freiheitsgraden

Schwingerketten sind Berechnungsmodelle kettenförmig verbundener Elemente, z. B. aneinander gekoppelte masselose Federn und starre Massen, vgl. Abb. 5.3. Längsschwingerketten werden durch die Massen (m_k), Federkonstanten (c_k) und Erregerkräfte (F_k) charakterisiert. Der Koordinatenvektor $\boldsymbol{x}^{\mathrm{T}} = (x_1, x_2, \ldots, x_n)$ enthält die Wege x_k, welche den Auslenkungen aus der statischen Ruhelage entsprechen. Bei Torsionsschwingern sind die Parameterwerte der Drehmassen (J_k) und Drehfedern (c_{Tk}) für das dynamische Verhalten verantwortlich, und als Koordinaten werden die absoluten Drehwinkel φ_k der Drehmassen benutzt. An jeder Drehmasse kann ein äußeres Moment M_k wirken.

Die Bewegungsgleichungen die Torsionsschwingerkette, die analog auch für die Längsschwinger gelten, ergeben sich aus dem Momentengleichgewicht an der k-ten Scheibe, stellvertretend für alle Drehmassen $(k = 1, 2, \ldots, n)$. Es lautet gemäß Abb. 5.3b:

$$\begin{gathered} J_k\ddot{\varphi}_k - c_{Tk-1}\,(\varphi_{k-1} - \varphi_k) + c_{Tk}\,(\varphi_k - \varphi_{k+1}) = M_k, \quad k = 1, 2, \ldots, n, \\ \varphi_0 = \varphi_{n+1} \equiv 0. \end{gathered} \tag{5.16}$$

Alle n Bewegungsgleichungen der Torsionsschwingerkette lassen sich übersichtlich in Matrizenschreibweise zusammenfassen (Index „T“ bei c_{Tk} weggelassen).

$$\underbrace{\begin{bmatrix} J_1 & 0 & 0 & \ldots & 0 & 0 \\ 0 & J_2 & 0 & \ldots & 0 & 0 \\ 0 & 0 & J_3 & \ldots & 0 & 0 \\ \vdots & \vdots & \vdots & \ddots & \vdots & \vdots \\ 0 & 0 & 0 & \ldots & J_{n-1} & 0 \\ 0 & 0 & 0 & \ldots & 0 & J_n \end{bmatrix}}_{\boldsymbol{M}} \cdot \underbrace{\begin{bmatrix} \ddot{\varphi}_1 \\ \ddot{\varphi}_2 \\ \ddot{\varphi}_3 \\ \vdots \\ \ddot{\varphi}_{n-1} \\ \ddot{\varphi}_n \end{bmatrix}}_{\ddot{\boldsymbol{\varphi}}} + \underbrace{\begin{bmatrix} c_0+c_1 & -c_1 & 0 & \ldots & 0 & 0 \\ -c_1 & c_1+c_2 & -c_2 & \ldots & 0 & 0 \\ 0 & -c_2 & c_2+c_3 & \ldots & 0 & 0 \\ \vdots & \vdots & \vdots & \ddots & \vdots & \vdots \\ 0 & 0 & 0 & \ldots & c_{n-2}+c_{n-1} & -c_{n-1} \\ 0 & 0 & 0 & \ldots & -c_{n-1} & c_{n-1}+c_n \end{bmatrix}}_{\boldsymbol{C}} \cdot \underbrace{\begin{bmatrix} \varphi_1 \\ \varphi_2 \\ \varphi_3 \\ \vdots \\ \varphi_{n-1} \\ \varphi_n \end{bmatrix}}_{\boldsymbol{\varphi}} = \underbrace{\begin{bmatrix} M_1 \\ M_2 \\ M_3 \\ \vdots \\ M_{n-1} \\ M_n \end{bmatrix}}_{\boldsymbol{F}} \tag{5.17}$$

Auf diese Weise sind der Koordinatenvektor $\boldsymbol{\varphi}^{\mathrm{T}} = [\varphi_1, \varphi_2, \ldots, \varphi_k, \ldots, \varphi_n]$, der alle Schwingwinkel erfasst, die Massenmatrix $\boldsymbol{M}$, die Steifigkeitsmatrix $\boldsymbol{C}$ sowie der Vektor der äußeren Anregungen $\boldsymbol{F}$ definiert. Die konkreten Randbedingungen an den Körpern 1 und n beinflussen die erste und letzte Zeile in Gl. (5.7):

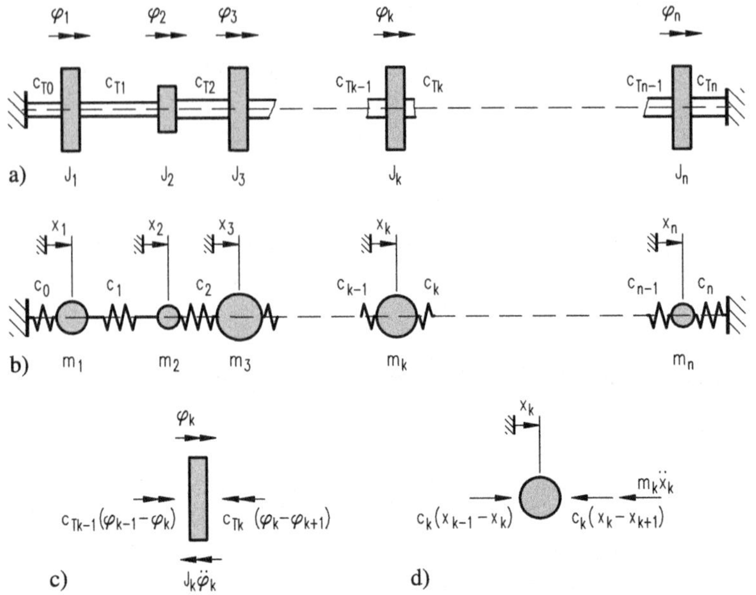

Abb. 5.3 Schwingerkette: **a** Torsionsschwinger mit n Scheiben (Drehmassen), **b** Längsschwinger mit n Massen, **c** frei geschnittene k-te Drehmasse, **d** frei geschnittene k-te Masse

- Ist einer der Ränder frei, d. h. An- oder Abtrieb sind frei beweglich, gilt $c_0 = 0$ bzw. $c_n = 0$. Es liegt dann eine *dynamische Randbedingung* vor.
- Der Fall $\varphi_0 \equiv 0$ bzw. $\varphi_{n+1} \equiv 0$ ist ein Sonderfall einer *kinematischen Randbedingung*, die allgemein $\varphi_0 = f(t)$ oder $\varphi_{n+1} = g(t)$ lauten kann. In diesem Fall entstehen auf der rechten Seite des Systems im Vektor $\boldsymbol{F}$ neue Terme.

Die beiden Formen der Randbedingungen können gemischt auftreten, z. B. eine kinematische Randbedingung bei Masse 1 und eine dynamische Randbedingung bei Masse n. Kinematische Randbedingungen „in der Mitte" sind nicht sinnvoll, da diese den Strang dynamisch teilen würden.

5.3 Freie Schwingungen der Torsionsschwinger

Freie Schwingungen treten auf, wenn das schwingungsfähige System einmalig von außen angestoßen wird und anschließend frei schwingt. Dieser Fall ist wichtig, da sich bei der Berechnung der freien Schwingungen wesentliche Eigenschaften des Systems zeigen.

5.3.1 Eigenfrequenzen und Eigenformen

Bei der Berechnung der freien Schwingungen wird in Gl. (5.17) $\boldsymbol{F} = 0$ gesetzt. Mit dem Ansatz $\boldsymbol{\varphi} = \boldsymbol{v} \exp(\mathrm{j}\omega t)$ und entsprechend $\ddot{\boldsymbol{\varphi}} = -\omega^2 \boldsymbol{v} \exp(\mathrm{j}\omega t)$ folgt die charakteristische Gleichung, die so genannte Frequenzgleichung

$$\det\left(\boldsymbol{C} - \omega^2 \boldsymbol{M}\right) = 0. \tag{5.18}$$

Daraus lassen sich alle Eigenkreisfreqenzen ω_i des Systems und in weiterer Folge die zugehörigen Eigenformen $\boldsymbol{v}_i$ bestimmen, vgl. Kap. 6. Für Systeme mit maximal 3 Freiheitsgraden ist diese Rechnung analytisch möglich (siehe Abschn. 5.3.2 und 5.3.3), bei größeren Systemen muss eine Lösung numerisch gefunden werden. Eigenfrequenzen und Eigenformen für spezielle Torsionsschwinger sind in Abb. 5.4 und Abb. 5.5 dargestellt.

Die Matrizengleichung (5.17) kann gemäß der in Abschn. 6.2.2 beschriebenen modalen Transformation in ein System von n Gleichungen für Einfachschwinger der Form

$$\mu_i \ddot{p}_i + \gamma_i p_i = 0, \qquad i = 1,\, 2,\, \ldots,\, n \tag{5.19}$$

überführt werden, vgl. (6.118) bis (6.123). Dabei sind die p_i so genannte modale Koordinaten oder Hauptkoordinaten. Sie sind mit den ursprünglichen Drehwinkeln durch die Transformation

$$\varphi_k(t) = \sum_{i=1}^{n} v_{ki}\, p_i(t) = v_{k1} p_1(t) + v_{k2} p_2(t) + \ldots + v_{kn} p_n(t) \tag{5.20}$$

verbunden, vgl. die Sonderfälle (5.38) und (5.34). Die Größen v_{ki} (Amplitude der k-ten Scheibe bei der i-ten Eigenschwingung) sind proportional zu einem gewählten Maßstabsfaktor, d. h. sie sind von einer Normierungsbedingung abhängig, vgl. (6.105). Die Gesamtheit der v_{ki} beschreibt die i-te Eigenform.

In Abschn. 6.2.2 wird der allgemeine Zusammenhang beschrieben, der zwischen den Matrizen $\boldsymbol{M}$ und $\boldsymbol{C}$ sowie den Größen v_{ki}, μ_i, γ_i und ω_i besteht. Die modalen Massen μ_i für die Torsionsschwingerkette gemäß Abb. 5.3 ergeben sich aus (6.118) zu

$$\mu_i = \sum_{k=1}^{n} J_k v_{ki}^2, \qquad i = 1,\, 2,\, \ldots,\, n, \tag{5.21}$$

vgl. auch (6.277). Eine *modale Masse* μ_i charakterisiert die kinetische Energie der i-ten Eigenform, denn es ist

$$2W_{\text{kin}} = \sum_{k=1}^{n} J_k \dot{\varphi}_k{}^2 = \sum_{i=1}^{n} \mu_i \dot{p}_i^2, \tag{5.22}$$

weil für $i \neq l$ als Sonderfall von (6.112)

$$\sum_{k=1}^{n} J_k v_{ki} v_{kl} = 0 \tag{5.23}$$

gilt. In der Summe für μ_i haben diejenigen Drehmassen J_k die größten *Sensitivitäts-Koeffizienten* μ_{ik}, die mit den größten Amplituden schwingen (in der Nähe des Schwingungsbauches), während diejenigen aus der Umgebung des Schwingungsknotens nur kleine Summanden μ_{ik} ergeben.

Bei der beiderseits freien Torsionsschwingerkette ist $\omega_1 = 0$, und alle Auslenkungen v_{k1} sind gleich groß, weil diese erste „Eigenform" die Starrkörperdrehung repräsentiert. Wird mit $v_{k1} = 1$ normiert, dann ergibt sich

$$\mu_1 = \sum_{k=1}^{n} J_k v_{k1}^2 = \sum_{k=1}^{n} J_k 1^2 = J_1 + J_2 + \ldots + J_n, \tag{5.24}$$

d. h., die erste modale Masse ist dann gleich dem gesamten Trägheitsmoment. Die modalen Federkonstanten γ_i, die in (5.19) vorkommen, betragen bei der Torsionsschwingerkette gemäß (6.118)

$$\gamma_i = \sum_{k=0}^{n} c_{\mathrm{T}k} \left(v_{ki} - v_{k+1,i}\right)^2 . \tag{5.25}$$

Die Sensitivitäts-Koeffizienten γ_{ik} sind dimensionslose Faktoren, die ebenso wie die μ_{ik} zur Berechnung des Einflusses von Parameteränderungen auf Eigenfrequenzen benutzt werden können, vgl. (6.275). Deren Herleitung ist in Abschn. 6.5.2 beschrieben.

$$\mu_{ik} = J_k v_{ki}^2 / \mu_i; \qquad \gamma_{ik} = c_{\mathrm{T}k}(v_{ki} - v_{k+1,i})^2 / \gamma_i . \tag{5.26}$$

Die Änderung der i-ten Eigenfrequenz bei relativ kleinen Änderungen der k-ten Drehfeder und/oder der l-ten Drehmasse lässt sich bei Verwendung der Sensitivitätskoeffizienten näherungsweise berechnen, vgl. auch (6.275) und (6.277):

$$\frac{\Delta f_i}{f_{i0}} \approx \frac{1}{2}\left(\gamma_{ik}\frac{\Delta c_{\mathrm{T}k}}{c_{\mathrm{T}k}} - \mu_{il}\frac{\Delta J_l}{J_l}\right), \qquad i = 1, 2, \ldots, n. \tag{5.27}$$

Um einen anschaulichen Eindruck von der Verteilung der kinetischen und potenziellen Energie bei der i-ten Eigenschwingung zu gewinnen, ist es zweckmäßig, die Produkte $\mu_{ik} J_k$ und $\gamma_{ik} c_{\mathrm{T}k}$ maßstäblich darzustellen. Daraus lässt sich noch besser als aus der Eigenform ablesen, durch welche Parameter (Masse, Steifigkeit) die betreffende Eigenfrequenz am leichtesten beeinflussbar ist, vgl. Abb. 5.14.

Tab. 5.2 zeigt für die homogene Torsionsschwingerkette, bei der alle Torsionsfederkonstanten und alle n Drehmassen gleich groß sind, geschlossene Formeln für alle Eigenfrequenzen und Eigenformen bei den drei möglichen Lagerbedingungen an den Wellenenden. Die Formeln in Tab. 5.2 eignen sich zum Studium qualitativer und quantitativer Zusammenhänge beim n-Massen-Torsionsschwinger.

Tab. 5.2 Eigenfrequenzen und Eigenformen für homogene Torsionsschwingerketten (Ordnung der Eigenfrequenz $i = 1, 2, \ldots, n$; Nr. der Drehmasse $k = 1, 2, \ldots, n$; Anzahl der Drehmassen n)

Fall	Torsionsschwinger mit n gleichen Scheiben	Eigenkreisfrequenzen $\omega_i = 2\pi f_i$	Eigenformen v_{ki}
1	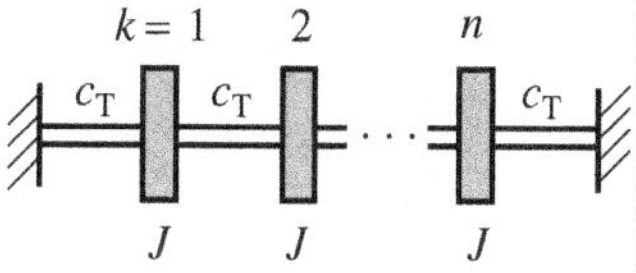	$2\sqrt{\frac{c_T}{J}} \sin \frac{i\pi}{2(n+1)}$	$\sin \frac{ki\pi}{n+1}$
2	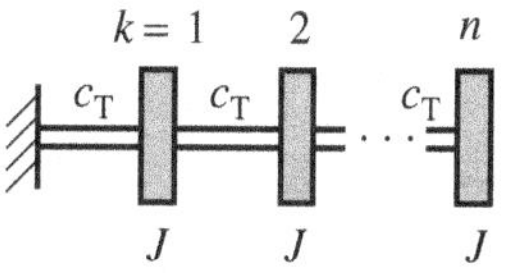	$2\sqrt{\frac{c_T}{J}} \sin \frac{(2i-1)\pi}{2(2n+1)}$	$\sin \frac{k(2i-1)\pi}{2n+1}$
3	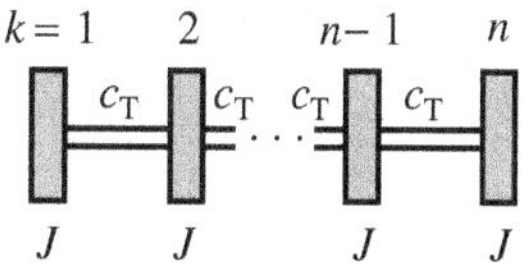	$2\sqrt{\frac{c_T}{J}} \sin \frac{(i-1)\pi}{2n}$	$\cos \frac{(2k-1)(i-1)\pi}{2n}$

Abb. 5.4 zeigt als Beispiel einen Torsionsschwinger mit $n = 5$ Freiheitsgraden. Gemäß Fall 2 in Tab. 5.2 gilt für die Eigenkreisfrequenzen und für die Eigenformen ($i = 1, \ldots, 5$):

$$\omega_i = 2\sqrt{\frac{c_T}{J}} \sin \frac{(2i-1)\pi}{22}; \qquad v_{ki} = \sin \frac{k(2i-1)\pi}{11}. \tag{5.28}$$

Die Anzahl der Schwingungsknoten nimmt hierbei mit der Ordnungszahl i zu. Es ist erkennbar, dass hierbei der Knoten bei keiner Eigenform direkt an der Stelle einer Scheibe oder am freien Ende der Schwingerkette liegt.

Der Geltungsbereich des durch Abb. 5.3 und (5.17) beschriebenen Berechnungsmodells für reale Objekte wird u. a. begrenzt durch die Annahmen,

- dass die Aufteilung in masselose elastische Drehfedern und starre massebehaftete Scheiben eine zulässige Vereinfachung des realen Kontinuums ist (wäre verletzt bei sehr breiten Scheiben oder „dicken" Wellen)
- dass die stets vorhandene Dämpfung keinen wesentlichen Einfluss auf die Eigenfrequenzen und Eigenformen hat

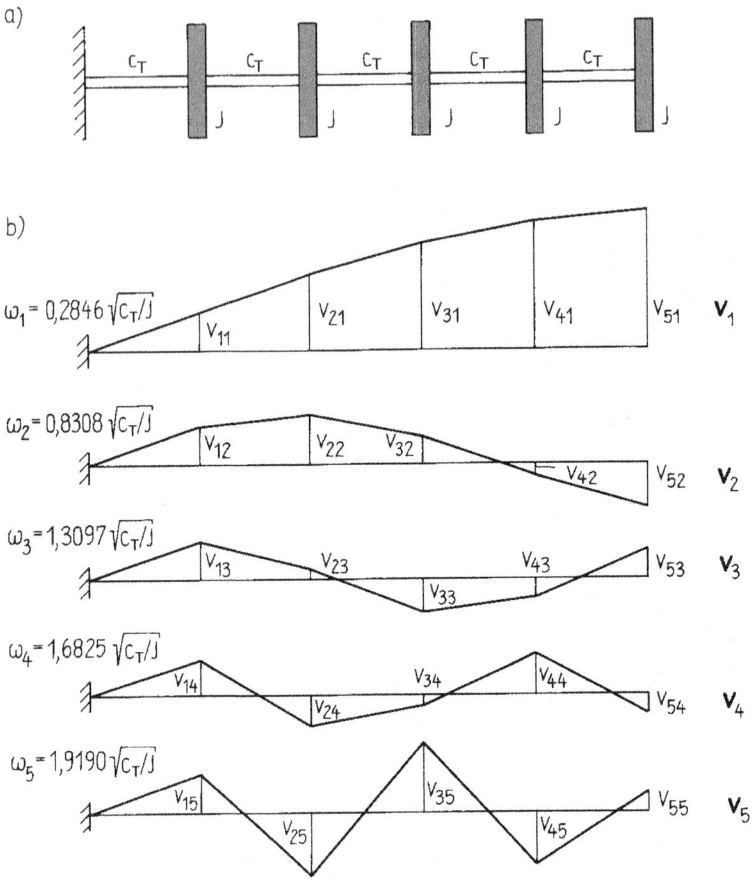

Abb. 5.4 Torsionsschwingerkette mit $n = 5$ Scheiben: **a** Systemskizze, **b** fünf Eigenformen

- dass zeit- oder stellungsabhängige Änderungen der Drehmassen (z. B. Kurbeltrieb-Einfluss) oder der Drehfedern (z. B. Zahn-Überdeckungsgrad) bezüglich der Berechnung des Eigenverhaltens vernachlässigbar sind.

5.3.2 Modelle mit zwei Freiheitsgraden

5.3.2.1 Analytische Lösung und Interpretation

Gelingt es, einen Torsionsschwinger auf zwei Freiheitsgrade zu reduzieren, können die Eigenfrequenzen und Eigenformen mit Handrechnungen bestimmt werden. Bei Torsionsschwingern lassen sich gefesselte und freie Schwinger unterscheiden. Gefesselte Schwinger sind solche, bei denen mindestens eine Feder an einem Ende einer kinematischen Randbedingung, d. h. vorgegebener Wegverlauf oder als Sonderfall feste Einspannung, unterworfen ist. Torsionsschwinger mit Winkelerregung gelten somit (analog zur Wegerregung der Längsschwinger) als gefesselte Modelle, vgl. Abschn. 5.4.2.3. Aus einem freien Modell wird ein gefesseltes Modell, wenn eine Scheibe festgehalten und somit eingespannt wird, wie beim Bremsen, vgl. Abb. 5.5.

Die Bewegungsgleichungen für das freie Modell lauten

$$\begin{aligned} J_1\ddot{\varphi}_1 + c_\mathrm{T}(\varphi_1 - \varphi_2) &= 0,\\ J_2\ddot{\varphi}_2 - c_\mathrm{T}(\varphi_1 - \varphi_2) &= 0. \end{aligned} \tag{5.29}$$

Mit den Ansätzen $\varphi_k = v_k \cdot \sin \omega t$ (bei ungedämpften Systemen kann dieser Ansatz anstelle von $\varphi_k = v_k \cdot \exp(\mathrm{j}\omega t)$ verwendet werden) folgt (für $k = 1,\ 2$) nach dem Einsetzen:

$$\begin{aligned} \left(c_\mathrm{T} - J_1\omega^2\right) v_1 - \qquad\quad c_\mathrm{T}\, v_2 &= 0,\\ -c_\mathrm{T}\, v_1 + \left(c_\mathrm{T} - J_2\omega^2\right) v_2 &= 0. \end{aligned} \tag{5.30}$$

Als Lösung ergibt sich aus jeder Gleichung das Amplitudenverhältnis

$$\frac{v_2}{v_1} = \frac{c_\mathrm{T} - J_1\omega^2}{c_\mathrm{T}} = \frac{c_\mathrm{T}}{c_\mathrm{T} - J_2\omega^2} \tag{5.31}$$

und aus den beiden rechten Brüchen folgt die Frequenzgleichung

$$\left(c_\mathrm{T} - J_1\omega^2\right)\left(c_\mathrm{T} - J_2\omega^2\right) - c_\mathrm{T}^2 = \omega^2\left[J_1 J_2\omega^2 - c_\mathrm{T}\,(J_1 + J_2)\right] = 0. \tag{5.32}$$

Sie hat die Wurzeln

$$\omega_1 = 0; \qquad \omega_2^2 = c_\mathrm{T}\frac{J_1 + J_2}{J_1 J_2} = \frac{c_\mathrm{T}}{J_1} + \frac{c_\mathrm{T}}{J_2}. \tag{5.33}$$

Hier wird nicht nur aus formalen, sondern auch aus physikalischen Gründen $\omega_1 = 0$ als erste Eigenkreisfrequenz mitgezählt. Damit lautet die Lösung von (5.29)

$$\begin{aligned} \varphi_1 &= v_{11}\,(a_1 + b_1 t) + v_{12}(a_2 \cos\omega_2 t + b_2 \sin\omega_2 t),\\ \varphi_2 &= v_{21}\,(a_1 + b_1 t) + v_{22}(a_2 \cos\omega_2 t + b_2 \sin\omega_2 t). \end{aligned} \tag{5.34}$$

Darin sind die a_k und b_k Konstanten, die vom Anfangszustand abhängen, der mit folgenden Anfangsbedingungen allgemein beschrieben werden kann:

$$\begin{aligned} t = 0: \quad \varphi_1(0) &= \varphi_{10}; \quad \varphi_2(0) = \varphi_{20},\\ \dot{\varphi}_1(0) &= \Omega_{10}; \quad \dot{\varphi}_2(0) = \Omega_{20}. \end{aligned} \tag{5.35}$$

Die Amplitudenverhältnisse folgen aus (5.31), wenn dort ω_1 und ω_2 aus (5.33) eingesetzt werden und die Normierung $v_{11} = v_{12} = 1$ benutzt wird:

$$\left(\frac{v_2}{v_1}\right)_1 = \frac{v_{21}}{v_{11}} = v_{21} = 1 - \frac{\omega_1^2 J_1}{c_\mathrm{T}} = 1; \quad v_{22} = 1 - \frac{\omega_2^2 J_1}{c_\mathrm{T}} = -\frac{J_1}{J_2}. \tag{5.36}$$

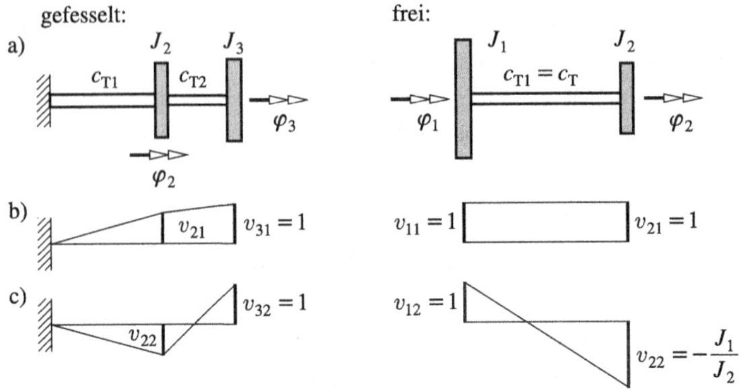

Abb. 5.5 Torsionsschwinger mit zwei Freiheitsgraden: **a** Systemskizze, **b** erste Eigenform, **c** zweite Eigenform

Die erste Eigenform ist, wie aus Abb. 5.5b folgt, die Starrkörperdrehung, deren „Schwingungsdauer" $T_1 = 2\pi/\omega_1 \to \infty$ beträgt. Die zweite Eigenform hat einen Schwingungsknoten, dessen Lage vom Größenverhältnis J_1/J_2 abhängt.

Bei Torsionsschwingern werden zur Veranschaulichung die Winkelausschläge als Strecke senkrecht zur Drehachse an der jeweiligen Drehmasse angetragen, vgl. die Abb. 5.4, 5.5, 5.9, 5.14, 5.20 u. a.

Bei allen frei beweglichen Systemen ist während der Bewegung die erste Eigenfrequenz gleich Null, vgl. auch (5.90) und (5.106). Deshalb tritt der bemerkenswerte Fall ein, dass ein Maschinenantrieb nach dem Bremsen, was zur Blockierung und damit Fesselung führt, in Messergebnissen eine tiefere Grundfrequenz zeigt als während des vorangegangenen Bewegungszustandes.

Die Bewegungsgleichungen für das gefesselte Modell lauten

$$\begin{aligned} J_2\ddot{\varphi}_2 + c_{T2}(\varphi_2 - \varphi_3) + c_{T1}\varphi_2 &= 0, \\ J_3\ddot{\varphi}_3 - c_{T2}(\varphi_2 - \varphi_3) &= 0. \end{aligned} \tag{5.37}$$

Gl. (5.37) kann mit der Bewegungsgleichung (4.84) des Hammerfundaments vergleichen werden. Da sie denselben Aufbau haben, können die in Kap. 4 gewonnenen Ergebnisse übertragen werden. Für die Lösung ergibt sich also gemäß (4.95):

$$\varphi_k(t) = \sum_{i=1}^{2} v_{ki}(a_i \cos\omega_i t + b_i \sin\omega_i t), \qquad k = 2,\,3 \tag{5.38}$$

mit den Amplitudenverhältnissen v_{ki} der Eigenformen aus (5.58) oder (5.59) und den Eigenkreisfrequenzen ω_i. Die Unbekannten a_i und b_i können mithilfe der Anfangsbedingungen bestimmt werden, vgl. z. B. Lösung L5.2 oder L5.3.

5.3.2.2 Antriebssystem mit Spiel

Infolge des Spiels (z. B. in Kupplungen oder Zahnradgetrieben) treten innerhalb der Antriebssysteme bei Anfahr- und Bremsvorgängen Stöße auf. Die dadurch entstehenden dynamischen Kräfte, die vor allem bei wechselnder Drehrichtung eines Antriebs auftreten (z. B. bei der Umkehr der Antriebsrichtung des Drehwerks eines Krans oder des Antriebs eines Baggerlöffels) sind oft wesentlich größer als die kinetostatischen Belastungen. In Zahnradgetrieben treten dabei die Phänomene *Getrieberasseln* und *Getriebehämmern* auf. Überlastungen und Schadensfälle können entstehen, wenn die Konstrukteurin oder der Konstrukteur den Einfluss des Getriebespiels nicht in die Berechnungen einbezieht.

Die Größe des *Drehspiels* φ_S *eines Getriebes* kann oft bereits bei Hin- und Her- Bewegungen des Antriebs gespürt werden, und es ist keine Seltenheit, dass das reduzierte Spiel bei Antrieben mit großen Übersetzungsverhältnissen an der Motorwelle Dutzende von Grad beträgt. Die Erfahrung lehrt, dass sich das Spiel mit längerer Betriebsdauer eines Antriebs vergrößert, weil der Verschleiß (z. B. der Zahnräder oder Kupplungen) im Laufe der Zeit zunimmt. Besonders gefährlich wird es, wenn es zum Lockern der Pressverbindungen kommt. Insbesondere die Bauteile auf der langsam laufenden Welle eines Antriebs sollten auf die extremen Stoßbelastungen nachgerechnet werden, da sich das Spiel dort am stärksten auswirkt.

Die hohen dynamischen Belastungen gegenüber dem spielfreien Antrieb entstehen dadurch, dass die angetriebene Drehmasse während des Spieldurchlaufs schnell eine hohe Drehgeschwindigkeit erreicht, damit auf die Gegenseite aufprallt und dort in einem stoßartigen Vorgang mit hohen Kraft- und Momentenspitzen abgebremst wird. Das Minimalmodell zur Berechnung des Spieleinflusses zeigt Abb. 5.6. Dort ist neben dem Modell des Torsionsschwingers der Längsschwinger abgebildet, dessen Bewegungsgleichungen wegen der bereits in Tab. 5.3 gezeigten Analogie damit übereinstimmen. Die beiden Etappen des Spieldurchlaufs lassen sich dabei besser veranschaulichen (dem Längsspiel δ entspricht das Drehspiel φ_S).

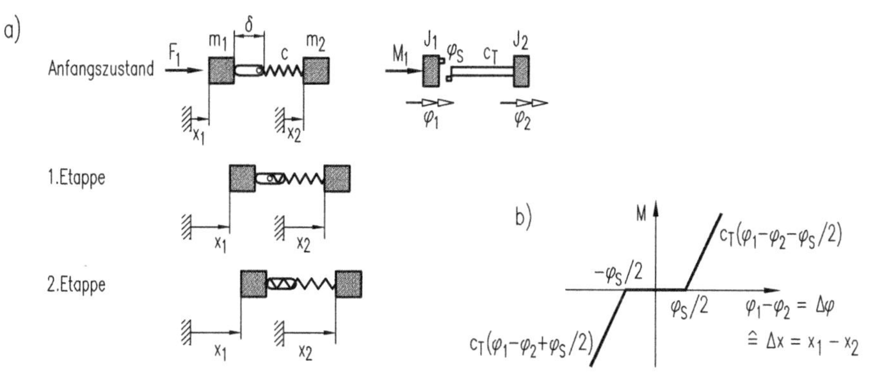

Abb. 5.6 Minimalmodell eines Antriebs mit Getriebespiel: **a** Systemskizze mit Parametern, **b** Kennlinie mit Spiel

Es wird der extreme Fall angenommen, dass das Antriebsmoment zu Beginn sofort auf den Wert M_{10} springt. Für den spielfreien Antrieb wird in Abschn. 5.4.3.1 eine Folge von mehreren Momentensprüngen untersucht. Die Bewegungsgleichungen lauten

$$J_1\ddot{\varphi}_1 + M = M_{\mathrm{an}} = M_{10}, \tag{5.39}$$

$$J_2\ddot{\varphi}_2 - M = 0. \tag{5.40}$$

Das Torsionsmoment M entsteht in der Torsionsfeder und beträgt unter Berücksichtigung des Spiels

$$\begin{aligned} M &= \begin{cases} c_{\mathrm{T}}(\varphi_1 - \varphi_2 + \varphi_S/2) & \text{für} \quad \varphi_1 - \varphi_2 \leqq -\varphi_S/2, \\ 0 & \text{für} \quad -\varphi_S/2 \leqq \varphi_1 - \varphi_2 \leqq \varphi_S/2, \\ c_{\mathrm{T}}(\varphi_1 - \varphi_2 - \varphi_S/2) & \text{für} \quad \varphi_1 - \varphi_2 \geqq \varphi_S/2, \end{cases} \\ &= \frac{1}{2}c_{\mathrm{T}}\left[\Delta\varphi - \frac{\varphi_S}{2}\mathrm{sign}(\Delta\varphi)\right]\left[1 + \mathrm{sign}\left(|\Delta\varphi| - \frac{\varphi_S}{2}\right)\right]. \end{aligned} \tag{5.41}$$

Werden (5.39) durch J_1 und (5.40) durch J_2 dividiert, so kann aus der Differenz der Winkelbeschleunigungen und nach der Multiplikation mit c_{T} unter Beachtung von (5.41) folgende Differenzialgleichung für das Torsionsmoment im Winkelbereich $|\varphi_1 - \varphi_2| \geqq \varphi_S/2$ gewonnen werden:

$$\ddot{M} + \omega^2 M = \frac{c_{\mathrm{T}} M_{10}}{J_1}. \tag{5.42}$$

Aus (5.33) ist das Quadrat der Eigenkreisfrequenz bekannt. Während der *ersten Etappe* wird der Motor (J_1) durch das konstante Antriebsmoment M_{10} beschleunigt, sodass das gesamte Spiel durchlaufen wird, vgl. Abb. 5.6. Die Drehmasse J_2 bleibt während dieser Etappe ($0 \leqq t \leqq t_1$) in Ruhe, es gilt $\varphi_2 \equiv 0$. Die Anfangsbedingungen sind

$$t = 0: \quad \varphi_1(0) = -\frac{\varphi_S}{2}, \qquad \dot{\varphi}_1(0) = 0. \tag{5.43}$$

Sie drücken aus, dass aus einer vorangegangenen Bewegung die linke Masse (Drehmasse) am linken Anschlag ruht (würde in der Mitte des Spiels begonnen werden, wären andere Anfangsbedingungen zu formulieren). Während dieser Etappe ist gemäß (5.41) $M \equiv 0$, und es folgt aus der Lösung der Differenzialgleichung (5.39):

$$\varphi_1(t) = -\frac{\varphi_S}{2} + \frac{M_{10}}{2J_1}t^2, \qquad \dot{\varphi}_1(t) = \frac{M_{10}}{J_1}t; \qquad 0 \leqq t \leqq t_1. \tag{5.44}$$

Die erste Etappe ist zur Zeit t_1 zu Ende, wenn die Drehmasse das Spiel φ_S durchlaufen hat. Es gilt

$$\begin{aligned} &\varphi_1(t_1) = -\frac{\varphi_S}{2} + \frac{M_{10}}{2J_1}t_1^2 = \frac{\varphi_S}{2}; \qquad \dot{\varphi}_1(t_1) = \frac{M_{10}}{J_1}t_1 = \sqrt{2\frac{M_{10}\varphi_S}{J_1}}, \\ &\varphi_2(t_1) = 0; \qquad\qquad\qquad\qquad\qquad \dot{\varphi}_2(t_1) = 0. \end{aligned} \tag{5.45}$$

Aus der ersten Gleichung folgt die Durchlaufzeit

$$t_1 = \sqrt{2\frac{J_1\varphi_S}{M_{10}}}. \tag{5.46}$$

Die Endbedingungen der ersten Etappe sind gleichzeitig die Anfangsbedingungen der *zweiten Etappe* ($t_1 \leqq t \leqq t_2$). Die beiden Massen (Drehmassen) sind jetzt durch die Feder verbunden. Aus (5.39) bis (5.41) folgt für den Winkelbereich $\varphi_1 - \varphi_2 \geqq \varphi_S/2$:

$$\begin{aligned} J_1\ddot{\varphi}_1 + c_T\left(\varphi_1 - \varphi_2 - \frac{\varphi_S}{2}\right) &= M_{10}, \\ J_2\ddot{\varphi}_2 - c_T\left(\varphi_1 - \varphi_2 - \frac{\varphi_S}{2}\right) &= 0. \end{aligned} \tag{5.47}$$

Hier soll nicht der Zeitverlauf der Winkel, sondern der des Torsionsmomentes berechnet werden. Mit den sich aus (5.45) ergebenden Anfangsbedingungen für das Moment:

$$t = t_1\colon\ M(t_1) = 0, \qquad \dot{M}(t_1) = c_T[\dot{\varphi}_1(t_1) - \dot{\varphi}_2(t_1)] = c_T\sqrt{2\frac{M_{10}\varphi_S}{J_1}} \tag{5.48}$$

folgt als Lösung von (5.42) der Verlauf des Momentes in der Welle während dieser Etappe:

$$M(t) = M_{10}\frac{J_2}{J_1+J_2}\left[1 - \cos\omega(t-t_1) + \sqrt{2\frac{c_T(J_1+J_2)\varphi_S}{M_{10}J_2}}\sin\omega(t-t_1)\right]. \tag{5.49}$$

Daraus ist erkennbar, dass neben dem Spiel das Verhältnis der Trägheitsmomente von großem Einfluss auf die Wellenbelastung ist. Es überlagert sich dem Mittelwert des kinetostatischen Moments aus (5.3) die „Vibrationsbelastung“ mit der Eigenschwingung. Das Maximalmoment ergibt sich aus (5.49):

$$\begin{aligned} M_{\max} &= \frac{M_{10}J_2}{J_1 + J_2}\left(1 + \sqrt{1 + 2\frac{J_1 + J_2}{J_2}\cdot\frac{c_T\varphi_S}{M_{10}}}\right) \\ &= \frac{M_{10}J_2}{J_1 + J_2}\left(1 + \sqrt{1 + \frac{2J_1\omega^2\varphi_S}{M_{10}}}\right). \end{aligned} \tag{5.50}$$

Daraus folgt, dass der Einfluss des Spiels auf die Höhe der dynamischen Belastung umso kleiner ist, je kleiner die Eigenfrequenz des elastischen Systems ist. In „harten“ Kupplungen treten deshalb stärkere dynamische Beanspruchungen auf als in „weichen“. Wird dieses maximale Moment mit der Winkelgeschwindigkeit $\dot{\varphi}_1(t_1) = \Omega$ ausgedrückt, indem φ_S in (5.50) mittels (5.45) ersetzt wird, so erhält es die Form

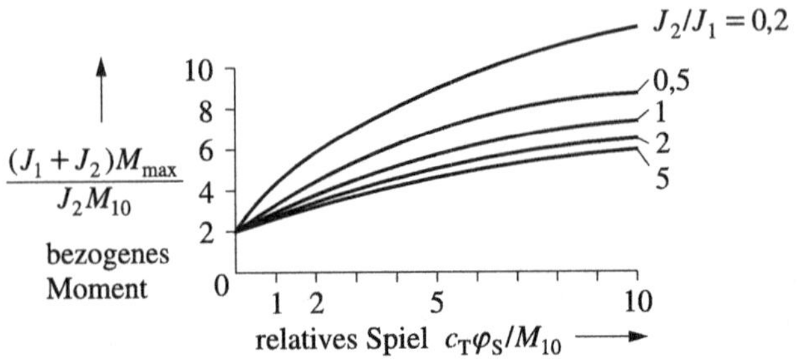

Abb. 5.7 Maximales Moment infolge Spiel im Antrieb

$$M_{\max} = M_{10}\frac{J_2}{J_1 + J_2}\left(1 + \sqrt{1 + \frac{J_1 + J_2}{J_2} \cdot \frac{c_T J_1 \Omega^2}{M_{10}^2}}\right). \tag{5.51}$$

Das maximale Moment im Belastungsfall „*Kupplungsstoß*“, das sich für $M_{10} = 0$ daraus durch einen Grenzübergang ergibt, ist

$$M_{\max} = \Omega\sqrt{\frac{J_1 J_2 c_T}{J_1 + J_2}} = \frac{\Omega\omega J_1 J_2}{J_1 + J_2} = \frac{c_T \Omega}{\omega}. \tag{5.52}$$

Die Formeln (5.50) bis (5.52) sind für die Berechnung der Maximalmomente geeignet. Sie können auch auf modale Schwinger angewendet werden, vgl. Abschn. 6.2.3.

Abb. 5.7 zeigt die Auswertung von (5.50), d. h. die Abhängigkeit des maximalen Momentes vom Spiel. Auf der Ordinate ist das Verhältnis zum kinetostatischen Moment aufgetragen. Schon im spielfreien Fall ist es gleich 2, aber mit Spiel im Antrieb kann es weit größere Werte erreichen, wie die Kurven zeigen.

Es wird manchmal fälschlicherweise angenommen, dass dynamische Belastungen nur den doppelten Wert der kinetostatischen erreichen. Abb. 5.7) zeigt, dass dies ein Irrtum ist. Eine solche Unterschätzung kann zu falschen Lastannahmen, zu unerwarteten Überlastungen und damit zu beträchtlichen Schäden führen. Besonders große Kräfte entstehen in Antrieben, bei denen das Verhältnis $J_1/J_2 \ll 1$ ist. Dies trifft oft für Antriebe zu, die kein großes statisches Moment zu übertragen haben, z. B. für Drehwerkantriebe von Kranen oder Baggern. Für Antriebe, die im Verhältnis zu dynamischen Kräften große statische Kräfte zu übertragen haben, ist meist das Verhältnis $J_1/J_2 \gg 1$, sodass der Spieleinfluss auf die Belastungen im Antrieb nicht so riesig ist.

5.3.3 Umrechnung anderer Maschinensysteme auf eine Torsionsschwingerkette

In Tab. 5.3 sind Beispiele für die Reduktion von einfachen Maschinenmodellen auf eine unverzweigte Schwingerkette angegeben. Diese Beispiele könnten folgenden Systemen zugeordnet werden: *a)* Elastischer Fahrzeugantriebstrang, *b)* Hammerfundament, *c)* Aufzug mit Gegenmasse, *d)* Antriebssystem mit Übersetzung, *e)* Kran mit pendelnder Last, *f)* Drehkran mit pendelnder Last. Bei *e)* und *f)* ist diese Reduktion nur mit der Annahme kleiner Pendelwinkel möglich.

Die Bewegungsgleichungen des Torsionsschwingers in Tab. 5.3, Fall a) lauten als Ausschnitt aus (5.17)

$$J_1\ddot{\varphi}_1 \quad + c_{T1}(\varphi_1 - \varphi_2) \qquad\qquad\qquad = 0, \tag{5.53}$$

$$J_2\ddot{\varphi}_2 \quad - c_{T1}(\varphi_1 - \varphi_2) + c_{T2}(\varphi_2 - \varphi_3) = 0, \tag{5.54}$$

$$J_3\ddot{\varphi}_3 \qquad\qquad\qquad - c_{T2}(\varphi_2 - \varphi_3) = 0. \tag{5.55}$$

Für die Systeme c) bis f) in Tab. 5.3 haben die Bewegungsgleichungen ganz genau dieselbe Struktur, nur die Koordinaten und Parameter haben jeweils die Bezeichnungen, die in Tab. 5.3 angegeben sind. Die folgenden Formeln für die Eigenfrequenzen und Eigenformen gelten für alle diese fünf Systeme:

Bezugskreisfrequenz:

$$\omega^{*2} = \frac{c_{T1}}{J_1} + \frac{c_{T1} + c_{T2}}{J_2} + \frac{c_{T2}}{J_3}, \tag{5.56}$$

Eigenkreisfrequenzen, vgl. auch Tab. 5.4, Fall 1:

Tab. 5.3 Beispiele für die Reduktion auf eine Torsionsschwingerkette

a) 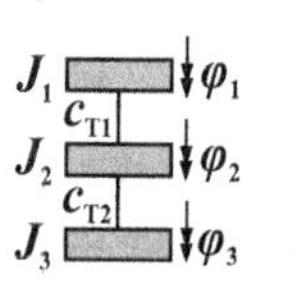	b) 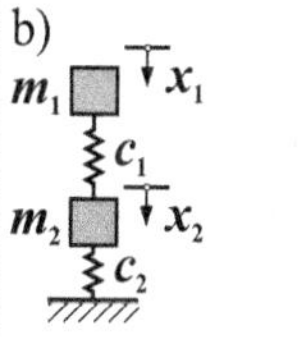	c) 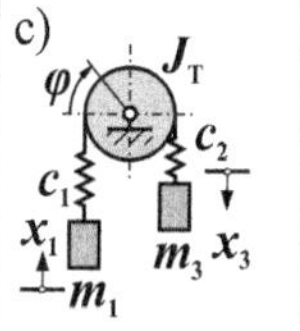	d) 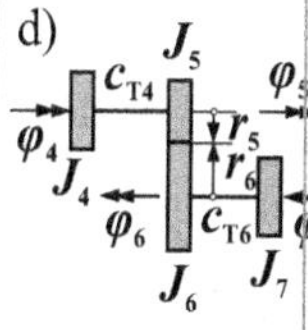	e) 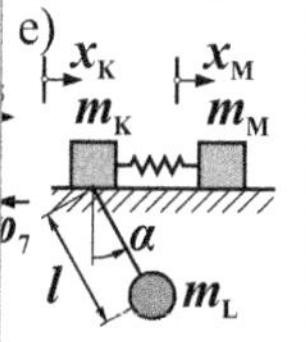	f) 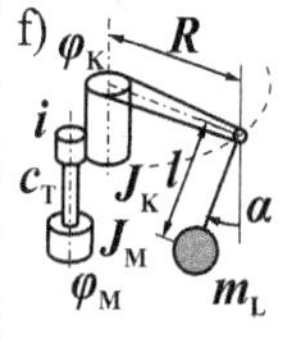
φ_1	x_1	x_1	φ_4	x_M	φ_M
φ_2	x_2	$r\varphi$	φ_5	x_K	$i\varphi_K$; $i = r_K/r_M$
φ_3	0	x_3	$(r_6/r_5)\varphi_7$	$x_K + l\alpha$	$i[\varphi_K + \alpha(l/R)]$
J_1	m_1	m_1	J_4	m_M	J_M
J_2	m_2	J_T/r^2	$J_5 + J_6(r_5/r_6)^2$	m_K	J_K/i^2
J_3	$1/J_3 = 0$	m_3	$J_7(r_5/r_6)^2$	m_L	$m_L R^2/i^2$
c_{T1}	c_1	c_1	c_{T4}	c	c_T
c_{T2}	c_2	c_2	$c_{T6}(r_5/r_6)^2$	$m_L g/l$	$m_L g R^2/l i^2$

$$\omega_1^2 = 0; \qquad \omega_{2,3}^2 = \frac{1}{2}\left[\omega^{*2} \mp \sqrt{\omega^{*4} - \frac{4c_{\mathrm{T1}}c_{\mathrm{T2}}}{J_1 J_2}\left(\frac{J_1 + J_2}{J_3} + 1\right)}\right]. \tag{5.57}$$

Alle Schwinger bis auf b) sind ungefesselt, was zum Nulleigenwert $\omega_1^2 = 0$ führt. Es ist eine Starrkörperbewegung des Gesamtsystems möglich, bei dem keine potenzielle Energie gespeichert wird.

Beim Schwinger b) fällt Gl. (5.55) weg, außerdem gilt immer $\varphi_3 = 0$. In Gl. (5.57) fällt ω_1 weg und es kann kann $J_3 \to \infty$ verwendet werden, was den Wurzelausdruck deutlich vereinfacht.

Die Eigenformen können auf verschiedene Weise normiert werden, u. a. mit

$$v_{1i} = 1; \quad v_{2i} = 1 - J_1\omega_i^2/c_{\mathrm{T1}}; \quad v_{3i} = \frac{1 - J_1\omega_i^2/c_{\mathrm{T1}}}{1 - J_3\omega_i^2/c_{\mathrm{T2}}} \tag{5.58}$$

oder

$$v_{1i} = \frac{1 - \dfrac{J_3\omega_i^2}{c_{\mathrm{T2}}}}{1 - \dfrac{J_1\omega_i^2}{c_{\mathrm{T1}}}}; \qquad v_{2i} = 1 - \frac{J_3\omega_i^2}{c_{\mathrm{T2}}}; \qquad v_{3i} = 1. \tag{5.59}$$

Für den Fall b) ist nur die Darstellung gemäß (5.58) anwendbar, wobei $v_{3i} = 0$ gilt.

5.3.4 Zur Bewertung von Eigenfrequenzen und Eigenformen

Seitdem Ingenieurinnen und Ingenieuren Berechnungsprogramme zur Verfügung stehen, müssen sie vor allem die Möglichkeiten der Modellbildung, den Geltungsbereich des jeweiligen Berechnungsmodells und die Anwendungsgrenzen der Software kennen und die Genauigkeit der Eingabedaten sowie die Interpretation der Ergebnisse beherrschen.

Ist die Abbildung eines Realsystems auf ein Berechnungsmodell gefunden, wird in den meisten Fällen die Berechnung der freien Schwingungen des ungedämpften Systems am Anfang stehen. Sie liefert die Eigenfrequenzen und die zugehörigen Eigenschwingformen. Das dazu erforderliche Berechnungsmodell besteht nur aus Massen und Federn, enthält also nicht die häufig sehr schwer erfassbaren Werte für Dämpfung und Erregung. Sind die Eigenfrequenzen bekannt, lassen sich mehrere Aussagen über das Modell machen. Zunächst wird die niedrigste Eigenfrequenz mit der höchsten interessierenden Erregerfrequenz verglichen. Liegt die niedrigste Eigenfrequenz weit über dieser (hier wird oft der Faktor 2 als Grenze verwendet), so kann das System als als starre Maschine (Starrkörpermechanismus) gerechnet werden (Kap. 3). Liegen Eigenfrequenzen im Bereich der Erregerfrequenzen, so ist von Resonanzerscheinungen auszugehen.

Liegen höhere Eigenfrequenzen des Modells weit über dem Feld der Erregerfrequenzen, so enthält das Berechnungsmodell unnötig viele Freiheitsgrade. Andererseits hat das

Modell zu wenige Freiheitsgrade, wenn die höchste berechnete Eigenfrequenz im Bereich der Erregerfrequenzen liegt. Abb. 5.8 demonstriert diese verschiedenen Fälle. Häufig werden die berechneten Eigenfrequenzen auch zur Modellüberprüfung verwendet, indem Sie mit am System gemessenen Eigenfrequenzen verglichen werden. Da Modelle mit vielen Freiheitsgraden jedoch häufig direkt benachbarte Eigenfrequenzen haben, ist der Vergleich nur unter Hinzuziehung der Eigenformen sinnvoll, die jedoch oft messtechnisch nur schwer zu erfassen sind.

Sind die Eigenschwingungen durch Eigenfrequenzen und Eigenformen bekannt, lassen sich die freien Schwingungen, d. h. die Bewegungen in jeder Koordinate in Abhängigkeit von den Anfangsbedingungen berechnen. Dies spielt vor allem bei Stoßvorgängen und sprungartigen Anregungen eine Rolle.

Jede Steifigkeitserhöhung und jede Massenverringerung heben die Eigenfrequenzen an. Die Wirksamkeit derartiger Maßnahmen hängt jedoch wesentlich von der Schwingform ab, vgl. die Sensitivitäts-Koeffizienten in Abb. 5.14 und Abschn. 6.5.2.

So gilt: Steifigkeitsänderungen sind am wirkungsvollsten im Wellenstück, in dem die größte Differenz der verhältnismäßigen Ausschläge auftritt. Massenänderungen sind am wirkungsvollsten im Schwingungsbauch, d. h. an der Stelle des größten relativen Ausschlages der Eigenschwingform. Massenänderungen im Schwingungsknoten beeinflussen die zur diskutierten Eigenschwingform gehörige Eigenfrequenz nicht.

Die *Grundfrequenz* (die tiefste von null verschiedene Eigenfrequenz) jedes Schwingers ist das wichtigste Kennzeichen für sein dynamisches Verhalten. Häufig muss lediglich die Grundfrequenz bestimmt, und dazu ist es vorteilhaft, vor der Analyse eines umfangreichen Berechnungsmodells, für das viele Eingabedaten gebraucht werden, die Grundfrequenz mit einem Minimalmodell abzuschätzen [11].

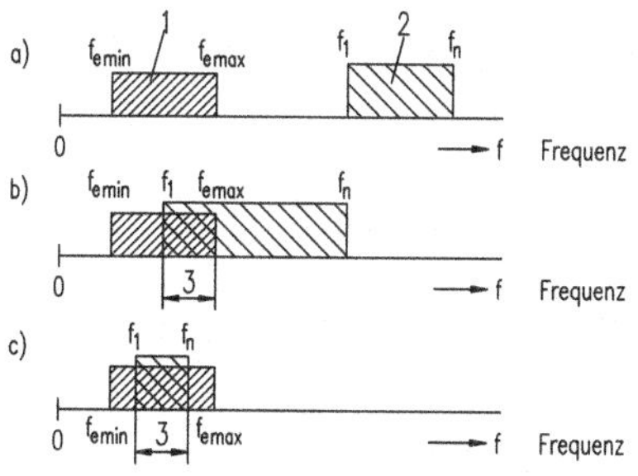

Abb. 5.8 Zur Bewertung im Frequenzbereich **a** Starre Maschine **b** Modell mit zu vielen Freiheitsgraden, Resonanzbereich maßgeblich **c** Modell mit zu wenig Freiheitsgraden, Änderung erforderlich. 1 Erregerfrequenzbereich ($f_{e\,min} < f_e < f_{e\,max}$); 2 Eigenfrequenzbereich ($f_1 < f_i < f_n$); 3 Resonanzbereich

5.3.5 Torsionsschwinger mit kontinuierlichen Wellen

Für ein *Kontinuum, gekoppelt mit einem diskreten Schwinger,* der sich mit der Torsionsfederkonstante c_T und dem Trägheitsmoment J modellieren lässt, ergeben sich die in Tab. 5.4, Fall 2 bis 4, angegebenen Frequenzgleichungen. Aus (4) in Tab. 5.4 ergibt sich mit $c_\mathrm{T} = 0$ und $J = 0$ der Sonderfall des beiderseits freien Kontinuums ($\pi_1 = \pi_2 = 0$):

$$\lambda \sin \lambda = 0; \qquad \lambda_i = (i-1)\pi; \qquad i = 1,\, 2,\, 3,\, \ldots \tag{5.60}$$

Tab. 5.4 Frequenzgleichungen für Torsionsschwinger (Analogie: Längsschwinger)

Fall	Systemskizze	Frequenzgleichung	
1	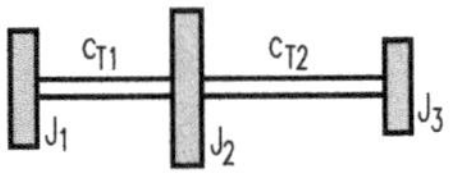	$\omega_1 = 0;$ $\omega^4 - \left(\frac{c_{\mathrm{T}2}}{J_3} + \frac{c_{\mathrm{T}1} + c_{\mathrm{T}2}}{J_2} + \frac{c_{\mathrm{T}1}}{J_1}\right)\omega^2 + \frac{c_{\mathrm{T}1}\, c_{\mathrm{T}2}}{J_1 J_2 J_3}(J_1 + J_2 + J_3) = 0$	(1)
2	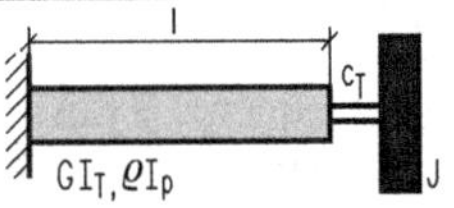	$(\pi_1 - \pi_2\lambda^2)\cos\lambda - \pi_1\pi_2\lambda\sin\lambda = 0$	(2)
3	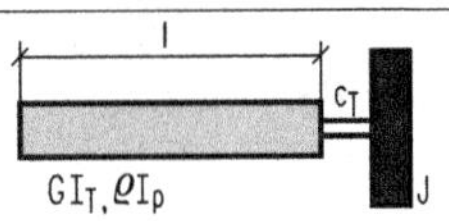	$(\pi_1 - \pi_2\lambda^2)\sin\lambda + \pi_1\pi_2\lambda\cos\lambda = 0$	(3)
4	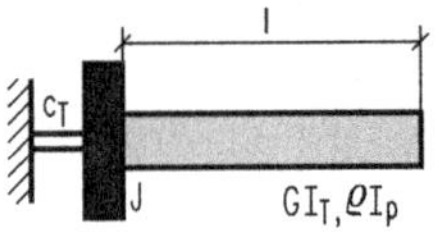	$(\pi_1 - \pi_2\lambda^2)\cos\lambda - \lambda\sin\lambda = 0$	(4)
5	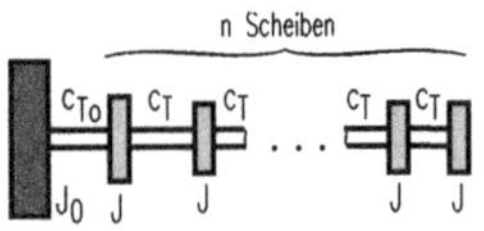	$\omega_i = 2\sqrt{c_\mathrm{T}/J}\,\sin(\kappa_i/2) = 0$ (5) $\sin\kappa\cot(n\kappa) - \frac{J}{J_0} + \left(2\frac{c_\mathrm{T}}{c_{\mathrm{T}0}} - 1\right)(1 + \cos\kappa) = 0$	(6)
$\lambda = \omega l\sqrt{\frac{\varrho I_p}{GI_t}} \mathrel{\widehat{=}} \omega l\sqrt{\frac{\varrho}{E}}, \quad \pi_1 = \frac{c_\mathrm{T} l}{GI_\mathrm{T}} \mathrel{\widehat{=}} \frac{cl}{EA}, \quad \pi_2 = \frac{J}{\varrho I_p l} \mathrel{\widehat{=}} \frac{m}{\varrho A l}$			(7)

Eine Besonderheit aller Modelle mit kontinuierlichen Teilsystemen ist, dass sie unendlich viele Eigenfrequenzen und Eigenformen aufweisen. Abgesehen vom Sonderfall (5.60) sind die Gleichungen zum Auffinden der Eigenfrequenzen (bzw. der Vorstufe λ) transzendent und nicht analytisch lösbar. Der Fall 5 in Tab. 5.4 wurde früher für die „homogene Maschine mit Zusatzmasse“ gern verwendet, da er einer Mehrzylindermaschine mit angekoppeltem Schwungrad entspricht und alle Frequenzen einfach zu berechnen gestattet. Es können zur Vereinfachung auch die einzelnen Scheiben des diskreten Torsionsschwingers „verschmiert“ und damit zu einem Kontinuum-Modell modifiziert werden.

Die Eigenfrequenzen des Kontinuum-Längs- und -Torsionsschwingers sind abhängig von den Randbedingungen und folgen als Sonderfälle aus den Frequenzgleichungen der Tab. 5.4:

- Beiderseits frei (aus (5.60) bzw. (4)):

$$f_i = \frac{i-1}{2}\sqrt{\frac{GI_\mathrm{t}}{\varrho I_\mathrm{p} l^2}} \mathrel{\widehat{=}} \frac{i-1}{2}\sqrt{\frac{E}{\varrho l^2}} \tag{5.61}$$

- Einseitig eingespannt (aus (2)):

$$f_i = \frac{2i-1}{4}\sqrt{\frac{GI_\mathrm{t}}{\varrho I_\mathrm{p} l^2}} \mathrel{\widehat{=}} \frac{2i-1}{4}\sqrt{\frac{E}{\varrho l^2}} \tag{5.62}$$

- Beiderseits eingespannt:

$$f_i = \frac{i}{2}\sqrt{\frac{GI_\mathrm{t}}{\varrho I_\mathrm{p} l^2}} \mathrel{\widehat{=}} \frac{i}{2}\sqrt{\frac{E}{\varrho l^2}}. \tag{5.63}$$

Mit numerischen Methoden zur Nullstellensuche lassen sich aus den Frequenzgleichungen für das Kontinuum unbegrenzt viele dimensionslose Eigenwerte λ und daraus die Eigenfrequenzen finden, von denen meist nur die unteren von Interesse sind.

Ebenso wichtig wie die Eigenfrequenzen sind die zugehörigen *Eigenformen.* Für einfache Modelle können geschlossene Formeln angegeben werden, vgl. (5.58), Abb. 5.5, (5.36), Tab. 5.2, Abb. 5.4 und Abb. 5.14. Ihre Kenntnis ist wichtig zur Bewertung von Parameteränderungen auf die Eigenfrequenzen und für die Analyse der Anregbarkeit der erzwungenen Schwingungen [13].

Ein wichtiges Hilfsmittel sind dabei die Sensitivitätskoeffizienten μ_{ik} und γ_{ik}, die sich bei Torsionsschwingern relativ leicht berechnen lassen, vgl. (5.26). Sie werden bei modernen Programmen explizit ausgegeben und geben Ingenieurinnen und Ingenieuren wertvolle Hinweise darauf, wie das Schwingungsverhalten beeinflusst werden kann, vgl. Abb. 5.10 und 5.14.

5.3.6 Beispiele

5.3.6.1 Vierzylindermotor

Abb. 5.9 zeigt das Modell eines Kolbenmotors mit vier Zylindern, Riemenscheibe und Schwungrad. Im Ausgangszustand lagen folgende Parameterwerte vor:

$$\begin{array}{lll}
J_1 = 4{,}611 \cdot 10^{-2}\,\text{kg m}^2; & c_{T1} = 16{,}19 \cdot 10^4\,\text{N m} & v_{12} = 1{,}000 \\
J_2 = 1{,}350 \cdot 10^{-2}\,\text{kg m}^2; & c_{T2} = 76{,}03 \cdot 10^4\,\text{N m} & v_{22} = 0{,}4285 \\
J_3 = 1{,}350 \cdot 10^{-2}\,\text{kg m}^2; & c_{T3} = 61{,}61 \cdot 10^4\,\text{N m} & v_{32} = 0{,}2916 \\
J_4 = 1{,}350 \cdot 10^{-2}\,\text{kg m}^2; & c_{T4} = 76{,}03 \cdot 10^4\,\text{N m} & v_{42} = 0{,}1097 \\
J_5 = 1{,}350 \cdot 10^{-2}\,\text{kg m}^2; & c_{T5} = 110{,}85 \cdot 10^4\,\text{N m} & v_{52} = -0{,}0415 \\
J_6 = 39{,}34 \cdot 10^{-2}\,\text{kg m}^2; & & v_{62} = -0{,}1443
\end{array}$$

Die erste Eigenfrequenz dieses Torsionsschwingers ist $f_1 = 0$, die zweite und die dritte Eigenfrequenz sollen beeinflusst werden. Die Eigenfrequenzänderungen bei relativ kleinen Parameteränderungen kann unter Verwendung der Sensitivitätskoeffizienten berechnet werden, vgl. (5.27):

$$\frac{\Delta f_i}{f_{i0}} \approx \frac{1}{2}\left(\sum_{l=1}^{5} \gamma_{il}\frac{\Delta c_{Tl}}{c_{Tl}} - \sum_{k=1}^{6} \mu_{ik}\frac{\Delta J_k}{J_k}\right); \qquad i = 1, 2, \ldots, n. \tag{5.64}$$

Das Programm SimulationX® gibt im Druckbild neben den Systemparameter *spring l* und *inertia k* jeweils Koeffizienten an, aus welchen nach Division durch die ebenfalls angegebenen Summen die Sensitivitätskoeffizienten γ_{il} und μ_{ik} berechnet werden können, vgl. Abb. 5.10b und 5.64.

In der Bildmitte von Abb. 5.10 sind die Zähler der Gl. (5.26) (links $i = 2$, rechts $i = 3$) für alle k-Werte untereinander angegeben. Die Werte „Summe" sind die Nenner μ_i bzw. γ_i von (5.26), d. h. damit können die Sensitivitätskoeffizienten μ_{ik} bzw. γ_{ik} berechnet werden.

Falls nur die Parameter c_{T1}, c_{T5}, J_1 und J_6 verändert werden, ergibt sich folgende lineare Näherung für den Einfluss kleiner Parameteränderungen auf die zweite und dritte Eigenfrequenz, vgl. die Zahlenwerte in Abb. 5.10:

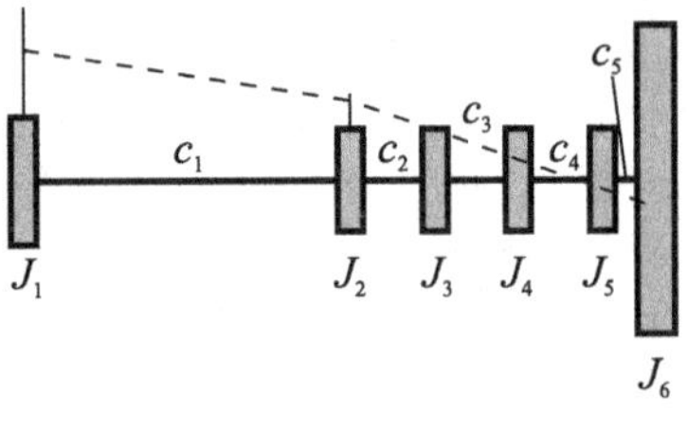

Abb. 5.9 Berechnungsmodell eines Kolbenmotors mit Eigenform der Grundfrequenz ($c_i \mathrel{\hat{=}} c_{Ti}$)

a)

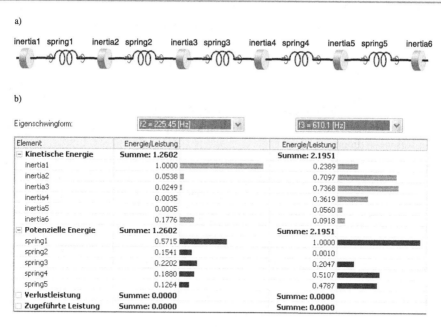

b)

Eigenschwingform: f2 = 225.45 [Hz] f3 = 610.1 [Hz]

Element	Energie/Leistung	Energie/Leistung
Kinetische Energie	**Summe: 1.2602**	**Summe: 2.1951**
inertia1	1.0000	0.2389
inertia2	0.0538	0.7097
inertia3	0.0249	0.7368
inertia4	0.0035	0.3619
inertia5	0.0005	0.0560
inertia6	0.1776	0.0918
Potenzielle Energie	**Summe: 1.2602**	**Summe: 2.1951**
spring1	0.5715	1.0000
spring2	0.1541	0.0010
spring3	0.2202	0.2047
spring4	0.1880	0.5107
spring5	0.1264	0.4787
Verlustleistung	**Summe: 0.0000**	**Summe: 0.0000**
Zugeführte Leistung	**Summe: 0.0000**	**Summe: 0.0000**

Abb. 5.10 Zur Analyse der Torsionsschwingungen eines Kolbenmotors mit SimulationX®: **a** Modelldarstellung in SimulationX®, **b** Energieverteilung bei den Eigenformen 2 und 3

$$\begin{aligned}
\Delta f_2 &\approx \frac{f_{20}}{2\cdot 1{,}2602}\left(-1{,}0000\frac{\Delta J_1}{J_1} - 0{,}1776\frac{\Delta J_6}{J_6} + 0{,}5715\frac{\Delta c_{\mathrm{T1}}}{c_{\mathrm{T1}}} + 0{,}1264\frac{\Delta c_{\mathrm{T5}}}{c_{\mathrm{T5}}}\right)\\
&\approx \left(-89{,}5\frac{\Delta J_1}{J_1} - 15{,}7\frac{\Delta J_6}{J_6} + 51{,}1\frac{\Delta c_{\mathrm{T1}}}{c_{\mathrm{T1}}} + 11{,}3\frac{\Delta c_{\mathrm{T5}}}{c_{\mathrm{T5}}}\right)\,\mathrm{Hz},\\
\Delta f_3 &\approx \frac{f_{30}}{2\cdot 2{,}1951}\left(-0{,}2389\frac{\Delta J_1}{J_1} - 0{,}0918\frac{\Delta J_6}{J_6} + 1{,}0000\frac{\Delta c_{\mathrm{T1}}}{c_{\mathrm{T1}}} + 0{,}4787\frac{\Delta c_{\mathrm{T5}}}{c_{\mathrm{T5}}}\right)\\
&\approx \left(-33{,}2\frac{\Delta J_1}{J_1} - 25{,}5\frac{\Delta J_6}{J_6} + 277{,}9\frac{\Delta c_{\mathrm{T1}}}{c_{\mathrm{T1}}} + 133{,}0\frac{\Delta c_{\mathrm{T5}}}{c_{\mathrm{T5}}}\right)\,\mathrm{Hz}.
\end{aligned} \tag{5.65}$$

Hierbei ist zu beachten, dass sich die relativen Parameteränderungen auf die Parameterwerte beziehen, die den Berechnungen von f_{20} und f_{30} zugrunde lagen.

Am wirkungsvollsten zur Beeinflussung der zweiten Eigenfrequenz erscheint die Veränderung der Riemenscheibe J_1 und der Federkonstante c_{T1}, da deren Sensitivitätskoeffizienzen am größten sind, wie auch aufgrund der zweiten Eigenform zu erwarten ist, vgl. Abb. 5.9. Den größten Einfluss auf die dritte Eigenfrequenz haben die Federparameter c_{T1} und c_{T5}. Werden die beiden Formeln in (5.65) verglichen, ist erkennbar, dass infolge einer Vergrößerung von J_1 die zweite Eigenfrequenz stärker abnimmt als die dritte Eigenfrequenz, d. h. auf diese Weise könnte der Abstand dieser beiden Eigenfrequenzen erweitert werden.

Es sei noch vermerkt, dass bei der Änderung eines Schwingungssystems viele fertigungs- und maschinentechnische Belange berücksichtigt werden müssen, sodass von daher die Möglichkeiten der Realisierung oft recht beschränkt sind.

5.3.6.2 Torsionsschwingungen einer Druckmaschine

Das folgende Beispiel soll der Veranschaulichung der in Abschn. 5.3.6 getroffenen allgemeinen Aussagen dienen.

Antriebs- und Walzensysteme von Druckwerken stellen verzweigte Torsionsschwinger dar. Da die Druckfarbenübertragung sehr empfindlich auf Abweichungen von der Sollbewegung der Zylinder reagiert, interessieren vor allem jene Eigenfrequenzen der Maschine, deren Eigenformen gegenphasige Relativdrehungen der einander zugeordneten Zylinder aufweisen.

Für das in Abb. 5.11 dargestellte Berechnungsmodell des Druckwerkes einer Offsetdruckmaschine sind die Eigenfrequenzen und Eigenschwingformen zu bestimmen. Die Wellen werden als masselose Torsionsfedern modelliert, während die Zylinder als starre Körper angesehen werden, die miteinander keinen Kontakt haben.

Folgende Parameterwerte sind gegeben:

$J_1 = J_2 = J_3 = 2{,}65\,\text{kg m}^2$	Drehmassen von Platten-, Gummi- und Druckzylinder
$J_4 = 0{,}52\,\text{kg m}^2$	auf Winkel φ_4 reduzierte Drehmasse der ersten Getriebestufe
$J_5 = 1{,}98\,\text{kg m}^2$	Drehmasse von Schwungrad und Motorläufer

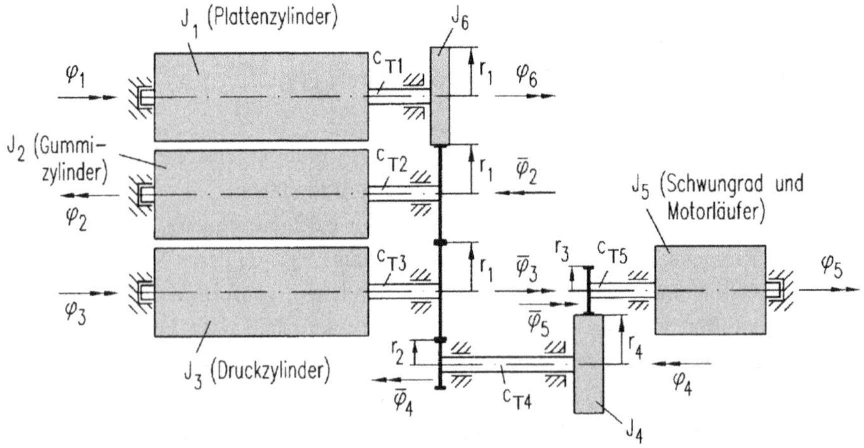

Abb. 5.11 Berechnungsmodell eines Druckmaschinenantriebs

$J_6 = 1{,}10\,\text{kg m}^2$	auf Winkel φ_6 reduzierte Drehmasse der miteinander kämmenden Zahnräder
$r_4/r_3 = 4{,}88$	Übersetzung der ersten Getriebestufe
$r_1/r_2 = 2{,}26$	Übersetzung der zweiten Getriebestufe
$c_{T1} = c_{T2} = c_{T3} = 8{,}3 \cdot 10^5\,\text{N m}$	Torsionsfederkonstanten der Zylinderwellen
$c_{T4} = 2{,}4 \cdot 10^5\,\text{N m}$	Torsionsfederkonstante der Zwischenwelle
$c_{T5} = 4{,}2 \cdot 10^5\,\text{N m}$	Torsionsfederkonstante der Antriebswelle

Mit den bereits in Abb. 5.11 eingetragenen Winkelkoordinaten lassen sich kinetische und potenzielle Energie wie folgt angeben:

$$2W_{\text{kin}} = \sum_{k=1}^{6} J_k \dot{\varphi}_k^2, \quad 2W_{\text{pot}} = c_{T1}(\varphi_1 - \varphi_6)^2 + \sum_{k=2}^{5} c_{Tk}(\varphi_k - \bar{\varphi}_k)^2. \tag{5.66}$$

Als Zwangsbedingungen kann bei den miteinander kämmenden Zahnrädern abgelesen werden:

$$\bar{\varphi}_2 = \varphi_6; \qquad \bar{\varphi}_3 = \bar{\varphi}_2; \qquad r_2\bar{\varphi}_4 = r_1\bar{\varphi}_3; \qquad r_3\bar{\varphi}_5 = r_4\varphi_4. \tag{5.67}$$

Werden mit diesen Gleichungen die überstrichenen Winkelkoordinaten in (5.66) eliminiert, ergibt sich, wenn die verallgemeinerten Koordinaten $q_k = \varphi_k$ $(k = 1, \ldots, 6)$ eingeführt werden:

$$\begin{aligned} 2W_{\text{pot}} &= c_{T1}\,(q_1 - q_6)^2 + c_{T2}\,(q_2 - q_6)^2 + c_{T3}\,(q_3 - q_6)^2 \\ &\quad + c_{T4}\left(q_4 - \frac{r_1}{r_2}q_6\right)^2 + c_{T5}\left(q_5 - \frac{r_4}{r_3}q_4\right)^2. \end{aligned} \tag{5.68}$$

Mit Einführung der Lagrange-Funktion $L = W_{\text{kin}} - W_{\text{pot}}$ können nun die Bewegungsgleichungen nach der Vorschrift der Lagrange'schen Gl. 2. Art aufgestellt werden. Werden diese in Matrizenform gemäß (5.17) geschrieben, so ergibt sich die Massenmatrix $M = \operatorname{diag}(J_k)$. Mit den gegebenen Parameterwerten ergibt sich nach Ausklammern der Bezugsgröße J_1:

$$M = 2{,}65\,\text{kg m}^2 \cdot \operatorname{diag}(1;\ 1;\ 1;\ 0{,}196\,23;\ 0{,}747\,17;\ 0{,}415\,09) = J_1\overline{M} \tag{5.69}$$

und als Steifigkeits- oder Federmatrix

$$\boldsymbol{C} = \begin{bmatrix} c_{T1} & 0 & 0 & 0 & 0 & -c_{T1} \\ & c_{T2} & 0 & 0 & 0 & -c_{T2} \\ & & c_{T3} & 0 & 0 & -c_{T3} \\ & & & c_{T4} + \left(\frac{r_4}{r_3}\right)^2 c_{T5} & -\frac{r_4}{r_3}c_{T5} & -\frac{r_1}{r_2}c_{T4} \\ & & & & c_{T5} & 0 \\ \text{symmetrisch} & & & & & c_{T1} + c_{T2} + c_{T3} + \left(\frac{r_1}{r_2}\right)^2 c_{T4} \end{bmatrix}$$

$$=8{,}3\cdot 10^5\,\mathrm{N\,m}\begin{bmatrix} 1 & 0 & 0 & 0 & 0 & -1 \\ & 1 & 0 & 0 & 0 & -1 \\ & & 1 & 0 & 0 & -1 \\ & & & 12{,}3398 & -2{,}4694 & -0{,}6535 \\ & & & & 0{,}506\,02 & 0 \\ \text{symmetrisch} & & & & & 4{,}4769 \end{bmatrix} = c_{\mathrm{T1}}\overline{\boldsymbol{C}}. \tag{5.70}$$

Zur Berechnung der Eigenfrequenzen und Eigenformen wird mathematische Software zur Lösung eines linearen Eigenwertproblems genutzt. Die Eigenfrequenzen sind:

$$\begin{aligned} f_1 &= 0\,\mathrm{Hz}; & f_2 &= 50{,}1\,\mathrm{Hz}; & f_3 &= 89{,}1\,\mathrm{Hz}, \\ f_4 &= 89{,}1\,\mathrm{Hz}; & f_5 &= 300{,}6\,\mathrm{Hz}; & f_6 &= 710{,}6\,\mathrm{Hz}. \end{aligned} \tag{5.71}$$

Die Eigenvektoren $\boldsymbol{v}_i$ $(i = 1, \ldots, 6)$ sind so normiert, dass $\boldsymbol{v}_i^{\mathrm{T}} \cdot \overline{\boldsymbol{M}} \cdot \boldsymbol{v}_i = 1$ gilt. Sie werden in der Modalmatrix $\boldsymbol{V}$ zusammengefasst, vgl. (6.110):

$$\boldsymbol{V} = \begin{bmatrix} 0{,}102\,44 & 0{,}549\,50 & 0{,}816\,51 & 0 & -0{,}144\,51 & 0{,}001\,07 \\ 0{,}102\,44 & 0{,}549\,50 & -0{,}408\,24 & 0{,}707\,11 & -0{,}144\,51 & 0{,}001\,07 \\ 0{,}102\,44 & 0{,}549\,50 & -0{,}408\,24 & -0{,}707\,11 & -0{,}144\,51 & 0{,}001\,07 \\ 0{,}231\,51 & -0{,}023\,78 & 0 & 0 & 0{,}090\,27 & 2{,}243\,60 \\ 1{,}129\,76 & -0{,}217\,70 & 0 & 0 & -0{,}027\,86 & -0{,}117\,76 \\ 0{,}102\,44 & 0{,}375\,77 & 0 & 0 & 1{,}500\,98 & -0{,}066\,98 \end{bmatrix}. \tag{5.72}$$

Der erste Eigenvektor spiegelt die starre Rotation des Druckwerkes wider. Die Einträge in der ersten Spalte der Modalmatrix stehen in den Verhältnissen der Übersetzungen zueinander.

Zur Beurteilung der „Gefährlichkeit“ der Schwingungen für das Druckergebnis kann die Relativverdrehung der Zylinder betrachtet werden. An den Kontaktstellen der Zylinder ist die Relativverschiebung ein Maß dafür, wie die Übertragung der Druckfarbe gestört wird. Zu beachten sind die Vorzeichendefinitionen der Winkel in Abb. 5.11.

In Abb. 5.12 sind die Verdrehungen der Zylinder bei zwei Eigenformen gezeigt (Seitenansicht). Hieraus wird deutlich, dass die doppelt auftretende Eigenfrequenz von $f_3 = f_4 = 89{,}1$ Hz für das Druckwerk problematisch werden kann. Eine Anregung mit in der Nähe liegenden Erregerfrequenzen, z. B. Zahneingriffsfrequenzen oder ganzzahligen Vielfachen der Umlauffrequenzen der Zylinder, kann zu gefährlich großen Resonanzausschlägen führen, die die Druckqualität beeinträchtigen.

Diese Aussage kann getroffen werden, ohne dass die Resonanzamplituden berechnet werden müssen. Als Gegenmaßnahmen aufgrund dieser Ergebnisse bereits eine Verschiebung der Erreger- und/oder Eigenfrequenzen in entgegengesetzte Richtungen angestrebt werden.

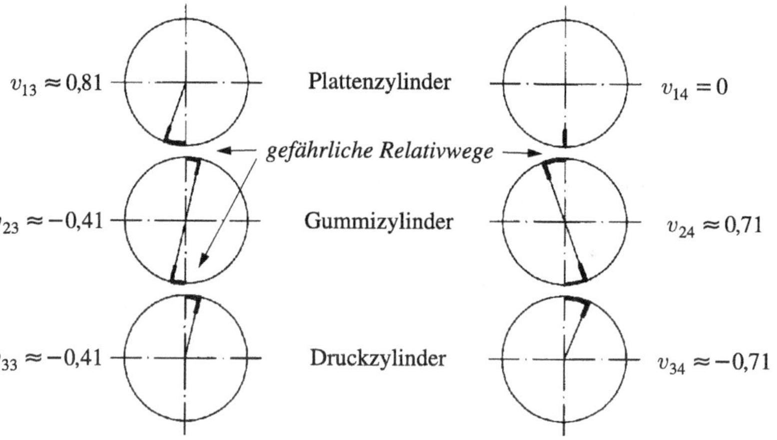

Abb. 5.12 Relative Zylinderamplituden bei der dritten und vierten Eigenform

5.3.6.3 Fahrzeug-Antriebsstrang

Ein typisches Beispiel für ein komplexes Antriebssystem ist der Fahrzeug-Antriebsstrang mit Berücksichtigung des Motors als elastisches Subsystem sowie des weiteren Strangs mit Kupplung, Getriebe, Gelenkwelle, Differenzialgetriebe, Seitenwellen und Rad/Reifen. Abb. 5.13a zeigt ein entsprechendes Schwingungsmodell mit allen Drehmassen und Drehsteifigkeiten als unverzweigtes-unvermaschtes System (hinterachsgetriebenes Fahrzeug mit durchgeschaltetem 4. Gang).

Zur Minimierung von Schwingungen (und damit auch zur Geräuschreduzierung) werden in Fahrzeugen mit mechanischen Schaltgetrieben so genannte „Zwei-Massen-Schwungräder" (ZMS) eingesetzt, die einen wesentlichen positiven Einfluss auf das Gesamt-Eigenverhalten des Antriebssystems haben, vgl. Abb. 5.13b.

Mit den in Abb. 5.13c tabellarisch angegebenen Parameterwerten erfolgte die modale Analyse, deren Ergebnisse in Abb. 5.14 dargestellt sind. Anhand der ersten Eigenfrequenzen und Schwingungsformen lassen sich die typischen maschinendynamischen Eigenschaften erkennen. Es können die Amplituden-Verteilung der Eigenformen (v_{ki}) und die mit den Parameterwerten multiplizierten Sensitivitätskoeffizienten verglichen werden, um die physikalischen Ursachen zu deuten.

Es ist deutlich erkennbar, dass das Subsystem „Motor" vom restlichen Schwingungssystem zwischen Schwungrad und Fahrzeug-Ersatzmasse dynamisch entkoppelt ist. Hieraus lässt sich beispielsweise auch die Reduktion der elastischen Substruktur „Motor" auf eine einzige Masse als „starre" Substruktur rechtfertigen, wenn das Antriebssystem selbst nicht analysiert werden soll, denn der Motor verhält sich bei den niederen Formen wie ein rotierender starrer Körper.

Weiterhin ist vom Standpunkt der Modellbildung interessant und aus Abb. 5.14b ersichtlich, dass

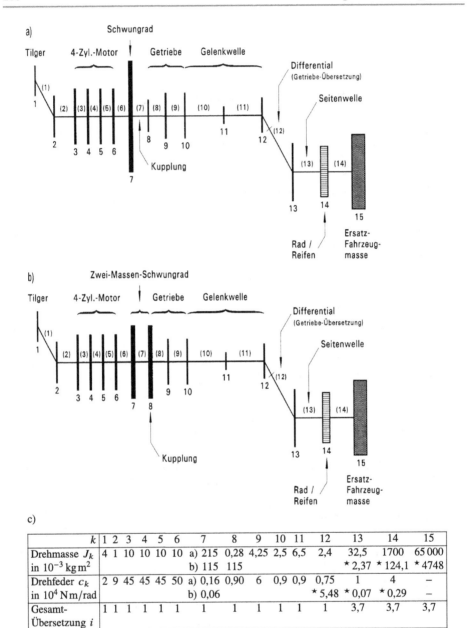

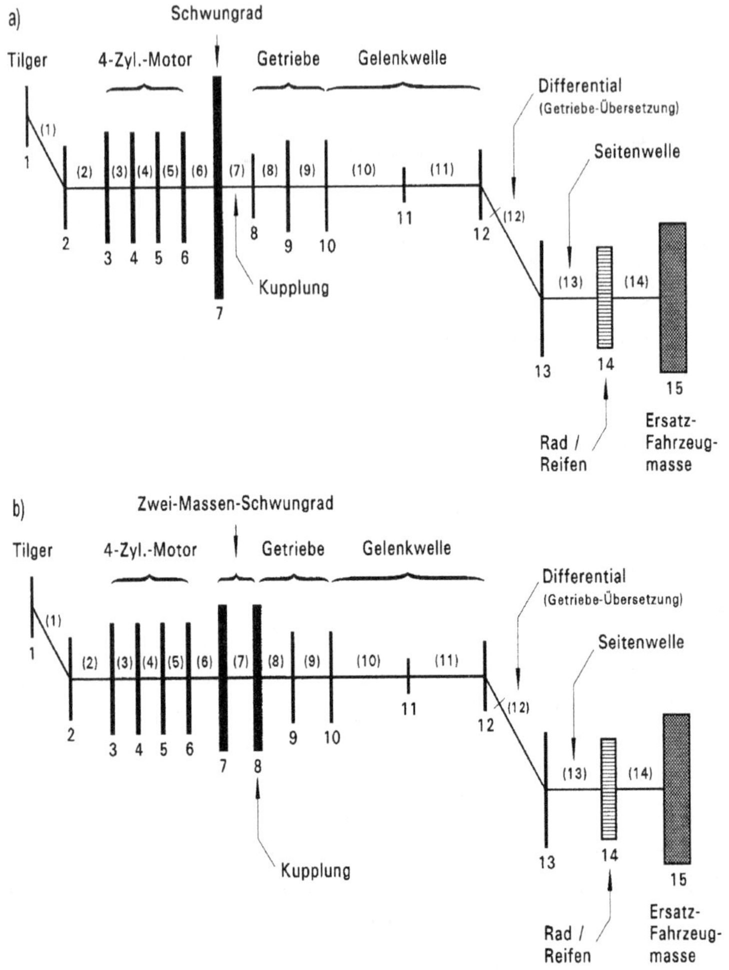

c)

k	1	2	3	4	5	6	7	8	9	10	11	12	13	14	15
Drehmasse J_k	4	1	10	10	10	10	a) 215	0,28	4,25	2,5	6,5	2,4	32,5	1700	65 000
in $10^{-3}\,\mathrm{kg\,m^2}$							b) 115	115					⋆ 2,37	⋆ 124,1	⋆ 4748
Drehfeder c_k	2	9	45	45	45	50	a) 0,16	0,90	6	0,9	0,9	0,75	1	4	–
in $10^4\,\mathrm{N\,m/rad}$							b) 0,06					⋆ 5,48	⋆ 0,07	⋆ 0,29	–
Gesamt-Übersetzung i	1	1	1	1	1	1	1	1	1	1	1	1	3,7	3,7	3,7

Abb. 5.13 Fahrzeug-Antriebsstrang: **a** ohne Zwei-Massen-Schwungrad (ZMS), **b** mit Zwei-Massen-Schwungrad, **c** Tabelle der Parameterwerte. (Quelle: ARLA) ⋆ auf Hauptwelle reduzierte Werte

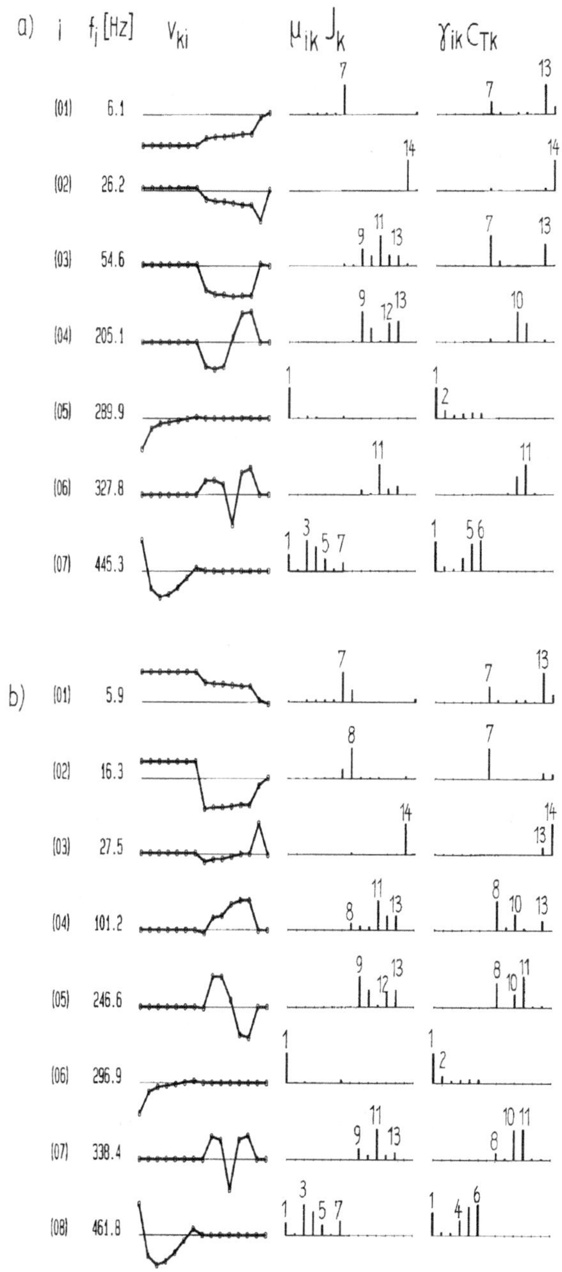

Abb. 5.14 Eigenfrequenzen f_i, Eigenformen v_{ki} und Produkte von Parameterwerten mit Sensitivitäts-Koeffizienten der kinetischen (μ_{ik}) und potenziellen Energie (γ_{ik}) zu Abb. 5.13, Darstellung gemäß [34] (Quelle: ARLA). **a** ohne Zwei-Massen-Schwungrad, **b** mit Zwei-Massen-Schwungrad

- die Fahrzeugmasse (J_{15}) infolge ihrer großen Trägheit nicht an den Schwingungen beteiligt ist und wie eine Einspannstelle wirkt,
- vor allem die zweite Eigenform durch das ZMS stark beeinflusst wird (Relativdrehung zwischen Scheibe 7 und 8),
- sich alle Eigenfrequenzen infolge des ZMS (Zusatzmasse, kleinere Drehfeder) partiell abgesenkt haben, vgl. f_i des Systems a mit f_{i+1} des Systems b,
- die höheren Eigenformen durch das ZMS wenig beeinflusst werden, vgl. die Formen $\boldsymbol{v}_i$ des Systems a mit $\boldsymbol{v}_{i+1}$ des Systems b,
- die erste Eigenform durch die weichsten Federn (c_7, c_{13}) und die große Schwungmasse (J_7) bedingt ist und
- dass erst ab etwa 290 Hz das Eigenverhalten des Vierzylindermotors von Bedeutung ist.

In Abb. 5.14 wurde die (theoretisch erste Eigenform, die) Starrkörperdrehung nicht mit dargestellt. Abb. 5.14 zeigt auch, dass die grafische Darstellung von der Normierungsbedingung abhängt, denn nur weil deren Vorzeichen vertauscht wurden, sieht z. B. v_{k1} in Abb. 5.14a und Abb. 5.14b anders aus.

5.3.7 Aufgaben A5.1 bis A5.3

A5.1 Anfahren eines Krans mit Spiel im Antrieb

Ein Kran (vgl. Prinzipskizze in Abb. 5.15) wird mit einem konstanten Motormoment aus der Ruhe heraus beschleunigt. Unter der Annahme, dass die auf die Motorwelle reduzierte Drehmasse von Motor und Getriebe das gesamte reduzierte Spiel durchlaufen muss, bevor eine Kraftübertragung auf die Schiene erfolgt, sind die Torsionsspannungen in den Wellen der getriebenen Laufräder während des Anfahrvorganges zu bestimmen. Das Anfahren erfolge ohne Last, und Bewegungswiderstände seien vernachlässigbar.

Gegeben:

translatorisch bewegte Masse des Krans	$m = 98\,000\,\text{kg}$
auf Motorwelle reduzierte Drehmasse von Getriebe und Motor	$J_\text{M} = 0{,}555\,\text{kg m}^2$
auf Motorwelle reduziertes Getriebespiel	$\Delta\varphi_\text{M} = 0{,}35\,\text{rad}$
Übersetzung des Getriebes ($\dot{\varphi}_\text{M} = i \cdot \dot{\varphi}_\text{W}$)	$i = 25$
konstantes Motormoment	$M_\text{M} = 91\,\text{N m}$
Rollradius der Laufräder	$R = 0{,}4\,\text{m}$
Trägheitsmoment eines Laufrades	$J_\text{R} = 16\,\text{kg m}^2$
Schubmodul der Antriebswellen	$G = 8{,}1 \cdot 10^{10}\,\text{N/m}^2$
zulässige Torsionsspannung	$\tau_\text{zul} = 1{,}33 \cdot 10^8\,\text{N/m}^2$
Längen der Antriebswellen	$l_1 = 1{,}3\,\text{m}$, $l_2 = 0{,}325\,\text{m}$
Durchmesser der Antriebswellen	$d_1 = 80\,\text{mm}$, $d_2 = 65\,\text{mm}$

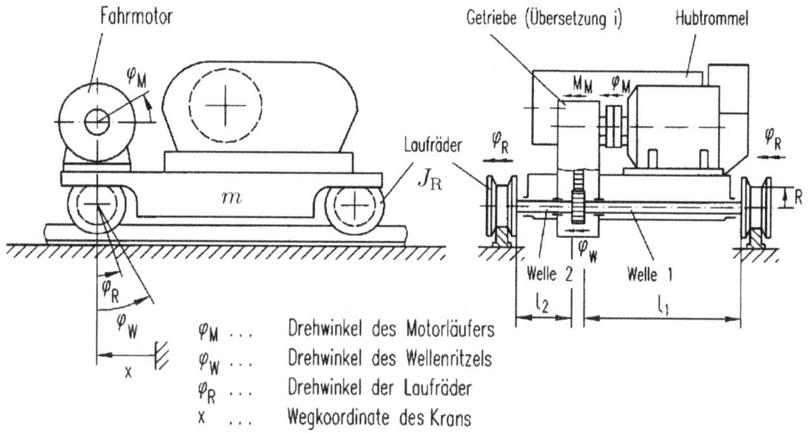

Abb. 5.15 Koordinaten und Parameter des Krans

Gesucht:

1. Zwangsbedingungen zwischen φ_M, φ_W, φ_R und x
2. Bewegungsgleichungen für die in Abb. 5.15 definierten Koordinaten φ_W und φ_R
3. Anfangsbedingungen nach dem Spieldurchlauf
4. Torsionsmomente in den beiden Antriebswellen nach dem ersten Spieldurchlauf
5. Maximale Torsionsspannungen in den beiden Antriebswellen

A5.2 Kupplungsstoß

An das in Ruhe befindliche Teilsystem mit den Parametern J_1, c_{T1}, J_2 wird eine Drehmasse J_3, die sich mit der Winkelgeschwindigkeit Ω_3 dreht, schlagartig über eine elastische Bolzenkupplung mit der Torsionssteifigkeit c_{T2} gekuppelt (Abb. 5.16).

Gegeben:

Winkelgeschwindigkeit von J_3 beim Aufprall: Ω_3
Trägheitsmomente $J_1 = J_2 = J_3 = J$
Torsionsfederkonstanten $c_{T1} = 10c_T$, $c_{T2} = c_T$

Abb. 5.16 Minimalmodell zum Kupplungsvorgang

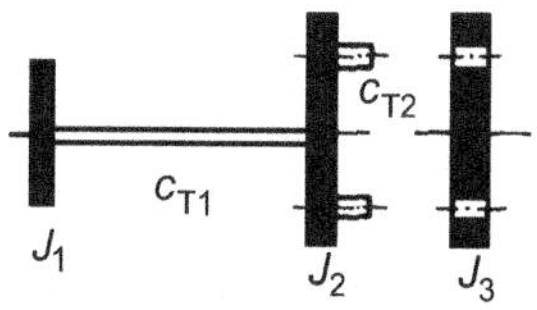

Gesucht:

1. Eigenfrequenzen und Eigenformen
2. Bewegungs-Zeit-Funktion $\varphi_1(t)$
3. elastisches Moment in der Kupplung für den Fall $\Omega_3 = \sqrt{c_T/J}$

Die Ergebnisse sind anhand von Plausibilitätskontrollen, die mit dem Drallsatz und dem Energiesatz möglich sind, zu beurteilen.

A5.3 Blockieren eines Zahnradgetriebes

Bei bestimmten Antriebssystemen muss der Sicherheitsnachweis gegenüber Wellenbruch bei einer Havarie geführt werden. Dafür müssen die bei einem derartigen Lastfall auftretenden dynamischen Momente in den Wellen, insbesondere ihre Maximalwerte bekannt sein.

Das zunächst schwingungsfrei rotierende Antriebssystem, vgl. Abb. 5.17, wird plötzlich durch Auslösen der Motorbremse blockiert. Dadurch werden Torsionsschwingungen angeregt, die die Wellen dynamisch belasten. Die Schwingerkette entspricht Fall d in Tab. 5.3. Unter der Annahme des Extremfalls, dass das Abbremsen des Motorläufers in unendlich kurzer Zeit erfolgt, sollen die Torsionsspannungen in beiden Wellen ermittelt werden.

Gegeben:

Längen der beiden Wellen	$l_4 = 400\,\text{mm}$, $l_5 = 200\,\text{mm}$
Durchmesser der Wellen	$d_4 = 35\,\text{mm}$, $d_5 = 32\,\text{mm}$
Teilkreisradien der miteinander kämmenden Räder	$r_5 = 185\,\text{mm}$, $r_6 = 250\,\text{mm}$
Drehmasse des Motorläufers	$J_4 = 0{,}8\,\text{kg m}^2$
Drehmassen der Zahnräder	$J_5 = 0{,}5\,\text{kg m}^2$, $J_6 = 1{,}7\,\text{kg m}^2$
Drehmasse des Abtriebs	$J_7 = 0{,}6\,\text{kg m}^2$
Schubmodul der Wellen	$G = 8{,}1 \cdot 10^{10}\,\text{N/m}^2$
Motordrehzahl	$n_M = 75\,\text{U/min}$

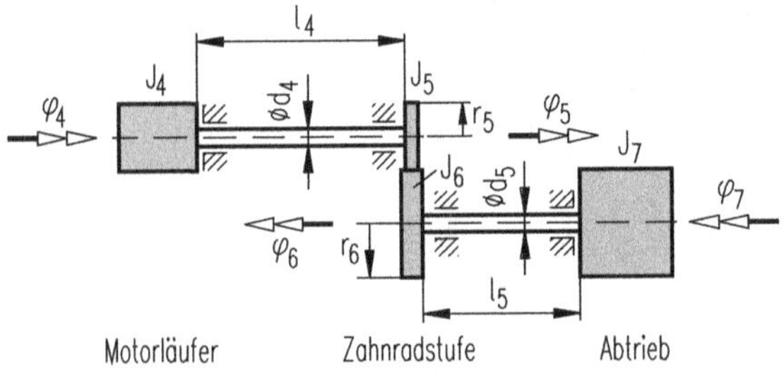

Abb. 5.17 Koordinaten und Parameter des Antriebssystems

Gesucht:

1. Eigenfrequenzen des freien und des blockierten (gebremsten) Systems
2. Eigenformen des gebremsten Systems
3. Anfangsbedingungen für plötzliches Blockieren des Motorläufers
4. Torsionsspannungen (insbesondere deren Maximalbeträge), die infolge des plötzlichen Blockierens in den beiden Wellen auftreten

5.3.8 Lösungen L5.1 bis L5.3

L5.1 Wenn kein Spiel vorhanden ist, existiert eine Zwangsbedingung zwischen φ_{M} und φ_{W}:

$$\underline{\underline{\varphi_{\mathrm{M}} = i \cdot \varphi_{\mathrm{W}}.}} \tag{5.73}$$

Wenn zwischen Laufrädern und Schiene Haftung besteht, gilt die Zwangsbedingung

$$\underline{\underline{x = R \cdot \varphi_{\mathrm{R}}.}} \tag{5.74}$$

Aus der Bedingung der Gleichheit von kinetischer Energie des Motorläufers nach dem Spieldurchlauf und Antriebsarbeit des Motormomentes beim Durchlaufen des Spielwinkels

$$\frac{1}{2} J_{\mathrm{M}} \dot{\varphi}_{\mathrm{M}}^2 = M_{\mathrm{M}} \Delta\varphi_{\mathrm{M}}$$

folgt die Winkelgeschwindigkeit beim Aufprall zu

$$\underline{\underline{\dot{\varphi}_{\mathrm{M}} = \sqrt{\frac{2 M_{\mathrm{M}}}{J_{\mathrm{M}}} \cdot \Delta\varphi_{\mathrm{M}}}\,.}} \tag{5.75}$$

Nachdem das Spiel erstmalig durchlaufen wurde, erfolgt eine Kraftübertragung zwischen Getriebe und Wellenritzel.

Zur Aufstellung der Bewegungsgleichungen für die Etappe des Kontaktes werden kinetische und potenzielle Energie sowie die virtuelle Arbeit der nicht über W_{pot} erfassten Kraftgrößen benötigt:

$$\begin{aligned} W_{\mathrm{kin}} &= \frac{1}{2} \cdot \left[m\dot{x}^2 + J_{\mathrm{M}}\dot{\varphi}_{\mathrm{M}}^2 + 4 J_{\mathrm{R}}\dot{\varphi}_{\mathrm{R}}^2 \right] = \frac{1}{2} \left[(mR^2 + 4J_{\mathrm{R}})\dot{\varphi}_{\mathrm{R}}^2 + i^2 J_{\mathrm{M}}\dot{\varphi}_{\mathrm{W}}^2 \right], \\ W_{\mathrm{pot}} &= \frac{1}{2} \cdot \left[c_{\mathrm{T1}} \cdot (\varphi_{\mathrm{W}} - \varphi_{\mathrm{R}})^2 + c_{\mathrm{T2}} \cdot (\varphi_{\mathrm{W}} - \varphi_{\mathrm{R}})^2 \right] \\ &= \frac{1}{2} \cdot (c_{\mathrm{T1}} + c_{\mathrm{T2}}) \cdot (\varphi_{\mathrm{W}} - \varphi_{\mathrm{R}})^2 \end{aligned} \tag{5.76}$$

mit den Torsionsfederkonstanten

$$c_{\mathrm{T}k} = \frac{G \cdot \pi d_k^4}{32 \cdot l_k}; \qquad k = 1,\ 2. \tag{5.77}$$

Die virtuelle Arbeit des Motormomentes beträgt

$$\delta W = M_{\mathrm{M}} \cdot \delta\varphi_{\mathrm{M}}. \tag{5.78}$$

Somit können die Bewegungsgleichungen mittels der Lagrange'schen Gleichung 2. Art aufgestellt werden. Sie lauten:

$$\begin{bmatrix} i^2 J_{\mathrm{M}} & 0 \\ 0 & mR^2+4J_{\mathrm{R}} \end{bmatrix} \cdot \begin{bmatrix} \ddot{\varphi}_{\mathrm{W}} \\ \ddot{\varphi}_{\mathrm{R}} \end{bmatrix} + (c_{\mathrm{T1}} + c_{\mathrm{T2}}) \begin{bmatrix} 1 & -1 \\ -1 & 1 \end{bmatrix} \cdot \begin{bmatrix} \varphi_{\mathrm{W}} \\ \varphi_{\mathrm{R}} \end{bmatrix} = \begin{bmatrix} i M_{\mathrm{M}} \\ 0 \end{bmatrix}. \tag{5.79}$$

Die linke Seite hat die Form von (5.29). Anfangsbedingungen nach dem Spieldurchlauf sind:

$t = 0$:

$$\begin{aligned} &\varphi_{\mathrm{W}}(0) = \frac{1}{i}\varphi_{\mathrm{M}}(0) = 0; \qquad &&\dot{\varphi}_{\mathrm{W}}(0) = \frac{1}{i}\dot{\varphi}_{\mathrm{M}}(0) = \frac{1}{i} \cdot \sqrt{\frac{2M_{\mathrm{M}}}{J_{\mathrm{M}}} \cdot \Delta\varphi_{\mathrm{M}}}, \\ &\varphi_{\mathrm{R}}(0) = 0; &&\dot{\varphi}_{\mathrm{R}}(0) = 0. \end{aligned} \tag{5.80}$$

Werden die Bewegungsgleichungen (5.79) betrachtet, so lässt sich das Problem durch den in Abschn. 5.3.2.2 behandelten Schwinger gemäß Abb. 5.18 mit dem Freiheitsgrad 2 und Spiel darstellen.

Die Gl. (5.79) sind analog zu (5.47) aufgebaut und die Anfangsbedingungen (5.80) sind mit (5.45) vergleichbar. Somit kann die in Abschn. 5.3.2.2 gewonnene Lösung benutzt werden. Es ergeben sich mit dem Quadrat der Eigenkreisfrequenz analog zu (5.33)

$$\omega^2 = (c_{\mathrm{T1}} + c_{\mathrm{T2}}) \cdot \frac{mR^2 + 4J_{\mathrm{R}} + i^2 J_{\mathrm{M}}}{\left(mR^2 + 4J_{\mathrm{R}}\right) \cdot i^2 J_{\mathrm{M}}} = 2025\,(\mathrm{rad/s})^2 \tag{5.81}$$

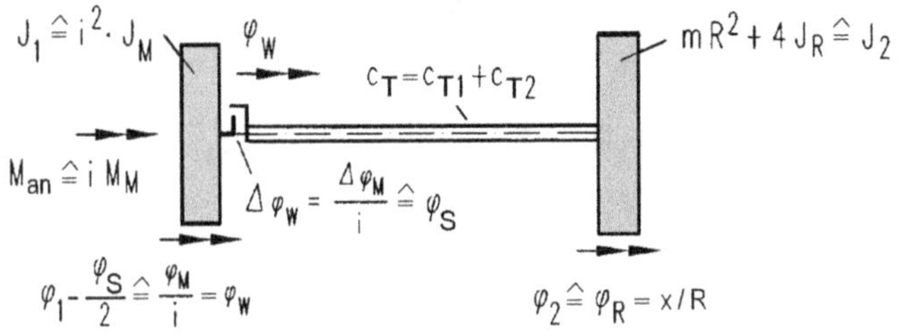

Abb. 5.18 Berechnungsmodell von Kran und Antriebssystem mit Spiel

und mit dem aus (5.50) bekannten Moment M die Verläufe der Momente in beiden Wellen zu

$$\underline{\underline{M_k}} = c_{Tk}(\varphi_W - \varphi_R) = \frac{c_{Tk}}{c_{T1} + c_{T2}} M$$
$$\underline{\underline{= \frac{c_{Tk} M_M}{i J_M \omega^2} \cdot \left[1 - \cos\omega t + \sqrt{\frac{2 J_M \omega^2}{M_M} \cdot \Delta\varphi_M} \cdot \sin\omega t \right]}}, \qquad k = 1,\ 2, \tag{5.82}$$

wenn beachtet wird, dass die Beziehung

$$\frac{c_T(J_1 + J_2)}{M_{an} J_2} \mathrel{\widehat{=}} \frac{J_M \omega^2}{M_M} = \frac{(c_{T1} + c_{T2})(m R^2 + 4 J_R + i^2 J_M)}{(m R^2 + 4 J_R) i^2 M_M} \tag{5.83}$$

besteht.

Die Maximalwerte betragen somit

$$M_{k\,\max} = c_{Tk} \frac{M_M}{i J_M \omega_0^2} \left[1 + \sqrt{1 + \frac{2 J_M \omega_0^2}{M_M} \Delta\varphi_M} \right], \qquad k = 1,\ 2. \tag{5.84}$$

Der Ausdruck unter der Wurzel erlaubt zu bewerten, welchen Anteil das Spiel (im Vergleich zum spielfreien Antrieb) hat. Im vorliegenden Fall ist er beträchtlich, denn aus den gegebenen Parameterwerten folgt

$$\frac{2 J_M \omega^2}{M_M} \Delta\varphi_M = \frac{2 \cdot 0{,}555 \cdot 2025{,}4}{91} \cdot 0{,}35 = 8{,}647, \tag{5.85}$$

vgl. dazu Abb. 5.7.

Als maximale Torsionsspannungen ergeben sich daraus:

$$\underline{\underline{\tau_{k\,\max} = \frac{16 M_{k\,\max}}{\pi d_k^3}}}; \qquad k = 1,\ 2. \tag{5.86}$$

Aus (5.84) und (5.86) folgen mit (5.77) die Maximalwerte

$$\begin{aligned} &\underline{\underline{M_{1_{\max}} = 3{,}33 \cdot 10^3\ \text{N m}}}; \qquad \underline{\underline{M_{2_{\max}} = 5{,}81 \cdot 10^3\ \text{N m}}}, \\ &\underline{\underline{\tau_{1_{\max}} = 3{,}3 \cdot 10^7\ \text{N/m}^2}}; \qquad \underline{\underline{\tau_{2_{\max}} = 10{,}8 \cdot 10^7\ \text{N/m}^2}}. \end{aligned} \tag{5.87}$$

Die steifere Welle 2 ($c_{T2} = 4{,}37 \cdot 10^5$ N m $> c_{T1} = 2{,}51 \cdot 10^5$ N m) wird erheblich stärker beansprucht als die weichere.

Fazit: Die in Antriebssystemen beim Anfahren entstehenden dynamischen Beanspruchungen hängen wesentlich von der Größe des zu durchlaufenden Spiels, von der Eigenfrequenz des schwingungsfähigen Systems und vom Motormoment ab.

L5.2 Die Aufgabenstellung führt auf ein ungefesseltes Modell nach Tab. 5.3 (Fall a), vgl. auch (5.53) bis (5.55). Die Anfangsbedingungen lauten:

$$\begin{aligned} t=0: \quad & \varphi_1=0; \quad && \varphi_2=0; \quad && \varphi_3=0, \\ & \dot{\varphi}_1=0; && \dot{\varphi}_2=0; && \dot{\varphi}_3=\Omega_3. \end{aligned} \tag{5.88}$$

Die Quadrate der Eigenkreisfrequenzen betragen gemäß (5.57)

$$\omega_1^2=0; \qquad \omega_2^2=1{,}4606\frac{c_T}{J}; \qquad \omega_3^2=20{,}5394\frac{c_T}{J}, \tag{5.89}$$

d. h., die Eigenfrequenzen sind

$$\underline{\underline{f_1=0}}; \qquad \underline{\underline{f_2=0{,}1923\sqrt{\frac{c_T}{J}}}}; \qquad \underline{\underline{f_3=0{,}7213\sqrt{\frac{c_T}{J}}}}. \tag{5.90}$$

Die Eigenformen können aus (5.58) berechnet werden. Die erste entspricht einer Starrkörperdrehung.

$$v_{11}=1; \qquad v_{21}=1; \qquad v_{31}=1. \tag{5.91}$$

Die anderen Eigenformen haben mit $v_{1i}=1$ die Amplitudenverhältnisse

$$\begin{aligned} v_{12}&=1; \quad & v_{22}&=0{,}8539; \quad & v_{32}&=-1{,}8539, \\ v_{13}&=1; & v_{23}&=-1{,}0539; & v_{33}&=0{,}0539. \end{aligned} \tag{5.92}$$

Abb. 5.19 zeigt die zweite und dritte Eigenform. Die vollständige Lösung lautet für $k=1,\ 2,\ 3$ analog zu (5.34):

$$\varphi_k=a_1+b_1t+v_{k2}(a_2\cos\omega_2t+b_2\sin\omega_2t)+v_{k3}(a_3\cos\omega_3t+b_3\sin\omega_3t). \tag{5.93}$$

Werden die Anfangsbedingungen (5.88) erfüllt, ergeben sich folgende Integrationskonstanten:

$$\begin{aligned} a_1&=0; \qquad a_2=0; \qquad a_3=0, \\ b_2&=\frac{\Omega_3}{\omega_2}\cdot\frac{v_{23}-1}{(v_{32}-1)(v_{23}-1)+(1-v_{22})(v_{33}-1)}=-0{,}2969\,\Omega_3\sqrt{\frac{J}{c_T}}, \\ b_3&=\frac{\Omega_3}{\omega_3}\cdot\frac{1-v_{22}}{(v_{32}-1)(v_{23}-1)+(1-v_{22})(v_{33}-1)}=0{,}0056\,\Omega_3\sqrt{\frac{J}{c_T}}, \\ b_1&=-(v_{22}\omega_2b_2+v_{23}\omega_3b_3)=0{,}3333\,\Omega_3. \end{aligned} \tag{5.94}$$

Gemäß (5.93) führt die Scheibe 1 folgende Bewegung aus:

$$\underline{\underline{\varphi_1=0{,}3333\,\Omega_3t-(0{,}2969\ \sin\omega_2t-0{,}0056\ \sin\omega_3t)\Omega_3\sqrt{J/c_T}}}\,. \tag{5.95}$$

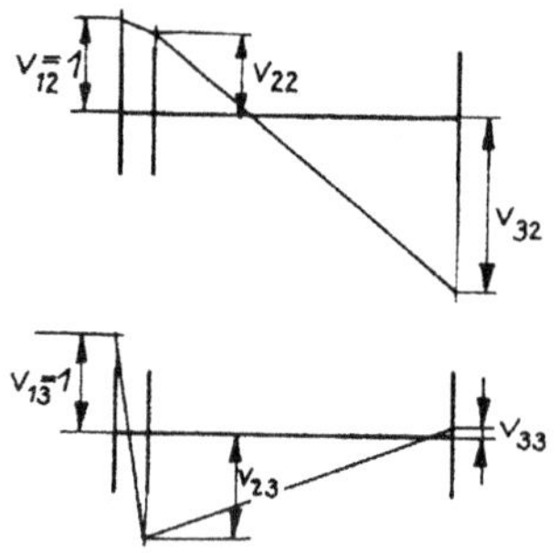

Abb. 5.19 Eigenformen des Torsionsschwingers

Die elastischen Momente ergeben sich in der Welle 1 zu

$$\begin{aligned} M_{12} &= c_{\mathrm{T}1}(\varphi_1 - \varphi_2) = c_{\mathrm{T}1}\left[b_2(v_{12} - v_{22})\sin\omega_2 t + b_3(v_{13} - v_{23})\sin\omega_3 t\right] \\ &= c_{\mathrm{T}}(-0{,}4337\sin\omega_2 t + 0{,}1157\sin\omega_3 t) \end{aligned} \tag{5.96}$$

und in der Kupplung zu

$$\begin{aligned} M_{23} &= c_{\mathrm{T}2}(\varphi_3 - \varphi_2) = c_{\mathrm{T}2}\left[b_2(v_{32} - v_{22})\sin\omega_2 t + b_3(v_{33} - v_{23})\sin\omega_3 t\right] \\ &= c_{\mathrm{T}}(0{,}8040\sin\omega_2 t - 0{,}0060\sin\omega_3 t). \end{aligned} \tag{5.97}$$

Die Lösung zeigt, dass sich der Momentenverlauf aus zwei harmonischen Schwingungen zusammensetzt, deren Kreisfrequenzen nicht im ganzzahligen Verhältnis zueinander stehen (Inkommensurabilität). Es ergibt dies i. Allg. keine periodische Belastung.

Dabei ist die Amplitude der ersten Komponente gegenüber der zweiten weitaus größer, was im Hinblick auf die nach den Eigenformen auch vermutet werden kann.

Die Bewegung des Schwingers setzt sich aus einer Rotation des starren Körpers mit der Winkelgeschwindigkeit Ω und einer Schwingungsbewegung mit den beiden Eigenfrequenzen zusammen. Die Winkelgeschwindigkeit Ω ergibt sich aus der Bedingung, dass der Drehimpuls erhalten bleibt (also $J_3\Omega_3 = (J_1 + J_2 + J_3)\Omega = 3J\Omega$ ist), sofort zu $\Omega = \Omega_3/3$.

Die durch die Scheibe *3* in das System eingeleitete kinetische Anfangsenergie verteilt sich auf die Energien W_i der drei Eigenformen, vgl. Abschn. 5.2.3 und (6.140):

$$W = W_1 + W_2 + W_3 = W_{\mathrm{kin}\,0} = \frac{1}{2}J\Omega_3^2. \tag{5.98}$$

Die Rotationsenergie des starren Systems ist die Energie der ersten „Eigenform“:

$$W_1 = \frac{1}{2}(J_1 + J_2 + J_3)\Omega^2 = \frac{1}{2}3J\left(\frac{\Omega_3}{3}\right)^2 = \frac{1}{6}J\Omega_3^2. \tag{5.99}$$

Diese enthält keine potenzielle Energie. Die Energie in den anderen beiden „richtigen“ Eigenformen ist die *Vibrationsenergie,* die aus der Differenz zur Anfangsenergie berechnet werden kann:

$$W_2 + W_3 = W - W_1 = \frac{1}{3} J \Omega_3^2. \tag{5.100}$$

Sie ist die Summe der kinetischen und potenziellen Energie, welche die beiden angeregten Eigenschwingungen enthalten. Während der Schwingung kann im Extremfall die gesamte Vibrationsenergie in einer Torsionsfeder gespeichert werden. Daraus ergeben sich die beiden Abschätzungen

$$\frac{1}{2} c_{T1} (\varphi_1 - \varphi_2)^2_{\max} \leqq \frac{1}{3} J \Omega_3^2; \qquad \frac{1}{2} c_{T2} (\varphi_2 - \varphi_3)^2_{\max} \leqq \frac{1}{3} J \Omega_3^2. \tag{5.101}$$

Mit dieser Betrachtung kann also, ohne die Schwingungsberechnung auszuführen, angegeben werden, wie groß die Maximalmomente in den Wellen höchstens sind. Aus (5.101) folgt, vgl. auch (6.144):

$$\begin{aligned} M_{12\max} &= c_{T1} |\varphi_1 - \varphi_2|_{\max} \leqq \Omega_3 \sqrt{\frac{2}{3} c_{T1} J} = 2{,}582 c_T, \\ M_{23\max} &= c_{T2} |\varphi_2 - \varphi_3|_{\max} \leqq \Omega_3 \sqrt{\frac{2}{3} c_{T2} J} = 0{,}8165 c_T. \end{aligned} \tag{5.102}$$

Die daraus folgenden Ergebnisse sind mit denen aus (5.96) und (5.97) zu vergleichen. Warum ist die eine Abschätzung genauer, als die andere?

L5.3 Die Bewegungsgleichungen dieses Schwingungssystems sind aus (5.53) bis (5.55) bekannt. Mit den in Tab. 5.3 (Fall d) angegebenen Formeln werden die Parameterwerte aus der Aufgabenstellung auf die der Bildwelle (Tab. 5.3, Fall a) umgerechnet:

$$\begin{aligned} J_1 &\mathrel{\widehat{=}} J_4 = 0{,}8\,\mathrm{kg\,m^2}; \\ J_2 &\mathrel{\widehat{=}} J_5 + J_6 \left(\frac{r_5}{r_6}\right)^2 = 1{,}4309\,\mathrm{kg\,m^2}; \\ J_3 &\mathrel{\widehat{=}} J_7 \left(\frac{r_5}{r_6}\right)^2 = 0{,}3286\,\mathrm{kg\,m^2}. \end{aligned} \tag{5.103}$$

Die Torsionsfederkonstanten der Wellen ergeben sich zunächst aus (1.35) zu

$$c_{Tj} = \frac{G I_{pj}}{l_j} = \frac{G \pi d_j^4}{32 l_j}; \qquad j = 4,\ 6 \tag{5.104}$$

und umgerechnet auf die Koordinaten der Bildwelle des Systems nach Abb. 5.2, Fall a:

$$c_{T1} \mathrel{\widehat{=}} c_{T4} = 29\,833\,\mathrm{N\,m}; \qquad c_{T2} \mathrel{\widehat{=}} c_{T6} \left(\frac{r_5}{r_6}\right)^2 = 22\,831\,\mathrm{N\,m}. \tag{5.105}$$

Die Eigenfrequenzen $f_i = \omega_i/(2\pi)$ des frei beweglichen Getriebes folgen mit den in (5.103) und (5.105) angegebenen Daten aus (5.57) oder aus Formel (1) in Tab. 5.4 zu

$$\underline{\underline{f_1 = 0\,\text{Hz}}}; \quad \underline{\underline{f_2 = 35{,}2\,\text{Hz}}}; \quad \underline{\underline{f_3 = 48{,}9\,\text{Hz}}}. \tag{5.106}$$

Die Eigenfrequenzen des blockierten (gefesselten) Systems ergeben sich aus denselben Formeln, wenn $J_1 = J_4 \to \infty$ gesetzt wird:

$$\underline{\underline{f_1 = 20{,}2\,\text{Hz}}}; \quad \underline{\underline{f_2 = 47{,}8\,\text{Hz}}}. \tag{5.107}$$

Alle Eigenfrequenzen nehmen infolge der Bremsung zu, und für die dritte Eigenfrequenz gilt $f_3 \to \infty$. Die Eigenformen des gebremsten Getriebes ergeben sich zunächst bezüglich der Koordinaten φ_1 und φ_2 aus (5.58):

$$\begin{aligned} &v_{1i} = 0; \qquad v_{2i} = 1; \qquad v_{3i} = \frac{1}{1 - \frac{J_3 \omega_i{}^2}{c_{T2}}}; \qquad i = 1,\ 2 \\ &v_{32} = -3{,}35; \quad v_{31} = 1{,}30. \end{aligned} \tag{5.108}$$

Die Umrechnung in die ursprünglichen Koordinaten mit den in Tab. 5.3 angegebenen Transformationsformeln liefert unter Beachtung des Übersetzungsverhältnisses $r_5/r_6 = 0{,}74$ die in Abb. 5.20 eingezeichneten Amplitudenverhältnisse.

Die allgemeine Lösung der Bewegungsgleichungen lautet nach (5.38):

$$\begin{aligned} \varphi_k(t) &= \sum_{i=1}^{2} v_{ki} \cdot (a_i \cos \omega_i t + b_i \sin \omega_i t) \\ \dot{\varphi}_k(t) &= \sum_{i=1}^{2} \omega_i v_{ki} \cdot (-a_i \sin \omega_i t + b_i \cos \omega_i t) \end{aligned}, \qquad k = 2,\ 3. \tag{5.109}$$

Da alle Zahnräder anfangs schwingungsfrei rotieren, lauten die Anfangsbedingungen:

$$t = 0: \quad \varphi_2(0) = \varphi_3(0) = 0; \qquad \dot{\varphi}_2(0) = \dot{\varphi}_3(0) = \Omega = 7{,}854\,\text{rad/s}. \tag{5.110}$$

Die Faktoren a_i und b_i können mit der Forderung, dass die Lösungen (5.109) auch die Anfangsbedingungen (5.110) erfüllen, bestimmt werden. Diese Forderungen bedeuten:

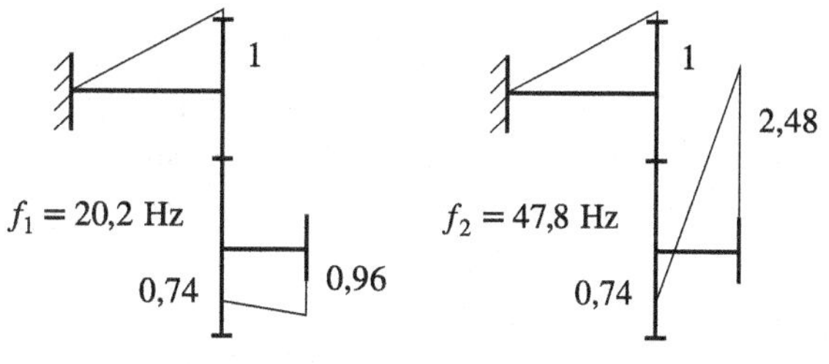

Abb. 5.20 Eigenformen des blockierten Getriebes

$$\begin{aligned} \varphi_2(0) &= v_{21}a_1 + v_{22}a_2 = 0; \quad & \dot{\varphi}_2(0) &= \omega_1 v_{21} b_1 + \omega_2 v_{22} b_2 = \Omega, \\ \varphi_3(0) &= v_{31}a_1 + v_{32}a_2 = 0; \quad & \dot{\varphi}_3(0) &= \omega_1 v_{31} b_1 + \omega_2 v_{32} b_2 = \Omega. \end{aligned} \tag{5.111}$$

Diese Gleichungen haben die Lösungen

$$a_1 = a_2 = 0; \qquad b_1 = 0{,}057\,98; \qquad b_2 = 1{,}6897 \cdot 10^{-3}. \tag{5.112}$$

Damit können die Bewegungen des blockierten Systems angegeben werden:

$$\begin{aligned} \varphi_2(t) &= 0{,}057\,98 \sin \omega_1 t - 0{,}001\,69 \sin \omega_2 t \mathrel{\widehat{=}} \varphi_5(t), \\ \varphi_3(t) &= 0{,}075\,40 \sin \omega_1 t - 0{,}005\,66 \sin \omega_2 t \mathrel{\widehat{=}} \frac{r_6}{r_5}\varphi_7(t). \end{aligned} \tag{5.113}$$

Die in den Wellen an ihrem Außenrand auftretenden Torsionsspannungen $\tau_{\mathrm{T}j}$ sind proportional den Torsionsmomenten, die ihrerseits linear von den Schwingungsausschlägen abhängen. Mit den Widerstandsmomenten $W_{\mathrm{T}j} = \pi d_j^3/16$ ergibt sich

$$\begin{aligned} \underline{\underline{\tau_{\mathrm{T}4}}} &= \frac{M_{\mathrm{T}4}}{W_{\mathrm{T}4}} = \frac{16 c_{\mathrm{T}4}}{\pi d_4^3}\varphi_5(t) = \frac{G d_4}{2 l_4}\varphi_2(t) \\ &= \underline{\underline{(205{,}5 \sin \omega_1 t + 6{,}0 \sin \omega_2 t)\ \mathrm{N/mm^2}}}, \end{aligned} \tag{5.114}$$

$$\begin{aligned} \underline{\underline{\tau_{\mathrm{T}5}}} &= \frac{M_{\mathrm{T}5}}{W_{\mathrm{T}5}} = \frac{16 c_{\mathrm{T}5}}{\pi d_5^3}[\varphi_7(t) - \varphi_6(t)] = \frac{G d_5}{2 l_5}\frac{r_5}{r_6}[\varphi_3(t) - \varphi_2(t)] \\ &= \underline{\underline{(83{,}5 \sin \omega_1 t - 35{,}2 \sin \omega_2 t)\ \mathrm{N/mm^2}}}. \end{aligned} \tag{5.115}$$

5.4 Erzwungene Schwingungen von Torsionsschwingern

Die Bewegungsgleichungen für die erzwungenen gedämpften Schwingungen der Torsionsschwingerkette ergeben sich aus (5.16), wenn an der k-ten Scheibe die viskosen Dämpfungsmomente und die Erregermomente $M_k(t)$ ergänzt werden (für $k = 1, 2, \ldots, n$) zu

$$\begin{aligned} J_k \ddot{\varphi}_k &- b_{\mathrm{T}k-1}(\dot{\varphi}_{k-1} - \dot{\varphi}_k) + b_{\mathrm{T}k}(\dot{\varphi}_k - \dot{\varphi}_{k+1}) \\ &- c_{\mathrm{T}k-1}(\varphi_{k-1} - \varphi_k) + c_{\mathrm{T}k}(\varphi_k - \varphi_{k+1}) = M_k(t). \end{aligned} \tag{5.116}$$

Die allgemeine Lösung dieser Gleichungen erfolgt in Kap. 6. Hier sollen nur Minimalmodelle zur Einführung in die Problemstellungen behandelt werden.

Es ist zweckmäßig, erzwungene Schwingungen nur in Verbindung mit Dämpfungswerten zu berechnen, da sonst keine brauchbaren Aussagen über die Amplitudenwerte in Resonanznähe ermittelt werden können. Da oft Dämpfungskonstanten realer Maschinen fehlen, ist es üblich, modale Dämpfungen einzuführen, vgl. Abschn. 6.3.1.

Erzwungene Schwingungen werden durch Differenzialgleichungen mit konstanten Koeffizienten beschrieben, in denen die Erregung als eine explizite Zeitfunktion auftritt. Für eine große Gruppe von Antriebssystemen liegen periodische Erregerfunktionen vor. Hierzu gehören die Kolbenmotoren, die durch Gas- und Massenkräfte erregt werden, die Kolbenpumpen und Pressen sowie viele Antriebssysteme mit ungleichmäßig übersetzenden Mechanismen, vgl. Abschn. 5.4.2.3.

Neben diesen von „außen" wirkenden Erregermomenten spielt die Erregung durch Zahnstöße in Getrieben eine Rolle. Die dadurch auftretenden (meist sehr hochfrequenten) Schwingungen beeinträchtigen teilweise die Funktionsgüte und haben zusätzliche Zahnbelastungen zur Folge, vgl. Abschn. 9.4.5.2.

5.4.1 Periodische Erregung

Für die Behandlung von erzwungenen Torsionsschwingungen mit periodischer Erregung ist folgender Berechnungsablauf vorteilhaft: Nach der Bestimmung der Modellparameter, der Modalanalyse (ω_i, v_{ki}, γ_{ik}, μ_{ik}) und der Erfassung der Erregung in Form einer *Fourier*-Reihe werden mögliche Resonanzfrequenzen mithilfe des Resonanzschaubildes bestimmt. Danach können durch einen Energievergleich die Resonanzamplituden abgeschätzt und aufgrund der modalen Erregerkräfte die Anregbarkeit der Resonanzstellen bewertet werden. Es gibt Softwarepakete, die speziell für Torsionsschwinger in Antriebssystemen entwickelt wurden. Damit lassen sich die Zeitverläufe aller interessierenden Kraft- und Bewegungsgrößen berechnen und Parametereinflüsse analysieren, sodass schon vor dem Bau und der Erprobung Konstruktionen mit günstigem dynamischem Verhalten entwickelbar sind. Die VDI-Richtline 3840 gibt Hinweise, welche Einflussgrößen i. Allg. bei der Schwingungsuntersuchung von Wellensträngen zu berücksichtigen sind.

Bekanntlich kann jede periodische Erregung mithilfe einer Fourier-Reihe in eine Summe harmonischer Glieder zerlegt werden. Für nichtanalytisch gegebene Funktionen, zum Beispiel ein gemessenes Indikatordiagramm, liefert Software die Fourier-Koeffizienten. Damit ergibt sich das Erregermoment an der Scheibe k in der Form:

$$\begin{aligned} M_k &= M_{k\,\mathrm{st}} + \sum_{m=1}^{\infty}(M_{kmc}\cos m\Omega t + M_{kms}\sin m\Omega t) \\ &= M_{k\,\mathrm{st}} + \sum_{m=1}^{\infty}\hat{M}_{km}\sin(m\Omega t + \beta_{km}) \end{aligned} \tag{5.117}$$

mit der Amplitude der m-ten Harmonischen an der Stelle k

$$\hat{M}_{km} = \sqrt{M_{kmc}^2 + M_{kms}^2} \tag{5.118}$$

und dem jeweiligen Phasenwinkel (mit der exakten Lage des Quadranten)

$$\beta_{km} = \arccos\left(M_{kms}/\hat{M}_{km}\right)\cdot\mathrm{sign}\,(M_{kmc}). \tag{5.119}$$

In (5.117) stellt $M_{k\,\mathrm{st}}$ das statische Moment dar, das meist als Nutz- oder Arbeitsmoment dient. Es bewirkt, dass das ganze Antriebssystem unter Vorspannung läuft. Die Kreisfrequenz Ω des periodischen Vorganges entspricht der Winkelgeschwindigkeit der Antriebswelle. Bei Viertaktmotoren ist dabei zu beachten, dass ein Arbeitsspiel über zwei Umdrehungen läuft. Wird trotzdem auf die Drehzahl bezogen, so tritt der (mathematisch unglückliche) Effekt gebrochener Ordnungen auf. Es ist deshalb üblich, gebrochene Ordnungszahlen m einzuführen.

Es existieren bei periodischer Erregung Resonanzen höherer (m-ter) Ordnung. Resonanz kann gemäß (7.109) auftreten, wenn eine Erregerkreisfrequenz $m\Omega$ mit einer Eigenkreisfrequenz ω_i übereinstimmt, also wenn gilt:

$$\Omega = \frac{\omega_i}{m} \qquad \text{bzw.} \qquad m\Omega = \omega_i \qquad \text{oder} \qquad n_{im} = \frac{60 f_i}{m}. \tag{5.120}$$

Die letzte Gleichung bezieht sich auf die Drehzahlen n_{im} in U/min und die Frequenzen f_i in Hz.

Dies ist eine notwendige (keine hinreichende) Bedingung, die sich übersichtlich im Resonanzschaubild, das auch als *Campbell*-Diagramm bezeichnet wird, darstellen lässt. Hierbei werden die Eigenfrequenzen auf der Ordinate und die Drehzahlen auf der Abszisse aufgetragen. Die Ordnungsgeraden schneiden dann die Eigenfrequenzen bei möglicherweise dort auftretenden kritischen Drehzahlen, vgl. die Abb. 5.24b, 5.27 und 7.12a.

Die Bewegungsgleichungen für das Minimalmodell in Abb. 5.21a ergeben sich als Sonderfall von (5.116) für $n = 2$ oder als Erweiterung von (5.29) zu

$$J_1\ddot{\varphi}_1 + b_\mathrm{T}(\dot{\varphi}_1 - \dot{\varphi}_2) + c_\mathrm{T}(\varphi_1 - \varphi_2) = M_1(t), \tag{5.121}$$

$$J_2\ddot{\varphi}_2 - b_\mathrm{T}(\dot{\varphi}_1 - \dot{\varphi}_2) - c_\mathrm{T}(\varphi_1 - \varphi_2) = M_2(t). \tag{5.122}$$

Werden keine Antriebs- oder Bremsmomente $M_k(t)$ gegeben, sondern eine erzwungene *kinematische Erregung* $\varphi_1(t)$, dann spielt die Größe von J_1 für die Bewegung von $\varphi_2(t)$ keine Rolle, und es entsteht das Berechnungsmodell von Abb. 5.21b, dessen Bewegungsgleichung sich als Sonderfall aus (5.122) ergibt:

$$J_2\ddot{\varphi}_2 + b_\mathrm{T}\dot{\varphi}_2 + c_\mathrm{T}\varphi_2 = b_\mathrm{T}\dot{\varphi}_1(t) + c_\mathrm{T}\varphi_1(t). \tag{5.123}$$

Gl. (5.121) kann dann zur Ermittlung des Momentes $M_1(t)$ dienen, welches die vorgegebene kinematische Erregung aufrechterhält. Manchmal ist es zweckmäßig, den Relativwinkel $q = \varphi_1 - \varphi_2$ als Koordinate zu benutzen. Für ihn ergibt sich aus (5.123):

$$\ddot{q} + \frac{b_\mathrm{T}}{J_2}\dot{q} + \frac{c_\mathrm{T}}{J_2}q = \ddot{\varphi}_1(t). \tag{5.124}$$

Aus (5.121) und (5.122) kann eine einzige Bewegungsgleichung gewonnen werden, und zwar für das innere („elastische") Moment $M = c_\mathrm{T}(\varphi_1 - \varphi_2)$ in der tordierten Welle, vgl. auch (5.42). Werden (5.121) durch J_1 und (5.122) durch J_2 dividiert, ergibt sich aus der

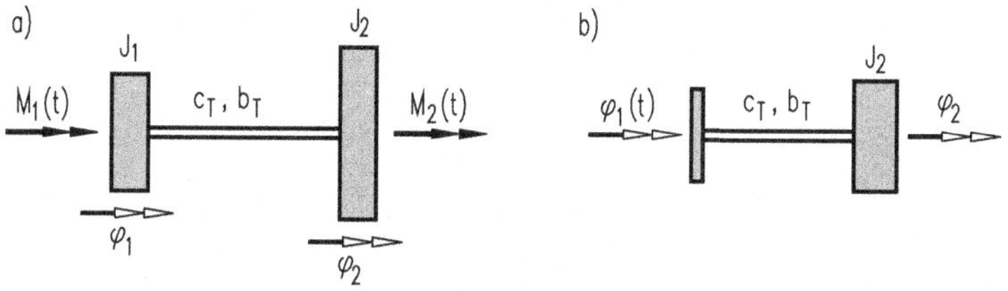

Abb. 5.21 Minimalmodelle für erzwungene Schwingungen: **a** Zwei Erregermomente, **b** kinematische Erregung

Differenz der mit c_T multiplizierten Gleichungen für das innere Moment folgende Differenzialgleichung:

$$\ddot{M} + 2D\omega_0\dot{M} + \omega_0^2 M = c_\mathrm{T}\left(\frac{M_1(t)}{J_1} - \frac{M_2(t)}{J_2}\right) \tag{5.125}$$

in Übereinstimmung mit (1.88) und (1.92)

$$2D\omega_0 = 2\delta = b_\mathrm{T}\frac{\omega_0^2}{c_\mathrm{T}}; \qquad \omega_0^2 = \frac{c_\mathrm{T}}{J_1} + \frac{c_\mathrm{T}}{J_2}, \tag{5.126}$$

vgl. den Sonderfall (5.42). Die Gl. (5.123) und (5.125) besitzen im Prinzip dieselbe Form wie (5.124). Ist die rechte Seite von (5.124) eine periodische Funktion, so lässt sich z. B. der periodisch veränderliche Antriebswinkel als Fourierreihe angeben:

$$\varphi_1(t) = \sum_{m=1}^{\infty}(a_m \cos m\Omega t + b_m \sin m\Omega t). \tag{5.127}$$

Wird seine zweite Ableitung in (5.124) eingesetzt, so entsteht die Differenzialgleichung

$$\ddot{q} + 2D\omega_0\dot{q} + \omega_0^2 q = \Omega^2 \sum_{m=1}^{\infty} m^2(a_m \cos m\Omega t + b_m \sin m\Omega t). \tag{5.128}$$

Ihre stationäre Lösung lautet

$$q(t) = \sum_{m=1}^{\infty}(A_m \cos m\Omega t + B_m \sin m\Omega t) = \sum_{m=1}^{\infty} C_m \cos(m\Omega t + \beta_m) \tag{5.129}$$

mit den Fourierkoeffizienten

$$\begin{aligned} A_m &= \frac{(1 - m^2\eta^2)a_m - 2Dm\eta b_m}{(1 - m^2\eta^2)^2 + (2Dm\eta)^2} m^2\eta^2; \\ B_m &= \frac{2Dm\eta a_m + (1 - m^2\eta^2)b_m}{(1 - m^2\eta^2)^2 + (2Dm\eta)^2} m^2\eta^2. \end{aligned} \tag{5.130}$$

Dabei wurde das Abstimmungsverhältnis $\eta = \Omega/\omega_0$ eingeführt. Für die Amplitude der m-ten Harmonischen gilt

$$C_m = \sqrt{A_m^2 + B_m^2} = \frac{m^2\eta^2\sqrt{a_m^2 + b_m^2}}{\sqrt{(1 - m^2\eta^2)^2 + (2Dm\eta)^2}}. \tag{5.131}$$

Wenn die Erregerkreisfrequenz $m\Omega$ der m-ten Harmonischen mit der Eigenkreisfrequenz ω_0 zusammenfällt, ist $m\eta = 1$ und für die Resonanzamplitude gilt die Abschätzung

$$|q|_{\max} \geqq C_{m\,\max} \approx C_m(\eta = 1/m) = \frac{\sqrt{a_m^2 + b_m^2}}{2D}. \tag{5.132}$$

Je kleiner die Dämpfung ist, desto größer sind also die Resonanzamplituden.

5.4.2 Beispiele

5.4.2.1 Motorradmotor

Abb. 5.22 zeigt das Triebwerk eines Motorradmotors mit seinem Berechnungsmodell. Der Motor arbeitet im 2-Takt-Verfahren. Es liegt eine periodische Erregung vor, die sich aus den Harmonischen der Gas- und Massenmomente zusammensetzt. Es werden zunächst nur die ersten 4 Harmonischen betrachtet:

$$M_2 = \sum_{m=1}^{4} \hat{M}_{2m} \sin(m\Omega t + \alpha_m). \tag{5.133}$$

Aus den gegebenen Masse- und Federparametern

$$\begin{aligned} J_1 &= 1{,}027 \cdot 10^{-2}\,\text{kg m}^2; & c_{T1} &= 25{,}9 \cdot 10^3\,\text{N m},\\ J_2 &= 0{,}835 \cdot 10^{-2}\,\text{kg m}^2; & c_{T2} &= 20{,}6 \cdot 10^3\,\text{N m},\\ J_3 &= 0{,}079 \cdot 10^{-2}\,\text{kg m}^2 \end{aligned} \tag{5.134}$$

ergeben sich aus (5.57) die Eigenfrequenzen des ungedämpften Systems:

$$f_1 = 0; \qquad f_2 = 366\,\text{Hz}; \qquad f_3 = 853\,\text{Hz}. \tag{5.135}$$

Mit der Dämpferkonstante $b_T = 0{,}6$ N m s und den Momentenamplituden

$$\begin{aligned} \hat{M}_{21} &= 53{,}8\,\text{N m}; & \hat{M}_{22} &= 43{,}6\,\text{N m},\\ \hat{M}_{23} &= 24{,}5\,\text{N m}; & \hat{M}_{24} &= 20{,}2\,\text{N m} \end{aligned} \tag{5.136}$$

sowie den Phasenwinkeln in rad

$$\alpha_1 = 0; \quad \alpha_2 = -1{,}1194; \quad \alpha_3 = -1{,}3489; \quad \alpha_4 = -1{,}1345 \tag{5.137}$$

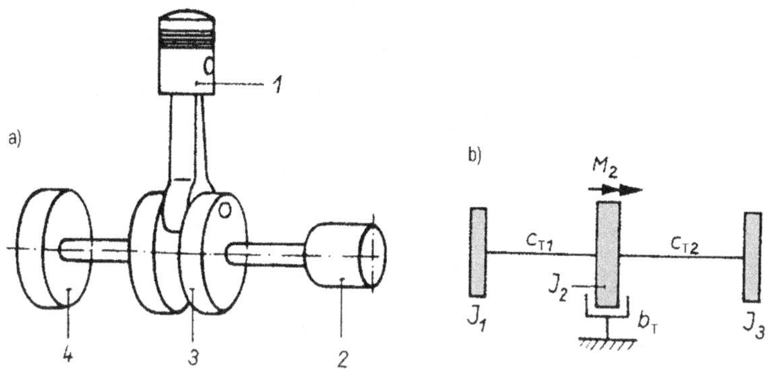

Abb. 5.22 Motorradmotor: **a** Skizze des Triebwerks, *1* Kolben, *2* Lichtmaschinenanker, *3* Kurbeltrieb, *4* Kupplung; **b** Schwingungsmodell

werden mit den im Abschn. 7.2.1.2 beschriebenen Methoden die stationären periodischen Schwingungen berechnet.

Abb. 5.23a zeigt die zweite und dritte Eigenform des ungedämpften Systems. In Abb. 5.23b ist die Resonanzkurve für das resultierende Moment in der Welle *1* mit seinen Komponenten dargestellt. Da es sich um ein gedämpftes System handelt, sind die Antwortspektren komplex und in Abb. 5.23b sind die Absolutwerte der Schwingungsantworten dargestellt. Das Gesamtsignal wird aus den komplexen Spektren aufaddiert und anschließend der Betrag gebildet.

Entsprechend den allgemeinen Ausführungen in Abschn. 5.4.1 sind in Abb. 5.23b mehrere Resonanzstellen erkennbar. Aus (5.120) können die Resonanzdrehzahlen aus den in (5.135) angegebenen Eigenfrequenzen berechnet werden. Im Drehzahlbereich von $n = 5000$ bis 15 000 U/min (Abb. 5.23b) liegen die Resonanzdrehzahlen für die Eigenform bei $f_2 = 366\,\text{Hz}$ bei

$$n_{22} = 10\,990\,\text{U/min}; \qquad n_{23} = 7320\,\text{U/min}; \qquad n_{24} = 5490\,\text{U/min}. \qquad (5.138)$$

Diese Spitzen sind deutlich zu sehen. Die Grundharmonische regt im betrachteten Frequenzbereich keine Resonanzschwingung an. Die Rechnung liefert auch noch eine kleinere Resonanzspitze bei der Drehzahl $n_{34} = n_3/4 = 12\,800\,\text{U/min}$. Sie entspricht der Resonanz der vierten Harmonischen mit der dritten Eigenfrequenz.

Abb. 5.24a zeigt die *gemessene* Resonanzkurve für das angegebene Beispiel. Es ist ersichtlich, dass im Betriebsbereich viele Resonanzdrehzahlen liegen. Dabei sind auch die 5. und höhere Ordnungen sichtbar, die in der Rechnung ausgehend von (5.133) vernachlässigt wurden. Da die Erregeramplituden der einzelnen Ordnungen mit steigender Ordnungszahl abfallen, haben die Resonanzen der höheren Ordnungen kleinere Ausschläge zur Folge. Es ist jedoch interessant, dass sie sich noch recht gut messtechnisch nachweisen lassen. Es ist

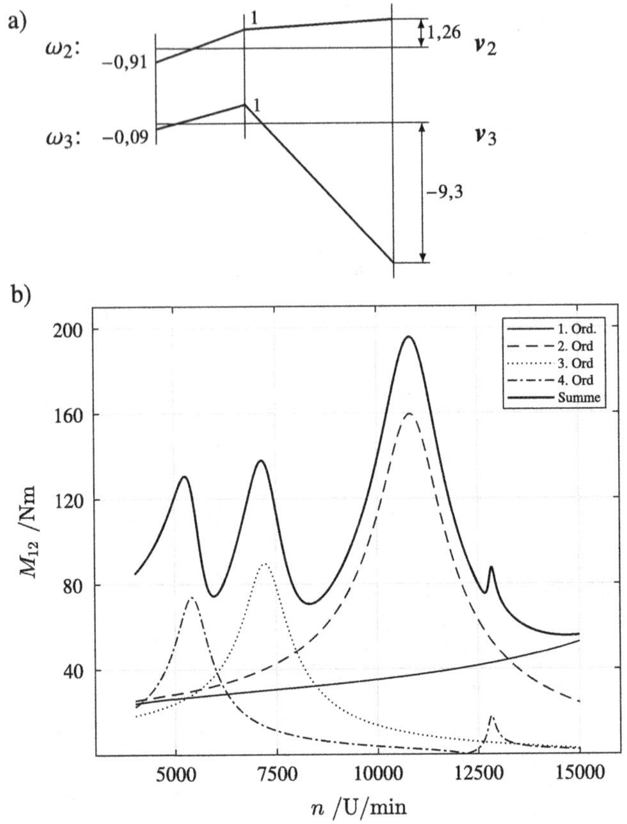

Abb. 5.23 Berechnungsergebnisse zum Motorradmotor: **a** Eigenformen $\boldsymbol{v}_2$ und $\boldsymbol{v}_3$, **b** Resonanzkurve, darunter die Komponenten der Ordnungen $m = 1, 2, 3$ und 4

eine Aufgabe des Ingenieurs oder der Ingenieurin, die Kurbelwelle so zu gestalten oder das Schwingungssystem so zu beeinflussen, dass in der Resonanz keine Schädigung auftritt.

Abb. 5.24b zeigt das Campbell-Diagramm. Daraus ist erkennbar, dass mit der 1. Eigenfrequenz 8 Resonanzen (4. bis 11. Ordnung) und mit der 2. Eigenfrequenz 17 Resonanzen (9. bis 25. Ordnung) im Drehzahlbereich möglich sind. Es lässt sich nicht vermeiden, dass Resonanzen im Betriebsdrehzahlbereich auftreten.

Durch stark dämpfendes Material lassen sich die Amplituden in der Resonanz begrenzen, vgl. (5.132). Alle Resonanzspitzen in Abb. 5.24a lassen sich mithilfe des Campbell-Diagramms aus Abb. 5.24b plausibel machen.

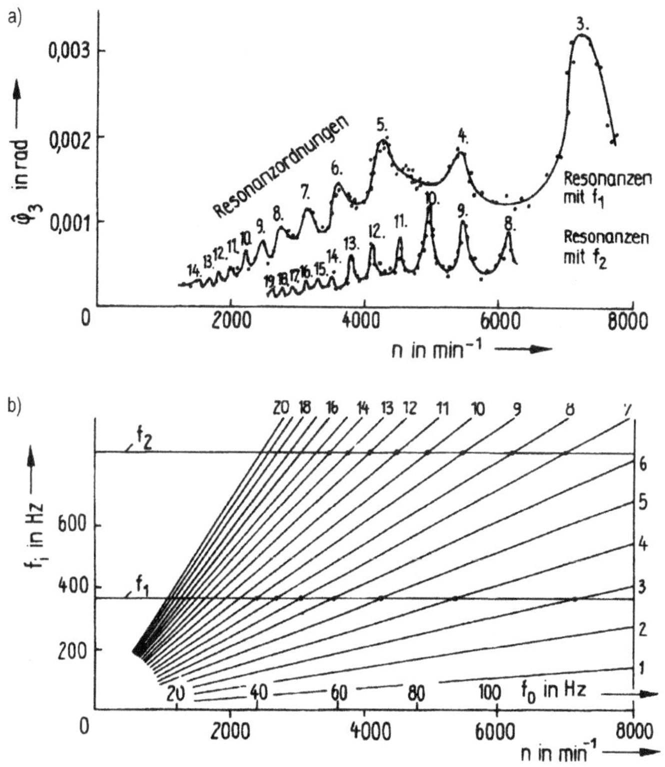

Abb. 5.24 Erzwungene Schwingungen eines Motorradmotors: **a** Gemessene Resonanzkurve, aufgeteilt in die beiden modalen Komponenten, **b** Campbell-Diagramm mit zwei Eigenfrequenzen und 20 Harmonischen (f_1 in der Abb. entspricht f_2 aus (5.135) und f_2 in der Abb. entspricht f_3 aus (5.135)

5.4.2.2 Fahrzeugantrieb mit Zweimassenschwungrad

Das Zweimassenschwungrad (ZMS) ist eine Baugruppe, die in vielen PKW-Antrieben eingesetzt wird. Dieses komplizierte „Schwungrad" besteht aus einem primärseitigen Teil, das mit der Kurbelwelle des Verbrennungsmotors verbunden ist, und einem sekundärseitigen Teil, das die Reibfläche für die Kupplungsscheibe bildet. Die Primärseite ist mit der Sekundärseite durch einen Federsatz verbunden, der eine progressive Federsteifigkeit realisiert, also bei kleinen Ausschlägen weich und bei großen Ausschlägen hart ist, vgl. Abschn. 9.2. Das ZMS wird überkritisch betrieben und entkoppelt die Sekundärseite von den hochfrequenten Schwingungen der Primärseite.

In Anlehnung an das im Abschn. 5.3.6.3 vorgestellte Beispiel wird jetzt das dynamische Verhalten eines verzweigten Fahrzeugantriebs mit Berücksichtigung einer spielbehafteten Getriebestufe (im unbelasteten Antriebszweig) untersucht. Der in Abb. 5.25 vorgestellte Torsionsschwinger lässt sich trotz der Komplexität (verzweigte Struktur, Spiele in den beiden Getriebestufen) mithilfe moderner Simulationsprogramme berechnen [34]. Dieses Berech-

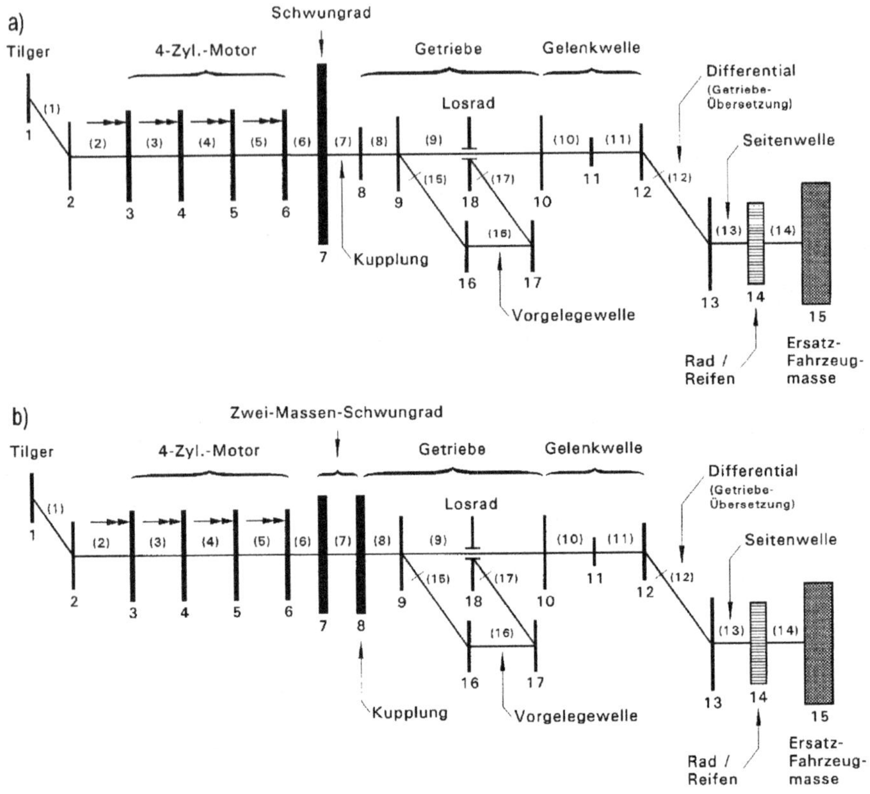

Abb. 5.25 Fahrzeug-Antriebsstrang mit Vorgelegewelle, belastet durch periodische Motormomente, vgl. Abb. 5.13 (Quelle: ARLA): **a** Version ohne Zweimassenschwungrad (ZMS), **b** Version mit ZMS

nungsmodell entspricht demjenigen von Abb. 5.13, das um periodische Erregermomente an den vier Zylindern und um die spielbehaftete Vorgelegewelle erweitert wurde.

In den beiden Versionen ohne bzw. mit Zweimassenschwungrad (ZMS) wurde das dynamische Verhalten im Zeitbereich mit der Simulationssoftware ARLA-SIMUL simuliert. Da die Drehzahl proportional mit der Zeit monoton ansteigt, ist die Zeitabhängigkeit auch gleichzeitig die Drehzahlabhängigkeit. Die Ergebnisse (Zeitverläufe sowie Amplituden im Frequenzbereich) sind den Abb. 5.26 und 5.27 zu entnehmen.

Es erfolgte die Simulation eines Hochlaufs von der Drehzahl null bis zu 1200 U/min innerhalb von 7 s. Abb. 5.26 zeigt, dass der Fahrzeugantriebsstrang im Drehzahlbereich unterhalb der Leerlaufdrehzahl resonanzfähig ist (besonders das System *mit ZMS*). Erst oberhalb der Leerlaufdrehzahl wirkt das ZMS vorteilhaft (Minimierung und „Quasi-Entkopplung" der Motorzwangsanregung, keine Resonanzen). Das System ohne ZMS zeigt deutlich eine Überhöhung im Momentenverlauf aufgrund der Motorzwangsanregung bei der Grundfrequenz von etwa 6 Hz. Bei dem System mit ZMS zeigt sich auch bei der zweiten Eigenfrequenz von

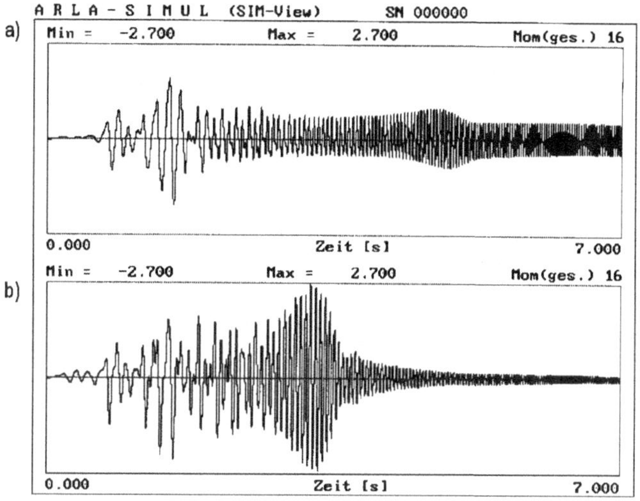

Abb. 5.26 Berechnete Zeitverläufe des Moments M_{16} (Vorgelegewelle) gemäß Abb. 5.25 (Quelle: ARLA): **a** ohne ZMS, **b** mit ZMS

16 Hz eine Resonanzspitze, vgl. Abb. 5.14 und Abb. 5.26b. Außerdem ist in den Plots ein anderes Phänomen erkennbar: Im tiefen Drehzahlbereich (normalerweise immer unterhalb der Leerlaufdrehzahl) ist die ZMS-Version sogar stärker resonanzgefährdet als der konventionelle Antriebsstrang; jedoch werden die Amplituden in höheren Drehzahlregionen erheblich geringer (d. h. akustisch günstig abgestimmtes System).

5.4.2.3 Schrittgetriebe mit HS-Kurvenprofil

Gemäß VDI 2143 besteht die Lagefunktion für ein Schrittgetriebe aus mehreren Abschnitten, wobei u. a. eine exakt gerade Rast gefordert wird. Solchen traditionellen Lagefunktionen entspricht wegen der Forderung nach einer exakt geraden Rast eine Fourierreihe mit unendlich vielen Summanden (5.141). HS-Kurvenprofile (HS ist Abkürzung für „Harmonische Synthese“ oder „high speed“) benutzen nicht abschnittsweise definierte Lagefunktionen, sondern Lagefunktionen, die durch Fourierreihen mit einer endlichen Anzahl von Summanden beschrieben werden ([11], [12]), vgl. (5.145) im folgenden Beispiel. Bei Lagefunktionen von Kurvengetrieben werden im Langsamlauf der Maschine die technologischen Forderungen im Rahmen der Fertigungsgenauigkeit exakt eingehalten. Reale Systeme weisen jedoch Elastizitäten und Spiel auf, so dass bei höheren Drehzahlen die wirkliche Bewegung des Abtriebsgliedes infolge störender Schwingungen von der gewünschten Lagefunktion abweicht.

Für das Berechnungsmodell eines Schrittgetriebes nach Abb. 5.28b wird das dynamische Verhalten zum einen für eine herkömmliche Lagefunktion (bestehend aus einer exakten Rast und einem Bewegungsabschnitt entsprechend der „Bestehorn-Sinoide“ nach VDI-Richtlinie

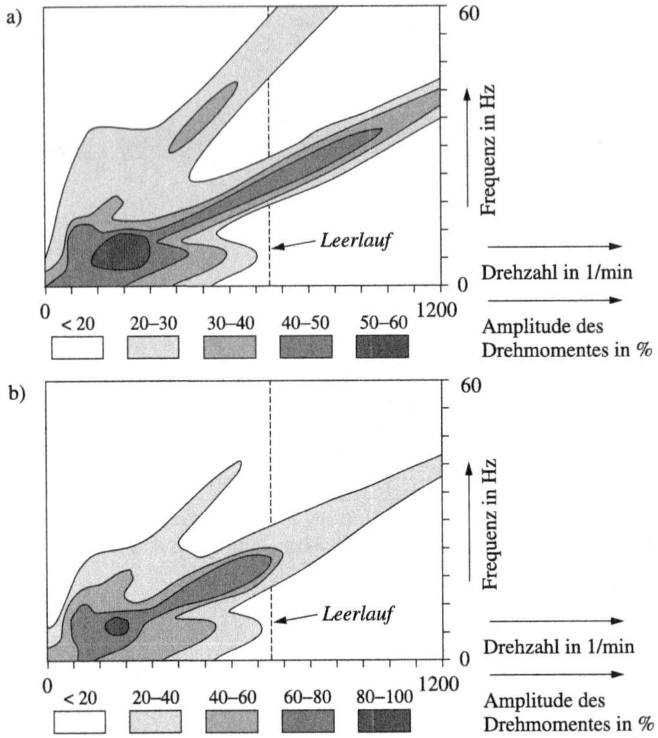

Abb. 5.27 Amplitudenkarte des Campbell-Diagramms für das Moment M_{16} im Fahrzeugmodell nach Abb. 5.25; Rechenergebnisse mit ARLA-SIMUL: **a** ohne ZMS, **b** mit ZMS

2143) und zum anderen für ein HS-Profil mit vier Harmonischen untersucht. Es soll ermittelt werden, bis zu welcher Drehzahl ein Betrieb möglich ist, wenn der zulässige Toleranzbereich ausgenutzt wird.

$U_S = 30°$	Schwenkwinkel, vgl. Abb. 5.29
$\varphi^* = 200°$	Antriebsdrehwinkel pro Schritt, vgl. Abb. 5.29
$n = 300$ U/min	Betriebsdrehzahl
$J_2 = 0{,}22$ kg m^2	Trägheitsmoment des Abtriebgsliedes
$c_T = 5400$ N m	Drehfederkonstante der Abtriebswelle
$D = 0{,}002$	Dämpfungsgrad des Torsionsschwingers
$\delta U = 0{,}2°$	zulässige Rastabweichung („Toleranzbereich")

Die Bewegungsgleichung des kinematisch erregten Schwingers nach Abb. 5.28 ergibt sich aus dem Momentengleichgewicht an der Abtriebsdrehmasse J_2. Sie ist aus (5.123) bekannt:

$$J_2\ddot{\varphi}_2 + b_T \cdot \left(\dot{\varphi}_2 - \dot{U}\right) + c_T \cdot (\varphi_2 - U) = 0. \tag{5.139}$$

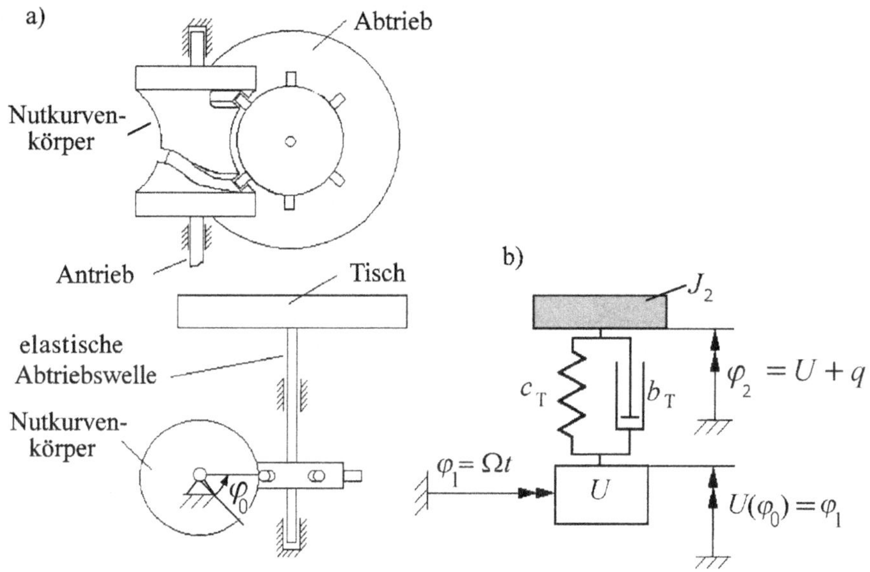

Abb. 5.28 Kurvenschrittgetriebe: **a** Skizze, **b** Berechnungsmodell

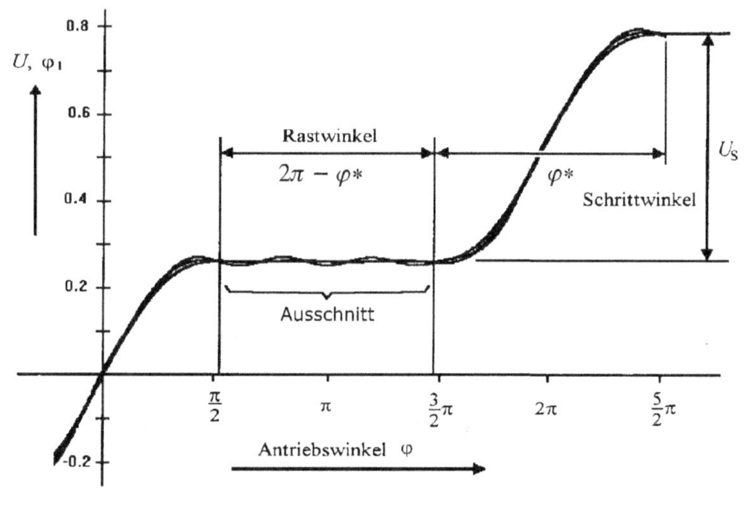

Abb. 5.29 Lagefunktion eines Schrittgetriebes, der Ausschnitt ist in Abb. 5.30 vergrößert dargestellt

Wird der Relativwinkel der Abtriebswelle als verallgemeinerte Koordinate verwendet

$$q = \varphi_2 - U; \qquad \ddot{q} = \ddot{\varphi}_2 - \ddot{U} = \ddot{\varphi}_2 - \Omega^2 U''; \qquad (\,)' = \frac{\mathrm{d}(\,)}{\mathrm{d}\varphi}, \tag{5.140}$$

so ergibt sich daraus die Bewegungsgleichung.

Die Lagefunktion nullter Ordnung bei einem Schrittgetriebe kann als Überlagerung einer gleichförmigen mit einer periodischen Bewegung interpretiert werden. Geschwindigkeits- und Beschleunigungsverlauf sind dann periodische Funktionen des Antriebswinkels φ_0, vgl. Abb. 5.29. Es gilt für die Lagefunktionen:

$$U(\varphi_0) = \frac{U_S}{2\pi}\varphi_0 + \sum_{k=1}^{\infty} b_k \sin k\varphi_0. \tag{5.141}$$

Der Kosinusanteil entfällt in (5.141), da der periodische Anteil eine antimetrische Funktion ist, vgl. Abb. 5.29. Die Bewegungsgleichung (5.139) erhält damit die Form, vgl. (5.126):

$$\ddot{q} + 2D\omega_0\dot{q} + \omega_0^2 q = -\Omega^2 U'' = \Omega^2 \sum_{k=1}^{\infty} k^2 b_k \sin k\Omega t. \tag{5.142}$$

Wird die Eigenfrequenz $f = (1/2\pi)\sqrt{c_T(1-D^2)/J_2} = 24{,}9\,\text{Hz}$ mit der Grunderregerfrequenz $f_{\text{err}} = \Omega/(2\pi) = n/60 = 5\,\text{Hz}$ (Betriebsdrehzahl) verglichen, so ergibt sich ein Abstimmungsverhältnis von $\eta \approx 0{,}2$. Somit besteht die Gefahr der Resonanz mit der fünften Harmonischen der Lagefunktion.

Die Fourierkoeffizienten b_k der Lagefunktion sind vom Schwenkwinkel und der Rastbreite abhängig:

$$b_k = \frac{8\pi U_S}{\varphi^{*3}\left[\left(\frac{2\pi}{\varphi^*}\right)^2 - k^2\right]k^2} \cdot \sin\frac{k\varphi^*}{2}. \tag{5.143}$$

Es ergibt sich daraus für das Profil nach VDI-Richtlinie 2143 mit $\varphi^* = 200° \mathrel{\widehat{=}} 10\pi/9$:

$$\begin{aligned} b_1 &= 0{,}259\,789 \cdot U_S; & b_4 &= -0{,}001\,860 \cdot U_S, \\ b_2 &= 0{,}066\,481 \cdot U_S; & b_5 &= -0{,}000\,698 \cdot U_S, \\ b_3 &= 0{,}009\,872 \cdot U_S; & b_6 &= 0{,}000\,434 \cdot U_S. \end{aligned} \tag{5.144}$$

Damit entstehen Resonanzspitzen für den Relativwinkel gemäß (5.132). Abb. 5.29 zeigt den Verlauf der Schrittbewegung bei zwei verschiedenen Lagefunktionen.

Es fällt auf, dass mit einem HS-Profil die Rast nicht exakt eingehalten wird. Dies ist durchaus zulässig, wenn die Abweichungen innerhalb des Toleranzbereichs bleiben ($\Delta U = \pm 0{,}01 \cdot U_S$).

Die Fourierkoeffizienten, welche das „echte" HS-Profil mit nur drei Erregerfrequenzen bestimmen, lauten im Gegensatz zu (5.144)

$$\begin{aligned} b_1 &= 0{,}249\,04 \cdot U_S; & b_2 &= 0{,}054\,63 \cdot U_S, \\ b_3 &= 0{,}006\,88 \cdot U_S; & b_k &= 0 \quad \text{für} \quad k \geqq 4. \end{aligned} \tag{5.145}$$

Abb. 5.30 zeigt die Bewegungsverläufe, die sich bei den zur Auswahl stehenden Lagefunktionen am Abtriebsglied im Rastbereich einstellen, im Vergleich zu den Lagefunktionen

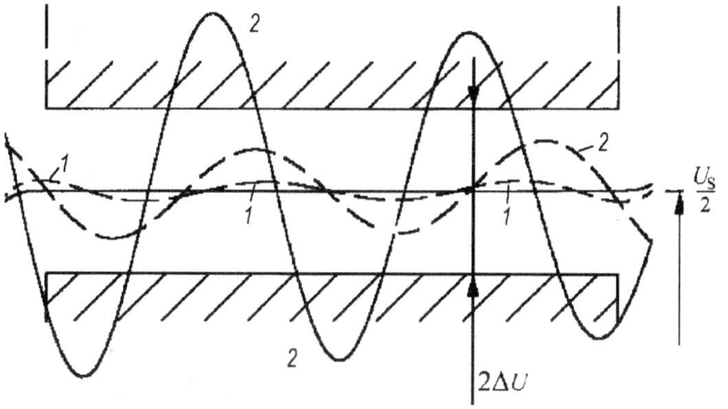

Abb. 5.30 Verlauf der Schrittbewegung; Ausschnitt aus Abb. 5.29 (*Volllinie:* Bestehorn-Sinoide, *gestrichelt:* HS-Profil); Kurven *1:* $\eta = 0$, Kurven *2:* $\eta = 0{,}5$

selbst. Dabei wird sichtbar, dass bei der Bestehorn-Sinoide der Abtriebsbewegung starke Schwingungen überlagert sind, während beim HS-Profil wesentlich geringere Abweichungen auftreten. Abb. 5.31 zeigt die maximale relative Rastabweichung in Abhängigkeit vom Abstimmungsverhältnis, das der Maschinendrehzahl proportional ist. Die Resonanzstellen bei

$$\eta = \frac{1}{k}, \qquad k = 4,\ 5,\ 6,\ 7,\ 8 \tag{5.146}$$

sind für die Bestehorn-Sinoide und für die ab $k = 5$ „beschnittene" Bestehorn-Sinoide deutlich zu erkennen.

Die Höhe dieser Resonanzspitzen folgt aus (5.132) und übersteigt schon für die 5. bis 6. Harmonische das zulässige Maß. Die Resonanz mit der vierten Harmonischen tritt bei beiden Lagefunktionen auf und ist bei der „beschnittenen" Bestehorn-Sinoide von gleicher Größe wie bei der normalen Bestehorn-Sinoide.

Durch ein „echtes" HS-Profil mit $K = 3$ Harmonischen kann das maximal erreichbare Abstimmungsverhältnis erhöht werden, da es bei $\eta = 1/4$ gar keine Resonanzstelle hat, vgl. Kurve 3 in Abb. 5.31.

Für das HS-Profil entfallen im unteren Bereich der Betriebsdrehzahl die resonanzbedingten starken Schwingungen. Neben der positiven Wirkung hinsichtlich der Geräuschemission und des Verschleißverhaltens ist es damit möglich, die größte erreichbare Drehzahl um ca. 80 % zu erhöhen, ohne die Toleranzgrenzen für die Abtriebsbewegung zu verletzen.

Erfahrungsgemäß erlaubt die Anwendung von HS-Profilen bei Kurvengetrieben einen schwingungsfreien Betrieb bis zu etwa dem *1,3 bis 1,6-fachen Abstimmungsverhältnis* gegenüber traditionellen Kurvenprofilen zu erreichen. Dies bedeutet in der Praxis eine entsprechend höhere Betriebsdrehzahl, ohne dass störende Schwingungen am Abtriebsglied auftreten.

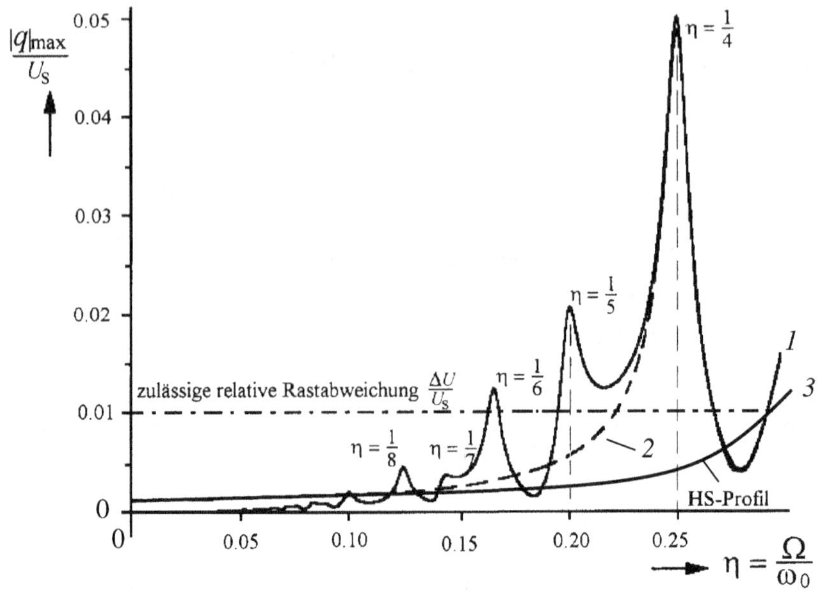

Abb. 5.31 Maximale Rastabweichung als Funktion der Drehzahl Kurve *1:* Bestehorn-Sinoide, vgl. (5.144), Kurve *2:* „beschnittene" Bestehorn-Sinoide, vgl. (5.144) mit $b_5 = b_6 = 0$, Kurve *3:* HS-Profil, vgl.. (5.145)

5.4.3 Transiente Erregung

5.4.3.1 Sprungfunktion, Rechteckstoß

Transiente Erregungen sind nichtperiodische oder kurzzeitig wirkende Erregungen bei Übergangsvorgängen. Solche Erregungen treten z. B. bei Anfahr-, Brems-, Beschleunigungs- oder Verzögerungsvorgängen auf.

Ausgangspunkt ist die für den Torsionsschwinger in Abschn. 5.4.1 (vgl. Abb. 5.21a) hergeleitete Differenzialgleichung (5.125). Sie hat dieselbe mathematische Form wie (7.70), d. h. ihre Lösung kann für $D < 1$ mit dem Duhamel-Integral (vgl. (7.71)) ermittelt werden. Werden die Analogien

$$p_i \mathrel{\widehat{=}} M, \qquad \omega_{0i} \mathrel{\widehat{=}} \omega_0, \qquad \omega_i \mathrel{\widehat{=}} \omega = \omega_0\sqrt{1-D^2},$$
$$\delta_i \mathrel{\widehat{=}} \delta = D\omega_0, \qquad \frac{h_i(t)}{\mu_i} \mathrel{\widehat{=}} c_T\left(\frac{M_1(t)J_2 - M_2(t)J_1}{J_1 J_2}\right) \tag{5.147}$$

betrachtet, so ergeben sich damit unter der Annahme der Null-Anfangsbedingungen

$$M(t=0) = 0, \qquad \dot{M}(t=0) = 0 \tag{5.148}$$

für das innere Moment M der Torsionsfeder, die praktisch z. B. einer Kupplung oder einer Antriebswelle entspricht, bei $M_2(t) \equiv 0$ den Ausdruck

$$M(t) = \frac{c_\mathrm{T}}{J_1\omega} \int_0^t M_1(t') \exp(-\delta \cdot (t - t')) \sin(\omega \cdot (t - t'))\mathrm{d}t'. \tag{5.149}$$

Für einen Momentensprung $M_1(t) = M_{10} = \text{konst.}$ für $t \geqq 0$ liefert die Integration zunächst

$$M(t) = \frac{c_\mathrm{T} M_{10}}{J_1 \omega \omega_0^2} \left[\exp\left(-\delta \cdot (t - t')\right) \left(\omega \cos(\omega \cdot (t - t'))\right) + \delta \sin(\omega \cdot (t - t'))\right]\Big|_0^t . \tag{5.150}$$

Mit Einführung des kinetostatischen Momentes M_s und des Phasenwinkels β gemäß

$$M_s = \frac{J_2 M_{10}}{J_1 + J_2}; \qquad \sin\beta = D, \quad \cos\beta = \sqrt{1 - D^2} \tag{5.151}$$

folgt der Momentenverlauf nach dem Einsetzen der Integrationsgrenzen zu

$$\begin{aligned} M(t) &= M_s \cdot \left(1 - \exp(-\delta t) \left(\cos\omega t + \frac{D}{\sqrt{1 - D^2}} \sin\omega t\right)\right) \\ &= M_s \cdot \left(1 - \frac{\exp(-\delta t)}{\sqrt{1 - D^2}} \cos(\omega t - \beta)\right). \end{aligned} \tag{5.152}$$

Die Momentengeschwindigkeit, also seine Zeitableitung, die im Weiteren noch benötigt wird, ergibt sich zu

$$\dot{M}(t) = M_s \omega_0 \frac{\exp(-\delta t)}{\sqrt{1 - D^2}} \sin\omega t. \tag{5.153}$$

Die durch den Sprung angeregte Schwingung, die sog. Sprung-Übergangsfunktion, ist für einige Dämpfungsgrade in Abb. 5.32 dargestellt. Es ist eine gedämpfte Schwingung mit der konstanten Eigenfrequenz um eine neue Gleichgewichtslage, vgl. (2.95). Bei extrem kleiner Dämpfung ($D \to 0$) kann der Spitzenwert den doppelten kinetostatischen Wert erreichen, vgl. auch (5.3).

Wirkt das konstante Antriebsmoment $M_1(t) = M_{10} = \text{konst.}$ nur während der endlichen Zeit Δt, dann entsteht ein sog. Rechteckimpuls. Die danach auftretende Schwingung ist eine freie Schwingung, deren Anfangswerte den Endwerten der ersten Etappe entsprechen, in welcher das konstante Moment vorhanden war. Aus (5.152) und (5.153) folgen für die Funktionswerte am Ende der ersten Etappe

$$M_E = M(t = \Delta t) = M_s \cdot \left(1 - \frac{\exp(-\delta\,\Delta t)}{\sqrt{1 - D^2}} \cos(\omega\,\Delta t - \beta)\right), \tag{5.154}$$

$$\dot{M}_E = \dot{M}(t = \Delta t) = M_s \omega_0 \frac{\exp(-\delta\,\Delta t)}{\sqrt{1 - D^2}} \sin\omega\,\Delta t. \tag{5.155}$$

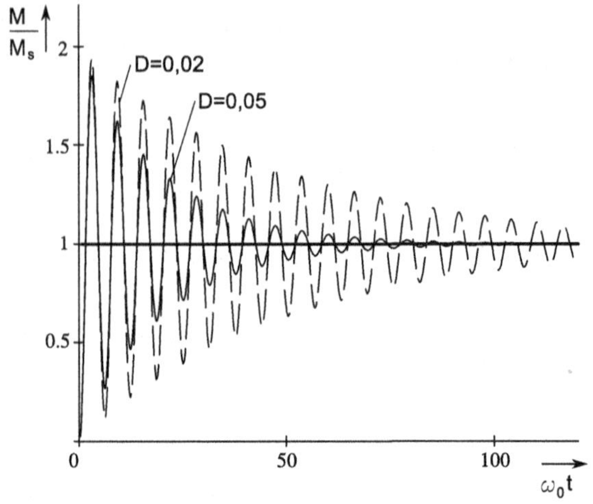

Abb. 5.32 Schwingungen nach einem Kraftsprung; Rechenergebnisse für $D = 0{,}02$ und $D = 0{,}05$

Damit können nun die freien Schwingungen für $t \geqq \Delta t$ entsprechend Gl. (2.95) berechnet werden:

$$M(t) = \frac{\exp(-\delta \cdot (t - \Delta t))}{\sqrt{1 - D^2}} \left(M_E \cos(\omega \cdot (t - \Delta t) - \beta) + \frac{\dot{M}_E}{\omega_0} \sin(\omega \cdot (t - \Delta t)) \right). \tag{5.156}$$

Werden die Ausdrücke aus (5.154) und (5.155) eingesetzt, so lässt sich mit Additionstheoremen der trigonometrischen Funktionen dieser Ausdruck für das Restmoment nach dem Rechteckimpuls umformen zu

$$M(t) = \frac{M_s}{\sqrt{1 - D^2}} (\exp(-\delta \cdot (t - \Delta t)) \cos(\omega \cdot (t - \Delta t) - \beta) - \exp(-\delta t) \cos(\omega t - \beta)). \tag{5.157}$$

Diese Formel lässt sich verstehen, wenn der Rechteckimpuls als Summe eines Sprunges zur Zeit $t = 0$ und eines negativen Sprunges desselben Betrages zur Zeit $t = \Delta t$ aufgefasst wird.

Das Restmoment kann auch aus folgender Gleichung berechnet werden, die sich aus (5.157) herleiten lässt:

$$M(t) = \hat{M} \exp(-\delta t) \cos(\omega t - \alpha), \quad t \geqq \Delta t. \tag{5.158}$$

Dabei ist die Amplitude $\hat{M}$ und der Phasenwinkel α aus

$$\hat{M} = \frac{M_s}{\sqrt{1 - D^2}} \sqrt{1 - 2 \exp(\delta\, \Delta t) \cos(\omega\, \Delta t) + \exp(2\, \delta\, \Delta t)}, \tag{5.159}$$

$$\tan \alpha = \frac{\sin(\omega\, \Delta t + \beta) \exp(\delta\, \Delta t) - \sin \beta}{\cos(\omega\, \Delta t + \beta) \exp(\delta\, \Delta t) - \cos \beta} \tag{5.160}$$

berechenbar.

Die Ergebnisse für $M(t)$ sind in Abb. 5.33 für verschiedene Impulsdauern dargestellt.

Für den ungedämpften Schwinger wird in Abschn. 7.1.5 der Einfluss der Stoßdauer auf die Restschwingungen näher erläutert, vgl. Abb. 7.4.

Bei sehr großem Moment ($M_{10} \to \infty$) und sehr kurzer Impulsdauer ($\Delta t \to 0$) wird aus dem Rechteckimpuls ein sog. Dirac-Stoß, bei dem der Drehimpuls $L_0 = M_{10}\,\Delta t$ endlich bleibt.

Durch einen beim Wurzelausdruck in (5.159) vorgenommenen Grenzübergang für $\Delta t \to 0$ ($(\Delta t)^2$ vorher ausgeklammert) ergibt sich $\hat{M} = M_s\omega_0\,\Delta t$, und aus (5.158) folgt die sog. Impulsantwort:

$$M(t) = \frac{M_s\omega_0\Delta t}{\sqrt{1-D^2}}\exp(-\delta t)\cos(\omega t - \alpha) = \frac{c_T}{J_1\omega}L_0\exp(-\delta t)\cos(\omega t - \alpha). \tag{5.161}$$

Bei einer plötzlichen Änderung der Drehgeschwindigkeit von J_1 (vgl. Abb. 5.21a), d. h. wenn der Drehimpuls $J_1\Omega$ eingeleitet wird, handelt es sich um einen solchen kurzen Stoß, bei dem die Ausschläge der Restschwingung dem Drehimpuls $L_0 = M_{10}\Delta t = J_1\Omega$ proportional sind.

Bei periodischen Stößen spielt es eine Rolle, ob die angeregte Schwingung infolge der Dämpfung abklingt, bevor der nächste Stoß auftritt. Falls keine Auslöschung bis zum nächsten Stoß erfolgt, kann es zu resonanzartigen Anfachungen kommen. Ergebnisse für typische Fälle periodischer Stöße sind in [31] enthalten.

5.4.3.2 Anlauffunktionen

Belastungen werden in Wirklichkeit nicht sprunghaft aufgebracht, wie in Abschn. 5.4.3.1 angenommen, sondern in einer endlichen Zeit, die hier als *Anlaufzeit* t_a bezeichnet wird. Es

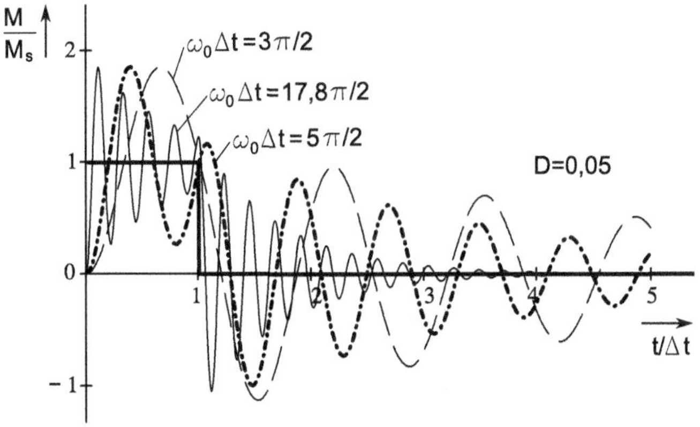

Abb. 5.33 Schwingungen beim Rechteckstoß

soll die Frage beantwortet werden, welchen Einfluss der Zeitverlauf des Antriebsmomentes $M_1 = M_{\mathrm{an}}(t)$ auf das Torsionsmoment in der Welle hat, wenn es während der Anlaufzeit von null auf den Maximalwert M_{10} ansteigt.

In Abb. 5.34 sind vier verschiedene Momentenverläufe mit den zugehörigen Formeln dargestellt. Es wird ebenso wie in Abschn. 5.4.3.1 der Torsionsschwinger aus Abb. 5.21a betrachtet, für dessen Torsionsmoment (5.150) gilt. Es soll hier nur Fall 1 aus Abb. 5.34 vorgerechnet werden. Für das linear ansteigende Antriebsmoment

$$M_1(t) = M_{10}\frac{t}{t_{\mathrm{a}}}; \qquad 0 \leqq t \leqq t_{\mathrm{a}} \tag{5.162}$$

lautet die Lösung von (5.125) für $D = 0$ und $M_2 = 0$ bei den Anfangsbedingungen $t = 0$: $M = 0$, $\dot{M} = 0$:

$$M(t) = \frac{M_{10}J_2}{J_1 + J_2}\left(\frac{t}{t_{\mathrm{a}}} - \frac{\sin\omega t}{\omega t_a}\right); \qquad 0 \leqq t \leqq t_{\mathrm{a}}. \tag{5.163}$$

Ab der Zeit $t = t_{\mathrm{a}}$ wird dieselbe Funktion (um t_{a} zeitversetzt) mit dem negativ ansteigendem Moment $-M_{10}(t - t_{\mathrm{a}})/t_{\mathrm{a}}$ nochmals angeregt, sodass aus dieser Überlagerung danach die Erregung mit dem konstanten Wert M_{10} verbleibt:

$$\Delta M(t) = \frac{-M_{10}J_2}{J_1 + J_2}\left(\frac{t - t_{\mathrm{a}}}{t_{\mathrm{a}}} - \frac{\sin\omega(t - t_{\mathrm{a}})}{\omega t_{\mathrm{a}}}\right); \qquad t \geqq t_{\mathrm{a}}. \tag{5.164}$$

Aus der Superposition dieser beiden Funktionen entsteht der Verlauf

$$\begin{aligned} M(t) &= \frac{M_{10}J_2}{J_1 + J_2}\left[1 + \frac{\sin\omega(t - t_{\mathrm{a}}) - \sin\omega t}{\omega t_{\mathrm{a}}}\right] \\ &= \frac{M_{10}J_2}{J_1 + J_2}\left[1 - \frac{2}{\omega t_{\mathrm{a}}}\sin\frac{\omega t_{\mathrm{a}}}{2}\cos\omega(t - t_{\mathrm{a}}/2)\right]; \qquad t \geqq t_{\mathrm{a}}. \end{aligned} \tag{5.165}$$

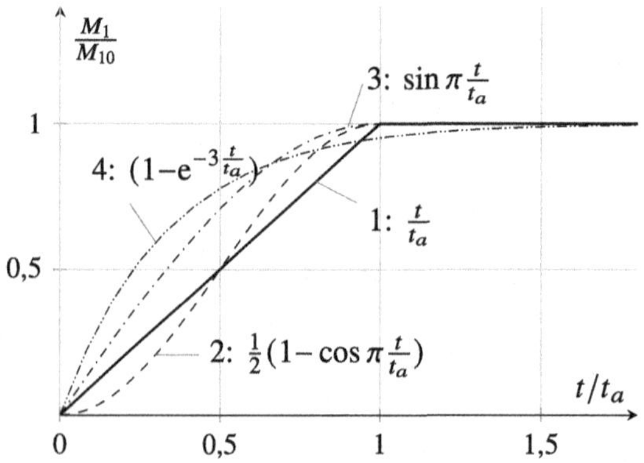

Abb. 5.34 Vergleich verschiedener Anlauffunktionen

Abb. 5.35 zeigt den Verlauf des Torsionsmomentes, der sich aus den Lösungen (5.163) und (5.165) zusammensetzt. Für alle geradzahligen Verhältnisse t_a/T verbleibt keine Restschwingung.

Abb. 5.36 zeigt die Maximalwerte des residuellen Torsionsmomentes als Funktion der relativen Anlaufzeit, und zwar nicht nur für den hier berechneten Fall der stückweise linearen Anlauffunktion, sondern für die vier verschiedenen Fälle aus Abb. 5.34. Es ist erkennbar kurzzeitige Anlaufvorgänge ($t_a/T \ll 1$) sich wie ein Sprung auswirken. Es gilt

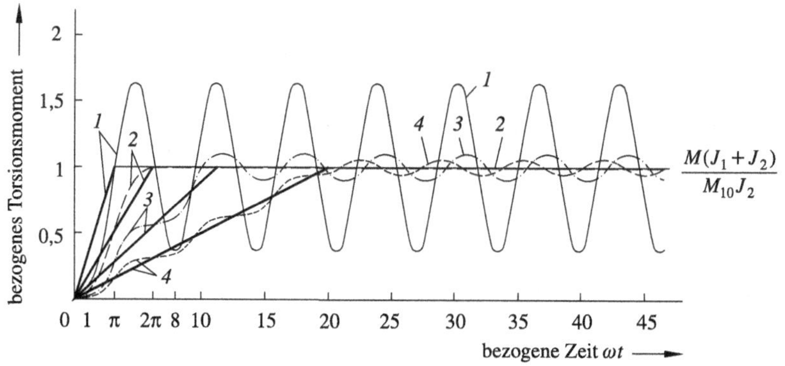

Abb. 5.35 Verlauf des Torsionsmoments als Funktion der Anlaufzeit Kurve *1*: $t_a/T = 0{,}5$; Kurve *2*: $t_a/T = 2$; Kurve *3*: $t_a/T = 1{,}8$; Kurve *4*: $t_a/T = 3{,}2$

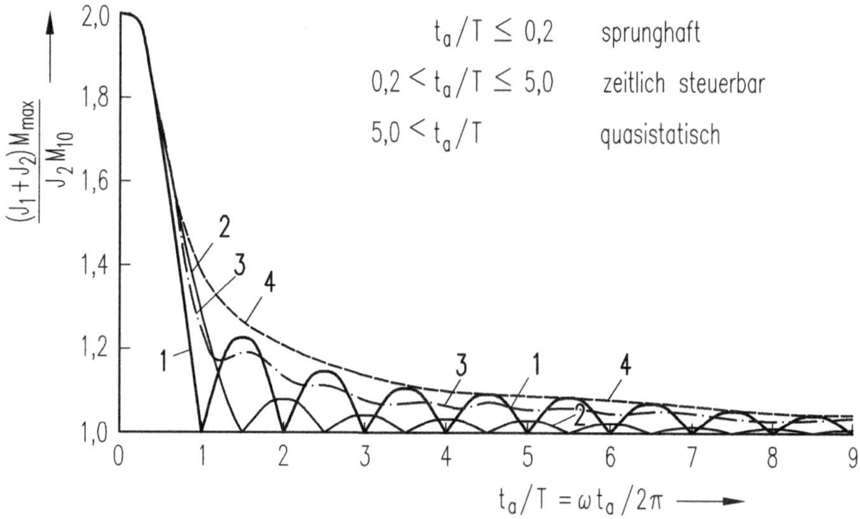

Abb. 5.36 Maximales residuelles Torsionsmoment bei den Anlauffunktionen gemäß Abb. 5.34

$$M_{\max} \approx \frac{M_{10} J_2}{J_1 + J_2}\left[2 - \frac{(\omega t_a)^2}{24}\right]; \qquad t_a/T \leqq 0{,}2. \tag{5.166}$$

Die Amplitude nimmt mit wachsendem Verhältnis t_a/T schnell ab. Für langsame Anlaufvorgänge ($t_a/T > 5$) treten nur geringe Schwingungen auf, und die Ergebnisse unterscheiden sich bei den verschiedenen Anlauffunktionen kaum. Dafür gilt die Asymptote

$$M_{\max} \approx \frac{M_{10} J_2}{J_1 + J_2}\left(1 + \frac{2}{\omega t_a}\right); \qquad t_a/T \geqq 5. \tag{5.167}$$

Praktisch von Bedeutung ist die Erkenntnis, dass sich durch die Form der Anlauffunktion nur etwa im Bereich $0{,}2 \leqq t_a/T \leqq 5$ *das maximale Torsionsmoment beeinflussen* lässt. In den anderen Bereichen hat der Verlauf der Anlauffunktion nur wenig Einfluss, sodass es aussichtslos ist, durch irgendwelche Steuerungen die dynamischen Belastungen zu vermindern, wenn $t_a/T < 0{,}2$ ist (näherungsweise kann dabei mit der Sprungfunktion gerechnet werden).

5.4.4 Aufgaben A5.4 bis A5.7

A5.4 Verschiebung einer Resonanzstelle

In einem bereits fertiggestellten Antriebssystem traten bei Betriebsdrehzahl intensive Geräusche auf, sodass vermutet werden musste, dass eine kritische Drehzahl mit der Zahneingriffsfrequenz vorliegt und Zerstörungen im Dauerbetrieb auftreten. Es zeigte sich, dass die zehnte Eigenform in der Nähe eines Zahnradpaares einen Schwingungsbauch hatte. Es sollen am vorhandenen Objekt konstruktive Maßnahmen getroffen werden, um die Resonanzstelle zu verschieben. Dabei kommt ein Einsatz von Zahnrädern mit einem anderen Zahnradmodul in Frage, aber das Übersetzungsverhältnis der Zahnradstufe, der Achsabstand, die Drehmassen und die Torsionssteifigkeiten der Wellen können aus konstruktiven Gründen nur wenig geändert werden.

Gegeben:

Zähnezahlen der bisherigen Zahnräder	$z_1 = 19$; $z_2 = 43$
Drehzahl der Antriebswelle	$n_1 = 1450\ \text{min}^{-1}$
Zehnte Eigenfrequenz des Antriebssystems	$f_{10} = 450$ Hz
Modul der Zahnradpaarung	$m = 6$
Zulässige relative Änderung der Übersetzung	$\pm 2{,}5$ %
Höchstens erreichbare relative Änderung der Eigenfrequenz	± 5 %

Gesucht:

1. Abstimmungsverhältnis der beobachteten kritischen Drehzahl
2. Varianten für Zähnezahlen der beiden Zahnräder
3. Erreichbare Änderung des kritischen Abstimmungsverhältnisses

A5.5 Belastung bei dreistufiger Bremsung
Ein Antriebsystem, dessen Modell dem freien Torsionsschwinger von Abb. 5.5b entspricht, bewegt sich schwingungsfrei mit der Winkelgeschwindigkeit Ω_0. Es soll durch drei Momentensprünge innerhalb der Zeit t_2 auf die Winkelgeschwindigkeit Ω_2 abgebremst werden, vgl. Abb. 5.39b. Anfangs ($t = 0$) wirkt ein konstantes Bremsmoment M_{10} auf die Scheibe *1*, nach einer Zeit t_1 das Moment M_{11}. Ab dem Zeitpunkt t_2 wirkt das Moment M_{12}, mit dem das Antriebssystem nach der Verzögerung weiter angetrieben wird. Nach dem Zeitpunkt t_2 sollen keine Restschwingungen mehr in der Welle vorhanden sein.

Gegeben:

Winkelgeschwindigkeit zu Beginn	Ω_0
Winkelgeschwindigkeit am Ende	Ω_2
Trägheitsmomente	J_1, J_2
Eigenkreisfrequenz	$\omega = \sqrt{c_T(J_1 + J_2)/(J_1 J_2)}$
Bremszeit	t_2
Endmoment	M_{12}

Gesucht:

1. Bedingung, welche die Momente M_{10}, M_{11} und die Zeit t_1 erfüllen müssen
2. Winkelgeschwindigkeiten der Scheiben J_1 und J_2 im Intervall $0 \leqq t \leqq t_1$
3. Bedingungen für M_{10}, M_{11} und ωt_1, damit die Restschwingungen verschwinden
4. M_{10}, M_{11} und ωt_1 für den Fall $M_{12} = 58{,}6\,\text{N}$; $\omega t_2 = 9\pi/4$;
   $(J_1 + J_2)(\Omega_2 - \Omega_0) = 400(\pi/\omega)\,\text{N m s}$.

A5.6 Deutung von Messergebnissen (6-Zylinder-Viertaktmotor)
Abb. 5.37 zeigt die maximalen Werte des Torsionsmoments innerhalb der Welle eines 6-Zylinder-Viertakt-Dieselmotors, bei dem Resonanzen mit der ersten und zweiten von null verschiedenen Eigenfrequenz auftraten.

Gegeben:
Eigenfrequenzen $f_2 = 213\,\text{Hz}$, $f_3 = 310\,\text{Hz}$
Resonanzkurve gemäß Abb. 5.37 im Drehzahlbereich $n = 1800$ bis $4500\,\text{U/min}$.

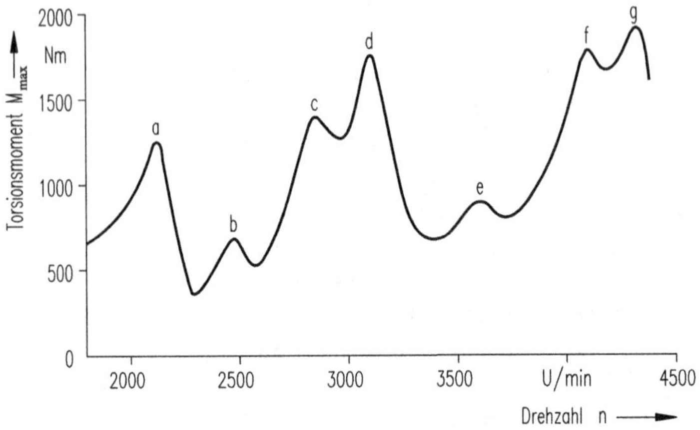

Abb. 5.37 Maximalmoment als Funktion der Drehzahl (Resonanzkurve)

Gesucht:

1. Welche Resonanzordnungen treten auf?
2. Wo liegen weitere kritische Drehzahlen im unteren Drehzahlbereich?

A5.7 Eigenfrequenzen eines Antriebssystems

Das zu untersuchende Antriebssystem besteht aus einem geraden Stößel (konstanter Querschnitt A, Länge l), an dem ein starrer Körper der Masse m mittels einer masselos vorausgesetzten Feder der Steifigkeit c angekoppelt ist. Der Stößel wird am linken Rand angetrieben, wodurch Längsschwingungen angeregt werden.

Um den Einfluss der Modellbildung auf die zu berechnenden Eigenfrequenzen zu demonstrieren, sollen verschiedene Modellvarianten betrachtet werden, vgl. Abb. 5.38. Zum einen soll der Antrieb über verschiedene Randbedingungen (Weg- bzw. Krafterregung) modelliert werden, zum anderen soll der Stößel entweder als Kontinuum oder als Längs-Schwingerkette mit 5 gleich großen Punktmassen erfasst werden. Damit sind 4 Modellvarianten zu untersuchen:

a) Stößel als Kontinuum mit Wegerregung (vorgegebene Verschiebung des linken Stößelrandes)
b) Stößel als Schwingerkette mit Wegerregung
c) Stößel als Kontinuum mit Krafterregung
d) Stößel als Schwingerkette mit Krafterregung

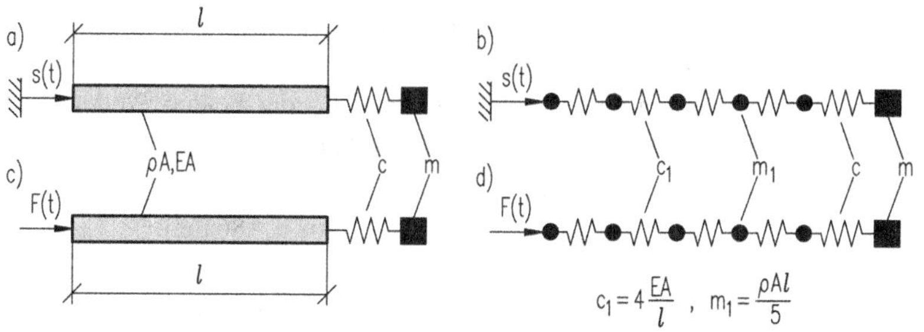

Abb. 5.38 Varianten von Berechnungsmodellen eines Antriebssystems

Gegeben:

Länge und	$l = 0,2\,\text{m}$
Querschnittsfläche des Stößels	$A = 100\,\text{mm}^2 = 1 \cdot 10^{-4}\,\text{m}^2$
Dichte und	$\varrho = 7,85 \cdot 10^3\,\text{kg/m}^3$,
E-Modul des Stößelwerkstoffes	$E = 2,1 \cdot 10^{11}\,\text{N/m}^2$
Federkonstante der Ankopplung	$c = 3,0 \cdot 10^7\,\text{N/m}$
Endmasse	$m = 0,6\,\text{kg}$

Gesucht:

1. Die unteren vier Eigenfrequenzen ($f_1, \ldots, f_4$) für die jeweiligen Modellvarianten
2. Deutung der Unterschiede dieser Eigenfrequenzen

5.4.5 Lösungen L5.4 bis L5.7

L5.4 Das Übersetzungsverhältnis der Zahnradstufe beträgt

$$i = \frac{z_1}{z_2} = \frac{19}{43} = 0,441\,86. \tag{5.168}$$

Die Zahneingriffsfrequenz der Zahnräder ist

$$f_e = \frac{n_1 z_1}{60} = 1450\frac{19}{60} = 459,2\,\text{Hz}. \tag{5.169}$$

Das Abstimmungsverhältnis bei Betriebsdrehzahl beträgt also

$$\underline{\underline{\eta_{10} = \frac{f_e}{f_{10}} = \frac{459,2}{450} = 1,100.}} \tag{5.170}$$

Die Zahneingriffsfrequenz kann verändert werden, indem das geforderte Übersetzungsverhältnis mit anderen Zähnezahlen beider Zahnräder erreicht wird.

Es gilt die Nebenbedingung, dass der Achsabstand s der beiden Wellen, welche die kämmenden Zahnräder tragen, auch etwa erhalten bleibt (Korrekturverschiebung möglich):

$$s = \frac{1}{2}(z_1 + z_2)m = \frac{1}{2}(19 + 43)6\,\text{mm} = 186\,\text{mm}. \tag{5.171}$$

Es müssen für den neuen Modul m^* und die veränderten Zähnezahlen z_1^* und z_2^* das bisherige Übersetzungsverhältnis und der bisherige Achsabstand etwa erhalten bleiben. Es gelten also die Bedingungen

$$\frac{z_1^*}{z_2^*} \approx 0{,}441\,86 = i; \qquad \frac{1}{2}m^*(z_1^* + z_2^*) \approx \frac{1}{2}m(z_1 + z_2) = s. \tag{5.172}$$

Aus diesen beiden „Ungefähr"-Gleichungen folgt

$$z_1^* \approx \frac{m(z_1 + z_2)i}{m^*(1+i)}; \qquad z_2^* \approx \frac{m(z_1 + z_2)}{m^*(1+i)}. \tag{5.173}$$

Für den Modul $m^* = 5$ ergeben sich die Zähnezahlen $z_1^* \approx 22{,}8$ und $z_2^* \approx 51{,}6$. Für den Modul $m^* = 7$ ergeben sie sich zu $z_1^* \approx 16{,}3$ und $z_2^* \approx 36{,}9$. Es kommen natürlich nur ganze Zahlen in Frage, also

$$\text{Modul } m^* = 5: \quad \underline{\underline{z_1^* = 23;\ z_2^* = 51;}} \quad i^* = \frac{23}{51} = 0{,}450\,98; \quad s^* = 185\,\text{mm}$$

$$\text{Modul } m^{**} = 7: \quad \underline{\underline{z_1^* = 16;\ z_2^* = 37;}} \quad i^* = \frac{16}{37} = 0{,}432\,43; \quad s^* = 185{,}5\,\text{mm}.$$

Der Achsabstand s kann derselbe bleiben, wenn eine Profilverschiebung der Verzahnung vorgenommen wird. Die Übersetzungsverhältnisse ändern sich weniger als 2,5 %. Würde beim Modul $m^* = 7$ für das kleinere Zahnrad $z_1 = 17$ Zähne gewählt werden (weil Primzahlen bei Zähnezahlen vorteilhaft sind), dann würde sich das Übersetzungsverhältnis ($17/37 = 0{,}459\,45$) unzulässig stark (4 %) ändern.

Mit dem *kleineren Modul* ($m^* = 5$) würde die Zahneingriffsfrequenz erhöht. Zusätzlich wäre es empfehlenswert (z. B. durch ein größere Drehmasse und/oder eine weichere Drehfederkonstante) die *Eigenfrequenz zu senken* (wobei laut Aufgabenstellung maximal 5 % durch konstruktive Änderungen erreichbar sind). Damit ist das Abstimmungsverhältnis bei Realisierung von Variante 1:

$$\underline{\underline{\eta_{10}^*}} = \frac{n_1 z_1^*}{0{,}95 \cdot 60 f_{10}} = \frac{1450 \cdot 23}{0{,}95 \cdot 60 \cdot 450} = \underline{\underline{1{,}300}}. \tag{5.174}$$

Die Resonanzstelle wäre vermieden, aber der Betrieb oberhalb der Resonanzstelle erfordert, dass die Resonanzdrehzahl zu durchfahren ist.

Mit dem *größeren Modul* ($m^* = 7$) würde die Zahneingriffsfrequenz gesenkt. Es könnte laut Aufgabenstellung (z. B. durch ein kleinere Drehmasse und/oder eine härtere Drehfederkonstante) die *Eigenfrequenz* auf $1{,}05 f_{10}$ *erhöht* werden. Damit würde das Abstimmungsverhältnis

$$\underline{\underline{\eta_{10}^*}} = \frac{n_1 z_1^*}{1{,}05 \cdot 60 f_{10}} = \frac{1450 \cdot 16}{1{,}05 \cdot 60 \cdot 450} = \underline{\underline{0{,}818}} \qquad (5.175)$$

betragen, wenn Variante 2 konstruktiv realisiert wird. Die kritische Drehzahl liegt oberhalb der Betriebsdrehzahl und würde gar nicht erreicht.

Die endgültige Entscheidung für die zweckmäßige Variante ist erst möglich, wenn auch die Festigkeit und Lebensdauer der Verzahnung bei dem veränderten Modul (Profilverschiebung) nachgewiesen worden ist.

L5.5 Eine Beziehung zur gesamten Bremszeit t_2 kann mit dem Drallsatz gefunden werden, vgl. Abschn. 3.2. Die Änderung des Drehimpulses ist gleich dem Zeitintegral der eingeprägten Momente. Also gilt:

$$\underline{\underline{(J_1 + J_2)(\Omega_2 - \Omega_0) = M_{10} t_1 + M_{11}(t_2 - t_1) = \int_0^{t_2} M(t)\mathrm{d}t = \Delta D.}} \qquad (5.176)$$

Beim elastischen System gemäß Abb. 5.5 lauten die Anfangsbedingungen für die aus (5.121) und (5.122) bekannten Bewegungsgleichungen:

$$t = 0: \quad \varphi_1(0) = \varphi_2(0) = 0; \quad \dot{\varphi}_1(0) = \dot{\varphi}_2(0) = \Omega_0. \qquad (5.177)$$

Nach der Bestimmung der Integrationskonstanten ergeben sich folgende Lösungen für die beiden Winkel im Intervall $0 \leqq t \leqq t_1$:

$$\varphi_1(t) = \Omega_0 t - \frac{M_{10}}{J_1 + J_2}\left[\frac{t^2}{2} + \frac{J_2(1 - \cos\omega t)}{J_1\omega^2}\right], \qquad (5.178)$$

$$\varphi_2(t) = \Omega_0 t - \frac{M_{10}}{J_1 + J_2}\left[\frac{t^2}{2} - \frac{1 - \cos\omega t}{\omega^2}\right]. \qquad (5.179)$$

Die Winkelgeschwindigkeiten folgen daraus zu

$$\dot{\varphi}_1(t) = \Omega_0 - \frac{M_{10}}{J_1 + J_2}\left[t + \frac{J_2 \sin\omega t}{J_1\omega}\right], \qquad (5.180)$$

$$\dot{\varphi}_2(t) = \Omega_0 - \frac{M_{10}}{J_1 + J_2}\left[t - \frac{\sin\omega t}{\omega}\right]. \qquad (5.181)$$

Die ersten beiden Terme in diesen Gleichungen entsprechen der Starrkörperbewegung, während der dritte Term infolge der Eigenschwingung entsteht. Durch eine Umformung könnte dieser Term auch so geschrieben werden, dass im Nenner die Torsionsfederkonstante sichtbar wird. Um die Starrkörperbewegung findet eine gegensinnige Schwingung der beiden Drehmassen statt, wie es der zweiten Eigenform entspricht, vgl. Abb. 5.5b. Beide Scheiben verlieren an Geschwindigkeit.

In der Welle entsteht in der ersten Etappe ein Torsionsmoment, das sich aus (5.152) für $D = 0$ ergibt. Das maximale Moment im ersten Intervall erreicht den doppelten kinetostatischen Wert nur dann, wenn die Zeit $t_1 > T/2 = \pi/\omega$ ist, also wenn mindestens eine Halbschwingung stattgefunden hat.

Beginnt zur Zeit $t = t_1$ an der Scheibe 1 das Moment M_{11} zu wirken, dann wird ein zusätzliches Moment durch die Momentendifferenz $(M_{11} - M_{10})$ angeregt, und es gilt für $t > t_1$:

$$M^{(2)}(t) = \frac{J_2}{J_1 + J_2}[M_{10}(1 - \cos\omega t) + (M_{11} - M_{10})(1 - \cos\omega(t - t_1))]. \tag{5.182}$$

Es überlagert sich also dem bisherigen Momentenverlauf ein zweiter, der zur Zeit t_1 beginnt.

Bei einem Momentensprung zum Zeitpunkt t_2 kommt ein weiterer Summand hinzu, der mit dem Additionstheorem $\cos(\omega(t - t_j)) = \cos\omega t \cos\omega t_j + \sin\omega t \sin\omega t_j$ umgeformt werden kann, so dass Sinus- und Kosinusterme getrennt sind:

$$\begin{aligned} M^{(3)}(t) &= \frac{J_2}{J_1 + J_2}\{M_{10}(1 - \cos\omega t) + (M_{11} - M_{10})(1 - \cos(\omega(t - t_1))) \\ &\quad + (M_{12} - M_{11})(1 - \cos(\omega\,(t - t_2)))\} \\ &= \frac{J_2}{J_1 + J_2}\{M_{12} + \cos\omega t[M_{10} + (M_{11} - M_{10})\cos\omega t_1 \\ &\quad + (M_{12} - M_{11})\cos\omega t_2] \\ &\quad + \sin\omega t[(M_{11} - M_{10})\sin\omega t_1 + (M_{12} - M_{11})\sin\omega t_2]\}. \end{aligned} \tag{5.183}$$

Nach der Zeit t_2 treten dann keine Schwingungen mehr auf, wenn die beiden Ausdrücke in den eckigen Klammern null sind:

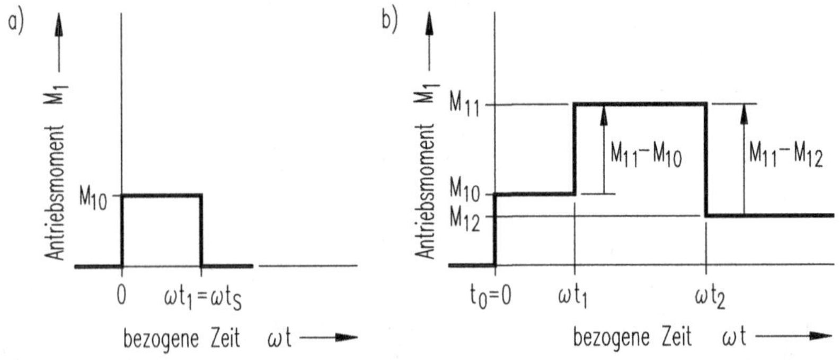

Abb. 5.39 Folge von Momentensprüngen: **a** Rechteckstoß, **b** drei Momentensprünge

$$M_{10} + (M_{11} - M_{10}) \cos \omega t_1 + (M_{12} - M_{11}) \cos \omega t_2 = 0, \tag{5.184}$$

$$\underline{\underline{(M_{11} - M_{10}) \sin \omega t_1 + (M_{12} - M_{11}) \sin \omega t_2 = 0.}} \tag{5.185}$$

Gemeinsam mit (5.176) liegen damit drei Gleichungen für die drei Unbekannten M_{10}, M_{11} und t_1 vor. Es gibt unbegrenzt viele Lösungen dieser transzendenten Gleichungen. Die Lösungen für die „Sprungzeiten" sind abhängig von der Größe der Momente, wenn diese vorgegeben werden. Mithilfe der Identität

$$(\sin \omega t_1)^2 + (\cos \omega t_1)^2 = 1 \tag{5.186}$$

kann zunächst aus (5.184) und (5.185) eine einzige Gleichung für $\sin \omega t_2$ und $\cos \omega t_2$ gewonnen werden:

$$[(M_{12}-M_{11}) \sin \omega t_2]^2 + [(M_{12}-M_{11}) \cos \omega t_2 - M_{10}]^2 = (M_{11}-M_{10})^2. \tag{5.187}$$

Wird daraus $\cos \omega t_2$ eliminiert, so verbleibt eine quadratische Gleichung für $\sin \omega t_2$. Der Lösungsweg soll hier nicht weiter verfolgt werden, lediglich das Ergebnis für ein Zahlenbeispiel: Für das Endmoment ($M_{12} = 58{,}6\,\mathrm{N\,m}$, die Bremszeit ($\omega t_2 = 9\pi/4$) und die Drehimpulsänderung $\Delta D = (J_1 + J_2)(\Omega_2 - \Omega_0) = 400(\pi/\omega)\,\mathrm{N\,m\,s}$ ergibt sich u. a. die Lösung

$$\underline{\underline{M_{10} = 100\,\mathrm{N\,m}}}; \qquad \underline{\underline{M_{11} = 200\,\mathrm{N\,m}}}; \qquad \underline{\underline{\omega t_1 = \frac{\pi}{2}}}. \tag{5.188}$$

Deren Gültigkeit ist durch das Einsetzen in (5.176), (5.184) und (5.185) zu prüfen.

L5.6 Der Eigenfrequenz $f_2 = 213\,\mathrm{Hz}$ entspricht die Drehzahl $n_2 = 12\,780\,\mathrm{U/min}$, der Eigenfrequenz $f_3 = 310\,\mathrm{Hz}$ die Drehzahl $n_3 = 18\,600\,\mathrm{U/min}$. Die kritischen Drehzahlen höherer Ordnung im betrachteten Drehzahlbereich entsprechen den lokalen Maxima der Resonanzkurve, vgl. Abb. 5.37. Sie ergeben sich aus (5.120), vgl. die Zahlenergebnisse in Tab. 5.5.

Die fett gedruckten Zahlen entsprechen den Punkten a bis f in der Abb. 5.37. Es dominieren die Erregungen mit den Resonanzordnungen $m = 3$; 3,5; 4,5; 6 und 9. Die nicht angeführten Erregerordnungen haben nur geringe Amplituden. An der Resonanzspitze bei a überlagern sich die Resonanz der 6. Harmonischen mit der ersten Eigenfrequenz und der 9. Harmonischen mit der zweiten Eigenfrequenz. Weitere größere Resonanzüberhöhungen sind im unteren Drehzahlbereich bei 1704 U/min und 1420 U/min zu erwarten.

Tab. 5.5 Kritische Drehzahlen n_{im} höherer Ordnung in 1/min

Ordnung m	3	3,5	4	4,5	5	6	7,5	9
n_2/m	**4260**	**3651**	3195	**2840**	2556	**2130**	1704	1420
n_3/m	6200	5314	4650	**4133**	3720	**3100**	**2480**	**2066**

L5.7 Da hier nicht die erzwungenen Schwingungen, sondern nur die Eigenfrequenzen des Antriebssystems abgeschätzt werden sollen, hat die Art der Erregung lediglich Konsequenzen hinsichtlich der vorzugebenden Randbedingungen.

Das Modell a) mit Wegerregung entspricht Fall 2 in Tab. 5.4, da die Bewegung des linken Randes durch einen Weg-Zeit-Verlauf gegeben ist. Das Modell c) mit Krafterregung entspricht Fall 3 in Tab. 5.4, denn der linke Rand ist frei beweglich.

Mit den gegebenen Parameterwerten ergeben sich die in Tab. 5.4 definierten dimensionslosen Kennzahlen für Steifigkeits- und Masseverhältnis zu:

$$\begin{aligned} \pi_1 &= \frac{cl}{EA} = \frac{3 \cdot 10^7 \cdot 0{,}2}{2{,}1 \cdot 10^{11} \cdot 10^{-4}} = 0{,}2857; \\ \pi_2 &= \frac{m}{\varrho A l} = \frac{0{,}6}{7{,}85 \cdot 10^3 \cdot 10^{-4} \cdot 0{,}2} = 3{,}8217. \end{aligned} \tag{5.189}$$

Die unteren vier Eigenfrequenzen dieser beiden Systeme folgen in Abhängigkeit der jeweiligen Randbedingungen aus den transzendenten Gleichungen (2) bzw. (3), die in Tab. 5.4 angegeben und numerisch zu lösen sind.

Gemäß (7) von Tab. 5.4 ergeben sich die Eigenfrequenzen zu:

$$f_i = \frac{\lambda_i}{2\pi\, l}\sqrt{\frac{E}{\varrho}} = 4115{,}9\lambda_i \text{ Hz}. \tag{5.190}$$

Bei den beiden diskreten Modellen b) und d) wird der Antrieb ebenfalls entweder als Weg- oder Krafterregung angenommen. Für Variante b) ergibt sich damit ein System mit 5 und bei d) eines mit 6 Freiheitsgraden. Die Lösung des sich jeweils ergebenden Eigenwertproblems gemäß (5.18) liefert hierfür die Eigenfrequenzen.

In Tab. 5.6 sind die Ergebnisse der numerischen Analyse zusammengefasst, die mit einer handelsüblichen Software vorgenommen wurde.

Beim Variantenvergleich ist ersichtlich, dass sich die Eigenfrequenzen der Modelle mit Wegerregung (Varianten a) und b)) von denjenigen mit Krafterregung (Varianten c) und d))

Tab. 5.6 Eigenfrequenzen bei 4 Modellvarianten

	f_i in Hz			
i	a)	b)	c)	d)
1	990,3	990,1	0	0
2	7153	7155	2359	2368
3	19 643	18 631	13 296	11 762
4	32 475	28 282	26 047	21 789

deutlich unterscheiden. Im Falle der Krafterregung ist die erste Eigenfrequenz deshalb null, weil sich der Stößel frei bewegen kann (dem entspricht die freie translatorische Starrkörperbewegung). Die Eigenfrequenzen der links kinematisch erregten Systeme sind grundsätzlich alle höher als die der am linken Rand freien Systeme, da durch die vorgegebene Wegerregung $s(t)$ ein zusätzlicher Zwang erzeugt wird [13].

Ein genaueres Modell müsste die Kennlinie des Antriebsmotors berücksichtigen, d. h. die Rückwirkung der Massenkraft auf den Antrieb, die hier in allen Fällen nicht berücksichtigt wurde. Die Eigenfrequenzen des realen Systems liegen zwischen den beiden Grenzfällen der hier angenommenen Kraft- bzw. Wegerregung.

Da die Endmasse m in dieser Aufgabe relativ weich an den Stößel angekoppelt ist ($\pi_1 \approx 0{,}29$), kann die erste von null verschiedene Eigenfrequenz abgeschätzt werden. Für die Modelle mit Wegerregung wirkt in diesem Fall der Stößel näherungsweise wie ein starrer Körper mit vorgegebener Verschiebung, gegen den die Masse m schwingen kann, d. h. es gilt die Abschätzung

$$f_1 \approx \frac{1}{2\pi}\sqrt{\frac{c}{m}} \approx 1125\,\text{Hz}.$$

Im Falle der Krafterregung liegt ein ungefesselter Zweimassenschwinger analog Abb. 5.5a (rechts) vor, sodass hierfür entsprechend (5.33) als Abschätzung

$$f_1 \approx \frac{1}{2\pi}\sqrt{\frac{c}{m} + \frac{c}{\varrho A l}} \approx 2471\,\text{Hz}$$

benutzt werden kann. Solche Abschätzungen zur Größenordnung der vom Computer gelieferten Ergebnisse (hier jeweils der ersten Eigenfrequenz) sollte bei jeder sich bietenden Gelegenheit genutzt werden, um sich vor groben Fehlern zu schützen.

5.5 Tilger und Dämpfer in Antriebssystemen

5.5.1 Einleitung

Die erste Aufgabe bei der Auslegung einer dynamisch belasteten Maschine besteht darin, die Ursachen der Schwingungserregungen zu eliminieren oder zu vermindern. Dazu gehören die Maßnahmen zum Massenausgleich, zum Auswuchten, zur Verminderung des Spiels, der Sprünge, Unstetigkeiten usw. Wenn diese Maßnahmen nicht ausreichen, um die störenden Schwingungen in zulässigen Grenzen zu halten, gibt es noch Möglichkeiten, durch Anordnung von Tilgern oder Dämpfern die Schwingungen zu vermindern. Dies erfordert stets einen zusätzlichen Aufwand, und da diese Elemente erst wirken, wenn tatsächlich Schwingungen auftreten, ist es ratsam, zunächst die primären Maßnahmen zur Verminderung der Erregungen auszuschöpfen.

Tilger und Dämpfer sind Bauelemente, die an ein Schwingungssystem gebaut werden, um eine Verminderung der Schwingungsamplituden oder -belastungen zu erreichen, durch

- Verstimmung des Systems durch Änderung von Parameterwerten oder
- Hinzufügen zusätzlicher Teilschwinger („*Tilger*") so, dass an ausgewählten Punkten des Systems in einer gewünschten Frequenz die Schwingungsausschläge minimal werden oder
- Umwandlung der Schwingungsenergie in Wärme mithilfe von Dämpfern
- Gesteuerte Ausgleichskräfte durch aktive Schwingungstilger, vgl. Abschn. 5.5.4.

Praktische Ausführungen enthalten die VDI-Richtlinien für Dämpfer (VDI 3833, Blatt 1) und Tilger (VDI 3833 Blatt 2).

In Antriebssträngen, vorwiegend bei Fahrzeugantrieben, werden reibend angeordnete Zusatzmassen und Kupplungen mit Dauerschlupf oft zur *Schwingungsdämpfung* eingesetzt, da sie die Geräusche des Antriebsstranges vermindern, die insbesondere durch das Getrieberasseln verursacht werden. Es ist üblich, Kupplungsscheiben mit integriertem Torsionsdämpfer einzusetzen. Pendel im Fliehkraftfeld erlauben eine Anpassung der Tilgungsfrequenz an die Maschinendrehzahl, vgl. Abschn. 5.5.5.2.

Verschiedene Tilgerkonstruktionen werden zur Verminderung der Schwingungen von Fundamenten infolge der Anregungen von Maschinen, Brücken infolge von Verkehrslasten, Türmen und Hochspannungsleitungen infolge der Anregungen durch den Wind und bei großen Maschinen und Anlagen (insbesondere Hochhäuser) infolge Anregung durch Erdbeben eingesetzt. Es gibt auch Tilger, die auf dem Effekt der Kreiselwirkung beruhen und z. B. zur Tilgung der Schwingungen in Tagebaugroßgeräten vorgeschlagen wurden.

5.5.2 Auslegung eines gedämpften Tilgers

Der gedämpfte Tilger unterscheidet sich vom System aus Abschn. 4.2.3 (vgl. auch Abb. 4.10) durch eine Relativdämpfung zwischen den Massen bzw. Drehmassen des Modells. Es entstehen die in Abb. 5.40 dargestellten Berechnungsmodelle, wobei hier der Index 1 das jeweils ursprüngliche System kennzeichnet, welches sowohl kinematisch als auch durch eine Kraft bzw. ein Moment harmonisch mit der Frequenz $f = \Omega/2\pi$ erregt wird. Durch die Ankopplung eines Tilgers an das ursprüngliche System erfolgt eine Erweiterung um einen Freiheitsgrad. Die betrachtete Resonanzfrequenz des ursprünglichen Systems spaltet sich in zwei auf, die kurz über und unter dieser liegen. Einen größerer Abstand zwischen beiden wird nur durch eine relativ große Tilgermasse erreicht.

Die folgenden Überlegungen werden lediglich für den Torsionsschwinger vorgenommen, denn infolge der vollständigen Analogie zwischen beiden Modellen ($m_1 \mathrel{\widehat{=}} J_1$, $m_2 \mathrel{\widehat{=}} J_2$, $c_1 \mathrel{\widehat{=}} c_{\mathrm{T}1}$, $c_2 \mathrel{\widehat{=}} c_{\mathrm{T}2}$, $b \mathrel{\widehat{=}} b_{\mathrm{T}}$, $F_1(t) \mathrel{\widehat{=}} M_1(t)$, $s(t) \mathrel{\widehat{=}} \psi(t)$, $F_{an} \mathrel{\widehat{=}} M_{an}$, $x_1 \mathrel{\widehat{=}} \varphi_1$, $x_2 \mathrel{\widehat{=}} \varphi_2$) gelten dieselben Zusammenhänge für den Längsschwinger, wenn die einander entsprechenden Größen eingesetzt werden.

Die Bewegungsgleichungen des Systems mit 2 Freiheitsgraden lauten:

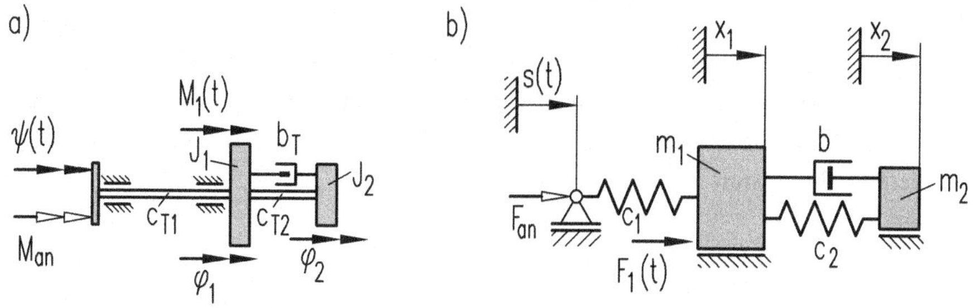

Abb. 5.40 Gedämpfter Tilger: **a** Torsionsschwinger, **b** Längsschwinger

$$\begin{aligned} J_1\ddot{\varphi}_1 - b_\mathrm{T}(\dot{\varphi}_2 - \dot{\varphi}_1) - c_{\mathrm{T}2}(\varphi_2 - \varphi_1) + c_{\mathrm{T}1}\varphi_1 &= c_{\mathrm{T}1}\psi(t) + M_1(t) \\ &= \hat{M}\cos(\Omega t + \alpha), \\ J_2\ddot{\varphi}_2 + b_\mathrm{T}(\dot{\varphi}_2 - \dot{\varphi}_1) + c_{\mathrm{T}2}(\varphi_2 - \varphi_1) &= 0. \end{aligned} \tag{5.191}$$

Die Größen $\hat{M}$ ($\widehat{=}\ F$) und α resultieren aus den jeweils konkret vorliegenden Erregungen.

Die Methode zur Gewinnung der stationären Lösungen dieser Gleichungen ist im Abschn. 7.2.1.2 beschrieben. Mit dem Ansatz entsprechend (7.82)

$$\varphi_k = \varphi_{ka}\cos\Omega t + \varphi_{kb}\sin\Omega t = \hat{\varphi}_k \sin(\Omega t + \psi_k)\,; \quad k = 1, 2 \tag{5.192}$$

ergibt sich die hier nur interessierende Amplitude $\hat{\varphi}_1$ dieser Lösungen:

$$\hat{\varphi}_1 = \sqrt{\varphi_{1a}^2 + \varphi_{1b}^2} = D_{11}(\Omega)\,\hat{M} = \frac{\hat{M}}{c_{\mathrm{T}1}} V. \tag{5.193}$$

Sie ist proportional der Vergrößerungsfunktion

$$\begin{aligned} V &= \frac{\hat{\varphi}_1}{\hat{M}/c_{\mathrm{T}1}} \\ &= \sqrt{\frac{c_{\mathrm{T}1}^2[(c_{\mathrm{T}2} - J_2\Omega^2)^2 + b_\mathrm{T}^2\Omega^2]}{[(c_{\mathrm{T}1} - J_1\Omega^2)(c_{\mathrm{T}2} - J_2\Omega^2) - c_{\mathrm{T}2}J_2\Omega^2]^2 + b_\mathrm{T}^2\Omega^2[c_{\mathrm{T}1} - J_1\Omega^2 - J_2\Omega^2]^2}}. \end{aligned} \tag{5.194}$$

Wie sollen nun die Parameter des Zusatzsystems (b_T, $c_{\mathrm{T}2}$, J_2) gewählt werden, um einen ursprünglich in Resonanz betriebenen Schwinger mit einem Freiheitsgrad (Index 1) in der Erregerkreisfrequenz Ω zu beruhigen? Dem Zähler des Bruches unter der Wurzel in (5.194) kann entnommen werden, dass ohne Dämpfung ($b_\mathrm{T} = 0$) der Ausschlag an der Drehmasse J_1 dann verschwindet (also $V = 0$ gilt), wenn die ursprüngliche Resonanzfrequenz der Tilgungsfrequenz entspricht:

$$\Omega^2 = c_{\mathrm{T}1}/J_1 = c_{\mathrm{T}2}/J_2 = \omega_\mathrm{T}^2. \tag{5.195}$$

Infolge der Dämpfung wird diese Amplitude zwar nicht null, aber sehr klein, vgl. Abb. 5.41. Allerdings treten in der Nachbarschaft dieser Tilgungsfrequenz Resonanzüberhöhungen auf, die infolge von Erregerfrequenzschwankungen stören können. Es werden also Parameter des Zusatzsystems gesucht, die diesen unerwünschten Nebeneffekt möglichst vermeiden.

Werden die dimensionslosen Kenngrößen

$$\mu = \frac{J_2}{J_1}; \qquad \xi^2 = \frac{c_{\mathrm{T2}}}{c_{\mathrm{T1}}}\frac{1}{\mu}; \qquad \eta^2 = \frac{\Omega^2}{c_{\mathrm{T1}}/J_1}, \tag{5.196}$$

der Dämpfungsgrad D sowie der statische Drehwinkel φ_{st} gemäß

$$2D = \frac{b_{\mathrm{T}}}{J_2}\sqrt{\frac{J_1}{c_{\mathrm{T1}}}}; \qquad \varphi_{\mathrm{st}} = \frac{\hat{M}}{c_{\mathrm{T1}}} \tag{5.197}$$

eingeführt, so lässt sich (5.194) wie folgt schreiben:

$$V = \frac{\hat{\varphi}_1}{\varphi_{\mathrm{st}}} = \sqrt{\frac{(2D\eta)^2 + (\xi^2 - \eta^2)^2}{(2D\eta)^2(\eta^2(1+\mu)-1)^2 + ((1-\eta^2)(\xi^2-\eta^2) - \mu\xi^2\eta^2)^2}}. \tag{5.198}$$

Bei der Tilgerfrequenz, auf die der Tilger abgestimmt ist, bleibt das ursprüngliche System in Ruhe, während die Tilgermasse mit großer Amplitude schwingt. Vor Erreichen der Tilgerfrequenz muss jedoch eine Resonanz durchfahren werden.

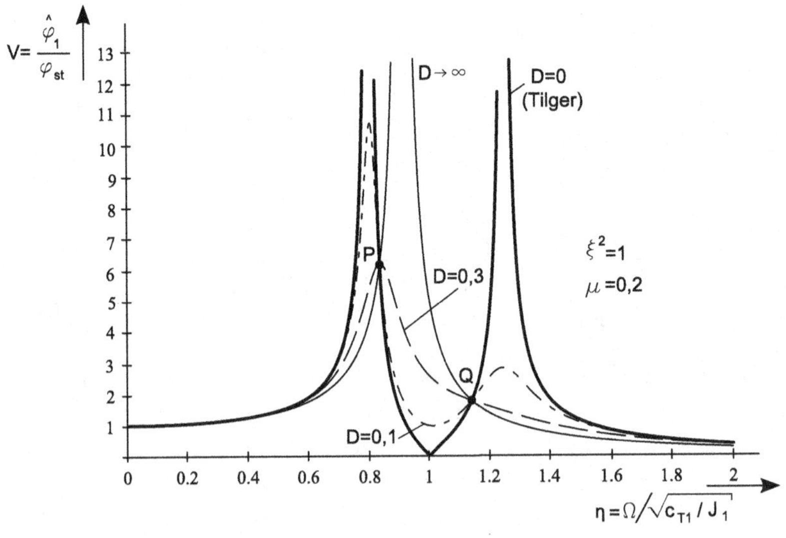

Abb. 5.41 Vergrößerungsfunktionen für ein Modell mit gedämpftem Tilger

Abb. 5.41 zeigt die Resonanzkurven für $\xi^2 = 1$ und $\mu = 0{,}2$ sowie für mehrere Dämpfungsgrade. Für $D \to \infty$ „klebt" die Tilgermasse J_2 fest an der Drehmasse J_1 und es verbleibt ein ungedämpfter Einfachschwinger. Es ist bemerkenswert, dass sich alle Kurven in den dämpfungsunabhängigen Punkten P und Q schneiden, d. h. es gilt $\frac{\partial V}{\partial D}\big|_{\eta=\eta_{P,Q}} = 0$. Diese Punkte können für eine Optimierung des Zusatzsystems herangezogen werden, zumal sich deren η-Werte auch aus den Kurven für $D = 0$; $D \to \infty$ leicht bestimmen lassen, denn es muss offenbar

$$V^2\left(\eta = \eta_{P,Q}, D = 0\right) = V^2\left(\eta = \eta_{P,Q}, D \to \infty\right) \tag{5.199}$$

erfüllt sein (die Nutzung von V^2 anstelle V erleichtert etwas die Rechnung).

Daraus folgt

$$\eta_{P,Q}^2 = \frac{1}{2+\mu}\left[\xi^2(1+\mu) + 1 \mp \sqrt{\xi^4(1+\mu)^2 - 2\xi^2 + 1}\right]. \tag{5.200}$$

Für das Beispiel Abb. 5.41 gilt $\eta_P = 0{,}836$, $\eta_Q = 1{,}141$. Wird gefordert, dass zweckmäßigerweise auch $V_P^2 = V_Q^2$ gilt, so folgt daraus für die dimensionslose Variable ξ ein Wert, der als optimale Größe angesehen wird:

$$\xi_{\text{opt}} = \frac{1}{1+\mu}. \tag{5.201}$$

Als optimalen Funktionswert für die Vergrößerungsfunktion (bzw. für V^2) ergibt sich damit:

$$V_{\text{opt}}^2 = V^2\left(\eta^2 = \eta_{P,Q}^2, \xi^2 = \xi_{\text{opt}}^2\right) = 1 + \frac{2}{\mu}. \tag{5.202}$$

Die Größe des Massenverhältnisses wird durch die Einbauverhältnisse am Motor bestimmt. Dadurch wird in den meisten Fällen $\mu \ll 1$, ξ_{opt} liegt dann in der Nähe von $\xi = 1$. Wird die optimale Dämpfung D_{opt} derart definiert, dass die Vergrößerungsfunktion (und damit auch V^2) bei P und Q jeweils eine horizontale Tangente besitzt, so muss dort die erste Ableitung von V^2 nach η^2 null werden. Die konkrete Auflösung dieser Forderung liefert bei formaler Behandlung extrem unhandliche Ausdrücke für D_{opt}^2. Einen günstigeren Weg bietet die Nutzung der Ableitungsdefinition mittels Grenzwertbetrachtung entsprechend

$$\left.\frac{\partial V^2(\eta^2, D = D_{\text{opt}}, \xi = \xi_{\text{opt}})}{\partial(\eta^2)}\right|_{\eta^2=\eta_{P,Q}^2} \equiv \lim_{\varepsilon\to 0} \frac{V^2(\eta^2 = \eta_{P,Q}^2 + \varepsilon, D = D_{\text{opt}}, \xi = \xi_{\text{opt}}) - \frac{2+\mu}{\mu}}{\varepsilon} \stackrel{!}{=} 0. \tag{5.203}$$

Unter Beachtung der Regel von L'Hospital (es liegt ein Ausdruck „0/0" für $\varepsilon \to 0$ vor) ergeben sich die den beiden Punkten P und Q zugeordneten optimalen Dämpfungen zu:

$$D_{\text{opt}}^2\Big|_{\eta=\eta_P} = \frac{\mu(3-\sqrt{\mu/(\mu+2)})}{8(1+\mu)^3}; \quad D_{\text{opt}}^2\Big|_{\eta=\eta_Q} = \frac{\mu(3+\sqrt{\mu/(\mu+2)})}{8(1+\mu)^3}. \tag{5.204}$$

Da im vorliegenden Schwingungssystem aber nur ein Dämpfungswert realisiert werden kann, liegt es nahe, für D_{opt}^2 den arithmetischen Mittelwert von beiden zu nutzen:

$$D_{\text{opt}}^2 \approx \frac{3\mu}{8\,(1+\mu)^3}. \tag{5.205}$$

Aus der einfachen Beziehung (5.202) ist die Bedeutung einer großen Tilgermasse erkennbar, die jedoch andererseits eine oft nur schwer zu realisierende Dämpfung D_{opt} bedingt.

Ist das Massenverhältnis μ entsprechend den baulichen Möglichkeiten festgelegt, so können die gesuchten Parameter des Zusatzsystems berechnet werden:

$$J_2 = J_1\mu; \qquad c_{\text{T2}} = c_{\text{T1}}\frac{\mu}{(1+\mu)^2}; \qquad b_{\text{T}} = \sqrt{\frac{3\mu^3}{2\,(1+\mu)^3}c_{\text{T1}}J_1}. \tag{5.206}$$

Von gedämpften Tilgern gibt es verschiedene konstruktive Ausführungen. Häufig werden Dämpfer mit Elastomer-Elementen als Feder-Dämpfer-Glied eingesetzt.

Der hier besprochene lineare Tilger ist nur vorteilhaft einsetzbar in Antriebssystemen mit einer konstanten Betriebsdrehzahl. Ungünstig eingesetzt wäre er dann, wenn beim An- und Abfahren ständig der Resonanzbereich durchlaufen wird. Der Tilgerkonstruktion ist wegen der hohen Beanspruchung der Tilgerfeder große Aufmerksamkeit zu schenken.

Abb. 5.42 zeigt verschiedene Ausführungsformen. Es sei noch darauf hingewiesen, dass sich die Beanspruchung der Tilgerfeder mit den angegebenen Verfahren für das Gesamtsystem berechnen lässt. Anrisse in der Gummifeder sind jedoch erst nach Ausbau des Dämpfers feststellbar. Auf das Schwingungsverhalten haben diese aber einen wesentlichen Einfluss, da durch Änderung der Abstimmung die Dämpferwirkung verringert wird. Das Ausgangssystem ist dann weit höher belastet, was zum Bruch führen kann.

Abb. 5.43 zeigt zum Vergleich den gemessenen Verdrehwinkel eines Kurbelwellen-Schwingwinkels ohne Dämpfer und mit ICD-Dämpfer, der an einem 6-Zylinder-Dieselmotor eingesetzt wurde. Die Messergebnisse stimmen mit denen der Simulationsrechnungen überein und bestätigen, dass die Resonanzspitzen der Hauptordnungen (hier 5-te, 5,5-te und 7,5-te Ordnung) durch den ICD nahezu beseitigt wurden.

5.5.3 Auslegung eines federlosen Dämpfers

Um den Bruch der Dämpferfeder mit seinen Auswirkungen zu vermeiden, haben federlose Dämpfer, deren Dämpferdrehmasse nur über ein Dämpferglied mit dem Ausgangssystem gekoppelt ist, besondere Bedeutung. Dabei muss jedoch beachtet werden, dass sich der Begriff des federlosen Dämpfers auf das Fehlen eines speziellen Bauelementes bezieht. Neuere Untersuchungen haben gezeigt, dass besonders bei Viskositäts-

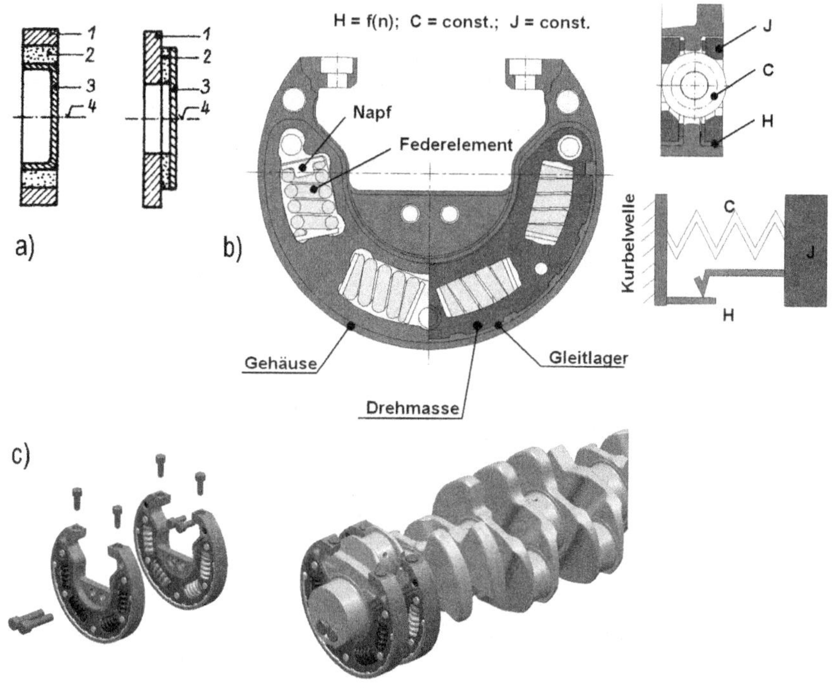

Abb. 5.42 Ausführungsformen eines gedämpften Tilgers: **a** federgefesselter Dämpfer; 1 Dämpfermasse, 2 Gummifeder, 3 Mitnehmerscheibe, 4 Drehachse, **b** Interner Kurbelwellendämpfer (ICD), **c** Kurbelwelle mit ICD (Quelle: LuK)

Drehschwingungsdämpfern mit hochviskoser Dämpfungsflüssigkeit neben dem Dämpfungseffekt auch eine Federwirkung auftritt, die nicht zu vernachlässigen ist. Die folgenden Überlegungen, bei denen $c_{T2} = 0$ gesetzt wurde, können also dafür nur als Grenzwertbetrachtung angesehen werden.

Gemäß (5.198) berechnet sich für $\xi = 0$ die Vergrößerungsfunktion damit aus:

$$V = \frac{\hat{\varphi}_1}{\varphi_{st}} = \sqrt{\frac{4D^2 + \eta^2}{4D^2(\eta^2(1+\mu) - 1)^2 + \eta^2(\eta^2 - 1)^2}}. \tag{5.207}$$

Die Lage der dämpfungsunabhängigen Punkte ergeben sich aus (5.200)

$$\eta^2_{P,Q} = \frac{1}{2+\mu}(1 \mp 1); \qquad \eta_P = 0; \qquad \eta^2_Q = \frac{2}{2+\mu}. \tag{5.208}$$

Für $D = 0$ und $D \to \infty$ ergeben sich jeweils Einfachschwinger, sodass die Forderung nach einem Minimum in der Vergrößerung eindeutig erfüllt ist, wenn die Vergrößerungsfunktion im Punkt Q ihr Maximum hat. Diese Vergrößerung lässt sich sofort angeben, wenn (5.208)

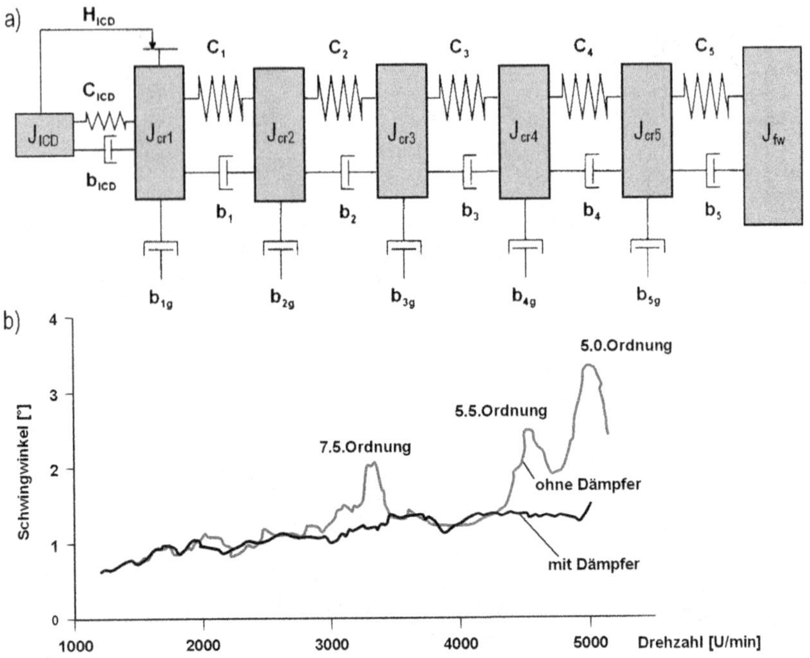

Abb. 5.43 Kurbelwelle mit ICD: **a** Simulationsmodell, **b** gemessener Schwingwinkel zwischen den beiden Kurbelwellenenden ohne und mit ICD (Quelle: LuK)

in (5.207) für $D \to \infty$ eingesetzt wird. Es ergibt sich im Gegensatz zu (5.202)

$$V_{\text{opt}} = 1 + \frac{2}{\mu}. \tag{5.209}$$

Wird dieses Ergebnis mit (5.202) verglichen, so wird deutlich, dass die Wirkung eines federgefesselten Dämpfers bei gleicher Drehmasse wesentlich besser ist oder bei gleicher Dämpferwirkung der federlose Dämpfer eine größere Masse verlangt. Die optimale Dämpfung, bei der die Vergrößerungsfunktion ihr Maximum in Q hat, lässt sich nach dem oben angegebenen Weg bestimmen. Es gilt:

$$D_{\text{opt}}^2 = \frac{1}{2(1+\mu)(2+\mu)}. \tag{5.210}$$

Wird $\mu \ll 1$ angenommen, gilt $D_{\text{opt}}^2 \approx 1/4$. Die Größe der Torsionsdämpferkonstante des Dämpferelementes beträgt dann:

$$b_{\text{T}} = J_2 \cdot \sqrt{c_{\text{T1}}/J_1} = \mu\sqrt{c_{\text{T1}} J_1}. \tag{5.211}$$

Die Realisierung einer bestimmten Dämpfungskonstante in einem Dämpfer ist wegen der starken Abhängigkeit von Fertigungs- und Betriebsparametern schwierig.

Federlose Dämpfer werden entweder mit Reibungsdämpfung oder mit Flüssigkeitsdämpfung ausgeführt. Bei dem Reibungsdämpfer, Abb. 5.44, besteht zwischen der Dämpfermasse und der Mitnehmerscheibe über den Bremsbelag Reibschluss, der durch die Federkraft erzeugt wird.

Der Flüssigkeitsdämpfer (Viskositäts-Drehschwingungsdämpfer), Abb. 5.45, hat eine Kopplung zwischen Dämpfermasse und dem auf der Welle sitzenden Gehäuse durch die Viskosität des Dämpferöles. Sie ist bei Silikonölen in weiten Grenzen beeinflussbar. Diese Dämpfer finden hauptsächlich bei großen Dieselmotoren Verwendung. Sie arbeiten im Wesentlichen wartungsfrei, sind jedoch in der Fertigung aufwendig. Diese Dämpfer werden bis zur Größenordnung von 2 m Durchmesser hergestellt (Masse etwa 6000 kg).

5.5.4 Bemerkungen zur aktiven Schwingungsisolierung

Bei den mechatronischen Konzepten zur Schwingungsisolierung muss zwischen den adaptiven (oder semiaktiven) und aktiven Tilgern unterschieden werden.

Bei adaptiven Tilgern wird die Tilgerfrequenz im Betrieb so gesteuert, dass sie der Erregerfrequenz oder Resonanzfrequenz folgt. Dies wird durch Tilgerpendel (Abschn. 5.5.5.2) oder durch eine Feder mit veränderlicher Steifigkeit (z. B. Einspannlänge einer Biegefeder) erreicht. Adaptive Tilger benötigen wenig Fremdenergie. Erregerfrequenzen nehmen bei jedem Anlauf einer Maschine zu (und beim Bremsen ab). Eigenfrequenzen ändern sich im Betrieb z. B. bei wechselnden Belastungen und nichtlinearen Federn, Masseänderungen (infolge veränderlicher Beladung), Spieleinfluss, Verschleiß u. a. Adaptive Tilger eignen sich zur Anwendung in vielen Bereichen des Maschinen- und Fahrzeugbaues, wo unter wechselnden Bedingungen ein ruhiger schwingungsarmer Betrieb gewünscht wird.

Im Gegensatz dazu ist die aktive Schwingungsisolierung durch die Zufuhr von Fremdenergie charakterisiert. Es wird Energie durch sogen. *Aktoren* dynamisch korreliert so

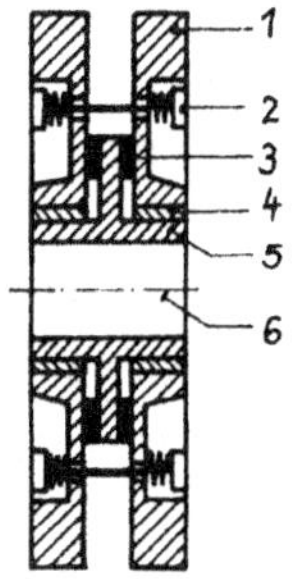

Abb. 5.44 Reibungsdämpfer
1 Dämpfermasse;
2 Anpressfeder; *3* Bremsbelag;
4 Laufbuchse;
5 Mitnehmerscheibe;
6 Drehachse

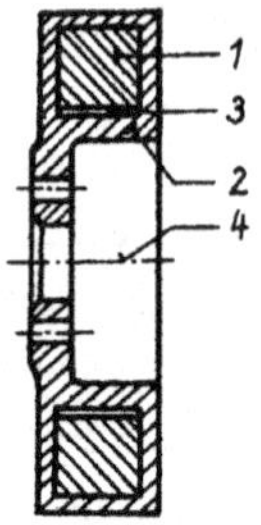

Abb. 5.45 Flüssigkeitsdämpfer (Viskositäts-Drehschwingungsdämpfer) *1* Dämpfermasse; *2* Gehäuse *3* Dämpferflüssigkeit; *4* Drehachse

zugeführt, dass die relevanten Zustandsgrößen (Kräfte und Bewegungsgrößen) direkt beeinflusst werden. Ausführliche Hinweise zur aktiven Schwingungsisolierung enthält die VDI-Richtlinie 2064 und die Norm DIN EN 1299.

Pneumatische Aktoren arbeiten lediglich im unteren Frequenzbereich $f < 10\,\text{Hz}$, hydraulische Aktoren im Frequenzbereich $f < 100\,\text{Hz}$. Der Kraftbereich liegt etwa zwischen 100 N und ca. 10^6 N. Elektrodynamische Aktoren haben einen großen Arbeitsfrequenzbereich, aber kleinere Kräfte, während piezoelektrische und magnetostriktive Aktoren Frequenzen bis zu mehreren kHz und Kräfte im Bereich mehrerer kN je Element erreichen.

Ein System der aktiven Schwingungsisolierung enthält oft auch passiv wirkende Komponenten, wie Massen, Federn und Dämpfer. Es kommt aber bei vergleichbarer Schwingungsminderung mit bedeutend kleineren Massen aus als die herkömmlichen passiven Tilger.

5.5.5 Beispiele

5.5.5.1 Besonderheiten des Viskositäts-Drehschwingungsdämpfers

Wird wieder das Modell des federgefesselten Dämpfers, Abb. 5.40, zugrunde gelegt, dann gilt mit den Abkürzungen (5.197) die Vergrößerungsfunktion (5.198). Die Feder- und Dämpferkonstante sind von mehreren Einflüssen abhängig, insbesondere von der Spaltzahl Sp.

Die Spaltzahl ist von der Geometrie des Dämpferringes und des Gehäuses abhängig. Werden die Ringabplattungen vernachlässigt, so gilt

$$Sp = \pi \left[\frac{r_\mathrm{a}^4 - r_\mathrm{i}^4}{S_\mathrm{A}} + 2B \left(\frac{r_\mathrm{a}^3}{s_{r\mathrm{a}}} + \frac{r_\mathrm{i}^3}{s_{r\mathrm{i}}} \right) \right]. \tag{5.212}$$

Darin bedeuten

r_a, r_i Außen- und Innenradius des Ringes,
$s_{r\mathrm{a}}$, $s_{r\mathrm{i}}$ radialer Spalt außen und innen,
B Ringbreite,
S_A axiale Spaltbreite.

Liegen die Stoffparameter durch Experimente vor, so lässt sich die Vergrößerungsfunktion $V = |\hat{\varphi}_2/\varphi_{st}|$ analog zu Abb. 5.41 berechnen. So ergab sich für ein Beispiel in Abhängigkeit von der Spaltzahl Sp die in Abb. 5.46 dargestellte Vergrößerungsfunktion. Auffallend daran ist, dass es einen dämpfungsfreien Punkt nicht mehr gibt und dass die mit optimaler Spaltzahl erreichbaren Werte unter denen beim Optimum im dämpfungsfreien Punkt liegen. Die Versuche haben weiterhin gezeigt, dass mit Anwachsen der Eigenfrequenz des Ersatzmodells die erforderliche optimale Spaltzahl ansteigt. Große Spaltzahlen bedingen aber eine hohe Fertigungsgenauigkeit.

Es sei noch vermerkt, dass bei hochviskosen Ölen nach bestimmter Betriebsdauer ein Molekülzerfall auftreten kann, der zum Verklemmen des Ringes im Gehäuse und damit Ausfall des Dämpfers führt.

5.5.5.2 Zum Tilgerpendel

Bei vielen Antrieben von Maschinen sind die Erregerfrequenzen $k\Omega$ den Drehzahlen proportional. Tilgerpendel sind ein wirksames und anpassungsfähiges Mittel zur Beseitigung gefährlicher Resonanzen bei rotierenden Wellen. Mehrere Bauformen von Tilgerpendeln sind von B. SALOMON in den dreißiger Jahren des 20. Jahrhunderts vorgeschlagen worden (Patent DRP 597 091), die entweder aus pendelnden Ringen oder aus Walzen bestehen und relativ zur Welle auf Kreisbahnen laufen. Die verschiedenen konstruktiven Ausführungen, die es seitdem gibt, haben alle dasselbe Ziel, eine große Masse und eine kleine Pendellänge

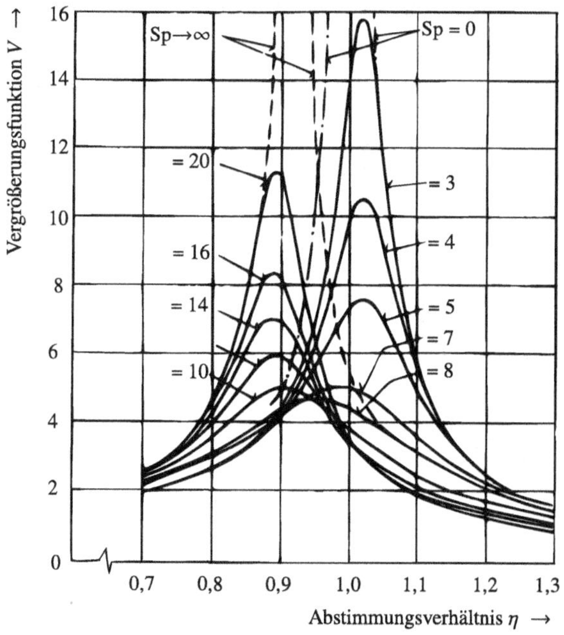

Abb. 5.46 Vergrößerungsfunktion eines Viskositäts-Drehschwingungsdämpfers bei Berücksichtigung der Spaltzahl Sp (Angabe in m^3) als Parameter

zu erreichen, weil sie für hohe Frequenzen und große Momente benötigt werden. Tilgerpendel werden möglichst an die Kurbelwange angehängt, damit das störende veränderliche Moment dort abgefangen wird, wo es eingeleitet wird.

Abb. 5.47 zeigt verschiedene Formen der *Tilgerpendel nach Salomon* [29]. Auf eine rotierende Scheibe (Drehmasse J_1) auf der Antriebswelle wirkt ein periodisches Moment $M_1(t) = \hat{M}_1 \sin k\Omega t$. Die Rotation würde ohne das Tilgerpendel mit veränderlicher Winkelgeschwindigkeit ($\varphi_1 = \Omega t + \hat{\varphi}_1 \sin k\Omega t$) erfolgen. Im Punkt A (Abstand R) wird ein physikalisches Pendel (Masse m, Schwerpunktabstand ξ_S, Trägheitsmoment J_S) in der Scheibe drehbar angeordnet, vgl. Abb. 5.47a. Dem Schwerpunktabstand des physikalischen Pendels entspricht bei den Rollpendeln (Abb. 5.47b und 5.47c) die halbe Durchmesserdifferenz: $\xi_S = (D - d)/2$, da beide sich so bewegen, als ob sie im Punkt A gelagert wären.

Das in Abb. 5.47d dargestellte System hat zwei Freiheitsgrade (Drehwinkel φ_1 und relativer Pendelwinkel φ_2). Die potenzielle Energie wird nicht beachtet (horizontale Lage der Rotationsebene). Die kinetische Energie summiert sich aus der Rotationsenergie der Drehmassen und der Translationsenergie der Masse m:

$$2W_{\text{kin}} = J_1\dot{\varphi}_1^2 + m(\dot{x}_S^2 + \dot{y}_S^2) + J_S(\dot{\varphi}_1 + \dot{\varphi}_2)^2. \tag{5.213}$$

Der Schwerpunkt des Tilgerpendels hat die Koordinaten

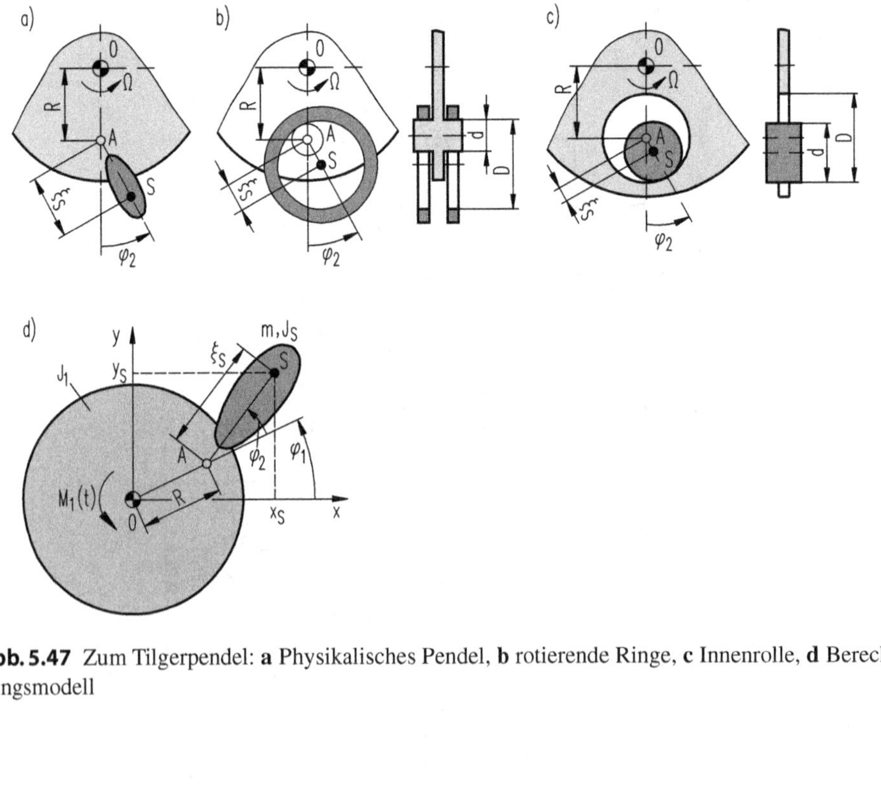

Abb. 5.47 Zum Tilgerpendel: **a** Physikalisches Pendel, **b** rotierende Ringe, **c** Innenrolle, **d** Berechnungsmodell

$$x_S = R\cos\varphi_1 + \xi_S\cos(\varphi_1 + \varphi_2); \qquad y_S = R\sin\varphi_1 + \xi_S\sin(\varphi_1 + \varphi_2). \tag{5.214}$$

Daraus folgen die Geschwindigkeiten

$$\begin{aligned} \dot{x}_S &= -\dot{\varphi}_1 R\sin\varphi_1 - (\dot{\varphi}_1 + \dot{\varphi}_2)\xi_S\sin(\varphi_1 + \varphi_2);\\ \dot{y}_S &= \dot{\varphi}_1 R\cos\varphi_1 + (\dot{\varphi}_1 + \dot{\varphi}_2)\xi_S\cos(\varphi_1 + \varphi_2). \end{aligned} \tag{5.215}$$

Werden diese in (5.213) eingesetzt, so entsteht nach einer kurzen Umformung der Ausdruck

$$2W_{\text{kin}} = m_{11}\dot{\varphi}_1^2 + 2m_{12}\dot{\varphi}_1\dot{\varphi}_2 + m_{22}\dot{\varphi}_2^2 \tag{5.216}$$

für die kinetische Energie. Hier besteht eine Verbindung zu Abschn. 3.3.1, wo mit (3.152) dieselbe Form auftritt. Hier sind die z. T. veränderlichen verallgemeinerten Massen

$$\begin{aligned} m_{11} &= J_1 + mR^2 + J_S + m\xi_S^2 + 2mR\xi_S\cos\varphi_2,\\ m_{12} &= m_{21} = J_S + m\xi_S^2 + mR\xi_S\cos\varphi_2; \qquad m_{22} = J_S + m\xi_S^2. \end{aligned} \tag{5.217}$$

Aus den Lagrange'schen Gl. 2. Art ergeben sich dann die Bewegungsgleichungen, die der Form des Starrkörpersystems mit zwei Antrieben, vgl. (3.160) und (3.161) in Abschn. 3.3.1.1 entsprechen. Jede dieser Gleichungen beschreibt ein Momentengleichgewicht:

$$\begin{aligned} m_{11}\ddot{\varphi}_1 + m_{12}\ddot{\varphi}_2 - 2mR\xi_S\sin\varphi_2\dot{\varphi}_1\dot{\varphi}_2 - mR\xi_S\sin\varphi_2\dot{\varphi}_2^2 &= M_1,\\ m_{21}\ddot{\varphi}_1 + m_{22}\ddot{\varphi}_2 + mR\xi_S\sin\varphi_2\dot{\varphi}_1^2 &= 0. \end{aligned} \tag{5.218}$$

Für kleine Winkel $|\varphi_2| \ll 1$ wird $\sin\varphi_2 = \varphi_2$ und $\cos\varphi_2 = 1$ gesetzt. Es ergeben sich damit die beiden *linearen Bewegungsgleichungen* mit $k\hat{\varphi}_1 \ll 1$ und $\dot{\varphi}_1 \approx \Omega$:

$$J_{11} = J_1 + J_S + m(R + \xi_S)^2; \qquad J_{22} = J_\text{A} = J_S + m\xi_S^2 \tag{5.219}$$

in der Form

$$\begin{aligned} J_{11}\ddot{\varphi}_1 + (J_{22} + mR\xi_S)\ddot{\varphi}_2 &= \hat{M}_1\sin k\Omega t,\\ (J_{22} + mR\xi_S)\ddot{\varphi}_1 + J_{22}\ddot{\varphi}_2 + mR\xi_S\Omega^2\varphi_2 &= 0. \end{aligned} \tag{5.220}$$

Aus der zweiten Gleichung kann das Quadrat der Eigenkreisfrequenz abgelesen werden, wenn der Term mit $\ddot{\varphi}_1$ auf die rechte Seite gebracht wird (Fliehkraftpendel, erzwungene Schwingung)

$$\omega_0^2 = \frac{mR\xi_S\Omega^2}{J_{22}} = \frac{mR\xi_S}{J_S + m\xi_S^2}\Omega^2. \tag{5.221}$$

Daraus folgt die wichtige Erkenntnis: Die *Eigenkreisfrequenz des physikalischen Pendels im Fliehkraftfeld ist der Drehzahl proportional.*

Mit dem Ansatz

$$\varphi_1 = \Omega t + \hat{\varphi}_1\sin k\Omega t; \qquad \varphi_2 = \hat{\varphi}_2\sin k\Omega t \tag{5.222}$$

können für den stationären Fall die Amplituden berechnet werden. Aus dem linearen Gleichungssystem, das nach dem Einsetzen von (5.222) in (5.219) und (5.220) entsteht, folgt:

$$\hat{\varphi}_1 = -\frac{\hat{M}_1(mR\xi_S - J_{22}k^2)}{\Delta}; \qquad \hat{\varphi}_2 = -\frac{\hat{M}_1(J_{22} + mR\xi_S)}{\Delta} \tag{5.223}$$

mit dem Nenner:

$$\Delta = \left\{[(J_{22} + mR\xi_S)^2 - J_{11}J_{22}]k^2 + J_{11}mR\xi_S\right\}(k\Omega)^2. \tag{5.224}$$

Für die Winkelamplitude gilt $\hat{\varphi}_1 = 0$, wenn der Zähler Null ist, also bei der Tilgungsbedingung

$$mR\xi_S = J_{22}k^2 = (J_S + m\xi_S^2)k^2. \tag{5.225}$$

Im Falle der Tilgung folgt die Amplitude des Tilgerpendels aus (5.223) zu

$$|\hat{\varphi}_2| = \frac{\hat{M}_1}{(J_{22} + mR\xi_S)(k\Omega)^2}. \tag{5.226}$$

Obwohl das Moment M_1 veränderlich ist, schwingt die Scheibe nicht, und zwar unabhängig von der Amplitude des Moments und bei allen Drehzahlen. Der Tilger wirkt so, als ob das Trägheitsmoment der Scheibe unendlich groß wäre, weil das Moment direkt vom Pendel abgefangen wird.

Das Tilgerpendel stellt bei großen Ausschlägen einen nichtlinearen Schwinger dar, dessen Eigenfrequenz (genau betrachtet) abhängig von der Amplitude ist. Nur bis zu Winkeln von etwa $|\varphi_2| < \pi/6$ ist die Linearisierung zulässig und brauchbar. Die Pendelbewegung enthält bei großen Winkeln höhere Harmonische, die ebenfalls Schwingungen anregen. Es gibt konstruktive Lösungen mit Rollbahnen in Form von Zykloiden, bei denen die Eigenfrequenz des Rollpendels im Fliehkraftfeld unabhängig vom Ausschlag bleibt.

5.5.6 Aufgabe A5.8 und Lösung L5.8

A5.8 Salomon-Tilgerpendel

Es sollen die Abmessungen eines Salomon-Tilgerpendels gemäß Abb. 5.47c ermittelt werden, welches die zweite Erregerharmonische eines Antriebsmomentes tilgt.

Gegeben:

Abstand des Drehpunktes	$R = 100\,\text{mm}$
Schwerpunktabstand	$\xi_S = 1\,\text{mm}$
Masse der Walze	$m = 0{,}05\,\text{kg}$
Momentenamplitude der zweiten Harmonischen	$\hat{M}_1 = 15\,\text{N m}$ bei $k = 2$

Gesucht:

1. Durchmesser der Walze d
2. Durchmesser des Lochs D
3. Amplitude $\hat{\varphi}_2$ der Walze bei der Winkelgeschwindigkeit $\Omega = 300$ rad/s
4. Diskussion des Einflusses von Ordnung der Harmonischen auf die Größe der Tilgermasse

L5.8 Die Walze als homogener Kreiszylinder hat das Trägheitsmoment $J_S = md^2/8$, vgl. Abb. 8.7. Aus der Tilgungsbedingung (5.225) ergibt sich eine Beziehung zum Walzendurchmesser:

$$mR\xi_S = (J_S + m\xi_S^2)k^2 = m\left(\frac{d^2}{8} + \xi_S^2\right)k^2, \tag{5.227}$$

woraus der Durchmesser folgt:

$$\underline{\underline{d}} = \sqrt{8\xi_S\left(\frac{R}{k^2} - \xi_S\right)} = \sqrt{8\left(\frac{100}{4} - 1\right)} \underline{\underline{= 13{,}8\,\text{mm}}}. \tag{5.228}$$

Daraus ergibt sich der Außendurchmesser zu $\underline{\underline{D = 2\xi_S + d = 15{,}856\,\text{mm}}}$.

Das Trägheitsmoment bezüglich des Punktes A ist

$$\begin{aligned} J_{22} &= (J_S + m\xi_S^2) = m\left(\frac{d^2}{8} + \xi_S^2\right) = 50\left(\frac{192}{8} + 1\right)\,\text{g mm}^2 \\ &= 1250\,\text{g mm}^2. \end{aligned} \tag{5.229}$$

Die Pendelamplitude bei der angegebenen Winkelgeschwindigkeit folgt aus (5.226) zu

$$\underline{\underline{|\hat{\varphi}_2|}} = \frac{\hat{M}_1}{(J_{22} + mR\xi_S)(k\Omega)^2} = \frac{5 \cdot 10^9}{(1250 + 5000)(600)^2} \underline{\underline{= 0{,}222\,\text{rad}}}. \tag{5.230}$$

Dieser Winkel erfüllt die Bedingung $|\hat{\varphi}_2| \ll 1$, sodass lineares Verhalten erwartet werden kann. Aus dieser Formel ist ersichtlich: Die Masse des Tilgerpendels ist unabhängig von der Ordnung der Harmonischen. Sie muss mit Rücksicht auf die Pendelamplitude umso größer sein, je niedriger die Ordnung k der Harmonischen ist. Mit sinkender Drehzahl steigt die Auslenkung des Tilgerpendels.

6 Lineare Systeme mit mehreren Freiheitsgraden: Modellbildung und freie Schwingungen

Viele Maschinen und deren Baugruppen lassen sich auf ein lineares Berechnungsmodell mit endlich vielen Freiheitsgraden reduzieren. Zwei Wege führen zu so einem Berechnungsmodell: durch die Modellierung als Mehrkörpersystem und/oder als FEM-Modell. Ein Berechnungsmodell, das aus diskreten Federn (Zug-, Druck-, Torsions- oder Biegefedern) und einzelnen starren Körpern (gekennzeichnet durch Masse, Schwerpunktlage, Trägheits- und Zentrifugalmomente) besteht, wird als Mehrkörpersystem bezeichnet. Ursprünglich kontinuierliche Berechnungsmodelle mit verteilter Elastizität und Masse, wie z. B. Balken, Platten, Scheiben, räumlich ausgedehnte Körper oder Schalen, lassen sich mit der Methode der finiten Elemente (FEM) ebenfalls auf Berechnungsmodelle mit endlich vielen Freiheitsgraden zurückführen.

Zur dynamischen Berechnung vieler Maschinen sind oft Berechnungsmodelle mit wenigen Freiheitsgraden ausreichend, aber es werden manchmal auch Berechnungsmodelle mit $n > 10^6$ Freiheitsgraden benutzt. Mit der Anzahl der Freiheitsgrade steigt in jedem Fall der Rechenaufwand, aber nicht immer die Genauigkeit der Ergebnisse. Die Genauigkeit hängt von der Genauigkeit der Eingabedaten und davon ab, ob die wesentlichen Einflussgrößen richtig erfasst werden. Mit einem Modell mit wenigen Freiheitsgraden kann das reale Verhalten oft schon hinreichend genau beschreiben, wenn alle nebensächlichen Parameter vernachlässigt werden. Durch Berechnungsmodelle mit mehreren (endlich vielen) Freiheitsgraden können

- Längsschwingungen (z. B. von gekoppelten Fahrzeugen)
- Torsionsschwingungen (z. B. von Wellen und Antriebssystemen)
- Biegeschwingungen (z. B. von Maschinengestellen, Balken, Rahmen, Platten)
- Schwingungen elastisch gekoppelter Körper (z. B. von Fundamentblöcken, Fahrzeugverbänden, Werkzeugmaschinen)
- Schwingungen von Stab- und Flächentragwerken

M. Beitelschmidt und H. Dresig, *Maschinendynamik*,
https://doi.org/10.1007/978-3-662-60313-0_6

und beliebig gekoppelte Modelle beliebiger geometrischer Struktur behandelt werden.

Lineare Schwingungserscheinungen sind im Grunde genommen alle von gleicher physikalischer Natur. Sie werden mathematisch einheitlich durch lineare Differenzialgleichungen beschrieben. Beispiele für solche Berechnungsmodelle zeigt Abb. 6.1.

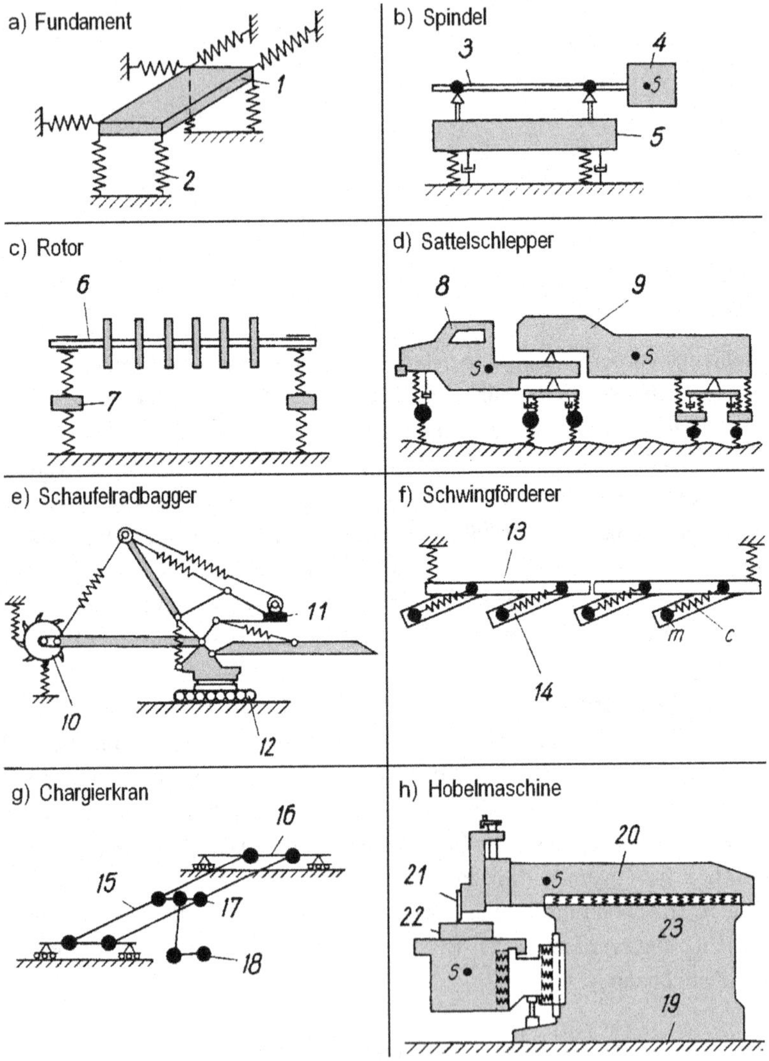

Abb. 6.1 Beispiele für Berechnungsmodelle mit mehreren Freiheitsgraden 1 Fundamentblock; 2 elastische Abstützung; 3 Welle; 4 Rotationskörper; 5 Gehäuse; 6 Turbinenwelle; 7 Lager; 8 Fahrerhaus; 9 Wagenkasten; 10 Schaufelrad; 11 Gegengewicht; 12 Raupenfahrzeug; 13 Förderrinne; 14 elektromagnetische Schwingungserreger; 15 Kranbrücke; 16 Fahrwerk; 17 Laufkatze; 18 Chargierzange; 19 Gestell; 20 Schlitten; 21 Werkzeug; 22 Werkstück; 23 elastische und dämpfende Schichten

Viele der in den bisherigen Abschnitten behandelten Berechnungsmodelle (vgl. z. B. die Abschn. 4.2.2, 4.3, 5.2.3, 5.4 und 8.3.3), lassen sich als lineare Schwinger mit n Freiheitsgraden einordnen. Das Schwingungssystem mit n Freiheitsgraden gestattet die Untersuchung des Verhaltens beliebig strukturierter ebener und räumlicher Antriebs- und Tragsysteme von Maschinen.

Mit dem linearen Berechnungsmodell können allgemeine Gesetzmäßigkeiten von einem Gesichtspunkt aus behandelt werden, z. B. freie Schwingungen nach Stoßvorgängen, erzwungene Schwingungen bei periodischer Erregung oder bei beliebigem Kraft-Zeit-Verlauf. Praktisch sind damit kritische Drehzahlen, zeitliche Verläufe und Extremwerte der interessierenden Kräfte, Momente, Deformationen, Spannungen u. a. in Abhängigkeit von den Parametern der Maschine berechenbar.

Die *Matrizenschreibweise* gestattet, die Berechnungsmodelle unabhängig von ihrer Struktur und der Anzahl ihrer Freiheitsgrade einheitlich und übersichtlich zu behandeln, was vor allem die Untersuchung von Systemen mit vielen Freiheitsgraden erleichtert. Trotz des hohen Abstraktionsgrades sind die konkreten Maschinen damit gut zu beschreiben und ihre dynamische Untersuchung ist mithilfe handelsüblicher Software auf ökonomische Weise möglich.

In der Matrizenschreibweise lassen sich die Grundgedanken elegant formulieren, die für die Behandlung von Schwingern mit vielen Freiheitsgraden typisch sind. Dazu gehört, die Matrix eines Gesamtsystems aus denen von Substrukturen aufzubauen, die Reduktion der Freiheitsgrade, die Formulierung des Eigenwertproblems, die Begründung der modalen Analyse und die formale Beschreibung der computergerechten Aufstellung und Lösung aller Gleichungen.

Um das Vorgehen zu erklären, werden in diesem Abschnitt bei Beispielen nur Modelle mit wenigen Freiheitsgraden verwendet. Es soll dem Leser möglich sein, diese Beispiele mit erträglichem Aufwand durchzurechnen. Er muss jedoch wissen, dass diese Beispiele nur dazu dienen sollen, ihn an die allgemeine Betrachtungsweise heranzuführen.

Die Grundlagen der modernen Behandlung von Schwingern mit n Freiheitsgraden stammen aus dem 19. Jahrhundert. Die Einführung der verallgemeinerten Koordinaten erfolgte durch J. L. LAGRANGE (1736–1813). Sie liegen auch seinen im Jahre 1811 veröffentlichten Bewegungsgleichungen zweiter Art zugrunde. Auch die Theorie der Stabtragwerke, die in Arbeiten von J. C. MAXWELL (1831–1879), CASTIGLIANO (1847–1884) und O. MOHR (1835–1918) entwickelt wurde, stellt einen der Ausgangspunkte dar. Durch Verallgemeinerung des 1905 publizierten Verfahrens von W. RITZ (1878–1909) gelang die Diskretisierung der Kontinuum-Modelle, die bei allen FEM-Modellen wesentlich ist.

Die Computertechnik war in den 50er-Jahren des 20. Jahrhunderts der Anlass für die Entwicklung der Matrizenmethoden, zu denen R. ZURMÜHL (1904–1966), S. FALK, J. ARGYRIS und E. PESTEL (1914–1988) wesentliche Beiträge lieferten. Weitere Anstöße zum Ausbau computergerechter Formalismen stammen aus dem Gebiet der Mehrkörperdynamik, für welches seit den 60er-Jahren das Interesse stark zunahm, als von der Raumfahrttechnik und Robotertechnik neue Anforderungen gestellt wurden. In den 60er- und 70er-Jahren wurden Programmsysteme auf der Basis der Modelle von Mehrkörpersystemen (MKS) und von finiten Elementen (FEM) entwickelt, die von der Industrie genutzt werden. Seit den 80er-Jahren des 20. Jahrhunderts findet die Kopplung von MKS- und FEM-Programmen mit kommerziellen CAD-Programmen weit verbreitete Anwendung.

6.1 Bewegungsgleichungen

Die Bewegungsgleichung eines linearen Systems mit n Freiheitsgraden lässt sich immer auf die Form

$$\boldsymbol{M}\ddot{\boldsymbol{q}} + \boldsymbol{B}\dot{\boldsymbol{q}} + \boldsymbol{C}\boldsymbol{q} = \boldsymbol{f}(t) \tag{6.1}$$

bringen. Die Aufstellung der Bewegungsgleichung besteht somit zunächst aus dem Bestimmen der drei Systemmatrizen $\boldsymbol{M}$, $\boldsymbol{B}$ und $\boldsymbol{C}$, welche die Massen-, Dämpfungs- und Steifigkeitseigenschaften des Systems beschreiben. Die Matrix $\boldsymbol{B}$ kann bei Rotorsystemen Terme enthalten, die aus den Kreiseleffekten stammen, die sogenanten *gyroskopischen Terme,* siehe hierzu Kap. 8. Für die in diesem Kapitel vorgestellten Systeme werden die Matrizen als konstant angenommen. Die Ermittlung einzelner Parameterwerte dieser Matrizen wird im Kap. 3 beschrieben. Wie daraus die Systemmatrizen entstehen ist teilweise bereits in vorangegangenen Abschnitten z. B. 5.2.3 dargestellt worden und wird im Folgenden nochmals zusammengestellt. Auf die Dämpfungsmatrix wird erst im Abschn. 6.3.1 vertieft eingegangen.

Der Term $\boldsymbol{f}(t)$ in (6.1) stellt die äußere Anregung dar. Hierzu finden sich grundsätzliche Hinweise im Abschn. 2.5.

6.1.1 Massen-, Feder- und Nachgiebigkeitsmatrix

Die Bewegung eines Schwingers mit n Freiheitsgraden ist eindeutig dadurch beschreibbar, dass der zeitliche Verlauf der Verschiebungen diskreter Punkte bzw. Drehwinkel um gegebene Achsen angegeben wird. Bei der Beschreibung des Systems als FEM-System werden die Verschiebungen von Knoten herangezogen. Zur Beschreibung der Deformation des Systems werden verallgemeinerte Koordinaten $q_1, q_2, \ldots, q_n$ benutzt, die Wege oder Winkel darstellen können. Die Gesamtheit dieser Koordinaten wird im Lagevektor (Synonym: Koordinatenvektor) $\boldsymbol{q}$ zusammengefasst:

$$\boldsymbol{q} = \begin{bmatrix} q_1 \\ q_2 \\ \vdots \\ q_n \end{bmatrix}, \qquad \text{bzw.} \qquad \boldsymbol{q}^{\mathrm{T}} = [q_1, q_2, \ldots, q_n]. \tag{6.2}$$

Ebenso ist es zweckmäßig, verallgemeinerte Kräfte $Q_1, Q_2, \ldots, Q_n$ einzuführen, die an den diskreten Punkten 1, 2, ..., n in Richtung der verallgemeinerten Koordinaten $q_1, q_2, \ldots, q_n$ wirken. Verallgemeinerte Kräfte können Einzelkräfte oder Momente sein, vgl. auch Abschn. 3.3.1.1. Sie werden im *Kraftvektor*

$$\boldsymbol{g}^{\mathrm{T}} = [Q_1, Q_2, \ldots, Q_n] \tag{6.3}$$

zusammengefasst.

6.1.1.1 Elastische Matrizen

Für die hier betrachteten Modelle von Maschinen, bei denen Schwingungen um die stabile Gleichgewichtslage $\boldsymbol{q}^{\mathrm{T}} = [0, 0, \ldots, 0]$ interessieren, bestehen zwischen den verallgemeinerten Kräften und den verallgemeinerten Koordinaten folgende lineare Beziehungen für den statischen Fall:

$$Q_l = \sum_{k=1}^{n} c_{lk} q_k \qquad \text{bzw.} \qquad \boldsymbol{g} = \boldsymbol{C}\boldsymbol{q}. \tag{6.4}$$

Anders ausgedrückt:

$$q_l = \sum_{k=1}^{n} d_{lk} Q_k \qquad \text{bzw.} \qquad \boldsymbol{q} = \boldsymbol{D}\boldsymbol{g}. \tag{6.5}$$

Die das jeweilige System charakterisierenden verallgemeinerten Federzahlen c_{lk} erfasst die Matrix $\boldsymbol{C}$, die verallgemeinerten Einflusszahlen d_{lk} enthält die Matrix $\boldsymbol{D}$. Es ist

$$\boldsymbol{C} = \begin{bmatrix} c_{11} & c_{12} & \ldots & c_{1n} \\ c_{21} & c_{22} & \ldots & c_{2n} \\ \vdots & & & \vdots \\ c_{n1} & c_{n2} & \ldots & c_{nn} \end{bmatrix} \tag{6.6}$$

und

$$\boldsymbol{D} = \begin{bmatrix} d_{11} & d_{12} & \ldots & d_{1n} \\ d_{21} & d_{22} & \ldots & d_{2n} \\ \vdots & & & \vdots \\ d_{n1} & d_{n2} & \ldots & d_{nn} \end{bmatrix}. \tag{6.7}$$

Die Matrix $\boldsymbol{C}$ ist die *Federmatrix* oder *Steifigkeitsmatrix*, die Matrix $\boldsymbol{D}$ wird *Nachgiebigkeitsmatrix* oder Flexibilitätsmatrix genannt. Beide Matrizen sind symmetrisch, wie aus dem Satz von *Maxwell-Betti* für elastische mechanische Systeme folgt. Das heißt, es gilt $c_{lk} = c_{kl}$ und $d_{lk} = d_{kl}$. Welche der beiden Matrizen $\boldsymbol{C}$ und $\boldsymbol{D}$ aufgestellt wird, hängt davon ab, ob sich die Feder- oder die Einflusszahlen bei praktischen Aufgaben leichter ermitteln lassen. So wird bei Torsionsschwingern i. Allg. mit Federkonstanten und bei Biegeschwingern mit Einflusszahlen gerechnet.

Die in einem elastischen System gespeicherte Formänderungsarbeit ist abhängig von den Koordinaten oder den Kräften. Bei linearem elastischen Verhalten entstehen Gleichungen der Form

$$W_{\mathrm{pot}} = \frac{1}{2}\boldsymbol{q}^{\mathrm{T}}\boldsymbol{C}\boldsymbol{q}, \tag{6.8}$$

$$W_{\mathrm{pot}} = \frac{1}{2}\boldsymbol{g}^{\mathrm{T}}\boldsymbol{D}\boldsymbol{g}. \tag{6.9}$$

Die Formänderungsarbeit W_{pot} ist für alle möglichen Bewegungen und Belastungen stets positiv. Wenn diese formuliert wurden, können die Elemente der Matrizen $\boldsymbol{C}$ und $\boldsymbol{D}$ aus den zweiten partiellen Ableitungen errechnet werden:

$$c_{lk} = c_{kl} = \frac{\partial^2 W_{\mathrm{pot}}}{\partial q_l \partial q_k}, \tag{6.10}$$

$$d_{lk} = d_{kl} = \frac{\partial^2 W_{\mathrm{pot}}}{\partial Q_l \partial Q_k}. \tag{6.11}$$

Werden Bauteile oder Strukturen mit der heute üblichen Finite-Elemente-Methode modelliert, entsteht dabei die Steifigkeitsmatrix, weswegen die Bedeutung der Nachgiebigkeitsmatrix abgenommen hat. Es ist möglich, die d_{lk} aufgrund von (6.5) aus einer statischen Deformationsmessung zu ermitteln. Kann bei gegebener Belastung die Deformation $\boldsymbol{q}$ des Systems gemessen werden (z. B. fotogrammetrisch), so ergeben sich die d_{lk} aus einem linearen Gleichungssystem. Für Systeme, die aus Stäben und Balken bestehen, stellt Tab. 6.1 die Berechnungsformeln für W_{pot} und d_{lk} zusammen.

Tab. 6.1 Formeln zur Berechnung der Formänderungsarbeit und der Einflusszahlen d_{lk} von Stäben und Balken

Beanspruchungsart	Formänderungsarbeit W_{pot}	Einflusszahlen d_{lk}
Zug- und Druckkräfte $F_{Nj}(s_j)$	$W_{\mathrm{pot}} = \sum\limits_{j=1}^{J} \int\limits_{l_j} \frac{F_{Nj}^2}{2E_jA_j}\mathrm{d}s_j$	$d_{lk} = \sum\limits_{j=1}^{J} \int\limits_{l_j} \frac{\partial F_{Nj}}{\partial Q_l}\frac{\partial F_{Nj}}{\partial Q_k}\frac{\mathrm{d}s_j}{E_jA_j}$
Schubkräfte $F_{Qj}(s_j)$	$W_{\mathrm{pot}} = \sum\limits_{j=1}^{J} \int\limits_{l_j} \frac{F_{Qj}^2}{2G_j\varkappa_jA_j}\mathrm{d}s_j$	$d_{lk} = \sum\limits_{j=1}^{J} \int\limits_{l_j} \frac{\partial F_{Qj}}{\partial Q_l}\frac{\partial F_{Qj}}{\partial Q_k}\frac{\mathrm{d}s_j}{G_j\varkappa_jA_j}$
Biegemomente $M_j(s_j)$	$W_{\mathrm{pot}} = \sum\limits_{j=1}^{J} \int\limits_{l_j} \frac{M_j^2}{2E_jI_j}\mathrm{d}s_j$	$d_{lk} = \sum\limits_{j=1}^{J} \int\limits_{l_j} \frac{\partial M_j}{\partial Q_l}\frac{\partial M_j}{\partial Q_k}\frac{\mathrm{d}s_j}{E_jI_j}$
Torsionsmomente $M_{tj}(s_j)$	$W_{\mathrm{pot}} = \sum\limits_{j=1}^{J} \int\limits_{l_j} \frac{M_{tj}^2}{2G_jI_{tj}}\mathrm{d}s_j$	$d_{lk} = \sum\limits_{j=1}^{J} \int\limits_{l_j} \frac{\partial M_{tj}}{\partial Q_l}\frac{\partial M_{tj}}{\partial Q_k}\frac{\mathrm{d}s_j}{G_jI_{tj}}$

Es bedeuten:

l_j	Stablänge
ds_j	Längenelement der Stabachse
A_j	Querschnittsfläche
$\varkappa_j$	Schubzahl für Querschnitt
j	laufende Nummer des Stabes
Q_i; Q_k	Kräfte oder Momente in Richtung q_i und q_k
J	Anzahl der Stäbe
E_j	Elastizitätsmodul
G_j	Gleitmodul
I_j	Flächenträgheitsmoment bezüglich einer Biege-Hauptachse
I_{tj}	Torsionsträgheitsmoment

Aus (6.4) und (6.5) folgt unmittelbar

$$\boldsymbol{C} = \boldsymbol{D}^{-1} \quad \text{und} \quad \boldsymbol{D} = \boldsymbol{C}^{-1}, \tag{6.12}$$

d. h. die Federmatrix ist die Kehrmatrix der Nachgiebigkeitsmatrix und umgekehrt. Hier ist jedoch zu beachten, dass die Steifigkeitsmatrix bei ungefesselten Systemen, die Starrkörperbewegungen ausführen können, singulär ist und dann keine Nachgiebigkeitsmatrix existiert. Die Steifigkeitsmatrix ist jedoch immer bildbar.

6.1.1.2 Massenmatrix und Bewegungsgleichung

In Anlehnung an das *d'Alembertsche Prinzip* kann ein Zusammenhang zwischen dem Beschleunigungsvektor $\ddot{\boldsymbol{q}}$ und den bei der Bewegung von den Massen auf das elastische System wirkenden kinetischen Kräften $\boldsymbol{g}$ hergestellt werden. Werden Bewegungen ausgeschlossen, bei denen noch lineare oder quadratische Geschwindigkeitsglieder auftreten (z. B. Corioliskräfte, Kreiselmomente), gilt für die *Massenkräfte*, vgl. (3.82) und (3.95):

$$\boldsymbol{g} = -\boldsymbol{M}\ddot{\boldsymbol{q}}. \tag{6.13}$$

Dabei ist

$$\boldsymbol{M} = \begin{bmatrix} m_{11} & m_{12} & \dots & m_{1n} \\ m_{21} & m_{22} & \dots & m_{2n} \\ \vdots & & & \vdots \\ m_{n1} & m_{n2} & \dots & m_{nn} \end{bmatrix} \tag{6.14}$$

die *Massenmatrix* des Systems, die seine Trägheitseigenschaften quantitativ erfasst. Die Elemente der Massenmatrix sind Massen, Trägheitsmomente, Zentrifugalmomente, statische Momente oder Summen solcher Größen, die die Trägheit von diskreten Elementen erfassen, vgl. die Beispiele in Tab. 6.2. Die Elemente der Massenmatrix lassen sich auf zwei

Tab. 6.2 Beispiele für Massen- und Steifigkeitsmatrix eines Berechnungsmodells für die Vertikaldynamik eines Fahrzeugs bei Verwendung von Relativ- oder Absolutkoordinaten

System mit Parametern und Koordinaten	$\boldsymbol{q}$	Steifigkeitsmatrix $\boldsymbol{C}$	Massenmatrix $\boldsymbol{M}$
Relativkoordinaten 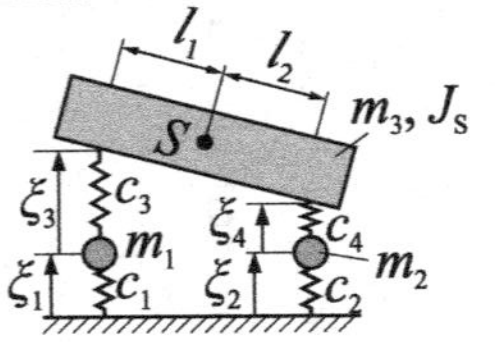	$\begin{bmatrix} \xi_1 \\ \xi_2 \\ \xi_3 \\ \xi_4 \end{bmatrix}$	$\begin{bmatrix} c_1 & 0 & 0 & 0 \\ 0 & c_2 & 0 & 0 \\ 0 & 0 & c_3 & 0 \\ 0 & 0 & 0 & c_4 \end{bmatrix}$	$\begin{bmatrix} m_1 + m_3 s_2^2 + m & & & \text{sym.} \\ m_3 s_1 s_2 - m & m_2 + m_3 s_1^2 + m & & \\ m_3 s_2^2 + m & m_3 s_1 s_2 - m & m_3 s_2^2 + m & \\ m_3 s_1 s_2 - m & m_3 s_1^2 + m & m_3 s_1 s_2 - m & m_3 s_1^2 + m \end{bmatrix}$
Absolutkoordinaten 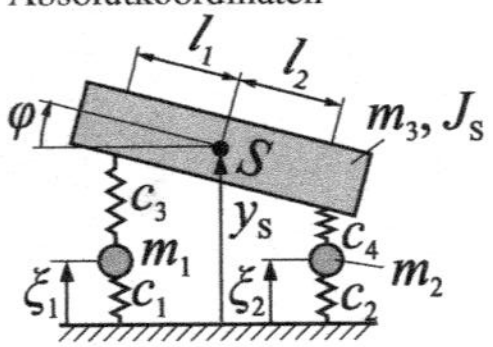	$\begin{bmatrix} \xi_1 \\ \xi_2 \\ y_S \\ (l_1 + l_2)\varphi \end{bmatrix}$	$\begin{bmatrix} c_1 + c_3 & & & \text{sym.} \\ 0 & c_2 + c_4 & & \\ -c_3 & -c_4 & c_3 + c_4 & \\ -s_1 c_3 & c_4 s_2 & c_3 s_1 - c_4 s_2 & c_3 s_1^2 + c_4 s_2^2 \end{bmatrix}$	$\begin{bmatrix} m_1 & 0 & 0 & 0 \\ 0 & m_2 & 0 & 0 \\ 0 & 0 & m_3 & 0 \\ 0 & 0 & 0 & m \end{bmatrix}$
		$m = J_S/(l_1 + l_2)^2, \quad s_1 = l_1/(l_1 + l_2), \quad s_2 = l_2/(l_1 + l_2)$	

verschiedenen Wegen bestimmen. Der erste besteht darin, die kinetische Energie W_{kin} eines Systems allgemein zu formulieren und davon die partiellen Ableitungen zu bilden. Es gilt dann

$$m_{kl} = m_{lk} = \frac{\partial^2 W_{\mathrm{kin}}}{\partial \dot{q}_l \partial \dot{q}_k}. \tag{6.15}$$

Der zweite Weg geht von den Bewegungsgleichungen des Systems aus, die mit irgendeiner Methode aufgestellt sind. Aus ihnen lassen sich nach entsprechendem Sortieren gemäß dem Koordinatenvektor die Massen- und Steifigkeits- bzw. Nachgiebigkeitsmatrizen ablesen. Die kinetische Energie ergibt sich allgemein zu:

$$W_{\mathrm{kin}} = \frac{1}{2}\sum_{l=1}^{n}\sum_{k=1}^{n} m_{lk}\dot{q}_l\dot{q}_k \qquad \text{bzw.} \qquad W_{\mathrm{kin}} = \frac{1}{2}\dot{\boldsymbol{q}}^{\mathrm{T}}\boldsymbol{M}\dot{\boldsymbol{q}}. \tag{6.16}$$

Bei einem System ohne äußere Anregung halten die elastischen Rückstellkräfte (und ggf. Dämpfungskräfte) in jedem Moment den Trägheitskräften das Gleichgewicht. Aus dieser Bedingung ergeben sich die Differenzialgleichungen, denen die Koordinaten $\boldsymbol{q}$ und Massenkräfte $\boldsymbol{g}$ eines Systems gehorchen. Aus (6.5), (6.4) und (6.13) ergibt sich die Differenzialgleichungen der freien Schwingung:

$$\boldsymbol{M}\ddot{\boldsymbol{q}} + \boldsymbol{C}\boldsymbol{q} = \boldsymbol{o}, \tag{6.17}$$

die unter Verwendung der Nachgiebigkeitsmatrix in die Formen

$$\boldsymbol{D}\boldsymbol{M}\ddot{\boldsymbol{q}} + \boldsymbol{q} = \boldsymbol{o}, \tag{6.18}$$

$$\ddot{\boldsymbol{q}} + (\boldsymbol{D}\boldsymbol{M})^{-1}\boldsymbol{q} = \boldsymbol{o} \qquad \text{bzw.} \qquad \ddot{\boldsymbol{q}} + \boldsymbol{M}^{-1}\boldsymbol{C}\boldsymbol{q} = \boldsymbol{o}. \tag{6.19}$$

gebracht werden kann.

Der Schwingungsvorgang lässt sich durch den zeitlichen Verlauf der Bewegungsgrößen (Relativ- oder Absolutweg $\boldsymbol{q}$, -geschwindigkeit $\dot{\boldsymbol{q}}$, -beschleunigung $\ddot{\boldsymbol{q}}$) oder Kraftgrößen (Kraftvektor $\boldsymbol{g}$ und Ableitungen $\dot{\boldsymbol{g}}, \ddot{\boldsymbol{g}}$) beschreiben. Analog lassen sich, da Kräfte und Deformationen sich wechselseitig bedingende Größen sind, Differenzialgleichungen für die Kräfte $\boldsymbol{g}(t)$ aufstellen. Aus (6.4) folgt durch die Kombination mit (6.19):

$$\ddot{\boldsymbol{g}} = \boldsymbol{C}\ddot{\boldsymbol{q}} = -\boldsymbol{C}(\boldsymbol{M}^{-1}\boldsymbol{C}\boldsymbol{q}) = -\boldsymbol{C}\boldsymbol{M}^{-1}\boldsymbol{g}. \tag{6.20}$$

Daraus folgen die weiteren Formen analog zu (6.17) bis (6.19):

$$\ddot{\boldsymbol{g}} + \boldsymbol{C}\boldsymbol{M}^{-1}\boldsymbol{g} = \boldsymbol{o}, \qquad \boldsymbol{D}\ddot{\boldsymbol{g}} + \boldsymbol{M}^{-1}\boldsymbol{g} = \boldsymbol{o}, \qquad \boldsymbol{M}\boldsymbol{D}\ddot{\boldsymbol{g}} + \boldsymbol{g} = \boldsymbol{o}. \tag{6.21}$$

Zusammenfassend soll festgehalten werden, dass die elastischen Eigenschaften eines linearen Schwingungssystems durch die Matrizen $\boldsymbol{C}$ oder $\boldsymbol{D}$ und die Trägheitseigenschaften durch die Massenmatrix $\boldsymbol{M}$ charakterisiert werden. Die erste Aufgabe bei der Analyse eines

Schwingungssystems besteht darin, die Elemente der Matrizen $\boldsymbol{C}$ oder $\boldsymbol{D}$ und $\boldsymbol{M}$ aus den technischen Daten der realen Maschine zu bestimmen. Tab. 6.2 enthält einige Beispiele.

Zur Gewinnung der Matrizenelemente wird folgendes Vorgehen empfohlen:

1. Skizze des Systems im deformierten Zustand
2. Eintragung der gewählten verallgemeinerten Koordinaten (einschließlich ihrer positiven Richtungen)
3. Aufstellung der Gleichungen für die kinetische Energie und die Formänderungsenergie, gegebenenfalls unter Berücksichtigung von Zwangsbedingungen
4. Ausführung der Differenziationen gemäß Gln. (6.10) oder (6.11) und (6.15) zur Gewinnung der Matrizenelemente

Die Anwendung des Prinzips von *d'Alembert* (Aufstellung der Gleichgewichtsbedingungen) mit anschließendem Koeffizientenvergleich in den Gleichungen der Form (6.17), (6.18) oder (6.19) ist prinzipiell auch eine geeignete Methode. Sie ist jedoch bei gekoppelten Systemen umständlicher als die genannte energetische Methode, die mit den *Lagrange'schen* Gleichungen 2. Art in enger Verbindung steht.

Das Beispiel in Tab. 6.2 zeigt, das die Systemmatrizen und damit die Bewegungsgleichungen von der Wahl der Koordinaten abhängig sind. Werden z. B. Absolutkoordinaten der beteiligten Körper, speziell die Verschiebungen der Schwerpunkte, gewählt, entstehen einfache Massenmatrizen. Die Beschreibung des Systems mit Relativkoordinaten kann zu einfachen Steifigkeitsmatrizen, aber voll besetzten Massenmatrizen führen. Da die Ergebnisse der Berechnung (Abschn. 6.2 und folgende) identsich sind, können Koordinaten nach berechnungspraktischen Kriterien frei gewählt werden.

6.1.1.3 Substrukturierung

Substrukturen sind mechanische Teilsysteme, deren mechanisches Verhalten durch bekannte Matrizen beschrieben wird, und die sich zum Aufbau komplizierter Strukturen eignen. Der Grundgedanke entspricht dem auch sonst in der Technik angewendeten Baukastenprinzip. Das dynamische Verhalten eines Gesamtsystems, das aus Baugruppen besteht, die erst bei der Endmontage zusammengefügt werden, lässt sich aus dem Verhalten der einzelnen Baugruppen erklären.

Substrukturen können solche elementaren Teile wie Längs-, Torsions- oder Biegefedern, starre Körper oder Punktmassen sein. Aber auch beliebige Kombinationen davon, wie Feder-Masse-Systeme bestimmter geometrischer Struktur, räumliche Tragwerke, FEM-Modelle von Platten, Scheiben oder Schalen sind als Substrukturen geeignet. Die Matrizen von Substrukturen werden nach den in Abschn. 6.1.1 beschriebenen Verfahren gewonnen. Tab. 6.3 stellt davon einige dar.

Der Aufbau des Gesamtsystems erfolgt dadurch, dass die Beziehungen der lokalen Koordinaten der insgesamt R Substrukturen zu den globalen Koordinaten des Gesamtsystems

Tab. 6.3 Systemmatrizen von Substrukturen der behandelten Beispiele

Nr.	Systemskizze	$q^{(r)}$	Steifigkeitsmatrix C	Massenmatrix M
1	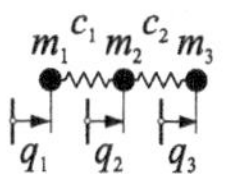	$\begin{bmatrix} q_1 \\ q_2 \\ q_3 \end{bmatrix}$	$\begin{bmatrix} c_1 & -c_1 & 0 \\ -c_1 & c_1+c_2 & -c_2 \\ 0 & -c_2 & c_2 \end{bmatrix}$	$\begin{bmatrix} m_1 & 0 & 0 \\ 0 & m_2 & 0 \\ 0 & 0 & m_3 \end{bmatrix}$
2	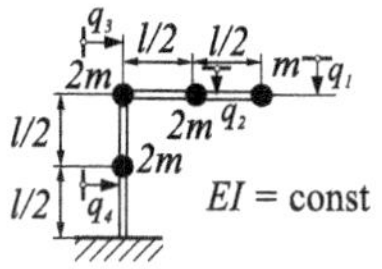	$\begin{bmatrix} q_1 \\ q_2 \\ q_3 \\ q_4 \end{bmatrix}$	$\frac{48EI}{97l^3}\begin{bmatrix} 26 & -59 & 9 & -12 \\ -59 & 160 & -54 & 72 \\ 9 & -54 & 74 & -131 \\ -12 & 72 & -131 & 304 \end{bmatrix}$	$\begin{bmatrix} m & 0 & 0 & 0 \\ 0 & 2m & 0 & 0 \\ 0 & 0 & 5m & 0 \\ 0 & 0 & 0 & 2m \end{bmatrix}$
3	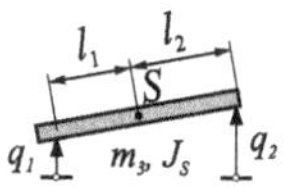	$\begin{bmatrix} q_1 \\ q_2 \end{bmatrix}$	starrer Körper	$\frac{1}{(l_1+l_2)^2}\begin{bmatrix} J_S+m_3l_2^2 & -J_S+m_3l_1l_2 \\ -J_S+m_3l_1l_2 & J_S+m_3l_1^2 \end{bmatrix}$
4	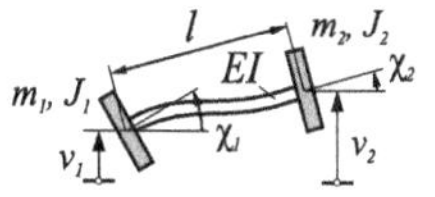	$\begin{bmatrix} v_1 \\ \chi_1 \\ v_2 \\ \chi_2 \end{bmatrix}$	$\frac{2EI}{l^3}\begin{bmatrix} 6 & 3l & -6 & 3l \\ 3l & 2l^2 & -3l & l^2 \\ -6 & -3l & 6 & -3l \\ 3l & l^2 & -3l & 2l^2 \end{bmatrix}$	$\begin{bmatrix} m_1 & 0 & 0 & 0 \\ 0 & J_1 & 0 & 0 \\ 0 & 0 & m_2 & 0 \\ 0 & 0 & 0 & J_2 \end{bmatrix}$

durch Transformationsmatrizen $\boldsymbol{T}_r$ ausgedrückt werden ($r = 1, 2, \ldots, R$). Die Matrizen $\boldsymbol{T}_r$ sind Rechteckmatrizen mit nr Zeilen und n Spalten. Eine solche Matrix $\boldsymbol{T}_r$ beschreibt die Koinzidenz (die geometrische Verträglichkeit), d. h. die kinematischen Zwangsbedingungen zwischen den lokalen und globalen Koordinaten, oder anders ausgedrückt: sie gibt an, wo die Substrukturen miteinander verbunden sind.

Von der r-ten Substruktur mit dem Koordinatenvektor

$$\boldsymbol{q}^{(r)} = \left[q_1^{(r)}, q_2^{(r)}, \ldots, q_{nr}^{(r)}\right]^{\mathrm{T}} \tag{6.22}$$

seien die Massenmatrix $\boldsymbol{M}_r$ und die Federmatrix $\boldsymbol{C}_r$ bekannt. Der Zusammenhang des aus Gl. (6.2) bekannten globalen Koordinatenvektors $\boldsymbol{q}$ des Gesamtsystems mit dem lokalen Koordinatenvektor der r-ten Substruktur kann allgemein in die Form

$$\boldsymbol{q}^{(r)} = \boldsymbol{T}_r\boldsymbol{q}, \qquad r = 1, \ldots, R \tag{6.23}$$

gebracht werden. Die Matrizen der Bewegungsgleichungen des Gesamtsystems ergeben sich dann folgendermaßen:

$$\boldsymbol{C} = \sum_{r=1}^{R} \boldsymbol{T}_r^{\mathrm{T}}\boldsymbol{C}_r\boldsymbol{T}_r, \qquad \boldsymbol{M} = \sum_{r=1}^{R} \boldsymbol{T}_r^{\mathrm{T}}\boldsymbol{M}_r\boldsymbol{T}_r. \tag{6.24}$$

Sie lassen sich also in folgenden Schritten finden:

1. Zerlegung des Gesamtsystems in R Teilsysteme, deren Matrizen $\boldsymbol{C}_r$ und $\boldsymbol{M}_r$ bekannt sind.
2. Festlegung der globalen Koordinaten $\boldsymbol{q}$
3. Beziehungen zwischen den lokalen Koordinaten $\boldsymbol{q}^{(r)}$ der Substrukturen und den globalen Koordinaten $\boldsymbol{q}$ durch die Transformations-Matrizen $\boldsymbol{T}_r$ ausdrücken.
4. Globalmatrizen des Gesamtsystems gemäß (6.24) berechnen

6.1.2 Beispiele

In diesem Abschnitt werden Beispiele für die Aufstellung der Bewegungsgleichungen für allgemeine Mehrfreiheitsgradsysteme gegeben. Es sei an dieser Stelle auch auf das Kap. 5 und darin speziell auf den Abschn. 5.2.3 verwiesen, in dem die Bewegungsgleichungen von Schwingerketten, ein Spezialfall allgemeiner Systeme, vorgestellt werden.

6.1.2.1 Biegeschwinger mit endlich vielen Freiheitsgraden

Reale mechanische Systeme sind Kontinua, denn bei realen Körpern sind die Trägheits- und Steifigkeitseigenschaften kontinuierlich verteilt. Infolge von Diskretisierungen entstehen Modelle mit masselosen Federn und starren Körpern, was eine Idealisierung und Vereinfachung des Realsystems bedeutet.

Die Biegeschwingungen von nicht rotierenden Balken und Balkensystemen haben vor allem in der Baudynamik, aber auch für Maschinengestelle Bedeutung. Eine sehr gute Übersicht über die Schwingungen von Stäben, Balken und Platten finden sich in [21] und [17].

Für Biegeschwinger kann ein diskretisiertes Modell entweder durch die Finite-Elemente-Methode oder eine Aufteilung in Masse- und Federelemente gewonnen werden. Dies soll am Beispiel des Schwingungsmodells einer Welle demonstriert werden.

Dazu wird von einem Berechnungsmodell ausgegangen, das aus masselosen Wellenabschnitten besteht, auf denen n Scheiben mit Masse und Trägheitsmoment sitzen, vgl. Abb. 6.2. Die Trägheitsmomente J_{Rk} sind auf die Schwerpunktachse bezogen, die senkrecht zur Biegeebene steht.

Da bei kleinen Verformungen zwischen den Kraft- und Deformationsgrößen lineare Beziehungen gelten, ergibt sich für $j = 1, 2, \ldots, n$, :

$$r_j = \sum_k (\alpha_{jk} F_k + \gamma_{jk} M_k), \tag{6.25}$$

$$\psi_j = \sum_k (\delta_{jk} F_k + \beta_{jk} M_k). \tag{6.26}$$

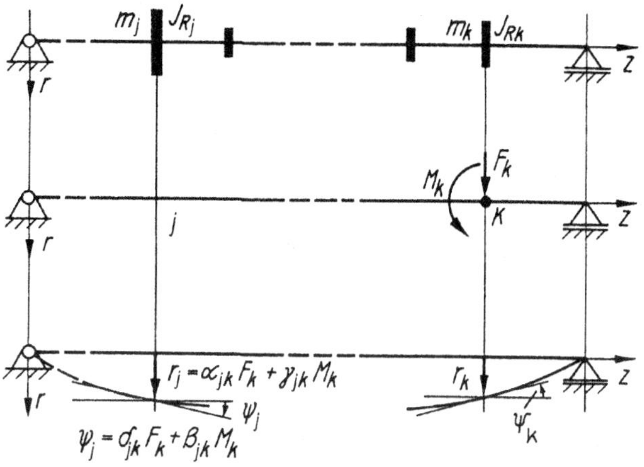

Abb. 6.2 Berechnungsmodell der masselosen Welle mit Scheiben

Werden mit $q_j = (r_j, \psi_j)$ alle Koordinaten und mit $f_k = (F_k, M_k)$ alle Lasten und mit $m_{kk} = (m_k, J_{kk})$ alle Masseparameter zusammengefasst, kann eine einheitliche Schreibweise mit den verallgemeinerten Koordinaten eingeführt werden. Die Gln. (6.25) und (6.26) können dadurch in der Form

$$q_j = \sum_{k=1}^{n} d_{jk} f_k; \qquad j = 1, 2, \ldots, n \tag{6.27}$$

geschrieben werden. Die Einflusszahlen $\alpha_{jk}, \beta_{jk}, \gamma_{jk}$ und δ_{jk} werden einheitlich als d_{jk} bezeichnet und in der Nachgiebigkeitsmatrix $\boldsymbol{D} = [d_{jk}]$ zusammengefasst. Die Einflusszahlen können für viele Standardfälle aus Tab. 6.4 entnommen werden.

Gl. (6.27) lautet dann $\boldsymbol{q} = \boldsymbol{D}\boldsymbol{f}$ mit dem Koordinatenvektor $\boldsymbol{q}$ und dem Kraftvektor $\boldsymbol{f}$ gemäß

$$\boldsymbol{q} = [q_1, q_2, \ldots, q_n]^{\mathrm{T}}; \qquad \boldsymbol{f} = [F_1, F_2, \ldots, F_n]^{\mathrm{T}}. \tag{6.28}$$

Im Falle des *nicht rotierenden Balkens,* d. h. es wirken keine gyroskopischen Kräfte, ergeben sich die Trägheitskräfte $\boldsymbol{g} = -\boldsymbol{M}\ddot{\boldsymbol{q}}$ mit der diagonalen Massenmatrix $\boldsymbol{M} = \mathrm{diag}(m_{kk})$. Die Effekte rotierender Balken werden im Kap. 8 beschrieben. Die Bewegungsgleichungen für die erzwungenen Schwingungen eines Biegeschwingers lauten damit:

$$\boldsymbol{q} = \boldsymbol{D}(\boldsymbol{f} + \boldsymbol{g}) = \boldsymbol{D}(\boldsymbol{f} - \boldsymbol{M}\ddot{\boldsymbol{q}}) \quad \text{bzw.} \quad \boldsymbol{q} + \boldsymbol{D}\boldsymbol{M}\ddot{\boldsymbol{q}} = \boldsymbol{D}\boldsymbol{f}(t). \tag{6.29}$$

Somit handelt es sich um einen Biegeschwinger mit n Freiheitsgraden. Da die Nachgiebigkeitsmatrix die Inverse der Steifigkeitsmatrix ist, kann die Gl. (6.29) durch Linksmultiplikation mit $\boldsymbol{C}$ auch in die Form

$$\boldsymbol{M}\ddot{\boldsymbol{q}} + \boldsymbol{C}\boldsymbol{q} = \boldsymbol{f}(t) \tag{6.30}$$

gebracht werden.

Tab. 6.4 Einflusszahlen von zweifach gelagerten Balken

Nr.	Skizze des Systems	Einflusszahlen d_{ij}
1	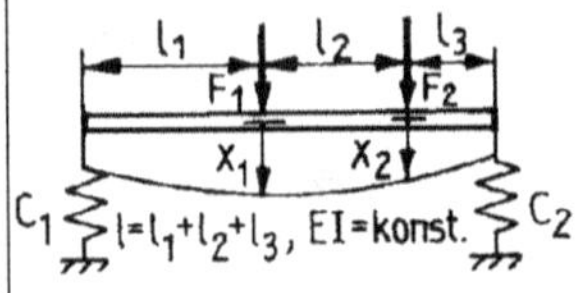	$d_{11} = \frac{(l-l_1)^2}{c_1 l^2} + \frac{l_1^2}{c_2 l^2} + \frac{l_1^2(l-l_1)^2}{3EIl}$ $d_{12} = \frac{(l_2+l_3)l_3}{c_1 l^2} + \frac{l_1(l_1+l_2)}{c_2 l^2} + \frac{l_1 l_3(l^2-l_1^2-l_3^2)}{6EIl}$ $d_{22} = \frac{l_3^2}{c_1 l^2} + \frac{(l-l_3)^2}{c_2 l^2} + \frac{l_3^2(l_1+l_2)^2}{3EIl}$
2	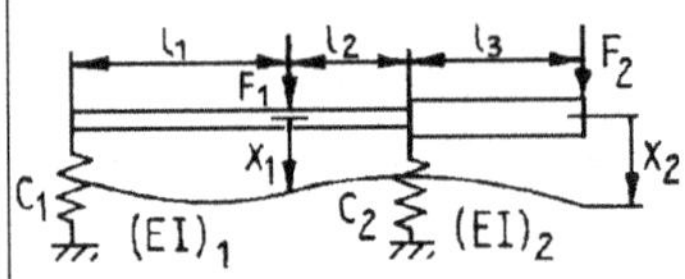	$d_{11} = \frac{l_2^2}{c_1(l_1+l_2)^2} + \frac{l_1^2}{c_2(l_1+l_2)^2} + \frac{l_1^2 l_2^2}{3EI_1(l_1+l_2)}$ $d_{12} = -\frac{l_2 l_3}{c_1(l_1+l_2)^2} + \frac{(l_1+l_2+l_3)l_1}{c_2(l_1+l_2)^2} - \frac{l_1 l_2 l_3(2l_1+l_2)}{6EI_1(l_1+l_2)}$ $d_{22} = \frac{l_3^2}{c_1(l_1+l_2)^2} + \frac{(l_1+l_2+l_3)^2}{c_2(l_1+l_2)^2} + \frac{(l_1+l_2)l_3^2}{3EI_1} + \frac{l_3^3}{3EI_2}$
3	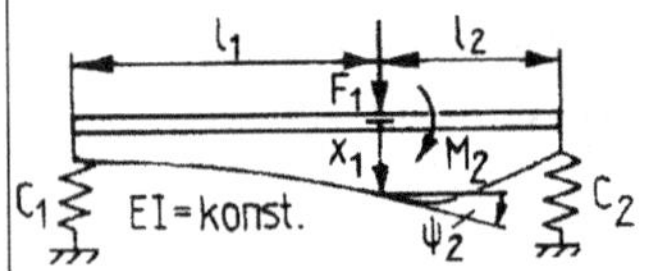	$d_{11} = \frac{l_2^2}{c_1(l_1+l_2)^2} + \frac{l_1^2}{c_2(l_1+l_2)^2} + \frac{l_1^2 l_2^2}{3EI(l_1+l_2)}$ $d_{12} = -\frac{l_2}{c_1(l_1+l_2)^2} + \frac{l_1}{c_2(l_1+l_2)^2} + \frac{l_1 l_2(l_2-l_1)}{3EI(l_1+l_2)}$ $d_{22} = \left(\frac{1}{c_1} + \frac{1}{c_2}\right)\frac{1}{(l_1+l_2)^2} + \frac{l_1^3+l_2^3}{3EI(l_1+l_2)^2}$
4	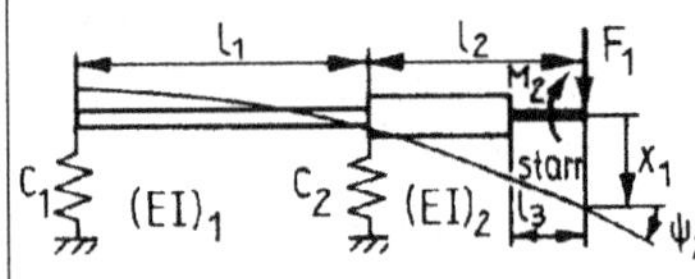	$d_{11} = \frac{l_2^2}{c_1 l_1^2} + \frac{(l_1+l_2)^2}{c_2 l_1^2} + \frac{l_1 l_2^2}{3EI_1} + \frac{l_2^3-l_3^3}{3EI_2}$ $d_{12} = \frac{l_2}{c_1 l_1^2} + \frac{l_1+l_2}{c_2 l_1^2} + \frac{l_1 l_2}{3EI_1} + \frac{l_2^2-l_3^2}{2EI_2}$ $d_{22} = \left(\frac{1}{c_1} + \frac{1}{c_2}\right)\frac{1}{l_1^2} + \frac{l_1}{3EI_1} + \frac{l_2-l_3}{EI_2}$
5	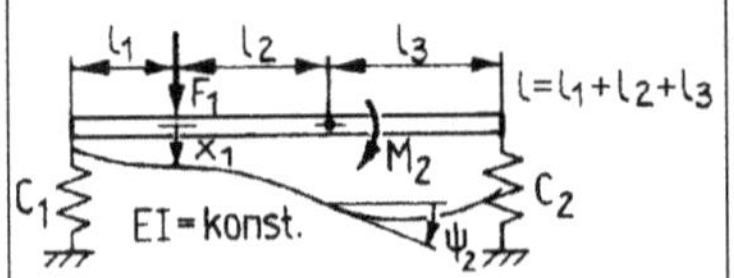	$d_{11} = \frac{(l-l_1)^2}{c_1 l^2} + \frac{l_1^2}{c_2 l^2} + \frac{l_1^2(l_2+l_3)^2}{3EIl}$ $d_{12} = -\frac{l_2+l_3}{c_1 l^2} + \frac{l_1}{c_2 l^2} - \frac{l_1(l^2-l_1^2-3l_3^2)}{6EIl}$ $d_{22} = \left(\frac{1}{c_1} + \frac{1}{c_2}\right)\frac{1}{l^2} + \frac{(l_1+l_2)^3+l_3^3}{3EIl^2}$
6	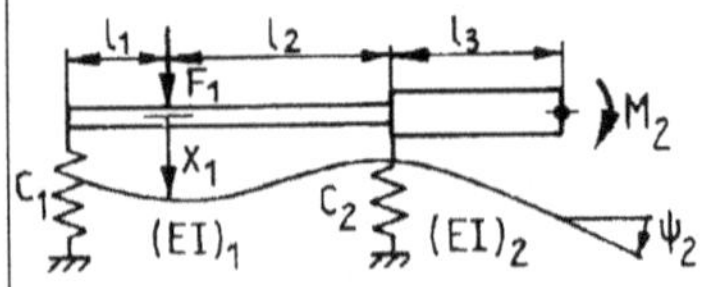	$d_{11} = \frac{l_2^2}{c_1(l_1+l_2)^2} + \frac{l_1^2}{c_2(l_1+l_2)^2} + \frac{l_1^2 l_2^2}{3EI_1(l_1+l_2)}$ $d_{12} = -\frac{l_2}{c_1(l_1+l_2)^2} + \frac{l_1}{c_2(l_1+l_2)^2} - \frac{l_1 l_2(2l_1+l_2)}{6EI_1(l_1+l_2)}$ $d_{22} = \left(\frac{1}{c_1} + \frac{1}{c_2}\right)\frac{1}{(l_1+l_2)^2} + \frac{l_1+l_2}{3EI_1} + \frac{l_3}{EI_2}$

6.1.2.2 Gestell/Kraftgrößenmethode

Es sollen für das in Abb. 6.3 skizzierte System, das aus Punktmassen und masselosen Balken besteht, die Matrizen $\boldsymbol{D}$, $\boldsymbol{C}$ und $\boldsymbol{M}$ aufgestellt werden.

Gegeben sind die Biegesteifigkeit EI, die Länge l, die Massen m_1 und m_2 und die zu verwendeten Koordinaten q_1 und q_2.

Die Beziehungen zwischen Kräften und Verschiebungen ergeben sich in der Form (6.5). Die Einflusszahlen können nach Tab. 6.1 berechnet werden. Zunächst werden in Richtung der Koordinaten $\boldsymbol{q}^{\mathrm{T}} = (q_1, q_2)$ die Kräfte $\boldsymbol{g}^{\mathrm{T}} = (Q_1, Q_2)$ angenommen. Sind s_1 und s_2 die Ortskoordinaten zur Beschreibung der Biegemomente (vgl. Tab. 6.1), so lauten diese:

$$M_1 = Q_1 s_1; \qquad M_2 = Q_1 l + Q_2 s_2. \tag{6.31}$$

Die Formänderungsenergie (potenzielle Energie) ergibt sich gemäß Tab. 6.1 für die Biegebeanspruchung zu

$$\begin{aligned} W_{\text{pot}} &= \int_0^l \frac{M_1^2}{2EI}\mathrm{d}s_1 + \int_0^l \frac{M_2^2}{2EI}\mathrm{d}s_2 \\ &= \frac{1}{2EI}\left[\int_0^l Q_1^2 s_1^2 \mathrm{d}s_1 + \int_0^l (Q_1 l + Q_2 s_2)^2 \mathrm{d}s_2\right]. \end{aligned} \tag{6.32}$$

Die Integration ergibt die potenzielle Energie in der Form von (6.9)

$$W_{\text{pot}} = \frac{1}{2}\frac{4l^3}{3EI}Q_1^2 + \frac{l^3}{2EI}Q_1 Q_2 + \frac{1}{2}\frac{l^3}{3EI}Q_2^2. \tag{6.33}$$

Durch Bildung der ersten Ableitung entsteht entsprechend dem Satz von *Castigliano* zunächst analog zu Gl. (6.5):

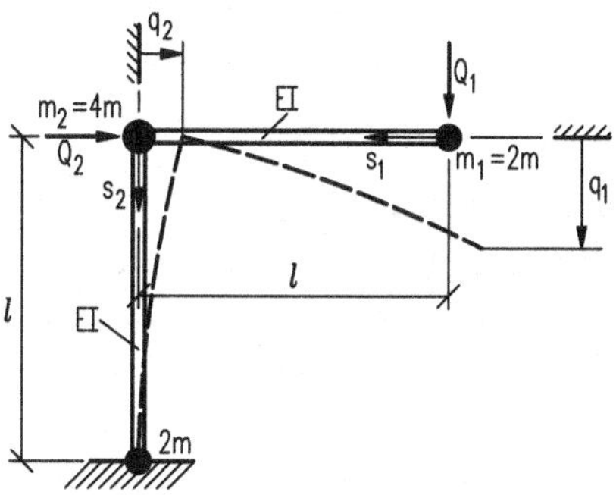

Abb. 6.3 Berechnungsmodell eines Gestells

$$\frac{\partial W_{\mathrm{pot}}}{\partial Q_1} = q_1 = \frac{4l^3}{3EI} Q_1 + \frac{l^3}{2EI} Q_2 = d_{11} Q_1 + d_{12} Q_2, \tag{6.34}$$

$$\frac{\partial W_{\mathrm{pot}}}{\partial Q_2} = q_2 = \frac{l^3}{2EI} Q_1 + \frac{l^3}{3EI} Q_2 = d_{21} Q_1 + d_{22} Q_2. \tag{6.35}$$

Aus den zweiten Ableitungen folgen dann gemäß (6.11) die Einflusszahlen

$$d_{11} = \frac{4l^3}{3EI}; \qquad d_{12} = d_{21} = \frac{l^3}{2EI}; \qquad d_{22} = \frac{l^3}{3EI}. \tag{6.36}$$

Damit ergibt sich die Matrix $\boldsymbol{D}$ und nach kurzer Rechnung daraus deren Kehrmatrix $\boldsymbol{C}$, vgl. Gl. (6.12):

$$\boldsymbol{D} = \begin{bmatrix} \frac{4l^3}{3EI} & \frac{l^3}{2EI} \\ \frac{l^3}{2EI} & \frac{l^3}{3EI} \end{bmatrix} = \frac{l^3}{6EI} \begin{bmatrix} 8 & 3 \\ 3 & 2 \end{bmatrix}; \qquad \boldsymbol{C} = \boldsymbol{D}^{-1} = \frac{6EI}{7l^3} \begin{bmatrix} 2 & -3 \\ -3 & 8 \end{bmatrix}. \tag{6.37}$$

Die kinetische Energie beträgt

$$W_{\mathrm{kin}} = \frac{1}{2} m_1 \dot{q}_1^2 + \frac{1}{2} m_1 \dot{q}_2^2 + \frac{1}{2} m_2 \dot{q}_2^2 = \frac{1}{2} m_1 \dot{q}_1^2 + \frac{1}{2} (m_1 + m_2) \dot{q}_2^2. \tag{6.38}$$

Es ist zu beachten, dass die Masse m_1 sowohl eine Vertikal- als auch eine Horizontalbewegung ausführt (Abb. 6.3) und daraus Terme in der kinetischen Energie sowohl mit $\dot{q}_1$ als auch mit $\dot{q}_2$ entstehen. Durch Bildung der partiellen Ableitungen gemäß Gl. (6.15) folgt:

$$m_{11} = m_1; \qquad m_{12} = m_{21} = 0; \qquad m_{22} = m_1 + m_2.$$

Die Massenmatrix lautet für $m_1 = 2m$ und $m_2 = 4m$ demzufolge

$$\boldsymbol{M} = \begin{bmatrix} m_{11} & m_{12} \\ m_{21} & m_{22} \end{bmatrix} = \begin{bmatrix} m_1 & 0 \\ 0 & m_1 + m_2 \end{bmatrix} = m \begin{bmatrix} 2 & 0 \\ 0 & 6 \end{bmatrix}. \tag{6.39}$$

Die Federmatrix $\boldsymbol{C}$ lässt sich unter Benutzung des in Abschn. 6.1.2.3 behandelten Balkenelements auch direkt gewinnen, vgl. (6.309).

6.1.2.3 Balkenelement/Deformationsmethode

Den Ausgangspunkt bildet ein herausgeschnittenes Balkenelement, an dessen Schnittstellen 1 und 2 die Schnittreaktionen F_{L1}, F_{L2}, F_1, F_2, M_1 und M_2 wirken. Die dadurch erreichten Verformungen (Verschiebungen u_i und v_i sowie die Verkippungen χ_i) im lokalen Koordinatensystem sind in Abb. 6.4a eingetragen.

Das Kräfte- und Momentengleichgewicht liefert drei Gleichungen:

$$F_{L1} + F_{L2} = 0, \qquad F_1 + F_2 = 0, \qquad M_1 + M_2 + F_2 l = 0. \tag{6.40}$$

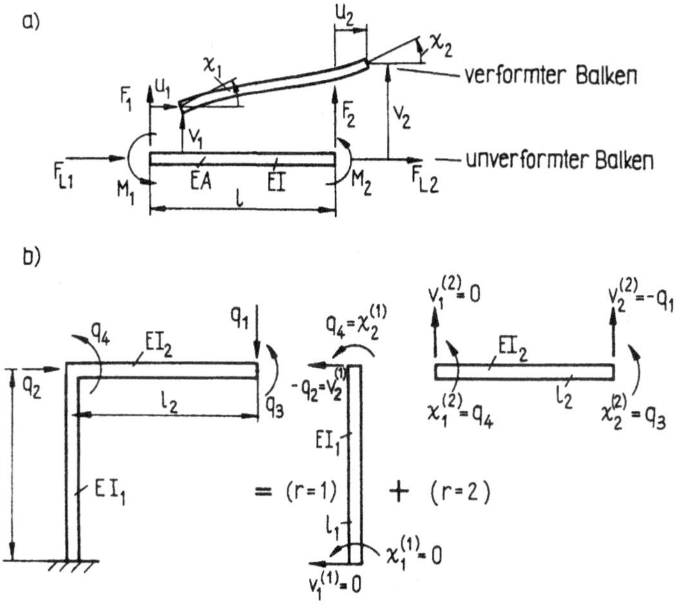

Abb. 6.4 Zur Modellbildung von Stabtragwerken: **a** Kraft- und Deformationsgrößen am Balkenelement, **b** Aufteilung eines Gestells in zwei Balkenelemente (Substrukturen $r = 1, 2$)

Infolge des linearen elastischen Verhaltens des Balkens gilt für die Beziehungen zwischen Kraft- und Verformungsgrößen, die aus der Biegelinie folgen:

$$F_{L2} = \frac{EA}{l}(u_2 - u_1), \tag{6.41}$$

$$\chi_2 = \chi_1 + \frac{F_2 l^2}{2EI} + \frac{M_2 l}{EI}, \qquad v_2 = v_1 + \chi_1 l + \frac{F_2 l^3}{3EI} + \frac{M_2 l^2}{2EI}. \tag{6.42}$$

Diese sechs linearen Gleichungen können nach den Kraftgrößen aufgelöst werden woraus sich die Steifigkeitsmatrix $\boldsymbol{C}$ ableiten lässt.

$$\boldsymbol{f} = \begin{bmatrix} F_{L1} \\ F_1 \\ M_1 \\ F_{L2} \\ F_2 \\ M_2 \end{bmatrix} = \frac{EI}{l^3} \begin{bmatrix} Al^2/I & 0 & 0 & -Al^2/I & 0 & 0 \\ 0 & 12 & 6l & 0 & -12 & 6l \\ 0 & 6l & 4l^2 & 0 & -6l & 2l^2 \\ -Al^2/I & 0 & 0 & Al^2/I & 0 & 0 \\ 0 & -12 & -6l & 0 & 12 & -6l \\ 0 & 6l & 2l^2 & 0 & -6l & 4l^2 \end{bmatrix} \begin{bmatrix} u_1 \\ v_1 \\ \chi_1 \\ u_2 \\ v_2 \\ \chi_2 \end{bmatrix} = \boldsymbol{Cq}. \tag{6.43}$$

In vielen technischen Problemen kann die Längsverformung vernachlässigt werden. Wegen $u_1 = u_2 = 0$ schrumpft (6.43) dann auf

$$\boldsymbol{f} = \begin{bmatrix} F_1 \\ M_1 \\ F_2 \\ M_2 \end{bmatrix} = \frac{2EI}{l^3} \begin{bmatrix} 6 & 3l & -6 & 3l \\ 3l & 2l^2 & -3l & l^2 \\ -6 & -3l & 6 & -3l \\ 3l & l^2 & -3l & 2l^2 \end{bmatrix} \begin{bmatrix} v_1 \\ \chi_1 \\ v_2 \\ \chi_2 \end{bmatrix} = \boldsymbol{C}\boldsymbol{q} \tag{6.44}$$

zusammen. In Tab. 6.3, Fall 4, ist diese Federmatrix mit angegeben.

Die Steifigkeitsmatrix des Gestells, das in Abb. 6.4b dargestellt ist, kann aus denjenigen von zwei Balkenelementen mit unterschiedlichen Längen l_r und Biegesteifigkeiten EI_r gewonnen werden. Das Gestell besteht aus $R = 2$ Substrukturen (Balken), vgl. Abb. 6.4c.

Die Beziehungen zwischen den lokalen Koordinaten $\boldsymbol{q}^{(r)}$ und den globalen Koordinaten $\boldsymbol{q}^{\mathrm{T}} = (q_1, q_2, q_3, q_4)$ können unter Beachtung der Rand- und Übergangsbedingungen beider Balkenelemente aufgestellt werden. Die aus Abb. 6.4b und c ersichtlichen geometrischen Beziehungen lauten:

$$\begin{aligned} r = 1: &\quad v_1^{(1)} = 0; \quad \chi_1^{(1)} = 0; \quad v_2^{(1)} = -q_2; \quad \chi_2^{(1)} = q_4, \\ r = 2: &\quad v_1^{(2)} = 0; \quad \chi_1^{(2)} = q_4; \quad v_2^{(2)} = -q_1; \quad \chi_2^{(2)} = q_3. \end{aligned} \tag{6.45}$$

Sie werden durch folgende Matrizengleichungen erfasst:

$$\boldsymbol{q}^{(1)} = \begin{bmatrix} v_1^{(1)} \\ \chi_1^{(1)} \\ v_2^{(1)} \\ \chi_2^{(1)} \end{bmatrix} = \begin{bmatrix} 0 & 0 & 0 & 0 \\ 0 & 0 & 0 & 0 \\ 0 & -1 & 0 & 0 \\ 0 & 0 & 0 & 1 \end{bmatrix} \begin{bmatrix} q_1 \\ q_2 \\ q_3 \\ q_4 \end{bmatrix} = \boldsymbol{T}_1\boldsymbol{q}, \tag{6.46}$$

$$\boldsymbol{q}^{(2)} = \begin{bmatrix} v_1^{(2)} \\ \chi_1^{(2)} \\ v_2^{(2)} \\ \chi_2^{(2)} \end{bmatrix} = \begin{bmatrix} 0 & 0 & 0 & 0 \\ 0 & 0 & 0 & 1 \\ -1 & 0 & 0 & 0 \\ 0 & 0 & 1 & 0 \end{bmatrix} \begin{bmatrix} q_1 \\ q_2 \\ q_3 \\ q_4 \end{bmatrix} = \boldsymbol{T}_2\boldsymbol{q}. \tag{6.47}$$

Im Gegensatz zu dem Modell in Abschn. 6.1.2.2 wurden hier die Drehwinkel q_4 an der Ecke und q_3 am freien Ende in das Modell einbezogen. Bei der Steifigkeitsmatrix der Balkenelemente, die durch (6.44) gegeben ist, muss beachtet werden, dass sich EI_r und l_r für $r = 1$ und $r = 2$ unterscheiden können. Mit den Transformationsmatrizen aus (6.46) und (6.47) kann die Federmatrix des Gesamtsystems gemäß (6.24) berechnet werden ($\beta_r = 2EI_r/l_r^3, r = 1, 2$):

$$\begin{aligned} \boldsymbol{C} &= \boldsymbol{T}_1^{\mathrm{T}}\boldsymbol{C}_1\boldsymbol{T}_1 + \boldsymbol{T}_2^{\mathrm{T}}\boldsymbol{C}_2\boldsymbol{T}_2, \\ \boldsymbol{C} &= \frac{2EI_1}{l_1^3} \begin{bmatrix} 0 & 0 & 0 & 0 \\ 0 & 6 & 0 & 3l_1 \\ 0 & 0 & 0 & 0 \\ 0 & 3l_1 & 0 & 2l_1^2 \end{bmatrix} + \frac{2EI_2}{l_2^3} \begin{bmatrix} 6 & 0 & 3l_2 & 3l_2 \\ 0 & 0 & 0 & 0 \\ 3l_2 & 0 & 2l_2^2 & l_2^2 \\ 3l_2 & 0 & l_2^2 & 2l_2^2 \end{bmatrix}, \end{aligned} \tag{6.48}$$

$$C = \begin{bmatrix} 6\beta_2 & 0 & 3\beta_2 l_2 & 3\beta_2 l_2 \\ 0 & 6\beta_1 & 0 & 3\beta_1 l_1 \\ 3\beta_2 l_2 & 0 & 2\beta_2 l_2^2 & \beta_2 l_2^2 \\ 3\beta_2 l_2 & 3\beta_1 l_1 & \beta_2 l_2^2 & 2\beta_1 l_1^2 + 2\beta_2 l_2^2 \end{bmatrix}.$$

Auch bei diesem Modell können an den Balkenendpunkten wie in Abb. 6.3 diskrete Körper angebracht werden und die zugehörige Massenmatrix berechnet werden. Im Unterschied zum Beispiel im Abschn. 6.1.2.2 können die Körper jedoch auch ein Trägheitsmoment besitzen, da die Koordinaten q_2 und q_4 eine Verdrehung beschreiben.

Die einfache Herangehensweise, ohne Benutzung des Substruktur-Ansatzes, geht über die kinetische Energie. Analog zu Gl. (6.37) lautet die kinetische Energie

$$W_{\text{kin}} = \frac{1}{2} m_1 \dot{q}_1^2 + \frac{1}{2}(m_1 + m_2)\dot{q}_2^2 + \frac{1}{2} J_1 \dot{q}_3^2 + \frac{1}{2} J_2 \dot{q}_4^2, \tag{6.49}$$

wobei J_1 und J_2 die Trägheitsmomente der Massen darstellen, die mit den jeweiligen Verdrehgeschwindigkeiten neue Terme in die kinetische Energie einbringen. Daraus folgt die Massenmatrix

$$M = \operatorname{diag}(m_1, m_1 + m_2, J_1, J_2)\,. \tag{6.50}$$

Etwas komplexer ist die Vorgehensweise unter Verwendung der Substruktur-Technik. Hier muss auch die Balkenlängsbewegung mit einbezogen werden, da die Substruktur 2 auch eine solche Bewegung ausführen kann. Die Massenmatrix eines Balkenelements mit Endmassen ohne Längsbewegung ist in Tab. 6.3, Fall 4, angegeben. Für einen Koordinatenvektor q wie in Gl. (6.43) mit Längsbewegungen u_1 und u_2 muss die Massenmatrix eines Substruktur-Elements auf die 6×6 Diagonalmatrix

$$M = \operatorname{diag}(m_2, m_2, J_2, m_1, m_1, J_1) \tag{6.51}$$

erweitert werden. Für die Längsbewegungen müssen die geometrischen Beziehungen aus (6.45) um

$$\begin{aligned} r = 1: &\quad u_1^{(1)} = 0; \quad u_2^{(1)} = 0, \\ r = 2: &\quad u_1^{(2)} = q_2; \quad u_2^{(2)} = q_2 \end{aligned} \tag{6.52}$$

erweitert werden. Daraus ergeben sich gegenüber (6.46) und (6.47) erweiterte Transformationsgleichungen, wobei aus Platzgründen nur die Gleichung für den Balken 2 dargestellt wird:

$$q^{(2)} = \begin{bmatrix} u_1^{(2)} \\ v_1^{(2)} \\ \chi_1^{(2)} \\ u_2^{(2)} \\ v_2^{(2)} \\ \chi_2^{(2)} \end{bmatrix} = \begin{bmatrix} 0 & 1 & 0 & 0 \\ 0 & 0 & 0 & 0 \\ 0 & 0 & 0 & 1 \\ 0 & 1 & 0 & 0 \\ -1 & 0 & 0 & 0 \end{bmatrix} \begin{bmatrix} q_1 \\ q_2 \\ q_3 \\ q_4 \end{bmatrix} = T_2 q. \tag{6.53}$$

Es sollen beide Massen über den horizontalen Balken eingebracht werden. Die Masse im Verbindungspunkt könnte auch über den vertikalen Balken ins System integriert werden. Somit gilt $\boldsymbol{M}_1 = \boldsymbol{0}$ und $\boldsymbol{M}_2$ kann aus (6.51) übernommen werden, wobei die Indices der Massen vertauscht werden müssen (Masse 2 am linken Ende, Masse 1 am rechten Ende). Die reduzierte Massenmatrix lässt sich damit berechnen:

$$\boldsymbol{M} = \boldsymbol{T}_1^{\mathrm{T}} \boldsymbol{0} \boldsymbol{T}_1 + \boldsymbol{T}_2^{\mathrm{T}} \boldsymbol{M}_2 \boldsymbol{T}_2 = \mathrm{diag}\,(m_1, m_1 + m_2, J_1, J_2)\,. \tag{6.54}$$

6.1.2.4 Aufprallen eines bewegten Balkens

Eine Klappe mit horizontaler Drehachse wird zugeschlagen. Es sollen die ersten drei Eigenfrequenzen während der freien Drehung ($c = 0$) und nach dem Aufprall ($c \neq 0$) berechnet und als Funktion der Kenngröße $\overline{c} = 2EI/(cl^3)$ dargestellt werden. Die Klappe wird als Biegeschwinger mit 4 Freiheitsgraden und die Stelle des Aufpralls als masselose Feder modelliert, vgl. Abb. 6.5.

Abb. 6.5 zeigt den Biegeschwinger vor dem Aufprall. Die absoluten Verschiebungen lassen sich im Koordinatenvektor

$$\boldsymbol{q} = [q_1,\ q_2,\ q_3,\ q_4]^{\mathrm{T}} \tag{6.55}$$

zusammenfassen. Die Bewegungsgleichung entspricht (6.29).

Die Elemente der Nachgiebigkeitsmatrix $\boldsymbol{D}$ können aus Tab. 6.4 entnommen werden. So betragen beispielsweise nach dem dortigen Fall 1 für $l_1 = l_2 = l_3 = l$; $c_1 \to \infty$; $c_2 = c$ die Einflusszahlen:

$$d_{11} = \frac{1}{9c} + \frac{4l^3}{9EI}; \qquad d_{12} = \frac{2}{9c} + \frac{7l^3}{18EI}; \qquad d_{22} = \frac{4}{9c} + \frac{4l^3}{9EI}. \tag{6.56}$$

Aus dem Fall 2 ergeben sich für $l_1 = l_3 = l$; $l_2 = 2l$; $c_1 \to \infty$ und $c_2 = c$ die Einflusszahlen:

$$d_{14} = \frac{4}{9c} - \frac{4l^3}{9EI}; \qquad d_{44} = \frac{16}{9c} + \frac{4l^3}{3EI}. \tag{6.57}$$

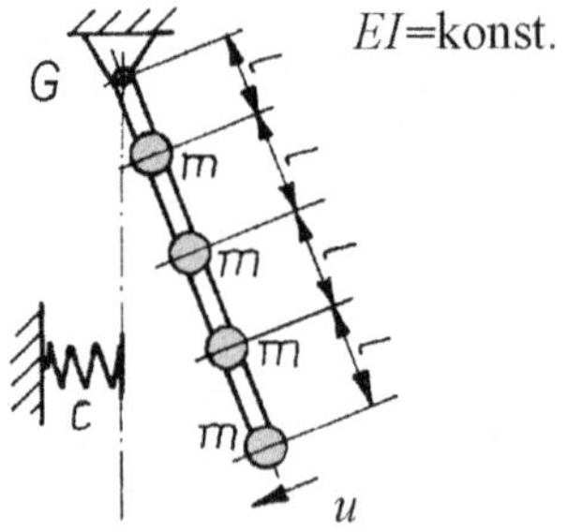

Abb. 6.5 Aufprall eines Balkens; Parameter des Modells: c, m, l, EI

In dieser Weise können alle Elemente der Nachgiebigkeitsmatrix berechnet werden:

$$D = \frac{1}{9c}\begin{bmatrix} 1 & 2 & 3 & 4 \\ 2 & 4 & 6 & 8 \\ 3 & 6 & 9 & 12 \\ 4 & 8 & 12 & 16 \end{bmatrix} + \frac{l^3}{18EI}\begin{bmatrix} 8 & 7 & 0 & -8 \\ 7 & 8 & 0 & -10 \\ 0 & 0 & 0 & 0 \\ -8 & -10 & 0 & 24 \end{bmatrix}. \tag{6.58}$$

Die Massenmatrix ist

$$M = \mathrm{diag}[m,\ m,\ m,\ m] = mE. \tag{6.59}$$

Die Eigenkreisfrequenzen ergeben sich aus der numerischen Lösung des Eigenwertproblems gemäß Gl. (6.148). Die Ergebnisse sind für die unteren 3 Eigenfrequenzen in Abb. 6.6 dargestellt.

Kleinen Werten der Kenngröße $\bar{c}$ entspricht ein relativ biegeweicher Balken, großen $\bar{c}$-Werten eine sehr weiche Feder (Grenzfall: keine Feder), vgl. die Asymptoten in Abb. 6.6. Sie nähern sich für $\bar{c} \to \infty$ den Werten des Falls „Gelenk – frei" in Tab. 6.8 ($ml^3 = \varrho AL^4$ mit $L = 4l$) des Kontinuums.

Die Berechnung der Belastungen erfolgt in Abschn. 6.5.7, vgl. Lösung L6.11.

6.1.2.5 Fahrzeug/Energiemethode

Das Beispiel in Tab. 6.2, Fall 1 und 2 ist ein einfaches Modell eines Fahrzeugs zur Berechnung der Vertikal- und Nickdynamik, bei dem die Rad- und Fahrwerksmassen berücksichtigt werden. Die Schwerpunktbewegung wird nur in y-Richtung betrachtet. Bei der Wahl raum-

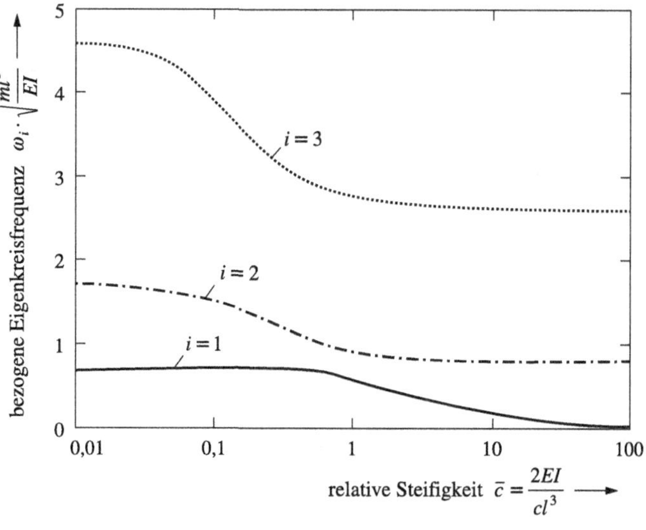

Abb. 6.6 Eigenfrequenzen des abgestützten Balkens von Abb. 6.5 als Funktion der Lagersteifigkeit

fester Koordinaten $\boldsymbol{q}_2^{\mathrm{T}} = (\xi_1,\ \xi_2,\ y_{\mathrm{S}},\ \varphi)$ (Fall 2) ist die doppelte kinetische Energie

$$2W_{\text{kin}} = m_1\dot{\xi}_1^2 + m_2\dot{\xi}_2^2 + m_3\dot{y}_{\mathrm{S}}^2 + J_{\mathrm{S}}\dot{\varphi}^2 = \dot{\boldsymbol{q}}_2^{\mathrm{T}}\boldsymbol{M}_2\dot{\boldsymbol{q}}_2. \tag{6.60}$$

Die potenzielle Energie lässt sich einfacher mit den Relativkoordinaten $\boldsymbol{q}_1^{\mathrm{T}} = (\xi_1,\ \xi_2,\ \xi_3,\ \xi_4)$ ausdrücken (Fall 1):

$$2W_{\text{pot}} = c_1\xi_1^2 + c_2\xi_2^2 + c_3\xi_3^2 + c_4\xi_4^2 = \boldsymbol{q}_1^{\mathrm{T}}\boldsymbol{C}_1\boldsymbol{q}_1. \tag{6.61}$$

Zwischen den beiden Koordinatensätzen gelten folgende Zwangsbedingungen, die aus einer geometrischen Betrachtung abgeleitet werden kann (Voraussetzung $\varphi \ll 1$):

$$\begin{aligned} \varphi &= \frac{\xi_1 + \xi_3 - \xi_2 - \xi_4}{l_1 + l_2}; \qquad & y_{\mathrm{S}} &= \frac{l_1(\xi_2 + \xi_4) + l_2(\xi_1 + \xi_3)}{l_1 + l_2}, \\ \xi_3 &= y_{\mathrm{S}} + l_1\varphi - \xi_1; & \xi_4 &= y_{\mathrm{S}} - l_2\varphi - \xi_2. \end{aligned} \tag{6.62}$$

Einsetzen von φ und y_{S} aus Gl. (6.62) in (6.60) liefert

$$\begin{aligned} 2W_{\text{kin}} = m_1\dot{\xi}_1^2 + m_2\dot{\xi}_2^2 + m_3\left[\frac{l_1(\dot{\xi}_2 + \dot{\xi}_4) + l_2(\dot{\xi}_1 + \dot{\xi}_3)}{l_1 + l_2}\right]^2 \\ + \frac{J_{\mathrm{S}}}{(l_1 + l_2)^2}(\dot{\xi}_1 + \dot{\xi}_3 - \dot{\xi}_2 - \dot{\xi}_4)^2 = \dot{\boldsymbol{q}}_1^{\mathrm{T}}\boldsymbol{M}_1\dot{\boldsymbol{q}}_1. \end{aligned} \tag{6.63}$$

Einsetzen von ξ_3 und ξ_4 aus Gl. (6.62) in Gl. (6.61) liefert die potenzielle Energie als Funktion der Absolutkoordinaten:

$$2W_{\text{pot}} = c_1\xi_1^2 + c_2\xi_2^2 + c_3(y_{\mathrm{S}} + l_1\varphi - \xi_1)^2 + c_4(y_{\mathrm{S}} - l_2\varphi - \xi_2)^2 = \boldsymbol{q}_2^{\mathrm{T}}\boldsymbol{C}_2\boldsymbol{q}_2. \tag{6.64}$$

Aus (6.61) und (6.63) folgen durch die partiellen Ableitungen gemäß (6.10) und (6.15) die Matrizen $\boldsymbol{C}_1$ und $\boldsymbol{M}_1$ für die Koordinaten $\boldsymbol{q}_1$, vgl. Tab. 6.2, Fall 1. Aus (6.64) und (6.60) ergeben sich analog die Matrizen $\boldsymbol{C}_2$ und $\boldsymbol{M}_2$ für die Absolutkoordinaten $\boldsymbol{q}_2$, vgl. Tab. 6.2, Fall 2. Werden die Beziehungen (6.62) zwischen den beiden Koordinatensätzen durch die Transformationsmatrix

$$\boldsymbol{T} = \begin{bmatrix} 1 & 0 & 0 & 0 \\ 0 & 1 & 0 & 0 \\ -1 & 0 & 1 & l_1 \\ 0 & -1 & 1 & l_2 \end{bmatrix} \tag{6.65}$$

ausgedrückt, so gilt $\boldsymbol{q}_1 = \boldsymbol{T}\boldsymbol{q}_2$ und damit $\boldsymbol{C}_2 = \boldsymbol{T}^{\mathrm{T}}\boldsymbol{C}_1\boldsymbol{T}$ sowie $\boldsymbol{M}_2 = \boldsymbol{T}^{\mathrm{T}}\boldsymbol{M}_1\boldsymbol{T}$.

6.1.2.6 Tragwerk, bestehend aus Substrukturen

Als Beispiel für die in Abschn. 6.1.1 beschriebene Methode, die sich zum Aufstellen der Systemmatrizen bei komplizierten Strukturen eignet, wird das Tragwerk betrachtet, das aus einem Rahmen mit konstanter Biegesteifigkeit und einem elastisch gestützten Schwingungs-

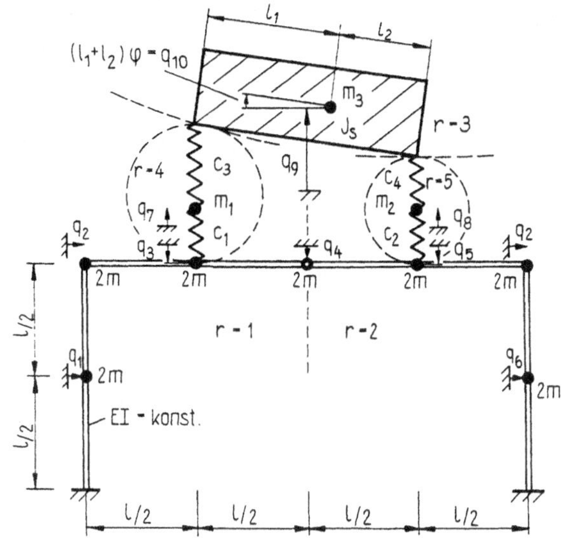

Abb. 6.7 Gesamtsystem eines Tragwerks, aufgeteilt in Substrukturen $r = 1, \ldots, 5$ mit globalen Koordinaten q_1 und q_{10}

system besteht, vgl. Abb. 6.7. Bei der Zerlegung in Substrukturen, dem ersten Schritt bei dieser Methode, wird auf die Matrizen in Tab. 6.3 zurückgegriffen. Dabei kommen $R = 5$ Substrukturen vor.

Der Rahmen kann aus zwei der galgenförmigen Tragwerke zusammengesetzt werden, die dem Fall 2 in Tab. 6.3 entsprechen. Der oben befindliche Starrkörper, die dritte Substruktur ($r = 3$), entspricht genau Fall 3 in Tab. 6.3. Die Feder-Masse-Systeme, welche den Starrkörper mit dem Rahmen verbinden, werden als Substrukturen $r = 4$ und $r = 5$ betrachtet. Sie stellen einen Sonderfall von Fall 1 in Tab. 6.3 dar, wenn dort $m_1 = m_3 = 0$ gesetzt und die Bezeichnung der Massen und Federn entsprechend geändert wird.

Die globalen Koordinaten sind in Abb. 6.7 eingetragen. Nun müssen die Beziehungen zwischen den lokalen Koordinaten, die denen von Tab. 6.3 entsprechen, und den globalen Koordinaten aufgestellt werden. Die Substruktur $r = 1$ stellt die linke Hälfte des Rahmens dar, und es gelten die Zwangsbedingungen (Koinzidenz) :

$$q_1^{(1)} = q_4, \quad q_2^{(1)} = q_3, \quad q_3^{(1)} = q_2 \quad \text{und} \quad q_4^{(1)} = q_1. \tag{6.66}$$

Diese können durch die Transformationsmatrix

$$\boldsymbol{T}_1 = \begin{bmatrix} 0 & 0 & 0 & 1 & 0 & 0 & 0 & 0 & 0 & 0 \\ 0 & 0 & 1 & 0 & 0 & 0 & 0 & 0 & 0 & 0 \\ 0 & 1 & 0 & 0 & 0 & 0 & 0 & 0 & 0 & 0 \\ 1 & 0 & 0 & 0 & 0 & 0 & 0 & 0 & 0 & 0 \end{bmatrix} \tag{6.67}$$

kompakt in Abhängigkeit von den $n = 10$ globalen Koordinaten ausgedrückt werden (vgl. Gl. 6.23).

Die zweite Substruktur besteht aus demselben „Galgen", allerdings an der Vertikalachse gespiegelt, sodass sich die rechte Hälfte des Rahmens ergibt. Die Beziehungen zwischen den Koordinaten sind dann für $r = 2$:

$$q_1^{(2)} = q_4, \quad q_2^{(2)} = q_5, \quad q_3^{(2)} = -q_2, \quad q_4^{(2)} = -q_6. \tag{6.68}$$

Damit unterscheidet sich die Transformationsmatrix $\boldsymbol{T}_2$ von $\boldsymbol{T}_1$, aber die Massenmatrizen sind gleich $\boldsymbol{M}_1 = \boldsymbol{M}_2 = \boldsymbol{M}$, und auch die Federmatrizen stimmen überein: $\boldsymbol{C}_1 = \boldsymbol{C}_2 = \boldsymbol{C}$, vgl. Fall 2 in Tab. 6.3. Die (6.68) entsprechende Transformationsmatrix lautet:

$$\boldsymbol{T}_2 = \begin{bmatrix} 0 & 0 & 0 & 1 & 0 & 0 & 0 & 0 & 0 & 0 \\ 0 & 0 & 0 & 0 & 1 & 0 & 0 & 0 & 0 & 0 \\ 0 & -1 & 0 & 0 & 0 & 0 & 0 & 0 & 0 & 0 \\ 0 & 0 & 0 & 0 & 0 & -1 & 0 & 0 & 0 & 0 \end{bmatrix}. \tag{6.69}$$

Der starre Körper (Fall 3 in Tab. 6.3) ist an seinen beiden Enden mit den anderen Substrukturen gekoppelt, sodass noch eine Transformation nötig ist. Mit den Abkürzungen $s_1 = l_1/(l_1 + l_2)$ und $s_2 = l_2/(l_1 + l_2)$ lautet sie:

$$q_1^{(3)} = q_9 + s_1 q_{10}, \qquad q_2^{(3)} = q_9 - s_2 q_{10}. \tag{6.70}$$

Die zugehörige Transformationsmatrix ist

$$\boldsymbol{T}_3 = \begin{bmatrix} 0 & 0 & 0 & 0 & 0 & 0 & 0 & 0 & 1 & s_1 \\ 0 & 0 & 0 & 0 & 0 & 0 & 0 & 0 & 1 & -s_2 \end{bmatrix}. \tag{6.71}$$

Weiterhin ist $\boldsymbol{C}_3 = 0$ und $\boldsymbol{M}_3 = \boldsymbol{M}$, vgl. die Massenmatrix von Fall 3 in Tab. 6.3.

Die Substruktur $r = 4$ ist das linke Feder-Masse-System zwischen dem starren Körper und dem Rahmen, vgl. Abb. 6.7. Die Zwangsbedingungen lauten:

$$q_1^{(4)} = -q_3, \qquad q_2^{(4)} = q_7, \qquad q_3^{(4)} = q_9 + s_1 q_{10} \tag{6.72}$$

und demzufolge gilt:

$$\boldsymbol{T}_4 = \begin{bmatrix} 0 & 0 & -1 & 0 & 0 & 0 & 0 & 0 & 0 & 0 \\ 0 & 0 & 0 & 0 & 0 & 0 & 1 & 0 & 0 & 0 \\ 0 & 0 & 0 & 0 & 0 & 0 & 0 & 0 & 1 & s_1 \end{bmatrix}. \tag{6.73}$$

Die System-Matrizen folgen aus Tab. 6.3, Fall 1 und sind mit den in Abb. 6.7 benutzten Bezeichnungen für die Parameter zu versehen. Damit gilt:

$$\boldsymbol{C}_4 = \begin{bmatrix} c_1 & -c_1 & 0 \\ -c_1 & c_1 + c_3 & -c_3 \\ 0 & -c_3 & c_3 \end{bmatrix}, \qquad \boldsymbol{M}_4 = \begin{bmatrix} 0 & 0 & 0 \\ 0 & m_1 & 0 \\ 0 & 0 & 0 \end{bmatrix}. \tag{6.74}$$

Auf der rechten Seite befindet sich dieselbe Substruktur (Tab. 6.3, Fall 1), aber für diese ($r = 5$) gelten die Kopplungsbedingungen

$$q_1^{(5)} = -q_5, \qquad q_2^{(5)} = q_8, \qquad q_3^{(5)} = q_9 - s_2 q_{10} \tag{6.75}$$

und damit die Transformationsmatrix

$$\boldsymbol{T}_5 = \begin{bmatrix} 0 & 0 & 0 & 0 & -1 & 0 & 0 & 0 & 0 & 0 \\ 0 & 0 & 0 & 0 & 0 & 0 & 0 & 1 & 0 & 0 \\ 0 & 0 & 0 & 0 & 0 & 0 & 0 & 0 & 1 & -s_2 \end{bmatrix}. \tag{6.76}$$

Die Matrizen dieser Substruktur stimmen mit denen für $r = 4$ überein, wenn folgende Substitutionen erfolgen: $c_1 \mathrel{\widehat{=}} c_2$, $c_3 \mathrel{\widehat{=}} c_4$, $m_1 \mathrel{\widehat{=}} m_2$. Die globale Feder- und Massenmatrix ergibt sich gemäß (6.24) mit den bereitgestellten Matrizen.

Zur Verdeutlichung der Zusammenhänge wird dem Leser die Berechnung zumindest eines der Summanden empfohlen, damit die Entstehung der Systemmatrizen klar wird. Die System-Matrizen des Gesamtsystems lauten:

$$\frac{\boldsymbol{C}}{c^*} = \begin{bmatrix} 304 & -131 & 72 & -12 & 0 & 0 & 0 & 0 & 0 & 0 \\ -131 & 148 & -54 & 0 & 54 & -131 & 0 & 0 & 0 & 0 \\ 72 & -54 & 160+\bar{c}_1 & -59 & 0 & 0 & \bar{c}_1 & 0 & 0 & 0 \\ -12 & 0 & -59 & 52 & -59 & 12 & 0 & 0 & 0 & 0 \\ 0 & 54 & 0 & -59 & 160+\bar{c}_2 & -72 & 0 & \bar{c}_2 & 0 & 0 \\ 0 & -131 & 0 & 12 & -72 & 304 & 0 & 0 & 0 & 0 \\ 0 & 0 & \bar{c}_1 & 0 & 0 & 0 & \bar{c}_1+\bar{c}_3 & 0 & -\bar{c}_3 & -\bar{c}_3 s_1 \\ 0 & 0 & 0 & 0 & \bar{c}_2 & 0 & 0 & \bar{c}_2+\bar{c}_4 & -\bar{c}_4 & \bar{c}_4 s_2 \\ 0 & 0 & 0 & 0 & 0 & 0 & -\bar{c}_3 & -\bar{c}_4 & \bar{c}_3+\bar{c}_4 & c_{9\,10} \\ 0 & 0 & 0 & 0 & 0 & 0 & -\bar{c}_3 s_1 & \bar{c}_4 s_2 & c_{10\,9} & c_{10\,10} \end{bmatrix} \tag{6.77}$$

mit

$$c_{9\,10} = \bar{c}_3 s_1 - \bar{c}_4 s_2 = c_{10\,9}, \qquad c_{10\,10} = \bar{c}_3 s_1^2 + \bar{c}_4 s_2^2,$$
$$c^* = \frac{48EI}{97l^3}, \quad \bar{c}_k = c_k/c^* \quad \text{für} \quad k = 1,\, 2,\, 3,\, 4 \tag{6.78}$$

und

$$\boldsymbol{M} = \operatorname{diag}\left[2m,\ 10m,\ 2m,\ 2m,\ 2m,\ 2m,\ m_1,\ m_2,\ m_3,\ J_S/(l_1+l_2)^2\right]. \tag{6.79}$$

In der Federmatrix ist die Struktur und die Herkunft der einzelnen Elemente interpretierbar. Erkennbar sind quadratische Untermatrizen die sich teilweise überlappen. Die Überlappungsstellen sind physikalisch erklärbar, wenn zum Vergleich die Koordinaten in Abb. 6.7 betrachtet werden. Neben der Symmetrie der Federmatrix, die hier natürlich auch erfüllt sein muss, kann kontrolliert werden, woher die Elemente mit den $\bar{c}_k$ stammen und ob deren Vorzeichen plausibel sind.

Die Matrizenelemente in der linken oberen Ecke stammen vom Rahmen, während die unten rechts von dem angekoppelten Feder-Masse-System herrühren. Auffällig ist die

Blockdiagonal- bzw. Bandstruktur der Federmatrix. Die Erscheinung, dass in der linken unteren und der rechten oberen Ecke der Steifigkeitsmatrix überwiegend Nullen stehen, ist für solche Systeme typisch. Sie ist die Folge der fortlaufenden Nummerierung der im Berechnungsmodell benutzten Koordinaten.

Bei großen Systemen $n > 10$ ergeben sich bedeutende Rechenvorteile z. B. bei der Lösung des Eigenwertproblems, wenn die Bandstruktur der Matrizen ausgenutzt wird. Es ist deshalb empfehlenswert, die Koordinaten von Anfang an so einzuführen, dass die Bandbreite minimal wird. Es existieren Algorithmen zur automatischen Bandbreitenminimierung von Matrizen, die bei ursprünglich beliebiger Koordinaten-Nummerierung (und dadurch bedingter großer Bandbreite) eingesetzt werden können.

6.1.3 Aufgaben A6.1 bis A6.3

A6.1 Matrizenelemente

Für das Beispiel in Tab. 6.2 mit Relativkoordinaten sind die Elemente m_{23} und m_{24} der Massenmatrix zu berechnen.

A6.2 Substruktur-Matrizen

Es sind die Systemmatrizen des Fahrzeugmodells in Relativkoordinaten aufzustellen, das in Tab. 6.2 angegeben ist, indem die in Tab. 6.3 angegebenen Substruktur-Matrizen angewendet werden.

A6.3 Massen- und Federmatrix für ein Hubwerk

Zu berechnen sind für das Berechnungsmodell eines Brückenkranes (Abb. 6.8) die Elemente der Massenmatrix $\boldsymbol{M}$ und der Federmatrix $\boldsymbol{C}$ für den Koordinatenvektor $\boldsymbol{q}^{\mathrm{T}} = [x_1, x_2, r\varphi_{\mathrm{M}}/i]$. Es ist zu prüfen, ob die Federmatrix singulär ist und dafür eine physikalische Deutung zu geben.

Gegeben:

Reduziertes Trägheitsmoment des Hubwerks J_{M}
Reduzierte Masse des Krans einschließlich Kranträger m_1 (bezogen auf die Stellung der Laufkatze)
Masse der Hublast m_2, Übersetzungsverhältnis i, Federkonstante des Kranträgers c_1 (bezogen auf die Stellung der Laufkatze), Längsfederkonstante des Seils c_2, Seiltrommelradius r

Anmerkung: Die Einführung der Größe $r\varphi_{\mathrm{M}}/i$ als verallgemeinerte Koordinate q_3 hat den Vorteil, dass alle Komponenten des Vektors $\boldsymbol{q}$ (und damit die Elemente innerhalb von $\boldsymbol{C}$ und $\boldsymbol{M}$) dimensionsgleich sind.

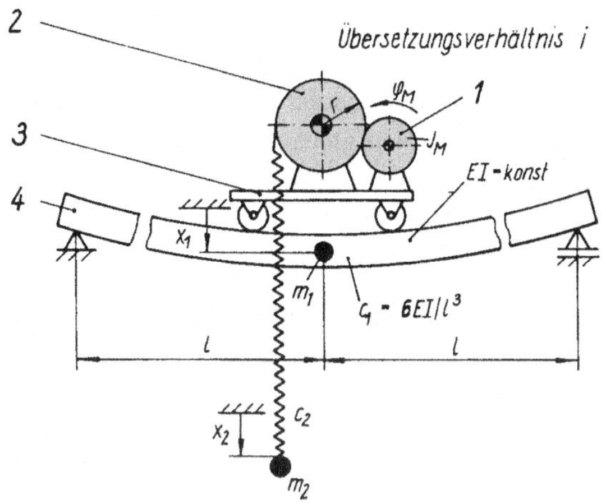

Abb. 6.8 Modell eines Brückenkranes zur Berechnung dynamischer Beanspruchungen beim Heben und Senken der Last; *1* Motor, *2* Seiltrommel, *3* Laufkatze, *4* Kranträger

6.1.4 Lösungen L6.1 bis L6.3

L6.1 Die erste partielle Ableitung der kinetischen Energie liefert zunächst, vgl. Gl. (6.63):

$$\begin{aligned}\frac{\partial W_{\text{kin}}}{\partial \dot{\xi}_2} &= m_2\dot{\xi}_2 + m_3\frac{l_1(\dot{\xi}_2+\dot{\xi}_4)+l_2(\dot{\xi}_1+\dot{\xi}_3)}{l_1+l_2}\frac{l_1}{l_1+l_2}\\ &\quad -\frac{J_S}{(l_1+l_2)^2}(\dot{\xi}_1+\dot{\xi}_3-\dot{\xi}_2-\dot{\xi}_4).\end{aligned} \tag{6.80}$$

Nach Umordnung entsteht mit den Abkürzungen

$$s_1 = l_1/(l_1+l_2); \qquad s_2 = l_2/(l_1+l_2); \qquad m = J_S/(l_1+l_2)^2 \tag{6.81}$$

die Form

$$\begin{aligned}\frac{\partial W_{\text{kin}}}{\partial \dot{\xi}_2} &= (m_3 s_1 s_2 - m)\dot{\xi}_1 + (m_2 + m_3 s_1^2 + m)\dot{\xi}_2\\ &\quad +(m_3 s_1 s_2 - m)\dot{\xi}_3 + (m_3 s_1^2 + m)\dot{\xi}_4\,.\end{aligned} \tag{6.82}$$

Gemäß Gl. (6.15) folgen daraus die Elemente der Massenmatrix

$$\begin{aligned}\underline{\underline{m_{32} = m_{23}}} &= \frac{\partial^2 W_{\text{kin}}}{\partial \dot{\xi}_2 \partial \dot{\xi}_3} = \underline{\underline{m_3 s_1 s_2 - m}},\\ \underline{\underline{m_{42} = m_{24}}} &= \frac{\partial^2 W_{\text{kin}}}{\partial \dot{\xi}_2 \partial \dot{\xi}_4} = \underline{\underline{m_3 s_1^2 + m}}.\end{aligned} \tag{6.83}$$

L6.2 Das Gesamtsystem kann aufgefasst werden als eine Kombination der Substrukturen des starren Körpers ($r = 1$, vgl. Tab. 6.3, Fall 3) und der beiden Feder-Masse-Systeme ($r = 2$ und $r = 3$), deren Matrizen sich als Sonderfall aus Fall 1 in Tab. 6.3 ergeben. Als globale

Koordinaten werden die in Tab. 6.2, Fall 1 eingezeichneten ξ_k benutzt, die zur Anpassung an die im Abschn. 6.1.1 verwendete Bezeichnungsweise mit $\xi_k = q_k$ bezeichnet werden.

Die Kopplungen der Substrukturen sind durch folgende Zwangsbedingungen zwischen den lokalen Koordinaten $\boldsymbol{q}^{(r)}$ und den globalen Koordinaten $\boldsymbol{q}^{\mathrm{T}} = [\xi_1, \xi_2, \xi_3, \xi_4] = [q_1, q_2, q_3, q_4]$ bestimmt: Substruktur $r = 1$:

$$q_1^{(1)} = q_1 + q_3, \qquad q_2^{(1)} = q_2 + q_4. \tag{6.84}$$

Diese beiden Gleichungen lassen sich im Sinne von (6.23) auch mit der Transformationsmatrix $\boldsymbol{T}_1$ darstellen, wie durch Ausmultiplizieren geprüft werden kann:

$$\boldsymbol{q}^{(1)} = \begin{bmatrix} q_1^{(1)} \\ q_2^{(1)} \end{bmatrix} = \begin{bmatrix} 1 & 0 & 1 & 0 \\ 0 & 1 & 0 & 1 \end{bmatrix} \begin{bmatrix} q_1 \\ q_2 \\ q_3 \\ q_4 \end{bmatrix}, \qquad \boldsymbol{T}_1 = \begin{bmatrix} 1 & 0 & 1 & 0 \\ 0 & 1 & 0 & 1 \end{bmatrix}. \tag{6.85}$$

Für das linke unten angeordnete Feder-Masse-System, die Substruktur $r = 2$, gelten die Bindungsgleichungen $q_1^{(2)} = 0$, $q_2^{(2)} = q_1$ und $q_3^{(2)} = q_1 + q_3$. Dem entspricht

$$\boldsymbol{q}^{(2)} = \begin{bmatrix} q_1^{(2)} \\ q_2^{(2)} \\ q_3^{(2)} \end{bmatrix}, \qquad \boldsymbol{T}_2 = \begin{bmatrix} 0 & 0 & 0 & 0 \\ 1 & 0 & 0 & 0 \\ 1 & 0 & 1 & 0 \end{bmatrix}. \tag{6.86}$$

Für die Substruktur $r = 3$, das rechts vorhandene Feder-Masse-System, bestehen die Bindungen $q_1^{(3)} = 0$, $q_2^{(3)} = q_2$, $q_3^{(3)} = q_2 + q_4$. Dafür lautet die Matrix

$$\boldsymbol{T}_3 = \begin{bmatrix} 0 & 0 & 0 & 0 \\ 0 & 1 & 0 & 0 \\ 0 & 1 & 0 & 1 \end{bmatrix}. \tag{6.87}$$

Für die Massenparameter der ersten Substruktur müssen die Bezeichnungen eingeführt werden, die dem Gesamtsystem entsprechen, vgl. Fall 3 in Tab. 6.3 und Fall 1 in Tab. 6.2. Es sind also äquivalent $J_S/(l_1 + l_2)^2 = m$, $l_1/(l_1 + l_2) = s_1$, $l_2/(l_1 + l_2) = s_2$. Damit erhält die Massenmatrix der ersten Substruktur die Form

$$\boldsymbol{M}_1 = \begin{bmatrix} m_3 s_2^2 + m & m_3 s_1 s_2 - m \\ m_3 s_1 s_2 - m & m_3 s_1^2 + m \end{bmatrix}. \tag{6.88}$$

Da der starre Körper keine Federn enthält, gilt $\boldsymbol{C}_1 = \boldsymbol{0}$. Für die Substruktur $r = 2$ gelten bezüglich des Gesamtsystems für die Masse- und Federparameter die Zuordnungen, vgl. Fall 1 in Tab. 6.3 und die Abbildung in Tab. 6.2, Fall 1: $m_1 = 0$, $m_2 \mathrel{\widehat{=}} m_1$, $m_3 = 0$, $c_1 \mathrel{\widehat{=}} c_1$, $c_2 \mathrel{\widehat{=}} c_3$. Deshalb nehmen die Matrizen folgende Formen an:

$$\boldsymbol{C}_2 = \begin{bmatrix} c_1 & -c_1 & 0 \\ -c_1 & c_1 + c_3 & -c_3 \\ 0 & -c_3 & c_3 \end{bmatrix}, \quad \boldsymbol{M}_2 = \begin{bmatrix} 0 & 0 & 0 \\ 0 & m_1 & 0 \\ 0 & 0 & 0 \end{bmatrix}. \tag{6.89}$$

Analog ergeben sich für die Substruktur $r = 3$ wegen der Beziehungen $m_1 = 0$, $m_2 \mathrel{\hat{=}} m_2$, $m_3 = 0$, $c_1 \mathrel{\hat{=}} c_2$, $c_2 \mathrel{\hat{=}} c_4$ die Matrizen

$$\boldsymbol{C}_3 = \begin{bmatrix} c_2 & -c_2 & 0 \\ -c_2 & c_2 + c_4 & -c_4 \\ 0 & -c_4 & c_4 \end{bmatrix}, \quad \boldsymbol{M}_3 = \begin{bmatrix} 0 & 0 & 0 \\ 0 & m_2 & 0 \\ 0 & 0 & 0 \end{bmatrix}. \tag{6.90}$$

Werden mit all diesen Matrizen die Multiplikation und Summationen gemäß Gl. (6.24) ausgeführt, so ergeben sich die in Tab. 6.2, Zeile 1 angegebene Feder- und Massenmatrix.

L6.3 Die translatorische Energie von Kran und Last sowie die rotatorische Energie des Motors ergeben die gesamte kinetische Energie

$$2W_{\text{kin}} = m_1\dot{x}_1^2 + m_2\dot{x}_2^2 + J_{\text{M}}\dot{\varphi}_{\text{M}}^2 = m_1\dot{x}_1^2 + m_2\dot{x}_2^2 + \frac{i^2 J_{\text{M}}}{r^2}\left(\frac{r\dot{\varphi}_{\text{M}}}{i}\right)^2. \tag{6.91}$$

Die potenzielle Energie bezüglich der statischen Ruhelage von Kran und Last entspricht der Formänderungsenergie innerhalb der Kranbrücke und des Seils. Das Seil wird um die Länge $(x_2 - x_1 + r\varphi_{\text{M}}/i)$ gedehnt. Die einzelnen Vorzeichen können plausibilisiert werden, indem jeweils die anderen Koordinaten zu null gesetzt werden. Somit gilt:

$$2W_{\text{pot}} = c_1 x_1^2 + c_2(x_2 - x_1 + r\varphi_{\text{M}}/i)^2.$$

Die ersten partiellen Ableitungen der Energien sind

$$\begin{aligned}
\frac{\partial W_{\text{kin}}}{\partial \dot{x}_1} &= m_1\dot{x}_1; & \frac{\partial W_{\text{pot}}}{\partial x_1} &= c_1 x_1 - c_2(x_2 - x_1 + r\varphi_{\text{M}}/i), \\
\frac{\partial W_{\text{kin}}}{\partial \dot{x}_2} &= m_2\dot{x}_2; & \frac{\partial W_{\text{pot}}}{\partial x_2} &= c_2(x_2 - x_1 + r\varphi_{\text{M}}/i), \\
\frac{\partial W_{\text{kin}}}{\partial \left(\frac{r\dot{\varphi}_{\text{M}}}{i}\right)} &= \frac{i^2 J_{\text{M}}}{r^2}\left(\frac{r\dot{\varphi}_{\text{M}}}{i}\right); & \frac{\partial W_{\text{pot}}}{\partial \left(\frac{r\varphi_{\text{M}}}{i}\right)} &= c_2(x_2 - x_1 + r\varphi_{\text{M}}/i).
\end{aligned} \tag{6.92}$$

Gemäß Gln. (6.10) und (6.15) ergeben sich dann die Matrizen bezüglich des angegebenen Vektors $\boldsymbol{q}$, dessen Elemente dimensionsgleich gewählt wurden:

$$\underline{\underline{\boldsymbol{M} = \begin{bmatrix} m_1 & 0 & 0 \\ 0 & m_2 & 0 \\ 0 & 0 & i^2 J_{\text{M}}/r^2 \end{bmatrix}}}; \quad \underline{\underline{\boldsymbol{C} = \begin{bmatrix} c_1 + c_2 & -c_2 & -c_2 \\ -c_2 & c_2 & c_2 \\ -c_2 & c_2 & c_2 \end{bmatrix}}}. \tag{6.93}$$

Da sich $\det(\boldsymbol{C}) = 0$ ergibt, ist die Federmatrix singulär. Die mechanische Ursache dafür ist, dass in dem System eine ungehinderte Bewegung möglich ist, ohne dass elastische Rückstellkräfte auftreten. Im vorliegenden Fall kann sich die Hubmasse m_2 gemeinsam mit dem Motor (J_{M}) frei bewegen (Starrkörperbewegung). Die Folge dieser Singularität ist, wie schon beim freien Torsionsschwinger erwähnt wurde, dass die erste Eigenfrequenz null wird, vgl. Abschn. 5.3.

6.2 Ungedämpfte Schwingungen

In den Beispielen der vorangegangenen Abschnitte lag der Schwerpunkt auf der Aufstellung der Massenmatrix sowie der Nachgiebigkeits- oder wahlweise Federmatrix von schwingungsfähigen Systemen. In diesem Abschnitt soll die Lösungsmethodik für die aus den Matrizen ableitbare Bewegungsgleichung vorgestellt werden.

6.2.1 Eigenfrequenzen, Eigenformen, Eigenkräfte

Die bisher betrachteten Bewegungsgleichungen (6.17) bis (6.21) besitzen symmetrische Massen-, Steifigkeits- und Nachgiebigkeitsmatrizen. Es kann gezeigt werden, dass bei der Bewegung solcher Systeme die Summe aus kinetischer und potenzieller Energie konstant bleibt, d. h. dass die durch die Anfangsbedingungen eingeleitete Energie konserviert wird. Im Gegensatz zu gedämpften oder angefachten Systemen, bei denen die Energiesumme sich während der Bewegung ändert, werden diese als *konservative* Systeme bezeichnet.

Wird ein System aus seiner Gleichgewichtslage (die bei den Betrachtungen in Abschn. 6.1 bei $\boldsymbol{q} = \boldsymbol{o}$ vorausgesetzt wurde) ausgelenkt oder angestoßen und sich selbst überlassen, so führt es so genannte freie Schwingungen oder *Eigenschwingungen* aus.

Mathematisch betrachtet sind die Eigenschwingungen die allgemeinen Lösungen der homogenen Bewegungsgleichungen. Zunächst werden die Gln. (6.17) bis (6.19) betrachtet. Im sog. *Gleichtaktansatz*

$$\boldsymbol{q} = \boldsymbol{v}\exp(\mathrm{j}\omega t), \qquad \ddot{\boldsymbol{q}} = -\omega^2 \boldsymbol{v}\exp(\mathrm{j}\omega t) \tag{6.94}$$

enthält der Vektor $\boldsymbol{v} = [v_1,\ v_2,\ \ldots,\ v_n]^{\mathrm{T}}$ die Amplituden der harmonischen Bewegungen aller Koordinaten $\boldsymbol{q} = [q_1,\ q_2,\ \ldots,\ q_n]^{\mathrm{T}}$ mit einer zunächst noch unbekannten Eigenkreisfrequenz ω. Es ergibt sich nach kurzen Umformungen alternativ

$$\left(\boldsymbol{C} - \omega^2 \boldsymbol{M}\right)\boldsymbol{v} = \boldsymbol{o}, \tag{6.95}$$

$$\left(\boldsymbol{D}\boldsymbol{M} - \frac{1}{\omega^2}\boldsymbol{E}\right)\boldsymbol{v} = \boldsymbol{o}, \tag{6.96}$$

$$\left(\boldsymbol{M}^{-1}\boldsymbol{C} - \omega^2 \boldsymbol{E}\right)\boldsymbol{v} = \boldsymbol{o}, \tag{6.97}$$

nachdem diese Gleichungen durch $\exp(j\omega t)$ dividiert wurden. Das sind homogene lineare Gleichungssysteme für die Unbekannten $v_1, v_2, \ldots, v_n$. Alle drei Formen drücken denselben physikalischen Sachverhalt aus. In der Mathematik wird die Form von Gl. (6.95) in der zwei unterschiedliche Matrizen vorkommen, als *allgemeines* Eigenwertproblem bezeichnet. *Spezielles* Eigenwertproblem heißt in der mathematischen Literatur die Form

$$(\boldsymbol{A} - \lambda \boldsymbol{E})\boldsymbol{v} = \mathbf{o}. \tag{6.98}$$

Das Eigenwertproblem ist nur für kleine Systeme $n \leq 3$ sinnvoll von Hand oder sogar analytisch zu lösen. Darüber hinaus muss immer ein numerisches Lösungsverfahren angewendet werden. Dabei ist zu beachten, dass die numerischen Algorithmen wesentlich besser mit symmetrischen Matrizen zurechtkommen und in diesem Fall auch das verallgemeinerte Eigenwertproblem gut lösen können. Die Matrizen $\boldsymbol{DM}$ in (6.96) sowie $\boldsymbol{M}^{-1}\boldsymbol{C}$ in (6.97) sind nicht i. A. symmetrisch. Das bedeutet, dass die Form (6.95) immer vorzuziehen ist. Falls $\boldsymbol{D}$ für ein Problem leichter zu bilden ist, kann im Rahmen einer numerischen Berechnung jederzeit $\boldsymbol{C} = \boldsymbol{D}^{-1}$ einfach gewonnen werden.

Für die weitere numerische Behandlung ist es zweckmäßig, mit dimensionslosen Größen zu rechnen. Dazu werden die Massenmatrix und die Steifigkeitsmatrix mit

$$\boldsymbol{M} = m^* \boldsymbol{M}' \qquad \text{und} \qquad \boldsymbol{C} = c^* \boldsymbol{C}' \tag{6.99}$$

jeweils in einen dimensionsbehafteten Parameter sowie eine dimensionslose Matrix aufgeteilt. Im einfachsten Fall ist z. B. $m^* = 1$ kg und die Zahlenwerte in $\boldsymbol{M}'$ und $\boldsymbol{M}$ bleiben gleich. Damit kann das Eigenwertproblem (6.95) zu

$$\left(c^* \boldsymbol{C}' - \omega^2 m^* \boldsymbol{M}'\right) \boldsymbol{v} = \mathbf{o}, \tag{6.100}$$

umformuliert werden. Nach der Einführung von

$$\omega^{*2} = \frac{c^*}{m^*} \qquad \text{und} \qquad \lambda = \frac{\omega^2}{\omega^{*2}} \tag{6.101}$$

lautet (6.100) schließlich

$$\left(\boldsymbol{C}' - \lambda \boldsymbol{M}'\right) \boldsymbol{v} = \mathbf{o}. \tag{6.102}$$

Die Gl. (6.102) hat nur dann eine von null verschiedene Lösung, wenn ihre Hauptdeterminante gleich null ist. Aus dieser Bedingung ergibt sich

$$\det\left(\boldsymbol{C}' - \lambda \boldsymbol{M}'\right) = a_n \lambda^n + a_{n-1} \lambda^{n-1} + \ldots + a_1 \lambda + a_0 = 0. \tag{6.103}$$

Diese so genannte *charakteristische Gleichung* ist für die n Wurzeln $\lambda_1, \lambda_2, \ldots, \lambda_n$, die so genannten Eigenwerte, erfüllt. Diese Gleichung hat alerdings nur Bedeutung für Handrechnungen für Systeme mit $n \leq 4$. Die numerische Bestimmung der Eigenwerte erfolgt mit anderen Algorithmen.

Da die Massenmatrix positiv definit und die Federmatrix positiv definit oder positiv semidefinit ist, sind bei diesem Eigenwertproblem alle n Eigenwerte λ_i reell und positiv oder null. Ein Schwingungssystem hat deswegen n Eigenkreisfrequenz-Paare $\omega_i = \pm\sqrt{\lambda_i}\omega^*$ (vgl. (6.101)). Daraus ergeben sich die Eigenfrequenzen $f_i = \omega_i/2\pi$. Grundsätzlich werden auch die Eigenfrequenzen, die null sind, sowie mehrfache entsprechend ihrer Vielfachheit mitgezählt.

Bei elastischen Schwingungssystemen, die sich bewegen können, ohne dass Rückstellkräfte auftreten, ist die Steifigkeitsmatrix singulär, d. h. es gilt $\det(\boldsymbol{C}) = 0$. Bei solchen Systemen sind eine oder mehrere der unteren Eigenfrequenzen identisch null. Die zugehörigen Eigenformen sind dann Bewegungsformen des Starrkörpersystems. Bei ungefesselten Torsionsschwingern ist die erste Form der Eigenbewegung z. B. eine ungehinderte Rotation, weil die erste Eigenfrequenz null ist, vgl. z. B. in Kap. 5 die Gl. (5.57), (5.33) und (5.135). Bei freien Biegeschwingern, die sich in einer Ebene bewegen können, sind zwei Eigenfrequenzen null, wenn der Balken sich in der Ebene frei bewegen kann, vgl. Tab. 6.8. Bei einem frei im Raum beweglichen Flugobjekt sind die ersten sechs Eigenfrequenzen null. Es muss deshalb zwischen der ersten Eigenfrequenz (die null sein kann) und der *Grundfrequenz* eines Schwingungssystems, welche die tiefste von null verschiedene Eigenfrequenz ist, unterschieden werden.

Zu jedem Eigenwert λ_i lässt sich durch Lösung des homogenen Gleichungssystems

$$\left(\boldsymbol{C}' - \lambda_i \boldsymbol{M}'\right) \boldsymbol{v}_i = \boldsymbol{o}, \qquad i = 1,\, 2,\, \ldots,\, n \tag{6.104}$$

der jeweils zugehörige *Eigenvektor* $\boldsymbol{v}_i$ bestimmen. Die Unbekannten v_{ki} dieses Gleichungssystems (k entspricht der Nummer der Koordinate, i der Nummer des Eigenwertes) können nur bis auf einen festzulegenden Maßstabsfaktor bestimmt werden, da die rechte Seite des Gleichungssystems null ist. Dieser wird durch eine Normierungsbedingung festgelegt, z. B.

$$\mu_i = \boldsymbol{v}_i^{\mathrm{T}} \boldsymbol{M}' \boldsymbol{v}_i = 1 \quad \text{d. h.} \quad \boldsymbol{v}_i^{\mathrm{T}} \boldsymbol{M} \boldsymbol{v}_i = m^* \quad \text{oder} \quad \gamma_i = \boldsymbol{v}_i^{\mathrm{T}} \boldsymbol{C}' \boldsymbol{v}_i = 1 \quad \text{oder} \tag{6.105}$$
$$\sum_{k=1}^{n} v_{ki}^2 = 1 \quad \text{oder} \quad \max_k(|v_{ki}|) = 1 \quad \text{oder} \quad v_{ki\,\max} = 1 \quad \text{für } i = 1,\, 2,\, \ldots,\, n.$$

Die Rechenprogramme zur Lösung des Eigenwertproblems liefern unterschiedlich normierte Eigenvektoren, sodass der Benutzer ggf. selbst neu skalieren muss. Ein Eigenvektor beschreibt anschaulich eine Eigenschwingform, kurz auch *Eigenform* (engl. *mode*) genannt.

Aufgrund von Gl. (6.4) und (6.13) bestehen zwischen den Eigenformen und Eigenkräften $\boldsymbol{w}_i$ die Beziehungen

$$\boldsymbol{w}_i = \omega_i^2 \boldsymbol{M} \boldsymbol{v}_i = \boldsymbol{C} \boldsymbol{v}_i . \tag{6.106}$$

Die Vorstellung der *Eigenkräfte* ist, als ob an den Koordinaten q_k die Kräfte w_{ki} angreifen würden, vgl. Abb. 6.10. Diese können als Amplituden der Massenkräfte aufgefasst werden, die infolge der Schwingung mit der Eigenkreisfrequenz ω_i bei der i-ten Eigenform auftreten. Genau so berechtigt ist auch die Vorstellung, dass diese Massenkräfte wie eingeprägte Kräfte wirken und die Eigenform die Folge davon ist.

Da jedem reellen Eigenwert $\lambda_i > 0$ formal zwei Eigenkreisfrequenzen entsprechen ($\omega_i = \pm\omega^*/\sqrt{\lambda_i}$), (s. o.) entsteht die i-te Eigenlösung entsprechend dem Ansatz (6.94) als lineare Überlagerung beider Anteile:

$$\begin{aligned} \boldsymbol{q}_i(t) &= \boldsymbol{v}_i\,[\kappa_{1i}\exp(\mathrm{j}\omega_i t) + \kappa_{2i}\exp(-\mathrm{j}\omega_i t)] \\ &= \boldsymbol{v}_i\,[(\kappa_{1i}+\kappa_{2i})\cos\omega_i t + \mathrm{j}(\kappa_{1i}-\kappa_{2i})\sin\omega_i t] \\ &= \boldsymbol{v}_i(a_i\cos\omega_i t + b_i\sin\omega_i t) = \boldsymbol{v}_i\,\hat{p}_i\sin(\omega_i t + \beta_i). \end{aligned} \tag{6.107}$$

Bei den hierbei vorgenommenen Umformungen wurde sowohl von der Euler'schen Relation Gebrauch gemacht als auch die noch frei verfügbaren Konstanten je nach Darstellungsform neu definiert. Die i-te Eigenlösung beschreibt also eine harmonische Schwingung mit der Eigenkreisfrequenz ω_i, wobei eine Amplitudenverteilung entsprechend dem Eigenvektor $\boldsymbol{v}_i$ vorliegt.

Die Eigenlösung zu einem Nulleigenwert, der auch immer doppelt auftritt, lautet:

$$\boldsymbol{q}_i(t) = \boldsymbol{v}_i(a_i + b_i t), \tag{6.108}$$

was eine gleichförmige Bewegung beschreibt. Die vollständige Lösung der Bewegungsgleichungen (6.17) bis (6.19) entsteht aus der Superposition der n Eigenschwingungen bzw. konstanten Bewegungen

$$\boldsymbol{q}(t) = \sum_{i=1}^{n} \boldsymbol{q}_i(t), \tag{6.109}$$

wobei die $2n$ Konstanten (a_i, b_i oder $\hat{p}_i$, β_i) aus den Anfangsbedingungen folgen, vgl. Abschn. 6.2.3.

Dies ist ein wesentliches Ergebnis, wie die weiteren Betrachtungen noch zeigen werden. Es kann auch gesagt werden, dass die *Eigenschwingung* einen Bewegungszustand des Schwingers darstellt, der ohne Energiezufuhr aufrechterhalten bleibt.

Werden alle Eigenvektoren zu einer Matrix zusammengefasst, so entsteht die so genannte *Modalmatrix*

$$\boldsymbol{V} = [\boldsymbol{v}_1,\ \boldsymbol{v}_2,\ \ldots,\ \boldsymbol{v}_n] = \begin{bmatrix} v_{11} & v_{12} & \cdots & v_{1n} \\ v_{21} & v_{22} & \cdots & v_{2n} \\ \vdots & \vdots & \ddots & \vdots \\ v_{n1} & v_{n2} & \cdots & v_{nn} \end{bmatrix} = [v_{ki}]. \tag{6.110}$$

6.2.2 Orthogonalität und modale Koordinaten

Für die Eigenvektoren, die aus dem Eigenwertproblem (6.104) gewonnen werden, gelten (wegen $\boldsymbol{M}^{\mathrm{T}} = \boldsymbol{M}$) die folgenden verallgemeinerten Orthogonalitätsrelationen:

$$i \neq k: \quad \boldsymbol{v}_i^{\mathrm{T}} \boldsymbol{C} \boldsymbol{v}_k = 0, \tag{6.111}$$

$$i \neq k: \quad \boldsymbol{v}_i^{\mathrm{T}} \boldsymbol{M} \boldsymbol{v}_k = 0, \tag{6.112}$$

$$i = k: \quad \boldsymbol{v}_i^{\mathrm{T}} \boldsymbol{C} \boldsymbol{v}_i = \gamma_i, \tag{6.113}$$

$$i = k: \quad \boldsymbol{v}_i^{\mathrm{T}} \boldsymbol{M} \boldsymbol{v}_i = \mu_i. \tag{6.114}$$

Damit sind die modalen Federkonstanten γ_i und die modalen Massen μ_i definiert. Sie stellen eine Reduktion der Massenträgheit und der Elastizität des Gesamtsystems auf die i-te Eigenschwingform dar. Für diese gilt zudem:

$$\frac{\gamma_i}{\mu_i} = \lambda_i \tag{6.115}$$

Da die Eigenwerte $\boldsymbol{v}_i$ beliebig skaliert werden dürfen, sind die modalen Größen keine Systemkonstanten, lediglich ihr Verhältnis ist fest. Häufig werden die $\boldsymbol{v}_i$ so gewählt, dass

$$\boldsymbol{v}_i^{\mathrm{T}} \boldsymbol{M}' \boldsymbol{v}_i = 1 \quad \text{bzw.} \quad \boldsymbol{v}_i^{\mathrm{T}} \boldsymbol{M} \boldsymbol{v}_i = m^*, \tag{6.116}$$

$$\boldsymbol{v}_i^{\mathrm{T}} \boldsymbol{C}' \boldsymbol{v}_i = \lambda_i \quad \text{bzw.} \quad \boldsymbol{v}_i^{\mathrm{T}} \boldsymbol{C} \boldsymbol{v}_i = m^* \omega_i^2 \tag{6.117}$$

gilt. Die Verwendung der dimensionslosen Matrizen hat den Sinn, dass die Eigenvektoren selbst dimensionslos sein sollen. Für die in der Literatur häufig gebrauchte Formulierung $\boldsymbol{v}_i^{\mathrm{T}} \boldsymbol{M} \boldsymbol{v}_i = 1$ müssten die Eigenvektoren die Dimension $\sqrt{1/\mathrm{kg}}$ haben, was ungünstig ist. Wird $m^* = 1\,\mathrm{kg}$ gewählt, ergibt sich bei der praktischen Berechnung kein Unterschied zwischen der dimensionslosen und der dimensionsbehafteten Darstellung. Liegt bereits eine Modalmatrix $\boldsymbol{V}$ sowie die modalen Massen μ_i vor, können die normierten Eigenvektoren gem. Gl. (6.116) gewonnen werden, indem die Spalten jeweils durch $\sqrt{\mu_i}$ dividiert werden.

Werden die Beziehungen (6.111) bis (6.114) unter Verwendung der Modalmatrix (6.110) gebildet, ergibt sich:

$$\boldsymbol{V}^{\mathrm{T}} \boldsymbol{C} \boldsymbol{V} = \mathrm{diag}(\gamma_i); \qquad \boldsymbol{V}^{\mathrm{T}} \boldsymbol{M} \boldsymbol{V} = \mathrm{diag}(\mu_i). \tag{6.118}$$

Die Systemmatrizen werden durch die links-rechts Transformation mit der Modalmatrix diagonalisiert. Alle Außerdiagonalelemente sind gleich null. Als Diagonalelemente verbleiben die modalen Federkonstanten γ_i und die modalen Massen μ_i. Wird $\boldsymbol{V}$ gemäß (6.117) gewählt, wird die Matrix

$$\boldsymbol{\Lambda} = \mathrm{diag}(\omega_i^2) = \frac{1}{m^*} \boldsymbol{v}_i^{\mathrm{T}} \boldsymbol{C} \boldsymbol{v}_i. \tag{6.119}$$

Spektralmatrix genant. Wird (6.106) in (6.111) eingesetzt, ergibt sich für unterschiedliche Eigenwerte ($\lambda_i \neq \lambda_k$)

$$\boldsymbol{v}_i^{\mathrm{T}} \boldsymbol{w}_k = \boldsymbol{w}_k^{\mathrm{T}} \boldsymbol{v}_i = 0. \tag{6.120}$$

Gl. (6.120) sagt aus, dass die Kräfte $\boldsymbol{w}_k$ der k-ten Eigenschwingform bezüglich der i-ten Eigenschwingform mit den Amplituden $\boldsymbol{v}_i$ keine Arbeit leisten. Mit anderen Worten heißt das, dass sich die Eigenschwingformen nicht gegenseitig beeinflussen, da kein Energieaustausch zwischen ihnen erfolgt. Die Gln. (6.111) bis (6.114) stellen verallgemeinerte Orthogonalitätsrelationen dar, die physikalisch dasselbe wie Gl. (6.120) aussagen.

Aus (6.107) lässt sich eine wichtige Folgerung ziehen. Wird $\hat{p}_i \sin(\omega_i t + \beta_i)$ als Koordinate $p_i(t)$ aufgefasst, so kann sie anstelle der bisherigen verallgemeinerten Koordinaten $q_i(t)$ verwendet werden. Der Zusammenhang zwischen diesen so genannten *modalen Koordinaten, Normal-* oder *Hauptkoordinaten,* die im Vektor $\boldsymbol{p}^{\mathrm{T}} = [p_1,\ p_2,\ \ldots,\ p_n]$ zusammengefasst sind, und den verallgemeinerten Koordinaten q_k wird mit der Modalmatrix $\boldsymbol{V}$ aus (6.110) ausgedrückt (Modaltransformation):

$$q_k = \sum_{i=1}^{n} v_{ki}\, p_i; \qquad \boldsymbol{q} = \boldsymbol{V}\boldsymbol{p} \quad \text{und} \quad \ddot{\boldsymbol{q}} = \boldsymbol{V}\ddot{\boldsymbol{p}} \quad \text{sowie} \quad \boldsymbol{p} = \boldsymbol{V}^{-1}\boldsymbol{q}. \tag{6.121}$$

Die Bewegungsgleichungen für die freien Schwingungen eines Schwingungssystems erhalten in modalen Koordinaten deshalb auch eine einfache Form. So lässt sich die Bewegungsgleichung (6.17) zu

$$\boldsymbol{V}^{\mathrm{T}}\boldsymbol{M}\boldsymbol{V}\ddot{\boldsymbol{p}} + \boldsymbol{V}^{\mathrm{T}}\boldsymbol{C}\boldsymbol{V}\boldsymbol{p} = \boldsymbol{o} \tag{6.122}$$

transformieren, was wegen der Diagonalität der Matrizen zu n entkoppelten Bewegungsgleichungen der „modalen Schwinger“ bei freien Schwingungen:

$$\mu_i \ddot{p}_i + \gamma_i p_i = 0, \qquad i = 1,\ 2,\ \ldots,\ n\,. \tag{6.123}$$

führt. Bei geeigneter Skalierung der Eigenvektoren gemäß (6.116) und (6.117) vereinfacht sich (6.123) zu

$$\ddot{p}_i + \omega_i^2 p_i = 0, \qquad i = 1,\ 2,\ \ldots,\ n. \tag{6.124}$$

Sie sind den gekoppelten Gln. (6.17) äquivalent, auch (6.18) und (6.19). Die n Eigenkreisfrequenzen ergeben sich aus den modalen Federkonstanten γ_i und den modalen Massen μ_i aus (6.123), (6.113) und (6.114):

$$\omega_i^2 = \frac{\gamma_i}{\mu_i} = \frac{\boldsymbol{v}_i^{\mathrm{T}}\boldsymbol{C}\boldsymbol{v}_i}{\boldsymbol{v}_i^{\mathrm{T}}\boldsymbol{M}\boldsymbol{v}_i} = \frac{\boldsymbol{v}_i^{\mathrm{T}}\boldsymbol{M}\boldsymbol{v}_i}{\boldsymbol{v}_i^{\mathrm{T}}\boldsymbol{M}\boldsymbol{D}\boldsymbol{M}\boldsymbol{v}_i} \qquad i = 1,\ 2,\ \ldots,\ n. \tag{6.125}$$

Die Eigenkreisfrequenzen werden üblicherweise der Größe nach $(\omega_{i+1} > \omega_i)$ geordnet. Diese Beziehung stellt einen interessanten Zusammenhang zwischen jeder Eigenkreisfrequenz ω_i und der zugehörigen Eigenschwingform $\boldsymbol{v}_i$ her, vgl. auch den Rayleigh-Quotienten in (6.250) und (6.267).

6.2.3 Freie Schwingungen aus Anfangsbedingungen

Freie Schwingungen entstehen, wenn Systemen zu Beginn der Bewegung Energie zugeführt wird, d. h. wenn sie aus ihrer Gleichgewichtslage ausgelenkt oder angestoßen werden und sich selbst überlassen werden. Dynamische Belastungen von Maschinen infolge freier Schwingungen interessieren in der Praxis vor allem nach stoßartigen Erregungen (z. B. plötzliches Abbremsen einer Bewegung, Anstoßen an ein Hindernis, Kupplungsvorgänge) oder nach plötzlichem Belasten oder Entlasten, z. B. Abfallen einer Last am Kran, Reißen eines Spannelementes, Bruch eines Bauteils.

Bei Stoßbelastungen können die Anfangsbedingungen oft aus dem Impulssatz und/oder dem Drehimpulssatz (Drallsatz) berechnet werden. Es entstehen dann Schwingungen um die Gleichgewichtslage $\boldsymbol{q} = \mathbf{o}$. Beim plötzlichen Be- oder Entlasten entsteht eine neue (veränderte) Gleichgewichtslage, auf welche sich das System einschwingt. Dabei ist zu beachten, dass die Bewegungsgleichungen für das veränderte System aufgestellt werden, weil es Schwingungen um die Lage $\boldsymbol{q} = \mathbf{o}$ ausführt.

Der interessierende zeitliche Verlauf von Deformationen und Kraftgrößen, der bei schwingungsfähigen Maschinen berechnet werden soll, ergibt sich als Lösung einer Differenzialgleichung vom Typ der Gln. (6.17) bis (6.21) unter Beachtung der Anfangsbedingungen. Welche dieser Gleichungen verwendet wird, hängt vom jeweiligen praktischen Problem bzw. vom Bearbeiter ab. Oft werden die Gleichungen der Form (6.17) bis (6.19) benutzt, aus denen der zeitliche Verlauf der Bewegungen folgt, und wenn Kraftgrößen interessieren, werden diese dann anschließend über die Gln. (6.4) oder (6.20) errechnet.

Die Anfangsbedingungen definieren den Zustand des Schwingungssystems zur Zeit $t = 0$, d. h., sie geben die Anfangsauslenkungen und die Anfangsgeschwindigkeiten an:

$$t = 0: \quad \boldsymbol{q}(0) = \boldsymbol{q}_0; \quad \dot{\boldsymbol{q}}(0) = \boldsymbol{u}_0. \tag{6.126}$$

Die Auslenkung aus der statischen Ruhelage ist mit der Übertragung potenzieller Energie verbunden und die Erteilung einer Anfangsgeschwindigkeit entspricht der plötzlichen Übertragung kinetischer Energie. Daraus folgt, dass der (Anfangs-)Zustand eines mechanischen Systems durch Angabe von Lage und Geschwindigkeit vollständig beschrieben ist.

Aus den Anfangsbedingungen (6.126) der Lagekoordinaten können die Anfangswerte der modalen Koordinaten berechnet werden. Dies kann mit den aus (6.121) folgenden Formeln

$$\boldsymbol{p}(0) = \boldsymbol{p}_0 = \boldsymbol{V}^{-1}\boldsymbol{q}_0, \qquad \dot{\boldsymbol{p}}(0) = \dot{\boldsymbol{p}}_0 = \boldsymbol{V}^{-1}\boldsymbol{u}_0 \tag{6.127}$$

erfolgen wobei die Kehrmatrix der Modalmatrix zu bilden wäre. Aus den Beziehungen

$$\boldsymbol{V}^{\mathrm{T}}\boldsymbol{M}\boldsymbol{q} = \boldsymbol{V}^{\mathrm{T}}\boldsymbol{M}\boldsymbol{V}\boldsymbol{p} = \operatorname{diag}(\mu_i)\boldsymbol{p}, \quad \boldsymbol{V}^{\mathrm{T}}\boldsymbol{C}\boldsymbol{q} = \boldsymbol{V}^{\mathrm{T}}\boldsymbol{C}\boldsymbol{V}\boldsymbol{p} = \operatorname{diag}(\gamma_i)\boldsymbol{p} \tag{6.128}$$

folgen Formeln, die weniger Rechenoperationen erfordern:

$$\boldsymbol{p}_0 = \operatorname{diag}(1/\gamma_i)\boldsymbol{V}^{\mathrm{T}}\boldsymbol{C}\boldsymbol{q}_0 = \operatorname{diag}(1/\mu_i)\boldsymbol{V}^{\mathrm{T}}\boldsymbol{M}\boldsymbol{q}_0, \tag{6.129}$$

$$\dot{\boldsymbol{p}}_0 = \operatorname{diag}(1/\gamma_i)\boldsymbol{V}^{\mathrm{T}}\boldsymbol{C}\boldsymbol{u}_0 = \operatorname{diag}(1/\mu_i)\boldsymbol{V}^{\mathrm{T}}\boldsymbol{M}\boldsymbol{u}_0. \tag{6.130}$$

Die Anfangsbedingungen (6.126), die gemäß (6.127), (6.129) und (6.130) transformiert werden, lauten für die i-te Hauptkoordinate:

$$t = 0: \quad p_i(0) = p_{i0} = \boldsymbol{v}_i^{\mathrm{T}} \boldsymbol{C} \boldsymbol{q}_0 / \gamma_i, \qquad \dot{p}_i(0) = \dot{p}_{i0} = \boldsymbol{v}_i^{\mathrm{T}} \boldsymbol{M} \boldsymbol{u}_0 / \mu_i. \tag{6.131}$$

Die Lösung jeder der Gln. (6.123) lautet unter diesen Anfangsbedingungen:

$$p_i(t) = p_{i0} \cos \omega_i t + \frac{\dot{p}_{i0}}{\omega_i} \sin \omega_i t = \hat{p}_i \sin(\omega_i t + \beta_i) \tag{6.132}$$

und für $\omega_i = 0$:

$$p_i(t) = p_{i0} + \dot{p}_{i0} t. \tag{6.133}$$

Die Bewegung des Schwingungssystems kann also als Summe der Bewegungen von n Einfachschwingern aufgefasst werden. Wenn das System nur mit der Eigenkreisfrequenz ω_i schwingt (oder sich in einer Starrkörperform konstant bewegt), nimmt es die Amplitudenverhältnisse des i-ten Eigenvektors $\boldsymbol{v}_i$ an. Damit ist seine Bewegung eindeutig durch die Angabe der einen Hauptkoordinate $p_i(t)$ beschrieben.

Mithilfe von (6.121), (6.118) und (6.129) lassen sich die Verläufe der Lagekoordinaten $\boldsymbol{q}(t)$ aus den modalen Koordinaten berechnen. Die Bewegung in einer Eigenkreisfrequenz ω_i ergibt sich zu

$$\boldsymbol{q}_i(t) = \frac{1}{\mu_i} \boldsymbol{v}_i \boldsymbol{v}_i^{\mathrm{T}} \boldsymbol{M} \left(\boldsymbol{q}_0 \cos \omega_i t + \frac{1}{\omega_i} \boldsymbol{u}_0 \sin \omega_i t \right) \quad \text{bzw.} \tag{6.134}$$

$$\boldsymbol{q}_i(t) = \frac{1}{\mu_i} \boldsymbol{v}_i \boldsymbol{v}_i^{\mathrm{T}} \boldsymbol{M} \left(\boldsymbol{q}_0 + \boldsymbol{u}_0 t \right) \quad \text{für } \omega_i = 0. \tag{6.135}$$

Dieses Ergebnis ist bereits aus (6.107) und (6.108) bekannt, hier sind nun die Integrationskonstanten a_i und b_i mit Hilfe der Anfangsbedingungen bestimmt. Die Gesamtlösung kann gemäß (6.109) aufsummiert werden.

Werden die Eigenvektoren gemäß (6.116) skaliert, gilt $\boldsymbol{V}^{-1} = 1/m^* \boldsymbol{V}^{\mathrm{T}} \boldsymbol{M}$ und die Gesamtlösung lässt sich (wenn keine Starrkörperformen vorkommen) kompakt als

$$\boldsymbol{q}(t) = \frac{1}{m^*} \boldsymbol{V} \left[\operatorname{diag}\left(\cos \omega_i t\right) \boldsymbol{V}^{\mathrm{T}} \boldsymbol{M} \boldsymbol{q}_0 + \operatorname{diag}\left(\frac{1}{\omega_i} \sin \omega_i t \right) \boldsymbol{V}^{\mathrm{T}} \boldsymbol{M} \boldsymbol{u}_0 \right] \tag{6.136}$$

darstellen.

Die Massenkräfte der verallgemeinerten Koordinaten folgen aus (6.13). Sie stellen eine Superposition der sich harmonisch mit den Eigenfrequenzen verändernden Eigenkräfte dar. Die an bestimmten Stellen der Maschine interessierenden Bewegungen, Lagerreaktionen oder Schnittkräfte (z. B. Querkraft, Längskraft, Moment in Biegestäben) können aus dem bekannten $\boldsymbol{q}(t)$ bzw. $\boldsymbol{g}(t)$ unter Beachtung geometrischer Zusammenhänge berechnet werden.

6.2.4 Anfangsenergie und Abschätzungen

Die potenzielle und kinetische Energie gemäß (6.8) und (6.16) lassen sich auch mit modalen Koordinaten berechnen

$$W_{\text{pot}} = \frac{1}{2}\boldsymbol{q}^{\mathrm{T}}\boldsymbol{C}\boldsymbol{q} = \frac{1}{2}(\boldsymbol{V}\boldsymbol{p})^{\mathrm{T}}\boldsymbol{C}\boldsymbol{V}\boldsymbol{p} = \frac{1}{2}\boldsymbol{p}^{\mathrm{T}}\boldsymbol{V}^{\mathrm{T}}\boldsymbol{C}\boldsymbol{V}\boldsymbol{p}, \tag{6.137}$$

$$W_{\text{kin}} = \frac{1}{2}\dot{\boldsymbol{q}}^{\mathrm{T}}\boldsymbol{M}\dot{\boldsymbol{q}} = \frac{1}{2}(\boldsymbol{V}\dot{\boldsymbol{p}})^{\mathrm{T}}\boldsymbol{M}\boldsymbol{V}\dot{\boldsymbol{p}} = \frac{1}{2}\dot{\boldsymbol{p}}^{\mathrm{T}}\boldsymbol{V}^{\mathrm{T}}\boldsymbol{M}\boldsymbol{V}\dot{\boldsymbol{p}} \tag{6.138}$$

und vereinfacht wegen (6.118) durch Quadrate der Hauptkoordinaten bzw. deren Geschwindigkeiten ausdrücken:

$$W_{\text{pot}} = \frac{1}{2}\sum_{i=1}^{n}\gamma_i p_i^2; \qquad W_{\text{kin}} = \frac{1}{2}\sum_{i=1}^{n}\mu_i \dot{p}_i^2. \tag{6.139}$$

Die Energie des Anfangszustandes lässt sich mit den Anfangswerten der modalen Koordinaten ausdrücken vgl. (6.139)

$$W_0 = \sum_{i=1}^{n} W_{i0} = \frac{1}{2}\sum_{i=1}^{n}\left(\gamma_i p_{i0}^2 + \mu_i \dot{p}_{i0}^2\right) \tag{6.140}$$

oder durch die Anfangswerte der Systemkoordinaten:

$$W_0 = W_{\text{pot}\,0} + W_{\text{kin}\,0} = \frac{1}{2}\boldsymbol{q}_0^{\mathrm{T}}\boldsymbol{C}\boldsymbol{q}_0 + \frac{1}{2}\boldsymbol{u}_0^{\mathrm{T}}\boldsymbol{M}\boldsymbol{u}_0. \tag{6.141}$$

Die gesamte Anfangsenergie W_0 teilt sich in Form von modaler Energie auf die Eigenformen auf, wobei der Anteil

$$W_{i0} = \frac{1}{2}\left(\frac{1}{\gamma_i}\left(\boldsymbol{v}_i^{\mathrm{T}}\boldsymbol{C}\boldsymbol{q}_0\right)^2 + \frac{1}{\mu_i}\left(\boldsymbol{v}_i^{\mathrm{T}}\boldsymbol{M}\boldsymbol{u}_0\right)^2\right), \tag{6.142}$$

den jede Eigenform abbekommt, sich während der weiteren Eigenschwingung nicht ändert. Es findet zwar im Laufe der Zeit ein Energieaustausch zwischen den einzelnen Massen und Federn des Schwingers statt, aber jede Eigenform verhält sich wie ein isolierter Einfachschwinger, vgl. (6.123).

Damit können für extreme Bewegungs oder Kraftgrößen an beliebigen Stellen k im Innern eines Schwingungssystems Schranken berechnet werden, ohne die Differenzialgleichungen zu lösen. Wenn angenommen wird, dass sich die Gesamtenergie W_0 des Anfangszustands dort als kinetische Energie konzentriert (vgl. (5.98) bis (5.102) in Abschn. 5.3.8 sowie (6.143) und (6.144)), folgen daraus als Abschätzung für die maximale Geschwindigkeit einer Einzelmasse m_k bzw. Drehgeschwindigkeit einer Drehmasse J_k die Ungleichungen

$$v_{k\,\max} < \sqrt{2W_0/m_k}; \qquad \Omega_{k\,\max} < \sqrt{2W_0/J_k}. \tag{6.143}$$

Die maximale Belastung einer beliebigen Feder kann höchstens so groß sein, dass darin die gesamte Energie als potenzielle Energie gespeichert wird. Damit folgen für die maximale Kraft in der Längsfeder c_k bzw. das maximal mögliche Moment in der Drehfeder $c_{\mathrm{T}k}$ die Ungleichungen

$$c_k \Delta x_{k\,\max} = F_{k\,\max} < \sqrt{2W_0 c_k}; \quad c_{\mathrm{T}k} \Delta \varphi_{k\,\max} = M_{k\,\max} < \sqrt{2W_0 c_{\mathrm{T}k}}. \tag{6.144}$$

Die Amplitude der Koordinate k infolge der Mode i lässt sich mit Hilfe von (6.132) als $\hat{q}_{ki} = |v_{ki}|\hat{p}_i$ angeben. Sie hängt von der Anfangsenergie W_{i0} ab, vgl. (6.142). Aus ihr folgen auch die Amplituden für die Geschwindigkeit und Beschleunigung des i-ten Summanden der Koordinate q_k:

$$\hat{q}_{ki} = |v_{ki}|\sqrt{2W_{i0}/\gamma_i}; \qquad \hat{\dot{q}}_{ki} = \omega_i \hat{q}_{ki}; \qquad \hat{\ddot{q}}_{ki} = \omega_i^2 \hat{q}_{ki}. \tag{6.145}$$

Die Beträge der Extremwerte (Minima oder Maxima) sind höchstens so groß wie die Summe der Amplituden der einzelnen Anteile, da diese zeitlich kaum zusammenfallen, d. h. es gelten die Ungleichungen

$$q_{k\max} \leq \sum_{i=1}^{n} \hat{q}_{ki}; \quad \dot{q}_{k\max} \leq \sum_{i=1}^{n} \omega_i \hat{q}_{ki}; \quad \ddot{q}_{k\max} \leq \sum_{i=1}^{n} \omega_i^2 \hat{q}_{ki}; \quad k = 1, 2, \ldots, n. \tag{6.146}$$

Diese Formeln können zu Abschätzungen und Kontrollen verwendet werden. Weitere Abschätzungen ergeben sich, wenn die auf die Parameter bezogenen Energieanteile aus (6.276) verwendet werden.

Ein prinzipiell anderer Weg zur Berechnung von $\boldsymbol{q}(t)$ bei freien Schwingungen besteht in der computergestützten Berechnung der Lösungen (6.136) im Zeitbereich. Eine Gewinnung der Lösung mittels numerischer Integration der Differenzialgleichungen (6.17) mit den Anfangsbedingungen (6.126) ist bei linearen Systemen nicht das Mittel der Wahl. Der Nachteil derartiger numerischer Verfahren ist, dass wesentliche physikalische Zusammenhänge schwerer überschaubar werden und die Analyse von Parameter-Einflüssen unübersichtlicher wird.

6.2.5 Beispiele

6.2.5.1 Allgemeiner Biegeschwinger mit endlich vielen Freiheitsgraden

Der im Abschn. 6.1.2.1 vorgestellte Biegeschwinger wird für den Fall $\boldsymbol{f}(t) \equiv \boldsymbol{o}$ durch den Ansatz $\boldsymbol{q} = \boldsymbol{v}\exp(\mathrm{j}\omega t)$ gelöst. Es entsteht das Eigenwertproblem

$$(\boldsymbol{E} - \omega^2 \boldsymbol{D}\boldsymbol{M})\boldsymbol{v} = \boldsymbol{o}. \tag{6.147}$$

Dieses Gleichungssystem hat nichttriviale Lösungen, wenn

$$\det(\boldsymbol{E} - \omega^2 \boldsymbol{DM}) = 0. \tag{6.148}$$

Aus der Auflösung dieser Hauptdeterminante folgt ein Polynom n-ten Grades für ω^2. Es hat n reelle Wurzeln, aus denen sich die Eigenfrequenzen $f_i = \omega_i/(2\pi)$ dieses Schwingers mit n Freiheitsgraden berechnen lassen, vgl. Abschn. 6.1.1. Die gewonnenen Lösungen beschreiben freie Schwingungen.

Für den nicht rotierenden Biegeschwinger mit 2 Freiheitsgraden kann die Lösung noch geschlossen analytisch dargestellt werden, für Systeme mit mehr Freiheitsgraden ist dies nur in Ausnahmefällen (siehe z. B. Tab. 6.5) möglich.

Ist ein Balken mit $n = 2$ Punktmassen besetzt, so folgt aus (6.147) mit $\hat{r}_k = v_k$ und $\alpha_{jk} = d_{jk}$:

$$\begin{aligned} j = 1: &\quad (1 - \omega^2 d_{11} m_1) v_1 - \omega^2 d_{12} m_2 v_2 = 0, \\ j = 2: &\quad -\omega^2 d_{21} m_1 v_1 + (1 - \omega^2 d_{22} m_2) v_2 = 0. \end{aligned} \tag{6.149}$$

Nullsetzen der Hauptdeterminante liefert die Frequenzgleichung (mit $d_{12} = d_{21}$)

$$\begin{aligned} \det &= \begin{vmatrix} 1 - \omega^2 d_{11} m_1 & -\omega^2 d_{12} m_2 \\ -\omega^2 d_{21} m_1 & 1 - \omega^2 d_{22} m_2 \end{vmatrix} \\ &= \omega^4 m_1 m_2 (d_{11} d_{22} - d_{12}^2) - \omega^2 (d_{11} m_1 + d_{22} m_2) + 1 = 0. \end{aligned} \tag{6.150}$$

Durch Lösung dieser quadratischen Gleichung ergeben sich die beiden Eigenkreisfrequenzen:

$$\omega_{1,2}^2 = \frac{d_{11} m_1 + d_{22} m_2}{2 m_1 m_2 (d_{11} d_{22} - d_{12}^2)} \left(1 \mp \sqrt{1 - \frac{4 m_1 m_2 (d_{11} d_{22} - d_{12}^2)}{(d_{11} m_1 + d_{22} m_2)^2}} \right). \tag{6.151}$$

Die Amplitudenverhältnisse, die sich bei einer Eigenschwingung des Balkens mit 2 Punktmassen einstellen, folgen aus (6.149), wenn dort $\omega = \omega_i$ gesetzt wird:

$$\left(\frac{v_2}{v_1} \right)_i = \frac{1 - \omega_i^2 d_{11} m_1}{\omega_i^2 d_{12} m_2} = \frac{\omega_i^2 d_{21} m_1}{1 - \omega_i^2 d_{22} m_2}; \qquad i = 1, 2. \tag{6.152}$$

Falls der Biegeschwinger mit einer seiner Eigenfrequenzen schwingt, stellt sich die so genannte Eigenschwingform (Eigenform) ein, bei welcher die Amplituden in dem durch (6.152) gegebenen festen Zahlenverhältnis stehen.

Die Berechnung der Eigenfrequenzen und Eigenschwingformen geht bei Biegeschwingern von den Einflusszahlen aus. In Tab. 6.4 sind für zweifach gelagerte Wellen die Einflusszahlen unter Berücksichtigung der Lagerelastizität angegeben. Die starre Lagerung ergibt sich daraus als Sonderfall ($1/c_1 = 0$ bzw. $1/c_2 = 0$). Im Fall 4 in Tab. 6.4 wurde berücksichtigt, dass die Verbindungsstelle Rotor–Welle nicht mit dem Schwerpunkt des Rotors zusammenfällt, wie es z. B. bei Zentrifugentrommeln und Spindeln der Fall ist.

Die Eigenfrequenzen für den Sonderfall der homogenen Schwingerkette sind für einen Biegeschwinger sowie für die gespannte Saite in Tab. 6.5 angegeben. Diese Formeln sind

Tab. 6.5 Eigenfrequenzen homogener Schwingerketten

Fall	Homogene Schwingerkette	Eigenfrequenzen f_i $i = 1,2 \dots n$
1	Biegeschwingungen $EI = \text{konst.}$ 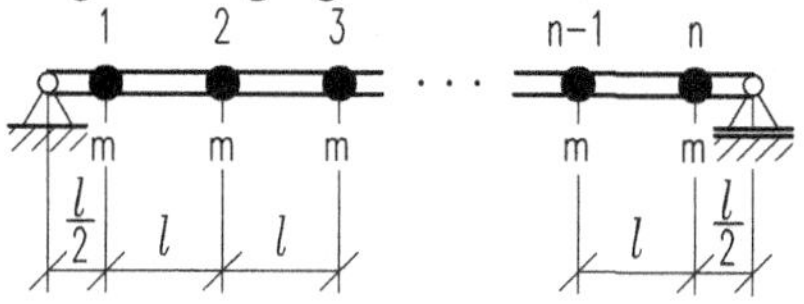	$\frac{1-\cos\frac{i\pi}{n}}{\pi}\sqrt{\frac{3EI}{ml^3\left(2+\cos\frac{i\pi}{n}\right)}}$
2	Querschwingungen gespannte Saite $(F = EAx_0/L)$, $EA = \text{konst.}$, $L = (n+1)l$ 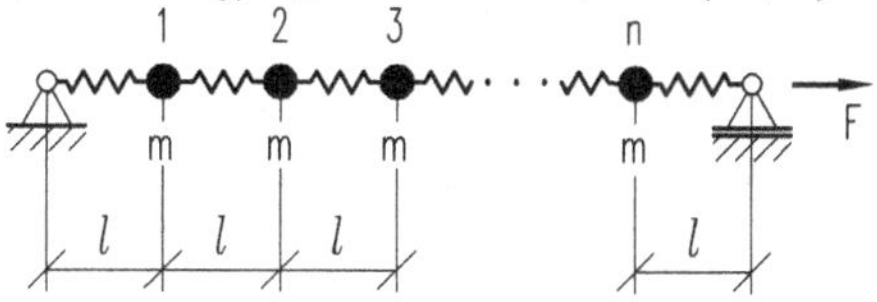	$\frac{1}{\pi}\sqrt{\frac{F}{ml}}\sin\frac{i\pi}{2(n+1)}$

hilfreich für Plausibilitätskontrollen und Abschätzungen. Zudem ist eine homogene Schwingerkette eine geeignete Näherung für das Kontinuum. Es bietet sich daher ein Vergleich der Zahlenwerte an, die sich aus den Formeln in Tab. 6.5 und für Fall 1 in Tab. 6.9 ergeben.

Aus diesem Beispiel lässt sich eine Gesetzmäßigkeit erkennen, die auch für andere Modelle gilt: Die Genauigkeit aller Eigenfrequenzen steigt mit der Anzahl n der Freiheitsgrade des diskreten Modells. Bei jedem diskreten Modell sind aber im Allgemeinen nur die niedrigsten Eigenfrequenzen mit dem modellierten Realsystem vergleichbar. Es sollten bei diskreten Modellen also immer mehr Freiheitsgrade als die Anzahl der praktisch interessierenden Eigenfrequenzen benutzt werden. Die höchsten Eigenfrequenzen gelten zwar für das jeweilige Modell, aber nicht für das Realsystem.

Wird ein Biegeschwinger aus seiner statischen Ruhelage ausgelenkt oder durch Geschwindigkeitssprünge angestoßen und danach sich selbst überlassen, so entstehen freie Schwingungen. Diese Auslenkung kann durch die Anfangsbedingungen

$$t = 0: \qquad \boldsymbol{q}(0) = \boldsymbol{q}_0; \qquad \dot{\boldsymbol{q}}(0) = \boldsymbol{u}_0 \tag{6.153}$$

beschrieben werden. Die Lösung der Bewegungsgleichungen (6.29) für $\boldsymbol{f} = \boldsymbol{o}$ unter Berücksichtigung von (6.153) wird in Abschn. 6.2 ausführlich behandelt, vgl. auch das Beispiel in A6.9.

6.2.5.2 Stoß auf ein Gestell

Als Repräsentant eines Maschinengestells wird das Berechnungsmodell von Tab. 6.3, Fall 2 betrachtet. Die Aufteilung der Massen erfolgte nach der Zerlegung des Kontinuums in 4 Abschnitte. Welche freien Schwingungen entstehen, nachdem der Endpunkt des ruhenden Systems nach einem Stoß plötzlich die Anfangsgeschwindigkeit $\dot{q}_1(0) = u_{10}$ erhält?

Gegeben sind der Koordinatenvektor $\boldsymbol{q}$ und die Elemente der Matrizen $\boldsymbol{M}$ und $\boldsymbol{D}$ des Berechnungsmodells, vgl. Tab. 6.3, Fall 2:

$$\boldsymbol{q} = \begin{bmatrix} q_1 \\ q_2 \\ q_3 \\ q_4 \end{bmatrix}; \quad \boldsymbol{M} = m \begin{bmatrix} 1 & 0 & 0 & 0 \\ 0 & 2 & 0 & 0 \\ 0 & 0 & 5 & 0 \\ 0 & 0 & 0 & 2 \end{bmatrix}; \quad \boldsymbol{D} = \frac{l^3}{48EI} \begin{bmatrix} 64 & 29 & 24 & 6 \\ 29 & 14 & 12 & 3 \\ 24 & 12 & 16 & 5 \\ 6 & 3 & 5 & 2 \end{bmatrix}. \tag{6.154}$$

Bei der Massenmatrix ist die Aufteilung in eine dimensionslose Matrix und den Massenparameter $m^* = m$ gemäß (6.99) offensichtlich. Mit oben genannter Anfangsbedingung lauten die Anfangsvektoren für $t = 0$:

$$\boldsymbol{q}(0) = \begin{bmatrix} q_1(0) \\ q_2(0) \\ q_3(0) \\ q_4(0) \end{bmatrix} = \begin{bmatrix} 0 \\ 0 \\ 0 \\ 0 \end{bmatrix} = \boldsymbol{q}_0; \quad \dot{\boldsymbol{q}}(0) = \begin{bmatrix} \dot{q}_1(0) \\ \dot{q}_2(0) \\ \dot{q}_3(0) \\ \dot{q}_4(0) \end{bmatrix} = \begin{bmatrix} u_{10} \\ 0 \\ 0 \\ 0 \end{bmatrix} = \boldsymbol{u}_0. \tag{6.155}$$

Die Steifigkeitsmatrix lässt sich durch $\boldsymbol{C} = \boldsymbol{D}^{-1}$ bilden und lautet

$$\boldsymbol{C} = \frac{48EI}{97l^3} \begin{bmatrix} 26 & -59 & 9 & -12 \\ -59 & 160 & -54 & 72 \\ 9 & -54 & 74 & -131 \\ -12 & 72 & -131 & 304 \end{bmatrix}. \tag{6.156}$$

Folglich werden die Bezugsmasse, die Bezugssteifigkeit, die Bezugskreisfrequenz und der dimensionslose Eigenwert mit

$$m^* = m, \qquad c^* = \frac{48EI}{97l^3}, \qquad \omega^{*2} = \frac{48EI}{97\,ml^3}, \qquad \lambda = \frac{\omega^2}{\omega^{*2}} \tag{6.157}$$

eingeführt. Damit folgt aus (6.103) hier speziell

$$\det(\boldsymbol{C}' - \lambda \boldsymbol{M}') = 20\lambda^4 - 5456\lambda^3 + 337\,560\lambda^2 - 1\,655\,984\lambda + 912\,673 = 0.$$

Die Ausrechnung der Determinante liefert diese charakteristische Gleichung 4. Grades zur Berechnung der Eigenwerte. Die Wurzeln dieser Gleichung sind (abgerundet auf 5 gültige Ziffern):

$$\lambda_1 = 0{,}6316; \quad \lambda_2 = 4{,}6745; \quad \lambda_3 = 84{,}4261; \quad \lambda_4 = 183{,}0678. \tag{6.158}$$

Daraus folgen die gesuchten Eigenkreisfrequenzen aus (6.101) zu:

$$\begin{aligned} \omega_1 &= 0{,}7048\,\omega^* = 0{,}5591, & \omega_2 &= 2{,}1621\,\omega^* \\ \omega_3 &= 9{,}1884\,\omega^*, & \omega_4 &= 13{,}5303\,\omega^*. \end{aligned} \tag{6.159}$$

Bei den folgenden numerischen Rechnungen können wegen der unvermeidlichen Abrundungsfehler höchstens 4 gültige Ziffern angegeben werden.

Der zum Eigenwert λ_1 gehörende Eigenvektor $\boldsymbol{v}_1$ ergibt sich aus dem Gleichungssystem (6.104),

$$(\boldsymbol{C}' - \lambda_1 \boldsymbol{M}')\boldsymbol{v}_1 = 0, \tag{6.160}$$

das ausführlich lautet:

$$\begin{array}{rcrcrcrl} (26-0{,}6316)v_{11} & - & 59v_{21} & + & 9v_{31} & - & 12v_{41} & = 0 \\ -59v_{11} & + & (160-1{,}2633)v_{21} & - & 54v_{31} & + & 72v_{41} & = 0 \\ 9v_{11} & - & 54v_{21} & + & (74-3{,}1582)v_{31} & - & 131v_{41} & = 0 \\ -12v_{11} & + & 72v_{21} & - & 131v_{31} & + & (304-1{,}2633)v_{41} & = 0. \end{array} \tag{6.161}$$

Da es sich um Eigenschwingungen handelt, können keine absoluten Größen der Amplituden v_{k1} errechnet werden. Mit der Normierung $v_{11} = 1$ gemäß (6.105) entstehen daraus 3 Gleichungen für die 3 Unbekannten v_{21}, v_{31} und v_{41}, weil eine dieser 4 Gleichungen nicht berücksichtigt zu werden braucht. Werden z. B. die ersten 3 Gleichungen verwendet, so gilt:

$$\begin{array}{rcrcrcl} -59v_{21} & + & 9v_{31} & - & 12v_{41} & = & -25{,}3684 \\ 158{,}74v_{21} & - & 54v_{31} & + & 72v_{41} & = & 59 \\ -54v_{21} & - & 70{,}842v_{31} & - & 131v_{41} & = & -9. \end{array} \tag{6.162}$$

Daraus ergibt sich die Lösung

$$v_{21} = 0{,}4774; \qquad v_{31} = 0{,}5014; \qquad v_{41} = 0{,}1431. \tag{6.163}$$

Sinngemäß ergeben sich auf diesem Wege durch Lösung von jeweils einem linearen Gleichungssystem mit 3 Unbekannten die Vektoren $\boldsymbol{v}_2$, $\boldsymbol{v}_3$ und $\boldsymbol{v}_4$ der anderen Eigenschwingformen, vgl. Abb. 6.10. Mit Hilfe eines geeigneten Rechenprogramms z. B. Matlab lassen sich Spektralmatrix und Modalmatrix des verallgemeinerten Eigenwertproblems in einem Schritt gewinnen, siehe Abb. 6.9. Die Eigenwerte stehen auf der Hauptdiagonalen der Spektralmatrix La (Gl. 6.119), die Eigenvektoren sind in der Modalmatrix V enthalten. Matlab liefert die Modalmatrix bereits in der Skalierung gemäß der Gl. (6.116) und (6.117).

Den Eigenschwingformen entsprechen nach (6.106) korrespondierende Eigenkraftformen. Für die erste Eigenschwingform ergibt sich die erste Eigenkraftform $\boldsymbol{w}_1 = \omega_1^2 \boldsymbol{M} \boldsymbol{v}_1$:

$$\boldsymbol{w}_1 = \begin{bmatrix} w_{11} \\ w_{21} \\ w_{31} \\ w_{41} \end{bmatrix} = m\omega_1^2 \begin{bmatrix} 1 & 0 & 0 & 0 \\ 0 & 2 & 0 & 0 \\ 0 & 0 & 5 & 0 \\ 0 & 0 & 0 & 2 \end{bmatrix} \begin{bmatrix} 1 \\ 0{,}4774 \\ 0{,}5014 \\ 0{,}1431 \end{bmatrix} = m\omega_1^2 \begin{bmatrix} 1 \\ 0{,}9548 \\ 2{,}5070 \\ 0{,}2862 \end{bmatrix}. \tag{6.164}$$

```
>> [V,La] = eigs(M,C)

V =

    0.7583    0.2864   -0.0519   -0.0119
    0.3620    0.0971    0.0586    0.0214
    0.3802   -0.1426    0.0022   -0.0085
    0.1085   -0.0755   -0.0336    0.0450


La =

    1.5832         0         0         0
         0    0.2139         0         0
         0         0    0.0118         0
         0         0         0    0.0055
```

Abb. 6.9 Lösung des Eigenwertproblems mit MATLAB

Die bei den 4 Eigenfrequenzen durch die Eigenkräfte hervorgerufenen „Eigenbiegemomente“ zeigt die rechte Seite von Abb. 6.10.

Die Normierung der Eigenvektoren mit $v_{i1} = 1$ eignet sich besonders gut, um grafische Veranschaulichungen von Schwingformen, wie in Abb. 6.10 vergleichbar zu skalieren. Für die Berechnung der Zeitlösung aus Anfangsbedingungen ist hingegen die Normierung gemäß (6.116) sinnvoller. Die Modalmatrix lautet dann

$$\boldsymbol{V} = \begin{bmatrix} 0{,}6026 & 0{,}6191 & 0{,}4768 & 0{,}1616 \\ 0{,}2877 & 0{,}2099 & -0{,}5382 & -0{,}2890 \\ 0{,}3021 & -0{,}3083 & -0{,}0205 & 0{,}1150 \\ 0{,}0862 & -0{,}1632 & 0{,}3092 & -0{,}6086 \end{bmatrix}. \tag{6.165}$$

Daraus ergeben sich gemäß (6.118) die modalen Massen $\mu_i = m$ sowie die modalen Federkonstanten γ_i $(c^* = 48EI/97l^3)$:

$$\gamma_1 = 0{,}6316c^*, \qquad \gamma_2 = 4{,}6745c^*, \qquad \gamma_3 = 84{,}426c^*, \qquad \gamma_4 = 183{,}068c^*. \tag{6.166}$$

Die Anfangsbedingungen in den Hauptkoordinaten ergeben sich aus (6.129), (6.130) und (6.155):

$$\boldsymbol{p}_0 = \boldsymbol{o}, \qquad \dot{\boldsymbol{p}}_0 = \begin{bmatrix} \dot{p}_{10} \\ \dot{p}_{20} \\ \dot{p}_{30} \\ \dot{p}_{40} \end{bmatrix} = \frac{1}{m}\boldsymbol{V}^{\mathrm{T}}\boldsymbol{M}\boldsymbol{u}_0 = \begin{bmatrix} 0{,}6026 \\ 0{,}6191 \\ 0{,}4768 \\ 0{,}1616 \end{bmatrix} u_{10}. \tag{6.167}$$

Wie sich die Anfangsenergie auf die vier Eigenformen verteilt, kann mit den Zahlenwerten aus (6.166), (6.167) und folgender Beziehung festgestellt werden, vgl. (6.140):

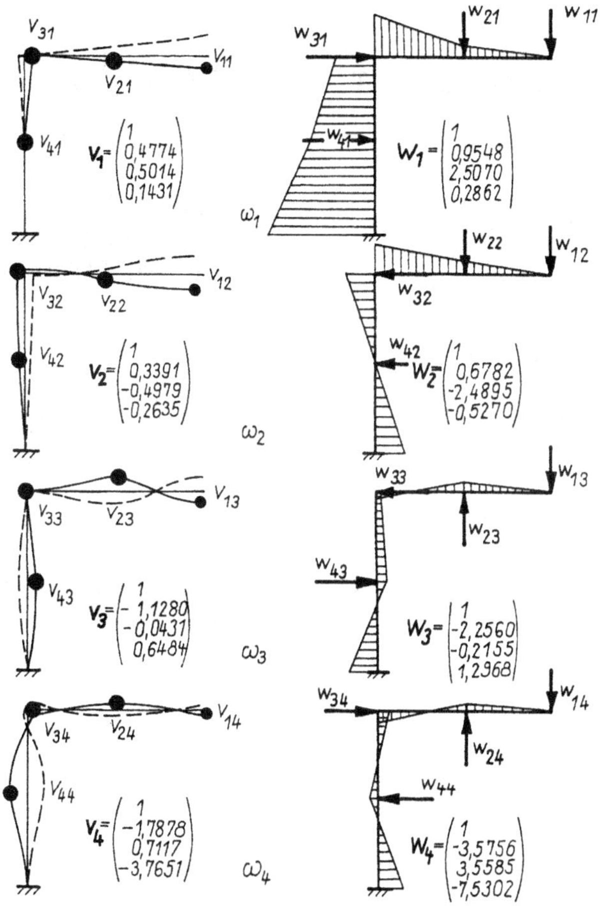

Abb. 6.10 Eigenschwingformen $\boldsymbol{v}_i$, Eigenkraftvektoren $\boldsymbol{w}_i$ und dadurch entstehende Deformations- und Momentenverläufe

$$\begin{aligned} W_0 = W_{\text{kin}\,0} = \frac{1}{2} m u_{10}^2 &= \frac{1}{2} m (\dot{p}_{10}^2 + \dot{p}_{20}^2 + \dot{p}_{30}^2 + \dot{p}_{40}^2) \\ &= \frac{m}{2} u_{10}^2 (0{,}3631 + 0{,}3834 + 0{,}2274 + 0{,}0261). \end{aligned} \tag{6.168}$$

Die Energie wird demnach vorwiegend in die ersten drei Eigenformen übertragen.

Mit den Anfangswerten gemäß (6.167) lassen sich die Hauptkoordinaten p_i gemäß (6.132), die Koordinaten q_k gemäß (6.146) und die Massenkräfte aus (6.13) berechnen. Es gilt z. B. mit $q^* = u_{10}/\omega^*$:

$$\begin{aligned} p_1(t) &= 0{,}7583 q^* \sin \omega_1 t, & p_2(t) &= 0{,}2864 q^* \sin \omega_2 t, \\ p_3(t) &= 0{,}0519 q^* \sin \omega_3 t, & p_4(t) &= 0{,}0119 q^* \sin \omega_4 t. \end{aligned} \tag{6.169}$$

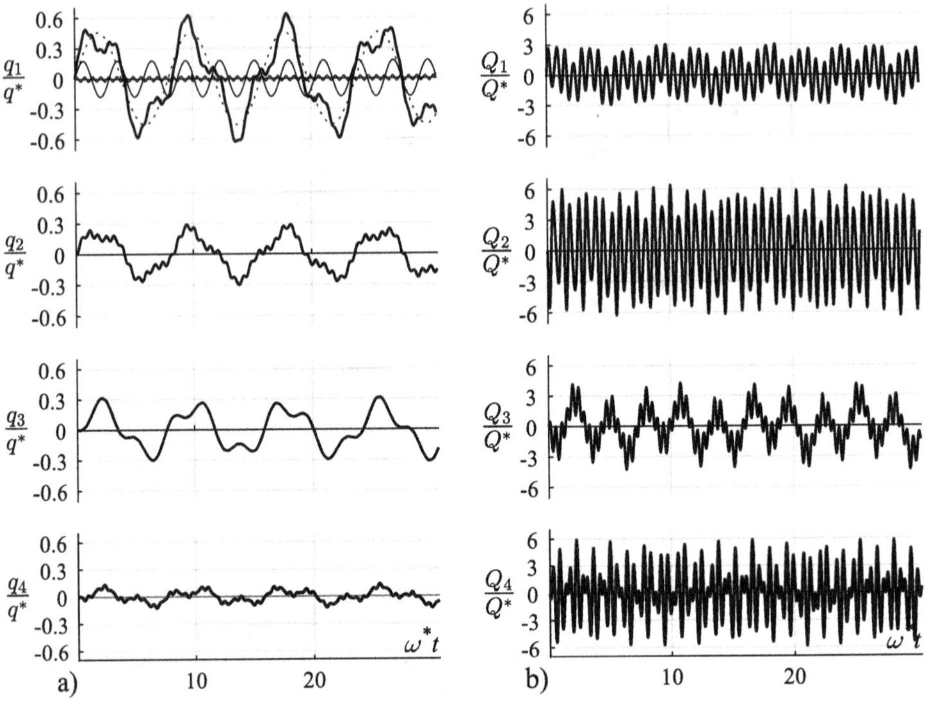

Abb. 6.11 Freie Schwingungen nach dem Stoß auf das Gestell: **a** Zeitliche Verläufe der Koordinaten $q_k(\omega^* t)$ mit $q^* = u_{10}/\omega^*$, **b** Zeitliche Verläufe der Kräfte $Q_k(\omega^* t)$ mit $Q^* = m u_{10} \omega^*$

Die Ergebnisse für die Lagekoordinaten und die Massenkräfte, die sich daraus ergeben, sind in Abb. 6.11 dargestellt.

Im oberen Teil der Abb. 6.11a sind die einzelnen Komponenten der Bewegung $q_1(t)/q^*$ sowie die daraus resultierende tatsächliche Bewegung dargestellt. Die punktierte Sinuslinie entspricht der Komponente $\hat{p}_1 v_{11} \sin \omega_1 t$. Weiterhin sind im oberen Teil der Abbildung die Komponenten der Eigenschwingungen mit den Kreisfrequenzen ω_2 und ω_3 als voll ausgezogene Kurven erkennbar. Die Amplitude $0{,}0119 q^* \hat{p}_4 v_{14}$ der höchsten Eigenschwingung ist so klein, dass sie in dieser Abbildung nicht mehr sichtbar ist. Die resultierende Bewegung ist nicht periodisch, da die Eigenfrequenzen in keinem rationalen Verhältnis zueinander stehen.

Analog kann der Verlauf von $q_2(t)$, $q_3(t)$ und $q_4(t)$ interpretiert werden. Bei diesen Kurven wurde aus Gründen der Übersichtlichkeit auf die Aufzeichnung der einzelnen Komponenten verzichtet. Bei $q_3(t)$ zeigt sich z. B. im Gegensatz zu q_1, q_2 und q_4 kein Anteil der dritten und vierten Eigenschwingung. Dies liegt daran, dass die Amplituden $\hat{p}_3 v_{3i}$ und $\hat{p}_4 v_{3i}$ wesentlich kleiner als die anderen Anteile sind.

Die Schwingungen jeder Koordinate sind aus Teilschwingungen in den Eigenfrequenzen zusammengesetzt. Für die Amplitude dieser Teilschwingungen gilt $\hat{q}_{ik} = v_{ik} \hat{p}_k$. Daraus ergeben sich z. B. für die Amplitude der Schwingungen mit der ersten Eigenfrequenz folgende Werte, wenn der ersten Eigenvektor $\boldsymbol{v}_1$ aus (6.165) und die Amplitude aus (6.169) entnommen werden:

$$\hat{q}_{11} = v_{11}\hat{p}_1 = 0{,}6026 \cdot 0{,}7583\,q^* = 0{,}4569\,q^*. \tag{6.170}$$

Für die Komponente der Koordinate q_1, die mit der Frequenz f_2 schwingt, ergibt sich:

$$\hat{q}_{12} = v_{12}\hat{p}_2 = 0{,}6191 \cdot 0{,}2864\,q^* = 0{,}2181\,q^*. \tag{6.171}$$

Diese Amplituden sind an den Teilschwingungen erkennbar, die in Abb. 6.11a oben eingezeichnet sind. Für die Komponente der Koordinate q_2, die mit der Eigenfrequenz f_1 schwingt, ergibt sich:

$$\hat{q}_{21} = v_{21}\hat{p}_2 = 0{,}2877 \cdot 0{,}7583\,q^* = 0{,}2181\,q^*. \tag{6.172}$$

Wird die Abschätzung (6.146) angewendet, so ergibt sich zum Vergleich mit Abb. 6.11a:

$$\begin{aligned} |(q_1/q^*)_{\max}| \approx 0{,}63 &\le (\hat{q}_{11} + \hat{q}_{12} + \hat{q}_{13} + \hat{q}_{14})/q^* \\ &= 0{,}4569 + 0{,}2181 + 0{,}2291 + 0{,}0654 = 0{,}6609. \end{aligned} \tag{6.173}$$

Das Gegenstück zu Abb. 6.11a ist Abb. 6.11b mit dem Verlauf der im Vektor $\boldsymbol{g}(t)$ zusammengestellten Kräfte, die sich aus (6.13) ergeben. Die Komponenten Q_1, Q_2, Q_3 und Q_4 stellen die Massenkräfte an den 4 betrachteten Punkten dar. Wie die Verschiebungen $\boldsymbol{q}(t)$ ergeben sich die Kräfte auch aus einer Überlagerung der 4 Eigenschwingungen. Dabei kommen die höheren Eigenschwingungen stärker zur Wirkung, denn die Kräfte sind proportional den Beschleunigungen, in welche die Kreisfrequenzen ω_i quadratisch eingehen, und es gilt $\omega_4^2 > \omega_3^2 > \omega_2^2 > \omega_1^2$.

Zur Zeit $t = 0$ sind alle Kräfte Null, da auch die Koordinaten Null sind, vgl. die Anfangsbedingungen (6.167). Der Anstieg der Kräfte hat einen endlichen Wert, der sich anhand der differenzierten Gl. (6.4) kontrollieren lässt. Es ist $\dot{\boldsymbol{g}}(t) = \boldsymbol{C}\dot{\boldsymbol{q}}(t)$ und demzufolge $\dot{\boldsymbol{g}}(0) = \boldsymbol{C}\dot{\boldsymbol{q}}(0)$. Mit den bekannten Kräften kann der zeitliche Momentenverlauf an jeder Stelle berechnet werden. Aus dem an dieser Stelle wirkenden Biegemoment ließe sich bei bekannten Querschnittswerten dann weiterhin die dort herrschende, zeitlich wechselnde, Biegespannung berechnen und damit ein Festigkeitsnachweis führen. Das Einspannmoment ist z. B. die Summe der Produkte aller Massenkräfte mit ihren Hebelarmen, d. h. gemäß Tab. 6.3, Fall 2:

$$\begin{aligned} M_{\mathrm{B}} &= Q_1 l + Q_2\frac{l}{2} + Q_3 l + Q_4\frac{l}{2} = -m\ddot{q}_1 l - 2m\ddot{q}_2\frac{l}{2} - 5m\ddot{q}_3 l - 2m\ddot{q}_4\frac{l}{2}, \\ M_{\mathrm{B}}(t) &= -ml(1,\ 1,\ 5,\ 1)\ddot{\boldsymbol{q}}(t) = -ml(1,\ 1,\ 5,\ 1)\boldsymbol{V}\ddot{\boldsymbol{p}}(t). \end{aligned} \tag{6.174}$$

Im Allgemeinen ist es nicht möglich, einfache Beziehungen zwischen den maximalen dynamischen Beanspruchungen (z. B. infolge eines Stoßes) und den statischen Beanspruchungen anzugeben.

6.2.5.3 Eigenschwingungen eines Tragwerkes

Als Beispiel wird das in Abb. 6.7 dargestellte Tragwerk betrachtet. Dafür sind die Systemmatrizen aus (6.77) und (6.79) bekannt. Speziell gelten folgende Zahlenwerte:

$$c^* = 6{,}228 \cdot 10^6\,\mathrm{N/m},\ \bar{c}_1 = \bar{c}_2 = 1,\ \bar{c}_3 = \bar{c}_4 = 2,\ s_1 = s_2 = 0{,}5,\ l = 4\,\mathrm{m},$$
$$m = 2000\,\mathrm{kg},\ m_1 = m_2 = 50\,\mathrm{kg},\ m_3 = 500\,\mathrm{kg},\ J_S/l^2 = 20\,\mathrm{kg}.$$

Es handelt sich um ein fiktives Rahmentragwerk mit einem relativ kleinen elastisch gestützten starren Körper. Es ergibt sich folgende, numerisch berechnete, Modalmatrix, die zur Verdeutlichung numerischer Effekte mit einer Genauigkeit von 10^{-3} angegeben wird (bei den üblichen Rechenprogrammen ist die numerische Genauigkeit meist besser als 10^{-7}):

$$V = (\ \boldsymbol{v}_1,\ \boldsymbol{v}_2,\ \boldsymbol{v}_3,\ \boldsymbol{v}_4,\ \boldsymbol{v}_5,\ \boldsymbol{v}_6,\ \boldsymbol{v}_7,\ \boldsymbol{v}_8,\ \boldsymbol{v}_9,\ \boldsymbol{v}_{10}\ )$$

$$V = \begin{bmatrix} -0{,}059 & 0{,}399 & -0{,}004 & 0{,}001 & -0{,}318 & -0{,}610 & -0{,}009 & -0{,}996 & 1 & -0{,}003 \\ 0{,}0 & 1 & 0{,}0 & 0{,}0 & 0{,}0 & 0{,}0 & 0{,}0 & 0{,}0 & -0{,}186 & 0{,}0 \\ 0{,}410 & 0{,}163 & 0{,}034 & -0{,}004 & 0{,}766 & 1 & 0{,}005 & -0{,}488 & 0{,}414 & 0{,}0 \\ 1 & 0{,}0 & 0{,}092 & 0{,}0 & 0{,}0 & -0{,}886 & -0{,}002 & 0{,}281 & 0{,}0 & 0{,}0 \\ 0{,}410 & -0{,}163 & 0{,}034 & 0{,}004 & -0{,}766 & 1 & 0{,}005 & -0{,}490 & -0{,}412 & 0{,}0 \\ 0{,}059 & 0{,}399 & 0{,}004 & 0{,}001 & -0{,}318 & 0{,}610 & 0{,}009 & 1 & 1 & -0{,}003 \\ -0{,}727 & -0{,}185 & 0{,}684 & 0{,}401 & 0{,}172 & -0{,}734 & 1{,}000 & -0{,}456 & -0{,}393 & -0{,}501 \\ -0{,}727 & 0{,}185 & 0{,}684 & 0{,}401 & -0{,}172 & -0{,}734 & 1 & -0{,}452 & 0{,}395 & 0{,}501 \\ -0{,}862 & 0{,}0 & 1 & 0{,}0 & 0{,}0 & 0{,}172 & -0{,}139 & 0{,}047 & 0{,}0 & 0{,}0 \\ 0{,}0 & -0{,}380 & 0{,}0 & 1 & 1 & 0{,}0 & 0{,}0 & 0{,}004 & 1 & 1 \end{bmatrix}. \tag{6.175}$$

Die ersten acht Eigenformen und die zugehörigen Eigenfrequenzen sind in Abb. 6.12 dargestellt.

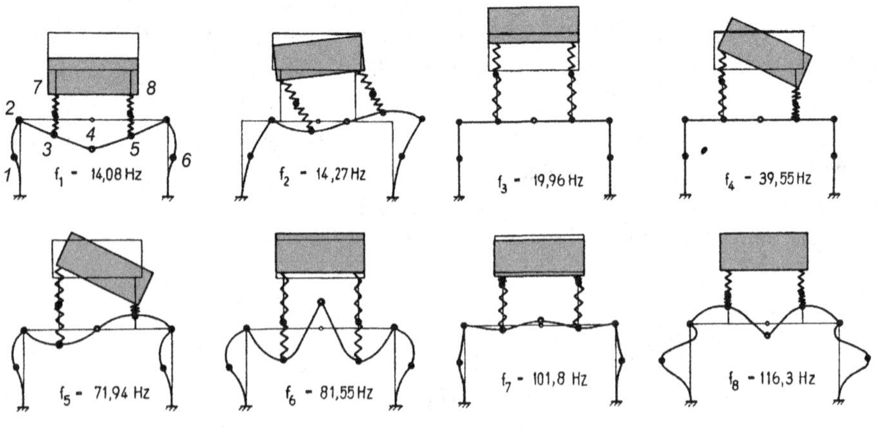

Abb. 6.12 Die ersten acht Eigenfrequenzen und Eigenschwingformen des Tragwerks von Abb. 6.7 (mit 10 Freiheitsgraden)

Die beiden höchsten Eigenfrequenzen betragen $f_9 = 118{,}5\,\text{Hz}$ und $f_{10} = 125{,}2\,\text{Hz}$. Sie können mit (6.125) kontrolliert werden. Die Interpretation und physikalische Deutung der Rechenergebnisse wird jedem Benutzer von Programmen dringend empfohlen, um der Gefahr der „Computergläubigkeit" zu entgehen, die dazu führen kann, auch unsinnige Ergebnisse zu akzeptieren.

In der Modalmatrix in (6.175) taucht an mehreren Stellen die Angabe 0,0 auf. Diese Zahlen wurden überall dort geschrieben, wo die Ergebnisse kleiner als 10^{-4} waren. Darunter sind die meisten aus physikalischen Gründen exakte Nullen, weil bei symmetrischen Eigenformen $v_{2i} = v_{10i} \equiv 0$ und bei antimetrischen Eigenformen $v_{4i} = v_{9i} \equiv 0$ sein muss. Wie aus der Modalmatrix und aus Abb. 6.12 erkennbar ist, sind die Eigenformen mit den Ordnungen $i = 1, 3, 6, 7$ und 8 symmetrisch und die der Ordnungen $i = 2, 4, 5, 9$ und 10 antimetrisch. Aus diesem Grund müssen folgende Bedingungen erfüllt sein:

$$v_{1i} = -v_{6i}, \qquad v_{3i} = +v_{5i}, \qquad v_{7i} = +v_{8i} \qquad \text{für} \quad i = 1, 3, 6, 7, 8, \tag{6.176}$$

$$v_{1i} = +v_{6i}, \qquad v_{3i} = -v_{5i}, \qquad v_{7i} = -v_{8i} \qquad \text{für} \quad i = 2, 4, 5, 9, 10. \tag{6.177}$$

Es ist erkennbar, dass diese Bedingungen bei den Eigenformen $\boldsymbol{v}_1$ bis $\boldsymbol{v}_7$ bis auf drei Stellen nach dem Komma genau erfüllt sind, aber in den Vektoren $\boldsymbol{v}_8$ und $\boldsymbol{v}_9$ gibt es offensichtlich schon in der dritten Stelle nach dem Komma Abweichungen. Dies hat numerische Gründe, und es ist oft so, dass die berechneten höchsten Eigenformen am ungenauesten sind. In diesem Falle zeigte sich also, dass sich die Abrundungsfehler schon bis in die Größenordnung von 10^{-3} eingeschlichen haben, sodass schwierig zu entscheiden ist, ob bei $\boldsymbol{v}_{10}$ die mit 0,501 angegebenen Werte genau 1/2 betragen und ob 0,003 eine exakte Null ist.

Als nächstes sollen nun noch einige Abschätzungen für die Eigenfrequenzen vorgenommen werden. Als Teilsysteme kann hierbei einerseits den Rahmen und andererseits das darauf stehende Feder-Masse-System angesehen werden. Letzteres bildet ein System mit 4 Freiheitsgraden, wenn der relativ schwere Rahmen als unbeweglich angenommen wird. Dieses lässt sich in Anbetracht der relativ kleinen Massen m_1 und m_2 als Schwinger mit zwei Freiheitsgraden auffassen, welcher wiederum, weil er symmetrisch ist, nur eine reine Hubschwingung und eine reine Nickschwingung ausführen kann. Die Eigenfrequenzen für diese Teilsysteme sind

$$f_\text{H} = \frac{1}{2\pi}\sqrt{\frac{2c}{m_3}} \qquad \text{und} \qquad f_\text{N} = \frac{1}{2\pi}\sqrt{\frac{cl^2}{4J_\text{S}}} \tag{6.178}$$

mit der reduzierten Federkonstante der hintereinander geschalteten Federn von $c = c_1c_3/(c_1 + c_3)$ und $2/3c^* = 4{,}152 \cdot 10^6\,\text{N/m}$. Mit den eingangs gegebenen Zahlenwerten ergeben sich mit (6.176) die Frequenzen $f_\text{H} = 20{,}51\,\text{Hz}$ und $f_\text{N} = 36{,}26\,\text{Hz}$, eine gute Näherung von f_3 und f_4. Die ersten beiden Eigenformen sind sehr stark durch die Rahmenverformungen bestimmt. Die Hubschwingung entspricht etwa der 3. Eigenform. Da durch die Vereinfachung das Tragwerk versteift und masseärmer wurde, ist die abgeschätzte Frequenz $f_\text{H} > f_3$.

6.2.5.4 Zur Modalanalyse von Maschinen

Es ist zu empfehlen, die dynamische Analyse einer Maschine (oder einer Baugruppe) mit einer Modalanalyse zu beginnen, wobei neben den Eigenfrequenzen vor allem die Eigenschwingformen ermittelt werden. Unabhängig von der absoluten Größe der Erregungen und Dämpfungen ist die Kenntnis der wesentlichen Eigenfrequenzen und Eigenformen sehr hilfreich, um das dynamische Verhalten bewerten zu können.

Für die Modalanalyse existiert Software, mit der in kurzer Zeit alle Eigenwerte und Eigenvektoren ermittelt werden können, sodass Ingenieurinnen und Ingenieure sich nicht mehr um die dafür benutzten Algorithmen zu kümmern brauchen. Meist liefern die handelsüblichen Programme aufgrund der Eingabedaten sofort die Eigenfrequenzen und -formen, ohne dass der Anwender der Software die Matrizen zu sehen bekommt.

Schwierigkeiten können entstehen, wenn dicht benachbarte oder betragsgleiche Eigenfrequenzen auftreten. Dies kommt bei Systemen mit verzweigter oder vermaschter Struktur vor, z. B. bei Block- und Tischfundamenten (wo diese Frequenznachbarschaft bei der Tiefabstimmung oft sogar zur Begrenzung des Spektrums gefordert wird), bei räumlich ausgedehnten Strukturen, Rohrleitungen und verzweigten Torsionsschwingungssystemen.

Den größten Aufwand verlangen bei praktischen Aufgaben die Vorbereitungsarbeiten, d. h. die Wahl des Berechnungsmodells und die Ermittlung der Parameterwerte. Die Brauchbarkeit der Rechenergebnisse ist vor allem davon abhängig, wie gut das Berechnungsmodell die reale Maschine abbildet und wie genau die Eingabedaten sind. Vielfach sind die geometrischen und mechanischen Parameter einer Maschine nur auf 2 bis 3 Ziffern genau bekannt. Die Daten der Massenparameter sind i. Allg. verlässlicher bestimmbar als die Federwerte.

In Wirklichkeit müssen bei jeder Modellbildung schon bei der Geometrie Vereinfachungen vorgenommen werden, z. B. bei komplizierten Querschnittsformen eines Maschinengestells bei den Verrippungen und Aussparungen. Oft sind die Steifigkeiten der Verbindungselemente und Kontaktstellen, wie Fugen, Schraub- und Klebverbindungen, Lager u. a. nicht bekannt. Ungenau sind meist alle Parameterwerte, welche die Dämpfung erfassen, weswegen die theoretische Modalanalyse oft unabhängig davon erfolgt. Bei ungenauen Parameterwerten kann die Modalanalyse für bestimmte Parameterbereiche vorgenommen werden und die Sensitivitäten werden bezüglich dieser Parameterwerte ermittelt.

Neben einer theoretischen Modalanalyse (z. B. mit einem FEM-Programm), die sich schon während der Projektphase einer Konstruktion anbietet, ist die *experimentelle Modalanalyse* am ausgeführten Objekt zu empfehlen. Bei der experimentellen Modalanalyse wird vorausgesetzt, dass sich das reale Objekt wie ein lineares Schwingungssystem verhält und die dafür existierenden theoretischen Zusammenhänge gelten, z. B. das Superpositionsprinzip, vgl. Abschn. 10.1. Da Nichtlinearitäten verschiedener Art vorhanden sein können, ist es ratsam, bei der experimentellen Modalanalyse das reale Objekt in einer solchen Intensität und in solch einem Frequenzbereich zu deformieren bzw. zu belasten, der den Bereich seiner Betriebszustände umfasst. Wenn die Belastungen und die Vorspannkräfte zu klein sind, können z. B. Spieleinflüsse dominieren, die bei größeren Belastungen bedeutungslos sind.

Wird bei der Messung ein anderer Frequenzbereich als beim realen Betrieb durchfahren, so können Steifigkeits- und Dämpfungskennwerte stark abweichen.

Eine in der Strukturdynamik übliche Methode zum Vergleich berechneter und gemessener Eigenformen benutzt die sog. *MAC-Matrix* (*MAC* = *M*odal *A*ssurance *C*riterion). Dies ist eine Rechteckmatrix, die so viele Spalten (j) hat, wie Eigenformen gemessen wurden und so viele Zeilen (i), wie berechnete Eigenvektoren vorliegen. Jedes Element dieser Matrix stellt den Wert eines normierten Skalarproduktes von einem gemessenen Eigenvektor $\boldsymbol{v}_{je}$ und einem berechneten Eigenvektor $\boldsymbol{v}_{io}$ dar, womit die Korrelation zwischen diesen beiden Vektoren bewertet wird. Das Matrizenelement

$$\mathrm{MAC}(i, j) = \frac{(\boldsymbol{v}_{je}^{\mathrm{T}} \boldsymbol{v}_{io})^2}{(\boldsymbol{v}_{je}^{\mathrm{T}} \boldsymbol{v}_{je})(\boldsymbol{v}_{io}^{\mathrm{T}} \boldsymbol{v}_{io})} \tag{6.179}$$

ist ein Maß für die Übereinstimmung zwischen den Vektoren $\boldsymbol{v}_{je}$ und $\boldsymbol{v}_{io}$.

Wenn diese beiden Vektoren (bis auf einen Maßstabsfaktor) übereinstimmen, dann ist das Matrizenelement gleich eins, falls die beiden Vektoren zueinander orthogonal sind, ist es null. Praktisch haben die Matrizenelemente Werte zwischen null und eins, weil die betrachteten Vektoren keine idealen Bedingungen erfüllen. Erfahrungsgemäß besteht bei einem Matrizenelement $\mathrm{MAC}(i, j) < 0{,}3$ zwischen den beiden Vektoren kaum eine Korrelation, aber bei $\mathrm{MAC}(i, j) > 0{,}8$ stimmen der berechnete und der gemessene Eigenvektor mit hoher Wahrscheinlichkeit überein. Die MAC-Matrix ist auch geeignet, um Eigenvektoren dicht benachbarter Eigenfrequenzen zu unterscheiden.

In der Praxis müssen die Vergleichspunkte ausgewählt werden, denn meist stimmt die Anzahl der Elemente in den Vektoren $\boldsymbol{v}_{je}$ und $\boldsymbol{v}_{io}$ nicht überein. Auch die Koordinaten der Messpunkte sind kaum identisch mit den Koordinaten des Berechnungsmodells, und sie sind auch nicht einfach auf mehrere Stellen genau zu ermitteln. Es gibt außer der Bewertung mit der MAC-Matrix noch mehrere andere Kriterien zum Vergleich experimenteller und rechnerischer Werte.

Die Ergebnisse der experimentellen Modalanalyse können verwendet werden, um die Eingabedaten für die Berechnung zu präzisieren. Es ist ratsam, für das erforschte Erzeugnis Erfahrungswerte der Modalanalyse zu sammeln und für Vergleichszwecke geordnet zu speichern. Für manche Maschinen und Fahrzeuge und deren Baugruppen existieren in den Konstruktions- und Entwicklungsabteilungen führender Industriezweige intern Dateien und Listen mit allen wesentlichen Eigenfrequenzen, Eigenformen und modalen Dämpfungen. Diese dienen nicht nur zum Vergleich mit konkurrierenden Erzeugnissen, sondern auch zur Unterstützung der technischen Diagnostik und der schnellen Fehlersuche bei irgendwelchen technischen Störungen.

Die zweckmäßigen Messstellen-Anordnung bei einer experimentellen Untersuchung sollte dem Zeil folgen, dass Informationen über die Eigenschwingformen der Maschinen gewonnen werden, da sich viele Erscheinungen als deren Überlagerung deuten lassen. Die an einer Maschine gemessenen zeitlich veränderlichen Kräfte, Spannungen, Wege, Geschwindigkeiten oder Beschleunigungen lassen sich als Überlagerung von deren Eigenschwingungen vorstellen und deuten.

Bei vielen Objekten interessieren lediglich die unteren Eigenfrequenzen oder nur ein Teil des Eigenfrequenz-Spektrums, z. B. die Eigenfrequenzen in der Nähe einer gegebenen Erregerfrequenz. Die höchsten Eigenfrequenzen eines *Berechnungsmodells* charakterisieren nur das Berechnungsmodell, nicht aber die reale Maschine. Die höchsten Eigenfrequenzen jeder realen Maschine sind unbegrenzt groß.

Die Praxis zeigt meist, dass die tatsächlichen Federkonstanten kleiner als die berechneten sind und dass gemessene Eigenfrequenzen unter den berechneten liegen. Die Ursache dafür ist, dass oft nicht alle elastischen Elemente rechnerisch (vgl. Aufgabe A6.11) erfasst werden und dass sich manche Verbindungen während des Betriebs lockern, sodass infolge des auftretenden Spiels tatsächlich kleinere mittlere Steifigkeiten entstehen. Eine Übereinstimmung von praktisch gemessenen mit vorausberechneten Eigenfrequenzen in der Größenordnung unter 5 % ist selten erreichbar. Bei ersten Modellrechnungen kann eine Übereinstimmung von 10 % schon als Erfolg angesehen werden. Erst durch schrittweise Modellverbesserungen wird bei realen Objekten die gewünschte Genauigkeit erreicht.

Durch die Konzentration der verteilten Masse in Massenpunkten wird die kinetische Energie vergrößert, so dass die Eigenfrequenzen kleiner als die des approximierten Kontinuums werden. Bei der Vorgabe von Ansatzfunktionen, wie bei der FEM, besteht ein zusätzlicher Zwang, wie das auch für den Rayleigh-Quotienten gilt. Die für ein diskretes *Mehrkörpersystem* berechneten Eigenfrequenzen sind immer *etwas kleiner* und die aus einem *FE-Modell* berechneten Eigenfrequenzen sind immer *etwas größer* als die des adäquaten diskretisierten Kontinuums [11].

Im Allgemeinen kann bei verschiedenen Exemplaren von Maschinen derselben Konstruktion erwartet werden, dass sich deren Schwingungsverhalten voneinander kaum unterscheidet. Die beobachteten Abweichungen von den Rechenergebnissen sind dann oft auf die Streuung der Parameterwerte der untersuchten Maschine zurückzuführen. Es gibt Maschinen, bei denen die Steifigkeit von Verbindungselementen im Wesentlichen durch die Montagebedingungen bestimmt wird und gewissermaßen die Monteurin oder der Monteur mit dem Schraubenschlüssel die Vorspannung und damit die Eigenfrequenzen bestimmt. Bei der Konstruktion sollten solche Unsicherheiten vermieden werden und dafür gesorgt werden, dass die in der Rechnung angenommenen Werte auch zuverlässig in der Praxis umgesetzt werden. Diese Forderung läuft darauf hinaus, „berechnungsgerecht“ zu konstruieren und dass die von der Konstrukteurin oder dem Konstrukteur vorgeschriebenen Maßnahmen und Bedingungen in der Fertigung eingehalten werden.

Zur Kontrolle der numerischen Ergebnisse sollten folgende Betrachtungen angestellt werden anstellen:

- Kontrollieren, ob bei Systemen mit symmetrischer geometrischer Struktur und symmetrischer Masse- und Steifigkeitsverteilung (nicht verwechseln mit Symmetrie von $\boldsymbol{C}$ und $\boldsymbol{M}$!) aus der Rechnung ausschließlich genau symmetrische und genau antimetrische Eigenformen herauskommen.

- Gesamtsystem vereinfachen, d. h. in entkoppelte Teilsysteme mit wenigen Freiheitsgraden aufteilen und für diese die Teil-Eigenfrequenzen berechnen. Je nach dem, ob durch die Vereinfachung das System versteift bzw. „erweicht“ wird oder träger bzw. trägheitsärmer gemacht wird, kann beurteilt werden, ob die abgeschätzte Eigenfrequenz größer oder kleiner als die des Gesamtsystems sein muss.

Tab. 6.6 enthält die Eigenfrequenzen einiger Maschinen und deren Baugruppen. Zu beachten ist, dass die niederen Eigenfrequenzen großer Objekte im Bereich um 1 Hz und diejenigen kleiner kompakter Baugruppen mehrere hundert Hertz betragen.

Tab. 6.6 Beispiele für untere Eigenfrequenzen von Maschinen

Maschine	Untere Eigenfrequenzen			Erregerfrequenz
	$f_1 = \frac{\omega_1}{2\pi}$ in Hz	$f_2 = \frac{\omega_2}{2\pi}$ in Hz	$f_3 = \frac{\omega_3}{2\pi}$ in Hz	$f = \frac{\Omega}{2\pi}$ in Hz
Schaufelradbagger SRs 4000	0,46	1,2	1,8	0,8
Tischfundament einer 50-MW-Turbine	1,1	9,1	9,5	50
Wippdrehkran DWK 5MPx22m	0,7 ... 0,9	1,2 ... 1,6		
Gestell einer Schleifmaschine	3,9	9,2	13	
Haushaltwäschezentrifuge	4 ... 4,5	9 ... 9,5		
Textilspindeln	6 ... 12	30 ... 90	100 ... 200	160 ... 300
Schwingförderer	9,2	15	54	50
Druckmaschinenantrieb (Torsionsschw.)	10			
Kurbelwelle eines Schiffsdieselmotors (Torsionsschw.)	60	140	160	
Welle eines 200-MW-Turbogenerators (Biegeschwingungen)	19	23	27	50
Wälzfräsmaschinenantrieb	40	70	>160	
Kreiselverdichter 4 VRZ	60 ... 70	150 ... 180		
Gasturbinenschaufel	160	350	590	
Kurbelwelle eines Motorrades	360	850		
Verwundene Blechschaufel eines Axiallüfters	375	760	1300	

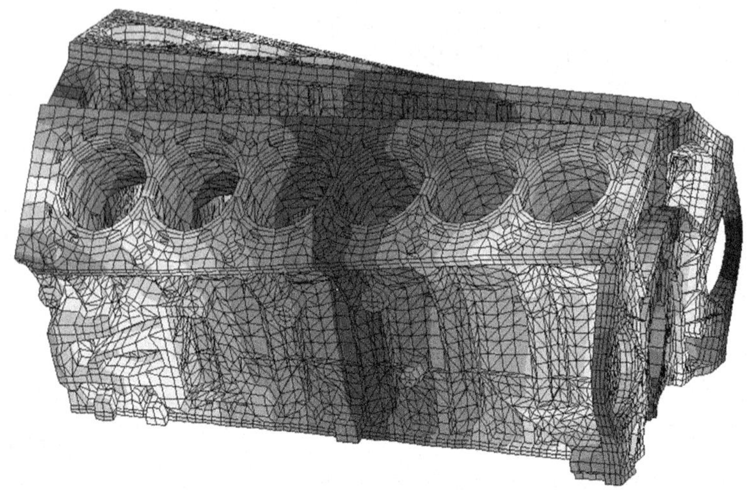

Abb. 6.13 Eigenschwingform eines 6-Zylinder-Motorgehäuses

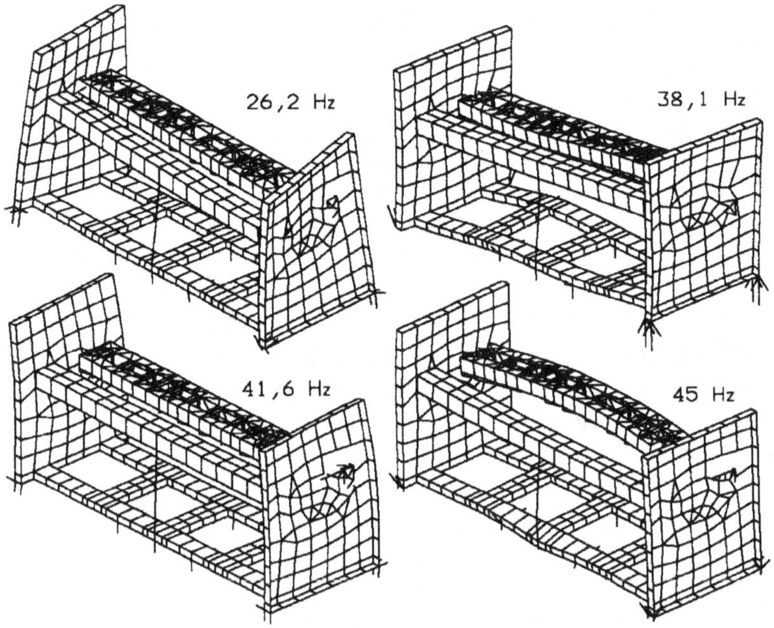

Abb. 6.14 Eigenschwingformen des Gestells einer Textilmaschine(FEM-Modell)

Die Abb. 6.13 und 6.14 vermitteln einen Eindruck davon, wie die Ergebnisse einer Modalanalyse dargestellt werden. Die Software erlaubt üblicherweise, auf dem Bildschirm die bewegten Schwingformen als Animation anzusehen. Die gezeigte Eigenform des Motorgehäuses stellt im Grunde genommen eine Torsion des ganzen Hohlkörpers dar. Bei dem

Gestell der Textilmaschine war die Biegung der Gestellseitenwand bemerkenswert, denn nachdem diese Schwachstelle erkannt war, konnte durch deren gezielte Versteifung eine höhere Grundfrequenz erreicht werden.

6.2.6 Aufgaben A6.4 bis A6.7

A6.4 Eigenschwingungen eines Biegeschwingers

Von dem in Abb. 6.15a dargestellten Berechnungsmodell einer Maschinenwelle sind die Eigenfrequenzen und Eigenformen der Biegeschwingungen zu berechnen.

Gegeben:

$l_1 = 300\,\text{mm}$ $\quad d = 25\,\text{mm}$ $E = 2{,}1 \cdot 10^5\,\text{N/mm}^2$
$l_2 = 200\,\text{mm}$ $m_1 = 6\,\text{kg}$
$l_3 = 500\,\text{mm}$ $m_2 = 4\,\text{kg}$

Auf die Punktmassen ist der Anteil der Wellenmasse von 3,8 kg mit aufgeteilt.
Gesucht: Einflusszahlen, die beiden Eigenfrequenzen, Eigenschwingformen

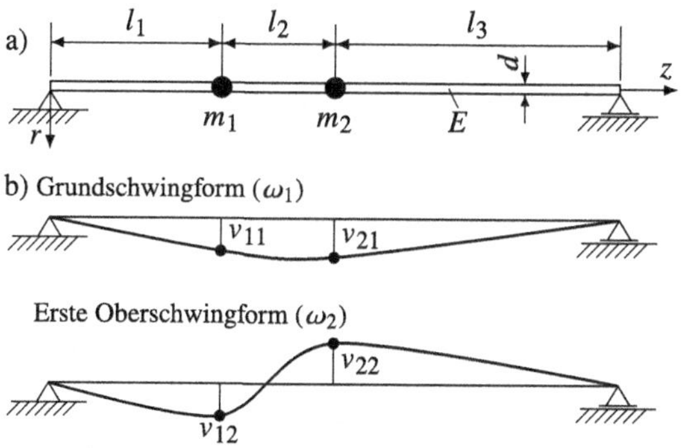

Abb. 6.15 Berechnungsmodell einer Maschinenwelle mit zwei Freiheitsgraden

A6.5 Instationäre Belastungen eines Brückenkrans

Gesucht sind die Bewegungsgleichungen und Anfangsbedingungen für folgende Lastfälle des in Abb. 6.8 dargestellten Brückenkrans an:

a) Last m_2 fällt mit der Anfangsgeschwindigkeit u in das Seil des ruhenden Krans (Greifer fällt in die Halteseile)

b) Last fällt plötzlich ab (Bruch des Lastaufnahmemittels)
c) Plötzliches Stillsetzen des Motors beim Heben (u_h = konst., Kran ruht)
d) Last m_2 bleibt beim Heben plötzlich an einem starren Hindernis hängen.

Wie lauten die Formeln zur Berechnung der Seilkraft und des Biegemomentes in der Mitte des Kranträgers?

Hinweis: Der Koordinatenursprung von x_1 ist die statische Ruhelage des unbelasteten Krans, von x_2 das Ende des unbelasteten Seils.

A6.6 Eigenfrequenzen und Eigenformen eines Gestells

Gesucht sind für das in Abb. 6.3 dargestellte Modell die Eigenkreisfrequenzen und Eigenschwingformen. Die Erfüllung der Orthogonalitätsrelationen ist zu prüfen. Wie lautet die skalierte Modalmatrix, für die $\boldsymbol{V}^{\mathrm{T}}\boldsymbol{M}\boldsymbol{V} = m\boldsymbol{E}$ gilt? Die Systemmatrizen können als Sonderfall aus dem Beispiel in Abschn. 6.2.5.2 ermittelt werden.

A6.7 Einfluss eines elastischen Lagers auf Eigenfrequenzen eines Torsionsschwingers

Die gemessene Grundfrequenz eines Antriebs wich deutlich von derjenigen ab, die mit dem Berechnungsmodell entsprechend Abb. 5.5a (torsionselastische Welle und zwei Drehmassen) berechnet wurde. Die beobachtete Differenz war nicht allein aus Parameterunsicherheiten erklärbar. Als Ursache der Abweichungen wurde die Kopplung von Torsions- und Querschwingungen infolge einer Lagerelastizität vermutet.

Für das in Abb. 6.16 dargestellte Berechnungsmodell eines torsionselastischen Antriebs mit Übersetzungsstufe und horizontaler Lagerelastizität c des Rades 2 sind die Eigenfrequenzen zu ermitteln und mit denen zu vergleichen, die sich für $c \to \infty$ (starres Lager) ergeben.

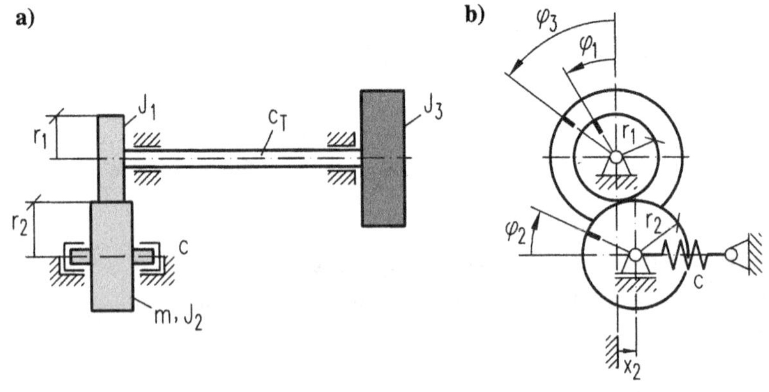

Abb. 6.16 Berechnungsmodell eines Torsionsschwingers mit elastischem Lager

Gegeben:

Teilkreisradien der Zahnräder	$r_1 = 0{,}175\,\text{m}$;	$r_2 = 0{,}25\,\text{m}$
Trägheitsmomente der Zahnräder	$J_1 = 0{,}5\,\text{kg m}^2$;	$J_2 = 1{,}6\,\text{kg m}^2$;
	$J_3 = 0{,}75\,\text{kg m}^2$	
Masse von Rad 2	$m = 52\,\text{kg}$	
Torsionssteifigkeit des Antriebs	$c_T = 5{,}6 \cdot 10^4\,\text{N m}$	
Lagersteifigkeit	$c = 4{,}48 \cdot 10^6\,\text{N/m}$	

(5.33) als bekannte Formel für die Grundfrequenz des Torsionsschwingers

Gesucht:

1. Zwangsbedingung zwischen den Drehwinkeln φ_k und der Lagerverschiebung x_2
2. Massen- und Steifigkeitsmatrix für den Koordinatenvektor $\boldsymbol{q}^T = (\varphi_1, \varphi_2, \varphi_3)$
3. Eigenfrequenzen für den Torsionsschwinger mit elastischem Lager

6.2.7 Lösung L6.4 bis L6.7

L6.4 Die Einflusszahlen lassen sich aus Tab. 6.4 entnehmen (Modell 1). Für $c_1 = c_2 \to \infty$ und $l = l_1 + l_2 + l_3$ ergibt sich mit $I = \pi d^4/64$:

$$
\begin{aligned}
d_{11} &= \frac{l_1^2(l-l_1)^2}{3EIl} = 3{,}651 \cdot 10^{-3}\,\text{mm/N},\\
d_{22} &= \frac{l_3^2(l_1+l_2)^2}{3EIl} = 5{,}174 \cdot 10^{-3}\,\text{mm/N},\\
d_{12} &= \frac{l_1 l_3(l^2-l_1^2-l_3^2)}{6EIl} = 4{,}098 \cdot 10^{-3}\,\text{mm/N}.
\end{aligned}
\tag{6.180}
$$

Daraus ergibt sich die Nachgiebigkeitsmatrix $\boldsymbol{D}$. Die Massenmatrix $\boldsymbol{M}$ enthält nur m_1 und m_2 auf der Hauptdiagonalen. Damit kann das Eigewertproblem gem. (6.96) oder nach Bildung der Steifigkeitsmatrix $\boldsymbol{C} = \boldsymbol{D}^{-1}$ gem. (6.95) gebildet und gelöst werden. Die Eigenkreisfrequenzen errechnen sich zu $\underline{\underline{\omega_1 = 155{,}4\,\text{rad/s}}}$ und $\underline{\underline{\omega_2 = 906{,}8\,\text{rad/s}}}$. Die Eigenvektoren mit Normierung der ersten Komponente auf eins lauten:

$$
\underline{\underline{\boldsymbol{v}_1 = \begin{bmatrix} 1 \\ 1{,}188 \end{bmatrix}}}, \quad \underline{\underline{\boldsymbol{v}_2 = \begin{bmatrix} 1 \\ -1{,}262 \end{bmatrix}}}
\tag{6.181}
$$

und entsprechen den in Abb. 6.15b dargestellten Eigenformen. Die jeweilige zweite Komponente ist das Amplitudenverhältnis.

L6.5 Die Bewegungsgleichungen lauten unter Beachtung des Eigengewichts der Last, des Motormomentes M_M und der Matrizen aus Lösung L6.3:

$$\begin{aligned} m_1\ddot{x}_1 + c_1 x_1 + c_2\left(x_1 - x_2 - \frac{r}{i}\varphi_\mathrm{M}\right) &= 0, \\ m_2\ddot{x}_2 - c_2\left(x_1 - x_2 - \frac{r}{i}\varphi_\mathrm{M}\right) &= m_2 g, \\ \frac{i}{r}J_\mathrm{M}\ddot{\varphi}_\mathrm{M} - c_2\left(x_1 - x_2 - \frac{r}{i}\varphi_\mathrm{M}\right) &= i M_\mathrm{M}/r. \end{aligned} \tag{6.182}$$

Die Anfangsbedingungen lauten unter der Bedingung, dass zu Beginn des interessierenden Vorgangs die Zeitmessung mit $t = 0$ beginnt:

$$\begin{array}{lllll} \text{a)} & x_1 = 0; & \dot{x}_1 = 0; & x_2 = 0; & \dot{x}_2 = u; \\ & \varphi_\mathrm{M} = 0; & \dot{\varphi}_\mathrm{M} = 0, & & \\ \text{b)} & x_1 = m_2 g/c_1; & \dot{x}_1 = 0; & x_2 = m_2 g\left(\dfrac{1}{c_1} + \dfrac{1}{c_2}\right); & \dot{x}_2 = 0; \\ & \varphi_\mathrm{M} = 0; & \dot{\varphi}_\mathrm{M} = 0, & & \\ \text{c)} & x_1 = m_2 g/c_1; & \dot{x}_1 = 0; & x_2 = m_2 g\left(\dfrac{1}{c_1} + \dfrac{1}{c_2}\right); & \dot{x}_2 = -u_h; \\ & \varphi_\mathrm{M} = 0; & \dot{\varphi}_\mathrm{M} = 0, & & \\ \text{d)} & x_1 = m_2 g/c_1; & \dot{x}_1 = 0; & x_2 = m_2 g\left(\dfrac{1}{c_1} + \dfrac{1}{c_2}\right); & \dot{x}_2 = 0; \\ & \varphi_\mathrm{M} = 0; & \dot{\varphi}_\mathrm{M} = u_h i/r. & & \end{array} \tag{6.183}$$

Im Falle b) ist $c_2 = 0$ zu setzen, und es verbleiben 3 Systeme mit je einem Freiheitsgrad. Aus den Gleichgewichtsbedingungen folgen für alle Fälle die Seilkraft

$$\underline{\underline{F_s = -c_2\left(x_1 - x_2 - \frac{r}{i}\varphi_\mathrm{M}\right) = m_2(g - \ddot{x}_2)}} \tag{6.184}$$

und das Biegemoment

$$\underline{\underline{M_\mathrm{b} = (m_1 g + c_1 x_1)\frac{l}{2} = (F_s + m_1 g - m_1\ddot{x}_1)\frac{l}{2}.}} \tag{6.185}$$

L6.6 Durch Streichung der zweiten und vierten Zeile und Spalte entsteht aus der Nachgiebigkeitsmatrix von (6.154) die hier geltende, weil die Koordinaten q_2 und q_4 entfallen, vgl. (6.37):

$$\begin{aligned} \boldsymbol{D} &= \tfrac{l^3}{48EI}\begin{bmatrix} 64 & 24 \\ 24 & 16 \end{bmatrix} = \tfrac{l^3}{6EI}\begin{bmatrix} 8 & 3 \\ 3 & 2 \end{bmatrix}, \\ \boldsymbol{C} = \boldsymbol{D}^{-1} &= \tfrac{6EI}{7l^3}\begin{bmatrix} 2 & -3 \\ -3 & 8 \end{bmatrix}. \end{aligned} \tag{6.186}$$

Aus der kinetischen Energie $W_\mathrm{kin} = \frac{1}{2}\left[2m\dot{q}_1^2 + (4m + 2m)\dot{q}_2^2\right]$ ergibt sich gemäß (6.15) die Massenmatrix, vgl. auch (6.39):

$$\boldsymbol{M} = \begin{bmatrix} 2m & 0 \\ 0 & 6m \end{bmatrix} = m \begin{bmatrix} 2 & 0 \\ 0 & 6 \end{bmatrix}. \tag{6.187}$$

Mit der Bezugskreisfrequenz $\omega^{*2} = \frac{6EI}{7ml^3}$ ergibt sich das verallgemeinerte Eigenwertproblem

$$\left(\boldsymbol{C}' - \lambda \boldsymbol{M}'\right) \boldsymbol{v} = \boldsymbol{o}. \tag{6.188}$$

Die Eigenwerte $\lambda = \omega^2/\omega^{*2}$ folgen gemäß (6.103) aus

$$\left|\boldsymbol{C}' - \lambda \boldsymbol{M}'\right| = \begin{vmatrix} 2 - 2\lambda & -3 \\ -3 & 8 - 6\lambda \end{vmatrix} = 12\lambda^2 - 28\lambda + 7 = 0. \tag{6.189}$$

Die Lösung dieser quadratischen Gleichung ergibt

$$\begin{aligned} &\underline{\underline{\lambda_1 = 0{,}2847,}} \qquad \underline{\underline{\omega_1^2 = 0{,}244\,07 \frac{EI}{ml^3},}} \\ &\underline{\underline{\lambda_2 = 2{,}0486,}} \qquad \underline{\underline{\omega_2^2 = 1{,}755\,93 \frac{EI}{ml^3}.}} \end{aligned} \tag{6.190}$$

Diese Werte können mit den Frequenzen des Modells mit vier Freiheitsgraden in (6.159) verglichen werden. Wird dort ω^{*2} gem. (6.157) eingesetzt, gilt $\omega_1^2 = 0{,}2458\, EI/ml^3$ und $\omega_2^2 = 2{,}3132\, EI/ml^3$. Die gröbere Masseaufteilung bewirkt eine Frequenz-Senkung! Die beiden Eigenvektoren ergeben sich je aus einem linearen Gleichungssystem gemäß (6.104):

$$(2 - 2\lambda_i)v_{1i} - 3v_{2i} = 0, \qquad -3v_{1i} + (8 - 6\lambda_i)v_{2i} = 0 \qquad i = 1,\ 2. \tag{6.191}$$

Mit der Normierung $v_{1i} = 1$ ergibt sich mit den bekannten Werten von λ_1 und λ_2: $\underline{\underline{v_{21} = 0{,}476\,83}}$, $\underline{\underline{v_{22} = -0{,}699\,06}}$. Damit sind die Elemente der Modalmatrix $\boldsymbol{V}$ alle bekannt. Es ergibt sich für die Orthogonalitätsrelationen der Gln. (6.111) bis (6.114):

$$\boldsymbol{V}^{\mathrm{T}}\boldsymbol{C}\boldsymbol{V} = \mathrm{diag}(\gamma_i) = \begin{bmatrix} \gamma_1 & 0 \\ 0 & \gamma_2 \end{bmatrix} = \begin{bmatrix} 0{,}821\,10 & 0{,}0 \\ 0{,}0 & 8{,}6604 \end{bmatrix} \frac{EI}{l^3}, \tag{6.192}$$

$$\boldsymbol{V}^{\mathrm{T}}\boldsymbol{M}\boldsymbol{V} = \mathrm{diag}(\mu_i) = \begin{bmatrix} \mu_1 & 0 \\ 0 & \mu_2 \end{bmatrix} = \begin{bmatrix} 3{,}3642 & 0{,}0 \\ 0{,}0 & 4{,}9321 \end{bmatrix} m. \tag{6.193}$$

Sie sind im Rahmen der begrenzten Rechengenauigkeit erfüllt. Die normierte Modalmatrix, für die $\boldsymbol{V}^{\mathrm{T}}\boldsymbol{M}\boldsymbol{V} = m\boldsymbol{E}$ gilt, lautet:

$$\boldsymbol{V} = \begin{bmatrix} 0{,}5452 & -0{,}4503 \\ 0{,}2600 & 0{,}3148 \end{bmatrix}. \tag{6.194}$$

L6.7 Zur Beschreibung der Bewegung der einzelnen Körper des Berechnungsmodells werden die Drehwinkel φ_1, φ_2 und φ_3 der drei Zahnräder sowie die Horizontalverschiebung x_2 des Zahnrades 2 eingeführt, vgl. Abb. 6.16b. Wird für die Ursprünge der Lagekoordinaten festgelegt, dass $\varphi_2(\varphi_1 = 0,\ x_2 = 0) = 0$ gilt, so lässt sich unter der Voraussetzung $|x_2| \ll r_2$ die Zwangsbedingung

$$\underline{\underline{r_1\varphi_1 \approx x_2 + r_2\varphi_2}} \tag{6.195}$$

angeben. Sie ist aus Abb. 6.16b „ablesbar“, wenn zwischen Zahnrad 1 und Zahnrad 2 eine unendlich dünne starre Zahnstange angenommen wird.

Wird der Vektor der verallgemeinerten Koordinaten gemäß

$$\boldsymbol{q} = [\varphi_1,\ \varphi_2,\ \varphi_3]^T = [q_1,\ q_2,\ q_3]^{\mathrm{T}} \tag{6.196}$$

definiert, so lassen sich die kinetische und potenzielle Energie wie folgt angeben:

$$W_{\mathrm{kin}} = \frac{1}{2}\left[J_1\dot{\varphi}_1^2 + m\dot{x}_2^2 + J_2\dot{\varphi}_2^2 + J_3\dot{\varphi}_3^2\right] \tag{6.197}$$

$$= \frac{1}{2}\left[J_1\dot{q}_1^2 + m\,(r_1\dot{q}_1 - r_2\dot{q}_2)^2 + J_2\dot{q}_2^2 + J_3\dot{q}_3^2\right], \tag{6.198}$$

$$W_{\mathrm{pot}} = \frac{1}{2}\left[c_{\mathrm{T}}(\varphi_3-\varphi_1)^2+cx_2^2\right] = \frac{1}{2}\left[c_{\mathrm{T}}(q_3-q_1)^2+c(r_1q_1-r_2q_2)^2\right]. \tag{6.199}$$

Gemäß den Beziehungen (6.15) und (6.10) folgen hieraus Massen- und Steifigkeitsmatrix:

$$\boldsymbol{M} = \begin{bmatrix} J_1 + mr_1^2 & -mr_1r_2 & 0 \\ -mr_1r_2 & J_2 + mr_2^2 & 0 \\ 0 & 0 & J_3 \end{bmatrix} = J_3 \cdot \begin{bmatrix} (J_1 + mr_1^2)/J_3 & -mr_1r_2/J_3 & 0 \\ -mr_1r_2/J_3 & (J_2 + mr_2^2)/J_3 & 0 \\ 0 & 0 & 1 \end{bmatrix}$$

$$= J_3 \cdot \overline{\boldsymbol{M}}, \tag{6.200}$$

$$\boldsymbol{C} = \begin{bmatrix} c_{\mathrm{T}} + cr_1^2 & -cr_1r_2 & -c_{\mathrm{T}} \\ -cr_1r_2 & cr_2^2 & 0 \\ -c_{\mathrm{T}} & 0 & c_{\mathrm{T}} \end{bmatrix} = c_{\mathrm{T}} \cdot \begin{bmatrix} (c_{\mathrm{T}} + cr_1^2)/c_{\mathrm{T}} & -cr_1r_2/c_{\mathrm{T}} & -1 \\ -cr_1r_2/c_{\mathrm{T}} & cr_2^2/c_{\mathrm{T}} & 0 \\ -1 & 0 & 1 \end{bmatrix}$$

$$= c_{\mathrm{T}} \cdot \overline{\boldsymbol{C}}. \tag{6.201}$$

Die Steifigkeitsmatrix $\boldsymbol{C}$ ist singulär, d. h., es gilt $\det \boldsymbol{C} = 0$, weil das hier betrachtete System hinsichtlich der Rotation ungefesselt ist. Zur Ermittlung der Eigenfrequenzen muss entsprechend (6.103) die Determinante der Koeffizientenmatrix des homogenen Gleichungssystems

$$(\boldsymbol{C} - \omega^2\boldsymbol{M})\boldsymbol{v} = (c_{\mathrm{T}}\overline{\boldsymbol{C}} - \omega^2 J_3\overline{\boldsymbol{M}})\boldsymbol{v} = c_{\mathrm{T}}(\overline{\boldsymbol{C}} - \lambda\overline{\boldsymbol{M}})\boldsymbol{v} = \boldsymbol{o} \tag{6.202}$$

verschwinden. Das liefert nach vorheriger Division durch c_{T} und mit der Abkürzung

$$\lambda = \frac{J_3\omega^2}{c_{\mathrm{T}}}; \qquad \left(\omega^{*2} = \frac{c_{\mathrm{T}}}{J_3}\right) \tag{6.203}$$

sowie mit den gegebenen Parameterwerten die zu (6.103) analoge Bedingung

$$\det(\overline{\boldsymbol{C}} - \lambda\overline{\boldsymbol{M}}) = \begin{vmatrix} 3{,}45 - 2{,}79 \cdot \lambda & -3{,}5 + 3{,}033 \cdot \lambda & -1 \\ -3{,}5 + 3{,}033 \cdot \lambda & 5 - 6{,}467 \cdot \lambda & 0 \\ -1 & 0 & 1 - \lambda \end{vmatrix}$$
$$= -\lambda \cdot (13{,}56 - 23{,}867\,56 \cdot \lambda + 8{,}840\,889 \cdot \lambda^2) \stackrel{!}{=} 0. \tag{6.204}$$

Hieraus folgt für die Eigenwerte:

$$\lambda_1 = 0; \qquad \lambda_2 = 0{,}812\,919; \qquad \lambda_3 = 1{,}8867. \tag{6.205}$$

Also ergeben sich wegen (6.203) und mit $\omega = 2\pi f$ die Eigenfrequenzen zu:

$$\underline{\underline{f_1 = 0\,\text{Hz}; \quad f_2 = \frac{\omega^*}{2\pi}\sqrt{\lambda_2} = 39{,}21\,\text{Hz}; \quad f_3 = \frac{\omega^*}{2\pi}\sqrt{\lambda_3} = 59{,}73\,\text{Hz}.}} \tag{6.206}$$

Werden Feder und Masse des Lagers nicht berücksichtigt, so ergibt sich ein Schwingungssystem entsprechend Abb. 5.5, dessen Eigenkreisfrequenzen sich mit Berücksichtigung des reduzierten Trägheitsmoments $J_{\text{red}} = J_1 + J_2(r_1/r_2)^2$ gemäß (5.33) ergeben als

$$\omega_1^2 = 0; \qquad \omega_2^2 = \frac{c_T}{J_3} + \frac{c_T}{J_1 + J_2\left(\frac{r_1}{r_2}\right)^2}. \tag{6.207}$$

Dies kann auch zum Vergleich mit (6.203) in der Form

$$\lambda_1 = 0; \qquad \lambda_2 = 1 + \frac{J_3}{J_1 + J_2\left(\frac{r_1}{r_2}\right)^2} \tag{6.208}$$

ausgedrückt werden, woraus sich mit den angegebenen Parameterwerten $\lambda_2 = 1{,}5841$ ergibt. Die Grundfrequenz, die mit f_2 in (6.206) zu vergleichen ist, beträgt bei starrer Lagerung also

$$f_{(2)} = 54{,}74\,\text{Hz}. \tag{6.209}$$

Sie ergibt sich für den „reinen Torsionsschwinger" also als viel zu hoch. Die Lagerelastizität ist die Ursache dafür, dass sich die „Torsionseigenfrequenz" um ca. 15,5 Hz erniedrigt!

Fazit: Die Schwingformen in Antriebssystemen sind nicht immer reine Torsionsschwingungen, es können auch gekoppelte Schwingungen mit einem Translationsanteil sein. Zur Klärung bzw. Deutung der Schwingungen kann es erforderlich sein, Biege- und/oder Lagernachgiebigkeiten in die Betrachtungen einzubeziehen. Diese sollten immer dann berücksichtigt werden, wenn die Lagersteifigkeiten nicht sehr groß sind. Analoge Effekte können bei Antriebssystemen, die zunächst als Torsionsschwinger aufgefasst werden, auch dann eintreten, wenn miteinander kämmende Stirnräder fliegend gelagert sind. Infolge der Biegenachgiebigkeit der Wellen ist dann auch eine Querbewegung der Räder in der Ebene möglich.

6.3 Gedämpfte Schwingungen

Schwingungen von Maschinen sind immer gedämpft, weil Widerstandskräfte (dissipative Kräfte) der Bewegung so entgegenwirken, dass ein Verlust an mechanischer Energie auftritt. Ein Teil der verlorenen mechanischen Energie wird in Wärme umgesetzt (sog. Energiezerstreuung, Dämpfung oder Dissipation), oder an die Umgebung abgestrahlt.

6.3.1 Zur Erfassung der Dämpfung

Die Mechanismen der Energiedissipation sind vielfältig und oft nicht nur einem physikalischen Effekt zuzuordnen. Gebräuchliche Ansätze für Dämpfungskräfte behandelt Abschn. 2.4. Es kommt in der ingenieurtechnischen Berechnung weniger auf den genauen zeitlichen Verlauf der Schwingungen sondern mehr als auf das Abklingverhalten der Amplituden an. Der genaue Verlauf der Dämpfungskräfte innerhalb einer Schwingungsperiode ist im allgemeinen nicht von Bedeutung. Deswegen wird zur Vereinfachung der mathematischen Behandlung oft die geschwindigkeitsproportionale, viskose Dämpfung angesetzt, obwohl sie praktisch nie genau der Realität entspricht.

Mit diesem Modellansatz ergeben sich die Dämpfungskräfte zu $\boldsymbol{f}_d = \boldsymbol{B}\dot{\boldsymbol{q}}$. Alle Dämpfungskoeffizienten b_{lk}, die sich aus den Dämpferkonstanten der Dämpfer berechnen lassen, werden in der Dämpfungsmatrix $\boldsymbol{B}$ zusammengefasst.

Die Bewegungsgleichungen der freien viskos gedämpften Systeme haben in Matrizenschreibweise folgende Form:

$$\boldsymbol{M}\ddot{\boldsymbol{q}} + \boldsymbol{B}\dot{\boldsymbol{q}} + \boldsymbol{C}\boldsymbol{q} = \mathbf{o}. \tag{6.210}$$

Die großen Vorteile eines solchen Ansatzes sind,

1. dass lineare Differenzialgleichungen entstehen, die sich leicht behandeln lassen,
2. dass dieser Ansatz einen mechanischen Energieverlust während der Schwingungen ausdrückt (Erwärmung) und
3. dass nur wenige Parameterwerten erforderlich sind, vgl. Abschn. 2.4.

Bauelemente mit definierten Dämpfungseigenschaften werden in verschiedenen Zweigen des Maschinenbaus bewusst eingesetzt, zum Beispiel Hülsenfedern bei Textilspindeln (Abb. 7.13c), hydraulische Drehschwingungsdämpfer in Schiffsdieselmotoren (Abb. 5.45), Reibungsdämpfer an Kurbelwellen (Abb. 5.42) u. a. Auch Gummifedern, Gummikupplungen, Gummireifen, Drahtseile, Keilriemen, Blatt- und Tellerfedern werden oft deshalb angewendet, weil sie gute dämpfende Eigenschaften besitzen. Beton oder andere Verbundwerkstoffe haben für Werkzeugmaschinengestelle wegen ihrer hohen Dämpfung in manchen Fällen schon Gusskonstruktionen verdrängt.

Aus viskosen Dämpfungsansätzen folgen Terme, die ausschließlich zu symmetrischen Einträgen in der Matrix $\boldsymbol{B}$ führen. Die Berücksichtigung gyroskopischer Kräfte, wie sie infolge der Kreiselwirkung bei rotierenden Wellen auftreten, führt zu antimetrischen Termen in der Matrix $\boldsymbol{B}$, vgl. Abschn. 3.3 und 8.3. Allerdings bewirkt eine rein antimetrische Matrix $\boldsymbol{B}$ keine Dämpfung. Es ist deswegen mitunter üblich, die Matrix $\boldsymbol{B}$ in die symmetrische Dämpfungsmatrix $\boldsymbol{D}$ und die schiefsymmetrische, gyroskopische Matrix $\boldsymbol{G}$ gem.

$$\boldsymbol{D} = \boldsymbol{D}^{\mathrm{T}} = \frac{1}{2}\left(\boldsymbol{B} + \boldsymbol{B}^{\mathrm{T}}\right) \quad \text{und} \quad \boldsymbol{G} = -\boldsymbol{G}^{\mathrm{T}} = \frac{1}{2}\left(\boldsymbol{B} - \boldsymbol{B}^{\mathrm{T}}\right) \tag{6.211}$$

aufzuteilen.

Geschwindigkeitsproportionale Terme treten in den Bewegungsgleichungen auch dann auf, wenn die mechanischen Strukturen durch Regler beeinflusst werden, wie z. B. bei magnetgelagerten Schwebebahnen, Rotoren und aktiven Tilgern, vgl. [7], [32], [36].

6.3.2 Allgemeine Dämpfung

Bei Systemen, welche der Bewegungsgleichung (6.210) gehorchen, führt der Ansatz $\boldsymbol{q}(t) = \boldsymbol{u}\exp(\lambda t)$ auf das quadratische Eigenwertproblem:

$$\left(\lambda^2 \boldsymbol{M} + \lambda \boldsymbol{B} + \boldsymbol{C}\right)\boldsymbol{u} = \mathbf{o}. \tag{6.212}$$

Dieses ist nur in Sonderfällen (siehe Abschn. 6.3.3 und 6.3.4) in dieser Form lösbar. Durch die Darstellung des Systems im Zustandsraum kann jedoch wieder ein gewöhnliches Eigenwertproblem, das auch numerisch gelöst werden kann, erzeugt werden. Dazu wird der Zustandsvektor $\boldsymbol{y}$ eingeführt, der Lage und Geschwindigkeit enthält und damit die Länge $2n$ hat. Die Bewegungsgleichung (6.210) kann damit in die Form

$$\dot{\boldsymbol{y}} = \underbrace{\begin{bmatrix} \mathbf{0} & \boldsymbol{E} \\ -\boldsymbol{M}^{-1}\boldsymbol{C} & -\boldsymbol{M}^{-1}\boldsymbol{B} \end{bmatrix}}_{\boldsymbol{A}} \boldsymbol{y} \quad \text{mit} \quad \boldsymbol{y} = \begin{bmatrix} \boldsymbol{q} \\ \dot{\boldsymbol{q}} \end{bmatrix} \quad \text{und} \quad \dot{\boldsymbol{y}} = \begin{bmatrix} \dot{\boldsymbol{q}} \\ \ddot{\boldsymbol{q}} \end{bmatrix} \tag{6.213}$$

gebracht werden (siehe auch (10.9) und (10.10)). Wird der Lösungsansatz $\boldsymbol{y}(t) = \hat{\boldsymbol{y}}\exp(\lambda t)$ in Gl. (6.213) eingesetzt, entsteht das gewöhnliche Eigenwertproblem $(\boldsymbol{A} - \lambda \boldsymbol{E})\,\hat{\boldsymbol{y}} = \mathbf{o}$. Da die Matrix $\boldsymbol{A}$ reell ist und die geradzahlige Dimension $2n \times 2n$ hat, setzen sich die Eigenwerte aus konjugiert komplexen Paaren und einer geraden Anzahl reeller Werte zusammen. Die Eigenvektoren zu einem konjugiert komplexen Eigenwertpaar sind ebenfalls konjugiert komplex. Bei den Eigenvektoren ist es ausreichend, die oberen n Elemente zu betrachten. Die untere Hälfte enthält aufgrund der Definition des Zustandsvektors redundante Information, nämlich die obere Hälfte multipliziert mit dem jeweiligen Eigenwert. Somit liefert die Lösung eines Eigenwertproblems der Ordnung $2n$ (vgl. [17]) die komplexen Eigenwerte und Eigenformen:

$$\begin{aligned} i &= 1, 2, \ldots, n-k: & \lambda_i &= -\delta_i + \mathrm{j}\omega_i; & \lambda_i^* &= -\delta_i - \mathrm{j}\omega_i; \\ & & \boldsymbol{u}_i &= \boldsymbol{v}_i + \mathrm{j}\boldsymbol{w}_i; & \boldsymbol{u}_i^* &= \boldsymbol{v}_i - \mathrm{j}\boldsymbol{w}_i; \\ i &= n-k+1, \ldots, n+k: & \lambda_i &= -\delta_i; & \boldsymbol{u}_i &= \boldsymbol{v}_i. \end{aligned} \tag{6.214}$$

Hierbei seien Nulleigenwerte (ungefesselte Systeme) zunächst ausgeschlossen; bei Mehrfacheigenwerten werde vorausgesetzt, dass ihnen unterschiedliche Eigenvektoren zugehörig sind. Zu beachten ist, dass allgemein gedämpfte Systeme komplexe Eigenvektoren haben, deren Interpretation weiter unten erläutert wird.

Im Falle der konjugiert komplexen Eigenwerte sind die δ_i die Abklingkonstanten und die ω_i die Eigenkreisfrequenzen der i-ten Eigenschwingung des gedämpften Systems. Zwischen den Abklingkonstanten und den Eigenkreisfrequenzen bestehen folgende Beziehungen zu den Systemmatrizen und den bimodalen Eigenformen $\boldsymbol{v}_i$ und $\boldsymbol{w}_i$:

$$2\delta_i = -\frac{\boldsymbol{v}_i^{\mathrm{T}} \boldsymbol{B} \boldsymbol{v}_i + \boldsymbol{w}_i^{\mathrm{T}} \boldsymbol{B} \boldsymbol{w}_i}{\boldsymbol{v}_i^{\mathrm{T}} \boldsymbol{M} \boldsymbol{v}_i + \boldsymbol{w}_i^{\mathrm{T}} \boldsymbol{M} \boldsymbol{w}_i}; \qquad \delta_i^2 + \omega_i^2 = \frac{\boldsymbol{v}_i^{\mathrm{T}} \boldsymbol{C} \boldsymbol{v}_i + \boldsymbol{w}_i^{\mathrm{T}} \boldsymbol{C} \boldsymbol{w}_i}{\boldsymbol{v}_i^{\mathrm{T}} \boldsymbol{M} \boldsymbol{v}_i + \boldsymbol{w}_i^{\mathrm{T}} \boldsymbol{M} \boldsymbol{w}_i}. \tag{6.215}$$

Für beliebige Anfangsbedingungen (6.126) hat die allgemeine Lösung des homogenen Systems (6.210) folgende Form:

$$\begin{aligned} \boldsymbol{q}(t) = &\sum_{i=1}^{n-k} \left[(a_i \boldsymbol{v}_i + b_i \boldsymbol{w}_i) \cos \omega_i t + (b_i \boldsymbol{v}_i - a_i \boldsymbol{w}_i) \sin \omega_i t\right] \exp(-\delta_i t) + \ldots \\ &+ \sum_{i=n-k+1}^{n+k} c_i \boldsymbol{v}_i \exp(-\delta_i t). \end{aligned} \tag{6.216}$$

Wird der i-te Anteil der ersten Summe ($i = 1, \ldots, n-j$) in der Form

$$\boldsymbol{q}_i(t) = 2C_i \exp(-\delta_i t) \left[\boldsymbol{v}_i \cos(\omega_i t - \varphi_i) - \boldsymbol{w}_i \sin(\omega_i t - \varphi_i)\right] \tag{6.217}$$

geschrieben, wobei $C_i^2 = a_i^2 + b_i^2$, $a_i = C_i \cos \varphi_i$ und $b_i = C_i \sin \varphi_i$ gilt, so lässt $\boldsymbol{q}_i(t)$ eine anschauliche Deutung zu: zu den Zeitpunkten $t_k = (\varphi_i + k\pi)/\omega_i$ ($k = 0, 1, \ldots$) stellt sich eine Ausschlagverteilung entsprechend $\boldsymbol{v}_i$ ein, während bei $t_k = (\varphi_i + (2k+1)\pi/2)/\omega_i$ eine Verteilung gemäß $\boldsymbol{w}_i$ vorhanden ist. Sonst stellt sich immer eine Überlagerung ein. Die Eigenschwingung wechselt also innerhalb jeder Periode zwischen diesen beiden Verteilungen hin und her, der Ausschlag klingt dabei allerdings exponentiell ab. Dies ist ein wesentlicher Unterschied zur ungedämpften Schwingung, wo jede Eigenschwingung immer durch eine gemeinsame Nulllage hindurchgeht.

Die $2n$ Konstanten a_i, b_i und c_i können aus den Anfangswerten (6.126) berechnet werden. Wird ein linearer Schwinger nach der Auslenkung aus der Gleichgewichtslage sich selbst überlassen, so treten n Eigenbewegungen auf. In (6.216) werden $(n-j)$ abklingende Schwingungen mit den Eigenfrequenzen $f_i = \omega_i/(2\pi)$ und $2j$ Kriechbewegungen angenommen. Kriechbewegungen können bei stark gedämpften Systemen vorkommen. Aus

(6.216) geht auch hervor, dass sich bei der gedämpften Bewegung die Eigenfrequenzen und Abklingkonstanten mit den Amplituden nicht ändern, wie das bei nichtlinearen Systemen der Fall ist. Es wandert keine Energie von einem Frequenzbereich in den anderen.

In gedämpften Systemen können auch *einfache Nulleigenwerte* auftreten. Dies ist z. B. der Fall wenn das System nur mit einem Dämpfer gefesselt ist. Der Nulleigenwert zeigt an, dass sich das System in einer beliebigen Starrkörperlage befinden kann. Die Geschwindigkeit ist, im Gegensatz zum vollständig ungefesselten System, jedoch nicht frei.

Jede Eigenschwingung der i-ten Ordnung schwingt also mit ihrer Abklingkonstante δ_i und ihrer Eigenfrequenz $f_i = \omega_i/2\pi$ unabhängig von den anderen Ordnungen und Kriechbewegungen. Die „freien Schwingungen" des Systems sind gemäß (6.216) eine Überlagerung aller Eigenbewegungen. An den Lösungen für jede Koordinate q_k $(k = 1, 2, \ldots, n)$ bzw. für jede Kraftgröße können alle Eigenbewegungen beteiligt sein, wie dies auch aus dem Beispiel in Abb. 6.17 hervorgeht.

6.3.3 Modal gedämpfte freie Schwingungen

Im Abschn. 6.2.2 wurde gezeigt, dass die Massenmatrix und die Steifigkeitsmatrix eines ungedämpften Systems mit Hilfe der Modalmatrix diagonalisiert werden können (6.118) und damit die Bewegungsgleichungen in n entkoppelte Gleichungen in den Modalkoordinaten $p_i(t)$ transformiert werden können (6.124). Eine vergleichbare Operation ist bei einem allgemein gedämpften System nicht möglich, die Gl. (6.215) zeigen lediglich vergleichbare Berechnungen.

Für eine spezielle Form von Dämpfung mit entsprechenden Dämpfungsmatrizen $\boldsymbol{B}$ ist die Diagonalisierung mit der Modalmatrix des ungedämpften Systems dennoch möglich. Ist $\boldsymbol{V}$ so normiert, dass $\boldsymbol{V}^{\mathrm{T}}\boldsymbol{M}\boldsymbol{V} = \boldsymbol{E}$ gilt, ergibt sich in diesem speziellen Fall

$$\boldsymbol{V}^{\mathrm{T}}\boldsymbol{B}\boldsymbol{V} = \mathrm{diag}(2\delta_i) \tag{6.218}$$

oder bei beliebig skalierten Eigenvektoren $\boldsymbol{v}_i$:

$$2\delta_i = \frac{\boldsymbol{v}_i^{\mathrm{T}}\boldsymbol{B}\boldsymbol{v}_i}{\boldsymbol{v}_i^{\mathrm{T}}\boldsymbol{M}\boldsymbol{v}_i}. \tag{6.219}$$

Falls diese Entkopplung möglich ist, liegt *modale Dämpfung* vor. Ein modal gedämpftes System besitzt die *gleichen Eigenvektoren und damit Eigenschwingformen* wie das System ohne Dämpfung!

In diesem Fall lassen sich die Bewegungsgleichungen (6.210) mit den Eigenvektoren des zugehörigen ungedämpften Systems entkoppeln. Diese Entkopplung geschieht, wie beim ungedämpften System, mit der aus (6.110) bekannten Modalmatrix $\boldsymbol{V}$ des ungedämpften Systems und liefert

$$\ddot{p}_i + 2\delta_i \dot{p}_i + \omega_{0i}^2 p_i = 0, \qquad (i = 1, 2, \ldots, n). \tag{6.220}$$

Dabei ist ω_{0i} die i-te Eigenkreisfrequenz des *ungedämpften Systems*. Sie kann aus (6.125) berechnet werden. δ_i ist die *modale Abklingkonstante* und $D_i = \delta_i/\omega_{0i}$ der modale Dämpfungsgrad. Die Eigenkreisfrequenzen des gedämpften Systems sind

$$\omega_i = \sqrt{\omega_{0i}^2 - \delta_i^2} = \omega_{0i}\sqrt{1 - D_i^2}, \qquad D_i = \frac{\delta_i}{\omega_{0i}}. \tag{6.221}$$

Bei den folgenden Betrachtungen wird angenommen, dass kein „pathologisches" Schwingungssystem vorliegt: Es wird vorausgesetzt, dass keine freien Starrkörperbewegungen möglich sind (also alle Eigenkreisfrequenzen $\omega_{0i} > 0$ sind) und dass auch keine mehrfachen Eigenfrequenzen auftreten.

Bei Schwingungssystemen mit kleiner Dämpfung ($D_i \ll 1$) unterscheiden sich die niederen Eigenkreisfrequenzen des gedämpften Systems (ω_i) wenig von denen des ungedämpften Systems (ω_{0i}). Bei höheren Eigenfrequenzen können die Unterschiede beträchtlich sein, da dann die Dämpfungsgrade D_i oft nicht mehr klein sind. Eigenschwingformen sehr hoher Ordnung bilden sich häufig gar nicht aus, weil die Dämpfungsgrade überkritisch ($D_i > 1$) sind und Kriechbewegungen zustande kommen, vgl. (6.226).

Experimentell kann oft aus dem Ausschwingvorgang einer Eigenform das zugehörige D_i über das logarithmische Dämpfungsdekrement bestimmt werden, vgl. Abschn. 2.4. Auf diese Weise lassen sich in der Praxis die benötigten Daten für die Dämpfungen ermitteln. Dies ist ohnehin die praktische Relevanz der modalen Dämpfung. Die Bildung einer Dämpfungsmatrix $\boldsymbol{B}$ aus modalen Dämpfungsparametern ist zwar möglich aber oft nicht nötig.

Für gegebene Anfangsbedingungen (6.126) bzw. (6.131) lassen sich analog zu den freien ungedämpften Schwingungen die Bewegungen des modal gedämpften Systems berechnen.

Die allgemeine Lösung von (6.220) ergibt sich für $D_i \neq 1$ mit den Anfangsbedingungen von (6.131) zu

$$p_i(t) = \frac{1}{2\sqrt{D_i^2 - 1}}\left[p_{i0}\left(-\delta_{1i}e^{-\delta_{1i}t} + \delta_{2i}e^{-\delta_{2i}t}\right) + \frac{\dot{p}_{i0}}{\omega_{0i}}\left(e^{-\delta_{1i}t} - e^{-\delta_{2i}t}\right)\right] \tag{6.222}$$

mit den beiden Abklingkonstanten

$$\delta_{1i} = \omega_{0i}\left(D_i - \sqrt{D_i^2 - 1}\right); \qquad \delta_{2i} = \omega_{0i}\left(D_i + \sqrt{D_i^2 - 1}\right). \tag{6.223}$$

Die Zeitkonstanten sind die Kehrwerte der Abklingkonstanten:

$$T_{1i} = 1/\delta_{1i}; \qquad T_{2i} = 1/\delta_{2i}. \tag{6.224}$$

Für $D_i < 1$ kann diese Lösung auch wie folgt geschrieben werden:

$$p_i(t) = \frac{e^{-D_i \omega_{0i} t}}{\sqrt{1 - D_i^2}} \left[\sqrt{1 - D_i^2}\, p_{i0} \cos \omega_i t + \left(\frac{\dot{p}_{i0}}{\omega_{0i}} + D_i\, p_{i0} \right) \sin \omega_i t \right]. \qquad (6.225)$$

Bei $D_i > 1$ lässt sich die Lösung von (6.220) infolge des Zusammenhangs zwischen den hyperbolischen und Exponentialfunktionen und mit der Kreisfrequenz $\bar{\omega}_i = \omega_{0i}\sqrt{D_i^2 - 1}$ (im Unterschied zu (6.221)!) in folgender Form angeben:

$$p_i(t) = \frac{e^{-D_i \omega_{0i} t}}{\sqrt{D_i^2 - 1}} \left[\sqrt{D_i^2 - 1}\, p_{i0} \cosh \bar{\omega}_i t + \left(\frac{\dot{p}_{i0}}{\omega_{0i}} + D_i\, p_{i0} \right) \sinh \bar{\omega}_i t \right]. \qquad (6.226)$$

Damit können Kriechbewegungen beschrieben werden, wie sie z. B. beim Eintauchen eines Stößels in eine zähe Flüssigkeit oder bei hohen Ordnungen der Eigenformen auftreten. Für den Grenzfall $D_i = 1$, der allerdings physikalisch uninteressant ist, lautet die Lösung

$$p_i(t) = e^{-\omega_{0i} t} \left[p_{i0} + (\dot{p}_{i0} + \omega_{0i}\, p_{i0})\, t \right]. \qquad (6.227)$$

In der Praxis interessiert das Abklingverhalten freier Schwingungen, da es für die Lastwechselzahl $n^* \approx 0{,}5/D$ von Bedeutung ist, z. B. bei Berechnung auf Dauer- bzw. Betriebsfestigkeit, vgl. (2.110).

6.3.4 Rayleigh Dämpfung

Sind keine Dämpferparameter bekannt, so ist es üblich, die Dämpfung durch einen globalen Näherungsansatz zu erfassen. Dieser wird oft so gewählt, dass damit wieder eine Transformation auf Hauptkoordinaten möglich wird d. h. modale Dämpfung, was für beliebige Dämpfungsmatrizen $\boldsymbol{B}$ nicht erreichbar ist.

Es kann mathematisch gezeigt werden, dass beim gedämpften Schwingungssystem dann modale Dämpfung auftritt, wenn die Dämpfungsmatrix $\boldsymbol{B}$ die Bedingung

$$CM^{-1}B = BM^{-1}C \qquad \text{bzw.} \qquad B = M \sum_{k=1}^{K} a_k (M^{-1}C)^{k-1} \qquad (6.228)$$

erfüllt. Am häufigsten wird angenommen, dass die Dämpfungsmatrix von der Massen- und/oder Steifigkeitsmatrix nur linear abhängt ($K = 2$):

$$\boldsymbol{B} = a_1 \boldsymbol{M} + a_2 \boldsymbol{C}. \qquad (6.229)$$

Dieser als *Rayleigh-Dämpfung* oder „Bequemlichkeits-Hypothese" bezeichnete Sonderfall des Ansatzes nach (6.228) wird bei vielen großen Programmsystemen zur Berücksichtigung der Dämpfung benutzt. Experimente zeigen, dass die Werkstoffdämpfung meist nicht proportional der Schwinggeschwindigkeit $\dot{q}$ ist und genauer durch einen Ansatz für die Hysteresekurve erfasst wird, vgl. Abschn. 2.4.

Da es sich bei diesem Ansatz um modale Dämpfung handelt, können die Eigenschwingformen mit dem zugehörigen ungedämpften System berechnet werden. Die modalen Dämpfungsparameter ergeben sich aus

$$D_i = \frac{1}{2}\left(\frac{a_1}{\omega_{0i}} + a_2\omega_{0i}\right). \tag{6.230}$$

Die Eigenkreisfrequenzen ω_{0i} des ungedämpften Systems sind aus der Eigenwertanalyse des ungedämpften Systems bekannt. Die beiden Parameter a_1 und a_2 haben keinen wirklichen physikalischen Bezug und können im Prinzip nach Gutdünken bestimmt werden. Gleichung (6.230) zeigt, dass der Parameter a_1 vor allem bei niedrigen Eigenfrequenzen eine große Dämpfung verursacht, während a_2 bei höheren Frequenzen die Dämpfung dominiert. Sind Dämpfungswerte bei mehreren Eigenschwingungen z. B. aus Messungen bekannt, kann versucht werden, a_1 und a_2 so zu wählen, dass D_i dort gut passt.

Ist die Veränderung der Eigenkreisfrequenz durch die Dämpfung relevant, kann die gedämpfte Eigenkreisfrequenz einer Schwingform mit

$$\omega_i = \omega_{0i}\sqrt{1 - D_i^2} \tag{6.231}$$

bestimmt werden.

6.3.5 Aufgabe A6.8 und Lösung L6.8

A6.8 Ausschwingvorgang

Für das in Tab. 6.3, Fall 2, dargestellte Modell eines Maschinengestells soll der Ausschwingvorgang nach einem Geschwindigkeitssprung u_{10} an der Koordinate q_1 berechnet werden. Als Dämpfungsansatz wird die Rayleigh-Dämpfung verwendet. Es wird also gemäß (6.229) mit $\omega^{*2} = 48EI/ml^3$ angesetzt: $\boldsymbol{B} = 0{,}008\omega^*\boldsymbol{M} + 0{,}08\,\boldsymbol{C}/\omega^*$, d. h., $a_1 = 0{,}008\omega^*$, $a_2 = 0{,}08/\omega^*$.

In Abschn. 6.2.5.2 wurde bereits das Eigenwertproblem des ungedämpften Schwingungssystems gelöst, sodass aus (6.159) die Eigenkreisfrequenzen bekannt sind. In (6.167) sind die Vektoren der Anfangswerte in Hauptkoordinaten angegeben. Zu berechnen sind die modalen Dämpfungsgrade D_i und die Gleichungen zur Berechnung der Koordinaten $q_k(t)$ und der Massenkräfte $Q_k(t)$ anzugeben. Sie sind im Vergleich zu den ungedämpften Schwingungen (Abb. 6.11) zu beurteilen.

L6.8 Wird der Dämpfungsansatz in (6.219) eingesetzt, so ergeben sich unter Benutzung von (6.113) und (6.114) die Abklingkonstanten

$$\delta_i = 0{,}004\left(1 + 10\frac{\omega_{i0}^2}{\omega^{*2}}\right)\omega^*. \tag{6.232}$$

Da ω_{i0} die Kreisfrequenzen des ungedämpften Systems sind, ergibt sich mit den angegebenen Werten $\delta_1 = 0{,}004\,26\omega^*$, $\delta_2 = 0{,}005\,93\omega^*$, $\delta_3 = 0{,}038\,82\omega^*$, $\delta_4 = 0{,}079\,49\omega^*$. Daraus folgen die modalen Dämpfungsgrade aus (6.221):

$$\underline{\underline{D_1 = 0{,}0528}}, \quad \underline{\underline{D_2 = 0{,}0270}}, \quad \underline{\underline{D_3 = 0{,}0416}}, \quad \underline{\underline{D_4 = 0{,}0579}}. \tag{6.233}$$

Mit den Anfangsbedingungen in Hauptkoordinaten lassen sich nach (6.222) die Bewegungen in Hauptkoordinaten angeben:

$$p_i(t) = \frac{\dot{p}_{i0}}{\omega_i}\exp(-\delta_i t)\cdot\sin\omega_i t, \qquad i = 1,\ 2,\ 3,\ 4. \tag{6.234}$$

Darin sind ω_i gemäß (6.221) die Eigenkreisfrequenzen des gedämpften Systems. Es ergibt sich, vgl. dazu (6.166):

$$\omega_1 = 0{,}0805\omega^*, \quad \omega_2 = 0{,}2194\omega^*, \quad \omega_3 = 0{,}9321\omega^*, \quad \omega_4 = 1{,}3714\omega^*. \tag{6.235}$$

Die Anfangswerte p_{i0} sind aus (6.167) bekannt. Aus den Amplituden, die aufgrund der schwachen Dämpfung nur wenig von denen gemäß (6.169) abweichen, ist erkennbar, dass die erste und zweite Eigenfrequenz im Antwortsignal dominieren. Da die Abklingkonstanten δ_3 und δ_4 wesentlich größer als δ_1 und δ_2 sind, klingen die Schwingungen mit der 3. und 4. Eigenfrequenz sehr schnell ab. Dies ist auch aus Abb. 6.17 bei allen Koordinaten $q_1, \ldots, q_4$ deutlich erkennbar. Die Lagekoordinaten ergeben sich aus (6.121) und die Massenkräfte mit (6.13):

$$q_k(t) = \sum_{i=1}^{4} v_{ki}\,p_i(t), \qquad Q_k(t) = -m_{kk}\ddot{q}_k(t). \tag{6.236}$$

In Abb. 6.17a ist für q_1 noch die aus Abb. 6.11a bekannte ungedämpfte Bewegung angegeben. Es ist erkennbar, dass die Abklingkonstanten δ_i gegenüber den Dämpfungsgraden D_i eine größere Aussagefähigkeit für den Ausschwingvorgang haben. Interessant ist noch, dass die Extremwerte der Deformationen und Kräfte, die kurz nach der Impulserregung auftreten, durch die Dämpfung nur wenig abgemindert werden. Es ist deshalb oft zulässig, diese Spitzenwerte mit einem ungedämpften Berechnungsmodell zu berechnen, vgl. Abb. 6.11 mit Abb. 6.17.

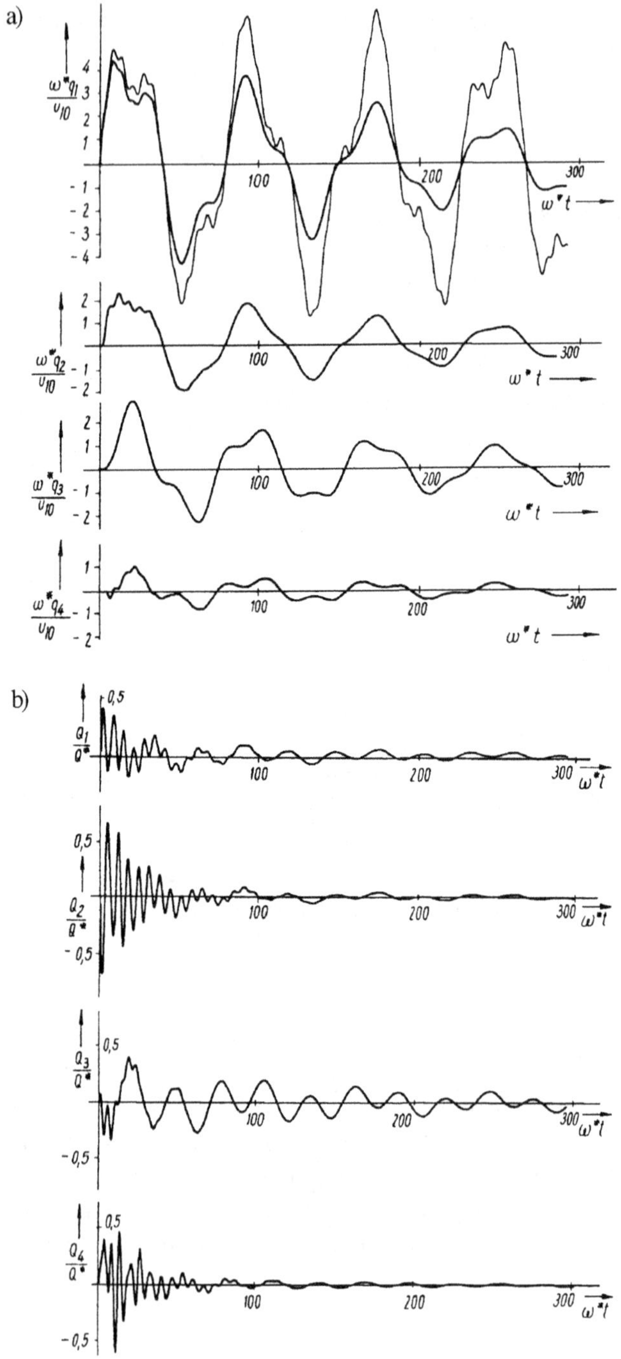

Abb. 6.17 Freie gedämpfte Schwingungen eines Gestells (Modell von Tab. 6.3, Fall 2): **a**) Koordinaten $q_k(t)$, **b**) Massenkräfte $Q_k(t)$ (Bezugswert $Q^* = mu_{10}\omega^*$)

6.4 Kontinuumsschwingungen des massebelegten Balkens

6.4.1 Allgemeine Zusammenhänge

Eine Alternative zu dem Berechnungsmodell eines elastischen Balkens mit endlich vielen Freiheitsgraden ist das Berechnungsmodell des Kontinuums. Bei diesem Modell sind Masse und Elastizität kontinuierlich verteilt. Das Schwingungsverhalten des Balkens wird wesentlich bestimmt durch den Verlauf der Biegesteifigkeit und der Massebelegung, sowie durch die Lagerbedingungen.

Im Folgenden wird vorausgesetzt, dass der schwingende Balken einen doppelt symmetrischen Querschnitt hat, wie z. B. Kreis, Rechteck, Doppel-T. Dann können die Schwingungen in einer Ebene untersucht werden. Balken mit unsymmetrischem Profil schwingen im allgemeinen nicht nur in einer Ebene. Bei ihnen können gekoppelte Biege- und Torsionsschwingungen auftreten, weil der Schubmittelpunkt nicht mit dem Flächenschwerpunkt zusammenfällt. Auch verwundene Profile, wie sie bei Turbinenschaufeln vorkommen, werden aus den folgenden Betrachtungen ausgeschlossen.

Die Differenzialgleichung der Biegelinie eines Balkens ist aus der Festigkeitslehre bekannt und lautet

$$(EIr'')'' = q. \tag{6.237}$$

Wird die Flächenlast q durch die bei den Schwingungen auf den Balken wirkenden spezifischen Massenkräfte

$$q = -\varrho A\ddot{r}. \tag{6.238}$$

ersetzt, so entsteht die partielle Differenzialgleichung für die freien Biegeschwingungen des Balkens:

$$(EIr'')'' + \varrho A\ddot{r} = 0. \tag{6.239}$$

Dabei bedeutet:

$EI(z)$ Biegesteifigkeit des Balkens in der Schwingungsebene
$\varrho A(z)$ Masse je Längeneinheit
$r(z, t)$ zeitlich veränderliche Durchbiegung in radialer Richtung
$(\,)'$ Ableitung nach der z-Koordinate.

Der den Eigenschwingungen entsprechende Separationsansatz trennt die Zeit- und Ortsfunktionen und lautet:

$$r(z, t) = v(z)\sin(\omega t + \beta). \tag{6.240}$$

Dabei ist $v(z)$ die Amplitudenfunktion und ω die Kreisfrequenz der Schwingung. Nach dem Einsetzen dieses Ansatzes in (6.239) ergibt sich die gewöhnliche Differenzialgleichung

$$(EIv'')'' - \varrho A\omega^2 v = 0. \tag{6.241}$$

Tab. 6.7 Randbedingungen für die Bestimmung der Konstanten in der Eigenfunktion (6.242) bei verschiedenen Lagerungsvarianten

Lagerung	Symbol	Kraft/Weg RB	Verdrehung/Moment RB
frei	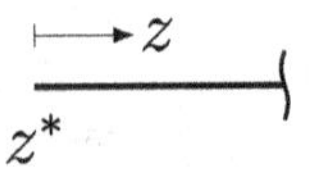	$v''' = 0$	$v'' = 0$
gelenkig	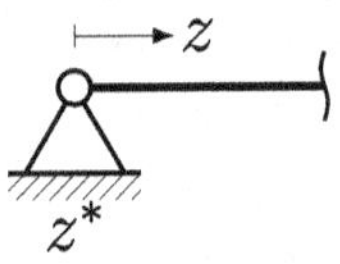	$v = 0$	$v'' = 0$
eingespannt	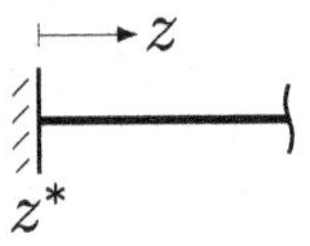	$v = 0$	$v' = 0$
geführt	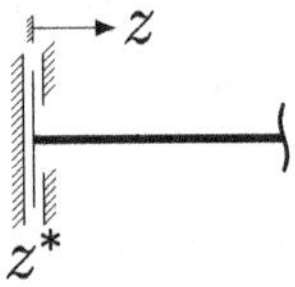	$v''' = 0$	$v' = 0$

Die Eigenkreisfrequenzen ω_i und Eigenschwingformen $v_i(z)$ oder Eigenfunktionen von Balken, für welche die Voraussetzungen der elementaren Balkentheorie zutreffen, können aus dieser Differenzialgleichung in Verbindung mit den Randbedingungen des jeweiligen konkreten Falles berechnet werden. Für den homogenen Balken mit $EI = \text{const.}$ und $\varrho A = \text{const.}$ lauten die Eigenformen

$$v_i(z) = C_1 \cos(\kappa_i z) + C_2 \sin(\kappa_i z) + C_3 \cosh(\kappa_i z) + C_4 \sinh(\kappa_i z), \tag{6.242}$$

wobei die Konstanten C_i aus den konkreten Randbedingungen an beiden Enden bestimmt werden können. Die jeweils zwei Randbedingungen aus den vier verschiedenen Lagertypen zeigt Tab. 6.7.

Aus der Bestimmung der Konstanten ergibt sich auch immer eine Bestimmungsgleichung für $\kappa_i l = \lambda_i$ woraus mit

$$\omega_i = \lambda_i^2 \sqrt{\frac{EI}{\varrho A l^4}} \tag{6.243}$$

die zugehörige Eigenkreisfrequenz bestimmt werden kann. Eine Übersicht für die Werte von λ_i bzw. κ_i und die zugehörigen ω_i für verschiedene Lagerungsvarianten zeigt Tab. 6.8.

Der rechnerisch einfachste Fall ist der gelenkig-gelenkig gelagerte Balken. Hier gilt $\lambda_i = i\pi$ und somit $\omega_i = (i\pi)^2\sqrt{EI/\varrho Al^4}$. Die Eigenformen lauten:

$$v_i(z) = \sin\left(i\pi\frac{z}{l}\right). \tag{6.244}$$

Die Eigenformen gemäß Tab. 6.8 sind orthogonal zueinander, wobei die Orthogonalität von Funktionen über eine Integration definiert ist:

$$\int_0^l v_i(z)v_j(z)\mathrm{d}z = 0 \quad \text{für} \quad i \neq j, \tag{6.245}$$

$$\int_0^l v_i(z)v_i(z)\mathrm{d}z = \mu_i^*. \tag{6.246}$$

Oft werden die Eigenfunktionen so normiert, dass $\mu_i^* = l$ gilt. Dann ist die modale Masse für alle Schwingformen $\mu_i = \varrho Al$, was der Balkenmasse entspricht.

6.4.2 Gerader Balken auf zwei Stützen

Abb. 6.18a zeigt einen beiderseits durch Einzelmassen m oder Einzelfedern c begrenzten Balken. Die Federkonstanten c erfassen die praktisch stets vorhandene endliche Federsteifigkeit der Lager. Abb. 6.18b zeigt für beide Fälle die Abhängigkeit der Eigenfrequenzen $(f_i = \omega_i/2\pi)$ von diesen Parametern.

Zu beachten ist der Einfluss von Biegesteifigkeit EI und Massebelegung ϱA in dieser Gleichung: Wie beim einfachen Schwinger steht im Zähler die Steifigkeit und im Nenner die Masse. Der Einfluss weiterer Größen auf die Eigenkreisfrequenzen geht aus der dritten Spalte von Tab. 6.9 hervor. beachtenswert sind die Grenzfälle $c \to 0$ und $c \to \infty$ mit den Angaben in Tab. 6.8 (dort λ_i^2, hier λ_i angegeben). Sehr große Massen wirken wie starre Lager, da sie ebenfalls die Bewegung der Balkenenden (infolge ihrer Trägheit) behindern. Die Grenzwerte für $m \to \infty$ entsprechen deshalb denen für $c \to \infty$, allerdings bei den um 2 Ordnungen niedrigeren Eigenwerten.

Es ist wichtig, zu jeder Eigenfrequenz f_i die jeweilige Eigenschwingform $v_i(z)$ zu kennen. Aus Abb. 6.18b wird deutlich, wie stark der Einfluss der Lagersteifigkeit als Parameteränderung auf die Eigenfrequenzen ist.

6.4.3 Weitere Einflüsse auf die Balkenschwigung

In der Maschinenbaupraxis sind oft weitere Größen, wie z. B. die Längskraft, die Winkelgeschwindigkeit, die Schubverformung u. a. von Einfluss. In Tab. 6.9 sind in der zweiten Spalte die dementsprechenden Differenzialgleichungen angegeben, welche die genannten Einflussgrößen berücksichtigen. Die Herleitung erfolgt analog zu (6.237) bis (6.239).

Tab. 6.8 Eigenwerte λ_i^2 und Eigenschwingformen $v_i(z)$ von querschnittsymmetrischen Balken bei verschiedenen Randbedingungen ($\omega_i = \lambda_i^2\sqrt{EI/\varrho A l^4}$)

Fall	$i = 1$	$i = 2$	$i = 3$	$i = 4$	Eigenwerte $i \geq 5$ $\lambda_i = \kappa_i l$	Eigenfunktion $f(z) =$ $C\,[\cos\kappa z \;\; \sin\kappa z \;\; \cosh\kappa z \;\; \sinh\kappa z]^T$
frei-frei	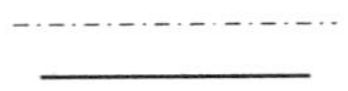 $\lambda_1 = 0$	 $\lambda_2 = 0$	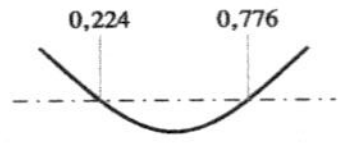 $\lambda_3 = 4{,}730$	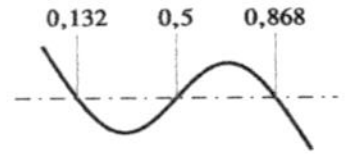 $\lambda_4 = 7{,}853$	$\lambda_i \approx \left(i - \frac{3}{2}\right)\pi$	$C = [1 \;\; -\gamma \;\; 1 \;\; -\gamma]$ $\gamma = \frac{\cosh\kappa l - \cos\kappa l}{\sinh\kappa l - \sin\kappa l}$
gelenkig-frei	 $\lambda_1 = 0$	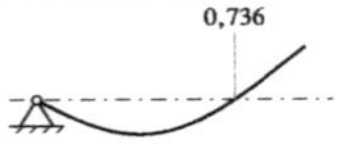 $\lambda_2 = 3{,}927$	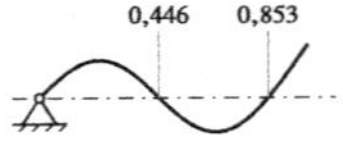 $\lambda_3 = 7{,}069$	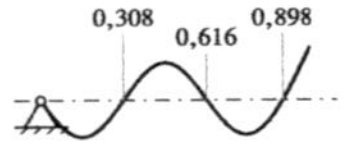 $\lambda_4 = 10{,}210$	$\lambda_i \approx \left(i - \frac{3}{4}\right)\pi$	$C = [0 \;\; \gamma \;\; 0 \;\; 1]$ $\gamma = \coth\kappa l$
eingespannt-frei	 $\lambda_1 = 1{,}875$	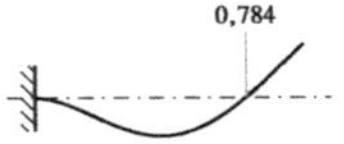 $\lambda_2 = 4{,}694$	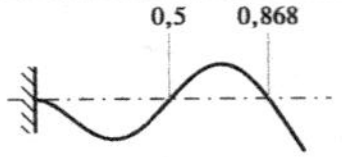 $\lambda_3 = 7{,}855$	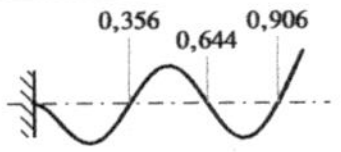 $\lambda_4 = 10{,}996$	$\lambda_i \approx \left(i - \frac{1}{2}\right)\pi$	$C = [1 \;\; -\gamma \;\; -1 \;\; \gamma]$ $\gamma = \frac{\cosh\kappa l - \cos\kappa l}{\sinh\kappa l + \sin\kappa l}$
gelenkig-gelenkig	 $\lambda_1 = \pi$	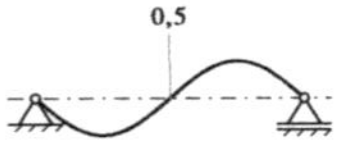 $\lambda_2 = 2\pi$	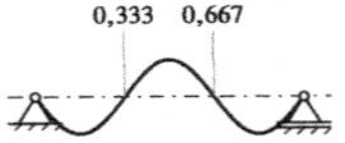 $\lambda_3 = 3\pi$	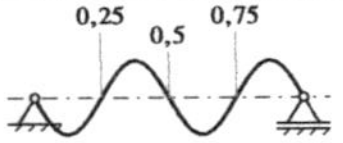 $\lambda_4 = 4\pi$	$\lambda_i = i\pi$	$C = [0 \;\; \gamma \;\; 0 \;\; 0]$ $\gamma = -\sqrt{2}$
eingespannt-gelenkig	 $\lambda_1 = 3{,}927$	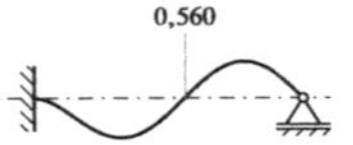 $\lambda_2 = 7{,}069$	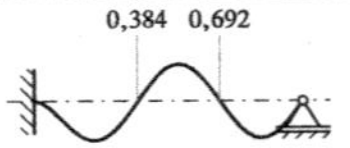 $\lambda_3 = 10{,}210$	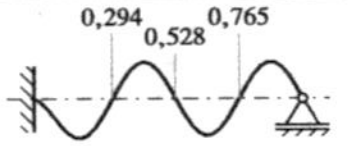 $\lambda_4 = 13{,}352$	$\lambda_i \approx \left(i + \frac{1}{4}\right)\pi$	$C = [1 \;\; -\gamma \;\; -1 \;\; \gamma]$ $\gamma = \coth\kappa l$
eingespannt-eingespannt	 $\lambda_1 = 4{,}730$	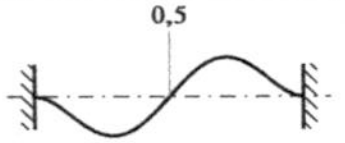 $\lambda_2 = 7{,}853$	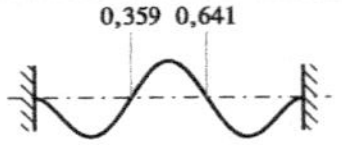 $\lambda_3 = 10{,}997$	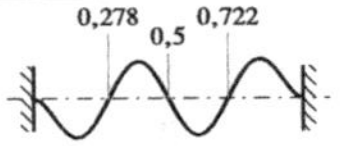 $\lambda_4 = 14{,}137$	$\lambda_i \approx \left(i + \frac{1}{2}\right)\pi$	$C = [1 \;\; -\gamma \;\; -1 \;\; \gamma]$ $\gamma = \frac{\cosh\kappa l - \cos\kappa l}{\sinh\kappa l - \sin\kappa l}$

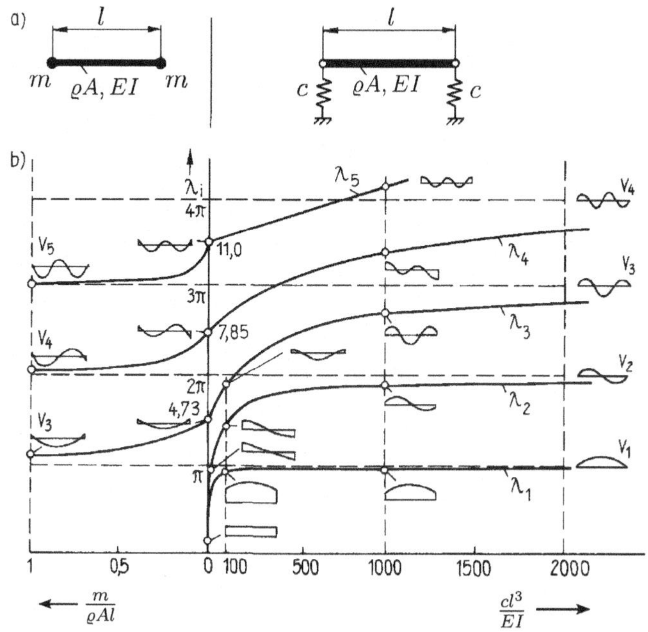

Abb. 6.18 Eigenwerte λ_i und Eigenformen des Biegeschwingers in Abhängigkeit von Kenngrößen der relativen Lagersteifigkeit cl^3/EI und vom Massenverhältnis $m/\varrho Al$

Aus Gl. (2), Tab. 6.9 ist ersichtlich, wie Zugkräfte die Eigenfrequenzen erhöhen. Im Grenzfall $EI \to 0$ geht der Balken in die gespannte Saite über, deren Eigenfrequenzen mit der Wurzel der Spannkraft zunehmen: $\omega_1 = \pi\sqrt{F/\varrho Al^2}$. Bei Druckkräften sinken die Eigenfrequenzen, und beim Erreichen der, aus der Statik bekannten, kritischen Knickkraft $F_k = -\pi^2 EI/l^2$ wird der schwingende Balken instabil, da dann $\omega_1 = 0$ gilt.

Aus der zweiten Zeile geht hervor, dass bei Berücksichtigung von Rotationsträgheit und Querkraftschub die Eigenfrequenzen etwas absinken. Dies ist physikalisch durch die Steifigkeitsminderung und Trägheitserhöhung bedingt. Nur bei höheren Eigenformen kurzer Balken mit relativ großer Querschnittshöhe und bei Hohlprofilen wirkt sich dieser Effekt wesentlich aus.

Der Einfluss der Kreiselwirkung führt zu einem Aufspalten der Eigenfrequenzen. Dies wird im Abschn. 8.2.4 dargestellt, vgl. Abb. 8.8, 8.12 und 8.13. Er ist bei kleinen Durchmessern oft vernachlässigbar klein. Die kritische Drehzahl des Gleichlaufs folgt aus der Bedingung $\omega_1 = \Omega$.

Interessant ist der Geschwindigkeitseinfluss, der bei bewegten Keilriemen, Papierbögen, Textilbahnen, Förderbändern u. a. zu unerwünschten Instabilitäten führen kann. Die Schwingung wird instabil bei $\omega_1 = 0$. Daraus kann die Größe der ersten kritischen Geschwindigkeit berechnet werden:

Tab. 6.9 Parametereinflüsse auf den Kontinuum-Balken (Eigenkreisfrequenzen bei beiderseits gelenkigem Lager)

Fall	Einflussgröße	Differentialgleichung der freien Schwingungen	Eigenkreisfrequenzen ω_i, $(i = 1, 2, \dots)$
1	Längskraft F 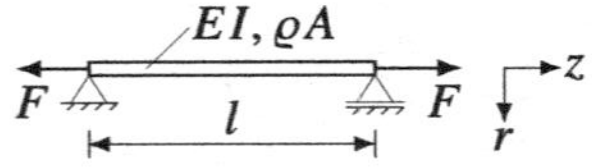 	$EIr'''' + \varrho A\ddot{r} - Fr'' = 0$ (1) (Zug: $F > 0$, Druck: $F < 0$)	$\frac{\pi^2 i^2}{l^2}\sqrt{\frac{1}{\varrho A}}\sqrt{EI + \frac{Fl^2}{\pi^2 i^2}}$ (2)
2	Rotationsträgheit ϱI Querkraftschub κG $\varepsilon = \frac{\pi^2 i^2 I}{Al^2}$ 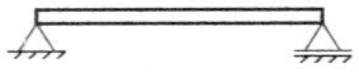 $\varepsilon \ll 1$	$EIr'''' + \varrho A\ddot{r} - \varrho I\left(1 + \frac{E}{\kappa G}\right)\ddot{r}'' + \frac{\varrho^2 I}{\kappa G}\ddddot{r} = 0$ (3) (Timoschenko-Balken, Rechteck: $\kappa = \frac{5}{6}$)	$\frac{\pi^2 i^2}{l^2}\sqrt{\frac{EI}{\varrho A}}\left[1 - \frac{\varepsilon}{2}\left(1 + \frac{E}{\kappa G}\right)\right]$ (4)
3	Winkelgeschwindigkeit Ω  $\varepsilon \ll 1$	$EIr'''' + \varrho A\ddot{r} - \varrho I\ddot{r}'' - 2\varrho I\Omega\dot{w}'' = 0$ $EIw'''' + \varrho A\ddot{w} - \varrho I\ddot{w}'' + 2\varrho I\Omega\dot{r}'' = 0$ (5) (Kreiselwirkung rotierender Wellen)	$\frac{\pi^2 i^2}{l^2}(1-\varepsilon)\left[\frac{I\Omega}{A} \pm \sqrt{\left(\frac{I\Omega}{A}\right)^2 + \frac{EI}{\varrho A}(1+\varepsilon)}\right]$ (6)
4	Geschwindigkeit v_0 Längskraft F 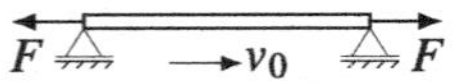 	$EIr'''' + \varrho A\ddot{r} - (F - \varrho Av_0^2)r'' + 2\varrho Av_0\dot{r}' = 0$ (7) (bewegte Riemen, Bänder, Fäden, …)	$\frac{\pi i}{l}\left[\sqrt{\frac{F}{\varrho A} + \frac{\pi^2 i^2 EI}{\varrho Al^2}} - v_0^2\sqrt{\frac{\varrho A}{F}}\right]$ (8)
5	Fluidgeschwindigkeit c, Innendruck p, Strömungs- querschnittsfläche A_F, Längenbezogende Masse der Flüssigkeit μ	$EIr'''' + (\varrho A + \mu)\ddot{r} + (\mu c^2 + pA_F - F)r''$ $+ 2c\mu\dot{r}' = 0$ (9) (flüssigkeitsdurchströmtes Rohr)	$\frac{\pi i}{l}\left[\sqrt{\frac{F - pA_F}{\varrho A + \mu} + \frac{\pi^2 i^2 EI}{(\varrho A + \mu)l^2}} - c\right]$ (10)

$$v_{\text{krit}} = \sqrt[4]{\left(\frac{F}{\varrho A}\right)^2 \left(1 + \pi^2 \frac{EI}{Fl^2}\right)}. \tag{6.247}$$

Bei dieser Geschwindigkeit entspricht die Transportgeschwindigkeit der Wellenausbreitungsgeschwindigkeit im transportierten Medium und deswegen kann sich keine Bewegungsinformation mehr entgegen der Laufrichtung ausbreiten. Damit wird die Bewegung instabil und kann z. B. zum Abreißen des bewegten Mediums führen. Durch höhere Vorspannung kann, wie auch aus Gl. (8), Tab. 6.9, hervorgeht, diesem kritischen Zustand ausgewichen werden. Bei flüssigkeitgefüllten Rohren ist der destabilisierende Einfluss des Innendrucks bemerkenswert, der wie eine Druck-Längskraft wirkt. Der kritischen Bandgeschwindigkeit v ist eine kritische Strömungsgeschwindigkeit c analog, vgl. Fall 5 in Tab. 6.9.

6.4.4 Rayleigh-Quotient für kontinuierliche Schwinger

In der Praxis gibt es oft Aufgabenstellungen, bei denen die ungefähre Größe der Grundfrequenz interessiert. In diesem Fall kann auf die umfangreiche genaue Bestimmung aller Eigenfrequenzen verzichtet werden und eines der Verfahren benutzt werden, das die Eigenfrequenzen abschätzt. Abschätzen bedeutet, die untere Schranke für die Eigenwerte mit einem einfachen Verfahren zu bestimmen.

Ein Verfahren zur Abschätzung der tiefsten Eigenfrequenz liefert der *Rayleigh-Quotient.* Zudem ist dieses Verfahren für Balken mit variablem Querschnitt oder Balken mit diskreten Zusatzmassen oder Stetigkeiten geeignet, für die gar keine analytischen Lösungen zur Verfügung stehen.

Für dieses Energieverfahren ist zunächst die potenzielle und kinetische Energie eines schwingenden Balkens erforderlich. Ist die aktuelle Auslenkung $v(z, t)$ und die Geschwindigkeit $\dot{v}(z, t)$ ergibt sich für die beiden Energieformen

$$W_{\text{pot}}(t) = \frac{1}{2} \int_0^L EI(z) v''^2 \mathrm{d}z \quad \text{und} \quad W_{\text{kin}}(t) = \frac{1}{2} \int_0^L \varrho A(z) \dot{v}^2 \mathrm{d}z. \tag{6.248}$$

Von Lord RAYLEIGH stammt aus dem Jahr 1878 folgende Überlegung: Wenn ein System mit einer Kreisfrequenz ω und der Schwingungsform $\bar{v}(z)$ harmonisch schwingt ($v = \bar{v} \sin \omega t$), dann ändern sich die potenzielle und die kinetische Energie gemäß (6.248) folgendermaßen:

$$W_{\text{pot}} = \frac{1}{2} \int_0^L EI(z) \bar{v}''^2 \mathrm{d}z \sin^2 \omega t, \qquad W_{\text{kin}} = \frac{\omega^2}{2} \int_0^L \varrho A(z) \bar{v}^2 \mathrm{d}z \cos^2 \omega t. \tag{6.249}$$

Die potenzielle Energie hat ihr Maximum bei $\omega t = \pi/2$. Hierfür ist $W_{\text{kin}} = 0$. Andererseits ist beim Durchlaufen der statischen Ruhelage ($\omega t = \pi$) die potenzielle Energie

$W_{\text{pot}} = 0$ und die kinetische Energie hat ihren Maximalwert. In konservativen Systemen gilt somit $W_{\text{kin max}} = W_{\text{pot max}}$ und damit

$$\frac{\omega^2}{2} \int_0^L \varrho A(z) \bar{v}^2 \mathrm{d}z = \frac{1}{2} \int_0^L EI(z) \bar{v}''^2 \mathrm{d}z. \tag{6.250}$$

Diese Beziehung kann nun zu einer Abschätzung von ω_1 verwendet werden, wenn eine Näherung $\bar{v}(z)$ für die erste Eigenschwingform angenommen wird. Mit einer geschätzten (also nicht genau bekannten) ersten Eigenform, d. h. einer Ansatzfunktion, kann die erste Eigenkreisfrequenz annähernd berechnet werden. Die aus der Energie-Bilanz von (6.250) folgende Abschätzung wird als Rayleigh-Quotient bezeichnet:

$$\omega_1^2 < \omega_R^2 = \frac{\int_0^L EI(z) \bar{v}''^2 \mathrm{d}z}{\int_0^L \varrho A(z) \bar{v}^2 \mathrm{d}z}. \tag{6.251}$$

Es lässt sich zeigen, dass die damit berechnete Eigenkreisfrequenz ω_R stets höher als der exakte Wert ω_1 liegt. Von allen Ansatzfunktionen für die Grundschwingungsform $\bar{v}(z)$ ist diejenige am besten (d. h. $\bar{v}_1$ am nächsten), die den kleinsten Wert ω_R liefert. Somit kann nicht nur die Eigenfrequenz abgeschätzt werden sondern auch Hinweise auf die Eigenschwingform gewonnen werden.

Sind an einem Balken an den Orten z_l Zusatzmassen der Masse m_l angebracht, erhöhen diese die kinetische Energie. Ähnlich erhöhen Zusatzfedern zum Inertialsystem an den Orten z_k mit den Steifigkeiten c_k die potentielle Energie. Diese Effekte können in den Rayleigh Quotienten aufgenommen werden:

$$\omega_R^2 = \frac{\int_0^L EI(z) \bar{v}''^2(z) \mathrm{d}z + \sum c_k \bar{v}^2(z_k)}{\int_0^L \varrho A(z) \bar{v}^2(z) \mathrm{d}z + \sum m_l \bar{v}^2(z_l)}. \tag{6.252}$$

6.4.5 Aufgaben A6.9 bis A6.10

A6.9 Vergleich der Modelle „Kontinuum“ und „diskreter Biegeschwinger“

In Abschn. 6.1.2.4 war das Modell der drehenden Klappe ein Biegeschwinger mit vier Massen, vgl. Abb. 6.5. Für diese Klappe sollen mit dem Modell des Kontinuums die ersten drei Eigenfrequenzen während der freien Drehung berechnet und mit denen des diskreten Biegeschwingers verglichen werden. Auch für die starre Klappe soll der Vergleich mit dem Ergebnis in Abb. 6.6 erfolgen.

A6.10 Maschinenwelle als Kontinuum-Modell mit Einzelmassen
Abb. 6.15a zeigt das diskrete Berechnungsmodell einer Maschinenwelle. In A6.9 soll zum Vergleich mit dem alternativen Modell des massebelegten Balkens gerechnet werden, auf dem zwei Einzelmassen sitzen.

Gegeben:
Mit den Daten aus Aufgabe A6.4 ist die Massebelegung der Antriebswelle $\varrho A = m/(l_1 + l_2 + l_3) = 3{,}8$ kg/m und deren Biegesteifigkeit $EI = E\pi d^4/64 = 4026 \cdot 10^6$ N/m^2. Die Einzelmassen der Körper betragen nur $m_1 = 3{,}6$ kg und $m_2 = 2{,}6$ kg, wenn die Anteile der Wellenmasse $(2{,}4 + 1{,}4 = 3{,}8)$ kg subtrahiert sind.

Gesucht:
Abschätzung der Grundfrequenz mit dem Rayleigh-Quotienten

1. Für das Modell des masselosen Balkens in Abb. 6.15a aus Aufgabe A6.4 mit zwei Einzelmassen, auf die zusätzlich die Masse der Antriebswelle aufgeteilt wurde
2. Für das Modell des massebelegten Balkens, auf dem zwei Einzelmassen sitzen
3. Vergleich der Abschätzungen

Hinweis: Empfohlener Ansatz: $\bar{v}(z) = \sin(\pi z/L)$ mit $L = l_1 + l_2 + l_3$

6.4.6 Lösungen A6.9 bis A6.10

L6.9 Das Modell des Kontinuums entsteht dadurch, dass die vier Massen über die Länge des Balkens gleichmäßig „verschmiert" werden. Damit hat der Balken eine konstante Massebelegung $\varrho A = m/l$. Für dieses Kontinuum-Modell, bei dem der Balken an einem Ende ein Gelenk hat und am anderen Ende frei ist, finden sich in Tab. 6.8, Fall 2, die Eigenwerte

$$\lambda_1 = 0; \qquad \lambda_2^2 = 15{,}4; \qquad \lambda_3^2 = 50{,}0. \tag{6.253}$$

Beim Vergleich der Eigenkreisfrequenzen mit (6.242) ist zu beachten, dass die Klappe in Abb. 6.5 die Länge $L = 4l$ und die Masse $4m$ hat. Die Eigenkreisfrequenzen für dieses Modell des Kontinuum-Balkens betragen also

$$\omega_i^{(\mathrm{K})} = \lambda_i^2 \sqrt{\frac{EI}{\varrho A L^4}} = \lambda_i^2 \sqrt{\frac{EI}{\varrho A 4^4 l^4}} = \frac{\lambda_i^2}{16} \sqrt{\frac{EI}{m l^3}}. \tag{6.254}$$

Die Eigenfrequenzen der frei fallenden Klappe in Abb. 6.6 verlaufen am rechten Rand ($c \to 0$) bereits bei $\bar{c} = 100$ asymptodisch. Dafür können für das Viermassensystem die Werte

$$\omega_1 \sqrt{\frac{ml^3}{EI}} \to 0; \qquad \omega_2 \sqrt{\frac{ml^3}{EI}} \approx 0{,}89; \qquad \omega_3 \sqrt{\frac{ml^3}{EI}} \approx 2{,}8 \tag{6.255}$$

entnommen werden. Aus (6.254) ergibt sich mit (6.253) für das Kontinuum

$$\omega_1^*\sqrt{\frac{ml^3}{EI}} = 0; \qquad \omega_2^*\sqrt{\frac{ml^3}{EI}} \approx 0{,}96; \qquad \omega_3^*\sqrt{\frac{ml^3}{EI}} \approx 3{,}1. \tag{6.256}$$

Die Eigenkreisfrequenzen des Kontinuums liegen über denen des diskreten Systems, weil die Trägheit des Kontinuum-Balkens infolge des „Verschmierens" der Massen „nach Innen" kleiner ist. Wird die Eigenfrequenz der steifen Klappe ($EI \to \infty$) mit dem Ergebnis in Abb. 6.6 verglichen, so ergibt sich aus dem exakten Wert $\omega^2 = 9c/(30m)$ durch eine Multiplikation beider Seiten dieser Gleichung mit denselben Faktoren ein dimensionsloser Ausdruck, welcher den Vergleich mit Abb. 6.6 erleichtert:

$$\frac{ml^3\omega^2}{EI} = \frac{18}{30}\frac{cl^3}{2EI} = \frac{0{,}6}{\bar{c}}; \qquad \omega\sqrt{\frac{ml^3}{EI}} = \frac{0{,}775}{\sqrt{\bar{c}}}. \tag{6.257}$$

Dieser Verlauf entspricht der Asymptote für $i = 1$ in Abb. 6.6.

L6.10 Mit der Ansatzfunktion $\bar{v}(z) = \sin(\pi z/L)$ gilt $\bar{v}''(z) = -(\pi/L)^2 \sin(\pi z/L)$ und in der aus (6.250) bekannten Formel für den Rayleigh-Quotienten tritt im Zähler und Nenner dasselbe Integral auf:

$$\int_0^L \sin^2(\pi z/L)\mathrm{d}z = \frac{1}{2}\int_0^L \left[1 - \cos\left(\frac{2\pi z}{L}\right)\right]\mathrm{d}z = \frac{1}{2}L. \tag{6.258}$$

Nach dem Einsetzen aller berechneten Zwischenergebnisse in (6.252) folgt der Rayleigh-Quotient zu $\omega_\mathrm{R}^2 = Z/N$ mit

$$Z = EI(\pi/L)^4 l/2, \tag{6.259}$$
$$N = \varrho AL/2 + m_1 \sin^2(\pi l_1/L) + m_2 \sin^2[\pi(l_1 + l_2)/L]. \tag{6.260}$$

Mit den gegebenen Daten ist $\sin(\pi l_1/L) = \sin(0{,}3\pi) = 0{,}809\,02$ und $\sin[\pi(l_1 + l_2)/L] = \sin(\pi/2) = 1$. Es werden zwei Modell-Varianten verglichen, um die Abhängigkeit der Ergebnisse von der Art der Modellbildung exemplarisch zu zeigen:

Variante I ergibt im Fall der masselosen Antriebswelle für das Modell in Abb. 6.15a wegen $\varrho AL = 0$ für den Rayleigh-Quotienten

$$\omega_\mathrm{RI}^2 = \frac{4026 \cdot \frac{\pi^4}{2}\ \mathrm{N/m}}{(6 \cdot 0{,}809^2 + 4 \cdot 1^2)\ \mathrm{kg}} = 24\,737\ \mathrm{s}^{-2}, \tag{6.261}$$

d. h. die obere Grenze für die Grundfrequenz wird zu

$$\underline{\underline{2\pi f_1 = \omega_1 \le \omega_\mathrm{RI} = 157{,}3\ \mathrm{rad/s}.}} \tag{6.262}$$

Die Grundkreisfrequenz dieser in Abb. 6.15a gezeigten Modell-Variante beträgt $\omega_1 = 155{,}4$ rad/s und erfüllt diese Ungleichung, vgl. die Lösung L6.4.

Bei Modell-Variante II wird zum Vergleich die Masse der Antriebswelle als Kontinuum berücksichtigt, bei dem die Einzelmassen m_1 und m_2 um die Masse $\varrho AL = m = 3{,}8$ kg verkleinert werden müssen, weil die Gesamtmasse dieselbe ist. Damit ergibt sich mit dem Rayleigh-Quotienten die Abschätzung

$$\omega_1^2 \leq \omega_{\mathrm{RII}}^2 = \frac{4026 \cdot \frac{\pi^4}{2} \ \mathrm{N/m}}{\left(\frac{3{,}8}{2} + 3{,}6 \cdot 0{,}809^2 + 2{,}6 \cdot 1^2\right) \mathrm{kg}} = 28\,602\,(\mathrm{rad/s})^2. \tag{6.263}$$

Damit lautet die Ungleichung

$$\underline{\underline{2\pi f_1 = \omega_1 \leq \omega_{\mathrm{RII}} = 169{,}1\,\mathrm{rad/s}.}} \tag{6.264}$$

Dieser höhere Wert ($\omega_{\mathrm{RII}} > \omega_{\mathrm{RI}}$) der Modell-Variante II lässt darauf schließen, dass bei Berücksichtigung der kontinuierlichen Masseverteilung die Grundfrequenz in Wirklichkeit größer ist als die der Modell-Variante I.

6.5 Struktur- und Parameteränderungen

6.5.1 Rayleigh-Quotient für diskrete Systeme

Im Abschn. 6.4.4 wurde der Rayleigh-Quotient für den kontinuierlichen Balken vorgestellt und eingeführt. Hier soll die Formulierung für ein diskretes System mit bekannter Massen- und Steifigkeitsmatrix übertragen werden.

Wenn ein System mit einer Kreisfrequenz ω und der Schwingungsform $\boldsymbol{v}$ harmonisch schwingt ($\boldsymbol{q} = \boldsymbol{v} \sin \omega t$), dann ändern sich die potenzielle und die kinetische Energie gemäß (6.8) und (6.16) folgendermaßen:

$$W_{\mathrm{pot}} = \frac{1}{2}\boldsymbol{v}^{\mathrm{T}}\boldsymbol{C}\boldsymbol{v}\sin^2 \omega t, \qquad W_{\mathrm{kin}} = \frac{\omega^2}{2}\boldsymbol{v}^{\mathrm{T}}\boldsymbol{M}\boldsymbol{v}\cos^2 \omega t. \tag{6.265}$$

Wie auch beim kontinuierlichen System gilt die Tatsache, dass die Maxima von potenzieller und kinetischer Energie phasenversetzt erreicht werden und gleich groß sind. Daraus folgt:

$$\frac{\omega^2}{2}\boldsymbol{v}^{\mathrm{T}}\boldsymbol{M}\boldsymbol{v} = \frac{1}{2}\boldsymbol{v}^{\mathrm{T}}\boldsymbol{C}\boldsymbol{v}. \tag{6.266}$$

Auch hier kann diese Beziehung nun zu einer Abschätzung von ω_1 verwendet werden, wenn eine Näherung $\boldsymbol{v}$ für den Eigenvektor $\boldsymbol{v}_1$ gewählt wird. Die aus der Energie-Bilanz von (6.266) folgende Abschätzung ist der Rayleigh-Quotient für diskrete Systeme:

$$\omega_1^2 < \omega_R^2 = \frac{\boldsymbol{v}^T \boldsymbol{C} \boldsymbol{v}}{\boldsymbol{v}^T \boldsymbol{M} \boldsymbol{v}}. \tag{6.267}$$

Wie beim kontinuierlichen Schwinger gilt auch hier, dass von allen Näherungen für die Grundschwingungsform $\boldsymbol{v}$ ist diejenige am besten ist (d. h. $\boldsymbol{v}_1$ am nächsten), die den kleinsten Wert ω_R liefert.

Im Fall eines ungefesselten Systems (vgl. Abschn. 5.2) ist die Steifigkeitsmatrix $\boldsymbol{C}$ singulär und es müsste idealerweise $\omega_R^2 = 0$ für die erste Eigenfrequenz herauskommen. Dazu muss jedoch $\boldsymbol{v}$ einer möglichen Starrkörperbewegung entsprechen, in diesem Fall wäre $\boldsymbol{v}^T \boldsymbol{C} \boldsymbol{v} = 0$. Somit ist der Rayleigh-Quotient bei ungefesselten Systemen nur geeignet die Starrkörpereigenform zu finden oder zu testen.

Eine weitere Abschätzung für die niedrigste Eigenfrequenz $f_1 = \omega_1/(2\pi)$ liefert der nach R. GRAMMEL (1889–1964) benannte Quotient, der ähnlich wie der Rayleigh-Quotient begründbar ist, vgl. (6.125):

$$\omega_1^2 < \omega_G^2 = \frac{\boldsymbol{v}^T \boldsymbol{M} \boldsymbol{v}}{\boldsymbol{v}^T \boldsymbol{M} \boldsymbol{D} \boldsymbol{M} \boldsymbol{v}} = \frac{\boldsymbol{v}^T (\boldsymbol{M} \boldsymbol{v})}{(\boldsymbol{M} \boldsymbol{v})^T \boldsymbol{D} (\boldsymbol{M} \boldsymbol{v})}. \tag{6.268}$$

Er ist zu bevorzugen, wenn $\boldsymbol{D}$ anstelle von $\boldsymbol{C}$ vorliegt.

Der Rayleigh-Quotient und der Grammel-Quotient liefern eine *obere Schranke* für die tiefste Eigenfrequenz, d. h., die mithilfe des linearen Eigenwertproblems bestimmte „korrekte“ erste Eigenfrequenz liegt immer darunter.

6.5.2 Sensitivität von Eigenfrequenzen und Eigenformen

In der Konstruktionspraxis tritt manchmal die Frage auf, durch welche Maßnahmen die Eigenfrequenzen und Eigenformen einer Maschine beeinflusst werden können. Es interessiert dabei, wie sich Struktur- und Parameteränderungen auswirken und welche Änderungen an welchen Feder-, Masse- oder geometrischen Parametern vorgenommen werden müssen, um ein bestimmtes spektrales oder modales Verhalten zu erzielen.

Bei der Identifikation von Berechnungsmodellen spielt die Berechnung des Einflusses von Parameteränderungen eine große Rolle. Eng damit verbunden ist die Frage nach der Sensitivität der Resultate gegenüber möglichen Parameteränderungen.

Die variablen Parameter eines Modells, z. B. Massen m_k, Federkonstanten c_k, Längen l_k u. a. werden im folgenden einheitlich mit x_k bezeichnet. Parameteränderungen $\Delta x_k = x_k - x_{k0}$, welche die Differenz zwischen den ursprünglichen (x_{k0}) und den neuen Parameterwerten x_k darstellen, führen zu Änderungen der Matrizen

$$\Delta \boldsymbol{C} = \boldsymbol{C}(x_k) - \boldsymbol{C}(x_{k0}) = \boldsymbol{C} - \boldsymbol{C}_0, \quad \Delta \boldsymbol{M} = \boldsymbol{M}(x_k) - \boldsymbol{M}(x_{k0}) = \boldsymbol{M} - \boldsymbol{M}_0. \tag{6.269}$$

Werden die Eigenformen des ursprünglichen Systems mit $\boldsymbol{v}_{i0}$ bezeichnet, so gilt wegen (6.125) bei veränderten Parameterwerten mit zunächst unbekannten $\Delta\omega_i$ und $\Delta\boldsymbol{v}_i$

$$\omega_i^2 = \omega_{i0}^2 + \Delta\omega_i^2 = \frac{(\boldsymbol{v}_{i0} + \Delta\boldsymbol{v}_i)^{\mathrm{T}}(\boldsymbol{C}_0 + \Delta\boldsymbol{C})(\boldsymbol{v}_{i0} + \Delta\boldsymbol{v}_i)}{(\boldsymbol{v}_{i0} + \Delta\boldsymbol{v}_i)^{\mathrm{T}}(\boldsymbol{M}_0 + \Delta\boldsymbol{M})(\boldsymbol{v}_{i0} + \Delta\boldsymbol{v}_i)}. \tag{6.270}$$

Wenn angenommen werden kann, dass sich die Eigenschwingform infolge der Parameteränderung nur wenig ändert, sodass $\Delta\boldsymbol{v}_i \approx \mathbf{o}$ ist, und dass die Parameteränderung klein ist ($\| \Delta\boldsymbol{C} \| \ll \| \boldsymbol{C}_0 \|$, $\| \Delta\boldsymbol{M} \| \ll \| \boldsymbol{M}_0 \|$), so ergibt sich aus (6.270) in erster Näherung

$$\Delta(\omega_i^2) \approx \omega_{i0}^2 \left(\frac{\boldsymbol{v}_{i0}^{\mathrm{T}}\Delta\boldsymbol{C}\boldsymbol{v}_{i0}}{\boldsymbol{v}_{i0}^{\mathrm{T}}\boldsymbol{C}_0\boldsymbol{v}_{i0}} - \frac{\boldsymbol{v}_{i0}^{\mathrm{T}}\Delta\boldsymbol{M}\boldsymbol{v}_{io}}{\boldsymbol{v}_{i0}^{\mathrm{T}}\boldsymbol{M}_0\boldsymbol{v}_{i0}} \right). \tag{6.271}$$

Falls die Parameteränderungen nur Massen und Federn (analog Drehmassen und -federn) betreffen, so sind mit den variablen Masse- und Federparametern m_k^* und c_l^* die Entwicklungen mit parameterunabhängigen Matrizen $\overline{\boldsymbol{C}}_l$ und $\overline{\boldsymbol{M}}_k$ möglich, vgl. (6.269) und das Beispiel in Abschn. 6.5.5.2:

$$\begin{aligned} \boldsymbol{C} &= \boldsymbol{C}_u + \sum_l \boldsymbol{C}_l = \boldsymbol{C}_u + \sum_l c_l^* \overline{\boldsymbol{C}}_l, \\ \boldsymbol{M} &= \boldsymbol{M}_u + \sum_k \boldsymbol{M}_k = \boldsymbol{M}_u + \sum_k m_k^* \overline{\boldsymbol{M}}_k, \end{aligned} \tag{6.272}$$

$$\begin{aligned} \Delta\boldsymbol{C} &= \sum_l (\boldsymbol{C}_l - \boldsymbol{C}_{l0}) = \sum_l \frac{\Delta c_l^*}{c_{l0}^*} \boldsymbol{C}_{l0}, \\ \Delta\boldsymbol{M} &= \sum_k (\boldsymbol{M}_k - \boldsymbol{M}_{k0}) = \sum_k \frac{\Delta m_k^*}{m_{k0}^*} \boldsymbol{M}_{k0}. \end{aligned} \tag{6.273}$$

Der Stern an den Parametern soll darauf hinweisen, dass damit allgemeine Masse- oder Federparameter gemeint sind (z. B. Massen, Drehmassen, Längs-, Biege- oder Torsionsfedern), die auch noch mit Faktoren multipliziert sein können, wie z. B. in (6.312). Die Elemente der quer überstrichenen Matrizen charakterisieren, an welcher Stelle der jeweilige Parameter in den Strukturmatrizen vorkommt, wogegen die Matrizen $\boldsymbol{C}_u$ und $\boldsymbol{M}_u$ die von den variablen Parametern unabhängigen Anteile der Strukturmatrizen sind.

Damit folgt aus (6.271) der einfachere Ausdruck

$$\Delta(\omega_i^2) \approx \omega_{i0}^2 \left(\sum_l \gamma_{il} \frac{\Delta c_l^*}{c_l^*} - \sum_k \mu_{ik} \frac{\Delta m_k^*}{m_k^*} \right), \tag{6.274}$$

wenn die mit den Parametermatrizen $\boldsymbol{M}_{k0}$ und $\boldsymbol{C}_{l0}$ des ursprünglichen Systems und dessen Eigenformen $\boldsymbol{v}_{i0}$ zu berechnenden dimensionslosen Sensitivitätskoeffizienten eingeführt werden, die unabhängig von der Normierung der Eigenformen sind:

$$\gamma_{il} = \frac{\boldsymbol{v}_{i0}^{\mathrm{T}}\boldsymbol{C}_{l0}\boldsymbol{v}_{i0}}{\boldsymbol{v}_{i0}^{\mathrm{T}}\boldsymbol{C}_0\boldsymbol{v}_{i0}}; \qquad \mu_{ik} = \frac{\boldsymbol{v}_{i0}^{\mathrm{T}}\boldsymbol{M}_{k0}\boldsymbol{v}_{i0}}{\boldsymbol{v}_{i0}^{\mathrm{T}}\boldsymbol{M}_0\boldsymbol{v}_{i0}}. \tag{6.275}$$

Die μ_{ik} drücken das Verhältnis der kinetischen Energie im k-ten Masseparameter zur gesamten kinetischen Energie der i-ten Eigenschwingung aus. Die γ_{il} sind das Verhältnis der potenziellen Energie im l-ten Federparameter zur gesamten potenziellen Energie bei einer Schwingung mit der i-ten Eigenform.

Aus (6.140) folgt in Verbindung mit (6.275), dass der Energieinhalt der Parameter m_k und c_l, der sich zeitlich mit der i-ten Eigenfrequenz ändert, folgende Maximalwerte erreicht:

$$(W_{\text{kin}})_{ik} = \frac{1}{2}\mu_{ik}\frac{\left(\boldsymbol{v}_i^{\mathrm{T}}\boldsymbol{M}\boldsymbol{u}_0\right)^2}{\mu_i}; \qquad (W_{\text{pot}})_{il} = \frac{1}{2}\gamma_{il}\frac{\left(\boldsymbol{v}_i^{\mathrm{T}}\boldsymbol{C}\boldsymbol{q}_0\right)^2}{\gamma_i}. \tag{6.276}$$

Dieser Zusammenhang kann analog zu (6.143) und (6.144) für Abschätzungen angewendet werden, die sich auf die i-te Eigenschwingung beziehen.

Wegen $\omega_{i0} = 2\pi f_{i0}$ und $\Delta(\omega_{i0}^2) \approx 2\omega_{i0}\,\Delta\omega_i$ folgt aus (6.274) auch folgende Näherung für die relative Änderung der i-ten Eigenfrequenz bei kleinen Parameteränderungen:

$$\frac{\Delta f_i}{f_{i0}} \approx \frac{1}{2}\left(\sum_l \gamma_{il}\frac{\Delta c_l^*}{c_l^*} - \sum_k \mu_{ik}\frac{\Delta m_k^*}{m_k^*}\right); \qquad i = 1,\, 2,\, \ldots,\, n. \tag{6.277}$$

Die Änderung der i-ten Eigenfrequenz hängt also bei relativ kleinen Parameteränderungen (Δc_l^* und/oder Δm_k^*) von den Sensitivitätskoeffizienten γ_{il} und μ_{ik} ab.

Wie aus (6.271) bis (6.274) hervorgeht, ändern sich im Allgemeinen alle Eigenfrequenzen bei einer Parameteränderung Δx_k unterschiedlich. Die Sensitivitäts-Koeffizienten drücken *quantitativ* aus, was der erfahrene Praktiker aufgrund physikalischer Vorstellungen nur *qualitativ* voraussagen kann. So hat z. B. die Änderung einer Masse in der Nähe eines Schwingungsknotens auf die betreffende Eigenfrequenz wenig Einfluss und der Sensitivitäts-Koeffizient einer Masse wird dann groß, wenn sich diese Masse im Schwingungsbauch einer Eigenform befindet.

Um zu ermitteln, wie sich Parameteränderungen auf die *Eigenformen* auswirken, wird von dem Eigenwertproblem (6.95) ausgegangen. Unter Verwendung der durch Gl. (6.110) bekannten Modalmatrix $\boldsymbol{V}_0 = (\boldsymbol{v}_{10},\, \boldsymbol{v}_{20},\, \ldots,\, \boldsymbol{v}_{n0})$ und der Abkürzung $\boldsymbol{\lambda}_0 = \operatorname{diag}(\omega_{i0}^2)$ kann für die Gesamtheit aller Eigenwertprobleme des ursprünglichen (Index 0) und des modifizierten Systems (mit Parameteränderungen $\Delta\boldsymbol{C}$ und $\Delta\boldsymbol{M}$) geschrieben werden:

$$\begin{aligned} \boldsymbol{C}_0\boldsymbol{V}_0 - \boldsymbol{M}_0\boldsymbol{V}_0\boldsymbol{\lambda}_0 &= \mathbf{o}, \\ (\boldsymbol{C}_0 + \Delta\boldsymbol{C})(\boldsymbol{V}_0 + \Delta\boldsymbol{V}) - (\boldsymbol{M}_0 + \Delta\boldsymbol{M})(\boldsymbol{V}_0 + \Delta\boldsymbol{V})(\boldsymbol{\lambda}_0 + \Delta\boldsymbol{\lambda}) &= \mathbf{o}. \end{aligned} \tag{6.278}$$

Da für das unveränderte System die Gleichung $\boldsymbol{C}_0\boldsymbol{V}_0 - \boldsymbol{M}_0\boldsymbol{V}_0\boldsymbol{\lambda}_0 = \mathbf{o}$ erfüllt ist, vereinfacht sich (6.278), und bei Vernachlässigung aller Terme von Änderungen zweiter Ordnung verbleibt die lineare Näherung:

$$\boldsymbol{C}_0\Delta\boldsymbol{V} + \Delta\boldsymbol{C}\boldsymbol{V}_0 - \boldsymbol{M}_0\boldsymbol{V}_0\Delta\boldsymbol{\lambda} - \boldsymbol{M}_0\Delta\boldsymbol{V}\boldsymbol{\lambda}_0 - \Delta\boldsymbol{M}\boldsymbol{V}_0\boldsymbol{\lambda}_0 = \mathbf{o}. \tag{6.279}$$

Wird diese Gleichung von links mit $\boldsymbol{V}_0^{\mathrm{T}}$ multipliziert, und dabei die Änderung der Eigenformen mit den zunächst unbekannten Elementen der Sensitivitätsmatrix $\boldsymbol{K} = ((k_{ij}))$ und den bekannten Eigenformen durch

$$\Delta \boldsymbol{V} = \boldsymbol{V}_0 \boldsymbol{K}^{\mathrm{T}} \qquad \text{oder} \qquad \Delta \boldsymbol{v}_i = \sum_{j=1}^{n} k_{ij} \boldsymbol{v}_{j0}, \qquad i \neq j \tag{6.280}$$

ausgedrückt, mit Berücksichtigung von (6.118), so folgt

$$\operatorname{diag}(\gamma_i)\boldsymbol{K}^{\mathrm{T}} + \boldsymbol{V}_0^{\mathrm{T}} \Delta \boldsymbol{C} \boldsymbol{V}_0 - \operatorname{diag}(\mu_i)\Delta\boldsymbol{\lambda} - \operatorname{diag}(\mu_i)\boldsymbol{K}^{\mathrm{T}}\boldsymbol{\lambda}_0 - \boldsymbol{V}_0^{\mathrm{T}} \Delta \boldsymbol{M} \boldsymbol{V}_0 \boldsymbol{\lambda}_0 = \boldsymbol{o}. \tag{6.281}$$

Wird diese Matrizengleichung ausführlich geschrieben, wird deutlich erkennbar, wie die einzelnen Elemente aufgebaut sind. Wird die Erfüllung des ii-ten Elements verlangt, so ergibt sich eine bereits durch (6.271) bekannte Beziehung, aus der sich die Eigenfrequenzänderung berechnen lässt:

$$\boldsymbol{v}_{i0}^{\mathrm{T}} \Delta \boldsymbol{C} \boldsymbol{v}_{i0} - \mu_i \Delta\omega_i^2 - \boldsymbol{v}_{i0}^{\mathrm{T}} \Delta \boldsymbol{M} \boldsymbol{v}_{i0} \omega_{i0}^2 = 0. \tag{6.282}$$

Aus dem ij-ten Element des Gleichungssystems (6.281) folgt

$$\gamma_i k_{ji} + \boldsymbol{v}_{i0}^{\mathrm{T}} \Delta \boldsymbol{C} \boldsymbol{v}_{j0} - \mu_j k_{ji} \omega_{j0}^2 - \boldsymbol{v}_{i0}^{\mathrm{T}} \Delta \boldsymbol{M} \boldsymbol{v}_{j0} \omega_{j0}^2 = 0. \tag{6.283}$$

Daraus lassen sich die Sensitivitäts-Koeffizienten k_{ji} bzw. k_{ij} der Eigenformen berechnen. Werden sie mit $\gamma_j = \mu_i \omega_{j0}^2$ in (6.280) eingesetzt, so ergibt sich die gesuchte lineare Näherung zur Berechnung der Eigenformänderungen ($i = 1, 2, \ldots, n$):

$$\Delta \boldsymbol{v}_i = \sum_{j=1}^{n} \frac{\boldsymbol{v}_{j0}^{\mathrm{T}} (\Delta \boldsymbol{C} - \omega_{i0}^2 \Delta \boldsymbol{M}) \boldsymbol{v}_{i0}}{\gamma_i - \gamma_j} \boldsymbol{v}_{j0}, \qquad i \neq j. \tag{6.284}$$

Die Normierung $\mu_i = \mu_j = 1$ ist hier in (6.284) eine Bedingung. Die veränderte Eigenform ist damit $\boldsymbol{v}_i \approx \boldsymbol{v}_{i0} + \Delta \boldsymbol{v}_i$. Die Änderung der Eigenformen hat bei kleinen Parameteränderungen meist nur geringen Einfluss auf die Eigenfrequenzen, sodass, wenn nur Eigenfrequenzänderungen interessieren, die einfachen Formeln (6.271) ausreichen.

Aus (6.271) und (6.284) können die Bedingungen dafür hergeleitet werden, wann sich Eigenfrequenzen oder Eigenformen trotz Parameteränderungen nicht ändern. Wird z. B. die Federmatrix oder die Massenmatrix in allen Elementen proportional verändert ($\Delta \boldsymbol{C} \sim \boldsymbol{C}$ oder $\Delta \boldsymbol{M} \sim \boldsymbol{M}$), dann ändern sich zwar alle Eigenfrequenzen, aber nicht die Eigenformen. Beispielsweise vergrößern sich alle Eigenfrequenzen um den Faktor $\sqrt{2}$, wenn alle Federkonstanten um den Faktor 2 vergrößert werden.

Ebenso gibt es Parameteränderungen, bei denen sich nur die Eigenformen, aber nicht die Eigenfrequenzen ändern, vgl. dazu Abb. 6.19. Diese Tatsachen muss die Ingenieurin oder der Ingenieur im Auge behalten, damit sie oder er nicht aus der Übereinstimmung von gemessenen und berechneten Frequenzen oder Formen voreilig auf die Richtigkeit eines angenommenen Berechnungsmodells schließt, also einen groben Fehler macht. Bei

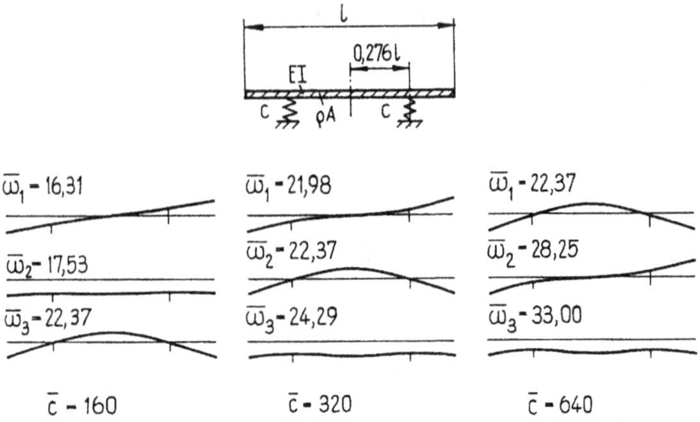

Abb. 6.19 Einfluss der Lagerfederkonstante c auf Eigenfrequenzen und Eigenformen eines Balkens ($\overline{c} = cl^3/EI$, $\lambda_i^2 = \overline{\omega}_i = \omega_i\sqrt{\varrho A l^4/EI}$)

der Identifikation eines Berechnungsmodells, d. h. bei der Ermittlung der Parameterwerte, müssen sowohl die Eigenfrequenzen als auch die Eigenformen und das statische Deformationsverhalten in Betracht gezogen werden.

Die Abhängigkeit der unteren 7 Eigenfrequenzen von der Lagerfederkonstante zeigt Abb. 6.20a.

Alle Eigenfrequenzen nehmen mit der Vergrößerung der Lagersteifigkeit c zu, wie es die Theorie verlangt, allerdings unterschiedlich. Der in (6.277) ausgedrückte lineare Zusammenhang gilt nur für kleine Parameteränderungen. An den Verläufen ist sichtbar, dass sich die Eigenfrequenzen verschiedener Ordnungen i unterschiedlich ändern.

Warum beginnen die unteren drei Eigenfrequenzen bei null? Diese Erscheinung entspricht dem Fall „frei – frei" in Tab. 6.8, denn das hier betrachtete Modell hat drei Starrkörper-Freiheitsgrade für $cl^3/EI = 0$. Infolge des mit dem Anwachsen dieser Kenngröße zunehmenden Einflusses der Biegesteifigkeit verlaufen diese Kurven anfangs stark nichtlinear.

Zum Einfluss von Parameteränderungen auf Eigenfrequenzen lassen sich aus den angegebenen Formeln folgende Regeln ableiten, die für die Konstruktionspraxis von Bedeutung sind:

1. Bei einer Vergrößerung einer Masse an irgendeiner Stelle eines Schwingers werden im allgemeinen sämtliche n Eigenfrequenzen erniedrigt – bei einer Massenverkleinerung erhöht, vgl. Abb. 6.18.
2. Bei einer Vergrößerung der Steifigkeit an irgendeiner Stelle eines Schwingers werden im allgemeinen sämtliche n Eigenfrequenzen erhöht – bei einer Steifigkeitsverkleinerung erniedrigt, vgl. Abb. 6.20.
3. Liegt eine Masse in einem Schwingungsknoten einer Eigenform, so hat ihre Änderung auf die zugehörige Eigenfrequenz keinen Einfluss.

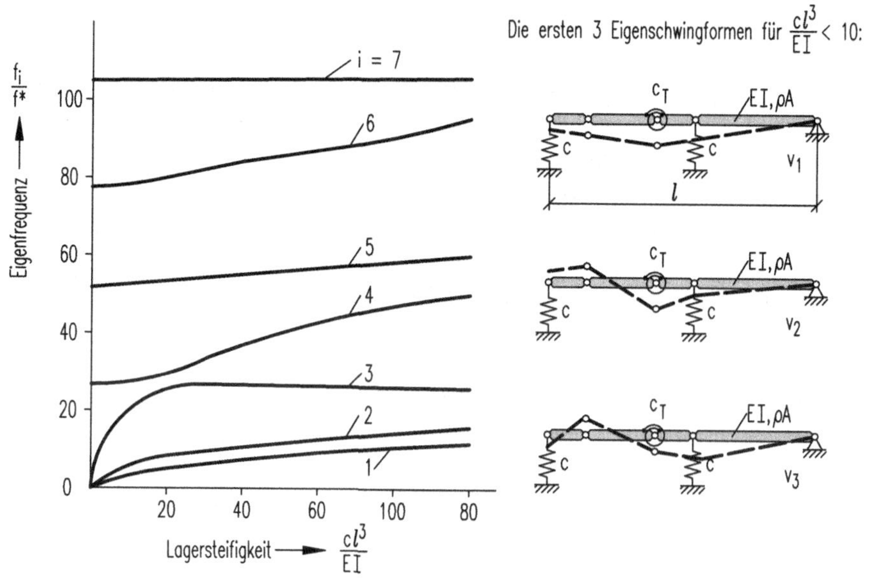

Abb. 6.20 Einfluss der Lagersteifigkeit auf die Eigenfrequenzen der Querschwingung: **a** Tiefste sieben Eigenfrequenzen, **b** Tiefste drei Eigenformen im Bereich der Kenngröße $cl^3/EI < 10$

4. Massenänderungen haben an Stellen großer Amplituden (Schwingungsbauch) einer Eigenform den größten Einfluss auf die zugehörige Eigenfrequenz.
5. Steifigkeitsänderungen sind am wirkungsvollsten an Federn mit großer Formänderungsarbeit, ihre Wirkung ist somit ebenfalls für die verschiedenen Schwingformen unterschiedlich.
6. Zusätzliche Bindungen (Verstrebung, Einspannung, Lager) erhöhen alle Eigenfrequenzen, verminderte Bindungen (Zusatzgelenk, verminderter Grad der statischen Unbestimmtheit) senken die Eigenfrequenzen, vgl. Abb. 6.22.
7. Nach längeren Betriebszeiten von Maschinen sinken die Eigenfrequenzen meist ab, da sich verschiedene Bindungen lockern (Risse, Spiel).
8. Hohe Eigenfrequenzen können erreicht werden, wenn in Stabtragwerken nur Zug- und Druckkräfte übertragen werden.
9. Um Eigenfrequenzen wirksam zu verschieben, sollen Masse- und Steifigkeitsänderungen möglichst mit entgegengesetzter Tendenz vorgenommen werden.
10. Durch Verkürzung (Verlängerung) von Balken oder Stäben lassen sich Eigenfrequenzen stark vergrößern (verkleinern).
11. Bei Rotoren steigen und sinken die Eigenfrequenzen paarweise mit der Drehzahl, vgl. Abb. 8.8, 8.13 und 8.16.

6.5.3 Reduktion von Freiheitsgraden

Früher war die Ingenieurin oder der Ingenieur bereits bei der Aufstellung der Bewegungsgleichungen „vorsichtig“ und hat im Modell so wenig wie möglich und nur so viel wie nötig Koordinaten berücksichtigt, um Rechenaufwand zu sparen. Die Wahl der Struktur eines Minimalmodells basierte oft auf langjährigen Erfahrungen. Seit der Entwicklung der Computermethoden (z. B. der FEM), bei denen schnell eine große Anzahl von Freiheitsgraden entsteht, werden Verfahren zur systematischen Vereinfachung der Berechnungsmodelle benötigt, weil zu viele Freiheitsgrade des Modells oft überflüssig sind und die Interpretation der Berechnungsergebnisse erschweren.

Die im folgenden beschriebene Methode der statischen Kondensation von GUYAN (1965) bietet eine Möglichkeit, Freiheitsgrade und damit Rechenzeit und Speicherplatz zu reduzieren. Sie ist z. B. angebracht, wenn ein kompliziertes Modell für eine statische Berechnung vorliegt, da dynamische Untersuchungen meist mit weniger Freiheitsgraden auskommen. Beim Zusammenbau von Substrukturen kann diese Methode benutzt werden, um die Matrizen einzelner Substrukturen vor dem Zusammenbau zu der Gesamt-Steifigkeitsmatrix auf die Koordinaten der Verbindungspunkte zu kondensieren.

Der Koordinatenvektor $\boldsymbol{q}$ eines großen Systems wird in n_1 *externe Koordinaten* (engl. „master-degrees“) $\boldsymbol{q}_1$, die in der Rechnung verbleiben, und n_2 *interne Koordinaten* (engl. „slave-degrees“) $\boldsymbol{q}_2$, die beseitigt werden, aufgeteilt: $\boldsymbol{q}^{\mathrm{T}} = (\boldsymbol{q}_1^{\mathrm{T}},\ \boldsymbol{q}_2^{\mathrm{T}})$. Es gilt für die Freiheitsgrade $n = n_1 + n_2$. Grundsätzlich können nur Freiheitsgrade zu internen erklärt werden, auf die keine äußeren Lasten wirken. Es empfiehlt sich, solche Koordinaten zu eliminieren, welche die Wege relativ kleiner Massen oder die Drehwinkel relativ kleiner Trägheitsmomente beschreiben.

Bei der folgenden Überlegung werden zunächst die Massenkräfte vernachlässigt, sodass von der Bewegungsgleichung $\boldsymbol{M}\ddot{\boldsymbol{q}} + \boldsymbol{C}\boldsymbol{q} = \boldsymbol{f}$ nur folgende statische Beziehung verbleibt, die in der angegebenen Weise partitioniert wird:

$$\boldsymbol{C}\boldsymbol{q} = \begin{bmatrix} \boldsymbol{C}_{11} & \boldsymbol{C}_{12} \\ \boldsymbol{C}_{21} & \boldsymbol{C}_{22} \end{bmatrix} \begin{bmatrix} \boldsymbol{q}_1 \\ \boldsymbol{q}_2 \end{bmatrix} = \begin{bmatrix} \boldsymbol{f}_1 \\ \boldsymbol{o} \end{bmatrix}. \tag{6.285}$$

Dabei ist $\boldsymbol{C}_{11}$ eine $(n_1 \times n_1)$-Matrix, $\boldsymbol{C}_{22}$ eine $(n_2 \times n_2)$-Matrix und $\boldsymbol{C}_{12}^{\mathrm{T}} = \boldsymbol{C}_{21}$ sind Rechteck-Matrizen. Aus der unteren Zeile folgt die Beziehung

$$\boldsymbol{q}_2 = -\boldsymbol{C}_{22}^{-1}\boldsymbol{C}_{21}\boldsymbol{q}_1 = -\boldsymbol{S}\boldsymbol{q}_1 \quad \text{mit} \quad \boldsymbol{S} = \boldsymbol{C}_{22}^{-1}\boldsymbol{C}_{21} = (\boldsymbol{C}_{12}\boldsymbol{C}_{22}^{-1})^{\mathrm{T}}. \tag{6.286}$$

Aus der oberen Zeile von (6.285) folgt damit

$$\boldsymbol{f}_1 = \boldsymbol{C}_{11}\boldsymbol{q}_1 + \boldsymbol{C}_{12}\boldsymbol{q}_2 = \boldsymbol{C}_{11}\boldsymbol{q}_1 - \boldsymbol{C}_{12}\boldsymbol{S}\boldsymbol{q}_1. \tag{6.287}$$

Damit kann die reduzierte Federmatrix

$$\boldsymbol{C}_{\mathrm{red}} = \boldsymbol{C}_{11} - \boldsymbol{C}_{12}\boldsymbol{C}_{22}^{-1}\boldsymbol{C}_{21} = \boldsymbol{C}_{11} - \boldsymbol{S}^{\mathrm{T}}\boldsymbol{C}_{21}\,, \tag{6.288}$$

eingeführt werden und anstelle von (6.285) $\boldsymbol{C}_{\text{red}}\boldsymbol{q}_1 = \boldsymbol{f}_1$ geschrieben werden.

Die Massenmatrix wird analog zur Federmatrix partitioniert. Um den Einfluss der Massenkräfte näherungsweise zu berücksichtigen, wird gefordert, dass ihre virtuelle Arbeit am ursprünglichen System ebenso groß sein soll wie die am kondensierten System:

$$\delta\boldsymbol{q}^{\mathrm{T}}\boldsymbol{M}\ddot{\boldsymbol{q}} = [\delta\boldsymbol{q}_1^{\mathrm{T}},\ \delta\boldsymbol{q}_2^{\mathrm{T}}]\begin{bmatrix}\boldsymbol{M}_{11} & \boldsymbol{M}_{12}\\ \boldsymbol{M}_{21} & \boldsymbol{M}_{22}\end{bmatrix}\begin{bmatrix}\ddot{\boldsymbol{q}}_1\\ \ddot{\boldsymbol{q}}_2\end{bmatrix} = \delta\boldsymbol{q}_1^{\mathrm{T}}\boldsymbol{M}_{\text{red}}\ddot{\boldsymbol{q}}_1. \tag{6.289}$$

Werden gemäß (6.286) die internen Koordinaten eliminiert, wird daraus

$$\delta\boldsymbol{q}_1^{\mathrm{T}}\boldsymbol{M}_{\text{red}}\ddot{\boldsymbol{q}}_1 = \delta\boldsymbol{q}_1^{\mathrm{T}}[\boldsymbol{E},\ -\boldsymbol{S}^{\mathrm{T}}]\begin{bmatrix}\boldsymbol{M}_{11} & \boldsymbol{M}_{12}\\ \boldsymbol{M}_{21} & \boldsymbol{M}_{22}\end{bmatrix}\begin{bmatrix}\boldsymbol{E}\\ -\boldsymbol{S}\end{bmatrix}\ddot{\boldsymbol{q}}_1. \tag{6.290}$$

Unter Beachtung der Identität $\boldsymbol{M}_{12}^{\mathrm{T}} = \boldsymbol{M}_{21}$, folgt daraus durch Koeffizientenvergleich die Formel für die reduzierte Massenmatrix $(n_1 \times n_1)$:

$$\boldsymbol{M}_{\text{red}} = \boldsymbol{M}_{11} - \boldsymbol{M}_{21}\boldsymbol{S} - \boldsymbol{S}^{T}\boldsymbol{M}_{21} + \boldsymbol{S}^{\mathrm{T}}\boldsymbol{M}_{22}\boldsymbol{S}. \tag{6.291}$$

Die Eigenfrequenzen, die sich aus dem reduzierten Eigenwertproblem

$$(\boldsymbol{C}_{\text{red}} - \omega^2\boldsymbol{M}_{\text{red}})\boldsymbol{v}_{\text{red}} = \boldsymbol{o} \tag{6.292}$$

ergeben, liefern eine Näherung für die n_1 unteren Eigenfrequenzen. Die Eigenfrequenzen der Ordnungen $i > n_1$ existieren dann nicht mehr, sie wurden mit den internen Koordinaten vernachlässigt. Das reduzierte System besitzt eine geringere Massenträgheit, aber dieselbe Steifigkeit, und deshalb sind alle seine n_1 Eigenfrequenzen etwas größer als die derselben Ordnungen des ursprünglichen Systems, vgl. auch Lösung L6.13.

Die Eigenvektoren, die mit denen des ursprünglichen Systems vergleichbar sind, ergeben sich wegen (6.286) folgendermaßen aus denen des kondensierten Systems:

$$\overline{\boldsymbol{v}}_i = \begin{bmatrix}\boldsymbol{v}_{\text{red}}^{(i)}\\ -\boldsymbol{C}_{22}^{-1}\boldsymbol{C}_{21}\boldsymbol{v}_{\text{red}}^{(i)}\end{bmatrix}, = \begin{bmatrix}\boldsymbol{E}\\ -\boldsymbol{S}\end{bmatrix}\boldsymbol{v}_{\text{red}}^{(i)}, \qquad i = 1,\ 2,\ \ldots,\ n1. \tag{6.293}$$

Die Guyan-Reduktion ist ein sehr grobes Reduktionsverfahren, das zwar statisch korrekt, aber dynamisch unzuverlässig ist. Die Qualität der Reduktion steigt, wenn mehr Master-Freiheitsgrade verwendet werden, wobei die Auswahl der Erfahrung des Berechners obliegt. Mit Verwendung des Craig-Bampton-Verfahrens[1] kann die Qualität des reduzierten Modells durch die Hinzunahme von Schwingungsmoden erheblich verbessert werden.

6.5.4 Einfluss von Zwangsbedingungen auf Eigenfrequenzen und Eigenformen

Eine wirksame Maßnahme zur Erhöhung der Eigenfrequenzen eines Schwingungssystems stellen Versteifungen durch in Längsrichtung praktisch undeformierbare Streben dar, die sich mathematisch als Zwangsbedingungen zwischen den Koordinaten beschreiben lassen. Es interessiert eine allgemeine Methode zur Erfassung des Einflusses solcher Zwangsbedingungen auf die Eigenfrequenzen.

Der Formalismus zur Erfassung des Einflusses von starren Stützen und Streben entspricht demjenigen zur Reduktion von Freiheitsgraden.

Die hier vorliegenden Zwangsbedingungen können durch r lineare Beziehungen zwischen den Koordinaten in der Form

$$\boldsymbol{q} = \boldsymbol{T} \cdot \boldsymbol{q}_1 \tag{6.294}$$

ausgedrückt werden. Die Matrix $\boldsymbol{T}$ ist dabei eine Rechteckmatrix mit n Zeilen und $(n - r)$ Spalten. Ihre Elemente t_{jk} folgen aus den jeweiligen Zwangsbedingungen.

Infolge der auferlegten Zwangsbedingungen entsteht aus dem ursprünglichen System ein neues, welches nur noch $(n - r)$ Freiheitsgrade hat, sodass ebensoviele Koordinaten ausreichen, um dessen Verhalten zu beschreiben. Die verbleibenden Koordinaten werden im Vektor $\boldsymbol{q}_1$ erfasst.

Die Beziehungen für die potenzielle und die kinetische Energie des ursprünglichen Systems werden umgeformt und mithilfe von (6.294) durch die neuen Koordinaten ausgedrückt, vgl. (6.16):

$$W_{\text{pot}} = \frac{1}{2}\boldsymbol{q}^{\text{T}}\boldsymbol{C}\boldsymbol{q} = \frac{1}{2}\left(\boldsymbol{T}\boldsymbol{q}_1\right)^{\text{T}}\boldsymbol{C}\boldsymbol{T}\boldsymbol{q}_1 = \frac{1}{2}\boldsymbol{q}_1^{\text{T}}\boldsymbol{C}_1\boldsymbol{q}_1, \tag{6.295}$$

$$W_{\text{kin}} = \frac{1}{2}\dot{\boldsymbol{q}}^{\text{T}}\boldsymbol{M}\dot{\boldsymbol{q}} = \frac{1}{2}\left(\boldsymbol{T}\dot{\boldsymbol{q}}_1\right)^{\text{T}}\boldsymbol{M}\boldsymbol{T}\dot{\boldsymbol{q}}_1 = \frac{1}{2}\dot{\boldsymbol{q}}_1^{\text{T}}\boldsymbol{M}_1\dot{\boldsymbol{q}}_1. \tag{6.296}$$

Dabei folgen aus dem Koeffizientenvergleich unter Benutzung der Relation

$$\left(\boldsymbol{T}\boldsymbol{q}_1\right)^{\text{T}} = \boldsymbol{q}_1^{\text{T}}\boldsymbol{T}^{\text{T}} \tag{6.297}$$

die Matrizen für die Bewegungsgleichungen:

$$\boldsymbol{M}_1\ddot{\boldsymbol{q}}_1 + \boldsymbol{C}_1\boldsymbol{q}_1 = \boldsymbol{o} \tag{6.298}$$

mit

$$\boldsymbol{C}_1 = \boldsymbol{T}^{\text{T}}\boldsymbol{C}\boldsymbol{T}; \qquad \boldsymbol{M}_1 = \boldsymbol{T}^{\text{T}}\boldsymbol{M}\boldsymbol{T}. \tag{6.299}$$

Die Eigenfrequenzen und Eigenformen des durch starre Bindungen versteiften Systems ergeben sich aus der Lösung des Eigenwertproblems

$$(\boldsymbol{C}_1 - \omega^2\boldsymbol{M}_1)\boldsymbol{v} = \boldsymbol{o}. \tag{6.300}$$

Infolge der zusätzlichen Zwangsbedingungen erhöhen sich im allgemeinen alle Eigenfrequenzen, wobei diejenigen am stärksten betroffen sind, deren Eigenformen am stärksten behindert werden. Es bleiben diejenigen unverändert, deren Eigenformen infolge der Stützung nicht beeinflusst werden.

Als Beispiel wird das Gestell betrachtet, dessen Massen- und Steifigkeitsmatrix in Tab. 6.3 (Fall 2) angegeben sind.

Eine Pendelstütze gemäß Abb. 6.21b behindert die Bewegung der Masse m_2 in Richtung dieser Stütze, aber sie erlaubt die Bewegung senkrecht dazu. Der horizontale Weg der Masse m_2 entspricht der Koordinate q_3, ihr vertikaler Weg ist q_2, vgl. Abb. 6.21a und b. Infolge der angebrachten Stütze können sich q_2 und q_3 nicht mehr unabhängig voneinander verändern. Es gilt die Zwangsbedingung

$$q_2 = q_3 \cdot \tan\alpha. \tag{6.301}$$

Dabei wurde vorausgesetzt, dass die Änderung des Winkels α infolge der Verschiebungen q_2 und q_3 vernachlässigbar klein ist.

In den Vektor $\boldsymbol{q}_1^{\mathrm{T}} = [q_1, q_3, q_4]$ werden nur noch drei $(n - r = 3)$ Koordinaten aufgenommen. Damit erhält (6.301) in Matrizenschreibweise gemäß (6.294) die Form

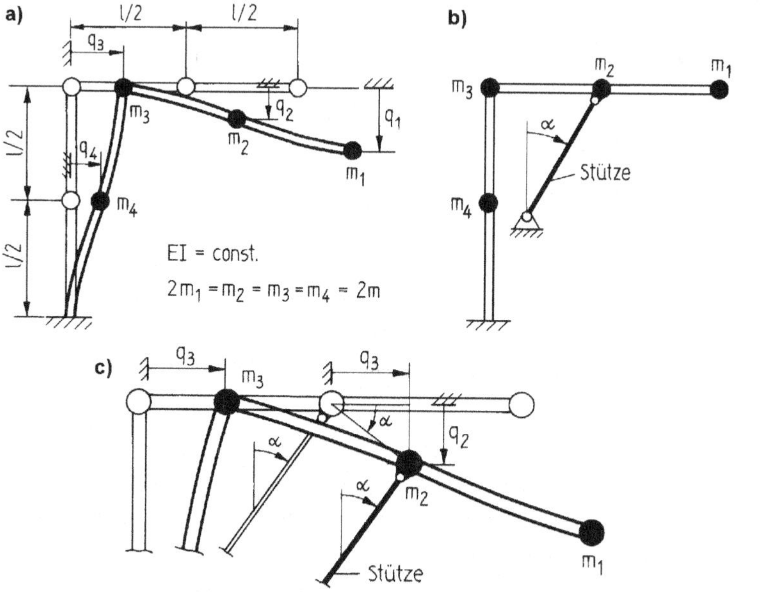

Abb. 6.21 Maschinengestell: **a** Systemskizze mit Parametern und Koordinaten, **b** Kennzeichnung der starren Stütze, **c** zur Erläuterung der Zwangsbedingung (6.301)

$$\boldsymbol{q} = \begin{bmatrix} q_1 \\ q_2 \\ q_3 \\ q_4 \end{bmatrix} = \begin{bmatrix} 1 & 0 & 0 \\ 0 & \tan\alpha & 0 \\ 0 & 1 & 0 \\ 0 & 0 & 1 \end{bmatrix} \cdot \begin{bmatrix} q_1 \\ q_3 \\ q_4 \end{bmatrix} = \boldsymbol{T} \cdot \boldsymbol{q}_1 \tag{6.302}$$

und liefert die Transformationsmatrix $\boldsymbol{T}$. Gemäß (6.299) ergeben sich mit der in der Aufgabenstellung gegebenen Federmatrix, vgl. Tab. 6.3, Fall 2:

$$\boldsymbol{C}_1 = \frac{48EI}{97l^3} \cdot \begin{bmatrix} 1 & 0 & 0 & 0 \\ 0 & \tan\alpha & 1 & 0 \\ 0 & 0 & 0 & 1 \end{bmatrix} \cdot \begin{bmatrix} 26 & -59 & 9 & -12 \\ -59 & 160 & -54 & 72 \\ 9 & -54 & 74 & -131 \\ -12 & 72 & -131 & 304 \end{bmatrix} \cdot \begin{bmatrix} 1 & 0 & 0 \\ 0 & \tan\alpha & 0 \\ 0 & 1 & 0 \\ 0 & 0 & 1 \end{bmatrix} \tag{6.303}$$

$$\boldsymbol{C}_1 = \frac{48EI}{97l^3} \cdot \begin{bmatrix} 26 & -59\tan\alpha + 9 & -12 \\ -59\tan\alpha + 9 & 160\tan^2\alpha - 108\tan\alpha + 74 & 72\tan\alpha - 131 \\ -12 & 72\tan\alpha - 131 & 304 \end{bmatrix}.$$

Für die Massenmatrix folgt analog mit $\boldsymbol{M}$ aus Tab. 6.3, Fall 2:

$$\boldsymbol{M}_1 = m \cdot \begin{bmatrix} 1 & 0 & 0 & 0 \\ 0 & \tan\alpha & 1 & 0 \\ 0 & 0 & 0 & 1 \end{bmatrix} \cdot \begin{bmatrix} 1 & 0 & 0 & 0 \\ 0 & 2 & 0 & 0 \\ 0 & 0 & 5 & 0 \\ 0 & 0 & 0 & 2 \end{bmatrix} \cdot \begin{bmatrix} 1 & 0 & 0 \\ 0 & \tan\alpha & 0 \\ 0 & 1 & 0 \\ 0 & 0 & 1 \end{bmatrix}$$

$$\boldsymbol{M}_1 = m \cdot \begin{bmatrix} 1 & 0 & 0 \\ 0 & 2\tan^2\alpha + 5 & 0 \\ 0 & 0 & 2 \end{bmatrix}. \tag{6.304}$$

Die Eigenkreisfrequenzen für das unveränderte System mit den in der Aufgabenstellung gegebenen Matrizen sind bekannt, vgl. (6.166) und Abb. 6.22. Mit den Matrizen gemäß (6.303) und (6.304) ergeben sich die Eigenkreisfrequenzen für das System mit Stütze aus der Bedingung

$$\det\left(\boldsymbol{C}_1 - \omega^2 \boldsymbol{M}_1\right) = 0. \tag{6.305}$$

In Abb. 6.22 sind die numerisch gewonnenen Ergebnisse aufgetragen, welche (6.305) erfüllen. Die drei Verläufe illustrieren, wie stark und wie unterschiedlich sich die Eigenkreisfrequenzen infolge der um den Winkel α geneigten Stütze ändern.

Da das verbleibende System im Vergleich zum ursprünglichen System einen Freiheitsgrad weniger hat, existieren nur diese drei Eigenkreisfrequenzen. Alle Eigenkreisfrequenzen sind infolge der Stütze höher als beim ursprünglichen System, vgl. die allgemeinen Aussagen zu Struktur- und Parameteränderungen in Abschn. 6.5.

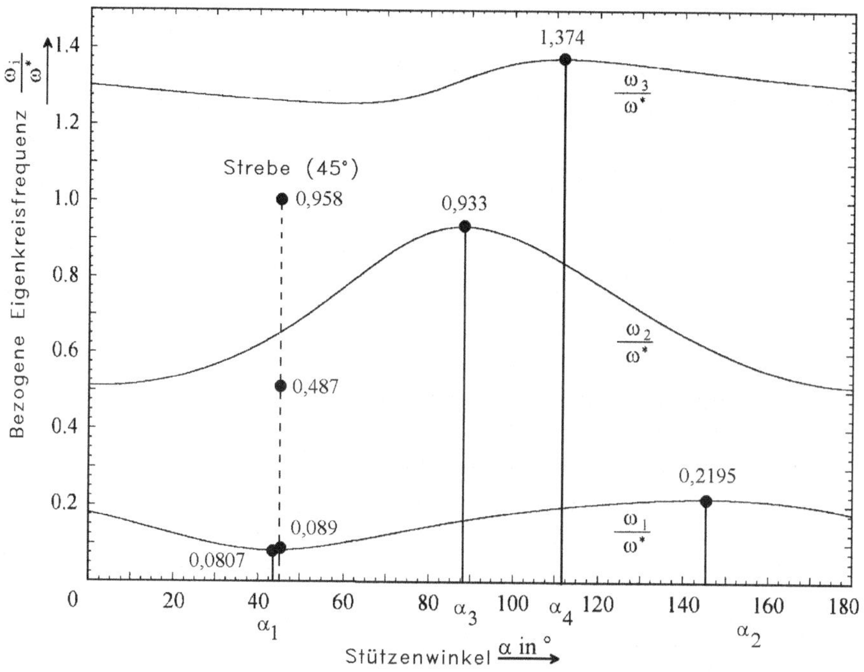

Abb. 6.22 Abhängigkeit der Eigenfrequenzen vom Stützenwinkel α ($\omega^* = \sqrt{48EI/(ml^3)}$). Hinweis: Die gestrichelte Linie bei $\alpha = 45°$ gehört zu Lösung von Aufgabe 6.12

Das Minimum der Kurve ω_1/ω^* entspricht der ersten Eigenkreisfrequenz des ursprünglichen Systems, und zwar tritt dieser Minimalwert dann auf, wenn die Stütze die ursprüngliche erste Eigenform nicht behindert, vgl. Abb. 6.10.

Aus (6.301) ergibt sich der Winkel α_i, in dessen Richtung die Masse m_2 beim ursprünglichen System bei der i-ten Ordnung schwingt. Steht die Stütze senkrecht zu dieser Schwingrichtung, beeinflusst sie diese Form nicht, d. h., die betreffende Eigenkreisfrequenz bleibt unverändert. In Tab. 6.10 sind die Stützenwinkel α_i berechnet worden, welche die ursprünglichen Eigenformen an der Stützstelle nicht stören. Die Verläufe der Eigenkreisfrequenzen in Abb. 6.22 zeigen für diese Winkel α_i Extremwerte von der Größe der Eigenkreisfrequenzen des ursprünglichen Systems. Die Tatsache, dass es sich um Extremwerte handelt, lässt sich mit der Eindeutigkeit der Stützenwinkel α_i (im relevanten Bereich von 0° … 180°) erklären, für die die i-te Eigenform nicht behindert wird.

Tab. 6.10 Rechenergebnisse

Ordnung	Komponenten der ursprünglichen Eigenvektoren		Stützen-Neigung $\tan\alpha_i = v_{2i}/v_{3i}$	Stützenwinkel α_i in Grad
i	v_{2i}	v_{3i}		
1	0,4774	0,5014	0,9521	43,6
2	0,3391	−0,4979	−0,6810	145,7
3	−1,1280	−0,0431	26,1717	87,8
4	−1,7878	0,7117	−2,5120	111,7

6.5.5 Beispiele zur Reduktion von Freiheitsgraden

6.5.5.1 Einfaches Gestell (von vier zu zwei)

Die Steifigkeitsmatrix, die in Abschn. 6.1.2.3 für das Gestell mit vier Freiheitsgraden aufgestellt wurde, soll vereinfacht werden, indem die Drehwinkel, die durch die Koordinaten q_3 und q_4 berücksichtigt worden waren, aus dem Koordinatensatz entfernt werden, vgl. Abb. 6.4.

Der Vektor der externen Koordinaten $\boldsymbol{q}_1$ enthält die verbleibenden generalisierten Koordinaten. Die Aufteilung des Koordinatenvektors

$$\boldsymbol{q} = \begin{bmatrix} \boldsymbol{q}_1 \\ \boldsymbol{q}_2 \end{bmatrix}; \quad \boldsymbol{q}_1 = \begin{bmatrix} q_1 \\ q_2 \end{bmatrix}; \quad \boldsymbol{q}_2 = \begin{bmatrix} q_3 \\ q_4 \end{bmatrix}; \tag{6.306}$$

bedingt eine Aufteilung der Federmatrix (6.48) in Teilmatrizen, vgl. (6.285). Es wird $l_1 = l_2 = l$ und $\beta_1 = \beta_2 = 2EI/l^3$ gesetzt. Insbesondere interessieren hierbei $\boldsymbol{C}_{22}$ und deren Kehrmatrix. Es ergibt sich

$$\begin{aligned} \boldsymbol{C}_{11} &= \frac{2EI}{l^3}\begin{bmatrix} 6 & 0 \\ 0 & 6 \end{bmatrix}, & \boldsymbol{C}_{12} &= \frac{2EI}{l^3}\begin{bmatrix} 3l & 3l \\ 0 & 3l \end{bmatrix} = \boldsymbol{C}_{21}^{\mathrm{T}}, \\ \boldsymbol{C}_{22} &= \frac{2EI}{l^3}\begin{bmatrix} 2l^2 & l^2 \\ l^2 & 4l^2 \end{bmatrix}, & \boldsymbol{C}_{22}^{-1} &= \frac{l}{14EI}\begin{bmatrix} 4 & -1 \\ -1 & 2 \end{bmatrix}. \end{aligned} \tag{6.307}$$

Damit kann $\boldsymbol{S}$ berechnet werden, vgl. (6.286):

$$\boldsymbol{S} = \boldsymbol{C}_{22}^{-1}\boldsymbol{C}_{21} = \frac{l}{14EI}\begin{bmatrix} 4 & -1 \\ -1 & 2 \end{bmatrix}\frac{2EI}{l^3}\begin{bmatrix} 3l & 0 \\ 3l & 3l \end{bmatrix} = \frac{3}{7l}\begin{bmatrix} 3 & -1 \\ 1 & 2 \end{bmatrix}. \tag{6.308}$$

Durch Anwendung von (6.288) ergibt sich aus (6.307) und (6.308) die reduzierte Federmatrix:

$$\begin{aligned} \boldsymbol{C}_{\text{red}} &= \boldsymbol{C}_{11} - \boldsymbol{S}^{\text{T}}\boldsymbol{C}_{21} \\ \boldsymbol{C}_{\text{red}} &= \frac{2EI}{l^3}\begin{bmatrix} 6 & 0 \\ 0 & 6 \end{bmatrix} - \frac{3}{7l}\begin{bmatrix} 3 & 1 \\ -1 & 2 \end{bmatrix}\frac{2EI}{l^3}\begin{bmatrix} 3l & 0 \\ 3l & 3l \end{bmatrix} \\ \boldsymbol{C}_{\text{red}} &= \frac{6EI}{7l^3}\begin{bmatrix} 2 & -3 \\ -3 & 8 \end{bmatrix}. \end{aligned} \tag{6.309}$$

Das ist die aus Abschn. 6.1.2.2 bekannte und dort auf anderem Wege (Bildung der Kehrmatrix aus $\boldsymbol{D}$) ermittelte Federmatrix des Modells mit zwei Freiheitsgraden, vgl. (6.37).

Auch die aus (6.54) bekannte Massenmatrix $\boldsymbol{M}$ kann mit Hilfe der Formel (6.291) reduziert werden, wobei $\boldsymbol{M}_{12} = \boldsymbol{M}_{21} = \boldsymbol{0}$ gilt, da $\boldsymbol{M}$ nur diagonal besetzt ist:

$$\begin{aligned} \boldsymbol{M}_{\text{red}} &= \boldsymbol{M}_{11} + \boldsymbol{S}^{\text{T}}\boldsymbol{M}_{22}\boldsymbol{S} \\ &= \begin{bmatrix} m_1 & 0 \\ 0 & m_1 + m_2 \end{bmatrix} + \frac{3}{7l}\begin{bmatrix} 3 & 1 \\ -1 & 2 \end{bmatrix}\begin{bmatrix} J_1 & 0 \\ 0 & J_2 \end{bmatrix}\frac{3}{7l}\begin{bmatrix} 3 & -1 \\ 1 & 2 \end{bmatrix} \\ &= \begin{bmatrix} m_1 & 0 \\ 0 & m_1 + m_2 \end{bmatrix} + \frac{9}{49l^2}\begin{bmatrix} 9J_1 + J_2 & -3J_1 + 2J_2 \\ -3J_1 + 2J_2 & J_1 + 4J_2 \end{bmatrix}. \end{aligned} \tag{6.310}$$

Diese Matrix ist nicht identisch zur Massenmatrix (6.39), da im im Abschn. 6.1.2.2 Punktmassen mit $J_1 = J_2 = 0$ angenommen wurden.

6.5.5.2 Textilspindel (Beispiel zur Sensitivität)

Abb. 6.23a zeigt das Berechnungsmodell einer Textilspindel, vgl. auch Abb. 7.13. Auf der abgesetzten Welle sitzt die Packung (Masseparameter: m_2, J_2). Die Welle stützt sich auf ein Gehäuse, welches einem elastisch gelagerten starren Körper entspricht, der durch die Masseparameter m_1 und J_1 gekennzeichnet ist. Es interessiert der Einfluss der Masseparameter auf die Eigenfrequenzen und Eigenformen. Insbesondere soll berechnet werden, wie sich eine Vergrößerung der Masse m_2 um 20 % auf die ersten beiden Eigenfrequenzen und auf die vier Eigenformen auswirkt.

Die Massenmatrix dieses Systems lässt sich gemäß (6.272) als Summe

$$\begin{aligned} \boldsymbol{M} &= m_1^*\overline{\boldsymbol{M}}_1 + m_2^*\overline{\boldsymbol{M}}_2 + m_3^*\overline{\boldsymbol{M}}_3 + m_4^*\overline{\boldsymbol{M}}_4 = \boldsymbol{M}_1 + \boldsymbol{M}_2 + \boldsymbol{M}_3 + \boldsymbol{M}_4 \\ \boldsymbol{M} &= \begin{bmatrix} m_2^* + m_4^* & m_2^* - m_4^* & 0 & 0 \\ m_2^* - m_4^* & m_2^* + m_4^* & 0 & 0 \\ 0 & 0 & m_1a^2 + m_3^* & m_1ab - m_3^* \\ 0 & 0 & m_1ab - m_3^* & m_1b^2 + m_3^* \end{bmatrix} \end{aligned} \tag{6.311}$$

darstellen, wobei die Masseparameter einheitlich die Dimension einer Masse erhalten. Es gilt bzgl. des ursprünglichen Systems:

$$m_1^* = m_1 = 0{,}5\,\text{kg}, \qquad m_2^* = \frac{m_2}{4} = 0{,}25\,\text{kg},$$
$$m_3^* = \frac{J_1}{l_1^2} = 0{,}0486\,\text{kg}, \qquad m_4^* = \frac{J_2}{l_4^2} = 0{,}3516\,\text{kg}. \tag{6.312}$$

Die zugehörigen Matrizen $\boldsymbol{M}_k$ sind $(a = l_5/l_1, b = l_6/l_1)$:

$$\boldsymbol{M}_1 = \begin{bmatrix} 0 & 0 & 0 & 0 \\ 0 & 0 & 0 & 0 \\ 0 & 0 & a^2 & ab \\ 0 & 0 & ab & b^2 \end{bmatrix} m_1^*, \qquad \boldsymbol{M}_2 = \begin{bmatrix} 1 & 1 & 0 & 0 \\ 1 & 1 & 0 & 0 \\ 0 & 0 & 0 & 0 \\ 0 & 0 & 0 & 0 \end{bmatrix} m_2^*,$$
$$\boldsymbol{M}_3 = \begin{bmatrix} 0 & 0 & 0 & 0 \\ 0 & 0 & 0 & 0 \\ 0 & 0 & 1 & -1 \\ 0 & 0 & -1 & 1 \end{bmatrix} m_3^*, \qquad \boldsymbol{M}_4 = \begin{bmatrix} 1 & -1 & 0 & 0 \\ -1 & 1 & 0 & 0 \\ 0 & 0 & 0 & 0 \\ 0 & 0 & 0 & 0 \end{bmatrix} m_4^*. \tag{6.313}$$

Mit den Zahlenwerten des realen Systems gilt für die Massenmatrix

$$\boldsymbol{M}_0 = \begin{bmatrix} 0{,}6016 & -0{,}1016 & 0 & 0 \\ -0{,}1016 & 0{,}6016 & 0 & 0 \\ 0 & 0 & 0{,}1354 & 0{,}0729 \\ 0 & 0 & 0{,}0729 & 0{,}2188 \end{bmatrix} \text{kg} \tag{6.314}$$

und für die Nachgiebigkeitsmatrix

$$\boldsymbol{D}_0 = \begin{bmatrix} 0{,}542\,20 & 0{,}120\,90 & 0{,}027\,22 & -0{,}169\,93 \\ 0{,}120\,90 & 0{,}034\,86 & 0{,}013\,55 & -0{,}033\,94 \\ 0{,}027\,22 & 0{,}013\,55 & 0{,}010\,19 & 0 \\ -0{,}169\,93 & -0{,}033\,94 & 0 & 0{,}101\,94 \end{bmatrix} \text{mm/N}. \tag{6.315}$$

Mit der Normierung $\boldsymbol{v}_{i0}^{\mathrm{T}} \boldsymbol{M}_0 \boldsymbol{v}_{i0} = 1\,\text{kg}$ entsprechend (6.105) folgt die Modalmatrix aus der Lösung des Eigenwertproblems (6.96) zu

$$\boldsymbol{V}_0 = \begin{bmatrix} 1{,}2834 & 0{,}1967 & -0{,}1574 & -0{,}0180 \\ 0{,}2856 & 0{,}4466 & 1{,}1043 & -0{,}4586 \\ 0{,}0625 & 0{,}5778 & 0{,}9121 & 2{,}7983 \\ -0{,}4150 & 1{,}7639 & -1{,}0555 & -1{,}0827 \end{bmatrix} = [\ \boldsymbol{v}_{10}\ ,\ \boldsymbol{v}_{20}\ ,\ \boldsymbol{v}_{30}\ ,\ \boldsymbol{v}_{40}\ ]. \tag{6.316}$$

Die Eigenformen $\boldsymbol{v}_{i0}$ sind in Abb. 6.23 dargestellt.

Um zu untersuchen, wie stark sich die Änderungen der Masseparameter auf die Eigenfrequenzen auswirken, wurden die Sensitivitäts-Koeffizienten μ_{ik}, gemäß (6.275) berechnet. Sie sind gemeinsam mit den Eigenkreisfrequenzen ω_{i0} und den modalen Massen μ_i, die aus (6.118) folgen, in Tab. 6.11 angegeben.

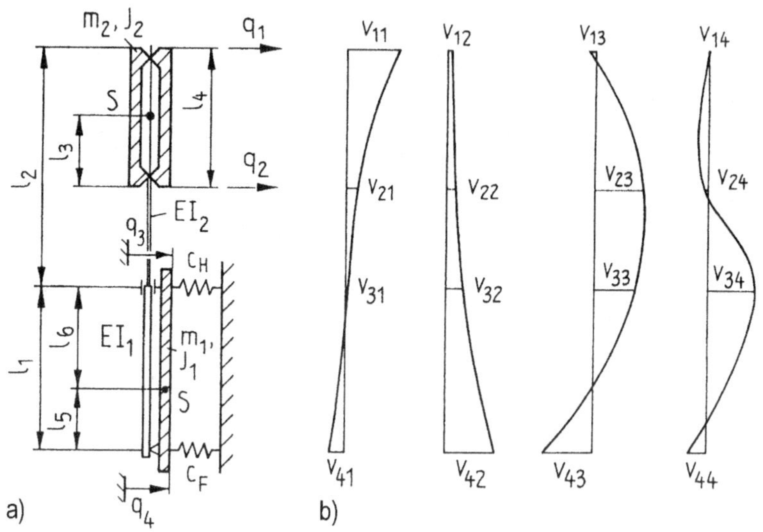

Abb. 6.23 Textilspindel: **a** Berechnungsmodell, **b** Eigenformen $\boldsymbol{v}_{i0}$

Tab. 6.11 Sensitivitätskoeffizienten μ_{ik} und Eigenfrequenzen des Berechnungsmodells einer Textilspindel

	Sensitivitätskoeffizienten				Eigenfrequenzen
i	μ_{i1}	μ_{i2}	μ_{i3}	μ_{i4}	f_{i0} in Hz
1	0,0234	0,6155	0,0111	0,3501	8,777
2	0,8063	0,1035	0,0684	0,0219	44,28
3	0,0278	0,2242	0,1882	0,5598	75,42
4	0,1428	0,0568	0,7319	0,0682	473,3

Exemplarisch sei hier die Berechnung eines der Sensitivitäts-Koeffizienten angegeben, vgl. $\boldsymbol{v}_{20}$ in (6.316) und $\boldsymbol{M}_3$ in (6.313):

$$\mu_{23} = \frac{\boldsymbol{v}_{20}^{\mathrm{T}} \boldsymbol{M}_3 \boldsymbol{v}_{20}}{\boldsymbol{v}_{20}^{\mathrm{T}} \boldsymbol{M}_0 \boldsymbol{v}_{20}} \tag{6.317}$$

$$\mu_{23} = [0{,}1967;\ 0{,}4466;\ 0{,}5778;\ 1{,}7639] \begin{bmatrix} 0 & 0 & 0 & 0 \\ 0 & 0 & 0 & 0 \\ 0 & 0 & m_3^* & -m_3^* \\ 0 & 0 & -m_3^* & m_3^* \end{bmatrix} \begin{bmatrix} 0{,}1967 \\ 0{,}4466 \\ 0{,}5578 \\ 1{,}7639 \end{bmatrix}$$

$$= 1{,}407 \cdot m_3^* = 0{,}068\,38.$$

An den Zahlenwerten in Tab. 6.11 lässt sich erkennen, welch wesentliche Unterschiede vorhanden sind. Es ist z. B. sofort erkennbar, dass die zweite Eigenfrequenz ($i = 2$) stark durch die Masse $m_1(\mu_{21} = 0{,}8063)$ und weniger durch das Trägheitsmoment $J_2(\mu_{24} = 0{,}0219)$ beeinflusst wird. Eine Änderung von m_1 wirkt sich relativ wenig auf die erste und dritte Eigenfrequenz aus, vgl. dazu Abb. 6.23.

Falls nur die Masse m_2 von ursprünglich $m_2 = 1$ kg um $\Delta m_2 = 0{,}2$ kg vergrößert wird, so ändern sich die ersten beiden Eigenfrequenzen gemäß der Näherung von (6.277):

$$\begin{aligned}
\frac{\Delta f_1}{f_{10}} &\approx -\frac{\mu_{12}}{2}\frac{\Delta m_2^*}{m_2^*} = -0{,}5 \cdot 0{,}6155 \cdot 0{,}2 = -0{,}061\,55 \\
\Rightarrow f_1 &\approx f_{10} \cdot \left(1 + \frac{\Delta f_1}{f_{10}}\right) \approx 8{,}777\,\text{Hz} \cdot 0{,}938\,45 = 8{,}237\,\text{Hz}, \\
\frac{\Delta f_2}{f_{20}} &\approx -\frac{\mu_{22}}{2}\frac{\Delta m_2^*}{m_2^*} = -0{,}5 \cdot 0{,}1035 \cdot 0{,}2 = -0{,}010\,35 \\
\Rightarrow f_2 &\approx f_{20} \cdot \left(1 + \frac{\Delta f_2}{f_{20}}\right) \approx 44{,}28\,\text{Hz} \cdot 0{,}989\,65 = 43{,}82\,\text{Hz}.
\end{aligned} \tag{6.318}$$

Die exakten Werte, die durch die Lösung des Eigenwertproblems mit den veränderten Parameterwerten erhalten wurden, sind $f_1 = 8{,}28$ Hz und $f_2 = 43{,}8$ Hz. Die Näherung ist genauer als 1 %, also brauchbar.

Nun soll noch berechnet werden, wie sich die Eigenformen ändern, wenn diese Masseänderung $\Delta m_2 = 0{,}2$ kg vorgenommen wird. Aus der linearen Näherung (6.284) folgt speziell für den hier vorliegenden Fall mit $\Delta \boldsymbol{C} = \boldsymbol{0}$ und $\Delta \boldsymbol{M} = \Delta m_2 \cdot \overline{\boldsymbol{M}}_2$, vgl. (6.273) und (6.311):

$$\Delta \boldsymbol{v}_i = -\omega_{i0}^2 \Delta m_2^* \sum_{j=1}^{4} \frac{\boldsymbol{v}_{j0}^{\mathrm{T}} \overline{\boldsymbol{M}}_2 \boldsymbol{v}_{i0}}{\gamma_i - \gamma_j} \boldsymbol{v}_{j0}, \qquad i \neq j. \tag{6.319}$$

Damit das Bildungsgesetz deutlicher wird, soll diese Gleichung für $i = 1$ und $i = 2$ ausgeschrieben werden:

$$\begin{aligned}
\Delta \boldsymbol{v}_1 &= -\omega_{10}^2 \Delta m_2^* \left[0 + \frac{\boldsymbol{v}_{20}^{\mathrm{T}} \overline{\boldsymbol{M}}_2 \boldsymbol{v}_{10}}{\gamma_1 - \gamma_2} \boldsymbol{v}_{20} + \frac{\boldsymbol{v}_{30}^{\mathrm{T}} \overline{\boldsymbol{M}}_2 \boldsymbol{v}_{10}}{\gamma_1 - \gamma_3} \boldsymbol{v}_{30} + \frac{\boldsymbol{v}_{40}^{\mathrm{T}} \overline{\boldsymbol{M}}_2 \boldsymbol{v}_{10}}{\gamma_1 - \gamma_4} \boldsymbol{v}_{40}\right], \\
\Delta \boldsymbol{v}_2 &= -\omega_{20}^2 \Delta m_2^* \left[\frac{\boldsymbol{v}_{10}^{\mathrm{T}} \overline{\boldsymbol{M}}_2 \boldsymbol{v}_{20}}{\gamma_2 - \gamma_1} \boldsymbol{v}_{10} + 0 + \frac{\boldsymbol{v}_{30}^{\mathrm{T}} \overline{\boldsymbol{M}}_2 \boldsymbol{v}_{20}}{\gamma_2 - \gamma_3} \boldsymbol{v}_{30} + \frac{\boldsymbol{v}_{40}^{\mathrm{T}} \overline{\boldsymbol{M}}_2 \boldsymbol{v}_{20}}{\gamma_2 - \gamma_4} \boldsymbol{v}_{40}\right].
\end{aligned} \tag{6.320}$$

Werden die Zahlenwerte für dieses Beispiel eingesetzt, die für die Modalmatrix aus (6.316) für die Eigenkreisfrequenzen und modalen Massen aus Tab. 6.11 bekannt sind, so ergibt sich mit $\gamma_i = \mu_i \omega_{i0}^2$ für die Änderungen der Eigenvektoren zunächst

$$\begin{aligned}
\Delta \boldsymbol{v}_1 &= (\quad 0 \quad + 135{,}8\boldsymbol{v}_{20} + 67{,}08\boldsymbol{v}_{30} - 0{,}8457\boldsymbol{v}_{40})\omega_{10}^2 \cdot k,\\
\Delta \boldsymbol{v}_2 &= (-135{,}8\boldsymbol{v}_{10} + \quad 0 \quad + 41{,}41\boldsymbol{v}_{30} - 0{,}3457\boldsymbol{v}_{40})\omega_{20}^2 \cdot k,\\
\Delta \boldsymbol{v}_3 &= (-67{,}08\boldsymbol{v}_{10} - 41{,}41\boldsymbol{v}_{20} + \quad 0 \quad - 0{,}5235\boldsymbol{v}_{40})\omega_{30}^2 \cdot k,\\
\Delta \boldsymbol{v}_4 &= (0{,}8457\boldsymbol{v}_{10} + 0{,}3457\boldsymbol{v}_{20} + 0{,}5235\boldsymbol{v}_{30} + \quad 0 \quad)\omega_{40}^2 \cdot k
\end{aligned} \tag{6.321}$$

mit $k = \Delta m_2^* \cdot 10^{-7}\ \mathrm{s^2/kg}$.

Mit $\Delta m_2 = 0{,}2\,\mathrm{kg}$ ist $\Delta m_2^* = 0{,}05\,\mathrm{kg}$, und nach dem Einsetzen aller Zahlenwerte ergeben sich folgende Änderungen der Eigenvektoren:

$$\Delta \boldsymbol{v}_1 = \begin{bmatrix} 0{,}000\,24 \\ 0{,}002\,05 \\ 0{,}002\,09 \\ 0{,}002\,58 \end{bmatrix}, \quad \Delta \boldsymbol{v}_2 = \begin{bmatrix} -0{,}0699 \\ 0{,}0027 \\ 0{,}0109 \\ 0{,}0050 \end{bmatrix},$$
$$\Delta \boldsymbol{v}_3 = \begin{bmatrix} -0{,}1058 \\ -0{,}0420 \\ -0{,}0332 \\ -0{,}0501 \end{bmatrix}, \quad \Delta \boldsymbol{v}_4 = \begin{bmatrix} 0{,}0474 \\ 0{,}0432 \\ 0{,}0324 \\ -0{,}0127 \end{bmatrix}. \tag{6.322}$$

Es ist ersichtlich, dass alle Änderungen im Vergleich zu den Elementen der Modalmatrix (6.182) klein sind und die lineare Näherung berechtigt ist. Werden die neuen Eigenvektoren $\boldsymbol{v}_i = \boldsymbol{v}_{i0} + \Delta \boldsymbol{v}_i$ des geänderten Systems berechnet, so ergeben sich auf drei gültige Ziffern genau dieselben Werte wie bei der exakten Lösung des neuen Eigenwertproblems, vgl. dazu auch Abb. 6.23.

6.5.5.3 Tragwerk (Reduktion von zehn auf fünf)

Das in Abb. 6.7 dargestellte Tragwerk mit 10 Freiheitsgraden, von dem die Systemmatrizen durch (6.78) und (6.79) und die Zahlenwerte aus Abschn. 6.2.5.3 bekannt sind, soll auf ein System mit fünf Freiheitsgraden reduziert werden. Als interne Koordinaten werden $\boldsymbol{q}_2 = [q_1,\ q_4,\ q_6,\ q_7,\ q_8]^{\mathrm{T}}$ betrachtet, als externe Koordinaten $\boldsymbol{q}_1 = [q_2,\ q_3,\ q_5,\ q_9,\ q_{10}]^{\mathrm{T}}$.

Aufgrund der in vorliegendem Lehrbeispiel aus Abb. 6.12 bekannten Eigenformen ist zu beachten, dass die Masse des oben befindlichen Starrkörpers bei den niederen Eigenformen teilweise in Gegenphase zum Rahmen schwingt. Trotz seiner Kleinheit sollte dieser Körper nicht vernachlässigt werden, weil seine Bewegung sonst quasistatisch der des Rahmens an den Feder-Koppelpunkten folgen würde.

Entsprechend der Aufteilung in externe und interne Koordinaten sind die Elemente der Masse- und Federmatrix neu zu ordnen. Da die Massenmatrix eine Diagonalmatrix ist, ist $\boldsymbol{M}_{12} = \boldsymbol{M}_{21} = \boldsymbol{0}$. Die partitionierte Massenmatrix besteht aus den beiden Teilmatrizen

$$\begin{aligned}
\boldsymbol{M}_{11} &= \mathrm{diag}[10m,\ 2m,\ 2m,\ m_3,\ J_S/l^2] = m^*\mathrm{diag}[2000,\ 400,\ 400,\ 50,\ 2],\\
\boldsymbol{M}_{22} &= \mathrm{diag}[2m,\ 2m,\ 2m,\ m_1,\ m_2] = m^*\mathrm{diag}[400,\ 400,\ 400,\ 5,\ 5].
\end{aligned} \tag{6.323}$$

Die Einführung einer Bezugsmasse $m^* = 10\,\text{kg}$ und einer Bezugsfederkonstante $c^* = 6{,}228 \cdot 10^6\,\text{N/m}$ ist bei den folgenden Zahlenrechnungen zweckmäßig.

Die partitionierte Federmatrix $\boldsymbol{C}_{11}$ ergibt sich aus den Elementen an den Schnittpunkten, d. h. aus der 2., 3., 5., 9. und 10. Zeile und Spalte der Federmatrix, vgl. Gl. (6.75). Sie lautet:

$$\boldsymbol{C}_{11} = c^* \begin{bmatrix} 148 & -54 & 54 & 0 & 0 \\ -54 & 161 & 0 & 0 & 0 \\ 54 & 0 & 161 & 0 & 0 \\ 0 & 0 & 0 & 4 & 0 \\ 0 & 0 & 0 & 0 & 1 \end{bmatrix}, \quad \boldsymbol{C}_{22} = c^* \begin{bmatrix} 304 & -12 & 0 & 0 & 0 \\ -12 & 52 & 12 & 0 & 0 \\ 0 & 12 & 304 & 0 & 0 \\ 0 & 0 & 0 & 3 & 0 \\ 0 & 0 & 0 & 0 & 3 \end{bmatrix},$$

$$\boldsymbol{C}_{12} = c^* \begin{bmatrix} -131 & 0 & -131 & 0 & 0 \\ 72 & -59 & 0 & 1 & 0 \\ 0 & -59 & -72 & 0 & 1 \\ 0 & 0 & 0 & -2 & -2 \\ 0 & 0 & 0 & -1 & 1 \end{bmatrix}. \tag{6.324}$$

Nach der Bildung der Kehrmatrix von $\boldsymbol{C}_{22}$ kann die bei den weiteren Rechnungen mehrfach vorkommende Matrix $\boldsymbol{S}$ berechnet werden, vgl. (6.286):

$$\boldsymbol{S} = \boldsymbol{C}_{22}^{-1}\boldsymbol{C}_{21} = \begin{bmatrix} -0{,}4309 & 0{,}1934 & -0{,}0434 & 0 & 0 \\ 0 & -1{,}1000 & -1{,}1000 & 0 & 0 \\ -0{,}4309 & 0{,}0434 & -0{,}1934 & 0 & 0 \\ 0 & 0{,}3333 & 0 & -0{,}6667 & -0{,}3333 \\ 0 & 0 & 0{,}3333 & -0{,}6667 & 0{,}3333 \end{bmatrix}. \tag{6.325}$$

Die reduzierten Matrizen folgen aus Gl. (6.288) und Gl. (6.291) zu

$$\boldsymbol{C}_{\text{red}} = c^* \begin{bmatrix} 35{,}1 & -22{,}97 & -22{,}97 & 0 & 0 \\ -22{,}97 & 81{,}84 & -61{,}77 & 0{,}667 & 0{,}333 \\ 22{,}97 & -61{,}77 & 81{,}84 & 0{,}667 & -0{,}333 \\ 0 & 0{,}667 & 0{,}667 & 1{,}333 & 0 \\ 0 & 0{,}333 & -0{,}333 & 0 & 0{,}333 \end{bmatrix},$$

$$\boldsymbol{M}_{\text{red}} = m^* \begin{bmatrix} 2149 & -40{,}82 & 40{,}82 & 0 & 0 \\ -40{,}82 & 900{,}3 & 477{,}3 & -1{,}111 & -0{,}556 \\ 40{,}82 & 477{,}3 & 900{,}3 & -1{,}111 & 0{,}556 \\ 0 & -1{,}111 & -1{,}111 & 54{,}44 & 0 \\ 0 & -0{,}556 & 0{,}556 & 0 & 3{,}111 \end{bmatrix}. \tag{6.326}$$

Hier werden lediglich drei bis vier Ziffern angegeben, obwohl bei der weiteren Rechnung mit mehr Ziffern gearbeitet wurde. Mit diesen reduzierten Matrizen wurde das Eigenwertproblem gemäß (6.292) gelöst. Für die Eigenfrequenzen und die reduzierten Vektoren $\boldsymbol{v}_{\text{red}}^{(i)}$ ergaben sich die in Abb. 6.24 angegebenen Werte.

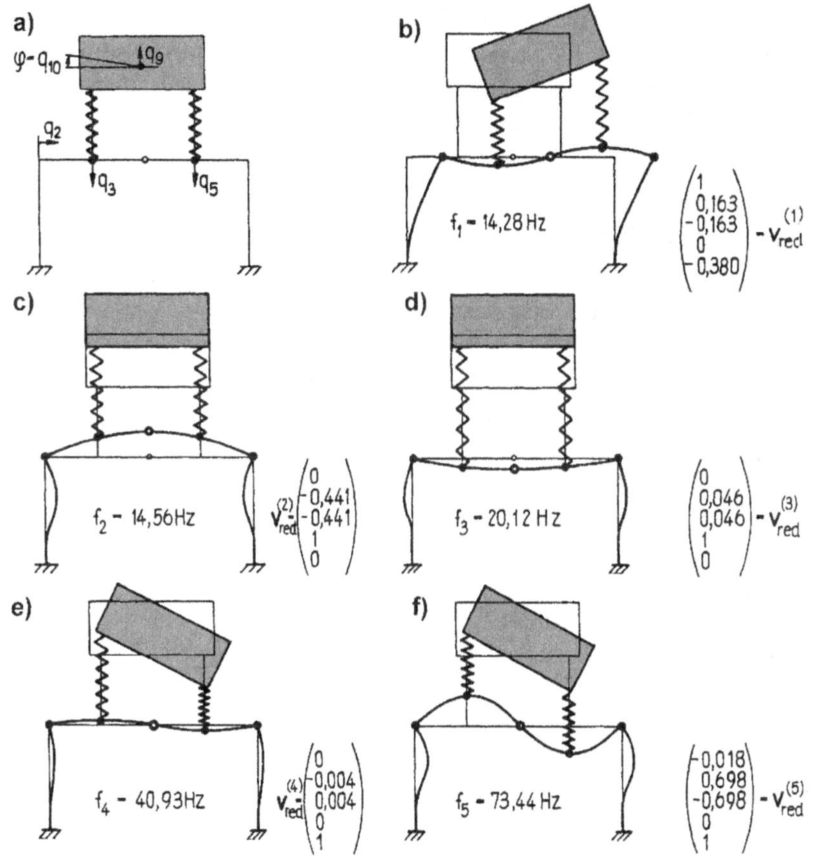

Abb. 6.24 Tragwerk von Abb. 6.7: **a** System mit den fünf externen Koordinaten $\boldsymbol{q}^{\mathrm{T}} = (q_2, q_3, q_5, q_9, q_{10})$, **b** Eigenschwingformen, Eigenvektoren $\boldsymbol{v}_{\mathrm{red}}^{(r)}$ und Eigenfrequenzen f_i des auf $n = 5$ Freiheitsgrade reduzierten Systems

Der Vergleich dieser Ergebnisse mit denen des ursprünglichen Systems in Abb. 6.12 zeigt Gemeinsamkeiten und Unterschiede! Es bestätigt sich die in Abschn. 6.5.3 begründete allgemeine Aussage, dass die Eigenfrequenzen des reduzierten Systems stets größer als die des ursprünglichen sind.

Beim reduzierten System entsprechen die auftretenden Eigenformen den niedrigsten des ursprünglichen Systems, weil die internen Koordinaten zweckmäßig gewählt wurden. Die erste Eigenform $\boldsymbol{v}_{\mathrm{red}}^{(1)}$ ist aber antimetrisch im Gegensatz zu der symmetrischen Form $\boldsymbol{v}_1$. Es ist also $\boldsymbol{v}_{\mathrm{red}}^{(1)}$ mit der Eigenform $\boldsymbol{v}_2$ und $\boldsymbol{v}_{\mathrm{red}}^{(2)}$ mit $\boldsymbol{v}_1$ zu vergleichen! Solch eine Umordnung in der Reihenfolge der Eigenformen ist auch beim Vergleich der zugehörigen Eigenfrequenzen zu beachten.

Werden die Eigenformen durch Benutzung der Formel (6.293) direkt in allen Komponenten mit der Modalmatrix (6.175) verglichen, kann festgestellt werden, dass die qualitative Übereinstimmung, wie schon aus den beiden Abb. 6.12 und 6.24 ersichtlich, recht gut ist. Die quantitativen Unterschiede in den Eigenformen sind (dies ist praktisch häufig der Fall) größer als die der Eigenfrequenzen.

6.5.6 Aufgaben A6.11 bis A6.13

A6.11 Beanspruchung beim Anstoßen

Extrem hohe Belastungen entstehen beim Anstoßen eines bewegten Maschinenteils. Am Beispiel einer fallenden Klappe soll der typische Berechnungsgang als Fortsetzung des Beispiels aus Abschn. 6.1.2.4 demonstriert werden.

Die Klappe wird als Biegeschwinger mit 4 Freiheitsgraden und die Stelle des Aufpralls als masselose Feder modelliert, vgl. Abb. 6.25.

Gegeben:

Masse jeder Punktmasse	$m = 4\,\text{kg}$
Abstand zwischen den Punktmassen	$l = 0{,}2\,\text{m}$
Geschwindigkeit der äußeren Punktmasse beim Anstoßen	$u = 10\,\text{m/s}$
Federkonstante der Stütze	$c = 1 \cdot 10^6\,\text{N/m}$
Nachgiebigkeits- und Massenmatrix aus (6.58) und (6.59)	

Die Biegesteifigkeit EI des Balkenmodells ist in Form der relativen Größe $\bar{c} = 2EI/cl^3$ gegeben. Es wird angenommen, dass die Klappe nach dem Stoß mit der Stützfeder verbunden bleibt, d. h. keine Trennung erfolgt.

Gesucht:

1. in allgemeiner Form: die Anfangsbedingungen beim Aufprall
2. für die speziellen Werte $\bar{c} = 1/3$; $\bar{c} = 1$ und $\bar{c} \to \infty$: die Horizontalkräfte in Gelenk und Stütze; Biegemoment an der Stützstelle

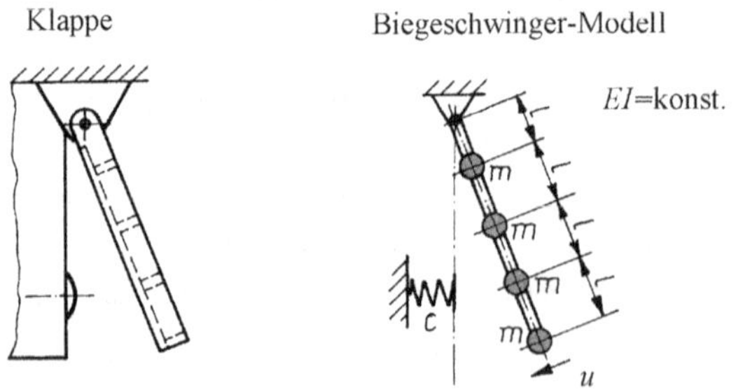

Abb. 6.25 Balken vor dem Aufprall

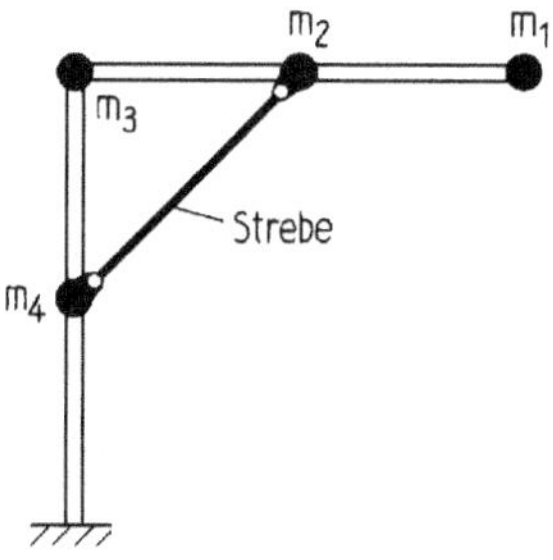

Abb. 6.26 Gestell mit starrer Strebe

A6.12 Erhöhung von Eigenfrequenzen durch eine starre Strebe

Ein Gestell wird durch eine Strebe versteift, vgl. Abb. 6.26. Es soll ermittelt werden, wie sich die vier Eigenfrequenzen des ursprünglich nicht verstrebten Gestells ändern.

Gegeben:

Massenmatrix $\boldsymbol{M}$ und Steifigkeitsmatrix $\boldsymbol{C}$ des ursprünglichen Gestells, vgl. Tab. 6.3, Fall 2.

Gesucht:

1. Zwangsbedingungen und Transformationsmatrix $\boldsymbol{T}$ für den Fall, dass eine starre Strebe zwischen den Massen m_2 und m_4 beidseitig gelenkig angebracht wird, vgl. Abb. 6.26.
2. Matrizen $\boldsymbol{M}_1$ und $\boldsymbol{C}_1$ des Gestells mit Strebe.
3. Vergleich der Eigenkreisfrequenzen des ursprünglichen Gestells mit denen des umgewandelten Gestells.

A6.13 Reduktion von vier auf zwei Freiheitsgrade

Vom Berechnungsmodell mit 4 Freiheitsgraden, das in Tab. 6.3, Fall 2, dargestellt ist, sind Massen- und Federmatrix gegeben. Es soll auf ein Modell mit 2 Freiheitsgraden reduziert werden, indem die Koordinaten q_2 und q_4 zu internen Koordinaten werden. Die Feder- und Massenmatrix des reduzierten Systems sind zu ermitteln und die beiden Eigenfrequenzen und Eigenformen mit den ersten beiden des ursprünglichen Systems zu vergleichen.

6.5.7 Lösungen L6.11 bis L6.13

L6.11 Abb. 6.27 zeigt den Biegeschwinger nach dem Aufprall im deformierten Zustand. Die absoluten Verschiebungen lassen sich im Koordinatenvektor

$$\boldsymbol{q} = [q_1,\ q_2,\ q_3,\ q_4]^{\mathrm{T}} \tag{6.327}$$

zusammenfassen. Die Bewegungsgleichung des Systems mit 4 Freiheitsgraden lautet gemäß (6.18):

$$\boldsymbol{D}\boldsymbol{M}\ddot{\boldsymbol{q}} + \boldsymbol{q} = \mathbf{o}. \tag{6.328}$$

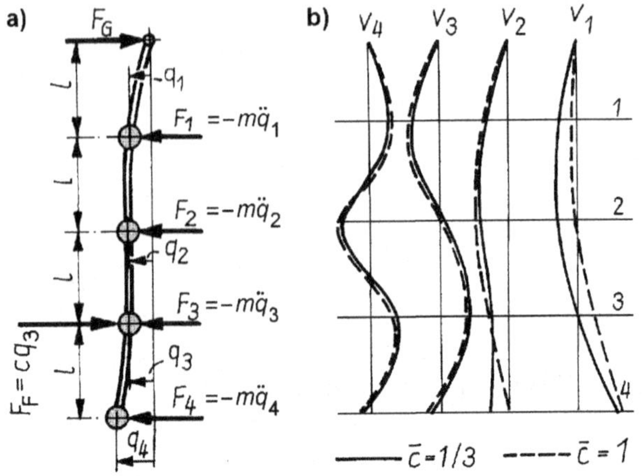

Abb. 6.27 Aufprall des Balkens: **a** Kräfte am frei geschnittenen System, **b** Eigenformen gemäß (6.330) und (6.332)

Vor dem Aufprall dreht sich der Balken wie ein starrer Körper. Die Geschwindigkeiten verlaufen linear mit dem Abstand vom Drehpunkt, sodass zum Zeitpunkt des Aufpralls ($t = 0$) die Anfangsbedingungen für den Koordinatenvektor entsprechend (6.126) lauten:

$$\underline{\underline{\boldsymbol{q}(0) = \boldsymbol{q}_0 = [0,\ 0,\ 0,\ 0]^{\mathrm{T}}}}; \qquad \underline{\underline{\dot{\boldsymbol{q}}(0) = \boldsymbol{u}_0 = (u/4) \cdot [1,\ 2,\ 3,\ 4]^{\mathrm{T}}}}. \tag{6.329}$$

Die Eigenwerte und Eigenvektoren wurden numerisch ermittelt und sind aus Abschn. 6.1.2.4 bekannt.

Die Eigenvektoren werden entsprechend (6.110) in der Modalmatrix $\boldsymbol{V}$ zusammengefasst. Bei der Normierung $\boldsymbol{v}_i^{\mathrm{T}} \cdot \boldsymbol{v}_i = 1$, vgl. (6.105), hat diese für $\bar{c} = 1/3$ die Form:

$$\boldsymbol{V} = \begin{bmatrix} 0{,}3164 & 0{,}5623 & 0{,}6285 & -0{,}4345 \\ 0{,}3412 & 0{,}6216 & -0{,}2808 & 0{,}6468 \\ -0{,}0792 & 0{,}3595 & -0{,}7027 & -0{,}6088 \\ -0{,}8816 & 0{,}4101 & 0{,}1800 & 0{,}1491 \end{bmatrix} = [\boldsymbol{v}_1,\ \boldsymbol{v}_2,\ \boldsymbol{v}_3,\ \boldsymbol{v}_4]. \tag{6.330}$$

Folgende Eigenfrequenzen wurden mit einem Rechenprogramm ermittelt, vgl. auch Abb. 6.6:

$$f_1 = 23{,}2\,\text{Hz}, \qquad f_2 = 38{,}8\,\text{Hz}, \qquad f_3 = 100{,}6\,\text{Hz}, \qquad f_4 = 176{,}5\,\text{Hz}. \tag{6.331}$$

Diese Werte können durch Anwendung von (6.125) mit Benutzung von $\boldsymbol{D}$ aus (6.58), $\boldsymbol{M}$ aus (6.59) und den Zahlenwerten aus Abschn. 6.1.2.4 geprüft werden. Für $\bar{c} = 1$ ergibt sich $f_1 = 35{,}8\,\text{Hz}$, $f_2 = 50{,}1\,\text{Hz}$, $f_3 = 155{,}5\,\text{Hz}$ und $f_4 = 298{,}9\,\text{Hz}$.

$$V = \begin{bmatrix} 0{,}0873 & 0{,}5746 & 0{,}6646 & -0{,}4696 \\ 0{,}0254 & 0{,}7164 & -0{,}1400 & 0{,}6830 \\ -0{,}3096 & 0{,}3918 & -0{,}6787 & -0{,}5386 \\ -0{,}9465 & -0{,}0560 & 0{,}2795 & 0{,}1512 \end{bmatrix} = [\boldsymbol{v}_1,\ \boldsymbol{v}_2,\ \boldsymbol{v}_3,\ \boldsymbol{v}_4]\,. \tag{6.332}$$

Für die Berechnung der freien Schwingungen ist die Benutzung von modalen Koordinaten zweckmäßig. Gemäß (6.118) ergeben sich mit den Matrizen aus (6.330), (6.332) und (6.59) die modalen Massen aus $\mathrm{diag}(\mu_i) = \boldsymbol{V}^\mathrm{T} \cdot \boldsymbol{M} \cdot \boldsymbol{V}$ zu $\mu_i = m$. Die Anfangsausschläge sind bei allen $\bar{c}$-Werten gleich $\boldsymbol{p}_0 = \boldsymbol{V}^{-1} \cdot \boldsymbol{q}_0 = \mathbf{o}$, vgl. (6.329).

Die Anfangsgeschwindigkeiten der modalen Koordinaten werden mit (6.130) zu

$$\dot{\boldsymbol{p}}_0 = \mathrm{diag}(1/\mu_i)\boldsymbol{V}^\mathrm{T} \cdot \boldsymbol{M} \cdot \boldsymbol{u}_0 = [\dot{p}_{10},\ \dot{p}_{20},\ \dot{p}_{30},\ \dot{p}_{40}]^\mathrm{T} \tag{6.333}$$

bestimmt. Die Werte von $\dot{\boldsymbol{p}}_0$ sind von der bezogenen Biegesteifigkeit $\bar{c}$ abhängig:

$$\begin{aligned} \bar{c} = 1/3: &\quad \dot{\boldsymbol{p}}_0 = u \cdot [-0{,}6913,\ 1{,}1311,\ -0{,}3303,\ -0{,}0927]^\mathrm{T}, \\ \bar{c} = 1\ : &\quad \dot{\boldsymbol{p}}_0 = u \cdot [-1{,}1442,\ 0{,}7397,\ -0{,}1334,\ -0{,}0287]^\mathrm{T}, \\ \bar{c} \to \infty: &\quad \dot{\boldsymbol{p}}_0 = u \cdot [1{,}3693,\ 0,\ 0,\ 0]^\mathrm{T}. \end{aligned} \tag{6.334}$$

Daraus kann mit (6.139) ermittelt werden, wie sich die kinetische Energie (die Rotationsenergie der drehenden Klappe) auf die vier Eigenformen verteilt, vgl. (6.141), (6.140) und (6.168):

$$\begin{aligned} W_{\mathrm{kin0}} &= \frac{1}{2} J_\mathrm{G} \dot{\varphi}^2 = 15ml^2 \cdot \left(\frac{u}{4l}\right)^2 = \sum_{i=1}^{4} W_{i0} = \frac{1}{2} \sum_{i=1}^{4} \frac{\left(\boldsymbol{v}_i^\mathrm{T} \boldsymbol{M} \boldsymbol{u}_0\right)^2}{\mu_i} \\ &= \frac{1}{2} \sum_{i=1}^{4} \mu_i \dot{p}_{i0}^2 = 0{,}9375mu^2. \end{aligned} \tag{6.335}$$

Es gilt für die Summanden W_{i0}:

$$\begin{aligned} \bar{c} = 1/3: &\quad W_\mathrm{kin} = (0{,}2389 + 0{,}6397 + 0{,}0546 + 0{,}0043)mu^2, \\ \bar{c} = 1\ : &\quad W_\mathrm{kin} = (0{,}6546 + 0{,}2736 + 0{,}0089 + 0{,}0004)mu^2, \\ \bar{c} \to \infty: &\quad W_\mathrm{kin} = (0{,}9375 + 0 \quad + 0 \quad + 0 \quad)mu^2. \end{aligned} \tag{6.336}$$

Je steifer der Balken ist, desto mehr Energie erhält die erste Eigenform.

Jede Hauptkoordinate schwingt gemäß (6.132) harmonisch mit ihrer Eigenfrequenz:

$$p_i = \frac{\dot{p}_{i0}}{\omega_i} \sin \omega_i t; \qquad i = 1,\ 2,\ 3,\ 4. \tag{6.337}$$

Die realen Koordinaten und deren Beschleunigungen ergeben sich daraus entsprechend (6.121) oder (6.146):

$$q_k = \sum_{i=1}^{4} v_{ki} \frac{\dot{p}_{i0}}{\omega_i} \sin \omega_i t; \quad \ddot{q}_k = -\sum_{i=1}^{4} v_{ki} \omega_i \dot{p}_{io} \sin \omega_i t, \quad k = 1,\ 2,\ 3,\ 4. \tag{6.338}$$

Die Horizontalkräfte in Stützfeder und Gelenk folgen aus den Gleichgewichtsbedingungen und betragen, vgl. Abb. 6.27:

$$\begin{aligned} F_\text{F} &= \frac{1}{3}(F_1 + 2F_2 + 3F_3 + 4F_4) = -\frac{m}{3}(\ddot{q}_1 + 2\ddot{q}_2 + 3\ddot{q}_3 + 4\ddot{q}_4) = cq_3, \\ F_\text{G} &= \frac{1}{3}(2F_1 + F_2 - F_4) = -\frac{m}{3}(2\ddot{q}_1 + \ddot{q}_2 - \ddot{q}_4) \\ &= F_1 + F_2 + F_3 + F_4 - F_\text{F}. \end{aligned} \tag{6.339}$$

Das Einsetzen der Beschleunigungen aus (6.338) liefert diese Kräfte in der Form:

$$\underline{\underline{F_\text{F} = \frac{m}{3} \sum_{i=1}^{4} (v_{1i} + 2v_{2i} + 3v_{3i} + 4v_{4i}) \omega_i \dot{p}_{i0} \sin \omega_i t = \sum_{i=1}^{4} F_{\text{F}i} \sin \omega_i t,}} \tag{6.340}$$

$$\underline{\underline{F_\text{G} = \frac{m}{3} \sum_{i=1}^{4} (2v_{1i} + v_{2i} - v_{4i}) \omega_i \dot{p}_{i0} \sin \omega_i t = \sum_{i=1}^{4} F_{\text{G}i} \sin \omega_i t.}} \tag{6.341}$$

Analog ist das Biegemoment im Balken am Federangriffspunkt gleich dem Produkt aus der Trägheitskraft und dem Abstand, vgl. Abb. 6.27 und (6.338):

$$\underline{\underline{M}} = F_4 l = -m\ddot{q}_4 l = \underline{\underline{ml \sum_{i=4}^{4} v_{4i} \omega_i \dot{p}_{i0} \sin \omega_i t = \sum_{i=1}^{4} M_i \sin \omega_i t.}} \tag{6.342}$$

Mit den Daten der Aufgabenstellung und aus (6.330) und (6.332) können die Zahlenwerte für die durch (6.340) bis (6.342) definierten Amplituden der Kräfte ($F_{\text{F}i}$; $F_{\text{G}i}$) und des Moments (M_i) jeder Eigenschwingung berechnet werden.

Aus Abb. 6.28 ist erkennbar, dass die Kraftgrößen bei geringer Biegesteifigkeit EI (d. h. kleinerem $\bar{c}$-Wert) vor allem von der zweiten Eigenschwingung bestimmt werden und auch der Einfluss der höheren Eigenschwingungen groß ist. Je größer die Biegesteifigkeit EI relativ zur Federkonstante c wird, desto größer wird der Einfluss der Grundschwingung. Für den ideal starren Balken ergibt sich ein Schwinger mit nur einem Freiheitsgrad, der eine harmonische Bewegung mit seiner Eigenfrequenz vollführt.

Interessant an den Ergebnissen ist die Tatsache, dass der Maximalwert der Kraftgrößen, der im Verlaufe der Schwingung überhaupt auftreten kann, mit zunehmender Biegesteifigkeit EI ansteigt. Würde als Berechnungsmodell für diese Klappe nur eine starrer Hebel mit der Stützfeder verwendet, so hätte sich für die Lagerkraft F_F ein etwas zu großer Maximalwert (27,39 kN > 25,88 kN) und für das Moment ein zu kleiner Maximalwert (2,191 kNm < 2,412 kNm) ergeben.

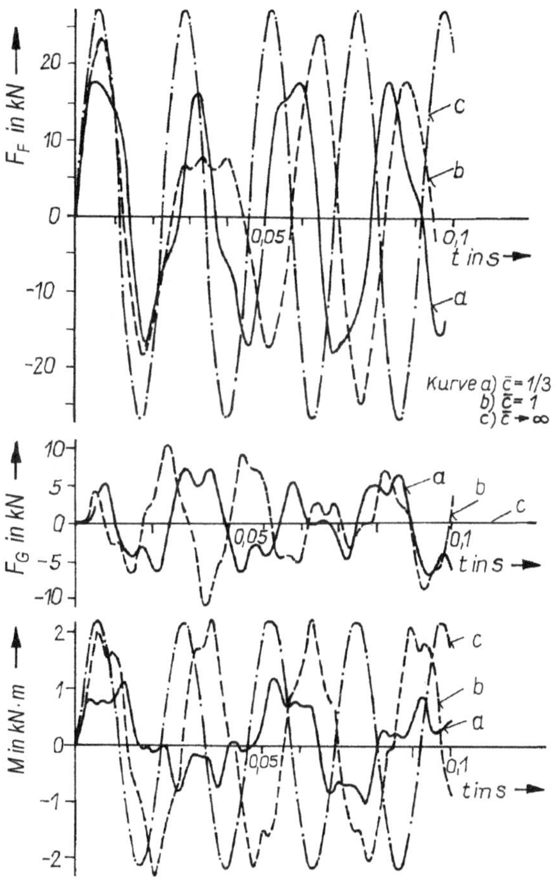

Abb. 6.28 Zeitverläufe der Horizontalkräfte und des Biegemoments an der Stelle der Feder (Abhängigkeit von $\bar{c}$)

Im Falle des starren Hebels ($\bar{c} \to \infty$) tritt im Drehpunkt G überhaupt keine Gelenkkraft auf, weil die Federkraft genau im Stoßmittelpunkt dieses starren Körpers angreift, vgl. A3.10. Erst bei Berücksichtigung der endlich großen Biegesteifigkeit der Klappe treten auch im Gelenk G nach dem Aufprall dynamische Kräfte auf, und zwar als Folge der angeregten Biegeschwingungen.

Fazit: Die dynamischen Belastungen in einem Bauteil nach einem Stoß sind proportional der Anfangsgeschwindigkeit und hängen von der Steifigkeitsverteilung innerhalb des angestoßenen Schwingungssystems ab. Mit größerer Steifigkeit eines Elements erhöhen sich die Eigenfrequenzen. Es kann keine allgemeine Aussage über den Einfluss der Steifigkeit auf die Größe der dynamischen Belastungen gemacht werden.

L6.12 Die Strebe zwischen den Massen m_2 und m_4 (vgl. Abb. 6.26) zwingt diese Massen dazu, dass ihre Wegkomponenten in Richtung der Strebe übereinstimmen. Trotzdem kann sich die Masse m_2 noch in der Ebene bewegen, und m_4 kann sich weiterhin horizontal verschieben. Die Zwangsbedingung findet sich, wenn die geometrischen Verhältnisse bei kleinen Deformationen betrachtet werden, vgl. Abb. 6.29.

Da bei vernachlässigbaren Längsverformungen das Dreieck $m_2 - m_3 - m_4$ starr bleibt, gilt bei kleinen Winkeln ($q_k/l \ll 1$):

$$\begin{aligned} q_1 &= q_1 \\ q_2 &= \quad q_3 - q_4 \\ q_3 &= \quad q_3 \\ q_4 &= \quad\quad\quad q_4 \end{aligned} \qquad \text{bzw.} \qquad \underline{\underline{\boldsymbol{T} = \begin{bmatrix} 1 & 0 & 0 \\ 0 & 1 & -1 \\ 0 & 1 & 0 \\ 0 & 0 & 1 \end{bmatrix}}}. \tag{6.343}$$

Die Koordinate q_2 lässt sich so eliminieren. Mit einer Betrachtung analog zu (6.302) ergibt sich in diesem Falle die Transformationsmatrix für den Koordinatenvektor $\boldsymbol{q}^{\mathrm{T}} = (q_1, q_3, q_4)$.

Aus (6.299) ergibt sich dann mit den in Tab. 6.3, Fall 2, gegebenen Matrizen analog zu (6.303) und (6.304) die Massenmatrix und die Federmatrix:

$$\underline{\underline{\boldsymbol{M}_1 = m \cdot \begin{bmatrix} 1 & 0 & 0 \\ 0 & 7 & -2 \\ 0 & -2 & 4 \end{bmatrix}}}; \qquad \underline{\underline{\boldsymbol{C}_1 = \frac{48EI}{97l^3} \cdot \begin{bmatrix} 26 & -50 & 47 \\ -50 & 126 & -165 \\ 47 & -165 & 320 \end{bmatrix}}} \tag{6.344}$$

Die Eigenkreisfrequenzen des durch eine Strebe gemäß Abb. 6.29 versteiften Systems ergeben sich aus (6.305) mit $\omega^* = \sqrt{48EI/(ml^3)}$ zu

$$\omega_1 = 0{,}088\,84\,\omega^*; \qquad \omega_2 = 0{,}486\,89\,\omega^*; \qquad \omega_3 = 0{,}958\,27\,\omega^*. \tag{6.345}$$

Sie sind zum Vergleich bei $\alpha = 45°$ in Abb. 6.22 als Punkte mit eingetragen und liegen erwartungsgemäß über denjenigen des ursprünglichen Systems. Die Stütze gegenüber dem raumfesten Bezugssystem erhöht die 2. und 3. Eigenfrequenz stärker als die Strebe, aber die erste Eigenfrequenz wird im Gegensatz dazu (wenn beim 45°-Winkel verglichen wird) durch die Strebe mehr vergrößert.

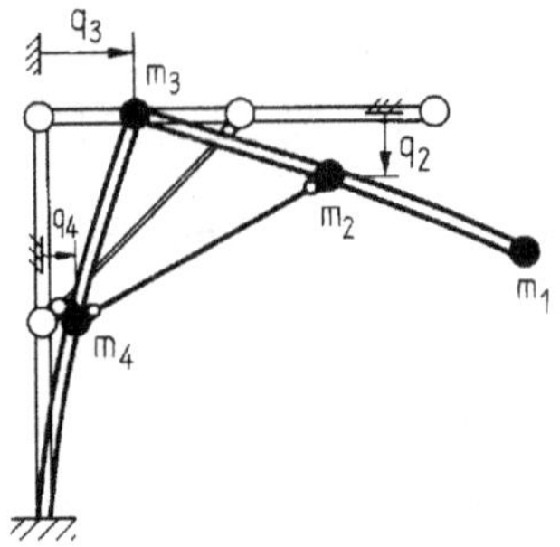

Abb. 6.29 Gestell mit Strebe

L6.13 Das Verfahren erfordert die Ordnung der Koordinaten nach externen Koordinaten $\boldsymbol{q}_1$ und internen Koordinaten $\boldsymbol{q}_2$, sodass der Koordinatenvektor in die neue Form $\boldsymbol{q}^{\mathrm{T}} = (q_1, q_3, q_2, q_4)$ gebracht wird. Innerhalb der Matrizen sind demzufolge die Zeilen zwei und drei und die Spalten zwei und drei zu vertauschen. Die dem neu geordneten Koordinatenvektor zugeordneten Matrizen lauten damit ($c^* = 48EI/l^3$, $m^* = m$):

$$\boldsymbol{C} = c^* \begin{bmatrix} 26 & 9 & -59 & -12 \\ 9 & 74 & -54 & -131 \\ -59 & -54 & 160 & 72 \\ -12 & -131 & 72 & 304 \end{bmatrix}, \quad \boldsymbol{M} = m^* \begin{bmatrix} 1 & 0 & 0 & 0 \\ 0 & 5 & 0 & 0 \\ 0 & 0 & 2 & 0 \\ 0 & 0 & 0 & 2 \end{bmatrix}. \tag{6.346}$$

Die Teilmatrizen gemäß der Partitionierung nach (6.285) bzw. (6.290) sind

$$\begin{aligned} \boldsymbol{C}_{11} &= c^* \begin{bmatrix} 26 & 9 \\ 9 & 74 \end{bmatrix}, \quad \boldsymbol{C}_{12} = c^* \begin{bmatrix} -59 & -12 \\ -54 & -131 \end{bmatrix}, \quad \boldsymbol{C}_{22} = c^* \begin{bmatrix} 160 & 72 \\ 72 & 304 \end{bmatrix}, \\ \boldsymbol{M}_{11} &= m^* \begin{bmatrix} 1 & 0 \\ 0 & 5 \end{bmatrix}, \quad \boldsymbol{M}_{12} = \boldsymbol{0}, \quad \boldsymbol{M}_{22} = m^* \begin{bmatrix} 2 & 0 \\ 0 & 2 \end{bmatrix}. \end{aligned} \tag{6.347}$$

Wird darauf (6.288) angewendet, so ergeben sich die reduzierten Matrizen nach folgender Zahlenrechnung:

$$\boldsymbol{C}_{\text{red}} = c^* \left\{ \begin{bmatrix} 26 & 9 \\ 9 & 74 \end{bmatrix} - \begin{bmatrix} -59 & -12 \\ -54 & -131 \end{bmatrix} \begin{bmatrix} 160 & 72 \\ 72 & 304 \end{bmatrix}^{-1} \begin{bmatrix} -59 & -54 \\ -12 & -131 \end{bmatrix} \right\}$$

$$\boldsymbol{C}_{\text{red}} = c^* \begin{bmatrix} 3{,}464 & -5{,}196 \\ -5{,}196 & 13{,}857 \end{bmatrix}. \tag{6.348}$$

Aus (6.291) folgt analog

$$\boldsymbol{M}_{\text{red}} = m \begin{bmatrix} 1{,}314 & 0{,}084 \\ 0{,}084 & 5{,}360 \end{bmatrix}. \tag{6.349}$$

Das Eigenwertproblem $\det\left(\boldsymbol{C}_{\text{red}} - \omega^2 \boldsymbol{M}_{\text{red}}\right) = \mathbf{o}$ des reduzierten Systems liefert die folgenden Quadrate der Eigenkreisfrequenzen:

$$\omega_1^2 = 0{,}312\,97 \frac{EI}{ml^3}, \qquad \omega_2^2 = 2{,}3346 \frac{EI}{ml^3}. \tag{6.350}$$

Im Vergleich zu denen des ursprünglichen Systems sind sie etwas größer, vgl. (6.159). Die zugehörigen Eigenvektoren sind (normiert mit $v_{1i} = 1$):

$$\boldsymbol{v}_{\text{red}}^{(1)} = \begin{bmatrix} 1 \\ 0{,}502 \end{bmatrix}, \qquad \boldsymbol{v}_{\text{red}}^{(2)} = \begin{bmatrix} 1 \\ -0{,}489 \end{bmatrix}. \tag{6.351}$$

Die Zurückrechnung auf die ursprünglichen Lagekoordinaten entsprechend (6.293) ergibt die vollständigen Eigenvektoren, die nach der Normierung für den Koordinatenvektor $\boldsymbol{q}^{\mathrm{T}} = (q_1,\ q_3,\ q_2,\ q_4)$ lauten:

$$\underline{\underline{\overline{\boldsymbol{v}}_1 = \begin{bmatrix} 1 \\ 0{,}502 \\ 0{,}473 \\ 0{,}143 \end{bmatrix}}}, \qquad \underline{\underline{\overline{\boldsymbol{v}}_2 = \begin{bmatrix} 1 \\ -0{,}489 \\ 0{,}314 \\ -0{,}246 \end{bmatrix}}}. \tag{6.352}$$

Es ist die Vertauschung in der Reihenfolge von q_2 und q_3 gegenüber (6.165) zu beachten. Der Vergleich der für das reduzierte System erhaltenen Eigenformen mit den durch (6.165) bekannten Werten des ursprünglichen Systems zeigt, dass sie mit hinreichender Genauigkeit übereinstimmen.

7 Lineare Systeme mit mehreren Freiheitsgraden: Erzwungene Schwingungen

Die Grundannahme bei der Behandlung erzwungener Schwingungen ist, dass die Erregerkräfte oder die kinematischen Erregungen, die auf ein mechanisches System wirken, explizit nur von der Zeit abhängen. Bei derartiger Modellierung wird *keine Rückwirkung* des Schwingers auf den Erreger zugelassen und ein unbegrenzt großer Energievorrat des Erregers angenommen. Beides trifft streng genommen nie zu, aber es ist eine zweckmäßige und oft gerechtfertigte Näherung. Mit der Vorgabe einer zeitabhängigen mechanischen Größe wird das behandelte Objekt gewissermaßen aus der mechanischen Umwelt herausgeschnitten und damit eine *Modellgrenze* festgelegt.

Die Analyse mechanischer Systeme unter äußerer Anregung kann somit als systemtheoretisches Problem aufgefasst werden: Die Anregung $\boldsymbol{f}(t)$ verursacht rückwirkungsfrei Bewegungen des Systems $\boldsymbol{q}(t)$, die als Systemausgang aufgefasst werden können (Abb. 7.1).

Die Lösung einer Differentialgleichung für ein derartiges System setzt sich immer aus zwei Anteilen zusammen: Der *homogene Anteil* beschreibt die Eigenschwingungen des Systems, wie in Kap. 6 beschrieben. Die *partikuläre Lösung* ist die Reaktion auf die äußere Anregung. Der homogene Anteil der Lösung kann entweder durch Anfangsbedingungen oder durch Einschalten der äußeren Anregung verursacht werden. Durch die immer im System vorhandene Dämpfung verschwindet der homogene Anteil und langfristig ist nur die partikuläre Lösung relevant. Ein kurzfristiges Auftreten des homogenen Anteils nach $t = 0$ wird als Einschwingvorgang bezeichnet.

7.1 Systeme ohne Dämpfung

Das ungedämpfte System ist ein theoretischer Grenzfall, da in der Praxis immer irgendwelche Formen von Energiedissipation vorhanden sind. Zudem ist, gerade bei der Berechnung

M. Beitelschmidt und H. Dresig, *Maschinendynamik*,
https://doi.org/10.1007/978-3-662-60313-0_7

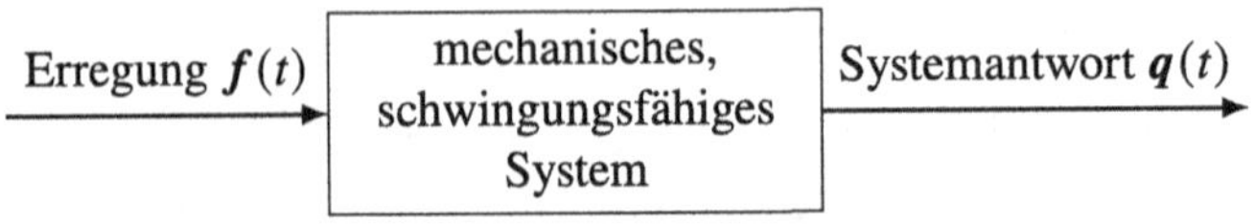

Abb. 7.1 Ein erregtes mechanisches System als Übertragungsglied

des Systemverhaltens bei Anregung von außen, die Dämpfung im System von entscheidender Bedeutung. Dennoch ist es sinnvoll, zunächst die grundsätzlichen Phänomene der Antwort eines Systems auf äußere Anregung am mathematisch wesentlich einfacheren, ungedämpften System zu studieren.

Die Bewegungsgleichungen für erzwungene Schwingungen können z. B. mithilfe der Lagrange'schen Gleichungen oder aus den Gleichgewichtsbedingungen in Verbindung mit dem Prinzip von d'Alembert aufgestellt werden. Sie lauten in Matrizenschreibweise, vgl. (6.29), (6.17) und (6.18):

$$\boldsymbol{M}\ddot{\boldsymbol{q}} + \boldsymbol{C}\boldsymbol{q} = \boldsymbol{f}(t) \qquad \text{oder} \qquad \boldsymbol{D}\boldsymbol{M}\ddot{\boldsymbol{q}} + \boldsymbol{q} = \boldsymbol{D}\boldsymbol{f}(t). \tag{7.1}$$

Auf der rechten Seite steht der Vektor der Erregerlasten, $\boldsymbol{f}^{\mathrm{T}} = [F_1,\ F_2,\ \ldots,\ F_n]$, dessen einzelne Komponenten F_k verallgemeinerte Kräfte oder Momente darstellen, die in Richtung der verallgemeinerten Koordinaten q_k wirken. Der interessierende Verlauf $\boldsymbol{q}(t)$ könnte aus 7.1 durch numerische Integration gewonnen werden. Bei solchen Verfahren gehen aber wesentliche physikalisch-mechanische Informationen über das spektrale und modale Verhalten des Systems, die gerade bei linearen Systemen besonders aussagekräftig sind, verloren.

7.1.1 Allgemeine Lösung

Hier wird die Lösung unter Verwendung der aus 6.2.2 bekannten Hauptkoordinaten betrachtet. Wird die Transformation nach (6.121) vorgenommen, so ergibt sich analog zu (6.123) ein System von n entkoppelten Differenzialgleichungen für „modale Schwinger" in den modalen Koordinaten $p_i(t)$:

$$\mu_i \ddot{p}_i + \gamma_i p_i = h_i(t), \qquad i = 1,\ 2,\ \ldots,\ n. \tag{7.2}$$

Die modalen Massen μ_i und die modalen Federkonstanten γ_i sind aus (6.113) und (6.114) bekannt, vgl. auch (6.118). Die Größen h_i sind die auf die i-te Eigenform reduzierten Erregerkräfte und werden als modale Erregerkräfte bezeichnet, vgl. Abb. 7.2. Sie ergeben sich aus den ursprünglichen Kraftgrößen als:

$$\boldsymbol{h}(t) = \boldsymbol{V}^{\mathrm{T}} \boldsymbol{f}(t) \qquad \text{oder} \qquad h_i(t) = \sum_{k=1}^{n} v_{ki} F_k(t). \tag{7.3}$$

Jede modale Kraft h_i repräsentiert die Arbeit, die alle Kraftgrößen F_k längs der Deformation verrichten, die der Eigenform $\boldsymbol{v}_i$ entspricht.

Jede der Gl. (7.2) entspricht formal der Bewegungsgleichung eines Einfachschwingers, der als modaler Schwinger bezeichnet wird. Mit den Eigenkreisfrequenzen ω_i, vgl. (6.125), lautet die Lösung unter Berücksichtigung der Anfangsbedingungen von (6.131):

$$p_i = p_{i0} \cos \omega_i t + \frac{\dot{p}_{i0}}{\omega_i} \sin \omega_i t + \frac{1}{\mu_i \omega_i} \int_0^t h_i(\tau) \sin \omega_i (t - \tau) \mathrm{d}\tau. \tag{7.4}$$

Der Integralausdruck in 7.4 ist das *Duhamel'sche Integral.* Es ist die Faltung der äußeren Anregung mit der Impulsantwort des Schwingers. Für $\boldsymbol{h}(t) = 0$ ergibt sich der Sonderfall der freien Schwingungen. Die Geschwindigkeiten folgen daraus unter Benutzung der allgemeinen Regel zum Differenzieren eines Integrals:

$$\dot{p}_i = -\omega_i p_{i0} \sin \omega_i t + \dot{p}_{i0} \cos \omega_i t + \frac{1}{\mu_i} \int_0^t h_i(\tau) \cos \omega_i (t - \tau) \mathrm{d}\tau. \tag{7.5}$$

Die erzwungenen Schwingungen eines Systems können für beliebige zeitliche Kraftverläufe $h_i(t)$ durch Lösung des Duhamelschen Integrals berechnet werden. Falls nur die stationäre Lösung interessiert, wie z. B. bei harmonischer oder periodischer Erregung, so kann auf die Terme verzichtet werden, die durch die Anfangsbedingungen bestimmt sind. Die Lösung mit Hilfes des Duhamelschen Integrals hat allerdings eher theoretische Bedeutung. Für viele praktisch relevante Anregungen existieren Lösungsformeln (z. B. im folgenden Abschnitt). Bei komplexen Anregungssignalen ist eine Lösung mittels numerischer Integration vorzuziehen.

7.1.2 Harmonische Erregung (Resonanz, Tilgung)

Harmonische Erregungen treten im Maschinenbau sehr häufig auf, z. B. wenn Massenkräfte durch rotierende Unwuchten oder andere periodische Bewegungen entstehen. Außerdem interessieren die Lösungen der Bewegungsgleichungen für die harmonische Erregung deshalb, weil sich jede periodische Erregung als eine Superposition aus harmonischen Erregungen darstellen lässt. Diese Anregungen entstehen z. B. in periodisch arbeitenden Maschinen.

Es wird nun der Fall betrachtet, dass auf das Schwingungssystem n harmonisch veränderliche Kraftgrößen mit der Erregerkreisfrequenz Ω in Richtung der Koordinaten q_k wirken:

$$\boldsymbol{f}(t) = \boldsymbol{f}_a \cos \Omega t + \boldsymbol{f}_b \sin \Omega t \tag{7.6}$$

bzw.:

$$F_k(t) = F_{ak} \cos \Omega t + F_{bk} \sin \Omega t; \qquad k = 1, \ldots, n. \tag{7.7}$$

Die modalen Erregerkräfte sind nach (7.3)

$$\begin{aligned} h_i(t) &= \boldsymbol{v}_i^{\mathrm{T}} \boldsymbol{f}(t) = \boldsymbol{v}_i^{\mathrm{T}} \left(\boldsymbol{f}_a \cos \Omega t + \boldsymbol{f}_b \sin \Omega t \right) \\ &= h_{ai} \cos \Omega t + h_{bi} \sin \Omega t; \quad i = 1, \ldots, n \end{aligned} \tag{7.8}$$

mit

$$h_{ai} = \boldsymbol{v}_i^{\mathrm{T}} \boldsymbol{f}_a, \quad h_{bi} = \boldsymbol{v}_i^{\mathrm{T}} \boldsymbol{f}_b; \quad i = 1, \ldots, n. \tag{7.9}$$

Werden die Anfangsbedingungen zu $\boldsymbol{p}_0 = \mathbf{o}$ und $\dot{\boldsymbol{p}}_0 = \mathbf{o}$ eingesetzt, was einem plötzlichen Beginn der harmonischen Erregung des ursprünglichen Systems entspricht (z. B. nach dem Lösen einer Arretierung), so folgt für die Hauptkoordinaten des Systems aus dem Integral (7.4) unter Verwendung der modalen Steifigkeiten $\gamma_i = \mu_i \omega_i^2$ und der Abstimmungsverhältnisse $\eta_i = \Omega/\omega_i$ $(i = 1, \ldots, n)$:

$$\begin{aligned} p_i(t) &= \frac{1}{\mu_i \omega_i} \int\limits_0^t (h_{ai} \cos \Omega \tau + h_{bi} \sin \Omega \tau) \sin(\omega_i (t - \tau))\, \mathrm{d}\tau \\ &= \frac{1}{\gamma_i (1 - \eta_i^2)} [h_{ai} (\cos \Omega t - \cos \omega_i t) + h_{bi} (\sin \Omega t - \eta_i \sin \omega_i t)]. \end{aligned} \tag{7.10}$$

Diese Bewegungen setzen sich aus Schwingungen sowohl mit der Erregerkreisfrequenz Ω als auch mit der Eigenkreisfrequenz ω_i zusammen. Der praktisch stets vorhandene Einfluss der Dämpfung führt dazu, dass der Anteil, der mit der Eigenkreisfrequenz ω_i verläuft, im Laufe der Zeit abklingt und deshalb oft vernachlässigt werden kann, vgl. Abb. 7.8.

Resonanz kann auftreten, wenn die Erregerfrequenz $f_e = \Omega/(2\pi)$ mit einer der Eigenfrequenzen $(f_i = \omega_i/(2\pi))$ übereinstimmt, d. h. bei

$$\Omega = \omega_i \Rightarrow \eta_i = 1. \tag{7.11}$$

Wie die Bewegungen für den *Resonanzfall* im Laufe der Zeit anwachsen, kann als Sonderfall von (7.10) durch einen Grenzübergang gefunden werden. Es gilt:

$$\lim_{\eta_i \to 1} p_i(t) = \frac{1}{2\gamma_i} \left(h_{bi} \sin \omega_i t + \omega_i t \ (h_{ai} \sin \omega_i t - h_{bi} \cos \omega_i t) \right). \tag{7.12}$$

Abb. 7.8c illustriert diesen Bewegungsablauf, allerdings unter Berücksichtigung einer schwachen Dämpfung. Das mit der Zeit lineare Anwachsen der Ausschläge ist in $0 \leqq t \leqq 1$ s zu beobachten. Danach ist der Übergang zum stationären Zustand erkennbar. Ungedämpft würden die Ausschläge unbegrenzt linear mit der Zeit wachsen. Zum Einfluss der Dämpfung im Resonanzfall vgl. Abschn. 7.2.1.1.

Die stationäre Lösung ergibt sich für $\eta_i \neq 1$ aus

$$\mu_i \ddot{p}_i + \gamma_i p_i = h_{ai} \cos \Omega t + h_{bi} \sin \Omega t \tag{7.13}$$

zu

$$p_i(t) = \frac{1}{\gamma_i\left(1-\eta_i^2\right)}\left(h_{ai}\cos\Omega t + h_{bi}\sin\Omega t\right), \tag{7.14}$$

also die aus (7.10) bekannte Lösung ohne den Term der Eigenschwingung.

Unter Benutzung der Transformation (6.121) entsteht daraus die Bewegung in den ursprünglichen Koordinaten:

$$\boldsymbol{v}(t) = \boldsymbol{V}\boldsymbol{p}(t) \tag{7.15}$$

oder ausführlich:

$$q_k(t) = \sum_{i=1}^{n} v_{ki}\, p_i\,(t) = q_{ak}\cos\Omega t + q_{bk}\sin\Omega t; \quad k = 1,\ldots,n. \tag{7.16}$$

Hierbei ist

$$q_{ak} = \sum_{i=1}^{n}\frac{v_{ki}h_{ai}}{\gamma_i\left(1-\eta_i^2\right)}, \quad q_{bk} = \sum_{i=1}^{n}\frac{v_{ki}h_{bi}}{\gamma_i\left(1-\eta_i^2\right)}. \tag{7.17}$$

Aus (7.16) folgt für die Amplitude der k-ten Koordinate

$$\hat{q}_k = \sqrt{q_{ak}^2 + q_{bk}^2}\,. \tag{7.18}$$

Die Lösung zeigt, dass bei harmonischer Erregung das System stationär mit der Erregerfrequenz schwingt. Die *erzwungene Schwingform,* die durch die Gesamtheit der q_k beschrieben wird, hängt von der Erregerfrequenz ab. Es besteht also ein wesentlicher Unterschied zwischen den Schwingformen der erzwungenen Schwingungen und den nur von den Modellparametern abhängigen Eigenschwingformen.

Die erzwungenen Schwingformen sind stark von der Anregungsfrequenz abhängig. In der Nähe einer Resonanzstelle ($\Omega = \omega_i$) überwiegt in der Summe (7.16) der i-te Summand gegenüber den übrigen Termen, sodass die Amplituden der erzwungenen Schwingungen dann etwa der i-ten Eigenschwingform $\boldsymbol{v}_i$ entsprechen. Es ist deshalb manchmal ausreichend, bei erzwungenen Schwingungen die der Resonanzstelle am nächsten gelegenen Eigenschwingungen zu berücksichtigen, da die Amplituden der „entfernteren" vernachlässigbar klein bleiben.

7.1.3 Erzwungene Schwingungen des masselosen Balkens

Wirken auf einen Biegeschwinger zeitabhängige Erregerkräfte oder -momente, so entstehen *erzwungene Schwingungen.* Zum Verständnis erzwungener Schwingungen ist der Begriff der modalen Erregerkräfte nützlich, vgl. auch Abschn. 7.1.1. Die modalen Erregerkräfte ergeben sich aus den ursprünglichen Erregerkräften und -momenten und sind definiert durch (7.3), vgl. auch (7.21). Sie entsprechen der Summe einer mechanischen Arbeit („Kraft mal Weg"), welche die Erregerkräfte F_k mit den Wegen der i-ten Eigenform v_{ki} verrichten.

Die i-te modale Erregerkraft bewertet den Einfluss der Angriffsstelle, der Größe und der Richtung aller Einzelkräfte auf die Erregung der i-ten Eigenform. Ihr Zahlenwert ist von der Normierungsbedingung der Eigenform abhängig, also nur zum Vergleich von Erregungen der betrachteten Eigenform geeignet und kein absolutes Maß. Wirkt eine Erregerkraft F_k im Schwingungsknoten einer Eigenform, so wird diese nicht erregt. Wenn mehrere Erregerkräfte wirken und $h_i = 0$ ist, wird die betreffende Eigenform auch nicht erregt. Mit Hilfe der modalen Erregerkräfte kann erklärt und veranschaulicht werden, warum welche Eigenformen intensiv oder schwach erregt werden.

Als Beispiel ist in Abb. 7.2 ein Biegeschwinger dargestellt, auf den drei Erregerkräfte wirken. Die Bewegungsgleichungen sind durch (6.29) gegeben. In Abschn. 7.1.1 wird gezeigt, dass die Bewegungsgleichungen (6.29) so umgeformt werden können, dass sie für die modalen Koordinaten p_i lauten:

$$\ddot{p}_i + \omega_i^2 p_i = h_i(t)/\mu_i; \quad i = 1,\ 2,\ 3. \tag{7.19}$$

Eine modale Koordinate p_i liefert ein Maß für die Amplituden der i-ten Eigenform. Der Maßstabsfaktor wird bestimmt von der Normierungsbedingung, vgl. (6.105). Dabei ist ω_i die i-te Eigenkreisfrequenz die sich aus (6.129) berechnen lässt. Modale Massen gemäß (6.138) sind hier die Ausdrücke

$$\mu_i = \boldsymbol{v}_i^{\mathrm{T}} \boldsymbol{M} \boldsymbol{v}_i = m_1 v_{1i}^2 + m_2 v_{2i}^2 + m_3 v_{3i}^2; \quad i = 1,\ 2,\ 3. \tag{7.20}$$

Für das Beispiel in Abb. 7.2 lauten die modalen Erregerkräfte

$$h_i = \boldsymbol{v}_i^{\mathrm{T}} \boldsymbol{F} = v_{1i} F_1 + v_{2i} F_2 + v_{3i} F_3; \quad i = 1,\ 2,\ 3. \tag{7.21}$$

Aus Abb. 7.2 kann entnommen werden, dass bei der ersten Eigenform alle drei Kräfte in Richtung der Wege wirken, also alle positive Arbeit verrichten. Dabei hat die Kraft F_2 in der Mitte des Balkens den größten Einfluss auf die modale Erregerkraft h_1.

Die Kraft F_2 erregt die zweite Eigenform nicht, weil der Weg an dieser Kraftangriffsstelle $v_{22} = 0$ ist. Die Kraft F_1 verrichtet positive Arbeit, aber die Kraft F_3 wirkt entgegengesetzt zur Amplitude v_{32} und leistet negative Arbeit. Es kann sogar passieren, dass trotz des Wirkens der Kräfte F_1, F_2 und F_3 keine Erregung der zweiten Eigenform erfolgt, wenn $v_{12} F_1 = -v_{32} F_3$ gilt und F_2 auf den Schwingungsknoten wirkt.

Das Beispiel in Abb. 7.2 erlaubt die Aussage, dass bei den angenommenen Kraftrichtungen die erste Eigenform stärker als die zweite und die dritte Eigenform angeregt wird.

In Abb. 7.3 ist das Schwingungsverhalten eines masselosen Balkens mit drei konzentrierten Massen über einen großen Anregungsfrequenzbereich dargestellt. An der Masse 3 wirkt eine periodische Erregerkraft $F_3(t) = \hat{F}_3 \sin \Omega t$. Die in Abb. 7.3b dargestellten Schwingformen lassen sich aus den in Abb. 7.3c angegebenen Amplituden-Frequenzgängen (die nicht genau maßstäblich gezeichnet wurden) erklären. Oft besteht in der Praxis auch die umgekehrte Aufgabe, sich aus gemessenen Amplituden-Frequenzgängen erzwungene Schwingformen zu rekonstruieren. Bei sehr niedriger Erregerfrequenz ($\Omega \to 0$) ist die erzwungene

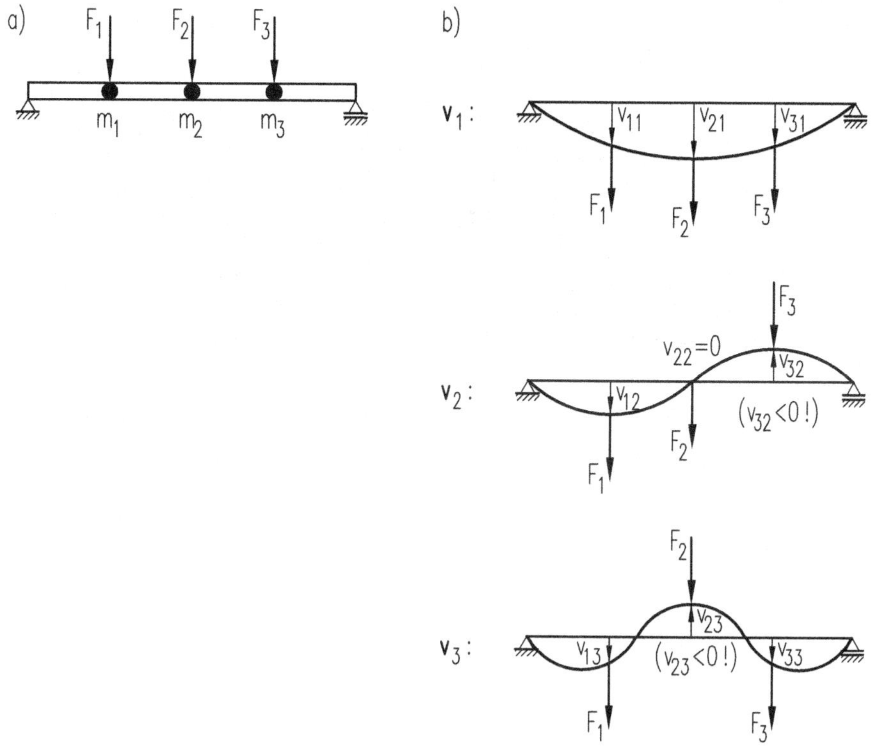

Abb. 7.2 Erzwungene Schwingungen eines Biegeschwingers: **a** Berechnungsmodell mit drei Erregerkräften $F_k(t)$, **b** Erregerkräfte und Eigenformen $\boldsymbol{v}_1$, $\boldsymbol{v}_2$ und $\boldsymbol{v}_3$

Schwingform nahezu identisch mit der statischen Biegelinie. „Niedrig" bedeutet hier, dass die Erregerfrequenz wesentlich kleiner als die erste Eigenfrequenz ist. Wegen der Änderung des Vorzeichens im Nenner bei $p_i(t)$ wechselt die Amplitude an der Resonanzstelle ihr Vorzeichen. Der dadurch bedingte *Phasensprung* ist typisch für jede Resonanzstelle, wie es auch in Abb. 7.3c bei jeder Koordinate an den Stellen $\Omega = \omega_i$ sichtbar ist.

Es ist zu beachten, dass nach dem Phasensprung vom rechten Lager jeweils ein Schwingungsknoten bei weiterer Frequenzerhöhung nach links in den Balken „wandert". Die so genannten Tilgungsfrequenzen (auch Antiresonanzen genannt) treten dann auf, wenn der Schwingungsknoten der erzwungenen Schwingform die Kraftangriffsstelle erreicht. Aus der Anzahl und der Lage der Schwingungsknoten einer erzwungenen Schwingung kann (z. B. bei Messungen) darauf geschlossen werden, zwischen welchen Eigenfrequenzen eine Erregerfrequenz liegt.

Das Übereinstimmen einer Erregerfrequenz mit einer Eigenfrequenz sagt noch nichts über die Gefährlichkeit dieser Schwingungen aus. Es kann durchaus vorkommen, dass $\Omega = \omega_i$ ist und trotzdem keine sehr großen Amplituden auftreten, weil nämlich die modale Erregerkraft $h_i = 0$ ist. Wenn der Erregerkraftvektor $\boldsymbol{f}$ orthogonal zur i-ten Eigenschwingform $\boldsymbol{v}_i$ ist,

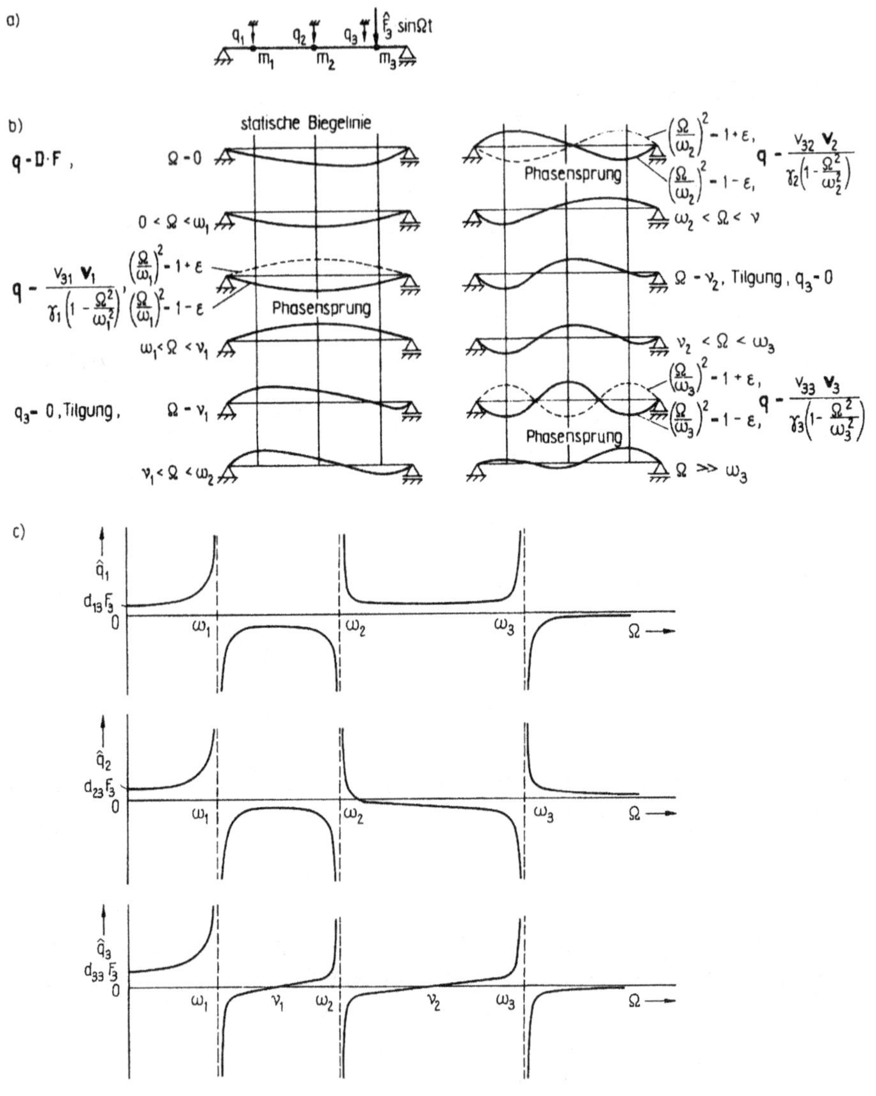

Abb. 7.3 Schwingformen eines zweifach gelagerten Balkens infolge einer harmonischen Erregerkraft $\hat{F}_3 \sin \Omega t$: **a** Modell mit drei Freiheitsgraden, **b** Erzwungene Schwingformen, **c** Amplituden-Frequenzgang der Koordinaten q_1, q_2, q_3

gilt:

$$h_i = \boldsymbol{v}_i^{\mathrm{T}} \boldsymbol{f} = \boldsymbol{f}^{\mathrm{T}} \boldsymbol{v}_i = \sum_{k=1}^{n} v_{ki} F_k = 0 \tag{7.22}$$

und es treten keine Ausschläge auf (so genannte „Scheinresonanz“).

Ein Sonderfall davon liegt vor, wenn eine Erregerkraft in der Nähe des Schwingungsknotens einer Eigenschwingform wirkt. Die Amplituden einer Schwingform sind Null, wenn die Kraft genau in deren Schwingungsknoten angreift. Als Merkregel gilt, dass Resonanzen nur dann gefährlich sind, wenn bei der betreffenden Resonanzfrequenz die Erregerkräfte in die zugehörige Eigenschwingform Energie einleiten.

Falls auf den Schwinger nur eine einzige harmonische Kraft in Richtung der Koordinate $q_l (1 \leq l \leq n)$ wirkt, dann gilt nach (7.9)

$$h_{ai} = v_{si} F_{as}, \quad h_{bi} = v_{li} F_{bs}; \quad i = 1, 2, \ldots, n. \tag{7.23}$$

Und die entsprechende Lösung nach (7.16) und (7.17) lautet:

$$q_k(t) = D_{sk} \; (F_{as} \cos \Omega t + F_{bs} \sin \Omega t) \tag{7.24}$$

mit den Elementen der *dynamischen Nachgiebigkeitsmatrix* $\boldsymbol{D}(\Omega)$

$$D_{ks}(\Omega) = D_{sk}(\Omega) = \sum_{i=1}^{n} \frac{v_{ki} v_{si}}{\gamma_i (1 - \eta_i^2)} \tag{7.25}$$

zwischen der Krafteinleitungsstelle (q_s) und der Koordinate q_k. Dies ist ein Sonderfall der allgemeinen Frequenzgangmatrix $H_{sk}(\mathrm{j}\Omega)$, die im Abschn. 7.2.1.2, Gl. (7.89) und folgende, für die Systemantwort gedämpfter Systeme eingeführt wird. Aus (7.24) folgt gemäß (7.18) für die Amplitude:

$$\hat{q}_k = |D_{sk}| \sqrt{F_{as}^2 + F_{bs}^2} = |D_{sk}| \; \hat{F}_l. \tag{7.26}$$

Die Deformation an der Krafteinleitungsstelle ($k = s$) beträgt:

$$\begin{aligned} q_s(t) &= \sum_{i=1}^{n} \frac{v_{si}^2}{\gamma_i \left(1 - \eta_i^2\right)} \left(F_{as} \cos \Omega t + F_{bs} \sin \Omega t\right) \\ &= D_{ss}\left(\Omega\right) \; \left(F_{as} \cos \Omega t + F_{bs} \sin \Omega t\right). \end{aligned} \tag{7.27}$$

Aus (7.27) folgt die dynamische Nachgiebigkeit der Kraftangriffsstelle:

$$D_{ss}(\Omega) = \sum_{i=1}^{n} \frac{v_{si}^2}{\gamma_i (1 - \eta_i^2)}. \tag{7.28}$$

Die dynamische Nachgiebigkeit D_{ss} besitzt, wie aus (7.28) ersichtlich ist, n Resonanzstellen. Daraus folgt, dass zwischen diesen Unendlichkeitsstellen $n - 1$ Nullstellen existieren, also

Erregerfrequenzen, bei denen $D_{ss}(\Omega = \nu_j) = 0$ ist. Bei diesen Erregerfrequenzen bleibt der Kraftangriffspunkt in Ruhe, aber alle anderen Punkte des Systems schwingen weiter, vgl. auch Abb. 7.3c. Diese Erscheinung bedeutet Schwingungstilgung oder „Antiresonanz". Die entsprechenden Frequenzen $f_j = \nu_j/2\pi$ werden *Tilgungsfrequenzen* genannt.

Ein System mit n Freiheitsgraden besitzt $n - 1$ Tilgungsfrequenzen bezüglich jedes Kraftangriffspunktes, vgl. auch die ausführliche Diskussion in Abschn. 5.5. Bei der Tilgung ist der Kraftangriffspunkt unbeweglich, d. h., er kann als befestigt betrachtet werden und die dann vorhandene Schwingform als Eigenschwingformen des in der Richtung q_s festgehaltenen Systems aufgefasst werden. Die Erregerkraft erscheint dann als Lagerkraft. Infolgedessen können auch die Tilgungsfrequenzen als Eigenfrequenzen eines Systems mit $(n - 1)$ Freiheitsgraden mit den üblichen Eigenwert-Programmen bestimmt werden.

Werden in (7.28) alle Summanden auf einen Hauptnenner gebracht, so sind dessen Nullstellen die Eigenkreisfrequenzen. Andererseits muss der sich ergebende Zähler ein Polynom $(n - 1)$-ten Grades sein, dessen Wurzeln die Tilgungsfrequenzen ν_k sind. Wird mit Π die Produktbildung bezeichnet und mit d_{ss} den verbleibenden Zahlenwert der Polynome, so ergibt sich aus dieser Überlegung die Darstellung:

$$D_{ss}(\Omega) = d_{ss} \frac{\prod\limits_{k=1}^{n-1} (1 - \Omega^2/\nu_k^2)}{\prod\limits_{i=1}^{n} (1 - \Omega^2/\omega_i^2)}. \tag{7.29}$$

Die d_{ss} stellen die dynamische Nachgiebigkeit bei $\Omega = 0$ dar, d. h. die statische Nachgiebigkeit (Hauptdiagonalelemente der Matrix $\boldsymbol{D}$). Gl. (7.29) erlaubt, die dynamische Nachgiebigkeit aus der statischen Nachgiebigkeit zu berechnen, wenn die Eigenkreisfrequenzen ω_i und die Tilgungskreisfrequenzen ν_k eines Systems bekannt sind.

7.1.4 Harmonische Erregung kontinuierlicher Balken

In diesem Abschnitt wird die Schwingungsantwort eines massebelegten Balkens (siehe Abschn. 6.4) auf eine äußere Kraftanregung $F(t) = \hat{f} \sin \Omega t$, die an der Stelle $z = z_s$ am Balken angreift, beschrieben. Aufgrund des Superpositionsprinzips können daraus auch Lösungen für Anregungen an mehreren Stellen sowie mit verschiedenen Anregungsfrequenzen gewonnen werden.

Wie im Abschn. 6.4.1 dargestellt, wird das Schwingungsverhalten eines massebelegten Balkens durch eine Kombination von unendlich vielen Paaren von Eigenfunktionen $v_i(z)$ mit jeweils zugehörigen Eigenkreisfrequenzen ω_i bestimmt. Somit kann die Schwingungsantwort mit einem Vorgehen, das zum Abschn. 7.1.2 eng verwandt ist, berechnet werden. Zudem sind auch die Erkenntnisse zu Resonanzen, Antiresonanzen usw. übertragbar.

Ausgangspunkt ist die Differenzialgleichung (6.239), die um einen harmonischen Kraftterm auf der rechten Seite ergänzt wird.

$$\varrho A\ddot{r} + EIr'''' = \delta(z - z_s)\hat{f}\sin\Omega t \tag{7.30}$$

Die am Punkt z_s angreifende Kraft mit der Amplitude $\hat{f}$ wird durch die Dirac-Distribution $\delta(z - z_s)$ in eine punktförmige Streckenlast verwandelt. Mit dem Ergebnis des Separationsansatzes (6.240), gilt

$$r(t, z) = \sum_{i=1}^{\infty} v_i(z)q_i(t) \tag{7.31}$$

mit den einspannungsspezifisch gefundenen Eigenfunktionen $v_i(z)$. Um die Gl. (7.30) modal zu entkoppeln, muss eine Lösung aus (7.31) eingesetzt werden und gewichtet mit den Eigenfunktionen integriert werden (vergleichbar mit der Linksmultiplikation mit den Eigenvektoren, wobei wegen (6.245) nur v_i berücksichtigt werden muss:

$$\varrho A \int_0^l v_i v_i \mathrm{d}z\, \ddot{q}_i(t) + EI \int_0^l v_i v_i'''' \mathrm{d}z\, q_i(t) = \int_0^l v_i \delta(z - z_s)\hat{f}\mathrm{d}z \sin\Omega t, \tag{7.32}$$

$$\varrho A\mu_i^* \ddot{q}_i(t) + EI\mu_i^* \left(\frac{\lambda_i}{l}\right)^4 q_i(t) = v_i(z_s)\hat{f}\sin\Omega t. \tag{7.33}$$

Als Lösungsansatz wird $q_i(t) = \hat{q}_i \sin\Omega$ eingesetzt, woraus sich zunächst

$$\left[-\varrho A\mu_i^*\Omega^2 + EI\mu_i^* \left(\frac{\lambda_i}{l}\right)^4\right]\hat{q}_i = v_i(z_s)\hat{f} \tag{7.34}$$

ergibt. Division durch $EI\mu_i^*(\lambda_i/l)^4$ führt mit (6.243) zu

$$\left(1 - \frac{\Omega^2}{\omega_i^2}\right)\hat{q}_i = \frac{1}{EI\mu_i^*\left(\frac{\lambda_i}{l}\right)^4} v_i(z_s)\hat{f} \tag{7.35}$$

und zur Übertragungsfunktion von der Kraftanregung zur modalen Koordinate q_i:

$$\hat{q}_i = \frac{1}{1 - \eta_i^2} \frac{1}{EI\mu_i^*\left(\frac{\lambda_i}{l}\right)^4} v_i(z_s)\hat{f}. \tag{7.36}$$

Die Amplitude der Systemantwort an der Balkenstelle z_l ergibt sich aus

$$\hat{r}(z_l) = \sum_{i=0}^{\infty} v_i(z_l)\hat{q}_i, \tag{7.37}$$

was eingesetzt in 7.36 zur gesuchten Übertragungsfunktion

$$H_{ls}(\Omega) = \sum_{i=0}^{\infty} \frac{v_i(z_l)v_i(z_s)}{1 - \eta_i^2} \frac{1}{EI\mu_i^*\left(\frac{\lambda_i}{l}\right)^4} \tag{7.38}$$

führt. Alle Terme dieser Gleichung sind bekannt: Die Balkensteifigkeit EI ist eine Systemkonstante und die Eigenvektoren v_i sowie die zugehörigen Eigenwerte ω_i (damit η_i) und λ_i sind aus der Lösung des homogenen Balkenschwingung bekannt. μ_i^* hängt gemäß (6.246) von der frei wählbaren Skalierung der Eigenfunktionen ab. In der praktischen Berechnung kann die Summenbildung nach einer endlichen Anzahl von Gliedern abgebrochen werden. Hierzu sollten die Eigenfrequenzen aufsteigend sortiert sein, sodass das Abbruchkriterium aus einer Frequenzgrenze abgleitet werden kann. Der Vergleich mit (7.25) zeigt eine weitgehende Übereinstimmung, es kann $\gamma_i = EI\mu_i^*(\lambda_i/l)^4$ abgelesen werden.

7.1.5 Instationäre Erregung (Rechteckstoß)

Neben der harmonischen Erregung ist die Erregung während einer endlichen Erregungszeit Δt ein wichtiger Belastungsfall im Maschinenbau. Damit können Belastungen und Entlastungen erfasst werden, welche bei Anfahr- und Bremsvorgängen auftreten. Auch *kurzzeitige Belastungen* bei Kupplungsvorgängen, beim Anstoßen von Fahrzeugen oder Maschinenteilen, bei der Aufnahme und Abgabe von Werkstücken (Greifen, Öffnen, Schließen) oder bei technologischen Prozessen (Umformen, Schneiden) verlangen oft eine Berechnung der entstehenden Maximalwerte von Kraft- und Bewegungsgrößen.

In Abschn. 5.4.3 wurden bereits für den Torsionsschwinger verschiedene Erregungen behandelt. Die Ergebnisse aus Abb. 5.35 lassen sich auf modale Schwinger übertragen. Hier wird ein idealer Rechteck-Verlauf der modalen Erregerkraft angenommen. Damit können typische Zusammenhänge gezeigt werden, die auch bei anderen Kraftverläufen auftreten, z. B. bei halbsinusförmigem Kraftverlauf. Insbesondere ist für sehr kurze Belastungszeiten $\Delta t \ll T_i$ damit auch die Stoßerregung erfassbar, vgl. Abb. 7.4a.

Falls eine konstante Einzelkraft F_{s0} an der Stelle s in Richtung der Koordinate q_s wirkt, ergeben sich die modalen Kräfte gemäß (7.3) zu

$$h_i = v_{si} F_{s0}, \qquad i = 1, 2, \ldots, n. \tag{7.39}$$

Wirkt die Kraft F_{s0} plötzlich auf ein ruhendes System während der Zeit $0 \leq t \leq \Delta t$, ergeben sich die Hauptkoordinaten aus (7.4):

$$p_i = \frac{h_i}{\mu_i \omega_i} \int\limits_0^t \sin \omega_i (t - \tau) \mathrm{d}\tau = \frac{h_i}{\gamma_i}(1 - \cos \omega_i t). \tag{7.40}$$

Für $t > \Delta t$ ergibt sich, weil dann $F_s = 0$ und die modale Erregerkraft $h_i = 0$ ist,

$$p_i = \frac{h_i}{\mu_i \omega_i} \int\limits_0^{\Delta t} \sin \omega_i (t - \tau) \mathrm{d}\tau + \int\limits_{\Delta t}^t 0 \mathrm{d}t' = \frac{h_i}{\gamma_i} [\cos \omega_i (t - \Delta t) - \cos \omega_i t] \tag{7.41}$$

und nach einigen trigonometrischen Umformungen folgt daraus

$$p_i = \frac{2h_i}{\gamma_i} \cdot \sin\frac{\omega_i \Delta t}{2} \sin\omega_i\left(t - \frac{\Delta t}{2}\right). \tag{7.42}$$

Wird $\omega_i = 2\pi/T_i$ gesetzt, so lässt sich p_i mit Hilfe von (7.40) für $0 \leq t/\Delta t \leq 1$ und (7.42) für $t/\Delta t > 1$ darstellen. Für verschiedene Verhältnisse $\Delta t/T_i$ zeigt dies Abb. 7.4c. Der Maximalwert beträgt

$$p_{i\,\max} = \frac{2h_i}{\gamma_i}\left|\sin\frac{\omega_i \Delta t}{2}\right| = \frac{2h_i}{\gamma_i}\left|\sin\frac{\pi \Delta t}{T_i}\right|. \tag{7.43}$$

Also deformiert sich jede Hauptkoordinate infolge einer plötzlichen Belastung höchstens doppelt so viel, wie durch eine gleich große statische Belastung. Der Maximalwert hängt vom Verhältnis Erregerzeit Δt zur Periodendauer T_i der betreffenden Eigenschwingung ab.

Um Stoßerregungen zu vergleichen und Laborprüfungen zu simulieren, wird oft der *Spitzenwert* der im System entstehenden Kraft benutzt, die so genannte maximale *Stoßantwort.* Zu unterscheiden sind die Initial-Stoßantwort, welche die größte Amplitude während der Wirkungsdauer ($0 < t < \Delta t$) berücksichtigt, und die Residual-Stoßantwort, welche die größte Amplitude nach der Erregungszeit ($t > \Delta t$) ausdrückt.

Abb. 7.4c veranschaulicht die Stoßantwort für einen Rechteck- und einen Halbsinus-Kraftverlauf. Die volle Kurve entspricht der durch (7.40) und (7.41) erhaltenen Lösung, während für den Halbsinus-Stoß Ergebnisse aus der Literatur entnommen wurden.

Beträgt die Erregungszeit ein ganzzahliges Vielfaches einer Periodendauer ($\Delta t = nT_i$), so bleibt die betreffende Eigenschwingform nach dem Aufhören der Kraft in Ruhe, vgl. (7.42). Diese Auslöschung der Restschwingung (Rechteckstoß: $\Delta t = T_i + nT_i$, Halbsinusstoß: $\Delta t = 1{,}5T_i + nT_i$) ist ein interessanter dynamischer Effekt, vgl. Abb. 7.4c. Bei der Schwingungsanregung während einer Modalanalyse mit einem Modalhammer kann das dazu führen, dass eine Eigenschwingform trotz des Stoßes nicht angeregt wird. Die in der ersten Halbperiode eingespeiste Energie wird in der zweiten Halbperiode von der „Kraftquelle" wieder entnommen.

Ist die Erregungszeit klein im Verhältnis zur Periodendauer, so ergibt sich mit einer Reihenentwicklung für $\Delta t/T_i \ll 1$ aus (7.42) wegen $\sin(\pi \Delta t/T_i) \approx \pi \Delta t/T_i$

$$p_{i\,\max} = \frac{2\pi h_i \Delta t}{\gamma_i T_i} = \frac{\omega_i}{\gamma_i} h_i \Delta t = \frac{h_i \Delta t}{\sqrt{\gamma_i \mu_i}}. \tag{7.44}$$

Die Koordinaten q_k ergeben sich aus (6.121), (7.39) und (7.42) für $t > \Delta t$:

$$\begin{aligned} q_k &= \sum_{i=1}^{n} v_{ki} \frac{2h_i}{\gamma_i} \sin\frac{\omega_i \Delta t}{2} \sin\omega_i\left(t - \frac{\Delta t}{2}\right) \\ &= 2F_s \sum_{i=1}^{n} \frac{v_{ki} v_{si}}{\gamma_i} \sin\frac{\omega_i \Delta t}{2} \sin\omega_i\left(t - \frac{\Delta t}{2}\right). \end{aligned} \tag{7.45}$$

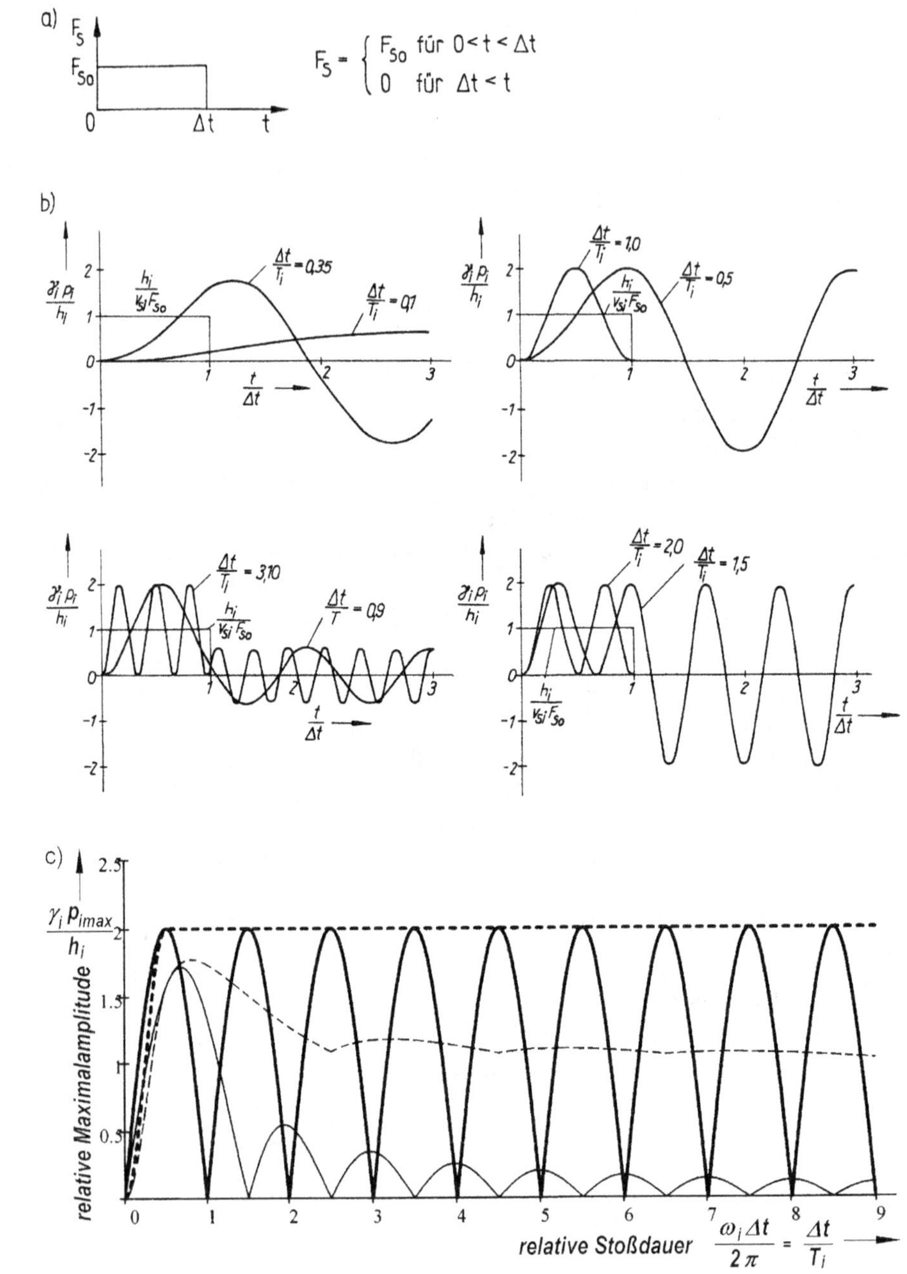

Abb. 7.4 Reaktion eines modalen Schwingers auf eine Kraft endlicher Dauer Δt: **a** Rechteckstoß, **b** Zeitverläufe, **c** Maximale Stoßantwort (*dicke Linien:* Rechteck-Stoß; *dünne Linien:* Halbsinus-Stoß; *gestrichelt:* Initial-Maximalwert; *Volllinie:* Residual-Maximalwert)

Sie entstehen als Superposition aller Schwingungen, und es kann nicht wie bei dem in Abschn. 5.4.3.2 behandelten Fall gesagt werden, dass die maximalen dynamischen Deformationen q_k doppelt so groß wie die statischen sind. Bezüglich jeder Koordinate q_k besitzt das Verhältnis von statischen und dynamischen Deformationen einen anderen Wert, der wesentlich durch die Eigenschwingformen $\boldsymbol{v}_i$ bestimmt wird. Infolge der meist irrationalen Zahlenwerte der ω_i werden die Maximalwerte der Hauptkoordinaten im allgemeinen nicht gleichzeitig erreicht. Als Abschätzung für die Koordinaten kann folgende Ungleichung für diesen Belastungsfall angegeben werden:

$$q_{k\,\max} \leqq 2F_s \sum_{i=1}^{n} \left| \frac{v_{ki}\,v_{si}}{\gamma_i} \sin \frac{\omega_i \Delta t}{2} \right| . \tag{7.46}$$

Um die Wirkung stoßartiger Belastungen beurteilen zu können, müssen also die Stoßkraft F_{s0}, die Erregungszeit Δt, die Eigenschwingformen $\boldsymbol{v}_i$ und die Eigenkreisfrequenzen ω_i bekannt sein. Infolge der Dämpfung werden die Maximalausschläge den großen Wert gemäß (7.46) nicht erreichen, da die höheren Eigenschwingformen schnell abklingen und sich nicht alle Spitzenwerte summieren. Bei beliebigem Kraftverlauf $h_i(t)$ gilt gemäß (7.4) wegen $\sin \omega_i(t - \tau) = \sin \omega_i t \cos \omega\tau - \cos \omega_i t \sin \omega_i \tau$:

$$p_i = \frac{1}{\mu_i \omega_i} \left\{ \left[\int_0^t h_i(\tau) \cos \omega_i \tau \,\mathrm{d}\tau \right] \sin \omega_i t - \left[\int_0^t h_i(\tau) \sin \omega_i \tau \,\mathrm{d}\tau \right] \cos \omega_i t \right\}. \tag{7.47}$$

Ein Stoß ist kinematisch als ein Geschwindigkeitssprung definiert, analog zum Ruck als Beschleunigungssprung. Aus der Sicht der Dynamik ist die *Stoßkraft* eine im Verhältnis zur Periodendauer der angeregten Schwingung kurzzeitig wirkende Erregerkraft. Bei der folgenden Betrachtung wird nicht zwischen kinematischer (Weg-, Winkel-) und Kraft-Erregung unterschieden, da sich beide Erregerarten auf eine modale Erregerkraft für die einzelnen Hauptschwingungen transformieren lassen. Dafür ($\Delta t \ll T_i$) gelten die Näherungen

$$\omega_i \tau \ll 1, \qquad \cos \omega_i \tau \approx 1, \qquad \sin \omega_i \tau \approx 0 \tag{7.48}$$

und mit dem Impuls $I_i = \int_0^t h_i(\tau) \mathrm{d}\tau$ ergibt sich aus (7.47) näherungsweise

$$p_i = \frac{I_i}{\mu_i \omega_i} \sin \omega_i t. \tag{7.49}$$

Die Amplitude dieser Restschwingung (auch residuelle Stoßantwort genannt) ist also bei Stößen nur vom Impuls und nicht vom Zeitverlauf der Erregerkraft abhängig. Es ist zu beachten, dass die Lösung gemäß (7.49) mit derjenigen übereinstimmt, die bei freien Schwingungen mit der Anfangsbedingung $\dot{p}_{i0} = I_i / \mu_i$ auftritt, vgl. (6.146).

7.1.6 Beispiele

7.1.6.1 Gestell

Als erstes Beispiel wird das Gestell mit 4 Freiheitsgraden aus Tab. 6.3, Fall 2, betrachtet. Gesucht sind die dynamische Nachgiebigkeit $D_{11}(\Omega)$ und die Amplituden der Koordinaten in Abhängigkeit von der Erregerfrequenz. Aus Abschn. 6.2.5.2 sind die Modalmatrix $\boldsymbol{V}$, die Diagonalmatrizen der modalen Massen diag(μ_i) und modalen Federkonstanten diag(γ_i) bekannt. Weiterhin gilt $\boldsymbol{h} = \boldsymbol{V}^{\mathrm{T}}\boldsymbol{f} = \boldsymbol{V}^{\mathrm{T}} \cdot [1,\ 0,\ 0,\ 0]^{\mathrm{T}} F_1 = F_1 \cdot [1,\ 1,\ 1,\ 1]^{\mathrm{T}}$ aufgrund der Normierung von $\boldsymbol{V}$ mit $v_{1i} = 1$ nach (6.165). Die statischen Durchsenkungen, die zum Vergleich herangezogen werden können kann, ergeben sich mit (6.154) zu

$$\boldsymbol{q}_{\mathrm{st}} = \boldsymbol{D} \cdot \boldsymbol{f} = [64,\ 29,\ 24,\ 6]^{\mathrm{T}} \frac{l^3 F_1}{48EI}. \tag{7.50}$$

Die dynamische Nachgiebigkeit an der Kraftangriffsstelle ergibt sich aus (7.28) für $s = 1$ nach Einführung eines Hauptnenners

$$\begin{aligned}\frac{48EI}{64\,l^3} D_{11}(\Omega) &= \frac{q_1}{q_{1\,\mathrm{st}}} \\ &= \frac{1-39{,}59\left(\dfrac{\Omega}{\omega*}\right)^2+77{,}14\left(\dfrac{\Omega}{\omega^*}\right)^4-30{,}31\left(\dfrac{\Omega}{\omega^*}\right)^6}{1-176\left(\dfrac{\Omega}{\omega^*}\right)^2+3480\left(\dfrac{\Omega}{\omega^*}\right)^4-5456\left(\dfrac{\Omega}{\omega^*}\right)^6+1940\left(\dfrac{\Omega}{\omega^*}\right)^8}.\end{aligned} \tag{7.51}$$

Die Wurzeln des Zählers liefern die *Tilgungsfrequenzen* $f_k = \nu_k/(2\pi)$ aus:

$$\nu_1^2 = 0{,}0266\,\omega^{*2}, \qquad \nu_2^2 = 0{,}6710\,\omega^{*2}, \qquad \nu_3^2 = 1{,}8478\,\omega^{*2} \tag{7.52}$$

mit $\omega^{*2} = 48EI/ml^3$ gemäß (6.157). Die Wurzeln des Nenners sind aus (6.159) bekannt. Damit lässt sich die dynamische Nachgiebigkeit in der Form von (7.29) schreiben:

$$D_{11}(\Omega) = \frac{64\,l^3}{48EI} \frac{\left(1-\dfrac{\Omega^2}{\nu_1^2}\right)\left(1-\dfrac{\Omega^2}{\nu_2^2}\right)\left(1-\dfrac{\Omega^2}{\nu_3^2}\right)}{\left(1-\dfrac{\Omega^2}{\omega_1^2}\right)\left(1-\dfrac{\Omega^2}{\omega_2^2}\right)\left(1-\dfrac{\Omega^2}{\omega_3^2}\right)\left(1-\dfrac{\Omega^2}{\omega_4^2}\right)}. \tag{7.53}$$

Aus dieser Darstellung ist sowohl die Lage der Eigenfrequenzen als auch die Lage der Tilgungsfrequenzen erkennbar.

Die *Tilgungsfrequenzen* sind die Eigenfrequenzen des in Abb. 7.5a dargestellten Rahmens, welcher aus dem ursprünglichen Gestell dadurch entsteht, dass das rechte Lager starr gestützt ist. Dieses Lager sorgt dafür, dass dieser Punkt sich nicht vertikal bewegen kann. Wenn der ursprüngliche (nicht an dieser Stelle gestützte Rahmen) mit einer harmonischen vertikalen Erregerkraft dort mit der Tilgungsfrequenz erregt würde, dann würde dieser Punkt

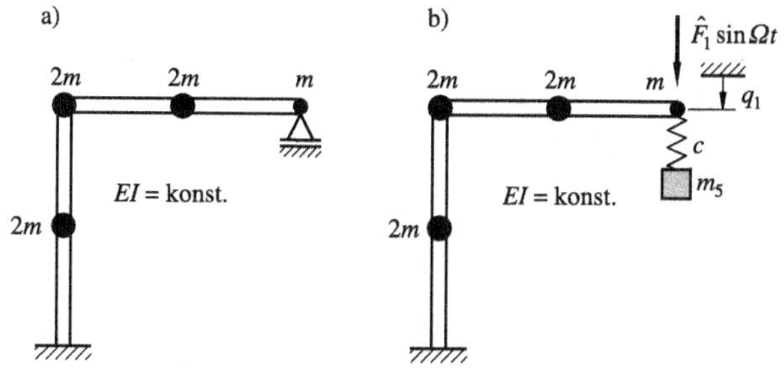

Abb. 7.5 Zum Tilgungseffekt am Gestell: **a** Gestell mit zusätzlichem Lager, **b** Gestell mit Schwingungstilger

in Ruhe bleiben und es käme zu keiner Resonanz. Das freie Gestell hat bei der Tilgungsfrequenz an dieser Stelle einen Schwingungsknoten.

Um zu erreichen, dass bei einer vorgegebenen Erregerkreisfrequenz Ω der Kraftangriffspunkt in Ruhe bleibt, kann ein *Schwingungstilger* in Form eines Feder-Masse-Systems angeordnet werden, wie es Abb. 7.5b zeigt. Dieser Zusatzschwinger bewirkt, dass sich alle Eigenfrequenzen des ursprünglichen Gestells verschieben. Die Eigenform derjenigen Eigenfrequenz, die der Erregerfrequenz entspricht, hat dann an der Kraftangriffsstelle einen Schwingungsknoten! Damit Schwingungstilgung auftritt, muss die Bedingung $\Omega^2 = c/m_5$ erfüllt werden.

Dies kann theoretisch mit einer großen Masse (und einer steifen Federkonstante) oder mit einer kleinen Masse (und kleinen Federkonstante) erreicht werden. Der Kraftangriffspunkt bleibt deshalb in Ruhe, weil die dynamische Kraft des Tilgers zu jedem Zeitpunkt entgegengesetzt zur Erregerkraft und von gleichem Betrage ist. Die Amplituden der Tilgermasse sind demzufolge umgekehrt proportional zur Federkonstante (und Tilgermasse). Eine Dämpfung beeinträchtigt den idealen Tilgereffekt zwar, aber sie verbreitert auch den Frequenzbereich, in dem geringere Amplituden auftreten.

7.1.6.2 Schwingförderer

Als zweites Beispiel werden die erzwungenen Schwingungen eines Schwingförderers betrachtet (Abb. 7.6). Die Erregung erfolgt mit $f = 50$ Hz durch elektromagnetische Kräfte, die zwischen den eingezeichneten Erregermassen und der Förderrinne wirken. Für den Erregerfrequenzbereich $f = 50$ bis 60 Hz sind in Abb. 7.6a einige errechnete erzwungene Schwingformen dargestellt. Eine Eigenfrequenz liegt bei etwa $f = 59{,}5$ Hz was daraus erkennbar ist, dass zwischen 59 und 60 Hz ein Phasensprung auftritt.

Aus Abb. 7.6 geht hervor, dass sich die erzwungene Schwingform im unterkritischen Bereich der Schwingform des federnd aufgehängten starren Balkens annähert. Die Amplituden des Balkens nehmen in Resonanznähe zu. Die Förderrinne führt starke Biegeschwingungen aus, so dass der Fördervorgang gestört würde, weil sich an den Schwingungsknoten das Fördergut staut. Es wäre also ungünstig, die Rinne in Resonanznähe zu betreiben.

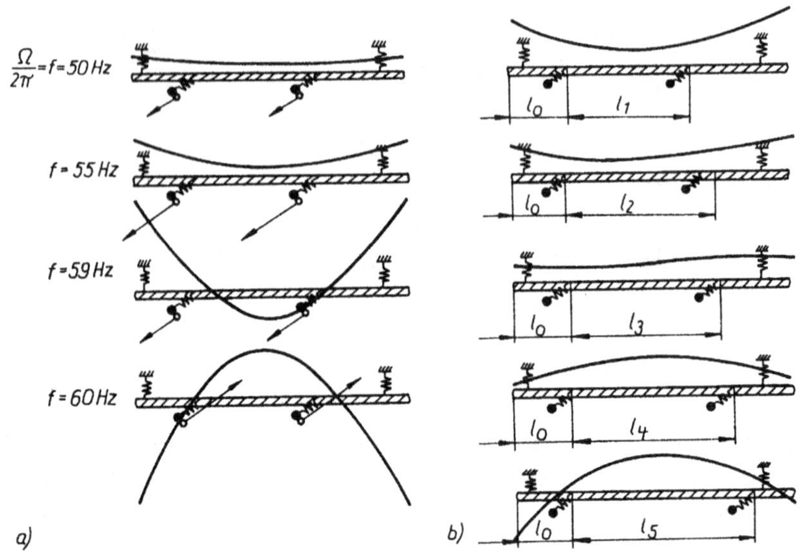

Abb. 7.6 Erzwungene Schwingformen eines Schwingförderers: **a** im Bereich von $f = 50 \ldots 60$ Hz (Die *Pfeile* geben die Bewegungsrichtungen der Massen der Erreger an, wobei die Längen den Amplituden proportional sind.), **b** bei $f = 50$ Hz und verschiedenen Abständen l_i der Schwingungserreger

Bemerkenswert ist der Phasensprung der Schwingform nach dem Überschreiten der Resonanzfrequenz, der typisch für alle Schwinger ist, vgl. Abb. 7.3.

Da ein Schwingförderer infolge der festliegenden elektrischen Netzfrequenz bei 50 Hz betrieben werden muss, wurde geprüft, wie sich die Schwingformen bei Variation des Angriffspunktes einer der beiden Erreger verändern. Das Ergebnis dieser Analyse zeigt Abb. 7.6b. Es ist erkennbar, dass die Anbringung der Erreger im Abstand l_3 ein gleichmäßiges Fließen des Fördergutes erwarten lässt, während beim Abstand l_1 mit einer Gutstauung in Rinnenmitte und bei l_5 wegen des Schwingungsknotens sogar mit einem gegenläufigen Fließen des Gutes in Teilen der Rinne zu rechnen ist.

7.1.7 Aufgaben A7.1 bis A7.3

A7.1 Bewegungsgleichungen in modalen Koordinaten

Wie lauten die Bewegungsgleichungen in modalen Koordinaten für das in Abb. 6.3 dargestellte System, wenn die beiden Erregerkräfte F_1 und F_2 in Richtung der Koordinaten q_1, q_2 wirken? Bei welchen Größen von F_1 und F_2 wird die zweite Eigenform nicht erregt?

A7.2 Erregung durch Kraftsprung

Auf das in Aufgabe A7.1 behandelte System wirke am Balkenende plötzlich eine Vertikalkraft, d. h. es sei $F_1 \neq 0$ und $F_2 = 0$. Zu berechnen ist der zeitliche Verlauf der Koordinaten q_1 und q_2. Die Größe des maximalen Momentes an der Einspannstelle ist abzuschätzen, indem für diesen Fall eine zu (7.46) analoge Formel abgeleitet wird.

A7.3 Unwuchterregung eines Fundamentblockes

Ein Rotor, der die Unwucht $U = me$ hat, rotiert mit der Winkelgeschwindigkeit Ω um die vertikale Achse. Die Eigenformen des Fundamentblockes sind bekannt, vgl. Abb. 4.7 und Abschn. 4.2.2.1. Der Erregerkraftvektor ist zu bestimmen unter der Annahme, dass die Fliehkraft unabhängig von den Schwingungen des Fundamentkörpers konstant bleibt, also die Rückwirkung der Fundamentschwingungen darauf vernachlässigbar klein ist.

Gegeben:

Fliehkraft des Rotors: $F = me\Omega^2$
Horizontale Abstände der Rotorachse von der vertikalen Schwerpunktachse: ξ_A, η_A
Abstand der Unwuchtebene von der horizontalen Schwerpunktebene: ζ_A
Bezugslänge l^* (Sie wird eingeführt, damit alle generalisierten Koordinaten und alle Kraftgrößen dimensionsgleich sind.)
Koordinatenvektor, vgl. Abb. 7.7:

$$\boldsymbol{q}^{\mathrm{T}} = [q_1,\ q_2,\ q_3,\ q_4,\ q_5,\ q_6] = [x_S,\ y_S,\ z_S,\ l^*\varphi_x,\ l^*\varphi_y,\ l^*\varphi_z];$$

$$|\varphi_x|,\ |\varphi_y|,\ |\varphi_z| \ll 1$$

Erregerkraftvektor:

$$\boldsymbol{f}^{\mathrm{T}} = [F_1,\ F_2,\ F_3,\ F_4,\ F_5,\ F_6] = [F_x,\ F_y,\ F_z,\ M_x^{\mathrm{S}}/l^*,\ M_y^{\mathrm{S}}/l^*,\ M_z^{\mathrm{S}}/l^*]$$

Modalmatrix:

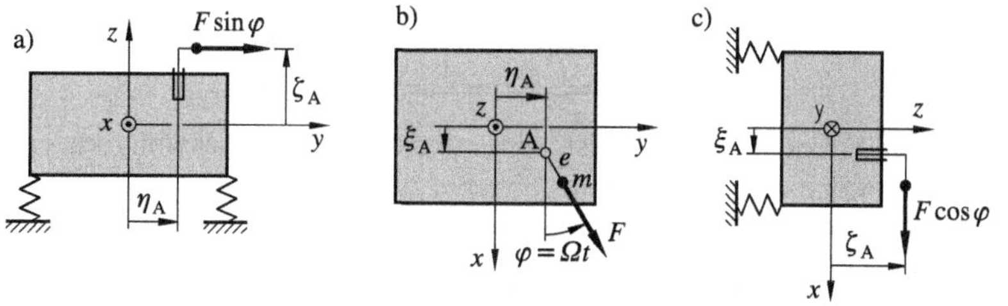

Abb. 7.7 Unwuchterreger auf Fundamentblock

$$V = [\boldsymbol{v}_1,\ \boldsymbol{v}_2,\ \boldsymbol{v}_3,\ \boldsymbol{v}_4,\ \boldsymbol{v}_5,\ \boldsymbol{v}_6] = \begin{bmatrix} -0{,}1 & 0{,}2 & 0 & 0 & 0 & -0{,}3 \\ 0 & 0 & 0 & 0 & 0{,}7 & 0 \\ 0 & 0 & 1 & 0 & 0 & 0 \\ 1 & 0 & 0 & 0 & 1 & 0 \\ 0 & 1 & 0 & 0 & 0 & 1 \\ 0 & 0 & 0 & 1 & 0 & 0 \end{bmatrix} \tag{7.54}$$

Gesucht:

1. Erregerkräfte $F_x,\ F_y,\ F_z$
2. Erregermomente $M_x^{\mathrm{S}},\ M_y^{\mathrm{S}},\ M_z^{\mathrm{S}}$
3. Vektor $\boldsymbol{h}$ der modalen Erregerkräfte

7.1.8 Lösungen L7.1 bis L7.3

L7.1 Die in Richtung der Koordinaten wirkenden Kräfte werden zum Vektor $\boldsymbol{f}^{\mathrm{T}} = [F_1,\ F_2]$ zusammengefasst. Die Bewegungsgleichungen (7.1) lauten also mit den aus (6.37) und (6.39) bekannten Matrizen $\boldsymbol{C}$ und $\boldsymbol{M}$:

$$m\begin{bmatrix} 2 & 0 \\ 0 & 6 \end{bmatrix}\begin{bmatrix} \ddot{q}_1 \\ \ddot{q}_2 \end{bmatrix} + \frac{6EI}{7l^3}\begin{bmatrix} 2 & -3 \\ -3 & 8 \end{bmatrix}\begin{bmatrix} q_1 \\ q_2 \end{bmatrix} = \begin{bmatrix} F_1 \\ F_2 \end{bmatrix}. \tag{7.55}$$

Die Eigenvektoren wurden in L6.7 berechnet, sodass die Modalmatrix bereits bekannt ist, ebenso die modalen Massen und Federn. Die entkoppelten Bewegungsgleichungen in modalen Koordinaten lauten entsprechend (7.2) und (7.3) mit den Ergebnissen aus L6.6:

$$\underline{\underline{3{,}364 m\ddot{p}_1 + 0{,}821\frac{EI}{l^3}p_1 = F_1 + 0{,}4768F_2 = h_1,}} \tag{7.56}$$

$$\underline{\underline{4{,}932 m\ddot{p}_2 + 8{,}660\frac{EI}{l^3}p_2 = F_1 - 0{,}6991F_2 = h_2.}} \tag{7.57}$$

Falls die modale Erregerkraft $h_2 = 0$ ist, wird nur die erste Eigenschwingform erregt, d. h. wenn $\underline{\underline{F_1 = 0{,}6991F_2}}$.

L7.2 Die Lösung der Bewegungsgleichungen (7.2) lautet nach (7.40) in modalen Koordinaten

$$p_1 = \frac{h_1}{\gamma_1}(1 - \cos\omega_1 t), \qquad p_2 = \frac{h_2}{\gamma_2}(1 - \cos\omega_2 t). \tag{7.58}$$

Die Lagekoordinaten haben dann gemäß (6.121) die Werte

$$
\begin{aligned}
q_1 &= \left[\frac{v_{11}}{\gamma_1}(1-\cos\omega_1 t) + \frac{v_{12}}{\gamma_2}(1-\cos\omega_2 t)\right] F_1, \\
q_2 &= \left[\frac{v_{21}}{\gamma_1}(1-\cos\omega_1 t) + \frac{v_{22}}{\gamma_2}(1-\cos\omega_2 t)\right] F_1.
\end{aligned}
\tag{7.59}
$$

Mit den Zahlenwerten aus L6.6 ergibt sich für die bezogenen Größen

$$
\begin{aligned}
\frac{EIq_1}{l^3F_1} &= 1{,}2179(1-\cos\omega_1 t) + 0{,}1155(1-\cos\omega_2 t), \\
\frac{EIq_2}{l^3F_1} &= 0{,}5807(1-\cos\omega_1 t) - 0{,}0807(1-\cos\omega_2 t).
\end{aligned}
\tag{7.60}
$$

Im statischen Fall wären die Deformationen gemäß $\boldsymbol{q}_{\mathrm{st}} = \boldsymbol{D}\boldsymbol{f}_{\mathrm{st}}$:

$$
\boldsymbol{q}_{\mathrm{st}} = \frac{l^3}{6EI}\begin{bmatrix} 8 & 3 \\ 3 & 2 \end{bmatrix}\begin{bmatrix} 1 \\ 0 \end{bmatrix} F_1 = \frac{1}{6}\begin{bmatrix} 8 \\ 3 \end{bmatrix}\frac{F_1 l^3}{EI} = \begin{bmatrix} 1{,}333 \\ 0{,}5 \end{bmatrix}\frac{F_1 l^3}{EI}.
\tag{7.61}
$$

Sie ergeben sich für den Sonderfall, dass keine Schwingungen stattfinden: $\cos\omega_1 t$ und $\cos\omega_2 t$ treten dann nicht auf und sind Null zu setzen. Die maximalen dynamischen Ausschläge liegen in den Grenzen

$$
\begin{aligned}
2\cdot 1{,}2179 = 2{,}4358 &\le \left(\frac{EIq_1}{l^3F_1}\right)_{\max} \le 2\cdot(1{,}2179 + 0{,}1155) = 2{,}6668, \\
2\cdot 0{,}5807 = 1{,}1614 &\le \left(\frac{EIq_2}{l^3F_1}\right)_{\max} \le 2\cdot(0{,}5807 + 0{,}0807) = 1{,}3228.
\end{aligned}
\tag{7.62}
$$

Das Einspannmoment ergibt sich aus dem Momentengleichgewicht vgl. Abb. 6.3:

$$
M = F_1 l + 2ml\ddot{q}_1 + 6ml\ddot{q}_2.
\tag{7.63}
$$

Die Beschleunigungen lauten in bezogener Darstellung:

$$
\begin{aligned}
\frac{m\ddot{q}_1}{F_1} &= \frac{mv_{11}}{\gamma_1}\omega_1^2\cos\omega_1 t + \frac{mv_{12}}{\gamma_2}\omega_2^2\cos\omega_2 t \\
&= 0{,}2972\cos\omega_1 t + 0{,}2028\cos\omega_2 t, \\
\frac{m\ddot{q}_2}{F_1} &= \frac{mv_{21}}{\gamma_1}\omega_1^2\cos\omega_1 t + \frac{mv_{22}}{\gamma_2}\omega_2^2\cos\omega_2 t \\
&= 0{,}1417\cos\omega_1 t - 0{,}1417\cos\omega_2 t.
\end{aligned}
\tag{7.64}
$$

Damit ergibt sich das dynamische Einspannmoment zu

$$M = F_1 l \left[1 + (2v_{11} + 6v_{21}) \frac{m\omega_1^2}{\gamma_1} \cos \omega_1 t + (2v_{12} + 6v_{22}) \frac{m\omega_2^2}{\gamma_2} \cos \omega_2 t \right]$$
$$= F_1 l (1 + 1{,}444 \cos \omega_1 t + 0{,}444 \cos \omega_2 t). \tag{7.65}$$

Das Moment verläuft „fast periodisch“, und seine Extremwerte können folgende Werte erreichen:

$$\underline{\underline{M_{\min} = -0{,}888 F_1 l}}, \qquad \underline{\underline{M_{\max} = 2{,}888 F_1 l}}. \tag{7.66}$$

Infolge der Schwingungen tritt das Moment zeitweise auch entgegengesetzt zur statischen Momentenrichtung auf, und der statische Wert wird bedeutend übertroffen ($2{,}888 > 1$).

Diese typischen dynamischen Effekte lassen sich nicht einfach mit einem „dynamischen Beiwert“ erfassen. Dies muss gewissen „Statikern“ gesagt werden, welche die absurde Meinung vertreten, es müssten nur die Ergebnisse einer statischen Rechnung mit einem Faktor multipliziert werden, um die Belastungen für den dynamischen Fall zu erhalten.

L7.3 Die Erregerkraft ist umlaufend, also hat sie in horizontaler Richtung zwei Komponenten. Die Momente ergeben sich aus dem Produkt der Kraftkomponenten mit den entsprechenden Hebelarmen, vgl. Abb. 7.7. Zu beachten sind die positiven Koordinatenrichtungen und Abstände. Insgesamt ergibt sich der Erregerkraftvektor bezüglich der genannten Koordinaten zu

$$\boldsymbol{f}(t) = \begin{bmatrix} F_x \\ F_y \\ F_z \\ M_x^S/l^* \\ M_y^S/l^* \\ M_z^S/l^* \end{bmatrix} = \begin{bmatrix} F \cos \Omega t \\ 0 \\ 0 \\ 0 \\ (\zeta_A/l^*) F \cos \Omega t \\ -(\eta_A/l^*) F \cos \Omega t \end{bmatrix} + \begin{bmatrix} 0 \\ F \sin \Omega t \\ 0 \\ -(\zeta_A/l^*) F \sin \Omega t \\ 0 \\ (\xi_A/l^*) F \sin \Omega t \end{bmatrix}. \tag{7.67}$$

Mit der gegebenen Modalmatrix $\boldsymbol{V}$ ergeben sich die modalen Erregerkräfte aus (7.3) zu

$$\boldsymbol{h} = \boldsymbol{V}^{\mathrm{T}} \boldsymbol{f}(t) = \begin{bmatrix} h_1 \\ h_2 \\ h_3 \\ h_4 \\ h_5 \\ h_6 \end{bmatrix} = F \left\{ \begin{bmatrix} -0{,}1 \\ 0{,}2 + \zeta_A/l^* \\ 0 \\ -\eta_A/l^* \\ 0 \\ -0{,}3 + \zeta_A/l^* \end{bmatrix} \cos \Omega t + \begin{bmatrix} -\zeta_A/l^* \\ 0 \\ 0 \\ \xi_A/l^* \\ 0{,}7 - \zeta_A/l^* \\ 0 \end{bmatrix} \sin \Omega t \right\}. \tag{7.68}$$

Es ist erkennbar, dass eine einzige Unwucht einen Erregervektor mit fünf Komponenten zur Folge hat (fünf Eigenformen anregt) und dass keine modale Erregung der vertikalen Schwingform $\boldsymbol{v}_3$ auftritt ($h_3 = 0$). Bei einer Übereinstimmung der Erregerfrequenz mit der dritten Eigenfrequenz sind also keine Resonanzamplituden zu befürchten („Scheinresonanz“). Im Amplituden-Frequenzgang sind fünf Resonanzspitzen zu erwarten. Die modalen Kräfte haben alle die Dimension einer Kraft.

Die Endergebnisse für die realen Bewegungs- und Kraftgrößen sind unabhängig von der Bezugslänge l^* und ergeben die korrekten Dimensionen. Diese absolute Größe der Koordinaten kann nur im Zusammenhang mit der Massen- und Steifigkeitsmatrix berechnet werden, vgl. Abschn. 7.1.

7.2 Gedämpfte Systeme

Die Bewegungsgleichung für viskos gedämpfte erzwungene Schwingungen lautet

$$\boldsymbol{M}\ddot{\boldsymbol{q}} + \boldsymbol{B}\dot{\boldsymbol{q}} + \boldsymbol{C}\boldsymbol{q} = \boldsymbol{f}(t). \tag{7.69}$$

Sie stellt eine Erweiterung von (7.1) um die Dämpfungskräfte bzw. von (6.210) um die Erregerlasten $\boldsymbol{f}(t)$ dar. Im Falle einer kinematischen Erregung können die dann geltenden Bewegungsgleichungen auf dieselbe Form überführt werden. Es sei an dieser Stelle nochmals darauf hingewiesen, dass der Ansatz der viskosen Dämpfung oft nur eine Näherung ist, die eine einfache Lösung ermöglicht. Reibungsdämpfung und nichtlineare Strukturdämpfung, wie sie gerade in Elastomerbauteilen auftritt, können mit diesem Ansatz nicht korrekt beschrieben werden.

Die richtige Erfassung und Berechnung der Dämpfung ist insbesondere in der Nähe von Resonanzstellen von großer Bedeutung. Die Amplituden in Resonanznähe werden ganz wesentlich durch die Dämpfung bestimmt.

7.2.1 Erzwungene Schwingungen bei harmonischer Erregung

7.2.1.1 Einschwingvorgänge modal gedämpfter Schwinger

Ist das System modal gedämpft (siehe Abschn. 6.3.3), kann die Bewegungsgleichung (7.69) durch die Modaltransformation in n unabhängige Gleichungen

$$\ddot{p}_i + 2\delta_i \dot{p}_i + \omega_{0i}^2 p_i = h_i(t)/\mu_i; \quad i = 1, 2, \ldots, n \tag{7.70}$$

entkoppelt werden. Die modalen Erregerkräfte folgen mit der Modalmatrix $\boldsymbol{V}$ aus $\boldsymbol{h}(t) = \boldsymbol{V}^{\mathrm{T}}\boldsymbol{f}(t)$, vgl. (7.3). Die allgemeine Lösung von (7.70) kann für beliebig zeitlich veränderliche Kräfte mit dem Duhamel-Integral (Faltung des Anregungssignals mit der Impulsantwort) angegeben werden. Unter der Voraussetzung, dass sich das System zu Beginn in Ruhe befindet (Anfangsbedingungen $p_i(t = 0) = 0$, $\dot{p}_i(t = 0) = 0$) und von diesem Augenblick an eine modale Erregerkraft $h_i(t)$ zu wirken beginnt, folgt die Lösung aus dem Duhamel-Integral zu

$$p_i(t) = \frac{1}{\mu_i \omega_i} \int_0^t h_i(\tau) \exp(-\delta_i(t - \tau)) \sin(\omega_i(t - \tau))\, \mathrm{d}\tau. \tag{7.71}$$

Dies ist eine Verallgemeinerung der Gl. (7.4), deren Anwendung bereits in den Abschn. 7.1.2 und 7.1.5 gezeigt wurde. Hier sei nur die Lösung für das Beispiel einer harmonischen Erregung angegeben, die aus der Ruhe bei $t = 0$ beginnt. Mit $h_i(t) = h_{bi} \sin \Omega t$ folgt aus (7.71) mit dem Abstimmungsverhältnis $\eta_i = \Omega/\omega_{0i}$ und $D_i = \delta_i/\omega_{0i}$:

$$\begin{aligned} p_i(t) &= \frac{h_{bi}}{\mu_i \omega_i} \int_0^t \sin \Omega\tau \ \exp(-\delta_i(t-\tau)) \sin(\omega_i(t-\tau)) \mathrm{d}\tau \\ &= \frac{(h_{bi}/\gamma_i)}{(1-\eta_i^2)^2 + (2D_i\eta_i)^2} \Bigg\{ \Big[(1-\eta_i^2) \sin \Omega t - 2D_i\eta_i \cos \Omega t \Big] + \dots \\ &+ \eta_i \exp(-\delta_i t) \left(2D_i \cos \omega_i t - \frac{1-\eta_i^2 - 2D_i^2}{\sqrt{1-D_i^2}} \sin \omega_i t \right) \Bigg\}. \end{aligned} \tag{7.72}$$

Der zweite Term in (7.72) ist die abklingende, homogene Lösung. Der erste Term ist die partikuläre Lösung, sie beschreibt den stationären Zustand. Es ist dieselbe Lösung, die in (4.10) bereits angegeben ist, allerdings in etwas anderer Form. Bei $\Omega = \omega_{0i}$ liegt Resonanz vor, und es folgt aus (7.72) für $\eta_i = 1$:

$$p_i(t) = \frac{h_{bi}}{2\gamma_i D_i} \left\{ -\cos \Omega t + \left(\cos \Omega t + \frac{D_i}{\sqrt{1-D_i^2}} \sin \Omega t \right) \exp(-\delta_i t) \right\}. \tag{7.73}$$

Infolge der Dämpfung steigen die Amplituden nicht unbegrenzt an, sondern konvergieren gegen endliche Werte im stationären Zustand. Für $t \to \infty$ wird $\exp(-\delta_i t) \to 0$. Der Verlauf, der in Abb. 7.8c dargestellt ist, entspricht dieser Funktion

$$p_i(t)|_{\text{stationär}} = (-)\frac{h_{bi}}{2\gamma_i D_i} \cos \Omega t. \tag{7.74}$$

Je kleiner die Dämpfung ist, desto größer ist die Amplitude. Die oft störenden großen Amplituden im Resonanzzustand werden nicht plötzlich, sondern erst nach und nach erreicht. Ein kurzes Verweilen in der Resonanz z. B. beim Hochfahren einer Maschine braucht also nicht zu Zerstörungen zu führen.

7.2.1.2 Stationäre Lösung beim viskos gedämpften Schwinger

Während in Abschn. 7.2.1.1 der Sonderfall modal gedämpfter Schwinger behandelt wurde, wird hier der allgemeinere Fall der viskosen Dämpfung betrachtet, wobei Dämpfungskräfte proportional der Geschwindigkeit sind und keine der Bedingungen (6.218) oder (6.229) erfüllt ist.

Im Weiteren soll nur der stationäre Zustand bei *harmonischer Erregung* mit einer Frequenz analysiert werden, für den für niedere Eigenformen meist eine gute Übereinstimmung zwischen Rechen- und Messergebnissen bestätigt wurde. Ein *stationärer Zustand*

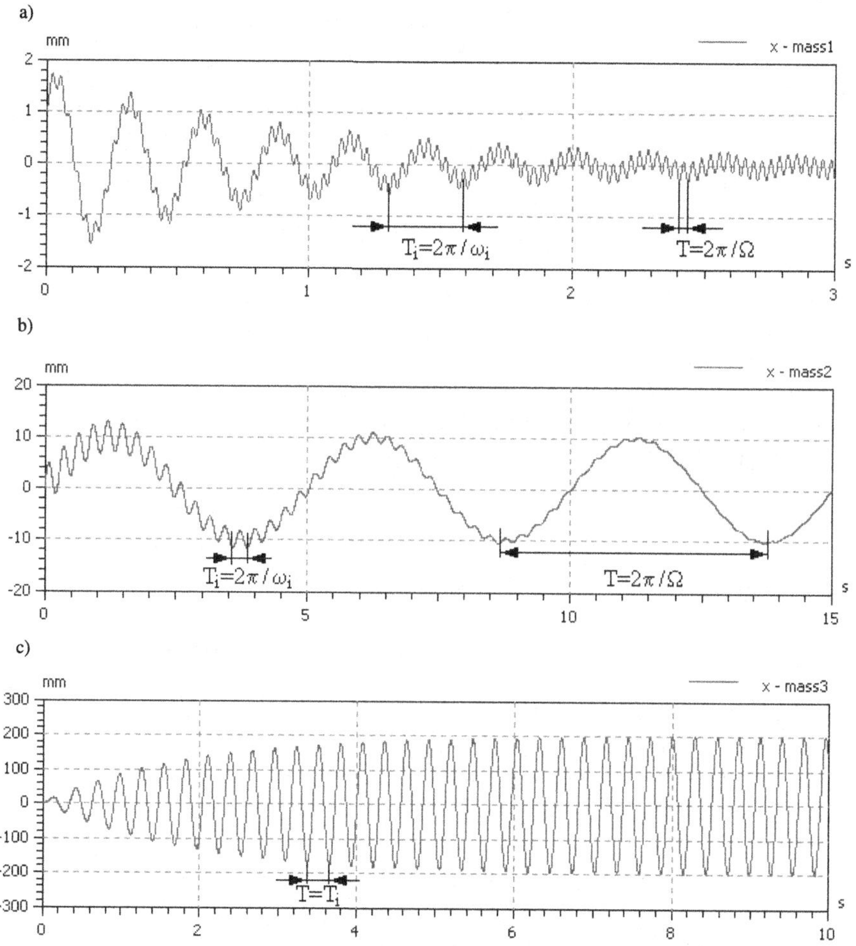

Abb. 7.8 Zeitverläufe $p_i(t)$ schwach gedämpfter Schwinger bei harmonischer Erregung [2]: **a** Abklingen der Eigenschwingung bei $\Omega > \omega_i$, **b** Abklingen der Eigenschwingung bei $\Omega < \omega_i$, **c** Resonanzfall ($\Omega = \omega_i$)

(engl. „steady state") stellt sich ein, wenn die von den Anfangsbedingungen angeregten freien Schwingungen abgeklungen sind, was praktisch nach $t^* \geqq 3/\delta_{\min}$ (der dreifachen Abklingzeit) erfolgt ist. Die stationäre Lösung von (7.69) wird dann durch die partikuläre Lösung beschrieben. Die Systemantwort auf eine Überlagerung harmonischer Anregungen in mehreren Frequenzen wird im Abschn. 7.2.2 beschrieben.

Die auf das Schwingungssystem in Richtung der Koordinaten q_k wirkenden harmonischen Erregerkräfte $F_k(t)$, die bereits in (7.6) eingeführt wurden, werden erfasst durch ihre Amplituden $\hat{F}_k$ und Phasenwinkel β_k bzw. durch ihre Kosinus- und Sinus-Terme:

$$\begin{aligned} F_k(t) &= \hat{F}_k \sin(\Omega t + \beta_k) = \hat{F}_k(\sin\beta_k \cos\Omega t + \cos\beta_k \sin\Omega t) \\ &= F_{ak}\cos\Omega t + F_{bk}\sin\Omega t; \qquad k = 1,\ 2,\ \ldots,\ n. \end{aligned} \tag{7.75}$$

Sie haben alle dieselbe Erregerkreisfrequenz Ω. Somit kann (7.69) mit den Kraftvektoren

$$\boldsymbol{f}_{\mathrm{a}} = [F_{\mathrm{a}1},\ F_{\mathrm{a}2},\ \ldots,\ F_{\mathrm{a}n}]^{\mathrm{T}}; \qquad \boldsymbol{f}_{\mathrm{b}} = [F_{\mathrm{b}1},\ F_{\mathrm{b}2},\ \ldots,\ F_{\mathrm{b}n}]^{\mathrm{T}} \tag{7.76}$$

bei einer harmonischen Erregung mit der Kreisfrequenz Ω in der Form

$$\boldsymbol{M}\ddot{\boldsymbol{q}} + \boldsymbol{B}\dot{\boldsymbol{q}} + \boldsymbol{C}\boldsymbol{q} = \boldsymbol{f}(t) = \boldsymbol{f}_{\mathrm{a}}\cos\Omega t + \boldsymbol{f}_{\mathrm{b}}\sin\Omega t \tag{7.77}$$

geschrieben werden.

Die mathematische Behandlung wird kürzer und eleganter, wenn komplexe Zahlen eingeführt werden. Es ändert sich nichts an den physikalischen Zusammenhängen, wenn rein formal zur reellen Gl. (7.77) die imaginäre Gleichung

$$\mathrm{j}(\boldsymbol{M}\ddot{\boldsymbol{q}}^* + \boldsymbol{B}\dot{\boldsymbol{q}}^* + \boldsymbol{C}\boldsymbol{q}^*) = \mathrm{j}\boldsymbol{f}^*(t) = \mathrm{j}(\boldsymbol{f}_{\mathrm{a}}\sin\Omega t - \boldsymbol{f}_{\mathrm{b}}\cos\Omega t) \tag{7.78}$$

addiert wird. Die komplexen Erregerkräfte werden durch eine Tilde gekennzeichnet:

$$\tilde{\boldsymbol{f}}(t) = \boldsymbol{f}(t) + \mathrm{j}\boldsymbol{f}^*(t) = \hat{\tilde{\boldsymbol{f}}}\exp(\mathrm{j}\Omega t) = (\boldsymbol{f}_{\mathrm{a}} - \mathrm{j}\boldsymbol{f}_{\mathrm{b}})\exp(\mathrm{j}\Omega t). \tag{7.79}$$

Der Realteil des komplexen Kraftvektors $\tilde{\boldsymbol{f}}$ entspricht der rechten Seite von (7.77). Die Summation von (7.77) und (7.78) ergibt mit der bekannten Euler'schen Relation $\exp(\mathrm{j}\Omega t) = \cos\Omega t + \mathrm{j}\sin\Omega t$ die Bewegungsgleichung für die ebenfalls *komplexen Koordinaten* $\tilde{\boldsymbol{q}} = \boldsymbol{q} + \mathrm{j}\boldsymbol{q}^*$ infolge *komplexer Erregerkräfte:*

$$\boldsymbol{M}\ddot{\tilde{\boldsymbol{q}}} + \boldsymbol{B}\dot{\tilde{\boldsymbol{q}}} + \boldsymbol{C}\tilde{\boldsymbol{q}} = \hat{\tilde{\boldsymbol{f}}}\exp(\mathrm{j}\Omega t). \tag{7.80}$$

Bei einer Rechnung rein im Frequenzbereich ist es alternativ möglich, die Werkstoffdämpfung durch eine komplexe Dämpfung zu modellieren. Es entsteht damit eine komplexe Bewegungsgleichung, vgl. Abschn. 2.4:

$$\boldsymbol{M}\ddot{\tilde{\boldsymbol{q}}} + (\boldsymbol{C} + \mathrm{j}\boldsymbol{B}^*)\tilde{\boldsymbol{q}} = \hat{\tilde{\boldsymbol{f}}}\exp(\mathrm{j}\Omega t). \tag{7.81}$$

Die stationären erzwungenen Schwingungen verlaufen bei linearen Schwingern mit der Erregerfrequenz, sodass die Lösung in reeller Form mit dem Gleichtaktansatz

$$\boldsymbol{q} = \boldsymbol{q}_{\mathrm{a}}\cos\Omega t + \boldsymbol{q}_{\mathrm{b}}\sin\Omega t \tag{7.82}$$

und demzufolge in komplexer Form analog zu (7.79) mit dem Ansatz

$$\tilde{\boldsymbol{q}} = \boldsymbol{q} + \mathrm{j}\boldsymbol{q}^* = \hat{\tilde{\boldsymbol{q}}}\exp(\mathrm{j}\Omega t) = (\boldsymbol{q}_{\mathrm{a}} - \mathrm{j}\boldsymbol{q}_{\mathrm{b}})\exp(\mathrm{j}\Omega t) \tag{7.83}$$

gesucht wird. Einsetzen dieses Ansatzes in (7.80) und (7.81) liefert folgendes lineare Gleichungssystem zur Berechnung des komplexen Amplitudenvektors:

$$[-\Omega^2 \boldsymbol{M} + \mathrm{j}\Omega \boldsymbol{B} + \boldsymbol{C}]\hat{\hat{\boldsymbol{q}}} = \hat{\hat{\boldsymbol{f}}} \tag{7.84}$$

bzw.

$$[-\Omega^2 \boldsymbol{M} + \boldsymbol{C} + \mathrm{j}\boldsymbol{B}^*]\hat{\hat{\boldsymbol{q}}} = \hat{\hat{\boldsymbol{f}}}. \tag{7.85}$$

Für beide Dämpfungsansätze ergibt sich derselbe Typ von Gleichungen. Die Dämpfungsmatrizen der viskosen Dämpfung und der komplexen Dämpfung (bei Erregung mit der Kreisfrequenz Ω) stehen in folgender Beziehung:

$$\boldsymbol{B} = \frac{\boldsymbol{B}^*}{\Omega}. \tag{7.86}$$

Die Lösung von (7.84) ist die komplexe Amplitude

$$\hat{\hat{\boldsymbol{q}}} = [-\Omega^2 \boldsymbol{M} + \mathrm{j}\Omega \boldsymbol{B} + \boldsymbol{C}]^{-1}\hat{\hat{\boldsymbol{f}}} = \boldsymbol{H}(\mathrm{j}\Omega)\hat{\hat{\boldsymbol{f}}}. \tag{7.87}$$

Hieraus folgt wegen $\hat{\hat{\boldsymbol{q}}} = \boldsymbol{q}_\mathrm{a} - \mathrm{j}\boldsymbol{q}_\mathrm{b}$, vgl. (7.83):

$$\boldsymbol{q}_\mathrm{a} = \mathrm{Re}(\hat{\hat{\boldsymbol{q}}}); \qquad \boldsymbol{q}_\mathrm{b} = -\mathrm{Im}(\hat{\hat{\boldsymbol{q}}}). \tag{7.88}$$

Damit ist die stationäre Lösung gemäß (7.82) in Abhängigkeit der Erregerkreisfrequenz Ω ermittelt.

Mit (7.87) ist die *Matrix der komplexen Frequenzgänge* oder Frequenzgangmatrix definiert:

$$\boldsymbol{H}(\mathrm{j}\Omega) = [-\Omega^2 \boldsymbol{M} + \mathrm{j}\Omega \boldsymbol{B} + \boldsymbol{C}]^{-1} = [H_{kl}(\mathrm{j}\Omega)] = [H_{lk}(\mathrm{j}\Omega)]. \tag{7.89}$$

Die Matrix der komplexen Frequenzgänge ist bei symmetrischen Matrizen $\boldsymbol{C}$, $\boldsymbol{B}$ und $\boldsymbol{M}$ ebenfalls symmetrisch. Ihre Diagonalelemente H_{ll} werden als direkte Frequenzgänge und die Außerdiagonalelemente $H_{lk}(l \neq k)$ werden als Kreuzfrequenzgänge bezeichnet. Die Bedeutung des komplexen Frequenzganges liegt vor allem darin, dass er über das zu untersuchende System Aussagen bezüglich des dynamischen Verhaltens im Frequenzbereich liefert. Der komplexe Frequenzgang spielt in der Signalanalyse eine zentrale Rolle und wird oft für den Vergleich zwischen Rechen- und Messergebnissen herangezogen, insbesondere bei Aufgaben der Identifikation realer Systeme.

Jeder einzelne komplexe Frequenzgang $H_{lk}(\mathrm{j}\Omega)$ charakterisiert das lineare Schwingungssystem bezüglich der Amplitude und Phase an der Stelle k infolge der Erregung an der Stelle l bei harmonischer Erregung. Für $l = k$ entspricht $H_{ll}(\mathrm{j}\Omega)$ der dynamischen Nachgiebigkeit, die in (7.24) für ein ungedämpftes System berechnet wurde.

Durch die Aufteilung des komplexen Frequenzganges $H_{lk}(\mathrm{j}\Omega)$ in den Amplituden-Frequenzgang $D_{lk}(\Omega) = D_{kl}(\Omega)$ und den Phasen-Frequenzgang $\psi_{lk}(\Omega)$ durch die Darstellung

$$H_{lk}(\mathrm{j}\Omega) = D_{lk}(\Omega)\mathrm{e}^{\mathrm{j}\psi_{lk}(\Omega)} = \mathrm{Re}(H_{lk}) + \mathrm{j}\,\mathrm{Im}(H_{lk}) \tag{7.90}$$

ist eine anschauliche Interpretation möglich. Zu beachten sind z. B. die Abb. 4.5c, 4.11, 4.15, 5.24, 5.41, 5.46, 7.3, 7.11 und 7.15. Es gilt dabei mit den Realteilen (Re) und Imaginärteilen (Im) dieser komplexen Funktion:

$$D_{lk} = \sqrt{\mathrm{Re}^2(H_{lk}) + \mathrm{Im}^2(H_{lk})}, \tag{7.91}$$

$$\sin\psi_{lk} = \frac{\mathrm{Im}(H_{lk})}{D_{lk}}; \qquad \cos\psi_{lk} = \frac{\mathrm{Re}(H_{lk})}{D_{lk}}. \tag{7.92}$$

Aus dem Sinus und Kosinus gemäß (7.92) kann der Winkel ψ_{lk} mit seinem Quadranten eindeutig bestimmt werden.

Im Grenzfall $\Omega \to 0$ entspricht die *dynamische Einflusszahl* ($D_{lk} = D_{kl}$) der statischen Einflusszahl ($d_{lk} = d_{kl}$), vgl. (6.5).

Für die komplexe Amplitude der k-ten Koordinate gilt also:

$$\hat{\hat{q}}_k = q_{\mathrm{a}k} - \mathrm{j}q_{\mathrm{b}k} = \sum_{l=1}^{n} H_{kl}(\mathrm{j}\Omega)\,\hat{\hat{f}}_l = \sum_{l=1}^{n} D_{kl}(\Omega)\exp[\mathrm{j}\psi_{kl}(\Omega)](F_{\mathrm{a}l} - \mathrm{j}F_{\mathrm{b}l}) \tag{7.93}$$

und in reeller Form ergeben sich daraus die Kosinus- bzw. Sinusanteile zu

$$\begin{aligned} q_{\mathrm{a}k} &= \sum_{l=1}^{n} D_{kl}(F_{\mathrm{a}l}\cos\psi_{kl} + F_{\mathrm{b}l}\sin\psi_{kl}) = \sum_{l=1}^{n} D_{kl}\hat{F}_l\sin(\beta_l + \psi_{kl}),\\ q_{\mathrm{b}k} &= \sum_{l=1}^{n} D_{kl}(F_{\mathrm{b}l}\cos\psi_{kl} - F_{\mathrm{a}l}\sin\psi_{kl}) = \sum_{l=1}^{n} D_{kl}\hat{F}_l\cos(\beta_l + \psi_{kl}) \end{aligned} \tag{7.94}$$

und schließlich mit (7.82)

$$\begin{aligned} q_k &= q_{ak}\cos\Omega t + q_{bk}\sin\Omega t \\ &= \sum_{l=1}^{n} D_{kl}\hat{F}_l\sin(\Omega t + \beta_l + \psi_{kl}) = \hat{q}_k\sin(\Omega t + \psi_k), \\ \hat{q}_k &= \sqrt{q_{ak}^2 + q_{bk}^2}; \qquad \cos\psi_k = \tfrac{q_{bk}}{\hat{q}_k}; \qquad \sin\psi_k = \tfrac{q_{ak}}{\hat{q}_k}. \end{aligned} \tag{7.95}$$

Amplitude $\hat{q}_k$ und Phasenwinkel ψ_k sind beide von der Erregerkreisfrequenz Ω abhängig. Zu beachten ist, dass die Phasenwinkel sich bei allen Koordinaten unterscheiden. Das bedeutet, dass jede Koordinate zu einem anderen Zeitpunkt ihre extreme Lage erreicht und nicht die von den ungedämpften Schwingungen bekannten Schwingformen zustande kommen.
Falls auf den Schwinger nur eine einzige Erregerkraft $F_s(t) = \hat{F}_s\sin(\Omega t + \beta_s)$ an der Koordinate $l = s$ wirkt, so entsteht aus (7.95) für alle Koordinaten

$$q_k = D_{ks}\hat{F}_s\sin(\Omega t + \beta_s + \psi_{ks}), \qquad \hat{q}_k = D_{ks}\hat{F}_s; \qquad k = 1,\ 2,\ \ldots,\ n. \tag{7.96}$$

Die Amplituden $\hat{q}_k$ des Weges ergeben sich aus dem Produkt der Kraftamplitude $\hat{F}_s$ und der dynamischen Nachgiebigkeit. Dabei ist die dynamische Nachgiebigkeit D_{ks} eine von der Einwirkungsstelle s und der „Beobachterstelle" k abhängige Funktion der Frequenz. Die dynamische Nachgiebigkeit ist eine Systemeigenschaft, die unabhängig von der Erregeramplitude ist. Deren Verläufe werden oft zur Beurteilung des dynamischen Verhaltens von Maschinen und Geräten an der Wirkstelle (z. B. Werkzeug-Werkstück) angewendet.

Die Wegamplitude ist der Kraftamplitude proportional. Die dynamischen Nachgiebigkeiten werden beim gedämpften Schwinger bei keiner Erregerfrequenz null, d. h., die Amplituden haben auch in den *Resonanzstellen endliche Werte.*

Abb. 7.10 zeigt den typischen Verlauf einer dynamischen Nachgiebigkeit, wobei Abszisse und Ordinate mit logarithmischer Skala benutzt werden, welche im Vergleich zur linearen Skalierung die Unterschiede in den Amplituden verkleinert. Daraus ist erkennbar, dass im berechneten Frequenzbereich drei Spitzen auftreten, also Eigenfrequenzen bei etwa 6 Hz, 20 Hz und 44 Hz und eine Tilgungsfrequenz bei etwa 39 Hz liegen.

Die erzwungenen Schwingformen, die sich aus der Gesamtheit der Koordinaten q_k ergeben, besitzen beim allgemein gedämpften Schwinger im Gegensatz zum ungedämpften oder modal gedämpften Schwinger *keine raumfesten Schwingungsknoten.* Dies ist daran erkennbar, dass die Phasenwinkel beim ungedämpften Schwinger alle gleich sind, vgl. (7.17) und Abb. 7.3, aber beim gedämpften Schwinger unterschiedlich groß sind, vgl. (7.94).

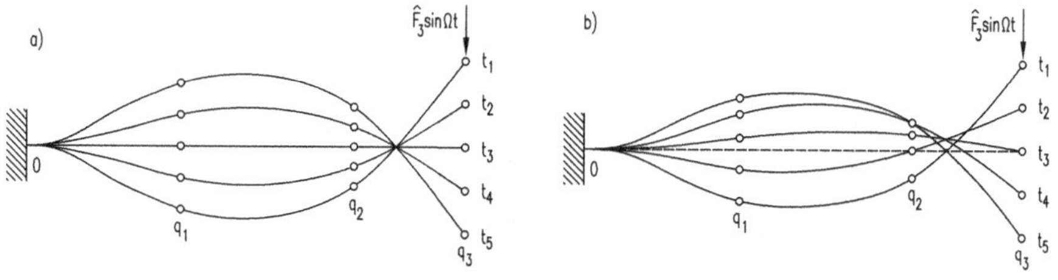

Abb. 7.9 Erzwungene Schwingformen eines Balkens ($s = 3$) zu 5 Zeitpunkten einer halben Periode: **a** ungedämpft oder modal gedämpft, **b** nicht modal gedämpft

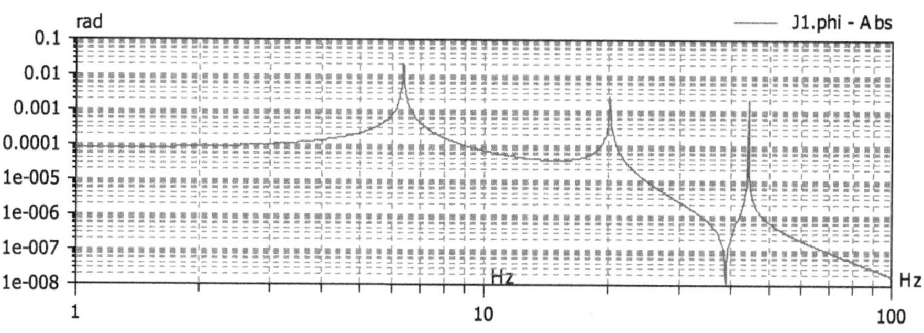

Abb. 7.10 Dynamische Nachgiebigkeit für ein Beispiel [12]

Abb. 7.9 illustriert diesen Sachverhalt an einem einfachen Beispiel. Es zeigt die synchron sich verändernden Ausschläge bei einem ungedämpften Biegeschwinger im Vergleich zum gedämpften Biegeschwinger während einer halben Periodendauer der erzwungenen Schwingung ($0 < t < \pi/\Omega = T/2$).

Die grafische Darstellung eines komplexen Frequenzganges $H_{lk}(\mathrm{j}\Omega)$ liefert eine ebene Kurve, die als *Ortskurve* bezeichnet wird, vgl. Abb. 7.11c. Aus ihr können wichtige Informationen über das Verhalten eines Schwingers entnommen werden.

Die Anwendung der Ortskurven ist im Flugzeugbau, im Werkzeugmaschinenbau, in der Rotordynamik und anderen Gebieten verbreitet. Ortskurven entstehen dadurch, dass in der komplexen Ebene $D_{lk}(\Omega)$ als Radius und $\psi_{lk}(\Omega)$ als Winkel in Polarkoordinaten aufgetragen wird. Oft ist es ausreichend, den Amplituden-Frequenzgang $D_{lk}(\Omega)$ darzustellen. Er hat beim gedämpften Schwingungssystem im Gegensatz zum ungedämpften keine Unendlichkeitsstellen bei Resonanz. Die Zahl seiner Maxima ist höchstens gleich n und oft wesentlich kleiner als n.

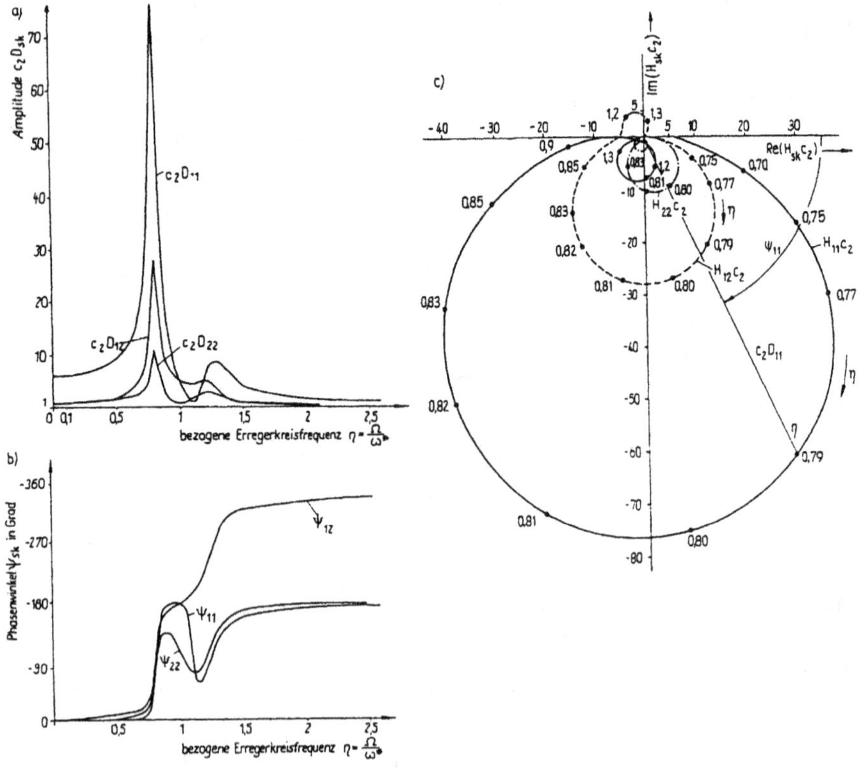

Abb. 7.11 Frequenzgänge des Zweimassenschwingers von Abb. 5.39 für $\mu = 0{,}2$, $\zeta = 1$, $D = 0{,}1$: **a** Amplituden-Frequenzgang D_{lk}, **b** Phasen-Frequenzgang ψ_{lk}, **c** Ortskurven der komplexen Frequenzgänge H_{lk}

7.2.1.3 Frequenzgangberechnung bei modaler Dämpfung

Die Berechnung der komplexen Frequenzgänge Gl. (7.89) ist, gerade bei großen Systemen, sehr rechenaufwändig. Für jede Frequenz Ω muss eine komplexe $n \times n$ Matrix aufgestellt und invertiert werden. Für ein *modal gedämpftes System* ist eine wesentlich einfachere Berechnung möglich, die sogar die selektive Berechnung einzelner Frequenzgänge ermöglicht. Ist die Modalmatrix so normiert, dass $\boldsymbol{V}^{\mathrm{T}}\boldsymbol{M}\boldsymbol{V} = \mathrm{diag}(\mu_i)$ und $\boldsymbol{V}^{\mathrm{T}}\boldsymbol{C}\boldsymbol{V} = \mathrm{diag}(\gamma_i)$ gilt, lautet die komplexe Frequenzgangmatrix

$$\boldsymbol{H}(\mathrm{j}\Omega) = \boldsymbol{V}^{\mathrm{T}}\mathrm{diag}\left[\frac{\mu_i}{-\Omega^2 + \omega_{i0}^2 + 2\mathrm{j}\Omega\omega_{i0}\delta_i}\right]\boldsymbol{V}, \tag{7.97}$$

die mit $\mu_i = \omega_{i0}^2/\gamma_i$, $\eta_i = \Omega/\omega_{i0}$ und $D_i = \delta_i/\omega_{i0}$ in die Form

$$\boldsymbol{H}(\mathrm{j}\Omega) = \boldsymbol{V}^{\mathrm{T}}\mathrm{diag}\left[\frac{1}{\gamma_i}\frac{1}{1-\eta_i^2 + 2\mathrm{j}\eta_i D_i}\right]\boldsymbol{V}, \tag{7.98}$$

gebracht werden kann. Hierzu muss einmalig die Eigenwertanalyse des (ungedämpften) Systems durchgeführt werden, welche die $(\omega_{0i}, \boldsymbol{v}_i)$-Paare liefert, die δ_i werden mit (6.218) berechnet. Nun müssen für jeden Stützpunkt des Frequenzgangs lediglich n skalare modale Übertragungsfunktionen, die Elemente der mittleren Diagonalmatrix in (7.98), berechnet werden. In der praktischen Berechnung lassen sich noch zwei weitere Vereinfachungen realisieren:

1. Es ist ineffizient die Diagonalmatrix in (7.98) mit vielen Nullen und wenigen Werten tatsächlich aufzustellen und die Matrizenmultiplikation voll durchzuführen. Vielmehr kann die Gleichung für jedes Element der Frequenzgangmatrix in der Form

$$\begin{aligned} H_{ks}(\mathrm{j}\Omega) &= \boldsymbol{v}_k^{\mathrm{T}}\mathrm{diag}\left[\frac{1}{\gamma_i}\frac{1}{1-\eta_i^2 + 2\mathrm{j}\eta_i D_i}\right]\boldsymbol{v}_s \\ &= \sum_{i=1}^{n} v_{ki}v_{si}\frac{1}{\gamma_i}\frac{1}{1-\eta_i^2 + 2\mathrm{j}\eta_i D_i} \end{aligned} \tag{7.99}$$

   geschrieben werden. Das eröffnet die Möglichkeit, ausgewählte Frequenzgänge vom Anregungspunkt s zum Ausgabepunkt k direkt zu berechnen. Das ist sehr praxisrelevant, da ein System oft nur an wenigen Stellen angeregt wird und die Systemantwort auch nur an wenigen Punkten interessiert.
2. Sehr große Systeme mit vielen Freiheitsgraden (z. B. Abb. 6.13) haben entsprechend viele Eigenfrequenzen, von denen viele so hoch sind, dass sie außerhalb des interessierenden Frequenzbereichs liegen. Aus diesem Grund werden bei solchen Systemen bei der Eigenwertanalyse, mit dafür speziell optimierten numerischen Algorithmen, nur die niedrigsten m Eigenkreisfrequenzen $\omega_i < \omega_{\mathrm{Grenz}}$, $i = 1\ldots m$ und entsprechend auch

nur m Eigenvektoren berechnet. Damit vereinfacht sich (7.99) zu:

$$H_{ks}(\mathrm{j}\Omega) = \sum_{i=1}^{m} v_{ki} v_{si} \frac{1}{\gamma_i} \frac{1}{1 - \eta_i^2 + 2\mathrm{j}\eta_i D_i}. \tag{7.100}$$

Dabei handelt es sich um eine Form der *Modellordnungsreduktion*, die unwichtige Anteile des Systems ausblendet, um effiziente Rechnungen zu ermöglichen. Die Zulässigkeit der Reduktion ist offensichtlich: Wenn $\eta_i \gg 1$ ist, geht der Bruch gegen Null, was bedeutet, dass diese Eigenfrequenz nichts mehr zum Gesamtfrequenzgang beiträgt.

Die Elemente der *dynamischen Nachgiebigkeitsmatrix* sind die Beträge der Einträge in der Frequenzgangmatrix (7.99). Im Unterschied zum ungedämpften System (7.25) berechnen sich die Elemente der $\boldsymbol{D}(\Omega)$ bei *modaler Dämpfung* zu

$$D_{sk}(\Omega) = \sqrt{\left(\sum_{i=1}^{n} \frac{2 v_{ki} v_{si} D_i \eta_i V_{1i}^2}{\gamma_i}\right)^2 + \left(\sum_{i=1}^{n} \frac{v_{ki} v_{si} (1 - \eta_i^2) V_{1i}^2}{\gamma_i}\right)^2} \tag{7.101}$$

mit den Vergrößerungsfunktionen ($\eta_i = \Omega/\omega_{i0}$)

$$V_{1i} = \frac{1}{\sqrt{(1 - \eta_i^2)^2 + 4D_i^2 \eta_i^2}}. \tag{7.102}$$

Falls die Erregerfrequenz mit der i-ten Eigenfrequenz des ungedämpften Systems übereinstimmt ($\eta_i = 1$), ergibt sich angenähert der Maximalwert des Amplituden-Frequenzganges, das so genannte *Residuum:*

$$D_{sk\,\max} = \frac{|v_{ki} v_{si}|}{2 D_i \gamma_i}. \tag{7.103}$$

Die Modellordnungsreduktion (Verwendung nur der m niedrigsten Eigenfrequenzen) kann auch in Gl. (7.101) angewendet werden.

7.2.2 Stationäre Lösung bei periodischer Erregung

Die periodische Erregung ist ein in der Maschinenbaupraxis sehr wichtiger Belastungsfall. Alle zyklisch arbeitenden Maschinen (Zyklusdauer $T_0 = 2\pi/\Omega$) bewirken im stationären Betrieb periodische Lager- und Gelenkkräfte, die sowohl die Baugruppen („im Innern der Maschine") als auch das Gestell zu Schwingungen anregen. Periodische Massenkräfte treten vielfach auf bei Textilmaschinen und Verpackungsmaschinen, die Kurven- und Koppelgetriebe enthalten, während bei Pressen, Umformmaschinen und spanenden Werkzeugmaschinen die technologischen Prozesse wesentliche periodische Kräfte hervorrufen, vgl. Abb. 3.21, 3.24, 3.32 und 9.25.

Periodische Erregerkräfte können in Verallgemeinerung von (7.75) als Fourierreihe

$$\begin{aligned} F_k(t) = F_k(t+T_0) &= \sum_{m=1}^{\infty} \hat{F}_{km} \sin(m\Omega t + \beta_{km}) \\ &= \sum_{m=1}^{\infty} (F_{akm} \cos m\Omega t + F_{bkm} \sin m\Omega t), \end{aligned} \tag{7.104}$$

deren Fourierkoeffizienten F_{akm} und F_{bkm} bekannt sind, dargestellt werden vgl. z. B. die Abb. 2.25, 3.37 und 4.5. Da der Buchstabe k für die Nummer der Koordinate vergeben ist, wird hier *die Ordnung der Harmonischen mit m bezeichnet.*

Die Gleichungen für mehrere Erregerkräfte ergeben sich aus der Summation über alle möglichen anderen Kraftangriffsstellen. Hier wird nun das dynamische Verhalten für eine einzelne periodische Kraft betrachtet, die in Richtung der Koordinate q_s wirkt:

$$F_s(t) = \sum_{m=1}^{\infty} \hat{F}_{sm} \sin(m\Omega t + \beta_{sm}). \tag{7.105}$$

Aufgrund des Superpositionsprinzips darf das aus (7.96) bekannte Ergebnis benutzt werden, um die m-te Harmonische der periodischen Antwort an der Stelle q_k zu erhalten:

$$q_k(t) = \sum_{m=1}^{\infty} \hat{q}_{km} \sin(m\Omega t + \psi_{km}). \tag{7.106}$$

Für jede m-te Harmonische gilt analog zu (7.96)

$$\hat{q}_{km} = D_{ks}(m\Omega)\, \hat{F}_{sm}. \tag{7.107}$$

Dieses Produkt aus der dynamischen Nachgiebigkeit und dem Amplitudenspektrum der Erregerkraft ergibt das Amplitudenspektrum der Koordinate q_k.

Das Amplitudenspektrum des Weges wird infolge der dynamischen Nachgiebigkeit gegenüber dem Erregerspektrum deutlich verändert. Es ergibt sich ebenfalls ein periodischer Verlauf, der aber nicht ähnlich zu dem der Erregerkraft ist. Er unterscheidet sich auch bei den unterschiedlichen Drehzahlen voneinander. Derartige Rechen- oder Messergebnisse sind manchmal erstaunlich, vgl. das Ergebnis Abb. 4.5a, b, lassen sich mit den dargelegten physikalischen Zusammenhängen begründen.

Oft interessieren die Betragsmaxima $|q_k|_{\max}$ im Betriebsdrehzahlbereich im stationären Zustand. Diese können durch numerisches Abtasten des Verlaufs $q_k(t)$ innerhalb einer kinematischen Periode ermittelt und über der Erreger-Grundkreisfrequenz Ω aufgetragen werden. Die dadurch ermittelte Resonanzkurve ist nicht einfach die Summe der Amplituden-Frequenzgänge der einzelnen Harmonischen, da bei der Überlagerung die Maxima durch die Phasenverschiebung ψ_{km} nicht notwendigerweise zum gleichen Zeitpunkt auftreten. Die Phase jeder einzelnen harmonischen Antwort unterscheidet sich, da sowohl jede Anregungsordnung einen eignen Phasenwinkel β_{sm} haben kann und die komplexe Übertragungsfunktion $H(\mathrm{j}\Omega)$ (7.90) zu einer weiteren Phasenverschiebung führen kann.

Die einzelnen Koordinaten des Schwingungssystems ergeben sich für den Sonderfall der modalen Dämpfung zu

$$q_k(t) = \sum_{i=1}^{n} \frac{v_{ki}}{\gamma_i} \sum_{m=1}^{\infty} \frac{v_{si} \hat{F}_{sm} \sin(m\Omega t + \varphi_{im})}{\sqrt{\left(1 - m^2\eta_i^2\right)^2 + 4D_i^2 m^2 \eta_i^2}}, \tag{7.108}$$

wobei die Anzahl der Harmonischen bei einem praktischen Problem nicht unendlich groß sein wird. Diese Summe wird im Resonanzfall, vgl. dazu (7.11),

$$m\eta_i = 1 \qquad \text{bzw.} \qquad m\Omega = \omega_{0i}, \tag{7.109}$$

(der *Resonanz m-ter Ordnung*) oft durch einen einzigen Summanden bestimmt. Die Bewegung erfolgt dabei angenähert proportional der i-ten Eigenform:

$$q_k(t) \approx \frac{v_{ki} v_{si} \hat{F}_{sm} \sin(m\Omega t + \alpha_{im})}{2\gamma_i D_i} \sim v_{ki} \sin(\omega_{0i} t + \psi_{mk}). \tag{7.110}$$

Von (7.110) kann für den Fall der Resonanz höherer Ordnung auch zur Abschätzung der Geschwindigkeiten, Beschleunigungen, Kräfte, Momente und anderer mechanischer Größen ausgegangen werden. Es ist zu beachten, dass sich die Phasenwinkel bei den Koordinaten q_k voneinander unterscheiden, vgl. (7.108). Die erzwungenen Schwingformen haben bei gedämpften Schwingern auch im Resonanzfall keine raumfesten Schwingungsknoten, vgl. auch Abb. 7.9b.

Eine typische Resonanzkurve zeigt Abb. 7.12. Sie ist nicht identisch mit einem Amplituden-Frequenzgang, denn als Ergebnis ist der *Betrag des Maximalwertes* eines Momentes dargestellt, der sich aus mehreren Harmonischen ergibt, die ja nicht alle zur gleichen Zeit ihr Maximum erreichen, vgl. (7.108). Es existieren aber Resonanzspitzen an den Stellen, welche der Bedingung (7.109) entsprechen, also bei ganzen Bruchteilen der Eigenfrequenzen (d. h. falls $\Omega = \omega_i/m$), siehe hierzu auch Abb. 4.5c, 5.23, 5.24, 5.31 und 5.43.

Der der Abb. 7.12 zugrunde liegende Torsionsschwinger hat zwei Eigenfrequenzen, die bei 34,6 Hz (entspricht 2078,8 U/min) und bei 400,6 Hz (entspr. 24 034,8 U/min) liegen. Es ergeben sich zwei Scharen von Resonanzspitzen an den durch (7.109) beschriebenen Resonanzstellen m-ter Ordnung. Links sind die Resonanzen der Ordnungen $m = 1$ bis $m = 3$ mit der ersten ($i = 1$) Eigenfrequenz bei Drehzahlen von 2080 U/min, 2080/2 = 1040 U/min und 2080/3 = 693 U/min, rechts die mit der zweiten Eigenfrequenz ($i = 2$) und den Ordnungen $m = 4$, 5 und 6 bei Drehzahlen von 24 035/4 = 6008 U/min, 24 035/5 = 4807 U/min und 24 035/6 = 4005 U/min erkennbar.

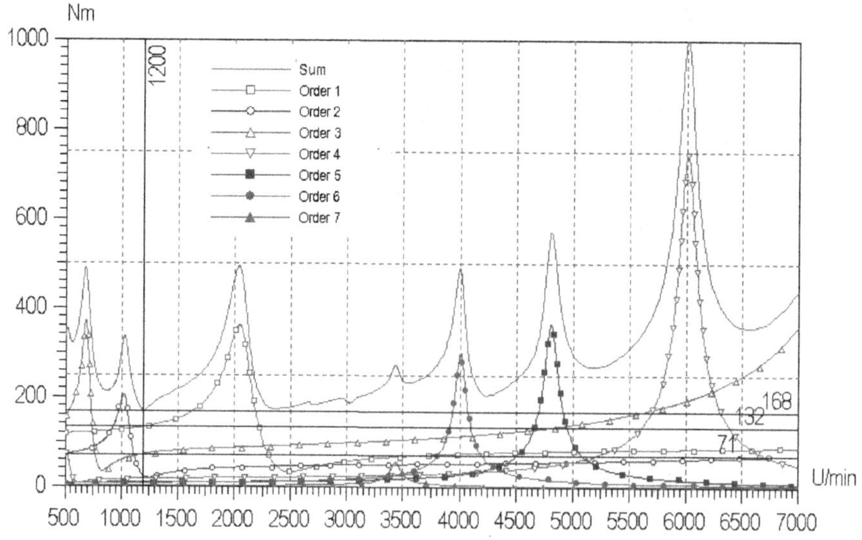

Abb. 7.12 Amplituden-Frequenzgänge von sieben Harmonischen und Betrag des Maximalwertes des Moments als Funktion der Drehzahl [12]

Die einfache klassische Aussage „Resonanz tritt auf, wenn Erregerfrequenz gleich der Eigenfrequenz ist" kann beibehalten werden, wenn alle Erregerfrequenzen, die in der periodischen Erregung enthalten sind (und alle Eigenfrequenzen) berücksichtigt werden.

7.2.3 Beispiele

7.2.3.1 Textilspindel

Textilspindeln arbeiten bei hohen Drehzahlen und gehören zu den Maschinenbaugruppen, die ohne eine genaue dynamische Analyse nicht konstruiert oder weiterentwickelt werden können. Abb. 7.13 zeigt die Konstruktionszeichnung einer Textilspindel und das ihr entsprechende Berechnungsmodell. An beiden Lagern wird ein ein in Abb. 7.13c dargestellter hydraulischer Dämpfer mit Dämpfungsspirale (Hülsenfeder) verwendet. Den berechneten Amplituden-Frequenzgang der Fußlagerkraft zeigt Abb. 7.14a, und den des Weges der Spindelspitze infolge der unwuchterregten Schwingungen Abb. 7.14b. Dabei wurde die Dämpfungskonstante b_F des Fußlagers variiert, um zu erfahren, bei welchen Werten die im An- und Auslauf zu durchfahrenden Amplitudenmaxima möglichst klein bleiben.

Aus Abb. 7.14 lässt sich entnehmen, wie stark die Resonanzamplituden von der Fußlagerdämpfung bestimmt werden. Es besteht keine Proportionalität zwischen den Amplituden der Spindelspitze und der Lagerkraft. Es kann also nicht aus Messungen der Bewegung der Spindelspitze auf die Lagerkräfte geschlossen werden. Mit steigender Dämpfung nehmen die drei Resonanzspitzen zunächst ab. Die Kurvenschar hat vier dämpfungsunab-

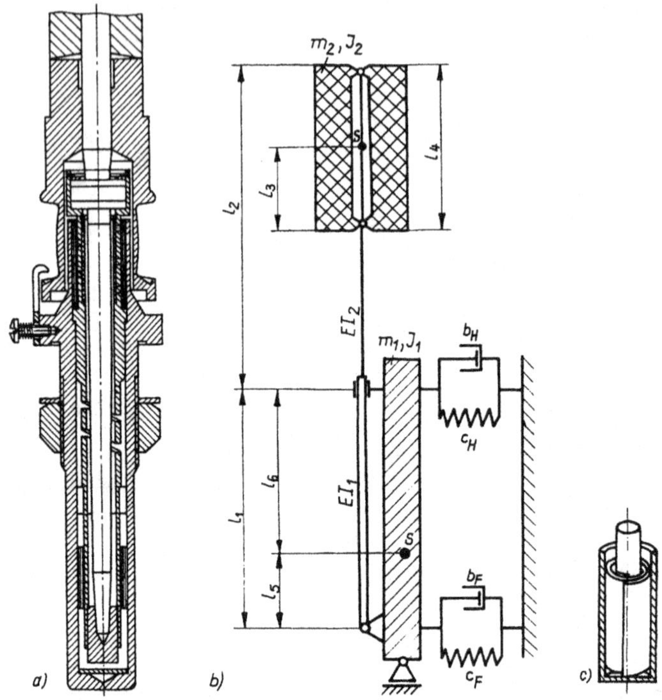

Abb. 7.13 Berechnungsmodell einer Textilspindel: **a** Zeichnung, **b** Berechnungsmodell, **c** Hülsenfeder-Dämpfer-Element des Spindellagers

hängige Festpunkte P_1 bis P_4. Unter den dadurch bestimmten Grenzwert kann der Maximalausschlag nicht sinken. Das Optimum liegt in der Nähe von $b_F = 0{,}3$ N · s/mm. Bei großen Dämpfungen verschieben sich die Eigenfrequenzen sehr stark, und die Amplituden steigen bemerkenswerterweise wieder. Durch die starke Dämpfung wird das Lager praktisch so unnachgiebig, dass ein Freiheitsgrad des Schwingers verloren geht und anstelle von drei Resonanzstellen nur noch zwei verbleiben. Ließe sich die Kontrukteurin oder der Konstrukteur von statischen Überlegungen leiten, könnte sie oder er auf die Idee kommen, die Spindelbewegung durch eine entsprechend große Dämpfung zu begrenzen. Da diese Versteifung jedoch eine Veränderung der Eigenfrequenzen zur Folge hätte, könnte sich damit die Situation verschlimmern.

7.2.3.2 Riemengetriebe

Vorgespannte Riementriebe werden zur Momentenübertragung eingesetzt. Die Elastizität der Vorspanneinrichtung bewirkt in Verbindung mit den Steifigkeitsunterschieden von Zug- und Leertrum eine Kopplung von Längs- und Drehschwingungen.

Für einen vorgespannten Keilriementrieb entsprechend Abb. 7.15 mit elastischer Spanneinrichtung ist unter der Voraussetzung kleiner Schwingungen zu prüfen, inwieweit die

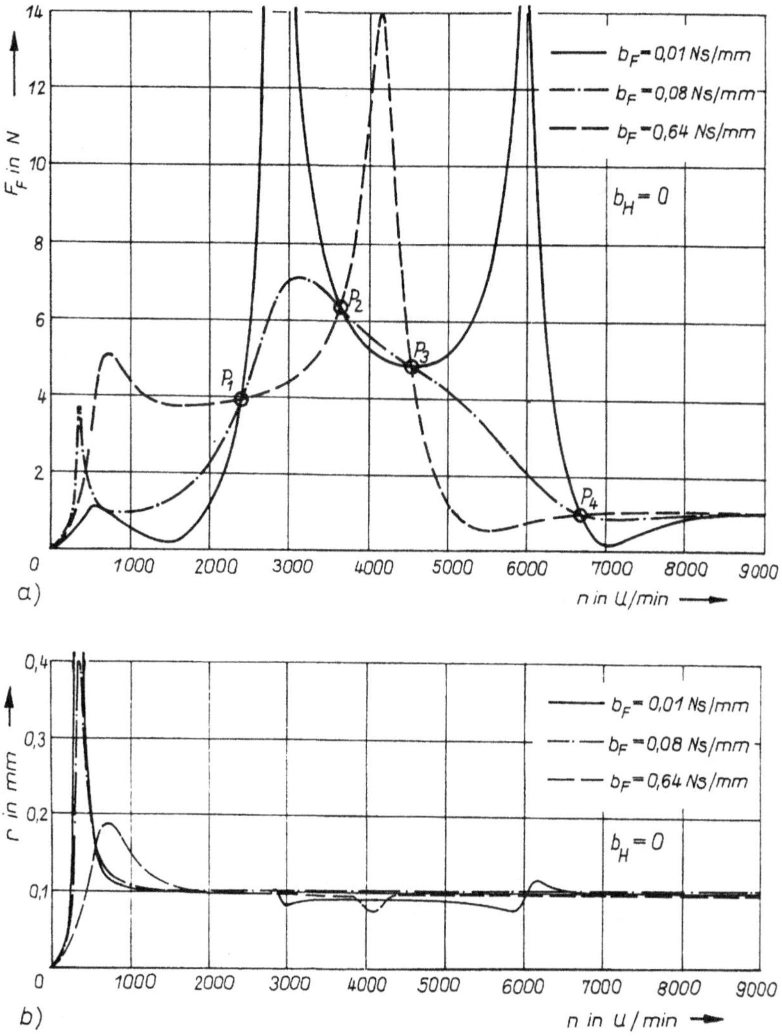

Abb. 7.14 Resonanzkurven der Textilspindel von Abb. 7.13 infolge von Unwuchterregung: **a** Lagerkraftamplitude, **b** Amplitude der Spindelspitze

dynamischen Trumkräfte infolge der durch die Restunwucht $U = me$ des Motorläufers verursachten Dreh- und Längsschwingungen die für die Momentenübertragung notwendige Vorspannung beeinflussen. Es sollen die Bewegungsgleichungen und Gleichungen zur Berechnung der beiden Trumkräfte und des Motormoments für den Fall konstanter Drehzahl angegeben werden.

Die Riemenmasse ist vernachlässigbar klein. Die Änderung des Winkels α infolge von Längsschwingungen sei vernachlässigbar, ebenso der Schlupf. Es kann schwache Dämp-

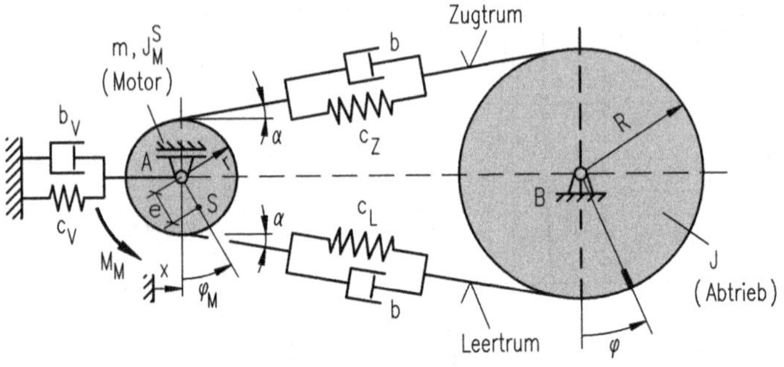

Abb. 7.15 Berechnungsmodell eines Riemengetriebes mit elastischer Spanneinrichtung

fung vorausgesetzt werden, sodass für die Berechnung der Schwingungsamplituden modale Dämpfung genügt. Steifigkeitsunterschiede zwischen Zug- und Leertrum resultieren aus dem nichtlinearen Materialverhalten.

Die Deformationswege des Zug- und Leertrums sind von drei Koordinaten abhängig. Es gilt

$$\Delta l_Z = r\varphi_M - R\varphi - x\cos\alpha; \qquad \Delta l_L = R\varphi - r\varphi_M - x\cos\alpha. \tag{7.111}$$

Mit den in Abb. 7.15 definierten Koordinaten ($x = 0$ und $r\varphi_M = R\varphi$ kennzeichnet den vorgespannten, aber schwingungsfreien Zustand) werden im Hinblick auf die Nutzung der Langrange'schen Gleichungen 2. Art die kinetische und potenzielle Energie sowie die virtuelle Arbeit formuliert:

$$\begin{aligned} 2W_{\text{kin}} &= J\dot{\varphi}^2 + J_M^S\dot{\varphi}_M^2 + m\left[(\dot{x} + e\dot{\varphi}_M\cos\varphi_M)^2 + e^2\dot{\varphi}_M^2\sin^2\varphi_M\right] \\ &= m\cdot(\dot{x}^2 + 2e\dot{x}\dot{\varphi}_M\cos\varphi_M) + J\dot{\varphi}^2 + (J_M^S + me^2)\dot{\varphi}_M^2, \end{aligned} \tag{7.112}$$

$$2W_{\text{pot}} = c_V x^2 + c_Z\cdot(r\varphi_M - x\cos\alpha - R\varphi)^2 + c_L\cdot(R\varphi - r\varphi_M - x\cos\alpha)^2, \tag{7.113}$$

$$\begin{aligned} \delta W &= +M_M\cdot\delta\varphi_M - b_V\dot{x}\cdot\delta x \\ &\quad - b\cdot(r\dot{\varphi}_M - R\dot{\varphi} - \dot{x}\cos\alpha)\cdot(r\cdot\delta\varphi_M - R\cdot\delta\varphi - \cos\alpha\cdot\delta x) \\ &\quad - b\cdot(R\dot{\varphi} - r\dot{\varphi}_M - \dot{x}\cos\alpha)\cdot(R\cdot\delta\varphi - r\cdot\delta\varphi_M - \cos\alpha\cdot\delta x). \end{aligned} \tag{7.114}$$

Wird nun $\varphi_M(t) = \Omega t$, also $\dot{\varphi}_M \equiv \Omega = \text{const.}$ vorausgesetzt, ist es für das weitere Vorgehen zweckmäßig, eine neue Koordinate gemäß

$$q_2 = R\varphi - r\Omega t \tag{7.115}$$

einzuführen, die die der starren Rotation überlagerten Drehschwingungen des Abtriebs beschreibt. Unter Beachtung von $\delta t = 0$ gilt auch $\delta\varphi_M = \dot{\varphi}_M\delta t = 0$, so dass mit der formalen Umbenennung von x in q_1 Folgendes gilt:

$$x = q_1; \qquad \dot{x} = \dot{q}_1; \qquad \ddot{x} = \ddot{q}_1; \qquad \delta x = \delta q_1, \tag{7.116}$$

$$\varphi = \frac{r}{R}\Omega t + q_2/R; \qquad \dot{\varphi} = \frac{r}{R}\Omega + \dot{q}_2/R; \qquad \ddot{\varphi} = \ddot{q}_2/R; \qquad \delta\varphi = \delta q_2/R. \tag{7.117}$$

Damit werden die Funktionen (7.112) bis (7.114) zu:

$$\begin{aligned} 2W_{\text{kin}} &= m\dot{q}_1^2 + \frac{J}{R^2}\cdot(r\Omega + \dot{q}_2)^2 + \frac{J_\text{M} + me^2}{r^2}\cdot(r\Omega)^2 \\ &\quad + 2m\frac{e}{r}\dot{q}_1 r\Omega\cos\Omega t, \end{aligned} \tag{7.118}$$

$$2W_{\text{pot}} = c_\text{V} q_1^2 + c_\text{Z}\cdot(-q_1\cos\alpha - q_2)^2 + c_\text{L}\cdot(q_2 - q_1\cos\alpha)^2 \tag{7.119}$$

$$\delta W = -(b_\text{V} + 2b\cos^2\alpha)\dot{q}_1\delta q_1 - 2b\dot{q}_2\delta q_2. \tag{7.120}$$

Wird der Koordinatenvektor

$$\boldsymbol{q} = [q_1,\ q_2]^\text{T} = [x,\ R\varphi - r\Omega t]^\text{T} \tag{7.121}$$

eingeführt, so folgt über die Lagrange'schen Gl. 2. Art das System der Bewegungsgleichungen zu:

$$\boldsymbol{M}\ddot{\boldsymbol{q}} + \boldsymbol{B}\dot{\boldsymbol{q}} + \boldsymbol{C}\boldsymbol{q} = \boldsymbol{f}(t). \tag{7.122}$$

Hierbei ist

$$\boldsymbol{M} = \begin{bmatrix} m & 0 \\ 0 & J/R^2 \end{bmatrix} \tag{7.123}$$

die Massenmatrix,

$$\boldsymbol{C} = \begin{bmatrix} c_\text{V} + (c_\text{L} + c_\text{Z})\cos^2\alpha & -(c_\text{L} - c_\text{Z})\cos\alpha \\ -(c_\text{L} - c_\text{Z})\cos\alpha & c_\text{L} + c_\text{Z} \end{bmatrix} \tag{7.124}$$

die Steifigkeitsmatrix,

$$\boldsymbol{B} = \begin{bmatrix} b_\text{V} + 2b\cos^2\alpha & 0 \\ 0 & 2b \end{bmatrix} \tag{7.125}$$

die Dämpfungsmatrix und

$$\boldsymbol{f} = \left[U\Omega^2\sin\Omega t;\ 0\right]^\text{T} \tag{7.126}$$

der Vektor der rechten Seite ($U = me$).

Das System der Bewegungsgleichungen (7.122) könnte auch gewonnen werden, indem an den beiden freigeschnittenen Rädern die Gleichgewichtsbedingungen unter Beachtung des d'Alembert'schen Prinzips aufgestellt worden wären, vgl. Abb. 7.16. Es wird dem Leser empfohlen, diese Variante zur Aufstellung der Bewegungsgleichungen noch zusätzlich selbst durchzurechnen.

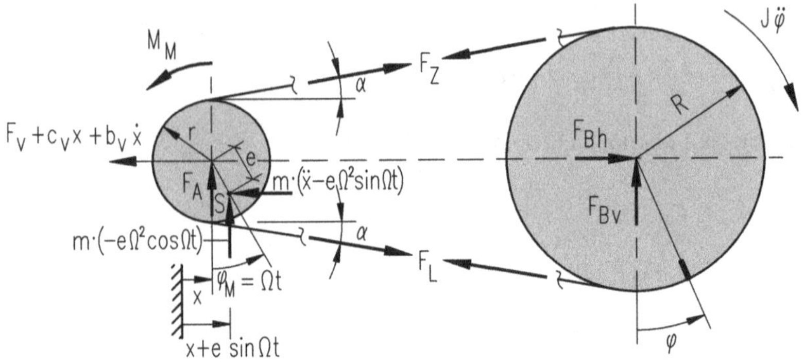

Abb. 7.16 Kräftebild am frei geschnittenen System bei $\dot{\varphi}_M \equiv \Omega$

Die Kräfte in Leer- und Zugtrum resultieren sowohl aus der Vorspannung als auch aus den durch die Schwingungen bedingten Deformationen (vgl. Gl. (7.111)) und ihren zeitlichen Änderungen:

$$F_L = \frac{F_v}{2\cos\alpha} + c_L(\underbrace{R\varphi - r\Omega t}_{=q_2} - q_1\cos\alpha) + b(\underbrace{R\dot{\varphi} - r\Omega}_{=\dot{q}_2} - \dot{q}_1\cos\alpha), \tag{7.127}$$

$$F_Z = \frac{F_v}{2\cos\alpha} + c_Z(\underbrace{r\Omega t - R\varphi}_{=-q_2} - q_1\cos\alpha) + b(\underbrace{r\Omega - R\dot{\varphi}}_{=-\dot{q}_2} - \dot{q}_1\cos\alpha). \tag{7.128}$$

Aus dem Momentengleichgewicht am Motorläufer folgt das zur Erzeugung der vorgegebenen Bewegung $\varphi_M(t) = \Omega t$ erforderliche Motormoment:

$$M_M = (F_Z - F_L)r + U\cos\Omega t \cdot \ddot{q}_1. \tag{7.129}$$

7.2.4 Aufgaben A7.4 bis A7.6

A7.4 Auswertung einer Ortskurve

Abb. 7.17 zeigt das vereinfachte Berechnungsmodell des Gestells einer Fräsmaschine und dessen zwei niedrigste Eigenschwingformen. Die Oberflächengüte beim Fräsen ist abhängig von der Relativbewegung zwischen Werkzeug und Werkstück an der Stelle A.

Für das interessierende Frequenzintervall wurde die Ortskurve für die Koordinate q_6 bei einer Erregung F_6 ermittelt, vgl. Abb. 7.17. Aus der Ortskurve sind die Eigenfrequenzen zu bestimmen und anhand der dargestellten Schwingformen ist der Amplituden-Frequenzgang zu kommentieren.

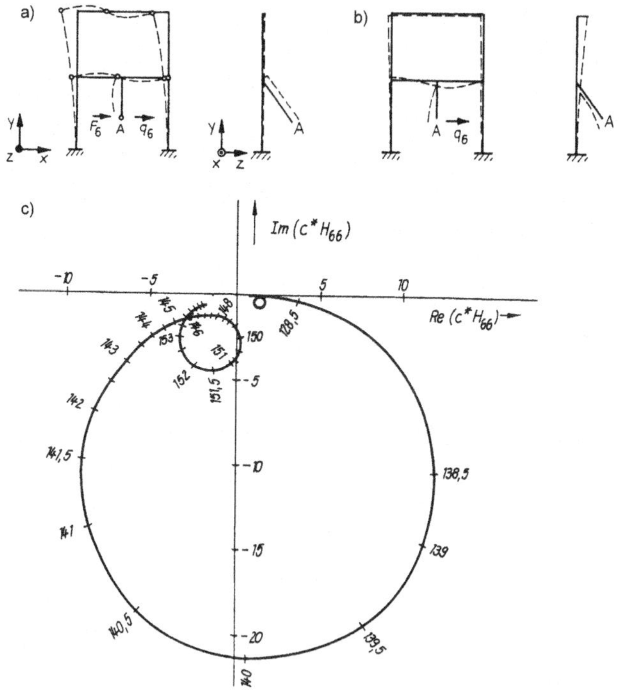

Abb. 7.17 Zum Fräsmaschinengestell: **a** und **b** Eigenformen $\boldsymbol{v}_1$ und $\boldsymbol{v}_2$, **c** Ortskurve für die Koordinate q_6

A7.5 Komplexer Frequenzgang

Das in Abb. 5.40a dargestellte Berechnungsmodell ist für den Fall einer Erregung durch das Moment $M_1(t) = \hat{M} \cos \Omega t$ bei $\psi(t) \equiv 0$ (feste Einspannung) zu untersuchen.

Gegeben:

$$\begin{aligned} \bar{\mu} &= J_2/J_1 = 0{,}2; \qquad & \bar{\gamma} &= c_{\mathrm{T}2}/c_{\mathrm{T}1} = 0{,}2; \\ \omega^{*2} &= c_{\mathrm{T}1}/J_1; \qquad & D &= b_{\mathrm{T}}(2J_2\omega^*) = 0{,}1. \end{aligned} \tag{7.130}$$

Gesucht:

1. Matrizen $\boldsymbol{C}$, $\boldsymbol{M}$, $\boldsymbol{B}$ und Erregerkraftvektor $\boldsymbol{f}$
2. komplexe Frequenzgangmatrix $\boldsymbol{H}(\mathrm{j}\Omega)$, insbesondere dessen Element $H_{11}(\mathrm{j}\Omega)$.

A7.6 Bestimmung von Eigenfrequenzen aus dem Amplituden-Frequenzgang

Im gemessenen (oder berechneten) Amplituden-Frequenzgang eines periodisch erregten Systems treten gewöhnlich mehrere Resonanzspitzen bei den Erregerfrequenzen

(Drehzahlen) f_{0i} auf. Wie kann entschieden werden, um welche Resonanz m-ter Ordnung und um welche Eigenfrequenzen es sich handelt?

Zu analysieren ist ein fiktives Beispiel, bei dem im Bereich von 12 bis 20 Hz Resonanzspitzen bei den Drehfrequenzen 13, 13,5, 15,6, 18 und 19,5 Hz auftreten. Es konnte abgeschätzt werden, dass Eigenfrequenzen dieses Systems etwa im Bereich von 40 bis 90 Hz liegen.

Wie groß sind die Eigenfrequenzen f_i, die sich aus diesen Ergebnissen identifizieren lassen? Welche Resonanzordnungen gibt es?

7.2.5 Lösungen L7.4 bis L7.6

L7.4 Die Eigenfrequenzen des Maschinengestells sind in der Ortskurve daran zu erkennen, dass die Amplituden (d. h. Abstand der Ortskurve vom Koordinatenursprung) dabei relative Extremwerte annehmen und die Phasen sich relativ schnell ändern. Es lassen sich so die Eigenfrequenzen $f_2 = 140\,\text{Hz}$ und $f_3 = 152\,\text{Hz}$ finden. Das Residuum (Resonanzamplitude) bei f_2 ist klein, weil der Kraftangriffspunkt bei der Grundschwingungsform in Gegenphase zum oberen Gestellteil schwingt und sich nur wenig bewegt.

Das Residuum bei $\Omega = \omega_3$ ist deshalb so groß, weil die zweite Eigenschwingung an der Stelle A große Ausschläge zeigt (Abb. 7b). Falls die Fräsereingriffsfrequenz in der Nähe der ersten Eigenfrequenz läge, wäre das also viel weniger gefährlich als eine Erregung in der Nähe der zweiten Eigenfrequenz.

L7.5 Bereits in Abschn. 5.5.2 wurde für dieses Modell der Amplituden-Frequenzgang $D_{11}(\Omega)$ berechnet. Gl. (5.194) und Abb. 5.41 zeigen ihn als Vergrößerungsfunktion $V = \hat{\varphi}_1/\varphi_{\text{st}} = \hat{\varphi}_1 c_{\text{T1}}/\hat{M}$. Die Matrizen $\boldsymbol{M}, \boldsymbol{B}, \boldsymbol{C}$ und der Erregervektor $\boldsymbol{f}$ ergeben sich aus einem Koeffizientenvergleich aus den Bewegungsgleichungen (5.191):

$$\begin{aligned}
\boldsymbol{q} &= \begin{bmatrix} \varphi_1 \\ \varphi_2 \end{bmatrix}, \qquad \boldsymbol{C} = \begin{bmatrix} c_{\text{T1}} + c_{\text{T2}} & -c_{\text{T2}} \\ -c_{\text{T2}} & c_{\text{T2}} \end{bmatrix} = c_{\text{T1}} \begin{bmatrix} 1+\bar{\gamma} & -\bar{\gamma} \\ -\bar{\gamma} & \bar{\gamma} \end{bmatrix}, \\
\boldsymbol{f} &= \hat{M} \begin{bmatrix} 1 \\ 0 \end{bmatrix} \cos \Omega t, \qquad \boldsymbol{M} = \begin{bmatrix} J_1 & 0 \\ 0 & J_2 \end{bmatrix} = J_1 \begin{bmatrix} 1 & 0 \\ 0 & \bar{\mu} \end{bmatrix}, \\
\boldsymbol{B} &= \begin{bmatrix} b_T & -b_T \\ -b_T & b_T \end{bmatrix} = 2D\bar{\mu} J_1 \omega^* \begin{bmatrix} 1 & -1 \\ -1 & 1 \end{bmatrix}.
\end{aligned} \tag{7.131}$$

Die Frequenzgangmatrix $\boldsymbol{H}(\text{j}\Omega)$ ergibt sich mit $\eta = \Omega/\omega^*$ gemäß Gl. (7.89) zu:

$$\begin{aligned}
\boldsymbol{H} &= \begin{bmatrix} H_{11} & H_{12} \\ H_{12} & H_{22} \end{bmatrix} = \left(\boldsymbol{C} - \Omega^2 \boldsymbol{M} + \text{j}\Omega \boldsymbol{B}\right)^{-1} \\
&= \frac{1}{c_{\text{T1}}} \begin{bmatrix} 1+\bar{\gamma} - \eta^2 + \text{j}2D\eta\bar{\mu} & -(\bar{\gamma} + \text{j}2D\eta\bar{\mu}) \\ -(\bar{\gamma} + \text{j}2D\eta\bar{\mu}) & \bar{\gamma} - \bar{\mu}\eta^2 + \text{j}2D\eta\bar{\mu} \end{bmatrix}^{-1} = \boldsymbol{H}(\text{j}\eta).
\end{aligned} \tag{7.132}$$

Wird weiterhin die dimensionslose Größe $\xi^2 = \bar{\gamma}/\bar{\mu}$ eingeführt, so folgt für die Frequenzgangmatrix bei Verwendung der Determinante

$$\Delta(\mathrm{j}\eta) = \bar{\mu} \cdot ([\xi^2(1-\eta^2(1+\bar{\mu})) - \eta^2(1-\eta^2)] + \mathrm{j}2D\eta[1-\eta^2(1+\bar{\mu})]) \qquad (7.133)$$

der in (7.132) auftretenden Matrix schließlich:

$$\begin{aligned} \boldsymbol{H}(\mathrm{j}\eta) &= \frac{1}{c_{\mathrm{T1}}} \cdot \frac{1}{\Delta(\mathrm{j}\eta)/\bar{\mu}} \begin{bmatrix} \xi^2 - \eta^2 + \mathrm{j}2D\eta & \xi^2 + \mathrm{j}2D\eta \\ \xi^2 + \mathrm{j}2D\eta & (1-\eta^2)/\bar{\mu} + \xi^2 + \mathrm{j}2D\eta \end{bmatrix} \\ \text{mit} \quad \frac{1}{\Delta(\mathrm{j}\eta)/\bar{\mu}} &= \frac{a_1(\eta) - \mathrm{j}\,a_2(\eta)}{a_1^2(\eta) + a_2^2(\eta)}. \end{aligned} \qquad (7.134)$$

Hierbei wurden die Abkürzungen

$$a_1(\eta) = (1-\eta^2)(\xi^2 - \eta^2) - \bar{\mu}\xi^2\eta^2, \quad a_2(\eta) = (2D\eta)(1-\eta^2(1+\bar{\mu})) \qquad (7.135)$$

benutzt.

Insbesondere ist also

$$H_{11}(\mathrm{j}\eta) = \frac{1}{c_{\mathrm{T1}}} \cdot \frac{a_1(\eta)\left(\xi^2 - \eta^2\right) + (2D\eta)\, a_2(\eta) - \mathrm{j}2D\eta^5\bar{\mu}}{a_1^2(\eta) + a_2^2(\eta)}. \qquad (7.136)$$

Die in (5.198) angegebene Vergrößerungsfunktion folgt dann aus $V(\mathrm{j}\eta) = c_{\mathrm{T1}} \cdot |H_{11}(\mathrm{j}\eta)|$. Die in Abb. 7.11a und b dargestellten Verläufe des Amplituden- und Phasen-Frequenzganges, sowie die Ortskurve in Abb. 7.11c entsprechen der Lösung für die Zahlenwerte der Aufgabenstellung, es gilt lediglich $c2 = c_{\mathrm{T1}}$. Erkennbar sind die beiden Resonanz-Frequenzverhältnisse $\eta_1 = 0{,}8$; $\eta_2 = 1{,}25$ und die Tilgungsfrequenz (Antiresonanz) bei $\eta = 1{,}02$.

L7.6 Folgende heuristische Vorgehensweise kann angewendet werden: Im Resonanzfall sind die Eigenfrequenzen gemäß (7.109) stets ganzzahlige Vielfache der Erreger-Grundfrequenz f_0, d. h. die gemessenen Resonanzfrequenzen sind die Quotienten aus den Eigenfrequenzen f_i und kleinen ganzen Zahlen m, also $f_{0\mathrm{R}} = f_i/m$. Um diese Eigenfrequenzen zu finden, sind die Resonanzfrequenzen $f_{0\mathrm{R}}$ also mit den Resonanzordnungen ($m = 1, 2, 3, \ldots$) zu multiplizieren, um zu erkennen, ob es übereinstimmende Zahlenwerte gibt. Beim vorliegenden Beispiel ergeben sich die Zahlenfolgen, die in der folgenden Tabelle angegeben sind:

i/m	1	2	3	4	5	6	7
1	13	26	39	52	65	**78**	91
2	13,5	27	40,5	**54**	67,5	81	94,5
3	15,6	31,2	46,8	62,4	**78**	93,6	109,2
4	18	36	**54**	72	90	108	126
5	19,5	39	58,5	**78**	97,5	107	126,5

Auffällig sind zwei Zahlenwerte, die sich aus verschiedenen Resonanzfrequenzen ergeben: Das sind die Eigenfrequenzen $f_1 = 54\,\text{Hz}$ und $f_2 = 78\,\text{Hz}$ d. h. die fünf Resonanzspitzen lassen sich durch zwei Eigenfrequenzen und die Resonanzordnungen $m = 3$ bis 6 erklären: $13 = 78/6$; $13{,}5 = 54/4$; $15{,}6 = 78/5$; $18 = 54/3$; $19{,}5 = 78/4$.

Rotordynamik

8

In Verbindung mit dem sich schnell entwickelnden Turbinenbau entstanden in den siebziger Jahren des 19. Jahrhunderts in England und Deutschland die ersten theoretischen Arbeiten, die sich mit der Bestimmung kritischer Drehzahlen von Wellen mit veränderlichen Querschnitten befassten. Kritische Drehzahlen sind solche Drehzahlen, bei denen eine Maschine mit Rücksicht auf ihre Betriebssicherheit nicht längere Zeit betrieben werden darf, weil gefährliche Resonanz- oder Instabilitätszustände auftreten.

Die ersten Untersuchungen spezieller Fragen von Biegeschwingungen, die von *Rankine* (1869) und *de Laval* (1889) stammen, wurden fortgesetzt durch Arbeiten von *A. Stodola,* der viele bedeutsame Erscheinungen klärte und seine Forschungsergebnisse 1924 in einem fundamentalen Werk niederlegte [43]. Weitere Fortschritte bei der Berechnung kritischer Drehzahlen von Wellen wurden in den dreißiger und vierziger Jahren des 20. Jahrhunderts durch zahlreiche Forscher erzielt. Sie wurden in klassischer Form von *Biezeno* und *Grammel* [5] zusammengefasst.

Die weitere Entwicklung war einerseits dadurch charakterisiert, dass die als wesentlich erkannten Einflussgrößen theoretisch und experimentell genauer untersucht wurden. Andererseits wurden die Berechnungsmethoden mit dem Aufkommen der Computer verbessert, wobei sich seit etwa 1955 die Methode der Übertragungsmatrizen durchgesetzt hatte [29], [51]. Neben dem Verfahren der Übertragungsmatrizen hat die Methode der finiten Elemente seit Mitte der 60er-Jahre die Biegeschwingungsberechnung beeinflusst. Der gegenwärtige Stand ist dadurch charakterisiert, dass praktisch für die meisten auftretenden und theoretisch geklärten Problemstellungen Rechenprogramme vorliegen, die auf der Methode der finiten Elemente (FEM) beruhen. Eine moderne Einführung in das Gebiet der Rotordynamik stellt [18] dar.

In der Praxis hat die Berechnungsingenieurin oder der Berechnungsingenieur viele Normen und Vorschriften zu beachten. Hier sei nur auf einige hingewiesen, die international von Bedeutung sind. Die Richtlinien der Reihe DIN ISO 20 816 haben zentrale Bedeutung für die Überwachung von Turbomaschinen, z. B.: DIN ISO 20 816-5(2018-12): Mechani-

M. Beitelschmidt und H. Dresig, *Maschinendynamik*,
https://doi.org/10.1007/978-3-662-60313-0_8

sche Schwingungen – Messung und Bewertung der Schwingungen von Maschinen – Teil 5: Maschinensätze in Wasserkraft- und Pumpspeicheranlagen. Seit dem Jahr 2013 bzw. 2015 gibt es die Richtlinien VDI 3834 Blatt 1(2015-08) (Messung und Beurteilung der mechanischen Schwingungen von Windenergieanlagen und deren Komponenten – Windenergieanlagen mit Getriebe) und VDI 3839 Blatt 2 (Hinweise zur Messung und Interpretation von Schwingungen von Maschinen – Schwingungsbilder für Anregungen aus Unwuchten, Montagefehlern, Lagerungsstörungen und Schäden an rotierenden Bauteilen).

Zur Bewertung der Lagerschwingungsmessungen werden die Richtlinien der Reihe DIN ISO 10816 empfohlen: Mechanische Schwingungen; Bewertung der Schwingungen von Maschisnen durch Messungen an nicht rotierenden Teilen (Mechanical vibration; Evaluation of machine vibration by measurements on non-rotating parts).

Die in der Fachliteratur behandelten Probleme dienen letztlich der Konstruktion zuverlässiger Wellen und Rotoren und lassen sich in folgende Gruppen einteilen:

1. Wahl angemessener Berechnungsmodelle, welche mit vertretbarem Aufwand die beobachteten und experimentell untersuchten Erscheinungen erfassen
2. Berechnung von kritischen Drehzahlen (bzw. Eigenfrequenzen) für gegebene Berechnungsmodelle und Parameterwerte
3. Berechnung tatsächlicher Bewegungen und Kraftgrößen (Lagerkräfte und -ausschläge, Spindelbewegungen)
4. Auswahl günstiger Parameterwerte einer Konstruktion
5. Klärung von Schwingungsursachen realer Konstruktionen.

8.1 Zur Modellbildung von Rotoren

8.1.1 Allgemeine Bemerkungen

Die erste Aufgabe bei der theoretischen Untersuchung ist auch bei Biegeschwingungen von Wellen die Ermittlung eines angemessenen Berechnungsmodells. Das Berechnungsmodell soll „so fein wie nötig und so grob wie möglich" sein, weil es nur die Aufgabe hat, der Vorhersage des dynamischen Verhaltens eines Realsystems zu dienen.

Das Berechnungsmodell soll gestatten, durch Variation der Parameter vorauszubestimmen, wie sich ein Realsystem physikalisch verhalten wird. Bei Biegeschwingungen kommt es z. B. darauf an zu wissen, wie die Größe der *Eigenfrequenzen* und die Eigenschwingformen von den Parametern des Realsystems abhängen. Das Berechnungsmodell muss alle die für diese Aufgabe wesentlichen Parameter enthalten. Die bisher behandelten Berechnungsmodelle gestatten es, solche Parameter bei der Berechnung der Eigenfrequenzen isotrop gelagerter Wellen mit symmetrischem Querschnitt zu berücksichtigen, wie Massen m_i, Trägheitsmomente J_{ai}, J_{pi}, Längen l_i, Lagerfederkonstanten c_i, Dichte ϱ, Elastizitätsmodul

E, Veränderlichkeit der Fläche $A(z)$, Veränderlichkeit des Flächenträgheitsmomentes $I(z)$, Drehgeschwindigkeit Ω, Rotorabmessungen u. a., vgl. Tab. 6.4.

Die Ingenieurin oder der Ingenieur muss von Fall zu Fall abschätzen, welche Parameter wesentlich sind und diese gegebenenfalls in ein verfeinertes Berechnungsmodell einbeziehen.

In Tab. 8.1 ist zusammengestellt, welche weiteren Parameter bei welchen Maschinenarten oft berücksichtigt werden müssen. Diese Zusammenstellung ist im Rahmen dieser einführenden Darstellung als Anregung gedacht. Es ist nicht möglich, eine umfassende Darstellung der technisch bedeutsamen Parametereinflüsse zu geben, weil die Forschung auf

Tab. 8.1 Übersicht über Parametereinflüsse [18]

Parameter	Kritische Kreisfrequenz ω_k	Beispiele
Axialkraft	Zug vergrößert, Druck verkleinert ω_k	Stab im Fachwerk, Koppelstange in Kurbelgetrieben
Drehmomentenschwankungen Ungleichförmigkeitsgrad	Kritische k-ter Ordnung $\Omega_k = \omega/(k \pm 1)$, k Ordnung der Harmonischen der Schwankung	Kolbenmaschinen, ungleichmäßig übersetzende Getriebe
Magnetischer Zug (radial)	Sinkt	Elektromotoren, Generatoren
Eigengewicht mg (horizontale Welle)	$\omega_k = \omega/2$	Turbinenläufer
Zahneingriffsfrequenz	$\Omega_k = \omega \cdot z$	Zahnradgetriebe z Zähnezahl, ω Winkelgeschwindigkeit der Welle
Anisotropie der Scheiben oder der Welle	Aufspaltung des Spektrums in Instabilitätsbereiche ω_1 bis ω_2	Welle mit Nut, Ventilator mit zwei Flügeln, zweipolige Läufer von Synchronmaschinen
Lagerdämpfung	Steigt	Textilspindeln
Innere Dämpfung	Selbsterregung	Materialdämpfung, Wellen-Naben-Verbindung
Elastizität der Scheiben	Sinkt	Schaufeln von Lüftern und Turbinen, Sägeblätter
Kopplung mit anderen Einheiten	Steigt oder sinkt, neues Spektrum	Motor-Pumpe, Verdichter, Turbine-Generator, Walzen gegenseitig
Ölfilm in Gleitlagern	Selbsterregung	Turbinen-, Pumpen-, Verdichterlager
Drehzahl (Kreiselwirkung der Scheiben)	Aufspaltung	Zentrifugen
Schubverformung	Sinkt	Kurze Balken, Schiffskörper

diesem Gebiet noch im Gange ist und mit der Entwicklung des Maschinenbaus immer wieder neue Gesichtspunkte entstehen.

Bei der Modellbildung besteht ein wesentlicher Schritt darin, die Freiheitsgrade des Berechnungsmodells festzulegen. Als Basismodell für viele rotordynamische Fragestellungen kann noch immer der Laval-Rotor (Abb. 8.4 bzw. 8.6) dienen, bei denen ein starrer Rotorkörper auf einer als masselos angenommenen biegeelastischen Welle befestigt ist. Komplexere Rotorgeometrien erfordern eine Modellierung mit Hilfe der FE-Methode.

Ein wesentlicher Bestandteil der Berechnungsmodelle von rotierenden Wellen und anderen Biegeschwingern sind die Verbindungselemente zum Aufstellort. Dabei ist nicht nur an die Wälzlager oder Gleitlager zu denken, die den rotierenden Teil mit dem Maschinengestell verbinden. Oft stellt das Gestell, in dem sich die Welle abstützt, auch wieder ein Schwingungssystem dar. Der allgemeine Fall des im Schwingungssystem enthaltenen Biegeschwingers wird in Kap. 6 behandelt, vgl. z. B. Abb. 6.4, 6.7 und 6.15. Hier soll lediglich bemerkt werden, dass es im allgemeinen unumgänglich ist, die Wälzlager als elastische Stützen zu behandeln.

Besondere Probleme werfen Gleitlager auf. Die Nachgiebigkeit des Ölpolsters in hydrodynamischen Lagern hat einen erheblichen Einfluss auf das dynamische Verhalten rotierender Wellen, wie *Stodola* bereits im Jahre 1925 erkannte. Der Grund dafür liegt vor allem in den anisotropen Federungs- und Dämpfungseigenschaften des Ölfilms. Wirkt in einem Gleitlager auf einen Wellenzapfen, der bei stationärem Betrieb eine bestimmte Gleichgewichtslage einnimmt, eine Kraft, so ruft diese eine Verschiebung hervor, die nicht mit der Kraftrichtung zusammenfällt.

Physikalisch bedeutet das, dass bei gewissen Bewegungen des Zapfens im Lager aus der Energiequelle des Antriebs der Welle (Torsion) Energie in die Querbewegung der Welle transportiert werden kann. Dadurch können selbsterregte Biegeschwingungen auftreten. Diesem Phänomen der Selbsterregung ist eine umfangreiche Literatur gewidmet, wovon hier nur [18] genannt sei.

Abb. 8.1 zeigt ein Amplituden-Frequenzdiagramm, das bei den selbsterregten Schwingungen auftritt. Anfangs verhält sich die Welle wie ein zu erzwungenen Schwingungen erregter Schwinger. Das System bewegt sich mit der Erregerfrequenz, und es tritt der bekannte Amplituden-Frequenzgang auf (Resonanz, falls Erregerfrequenz gleich Eigenfrequenz).

Bei einer bestimmten überkritischen Drehzahl beginnen plötzlich Schwingungen mit der Eigenfrequenz des Systems, die sehr große Amplituden haben. Dies sind selbsterregte

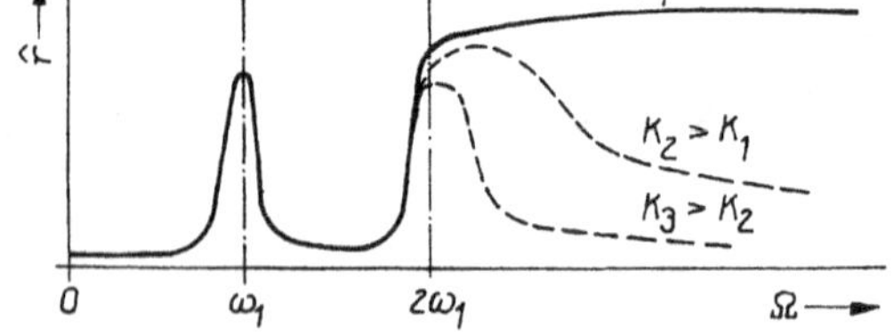

Abb. 8.1 Zur Wirkung des Schmierfilms im Gleitlager

Schwingungen, deren Amplitude lediglich durch Anschlagen der Welle im Lager (bzw. des Rotors am Gehäuse) begrenzt werden.

Es konnte festgestellt werden, dass diese Schwingungen faktisch bei allen Drehzahlen oberhalb dieser Kritischen erhalten bleiben, sodass es ein nach oben unbegrenztes Resonanzgebiet gibt. Das Verhalten in diesem überkritischen Gebiet hängt von einer Ähnlichkeitskennzahl $K = 2gB\eta/(\Omega F \psi^3)$ ab. Bei kleinen K-Werten (große Lagerkraft F, großes relatives Lagerspiel ψ, kleine Ölzähigkeit η und kleine Lagerbreite B) ändert sich die Amplitude der selbsterregten Schwingungen mit der Drehzahl weniger als bei großen K-Werten, vgl. Abb. 8.1.

8.1.2 Beispiel: Schleifspindel

Zur Untersuchung des dynamischen Verhaltens einer Schleifspindel wurden die in Abb. 8.2b bis f dargestellten Berechnungsmodelle benutzt, um den Einfluss der verschiedenen Modelle auf die Größe der kritischen Drehzahlen und die Eigenschwingformen zu illustrieren.

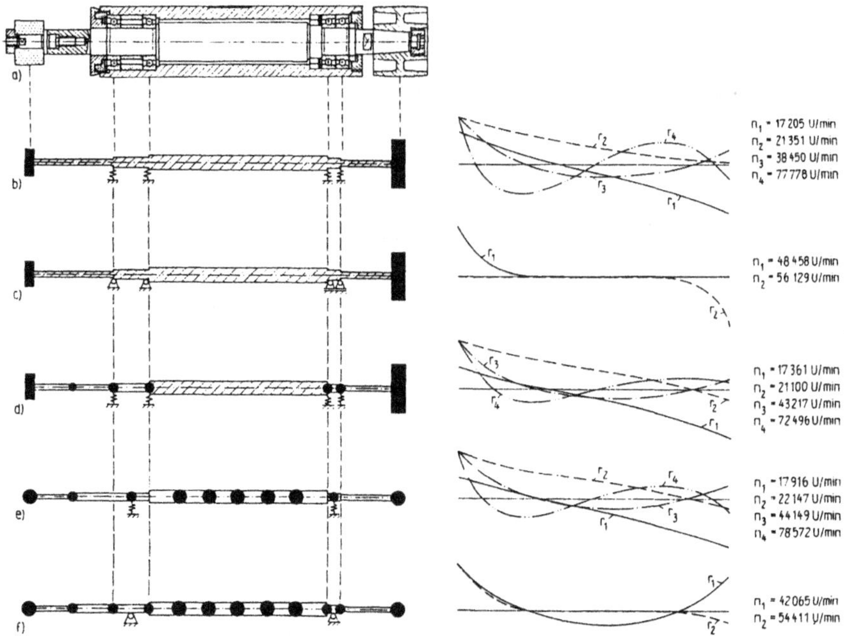

Abb. 8.2 Schleifspindel: **a** Technische Zeichnung; **b** bis **f** Berechnungsmodelle einer Schleifspindel (Die Schraffur im Modell gibt ein Kontinuum an.) Rechte Seite: Eigenschwingformen und kritische Drehzahlen der Modelle der Schleifspindel von **b** bis **f**

Abb. 8.2 zeigt die berechneten kritschen Drehzahlen und Eigenschwingformen. Wenn die erhaltenen Zahlenwerte verglichen werden, fällt auf, dass die Federkonstante der Kugellager einen großen Einfluss hat. Die niedrigste kritische Drehzahl liegt bei etwa 17.200 U/min (Modell b). Die mit den Modellen b, d und e erhaltenen Werte liegen für die ersten beiden kritischen Drehzahlen innerhalb der technisch vertretbaren Genauigkeitsgrenze von 5 %. Die mit den Modellen c und f erhaltenen Werte entsprechen etwa der 3. Eigenfrequenz der Modelle mit elastischer Lagerung und liefern ein falsches Bild, weil die Starrkörperbewegung fehlt, vgl. auch Abb. 6.19.

8.2 Symmetrischer Rotor ohne Kreiselwirkung

Aus Abschn. 3.5.1 ist bekannt, dass praktisch immer eine Restunwucht bei Rotoren verbleibt, weil eine vollständige Auswuchtung nicht erreichbar ist. Hier soll an einem einfachen Rotor mit einer Scheibe demonstriert werden, wie sich eine Unwuchterregung auswirkt. Zur Vereinfachung wird angenommen, dass die Scheibe in der Mitte einer zweifach gelagerten Welle konstanter Biegesteifigkeit EI angeordnet ist, sodass nur die symmetrische Schwingform auftritt und somit die Einflüsse der Kreiselwirkung entfallen.

8.2.1 Modell und Bewegungsgleichung

Abb. 8.3 zeigt die aus der statischen Gleichgewichtslage ausgelenkte Scheibe im raumfesten Koordinatensystem. Die Scheibe dreht sich mit der Winkelgeschwindigkeit Ω. Die Durchbiegungen im mitrotierenden Bezugssystem werden mit r bezeichnet. Der Scheibenschwerpunkt S liegt außerhalb des Wellenmittelpunktes W (Exzentrizität e). Auf die Scheibe wird ein Drehmoment M übertragen. Die Scheibenmasse ist m, das Trägheitsmoment um die Drehachse ist J_p. Die masselose Welle ist isotrop, d. h., ihre Federkonstante c ist in x- und y-Richtung gleich groß. Da die Wellenneigung entfällt, werden keine anderen Federzahlen benötigt.

Das Kräftegleichgewicht am Schwerpunkt der in horizontaler Ebene rotierenden Scheibe ergibt, vgl. Abb. 8.3:

$$m\ddot{x}_\mathrm{S} + cx_\mathrm{W} = 0, \tag{8.1}$$

$$m\ddot{y}_\mathrm{S} + cy_\mathrm{W} = 0. \tag{8.2}$$

Aus dem Momentengleichgewicht um die Schwerpunktachse folgt

$$J_\mathrm{p}\ddot{\varphi} + cx_\mathrm{W}e\sin\varphi - cy_\mathrm{W}e\cos\varphi = M. \tag{8.3}$$

Mit Berücksichtigung der Zwangsbedingungen, vgl. Abb. 8.3,

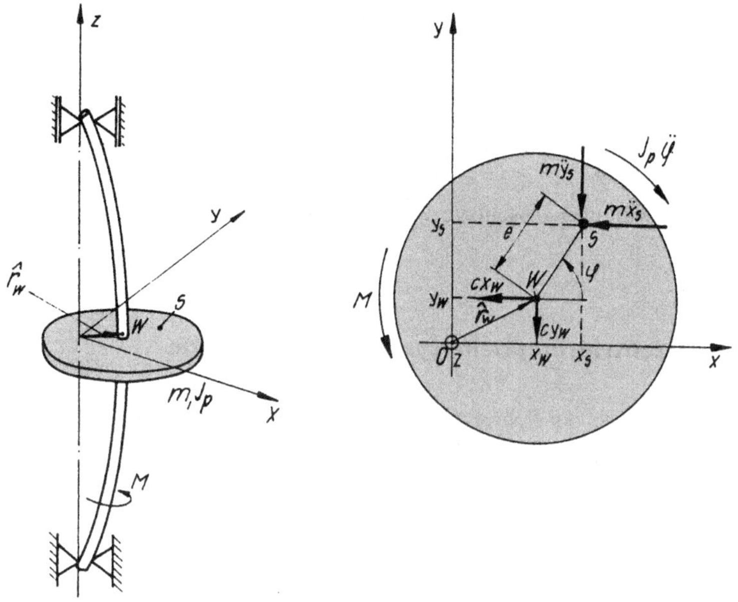

Abb. 8.3 Bezeichnungen am Berechnungsmodell einer symmetrisch gelagerten Welle mit einer Scheibe

$$x_{\mathrm{W}} = x_{\mathrm{S}} - e\cos\varphi, \qquad y_{\mathrm{W}} = y_{\mathrm{S}} - e\sin\varphi \tag{8.4}$$

folgen daraus die Bewegungsgleichungen

$$m\ddot{x}_{\mathrm{S}} + cx_{\mathrm{S}} = ce\cos\varphi, \tag{8.5}$$

$$m\ddot{y}_{\mathrm{S}} + cy_{\mathrm{S}} = ce\sin\varphi, \tag{8.6}$$

$$J_{\mathrm{p}}\ddot{\varphi} - ce(y_{\mathrm{S}}\cos\varphi - x_{\mathrm{S}}\sin\varphi) = M. \tag{8.7}$$

8.2.2 Lösung der Bewegungsgleichung

Die Eigenkreisfrequenz dieses Minimalmodells lautet

$$\omega_1 = \sqrt{\frac{c}{m}}. \tag{8.8}$$

Wird das Verhältnis von Dreh- zu Eigenkreisfrequenz mit $\eta = \Omega/\omega_1$ bezeichnet, so lauten die partikulären Lösungen von (8.5) und (8.6) mit $\varphi = \Omega t$ (harmonische Erregung):

$$x_S = \frac{e\omega_1^2}{\omega_1^2-\Omega^2}\cos\Omega t = \frac{e}{1-\eta^2}\cos\Omega t = \hat{r}_S\cos\Omega t,$$
$$y_S = \frac{e\omega_1^2}{\omega_1^2-\Omega^2}\sin\Omega t = \frac{e}{1-\eta^2}\sin\Omega t = \hat{r}_S\sin\Omega t. \tag{8.9}$$

Das Antriebsmoment ergibt sich für die hier vorausgesetzte konstante Drehzahl ($\dot{\varphi} = \Omega =$ const., $\ddot{\varphi} = 0$) für $\Omega \neq \omega_1$ zu $M = 0$. Für $\Omega = \omega_1$ ($\eta = 1$) tritt Resonanz ein, und die erzwungenen Schwingungsausschläge wachsen (falls ungedämpft gerechnet wird) unbegrenzt, vgl. Abb.7.3.

8.2.3 Selbstzentrierung beim symmetrischen Rotor

Die Gl. (8.9) zeigt, dass der Schwerpunkt eine Kreisbahn mit der Winkelgeschwindigkeit Ω durchläuft. Der Radius dieses Kreises beträgt

$$\hat{r}_S = \sqrt{x_S^2 + y_S^2} = \frac{e\omega_1^2}{\omega_1^2 - \Omega^2} = \frac{e}{1-\eta^2}. \tag{8.10}$$

Die Bewegung des Scheibenmittelpunktes W ergibt sich aus (8.4) mit (8.9) zu

$$x_W = \hat{r}_W\cos\Omega t; \qquad y_W = \hat{r}_W\sin\Omega t; \qquad \hat{r}_W = \frac{e\eta^2}{1-\eta^2}. \tag{8.11}$$

Der Radius $\hat{r}_W$ entspricht der Auslenkung im rotierenden System der Polarkoordinaten $(r;\ \varphi)$. Er kann, im Gegensatz zu $\hat{r}_S$, gemessen werden.

Die Amplituden der Bewegungen von S und W und die Bahnen dieser Punkte in Abhängigkeit vom Abstimmungsverhältnis η sind in Abb. 8.4 dargestellt. Die Punkte O, S und W liegen (außerhalb der Resonanz) auf einer Geraden. Die Welle rotiert im gebogenen Zustand und wird dabei quasistatisch beansprucht. Für die Festigkeitsberechnung solcher rotierender Wellen ist von Bedeutung, dass dabei keine Biegewechsel auftreten und damit aber auch keine Werkstoffdämpfung der Welle wirksam wird.

Aus Abb. 8.4 geht hervor, dass sich bei großen Drehzahlen die Welle zentriert. Im überkritischen Drehzahlbereich ($\Omega \gg \omega_1$) dreht sich die Scheibe um ihre Schwerachse. Diese Tatsache wird bei Zentrifugen und anderen Maschinen ausgenutzt, bei denen infolge des exzentrischen Verarbeitungsgutes eine Auswuchtung nicht möglich ist (Abb. 8.10). Das System wird dabei meist durch weiche Halslagerfedern so abgestimmt, dass es überkritisch läuft. Die Scheibe rotiert dann um die Schwerachse, d. h. die Halslagerfedern werden in der Umlauffrequenz um den Betrag der Exzentrizität ausgelenkt und bewirken eine entsprechende Kraft auf das Gestell. Diese ist bei sehr weichem Halslager bedeutend kleiner als die entsprechende Unwuchtkraft bei starrer Lagerung.

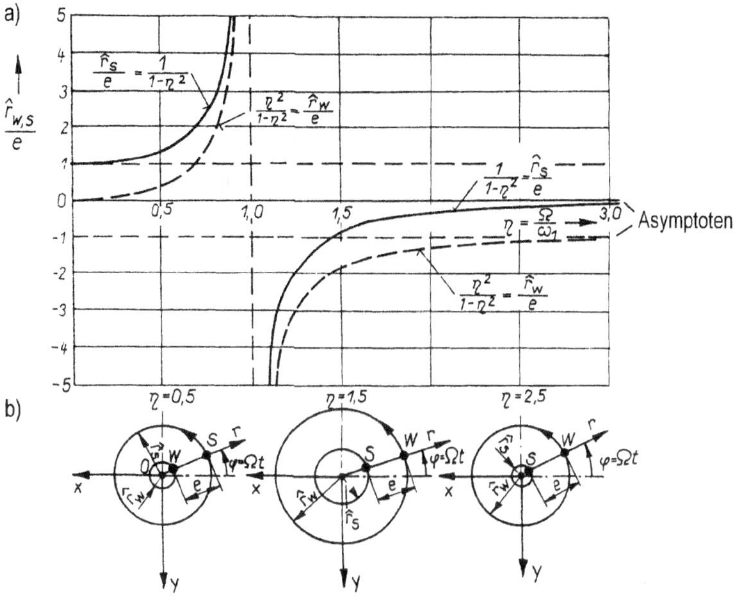

Abb. 8.4 Bewegung der Welle in Abhängigkeit vom Abstimmungsverhältnis: **a** Amplituden-Frequenzgang, **b** Schwerpunktbahn und Wellenmittelpunktbahn bei $\eta = 0{,}5;\ 1{,}5;\ 2{,}5$

8.2.4 Durchfahren der Resonanzstelle

Viele Antriebe werden überkritisch betrieben, d.h. die Rotoren müssen beim Hochlauf bis zum Erreichen ihrer Betriebsdrehzahl eine oder mehrere Resonanzstellen durchlaufen – ebenso beim Auslaufen oder Bremsen. Dies trifft auf die Biegeschwingungen von Rotoren (z.B. Turbomaschinen, Textilspindeln, Wäscheschleudern, Zentrifugen) zu, aber auch auf Maschinenfundamente (vgl. z.B. Abb. 4.15), Torsionsschwinger (z.B. Fahrzeug-Antriebsstränge, Lüfter), und gekoppelte Schwinger (z.B. Siebe, Riemengetriebe). Während dieses Resonanzdurchlaufs werden extreme Belastungen erreicht. Es interessiert vor allem das Verhalten des Rotors in Resonanznähe, da dort die größten dynamischen Ausschläge auftreten.

Wenn angenommen werden kann, dass der Rotor mit *konstanter Winkelbeschleunigung* α anläuft, dann ergeben sich Amplituden gemäß Abb. 8.5.

Hier soll nur das Rechenergebnis gezeigt werden, vgl. Abb. 8.5. Die Maximalamplitude wird nicht in dem Augenblick erreicht, wo Erreger- und Eigenfrequenz übereinstimmen, sondern etwas später. Beim Beschleunigen verschieben sich die Maxima in Richtung höherer Drehzahlen, beim Verzögern in Richtung niedriger Drehzahlen. Die Amplituden sind desto kleiner, je schneller der Resonanzdurchlauf erfolgt. Als Maß dient die Ähnlichkeitskennzahl α/ω_1^2. Wird der Hochlaufvorgang unter Berücksichtigung der Motorkennlinie berechnet, dann zeigt sich, dass die Drehzahl in Resonanznähe langsamer zunimmt, weil der Antrieb

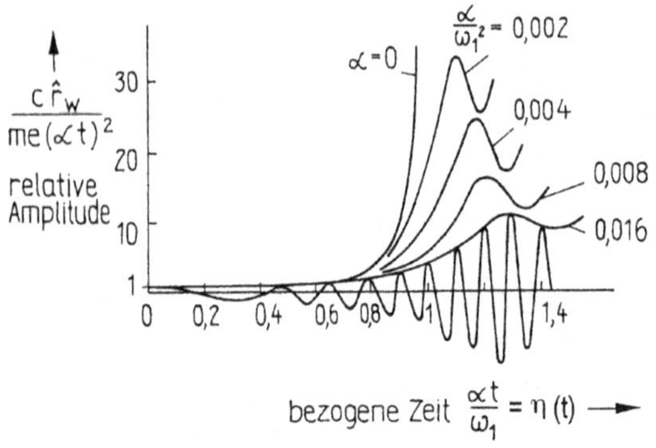

Abb. 8.5 Amplitudenverlauf bei Resonanzdurchfahrt in Abhängigkeit von der Beschleunigung

dort Energie zur Bewegung des mitschwingenden Fundaments aufbringen muss. Der Rotor setzt dem Durchfahren der Resonanzstelle also einen größeren Widerstand entgegen, als es nur seiner eigenen Drehträgheit entspricht. Dieses Phänomen wird als Sommerfeld-Effekt bezeichnet, siehe hierzu auch A9.2.

Andererseits tritt beim Verzögern, also bei sinkender Drehzahl, in der Nähe der kritischen Drehzahl der umgekehrte Effekt auf: ein Rüttelrichtmoment wirkt vom Fundament auf den Rotor so, dass sich dieser mehr beschleunigt als es dem Antriebsmoment entspricht. Es wird dann überschüssige Energie des schwingenden Fundaments auf den Rotor übertragen. Der Effekt, dass das schwingende Fundament wie ein zusätzlicher Antrieb wirkt, kann praktisch ausgenutzt werden: Beim Abtouren wird länger im Resonanzbereich verblieben, um bei Vibrationsmaschinen als Schwingungserreger effektiv zu arbeiten, z. B. bei einem Vibrationsverdichter, vgl. dazu Abschn. 5.4.5 „Resonanzdurchlauf" in [11].

8.3 Laval-Rotor mit Kreiselwirkung

Das Schwingungsverhalten einer rotierenden Welle unterscheidet sich prinzipiell von dem eines nichtrotierenden Balkens, weil bei großen Drehzahlen an den räumlich ausgedehnten Scheiben so genannte Kreiselmomente (auch „gyroskopische Momente" genannt) das dynamische Verhalten beeinflussen. Kreiselmomente entstehen, wenn die Hauptträgheitsachse der Scheibe nicht mit der Rotationsachse übereinstimmt oder wenn sich die Scheiben während der Schwingung um die x- oder y-Achse neigen, vgl. Abb. 8.6.

8.3.1 Modell und Bewegungsgleichung

Es wird angenommen, dass die Scheibe um die Wellenachse mit konstanter Winkelgeschwindigkeit $\dot{\varphi} = \Omega$ ($\varphi = \Omega t$) rotiert, sich in x- und y-Richtung durchsenkt und gleichzeitig um kleine Winkel ψ_x und ψ_y kippt. Dann wirken zwischen Rotor und Welle Momente und

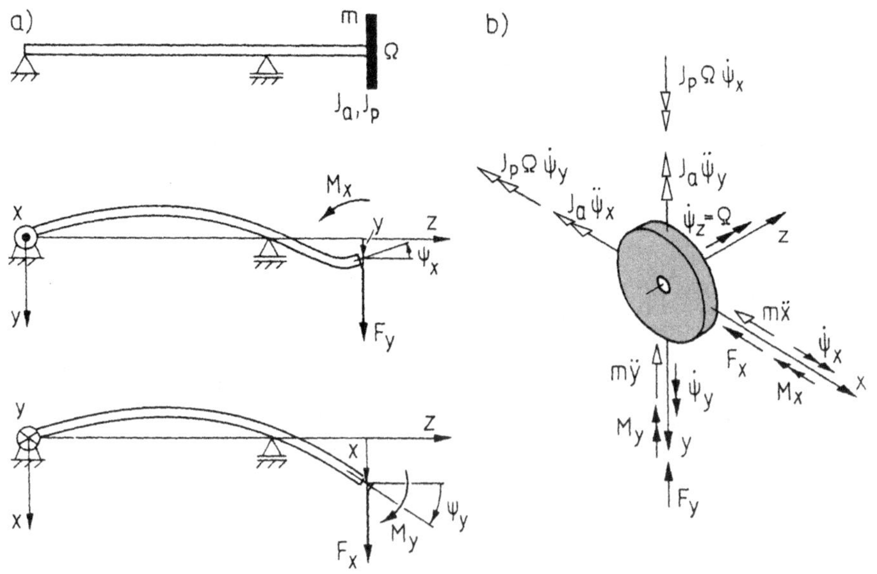

Abb. 8.6 Mit einer Scheibe besetzte Welle: **a** Koordinaten und Kraftgrößen, **b** Kräfte und Momente am freigeschnittenen Rotor

Kräfte, die hier mit F_x, F_y, M_x, M_y und M_z bezeichnet werden und in Abb. 8.6 definiert sind. Die Momente ergeben sich für den unsymmetrischen Rotor wie folgt:

$$
\begin{aligned}
\begin{bmatrix} M_x \\ M_y \\ M_z \end{bmatrix} = &- \begin{bmatrix} J^{\mathrm{S}}_{\xi\xi}\cos^2\varphi + J^{\mathrm{S}}_{\eta\eta}\sin^2\varphi - J^{\mathrm{S}}_{\xi\eta}\sin 2\varphi & \frac{1}{2}(J^{\mathrm{S}}_{\xi\xi} - J^{\mathrm{S}}_{\eta\eta})\sin 2\varphi + J^{\mathrm{S}}_{\xi\eta}\cos 2\varphi \\ \frac{1}{2}(J^{\mathrm{S}}_{\xi\xi} - J^{\mathrm{S}}_{\eta\eta})\sin 2\varphi + J^{\mathrm{S}}_{\xi\eta}\cos 2\varphi & J^{\mathrm{S}}_{\xi\xi}\sin^2\varphi + J^{\mathrm{S}}_{\eta\eta}\cos^2\varphi + J^{\mathrm{S}}_{\xi\eta}\sin 2\varphi \\ J^{\mathrm{S}}_{\xi\zeta}\cos\varphi - J^{\mathrm{S}}_{\eta\zeta}\sin\varphi & J^{\mathrm{S}}_{\xi\zeta}\sin\varphi + J^{\mathrm{S}}_{\eta\zeta}\cos\varphi \end{bmatrix} \cdot \begin{bmatrix} \ddot{\psi}_x \\ \ddot{\psi}_y \end{bmatrix} \\
&- \Omega \begin{bmatrix} -\left[(J^{\mathrm{S}}_{\xi\xi} - J^{\mathrm{S}}_{\eta\eta})\sin 2\varphi + 2J^{\mathrm{S}}_{\xi\eta}\cos 2\varphi\right] & (J^{\mathrm{S}}_{\xi\xi} - J^{\mathrm{S}}_{\eta\eta})\cos 2\varphi - 2J^{\mathrm{S}}_{\xi\eta}\sin 2\varphi + J^{\mathrm{S}}_{\zeta\zeta} \\ (J^{\mathrm{S}}_{\xi\xi} - J^{\mathrm{S}}_{\eta\eta})\cos 2\varphi - 2J^{\mathrm{S}}_{\xi\eta}\sin 2\varphi - J^{\mathrm{S}}_{\zeta\zeta} & (J^{\mathrm{S}}_{\xi\xi} - J^{\mathrm{S}}_{\eta\eta})\sin 2\varphi + 2J^{\mathrm{S}}_{\xi\eta}\cos 2\varphi \\ 0 & 0 \end{bmatrix} \cdot \begin{bmatrix} \dot{\psi}_x \\ \dot{\psi}_y \end{bmatrix} \\
&- \Omega^2 \begin{bmatrix} 0 & 0 \\ 0 & 0 \\ J^{\mathrm{S}}_{\xi\zeta}\cos\varphi - J^{\mathrm{S}}_{\eta\zeta}\sin\varphi & J^{\mathrm{S}}_{\xi\zeta}\sin\varphi + J^{\mathrm{S}}_{\eta\zeta}\cos\varphi \end{bmatrix} \cdot \begin{bmatrix} \psi_x \\ \psi_y \end{bmatrix} + \Omega^2 \begin{bmatrix} J^{\mathrm{S}}_{\xi\zeta}\sin\varphi + J^{\mathrm{S}}_{\eta\zeta}\cos\varphi \\ -J^{\mathrm{S}}_{\xi\zeta}\cos\varphi + J^{\mathrm{S}}_{\eta\zeta}\sin\varphi \\ 0 \end{bmatrix} .
\end{aligned}
\tag{8.12}
$$

Unter Beachtung der Drehtransformation (3.12) resultieren diese Ausdrücke aus dem Momentensatz (3.35) entsprechend

$$
\boldsymbol{M}^{\mathrm{S}} = \boldsymbol{A}\overline{\boldsymbol{M}}^{\mathrm{S}} = \boldsymbol{A} \cdot \left(\tilde{\overline{\boldsymbol{\omega}}}\,\overline{\boldsymbol{J}}^{\mathrm{S}}\overline{\boldsymbol{\omega}} + \overline{\boldsymbol{J}}^{\mathrm{S}}\dot{\overline{\boldsymbol{\omega}}}\right) \equiv \frac{\mathrm{d}}{\mathrm{d}t}\left(\boldsymbol{A}\overline{\boldsymbol{J}}^{\mathrm{S}}\overline{\boldsymbol{\omega}}\right), \tag{8.13}
$$

wenn für kleine Winkel

$$|\psi_x| \ll 1, \qquad |\psi_y| \ll 1 \tag{8.14}$$

eine Linearisierung vorgenommen und $\boldsymbol{M}^{\mathrm{S}} = [-M_x, \ -M_y, \ -M_z]^{\mathrm{T}}$ gesetzt wird. Dazu wird von den Gl. (3.11) und (3.32) ausgegangen, aus denen die Näherungen

$$\boldsymbol{A} \approx \begin{bmatrix} \cos\varphi & -\sin\varphi & \psi_y \\ \sin\varphi & \cos\varphi & -\psi_x \\ \begin{pmatrix} -\psi_y \cos\varphi \\ +\psi_x \sin\varphi \end{pmatrix} & \begin{pmatrix} \psi_x \cos\varphi \\ +\psi_y \sin\varphi \end{pmatrix} & 1 \end{bmatrix}; \quad \overline{\boldsymbol{\omega}} = \begin{bmatrix} \omega_\xi \\ \omega_\eta \\ \omega_\zeta \end{bmatrix} \approx \begin{bmatrix} \begin{pmatrix} \dot\psi_x \cos\varphi \\ +\dot\psi_y \sin\varphi \end{pmatrix} \\ \begin{pmatrix} -\dot\psi_x \sin\varphi \\ +\dot\psi_y \cos\varphi \end{pmatrix} \\ \Omega \end{bmatrix} \tag{8.15}$$

folgen. Einsetzen in (8.13) liefert dann bei Vernachlässigung aller nichtlinearen Terme die angegebenen Momente in (8.12). Hinsichtlich der Kräfte gelten die Gl. (8.17), die unmittelbar aus dem Kräftegleichgewicht am freigeschnittenen Rotor folgen. Für den wichtigen Sonderfall des symmetrischen Rotors, also für

$$J^{\mathrm{S}}_{\xi\xi} = J^{\mathrm{S}}_{\eta\eta} = J_{\mathrm{a}}, \qquad J^{\mathrm{S}}_{\zeta\zeta} = J_{\mathrm{p}}, \qquad J^{\mathrm{S}}_{\xi\eta} = J^{\mathrm{S}}_{\xi\zeta} = J^{\mathrm{S}}_{\eta\zeta} = 0, \tag{8.16}$$

vereinfachen sich die Ausdrücke in (8.12) erheblich. Es entstehen die Gl. (8.18), vgl. auch Abb. 8.6 und Abschn. 3.2.2.

Für den symmetrischen Rotor sind das äquatoriale Trägheitsmomente J_{a} und das polare Trägheitsmoment J_{p} die wesentlichen Parameter, vgl. Abb. 8.7.

Folgende kinetische Kraftgrößen wirken von einer rotierenden Scheibe, die sich in allen Koordinatenrichtungen bewegen kann, auf die Welle, vgl. Abb. 8.6:

$$F_x = -m\ddot{x}; \qquad F_y = -m\ddot{y}, \tag{8.17}$$

$$M_x = -J_{\mathrm{a}}\ddot{\psi}_x - J_{\mathrm{p}}\Omega\dot{\psi}_y; \qquad M_y = -J_{\mathrm{a}}\ddot{\psi}_y + J_{\mathrm{p}}\Omega\dot{\psi}_x; \qquad M_z = 0. \tag{8.18}$$

Das in (8.18) auftretende Produkt des Drehimpulses $J_{\mathrm{p}}\Omega$ des Rotors und der raumfesten Komponenten seiner Winkelgeschwindigkeit wird als Kreiselmoment bezeichnet.

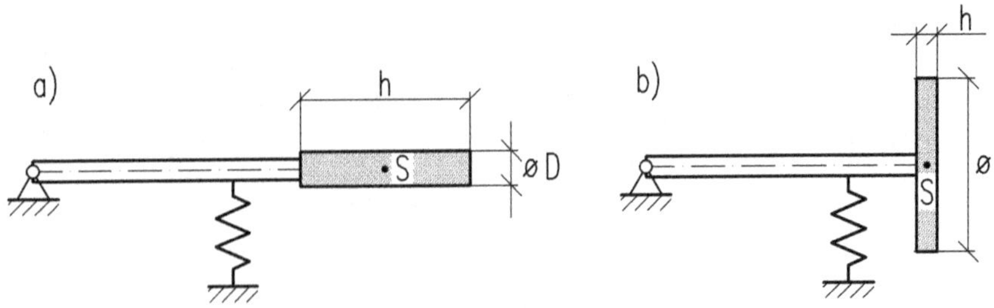

Abb. 8.7 Rotor als homogener Kreiszylinder ($J_{\mathrm{a}} = \frac{1}{16}mD^2 \cdot (1 + \frac{4}{3}(h/D)^2)$, $J_{\mathrm{p}} = \frac{1}{8}mD^2$): **a** $J_{\mathrm{a}} \gg J_{\mathrm{p}}$ (Walzenform), Kreiselwirkung vernachlässigbar, **b** $J_{\mathrm{a}} < J_{\mathrm{p}}$ (Scheibenform), Kreiselwirkung wesentlich

Die Beziehungen zwischen den Kraftgrößen (F_x; F_y; M_x; M_y) und Deformationsgrößen (x; y; ψ_x; ψ_y) werden als linear angenommen:

$$y = +\alpha_y F_y - \gamma_y M_x, \qquad x = \alpha_x F_x + \gamma_x M_y, \tag{8.19}$$

$$\psi_x = -\delta_y F_y + \beta_y M_x, \qquad \psi_y = \delta_x F_x + \beta_x M_y. \tag{8.20}$$

Die unterschiedlichen Vorzeichen in beiden Ebenen erklären sich aus den unterschiedlichen Kraft- und Momentrichtungen, vgl. Abb. 8.6a.

Die aus der Festigkeitslehre bekannten Einflusszahlen α, β und $\gamma = \delta$ sind bei anisotropen Lagern von der Koordinatenrichtung abhängig und wurden deshalb mit den Indizes x und y versehen. Bei isotroper Lagerung sind die Einflusszahlen in beiden Ebenen gleich. Formeln zur Berechnung der Einflusszahlen bei häufig vorkommenden Wellenlagerungen enthält Tab. 6.4. Aus (8.17) bis (8.20) folgt bei isotroper Lagerung

$$y = +\alpha F_y - \gamma M_x = -\alpha m\ddot{y} - \gamma(-J_a\ddot{\psi}_x - J_p\Omega\dot{\psi}_y), \tag{8.21}$$

$$\psi_x = -\delta F_y + \beta M_x = +\delta m\ddot{y} + \beta(-J_a\ddot{\psi}_x - J_p\Omega\dot{\psi}_y), \tag{8.22}$$

$$x = +\alpha F_x + \gamma M_y = -\alpha m\ddot{x} + \gamma(-J_a\ddot{\psi}_y + J_p\Omega\dot{\psi}_x), \tag{8.23}$$

$$\psi_y = +\delta F_x + \beta M_y = -\delta m\ddot{x} + \beta(-J_a\ddot{\psi}_y + J_p\Omega\dot{\psi}_x). \tag{8.24}$$

Die Kopplung, die zwischen den 4 Gleichungen besteht, wird durch das Kreiselmoment hervorgerufen. Es ist ersichtlich, dass für $\Omega = 0$ (nichtrotierende Welle) eine Entkopplung auftritt, sodass sich nur Verschiebung und Neigung innerhalb einer Ebene gegenseitig beeinflussen (y und ψ_x bzw. x und ψ_y). Die Schwingungen in den um 90° versetzten Ebenen lassen sich dann unabhängig voneinander untersuchen. Die Kreiselmomente sind bei Rotoren, bei denen $J_p \ll J_a$ ist, relativ klein gegenüber den anderen Momenten, sodass sie ohne wesentlichen Verlust an Genauigkeit dann vernachlässigt werden können (z. B. Textilspindeln), vgl. Abb. 8.7 und 7.13.

8.3.2 Bewegungsverhalten des Rotors

Für die Berechnung ist es bei isotroper Lagerung zulässig und zweckmäßig, anstelle der beiden raumfesten Ebenen (x, z; y, z) die umlaufende Ebene (r; z) zu benutzen, die durch die z-Achse und die elastische Linie gebildet wird. Als Koordinaten sind dann die radiale Verschiebung r des Wellenmittelpunktes und der Winkel ψ des Kegels, der durch die umlaufende Tangente gebildet wird, verwendbar.

Die in Abb. 8.6 dargestellte Welle entspricht dem Fall 4 in Tab. 6.4 mit $l_3 = 0$, wobei die Einflusszahlen $\alpha = d_{11}$, $\beta = d_{22}$ und $\gamma = \delta = d_{12}$ sind. Bei einem walzenförmigen, starren Rotor wie in Abb. 8.7a wird der Abstand seines Schwerpunkts zum Wellenende durch l_3 berücksichtigt. Für den Fall 3 gelten die folgenden Formeln ebenso.

Für die weitere mathematische Behandlung des hier behandelten Problems ist es zweckmäßig (nicht notwendig!), die vier Gl. (8.21) bis (8.24) durch Einführung der komplexen Veränderlichen $\tilde{r} = x + \mathrm{j}y$, $\tilde{\psi} = \psi_y - \mathrm{j}\psi_x$, $\tilde{F} = F_x + \mathrm{j}F_y$ und $\tilde{M} = M_y - \mathrm{j}M_x$ in den folgenden beiden Bewegungsgleichungen (mit $\mathrm{j} = \sqrt{-1}$) zusammenzufassen:

$$\begin{aligned} \tilde{r} &= \alpha\tilde{F} + \gamma\tilde{M} = -\alpha m\ddot{\tilde{r}} - \gamma(J_\mathrm{a}\ddot{\tilde{\psi}} - \mathrm{j}J_\mathrm{p}\Omega\dot{\tilde{\psi}}) \\ \tilde{\psi} &= \delta\tilde{F} + \beta\tilde{M} = -\delta m\ddot{\tilde{r}} - \beta(J_\mathrm{a}\ddot{\tilde{\psi}} - \mathrm{j}J_\mathrm{p}\Omega\dot{\tilde{\psi}}). \end{aligned} \tag{8.25}$$

Werden für die hier interessierenden Eigenschwingungen die Lösungsansätze

$$\tilde{r} = \hat{r}\mathrm{e}^{\mathrm{j}\omega t}; \qquad \tilde{\psi} = \hat{\psi}\mathrm{e}^{\mathrm{j}\omega t} \tag{8.26}$$

eingesetzt, entsteht ein homogenes lineares Gleichungssystem für die Amplituden $\hat{r}$ und $\hat{\psi}$:

$$\begin{aligned} \hat{r} &= \alpha m\omega^2\hat{r} + \gamma(J_\mathrm{a}\omega^2 - J_\mathrm{p}\Omega\omega)\hat{\psi}, \\ \hat{\psi} &= \delta m\omega^2\hat{r} + \beta(J_\mathrm{a}\omega^2 - J_\mathrm{p}\Omega\omega)\hat{\psi}. \end{aligned} \tag{8.27}$$

Die Eigenfrequenzen ergeben sich durch Nullsetzen der Hauptdeterminante

$$\begin{vmatrix} \alpha m\omega^2 - 1 & \gamma(J_\mathrm{a} - J_\mathrm{p}\Omega/\omega)\omega^2 \\ \delta m\omega^2 & \beta(J_\mathrm{a} - J_\mathrm{p}\Omega/\omega)\omega^2 - 1 \end{vmatrix} = 0. \tag{8.28}$$

Das Amplitudenverhältnis folgt aus (8.27) und charakterisiert die Eigenform:

$$\left(\frac{\hat{r}}{\hat{\psi}}\right)_i = \frac{\gamma\omega_i^2(J_\mathrm{a} - J_\mathrm{p}\Omega/\omega_i)}{1 - \alpha m\omega_i^2} = \frac{1 - \beta\omega_i^2(J_\mathrm{a} - J_\mathrm{p}\Omega/\omega_i)}{\delta m\omega_i^2}; \quad i = 1, 2. \tag{8.29}$$

Interessant ist, dass an der Stelle, wo beim nichtrotierenden ($\Omega = 0$) Balken nur das Trägheitsmoment J_a auftritt, in (8.28) und (8.29) die Größe

$$J_\mathrm{R} = J_\mathrm{a} - J_\mathrm{p}\frac{\Omega}{\omega} \tag{8.30}$$

erscheint. Also kann bei vorgegebenem Verhältnis Ω/ω mithilfe von J_R so gerechnet werden, als ob ein nichtrotierender starrer Körper vorliegt. Wegen $\delta = \gamma$ folgt aus der Determinante (8.28) nach der Auflösung und kurzen Umformungen die Frequenzgleichung

$$\begin{aligned} &\omega^4 mJ_\mathrm{a}(\alpha\beta - \gamma^2) - \omega^3 mJ_\mathrm{p}\Omega(\alpha\beta - \gamma^2) - \omega^2(\alpha m + \beta J_\mathrm{a}) + \omega\beta J_\mathrm{p}\Omega + 1 \\ &\qquad = \omega^4 mJ_\mathrm{R}(\alpha\beta - \gamma^2) - \omega^2(\alpha m + \beta J_\mathrm{R}) + 1 = 0. \end{aligned} \tag{8.31}$$

Es gibt hier also insgesamt vier (vorzeichenbehaftete) Eigenkreisfrequenzen ω_i, die durch Auflösung von (8.31) ermittelbar sind. Sie hängen von der Drehgeschwindigkeit Ω der Welle ab. Den prinzipiellen Verlauf zeigt Abb. 8.8. Für $\Omega = 0$ sind die Eigenkreisfrequenzen unabhängig von J_p, weil bei nichtrotierender Welle keine Kreiselwirkung auftritt. Gl.

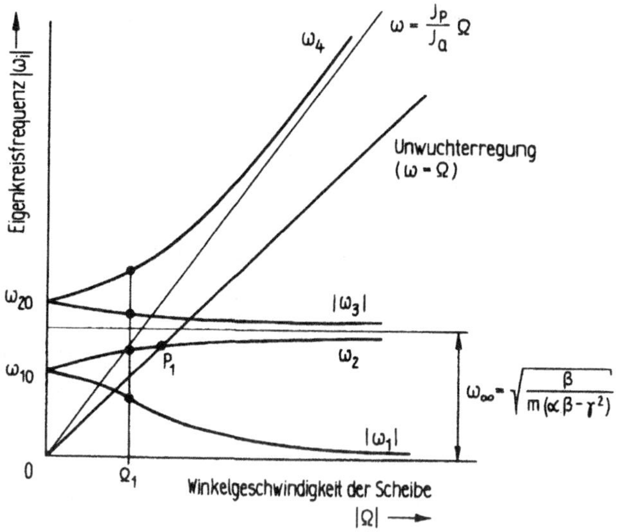

Abb. 8.8 Abhängigkeit der vier Eigenkreisfrequenzen von der Winkelgeschwindigkeit Ω

(8.31) vereinfacht sich dann zu einer quadratischen Gleichung, aus der sich die Eigenkreisfrequenzen ergeben:

$$\omega_{10,20} = \sqrt{\frac{\alpha m + \beta J_a}{2mJ_a(\alpha\beta - \gamma^2)}\left[1 \mp \sqrt{1 - \frac{4mJ_a(\alpha\beta - \gamma^2)}{(\alpha m + \beta J_a)^2}}\right]}. \tag{8.32}$$

Der Einfluss der Kreiselwirkung wird wesentlich von dem Verhältnis J_p/J_a und von Ω bestimmt. Um die Abhängigkeit für beliebige Drehzahlen übersichtlich darstellen zu können, wird (8.31) nach Ω aufgelöst. Nach einigen Umformungen ergibt sich die Umkehrfunktion

$$\Omega = \frac{J_a}{J_p}\omega + \frac{-1 + \omega^2\alpha m}{\left[\beta - (\alpha\beta - \gamma^2)m\omega^2\right]J_p\omega} \qquad (-\infty < \omega < \infty). \tag{8.33}$$

Aus der Frequenzgleichung in der Form (8.31) oder (8.33) können durch den Grenzübergang $\Omega \to \infty$ folgende Asymptoten für die 4 Eigenkreisfrequenzen ermittelt werden:

$$\begin{aligned} \omega_1 &= -\frac{1}{\beta J_p\Omega}, & \omega_3 &= -\sqrt{\frac{\beta}{m(\alpha\beta-\gamma^2)}} = -\omega_\infty, \\ \omega_2 &= \sqrt{\frac{\beta}{m(\alpha\beta-\gamma^2)}} = \omega_\infty, & \omega_4 &= \frac{J_p}{J_a}\Omega. \end{aligned} \tag{8.34}$$

Üblicherweise wird nicht von negativen Eigenkreisfrequenzen gesprochen, weshalb in Abb. 8.8 auch nur die Beträge $|\Omega|$ aufgetragen wurden (Eigenkreisfrequenzen sind unabhängig von der Drehrichtung des Rotors). Im vorliegenden Fall bedeutet das negative Vorzeichen, dass der Wellenmittelpunkt während der Schwingung mit ω_1 oder ω_3 entgegengesetzt zur Drehrichtung der mit Ω rotierenden Welle umläuft, vgl. (8.26). Dies wird *Gegenlauf* genannt.

Bei den positiven Werten der Eigenkreisfrequenzen ω_2 und ω_4 ist die Drehrichtung der Wellenschwingung mit der Drehrichtung der rotierenden Welle gleich. Dieser Fall wird als *Gleichlauf* bezeichnet, vgl. Abb. 8.9. In Abb. 8.8 sind die vier Eigenkreisfrequenzen, die die Welle bei der Winkelgeschwindigkeit Ω_1 hat, durch kleine Vollkreise gekennzeichnet. Die zugehörigen Eigenformen, die das Verhältnis von Radial- zu Winkelamplitude bei der jeweiligen Eigenfrequenz angeben, ergeben sich durch Einsetzen der berechneten ω_i in (8.29).

Aus Abb. 8.8 ist erkennbar, dass sowohl im Gleich- als auch im Gegenlaufgebiet zwei Eigenfrequenzen der rotierenden Welle liegen, deren Größe von der Drehgeschwindigkeit Ω abhängt. Aus dieser Abbildung folgt auch, dass infolge der Kreiselwirkung bei Gleichlauf eine Erhöhung der Eigenfrequenzen gegenüber der nichtrotierenden Welle auftritt. Der obere Kurvenast legt sich asymptotisch an eine Gerade an, die sich aus (8.34) ergibt. Biegekritische Drehzahlen treten auf, wenn die rotierende Welle mit einer ihrer Eigenfrequenzen erregt wird. Dabei ist zwischen Haupt- und Nebenerregung zu unterscheiden.

Die *Haupterregung* einer rotierenden Welle stellt die *Unwuchterregung* dar. Da dann eine Eigenkreisfrequenz ω_i mit der Winkelgeschwindigkeit Ω der Welle übereinstimmt, findet sich die Resonanzstelle als Schnittpunkt der Geraden $\omega = \Omega$ mit den Kurven gemäß (8.33). Die *kritischen Drehzahlen des Gleichlaufs* ergeben sich somit aus (8.31) mit $J_\mathrm{R} = J_\mathrm{a} - J_\mathrm{p}$ zu

$$\frac{1}{\omega_{2,4}^2} = \frac{1}{2}\left\{\alpha m + \beta(J_\mathrm{a} - J_\mathrm{p}) \pm \sqrt{\left[\alpha m + \beta(J_\mathrm{a} - J_\mathrm{p})\right]^2 - 4(\alpha\beta - \gamma^2)m(J_\mathrm{a} - J_\mathrm{p})}\right\}. \tag{8.35}$$

Für alle Rotoren mit $J_\mathrm{p}/J_\mathrm{a} > 1$, vgl. Abb. 8.7 mit $h \ll d$: $J_\mathrm{p}/J_\mathrm{a} = 2$, wird der Wurzelausdruck größer als die davor stehenden Terme und es entsteht ein negatives ω^2. Mit anderen Worten: Für scheibenförmige Rotoren existiert nur eine Resonanz des synchronen Gleichlaufs (Abb. 8.8, Punkt P_1). Für trommelförmige Rotoren kann $J_\mathrm{a} > J_\mathrm{p}$ werden. Dann treten auch im synchronen Gleichlauf zwei Resonanzstellen auf, weil die Kurve von $\omega_4(\Omega)$ flacher verläuft, vgl. Abb. 8.8.

Bemerkenswert ist der Sonderfall $J_\mathrm{a} \approx J_\mathrm{p}$, weil dabei die Unwuchterregerfrequenz sich bei großen Drehzahlen der zweiten Eigenfrequenz des Gleichlaufs asymptotisch annähert. Das bedeutet, dass bei solchen Rotoren (z. B. Milchzentrifugen und Wäscheschleudern), bei denen $J_\mathrm{a}/J_\mathrm{p}$ vom Beladungszustand abhängt und dadurch in die Nähe von eins kommen kann, Resonanz bei allen höheren Drehzahlen auftritt und das Durchfahren der zweiten kritischen Drehzahl unmöglich wird. Die Konstrukteurin oder der Konstrukteur sollte solche Erscheinungen durch günstige Wahl der Parameter des Systems vermeiden. Die *Resonanz im synchronen Gleichlauf* ist gefährlich, weil dabei keine Dämpfungen aus der Deformation der Welle entstehen. Die Welle läuft im gebogenen Zustand um und wird sozusagen nur statisch belastet. Lediglich die Lagerdämpfung wird wirksam. Die Schwingformen des Gegenlaufs sind stärker gedämpft, weil infolge der dabei auftretenden Wechselverformung der Welle die Werkstoffdämpfung wirksam wird, vgl. Abb. 8.9.

Falls die rotierende Welle nicht durch die Unwucht, sondern durch andere Kräfte oder Bewegungen von außen erregt wird, ist das *Neben-* oder *Fremderregung*. Nebenerregungen stellen z. B. Bewegungen des Aufstellortes dar, die als Stützenbewegung auf die Welle wirken (z. B. Welle auf schwingendem Maschinengestell, Zentrifugen oder Lüfter in vibrierenden Fahrzeugen). Nebenerregungen können auch durch Antriebs- oder Abtriebskräfte eines Rotors bedingt sein, z. B. die Kräfte mit der Eingriffsfrequenz der Zähne oder der Kette des Antriebs, die Massenkräfte eines Koppelgetriebes (Kurbelwelle in Kolbenmaschinen) u. a. Bei Neben- oder Fremderregung kann der Rotor sowohl in den Eigenfrequenzen

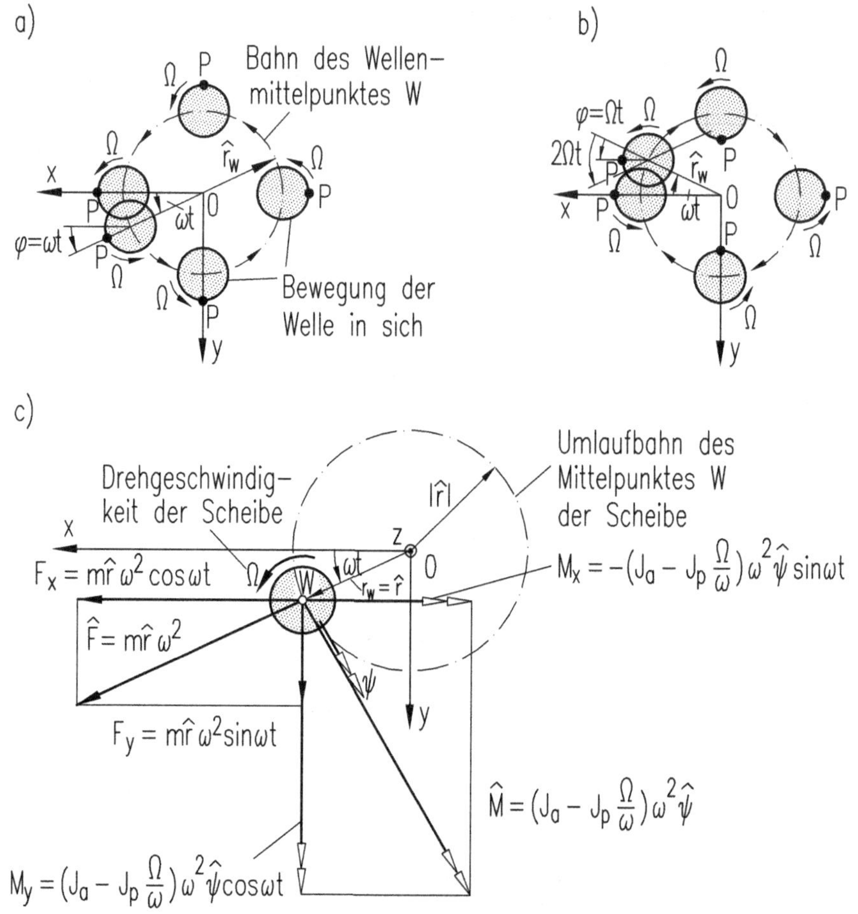

Abb. 8.9 Bewegung der Scheibe: **a** synchroner Gleichlauf ($\omega = \Omega$), **b** synchroner Gegenlauf ($\omega = -\Omega$) **c** Belastung der mit der Winkelgeschwindigkeit Ω rotierenden und mit der Kreisfrequenz ω schwingenden Welle

des Gleichlaufs als auch des Gegenlaufs in Resonanz erregt werden. Dabei ist im Gegensatz zur Unwucht auch mit höheren Harmonischen der Erregung zu rechnen.

Die Ingenieurin oder der Ingenieur muss deshalb prüfen, nachdem sie oder er die Eigenkreisfrequenzen ω_i für die feste Winkelgeschwindigkeit Ω berechnet hat, ob sie mit einem ganzzahligen Vielfachen einer Neben-Erregerkreisfrequenz ν zusammenfällt, die unabhängig von Ω existieren kann. Es muss vermieden werden, dass

$$\omega_i(\Omega) = \pm k \cdot \nu; \qquad k = 1,\ 2,\ \ldots \tag{8.36}$$

ist.

Der Einfluss der Kreiselwirkung auf die Lage der ersten kritischen Drehzahl hängt vom Verhältnis $J_\mathrm{p}/J_\mathrm{a}$ und davon ab, ob sich der Rotor senkrecht zur Wellenachse stark (z. B. bei fliegender Anordnung) oder schwach (z. B. bei mittiger Anordnung zwischen den Lagern) neigt. Dies wird durch die Einflusszahlen bestimmt. Im Falle genauer symmetrischer Anordnung zwischen den Lagern ist $\gamma = \delta = 0$ und somit bei beliebigem J_p kein Einfluss der Kreiselwirkung auf ω_1 vorhanden.

Zur Verbesserung der Anschaulichkeit trägt es bei, wenn die auf die Scheibe wirkenden Kräfte und Momente betrachtet werden, die sich aus (8.17) und (8.18) bei den Eigenschwingungen entsprechend (8.26) ergeben. Sie sind in Abb. 8.9c eingezeichnet.

Es wirken dann die Fliehkraft in Richtung der Auslenkung

$$\tilde{F} = F_x + \mathrm{j}F_y = m\omega^2\hat{r}\exp(\mathrm{j}\omega t) = m\omega^2\hat{r}(\cos\omega t + \mathrm{j}\sin\omega t) \tag{8.37}$$

und ein Moment senkrecht dazu, das vom Verhältnis Ω/ω abhängt, vgl. (8.30):

$$\tilde{M} = M_y - \mathrm{j}M_x = J_\mathrm{R}\omega^2\hat{\psi}\exp(\mathrm{j}\omega t) = J_\mathrm{R}\omega^2\hat{\psi}(\cos\omega t + \mathrm{j}\sin\omega t). \tag{8.38}$$

Beide laufen mit der gebogenen Welle um. Der Scheibenmittelpunkt dreht sich mit der Winkelgeschwindigkeit ω, die Scheibe mit der Winkelgeschwindigkeit Ω um ihre Schwerachse.

8.3.3 Beispiel: Eigenfrequenzen einer Milchzentrifuge

Die in Abb. 8.10 dargestellte Milchzentrifuge wird zum Scheiden von Flüssigkeiten eingesetzt. Das elastische Halslager wurde im Jahre 1889 bei Dampfturbinen, Textilspindeln und Zentrifugen eingeführt, nachdem erkannt worden war, dass ein überkritischer Lauf möglich und günstig ist. Für die optimale Auslegung der Konstruktion spielen Fragen der Aufstellung und der Dimensionierung von Spindel, Halslager und Trommel eine wesentliche Rolle.

Die Welle kann als ideal starr und masselos angenommen werden (Lagersteifigkeit $\ll$ Biegesteifigkeit, Wellenmasse $\ll$ Rotormasse). Das Minimalmodell ist damit der gelenkig gelagerte starre Körper mit einem einzigen elastischen isotropen Lager, vgl. Abb. 8.10b.

Wird der Rotor aus der statischen Gleichgewichtslage, die bei $\psi_x = \psi_y = 0$ liegt, ausgelenkt, dann treten infolge der Massenträgheit die in Abb. 8.11 eingetragenen Kräfte

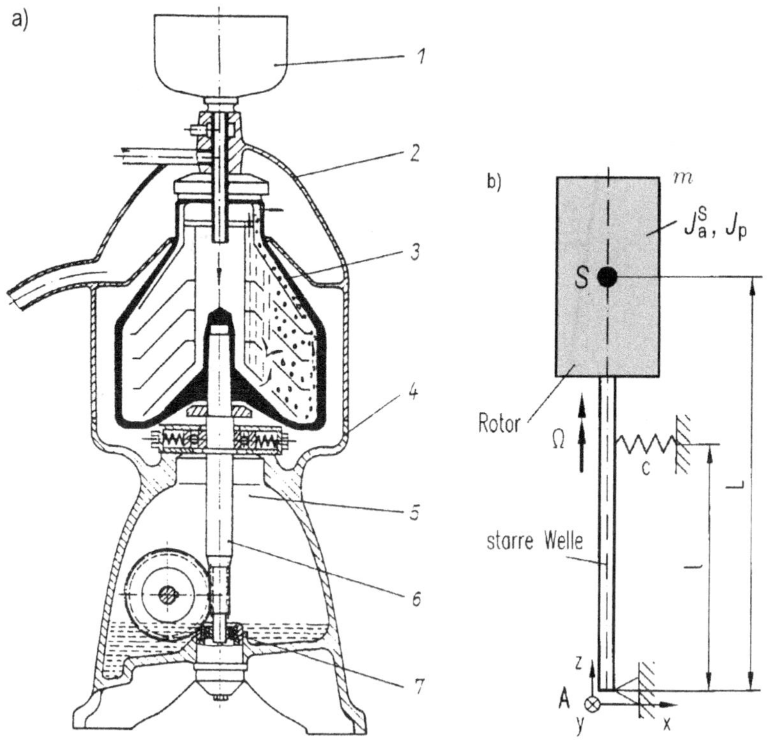

Abb. 8.10 Milchzentrifuge: **a** Zeichnung; *1* Einlaufgerät, *2* Trommelhaube, *3* Trommel, *4* Gestell, *5* Halslager, *6* Spindel, *7* Fußlager; **b** Berechnungsmodell

und Momente auf, vgl. Abb. 8.6. Die positiven Richtungen der kleinen Winkel ψ_x und ψ_y wurden hier so festgelegt, dass die entsprechenden Drehgeschwindigkeiten in die positiven Achsenrichtungen zeigen (Rechtssystem).

Die eingetragenen Kraftkomponenten entsprechen

- den Rückstellkräften des elastischen Lagers ($cl\psi_x$, $cl\psi_y$)
- den Massenkräften aus der Translation des Schwerpunktes ($mL\ddot{\psi}_x$, $mL\ddot{\psi}_y$), die entgegen der positiven Koordinatenrichtung anzutragen sind
- den Massenmomenten aus der Drehträgheit bei Drehung um die Schwerpunktachsen senkrecht zur Bildebene ($J_a^S\ddot{\psi}_x$, $J_a^S\ddot{\psi}_y$)
- den Kreiselmomenten infolge der Rotation um die z-Achse bei gleichzeitiger Drehung ψ_x bzw. ψ_y ($J_p\Omega\dot{\psi}_x$, $J_p\Omega\dot{\psi}_y$).

Die Richtungen der Kreiselmomente können als Folge der Richtungsänderung des Drehimpulsvektors erklärt werden, vgl. auch (8.18). Aus dem Momentengleichgewicht um den

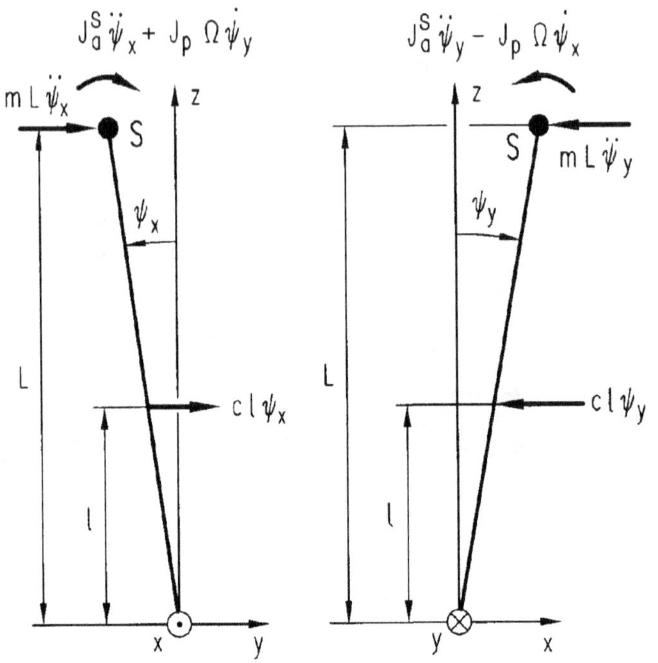

Abb. 8.11 Kräfte und Momente am Rotor

Punkt A folgt (unter Beachtung der entsprechenden Hebelarme):

$$\begin{aligned} J_{\mathrm{a}}^{\mathrm{S}}\ddot{\psi}_x + J_{\mathrm{p}}\Omega\dot{\psi}_y + mL^2\ddot{\psi}_x + cl^2\psi_x &= 0 \\ J_{\mathrm{a}}^{\mathrm{S}}\ddot{\psi}_y - J_{\mathrm{p}}\Omega\dot{\psi}_x + mL^2\ddot{\psi}_y + cl^2\psi_y &= 0. \end{aligned} \tag{8.39}$$

Nach Umordnung der Terme entstehen daraus unter Benutzung des Trägheitsmomentes bezüglich des Lagers A ($J_{\mathrm{A}} = J_{\mathrm{a}}^{\mathrm{S}} + mL^2$) die Bewegungsgleichung

$$\begin{bmatrix} J_{\mathrm{A}} & 0 \\ 0 & J_{\mathrm{A}} \end{bmatrix} \begin{bmatrix} \ddot{\psi}_x \\ \ddot{\psi}_y \end{bmatrix} + \Omega \begin{bmatrix} 0 & J_{\mathrm{p}} \\ -J_{\mathrm{p}} & 0 \end{bmatrix} \begin{bmatrix} \dot{\psi}_x \\ \dot{\psi}_y \end{bmatrix} + \begin{bmatrix} cl^2 & 0 \\ 0 & cl^2 \end{bmatrix} \begin{bmatrix} \psi_x \\ \psi_y \end{bmatrix} = \begin{bmatrix} 0 \\ 0 \end{bmatrix} \tag{8.40}$$

in der Matrizenform $\boldsymbol{M}\ddot{\boldsymbol{q}} + \boldsymbol{G}\dot{\boldsymbol{q}} + \boldsymbol{C}\boldsymbol{q} = \mathbf{o}$. Hier wird sichtbar, dass die geschwindigkeitsproportionale Matrix bei Systemen mit Kreiseleffekten schiefsysmmetrische Anteile enthält. Der schiefsymmetrische Anteil $\boldsymbol{G}$ wird „gyroskopische Matrix“ genannt. Diese verursacht, obwohl sie geschwindigkeitsproportionale Terme hervorruft, keine Dissipation im System.

Ohne Kreiselwirkung entkoppelt sich das Gleichungssystem (8.40), und es ergibt sich (für $\Omega = 0$) aus jeder Gleichung die Eigenkreisfrequenz

$$\omega_0 = \sqrt{\frac{cl^2}{J_\text{A}}}. \tag{8.41}$$

Infolge der Kreiselwirkung sind die Bewegungen in beiden Ebenen miteinander gekoppelt. Da Lager und Welle isotrop sind, bewegt sich der Schwerpunkt des Rotors auf einer Kreisbahn um die z-Achse. Der Ansatz

$$\psi_x = \hat{\psi} \cos \omega t; \qquad \psi_y = \hat{\psi} \sin \omega t \tag{8.42}$$

beschreibt eine solche Kreisbahn mit einer zunächst unbekannten Kreisfrequenz ω. Für den Radius wird die Amplitude $r = L\hat{\psi}$ angenommen. Werden die Drehgeschwindigkeiten $(\dot{\psi}_x, \dot{\psi}_y)$ und Drehbeschleunigungen $(\ddot{\psi}_x, \ddot{\psi}_y)$ in (8.40) eingesetzt, ergibt sich

$$\begin{aligned} \left(-\omega^2 J_\text{A} + J_\text{p}\Omega\omega + cl^2\right) \hat{\psi} \cos \omega t &= 0, \\ \left(-\omega^2 J_\text{A} + J_\text{p}\Omega\omega + cl^2\right) \hat{\psi} \sin \omega t &= 0. \end{aligned} \tag{8.43}$$

Aus beiden Gln. folgt durch Nullsetzen des Klammerausdrucks die Frequenzgleichung:

$$\omega^2 - \frac{J_\text{p}\Omega}{J_\text{A}}\omega - \frac{cl^2}{J_\text{A}} = 0. \tag{8.44}$$

Daraus folgen die beiden Eigenkreisfrequenzen zu

$$\omega_{1,2} = \frac{J_\text{p}\Omega}{2J_\text{A}} \mp \sqrt{\frac{cl^2}{J_\text{A}} + \left(\frac{J_\text{p}\Omega}{2J_\text{A}}\right)^2}. \tag{8.45}$$

Den Einfluss der Kreiselwirkung kann mit der Ähnlichkeitskennzahl

$$\varepsilon = \frac{J_\text{p}\Omega}{2J_\text{A}\omega_0} = \frac{J_\text{p}\Omega}{2l\sqrt{cJ_\text{A}}} \tag{8.46}$$

bewertet werden (Abb. 8.12). Er ist praktisch vernachlässigbar, falls $\varepsilon < 0{,}05$ ist. Der Einfluss der Rotationsgeschwindigkeit Ω auf die Eigenfrequenzen ist für walzenförmige Rotoren kleiner als bei scheibenförmigen Rotoren, vgl. Abb. 8.7.

Zu beachten ist, dass gemäß (8.45) eine „positive" und eine „negative Eigenkreisfrequenz" vorhanden sind, da der Wurzelausdruck größer als der erste Summand ist. Wird die negative Wurzel in (8.42) eingesetzt, ist erkennbar, dass dieser ein anderer Umlaufsinn („Gegenlauf": Drehung des Rotors gegensinnig zur Schwingungsrichtung) entspricht als der positiven Wurzel („Gleichlauf": Drehung des Rotors gleichsinnig zur Schwingrichtung).

Für die in Abb. 8.10a dargestellte Milchzentrifuge wurden die in Abb. 8.13 dargestellten drehzahlabhängigen Eigenfrequenzen mit dem Modell von Tab. 6.4, Fall 4, berechnet. Dieses

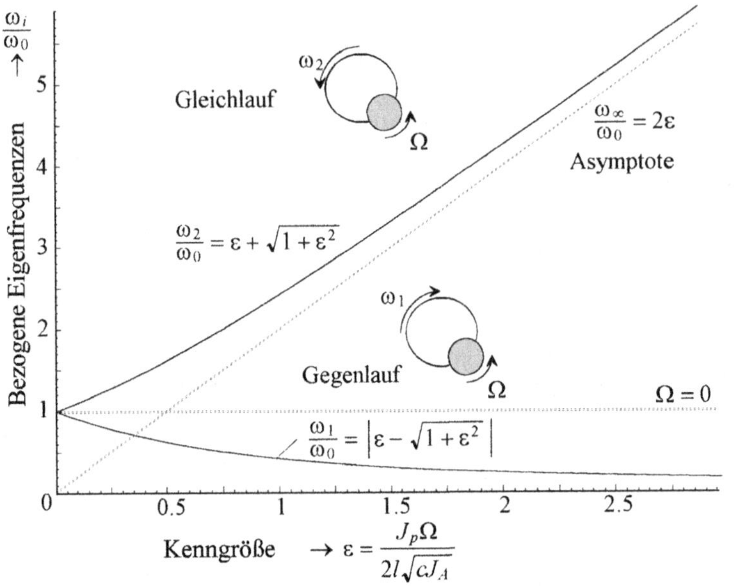

Abb. 8.12 Eigenfrequenzen als Funktion der Drehgeschwindigkeit

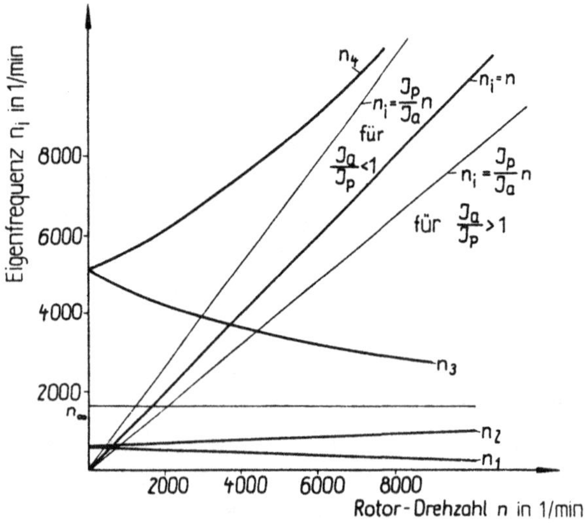

Abb. 8.13 Drehzahlabhängige Eigenfrequenzen einer Milchzentrifuge

Modell mit vier Freiheitsgraden hat vier Eigenfrequenzen. Der Schnittpunkt der Geraden n_i mit der Kurve n_2 liefert die kritische Drehzahl des synchronen Gleichlaufs, die bei Unwuchterregung entsteht. Die Kurven n_1 und n_3 entsprechen den Schwingformen des Gegenlaufs.

Allerdings sind nicht sämtliche experimentell festgestellten dynamischen Erscheinungen an solchen Zentrifugen mit diesem einfachen Modell erklärbar. Es wurden Resonanzstellen der nichtrotierenden Trommel ($\Omega = 0$) bei $f_1 = 11{,}5\,\mathrm{Hz}$ ($\widehat{=}\ 690\,\mathrm{U/min}$), $f_2 = 41\,\mathrm{Hz}$ ($\widehat{=}\ 2460\,\mathrm{U/min}$) und $f_3 = 62\,\mathrm{Hz}$ ($\widehat{=}\ 3720\,\mathrm{U/min}$) gemessen. Dabei entsprechen den Eigenfrequenzen f_1 und f_3 Eigenformen der Welle, während f_2 durch die elastische Lagerung des Gehäuses verursacht wurde. Weiterhin wurde als Schwingungsform eine Drehung des gesamten Gestells ermittelt, die bislang unbekannt war. Zur genauen Klärung aller dynamischer Einflüsse ist ein Berechnungsmodell erforderlich, das die elastische Aufstellung des Gehäuses, die Nachgiebigkeit der Trommel und andere Effekte berücksichtigt.

8.4 Aufgaben 8.1 bis 8.3

A8.1 Bewertung der dynamischen Lagerkraft

Ein starrer nicht ausgewuchteter Rotor mit einem elastischen Lager (vgl. Abb. 8.3 und 8.10) ruft bei einer Drehzahl $n = 30\,000\,\mathrm{U/min}$ eine achtmal kleinere dynamische Lagerbelastung als bei starrer Lagerung hervor. Diese Tatsache ist zu erklären und die Eigenfrequenz des elastisch gelagerten Rotors unter der Annahme zu berechnen, dass er sich wie ein Schwinger mit einem Freiheitsgrad verhält.

A8.2 Einfluss der Kreiselwirkung auf Eigenfrequenzen

Um einen Vergleich der elastischen und gyroskopischen Einflüsse zu erhalten, sollen an den in Abb. 8.14 dargestellten Modellen die beiden Eigenkreisfrequenzen für den Fall der

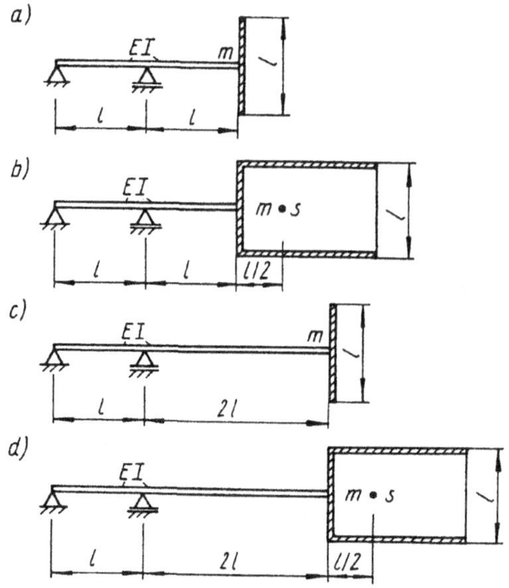

Abb. 8.14 Berechnungsmodelle zur Illustration des Einflusses von Kreiselwirkung und Nachgiebigkeit

Tab. 8.2 Zahlenwerte für die Berechnungsmodelle von Abb. 8.14

Modell	$\alpha \frac{EI}{l^3}$	$\beta \frac{EI}{l}$	$\gamma \frac{EI}{l^2}$	$\frac{J_a}{ml^2}$	$\frac{J_p}{J_a}$	$\frac{\beta J_a}{\alpha m}$	$\alpha m \omega_\infty^2$
Abb. 8.14a	0,6667	1,3333	0,8333	0,2500	2	0,5000	0,2188
Abb. 8.14b	0,6250	0,8333	0,7083	0,3410	0,857	0,4547	0,0368
Abb. 8.14c	4,0000	2,3333	2,6667	0,2500	2	0,1458	0,2381
Abb. 8.14d	3,9583	1,8333	2,5417	0,3410	0,857	0,1579	0,1098

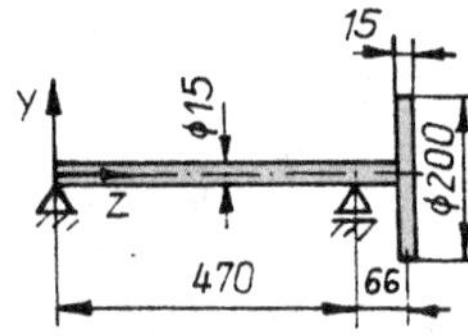

Abb. 8.15 Abmessungen einer Welle

rotierenden und der nichtrotierenden Welle berechnet werden. Es sind die Parameter m, l, EI und die in Tab. 8.2 angegebenen Zahlenwerte zu verwenden. Für die rotierende Welle ist synchroner Gleichlauf anzunehmen.

A8.3 Kritische Drehzahlen des Gleichlaufs
Von einer rotierenden Welle sind die in dem Modell in Abb. 8.15 angegebenen Parameter gegeben (Maße in mm). Die Dichte des Werkstoffs ist $\varrho = 7{,}85 \cdot 10^{-6}$ kg/mm^3, der Elastizitätsmodul ist $E = 2{,}1 \cdot 10^5$ MPa. Unter Vernachlässigung der Wellenmasse sind das Diagramm der drehzahlabhängigen Eigenfrequenzen sowie die kritische Drehzahl des synchronen Gleichlaufs zu berechnen.

8.5 Lösungen L8.1 bis L8.3

L8.1 Beim starren Rotor in starren Lagern wachsen die dynamischen Lagerkräfte infolge der Fliehkräfte der Unwuchten mit dem Quadrat der Drehzahl, vgl. (3.341). Beim starren Rotor mit elastischer Lagerung resultieren die Lagerkräfte aus der Fliehkraft und der (im überkritischen Drehzahlbereich) entgegengesetzt wirkenden Massenkraft aus der Eigenschwingung.

Die dynamische Lagerkraft am elastisch gelagerten Rotor verhält sich zu der des starr gelagerten, vgl. (8.10) und (3.335), wie

$$\left|\frac{F_{\mathrm{el}}}{F_{\mathrm{st}}}\right| = \left|\frac{m\sqrt{\ddot{x}_S^2 + \ddot{y}_S^2}}{me\Omega^2}\right| = \frac{me\Omega^2\omega_1^2}{me\Omega^2(\omega_1^2 - \Omega_1^2)} = \frac{1}{|1-\eta^2|} = 0{,}125. \tag{8.47}$$

Daraus folgt $\Omega/\omega_1 = \eta = 3$, und somit ist die Eigenfrequenz

$$\underline{\underline{f_1}} = \frac{\omega_1}{2\pi} = \frac{\Omega}{2\pi \cdot 3} = \frac{\pi n}{30 \cdot 2\pi \cdot 3} = \underline{\underline{166{,}7\,\mathrm{Hz}}}. \tag{8.48}$$

L8.2 Die Eigenkreisfrequenzen der nichtrotierenden Wellen ($\Omega = 0$) ergeben sich mit $J_R = J_a$, und die Kreisfrequenzen des synchronen Gleichlaufs ($\Omega = \omega$) ergeben sich aus (8.31). Die Zahlenwerte enthält Tab. 8.3. Daraus ist erkennbar, dass ω_1 mit größer werdendem Abstand der Masse von den Lagern sinkt und dass die Kreiselwirkung die Kreisfrequenzen des synchronen Gleichlaufs erhöht, vgl. dazu auch Abb. 8.8. Die Kreiselwirkung ändert die zweite Eigenfrequenz sehr stark, weil bei der zweiten Eigenform die Neigung des Rotors größer ist. Weil für die Fälle a) und c) $J_p > J_a$ gilt, tritt keine zweite Resonanzstelle des synchronen Gleichlaufs auf.

L8.3 Die in Abb. 8.15 dargestellte Welle entspricht dem Berechnungsmodell 4 in Tab. 6.4. Die Parameterwerte ergeben sich (vgl. Abb. 8.7) zu

$$\begin{aligned}
m_1 &= \frac{\pi D^2 h}{4}\varrho = \frac{3{,}14 \cdot 200^2 \cdot 15}{4} \cdot 7{,}85 \cdot 10^{-6}\,\mathrm{kg} = 3{,}70\,\mathrm{kg},\\
J_a &= \frac{m_1}{16}\left(D^2 + \frac{4}{3}h^2\right) \approx \frac{m_1}{16}D^2 = \frac{3{,}70}{16}200^2\,\mathrm{kg\,mm^2} = 9250\,\mathrm{kg\,mm^2},\\
I &= \frac{\pi d^4}{64} = \frac{3{,}14}{64}15^2\,\mathrm{mm^4} = 2480\,\mathrm{mm^4},\\
J_p &= \frac{m_1 D^2}{8} = 18\,500\,\mathrm{kg\,mm^2},
\end{aligned}$$

Tab. 8.3 Eigenfrequenzen der Berechnungsmodelle von Abb. 8.14

Modell	$\omega_1/\sqrt{EI/ml^3}$		$\omega_2/\sqrt{EI/ml^3}$	
	$\Omega = 0$	$\Omega = \omega$	$\Omega = 0$	$\Omega = \omega$
Abb. 8.14a	1,027	1,502	4,417	Imaginär
Abb. 8.14b	1,053	1,227	11,760	26,707
Abb. 8.14c	0,474	0,529	2,833	Imaginär
Abb. 8.14d	0,470	0,498	4,081	10,196

$$\alpha_{11} = \frac{l_1 l_2^2 + l_2^3}{3EI} = \frac{470 \cdot 66^2 + 66^3}{3 \cdot 2{,}1 \cdot 10^5 \cdot 2480}\,\text{mm/NN} = 1{,}494 \cdot 10^{-3}\,\text{mm/N},$$

$$\gamma_{11} = \frac{2l_1 l_2 + 3l_2^2}{6EI} = \frac{2 \cdot 470 \cdot 66 + 3 \cdot 66^2}{6 \cdot 2{,}1 \cdot 10^5 \cdot 2480}\,1/\text{N} = 2{,}404 \cdot 10^{-5}\,1/\text{N},$$

$$\beta_{11} = \frac{l_1 + 3l_2}{3EI} = \frac{470 + 3 \cdot 66}{32{,}1 \cdot 10^5 \cdot 2480}\,1/\text{Nmm} = 4{,}275 \cdot 10^{-7}\,1/\text{Nmm}.$$

Das Einsetzen dieser Zahlenwerte in (8.33) liefert die Umkehrfunktion der Eigenfrequenzen als Funktion der Drehgeschwindigkeit. Mit mehreren Zahlenwerten für ω im Bereich von 0 bis 5000 rad/s werden die zugehörigen Werte für Ω berechnet und damit die Kurvenverläufe bestimmt, vgl. Abb. 8.16. Die kritische Drehzahl des Gleichlaufs ($\Omega/\omega = 1$) ergibt sich zu $\underline{\underline{n_k = 6127\,\text{U/min}}}$ ($\widehat{=}\ f_W = 102{,}1$ Hz).

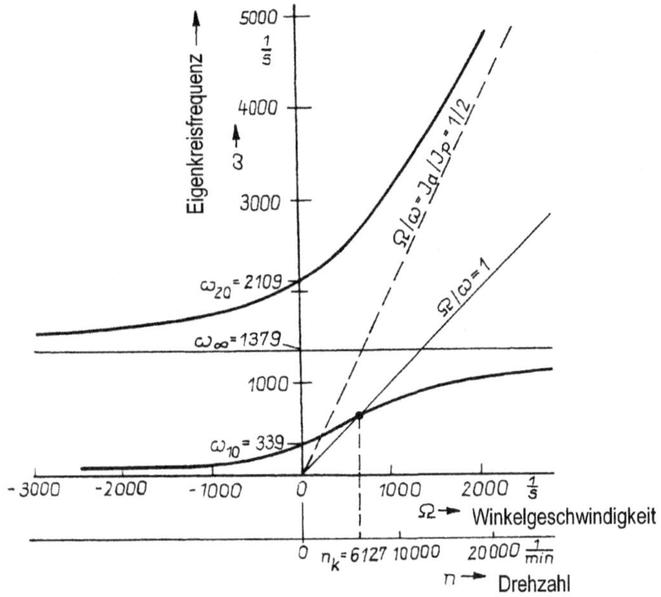

Abb. 8.16 Drehzahlabhängige Eigenfrequenzen

9 Nichtlineare, selbsterregte und parametererregte Schwingungsphänomene

In den vorangegangenen Kapiteln wurden im Wesentlichen lineare Schwingungssysteme betrachtet. Das hat den Grund, dass die Analyse linearer Systeme deutlich einfacher ist und sehr wertvolle, verallgemeinerte Ergebnisse über das Systemverhalten liefert.

Die Linearität der Systeme entstand aber häufig durch eine Linearierung oder das bewusste Vernachlässigen nichtlinearer Terme oder Effekte. Dies geschah z. B. durch die Anwendung der aus der Taylor-Entwicklung folgenden Kleinwinkelnäherungen ($\sin\varphi \approx \varphi$) oder die Annahme des linearen Verhaltens einer Feder bei kleinen Auslenkungen um eine Sollposition.

In diesem Kapitel sollen nichtlineare Effekte in maschinendynamischen Systemen betrachtet werden. Diese Effekte können „parasitär" sein, d. h. ein unerwünschtes, zusätzliches Verhalten ins System einbringen. Es gibt aber auch Konstruktionen, in denen nichtlineares Verhalten eingesetzt wird, um einen technischen Vorteil zu erzielen.

Die Bewegungsgleichung für ein nichtlineares System mit einem Freiheitsgrad, welche die eindimensionale Bewegung einer Masse m längs des Weges $x(t)$ beschreibt, ergibt sich aus dem Gleichgewicht zwischen der Trägheitskraft, der nichtlinearen Dämpfungskraft $F_{\mathrm{D}}(x,\ \dot{x})$, der nichtlinearen lageabhängigen Rückstellkraft $F(x)$ und der Erregerkraft $F^{(\mathrm{e})}(t)$:

$$m\ddot{x} + F_{\mathrm{D}}(x,\ \dot{x}) + F(x) = F^{(\mathrm{e})}(t). \tag{9.1}$$

Beispiele für technisch relevante Rückstellfunktionen $F(x)$ finden sich in Tab. 9.1. Das Verhalten derartiger Systeme wird im Abschn. 9.2 sowohl für freie als auch erzwungene Schwingungen beschrieben.

Für spezielle Formen der Funktionen $F(x)$ und $F_{\mathrm{D}}(x,\ \dot{x})$ kann sogar ohne äußere Erregung, d. h. bei $F^{(\mathrm{e})}(t) = 0$, sogenannte Selbsterregung auftreten. Die dann homogenen Bewegungsgleichungen für nichtlineare und selbsterregte Schwinger unterscheiden sich zunächst nicht voneinander. Die Bewegungsgleichungen selbsterregter Schwinger enthalten

M. Beitelschmidt und H. Dresig, *Maschinendynamik*,
https://doi.org/10.1007/978-3-662-60313-0_9

aber aus physikalischer Sicht stets einen „anfachenden" Ausdruck, sodass diese Schwingungen nicht immer abklingen, wie das beim „gewöhnlichen" nichtlinearen freien Schwinger der Fall ist. Diese Schwingerklasse wird im Abschn. 9.3 behandelt.

Während die Bewegungsgleichungen selbsterregter Schwinger nicht explizit von der Zeit abhängen, ist dies bei den erzwungenen nichtlinearen Schwingungen der Fall. Die zeitabhängige Erregung kann z. B. durch Wegerregung oder Krafterregung beim Anfahren, Bremsen, bei Übergangsvorgängen oder auch bei stationären Vorgängen (periodische Erregung) auftreten.

Parametererregte Schwingungen zeichnen sich dadurch aus, dass Parameter auf der linken Seite der Differentialgleichung, d. h. Massen, Dämpfungen oder Steifigkeiten explizit von der Zeit abhängen. Somit kann hier eine Schwingungsanregung auch ohne Kraft- oder Wegerregung von außen entstehen. Die klassische Trennung zwischen freier und erzwungener Schwingung ist hier aufgehoben. Derartige parametererregte Systeme werden im Abschn. 9.4 behandelt.

Schon H. POINCARÈ (1854–1912) war um 1900 bekannt, dass deterministische nichtlineare Gleichungen nicht unbedingt reguläre Lösungen besitzen. Es wurde dazu in den vergangenen Jahrzehnten der Begriff des deterministischen *Chaos* geprägt, um auszudrücken, dass nichtlineare Systeme auch ein irreguläres, nicht für bestimmte Zeitpunkte genau voraussagbares dynamisches Verhalten haben können [13]. Charakteristisch für chaotische Systeme ist, dass bei kleinen Ursachen große Wirkungen auftreten können, d. h. dass eine hohe Empfindlichkeit des dynamischen Verhaltens gegenüber Änderungen von Parametern (einschließlich Anfangsbedingungen) besteht. Wer sich näher mit dem Gebiet der nichtlinearen Schwingungen befassen will, sei auf die weitergehenden Einführungen in [7], [15] und [42] verwiesen. Eine weitere Quelle ist die VDI 2060 (Merkmale und Erkennbarkeit von nichtlinearen schwingungsfähigen Systemen) [45] sowie die DIN 1311-1 (Schwingungen und schwingungsfähige Systeme, Teil 1: Grundbegriffe und Einteilung) [10].

Nichtlineare Schwingungen können i. Allg. nur mit Näherungsmethoden berechnet werden [15], [42]. Wichtige und gebräuchliche Methoden, die z. T. auch im folgenden Abschnitt angewandt werden, sind

- numerische Integration mittels Software, z. B. MATLAB oder SimulationX® [2]
- asymptotische Methoden (Methode des kleinen Parameters, Mittelungsmethoden), vgl. Abschn. 9.2.4.3 und 9.2.1
- die Methode von Ritz-Galerkin
- die Methode der äquivalenten Linearisierung, vgl. Abschn. 9.2.3.2
- die Methode von Krylow-Bogoljubow-Mitropolski.

Aus praktischer Sicht ist anzumerken, dass die Behandlung nichtlinearer Phänomene ungleich komplizierter ist, als Berechnungen im linearen Raum. Lineare Differentialgleichungen für mechanische Bewegungsvorgänge, wie sie z. B. in den Kap. 8 und 7 behandelt wurden, lassen immer eine analytische Lösung der Zeitabläufe $q(t)$ zu. Bei nichtlinearen

Differentialgleichungen ist dies im allgemeinen nicht möglich, es müssen sogenannte numerische Werkzeuge angewendet werden. Aus diesem Grund sollte zunächst immer versucht werden, wesentliche Systemeigenschaften zunächst durch ein linearisiertes Ersatzmodell abzubilden. Erst wenn klar ist, dass nichtlineare Effekte eine wesentliche Rolle im Systemverhalten spielen, sollten diese in die Berechnung mit einbezogen werden. Nach Möglichkeit sollte der physikalische Effekt, der die Nichtlinearität verursacht, genau verstanden sein.

Dabei kann aber mitunter ein stark vereinfachtes Modell für die Berücksichtigung der nichtlinearen Effekte zugrunde gelegt werden. Zum Beispiel kann das Einwirken einer Nichtlinearität an einer Wirk-, Füge- oder Kontaktstelle auf ein modal reduziertes Restmodell, bis hin zu einem Einmassenschwinger, angewendet werden.

9.1 Numerische Integration

Ein häufig angewendetes Verfahren zur „Lösung" nichtlinearer Differentialgleichungen ist die numerische Integration. Strenggenommen wird dabei jedoch nicht eine Lösung der Differentialgleichung sondern nur eine *Approximation* der Lösung gewonnen.

Grundlage aller numerischen Integrationsverfahren ist die *Zeitdiskretisierung* des Problems: Die Lösung wird in kleinen Zeitschritten gewonnen, innerhalb derer die Lösung jeweils durch eine geeignete Ansatzfunktion approximiert wird [9, 14].

Das einfachste numerische Integrationsverfahren, das aber aufgrund seiner Unzulänglichkeiten lediglich ein Lehrbuchbeispiel ist, ist das explizite Euler-Einschrittverfahren. Die Approximationsfunktion für die Lösung in einem Zeitschritt ist hier eine Gerade. Das Verfahren ist ein Beispiel für die große Klasse der expliziten Einschrittverfahren und soll deshalb hier dargestellt werden.

Gegeben ist eine gewöhnliche Differentialgleichung in der Form $\dot{y} = f(y, t)$. Das Lösungsverfahren geht von einem bekannten Zustand y_i zum Zeitpunkt t_i aus und approximiert den Zustand y_{i+1} zum Zeitpunkt $t_{i+1} = t_i + h$ im kleinen Zeitabstand h.

Die Ableitung wird als Differenzenquotient

$$\dot{y} = \frac{\mathrm{d}y}{\mathrm{d}t} \approx \frac{\Delta y}{\Delta t} = \frac{y_{i+1} - y_i}{h} \tag{9.2}$$

angenähert, womit sich eine iterative Formel für die Lösung

$$y_{i+1} = y_i + h \cdot f(y_i, t_i) \tag{9.3}$$

gewinnen lässt. Damit kann ausgehend von t_0 und einer Anfangsbedingung y_0 eine Näherung von $y(t)$ in Form einer diskreten Folge von y_i an den Zeitpunkten t_i gewonnen werden. Genauigkeit, aber auch Rechenaufwand und Rundungsfehler des Verfahrens steigen, wenn eine kleine Schrittweite h gewählt wird.

Praxisrelevant sind andere Verfahren, die aber auf dem gleichen Prinzip aufbauen. Als erstes seien hier die Runge-Kutta Formeln genannt. Ein guter Einblick in das Thema kann in [38] gefunden werden. Das Programmsystem MATLAB bietet eine umfangreiche Bibliothek von Verfahren zur numerischen Integration, deren Dokumentation auch sehr aufschlussreich ist. Auch die kommerziellen Simulationswerkzeuge basieren auf vergleichbaren numerischen Verfahren. Die Integrationsverfahren sind im Forschungsgebiet der numerischen Mathematik entwickelt worden und können in technischen Anwendungen oft als „Black-Box" verwendet werden. Es ist jedoch wichtig, die prinzipielle Funktionsweise zu kennen.

In mechanischen Systemen treten z. B. durch Gelenke algebraische Zwangsbedingungen auf. Diese führen auf differential-algebraische Gleichungssysteme, die aber hier nicht beschrieben werden sollen.

Moderne Integrationsverfahren arbeiten mit *adaptiver Schrittweitensteuerung*, bei der die Schrittweite h in jedem Integrationsschritt an Genauigkeitsanforderungen angepasst wird. Hier muss der Berechner gewünschte Genauigkeitsschwellen, typischerweise Relativ- und Absoluttoleranzen vorgeben, die mit einem während des Integrationsvorgangs bestimmten Qualitätsmaß verglichen werden. Durch das Anpassen der Schrittweite wird der Kompromiss zwischen Genauigkeit und Rechenzeit ständig neu ausbalanciert.

Alle üblichen Integrationsverfahren sind auf Differentialgleichungen erster Ordnung zugeschnitten. Typische mechanische Systeme liefern aber Differentialgleichungen zweiter Ordnung. Deswegen müssen solche Systeme in die Zustandsraumdarstellung überführt werden, in dem ein Differentialgleichungssystem erster Ordnung doppelter Größe entsteht. Als Beispiel sein ein Einmassenschwinger mit beliebiger lage- und geschwindigkeitsabhängiger Rückstellfunktion $F_\mathrm{D}(x, \dot{x})$ und äußerer Anregung $f(t)$ gegeben:

$$m\ddot{x} = -F_\mathrm{D}(x, \dot{x}) + f(t). \tag{9.4}$$

Durch Einführung der Geschwindigkeit v als weitere Koordinate und Ausnutzung der Beziehungen $\ddot{x} = \dot{v}$ sowie $\dot{x} = v$ kann aus (9.4) ein System von zwei Gleichungen

$$\dot{x} = v, \tag{9.5a}$$

$$\dot{v} = \frac{1}{m}\left(-F_\mathrm{D}(x, v) + f(t)\right) \tag{9.5b}$$

gebildet werden. Dieses System 1. Ordnung mit dem Zustand $z = [x, v]^\mathrm{T}$ hat wieder die Form $\dot{z} = f(z, t)$ und kann mit allen üblichen Lösungsverfahren behandelt werden. Zusammengefasst sind die Vor- und Nachteile der numerischen Integration:

Vorteile:

- Nichtlineare Gleichungen ohne offensichtliche analytische Lösung können bearbeitet werden.
- Vergleichsweise einfache Implementation, da die Integrationsverfahren standardisiert sind und als Bibliotheken verfügbar sind.
- Schneller Gewinn von interpretierbaren Ergebnissen.

- Bei Verwendung kommerzieller Simulationssoftware müssen nicht einmal Gleichungen formuliert werden.

Nachteile:

- Die Ergebnisse sind lediglich eine Approximation der tatsächlichen Lösung.
- Das Ergebnis ist keine Lösungsfunktion sondern eine Tabelle von Zustandswerten zu diskreten Zeitpunkten. Das ist vergleichbar mit einer Messung mit diskreten Abtastzeiten.
- Numerische sowie systematische Fehler der Integrationsverfahren sind schwer zu erkennen und zu quantifizieren.
- Bei einer Simulationsrechnung wird lediglich das Systemverhalten zu *einer* Anfangsbedingung gewonnen. Gerade bei nichtlinearen Systemen können unterschiedliche Anfangsbedingungen zu völlig anderem Systemverhalten führen.
- Globale Systemaussagen, wie z. B. Stabilität oder Instabilität können, im Gegensatz zur linearen Systemanalyse, nur durch eine Vielzahl von Zeitschrittsimulationen gewonnen werden.

9.2 Schwinger mit nichtlinearen Rückstellfunktionen

Rückstellkräfte hängen funktionell nur von der Lage, d. h. von der Auslenkung des Systems ab. Die Kraftgesetze sind auf Lageebene definiert und nicht auf Geschwindigkeitsebene. Tab. 9.1 zeigt Beispiele für nichtlineare Rückstellkräfte $F(x)$, vgl. auch den Sonderfall (5.41). Steigt die Rückstellkraft stärker als bei einer linearen Feder an, wird von einer *progressiven* (oder überlinearen) *Federkennlinie* gesprochen. Bleibt sie unterhalb einer Geraden, so wird sie *degressiv* (oder unterlinear) genannt. Die Nichtlinearität ist in den in Tab. 9.1 dargestellten drei Fällen geometrisch bedingt (wie auch bei Schraubenfedern, vgl. (2.48) und Abb. 2.14), während sie bei manchen Materialien, wie Gummi oder Kuststoffen materialbedingt ist. Die in diesem Abschnitt dargestellten Zusammenhänge lassen sich unmittelbar auf Drehbewegungen mit Momenten bzw. momenterzeugenden Feder- und Dämpferelementen übertragen. Der Fall 3 in Tab. 9.1 mit kubischer Rückstellfunktion entspricht dem oft in der Literatur, z. B. in [42] behandelten „Duffing-Schwinger", wie auch in Gl. (9.14).

Die Nichtlinearität wird z. B. bei Stoßdämpfern, bei Stützfedern von Fahrzeugen, sowie bei Kupplungen, Schwingsieben und Schwingförderern zur Beeinflussung der Resonanzkurven, vgl. Abschn. 9.2.4.2 ausgenutzt. Viele Maschinenelemente besitzen nichtlineare Federkennlinien, so z. B. Wälzlager, Luftfedern, Tellerfedern, Seile, Kupplungen, Dämpfer, Reifen. Auch Reibung und Spiel in Zahnradgetrieben, Gelenken, Fugen u. a. sind wesentliche nichtlineare Einflussgrößen. Wechselwirkungen von Werkzeugen mit dem Verarbeitungsgut an Wirkstellen von Verarbeitungsmaschinen führen ebenfalls auf nichtlineare Kraftgesetze.

Außer den hier beschriebenen Beispielen für nichtlineare Federkräfte gibt es noch nichtlineare Dämpfungskräfte und Nichtlinearitäten infolge der Massenkräfte. Nichtlineare Dämp-

Tab. 9.1 Beispiele für nichtlineare Rückstellkräfte

Fall	System	Kennlinie	Rückstell-Funktion $F(x)$
1	Gestufte Federn 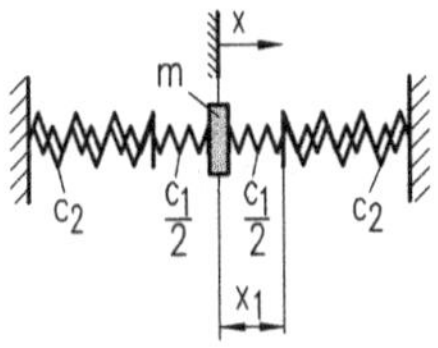	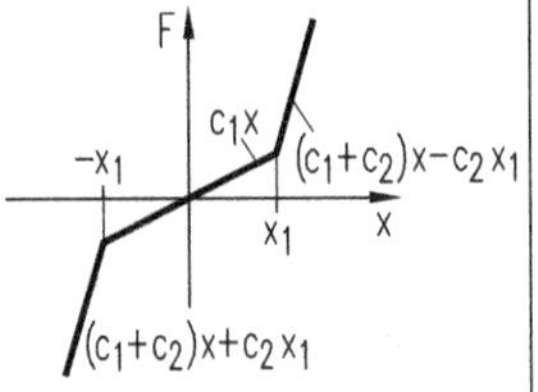	$F(x)=\begin{cases} c_2x_1+(c_1+c_2)x & \text{für } x<-x_1 \\ c_1x & \text{für } -x_1 \leqq x \leqq x_1 \\ -c_2x_1+(c_1+c_2)x & \text{für } x_1 \leqq x \end{cases}$
2	Schwinger mit Federvorspannung 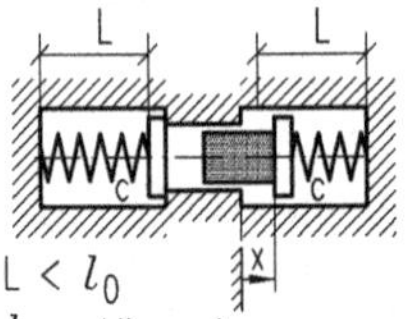 $L < l_0$ l_0 ... Länge der ungespannten Federn	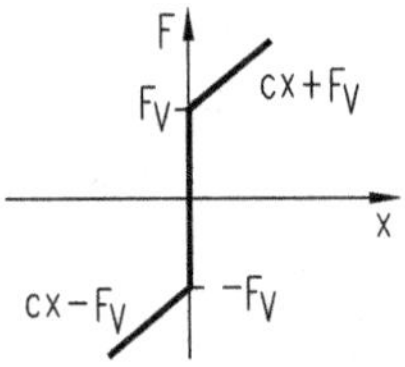 $F_V = c\,(l_0 - L)$ (Druckkraft)	$F(x) = cx + F_V \operatorname{sign}(x)$
3	Feder-Masse-System Querschwingung 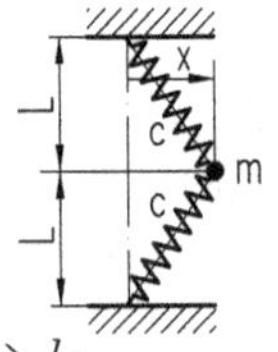 $L > l_0$ l_0 ... s. Fall 2	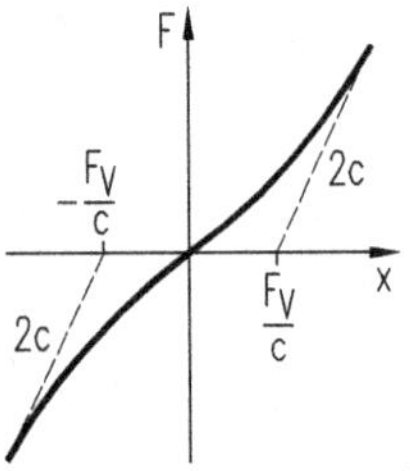 $F_V = c\,(L - l_0)$ (Zugkraft)	$F(x)=\dfrac{2F_V x}{\sqrt{L^2+x^2}}+2cx\left(1-\dfrac{L}{\sqrt{L^2+x^2}}\right)$ Für $\lvert x\rvert \ll L$ gilt $F(x)=2F_V\dfrac{x}{L}+(cL-F_V)\left(\dfrac{x}{L}\right)^3+\dots$

fungskräfte schließen hier alle geschwindigkeitsabhängigen Kräfte ein. Gerade die dazu gehörenden nichtlinearen Reibkräfte können zu selbsterregten Schwingungen führen, siehe Abschn. 9.3. Nichtlineare Ausdrücke infolge von Massenkräften entstehen aus nichtlinearen geometrischen Zwangsbedingungen oder aus Corioliskräften und Kreiselmomenten, wo Produkte von Geschwindigkeiten und Drehgeschwindigkeiten auftreten, vgl. (3.159). Beispiele dazu wurden als Torsionsschwinger mit angekoppeltem Mechanismus behandelt, vgl. (9.131).

9.2.1 Ungedämpfte freie nichtlineare Schwinger mit einem Freiheitsgrad

Freie Schwingungen entstehen, wenn dem System zu Beginn kinetische und/oder potenzielle Energie zugeführt wird und es sich dann selbst überlassen bleibt. Es wirkt während der Schwingung also keine Erregung, es soll auch keine Selbsterregung auftreten. Die Bewegungsgleichung des ungedämpften freien Schwingers mit einem Freiheitsgrad lautet für die verallgemeinerte Koordinate q, die ein Weg oder ein Winkel sein kann:

$$m\ddot{q} + F(q) = 0. \tag{9.6}$$

Im Weiteren erfolgt die Beschränkung auf ungerade, zum Ursprung punktsymmetrische, Funktionen, bei denen $F(q) = -F(-q)$ gilt. Mit den Anfangsbedingungen wird der Zustand des Systems zu Beginn der Bewegung beschrieben:

$$t = 0: \qquad q = q_0; \qquad \dot{q} = v_0. \tag{9.7}$$

Diesem Anfangszustand entspricht eine übertragene Energie, die sich, wegen der Abwesenheit von Dämpfung, während der Schwingung nicht ändert:

$$W_0 = W_{\text{kin}\,0} + W_{\text{pot}\,0} = W_{\text{kin}} + W_{\text{pot}} \tag{9.8}$$

$$= \frac{1}{2} m v_0^2 + \int\limits_0^{q_0} F(q^*)\mathrm{d}q^* = \frac{1}{2} m \dot{q}^2 + \int\limits_0^{q} F(q^*)\mathrm{d}q^*. \tag{9.9}$$

Aus dieser Energiebilanz folgt sofort die Geschwindigkeit als Funktion des Weges:

$$\dot{q}(q) = \sqrt{v_0^2 - \frac{2}{m} \int\limits_{q_0}^{q} F(q^*)\mathrm{d}q^*}. \tag{9.10}$$

Die zeitfreie Funktion $\dot{q}(q)$ liefert unter Anwendung verschiedener Anfangsbedingungen das Phasenportrait des nichtlinearen Schwingers (Bsp. Abb. 9.14). Die Umkehrfunktion von $q(t)$ lässt sich über eine weitere Integration bestimmen:

$$t(q) = \int\limits_{q_0}^{q} \frac{\mathrm{d}q^*}{\dot{q}(q^*)}. \tag{9.11}$$

Die *Periodendauer* ergibt sich daraus mit der Periodizitätsbedingung $q(t) = q(t + T)$. Für eine ungerade Funktion $F(q)$ verlaufen die Bewegungen im Bereich $0 < q < \hat{q}$ symmetrisch zu denen im Bereich $-\hat{q} < q < 0$. Aus diesem Grunde reicht es aus, zur Berechnung der Periodendauer eine Viertelschwingung zu betrachten. Es gilt also für die Amplitude $\hat{q}$

$$T = 4 \int_0^{\hat{q}} \frac{\mathrm{d}q^*}{\dot{q}(q^*)}. \tag{9.12}$$

Der Zeitverlauf $q(t)$ ist zwar *periodisch, aber nicht harmonisch,* wie z. B. die Lösung (9.18). Deshalb ist diese Bewegung auch nicht durch eine Eigenfrequenz, sondern durch die Periodendauer und eine Überlagerung vieler Frequenzen charakterisiert. Nichtlineare Schwinger mit derselben Periodendauer können ganz unterschiedliche zeitliche Verläufe haben. Die Zeitverläufe – oder die in (9.10) angegebene Abhängigkeit der momentanen Geschwindigkeit vom Ausschlag – unterscheiden die Schwingungen der nichtlinearen Systeme von denen der linearen Systeme und auch untereinander. Diese werden *Eigenbewegungen* des Systems genannt.

Für freie nichtlineare Schwingungen gilt, dass

- die Periodendauer ungedämpfter Schwingungen von den Anfangsbedingungen (Anfangsenergie), also von der Schwingungsamplitude abhängig ist
- die Zeitverläufe ungedämpfter Schwingungen nicht harmonisch sind, sondern periodisch, z. B. die Eigenbewegung von Mechanismen, vgl. Abschn. 3.3.4
- unter bestimmten Bedingungen (mehrere Freiheitsgrade, siehe Abschn. 9.2.2) innere Resonanz im Schwingungssystem auftreten kann, vgl. Abb. 9.2.

Ungedämpfte, periodische Eigenschwingungen verlaufen als FOURIER-Reihe gemäß

$$q(t) = \sum_{i=1}^{\infty} (a_i \cos i\omega t + b_i \sin i\omega t) \tag{9.13}$$

mit der Periodendauer $T = 1/f = 2\pi/\omega$. Ein linearer Schwinger würde mit nur einer Harmonischen und amplitudenunabhängigen Eigenkreisfrequenz ω_0 schwingen.

Bei Ausschlägen im Bereich von $-\hat{q} < q < \hat{q}$ kann durch eine Linearisierung die nichtlineare Kennlinie durch eine Gerade mit einer von der Amplitude $\hat{q}$ abhängigen *mittleren Federkonstante* c_{m} ersetzt werden. Die nichtlineare Rückstellkraft wird damit durch $F_{\mathrm{c}}(q) = c_{\mathrm{m}} q$ angenähert.

Im Bereich der Schwingwege ergibt sich mit der obigen Forderung die mittlere Federkonstante aus folgendem Integral:

$$c_{\mathrm{m}} = c_{\mathrm{m}}(\hat{q}) = \frac{5}{\hat{q}^5} \int_0^{\hat{q}} q^3 F(q) \mathrm{d}q. \tag{9.14}$$

Mit der mittleren Federkonstante c_{m} kann näherungsweise die *Periodendauer T der Eigenschwingung* eines nichtlinearen Schwingers angegeben werden:

$$T \approx 2\pi\sqrt{\frac{m}{c_{\mathrm{m}}}}. \tag{9.15}$$

Die mittlere Federkonstante und die Periodendauer hängen bei jedem nichtlinearen Schwinger von der Amplitude ab. Wird mit einer mittleren Federkonstante gerechnet, ergibt sich ein harmonischer Zeitverlauf als Näherung. Diese mittelt zwar den Verlauf in einem bestimmten Ausschlagbereich, aber sie vernachlässigt die oft wesentlichen höheren Harmonischen in der Lösung.

Ein typischer Vertreter nichtlinearer Schwinger ist der bereits im Jahre 1918 von dem deutschen Ingenieur GEORG DUFFING (1861–1944) untersuchte (und nach ihm benannte) Schwinger mit kubischer Rückstellktaft, welcher der Differenzialgleichung (9.6) mit

$$F(q) = cq(1 + \varepsilon q^2) \tag{9.16}$$

gehorcht. Die Nichtlinearität der Rückstellkraft wird mit einem einzigen Parameter ε beschrieben. Mit dieser Kennlinie lassen sich sowohl progressive ($\varepsilon > 0$), lineare ($\varepsilon = 0$) als auch degressive Kennlinien ($\varepsilon < 0$) beschreiben und typische nichtlineare Effekte untersuchen. Solche Kennlinien existieren z. B. für das vorgespannte Feder-Masse-System (Fall 3 in Tab. 9.1) und das Pendel mit großem Ausschlag. Auch die nichtlinearen Rückstellfunktionen von geometrisch oder materialbedingt nichtlinearen Federn lassen sich oft mit (9.16) erfassen, vgl. Aufgabe A2.3.

Die freie Schwingung folgt aus (9.10) in Form des Geschwindigkeit-Zeit-Verlaufs für $v_0 = 0$:

$$\dot{q}(q) = \sqrt{\frac{2}{m}\int_{q_0}^{q} cq^*(1 + \varepsilon q^{*2})\mathrm{d}q^*} = \sqrt{\frac{c}{m}\left[q^2 - q_0^2 + \frac{1}{2}\varepsilon(q^4 - q_0^4)\right]}. \tag{9.17}$$

Die Darstellung dieser Funktion ist in der q-$\dot{q}$-Ebene möglich, der so genannten *Phasenebene* [15], [42] (siehe Abb. 9.14b für ein anderes Schwingungssystem). Aus jeder Anfangsbedingung folgt der Verlauf einer *Phasenkurve*. Die Kurvenschar für verschiedene Anfangsbedingungen ergibt ein Phasenportrait der Schwingers, dessen Form grundsätzliche Aussagen über die Eigenschaften eines nichtlinearen Systems erlauben.

Für den Zeitverlauf kann eine Näherungslösung mit der Methode des kleinen Parameters (abgebrochene Taylor-Reihe) ermittelt werden, vgl. [15]:

$$q(t) = q_0\left[\cos\omega t + \frac{\varepsilon q_0^2}{32}(\cos 3\omega t - \cos\omega t) + \left(\frac{\varepsilon q_0^2}{32}\right)^2(\cos 5\omega t - \cos\omega t) + \ldots\right]. \tag{9.18}$$

Die Grundkreisfrequenz ω steht mit der Periodendauer T und der Eigenkreisfrequenz ω_0 des linearen Schwingers im Zusammenhang und ändert sich mit ε und der Anfangsauslenkung q_0:

$$\omega = \frac{2\pi}{T} \approx \sqrt{\frac{c}{m}}\left(1 + \frac{3\varepsilon q_0^2}{8} - \frac{21\varepsilon^2 q_0^4}{256}\right); \quad \omega^2 \approx \omega_0^2\left(1 + \frac{3\varepsilon q_0^2}{4}\right). \tag{9.19}$$

Die mittlere Federkonstante ist also in Übereinstimmung mit der Näherung aus (9.14) in folgender Weise vom Ausschlag $\hat{q}$ abhängig:

$$c_{\mathrm{m}} = c\left(1 + \frac{3\varepsilon\hat{q}^2}{4}\right). \tag{9.20}$$

Zum Vergleich: Die Lösung als Fourierreihe (9.18), die lediglich die ungeraden Harmonischen bis zur 5. Ordnung enthält, konvergiert schnell und genügt für viele praktische Fälle. Die exakte Lösung ist eine Summe aus unendlich vielen Harmonischen ungerader Ordnung.

9.2.2 Innere Resonanz bei mehreren Freiheitsgraden

Innere Resonanz tritt bei Systemen mit mindestens 2 Freiheitsgraden auf. Für kleine Amplituden kann die Differenzialgleichungen eines nichtlinearen Systems meist linearisiert werden, so dass ein lineares Eigenwertproblem entsteht, aus dem n Eigenfrequenzen und Eigenformen ermittelt werden können. Diese „Eigenfrequenzen der linearen Näherung" sind bedeutsam, um das dynamische Verhalten auch bei großen Amplituden zu verstehen.

Die Eigenfrequenzen der ersten Näherung erlauben zu beurteilen, ob in dem nichtlinearen System sog. innere Resonanzen zu erwarten sind. Im Falle innerer Resonanz wird wegen der besonderen Frequenzverhältnisse Energie von der einen Eigenform des linearisierten Systems in andere übertragen. Innere Resonanz kann im Allgemeinen auftreten, wenn zwischen den Eigenfrequenzen f_i der linearen Näherung folgende Beziehung besteht:

$$k_1 f_1 + k_2 f_2 + \ldots + k_n f_n = 0. \tag{9.21}$$

Dabei sind die k_i kleine positive oder negative ganze Zahlen. Dazu gehören die Fälle

$$f_2 - 2f_1 = 0; \qquad 2f_2 - 3f_1 = 0; \qquad f_1 + f_2 - f_3 = 0. \tag{9.22}$$

Alle nichtlinearen Systeme sind zu inneren Resonanzen fähig, wenn solche Verhältnisse zwischen den Systemparametern bestehen, dass eine der Beziehungen (9.21) bzw. (9.22) erfüllt ist.

Innere Resonanz ist in der Maschinenbaupraxis unerwünscht, weil dabei unerwartet große Ausschläge entstehen können, die Lärm erregen oder zu Zerstörungen führen.

Der dynamische Effekt der inneren Resonanz kann am Beispiel des elastischen Pendels veranschaulicht werden, vgl. Abb. 9.1. Es ist ein nichtlineares System mit zwei Freiheitsgraden, das sowohl reine Vertikalschwingungen $r(t)$ des Feder-Masse-Systems (Federkonstante c, Masse m) als auch Pendelschwingungen $\varphi(t)$ (l_0 ist die ungespannte Federlänge, aktuelle Pendellänge ist $r(t)$) ausführen kann. Für beliebig große Pendelwinkel φ lauten die beiden Bewegungsgleichungen:

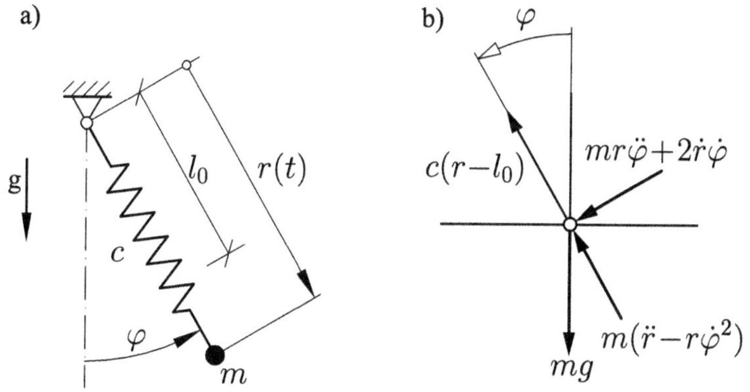

Abb. 9.1 Elastisches Pendel: **a** Struktur und Parameter, **b** Kräftebild

$$m\ddot{r} - mr\dot{\varphi}^2 + c \cdot (r - l_0) - mg\cos\varphi = 0, \tag{9.23a}$$

$$mr^2\ddot{\varphi} + 2mr\dot{r}\dot{\varphi} + mgr\sin\varphi = 0. \tag{9.23b}$$

Die erste Gleichung beschreibt das Kräftegleichgewicht in Längsrichtung, während die zweite Gleichung das Momentengleichgewicht bzgl. des Aufhängepunktes formuliert. Aus der Linearisierung (Vernachlässigung aller nichtlinearen Terme höher als 2. Ordnung) folgen die beiden *linearen* Differenzialgleichungen

$$m\ddot{r} + c(r - l_0) - mg = 0; \quad mr^2\ddot{\varphi} + mgr\varphi = 0. \tag{9.24}$$

Das mathematische Pendel (kleine Winkelausschläge, Länge l_0) und der einfache Längsschwinger haben jeweils eine Eigenfrequenz von

$$f_1 = \frac{1}{2\pi}\sqrt{g/l_0}; \quad f_2 = \frac{1}{2\pi}\sqrt{c/m}. \tag{9.25}$$

Gemäß (9.22) kann z. B. innere Resonanz auftreten, wenn $f_2 = 2f_1$ ist, also wenn zwischen den Parametern die Bedingung $c/m = 4g/l_0$ besteht. Dies bedeutet, dass bei der Pendellänge

$$l_0 = 4mg/c \tag{9.26}$$

innere Resonanz zu erwarten ist. Diese Pendellänge ist so groß wie die vierfache statische Durchsenkung infolge Eigengewicht. In diesem Fall würde sich zeigen, dass zwar stabile Vertikalschwingungen auftreten, wenn (9.26) nicht erfüllt ist, aber wenn (9.26) erfüllt ist, wird die Vertikalschwingung instabil und sie wechselt sich mit Pendelschwingungen ab.

In Abb. 9.2 sind die als Lösung von (9.23a) berechneten Verläufe dargestellt. Wie diese Abbildung zeigt, tritt infolge der inneren Resonanz das kurzzeitige Anfachen der Pendelschwingung auf (Bezeichnung in Abb. 9.2: horizontal), und es wird Energie zwischen beiden Schwingformen ausgetauscht.

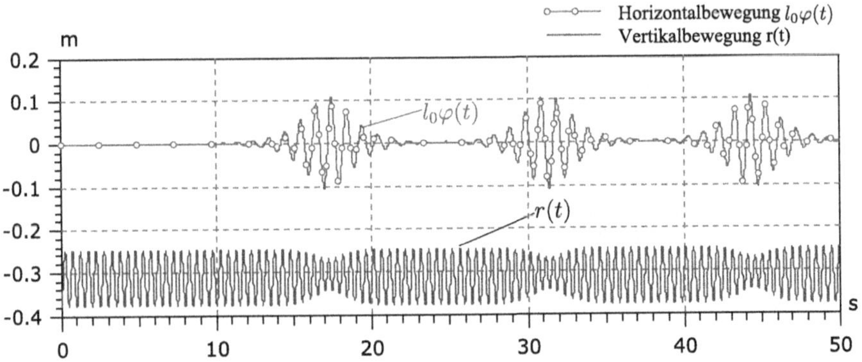

Abb. 9.2 Verlauf der nichtlinearen Schwingungen eines elastischen Pendels [12]

Abb. 9.2 zeigt die Wechselwirkung zwischen den Längs- und Pendelschwingungen, die bei den Parameterwerten $l_0 = 0{,}25m; mg = 5N; c = 80N/m$ und den Anfangsbedingungen

$$r(t=0) = l_0 + 2mg/c = 0{,}25125\,\text{m}\ ; \quad \dot{r}(t=0) = 0;$$
$$\varphi\,(t=0) = 10^{-6}\ ; \quad \dot{\varphi}(t=0) = 0$$

auftreten ($\varphi\,(t=0) \neq 0$ als kleine Störung für die Simulation erforderlich).

9.2.3 Erzwungene Schwingungen

9.2.3.1 Qualitative Besonderheiten nichtlinearer Schwinger

Bei *erzwungenen* Schwingungen nichtlinearer Schwinger können im stationären Zustand bei harmonischer Erregung z. B. $F^{(e)}(t) = \hat{F}\cos(2\pi f_0 t)$,

- polyharmonische (periodische) Bewegungen (Linienspektrum)
- Schwingungen mit den Frequenzen kf_0/n mit $k = 1, 2, \ldots$ und $n = 1, 2, \ldots$ (k und n kleine ganze Zahlen)
- Schwingungen mit ganzzahligen Vielfachen der Erregerfrequenz, z. B. $2f_0, 3f_0, \ldots$ so genannte *Superharmonische*
- Schwingungen mit ganzzahligen Teilen der Erregerfrequenz, z. B. $f_0/2, f_0/3, \ldots$ so genannte *Subharmonische*
- chaotische Bewegungen (kontinuierliches Spektrum)

auftreten. Ein wesentliches Kennzeichen nichtlinearer Schwinger ist, dass das Superpositionsprinzip nicht gilt. Typische nichtlineare Effekte sind außerdem, dass

- bei harmonischer Erregung (Eingang) die Amplitude der Bewegung (stationäre Antwort) üblicherweise nicht proportional der Erregeramplitude ist
- sich Amplitude und Phase erzwungener stationärer Schwingungen in Abhängigkeit von der Erregerfrequenz sprunghaft ändern können, vgl. Abb. 9.3
- unter bestimmten Bedingungen Energie, die mit der Frequenz f_1 eingeleitet wird, auch in Schwingungen mit einer anderen Frequenz f_2 übertragen wird, und dass Selbstsynchronisation und Gleichrichterwirkung eintreten können, vgl. Abschn. 9.2.4.3
- beim Resonanzdurchlauf sich die Antwortamplitude bei zunehmender Erregerfrequenz von derjenigen unterscheidet, die bei abnehmender Erregerfrequenz auftritt, vgl. Abb. 9.3
- bei gleichzeitiger Erregung mit zwei verschiedenen Frequenzen f_1 und f_2 Kombinationsschwingungen mit den Frequenzen $mf_1 + nf_2$ und $mf_1 - nf_2$ auftreten können (m und n kleine ganze Zahlen).

Chaotische Bewegungen werden als „andauernde irregulär oszillierende Schwankungen von Zustandsgrößen in deterministischen Systemen mit starker Empfindlichkeit gegenüber Änderungen der Anfangsbedingungen“ definiert [42]. Während die Superharmonischen und Subharmonischen mit einem Linienspektrum gekennzeichnet werden können, weist das Spektrum der chaotischen Bewegungen ein kontinuierliches Spektrum auf (in dem auch einzelne Linien auftreten können). Chaotische Bewegungen können in ihrem Zeitverlauf nicht exakt im üblichen Sinne vorausberechnet werden. Zu ihrer Kennzeichnung werden Begriffe, wie „Attraktor“, „Periodenverdopplung“, „Poincare-Karte“ gebraucht und solche, die für die Wahrscheinlichkeitsrechnung charakteristisch sind, vgl. [7], [42]. Es hängt von den Parameterwerten in der Bewegungsgleichung ab, welche Schwingungsart auftritt. Für einen Duffing-Schwinger ist in [42] eine solche Parameterkarte dargestellt, in der die Existenzbereiche der verschiedenen Bewegungsprozesse angegeben sind.

9.2.3.2 Erste Harmonische bei nichtlinearer Federung

Die Bewegungsgleichung eines Schwingers mit linearer Dämpfung, nichtlinearer Rückstellkraft und harmonischer Erregerkraft lautet als Sonderfall von (9.1):

$$m\ddot{q} + b\dot{q} + F(q) = \hat{F}\cos\Omega t. \tag{9.27}$$

Für die stationären Schwingungen kann die Amplitude der ersten Harmonischen aus einer Näherungslösung gewonnen werden. Dazu wird die Rückstellkraft in der Bewegungsgleichung linearisiert, sodass anstelle von (9.27) mit einer amplitudenabhängigen mittleren Federkonstante c_{m} gerechnet wird, vgl. (9.14):

$$m\ddot{q} + b\dot{q} + c_{\mathrm{m}}(\hat{q})q = \hat{F}\cos\Omega t. \tag{9.28}$$

Die Lösung dieser nunmehr linearen Gleichung ist aus Abschn. 4.2.1.2 bekannt:

$$q(t) = \hat{q}\cos(\Omega t - \varphi). \tag{9.29}$$

Die Amplitude $\hat{q}$ und der Phasenwinkel φ ergeben sich analog zu (4.10) aus folgenden Gleichungen:

$$\hat{q} = \frac{\hat{F}}{\sqrt{\left[c_{\mathrm{m}}(\hat{q}) - m\Omega^2\right]^2 + (b\Omega)^2}}, \tag{9.30}$$

$$\tan\varphi = \frac{b\Omega}{\sqrt{\left[c_{\mathrm{m}}(\hat{q}) - m\Omega^2\right]^2 + (b\Omega)^2}}. \tag{9.31}$$

Sie gelten für die erste Harmonische des linearisierten nichtlinearen Schwingers. Die Amplitude kann nicht direkt berechnet werden, da sie auch im Nenner von (9.30) in c_{m} enthalten ist. Sie folgt aus einer nichtlinearen Gleichung, die im Allgemeinen nur numerisch lösbar ist. Die Umkehrfunktion $\Omega^2(\hat{q})$ des *Amplituden-Frequenzgangs für die erste Harmonische* lässt sich einfacher aus einer quadratischen Gleichung für Ω^2 berechnen, die sich aus (9.30) nach kurzer Umstellung ergibt:

$$\Omega^4 + \Omega^2\frac{b^2 - 2mc_{\mathrm{m}}(\hat{q})}{m^2} + \frac{c_m^2(\hat{q}) - \left(\dfrac{\hat{F}}{\hat{q}}\right)^2}{m^2} = 0. \tag{9.32}$$

Für den Duffing-Schwinger ist die gemittelte Federkonstante aus (9.20) bekannt. Das Einsetzen der dimensionslosen Kenngrößen D (Dämpfungsgrad), ε^* (Nichtlinearität) und der Vergrößerungsfunktion V gemäß

$$2D = \frac{b}{\sqrt{cm}}; \qquad \varepsilon^* = \varepsilon\left(\frac{\hat{F}}{c}\right)^2; \qquad V = \frac{c\hat{q}}{\hat{F}}; \qquad \omega_0^2 = \frac{c}{m} \tag{9.33}$$

in (9.32) liefert folgende quadratische Gleichung für $\eta^2 = (\Omega/\omega_0)^2$:

$$\eta^4 + 2\eta^2\left[2D^2 - 1 - \frac{3}{4}\varepsilon^* V^2\right] + \left[1 + \frac{3}{4}\varepsilon^* V^2\right]^2 - \left(\frac{1}{V}\right)^2 = 0. \tag{9.34}$$

Sie hat die beiden Lösungen:

$$\eta_{1,2}^2 = 1 + \frac{3\varepsilon^*}{4}V^2 - 2D^2 \pm \sqrt{\frac{1}{V^2} - 4D^2\left[1 + \frac{3}{4}\varepsilon^* V^2 - D^2\right]}. \tag{9.35}$$

Für jeden gegebenen Wert der Vergrößerungsfunktion V liefert diese Formel einen oder zwei Werte von η (nur die reellen Wurzeln haben eine physikalische Bedeutung), sodass sich die gesuchte Resonanzkurve $V(\eta,\ D,\ \varepsilon^*)$ als Umkehrfunktion von $\eta(D,\ V,\ \varepsilon^*)$ ergibt. Es können zu einem η-Wert umgekehrt ein, zwei oder drei verschiedene Amplituden gehören,

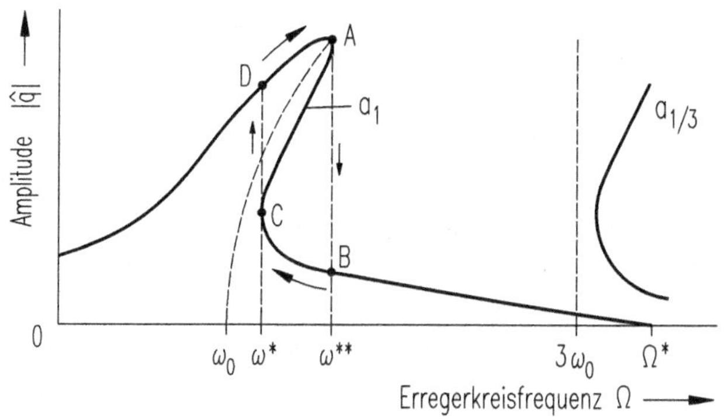

Abb. 9.3 Amplituden-Frequenzgang der ersten Harmonischen und der dritten Subharmonischen des Duffing-Schwingers

vgl. Abb. 9.3. Dieser Amplituden-Frequenzgang für die erste Harmonische unterscheidet sich wesentlich von dem eines linearen Schwingers.

Die gestrichelte Linie im Zentrum ist die so genannte *Skelettlinie*. Sie beschreibt die Abhängigkeit der Eigenfrequenz von der Amplitude. Bei progressiven Rückstellkräften ist die Skelettlinie nach rechts gebogen, denn dabei nimmt die Eigenfrequenz mit der Amplitude zu. Bei degressiven Kennlinien ist die Skelettlinie nach links gebogen. Bei tiefen (links von D) und bei hohen Erregerfrequenzen (rechts von B) gibt es eindeutige Werte für die Amplituden. Bei kleiner Dämpfung existieren aber theoretisch drei Lösungen an den „überhängenden" Kurvenästen im mittleren Bereich zwischen ω^* und ω^{**}. Aus der Theorie ist bekannt [15], [42], dass auf dem Kurvenast zwischen A und B keine stabilen Schwingungen möglich sind. Wird die Erregerfrequenz, z. B. bei einem Anlaufvorgang, von niederen Frequenzen aus langsam gesteigert, dann wird der obere Kurvenast durchlaufen, bis an der Stelle A die Amplitude von einem großen Wert auf den viel kleineren Wert am Punkt B springt. Wird umgekehrt, z. B. beim Bremsen die Drehzahl langsam gesenkt, so springt die Amplitude spätestens am Punkt C vom unteren Kurvenast auf den oberen.

Das Maximum der Vergrößerungsfunktion ergibt sich aus

$$V_{\max}^2 = \frac{2(1-D^2)}{3\varepsilon^*}\left[\sqrt{1+\frac{3\varepsilon^*}{4(1-D^2)D^2}}-1\right] \tag{9.36}$$

bei dem Abstimmungsverhältnis

$$\eta = \sqrt{1+\frac{3}{4}\varepsilon^* V_{\max}^2 - 2D^2}\,, \tag{9.37}$$

weil in diesem Fall (9.35) nur eine einzige Lösung hat.

Das Ergebnis (9.36) zeigt: *Die Amplitude der Schwingung ist nicht proportional der Amplitude der Erregerkraft.* Für die praktische Schwingungstechnik ist der *Amplituden-Frequenzgang nichtlinearer Schwinger* deshalb von besonderem Interesse, weil mit ihm ein breiterer Resonanzbereich als bei linearen Schwingern erreicht werden kann. Wenn große Schwingungsamplituden erreicht werden sollen, z. B. bei Schwingsieben, Schwingförderern oder Vibrationsverdichtern, so muss der Antrieb so robust ausgelegt werden, dass er immer die geforderten Mindestamplituden liefert.

Bei der Vergrößerungsfunktion eines linearen Schwingers (vgl. Abb. 4.4) ist die Resonanzspitze sehr schmal und ihr Spitzenwert ist umgekehrt proportional zum Dämpfungsgrad, vgl. (4.20). Schon bei kleinen Änderungen der Dämpfung oder bei unvermeidlichen Parameterschwankungen (Masse, Steifigkeit, Frequenz) kann der Schwingvorgang vom Amplitudenmaximum „abrutschen", denn eine kleine Änderung des optimalen Abstimmungsverhältnisses führt schon dazu, dass die Vorteile der Resonanzvergrößerung verloren gehen.

In Abb. 9.3 ist zusätzlich die Skelettlinie für die dritte Subharmonische mit eingetragen. Es zeigt sich, dass in dem Gebiet $\Omega > 3\omega_0$ die Amplituden der Subharmonischen diejenigen der Grund-Harmonischen wesentlich überschreiten. Subharmonische Schwingungen 2. und 3. Ordnung sind oft bei Rotoren beobachtet worden. Es verblüfft, wenn z. B. bei einer Betriebsdrehzahl von 10 000 U/min am Rotor langsame Schwingungen mit der Drehzahl 5000 U/min oder 3300 U/min beobachtet werden. Die Hauptursache subharmonischer Resonanzen sind nichtlineare Kennlinien der Lager. Durch Verminderung des Spiels und Erhöhung der Vorspannung können die nichtlinearen Effekte beseitigt werden.

9.2.4 Beispiele

9.2.4.1 Harmonisch erregter viskos gedämpfter Reibschwinger

Die Dämpfung ist bei den meisten praktischen Fällen nichtlinear, vgl. Abschn. 2.4. Hier soll der Fall betrachtet werden, dass sowohl viskose Dämpfung als auch Coulomb'sche Reibung auftreten. Mit diesem kombinierten Modell aus den beiden Fällen, die in Tab. 2.8 bereits erläutert wurden, lässt sich die Werkstoffdämpfung vieler Materialien oder Reibung in geschmierten Lagern und Führungen in guter Näherung beschreiben. Die Bewegungsgleichung lautet mit (2.84) und (2.85) bei harmonischer Erregerkraft:

$$m\ddot{q} + b\dot{q} + F_{\mathrm{R}}\operatorname{sign}(\dot{q}) + cq = \hat{F}\sin\Omega t \qquad \text{mit} \quad F_{\mathrm{D}}(\dot{q}) = b\dot{q} + F_{\mathrm{R}}\operatorname{sign}(\dot{q}). \tag{9.38}$$

Hier soll nicht die analytische Lösung gesucht werden. Sie ist intervallweise möglich, wenn die Lösungen der linearen Gleichung, jeweils bei einem Vorzeichenwechsel der Geschwindigkeit, angestückelt werden. Dabei ergeben sich komplizierte Ausdrücke, aus denen eine Parameterabhängigkeit schwierig erkennbar ist. Der Effekt der Selbsterregung mit Haften und Gleiten (siehe Abschn. 9.3.2) tritt hier nicht auf, weil infolge der ständig antreibenden Kraft $F^{(e)}(t) = \hat{F}\sin\Omega t$ die Relativgeschwindigkeit $\dot{q}$ nur unendlich kurze Zeit gleich Null ist und damit kein Haften eintritt.

Eine Näherungslösung mit der Methode der äquivalenten Linearisierung würde nur die erste Harmonische liefern, aber andere wesentliche periodische Terme vernachlässigen, vgl. die Bemerkungen zu Beginn des Kap. 9.

Vor der numerischen Lösung solcher nichtlinearen Differenzialgleichungen ist es stets ratsam, dimensionslose Kenngrößen einzuführen. Die ursprüngliche Differenzialgleichung enthält nach Umformung stets drei Einflussgrößen weniger, sodass Parametereinflüsse einfacher und übersichtlicher analysiert werden können [11], [12]. Beim vorliegenden Beispiel werden vor der Simulation anstelle der acht dimensionsbehafteten physikalischen Größen $q, m, b, F_R, c, \hat{F}, \Omega$ und t, die in (9.38) vorkommen, die fünf dimensionslosen Kenngrößen („Ähnlichkeitskennzahlen")

$$\xi = \frac{cq}{F_R}; \quad \eta = \frac{\Omega}{\omega_0}; \quad D = \frac{b}{2m\omega_0}; \quad \varkappa = \frac{\hat{F}}{F_R}; \quad \tau = \omega_0 t \tag{9.39}$$

eingeführt mit $\omega_0 = \sqrt{c/m}$ als Bezugskreisfrequenz. Die Ableitung nach τ wird durch einen Strich gekennzeichnet. Aus der Differenzialgleichung in (9.38) für $q(t)$ mit 6 Parametern $(m, b, c, F_R, \hat{F}, \Omega)$ wird eine Differenzialgleichung mit 3 Parametern $(D, \varkappa, \eta)$ für die dimensionslose Wegkoordinate $\xi(\tau)$:

$$\xi'' + 2D\xi' + \text{sign}(\xi') + \xi = \varkappa \sin \eta\tau. \tag{9.40}$$

Mit dem in Abb. 9.4a dargestellten Modell wurde der Ausschwingvorgang der freien Schwingung und die Erregung im Resonanzfall ($\eta = 1$) berechnet. Aus Abb. 9.4b ist erkennbar, dass die freie Schwingung in einer endlichen Zeit nach 23s zur Ruhe kommt, was bei rein viskoser Dämpfung nicht auftreten würde. In der Abb. 9.4c ist ein weiterer Unterschied im Verhalten des nichtlinearen Schwingers gegenüber einem linearen Schwinger zu erkennen: Die 1,5-mal größere Erregerkraftamplitude bewirkt keine 1,5-fache, sondern eine etwa $42/18 = 2{,}3$-fache Wegamplitude. Dies ist ein typischer nichtlinearer Effekt.

9.2.4.2 Schwingförderer mit gestuften Federn

Ein Schwingförderer ist ein Gerät, das dazu dient z. B. Kleinteile mittels geeigneter Vibration durch eine Förderrinne voran zu bewegen (Abb. 9.5). Dazu muss die Förderrinne eine periodische Bewegung schräg zur Rinnenachse vollführen. Ja nach Größe der Schwingamplitude werden die Teile entweder durch abwechselndes Vorwärts- und Rückwärtsgleiten mit unterschiedlicher Normalkraft oder durch periodisches Vorwärtswerfen transportiert. Eine Übersicht zu Schwingförderern für Schüttgut findet sich in VDI 2333 [46].

Federnd gelagerte Schwingförderer mit Schubkurbelantrieb können bei Betrieb in Resonanznähe große Amplituden erreichen. Beim Einsatz einer linearen Feder ist der Resonanzbereich sehr schmal. Das Resonanzgebiet eines linearen Schwingers ist gegenüber Schwankungen der Parameterwerte (der Beladung, der Erregerfrequenz, der Federsteifigkeiten) sehr empfindlich. Die Amplituden würden sich bei kleinen Parameteränderungen stark ändern,

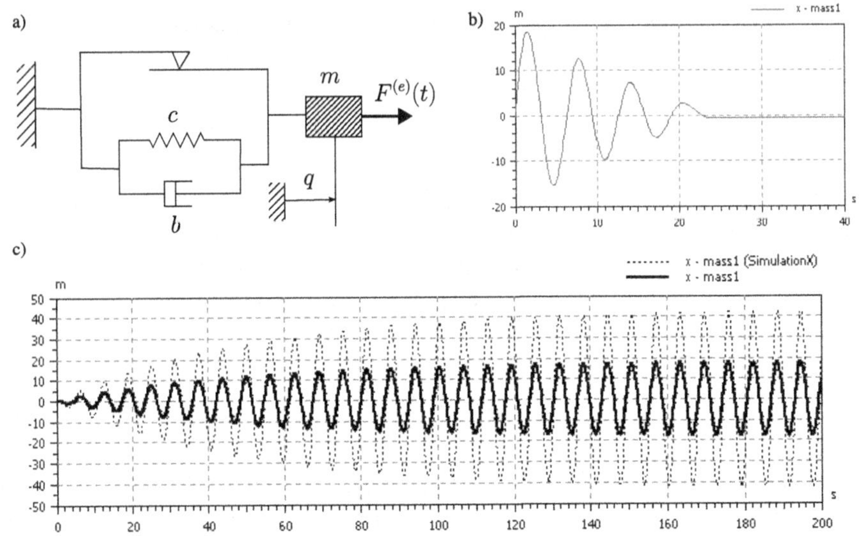

Abb. 9.4 Viskos gedämpfter Reibschwinger: **a** Modell für Beispiel Reibschwinger, **b** Ausschwingvorgang, **c** Weg-Zeit-Verlauf bei harmonischer Erregung in Resonanz (*gestrichelt* bei $\varkappa = 3$; *volle Linie* bei $\varkappa = 2$)

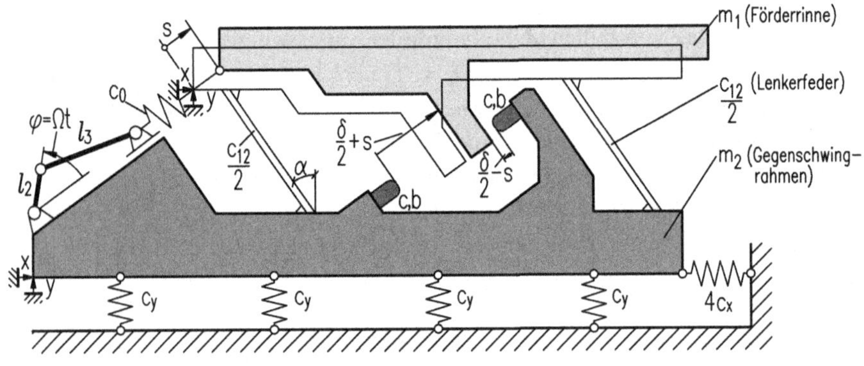

Abb. 9.5 Berechnungsmodell eines Schwingförderers in ausgelenkter Lage

der Förderer würde nicht zuverlässig arbeiten. Für einen robusten Betrieb ist es deshalb vorteilhaft und üblich, nichtlineare Federungen (mit gestuften Federn) einzusetzen, um in einem breiten Bereich des Abstimmungsverhältnisses große Amplituden zu erreichen. Diesem Zweck dient im folgenden Beispiel eine Pufferfeder mit Spiel.

Abb. 9.5 zeigt einen lenkergeführten Schwingförderer, der durch eine Schubkurbel ($l_3 \gg l_2$) mit elastischer Schubstange angetrieben wird. Das Berechnungsmodell, das wegen der beiden gekoppelten Starrkörper eigentlich 12 Freiheitsgrade hat, wird mit folgenden Annahmen zu einem Modell mit den 3 Freiheitsgraden s, x und y vereinfacht:

- Es wird Symmetrie zur Zeichenebene und damit ebene Bewegung angenommen.
- Der Gegenschwingrahmen bewegt sich nur translatorisch in x- und y-Richtung, die Kippbewegung wird (da nicht angeregt) vernachlässigt.
- Die Förderrinne bewegt sich relativ mit der Koordinate s zum Gegenschwingrahmen, die Bewegungsrichtung ist für kleine Auslenkungen senkrecht zu den Lenkerfedern.
- Die lineare Feder c_0 sei für $s = l_2 \cos \Omega t$ unbelastet und $s = 0$ beschreibt den unverformten Zustand der Feder c_{12}.

Die Pufferkraft für beide Puffer wird in einem Kraftgesetz abschnittsweise definiert:

$$F(s, \dot{s}, \delta, b, c) = \begin{cases} \max(b\dot{s} + c(s - \frac{\delta}{2}), 0) & \text{für} s \geq \frac{\delta}{2}, \\ 0 & \text{für } \frac{\delta}{2} > s > -\frac{\delta}{2}, \\ \min(b\dot{s} + c(s + \frac{\delta}{2}), 0) & \text{für } -\frac{\delta}{2} \geq s. \end{cases} \tag{9.41}$$

Die max- und min-Funktionen in (9.41) sorgen dafür, dass beim Ausfedern aus einem Puffer keine Zugkräfte infolge des Terms $b\dot{s}$ entstehen, was physikalisch unrealistisch ist, da die Puffer nur Druckkräfte übertragen können. Allerdings ist dieses Gesetz noch immer eine grobe Näherung: Beim Kontakt mit einer Aufprallgeschwindigkeit $\dot{s}$ sorgt der Term $b\dot{s}$ unmittelbar im Kontaktmoment für eine Pufferkraft und somit für einen Kraftsprung (siehe Abb. 9.7), was eigentlich noch immer physikalisch unrealistisch ist. Lösung dafür wäre eine eindringproportionale Zunahme der Dämpfung, was aber wieder einen neuen unbekannten Parameter ins System bringen würde. Hier soll diese Modellungenauigkeit in Kauf genommen werden.

Die Bewegungsgleichungen (für die Relativverschiebung s sowie für die Absolutwege x und y) lauten:

$$m_1(\ddot{s} + \ddot{x}\cos\alpha + \ddot{y}\sin\alpha) + (c_{12} + c_0)s = c_0 l_2 \cos\Omega t - F(s, \dot{s}, \delta, b, c), \tag{9.42a}$$

$$m_1(\ddot{s}\cos\alpha + \ddot{x}) + m_2\ddot{x} + 4b_x\dot{x} + 4c_x x = 0, \tag{9.42b}$$

$$m_1(\ddot{s}\sin\alpha + \ddot{y}) + m_2\ddot{y} + 4b_y\dot{y} + 4c_y y = 0, \tag{9.42c}$$

wobei parallel zu den Federn c_x und c_y geschaltete Dämpfer berücksichtigt werden, die in Abb. 9.5 nicht dargestellt sind.

Die Bewegungen des Schwingförderers werden für zwei Varianten untersucht: Mit und ohne Pufferfedern.

Parameterwerte, die für beide Varianten identisch sind:

Kurbelradius	$l_2 = 30\,\text{mm}$
Neigungswinkel der Lenkerfedern	$\alpha = 25°$
Masse der Förderrinne	$m_1 = 600\,\text{kg}$
Masse des Gegenschwingrahmens	$m_2 = 2700\,\text{kg}$
Steifigkeit eines Stahlfederpakets	$c_x = 0{,}06 \cdot 10^6\,\text{N/m}$
	$c_y = 0{,}16 \cdot 10^6\,\text{N/m}$
Dämpfung eines Stahlfederpakets	$b_x = 0{,}12 \cdot 10^9\,\text{Ns/m}$
	$b_y = 0{,}32 \cdot 10^9\,\text{Ns/m}$
Längssteifigkeit der Schubstange	$c_0 = 0{,}2 \cdot 10^6\,\text{N/m}$
Gesamtsteifigkeit der Lenkerfedern in s-Richtung	$c_{12} = 1{,}5 \cdot 10^6\,\text{N/m}$

Zusätzliche Parameterwerte für die Pufferfeder

Spiel zwischen den Puffern	$\delta = 6\,\text{m}$
Steifigkeit der Pufferfedern in s-Richtung	$c = 1{,}5 \cdot 10^6\text{N/m}$
Dämpferkonstante der Pufferfedern in s-Richtung	$b = 8000\,\text{Ns/m}$

Zunächst sollen die Eigenfrequenzen und Eigenformen des Systems ohne Pufferfedern berechnet werden. Dazu wird in Gl. (9.42a) die rechte Seite zu Null gesetzt und es verbleibt ein homogenes, lineares Differentialgleichungssystem. Zur Vereinfachung wird die schwache Dämpfung b_x und b_y für diese Berechnung vernachlässigt. Die jeweils konstante Massen- und Steifigkeitsmatrix lässt sich einfach aus den Gl. (9.42) herauslesen. Die Lösung des Eigenwertproblems gemäß Abschn. 6.2.1 führt auf:

$$f_1 = 1{,}35\,\text{Hz};\quad \boldsymbol{v}_1 = \begin{bmatrix} 0{,}0238 \\ 0{,}9995 \\ 0{,}0011 \end{bmatrix};\qquad f_2 = 2{,}21\,\text{Hz};\quad \boldsymbol{v}_2 = \begin{bmatrix} 0{,}0304 \\ -0{,}0080 \\ 0{,}9989 \end{bmatrix},$$

$$f_3 = 9{,}39\,\text{Hz};\quad \boldsymbol{v}_3 = \begin{bmatrix} 0{,}9830 \\ -0{,}1654 \\ 0{,}000 \end{bmatrix}. \tag{9.43}$$

Die ersten beiden Moden sind die Schwingung des gesamten Förderers in seiner Bettung in x- und y-Richtung, die dritte Mode beschreibt die Relativbewegung der Rinne gegenüber dem Gegenschwingrahmen und ist somit die Bewegung, welche für die Förderung des Guts relevant ist.

In Abb. 9.6 sind die Frequenzgänge beider Systeme dargestellt. Für das System ohne Pufferfedern kann dieser mit Hilfe der linearen Systemmatrizen gemäß Abschn. 7.2.1.2 gewonnen werden. Mit der Pufferfeder ist das System nichtlinear. Hier wird für jede Anregungsfrequenz, d. h. Motordrehfrequenz $f = \Omega/2\pi$ im Untersuchungsbereich eine numerische Zeitschrittsimulation der Bewegungsgleichungen (9.42) durchgeführt, bis ein stationärer Zustand erreicht ist. Mit diesem werden dann die Amplituden für s, x und y aus den maximalen Auslenkungen der Zeitverläufe bestimmt.

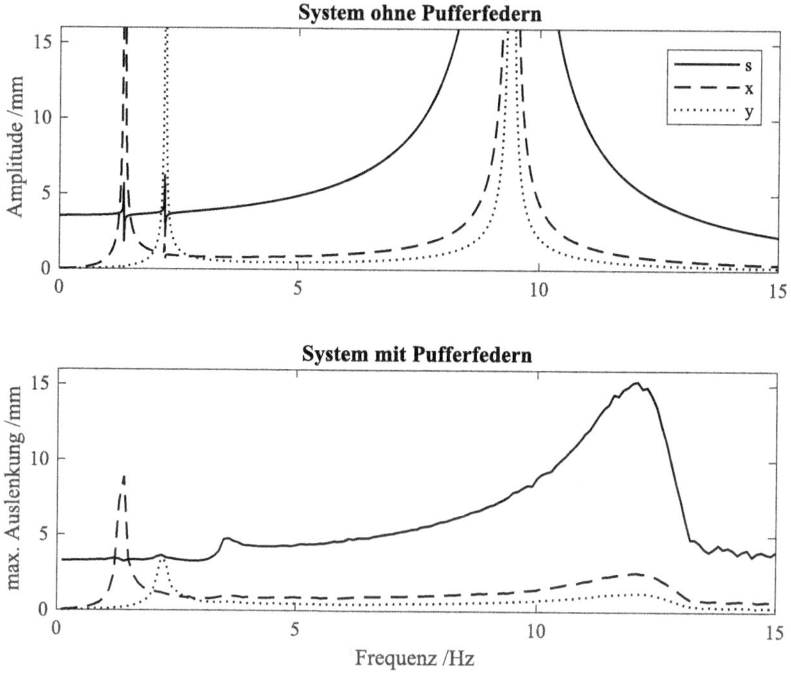

Abb. 9.6 Frequenzgänge des Schwingförderers

Wie zu erwarten, zeigt der Frequenzgang des linearen Systems ausgeprägte Resonanzen bei den Eigenfrequenzen, die in (9.43) genannt sind. Die Höhe der Resonanzamplituden wird im Wesentlichen durch die Parameter b_x und b_y bestimmt, die hier berücksichtigt wurden. Ein Betrieb in Resonanz ohne Pufferfedern bei $f_3 = 9{,}39$Hz erscheint zwar verlockend, die Amplituden sind aber quasi unkalkulierbar und leichte Parametervariationen, z. B. das Gewicht des Fördergutes würden das System verstimmen. Zudem müssten beim Hochlauf die scharfen Resonanzen bei f_1 und f_2 durchfahren werden.

Das System mit den Pufferfedern hingegen zeigt einen sanften Frequenzgang. Die Resonanzen bei den niedrigen Frequenzen können gefahrlos durchfahren werden und im Bereich von 10 Hz bis 13 Hz steht ein robuster, resonanter Betriebsbereich für den Förderer zur Verfügung. Die Resonanzfrequenz liegt etwas höher, da die Pufferfedern zusätzliche Steifigkeit ins System bringen. Die Resonanzspitze ist typisch für nichtlineare Systeme unsymmetrisch nach rechts gekippt.

In Abb. 9.7 sind Analysen des Zeitverlaufs der Bewegung dargestellt. Diese wurden mittels numerischer Simulation gewonnen. Hierzu wurden insgesamt 16 Kurbelumdrehungen berechnet, die letzten beiden Umdrehungen, nach dem Erreichen eines stationären Zustands, sind in der Abbildung zu sehen. Die Kurbel dreht dabei mit 10 Hz.

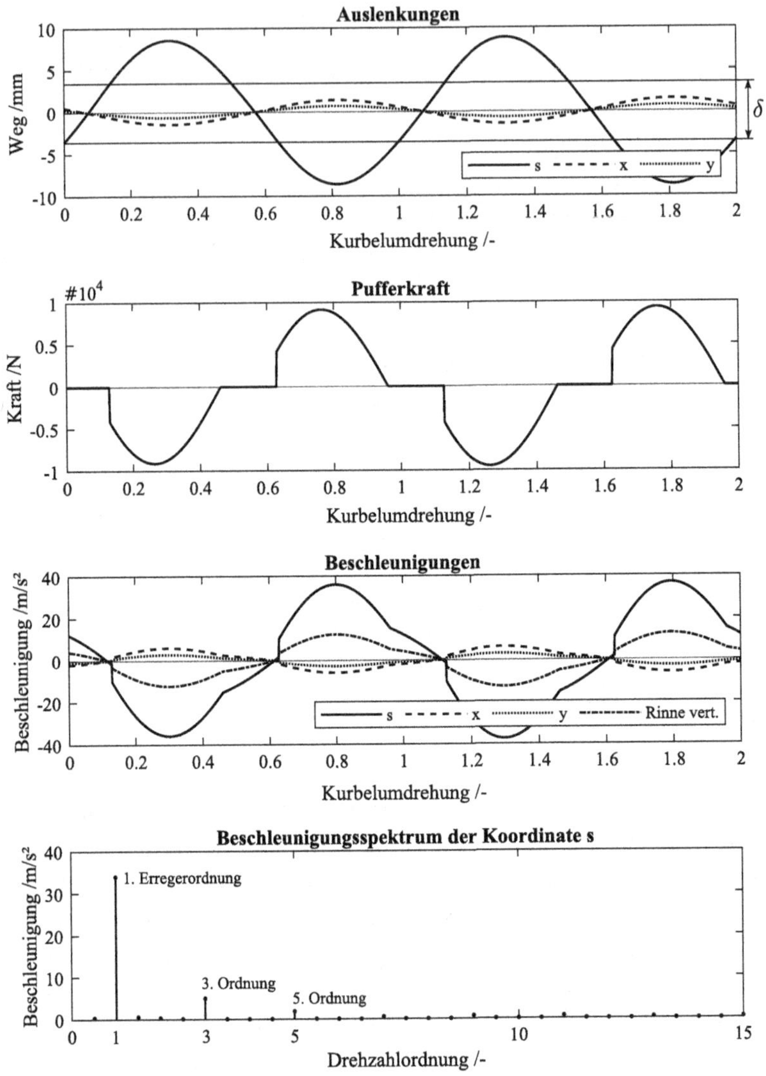

Abb. 9.7 Wege und Beschleunigungen der Förderrinne (s) und des Rahmens ($x,\ y$), die Pufferkraft sowie das Spektrum der Rinnenbeschleunigung

Die Rinnenbewegung sieht im Zeitverlauf fast harmonisch aus. Die Beschleunigung zeigt allerdings deutliche Sprünge, die durch den Kontakt mit der Pufferfeder zustande kommen. Der Verlauf der Pufferfederkraft zeigt anschaulich das abwechselnde Einfedern links und rechts mit dazwischenliegenden Freiflugphasen. Bei den Beschleunigungen ist auch die vertikale Absolutbeschleunigung der Rinne $\ddot{y} + \ddot{s} \sin \alpha$ mit eingezeichnet. Diese erreicht in der Spitze $\pm 12{,}3\ \text{m/s}^2$, was größer als die Erdbeschleunigung ist und somit zum Abheben und „Werfen“ des Förderguts führt.

Im Frequenzspektrum der Rinnenbeschleunigung ist trotz des nichtlinearen Einflusses der Pufferfeder die Grundharmonische dominant. Zudem sind die 3. und weitere ungerade höhere Harmonische sichtbar.

Im Betriebsbereich von 10 Hz bis 13 Hz bewegt sich der Gegenschwingrahmen gegenphasig zum Förderorgan (siehe 3. Eigenvektor in (9.43)), sodass die *dynamische Fundamentbelastung* wesentlich kleiner ist als sie ohne diesen Rahmen wäre.

9.2.4.3 Selbstsynchronisation von Unwuchterregern

Schon am Ende des 17. Jahrhunderts beobachtete der holländische Physiker HUYGENS, dass Pendeluhren, die auf einem gemeinsamen Brett standen, nach einer gewissen Zeit synchron pendelten. Am Ende der vierziger Jahre des 20. Jahrhunderts wurde bemerkt, dass sich die Drehbewegungen unwuchtiger Rotoren, die gemeinsam auf demselben Tragsystem angeordnet sind, gegenseitig beeinflussen. Es konnte zufällig sogar beobachtet werden, dass zwei Rotoren synchron liefen, obwohl davon nur einer (Kabelbruch) an das elektrische Netz angeschlossen war. Diese Selbstsynchronisation kam durch die Vibration der gemeinsamen Unterlage zustande.

Hier soll zunächst der elementare Vorgang betrachtet werden, bei dem der Lagerpunkt A eines Rotors mit der Erregerfrequenz $f_e = \Omega/(2\pi)$ vertikal mit der Amplitude $\hat{y}$ bewegt wird:

$$y_{\mathrm{A}} = \hat{y} \sin \Omega t. \tag{9.44}$$

Die Bewegungsgleichung entspricht der des physikalischen Pendels mit bewegtem Aufhängepunkt und folgt aus dem Momentengleichgewicht um Punkt A, vgl. Abb. 9.8:

$$J_{\mathrm{A}}\ddot{\varphi} + m(\ddot{y}_{\mathrm{A}} + g)\xi_{\mathrm{S}} \cos\varphi = -M_{\mathrm{R}}\frac{\dot{\varphi}}{\Omega}. \tag{9.45}$$

Der Term auf der rechten Seite der Gleichung $M_{\mathrm{R}}\dot{\varphi}/\Omega$ kann entweder als Dämpfungsterm interpretiert werden oder er folgt bei angetriebenen Rotoren aus der Motorkennlinie im Gleichgewichtspunkt, siehe Gl. (9.53).

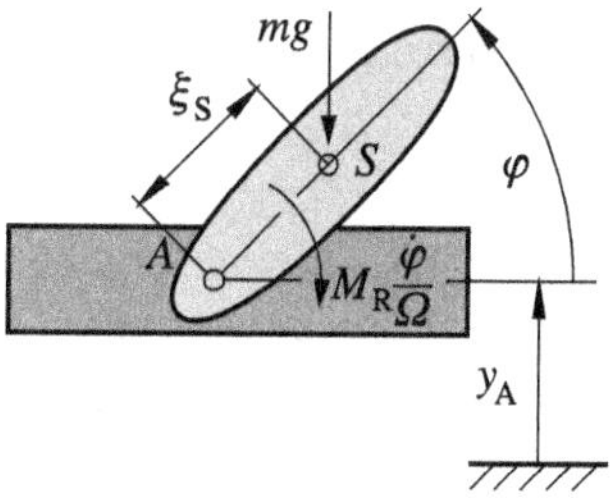

Abb. 9.8 Rotor oder physikalisches Pendel, vertikal erregt

Wird in (9.45) die Beschleunigung, die aus (9.44) folgt, eingesetzt, so ergibt sich

$$J_{\mathrm{A}}\ddot{\varphi} + M_{\mathrm{R}}\frac{\dot{\varphi}}{\Omega} + m(g - \hat{y}\Omega^2 \sin \Omega t)\xi_{\mathrm{S}} \cos \varphi = 0. \tag{9.46}$$

Dies ist eine nichtlineare Differenzialgleichung für den Drehwinkel φ mit veränderlichen Koeffizienten, die verschiedene Lösungen hat. Hier interessiert zunächst nur, unter welchen Bedingungen die Funktion

$$\varphi = \Omega t + \varphi^*; \qquad \dot{\varphi} = \Omega; \qquad \ddot{\varphi} = 0 \tag{9.47}$$

eine Lösung von (9.46) sein kann. Dabei ist φ^* ein konstanter Phasenwinkel in Bezug auf die Erregung (9.44). Einsetzen von φ aus (9.47) in (9.46) führt zur Beziehung

$$\xi_{\mathrm{S}} \cos(\Omega t + \varphi^*) m(g - \hat{y}\Omega^2 \sin \Omega t) = -M_{\mathrm{R}}. \tag{9.48}$$

Da die linke Seite dieser Gleichung veränderlich und die rechte Seite konstant ist, kann sie offensichtlich nicht für alle Zeiten t erfüllt werden. Mathematisch betrachtet, beschreibt (9.47) also keine exakte Lösung von (9.46), sie kann als eine Näherungslösung gedeutet werden, wenn gefordert wird, dass (9.48) im Mittel erfüllt wird. Das ist ein Grundgedanke der Mittelungsmethoden, vgl. die Bemerkungen am Ende der Einführung des Kapitels 9. Eine Analyse der einzelnen Terme in (9.48) ergibt, dass auf der rechten Seite ein bremsendes Moment und auf der linken Seite ein antreibendes Moment (Hebelarm mal Kraft) steht. Die linke Seite von (9.48) ist eine periodische Funktion mit der Zyklusdauer $T_0 = 2\pi/\Omega$, deren Mittelwert sich durch die Integration über eine ganze Periode ergibt:

$$\frac{m\xi_{\mathrm{S}}}{T_0} \int_0^{T_0} \cos(\Omega t + \varphi^*)(g - \hat{y}\Omega^2 \sin \Omega t)\mathrm{d}t = \frac{1}{2} m\xi_{\mathrm{S}}\hat{y}\Omega^2 \sin \varphi^*. \tag{9.49}$$

Aus (9.48) und (9.49) folgt also für den Phasenwinkel der Ausdruck

$$\sin \varphi * = -\frac{2M_{\mathrm{R}}}{m\xi_{\mathrm{S}}\hat{y}\Omega^2}. \tag{9.50}$$

Aus dieser Gleichung kann geschlossen werden, dass so ein Phasenwinkel nur dann (reell wird, also) existiert, falls die Bedingung

$$\left| \frac{2M_{\mathrm{R}}}{m\xi_{\mathrm{S}}\hat{y}\Omega^2} \right| < 1 \tag{9.51}$$

erfüllt ist. Gleichung (9.51) ist also eine *Existenzbedingung für die Selbstsynchronisation eines Rotors* auf einer vibrierenden Unterlage. Je größer die Unwucht $U = m\xi_{\mathrm{S}}$ und die Erregerkreisfrequenz Ω sind, desto leichter kann der Rotor „mitgenommen" werden. Das Reibmoment darf nicht zu groß sein, sonst ist diese Bedingung auch verletzt.

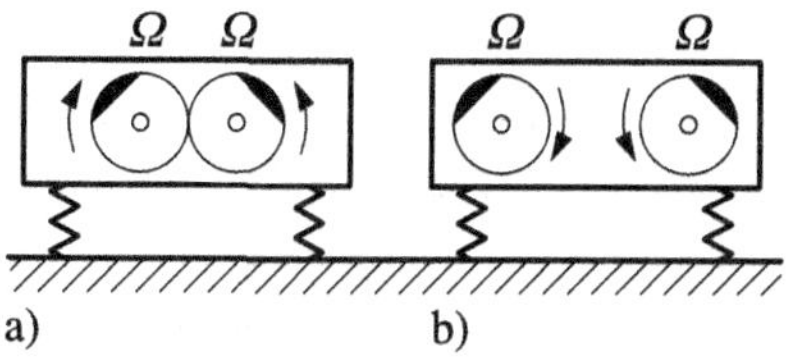

Abb. 9.9 Unwuchterreger auf einem Vibratorkörper: **a** Erzwungene Synchronisation durch ein Zahnradpaar, **b** Selbstsynchronisation von zwei unabhängigen Rotoren

Bei vielen Vibrationsmaschinen werden für die Schwingungserregung mehrere Unwuchterreger benutzt, welche mit derselben Winkelgeschwindigkeit und definierten Phasendifferenzen rotieren. Eine gerichtete Erregerkraft wird oft durch zwei Unwuchtrotoren erzeugt, deren synchrone Bewegung durch ein Zahnradpaar erzwungen wird, vgl. Abb. 9.9a. Der Nachteil einer solchen Anordnung besteht darin, dass Verschleiß in der Verzahnung eintritt und Lärm entsteht, weil die Belastungsrichtung wechselt. So eine Anordnung kann nicht angewendet werden, wenn die Schwingungserreger große Abstände haben, was bei einigen Vibrationsmaschinen notwendig ist, speziell bei langen Schwingförderern. Mit Antrieben, die sich selbst synchronisieren, können diese Unzulänglichkeiten vermieden werden, vgl. Abb. 9.9b.

An Stelle der Erregung durch zwangläufig gekoppelte Zahnräder ist eine gerichtete Schwingungserregung durch zwei und mehr Unwuchterreger möglich, die *nicht miteinander zwangläufig* verbunden sind. Die dynamische Kopplung erfolgt indirekt über die Translationsbewegung des Vibratorkörpers, in dem sich die Drehachsen abstützen. Solche Erregersysteme wurden in den vergangenen Jahrzehnten immer mehr zur Schwingungserregung bei Siebmaschinen, Schwingförderern, Vibrationsverdichtern und anderen Maschinen angewendet, da sie konstruktiv einfach zu realisieren sind und ohne mechanische oder elektrische Wellen auskommen.

Wenn auf einer Masse m, die durch eine Feder (Steifigkeit c) und einen Dämpfer (Dämpferkonstante b) abgestützt ist, zwei Unwuchterreger angeordnet sind, können die Bewegungen mit folgenden drei nichtlinearen Differenzialgleichungen beschrieben werden, vgl. auch in Analogie dazu Abb. 9.8, Abb. 9.11 und (9.68).

$$\begin{aligned}
&(J_1^S + m_1 e_1^2)\ddot{\varphi}_1 + m_1 e_1(\ddot{y} + g)\cos\varphi_1 = M_1,\\
&(J_2^S + m_2 e_2^2)\ddot{\varphi}_2 + m_2 e_2(\ddot{y} + g)\cos\varphi_2 = M_2,\\
&(m_1 + m_2 + m)\ddot{y} + b\dot{y} + cy = \dots \qquad (9.52)\\
&\quad = -(m_1 + m_2 + m)g - m_1 e_1(\ddot{\varphi}_1\cos\varphi_1 - \dot{\varphi}_1^2\sin\varphi_1)\\
&\quad - m_2 e_2(\ddot{\varphi}_2\cos\varphi_2 - \dot{\varphi}_2^2\sin\varphi_2).
\end{aligned}$$

Hierbei sind J_k^S (für $k = 1$ bzw. 2) die Trägheitsmomente, $m_k e_k$ die Unwuchten, φ_k die Drehwinkel und M_k die Antriebsmomente der Rotoren. Der Weg der Masse m ist y, g die

Fallbeschleunigung. Aus mathematischer Sicht besteht bei der Selbstsynchronisation die Aufgabe, Bedingungen für die Existenz der Lösungen der Differenzialgleichungen, also die Stabilität der Bewegungen zu ermitteln. Näher wird darauf in [11] eingegangen.

Für eine Selbstsynchronisation ist es wichtig, dass die Antriebsmomente M_1 und M_2 in (9.52) in der Nähe des stationären Betriebs mit der Sollkreisfrequenz Ω die Form

$$M(\dot{\varphi}) = M_{\mathrm{R}} \left(1 - \frac{\dot{\varphi}}{\Omega}\right) \tag{9.53}$$

haben. Dies ist bei elektrischen Nebenschluss- oder Asynchronmaschinen erfüllt

Die Bedingungen für stabile Betriebszustände bei der *Selbstsynchronisation* sollen für ein Beispiel angegeben werden. Es wird als Tragsystem ein weich aufgestellter Vibratorkörper betrachtet, der mit hohen Erregerfrequenzen ($\Omega \gg \omega_i$) überkritisch (tief abgestimmt) erregt wird, so dass die Trägheitskräfte dominieren und die Rückstellkräfte vernachlässigbar sind ($k \to 0$). Die Rotoren müssen also zur Erreichung des Betriebszustandes die tiefen kritischen Drehzahlen durchlaufen. Die Drehachsen der zwei gleichen Schwingungserreger liegen parallel zu einer zentralen Hauptträgheitsachse des Vibratorkörpers und sind im Abstand ξ gleich weit vom Schwerpunkt S des Körpers entfernt, vgl. Abb. 9.10.

Es handelt sich um ein ebenes Problem, d. h., die Schwerpunkte der Unwuchtmassen bewegen sich in der gleichen Ebene. Aus der Theorie folgt, dass sich in diesem Fall die Synchronisation schneller und stabiler einstellt, je größer der Ausdruck $m\xi^2/J_S$ ist, d. h., die Entfernung der Drehpunkte der Unwuchterreger vom Schwerpunkt S hat großen Einfluss.

Es folgt, dass im ersten Fall die Rotationen mit gleichphasigen Unwuchten und im zweiten Fall die Rotationen mit gegenphasigen Unwuchten stabil sind. Falls die Rotoren sich mit gleichen Drehrichtungen bewegen und wenn die Bedingung

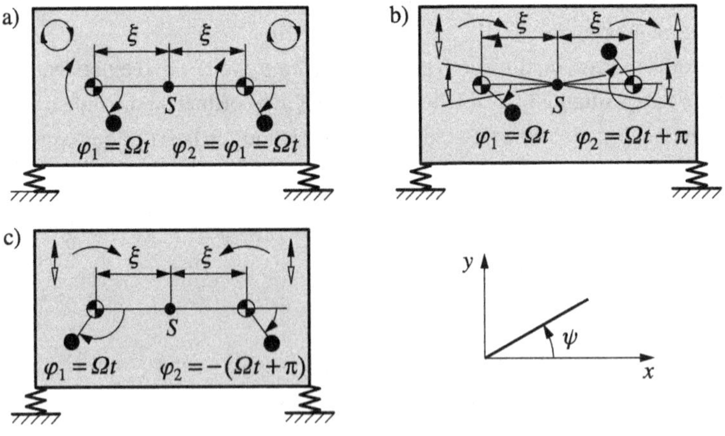

Abb. 9.10 Vibratorkörper mit zwei Unwuchterregern: **a** $m\xi^2/J_S > 2$; Kreisschiebung, **b** $m\xi^2/J_S < 2$; Drehschwingung um S, **c** parallele Schubschwingung bei gegensinniger Rotation

$$m\xi^2 > 2J_S \tag{9.54}$$

erfüllt ist, entsteht eine *kreisförmige translatorische Bewegung* („Kreisschiebung") des Vibratorkörpers, vgl. Abb. 9.10a. Die Amplituden sind

$$\hat{x} = \hat{y} = \frac{2m_1 e}{m}. \tag{9.55}$$

Wird die entgegengesetzte Ungleichung ($m\xi^2 < 2J_S$) erfüllt, dann entstehen *Drehschwingungen des Vibratorkörpers* (vgl. Abb. 9.10b) mit der Winkelamplitude

$$\hat{\psi} = \frac{2m_1 e\xi}{J_S}. \tag{9.56}$$

Rotieren die Rotoren in entgegengesetzter Richtung und gilt $m\xi^2 > J_S$, ist die gegensinnige Rotation mit der Phasendifferenz π stabil. Es werden vertikale Schwingungen des Vibratorkörpers verursacht, vgl. Abb. 9.10c. Die Amplituden betragen

$$\hat{x} = 0; \qquad \hat{y} = \frac{2m_1 e}{m}. \tag{9.57}$$

Gegenwärtig gibt es für Maschinen und Anlagen mit Schwingungserregern, welche die Selbstsynchronisation ausnutzen, mehr als 300 Patente. Die Gesetzmäßigkeiten der Selbstsynchronisation können nicht einfach auf Grund intuitiver Vorstellungen vorausgesagt oder nur durch experimentelles Probieren geklärt werden. Mithilfe nichtlinearer Berechnungsmodelle, welche die nichtlinearen Effekte der Massenkräfte und der Motorkennlinien berücksichtigen, ist die Vorausberechnung des dynamischen Verhaltens solcher Maschinen möglich. Wesentliche Beiträge zur Entwicklung der Theorie und der Anwendung in der Industriepraxis leisteten I. I BLEKHMAN u. a. ([6], [7], [25]).

9.2.5 Aufgaben A9.1 und A9.2

A9.1 Aufprall auf nichtlineare Feder

Ein Körper mit der Masse m prallt mit der Geschwindigkeit v_0 auf eine Pufferfeder. Die Formeln zur Berechnung des maximalen Deformationswegs und für die dabei entstehende Maximalkraft sind aufzustellen. Die Pufferfeder hat eine nichtlineare Federkennlinie. Zu vergleichen sind die Ergebnisse, die bei einer progressiven, einer linearen und einer degressiven Federkennlinie entstehen.

Gegeben:

Aufprallgeschwindigkeit	$v_0 = 4\,\mathrm{m/s}$
Masse	$m = 400\,\mathrm{kg}$
Federkonstante	$c = 100\,\mathrm{kN/m}$
Federkennlinie	$F(q) = cq(1 + \varepsilon q^2)$

progressiv: $\varepsilon = 10\,\mathrm{m}^{-2}$; linear: $\varepsilon = 0$; degressiv: $\varepsilon = -5\,\mathrm{m}^{-2}$

Gesucht: Maximale Deformationen $q_{\max}$ und maximale Kräfte $F_{\max}$.

A9.2 Anlauf eines Unwuchterregers

Für einen unwuchtigen Rotor ist für den Anlaufvorgang ein Modell mit zwei Freiheitsgraden unter Berücksichtigung des Motormoments und der Fallbeschleunigung g zu analysieren. Koordinaten sind φ (Drehwinkel des Rotors) und y (vertikale Verschiebung der Fundamentmasse), vgl. Abb. 9.11.

Für die drei Fälle:

a) Konstantes Antriebsmoment $M = 0{,}1\,\mathrm{Nm}$
b) Konstantes Antriebsmoment $M = 0{,}2\,\mathrm{Nm}$
c) Konstante Winkelbeschleunigung $\alpha = M/J_1^S$ (M entsprechend Fall a)

soll der Hochlaufvorgang berechnet werden.

Gegeben:

Rotormasse	$m_1 = 50\,\mathrm{kg}$
Schwerpunktexzentrizität des Rotors	$e = 5\,\mathrm{mm}$
Trägheitsmoment des Rotors	$J_1^S = 0{,}5\,\mathrm{kg\,m}^2$
Fundamentmasse	$m = 600\,\mathrm{kg}$
Steifigkeit der elastischen Abstützung	$c = 100\,\mathrm{kN/m}$
Dämpferkonstante	$b = 150\,\mathrm{Ns/m}$

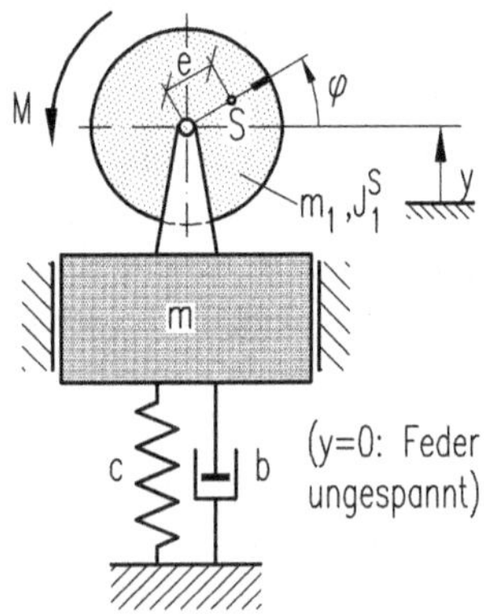

Abb. 9.11 Elastisch gestützte Fundamentmasse mit Unwuchterreger

Gesucht:

1. Kinetische und potentielle Energie
2. Bewegungsgleichungen für φ und y
3. Zeitverlauf von Drehgeschwindigkeit und Fundamentkraft (für Fall c auch das erforderliche Antriebsmoment)
4. Interpretation der Lösungen

9.2.6 Lösungen L9.1 und L9.2

L9.1 Nach dem Aufprall einer Masse auf die Pufferfeder beginnt eine freie Schwingung, von der die maximale Amplitude nach der ersten Halbschwingung interessiert. Die Aufgabe ist mit einer Energiebilanz lösbar. Die kinetische Energie der aufprallenden Masse beträgt

$$W_{\text{kin0}} = \frac{1}{2} m (v_0)^2 = 3200\,\text{J}. \tag{9.58}$$

Die potenzielle Energie, die in der Pufferfeder gespeichert werden kann, beträgt

$$W_{\text{pot max}} = \int_0^{q_{\max}} F(q)\mathrm{d}q = \int_0^{q_{\max}} cq(1+\varepsilon q^2)\mathrm{d}q = \frac{1}{2} c (q_{\max})^2 \left[1 + \frac{\varepsilon}{2}(q_{\max})^2\right]. \tag{9.59}$$

Aus dem Energiesatz folgt $W_{\text{pot max}} = W_{\text{kin0}}$. Für die nichtlinearen Federn ergibt sich daraus eine quadratische Gleichung für $(q_{\max})^2$:

$$(q_{\max})^4 + \frac{2}{\varepsilon}(q_{\max})^2 - \frac{2mv_0^2}{c\varepsilon} = 0. \tag{9.60}$$

Die Lösung lautet

$$q_{\max} = \sqrt{\frac{1}{\varepsilon}\left(\sqrt{1 + \frac{2m\varepsilon v_0^2}{c}} - 1\right)}. \tag{9.61}$$

Die Maximalkraft ergibt sich aus (9.16):

$$F_{\max} = cq_{\max}\left[1 + \varepsilon (q_{\max})^2\right]. \tag{9.62}$$

Abb. 9.12 zeigt die Ergebnisse. Mit den angegebenen Parameterwerten ergibt sich für die progressive Feder ($\varepsilon = 10\,\text{m}^{-2}$):

$$\text{a)}\ \underline{\underline{q_{\max} = 226\,\text{mm};}} \qquad \underline{\underline{F_{\max} = 34{,}1\,\text{kN}}} \tag{9.63}$$

und für die degressive Feder ($\varepsilon^* = -5\,\text{m}^{-2}$):

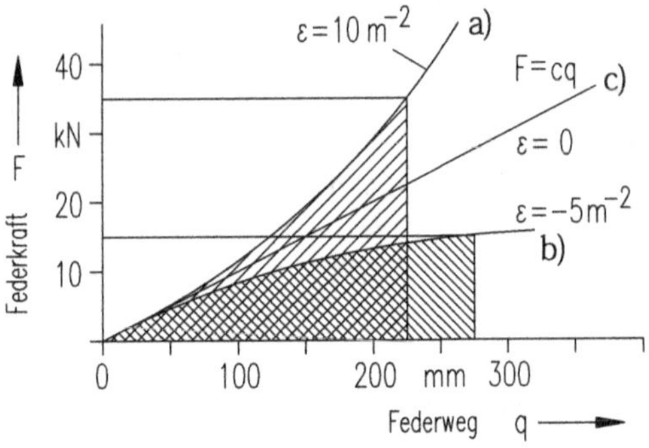

Abb. 9.12 Kräfte und Wege beim Aufprallen

$$\text{b)}\ \underline{\underline{q_{\max} = 282\,\text{mm}}};\qquad \underline{\underline{F_{\max} = 16{,}9\,\text{kN}}}. \tag{9.64}$$

Für die lineare Feder ($\varepsilon = 0$) folgt

$$\text{c)}\ \underline{\underline{q_{\max} = 253\,\text{mm}}};\qquad \underline{\underline{F_{\max} = 25{,}3\,\text{kN}}}. \tag{9.65}$$

Die schraffierten Flächen unter den Kurven in Abb. 9.12 sind die Lösungen des Integrals (9.58) und veranschaulichen somit die in der Feder gespeicherte Energie. Sie hat in allen Fällen dien Wert $W_F = 3200\,\text{N m} = 3{,}2\,\text{kJ}$.

Fazit: Bei einer progressiven Feder entsteht ein kürzerer Federweg (aber eine größere Kraft) als bei der linearen Feder, während bei der degressiven Feder der Federweg länger, aber die Kraft kleiner wird. Es lohnt sich also, eine degressive Feder einzusetzen, wenn die maximale Stoßkraft bei einem Aufprallvorgang vermindert werden soll.

L9.2 Die kinetische Energie des Systems und die potentielle Energie der Feder ist:

$$\begin{aligned} W_{\text{kin}} &= \tfrac{m}{2}\dot{y}^2 + \tfrac{m_1}{2}\left[(y + e\sin\varphi)^{\cdot 2} + (e\cos\varphi)^{\cdot 2}\right] + \tfrac{1}{2}J_1^S\dot{\varphi}^2 \\ &= \tfrac{m}{2}\dot{y}^2 + \tfrac{m_1}{2}\left(\dot{y}^2 + 2e\dot{y}\dot{\varphi}\cos\varphi + e^2\dot{\varphi}^2\right) + \tfrac{1}{2}J_1^S\dot{\varphi}^2 \\ &= \tfrac{m+m_1}{2}\dot{y}^2 + m_1 e\dot{y}\dot{\varphi}\cos\varphi + \tfrac{1}{2}\left(J_1^S + m_1 e^2\right)\dot{\varphi}^2, \\ W_{\text{pot}} &= \frac{c}{2}y^2. \end{aligned} \tag{9.66}$$

Die virtuelle Arbeit der anderen eingeprägten Größen ist:

$$\begin{aligned} \delta W^{(e)} &= M\,\delta\varphi - mg\,\delta y - m_1 g\cdot(\delta y + e\cos\varphi\,\delta\varphi) - b\dot{x}\,\delta y \\ &= (M - m_1 g e\cos\varphi)\,\delta\varphi - ((m + m_1)\,g + b\dot{y})\,\delta y. \end{aligned} \tag{9.67}$$

Durch Anwendung der Lagrange'schen Gleichungen zweiter Art (3.218) ergeben sich die beiden gekoppelten Bewegungsgleichungen:

$$
\begin{aligned}
(m+m_1)\,\ddot{y} + m_1 e \cos\varphi \ddot{\varphi} - m_1 e \dot{\varphi}^2 \sin\varphi + b\dot{y} + cy - (m+m_1)\,g &= 0, \\
m_1 e \cos\varphi \ddot{y} + \left(J_1^S + m_1 e^2\right)\ddot{\varphi} + m_1 g e \cos\varphi &= M.
\end{aligned} \tag{9.68}
$$

Hierbei wurde vorausgesetzt, dass für $y = 0$ die Feder entspannt ist. Für die weitere Behandlung des Problems ist es zweckmäßig, die dimensionslose „Verschiebung" ξ sowie die Bezugskreisfrequenz ω^* entsprechend

$$
\xi = \frac{y}{e} + \frac{(m+m_1)g}{c}; \qquad \omega^{*2} = \frac{c}{m+m_1} \tag{9.69}
$$

einzuführen, wobei ξ auch die statische Einfederung infolge Eigengewicht berücksichtigt. Weiterhin werden im Hinblick auf die numerische Integration der Gln. die dimensionslosen Kenngrößen

$$
\begin{aligned}
&p_1 = \frac{m_1}{m+m_1}; \quad p_2 = \frac{J_1^S}{m_1 e^2}; \quad p_3 = \frac{(m+m_1)\,g}{e\,c}; \quad p_4 = \frac{M\;(m+m_1)}{m_1 e^2 c}; \\
&D = \frac{b}{2\sqrt{(m+m_1)\,c}}
\end{aligned} \tag{9.70}
$$

definiert. Bei Bezug auf die dimensionslose „Zeit" $\tau = \omega^* t$ folgen unter Beachtung von

$$
(\ldots)^{\cdot} = \frac{\mathrm{d}(\ldots)}{\mathrm{d}\tau}\omega^* = (\ldots)'\,\omega^*, \qquad (\ldots)^{\cdot\cdot} = (\ldots)''\,\omega^{*2} \tag{9.71}
$$

die gekoppelten Bewegungsgleichungen für ξ und φ aus (9.68) zu:

$$
\begin{aligned}
\xi'' + p_1 \cos\varphi\varphi'' - p_1\varphi'^2 \sin\varphi + 2D\xi' + \xi &= 0, \\
\cos\varphi\xi'' + (1+p_2)\,\varphi'' + p_3\cos\varphi &= p_4.
\end{aligned} \tag{9.72}
$$

Die Einführung dimensionsloser Kenngrößen hat den Vorteil, dass sich die ursprünglich 9 dimensionsbehafteten Parameter in (9.68) auf 5 dimensionslose in (9.72) verringern, hinzu kommt ω^*.

In den Fällen a und b ist das konstant vorausgesetzte Moment M gegeben und die Bewegung $y(t)$ und $\varphi(t)$ gesucht, während im Fall c die Rotorbewegung durch $\varphi(\tau) = \alpha\tau^2/(2\omega^{*2})$ vorgegeben ist und die Vertikalverschiebung $y(t)$ von m sowie das erforderliche Moment $M(t)$ zu berechnen ist.

Die numerische Lösung der Bewegungsgleichungen ergibt die in Tab. 9.2 gezeigten Verläufe der gesuchten Größen. Für den Fall c) muss lediglich die erste Differentialgleichung in (9.72) numerisch gelöst werden, da $\varphi(\tau)$ bekannt ist. Oben ist die der Verschiebung y zugeordnete Größe ξ und im unteren Teil die bezogene Drehgeschwindigkeit $\varphi' = \dot{\varphi}/\omega^*$ (für Fälle a und b) und die das Antriebsmoment M beschreibende Kenngröße p_4 (für Fall c) über der dimensionslosen Zeit τ dargestellt.

Im Fall a steigt die Drehgeschwindigkeit zunächst linear an, wobei sie um den Mittelwert schwankt, der dem Fall c entspricht. Etwa ab der Zeit $\tau \approx 600$, wo bei der relativen

Tab. 9.2 Zum Hochlauf des Unwuchterregers

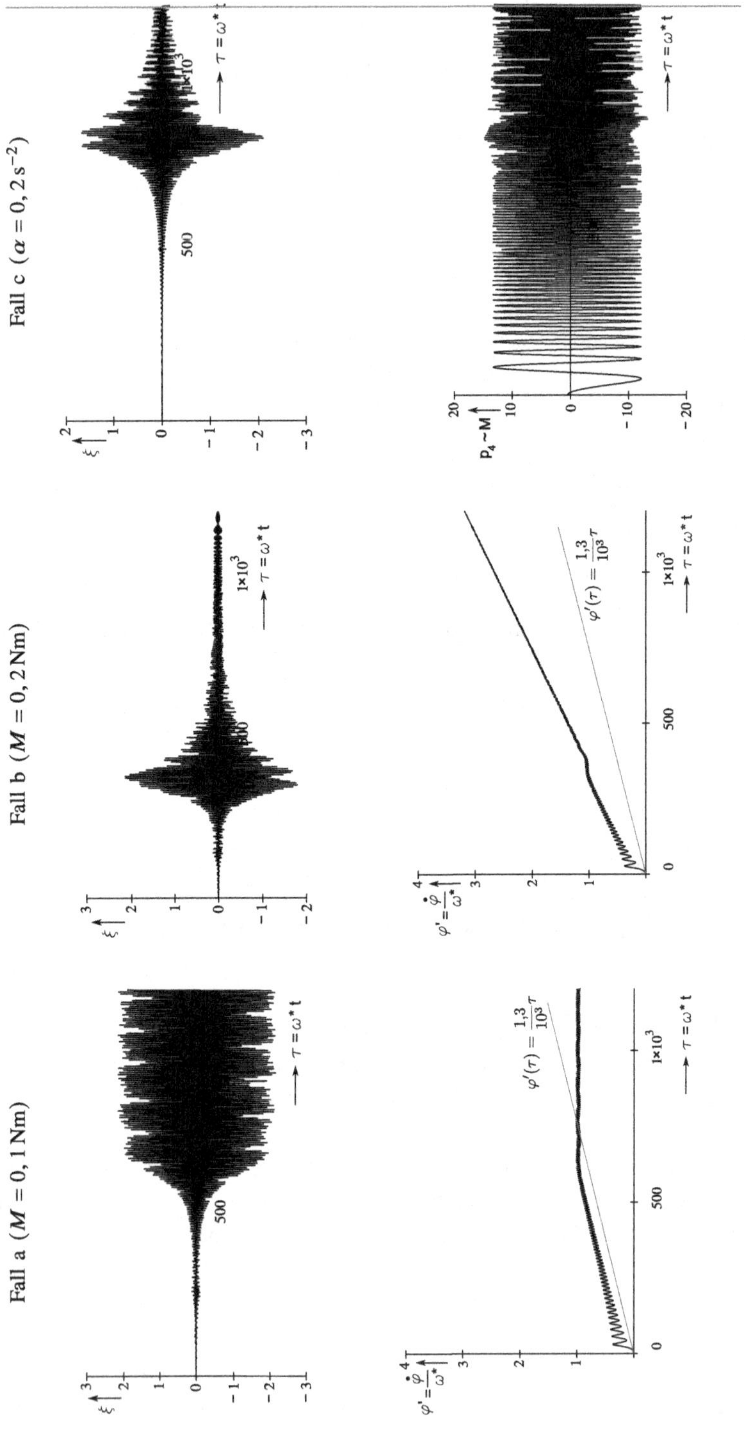

Drehgeschwindigkeit $\varphi' = 1$ die Eigenfrequenz der Vertikalschwingung erreicht ist, reicht das Motormoment nicht mehr aus, um den Rotor im Resonanzgebiet weiter zu beschleunigen. Die Antriebsenergie wird vom Dämpfer aufgebraucht, und es stellt sich eine stationäre Amplitude von $\xi \approx 2$ ein. Der Resonanzbereich wird nicht durchfahren. Dies stellt eine gefährliche Situation dar, da Rotoren mitunter dafür ausgelegt sind, beim Hochlauf die Resonanz schnell zu durchfahren, aber nicht dauerhaft darin zu verbleiben.

Im Fall b ist das Motormoment doppelt so groß wie im Fall a. Auch hier ist kein glattes Durchfahren der Resonanz zu sehen. Im Resonanzbereich steigt die Drehzahl nicht einfach linear weiter an, sondern verharrt bei einem nahezu konstanten Wert. In diesem Intervall muss der Motor außer der Beschleunigungsarbeit auch die kinetische Energie der besonders intensiv schwingenden Fundamentmasse (Fall b, Abbildung oben) aufbringen und die im Dämpfer dissipierte Energie nachliefern.

Diesen dynamischen Effekt beobachtete und beschrieb zuerst Arnold Sommerfeld im Jahre 1904, so dass er nach ihm benannt wurde [11]. Gelingt es die Resonanz zu durchfahren, nehmen die Amplituden der Fundamentmasse oberhalb des Resonanzbereichs wieder ab, wie das aus der Resonanzkurve des Einfachschwingers bekannt ist, vgl. Abb. 4.4c und 4.15.

Im Fall c gibt es keine Rückwirkung der Fundamentbewegung auf den Antrieb. Die Drehzahl steigt linear mit der gegebenen Drehbeschleunigung $\alpha = 0{,}2\,\mathrm{rad/s^2}$ an. Das veranschaulicht eine Gerade

$$\varphi'(\tau) \approx \frac{1{,}3}{10^3}\tau,$$

die in den unteren Bildern zu den Fallen a) und b) zusätzlich eingetragen ist.

Das Motormoment (Fall c, Abbildung unten), welches diese konstante Drehbeschleunigung erzwingt, schwankt, weil die exzentrische Unwuchtmasse durch die Fundamentbewegung bei jeder Umdrehung harmonisch beschleunigt und verzögert wird. Die Amplituden der Vertikalbewegung ξ (Fall c, Abbildung oben) sind beim Resonanzdurchlauf etwas kleiner als in den Fällen a und b, weil das Resonanzgebiet schneller durchfahren wird.

Diese Aufgabe zeigt, dass die Wahl des richtigen Modells entscheidend ist. Der Fall c) bildet den Sommerfeld-Effekt, der im ungünstigen Fall ein „Hängenbleiben" des Rotors im Resonanzgebiet verursacht, nicht ab. In der Praxis ist zudem von einem von der Drehgeschwindigkeit abhängigen Antriebsmoment $M(\dot{\varphi})$ auszugehen, wobei der genaue Zusammenhang vom Typ und der Ansteuerung des Motors abhängt.

9.3 Selbsterregte Schwinger

9.3.1 Allgemeine Zusammenhänge

Bei selbsterregten Schwingungen steuert der Schwinger selbst die Energiezufuhr von einer *äußeren Energiequelle.* Beispiele für genutzte selbsterregte Schwingungen sind die Dampfmaschine, die Unruh der Uhr und die Töne der Blas- und Streichinstrumente. Selbsterregte Schwingungen stören oft im Maschinenbau, z. B. das Rattern bei spanenden Werkzeugmaschinen, die Reibungsschwingungen („Stick-Slip“) bei langsamen Gleitgeschwindigkeiten, das Quietschen von Bremsen, das Kreischen von Sägen, das Brummen von Walzwerkgerüsten, das Pfeifen von durchströmten Ventilen, das Flattern der Windradflügel u. a.

Die *Bewegungsgleichungen* selbsterregter Schwingungen enthalten im Gegensatz zu den erzwungenen und parametererregten Schwingungen keinen Term, der explizit von der Zeit abhängt. Sie entsprechen den Bewegungsgleichungen freier nichtlinearer Schwinger. Selbsterregte Schwingungen entstehen nicht infolge einer einmaligen Auslenkung aus der statischen Ruhelage, wie das bei freien Schwingungen der Fall ist.

Sowohl die Formulierung der nichtlinearen Bewegungsgleichungen (Modellbildung) als auch ihre mathematische Lösung ist oft mit gewissen Schwierigkeiten verbunden. Im Allgemeinen lassen sich diese Gleichungen nicht analytisch lösen. Die numerische Integration verlangt Parameterwerte, die für die nichtlinearen Terme nur ungenau bekannt sind. Der genaue zeitliche Verlauf der selbsterregten Schwingungen interessiert aber selten, denn meist sollen diese störenden Schwingungen überhaupt vermieden werden.

Die Energiequelle eines selbsterregten Schwingers ist im Allgemeinen nicht zeitlich veränderlich. Die Energierationen überträgt z. B. ein reibender Körper, eine Flüssigkeit oder ein strömendes Gas. Innerhalb jeder Schwingungsperiode eines selbsterregten Schwingers gibt es ein Intervall der Zufuhr und ein Intervall der Abnahme der Energie. Wird mehr Energie zugeführt (abgeführt) als abgeführt (zugeführt), dann nehmen die Amplituden zu (ab). Im stationären Zustand ist die Energiebilanz pro Periode ausgeglichen, und es stellen sich konstante Amplituden ein. Diese Energiebilanz kann auch so gedeutet werden, als ob es innerhalb jeder Periode begrenzte Intervalle der Instabilität (Anfachung) und der Stabilität (Energieabnahme) gäbe. Oft interessiert nur, ob überhaupt Parameterbereiche der dynamischen, zeitlich begrenzten, Instabilität und damit eine Selbsterregung existieren. Dies kann durch eine Analyse der linearisierten Bewegungsgleichungen herausgefunden werden, denn an den Eigenwerten des linearen Schwingungssystems ist erkennbar, ob es eine Anfachung gibt.

Die linearisierten Bewegungsgleichungen haben die Form (6.17). Bei konservativen Systemen ist die Matrix $\boldsymbol{C}$ symmetrisch und positiv (semi-)definit, es treten keine negativen Eigenwerte auf. Bei der Linearisierung selbsterregter Systeme kann die Matrix, die mit dem Lagevektor multipliziert wird, unsymmetrisch sein. Diese Matrix kann dann wiederum in die symmetrische Steifigkeitsmatrix $\boldsymbol{C}$ und die schiefsymmetrische Matrix $\boldsymbol{N}$, die *Matrix der nichtkonservativen Kräfte* aufgeteilt werden. Ein System mit einer solchen Matrix kann negative Eigenwerte haben. Instabile Bereiche selbsterregter Schwinger existieren in den Parameterbereichen, in denen negative Eigenwerte auftreten. Solche unsymmetrischen Matrizen sind typisch für Gleitlager [18], [33] für Schwinger mit Reibung und für Schwinger in Strömungen, vgl. z. B. (9.89).

9.3.2 Beispiele

9.3.2.1 Stick-Slip-Schwingungen

Reibungserregte Schwingungen sind in Maschinen meist unerwünscht, weil sie Lärm oder Verschleiß verursachen und die Genauigkeit einer Abtriebsbewegung vermindern. Zu ihnen gehört das Bremsenquietschen, das Rattern bei langsamen Führungsbewegungen, das Kupplungs-Rupfen u. a. Es tritt dabei Ruckgleiten ein, wenn sich beim Kontakt zweier Oberflächen Intervalle des Haftens („stick") mit solchen des Gleitens („slip") während einer Schwingungsperiode abwechseln. Dies wird *Stick-Slip-Effekt* genannt.

Hier soll ein Reibschwinger untersucht werden, bei dem ein Feder-Masse-System auf einer bewegten Unterlage gleitet [15], [42] die in diesem Falle die Energiequelle ist. In Abb. 9.13a ist sie als bewegtes Band skizziert, aber es hätte auch die Unterlage fest und das Feder-Masse-System als beweglich dargestellt werden können. Wesentlich für das Schwingungsverhalten ist die Relativgeschwindigkeit $v_{\text{rel}} = v - \dot{x}$.

Es wird angenommen, dass sich die Haftreibungszahl μ_0 von der Gleitreibungszahl μ unterscheidet ($\mu_0 > \mu$) und μ konstant ist. vgl. Abb. 9.13b. Dieser Ansatz für die sprunghafte Reibkraftänderung vom Haften zum Gleiten ist der Einfachste für eine in Wirklichkeit kompliziertere Funktion der Reibkraft, die nichtlinear von der Geschwindigkeit, der Normalkraft, der Temperatur, der Zeit und den Materialparametern abhängt. Die gestrichelte Reibkraft-Kennlinie in Abb. 9.13b deutet so eine Funktion an.

Es wird davon ausgegangen, dass die Masse m anfangs an der sich mit konstanter Geschwindigkeit v bewegenden Unterlage haftet und die Gleitbewegung in dem Augenblick beginnt, wenn sich die Masse von der Unterlage losreißt. Die Bewegungsgleichung dafür lautet dann (ohne Dämpfung)

$$m\ddot{x} + cx = \mu mg; \qquad \dot{x} \leqq v. \tag{9.73}$$

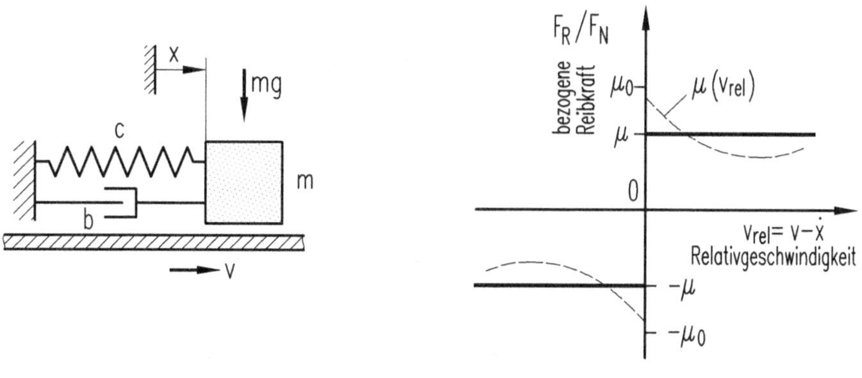

Abb. 9.13 Minimalmodell des Reibungsschwingers: **a** Berechnungsmodell, **b** Reibkraft-Kennlinie

Die Anfangsbedingungen ergeben sich daraus, dass zu Beginn die Federkraft cx_0 so groß wie die maximale Haftkraft und die Geschwindigkeit der Masse m so groß wie die der Unterlage ist:

$$t = 0: \qquad x(0) = x_0 = \frac{\mu_0 mg}{c}; \qquad \dot{x}(0) = v_0 = v. \tag{9.74}$$

Als Lösung für die ersten Etappe ($0 \leqq t \leqq t_1$) ergibt sich mit $\omega_0^2 = c/m$, vgl. Abb. 9.14a:

$$\begin{aligned} x(t) &= \frac{\mu mg}{c} + (\mu_0 - \mu)\frac{mg}{c}\cos\omega_0 t + \frac{v}{\omega_0}\sin\omega_0 t \\ &= \frac{\mu g}{\omega_0^2} + \hat{s}\cos\omega_0(t - t^*), \\ \dot{x}(t) &= -\omega_0\hat{s}\sin\omega_0(t - t^*). \end{aligned} \tag{9.75}$$

Dabei ist im Bereich $0 < \omega_0 t^* = \arctan\dfrac{v\omega_0/g}{\mu_0 - \mu} < \pi/2$

$$\sin\omega_0 t^* = \frac{v}{\hat{s}\omega_0}; \qquad \cos\omega_0 t^* = \frac{(\mu_0 - \mu)g}{\hat{s}\omega_0^2} \tag{9.76}$$

und die Amplitude beträgt

$$\hat{s} = \sqrt{\left[(\mu_0 - \mu)\frac{mg}{c}\right]^2 + \left(\frac{v}{\omega_0}\right)^2} = \frac{mg}{c}\sqrt{(\mu_0 - \mu)^2 + \left(\frac{v\omega_0}{g}\right)^2}. \tag{9.77}$$

Die Geschwindigkeit der Masse fällt infolge der bremsenden Reibkraft zunächst ab, bevor sie wieder zunimmt und den Wert der Geschwindigkeit des Bandes zum Zeitpunkt t_1 wieder erreicht, vgl. Abb. 9.14a. Aus der Bedingung

$$\dot{x}(t_1) = v = -\omega_0\hat{s}\sin\omega_0(t_1 - t^*) \tag{9.78}$$

folgt

$$\omega_0 t_1 = \omega_0 t^* + \arcsin[v/(\omega_0\hat{s})] + \pi. \tag{9.79}$$

Zum Zeitpunkt t_1 ist die erste Etappe beendet und der Weg

$$\begin{aligned} x(t_1) &= \frac{\mu mg}{c} + \hat{s}\cos\omega_0(t_1 - t^*) = \frac{\mu mg}{c} + \hat{s}\cdot\cos\left(\pi + \arcsin\left(\frac{v}{\omega_0\hat{s}}\right)\right) \\ &= \frac{\mu mg}{c} - \sqrt{\hat{s}^2 - \left(\frac{v}{\omega_0}\right)^2} = \frac{\mu mg}{c} - (\mu_0 - \mu)\frac{mg}{c} = (2\mu - \mu_0)\frac{mg}{c} \end{aligned} \tag{9.80}$$

erreicht, wie aus (9.75) mit (9.77)) und (9.78) folgt. In diesem Moment beginnt die zweite Etappe, in der die Masse durch die Haftkraft mitgenommen wird. Die Geschwindigkeit von Masse und Band sind konstant und gleich groß, der Weg und die Federkraft nehmen zu:

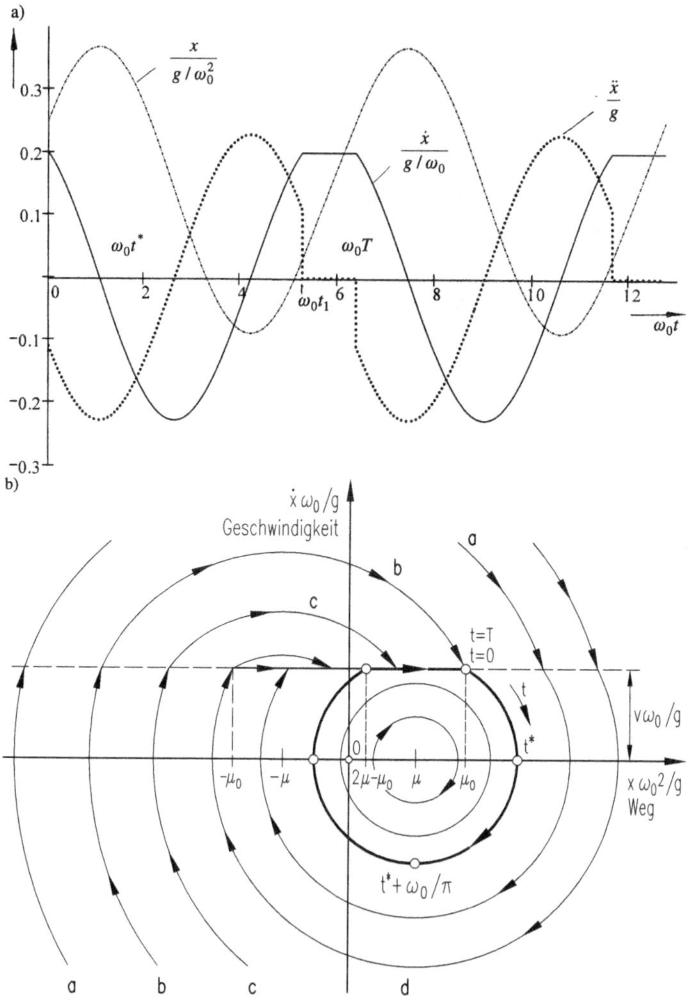

Abb. 9.14 Bewegungsgrößen bei der Stick-Slip-Bewegung ($\mu_0 = 0{,}25$; $\mu = 0{,}14$; $\omega_0 v/g = 0{,}2$): **a** Zeitverläufe, *strich-punktierte Linie:* Weg $x\omega_0^2/g$, *volle Linie:* $\omega_0\dot{x}/g$; *punktierte Linie:* $\ddot{x}/g$, **b** Phasenkurven

$$x(t) = x(t_1) + v(t - t_1) = (2\mu - \mu_0)\frac{mg}{c} + v(t - t_1); \qquad t_1 \leqq t \leqq T. \tag{9.81}$$

Diese Etappe ist zu Ende, wenn die Haftkraft wieder ihren Grenzwert erreicht. Dies ist nach einem vollen Bewegungszyklus zur Zeit T der Fall, weshalb dann (Periodendauer T) wieder die Anfangswerte gelten müssen. Einsetzen der Werte aus (9.74) ergibt:

$$F_{\max} = cx(T) = (2\mu - \mu_0)mg + cv(T - t_1) = \mu_0 mg. \tag{9.82}$$

In dieser Gleichung ist nur die Periodendauer der betrachteten stationären Schwingung unbekannt. Sie folgt daraus zu

$$T = t_1 + 2(\mu_0 - \mu)\frac{mg}{cv} = t_1 + 2(\mu_0 - \mu)\frac{g}{v\omega_0^2}. \tag{9.83}$$

Die Verläufe von Weg, Geschwindigkeit und Beschleunigung zeigt Abb. 9.14a.

In vorliegender Rechnung wurde die stabile Bewegung nachgerechnet, die sich auf dem sog. Grenzzykel, der geschlossenen Kurve in der Phasenebene (Abb. 9.14b), einstellt. Für alle Anfangsbedingungen außerhalb des Grenzzykels münden die Kurven in diese periodische Bewegung. Untersuchungen mit verschiedenen anderen Reibungskennlinien zeigen, dass bei allen fallenden Kennlinien (und unter Berücksichtigung der Dämpfung) so ein Grenzzykel existiert. Interessant ist der Zusammenhang der (störenden) Amplitude mit den Parametern des Systems, vgl. (9.77).

Mit SimulationX® [2] wurde diese Aufgabe unter Berücksichtigung zusätzlicher viskoser Dämpfung gelöst. Das berechnete Phasenporträt für das Modell in Abb. 9.13 zeigt Abb. 9.15. Darin ist erkennbar, dass bei Anfangsbedingungen, die einen Zustand im Innern des Grenzzykels beschreiben, gedämpfte Schwingungen auftreten, da von da aus alle Phasenkurven spiralförmig zu einem Strudelpunkt laufen. Die außerhalb des Grenzzykels startenden Bewegungen konvergieren zu demselben Grenzzykel, der aus Abb. 9.14 bekannt ist.

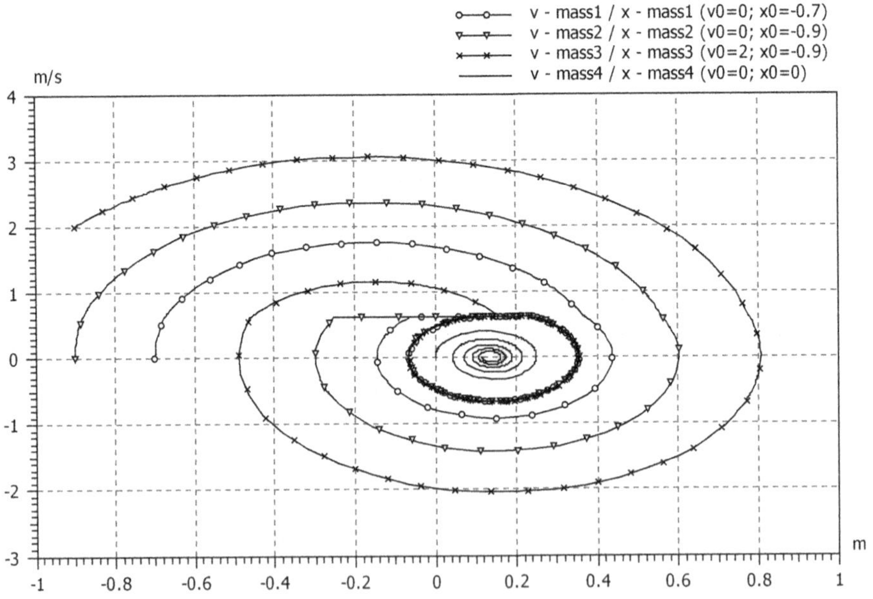

Abb. 9.15 Mit SimulationX® berechnete Phasenkurven für drei unterschiedliche Anfangszustände des gedämpften Reibschwingers von Abb. 9.13a ($\mu_0 = 0{,}25$; $\mu = 0{,}14$; $D = 0{,}06$ im Zentrum, sonst $D = 0{,}02$)

Stick-Slip-Schwingungen können vermindert oder vermieden werden durch:

- Auswahl einer Reibpaarung mit geringerem Unterschied von Haft- und Gleitreibung
- Auswahl einer Reibpaarung mit geringerer Neigung der fallenden Reibkennlinie
- Erhöhung der Dämpfung
- Verringerung der Normalkraft F_N auf die reibenden Flächen
- Störung des zeitlichen Verlaufes der Normalkraft, z. B. zusätzliche Vibrationen
- Erhöhung der Eigenfrequenz (kleinere Masse, steifere Feder).

9.3.2.2 Flatterschwingungen einer angeströmten Platte

Für das stark vereinfachte Berechnungsmodell einer elastisch gelagerten Platte, die parallel zur Plattenebene angeströmt wird, ist die kritische Geschwindigkeit zu bestimmen, vgl. Abb. 9.16. Bei horizontaler Lage liegt statisches Gleichgewicht vor und die hydro- oder aerodynamischen Kräfte sind gleich Null. Bei einer Winkelauslenkung der Platte entsteht eine strömungsbedingte Auftriebskraft, die nach den Gesetzen der Aero- oder Hydrodynamik von einem Koeffizienten k, der Dichte ϱ, der Strömungsgeschwindigkeit v, der Länge l und dem Winkel φ der Plattenauslenkung abhängt:

$$F = k\varrho v^2 l\varphi. \tag{9.84}$$

Der Kraftangriffspunkt, der von der Geometrie des angeströmten Bauteils bestimmt wird, hat den Abstand e vom Schwerpunkt S. Die Kraft F wird unter Vernachlässigung von Effekten höherer Ordnung senkrecht zur Platte wirkend angenommen.

Abb. 9.16a zeigt das Berechnungsmodell mit zwei Freiheitsgraden der angeströmten Platte im ausgelenkten Zustand. Die Lager werden durch die Federkonstanten c_1 und c_2 erfasst und die Trägheitseigenschaften der Platte durch die Masse m und das Trägheitsmoment J bezüglich der Schwerpunktachse. Die statischen Kräfte (Eigengewicht, Federkräfte) stehen im Gleichgewicht und werden hier weggelassen. Das zugehörige Kräftebild ist in Abb. 9.16b dargestellt.

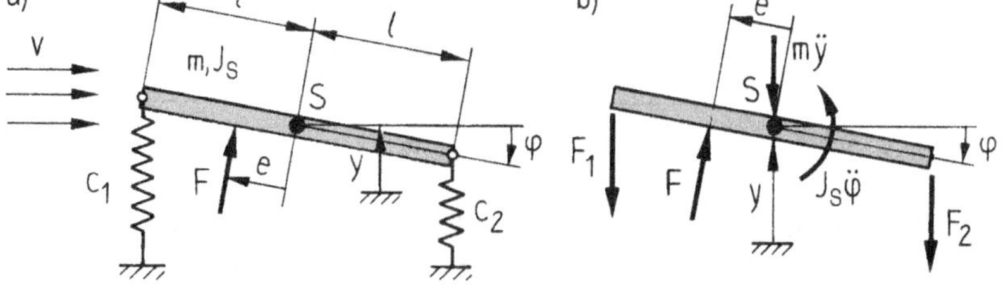

Abb. 9.16 Platte im Strömungsfeld: **a** Parameter, **b** Koordinaten und Kräfte

Die Rückstellkräfte der Federn ergeben sich aus dem Produkt der Federkonstanten mit den Federwegen, die von der Schwerpunktauslenkung y und vom Drehwinkel $\varphi \ll 1$ ($\sin\varphi \approx \varphi$, $\cos\varphi \approx 1$) abhängen:

$$F_1 = c_1 \cdot (y + l\varphi)\,, \qquad F_2 = c_2 \cdot (y - l\varphi)\,. \tag{9.85}$$

Die Gleichgewichtsbedingungen lauten damit

$$\uparrow: -F_1 - F_2 + F - m\ddot{y} = 0, \tag{9.86}$$

$$\overset{\curvearrowleft}{\mathrm{S}}: -F_1 l + F_2 l + Fe - J_\mathrm{S}\ddot{\varphi} = 0. \tag{9.87}$$

Werden die durch (9.85) erfassten Kräfte in (9.86) und (9.87) eingesetzt, so ergeben sich die Bewegungsgleichungen des Systems mit $q_1 = y$ und $q_2 = l\varphi$ in der Form

$$\begin{bmatrix} m_1 & 0 \\ 0 & m_2 \end{bmatrix} \begin{bmatrix} \ddot{q}_1 \\ \ddot{q}_2 \end{bmatrix} + \begin{bmatrix} c_{11} & c_{12} \\ c_{21} & c_{22} \end{bmatrix} \begin{bmatrix} q_1 \\ q_2 \end{bmatrix} = \begin{bmatrix} 0 \\ 0 \end{bmatrix} \tag{9.88}$$

mit den Masse- und Federparametern sowie zusätzlichen Termen aus der Strömungskraft

$$\begin{aligned} m_1 &= m; & m_2 &= \frac{J_\mathrm{S}}{l^2} = \frac{m}{12}, \\ c_{11} &= c_1 + c_2; & c_{12} &= c_1 - c_2 - k\varrho v^2, \\ c_{21} &= c_1 - c_2; & c_{22} &= c_1 + c_2 - k\varrho v^2 \frac{e}{l}. \end{aligned} \tag{9.89}$$

Die Matrix der Terme c_{ij} in (9.88) ist unsymmetrisch, da $c_{12} \neq c_{21}$ gilt. Die Eigenwertanalyse von (9.88) mit dem Ansatz $q_j = v_j \mathrm{e}^{\lambda t}$ führt auf die Koeffizientendeterminante und die charakteristische Gleichung

$$\begin{aligned} p(\lambda) &= \begin{vmatrix} c_{11} + m_1\lambda^2 & c_{12} \\ c_{21} & c_{22} + m_2\lambda^2 \end{vmatrix} \\ &= m_1 m_2 \lambda^4 + (c_{11} m_2 + c_{22} m_1)\,\lambda^2 + c_{11}c_{22} - c_{12}c_{21} = 0. \end{aligned} \tag{9.90}$$

Die Wurzeln dieser biquadratischen Gleichung sind die Eigenwerte:

$$\lambda_{1,2,3,4} = \pm\sqrt{-\frac{c_{11}m_2 + c_{22}m_1}{2m_1m_2}\left[1 \pm \sqrt{1 - 4\frac{(c_{11}c_{22} - c_{12}c_{21})\,m_1m_2}{(c_{11}m_2 + c_{22}m_1)^2}}\right]}. \tag{9.91}$$

Die Bewegung der Platte ist stabil, wenn die Realteile aller $\lambda_i \leqq 0$ sind. Da gemäß (9.91) vor der ersten Wurzel beide Vorzeichen stehen, muss der Ausdruck unter der äußeren Wurzel reell und negativ sein. Damit gibt es nur rein imaginäre Wurzeln. Alle anderen Möglichkeiten scheiden aus, weil sie mindestens eine Wurzel mit positivem Realteil zur Folge haben, was Instabilität bedeutet. Eine Stabilitätsbedingung lautet deshalb

$$c_{11}m_2 + c_{22}m_1 > 0. \tag{9.92}$$

Es muss noch gesichert sein, dass die innere Wurzel in (9.91) reell und kleiner als eins ist, sonst treten konjugiert komplexe Wurzeln auf, bei denen einer der Realteile positiv sein kann. Es ist also folgende Relation zu erfüllen:

$$\underline{\underline{0 < \frac{4\,(c_{11}c_{22} - c_{12}c_{21})\,m_1 m_2}{(c_{11}m_2 + c_{22}m_1)^2} < 1.}} \tag{9.93}$$

9.3.2.3 Rattern von Werkzeugmaschinen bei der Zerspanung

Bei Werkzeugmaschinen stören oft Schwingungen an der Kontaktstelle zwischen Werkstück und Werkzeug die Bearbeitungsgenauigkeit. Selbsterregte Schwingungen können nach dem Überschreiten bestimmter Zerspanungsparameter (z. B. Grenzspantiefe, Zerspanungsgeschwindigkeit, Werkzeugparameter) auftreten. Für die Konstrukteurin oder den Konstrukteur ist weniger der Verlauf dieser nichtlinearen Schwingungen, die als „Rattern“ bezeichnet werden, von Interesse, sondern es interessiert sie oder ihn mehr die Frage, bei welchen Parametern das Rattern beginnt, da diese Grenze möglichst weit „oben“ liegen soll. Hauptursachen für selbsterregte Schwingungen beim Zerspanen sind die so genannte *Lagekopplung* und der *Regenerativeffekt.*

Unter dem Begriff „Lagekopplung“ wird ein Schwingungsvorgang verstanden, bei dem zwei oder mehrere Eigenschwingformen nahe beieinander liegender Eigenfrequenzen über den Zerspanvorgang „verkoppelt“ sind und dadurch eine Schwingung angefacht wird. Diese Eigenformen beeinflussen sich an der Kontaktstelle von Werkstück und Werkzeug gegenseitig, wenn sie dort gewisse Amplituden haben, sodass es beim Zerspanen zu einer Energieübertragung in das Maschinengestell kommen kann. Wird eine der betreffenden Eigenformen angeregt, so wirkt sich diese über die Zerspankraft als Anregung für die andere „lagegekoppelte“ Eigenform aus.

Beim Fräsen und Drehen entsteht infolge einer Schwingung mit einer Eigenfrequenz der Maschine, die durch eine kleine Störung angeregt wurde, eine Welligkeit an der bearbeiteten Oberfläche des Werkstücks. Nach einer Umdrehung des Werkstücks beim Drehen oder nach Überstreichen des Winkels $2\pi/n_z$ beim Fräsen mit n_z Schneiden wird in die vom vorhergehenden Schnitt entstandene Welligkeit wieder eingeschnitten. Dadurch wird eine Schnittkraftschwankung hervorgerufen, die ihrerseits unter bestimmten Bedingungen die bisherigen Schwingungen aufrechterhalten, also „regenerieren“ oder sogar weiter anfachen kann. Wie bei den erzwungenen Schwingungen (vgl. Abschn. 4.3.3) hängt es von der Phasenlage der nächsten Anregung und der Dämpfung ab, ob sich die Schwingung zwischen Werkstück und Werkzeug aufschaukelt (Anfachung, Instabilität) oder ob sie abklingt.

Die Schnittkraft, und damit die Intensität der Erregung, hängen direkt von der Spantiefe a ab. Es konnte vielfach beobachtet werden, dass die Überschreitung einer bestimmten Spantiefe zum Rattern führt. Im Folgenden soll zum Einblick in diese Thematik ein solch einfaches Berechnungsmodell für das Einstechdrehen vorgestellt werden.

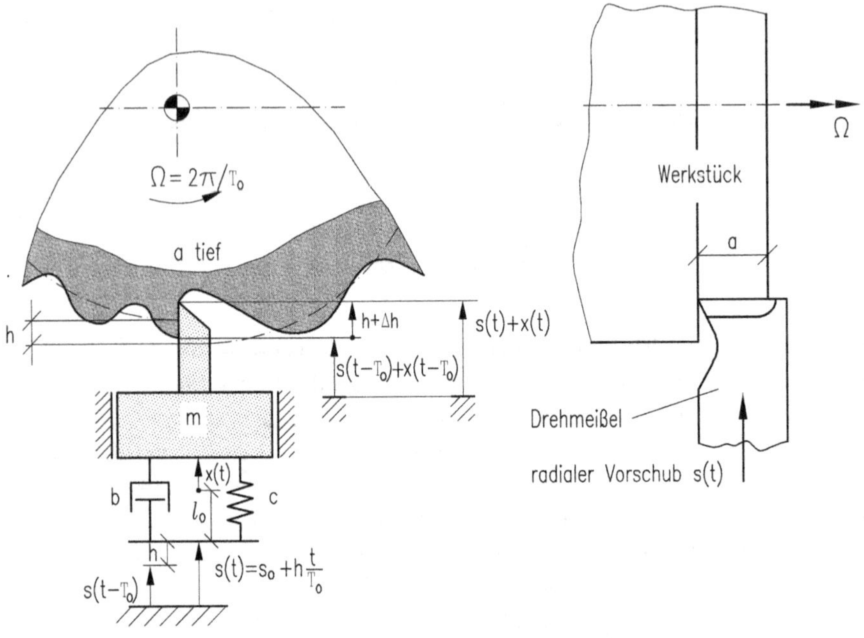

Abb. 9.17 Zum Zerspanungsvorgang; axiale Sicht *(links)*, Seitenansicht *(rechts)*

Der Zustand $x \equiv 0$ beschreibt den Vorgang, wenn mit einer Spandicke h schwingungsfrei zerspant wird, vgl. Abb. 9.17. Infolge einer kleinen Störung kommt es zu einer Verschiebung x, die eine Spandickenänderung zur Folge hat. Wird der vorangegangene Schnitt berücksichtigt, der eine Periodendauer (Umlaufzeit $T_0 = 2\pi/\Omega$) vorher erfolgt, also zum Zeitpunkt $t - T_0$, so stellt sich eine Spandickenänderung

$$\Delta h = x(t) - x(t - T_0) \tag{9.94}$$

ein. Für die radiale Zerspankraftänderung ΔF (positiv entgegen der positiven x-Richtung) kann in erster Näherung ein bezüglich Spantiefe a und Spandickenänderung Δh linearer Ansatz der Form

$$\Delta F = ak_x(h)\Delta h = ak_x[x(t) - x(t - T_0)] \tag{9.95}$$

gemacht werden. Hierbei ist der Spandickenkoeffizient k_x ein vom Werkstoff, der Schneidengeometrie, dem Schnittwinkel und anderen Zerspanungsparametern abhängiger Faktor. Von dem in Abb. 9.17 dargestellten Berechnungsmodell interessieren nur die modalen Parameter, denn es kennzeichnet eine Eigenform der Maschine, die zu einer radialen Bewegung zwischen Werkstück und Werkzeug führt. Dafür ergibt sich folgende Bewegungsgleichung:

$$\ddot{x} + 2D\omega_0\dot{x} + \omega_0^2 x + \alpha\omega_0^2[x(t) - x(t - T_0)] = 0; \qquad \alpha = a\frac{k_x}{c}. \tag{9.96}$$

Die dynamischen Eigenschaften der Maschine werden durch die Eigenkreisfrequenz ω_0 (im ungedämpften Zustand) und den Dämpfungsgrad D erfasst. Der Faktor α, der die Zerspanungsparameter enthält, ist der Spantiefe proportional. Wird der Lösungsansatz $x = \hat{x}\exp(\lambda\omega_0 t)$ in (9.96) eingesetzt, so folgt als charakteristische Gleichung

$$\lambda^2 + 2D\lambda + 1 + \alpha[1 - \exp(-\lambda\omega_0 T_0)] = 0. \qquad (9.97)$$

Der Regenerativeffekt, also der Einfluss der vom vorigen Umlauf vorhandenen Oberflächenwelligkeit, wird hier durch den Term mit der Exponentialfunktion ausgedrückt.

Dies ist eine transzendente Gleichung für λ, die reelle oder konjugiert komplexe Wurzeln haben kann. Vom Vorzeichen des Realteils hängt ab, ob eine gedämpfte oder angefachte Schwingung entsteht. Die Stabilitätsgrenze liegt dort, wo der Realteil null ist, d. h., sie kann mit dem Ansatz $\lambda = 0 + \mathrm{j}\omega/\omega_0 = 0 + \mathrm{j}\nu$ und der Anwendung der Euler'schen Relation gesucht werden. An der Stabilitätsgrenze tritt der Grenzwert α_g auf, aus dem die praktisch interessierende Grenzspantiefe zu ermitteln ist. $\omega = \nu\omega_0$ ist die noch unbekannte Ratter-Kreisfrequenz. Damit gilt an der Stabilitätsgrenze die Bedingung

$$1 - \nu^2 + \alpha_\mathrm{g}(1 - \cos\omega T_0) + \mathrm{j}(2D\nu + \alpha_\mathrm{g}\sin\omega T_0) = 0. \qquad (9.98)$$

welche nach dem Einsetzen des Ansatzes in (9.97) folgt. Diese komplexe Gleichung ist erfüllt, wenn ihr Real- und Imaginärteil null sind. Ihre Auflösung ergibt nach der Elimination der trigonometrischen Funktionen den Grenzwert für den Zerspanungsparameter sowie die zugehörigen Umlaufzeiten in Abhängigkeit von $\nu = \omega/\omega_0$:

$$\alpha_\mathrm{g} = \frac{(1-\nu^2)^2 + (2D\nu)^2}{2(\nu^2 - 1)}; \qquad T_0 = \frac{2}{\nu\omega_0}\operatorname{arccot}\left(\frac{2D\nu}{1-\nu^2} + k\pi\right), \quad k = 0,\ 1,\ 2,\ \ldots \qquad (9.99)$$

Das Minimum von α_g interessiert besonders. Es wird bei $\nu = \sqrt{1+2D}$ erreicht und beträgt

$$\alpha_{\mathrm{g\,min}} = 2D(1 + D). \qquad (9.100)$$

Die erreichbare Spantiefe ist also vom Dämpfungsgrad abhängig. Dieses Minimum tritt aber nur bei bestimmten Umlaufzeiten auf. Aus (9.99) folgt für $\nu = \sqrt{1+2D}$ eine Beziehung für diejenigen Drehgeschwindigkeiten $\Omega = 2\pi/T_0$, unterhalb derer immer ein stabiles Zerspanen möglich ist:

$$\omega_0 T_0\big|_{\alpha_\mathrm{g}=\alpha_{\mathrm{g\,min}}} = \frac{2}{\sqrt{1+2D}}\left[\left(k + \tfrac{1}{2}\right)\pi + \arctan\sqrt{1+2D}\right]; \quad k = 0,\ 1,\ 2,\ \ldots \qquad (9.101)$$

Für den Dämpfungsgrad $D = 0{,}08$ ergibt sich daraus z. B. $\alpha_{\mathrm{g\,min}} = 0{,}1728$ und $\omega_0 T_0 = 4{,}444$ für $k = 0$. Durch Variation von ν kann aus den Gl. (9.99) die Stabilitätskarte berechnet

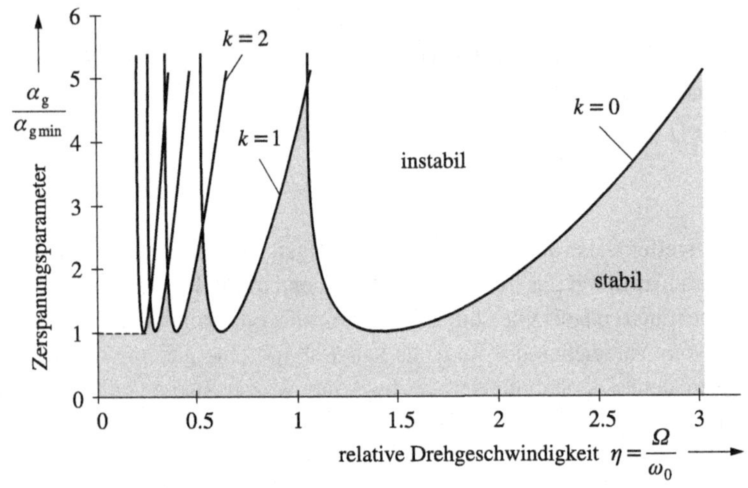

Abb. 9.18 Stabilitätskarte zum Zerspanvorgang

werden. Bei bekannten Zerspanungsparametern liefert diese ein Bild über die möglichen Spantiefen als Funktion der Drehzahl.

Abb. 9.18 zeigt das Ergebnis für ein praktisches Beispiel. Die Kurve hat den typischen Verlauf einer Girlandenkurve, weil sich verschiedene lokale Minima aneinanderreihen.

9.3.3 Aufgaben A9.3 und A9.4

A9.3 Instabilität einer Bremse

Auf einer mit konstanter Geschwindigkeit v bewegten ebenen rauen Fläche gleitet eine elastisch abgestützte Masse, vgl. Abb. 9.19. Es wird nur die in schräger Richtung orientierte Hauptsteifigkeit (der eigentlich zweidimensionalen Befestigung) durch die Federkonstante c berücksichtigt, vgl. Tab. 2.4. Haften sei ausgeschlossen, d. h. für die Geschwindigkeit der Masse gilt $|\dot{x}| < v$. Der Anfangswinkel liegt im Bereich $0 < \beta_0 < \pi/2$.

Gegeben:

Länge der ungespannten Feder	l_0
Neigungswinkel der ungespannten Feder	β_0
Fallbeschleunigung	g
Masse	m
Federkonstante	c
Gleitreibungszahl	μ

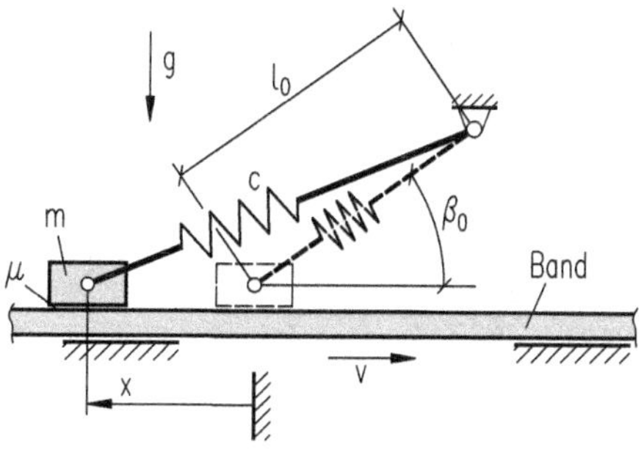

Abb. 9.19 Minimalmodell für die Bewegung einer Bremsmasse

Gesucht:

1. Kräftebild an der frei geschnittenen Masse mit Bewegungsgleichungen und Zwangsbedingungen
2. Federlänge $l(x)$ und nichtlineare Differenzialgleichung
3. Linearisierte Bewegungsgleichung für $x \ll l_0$
4. Bedingung dafür, dass das System instabil wird und speziell der Instabilitätsbereich für den Winkel β_0 bei $\mu = 0{,}25$.

A9.4 Stabilitätskarte

Für die in Abschn. 9.3.2.2 untersuchten Flatterschwingungen einer Platte im Strömungsfeld soll die Stabilitätskarte aufgestellt werden, in der die Parameterbereiche erkennbar sind, bei denen diese Schwingung stabil oder instabil wird.

Gegeben:

Die Stabilitätsbedingungen (9.92) und (9.93) aus Abschn. 9.3.2.2.
Dimensionslose Kenngrößen

$$\gamma = \frac{c_1}{c_2}; \qquad \varepsilon = \frac{e}{l}; \qquad \varkappa = \frac{k\varrho v^2}{c_2}. \tag{9.102}$$

Gesucht:

1. Stabilitätsbedingungen, ausgedrückt durch die dimensionslosen Kennzahlen
2. Eintragung der Kurven für die Grenzen der Stabilitätsbereiche in einem Diagramm $\varkappa = \varkappa(\gamma)$
3. Diskussion der Parametereinflüsse

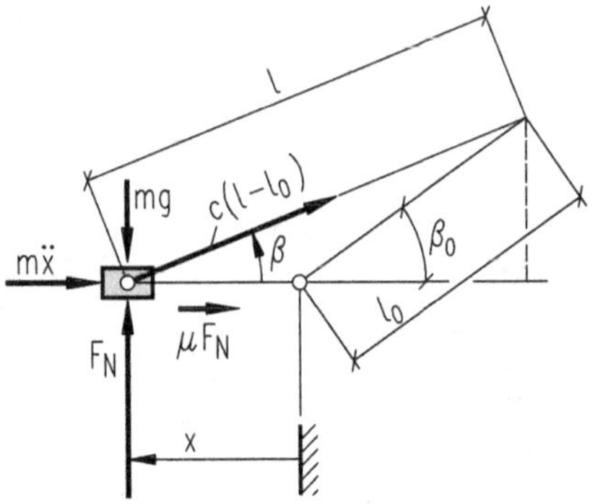

Abb. 9.20 Kräftebild zum Berechnungsmodell der Bremse

9.3.4 Lösungen L9.3 und L9.4

L9.3 Wegen der Voraussetzung $|\dot{x}| < v$ erfolgt keine Umkehr der Richtung der Reibkraft. Aus dem Kräftegleichgewicht ergibt sich, vgl. Abb. 9.20:

$$\text{Horizontal:} \quad \mu F_N + c(l - l_0)\cos\beta + m\ddot{x} = 0, \tag{9.103}$$

$$\text{Vertikal:} \quad F_N + c(l - l_0)\sin\beta - mg = 0. \tag{9.104}$$

Für die Winkel, den Weg und die Federlänge gelten die Zwangsbedingungen:

$$\text{Horizontal:} \quad x + l_0\cos\beta_0 = l\cos\beta, \tag{9.105}$$

$$\text{Vertikal:} \quad l_0\sin\beta_0 = l\sin\beta. \tag{9.106}$$

Mit (9.103) bis (9.106) liegen die vier grundlegenden Gleichungen vor, aus denen die vier Unbekannten x, β, l und F_N aus den sechs gegebenen Parametern (μ, c, g, m, l_0 und β_0) zu berechnen sind.

Zunächst werden l und β als Funktion von x berechnet. Das Quadrieren und Summieren von (9.105) und (9.106) ergibt nach kurzer Rechnung

$$l^2 = (x + l_0\cos\beta_0)^2 + (l_0\sin\beta_0)^2 = x^2 + 2xl_0\cos\beta_0 + l_0^2 \tag{9.107}$$

und damit die Federlänge

$$\underline{\underline{l(x) = \sqrt{x^2 + 2xl_0\cos\beta_0 + l_0^2}}}\,. \tag{9.108}$$

Einsetzen von F_N aus (9.104) in (9.103) liefert eine einzige Bewegungsgleichung:

$$m\ddot{x} + \mu[mg - c(l - l_0)\sin\beta] + c(l - l_0)\cos\beta = 0 \tag{9.109}$$

oder

$$m\ddot{x} + c(l - l_0)(\cos\beta - \mu\sin\beta) + \mu mg = 0. \tag{9.110}$$

Nach der Berücksichtigung von (9.105) und (9.106) wird daraus

$$\underline{\underline{m\ddot{x} + c[1 - l_0/l(x)](x + l_0\cos\beta_0 - \mu l_0\sin\beta_0) + \mu mg = 0.}} \tag{9.111}$$

Das Einsetzen des Ausdrucks für $l_0/l(x)$ ergibt eine nichtlineare Differenzialgleichung für die Koordinate x, aus welcher die Schwingungen berechnet werden können. Zur Beurteilung des Stabilitätsverhaltens genügt die linearisierte Form dieser Differenzialgleichung. Die Entwicklung von $l_0/l(x)$ in eine Taylor-Reihe für $x/l_0 \ll 1$ liefert

$$\begin{aligned} \frac{l_0}{l} &= \frac{l_0}{\sqrt{x^2+2xl_0\cos\beta_0+l_0^2}} = \left(1 + \frac{2x}{l_0}\cos\beta_0 + \frac{x^2}{l_0^2}\right)^{-1/2} \\ &= 1 - \frac{x}{l_0}\cos\beta_0 - \frac{1}{2}\left(\frac{x}{l_0}\right)^2 \cdot \left(1 - 3\cos^2\beta_0\right) + \ldots \end{aligned} \tag{9.112}$$

Damit folgt aus (9.111) und (9.112) bei Vernachlässigung von allen Termen zweiter und höherer Ordnung

$$\underline{\underline{m\ddot{x} + cx(\cos\beta_0 - \mu\sin\beta_0)\cos\beta_0 + \mu mg = 0.}} \tag{9.113}$$

Schwingungen werden angefacht, wenn der Faktor des linearen Terms negativ wird. Also wird die Bewegung instabil bei $\cos\beta_0 - \mu\sin\beta_0 < 0$, d. h. bei steilen Winkeln im Bereich der Selbsthemmung

$$\underline{\underline{\tan\beta_0 > \frac{1}{\mu},}} \tag{9.114}$$

also bei Winkeln $\beta_0 > \arctan(1/\mu)$ treten anfangs mit der Zeit exponentiell zunehmende Wege auf. Durch Lösung von (9.111) könnte der Verlauf der Durchschlagbewegung berechnet werden. Da (9.111) die Nichtlinearität von $l(x)$ enthält, bleiben dabei die Ausschläge endlich. Nach dem Durchschlagen muss allerdings berücksichtigt werden, dass sich die Reibkraftrichtung beim Überschwingen kurzzeitig ändert und damit beim folgenden Einschwingen das Vorzeichen der Gleitreibungszahl wechseln kann. Selbsterregte Schwingungen könnten berechnet werden, wenn eine zusätzliche vertikale Bewegung im Modell von Abb. 9.19 berücksichtigt wird [11], [13]. Für die Gleitreibungszahl $\mu = 0{,}25$ ergibt sich ein Grenzwinkel von $\beta_0^* = 75{,}96°$.

L9.4 Der Ausdruck (9.92) lautet unter Beachtung der in (9.89) definierten Parametern und den Kennzahlen aus (9.102):

$$c_{11}m_2 + c_{22}m_1 = \frac{(c_1 + c_2)m}{12} + \left(c_1 + c_2 - \frac{k\varrho v^2 e}{l}\right)m \tag{9.115}$$

$$= c_1 m \frac{\left[1 + \frac{c_1}{c_2} + 12 + 12\frac{c_1}{c_2} - 12\frac{k\varrho v^2 e}{c_2 l}\right]}{12} \tag{9.116}$$

$$= \frac{\left[13(1+\gamma) - 12\varkappa\varepsilon\right] c_1 m}{12}. \tag{9.117}$$

Also lautet die erste Stabilitätsbedingung in dimensionsloser Form

$$\underline{\underline{13\,(1+\gamma) - 12\varkappa\varepsilon > 0.}} \tag{9.118}$$

Aus der linksseitigen Ungleichung (9.93) folgt die einfache Bedingung

$$\underline{\underline{c_{11}c_{22} - c_{12}c_{21} > 0.}} \tag{9.119}$$

Unter Benutzung der Parameter gemäß (9.89) wird daraus die Stabilitätsbedingung

$$\underline{\underline{4\gamma - (1+\gamma)\,\varkappa\varepsilon - (1-\gamma)\cdot\varkappa > 0.}} \tag{9.120}$$

Aus der rechten Seite von (9.93) ergibt sich als weitere Stabilitätsbedingung

$$4\,(c_{11}c_{22} - c_{12}c_{21})\,m_1 m_2 < (c_{11}m_2 + c_{22}m_1)^2\,. \tag{9.121}$$

Wird dies Bedingung analog umgeformt, so ergibt sich daraus

$$\underline{\underline{4\gamma - (1+\gamma)\,\varkappa\varepsilon - (1-\gamma)\,\varkappa < 3\left[\frac{13}{12}\,(1+\gamma) - \varkappa\varepsilon\right]^2.}} \tag{9.122}$$

Die kritischen Anströmgeschwindigkeiten können in dimensionsloser Form aus den drei Stabilitätsbedingungen (9.118), (9.120) und (9.122) gefunden werden. Wird $\varepsilon > 0$ vorausgesetzt, folgt aus (9.118), dass das System stabil ist, wenn

$$\varkappa < \frac{13\,(1+\gamma)}{12\varepsilon} \tag{9.123}$$

gilt. Aus (9.120) ergibt sich die Stabilitätsbedingung

$$\varkappa \lessgtr \frac{4\gamma}{\varepsilon\,(1+\gamma) - \gamma + 1} \qquad \text{für} \qquad \gamma \lessgtr \frac{1+\varepsilon}{1-\varepsilon}, \tag{9.124}$$

wobei die jeweils oberen und unteren Relationszeichen einander zugeordnet sind. Aus (9.122) folgt:

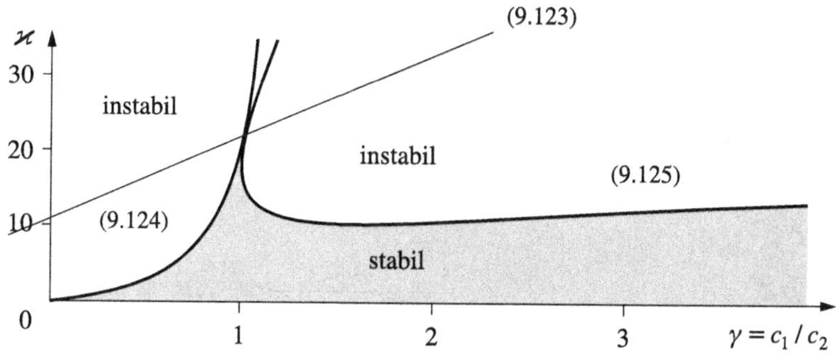

Abb. 9.21 Stabilitätskarte zum Flattern der Platte

$$\varkappa < \frac{1}{12\varepsilon^2} \cdot \Big[11\varepsilon \cdot (1+\gamma) + 2 \cdot (\gamma - 1) \\ - 2 \cdot \sqrt{(\gamma - 1) \cdot \left[11\varepsilon \cdot (\gamma + 1) - (\gamma + 1) \cdot \left(12\varepsilon^2 - 1 \right) \right]} \Big]. \tag{9.125}$$

In einem γ-$\varkappa$-Diagramm können die Kurven gezeichnet werden, die sich aus (9.123) bis (9.125) für die Gleichheitszeichen ergeben. Jede dieser Kurven teilt den Bereich in ein stabiles und ein instabiles Gebiet.

Dabei wurde aus der quadratischen Gleichung, die sich für $\varkappa$ ergibt, die kleinere der beiden Wurzeln berücksichtigt, da diese die tieferen $\varkappa$-Werte liefert.

In Abb. 9.21 sind für den Wert $\varepsilon = 0{,}1$ die Grenzen des Gebietes dargestellt, in dem diese Ungleichungen erfüllt sind. Die kritische Geschwindigkeit der Strömung, von der ab das Flattern auftreten kann, ist der kleinste dieser Werte aus den drei Bedingungen (9.123) bis (9.125). Aus dieser Abbildung geht der unterschiedliche Einfluss der beiden Federn hervor. Zu vergleichen sind z. B. die Werte für $\gamma = 2{,}0$ mit $\gamma = 1/2$, für die ohne Strömung dieselben Eigenfrequenzen auftreten.

9.4 Parametererregte Schwingungen

9.4.1 Allgemeine Problemstellungen

Die Bewegungsgleichungen parametererregter Schwinger haben die Form

$$\boldsymbol{M}(t)\ddot{\boldsymbol{q}} + \boldsymbol{B}(t)\dot{\boldsymbol{q}} + \boldsymbol{C}(t)\boldsymbol{q} = \boldsymbol{f}(t). \tag{9.126}$$

Als Parametererregungen werden zeitlich veränderliche Terme in den „linken Seiten" der Bewegungsgleichungen bezeichnet. Solche Gleichungen kommen zustande, wenn in der Modellbildung gewisse Zeitverläufe als gegeben angenommen werden, vgl. Beispiele in Tab. 9.3. Wird weiter nach deren Herkunft gefragt, dann sind es oft Linearisierungen nichtlinearer Effekte oder der Verzicht auf größere Modelle. Der gegebene Zeitverlauf folgt in

Tab. 9.3 Beispiele für Parametererregung

Fall	Modell	Bewegungsgleichung
1	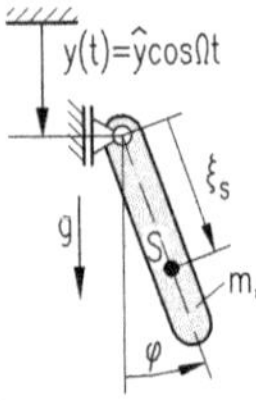	$(J^S+m\xi_S^2)\ddot{\varphi}+m\xi_S(g-\ddot{y}(t))\sin\varphi=0$ (1) speziell: $y(t)=\hat{y}\cos\Omega t;\quad \lvert\varphi\rvert\ll 1$ (2) $\Rightarrow$ $\ddot{\varphi}+\dfrac{m\xi_S}{(J^S+m\xi_S^2)}(g+\hat{y}\Omega^2\cos\Omega t)\varphi=0$ (3)
2	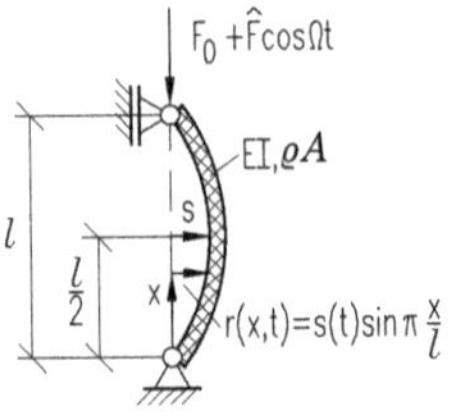	$EI\dfrac{\partial^4 r}{\partial x^4}-F(t)\dfrac{\partial^2 r}{\partial x^2}+\varrho A\ddot{r}=0$ (4) speziell: $r(x,t)=s(t)\sin\dfrac{\pi x}{l};\ F(t)=F_0+\hat{F}\cos\Omega t$ (5) $\Rightarrow$ $\ddot{s}+\left(\dfrac{\pi^4 EI}{\varrho A l^3}-\dfrac{\pi^2 F_0}{\varrho A l}-\dfrac{\pi^2\hat{F}}{\varrho A l}\cos\Omega t\right)s=0$ (6)
3	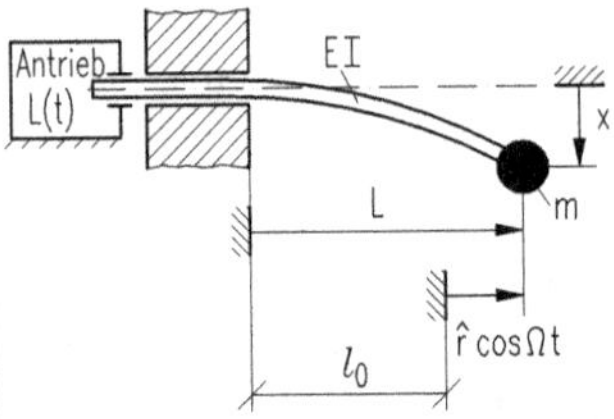	$m\ddot{x}+(3EI/L^3(t))x=0$ (7) speziell: $L(t)=l_0\left(1+\dfrac{\hat{r}}{l_0}\cos\Omega t\right);\quad \dfrac{\hat{r}}{l_0}\ll 1$ (8) $\Rightarrow$ $\ddot{x}+\dfrac{3EI}{ml_0^3}\left(1-3\dfrac{\hat{r}}{l_0}\cos\Omega t\right)x=0$ (9)
4	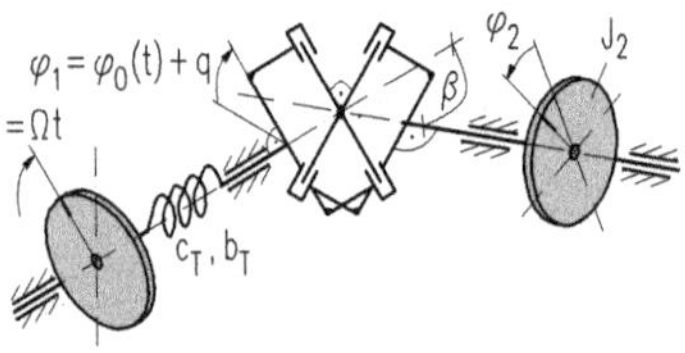	$J\ddot{q}+(b_T+J'\Omega)\dot{q}+c_T q=-\dfrac{1}{2}J'\Omega^2$ (10) speziell: $J=J_2U'^2\approx J_2(1-\beta^2\cos 2\Omega t)$ $J'\approx 2J_2\beta^2\sin 2\Omega t$ (11) $\left(U'(\Omega t)\approx 1-(\beta^2/2)\cos 2\Omega t;\ \beta^2\ll 1\right)$ $\Rightarrow$ $\ddot{q}+(b_T/J_2+2\Omega\beta^2\sin 2\Omega t)\dot{q}$ $+\frac{c_T}{J_2}(1+\beta^2\cos 2\Omega t)q=-\beta^2\Omega^2\sin 2\Omega t$ (12)

vielen Fällen aus der Lösung weiterer Differenzialgleichungen, welche die Energiequelle beschreiben. Bei der Untersuchung der Stabilität der Schwingungen nichtlinearer Systeme treten auch Differenzialgleichungen mit Parametererregungen auf, wenn ein Zeitverlauf für deren Lösung angesetzt wird [42].

Die von linearen Systemen mit n Freiheitsgraden bekannten Matrizen in (9.126) enthalten zeitlich veränderliche Massen, Dämpfungen und Steifigkeiten. Eine Veranschaulichung des dynamischen Verhaltens solcher Systeme sind zeitlich veränderliche Eigenfrequenzen und

Eigenformen (obwohl dies keine sind, da ja durch den gegebenen Zeitverlauf ein Einfluss „von außen“ vorhanden ist). Für das dynamische Verhalten ist entscheidend, wie intensiv die zeitlichen Änderungen im Vergleich zu den Mittelwerten sind.

Parametererregungen können durch dynamische Kräfte in solchen Tragwerken zustande kommen, die bereits bei statischer Belastung instabil werden können (z. B. Kippen, Knicken, Beulen), vgl. Fall 2 in Tab. 9.3. Wichtige Baugruppen des Maschinenbaus mit Parametererregungen sind ungleichmäßig übersetzende Mechanismen (Abschn. 9.4.5.1 sowie VDI 2149, Bl.2), Zahnradgetriebe (Abschn. 9.4.5.2), Rotoren (Abschn. 9.2.4.3), rotierende Wellen mit ungleichen Flächenträgheitsmomenten [18], schnell laufende Ketten, Riemen [11] u. a.

Parametererregte Schwingungen unterscheiden sich qualitativ von freien und erzwungenen Schwingungen. Sie werden zwar erst angefacht, wenn kleine Anfangsstörungen auftreten, aber ihre Energie beziehen sie nicht aus diesem Anfangszustand, wie die freien Schwingungen. Kleine Störungen treten in der Realität immer auf. Bei einer numerischen Analyse müssen sie vorgegeben werden, um parametererregte Schwingungen zu analysieren. Falls der Computer bei der numerische Lösung eines parametererregten Schwingers, bei dem die „rechte Seite“ $\boldsymbol{f}(t) = \mathbf{o}$ ist, im idealen Gleichgewichtszustand startet ($\boldsymbol{q}(0) = \boldsymbol{q}_0 = \mathbf{o}$, $\dot{\boldsymbol{q}}(0) = \mathbf{o}$), so bleibt der Schwinger in Ruhe. Nur bei einer kleinen Störung, z. B. bei $q_0 = 10^{-7}$, beginnt im instabilen Bereich eine angefachte Bewegung, die als Parameterresonanz bezeichnet wird, während im stabilen Bereich die Schwingung begrenzt bleibt. Die Parameterresonanz ist eine Erscheinung des instabilen Gleichgewichts. Im Gegensatz zur erzwungenen Resonanz, wo die Amplituden anfangs linear mit der Zeit anwachsen, nehmen sie bei der Parametererregung exponentiell mit der Zeit zu, vgl. (5.225) und (7.8).

Da (9.126) linear ist, muss sich zu ihrer Lösung ein Fundamentalsystem aufbauen lassen als Summe aus der homogenen und partikulären Lösung $\boldsymbol{q} = \boldsymbol{q}_{\text{hom}} + \boldsymbol{q}_{\text{part}}$. Die homogene Lösung folgt aus dem allgemeinen Ansatz

$$\boldsymbol{q}_{\text{hom}}(t) = \boldsymbol{C}_a\, q_a(t)\, \exp(\mu_a t) + \boldsymbol{C}_b\, q_b(t)\, \exp(\mu_b t). \tag{9.127}$$

Die Diagonalmatrizen $\boldsymbol{C}_a$ und $\boldsymbol{C}_b$ enthalten die aus den Anfangsbedingungen bestimmbaren Integrationskonstanten, $q_a(t)$ und $q_b(t)$ sind periodische Funktionen der Zeit sowie μ_a, μ_b die charakteristischen Koeffizienten, die die Stabilität der Lösung bestimmen. Deren Abhängigkeit von Parametern der speziellen Bewegungsgleichung führt auf so genannte Stabilitätskarten, in denen die Grenzen der Parameterwerte angegeben sind, für welche stabiles oder instabiles dynamisches Verhalten auftritt, vgl. z. B. Abb. 9.22. Nur bei Parameterwerten an den Stabilitätsgrenzen treten periodische Schwingungen auf, in den anderen Gebieten verlaufen die Schwingungen nicht periodisch.

Im Unterschied zur erzwungenen Resonanz findet Parameterresonanz nicht nur bei diskreten Frequenzen statt, sondern in einem ganzen Gebiet, dem sogen. Instabilitätsbereich. Die Resonanzstellen liegen allgemein in der Umgebung der Abstimmungsverhältnisse

$$\eta = \Omega/\omega = 2/k; \qquad k = 1, 2, \dots, \tag{9.128}$$

also bei Werten, die um ganzzahlige Vielfache kleiner als die Frequenz der Hauptresonanz sind. Die Breite dieser Instabilitätsgebiete hängt von der Pulsationstiefe der Parametererregung ab.

Nur bei Parameterwerten an den Bereichsgrenzen treten periodische Schwingungen auf. Während bei der erzwungenen Resonanz die viskose Dämpfung zur Begrenzung der Resonanzamplituden führt, können bei einer Parameterresonanz die Amplituden trotz vorhandener Dämpfung aus mathematischer Sicht unbegrenzt anwachsen, wobei allerdings der Geltungsbereich des Berechnungsmodells verlassen wird. Die Parameterresonanz entwickelt sich in bestimmten Frequenzbereichen erst dann, wenn die Dämpfung einen bestimmten Wert unterschreitet.

Die höheren Instabilitätsbereiche ($k > 1$) haben kaum praktische Bedeutung, da sie durch die stets vorhandene Dämpfung sehr eingeschränkt sind. Instabilitäten können auch bei den sogen. Kombinationsresonanzen auftreten, d. h. wenn bei einem System mit mehreren Freiheitsgraden zwischen der Erregerfrequenz $f_0 = \Omega/(2\pi)$ und den „Eigenfrequenzen" $f_i = \omega_i/(2\pi)$ und $f_k = \omega_k/(2\pi)$ eine der folgenden Beziehungen besteht:

$$nf_0 = f_i + f_k \text{ oder } nf_0 = f_i - f_k; \qquad i, k = 1, 2, 3 \ldots \quad n = 0, 1, 2, 3 \ldots \tag{9.129}$$

Grundsätzlich können konkrete Aufgaben, in denen zeitlich veränderliche Parameter vorkommen, mit Methoden der numerischen Integration gelöst werden. Zum Verständnis und der Interpretation der dabei gefundenen Ergebnisse sind die erwähnten theoretischen Zusammenhänge nützlich.

9.4.2 Typische Beispiele parametererregter Schwinger

Einige typische Beispiele der Parametererregung zeigt Tab. 9.3. Die jeweils erste Gleichung der vier Fälle beschreibt ein Kräfte- oder Momentengleichgewicht. Für Fall 1 gilt (1) sowohl für ein physikalisches Pendel als auch für einen Rotor im Schwerefeld, da der Winkel φ beliebige Werte annehmen kann. Bei kleinen Pendelwinkeln und harmonischer Vertikalbewegung des Lagers folgt aus (1) die Differenzialgleichung (3).

Fall 2 zeigt einen axial mit $F(t)$ dynamisch belasteten Balken, für den die partielle Differenzialgleichung (4) gilt, die dem Fall 1 in Tab. 6.9 entspricht. Für eine harmonisch veränderliche Druckkraft und dem Ansatz $r(x, t)$ für die Grundschwingungsform folgt aus (4) die gewöhnliche Differenzialgleichung (6) des parametererregten Schwingers.

Fall 3 zeigt als Abtriebsglied eines Antriebs einen Balken, der an einer Einspannstelle translatorisch bewegt wird. Infolge der zeitlich veränderlichen Länge ändert sich seine Biegesteifigkeit (vgl. Fall 1 in Tab. 6.4) und damit seine Eigenfrequenz, was einer Parametererregung entspricht, vgl. (9).

Fall 4 bezieht sich auf das Kardangelenk (Synonym: Kreuzgelenk) in einer Gelenkwelle, was einen speziellen ungleichmäßig übersetzenden Mechanismus darstellt. Hier ändert sich keine Steifigkeit, sondern das Trägheitsmoment in Bezug auf die elastische Antriebswelle, vgl. (11) in Tab. 9.3. Aus den Beziehungen zwischen den Drehgeschwindigkeiten von Antrieb und Abtrieb folgt die Lagefunktion erster Ordnung, vgl. VDI-Richtlinie 2722:

$$U'(\varphi) = \frac{\dot{\varphi}_2}{\dot{\varphi}} = \frac{\mathrm{d}\varphi_2}{\mathrm{d}\varphi} = \frac{\cos\beta}{1 - \sin^2\beta\,\cos^2\varphi} \approx 1 - \frac{1}{2}\beta^2\cos 2\varphi. \tag{9.130}$$

Für kleine Ablenkwinkel $\beta \ll 1$ gilt die angegebene Näherung. Die im Abschn. 9.4.5.1 näher analysierte Bewegungsgleichung (10) ergibt mit den für das dargestellte Kreuzgelenkgetriebe geltenden Beziehungen (11) die spezielle Form (12). Eine Gelenkwelle verbindet zwei Kardangelenke und kann als Kupplung zwischen windschiefen Drehachsen verwendet werden. Durch Reihenschaltung der Kardangelenke kann unter bestimmten Einbaubedingungen erreicht werden, dass das Übersetzungsverhältnis zwischen Antriebswelle und Abtriebswelle konstant bleibt.

9.4.3 Anfachung in einem Zeitintervall

In vielen Verarbeitungsmaschinen, Umformmaschinen u. a. werden ungleichmäßig übersetzende Getriebe eingesetzt, um bestimmte Abtriebsbewegungen zu erzielen. Aus Abschn. 9.4.2 ist bekannt, dass infolge ungleichmäßig übersetzender Getriebe ein veränderliches Trägheitsmoment bezüglich der Antriebswelle auftritt, welches schon beim Modell der starren Maschine spezielle dynamische Wirkungen zeigt.

Bei vielen Maschinen existiert neben der Massekonzentration (Schwungrad) am Antriebsmotor eine Massekonzentration am Abtrieb des ungleichmäßig übersetzenden Getriebes, und die dazwischen befindlichen Antriebswellen oder Kupplungen stellen die wesentliche Elastizität dar, die als Torsionsfeder mit der Drehfederkonstanten c_T modelliert werden kann. Diese Nachgiebigkeit *vor* dem Mechanismus hat dynamisch eine qualitativ andere Wirkung als eine solche *nach* dem Mechanismus. Hierbei können parametererregte Schwingungen entstehen, im Gegensatz zu den erzwungenen Schwingungen, welche durch eine kinematische Erregung am Abtrieb eines Mechanismus auftreten.

Im Folgenden wird gezeigt, wie die ursprünglich nichtlineare Bewegungsgleichung, die für solche Aufgaben typisch ist, in eine lineare Differenzialgleichung überführt werden kann. Danach werden die Besonderheiten des physikalischen Verhaltens derartiger Torsionsschwinger, Methoden zur Berechnung und Möglichkeiten zur konstruktiven Beeinflussung erläutert.

Das Berechnungsmodell des hier behandelten Schwingungssystems ist in Abb. 9.22 dargestellt.

Es besteht aus dem mit konstanter Winkelgeschwindigkeit Ω umlaufenden Antriebsglied, der Antriebswelle mit der Torsionsfederkonstanten c_T, der Torsionsdämpferkonstanten b_T und dem von der Stellung des Antriebsgliedes abhängigen Trägheitsmoment $J(\varphi)$, vgl. (3.211). Die Bewegungsgleichung ergibt sich aus dem Momentengleichgewicht zwischen dem Moment aus den Massenkräften, vgl. (3.221), und dem Rückstellmoment der elastischen

Abb. 9.22 Modell des Torsionsschwingers mit ungleichmäßig übersetzendem Mechanismus am Abtrieb

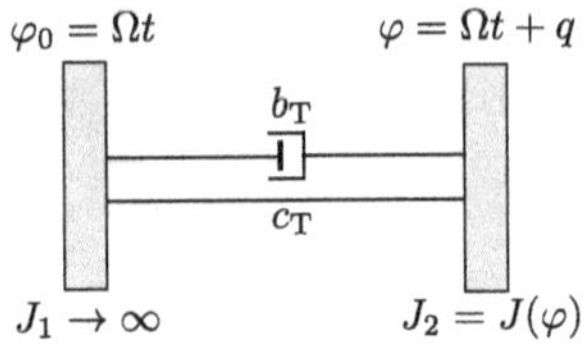

und viskos gedämpften Torsionsfeder der Antriebswelle. Mit den in Abb. 9.22 eingetragenen Koordinaten lautet die nichtlineare Bewegungsgleichung

$$J(\varphi)\ddot{\varphi} + \frac{1}{2} \cdot \frac{\mathrm{d}J(\varphi)}{\mathrm{d}\varphi}\dot{\varphi}^2 + c_T(\varphi - \varphi_0) + b_T(\dot{\varphi} - \dot{\varphi}_0) = 0. \tag{9.131}$$

Die Drehbewegung φ setzt sich aus einem Anteil mit konstanter Winkelgeschwindigkeit Ω und einem relativen Verdrehwinkel q zusammen:

$$\varphi = \varphi_0 + q = \Omega t + q; \qquad \dot{\varphi} = \Omega + \dot{q}; \qquad \ddot{\varphi} = \ddot{q}. \tag{9.132}$$

Falls angenommen werden kann, dass der Winkel q so klein bleibt, dass eine Linearisierung zulässig ist, darf die folgende Entwicklung von $J(\varphi)$ in eine Taylor-Reihe nach dem linearen Glied abgebrochen werden. Wird die Ableitung nach dem Drehwinkel der starren Maschine mit einem Strich abgekürzt, so gilt

$$\frac{\mathrm{d}(\,)}{\mathrm{d}(\Omega t)} = (\,)'; \qquad J(\varphi) = J(\Omega t) + J'(\Omega t)q + \ldots, \tag{9.133}$$

$$\frac{\mathrm{d}J(\varphi)}{\mathrm{d}\varphi} = J'(\Omega t) + J''(\Omega t)q + \ldots \tag{9.134}$$

Werden diese Entwicklungen in (9.131) eingesetzt, so ergibt sich bei Vernachlässigung aller Terme ab der Ordnung q^2 folgende *lineare* Differenzialgleichung mit $J = J(\Omega t)$

$$J\ddot{q} + (b_T + J'\Omega)\dot{q} + (c_T + J''\Omega^2/2)q = -\frac{1}{2}J'\Omega^2. \tag{9.135}$$

In diese Gleichung geht das reduzierte Trägheitsmoment $J(\Omega t)$ als zeitabhängige Größe ein. Damit ist aus der ursprünglichen nichtlinearen Differenzialgleichung (9.131) eine rheolineare Differenzialgleichung geworden. Das kinetostatische Moment der starren Maschine erscheint auf der rechten Seite als Erregermoment für die Torsionsschwingungen. Außerdem wirkt sich die Veränderlichkeit von J aber auch als so genannte Parametererregung auf der linken Seite aus. An den Stellen, wo bei den bisher behandelten Bewegungsgleichungen konstante Koeffizienten vorhanden waren, treten hier zeitabhängige Koeffizienten auf.

Der Bewegungsgleichung (9.135) des Torsionsschwingers kann analog zu (9.133) formal eine „Abklingkonstante" und eine „Eigenkreisfrequenz" zugeordnet werden, vgl. (9.135).

$$\delta(t) = \frac{b_T + J'\Omega}{2J}; \qquad \omega_0^2(t) = \frac{c_T + J''\Omega^2/2}{J}. \tag{9.136}$$

Diese Größen sind aber i. Allg. von der Getriebestellung (und hier speziell von der Zeit) abhängig.

Dass dynamische Instabilitäten in einem endlichen Zeitabschnitt möglich sind, wird anhand der Definition der „Abklingkonstanten" in (9.136) klar. Die Bewegung verläuft dynamisch stabil, solange $\delta(t) > 0$ gilt, weil dann das von den freien Schwingungen eines linearen Schwingers bekannte Abklingen gemäß $\exp(-\delta t)$ erfolgt. Infolge der Veränderlichkeit von $J'(\Omega t)$ kann es jedoch dazu kommen, dass diese „Abklingkonstante" in gewissen Intervallen negativ wird und damit eine Anfachung bewirkt.

Die dynamische Instabilität äußert sich in amplitudenmodulierten Schwingungen mit der veränderlichen „Eigenkreisfrequenz" $\omega\,(t)$. Das Intervall der Anfachung wechselt sich mit einem Intervall des Abklingens ab, so dass die Ausschläge endlich bleiben, vgl. Abb. 9.25c.

Häufig ist der Parameterwert von b_T sehr unsicher, während über den Dämpfungsgrad D Erfahrungswerte vorliegen. Mit $D = b_T/(2\sqrt{c_T J})$ ergibt sich aus der Forderung $\delta(t) > 0$ die Stabilitätsbedingung

$$D + \frac{\Omega\, J'(\Omega t)}{2\omega\, J(\Omega t)} > 0. \tag{9.137}$$

In Bereichen $J' < 0$ kann diese Bedingung verletzt werden. Durch die abnehmende Massenträgheit wird dann bei fehlender Dämpfung der Mechanismus „von allein" beschleunigt, und es wird in diesen Getriebestellungen kinetische Energie von der trägen Masse des Abtriebsgliedes an die Torsionsfeder abgegeben.

Aus den Einflussgrößen in (9.137) ist auch ersichtlich, was die Konstrukteurin oder der Konstrukteur für Gegenmaßnahmen treffen kann. Eine große Dämpfung ist günstig, aber nur in beschränktem Maße erreichbar. Eine Verminderung der Schwankung des Trägheitsmomentes J' ist stets anzustreben, weil sie auch die Ursache der anderen störenden Erscheinungen der Parameterresonanz ist. Die Abhängigkeit von Ω bedeutet, dass bei kleinen Drehzahlen eines Mechanismus solche Instabilitäten überhaupt nicht erscheinen, weil sie infolge der stets vorhandenen Dämpfung unterdrückt werden, aber dass sie bei höheren Drehzahlen auftauchen können. Die Eigenkreisfrequenz ω im Nenner des einen Terms von (9.137) weist darauf hin, dass diese Instabilitäten bei hochfrequenten (steifen) Systemen kaum zu erwarten sind.

Bei Kurvengetrieben gibt es z. B. durch die Beeinflussung des Kurvenprofils in Bereichen, die nicht vollständig durch technologische Forderungen festgelegt sind, die Möglichkeit, die Instabilitätsbereiche der Torsionsschwingungen zu höheren Drehzahlen hin zu verschieben. Bei vielen Mechanismen kann durch dynamische Kompensatoren (Zusatzgetriebe) der Verlauf des Trägheitsmomentes geglättet werden, ähnlich wie beim Leistungsausgleich, vgl. Abschn. 3.3.2.

9.4.4 Die Mathieusche Differenzialgleichung

Eine harmonische Parametererregung beschreibt eine Differenzialgleichung folgender Form ([15], [42], [13]):

$$m\ddot{q} + b\dot{q} + c(1 + \varepsilon \cos \Omega t)q = 0. \tag{9.138}$$

Gegenüber den erzwungenen gedämpften Schwingungen, die in (4.7) beschrieben werden, tritt hier eine zeitveränderliche Rückstellfunktion mit ε als Pulsationstiefe und Ω als Erregerkreisfrequenz der Parametererregung auf, wobei hier der Faktor c nicht unbedingt die Bedeutung einer Steifigkeit haben muss, also auch $c < 0$ sein kann, vgl. z. B. Fall 1 in Tab. 9.3 für $\xi_S < 0$. Werden die dimensionslose Zeit $\tau = \Omega t$, der Dämpfungsgrad $D = b/(2\sqrt{|c| \cdot m})$ und die Koeffizienten $\lambda = c/(m\Omega^2)$ sowie $\gamma = \varepsilon\lambda$ eingeführt, dann bekommt die Mathieusche Differenzialgleichung (9.138) folgende dimensionslose Normalform:

$$q'' + 2D\sqrt{|\lambda|}\,q' + (\lambda + \gamma \cos \tau)q = 0. \tag{9.139}$$

Striche bedeuten dabei Ableitungen nach τ. Die in (9.127) erwähnten charakteristischen Koeffizienten μ_a und μ_b hängen von den Konstanten λ und γ ab, d. h. die Grenzen der Instabilitätsbereiche von parametererregten Schwingern, welche (9.139) gehorchen, werden durch die Kenngrößen D, λ und γ bestimmt.

Die Gln. (3), (6) und (9) in Tab. 9.3 lassen sich mit $D = 0$ auf (9.139) zurückführen. Die den Beispielen entsprechenden Koeffizienten der Normalform sind:

$$\text{Fall 1: } \lambda = \frac{mg\xi_S}{\left(J^S + m\xi_S^2\right)\Omega^2}; \qquad \gamma = m\hat{y}\xi_S/\left(J^S + m\xi_S^2\right), \tag{9.140}$$

$$\text{Fall 2: } \lambda = \frac{\pi^4 EI - \pi^2 l^2 F_0}{\varrho A l^3 \Omega^2}; \qquad \lambda = \frac{\pi^2 \hat{F}}{\varrho A l \Omega^2}, \tag{9.141}$$

$$\text{Fall 3: } \lambda = \frac{3EI}{ml^3\Omega^2}; \qquad \gamma = \frac{9EI\hat{r}}{ml^4\Omega^2}. \tag{9.142}$$

Im statischen Fall ($\gamma = 0$) ist das System bei allen Werten $\lambda < 0$ instabil. So einem Fall entspricht in (9.140) z. B. ein vertikal stehender Stab, der bei kleinen Störungen umkippt. In (9.141) beschreibt $\lambda < 0$ eine Druckkraft, die größer als die EULERsche Knickkraft ist. Falls aber eine zeitlich veränderliche Komponente ($\gamma \neq 0$) auftritt, können solche Schwinger auch bei $\lambda < 0$ stabil werden, und zwar im Bereich

$$-\gamma^2/2 < \lambda < 1/4 - \gamma/2 - \gamma^2/8. \tag{9.143}$$

Der Hauptinstabilitätsbereich liegt zwischen folgenden Grenzen:

$$1/4 - \gamma/2 - \gamma^2/8 < \lambda < 1/4 + \gamma/2 - \gamma^2/8. \tag{9.144}$$

Die Ungleichungen (9.143) und (9.144) beschreiben die Bereiche der Kenngrößen der Mathieuschen Differenzialgleichung, die in der Stabilitätskarte die stabilen und instabi-

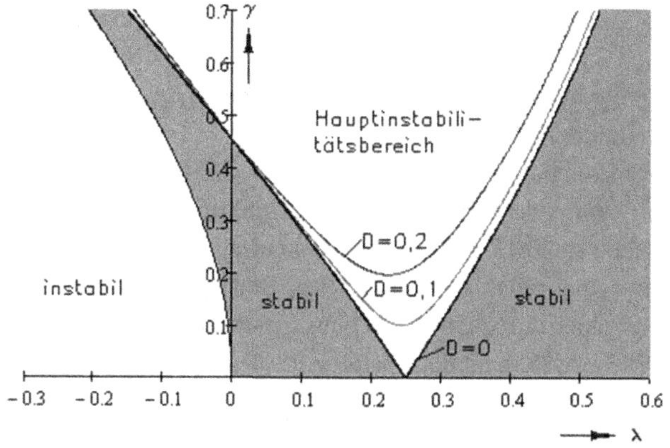

Abb. 9.23 Ausschnitt aus der Stabilitätskarte der Mathieuschen Differenzialgleichung

len Gebiete voneinander trennen. Abb. 9.23 zeigt einen Ausschnitt aus der Stabilitätskarte in der Umgebung des Hauptinstabilitätsbereichs. Die meist vorhandene Dämpfung schränkt den Instabilitätsbereich ein ([15], [42]), denn er wird erst erreicht, wenn $\gamma > D$ ist, vgl. Abb. 9.23.

Es können einige technisch interessante Schlussfolgerungen aus Abb. 9.23 gezogen werden.

Bekanntlich hängt das im Fall 1 dargestellte Pendel stabil in der vertikalen Ruhelage, aber falls der Schwerpunkt S oberhalb des Lagers A liegt, ist der Körper statisch instabil (Bereich $\lambda < 0$). Wird der Lagerpunkt vertikal bewegt ($\gamma \neq 0$), kann der vertikal aufgerichtete Körper stabil schwingen, wenn er den durch (9.144) definierten instabilen Bereich verlässt.

Bei Fall 2 kann der Einfluss der harmonischen Kraftamplitude auf die Knickstabilität in Verbindung mit den Kenngrößen aus (9.141) beurteilt werden. Aus Gl. (6) in Tab. 9.3 folgt die *Euler*sche Knickkraft, denn bei fehlender dynamischer Komponente ($\hat{F} = 0$) wird der Klammerausdruck negativ bei $F_0 > F_k = \pi^2 EI/l^3$. Mit der Erregerkreisfrequenz Ω ändern sich die Parameter so, dass ein statisch stabiler Balken instabil werden kann, wenn die Frequenz der pulsierenden Längskraft doppelt so hoch wie die Eigenfrequenz ist, denn dann ist $\eta = 2$ und $\lambda = 0{,}25$, vgl. die Aussagen von (9.128) und (9.144).

9.4.5 Analyse von Beispielen

9.4.5.1 Transfer-Manipulator

An modernen Pressen erfolgt der Werkstücktransport mithilfe so genannter Transfer-Manipulatoren, welche synchron im Takte des Pressenhubes arbeiten und während des Umformvorganges das Werkstück unbeweglich halten müssen. Infolge der großen Entfernung zwischen dem Pressenantrieb und dem Abtriebsglied (den Greiferschienen), die durch eine mehrere Meter lange Gelenkwelle überbrückt wird, kann der Antrieb nicht torsionssteif gestaltet werden, und es besteht bei schnell laufenden Manipulatoren die Gefahr, dass die

Schwingungen der Greifer in der Rastphase zu ungenauer Werkstückablage und zu Kollisionen führen.

Abb. 9.24a zeigt das stark vereinfachte Getriebeschema und Abb. 9.24b das diesem entsprechende Minimalmodell.

Ein wesentliches Element des Antriebssystems ist das Kurvengetriebe, das durch seine Lagefunktion $U(\varphi)$ charakterisiert wird. Die Lagefunktion stellt den Zusammenhang zwischen der Antriebsbewegung φ und der Abtriebsbewegung, im vorliegenden Beispiel die Greiferschienenbewegung x, dar; $x = U(\varphi)$. Diese Bewegung ist durch zwei Rasten gekennzeichnet, deren Übergänge durch ein „Bewegungsgesetz der 5. Potenz" beschrieben werden (VDI-Richtlinie 2143). Außerhalb der Rasten gilt:

$$x = U(\varphi) = U_{\max}(10z^3 - 15z^4 + 6z^5); \qquad z = z(\varphi). \tag{9.145}$$

Dabei steht die Variable z mit dem Antriebswinkel φ in folgendem Zusammenhang:

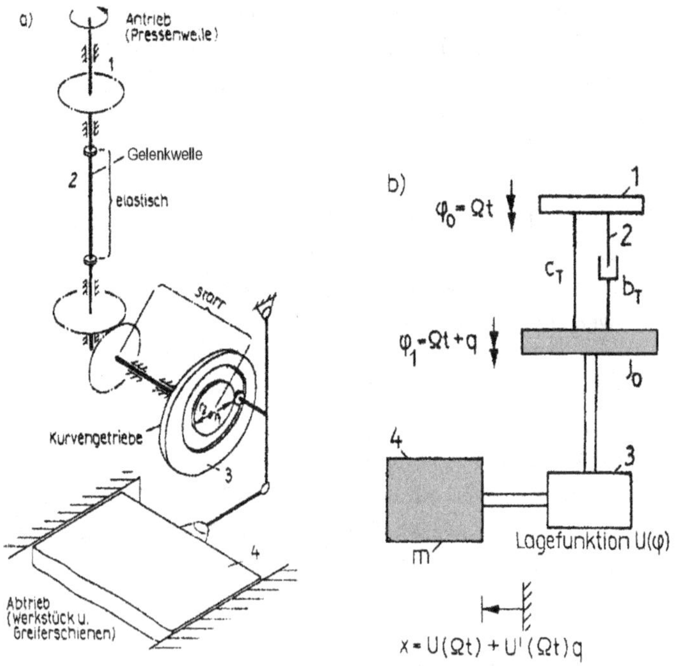

Abb. 9.24 Längshubgetriebe eines Transfer-Manipulators: **a** Getriebeschema, **b** Berechnungsmodell *1* Antrieb von der Presse; *2* Gelenkwelle (c_T; b_T); *3* Kurvengetriebe ($r_1 - r_2 = U_{\max}$); *4* Greiferschienen und Werkstücke

$$\begin{aligned}
&-\frac{70\pi}{180} \leq \varphi \leq \frac{70\pi}{180}: \quad z = \frac{9}{7\pi}\varphi + \frac{1}{2} \quad \text{(Vorlauf)}; \quad z' = \frac{9}{7\pi},\\
&\frac{70\pi}{180} \leq \varphi \leq \frac{110\pi}{180}: \quad z = 1 \quad \text{(vordere Rast)},\\
&\frac{110\pi}{180} \leq \varphi \leq \frac{250\pi}{180}: \quad z = -\frac{9}{7\pi}\varphi + \frac{25}{14} \quad \text{(Rücklauf)}; \quad z' = -\frac{9}{7\pi},\\
&\frac{250\pi}{180} \leq \varphi \leq -\frac{70\pi}{180}: \quad z = 0 \quad \text{(hintere Rast)}.
\end{aligned} \tag{9.146}$$

Das reduzierte Trägheitsmoment wird von den Drehmassen des Antriebes (J_0), der Masse m des Abtriebes und der Lagefunktion bestimmt. Nach (3.211) gilt

$$J(\varphi) = J_0\varphi'^2 + mx'^2 = J_0 + mU'^2. \tag{9.147}$$

Die Bewegungsgleichung des Berechnungsmodells Abb. 9.24b leitet sich aus (9.135) ab. Es ergibt sich

$$\begin{aligned}
&(J_0 + mU'^2)\ddot{q} + (b_\mathrm{T} + 2mU'U''\Omega)\dot{q} + [c_\mathrm{T} + m\Omega^2(U''^2 + U'U''')]q\\
&\quad = -m\Omega^2 U'U''.
\end{aligned} \tag{9.148}$$

Darin gilt für die verschiedenen Ordnungen der Lagefunktion mit $U' = \mathrm{d}U/\mathrm{d}(\Omega t)$ und z' gemäß (9.146)

$$\begin{aligned}
&0.\,\text{Ordnung}: \quad U &&= U_{\max}(10z^3 - 15z^4 + 6z^5),\\
&1.\,\text{Ordnung}: \quad U' &&= U_{\max}30z'(z^2 - 2z^3 + z^4),\\
&2.\,\text{Ordnung}: \quad U'' &&= U_{\max}60z'^2(z - 3z^2 + 2z^3),\\
&3.\,\text{Ordnung}: \quad U''' &&= U_{\max}60z'^3(1 - 6z + 6z^2).
\end{aligned} \tag{9.149}$$

Abb. 9.25a zeigt die Lagefunktionen verschiedener Ordnungen. Dem Beispiel liegen folgende Parameterwerte zugrunde:

$$\begin{aligned}
U_{\max} &= 0{,}4\,\mathrm{m}; & J_0 &= 1{,}1\,\mathrm{kg\ m^2}; & c_\mathrm{T} &= 1{,}5 \cdot 10^3\,\mathrm{Nm},\\
\Omega &= 2\,\mathrm{rad/s}; & m &= 136\,\mathrm{kg}; & b_\mathrm{T} &= 20\,\mathrm{N\,m\,s}.
\end{aligned} \tag{9.150}$$

Für die „Eigenkreisfrequenz“ gilt $\omega(t) = \sqrt{c_\mathrm{T}(t)/J(t)}$, vgl. (9.136).

Da $c_\mathrm{T} > m\Omega^2(U''^2 + U'U''')_{\max}$, ist ω_0 wesentlich von der Getriebestellung, aber unwesentlich von der Drehzahl abhängig, und es gilt näherungsweise

$$\omega_0^2(t) \approx \frac{c_\mathrm{T}}{J_0 + mU'^2}. \tag{9.151}$$

Abb. 9.25b zeigt den Verlauf des relativen reduzierten Trägheitsmomentes und der relativen Eigenkreisfrequenz. Die Lösung von (9.148) erfolgte bei diesem Beispiel mit einem numerischen Integrationsverfahren. Abb. 9.25c zeigt als Ergebnis den Verlauf des elastischen Momentes in der Antriebswelle $M_\mathrm{an} = c_\mathrm{T}q$, das auch ein Maß für die Schwingbewegung des Abtriebsgliedes ist, da $U(\varphi) \approx U(\Omega t)$ gilt. Zum Vergleich ist in der Abb. 9.25c noch das

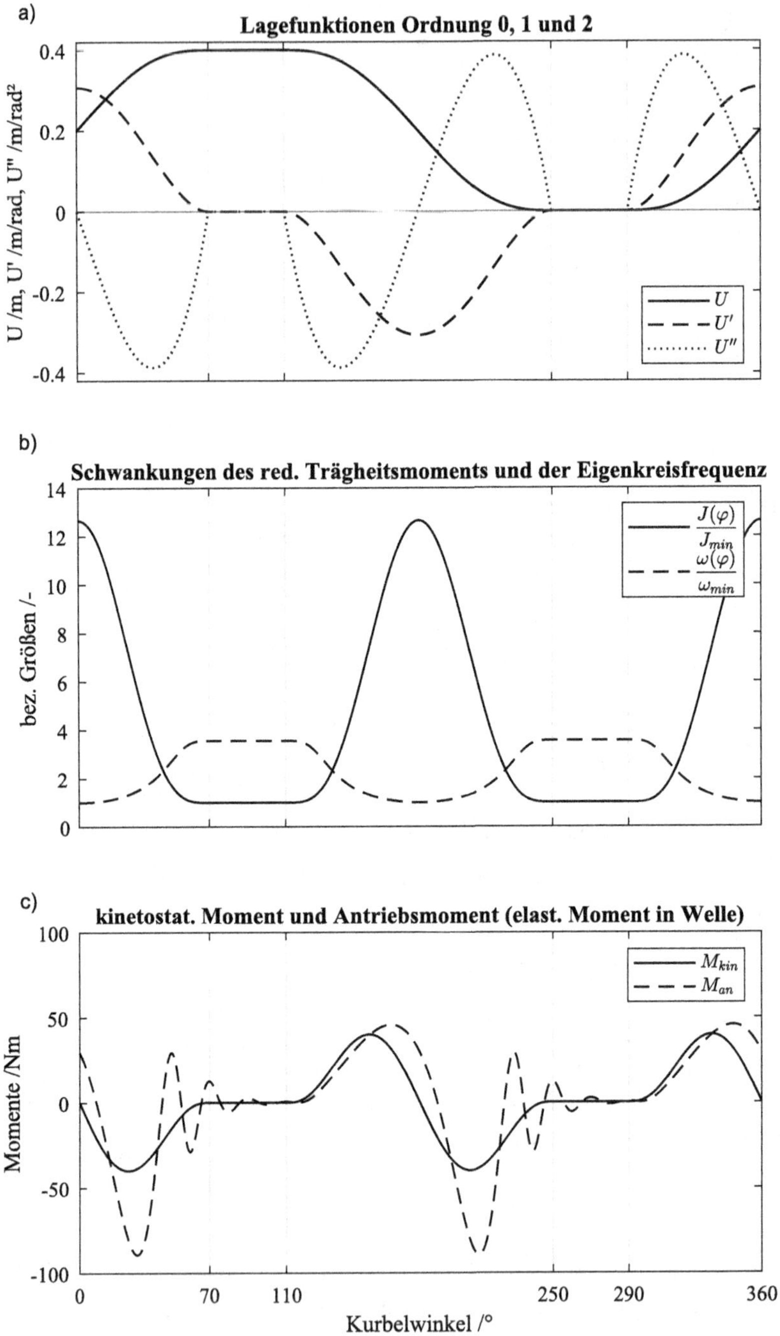

Abb. 9.25 Längshubgetriebe: **a** Lagefunktionen 0., 1. und 2. Ordnung, **b** Reduziertes Trägheitsmoment und Eigenfrequenz als bezogenene Größen, **c** Verlauf des Antriebsmoments

kinetostatische Moment $M_{st} = m\Omega^2 U'U''$ gestrichelt dargestellt. Es würde sich bei starrem Antrieb ergeben, vgl. (9.148).

Wegen frei werdender kinetischer Energie, treten im Bereich des abfallenden Trägheitsmomentes ($J'(\varphi) \leq 0$) intensive Schwingungen auf, die dem kinetostatischen Moment überlagert sind. Kurzzeitig werden intensive Schwingungen angefacht, wenn $b_T < 2m\Omega U'U''$ ist, was auch aus (9.148) deutlich wird.

Der Momentenverlauf wird qualitativ verständlich, wenn die Bewegung der Greiferschienen betrachtet wird, da in ihnen der größte Teil der (veränderlichen) kinetischen Energie steckt. Sie haben in den Stellungen $\varphi = 0$ und $\varphi = \pi$ die größte Geschwindigkeit und müssen durch die Antriebswelle beim Hinlauf im Bereich $0° \leq \varphi \leq 70°$ und beim Rücklauf im Bereich $180° \leq \varphi \leq 250°$ verzögert werden. Dies ruft ein negatives kinetostatisches Moment hervor, welches bezüglich der Antriebswelle bremsend und zugleich schwingungserregend wirkt. Diese doppelte Momentenschwankung je einer Kurbelumdrehung ist typisch für alle Antriebe mit einer Umkehrbewegung. Sie hat immer eine dominierende zweite Harmonische des Antriebsmomentes zur Folge. Die Schwingungen treten nur bei hohen Drehzahlen und nur im Bereich des negativen J' (abfallendes J) auf. Wie aus Abb. 9.25 deutlich wird, sind für positive Werte von $U'U''$ keine solchen angefachten Schwingungen zu erwarten.

Für den Konstrukteur oder die Konstrukteurin bestand nun die Aufgabe, durch konstruktive Veränderungen dafür zu sorgen, dass die störenden Schwingungen in den Rastphasen verschwinden. Alle Parameter des Berechnungsmodells wurden experimentell bestimmt, und nachdem festgestellt worden war, dass die Messergebnisse mit den vorausberechneten Werten gut übereinstimmten, wurde die Auswirkung folgender Maßnahmen am Berechnungsmodell überprüft.

1. Verminderung der Masse m des Abtriebsgliedes. Sie führt zu einer kleineren Schwankung von $J(\varphi)$ und vermindert dadurch die Parametererregung. Diese Änderung lässt sich durch Leichtbauweise realisieren (Kastenprofil).
2. Erhöhung der Torsionssteifigkeit des Antriebs. Die Gelenkwelle stellte die größte Nachgiebigkeit dar, ließ sich aber nur unwesentlich versteifen. Wird sie jedoch mit einer höheren Drehzahl als die Presse betrieben, erhöht sich ihre reduzierte Steifigkeit. Durch zusätzliche Getriebe anstelle der einfachen Kegelräder ist das erreichbar.
3. Verminderung der Schwingungsanregung durch eine Minimierung des Produktes $U'U''$ (kinetostatisches Moment $M_{st} = m\Omega^2 U'U''$) im negativen Bereich. Durch eine unsymmetrische Lagefunktion (Wendepunktverschiebung und -verlagerung) des Kurvengetriebes lässt sich das erreichen.
4. Ausgleich des kinetostatischen Moments im negativen Bereich durch einen Kompensator. Trägheitskompensatoren erhöhen das mittlere J und wirken sich nachteilig auf die Bremszeit aus. Ein Federkompensator, der unmittelbar an den Greiferschienen angreift, wirkt nur bei einer bestimmten Drehzahl optimal, vgl. VDI-Richtlinie 2149 Blatt 1.

9.4.5.2 Veränderliche Zahnsteifigkeit als Schwingungserregung

In Zahnradgetrieben findet eine Schwingungsanregung in jeder Zahnradpaarung statt, obwohl sich aufgrund der bei der Berechnung der Zahnprofile beachteten Abrollbedingungen kinematisch eine konstante Winkelgeschwindigkeit der beiden Zahnräder einstellen müsste. Die unvermeidliche Deformation der Zähne der im Eingriff befindlichen Zahnpaare entsteht infolge der Zahnkräfte, die erforderlich sind, um die Drehmomente vom Zahnradgetriebe zu übertragen. Schon infolge konstanter Momente können dynamische Zahnkräfte erregt werden, die wesentlich größer sind, als die eigentlich zu übertragenden statischen Kräfte.

Zu den inneren Erregungsursachen zählen die Schwankungen der Verzahnungssteifigkeit $c(t)$, die beim Abrollen der Zahnflanken und durch den Wechsel zwischen Einzel- und Doppeleingriff entstehen. Nicht nur Verzahnungsschäden, sondern auch beim intakten Getriebe können Abweichungen von der idealen Verzahnungsgeometrie oder Teilungs- und Rundlaufabweichungen zu Schwingungserregungen führen. Der periodische Verlauf der Verzahnungssteifigkeit lässt sich durch den Mittelwert c_m, die Fourierkoeffizienten $\hat{c}_k$ und die Zahneingriffsfrequenz f_z wie folgt beschreiben:

$$c(t) = c_\mathrm{m} + \sum_k \hat{c}_k \cos(2\pi k f_\mathrm{z} t + \varphi_k). \tag{9.152}$$

Abb. 2.12 zeigt einen typischen Verlauf der veränderlichen Zahnsteifigkeit, vgl. Abschn. 2.3. Bei einem Getriebe mit Schrägverzahnung sind die Schwankungen klein gegenüber denen bei einer Geradverzahnung, d. h., es genügen dabei wenige Fourierkoeffizienten zur Beschreibung.

Die Zahneingriffsfrequenz ist das Produkt von Drehfrequenz und Zähnezahl. An der Kontaktstelle von zwei Zahnrädern (Welle *1:* Winkelgeschwindigkeit Ω_1, Zähnezahl z_1 und Welle *2:* Winkelgeschwindigkeit Ω_2, Zähnezahl z_2) entsteht die Zahneingriffsfrequenz

$$f_\mathrm{z} = zf = \frac{z_1\Omega_1}{2\pi} = \frac{z_2\Omega_2}{2\pi}. \tag{9.153}$$

Zu allen Problemen bei Zahnradgetrieben ist das Standardwerk von Linke [35] zu beachten.

Beim einfachsten Fall eines einstufigen Stirnradgetriebes (Abb. 9.26) werden bei der Modellbildung die Drehwinkel φ_1 und φ_4 von zwei Drehmassen, die Winkel φ_2 des Ritzels und φ_3 des Zahnrads sowie die Torsionssteifigkeiten $c_{\mathrm{T}1}$ und $c_{\mathrm{T}3}$ zwischen den Scheiben berücksichtigt. Die Zahnfehler, die als Wegerregung $s(t)$ modelliert werden, und die Verzahnungssteifigkeit $c(t)$ sind periodisch veränderlich.

Die Bewegungsgleichungen für das Berechnungsmodell ergeben sich aus dem Momentengleichgewicht an jedem Teil des frei geschnittenen Systems, vgl. Abb. 9.26

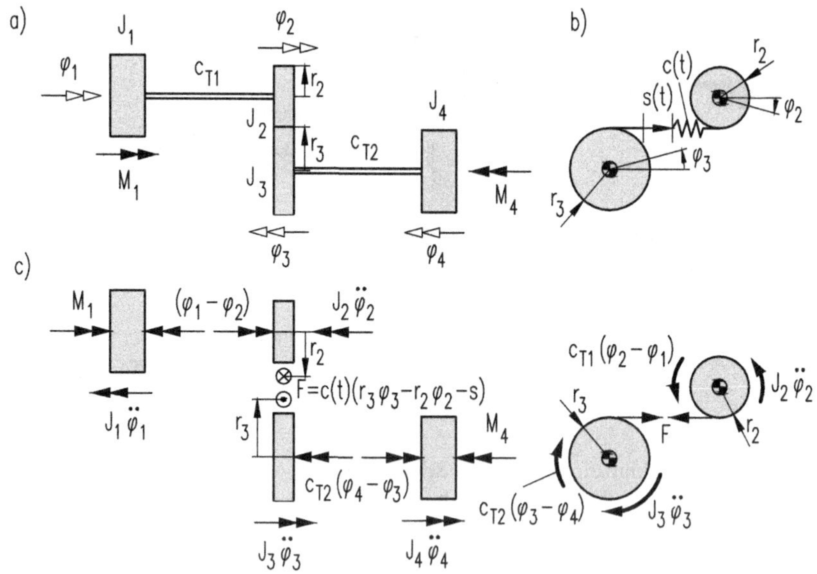

Abb. 9.26 Berechnungsmodell des Stirnradgetriebes: **a** Systemskizze, **b** Seitenansicht, **c** Frei geschnittenes System

$$J_1\ddot{\varphi}_1 + c_{\text{T1}}(\varphi_1 - \varphi_2) = M_1(t), \tag{9.154}$$

$$J_2\ddot{\varphi}_2 - c_{\text{T1}}(\varphi_1 - \varphi_2) - r_2 c(t)[r_3\varphi_3 - r_2\varphi_2 - s(t)] = 0, \tag{9.155}$$

$$J_3\ddot{\varphi}_3 + r_3 c(t)[r_3\varphi_3 - r_2\varphi_2 - s(t)] + c_{\text{T2}}(\varphi_3 - \varphi_4) = 0, \tag{9.156}$$

$$J_4\ddot{\varphi}_4 - c_{\text{T2}}(\varphi_3 - \varphi_4) = M_4(t). \tag{9.157}$$

Die Gl. (9.154) bis (9.157) beschreiben eine erzwungene Schwingung infolge der Parametererregung durch $c(t)$ und der kinematischen Erregung infolge $s(t)$. Die Lösung solcher Gleichungen ist nicht in geschlossener Form analytisch möglich. Dafür steht Software in vielen Firmen zur Verfügung. Hier soll das in Abb. 9.26 dargestellte Torsionsschwingungssystem für gegebene Parameterwerte analysiert werden. Es wird dabei auch gezeigt, welchen großen Einfluss das gewählte Berechnungsmodell hat.

Im vorliegenden Beispiel sind für die in Abb. 9.27 gezeigten SimulationX®-Modelle folgende Parameterwerte gegeben:

Drehmassen $J_1 = 0{,}2\,\text{kg}\,\text{m}^2$, $J_2 = 0{,}2\,\text{kg}\,\text{m}^2$, $J_3 = 1\,\text{kg}\,\text{m}^2$, $J_4 = 3\,\text{kg}\,\text{m}^2$,
Zähnezahlen $z_1 = 23$, $z_2 = 57$, Zahnmodul $m = 3$, Überdeckungsgrad = 2,3;
mittlere Zahnsteifigkeit $c_{\text{m}} = 49 \cdot 10^6\,\text{Nm}$,
Dämpferkonstante der Verzahnung $b = 2000\,\text{N}\,\text{s/m}$;
Torsionsfederkonstanten $c_{\text{T1}} = 5 \cdot 10^5\,\text{Nm}$; $c_{\text{T2}} = 3 \cdot 10^5\text{Nm}$.

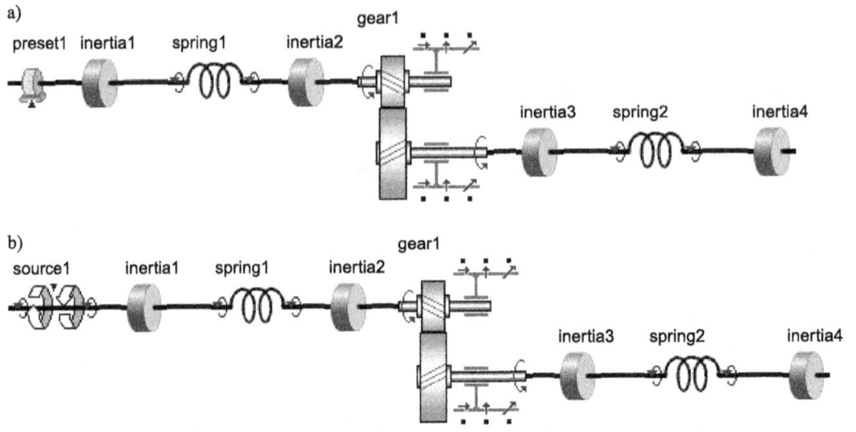

Abb. 9.27 Modelle in SimulationX® für das Stirnradgetriebe von Abb. 9.26: **a** kinematische Erregung durch gegebene Winkelbeschleunigung, **b** Erregung durch ein konstantes Antriebsmoment

Dieses Antriebssystem wird beschleunigt angetrieben, sodass es innerhalb von 10^{s} um den Winkel von 240 rad gedreht wird. Dies erfolgt bei Variante a durch eine gegebene Winkelbeschleunigung von 4,756 rad/s und bei Variante b durch ein Moment von $M = 5\,\mathrm{N\,m}$, das dem als starr angenommenen System mit dem reduzierten Trägheitsmoment von $J_{\mathrm{red}} = J_1 + J_2 + (J_3 + J_4)(z_1/z_2)^2 = 1{,}0513\,\mathrm{kg\,m^2}$ dieselbe mittlere Beschleunigung erteilt.

Aus Abb. 9.28 ist erkennbar, dass dieses Antriebssystem in beiden Fällen eine Resonanzstelle durchfährt, die offenbar durch die Zahneingriffsfrequenz erregt sein muss, denn andere periodische Erregungen wurden nicht eingeleitet. Wieso liegt die Resonanzdrehzahl beim Modell a viel tiefer als beim Modell b? Dazu ist die wichtige Bemerkung am Ende von Abschn. 5.3.2.1 zu beachten.

Die Eigenfrequenzen schwanken infolge des veränderlichen Überdeckungsgrades, was ja auch die Ursache der Parametererregung ist. Sie liegen beim Modell a im Bereich $f_1 = (34\ldots38)$ Hz, $f_2 = (130\ldots140)$ Hz und $f_3 = (268\ldots278)$ Hz. Beim Modell b sind sie bei $f_1 = (54\ldots59)$ Hz, $f_2 = (140\ldots158)$ Hz und $f_3 = (362\ldots365)$ Hz. Die Modelle a und b haben deshalb unterschiedliche Eigenfrequenzbereiche, weil sich die Bedingungen am linken Rand unterscheiden. Falls am linken Rand ein Beschleunigungsverlauf vorgegeben ist, wirkt er hinsichtlich des Eigenverhaltens wie eine Einspannstelle, während infolge des vorgegebenen Antriebsmoments die Schwingerkette am linken Rand frei ist.

Die linear veränderliche Drehgeschwindigkeit $\dot{\varphi}_1 = -\alpha t = -(M/J_{\mathrm{red}})t$ erreicht ein Resonanzgebiet, wenn die Zahneingriffsfrequenz f_z erreicht ist, also beim Modell a früher als beim Modell b. Die Zahneingriffsfrequenz beträgt gemäß (23) bei 23 Zähnen der ersten

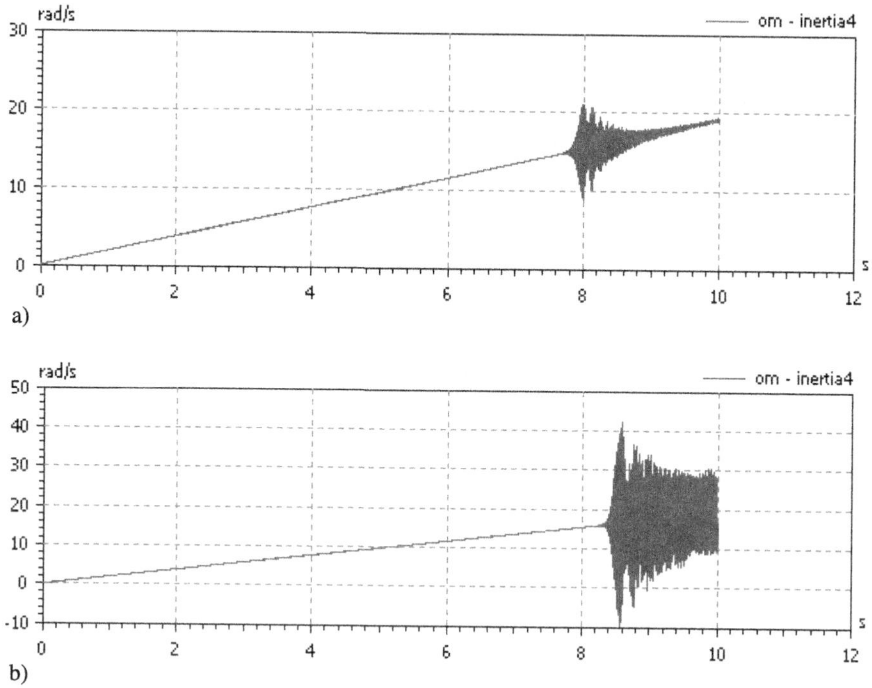

Abb. 9.28 Verlauf der Winkelgeschwindigkeit der Scheibe 4 für die Modelle in Abb. 9.27: **a** kinematische Erregung durch gegebene Winkelbeschleunigung, **b** Erregung durch ein konstantes Antriebsmoment

Getriebestufe $f_Z = 23\Omega_1/(2\pi) = 23\alpha t/(2\pi) = (17{,}4\,t/\mathrm{s})\,\mathrm{Hz}$. Diese zweite Frequenz wird deshalb stark angeregt, weil bei der zweiten Eigenform die Zähne der Zahnpaarung der Getriebestufe stark deformiert werden. Der breitere Resonanzbereich im Fall b ist dadurch bedingt, dass die dritte Subharmonische mit angeregt wird.

10 Beziehungen zur Systemdynamik und Mechatronik

Die Systemdynamik befasst sich mit Objekten, die aus unterschiedlichen Disziplinen stammen können, also nicht nur aus Mechanik und Elektrotechnik, sondern aus allen Gebieten der Physik, Chemie, Biologie, Medizin, Soziologie und Wirtschaftswissenschaften.

Ein System ist in der Systemdynamik definiert als eine Menge von Elementen mit Parametern, die miteinander gekoppelt sind und untereinander *wechselwirken* können . Das System wird gekennzeichnet durch seine Topologie und mehrere zeitlich veränderliche Zustandsvariable, welche seinen Zustand erfassen. Bei einem System werden die Beziehungen zwischen Eingangs- und Ausgangsgrößen beschrieben. Die Ausgangsgrößen hängen dabei von den Eingangsgrößen und den Zustandsvariablen ab. Zudem wird die zeitliche Änderung der Zustandsvariablen von den Eingangsgrößen beeinflusst. Somit hängen die Ausgänge von den Eingängen und den Eingangswerten in der Vergangenheit ab. Ein dynamisches System hat somit ein „Gedächtnis“.

Ein System kann nach seinem dynamischen Verhalten (Stabilität) beurteilt werden. Konstruktiv kann ein System in seinem zeitlichen Verhalten beeinflusst (Steuerung und Regelung) und hinsichtlich bestimmter Kriterien optimiert werden. An der Systemgrenze werden die Einflüsse definiert, die von außen (Eingang) auf das System wirken.

„Die Mechatronik beschreibt die funktionale und räumliche Integration von Komponenten aus den Bereichen Mechanik, Elektronik und Informationsverarbeitung“ [25]. Hier sollen lediglich die Beziehungen der Bewegungsgleichungen der Systemdynamik zu denen der Mechanik und Mechatronik gezeigt werden.

M. Beitelschmidt und H. Dresig, *Maschinendynamik*,
https://doi.org/10.1007/978-3-662-60313-0_10

10.1 Beschreibung allgemeiner linearer Systeme im Zustandsraum

Ein Grundbegriff in der Systemdynamik ist der *Zustand* eines Systems. Er wird durch den zeitlichen Verlauf von N Komponenten (den Zustandsgrößen $x_n(t)$) beschrieben. Sie werden im Zustandsvektor

$$\boldsymbol{x}(t) = [x_1(t),\ x_2(t),\ \ldots,\ x_N(t)]^{\mathrm{T}} \tag{10.1}$$

zusammengefasst, der N Elemente besitzt und den *Zustandsraum* definiert. Die zeitliche Evolution eines stetigen Systems wird durch die Änderung der Zustandsgrößen beschrieben, was als das Durchlaufen der Bahn eines Punktes im N-dimensionalen Zustandsraum verstanden werden kann. Das System kann durch M Eingangsgrößen u_i, zusammengefasst im Eingangsvektor $\boldsymbol{u}$, angeregt werden. Die beobachteten Ausgangsgrößen y_i (Anzahl L), zusammengefasst im Ausgangsvektor $\boldsymbol{y}$, müssen nicht notwendigerweise identisch zu den Zustandsgrößen $\boldsymbol{x}$ sein.

Ein System wird allgemein durch zwei Gleichungen vollständig beschrieben: Die *Systemgleichung* oder *Zustandsgleichung* verbindet die zeitliche Änderung der Zustandsgrößen, d. h. ihre zeitliche Ableitung mit dem Zustand und den äußeren Eingängen in der impliziten Form zu

$$\boldsymbol{F}(\dot{\boldsymbol{x}}, \boldsymbol{x}, \boldsymbol{u}) = \mathbf{o}. \tag{10.2}$$

Gl. (10.2) – die allgemeinste, implizite Form der so genannten Zustandsgleichungen – sagt aus, dass sich die zeitliche Änderung $\dot{\boldsymbol{x}}$ und der momentane Zustand $\boldsymbol{x}$ und die externen Eingänge $\boldsymbol{u}$ sich gegenseitig so beeinflussen, wie es die Vektorfunktion $\boldsymbol{F}$ beschreibt. In dieser abstrakten Form gelten die Gleichungen der Systemdynamik für viele physikalische, biologische, ökonomische und gesellschaftliche Systeme. Meistens lässt sich (10.2) nach $\dot{\boldsymbol{x}}$ auflösen und in die Form

$$\dot{\boldsymbol{x}} = \boldsymbol{f}(\boldsymbol{x}, \boldsymbol{u}) \tag{10.3}$$

bringen. Die zweite Gleichung ist die *Messgleichung* oder *Ausgangsgleichung,* welche die Ausgangsgrößen als Funktion der Zustände und der Eingänge beschreibt:

$$\boldsymbol{y} = \boldsymbol{g}(\boldsymbol{x}, \boldsymbol{u})\,. \tag{10.4}$$

Diese Gleichung ist nachgeschaltet ist und beeinflusst die Systemdynamik nicht. Für die Analyse des grundsätzlichen Systemverhaltens braucht diese Gleichung nicht berücksichtigt zu werden.

Ein *lineares System* gehorcht der Systemgleichung

$$\dot{\boldsymbol{x}} = \boldsymbol{A}\boldsymbol{x} + \boldsymbol{b}(t). \tag{10.5}$$

Dabei ist $\boldsymbol{A}$ die ($N \times N$)-*Systemmatrix* und $\boldsymbol{b}(t)$ ist ein ($N \times 1$)-Erregervektor, der die von der Zeit abhängige Einwirkung „von außen" erfasst. Auf diese Form lassen sich z. B. alle Bewegungsgleichungen erzwungener Schwingungen linearer Systeme bringen, die in Kap. 7 behandelt worden sind.

Kommen die Systemeingänge von außen, sind sie rein zeitabhängig und es gilt $\boldsymbol{u} = \boldsymbol{u}(t)$. Dann kann (10.5) in der Form

$$\dot{\boldsymbol{x}} = \boldsymbol{A}\boldsymbol{x} + \boldsymbol{B}\boldsymbol{u}(t) \tag{10.6}$$

mit der $N \times M$ Eingangsmatrix $\boldsymbol{B}$ geschrieben werden. Die Messgleichung (10.4) lautet im linearen Fall

$$\boldsymbol{y} = \boldsymbol{C}\boldsymbol{x} + \boldsymbol{D}\boldsymbol{u}(t) \tag{10.7}$$

mit der $L \times N$ Messmatrix $\boldsymbol{C}$ und der $L \times L$ Durchgriffsmatrix $\boldsymbol{D}$. Die Verwendung der Matrizenbezeichnungen $\boldsymbol{A}$, $\boldsymbol{B}$, $\boldsymbol{C}$ und $\boldsymbol{D}$ in den Gl. (10.6) und (10.7) ist in der Literatur der Systemdynamik Standard, sodass sie auch hier verwendet werden, obwohl Verwechslungsgefahr mit der Dämpfungs-, Steifigkeits- und Nachgiebigkeitsmatrix eines mechanischen Systems besteht!

Der Zustand eines mechanischen Systems wird in der Maschinendynamik bei diskreten Modellen im Allgemeinen mit den generalisierten Koordinaten und $\boldsymbol{q}(t)$ und deren Geschwindigkeiten $\dot{\boldsymbol{q}}(t)$ mit folgendem Zustandsvektor $\boldsymbol{x}$ eindeutig beschrieben:

$$\boldsymbol{x} = \left[\boldsymbol{q}^{\mathrm{T}}, \dot{\boldsymbol{q}}^{\mathrm{T}}\right]^{\mathrm{T}} = [q_1, q_2, \ldots, q_n, \dot{q}_1, \dot{q}_2, \ldots, \dot{q}_n]^{\mathrm{T}}. \tag{10.8}$$

Die Bewegungsgleichungen (7.69) der linearen mechanischen Schwingungssysteme, also $\boldsymbol{M}\ddot{\boldsymbol{q}} + \boldsymbol{B}\dot{\boldsymbol{q}} + \boldsymbol{C}\boldsymbol{q} = \boldsymbol{f}(t)$, können in die Form von (10.5) überführt werden:

$$\dot{\boldsymbol{x}} = \frac{\mathrm{d}}{\mathrm{d}t}\begin{bmatrix}\boldsymbol{q}\\ \dot{\boldsymbol{q}}\end{bmatrix} = \begin{bmatrix}\boldsymbol{0} & \boldsymbol{E}\\ -\boldsymbol{M}^{-1}\boldsymbol{C} & -\boldsymbol{M}^{-1}\boldsymbol{B}\end{bmatrix}\begin{bmatrix}\boldsymbol{q}\\ \dot{\boldsymbol{q}}\end{bmatrix} + \begin{bmatrix}\boldsymbol{0}\\ \boldsymbol{M}^{-1}\end{bmatrix}\boldsymbol{f}(t). \tag{10.9}$$

Die Systemmatrix $\boldsymbol{A}$ und der Erregervektor $\boldsymbol{b}(t)$ sind also folgendermaßen definiert:

$$\boldsymbol{A} = \begin{bmatrix}\boldsymbol{q}\\ \dot{\boldsymbol{q}}\end{bmatrix} = \begin{bmatrix}\boldsymbol{0} & \boldsymbol{E}\\ -\boldsymbol{M}^{-1}\boldsymbol{C} & -\boldsymbol{M}^{-1}\boldsymbol{B}\end{bmatrix}; \qquad \boldsymbol{b}(t) = \begin{bmatrix}\boldsymbol{0}\\ \boldsymbol{M}^{-1}\end{bmatrix}\boldsymbol{f}(t), \tag{10.10}$$

wobei die Zerlegung $\boldsymbol{b}(t) = \boldsymbol{B}\boldsymbol{u}(t)$ gemäß (10.6) offensichtlich ist. Die Anzahl N der Zustandsgrößen und auch der Gleichungen ist also bei mechanischen Systemen wegen (10.8) doppelt so groß wie die Anzahl n der Freiheitsgrade: $N = 2n$.

Die Lösung der Differenzialgleichung (10.9) lautet, vgl. z. B. [7], [25]:

$$\boldsymbol{x}(t) = \exp(\boldsymbol{A}t)\,\boldsymbol{x}_0 + \int_0^t \exp[\boldsymbol{A}(t-\tau)]\,\boldsymbol{b}(\tau)\mathrm{d}\tau, \tag{10.11}$$

wobei $\boldsymbol{x}_0 = \boldsymbol{x}(t = 0)$ den Zustand zum Zeitpunkt $t = 0$ (die Anfangsbedingungen) erfasst. In dieser kompakten mathematischen Form beschreibt (10.11) sowohl die freien Schwingungen (falls $\boldsymbol{b} \equiv \mathbf{o}$) als auch die erzwungenen Schwingungen von linearen Systemen. Spezielle Lösungen von (10.11) wurden in den Abschn. 6.2, 7.1 und 6.3 behandelt, vgl. auch das Duhamel-Integral in (7.4).

Mit den Methoden der Systemdynamik können allgemeine Eigenschaften der Lösungen mathematisch untersucht werden, z. B. zur Stabilität, zur Steuerung und Regelung oder zur Optimierung von Systemen. Die ersten, wesentlichen Aussagen zum Systemverhalten lassen sich mit Hilfe einer Eigenwertanalyse der Systemmatrix $\boldsymbol{A}$ gewinnen. Wer sich mit der Systemtheorie näher befassen will, kann sich z. B. in [7], [22], [24] oder [42] orientieren.

Ein wesentliches Kennzeichen des dynamischen Verhaltens linearer dynamischer Systeme ist das *Superpositionsprinzip*. Es besagt: Die „Wirkung der Summe" von Einzelursachen ist dieselbe wie die „Summe der Wirkungen" der Einzelursachen.

Wirken auf ein lineares System gemäß (10.5) zwei „Einzelursachen", z. B. die Erregerfunktionen $\boldsymbol{b}_1(t)$ und $\boldsymbol{b}_2(t)$ nicht gleichzeitig ein, so existieren Lösungen $\boldsymbol{x}_1(t)$ und $\boldsymbol{x}_2(t)$ für die beiden Einzelursachen:

$$\dot{\boldsymbol{x}}_1 = \boldsymbol{A}\,\boldsymbol{x}_1 + \boldsymbol{b}_1(t); \qquad \dot{\boldsymbol{x}}_2 = \boldsymbol{A}\,\boldsymbol{x}_2 + \boldsymbol{b}_2(t). \tag{10.12}$$

Die Erregung (Ursache 1) $\boldsymbol{b}_1(t)$ führt zu einer Bewegung (Wirkung) $\boldsymbol{x}_1$ und die Ursache 2 zu einer Wirkung $\boldsymbol{x}_2$. Wirkt auf dasselbe System gleichzeitig die „Summe der beiden Ursachen", also die Erregung

$$\boldsymbol{b}(t) = \boldsymbol{b}_1(t) + \boldsymbol{b}_2(t), \tag{10.13}$$

so ist die „Wirkung der Summe" (der Erregungen) die Lösung der Differenzialgleichung

$$\dot{\boldsymbol{x}} = \boldsymbol{A}\,\boldsymbol{x} + \boldsymbol{b}_1(t) + \boldsymbol{b}_2(t). \tag{10.14}$$

Die „Summe der Wirkungen" ist $\boldsymbol{x} = \boldsymbol{x}_1 + \boldsymbol{x}_2$, und wegen $\boldsymbol{A}\boldsymbol{x} = \boldsymbol{A}(\boldsymbol{x}_1 + \boldsymbol{x}_2) = \boldsymbol{A}\boldsymbol{x}_1 + \boldsymbol{A}\boldsymbol{x}_2$ ist sie identisch mit der „Wirkung der Summe" der Ursachen, denn es gilt mit (10.12):

$$\begin{aligned} \dot{\boldsymbol{x}} &= \dot{\boldsymbol{x}}_1 + \dot{\boldsymbol{x}}_2 = [\boldsymbol{A}\boldsymbol{x}_1 + \boldsymbol{b}_1(t)] + [\boldsymbol{A}\boldsymbol{x}_2 + \boldsymbol{b}_2(t)] \\ &= \boldsymbol{A}\,(\boldsymbol{x}_1 + \boldsymbol{x}_2) + [\boldsymbol{b}_1(t) + \boldsymbol{b}_2(t)] = \boldsymbol{A}\boldsymbol{x} + \boldsymbol{b}(t). \end{aligned} \tag{10.15}$$

Bei nichtlinearen Systemen gilt im Gegensatz dazu

$$\boldsymbol{f}\,(\boldsymbol{x},\, t) = \boldsymbol{f}\,(\boldsymbol{x}_1 + \boldsymbol{x}_2,\, t) \neq \boldsymbol{f}\,(\boldsymbol{x}_1,\, t) + \boldsymbol{f}\,(\boldsymbol{x}_2,\, t)\,.$$

Fazit: Das Superpositionsprinzip ist nur bei linearen Systemen gültig. Es wurde z. B. bei der Anwendung der *Fourier-Reihe* als Anregungssumme in vorangegangenen Abschnitten benutzt.

10.2 Geregelte Systeme

10.2.1 Allgemeine Zusammenhänge

Werden elektromechanische Systeme (z. B. Maschine mit elektrischem Antrieb) durch Sensoren und Aktoren derart erweitert, dass über einen geeigneten Regler zustandsabhängig gezielt Einfluss auf das ursprüngliche System ausgeübt wird, wird dies als geregeltes System bezeichnet. Der Unterschied zwischen einer Steuerung und einer Regelung besteht darin, dass das System bei einer Steuerung lediglich auf äußere Einflüsse reagiert, während bei der Regelung die zu ändernde Größe durch Rückkopplung über die ermittelte Systemantwort beeinflusst wird. Ein wesentliches Kennzeichen geregelter Systeme ist also eine existierende Rückkopplung, vgl. Abb. 10.1. Bei gesteuerten Systemen entfällt diese zustandsabhängige Rückführung, d. h. $\boldsymbol{u}(t)$ enthält nur vorgegebene Steuerfunktionen.

Betrachtet werden soll im Folgenden ein geregeltes System mit Ausgangsrückführung. Bei Beschränkung auf lineare Systeme gelten bei Berücksichtigung der Rückkopplung die gegenüber (10.6) und (10.7) erweiterten Gleichungen:

$$\dot{\boldsymbol{x}} = \boldsymbol{A}\boldsymbol{x} + \boldsymbol{B}\boldsymbol{u} + \boldsymbol{R}\boldsymbol{z}(t), \tag{10.16a}$$

$$\boldsymbol{y} = \boldsymbol{C}\boldsymbol{x}, \tag{10.16b}$$

$$\boldsymbol{u} = \boldsymbol{K}_{\mathrm{R}} \cdot \big(\boldsymbol{y}_{\mathrm{Soll}}(t) - \boldsymbol{y}\big). \tag{10.16c}$$

Gl. (10.16a) ist die Systemgleichung, wobei $\boldsymbol{A}$ die schon aus (10.10) bekannte Systemmatrix des ursprünglichen ungeregelten Systems, $\boldsymbol{B}$ die Steuermatrix und $\boldsymbol{u}$ der Steuervektor ist. Die Störmatrix $\boldsymbol{R}$ beschreibt im Zusammenhang mit dem Störvektor $\boldsymbol{z}(t)$ die von „außen" auf das

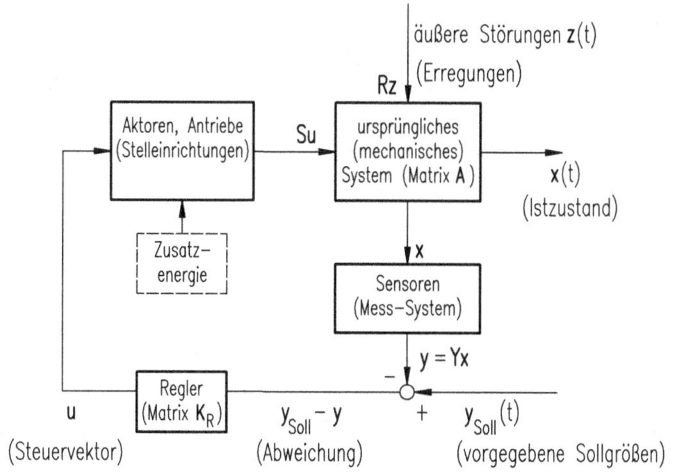

Abb. 10.1 Blockschaltbild eines geregelten Systems

System einwirkenden Erregergrößen in Form bekannter oder unbekannter Zeitfunktionen (z. B. periodische, transiente oder stochastische Erregungen).

Gl. (10.16b) ist die Messgleichung mit der Messmatrix $\boldsymbol{C}$. Sie liefert die Istgrößen im System, die eine Basis zur Berechnung der Stelleingriffe liefern. Die Stelleingriffe $\boldsymbol{u}$ werden in der Reglergleichung (10.16c) berechnet. Hier wird die Differenz von Sollgrößen $\boldsymbol{y}_{\text{Soll}}(t)$ mit den Istgrößen $\boldsymbol{y}$ gebildet und durch Multiplikation mit der Reglermatrix oder Rückführmatrix mit den darin enthaltenen Reglerkonstanten $\boldsymbol{K}_{\text{R}}$ der Steuervektor $\boldsymbol{u}$ gebildet. Mit $\boldsymbol{y}_{\text{Soll}}(t)$ können „gewünschte" Zeitverläufe messbarer Größen vorgegeben werden. Die Gl. (10.16) lassen sich in der Form zusammenfassen:

$$\dot{\boldsymbol{x}} = (\boldsymbol{A} - \boldsymbol{B}\boldsymbol{K}_{\text{R}}\boldsymbol{C})\,\boldsymbol{x} + \boldsymbol{B}\boldsymbol{K}_{\text{R}}\,\boldsymbol{y}_{\text{Soll}}(t) + \boldsymbol{R}\,\boldsymbol{z}(t). \qquad (10.17)$$

Die Kunst der Reglerauslegung besteht darin, die Einträge der Rückführmatrix $\boldsymbol{K}_{\text{R}}$ geeignet zu bestimmen. Mit einem geregeltem System wird die Verbesserung des dynamischen Systemverhaltens angestrebt; meist in dem Sinne, dass eine bestimmte Zielfunktion zum Extremum gemacht wird, vgl. z. B. [7]. Solche Ziele können sein:

- minimale Abweichung von einer gegebenen Bahn
- minimale Ausschläge einer pendelnden Last bei Kranbewegungen
- minimale Erwärmung eines Servomotors
- kürzeste Bahn eines vom Roboterarm bewegten Werkzeugs
- kürzeste Bewegungszeit u. a. m.

Oft wird versucht, störende Schwingungen „auszuregeln". Für eine entsprechende optimale Auslegung des Reglers gibt es in der Literatur eine ganze Reihe von Methoden und Verfahren, vgl. [7], [24].

Voraussetzung für eine Regelung sind *Sensoren,* die im Rahmen des jeweiligen Messsystems den aktuellen Zustand des Systems zumindest punktuell erfassen. Sensoren können nach den unterschiedlichsten Wirkprinzipien (induktiv, kapazitiv, piezoelektrisch, magnetostriktiv, optisch, ...) sowohl Bewegungsgrößen als auch Kraftgrößen des mechanischen Systems aufnehmen und weiterleiten. Es sind Bauelemente, die äußere Veränderungen oder interne Zustandsgrößen innerhalb des Systems messen, womit Informationen gewonnen werden, die von der Regeleinheit verarbeitet werden können. Typische Sensoren sind Dehnmessstreifen, induktive oder kapazitive Geber, faseroptische, piezoelektrische und magnetostriktive Baugruppen. Mit ihnen werden Dehnungen, Wege, Geschwindigkeiten, Beschleunigungen oder andere mechanische Größen gemessen und in elektrische Signale umgewandelt. Mikromechanische Sensoren mit Abmessungen unterhalb des Millimeterbereichs besitzen ein weites Einsatzfeld in Maschinenantrieben.

Aktoren sind Bauelemente, welche mechanische Kräfte, Spannungen, Wege oder Dehnungen in Abhängigkeit von den ihnen vom Regler zugeführten Informationen in das reale Objekt an geeigneten Stellen und in vorgegebene Richtungen einleiten und damit die dynamischen Systemeigenschaften ändern. Die klassischen elektromagnetischen Stellglieder, wozu z. B. Servo- und Schrittmotoren gehören, nutzen elektromagnetische Felder, um die gewünschten Kräfte/Momente bzw. Wege oder Drehwinkel zu erzeugen. Bei Piezo-Aktoren wird durch das elektrische Feld eine mechanische Dehnung im Promillebereich hervorgerufen, die zwar mechanische Spannungen von ca. $300\,\mathrm{N/mm^2}$ zur Folge hat, aber nur kleine Wegänderungen bewirkt. Sie werden oft bei biegebeanspruchten Bauteilen eingesetzt und haben sich infolge ihrer hohen Reaktionsgeschwindigkeit auch bei rotierenden Wellen bewährt, die hinsichtlich Biegeschwingungen gefährdet sind. Hydraulische Aktoren arbeiten oft mit regelbaren Ventilen, mit denen der Strömungswiderstand einer Flüssigkeit beeinflusst wird. Bei magneto- oder elektrorheologischen Aktoren wird die Viskosität durch magnetische oder elektrische Felder verändert. Mit ihnen lassen sich regelbare Dämpfungselemente bauen, die in Abhängigkeit vom momentanen Systemzustand wechselnde Kräfte aufbringen können.

Wichtig sind die Fragen nach der Stabilität, der Beobachtbarkeit und der Steuerbarkeit eines geregelten Systems. Stabilität und Steuerbarkeit lassen sich durch die in die Matrix $\boldsymbol{A}$ einfließenden Systemparameter und durch die Aktoren (einschließlich ihrer Einwirkpositionen und -richtungen) beeinflussen, also durch die Matrix $\boldsymbol{K}_\mathrm{R}$. Die Beobachtbarkeit hängt von der Wahl der Messgrößen, Messpunkte und -richtungen ab und wird durch die Messmatrix $\boldsymbol{C}$ definiert.

Aussagen zur Stabilität geregelter linearer Systeme können über die Eigenwerte der Matrix $(\boldsymbol{A} - \boldsymbol{B}\boldsymbol{K}_\mathrm{R}\boldsymbol{C})$ erhalten werden. Ein System ist *stabil,* wenn seine Bewegungen nach kleinen Störungen im Laufe der Zeit nicht unbegrenzt anwachsen, sondern wieder zur ursprünglichen Bewegung zurückkehren.

Ein System ist vollständig *beobachtbar,* wenn über den Messvektor $\boldsymbol{y}$ Informationen aller Eigenbewegungen des Systems erfassbar sind. Zum Beispiel ließe sich bei einem Biegeschwinger am Schwingungsbauch die jeweilige Eigenform messen, während ein Sensor am Schwingungsknoten diese Eigenform nicht registrieren kann, d. h. die betreffende Eigenform wäre dort nicht beobachtbar.

Ein System ist vollständig *steuerbar,* wenn es durch eine Steuerung aus einem beliebigen Anfangszustand in einen beliebigen Endzustand versetzt werden kann, d. h. wenn durch den Steuervektor $\boldsymbol{u}$ alle Eigenbewegungen angeregt werden können, wobei die Steuermatrix $\boldsymbol{S}$ die geeigneten Stellen und Richtungen erfasst. Würde z. B. ein Aktor im Schwingungsknoten einer Eigenform eines Biegeschwingers angreifen, könnte er die betreffende Eigenform nicht anregen, d. h. diese Eigenform wäre durch ihn nicht beeinflussbar und somit nicht alle Bewegungsformen realisierbar.

Es gibt für die Beurteilung der Stabilität, Beobachtbarkeit und Steuerbarkeit mathematische Methoden und Kriterien, die z. B. in [7], [24] beschrieben sind und für ein vertieftes Studium empfohlen werden.

10.2.2 Beispiel: Beeinflussung von Gestellschwingungen durch einen Regler

10.2.2.1 Analytische Zusammenhänge

Betrachtet wird das nach Abschn. 6.1.2.2 bekannte einfache Modell eines Maschinengestells mit zwei Freiheitsgraden entsprechend Abb. 6.3, jedoch mit der Erweiterung der beiden störenden Erregerkräfte $F_1(t)$ und $F_2(t)$ sowie den Messpunkten B und D und einer Regelkraft F_R in Richtung der Koordinate q_1, welche die erregten Schwingungen möglichst verringern soll, vgl. Abb. 10.2.

Gemessen werde in B die Vertikalgeschwindigkeit v_{Bv} und in D mittels Dehnungsmessstreifen (DMS) die Dehnungsdifferenz $\Delta\varepsilon_D$, denn messtechnisch muss zur Kompensation des Längskrafteinflusses die Dehnung beidseitig bestimmt werden.

Aus Abschn. 6.1.2.2 sind für $\boldsymbol{q} = [q_1,\ q_2]^T$ die Massen- und Steifigkeitsmatrix bekannt:

$$\boldsymbol{M} = 2m \begin{bmatrix} 1 & 0 \\ 0 & 3 \end{bmatrix}, \qquad \boldsymbol{C} = \frac{6EI}{7l^3} \begin{bmatrix} 2 & -3 \\ -3 & 8 \end{bmatrix},$$
$$\boldsymbol{M}^{-1} = \frac{1}{6m} \begin{bmatrix} 3 & 0 \\ 0 & 1 \end{bmatrix}, \qquad \boldsymbol{M}^{-1}\boldsymbol{C} = \frac{3EI}{7ml^3} \begin{bmatrix} 2 & -3 \\ -1 & 8/3 \end{bmatrix}. \tag{10.18}$$

Zur Berücksichtigung einer Dämpfung wird der steifigkeitsproportionale Ansatz $\boldsymbol{B} = a_2 \cdot \boldsymbol{C}$ gemäß (6.229) gewählt, und aus der virtuellen Arbeit $\delta W^{(e)} = (F_1(t) + F_R)\,\delta q_1 + F_2(t)\,\delta q_2$ folgt die rechte Seite zu

$$\boldsymbol{f} = [(F_1(t) + F_R)\,,\ F_2(t)]^T = [F_1(t),\ F_2(t)]^T + [F_R,\ 0]^T\,. \tag{10.19}$$

Also gelten die Bewegungsgleichungen

$$\boldsymbol{M}\ddot{\boldsymbol{q}} + a_2\boldsymbol{C}\dot{\boldsymbol{q}} + \boldsymbol{C}\boldsymbol{q} = \boldsymbol{f} \qquad \text{oder} \qquad \ddot{\boldsymbol{q}} = \boldsymbol{M}^{-1}\boldsymbol{f} - \boldsymbol{M}^{-1}\boldsymbol{C}\,(a_2\dot{\boldsymbol{q}} + \boldsymbol{q})\,. \tag{10.20}$$

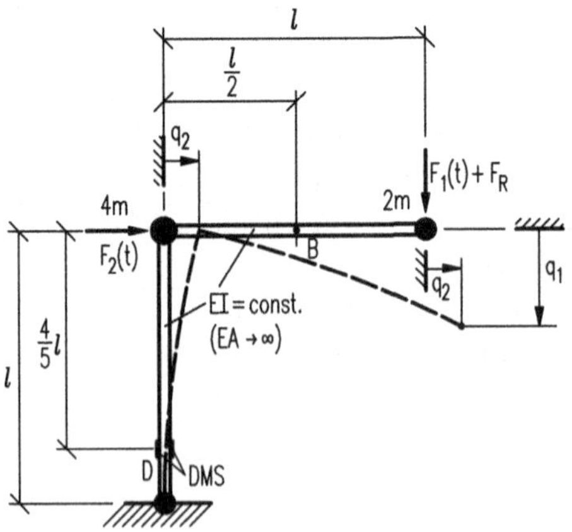

Abb. 10.2 Berechnungsmodell eines Maschinengestells

Wird entsprechend (10.8) als Zustandsvektor

$$x = [x_1,\ x_2,\ x_3,\ x_4]^{\mathrm{T}} = \left[\boldsymbol{q}^{\mathrm{T}},\ \dot{\boldsymbol{q}}^{\mathrm{T}}\right]^{\mathrm{T}} = [q_1,\ q_2,\ \dot{q}_1,\ \dot{q}_2]^{\mathrm{T}} \tag{10.21}$$

gewählt, so ergibt sich die Systemmatrix gemäß (10.10) mit (10.18) und $\omega^{*2} = \dfrac{48EI}{ml^3}$ zu:

$$\boldsymbol{A} = \begin{bmatrix} \boldsymbol{0} & \boldsymbol{E} \\ -\boldsymbol{M}^{-1}\boldsymbol{C} & -a_2\boldsymbol{M}^{-1}\boldsymbol{C} \end{bmatrix} = \omega^{*2} \begin{bmatrix} 0 & 0 & \dfrac{1}{\omega^{*2}} & 0 \\ 0 & 0 & 0 & \dfrac{1}{\omega^{*2}} \\ -\dfrac{1}{56} & \dfrac{3}{112} & -\dfrac{a_2}{56} & \dfrac{3a_2}{112} \\ \dfrac{1}{112} & -\dfrac{1}{42} & \dfrac{a_2}{112} & -\dfrac{a_2}{42} \end{bmatrix}. \tag{10.22}$$

Auf die Struktur wirkt die in Abb. 10.2 eingezeichnete Reglerkraft F_{R} eines Aktors, sodass der Steuervektor nur ein einziges Element enthält, d. h. es ist $\boldsymbol{u} = [F_{\mathrm{R}}]$. Werden noch die hier als Störung auftretenden Erregerkräfte im Störvektor $z(t) = [F_1(t),\ F_2(t)]^{\mathrm{T}}$ erfasst, können die in (10.16a) vorkommenden Matrizen $\boldsymbol{B}$ und $\boldsymbol{R}$ ermittelt werden. Für die Steuermatrix $\boldsymbol{B}$ und die Störmatrix $\boldsymbol{R}$ folgt aus $\boldsymbol{M}^{-1}\boldsymbol{f}$ in (10.20) unter Beachtung von (10.19) sowie der oben getroffenen Festlegungen für $\boldsymbol{u}$ und $z(t)$ aus einem Koeffizientenvergleich:

$$\boldsymbol{B} = \frac{1}{2m}\begin{bmatrix} 0 \\ 0 \\ 1 \\ 0 \end{bmatrix}, \qquad \boldsymbol{R} = \frac{1}{6m}\begin{bmatrix} 0 & 0 \\ 0 & 0 \\ 3 & 0 \\ 0 & 1 \end{bmatrix}. \tag{10.23}$$

Im Messvektor

$$\boldsymbol{y} = [\Delta\varepsilon_{\mathrm{D}},\ v_{\mathrm{Bv}}]^{\mathrm{T}} \tag{10.24}$$

sind als Messgrößen die Dehnungsdifferenz $\Delta\varepsilon_{\mathrm{D}}$ und die Vertikalgeschwindigkeit v_{Bv} angeordnet. Gemäß der technischen Biegetheorie ist bekannt, dass die Dehnungsdifferenz dem Biegemoment bei D proportional ist. Das Biegemoment an der Stelle D findet sich aus dem Momentengleichgewicht mit den in Abb. 10.2 eingetragenen Hebelarmen und den wie in Abschn. 6.1.2.2 formal in Richtung der Koordinaten q_1 und q_2 eingeführten Hilfskräfte Q_1 und Q_2:

$$\Delta\varepsilon_{\mathrm{D}} \sim M_{\mathrm{D}} = l\cdot\left[1,\ \frac{4}{5}\right]\cdot\begin{bmatrix} Q_1 \\ Q_2 \end{bmatrix} = l\cdot\left[1,\ \frac{4}{5}\right]\boldsymbol{C}\boldsymbol{q} = \frac{6EI}{7l^2}\left[-\frac{2}{5},\ \frac{17}{5}\right]\cdot\begin{bmatrix} q_1 \\ q_2 \end{bmatrix}. \tag{10.25}$$

Hierbei wurde noch der lineare Zusammenhang zwischen diesen Kräften und den Verschiebungskoordinaten mittels der Steifigkeitsmatrix $\boldsymbol{C}$ beachtet, vgl. (10.18).

Mit k_ε als Proportionalitätsfaktor, der auch die Biegesteifigkeit EI berücksichtigt, ergibt sich schließlich (Achtung: $\boldsymbol{C}_\varepsilon$ ist eine Messmatrix!):

$$\Delta\varepsilon_\text{D} = k_\varepsilon\,[-2,\ 17,\ 0,\ 0]\begin{bmatrix}\boldsymbol{q}\\ \dot{\boldsymbol{q}}\end{bmatrix} = \boldsymbol{C}_\varepsilon\,\boldsymbol{x}. \tag{10.26}$$

Die Vertikalverschiebung bei B lässt sich mit der in Abschn. 6.2.5.2 angegebenen Nachgiebigkeitsmatrix $\boldsymbol{D}$ des Gestellmodells mit vier Freiheitsgraden ermitteln. Wenn die entsprechenden Zuordnungen zwischen den Größen aus 6.2.5.2 und denen der aktuellen Aufgabe genutzt werden, folgt aus der zweiten Zeile der Matrix $\boldsymbol{D}$ in 6.154 in Verbindung mit den hier auftretenden Hilfskräften für die Vertikalverschiebung:

$$q_\text{B} = \frac{l^3}{48EI}\,[29,\ 12]\begin{bmatrix}Q_1\\ Q_2\end{bmatrix}. \tag{10.27}$$

Schließlich kann die so ermittelte Verschiebung mittels der aus (10.18) bekannten Steifigkeitsmatrix als Funktion der Koordinaten q_1 und q_2 ausgedrückt werden, woraus bei Differenziation nach der Zeit die Vertikalgeschwindigkeit von B folgt:

$$v_\text{Bv} = \frac{11}{28}\dot{q}_1 + \frac{9}{56}\dot{q}_2 = \left[0,\ 0,\ \frac{11}{28},\ \frac{9}{56}\right]\begin{bmatrix}\boldsymbol{q}\\ \dot{\boldsymbol{q}}\end{bmatrix} = \boldsymbol{C}_\text{v}\,\boldsymbol{x}. \tag{10.28}$$

Damit liegt der Zusammenhang zwischen Messgrößen und Zustandsgrößen fest:

$$\boldsymbol{y} = \begin{bmatrix}\Delta\varepsilon_\text{D}\\ v_\text{Bv}\end{bmatrix} = \begin{bmatrix}\boldsymbol{C}_\varepsilon\\ \boldsymbol{C}_\text{v}\end{bmatrix}\boldsymbol{x} = \boldsymbol{C}\,\boldsymbol{x} \quad\Rightarrow\quad \boldsymbol{C} = \begin{bmatrix}-2k_\varepsilon & 17k_\varepsilon & 0 & 0\\ 0 & 0 & \frac{11}{28} & \frac{9}{56}\end{bmatrix}. \tag{10.29}$$

Wird für die Regelkraft die aus (10.16c) bekannte lineare Abhängigkeit von den Messgrößen angesetzt, so ergibt sich z. B. mit $\boldsymbol{y}_\text{Soll}(t) \equiv \boldsymbol{0}$:

$$[F_\text{R}] = \boldsymbol{u} = -\boldsymbol{K}_\text{R}\boldsymbol{y} = -\boldsymbol{K}_\text{R}\boldsymbol{C}\boldsymbol{x}, \qquad \boldsymbol{K}_\text{R} = [\varkappa_1,\ \varkappa_2]. \tag{10.30}$$

In der Reglermatrix $\boldsymbol{K}_\text{R}$ stehen dabei die beiden Reglerkonstanten $\varkappa_1$ und $\varkappa_2$, die letztlich so aus einem zulässigen (und damit technisch realisierbaren) Bereich zu wählen sind, dass die sich einstellenden Schwingbewegungen möglichst klein werden.

Die Differenzialgleichungen des geregelten Systems ergeben sich schließlich entsprechend (10.17), hier speziell mit $\boldsymbol{y}_\text{Soll}(t) \equiv \boldsymbol{0}$ und der das konkrete Problem beschreibenden Matrix

$$A - SK_{\mathrm{R}}Y =$$

$$\begin{bmatrix} 0 & 0 & 1 & 0 \\ 0 & 0 & 0 & 1 \\ -\dfrac{\omega^{*2}}{56} + \dfrac{k_\varepsilon \varkappa_1}{m} & \dfrac{3\omega^{*2}}{112} - \dfrac{17 k_\varepsilon \varkappa_1}{2m} & -\left(a_2 \dfrac{\omega^{*2}}{56} + \dfrac{11\varkappa_2}{56m}\right) & 3a_2 \dfrac{\omega^{*2}}{112} - \dfrac{9\varkappa_2}{112m} \\ \dfrac{\omega^{*2}}{112} & -\dfrac{\omega^{*2}}{42} & a_2 \dfrac{\omega^{*2}}{112} & -a_2 \dfrac{\omega^{*2}}{42} \end{bmatrix}. \tag{10.31}$$

Diese Gleichungen sind dann denen von (10.5) äquivalent, wenn dort anstelle von $\boldsymbol{A}$ der Ausdruck $(\boldsymbol{A} - \boldsymbol{B}\boldsymbol{K}_{\mathrm{R}}\boldsymbol{C})$ gemäß (10.31) und

$$\boldsymbol{b}(t) = \boldsymbol{R}\, z(t) = \frac{1}{6}\left[0,\ 0,\ \frac{3F_1(t)}{m},\ \frac{F_2(t)}{m}\right]^{\mathrm{T}} \tag{10.32}$$

gesetzt wird. Insofern kann auch die Lösung nach (10.11) ermittelt werden, die dann aber auch noch eine Funktion der Reglerkonstanten $\varkappa_1$ und $\varkappa_2$ ist. Auch die Eigenwerte von $(\boldsymbol{A} - \boldsymbol{B}\boldsymbol{K}_{\mathrm{R}}\boldsymbol{C})$ sind explizit von $\varkappa_1$ und $\varkappa_2$ abhängig. In der Umkehrung können die Reglerkonstanten so angepasst werden, dass die Eigenwerte des geregelten Systems die gewünschten Eigenschaften (z. B. negative Realteile) aufweisen.

10.2.2.2 Numerisches Beispiel

Es wird hier vereinfachend angenommen, dass auf das in Abb. 10.2 dargestellte Minimalmodell eines Maschinengestells nur eine einzige harmonisch veränderliche Erreger- oder Störkraft wirken soll, sodass gilt:

$$F_1(t) \equiv 0; \qquad F_2(t) = \hat{F} \sin \Omega t. \tag{10.33}$$

Diese regt beide Eigenformen an, wie aus Abb. 10.3 ersichtlich ist. Mit einem Aktor, der eine Reglerkraft F_{R} in Richtung der Koordinate q_1 erzeugt, können beide Eigenformen beeinflusst werden, denn das freie Balkenende schwingt bei beiden Formen in Wirkrichtung von F_{R}. Die Aufgabe besteht darin, die Reglerkonstanten, mit denen aus den beiden Messsignalen die Reglerkraft F_{R} des Aktors berechnet wird, so zu bestimmen, dass der Schwingweg $q_2(t)$ vermindert wird.

Um ein allgemeines Ergebnis zu erhalten, werden für das Berechnungsmodell dimensionslose Kenngrößen (vgl. (10.37)) und drei Grundgrößen eingeführt: Länge l, Biegesteifigkeit EI und Masse m. Es wird die aus (6.156) und (10.22) bekannte Bezugskreisfrequenz ω^* berücksichtigt, die sich aus ihnen ergibt. Die Anwendung dimensionsloser Kenngrößen hat den Vorteil, dass die Ergebnisse auf mechanisch ähnliche Objekte übertragbar sind. Außerdem werden bei geeigneter Wahl der Bezugsgrößen die numerischen Ergebnisse genauer,

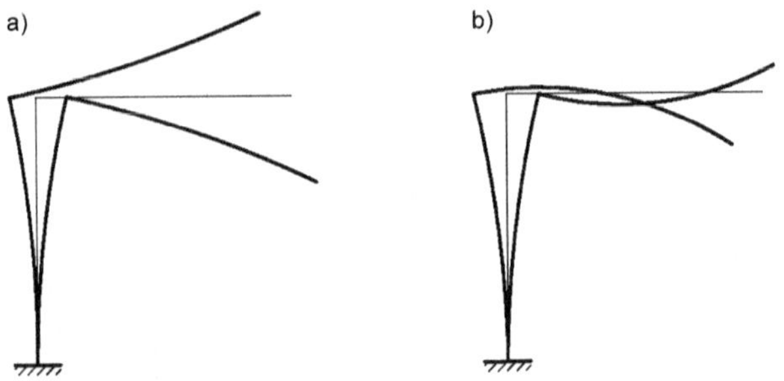

Abb. 10.3 Eigenformen des ursprünglichen Systems: **a** erste Eigenform $\vec{v}_1$, **b** zweite Eigenform $\vec{v}_2$

weil dann bei den Rechenoperationen, die innerhalb des Simulationsprogramms ablaufen, keine bedeutenden Größenunterschiede bei den Zahlenwerten auftreten.

Für das ungedämpfte System ohne Regler sind aus (6.190) die beiden Eigenkreisfrequenzen bekannt:

$$\omega_{01} = \sqrt{\frac{0{,}24407}{48}}\sqrt{\frac{48EI}{ml^3}} = 0{,}071308\omega^*,$$
$$\omega_{02} = \sqrt{\frac{1{,}75593}{48}}\sqrt{\frac{48EI}{ml^3}} = 0{,}191264\omega^*. \tag{10.34}$$

Zu ihnen gehören die in Abb. 10.5 dargestellten Eigenformen.

Für die weiteren Untersuchungen ist es zweckmäßig, die dimensionslose Zeit $\tau = \omega^* t$ sowie einen dimensionslosen Zustandsvektor $\overline{\boldsymbol{x}}$ einzuführen, der wie folgt mit dem bisherigen Zustandsvektor $\boldsymbol{x}$, der dimensionsbehaftete Komponenten enthält, zusammenhängt:

$$\boldsymbol{x} = \begin{bmatrix} \boldsymbol{q} \\ \dot{\boldsymbol{q}} \end{bmatrix} = l \cdot \mathrm{diag}\left[\,1,\ 1,\ \omega^*,\ \omega^*\,\right] \begin{bmatrix} \overline{x}_1 \\ \overline{x}_2 \\ \overline{x}_3 \\ \overline{x}_4 \end{bmatrix} = \boldsymbol{T}\,\overline{\boldsymbol{x}}. \tag{10.35}$$

Für die Ableitung nach der Zeit ergibt sich:

$$\frac{\mathrm{d}}{\mathrm{d}t}(\ldots) = (\ldots)^{\cdot} = \frac{\mathrm{d}(\ldots)}{\mathrm{d}\tau}\omega^* = (\ldots)'\,\omega^*.$$

Die Ableitung nach τ wird durch einen Strich gekennzeichnet.

Mit diesen Umrechnungsvorschriften lässt sich nun die damit dimensionslos gemachte Bewegungsgleichung (10.17) (wie in 10.2.2.1 vorausgesetzt mit $\boldsymbol{y}_{\mathrm{Soll}}(t) \equiv \boldsymbol{0}$) angeben:

$$\overline{\boldsymbol{x}}' = \frac{1}{\omega^*}\boldsymbol{T}^{-1}\,(\boldsymbol{A} - \boldsymbol{B}\boldsymbol{K}_{\mathrm{R}}\boldsymbol{C})\,\boldsymbol{T}\,\overline{\boldsymbol{x}} + \frac{1}{\omega^*}\boldsymbol{T}^{-1}\boldsymbol{R}z(t). \tag{10.36}$$

Werden – wie oben bereits angedeutet – dimensionslose Kenngrößen gemäß

$$\pi_1 = a_2\omega^*; \quad \pi_2 = \frac{k_\varepsilon \varkappa_1}{m\omega^{*2}}; \quad \pi_3 = \frac{\varkappa_2}{m\omega^*}; \quad \pi_4 = \frac{\hat{F}l^2}{EI}; \quad \eta = \frac{\Omega}{\omega^*} \tag{10.37}$$

eingeführt, können die aus (10.31) und (10.32) bekannten Matrizen, die entsprechend (10.36) transformiert wurden, angegeben werden:

$$\begin{aligned}
&\frac{1}{\omega^*}\boldsymbol{T}^{-1}\left(\boldsymbol{A} - \boldsymbol{B}\boldsymbol{K}_{\mathrm{R}}\boldsymbol{C}\right)\boldsymbol{T} \\
&\quad = \frac{1}{112}\begin{bmatrix} 0 & 0 & 112 & 0 \\ 0 & 0 & 0 & 112 \\ 112\pi_2 - 2\,3 - 952\pi_2 & -2(\pi_1 + 11\pi_3) & 3\pi_1 - 9\pi_3 & \\ 1 & -8/3 & \pi_1 & -8\pi_1/3 \end{bmatrix}
\end{aligned} \tag{10.38}$$

$$\frac{1}{\omega^*}\boldsymbol{T}^{-1}\boldsymbol{R}z(\tau) = \left[0,\ 0,\ 0,\ \frac{\pi_4}{288}\sin(\eta\tau)\right]^{\mathrm{T}}. \tag{10.39}$$

Folgende Zahlenwerte wurden für die Simulation angenommen:

- Dämpfungskennzahl: $\pi_1 = 0{,}5$ (entspricht beim ungeregelten System modalen Dämpfungsgraden von $D_1 \approx 0{,}018$ und $D_2 \approx 0{,}05$)
- Den Reglerkonstanten zugeordnete Kennzahlen:

$$\pi_2 = \begin{cases} -0{,}002; & \text{Variante A} \\ +0{,}002; & \text{Variante B} \end{cases}, \qquad \pi_3 = \begin{cases} 0{,}75; & \text{Variante A} \\ 10; & \text{Variante B} \end{cases}$$

- Erreger- oder Störkraftkennzahl: $\pi_4 = 0{,}03$ (entspricht einer Kraftamplitude, die eine statische Verschiebung von ca. 1 % der Balkenlänge hervorruft)
- Abstimmungsverhältnis: $\eta = 0{,}07$ für Simulation und $0 < \eta \leqq 0{,}3$ für Amplituden-Frequenzgang.

Die Ermittlung der Eigenwerte der Matrix $(\frac{1}{\omega^*})\boldsymbol{T}^{-1}(\boldsymbol{A} - \boldsymbol{B}\boldsymbol{K}_{\mathrm{R}}\boldsymbol{C})\boldsymbol{T}$ aus (10.38) gemäß dem Lösungsansatz $\overline{\boldsymbol{x}} = \hat{\overline{\boldsymbol{x}}} \cdot \exp(\lambda\tau)$ für das homogene Differenzialgleichungssystem liefert:

- Variante A: $\lambda_1 = -0{,}026779$, $\lambda_{2,3} = -0{,}029487 \pm 0{,}190318\mathrm{j}$, $\lambda_4 = -0{,}082401$
- Variante B: $\lambda_1 = -0{,}005386$, $\lambda_{2,3} = -0{,}007278 \pm 0{,}165422\mathrm{j}$, $\lambda_4 = -1{,}965177$
- ungeregelt, ungedämpft: $\lambda_{1,2} = \pm 0{,}071308\mathrm{j}$, $\lambda_{3,4} = \pm 0{,}191264\mathrm{j}$.

Für die Eigenwerte gilt $\lambda_i = (\delta_i \pm \mathrm{j}\omega_i)/\omega^*$, wenn δ_i die Abklingkonstante und ω_i die Eigenkreisfrequenz der jeweiligen Eigenschwingung ist.

Bei den beiden Varianten des geregelten Systems sind alle Realteile negativ, d. h., es gibt keine aufklingenden Eigenschwingungen, somit verhält sich das System stabil. Neben abklingenden Eigenschwingungen können noch Kriechvorgänge auftreten, was an den rein reellen Eigenwerten erkennbar ist. Die Eigenwerte des ungeregelten und ungedämpften Systems entsprechen den Eigenkreisfrequenzen nach (10.34).

Die Simulationsergebnisse für die beiden Varianten zeigt Abb. 10.4, wobei zum Zeitpunkt $\tau = 0$ der Regler, der die Aktorkraft bestimmt, dem im stationären Zustand und in Resonanznähe befindlichen Schwingungssystem zugeschaltet wurde. Vordem Zeitpunkt $\tau = 0$ schwingt das Gestell im stationären Zustand mit der Frequenz der Erregung.

Ab $\tau = 0$ stellt sich ein an einen Ausschwingvorgang erinnerndes Schwingungsbild ein, und zwar zunächst mit einer Frequenz, die der jeweiligen Eigenkreisfrequenz von $\omega_2 \approx 0{,}1903\,\omega^*$ (Variante A) bzw. $\omega_2 \approx 0{,}1654\,\omega^*$ (Variante B) des geregelten und gedämpften Systems entspricht. Im Verlaufe des Abklingens der mit dieser Frequenz auftretenden Schwingungen ist auch wieder die Frequenz der ursprünglichen und weiterhin wirkenden Erregung (bzw. Störung) $F_2(t)$ zu erkennen. Besonders deutlich wird dies im Zeitverlauf der Reglerkraft (Abb. 10.4b), wobei das Abklingen der Schwingungen bei Variante A deutlich schneller erfolgt, was durch die Größe der Eigenwertrealteile bedingt ist.

Bei beiden Varianten wird das Ziel einer deutlichen Reduzierung der erzwungenen Gestellschwingungen nach wenigen Eigenschwingungszyklen erreicht.

Auch die in Abb. 10.5 dargestellten Amplituden-Frequenzgänge zeigen den deutlichen Unterschied zwischen ungeregeltem und geregeltem System. Während sich bei Variante B noch eine Resonanzstelle wegen der kleinen Abklingkonstante bei dem komplexen Eigenwert klar herausbildet, ist bei Variante A keine Resonanzüberhöhung im betrachteten Frequenzbereich zu bemerken.

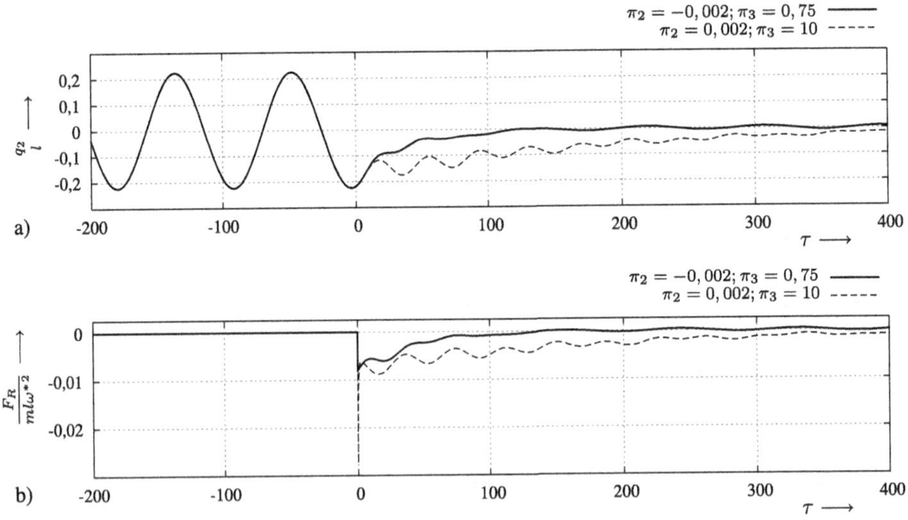

Abb. 10.4 Simulationsergebnis für die Koordinate q_2 und die Kraft des Aktors: **a** Koordinate $\overline{x}_2 = q_2/l$, **b** Verlauf der vom Regler veranlassten Kraft $\frac{F_R}{(ml\omega^{*2})}$ des Aktors

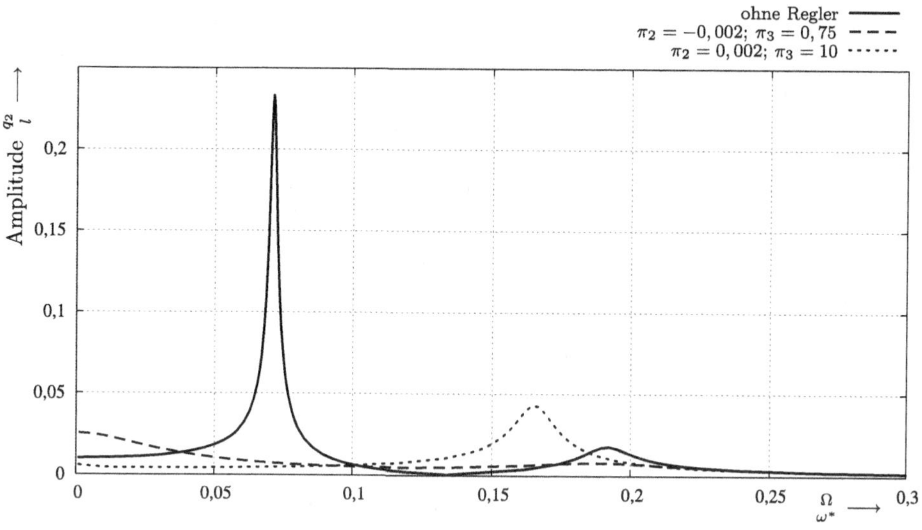

Abb. 10.5 Amplituden des ungeregelten und des geregelten Systems als Funktion des Abstimmungsverhältnisses $0 < \eta = \Omega/\omega^* \leqq 0,3$

10.2.3 Verfahren zur Bestimmung der Reglerkonstanten

Im Beispiel im Abschn. 10.2.2 wurden die Reglerkonstanten $\varkappa_i$ angenommen bzw. im numerischen Beispiel einfach zwei Varianten vorgegeben und untersucht. In diesem Abschnitt sollen die Grundzüge von zwei Verfahren vorgestellt werden, mit denen die Reglerkonstanten mit mathematischen Verfahren bestimmt werden können. Für die praktische Anwendung sollte auf jeden Fall Fachliteratur der Regelungstechnik, z. B. [16] herangezogen werden. Für die folgenden Ausführungen wird angenommen, dass dem Regler nicht nur Ausgangsgrößen $\boldsymbol{y}$ zur Verfügung stehen, sondern der komplette Zustandsvektor $\boldsymbol{x}$. Es gilt somit $\boldsymbol{C} = \boldsymbol{E}$ und es kann ein *Zustandsregler* entworfen werden. Können nicht alle Zustände gemessen werden, kann ein *Beobachter* zur Rekonstruktion der nicht direkt messbaren Zustände eingesetzt werden. Dieses Verfahren ist in einschlägiger Fachliteratur, z. B. [16] beschrieben, sprengt aber den Rahmen dieses Buchs.

Polvorgabe, Polplatzierung, engl. pole placement: Entscheidend für das Systemverhalten sind die Eigenwerte der Matrix des ungeregelten Systems $\boldsymbol{A}$ bzw. des geregelten Systems $(\boldsymbol{A} - \boldsymbol{B}\boldsymbol{K}_\mathrm{R})$, die auch als Pole bezeichnet werden. Die Imaginärteile konjugiert komplexer Pole sind Eigenkreisfrequenzen, die Realteile oder rein reelle Pole zeigen je nach Vorzeichen Aufklingen oder Abklingen von Zustandsvariablen an.

Die Polplatzierung ist ein Verfahren, bei dem gewünschte Pole der Matrix $(\boldsymbol{A} - \boldsymbol{B}\boldsymbol{K}_\mathrm{R})$ vorgegeben werden. Dann werden die Reglerkonstanten in $\boldsymbol{K}_\mathrm{R}$ so bestimmt, dass die Matrix die Pole aufweist. Dies kann mit Hilfe der nach J. Ackermann [16] benannten Formel berechnet werden. Programmpakete wie z. B. Matlab enthalten entsprechende Bibliotheksfunktionen, die nach Eingabe von $\boldsymbol{A}$, $\boldsymbol{B}$ sowie der gewünschten Pole λ_i die Rückführmatrix $\boldsymbol{K}_\text{R}$ berechnen.

In der Praxis ist es sinnvoll, als Pole keine „Fantasiewerte" vorzugeben, sondern die Pole der Matrix $\boldsymbol{A}$ des ungeregelten Systems als Ausgangswerte zu verwenden und diese soweit erforderlich z. B. zu größeren negativen Realteilen zu verschieben.

Riccati-Regler: Bei diesem Entwurfsverfahren wird ein Optimierungsproblem gelöst, bei dem zwei, sich widersprechende Forderungen, in einen Kompromiss gebracht werden:

1. Die Zustandsgrößen sollen möglichst schnell und ohne zu starke Oszillationen zu ihrem Zielwert kommen.
2. Der erforderliche Stellaufwand soll minimal sein.

Als Zielwert kann durch geeignete Koordinatentransformation immer $\boldsymbol{x} = \boldsymbol{0}$ verwendet werden. Damit kann die erste Forderung über das zu minimierende Funktional

$$J_1 = \frac{1}{2} \int_0^\infty q_{11} x_1(t)^2 + \cdots + q_{nn} x_n(t)^2 \mathrm{d}t \tag{10.40}$$

formuliert werden. Mit Hilfe der q_{ii} können die „Abklinggeschwindigkeiten" der einzelnen Zustandsgrößen gegeneinander gewichtet werden. Die q_{ii} werden als Diagonalelemente der Matrix $\boldsymbol{Q}$ aufgefasst, womit der Kern des Integrals (10.40) auch als $\boldsymbol{x}^\text{T} \boldsymbol{Q} \boldsymbol{x}$ geschrieben werden kann. Analog werden die Stellgrößen mit dem Funktional

$$J_2 = \frac{1}{2} \int_0^\infty \boldsymbol{u}^\text{T} \boldsymbol{S} \boldsymbol{u} \mathrm{d}t \tag{10.41}$$

bewertet. Mit den Diagonalelementen von $\boldsymbol{S}$ können einzelne Stelleingriffe gegeneinander gewichtet werden. Der Algorithmus zur Bestimmung von $\boldsymbol{K}_\text{R}$ so, dass $J_1 + J_2$ minimal wird, führt auf die sog. Riccati-Gleichung, deren nur numerisch mögliche Lösung hier nicht vorgestellt werden soll. Es sei auch hier auf etablierte Software verwiesen, die anhand von $\boldsymbol{A}$, $\boldsymbol{B}$, $\boldsymbol{Q}$ und $\boldsymbol{S}$ die optimale Rückführmatrix $\boldsymbol{K}_\text{R}$ bestimmt.

11 Regeln für dynamisch günstige Konstruktionen

Der Begriff „dynamisch günstige Konstruktion“ ist unscharf und vieldeutig. Es kann darauf ankommen, Material oder Energie (Antriebsleistung) zu sparen, übermäßigen Verschleiß oder Zerstörungen zu vermeiden, die Lebensdauer, Zuverlässigkeit und Produktivität (Drehzahl) zu erhöhen, die Arbeitsbedingungen für die Menschen zu verbessern oder Schwingungen und Stoßkräfte für technologische Zwecke zu nutzen.

Vom Standpunkt der Mechanik besteht beim Entwurf einer Maschine die Frage nach der Synthese von mechanischen Strukturen bezüglich dynamischer Kriterien. Die klassische Mechanik liefert mit ihren traditionellen Methoden Antworten auf die Frage, wie sich eine mechanische Struktur bei gegebener Erregung verhält. Bei der Konstruktion von Maschinen wird aber die Frage gestellt, welche mechanische Struktur gewählt werden soll, und welche Maßnahmen getroffen werden müssen, damit sich eine Maschine dynamisch günstig verhält. Bezüglich solcher Fragestellungen, bei denen für eine bestimmte technologische oder Transportoperation (Bewegungs- oder Kraftverlauf an der Wirkstelle) eine mechanische Struktur gesucht wird, existiert kein determinierter Lösungsalgorithmus.

Für manche Aufgabenklassen gibt es Konstruktionskataloge, Systematiken und heuristische Methoden zur Lösungsfindung. Im Folgenden werden, geordnet nach sechs Gesichtspunkten, einige Regeln genannt, die einen Bereich praktischer Aufgaben der Maschinendynamik überstreichen. Sie können bei der Suche nach dynamisch günstigen Lösungen zur Orientierung dienen, aber längst nicht die unerschöpfliche Vielfalt der in der Praxis auftauchenden Aufgabenstellungen erfassen. Daran, dass jährlich hunderte von Patenten angemeldet werden, welche bei konkreten Maschinen neuartige Lösungen vorschlagen, ist erkennbar, wie komplex dieses Gebiet ist.

M. Beitelschmidt und H. Dresig, *Maschinendynamik*,
https://doi.org/10.1007/978-3-662-60313-0_11

Aspekt 1: Klärung der wesentlichen physikalischen Phänomene
In den meisten Fällen wird eine Maschine nicht einfach „aus dem Nichts“ geschaffen. Meist wird eine bereits vorliegende Konstruktion vervollkommnet und weiterentwickelt, oder es werden gewisse Mängel beseitigt. Aufgrund vorliegender Erfahrungen muss der Konstrukteur oder die Konstrukteurin im konkreten Fall das Problem einer physikalischen Ursache zuordnen können oder im ungünstigsten Falle mit einer Arbeitshypothese zu suchen beginnen.

Die störenden (oder zu nutzenden) dynamischen Phänomene sind zweckmäßigerweise nach der Erregerursache zu ordnen und mit qualitativ verschiedenen Modellen zu beurteilen. Der Ingenieur bzw. die Ingenieurin muss entscheiden, ob es sich um

- Kräfte der starren Maschine (z. B. Unwuchterregung, Mechanismen, technologische Kräfte)
- Vibrationskräfte aus freien, erzwungenen oder parametererregten Schwingungen
- Kraftgrößen aus nichtlinearen oder selbsterregten Schwingungen

handelt, vgl. die drei Modellstufen in Abschn. 2.1.1. Die Grenzen zwischen diesen (vom mathematischen Standpunkt anscheinend klar abgrenzbaren) Erscheinungen sind vom physikalischen Standpunkt aus betrachtet durchaus fließend. Genau genommen sind alle realen Prozesse nicht rückwirkungsfrei und damit als freie (autonome) Schwingungen aufzufassen.

Häufig sind einer Maschine während ihrer historischen Entwicklung, die meist mit einer Drehzahlerhöhung verbunden ist, auch unterschiedliche Berechnungsmodelle zuzuordnen. Viele Schadensfälle sind darauf zurückzuführen, dass mit einem zu einfachen Modell (und unklaren Vorstellungen über das physikalische Geschehen) gerechnet wurde. Mit der Weiterentwicklung einer Maschine wird oft in Bereiche vorgestoßen, bei denen die bislang benutzten (und z. T. sogar durch Vorschriften legalisierten) Berechnungsmodelle nicht mehr zutreffen.

Viele der für das gesamte Gebiet der Angewandten Mathematik und Mechanik behandelten Gesichtspunkte der Modellbildung und mathematischen Formulierung eines Problems gelten naturgemäß auch für die Maschinendynamik. Die Forderungen nach Adäquatheit, Einfachheit und Optimalität eines Modells, Fragen nach dem Einfluss unberücksichtigter Faktoren, nach phänomenologischen und halbempirischen Gesetzen, nach der Anzahl der Freiheitsgrade, der Hierarchie der Modelle und Variablen werden dort behandelt, sodass hier nur darauf verwiesen sei.

Bestimmte konstruktive Lösungen lassen sich erst mit den modernen Möglichkeiten der Mikroelektronik, der Sensortechnik, der Computer und neuer physikalischer Effekte realisieren. Durch geeignete Steuer- und Regelanordnungen können z. B. in Verbindung mit Schwingungssensoren zur Messwerterfassung die Massen-, Feder- oder Dämpfungscharakteristik eines Systems während des Betriebes selbstanpassend verändert und den störenden Kräften entgegengerichtete Kräfte aufgebracht werden. In jüngster Zeit sind viele neue Regler als eine aktive Form des Massen- und Leistungsausgleichs, der Schwingungsisolierung oder der Grenzwertüberwachung und Diagnose vorgeschlagen und als Patente angemeldet worden. Häufig geht es um die Früherkennung abnormer Schwingungszustände, bei denen auf abnorme Frequenzen, Amplituden oder kompliziertere Charakteristika reagiert wird. Zu den modernen Möglichkeiten gehört z. B., gemessene momentane Daten mit gespeicherten Daten für normale oder zulässige Schwingungszustände zu vergleichen und beim Überschreiten festgelegter Grenzwerte solche Signale abzugeben, die eine Zustandsänderung mit elektrischen, mechanischen, hydraulischen u. a. Effekten veranlassen.

Aspekt 2: Auswahl des kinematischen Systems
Schon bei der Auswahl des Wirkprinzips werden folgenreiche Entscheidungen getroffen. Der Konstrukteur oder die Konstrukteurin hat die Aufgabe, die topologische Struktur des Antriebssystems und des Tragwerks so festzulegen, dass der Kraftfluss innerhalb des Mechanismus zwischen Motor und Wirkstelle (An- und Abtrieb) und innerhalb des Gestells zwischen der Wirkstelle und dem Aufstellort auf möglichst kurzem Wege erfolgt. Die dynamischen Kräfte sind meist weniger durch den Zeitverlauf der Kräfte des technologischen Prozesses bestimmt (z. B. Presskraft) als durch die Massenkräfte aus den angeregten Eigenschwingungen der Konstruktion, d. h., die gewählte Struktur bestimmt selbst die wesentlichen Belastungen und Deformationen. Hierzu wird die Anwendung der Methoden und Mittel der Getriebesystematik, der Konstruktionssystematik der Antriebstechnik und die Nutzung von Wissensspeichern empfohlen, z. B. VDI 3720 [47] (Konstruktion lärmarmer Maschinen und Anlagen) und die Patent-Literatur.

Schon bei der Getriebesynthese, wenn die Struktur und die Abmessungen eines Mechanismus aufgrund geometrischer Forderungen am Abtriebsglied bestimmt werden, muss auf gewisse Schwingungsaspekte geachtet werden. Dazu gehört die Forderung, Mechanismen mit minimaler Anzahl der Glieder einzusetzen. Durch Nutzung der Computer zur Synthese und Optimierung können z. B. mit sechsgliedrigen Koppelgetrieben, Kurvenkoppelgetrieben und einfachen Räderkoppelgetrieben Forderungen erfüllt werden, die früher nur mit vielgliedrigen Mechanismen erfüllbar schienen. Je weniger Glieder und Gelenke vorhanden sind, desto geringer sind im Allgemeinen die Deformationen, der Spieleinfluss und der Lärm. Als weitere Regeln zu diesem Aspekt wären zu nennen:

- kraftschlüssige Verbindungen gegenüber formschlüssigen bevorzugen,
- Geschwindigkeiten und Beschleunigungen möglichst konstant halten (Unstetigkeiten vermeiden),
- vom geforderten Bewegungsablauf an der Wirkstelle ausgehen und nur die technologischen Mindestforderungen beachten,
- geforderte Antriebsbewegung nur so schnell wie nötig ausführen,
- Zwischenglieder möglichst langsam bewegen,
- Absolutbewegung eines Abtriebsgliedes an der Wirkstelle durch Relativbewegung zweier Getriebeglieder ersetzen,
- möglichst wenige Körper ungleichförmig bewegen,

- statt Umkehrbewegungen möglichst geschlossene Bahnen anwenden und diese möglichst als Kreisbahn ausführen,
- möglichst kleine Bewegungen ausführen,
- rotatorische Gelenke translatorischen vorziehen,
- einstellbare Glieder zum Ausgleich der Abweichungen von idealer geometrischer Struktur vorsehen,
- Flächenkontakt gegenüber Linienkontakt und Linienkontakt gegenüber Punktkontakt bevorzugen.

Aspekt 3: Beeinflussung kinetostatischer Kraftverläufe
Die Analyse des Modells der starren Maschine (kinetostatische Analyse) ist der Ausgangspunkt bei vielen Fragen nach der dynamischen Belastung. Die Kinematik bestimmt wesentlich die kinetostatischen Kraftverläufe, da durch die Massebelegung gewissermaßen nur Proportionalitätsfaktoren für die Beschleunigungen bestimmt werden. Die Verminderung der kinetostatischen Kräfte ist ein zentrales Problem der dynamischen Synthese. Zu diesem Aspekt sind folgende Regeln zu beachten:

- Kraft auf kürzester räumlicher Verbindung übertragen,
- möglichst Zug- und Druckkräfte übertragen und Biege- und Torsionsmomente vermeiden,
- statisch bestimmte Kraftübertragung sichern,
- Grad der statischen Unbestimmtheit von Fertigungstoleranzen unabhängig machen, z. B. Fluchtungsfehler ausgleichen,
- möglichst klein und kompakt bauen,
- ständigen Kraftschluss durch Vorspannung sichern,
- Kraftrichtungswechsel vermeiden oder Nulldurchlauf der Kraft möglichst langsam ausführen,
- rotierende Körper auswuchten,
- Massenausgleich bei Mechanismen durch Veränderung der Masseparameter oder Zusatzgetriebe realisieren,
- elektromagnetische, hydraulische oder pneumatische Ausgleichskraft aufbringen,
- Ausgleichsfedern anordnen und Federparameter optimieren,
- Kraft möglichst nahe am Angriffspunkt durch Gegenkraft ausgleichen,
- Erregerkräfte gegenseitig ausgleichen, z. B. durch optimale Versatzwinkel bei Kurbelwellen,
- Kompensatoren als Speicher kinetischer oder potenzieller Energie einsetzen,
- Motor- und Bremsmoment dem erforderlichen Momentenverlauf anpassen.

Zu den kinetostatisch begründeten Maßnahmen muss bemerkt werden, dass sie häufig widersprüchlichen Charakter haben. So können zum Massenausgleich angeordnete Ausgleichsmassen zur Erniedrigung der Eigenfrequenzen und zur Erhöhung des veränderlichen

Anteils des reduzierten Trägheitsmoments und damit zur stärkeren Anregung von Torsionsschwingungen führen. Damit soll gesagt sein, dass oft über die Grenzen des kinetostatischen Modells hinausgesehen werden muss, weil die dynamischen Probleme komplexen Charakter haben. Es sollen möglichst die Folgen bezüglich des elastischen Modells abgeschätzt werden.

Aspekt 4: Vermeidung von Resonanzen

Neben den kinetostatischen Massenkräften, die gewissermaßen aus geometrischen Beziehungen errechenbar sind, treten die Vibrationskräfte aus den Eigenschwingungen auf, die häufig die kinetostatischen übersteigen. Es muss vermieden werden, dass die zeitlich veränderlichen kinetostatischen Kräfte Eigenschwingungen in Resonanz erregen.

Das *qualitative* Verständnis für die sich physikalisch abspielenden Vorgänge kann oft schon am Schwinger mit einem Freiheitsgrad gewonnen werden. Vieles lässt sich anschaulich deuten, wenn ein Vorgang als Hauptschwingung (modale Schwingung) erkennbar ist. Dies setzt die Kenntnis der aus der linearen Theorie der Schwingungen bekannten Betrachtungsweise voraus. Die spektralen und modalen Eigenschaften eines Systems werden verständlicher, wenn das Erreger- und Eigenfrequenzspektrum und die Modalmatrix (Eigenformen) ermittelt werden kann.

Allgemein bekannt ist die Forderung, Resonanzen zu vermeiden, indem die Eigenfrequenzen weit weg von den Bereichen der Erregerfrequenzen gelegt werden.

Für die meisten Verarbeitungsmaschinen gilt die Regel, dass sie dann dynamisch störungsfrei arbeiten, wenn ihre erste Eigenfrequenz mindestens 10- bis 15-mal größer als die Grunderregerfrequenz des Antriebsmechanismus ist. Es ist zunächst immer zu versuchen, in diesen Bereich zu kommen. Wie bekannt, kann eine Eigenfrequenz dadurch erhöht werden, indem deren modale Steifigkeit erhöht wird, also z. B. Querschnitte vergrößert oder Lagerabstände bei Balken vermindert werden. Mit demselben Ziel kann die modale Masse verkleinert werden, indem Formleichtbau betrieben wird oder Leichtmetall-Legierungen angewendet werden. Hier ist die Frage nach den Parametereinflüssen und die Empfindlichkeit der Eigenfrequenzen und Eigenformen auf Parameteränderungen von Bedeutung. Regeln zu diesem Aspekt sind:

- wesentliche Harmonische der Erregung verkleinern, z. B. Fräser mit ungleichen Zahnabständen,
- Kurvenprofile mit minimaler Anzahl von Harmonischen ausbilden (HS-Profile),
- Koppelgetriebe hinsichtlich der Erreger-Harmonischen optimieren,
- Zahneingriffsfrequenzen gegenüber Eigenfrequenzen verstimmen,
- Resonanzgebiete schnell durchfahren,
- Stoßfolge auf die Periodendauer der Eigenschwingungen abstimmen,
- Ketteneingriffs- und Kettenumlauffrequenzen gegenüber Eigenfrequenzen verstimmen,
- Zusatzschwinger anordnen und auf wesentliche Erregerfrequenz abstimmen (Schwingungstilger),

- sensorgesteuerte Zusatzbewegungen einleiten (Aktoren),
- Resonanzamplituden durch stark dämpfende Werkstoffe vermindern (z. B. Gummifedern statt Stahlfedern),
- bei unvermeidlicher Resonanz den Festigkeitsnachweis erbringen,
- Einsatz von Dämpferelementen (z. B. bei Torsionsschwingungen).

Aspekt 5: Verminderung von Stoßbelastungen
Neben den periodischen Vorgängen spielen die instationären Vorgänge bei Maschinen, wie Anfahren, Bremsen, Belasten, Entlasten und Anstoßen, eine wichtige Rolle. Die wichtigste Kennzahl ist dabei das Verhältnis $\nu = \Delta t/T$ der Kraftänderungszeit zur Periodendauer der Eigenschwingung bei schnell steigenden oder fallenden Kräften. Sie ist entscheidend für die Größe der angestoßenen Schwingungsamplituden.

Falls $\nu \leq 0{,}25$ ist, reagiert das System auf diese (kinetostatisch betrachtet – stetige) Erregung wie auf einen plötzlichen Sprung, und zwar unabhängig vom Zeitverlauf der Kraft während der Anstiegszeit. Auf sehr kurzzeitige Belastungen reagiert ein System wie auf einen Geschwindigkeitssprung. In der Praxis kommt es oft darauf an, solche Stoßbelastungen zu vermeiden oder zu vermindern. Dazu gelten folgende Regeln:

- Relativgeschwindigkeit der aufeinander stoßenden Massen vermindern,
- aufeinander stoßende Massen möglichst klein ausbilden,
- Steifigkeit an Stoßstelle möglichst klein halten,
- angestoßene Masse oder Teilsystem möglichst weich mit dem Gesamtsystem koppeln,
- mechanische Arbeit an der Stoßstelle durch Beeinflussung der Stoßrichtung vermindern,
- Stoßkraft nahe am Schwingungsknoten (weit entfernt vom Schwingungsbauch) einwirken lassen,
- Spiel in Gelenken minimieren oder durch Vorspannung beseitigen,
- Sollbruchstelle in der Nähe der Krafteinleitungsstelle anordnen,
- Stoßkraft durch Gegenkraft in der Nähe der Stoßstelle abfangen (z. B. Gegenschlag bei Hämmern),
- Spiel durch Klassierung von Bauelementen (Spielpaaren) vermindern,
- Wirkungsdauer der Erregung auf die Periodendauer der wesentlichen Eigenschwingungen abstimmen, z. B. Anlauf-, Brems- oder Umkehrzeit.

Zu beachten ist die VDI-Richtlinie 2061 (Bauelemente zur Reduzierung von Stoßwirkungen).

Aspekt 6: Modale Erregerkräfte verkleinern
Hierbei kommt es auf die räumliche Beeinflussung der Eigenformen an, die zwar erst nach einer Schwingungsberechnung oder -messung genau bekannt sind, aber oft abgeschätzt werden können. Dazu muss zumindest die Lage der Schwingungsknoten oder die räumliche Verteilung der Amplituden der Schwingungen bekannt sein.

Oft gelingt es, durch Beeinflussung des statischen Deformationsverhaltens, die Eigenschwingformen gezielt zu verändern, sodass die funktionsbedingte Massenverteilung erhalten bleiben kann. Ein einfaches Beispiel ist der Angriffspunkt der Hand am Hammer, der als Stoßmittelpunkt des starren Körpers beim Schlag unbeweglich bleibt, sodass die „Lagerkraft“ an der Hand null bleibt. Allgemein gelten zu diesem Aspekt folgende Regeln:

- Beeinflussung der Eigenformen durch solche Strukturveränderungen, wie zusätzliche Streben, Stützen, Einspannungen, Hinzufügen oder Weglassen von Lagern und/oder Gelenken,
- Eigenformen so verändern, dass sich die Arbeit verschiedener Erregerkräfte gegenseitig vermindert oder aufhebt,
- bei Starrkörpern die Erregerkraft auf den Stoßmittelpunkt wirken lassen,
- ausnutzen, dass symmetrische Erregerkräfte keine antimetrischen Eigenformen erregen und antimetrisch angreifende Erregerkräfte bei einem symmetrischen System keine symmetrischen Eigenformen anregen,
- Gesamtsystem in Teilsysteme aufteilen, sodass die Erregungen, die auf eines der Teilsysteme wirken, sich nicht auf die anderen auswirken.
- Erregungen zeitlich und räumlich so anordnen, dass sie Schwingformen nicht anregen können. Beispiel: Zündreihenfolge bei Mehrzylindermotoren.

Zusammenfassend ist zu sagen, dass trotz des Einsatzes von Computern durch die stürmische technische Entwicklung die Lösung maschinendynamischer Probleme für den Konstrukteur oder die Konstrukteurin nicht leichter geworden ist. Es gilt, neue Wirkprinzipien zu beachten und ihre Anwendbarkeit zu prüfen. Dies betrifft nicht nur die eingangs erwähnten „elektronischen“ Möglichkeiten, sondern auch rein mechanisch/physikalische Weiterentwicklungen, z. B. die Nutzung von Fluidfederelementen, des piezoelektrischen Effekts, der mikromechanischen Neuentwicklungen, die Nutzung elektroviskoser Flüssigkeiten (bei denen durch Anlegen einer Spannung eine Viskositätsänderung erzielt wird), Magnetdämpfer, Memory-Metalle u. a.

Auch die in den vergangenen Jahren für nahezu alle klassischen Maschinendynamik-Probleme entwickelte Software erleichtern der Konstrukteurin oder dem Konstrukteur die Arbeit nur bedingt. Es genügt nicht, aus Eingabedaten (soweit überhaupt hinreichend genau vorhanden) mithilfe der Computer Ausgabedaten zu erzeugen, um bei Schwingungsproblemen Lösungen zu finden.

Literatur

[1] A.C. Antoulas. *Approximation of Large-scale Dynamical Systems.* Advances in Design and Control. Society for Industrial und Applied Mathematics, 2005.

[2] *Bedienungshandbuch SimulationX®*. ESI ITI GmbH Dresden. 2008.

[3] M. Beitelschmidt und H. Dresig. *Maschinendynamik – Aufgaben und Beispiele.* 2. Aufl. Berlin; Heidelberg: Springer-Verlag, 2015.

[4] J. S. Bendat und A. G. Piersol. *Random data: analysis and measurement Procedures*. 3. Aufl. New York: Wiley, 2000.

[5] C. B. Biezeno und R. Grammel. *Technische Dynamik. Bd. 1 und Bd. 2*. Berlin; Göttingen; Heidelberg: Springer-Verlag, 1953.

[6] Iliya I Blekhman. *Vibrational Mechanics: Nonlinear Dynamic Effects, General Approach.* Singapore: World Scientific Publishing, 2000.

[7] H. Bremer. *Dynamik und Regelung mechanischer Systeme.* Stuttgart: B. G. Teubner Verlag, 1988.

[8] H. Bremer und F. Pfeiffer. *Elastische Mehrkörpersysteme*. Stuttgart: B. G. Teubner Verlag, 1992.

[9] Philip J. Davis und Philip Rabinowitz. *Methods of Numerical Integration*. Hrsg. von Werner Rheinbolt. New York: Academic Press, 1975.

[10] Deutsches Institut für Normung e. V., Hrsg. DIN 1311-1:2000-02. *Schwingungen und schwingungsfähige Systeme* – Teil 1: Grundbegriffe, Einteilung. (DIN-Norm). Feb. 2000.

[11] H. Dresig und A. Fidlin. *Schwingungen mechanischer Antriebssysteme*. 3. Aufl. Berlin; Heidelberg: Springer-Verlag, 2014.

[12] H. Dresig und U. Schreiber. *Ergebnis-Interpretation. Seminarband.* 7. Aufl. Dresden, 2016.

[13] H. Dresig und J. I. Vulfson. *Dynamik der Mechanismen*. Berlin: VEB Deutscher Verlag der Wissenschaften und Wien: Springer-Verlag, 1989.

[14] H. Engels. *Numerical Quadrature and Cubature*. Computational mathematics and applications. Academic Press, 1980.

[15] U. Fischer und W. Stephan. *Mechanische Schwingungen*. 3. Aufl. Leipzig: Fachbuchverlag, 1993.

[16] O. Föllinger. *Regelungstechnik, Einführung in die Methoden und ihre Anwendung*. Berlin, Offenbach: VDE-Verlag, 2022.

[17] R. Gasch und K. Knothe. *Strukturdynamik. Bd. 1: Diskrete Systeme (1987), Bd. 2: Kontinua und ihre Diskretisierung*. Berlin; Heidelberg: Springer-Verlag, 1989.

M. Beitelschmidt und H. Dresig, *Maschinendynamik*,
https://doi.org/10.1007/978-3-662-60313-0

[18] R. Gasch, R. Nordmann und H. Pfützner. *Rotordynamik.* 2. Aufl. Berlin; Heidelberg: Springer-Verlag, 2002.

[19] GERB. GERB *Schwingungsisolierungen.* 11. Auflage. Firmenschrift. Berlin: GERB GmbH & Co KG, 2002.

[20] K. E. Hafner und H. Maass. *Torsionsschwingungen in der Verbrennungskraftmaschine.* Wien; New York: Springer-Verlag, 1985.

[21] P. Hagedorn. *Technische Schwingungslehre, Bd. 2: Lineare Schwingungen kontinuierlicher mechanischer Systeme.* Berlin; Heidelberg: Springer-Verlag, 1989.

[22] H.-J. Hardtke, B. Heimann und H. Sollmann. *Lehr- und Übungsbuch Technische Mechanik* II. Leipzig: Fachbuchverlag im Carl-Hanser-Verlag, 1996.

[23] C. M. Harris und C. E. Crede. *Shock and Vibration Handbook.* 6. Aufl. New York: Mc Graw-Hill Book Company, 2010.

[24] B. Heimann, W. Gerth und K. Popp. *Mechatronik. Komponenten-Methoden-Beispiele.* 3. Aufl. München; Wien: Fachbuchverlag Leipzig im Carl-Hanser-Verlag, 2007.

[25] E. Hering und H. Steinhart, Hrsg. *Taschenbuch der Mechatronik.* 2. Aufl. München; Wien: Fachbuchverlag Leipzig, 2004.

[26] R. Hoffmann. *Signalanalyse und -erkennung.* Berlin; Heidelberg: Springer-Verlag, 1998.

[27] H. Irretier, R. Nordmann und H. Springer. *Schwingungen in rotierenden Maschinen.* Tagungsbände 1 bis 8. Braunschweig; Wiesbaden: Vieweg-Verlag, 1991–2008.

[28] U. Klein. *Schwingungstechnische Beurteilung von Maschinen und Anlagen.* 3. Aufl. Düsseldorf: Verlag Stahleisen, 2003.

[29] K. Klotter. *Technische Schwingungslehre. Schwinger mit mehreren Freiheitsgraden. Bd. 2.* 2. Aufl. Berlin; Heidelberg: Springer-Verlag, 1960.

[30] J. Kolerus. *Zustandsüberwachung von Maschinen.* 4. Aufl. Renningen-Malmsheim: expert-Verlag, 2008.

[31] B. G. Korenev und I. M. Rabinovič. *Handbuch Baudynamik.* Berlin: VEB Verlag für Bauwesen, 1980.

[32] H. Kortüm und P. Lugner. *Systemdynamik und Regelung von Fahrzeugen.* Berlin; Heidelberg: Springer-Verlag, 1994.

[33] E. Krämer. *Maschinendynamik.* Berlin; Heidelberg: Springer-Verlag, 1984.

[34] A. Laschet. *Simulation von Antriebssystemen.* Berlin; Heidelberg: Springer-Verlag, 1988.

[35] H. Linke. *Stirnradverzahnung.* München; Wien: Carl Hanser Verlag, 1988.

[36] K. Magnus. *Kreisel. Theorie und Anwendungen.* Berlin; Heidelberg: Springer-Verlag, 1971.

[37] A. Major. *Berechnung und Planung von Maschinen- und Turbinenfundamenten.* Berlin: VEB Verlag für Bauwesen; – Budapest: Verlag der Ungar. Akad. Der Wiss., 1961.

[38] C.-D. Munz und T. Westermann. *Numerische Behandlung gewöhnlicher und partieller Differenzialgleichungen.* Berlin Heidelberg: Springer-Vieweg, 2019.

[39] K. Popp und W. Schiehlen. *Fahrzeugdynamik.* Stuttgart: B. G. Teubner Verlag, 1993.

[40] W. O. Schiehlen. *Technische Dynamik.* 2. Aufl. Stuttgart: B. G. Teubner Verlag, 2004.

[41] H. Schneider. *Auswuchttechnik.* 5. Aufl. Berlin; Heidelberg: Springer-Verlag, 2000.

[42] W. Sextro, K. Popp und K. Magnus. *Schwingungen.* 8. Aufl. Stuttgart: Vieweg + Teubner Verlag, 2008.

[43] A. Stodola. *Dampf- und Gasturbinen. Mit einem Anhang über die Aussichten der Wärmekraftmaschinen.* Berlin, Heidelberg: Springer, 1924.

[44] I. Szabo. *Technische Mechanik.* Berlin; Heidelberg: Springer-Verlag, 2002.

[45] VDI Verein Deutscher Ingenieure e. V., Hrsg. VDI 2060:2014-12. *Merkmale und Erkennbarkeit von nichtlinearen schwingungsfähigen Systemen – Freie, erzwungene und selbsterregte Schwingungen.* (VDI-Richtlinien). Dez. 2014.

[46] VDI Verein Deutscher Ingenieure e. V., Hrsg. VDI 2333:2017-10. *Schwingförderer für Schüttgut.* (VDI-Richtlinien). Okt. 2017.

[47] VDI Verein Deutscher Ingenieure e. V., Hrsg. VDI 3720 Blatt 1:2014-06. *Konstruktion lärmarmer Maschinen und Anlagen – Konstruktionsaufgaben und -methodik.* (VDI-Richtlinien). Juni 2014.

[48] VDI Verein Deutscher Ingenieure e. V., Hrsg. VDI 3833 Blatt 2:2006-12. *Schwingungsdämpfer und Schwingungstilger – Schwingungstilger und Schwingungstilgung.* (VDI-Richtlinien). Dez. 2006.

[49] Wiche, E. Radiale Federung von Wälzlagern bei beliebiger Lagerluft, Konstruktion, Bd. 19 (1967) Nr. 5, S. 184–92.

[50] C. Woernle. *Mehrkörpersysteme.* Berlin; Heidelberg: Springer-Verlag, 2011.

[51] R. Zurmühl und S. Falk. *Matrizen 1, Grundlagen.* 7. Aufl. Berlin; Heidelberg: Springer-Verlag, 1997.

Stichwortverzeichnis

M. Beitelschmidt und H. Dresig, *Maschinendynamik*,
https://doi.org/10.1007/978-3-662-60313-0

F

L

M

P

Q

R

Printed in the United States
by Baker & Taylor Publisher Services